普通高等教育“十一五”国家级规划教材
全国高等医药院校药学类专业第五轮规划教材

无机化学

第4版

（供药学类专业使用）

主　编　王国清　王绍宁
副主编　赵　兵　刘新泳　毕小平　梅文杰
编　者　（以姓氏笔画为序）
王　洋（中国医科大学）
王志才（吉林大学化学学院）
王国清（沈阳药科大学）
王绍宁（沈阳药科大学）
刘新泳（山东大学药学院）
毕小平（山西医科大学）
苟宝迪（北京大学药学院）
郑　兴（延边大学药学院）
赵　兵（沈阳药科大学）
段丽颖（沈阳药科大学）
梅文杰（广东药科大学）

中国健康传媒集团
中国医药科技出版社

内容提要

本教材是“全国高等医药院校药学类专业第五轮规划教材”之一。无机化学是药学专业的一般基础课程，本教材主要介绍无机原理和元素性质两部分内容。无机原理部分包括：物质结构（原子结构、分子结构、配合物结构）理论和化学平衡（酸碱平衡、沉淀溶解平衡、氧化还原平衡和配位平衡）理论；化学反应速率理论以及化学热力学的基础知识。元素性质部分以元素周期律为主线，对主族元素做了比较详细的论述，副族元素则选择了与药学专业关系密切的重要元素加以介绍。考虑到药学专业的需要，在各族元素后还适当介绍了常用药物和离子鉴定知识。本教材为书网融合教材，即纸质教材有机融合电子教材、教学 PPT 课件、题库系统、数字化教学服务（在线教学、在线作业、在线考试），使教学资源更加多样化、立体化。

本教材主要供全国高等医药院校药学类专业及其相关专业教学使用，同时可作为从事药学类相关工作人员的自学、培训和进修教材。

图书在版编目（CIP）数据

无机化学/王国清，王绍宁主编．—4 版．—北京：中国医药科技出版社，2019. 12
全国高等医药院校药学类专业第五轮规划教材
ISBN 978 -7 -5214 -1464 -6

Ⅰ. ①无…　Ⅱ. ①王… ②王…　Ⅲ. ①无机化学 - 医学院校 - 教材　Ⅳ. ①O61

中国版本图书馆 CIP 数据核字（2019）第 301063 号

美术编辑　陈君杞
版式设计　友全图文

出版　**中国健康传媒集团**｜中国医药科技出版社
地址　北京市海淀区文慧园北路甲 22 号
邮编　100082
电话　发行：010 -62227427　邮购：010 -62236938
网址　www. cmstp. com
规格　889 × 1194 mm 1/16
印张　31
彩插　1
字数　670 千字
初版　2002 年 9 月第 1 版
版次　2019 年 12 月第 4 版
印次　2023 年 6 月第 4 次印刷
印刷　三河市万龙印装有限公司
经销　全国各地新华书店
书号　ISBN 978 -7 -5214 -1464 -6
定价　82. 00 元

数字化教材编委会

主　编　王绍宁

副主编　展　鹏　夏丹丹　兰　阳

编　者　（以姓氏笔画为序）

王　洋（中国医科大学）
王绍宁（沈阳药科大学）
兰　阳（沈阳药科大学）
毕小平（山西医科大学）
苟宝迪（北京大学药学院）
郑　兴（延边大学药学院）
赵　兵（沈阳药科大学）
梅文杰（广东药科大学）
段丽颖（沈阳药科大学）
夏丹丹（沈阳药科大学）
展　鹏（山东大学药学院）
智　杨（沈阳药科大学）

常务编委会

出版说明

“全国高等医药院校药学类规划教材”，于20世纪90年代启动建设，是在教育部、国家药品监督管理局的领导和指导下，由中国医药科技出版社组织中国药科大学、沈阳药科大学、北京大学药学院、复旦大学药学院、四川大学华西药学院、广东药科大学等20余所院校和医疗单位的领导和权威专家成立教材常务委员会共同规划而成。

本套教材坚持“紧密结合药学类专业培养目标以及行业对人才的需求，借鉴国内外药学教育、教学的经验和成果”的编写思路，近30年来历经四轮编写修订，逐渐完善，形成了一套行业特色鲜明、课程门类齐全、学科系统优化、内容衔接合理的高质量精品教材，深受广大师生的欢迎，其中多数教材入选普通高等教育“十一五”“十二五”国家级规划教材，为药学本科教育和药学人才培养做出了积极贡献。

为进一步提升教材质量，紧跟学科发展，建设符合教育部相关教学标准和要求，以及可更好地服务于院校教学的教材，我们在广泛调研和充分论证的基础上，于2019年5月对第三轮和第四轮规划教材的品种进行整合修订，启动“全国高等医药院校药学类专业第五轮规划教材”的编写工作，本套教材共56门，主要供全国高等院校药学类、中药学类专业教学使用。

全国高等医药院校药学类专业第五轮规划教材，是在深入贯彻落实教育部高等教育教学改革精神，依据高等药学教育培养目标及满足新时期医药行业高素质技术型、复合型、创新型人才需求，紧密结合《中国药典》《药品生产质量管理规范》（GMP）、《药品经营质量管理规范》（GSP）等新版国家药品标准、法律法规和《国家执业药师资格考试大纲》进行编写，体现医药行业最新要求，更好地服务于各院校药学教学与人才培养的需要。

本套教材定位清晰、特色鲜明，主要体现在以下方面。

1.契合人才需求，体现行业要求 契合新时期药学人才需求的变化，以培养创新型、应用型人才并重为目标，适应医药行业要求，及时体现新版《中国药典》及新版GMP、新版GSP等国家标准、法规和规范以及新版《国家执业药师资格考试大纲》等行业最新要求。

2.充实完善内容，打造教材精品 专家们在上一轮教材基础上进一步优化、精炼和充实内容，坚持“三基、五性、三特定”，注重整套教材的系统科学性、学科的衔接性，精炼教材内容，突出重点，强调理论与实际需求相结合，进一步提升教材质量。

3.创新编写形式，便于学生学习 本轮教材设有“学习目标”“知识拓展”“重点小结”“复习题”等模块，以增强教材的可读性及学生学习的主动性，提升学习效率。

4.配套增值服务，丰富教学资源 本套教材为书网融合教材，即纸质教材有机融合数字教材，配套教学资源、题库系统、数字化教学服务，使教学资源更加多样化、立体化，满足信息化教学的需求。通过“一书一码”的强关联，为读者提供免费增值服务。按教材封底的提示激活教材后，读者可通过PC、手机阅读电子教材和配套课程资源（PPT、微课、视频、图片等），并可在线进行同步练习，实时反馈答案和解析。同时，读者也可以直接扫描书中二维码，阅读与教材内容关联的课程资源（“扫码学一学”，轻松学习PPT课件；“扫码看一看”，即可浏览微课、视频等教学资源；“扫码练一练”，随时做题检测学习效果），从而丰富学习体验，使学习更便捷。

编写出版本套高质量的全国本科药学类专业规划教材，得到了药学专家的精心指导，以及全国各有关院校领导和编者的大力支持，在此一并表示衷心感谢。希望本套教材的出版，能受到广大师生的欢迎，为促进我国药学类专业教育教学改革和人才培养做出积极贡献。希望广大师生在教学中积极使用本套教材，并提出宝贵意见，以便修订完善，共同打造精品教材。

中国医药科技出版社

2019年9月

前言

《无机化学》第1版于2002年出版，获全国高等医药院校药学类规划教材编委会优秀教材三等奖。第2版于2008年出版，入选普通高等教育“十一五”国家级规划教材。2015年出版的第3版教材对内容进行了较大幅度的修订，加强了相关理论与后续学科的结合，在全国多所医药院校得到广泛使用。本次编写的《无机化学》第4版是在第3版的基础上修订编写而成的，是全国高等医药院校药学类专业第五轮规划教材之一。

本教材修订本着承前启后、深入浅出、精益求精的原则，在内容上未做大幅度修改，沿用第3版教材的编写体系，继续保留每章后附有的本章小结，有利于学生系统掌握本章知识，提高学习效率；进一步在知识内容上与后续课程衔接，如溶液的酸碱性和氧化-还原两章与分析化学有效衔接，分子结构一章向有机化学大幅度延伸。本教材为书网融合教材，即纸质教材有机融合电子教材、教学PPT课件、题库系统、数字化教学服务（在线教学、在线作业、在线考试），使教学资源更加多样化、立体化，由王绍宁同志任主编。

本教材编写特色如下。

第一，在知识内容上注意与后续课程的衔接。在分子结构一章将杂化轨道理论延伸至对化合物结构的论述：从甲烷到甲基碳正离子及甲基碳负离子；从水到甲醇再到甲醚；从氨到甲胺。在元素化学部分与《分析化学》衔接，药用离子鉴定与《中国药典》2020年版保持一致；未收载的离子与分析化学中的离子鉴定保持一致。

第二，加强基本理论与药学知识的密切联系。第六章沉淀-溶解平衡在习题中加入羟基磷灰石内容。第七章氧化-还原将药物分析、药物制剂、药物合成中用到的氧化还原反应写入章前言。第九章分子结构介绍了蛋白质的α-螺旋结构的形成和DNA保持双螺旋结构与氢键的关系。第十章配位化合物介绍了重金属高效解毒 $Na_2[Ca(EDTA)]$ 的有关知识。

第三，内容深入浅出，重视数字化教材建设，可用于立体化教学，同时方便学生自学。本教材在篇幅允许的范围内，叙述力求循序渐进、深入浅出、通俗易懂。教材每章前列出学习目标，简明扼要地阐述各章的基本要点、重点和难点。每章后附有本章小结，对繁杂的教学内容进行归纳和总结，以利于学生系统掌握和巩固所学的知识，提高学习效率。数字化教学资源中设置了每一章（节）的PPT课件、课程知识点、题库及微课等，有利于教师进行翻转课堂、混合式教学模式的开展，同时为使用者自学提供方便。

本书的修订工作由以下同志完成：王国清（第一、三章），段丽颖（第二章），毕小平（第四章），王绍宁（第五、七章），王洋（第六章），苟宝迪（第八章），刘新泳（第九章），赵兵（第十章），郑兴（第十一章及附录），梅文杰（第十二章）、王志才（第十三章）。最后由王国清进行统一整理、补充、修改和定稿工作。本教材的编写得到了所有编者及其所在单位的大力支持，同时参考了大量学术书籍与著作，在此一并表示衷心的感谢！

因编者水平有限，书中难免会有疏漏与不足之处，敬请各位读者指正。

编　者

2019年10月

目录

第一章　化学热力学基础

学习目标

1. 掌握　利用各物质的 $\Delta_f H_m^{\ominus}$ 或 $\Delta_c H_m^{\ominus}$ 计算化学反应的 $\Delta_r H_m^{\ominus}$；利用各物质的 $\Delta_f G_m^{\ominus}$ 计算化学反应的标准摩尔吉布斯自由能的变化值 $\Delta_r G_m^{\ominus}$，利用吉布斯公式 $\Delta G = \Delta H - T\Delta S$ 计算结果判断过程的自发性；能够计算反应或过程的熵变。

2. 熟悉　标准摩尔生成焓（$\Delta_f H_m^{\ominus}$）和标准摩尔燃烧焓（$\Delta_c H_m^{\ominus}$）的定义、标准摩尔生成吉布斯自由能 $\Delta_f G_m^{\ominus}$ 的定义；利用盖斯定律计算化学反应的热效应（Q_p 和 Q_V）；恒压条件下，温度对反应自发性影响的规律。

3. 了解　热力学常用术语和基本概念；反应进度的定义；熵的定义；影响熵值的因素。

研究化学反应，关键的两个问题是：①化学反应能否发生（即化学反应进行的方向）及进行的限度（化学平衡）；②化学反应进行的快慢（即化学反应速率的大小）。前者属于化学热力学研究的范畴（化学平衡的大部分内容将在第二章中讨论）；后者属于化学动力学研究的范畴（化学动力学内容将在第三章中讨论）。

热力学（thermodynamics）是在研究提高热机效率的实践中发展起来的，19 世纪建立的热力学第一、第二两个定律奠定了热力学的基础，20 世纪初建立的热力学第三定律使得热力学理论臻于完善。

将热力学中的基本原理和方法用来研究化学现象以及和化学有关的物理现象，就称为化学热力学。化学热力学可以解决化学反应中能量的变化问题，同时也可以解决化学反应的方向和限度等问题。这些问题正是化学工作者极其关注的问题。

下面的两个典型例子，可以说明热力学在化学中的应用。

（1）氧化铁在熔炉中的还原过程如下。

$$Fe_3O_4 + 4CO \longrightarrow 3Fe + 4CO_2$$

在出口气体中还有很多 CO，以前推想还原反应不完全，可能是 CO 与矿石接触的时间不够。为此，人们曾花费了大量资金来修建高炉，但出口气体中 CO 的含量并未减少。以后根据热力学的计算知道，在高炉中这个反应不能进行到底，则有很多 CO 是不可避免的。

（2）在 20 世纪末进行了用石墨制造金刚石的尝试，所有的试验均以失败告终。以后通过热力学的计算知道，只有当压强超过 1.5×10^6 kPa 时，石墨才有可能转变成金刚石。现在已经成功地实现了这个转变过程。

热力学的方法是一种演绎的方法，它结合经验得到的几个基本定律，讨论具体对象的宏观性质。热力学研究对象是大量分子的集合体，因此所得到的结论具有统计意义，而不适用于各别分子、原子等微观粒子。热力学方法的特点是，不考虑物质的微观结构和反应进行的机制。这两个特点决定了它的优点和局限性。热力学只能告诉我们，在某种条件下，变化能否发生，进行到什么程度；但不能告诉我们变化所需要的时间，变化发生的根本原因以及变化所经过的历程。这些问题要靠化学动力学解决。

化学热力学涉及的内容既广且深，在无机化学中只能介绍化学热力学的最基本概念、理论、方法和应用。

扫码“学一学”

第一节　热力学第一定律

一、基本概念和常用术语

（一）系统和环境

在热力学中把所研究的对象称作系统（system），而环境（surroundings）则指系统以外密切相关的部分。

例如，我们要研究杯中的水，则水是系统；水面以上的空气，盛水的杯子，乃至放杯子的桌子等都是环境。

按照系统与环境之间物质和能量的交换关系，通常将系统分为以下三类。

（1）敞开系统（open system）　系统与环境之间既有物质交换又有能量交换。

（2）封闭系统（closed system）　系统与环境之间没有物质交换只有能量交换。

（3）孤立系统（isolated system）　亦称隔离系统，系统与环境之间既没有物质交换也没有能量交换。

例如，有一敞口杯中盛满热水，杯内的水与它周围的环境有热的交换，同时杯内的水汽向杯外蒸发和空气溶解于水，既有能量交换，也有物质交换。如果选杯内的水为系统，这个系统就是敞开系统。如果将水放在一个密闭的容器里，容器中的水与周围环境间就只有热的交换，而没有物质交换，于是得到一个封闭系统。若将水放在一个理想的保温瓶中，这个瓶的绝热性能很好，又很密闭，保温瓶中的水与其周围环境间既没有物质的交换，也没有热量的交换，则保温瓶中的水就是个孤立系统。

在化学热力学中，我们主要研究封闭系统。

（二）状态和状态函数

由一系列表征系统性质的物理量所确定下来的系统的存在形式称作系统的状态（state）。用以确定系统状态的物理量称作系统的状态函数（state function）。

把某理想气体当作系统，其物质的量 $n = 1\text{mol}$，压力 $p = 1.013 \times 10^5 \text{Pa}$，体积 $V = 22.4\ \text{L}$，温度 $T = 273\ \text{K}$，这就是一种状态，n、p、V 和 T 就是系统的状态函数。

系统的状态是由若干状态函数确定下来的。对于确定的状态，系统的各状态函数都有确定的数值。如果系统的一个或几个状态函数发生变化，系统的状态就会改变。

系统发生变化前的状态称作始态，变化后的状态称作终态。显然，系统变化的始态和终态一经确定，各状态函数的改变量也确定了。状态函数的改变量经常用希腊字母 Δ 表示，如始态的温度为 T_1，终态的温度为 T_2，则状态函数 T 的改变量 $\Delta T = T_2 - T_1$。

系统的状态由状态函数来描述，状态函数又可分为以下两类。

（1）广度性质（extensive property）　这种性质的数值与系统中所含该物质的量成正比，是系统中各部分该性质的总和，如体积、质量、物质的量等。广度性质的特点是具有加和性。

（2）强度性质（intensive property）　这种性质的数值不随系统中物质的数量而变化，如温度、压力、密度等。强度性质的特点是不必指定物质的数量就可确定，不具有加和性。

例如，将等体积、温度均为 298K 的水混合后，水温、密度不变（强度性质）。但质量、体积和物质的量增大 1 倍（广度性质）。

（三）过程和途径

当外界条件改变时，系统的状态随之发生变化。系统状态所发生的一切变化称作过程（process）。在热力学中常见的变化过程如下。

（1）等温过程（isothermal process）　在环境温度恒定下，系统始、终态温度相同且等于环境温度的过程。

（2）等压过程（isobaric process）　在环境压力恒定下，系统始、终态压力相同且等于环境压力的过程。

（3）等容过程（isochoric process）　系统的体积保持不变的过程。

（4）绝热过程（adiabatic process）　系统与环境之间没有热传递的过程。

完成某一状态变化所经历的具体步骤称作途径（path）。例如，一定量的理想气体由始态（298 K，1.00×10^5Pa）变到终态（373 K，1.00×10^6Pa），可以采取下列两种途径（图 1－1）：一种是先等压（1.00×10^5 Pa）过程，再等温（373 K）过程；另一种是先等温（298 K）过程，再等压（1.00×10^6Pa）过程。不论采取哪种途径，因为始态和终态相同，系统的状态函数改变量（$\Delta T = 75$ K，$\Delta p = 9.00 \times 10^5$Pa）都是相同的。

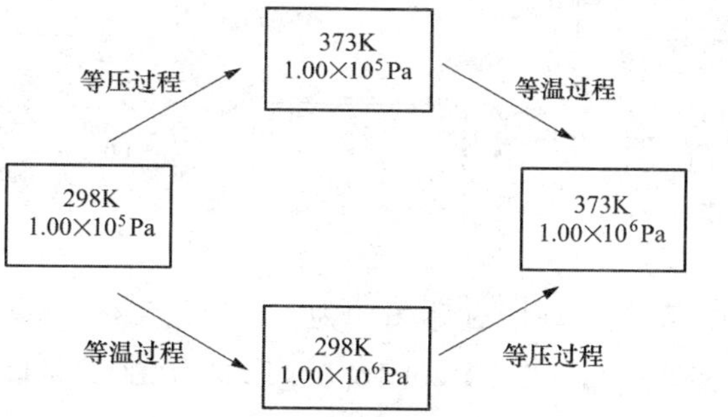

图 1－1　理想气体膨胀的不同途径

二、热力学第一定律

（一）热和功

化学反应过程中总是伴随各种能量变化，功（work）和热（heat）是系统状态变化时与环境交换能量的两种不同形式。系统与环境之间因温度不同而交换（或传递）的能量称作热，用符号 Q 表示。除了热以外的其他各种被传递的能量都称作功，用符号 W 表示。功可分为体积功（W_e）和非体积功（W'）两种。电功、表面功等均属于非体积功。

热力学中规定：当系统从环境吸热时，Q 取正值；当系统向环境放热时，Q 取负值。当环境对系统做功时，W 取正值；当系统对环境做功时，W 取负值。

热和功的 SI 单位都是 J，常用单位为 kJ。

功和热不是状态函数，因此不能说系统在某种状态下含有多少热或多少功。它们与变化的途径密切相关，只有指明途径才能计算过程的功和热。

体积功是功的重要类型。在化学反应中，如有气体参加，常需要做体积功。用图 1－2 来说明气体反抗外压膨胀时的体积功。

用活塞将气体密封在截面积为 A 的圆筒内，若忽略活塞自身的质量及其与筒壁间的摩擦力，以活塞上面放置的砝码质量造成的压强代表外压（p_e）。则系统在等压（p_e）膨胀时所做的功为：

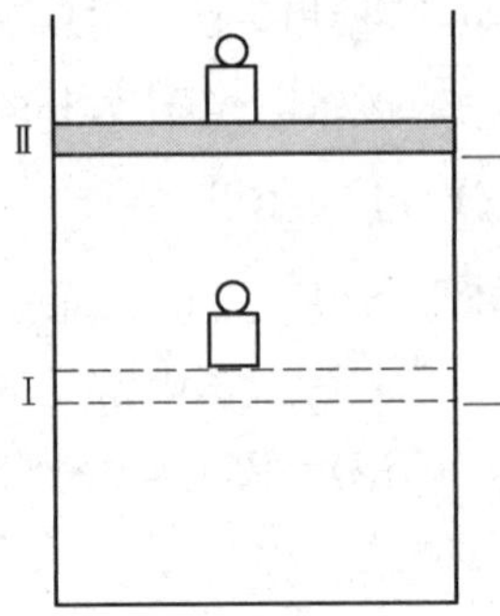

图 1－2　体积功示意图

$$W_e = -F\,\Delta l$$

式中，F 是活塞加于系统的力，Δl 是活塞移动的距离。

又因压强 $p_e = F/A$，所以，$W_e = -p_e \cdot A \cdot \Delta l$，而 $A \cdot \Delta l$ 为系统增加的体积 ΔV，故体积功是：

$$W_e = -p_e \cdot \Delta V$$

式中，W_e 的单位为 J 或 kJ；p_e 的单位为 Pa 或 kPa；ΔV 的单位为 L 或 m^3。

系统做膨胀功时，W_e（膨胀）<0（$\Delta V>0$）；系统做压缩功时，W_e（压缩）>0（$\Delta V<0$）。这与热力学中对功的符号规定一致。

例如，恒温时一定量的理想气体从始态（$p_1 = 16\times10^5$ Pa，$V_1 = 1.0$ L）膨胀到终态（$p_2 = 1.0\times10^5$ Pa，$V_2 = 16.0$ L）可以按以下两种途径完成。

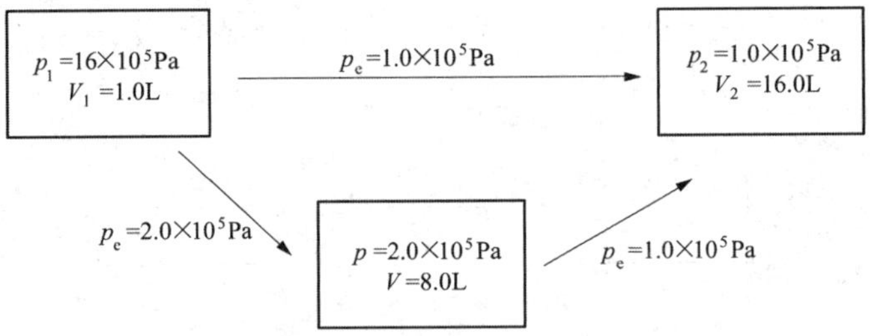

则一次膨胀到终态，系统对环境做体积功为：

$$W_{e1} = -p_e\Delta V = -1.0\times10^5\times(16.0-1.0)/1000 = -1.5\times10^3\ (\mathrm{J})$$

两次膨胀到终态，系统对环境做体积功为：

$$W_{e2} = -[2.0\times10^5\times(8.0-1.0)/1000] + [-1.0\times10^5\times(16.0-8.0)/1000]$$
$$= -2.2\times10^3\ (\mathrm{J})$$

由以上计算可知 $W_{e1}\neq W_{e2}$，故功不是状态函数；由 $W_{e2} > W_{e1}$ 可知，可以设想若气体分三步、四步……膨胀，则从始态到终态所做的体积功依次增大，若上述气体膨胀时通过连续的无限多次完成（热力学称为准静态过程），系统对环境做的体积功最大（将在物理化学中讲授）。

所以，热和功都是系统和环境之间被传递的能量，它们只有在系统发生变化时才能体现出来。热和功都不是系统自身的性质，不是状态函数，所以不能说系统在某种状态下含有多少热或多少功。系统的状态发生变化时，热和功的数值与所经历的途径有关。

（二）热力学能

系统内一切能量的总和称作系统的热力学能（thermodynamic energy），也称内能（internal energy），用 U 表示。它包括系统内各种物质的分子或原子的位能、振动能、转动能、平动能、电子的动能以及核能等。热力学能是系统的状态函数，有加和性。虽然热力学能的绝对数值尚无法求得，但可以计算它在系统状态变化时的改变量。只要系统的始态和终态确定，热力学能的改变量 ΔU 就有确定的数值 $\Delta U = U_{终} - U_{始}$。

理想气体的热力学能只是温度的函数。在理想气体状态变化过程中，只要温度不变，系统的热力学能就不变：若 $\Delta T = 0$，则 $\Delta U = 0$。

（三）热力学第一定律

能量交换的基本形式包括热 Q 和功 W。系统与环境之间的能量交换有两种方式，一种是热传递，另一种是做功。在能量交换过程中，系统的热力学能将发生变化。

热力学第一定律指出，若某系统由状态Ⅰ变化到状态Ⅱ，系统热力学能的改变量（ΔU）等于系统从环境吸收的热（Q）加上环境对系统所做的功（W），热力学第一定律的数学表达式为：

$$\Delta U = Q + W \qquad (1-1)$$

式（1－1）适用于封闭系统的任何过程。

在公式 $\Delta U = Q + W$ 中，左边的 ΔU 只与始、终态有关，与途径无关。而右边的 Q 和 W 虽然都与途径有关，但是不同途径中的（$Q + W$）值必然相同。

不难看出，热力学第一定律就是能量守恒和转化定律在热力学范畴的表述，它是人类长期实践的经验总结。

【例1－1】 在 298.15 K 及 101.325 kPa 下，1mol Zn 与 1mol $CuSO_4$ 反应生成 1mol $ZnSO_4$ 和 1mol Cu。采用如下两种途径完成这个变化，求每个过程的 ΔU。

（1）在烧杯中进行：系统放热 216.7 kJ，不做功。

（2）组成电池：系统做电功 212.1 kJ，电池放热 4.6 kJ。

解：（1）在烧杯中进行：

$$\Delta U = Q + W = -216.7 + 0 = -216.7 \text{ (kJ)}$$

（2）组成电池：

$$\Delta U = Q + W = (-4.6) + (-212.1) = -216.7 \text{ (kJ)}$$

本例题说明，系统完成这个化学反应后，其热力学能降低了。在烧杯中完成这样一个反应是将化学能转化为热而释放于环境，若组成电池则可将化学能大部分转化为电能。同时也说明，W、Q 不是状态函数，而 U 是状态函数。

第二节　化学反应的热效应

扫码“学一学”

化学反应总是伴有热的吸收或放出，这种能量变化对化学反应十分重要。研究化学反应的热效应的学科称作热化学（thermochemistry），它是热力学第一定律在化学过程中的具体应用。

一、反应热

设一个化学反应在封闭系统中发生，若非体积功为零，当产物温度与反应物温度相同时，系统所吸收或放出的热，称作该化学反应的热效应，亦称反应热。在热化学中，热的取值与热力学第一定律中的规定相同，即**系统吸热，热效应为正值；系统放热，热效应为负值。**

之所以要强调产物的温度和反应物的温度相同，是为了避免将产物温度改变所引起的热混入到反应热中。只有这样，反应热才真正是化学反应吸收或放出的热。

在化学反应过程中，系统的热力学能改变量 ΔU 与反应物的热力学能 $U_{反}$ 和生成物的热力学能 $U_{生}$ 应有如下关系：

$$\Delta U = U_{生} - U_{反} = Q + W_e \tag{1-2}$$

式（1－2）就是热力学第一定律在化学反应的具体体现。式中的反应热 Q，因化学反应的具体方式不同，有着不同的意义和内容，下面将分别加以讨论。

（一）等容反应热

在等容过程中完成的化学反应称作等容反应，其热效应称等容反应热，通常用 Q_V 表示。

由式（1－2）可知：

$$\Delta U = Q_V + W_e \tag{1-3}$$

式中的 $W_e = -p_e\Delta V$。因为等容反应过程的 $\Delta V = 0$，故 $W_e = 0$，于是

$$\Delta U = Q_V \tag{1-4}$$

此式表明，在等容反应过程中，系统吸收或放出的热全部用来改变系统的热力学能。

当 $\Delta U > 0$ 时，则 $Q_V > 0$，该反应是吸热反应（endothermic reaction）；当 $\Delta U < 0$ 时，则 $Q_V < 0$，该反应是放热反应（exothermic reaction）。

热效应的实验测定大多时在绝热的量热计中进行的，有一种称作弹式量热计（bomb calorimeter）的装置，被用来测定一些有机物燃烧反应的等容反应热，如图1－3所示。把有机物置于充满高压氧气的钢弹瓶中，用电火花引燃，反应是在恒容的钢弹瓶中进行的，产生的热使水和整个装置温度升高，温度的升高值可由精密的温度计测出，搅拌器可使测得的温度值更加可靠。

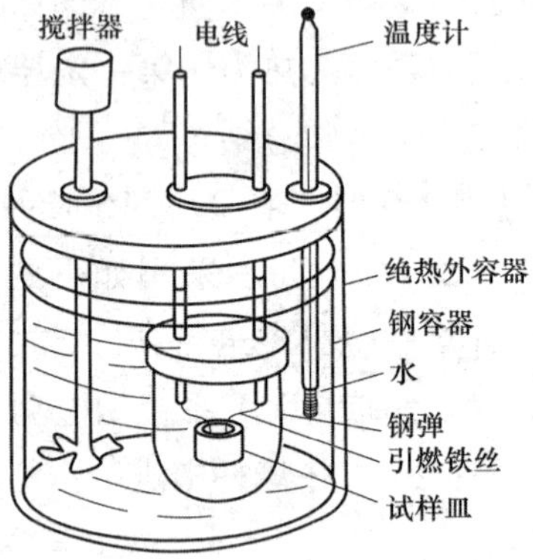

图1－3　弹式量热计

水的温度升高 1 K 所吸收的热称作水的热容（heat capacity）。整个装置的温度升高 1 K 时所吸收的热称作装置的热容，其数值可用实验方法确定。于是，等容反应热 Q_V 可测得：

$$Q_V = \Delta T\,(C_1 + C_2) \tag{1-5}$$

式中，ΔT 为温度升高值；C_1 和 C_2 分别为水的热容和装置的热容。

【例1－2】 在一个绝热量热计中将 1.6324 g 蔗糖燃烧，使水温升高 2.854 K，已知蔗糖的摩尔燃烧焓为 5646.73 $kJ \cdot mol^{-1}$，求绝热量热计中水和量热计的总热容。若量热计中的水为 1850 g，水的比热容为 4.184 $J \cdot K^{-1} \cdot g^{-1}$，问量热计的热容为多少（细铁丝的燃烧焓可忽略不计）？若在此绝热量热计中放入 0.7636 g 苯甲酸，其完全燃烧后使水温升高 2.139 K，求苯甲酸的摩尔燃烧焓。

解：蔗糖的摩尔质量为 342 $g \cdot mol^{-1}$。1.6324 g 蔗糖燃烧时放热为：

$$Q_V = -1.6324 \times 5646.73/342 = -26.95\ (kJ)$$

总热容量为：

$$C = C_1 + C_2 = 26.95/2.854 = 9.443\ (kJ \cdot K^{-1})$$

绝热量热计的热容为：

$$C_2 = C - C_1 = 9443 - 1850 \times 4.184 = 1.703\ (kJ \cdot K^{-1})$$

苯甲酸的摩尔质量为 122 g · mol^{-1}，其摩尔燃烧焓为：

$$Q_V = -9.443 \times 2.139 \times 122/0.7636 = -3227\ (\mathrm{kJ \cdot mol^{-1}})$$

（二）等压反应热

在等压过程中完成的化学反应，其热效应称作等压反应热，通常用 Q_p 表示。

由式（1－2）可得：

$$\Delta U = Q_p + W_e$$

当非体积功为零时，由于体积功 $W_e = -p_e\Delta V$，上式可变为：

$$Q_p = \Delta U + p_e\Delta V \tag{1-6}$$

等压过程 $\Delta p = 0$，$p_2 = p_1 = p_e$，式（1－6）可变成：

$$Q_p = U_2 - U_1 + p_2V_2 - p_1V_1 = (U_2 + p_2V_2) - (U_1 + p_1V_1) \tag{1-7}$$

因为 U、p、V 都是系统的状态函数，故 $U + pV$ 必然也是系统的状态函数，这个状态函数用 H 表示，称作焓（enthalpy），它具有加和性。

令 $$H = U + pV \tag{1-8}$$

故式（1－7）可写作：

$$Q_p = \Delta H \tag{1-9}$$

即在等压且只做体积功时，系统的等压反应热在数值上等于系统的焓变（ΔH）。

理想气体的热力学能 U 只是温度的函数，从焓的定义式 $H = U + pV$ 可以推出，理想气体的焓 H 也只是温度的函数，若 $\Delta T = 0$，则 $\Delta H = 0$。

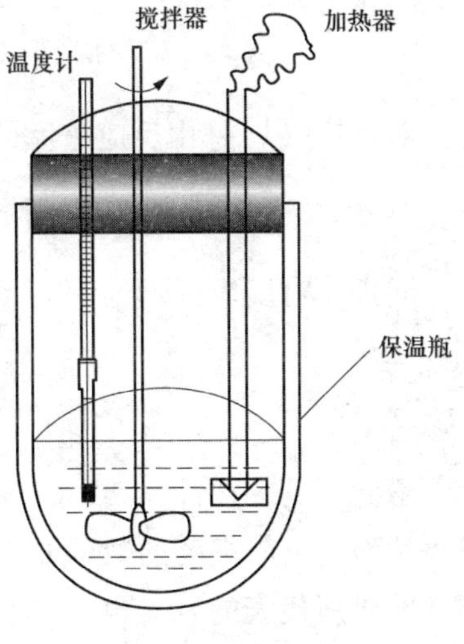

图 1－4　杯式量热计

一些化学反应的等压反应热可以用图 1－4 所示的杯式量热计来测得。这种装置的使用方法与前文介绍的弹式量热计相似，但它不适用于测量燃烧反应的等压反应热，而只适用于测量中和热、溶解热等。

（三）反应进度

对于同一个化学反应，它进行的程度不同，产生的反应热也不相同。为了表示“单位化学反应”的反应热，在化学热力学中规定了一个物理量——反应进度（extent of reaction），用符号 ξ（读作“克赛”）表示。

对任一反应：

$$a\mathrm{A} + d\mathrm{D} = g\mathrm{G} + h\mathrm{H}$$

或表示为 $$0 = -a\mathrm{A} - d\mathrm{D} + g\mathrm{G} + h\mathrm{H}$$

或写成通式 $$0 = \sum_{\mathrm{B}} \nu_{\mathrm{B}} \cdot \mathrm{B} \tag{1-10}$$

式中，符号 B 表示包含在反应中的分子、原子或离子；ν_B 为数字或简分数，称为（物质）B 的化学计量数。规定对反应物 ν_B 为负，对产物 ν_B 为正。当反应未发生时，即时间 $t = 0$，各物质的物质的量分别为 $n_0(\mathrm{A})$、$n_0(\mathrm{D})$、$n_0(\mathrm{G})$、和 $n_0(\mathrm{H})$；当反应进行到 $t = t$ 时，各物质的物质的量分别为 $n(\mathrm{A})$、$n(\mathrm{D})$、$n(\mathrm{G})$、和 $n(\mathrm{H})$，则反应进度定义为：

$$\xi = \frac{n(\mathrm{A}) - n_0(\mathrm{A})}{\nu_{\mathrm{A}}} = \frac{n(\mathrm{D}) - n_0(\mathrm{D})}{\nu_{\mathrm{D}}} = \frac{n(\mathrm{G}) - n_0(\mathrm{G})}{\nu_{\mathrm{G}}} = \frac{n(\mathrm{H}) - n_0(\mathrm{H})}{\nu_{\mathrm{H}}} \tag{1-11}$$

由式（1-11）可知，反应进度ξ的SI单位为mol。用反应系统中任意物质表示反应进度，在同一时刻所得的ξ值完全一致。

ξ可以是正整数，正分数，也可以是零，$\xi=0$ mol表示反应开始时刻的反应进度。

【例1-3】 合成氨反应的化学计量方程式可写成

（1）$N_2+3H_2 = 2NH_3$　　　（2）$\frac{1}{2}N_2+\frac{3}{2}H_2 = NH_3$

若反应起始时，N_2、H_2、NH_3的物质的量分别为10、30和0 mol，反应进行到t时，N_2、H_2、NH_3物质的量分别为7、21和6 mol，求时间为t时反应（1）和反应（2）的反应进度。

解：各物质的物质的量变化为：

$$\Delta n_{N_2}=7-10=-3\ (\text{mol})$$

$$\Delta n_{H_2}=21-30=-9\ (\text{mol})$$

$$\Delta n_{NH_3}=6-0=6\ (\text{mol})$$

对反应（1），由反应进度的定义式（1-11）可得：

$$\xi=\frac{-3}{-1}=\frac{-9}{-3}=\frac{6}{2}=3\ (\text{mol})$$

同理，对反应（2）可得：

$$\xi=\frac{-3}{-\frac{1}{2}}=\frac{-9}{-\frac{3}{2}}=\frac{6}{1}=6\ (\text{mol})$$

由此可见，在计算某一时刻的反应进度时，无论选用反应物还是产物，所得ξ值都相同。然而，反应进度的数值却与化学反应方程式的写法有关。当反应方程式写法不同时，$\xi=1$ mol所代表的意义也不同，例如，对于反应方程式（1），$\xi=1$ mol是指1 mol N_2和3 mol H_2完全反应，生成2 mol NH_3，这算作一个“单位化学反应”。而按照反应方程式（2），$\xi=1$ mol所指一个“单位化学反应”的含义是：0.5 mol的N_2和1.5 mol的H_2完全反应，生成1 mol NH_3。

反应进度是计算化学反应中质量和能量变化以及反应速率时常用到的物理量。

（四）Q_p与Q_V的关系

同一反应的等压反应热Q_p和等容反应热Q_V是不同的，但二者之间存在着一定的关系。如图1-5所示，从反应的始态出发，经等压反应（Ⅰ）和等容反应（Ⅱ）所得产物的终态是不相同的。通过过程（Ⅲ），等容反应的产物（Ⅰ）变成等压反应的产物（Ⅱ）。由于焓H是状态函数，故有

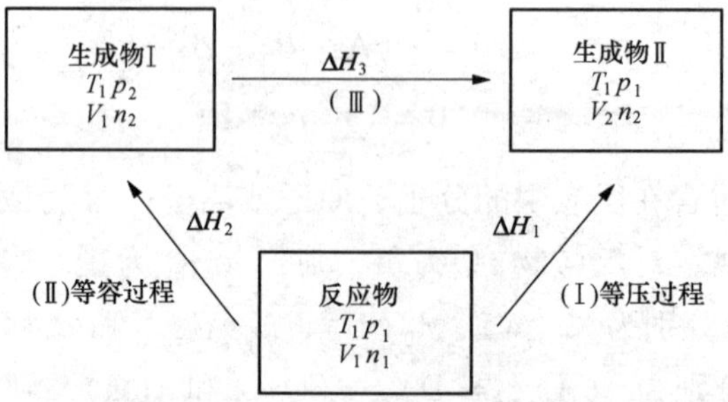

图1-5　等压反应热与等容反应热的关系

$$\Delta H_1 = \Delta H_2 + \Delta H_3$$

$$\Delta H_1 = \Delta U_2 + (p_2V_1 - p_1V_1) + \Delta U_3 + (p_1V_2 - p_2V_1)$$

$$\Delta H_1 = \Delta U_2 + (p_1V_2 - p_1V_1) + \Delta U_3 \tag{1-12}$$

过程（Ⅲ）只是同一产物发生单纯的压力和体积变化。因为理想气体的热力学能 U 只是温度的函数，故 $\Delta U_3 = 0$。

反应系统中的固体和液体，其 $\Delta(pV)$ 项可忽略不计，若假定系统中的气体为理想气体，则式（1－12）可变化为

$$\Delta H_1 = \Delta U_2 + \Delta nRT \tag{1-13}$$

式中，Δn 是反应前后气体的物质的量之差。于是，一个反应的 Q_p 与 Q_V 的关系可以表示为

$$Q_p = Q_V + \Delta nRT \tag{1-14}$$

由式（1－14）可以看出，当反应物与产物气体的物质的量相等（$\Delta n = 0$）时，或反应物与产物全是固体或液体时，等压反应热与等容反应热相等，即 $Q_p = Q_V$。使用理想气体状态方程计算时，要注意摩尔气体常数 R 的单位和数值因所用 pV 的单位而异（表 1－1）。

表 1－1　理想气体状态方程式中 R 值

pV 的单位	R 值	R 的单位
kPa · L	8.314	$kPa \cdot L \cdot mol^{-1} \cdot K^{-1}$ 或 $J \cdot mol^{-1} \cdot K^{-1}$
atm · L	0.08206	$atm \cdot L \cdot mol^{-1} \cdot K^{-1}$

在化学热力学中，一个反应的状态函数的改变量，如 $\Delta_r H$ 或 $\Delta_r U$（r 是英语单词 reation 的第 1 个字母），其数值显然与反应进度 ξ 有关。反应进度为 1mol 时系统的焓变和热力学能变化分别称作摩尔反应焓变 $\Delta_r H_m$ 和摩尔反应热力学能变 $\Delta_r U_m$（m 是英语单词 mole 的第 1 个字母），即

$$\Delta_r H_m = \frac{\Delta_r H}{\xi} \tag{1-15}$$

$$\Delta_r U_m = \frac{\Delta_r U}{\xi} \tag{1-16}$$

用上述观点进一步讨论式（1－14）所表示的 Q_p 与 Q_V 的关系，式子两边分别除以反应进度 ξ，则有

$$\Delta_r H_m = \Delta_r U_m + \Delta\nu RT \tag{1-17}$$

式中，$\Delta\nu$ 是反应前后气体物质的化学计量数的改变量，其数值与 Δn 的数值相等，$R = 8.314\ J \cdot mol^{-1} \cdot K^{-1}$。

【例 1－4】　用弹式量热计测得 298.15K 时，燃烧 1 mol 正庚烷的等容反应热 $Q_V = -4807.12$ kJ，求其 Q_p 值。

解： $C_7H_{16}(l) + 11O_2(g) \longrightarrow 7CO_2(g) + 8H_2O(l)$

$\Delta\nu = 7 - 11 = -4$

$\Delta_r H_m = \Delta_r U_m + \Delta\nu RT$

$= -4807.12 + (-4) \times 8.314 \times 298.15 \times 10^{-3} = -4817(kJ \cdot mol^{-1})$

故 Q_p 值为 -4817 kJ。

从【例 1－4】我们看到，即使有体积改变的气相反应，Q_p 和 Q_V 的数值也十分接近，这更说明了仅有凝聚相参与的反应，其 Q_p 与 Q_V 近似相等。

二、Hess 定律

（一）热化学方程式

表示出反应热效应的化学方程式称作热化学方程式（thermochemical equation）。书写热化学方程式要注意以下几点：

1. 要注明反应的温度和压力。

2. 必须注明物质的状态或晶型，分别用小写的 s（solid）、l（liquid）、g（gas）表示物质的固态、液态和气态；如为水溶液，用 aq（aqueous solution）表示。

3. $\Delta_r H_m$ 的常用单位是 $kJ \cdot mol^{-1}$，此时下标“m”和“$kJ \cdot mol^{-1}$”中的“mol^{-1}”都是指“单位化学反应”。对于同一化学反应，当反应方程式的化学计量数不同时，该反应的摩尔焓变也不同。例如：

（1）$C(石墨) + O_2(g) \xlongequal{\quad} CO_2(g)$　　$\Delta_r H_m^\ominus = -393.5\ kJ \cdot mol^{-1}$

（2）$C(金刚石) + O_2(g) \xlongequal{\quad} CO_2(g)$　　$\Delta_r H_m^\ominus = -395.4\ kJ \cdot mol^{-1}$

（3）$H_2(g) + \frac{1}{2}O_2(g) \xlongequal{\quad} H_2O(l)$　　$\Delta_r H_m^\ominus = -285.8\ kJ \cdot mol^{-1}$

（4）$2H_2(g) + O_2(g) \xlongequal{\quad} 2H_2O(l)$　　$\Delta_r H_m^\ominus = -571.6\ kJ \cdot mol^{-1}$

（5）$AgCl(s) \xlongequal{\quad} Ag^+(aq) + Cl^-(aq)$　　$\Delta_r H_m^\ominus = 65.5\ kJ \cdot mol^{-1}$

4. 在相同条件下，正反应和逆反应的摩尔焓变的数值相等，符号相反。例如：

$H_2O(l) \xlongequal{\quad} H_2(g) + \frac{1}{2}O_2(g)$　　$\Delta_r H_m^\ominus = 285.8\ kJ \cdot mol^{-1}$

H 的上标“$\ominus$”表示该化学反应中的所有物质都处于标准态。化学热力学对于物质的标准状态有严格的规定。纯固体或液体，其标准状态是 $x_B = 1$，即摩尔分数等于 1；溶液中的溶质 B，其标准态是浓度为 1 $mol \cdot L^{-1}$（或 1 mol/kg）的状态，用符号 $c^\ominus$ 表示；气相物质，其标准态是分压为 1 个标准压力（$p^\ominus = 1 \times 10^5 Pa = 1 bar$）的气体，用符号 $p^\ominus$ 表示。

（二）Hess 定律

1840 年，俄国科学家 G. H. Hess 通过总结大量实验结果发现：**一个化学反应，不论是一步完成的还是分几步完成的，其热效应总是相同的**。也就是说，化学反应的热效应只与反应的始、终态有关，而与反应经历的途径无关。这个规律称作 Hess **定律**。实验表明，Hess 定律只是对非体积功为零条件下的等容反应或等压反应才严格成立。

Hess 定律实际上是热力学第一定律的必然结果。因为在非体积功为零的条件下，对于等容反应，$\Delta_r U = Q_V$；对于等压反应，$\Delta_r H = Q_p$。而 U 和 H 均是状态函数，因此，任一化学反应，不论其反应途径如何，只要始、终态相同，则 $\Delta_r U$ 或 $\Delta_r H$ 必定相同。

Hess 定律是热化学的基本定律。根据 Hess 定律可以将热化学方程式像普通代数方程式那样进行运算，利用已知的化学反应的热效应来间接求得那些难于测准或无法测量的化学反应的热效应。

【例 1-5】 石墨和氧生成一氧化碳的反应热不宜由实验直接测得，因为产物不可避免地会含有二氧化碳。若已知：

（1）$C(石墨) + O_2(g) \xlongequal{\quad} CO_2(g)$；$\Delta_r H_m^\ominus = -393.5\ kJ \cdot mol^{-1}$

（2）$CO(g) + \frac{1}{2}O_2(g) \xlongequal{\quad} CO_2(g)$；$\Delta_r H_m^\ominus = -283.0 kJ \cdot mol^{-1}$

求反应（3）$C(石墨) + \frac{1}{2}O_2(g) = CO(g)$ 的 $\Delta_r H_m^\ominus$。

解： 因为　反应（3）＝反应（1）－反应（2）

$$C(石墨) + \frac{1}{2}O_2(g) = CO(g)$$

所以　$\Delta_r H_{m,3} = \Delta_r H_{m,1} - \Delta_r H_{m,2}$

$$= (-393.5) - (-283.0) = -110.5\ (kJ \cdot mol^{-1})$$

三、生成焓

因为多数物质是通过常压下的化学反应生成，所以生成焓也常称作生成热。对于一个化学反应，如果知道反应物和产物的焓值，该反应的 $\Delta_r H$ 即可由产物的 H 减去反应物的 H 而得到。根据焓的定义 $H = U + pV$，因为 U 的绝对值无法得到，所以焓 H 的绝对值也无法确定。于是，人们采用规定相对值的方法去定义物质的焓值，从而求出反应的 $\Delta_r H$。

（一）标准摩尔生成焓的定义

化学热力学规定，某温度下，由处于标准状态的各种元素的最稳定单质生成标准状态下的 1 mol 某纯物质的热效应，称作该温度下这种纯物质的标准摩尔生成焓（standard molar enthalpy of formation）。用符号 $\Delta_f H_m^\ominus$ 表示。其单位为 $kJ \cdot mol^{-1}$。在 Δ 右下角的 f 表示“生成（formation）”，H 的上标“⊖”表示物质处于标准态。表 1－2 给出了一些较熟悉的物质在 298.15 K 时的标准摩尔生成焓数值；书后的附录中列出了许多物质的标准摩尔生成焓数据。

表 1－2　一些物质的标准摩尔生成焓（298.15K）

物质	$\Delta_f H_m^\ominus$/（$kJ \cdot mol^{-1}$）	物质	$\Delta_f H_m^\ominus$/（$kJ \cdot mol^{-1}$）
Br_2（g）	+30.9	NaCl（s）	−411.2
C（s）金刚石	+1.9	Na_2O_2（s）	−510.9
C（g）	+716.7	NaOH（s）	−425.6
CO（g）	−110.5	BaO（s）	−548.0
CO_2（g）	−393.5	$BaCO_3$（s）	−1213.0
$CaCO_3$（s）	−1207.6	AgCl（s）	−127.0
CuO（s）	−157.3	ZnO（s）	−350.5
$CuSO_4 \cdot 5H_2O$（s）	−2279.7	SiO_2（s）	−910.7
$CuSO_4$（s）	−771.4	HNO_3（l）	−174.1
H_2O（l）	−285.8	CH_4（g）	−74.6
H_2O（g）	−241.8	C_2H_6（g）	−84.0
HF（g）	−273.3	F（g）	+79.4
HCl（g）	−92.3	H（g）	+218.0
HBr（g）	−36.3	Cl（g）	+121.3
HI（g）	+26.5	O（g）	+249.2
H_2S（g）	−20.6	Na^+（aq）	−240.36
NO（g）	+90.3	Cl^-（aq）	−167.08
NO_2（g）	+33.2	Ag^+（aq）	+105.79

根据上述定义，**最稳定单质的标准摩尔生成焓 $\Delta_f H_m^\ominus$ 都为零**。如果一种元素有几种不同

结构的单质，如碳有石墨（graphite）和金刚石，石墨是最稳定单质；磷有红磷和白磷，白磷是稳定单质；硫有单斜硫和斜方硫，斜方硫是稳定单质。

例如，在 298.15 K，C（石墨）+ O_2（g） ══ CO_2（g）；$\Delta_r H_m^{\ominus} = -393.5\ \text{kJ} \cdot \text{mol}^{-1}$；C（石墨）和 O_2（g）都是最稳定单质，由它们化合生成 1 mol CO_2（g）的标准摩尔焓变是 $-393.5\ \text{kJ} \cdot \text{mol}^{-1}$，所以，$CO_2$（g）的标准摩尔生成焓 $\Delta_f H_m^{\ominus}$ 为 $-393.5\ \text{kJ} \cdot \text{mol}^{-1}$。

水溶液中离子的标准摩尔生成焓，规定浓度为 1mol 的 H^+（aq）其标准摩尔生成焓为零。

（二）标准摩尔生成焓的应用

标准摩尔生成焓给我们提供了一组以最稳定单质的焓为零而得到的各种物质的相对焓值，利用这些数据可求得各种反应的标准摩尔焓变 $\Delta_r H_m^{\ominus}$。

如图 1－6 所示，一个途径是从最稳定单质直接转变为产物，另一个途径是最稳定单质先生成反应物，再转变成产物。两种途径的反应焓变相等。这正是状态函数的特性。

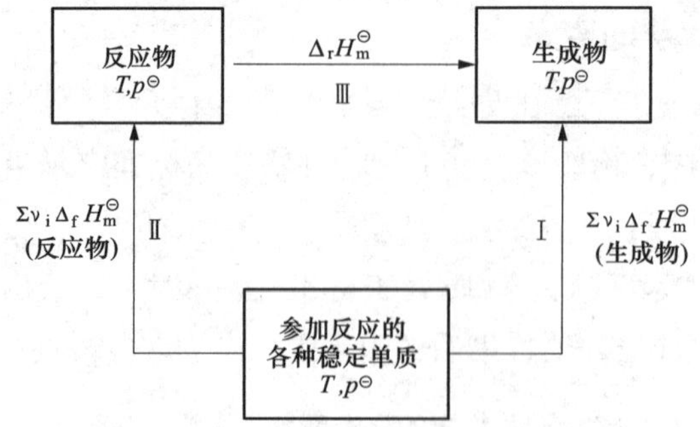

图 1－6　标准生成焓与反应焓的关系

$$\Delta H_{\mathrm{I}} = \Delta H_{\mathrm{II}} + \Delta H_{\mathrm{III}}$$

即

$$\Delta H_{\mathrm{III}} = \Delta H_{\mathrm{I}} - \Delta H_{\mathrm{II}}$$

也就是

$$\Delta_r H_m^{\ominus} = \sum_B \nu_B \Delta_f H_m^{\ominus}(B) \tag{1-18}$$

即反应的标准摩尔焓变等于产物的标准摩尔生成焓之和减去反应物的标准摩尔生成焓之和。

【例 1－6】 利用标准摩尔生成焓计算下列反应的标准摩尔焓变 $\Delta_r H_m^{\ominus}$：

$$2NH_3(g) + CO_2(g) \Longrightarrow NH_2CONH_2(aq) + H_2O(l)$$

解： 查表得

物质	NH_2CONH_2（aq）	H_2O（l）	NH_3（g）	CO_2（g）
$\Delta_f H_m^{\ominus}$/（kJ·mol^{-1}）	－319.2	－285.8	－45.9	－393.5

由式（1－18）得：

$$\begin{aligned}\Delta_r H_m^{\ominus} &= \Delta_f H_m^{\ominus}(NH_2CONH_2, aq) + \Delta_f H_m^{\ominus}(H_2O, l) \\ &\quad - 2\Delta_f H_m^{\ominus}(NH_3, g) - \Delta_f H_m^{\ominus}(CO_2, g) \\ &= [(-319.2) + (-285.8)] - [2 \times (-45.9) + (-393.5)] \\ &= -119.7(\text{kJ} \cdot \text{mol}^{-1})\end{aligned}$$

【例 1－7】 利用标准摩尔生成焓计算下列反应的标准摩尔焓变 $\Delta_r H_m^{\ominus}$。

$$CaCO_3(方解石) \longrightarrow CaO(s) + CO_2(g)$$

解：查表得

物质	$CaCO_3$（方解石）	CaO（s）	CO_2（g）
$\Delta_f H_m^\ominus$/（$kJ \cdot mol^{-1}$）	-1207.6	-634.9	-393.5

由式（1-18）得：

$$\Delta_r H_m^\ominus = \Delta_f H_m^\ominus(CaO,s) + \Delta_f H_m^\ominus(CO_2,g) - \Delta_f H_m^\ominus(CaCO_3,方解石)$$
$$= [(-634.9) + (-393.5)] - (-1207.6)$$
$$= 179.2(kJ \cdot mol^{-1})$$

在上面两个例子中，前者 $\Delta_r H_m^\ominus < 0$，为放热反应；而后者 $\Delta_r H_m^\ominus > 0$，是吸热反应。尽管反应标准摩尔焓变 $\Delta_r H_m^\ominus$ 与反应温度有关，但在一般温度范围内 $\Delta_r H_m^\ominus$ 变化不大，在本课程中我们可以近似地认为在一般温度范围内的 $\Delta_r H_m^\ominus$ 与 298.15 K 的 $\Delta_r H_m^\ominus$ 数值相等。

四、燃烧焓

绝大多数有机化合物不能由稳定单质直接合成，故其反应的标准摩尔焓变无法直接测得。但有机化合物容易燃烧，由实验可以测得其燃烧过程的热效应。人们规定，在标准压力和指定温度下，1 mol 物质**完全燃烧**的等压热效应称为该物质的**标准摩尔燃烧焓**（standard molar enthalpy of combustion），用 $\Delta_c H_m^\ominus$ 表示，单位为 $kJ \cdot mol^{-1}$，其中 c 是英语单词 combustion 的词头，为燃烧之意。

定义中的**完全燃烧**是指被燃烧的物质变成最稳定的燃烧产物，如化合物中的 C 变成 CO_2（g），H 变为 H_2O（l），N 变为 N_2（g），S 变为 SO_2（g），Cl 变为 HCl（aq）。根据上述定义，上述**完全燃烧的产物的标准摩尔燃烧焓为零**。单质氧没有燃烧反应，也可认为它的标准摩尔燃烧焓为零。表 1-3 给出了几种有机化合物的标准摩尔燃烧焓数值。

表 1-3　有机化合物的标准摩尔燃烧焓

物质	$\Delta_c H_m^\ominus$/（$kJ \cdot mol^{-1}$）	物质	$\Delta_c H_m^\ominus$/（$kJ \cdot mol^{-1}$）
CH_4（g）	-890.8	C_2H_5OH（l）	-1366.8
C_2H_6（g）	-1560.7	C_6H_6（l）	-3267.6
HCHO（g）	-570.7	C_7H_8（l）	-3910.3
CH_3OH（l）	-726.1	C_6H_5OH（s）	-3053.5

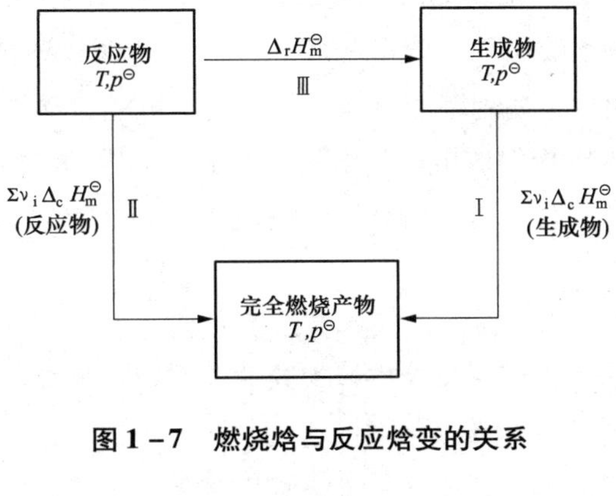

图 1-7　燃烧焓与反应焓变的关系

图 1－7 给出了标准摩尔燃烧焓和反应标准摩尔焓变的关系，从中可以推导出反应物和生成物的标准摩尔燃烧焓求算反应的标准摩尔焓变的公式：

$$\Delta_r H_m^\ominus = -\sum_B \nu_B \Delta_c H_m^\ominus(B) \qquad (1-19)$$

即反应的标准摩尔焓变等于反应物的标准摩尔燃烧焓之和减去产物的标准摩尔燃烧焓之和。

【例 1－8】 求下面反应 $CH_3OH\ (l) + 1/2\ O_2\ (g) = HCHO\ (g) + H_2O\ (l)$ 的 $\Delta_r H_m^\ominus$。

解：由式（1－19）得：

$\Delta_r H_m^\ominus = \Delta_c H_m^\ominus$（$CH_3OH$，$l$）$-\Delta_c H_m^\ominus$（HCHO，g）

查表得：$\Delta_c H_m^\ominus$（CH_3OH，l）$= -726.1\ kJ \cdot mol^{-1}$

$\Delta_c H_m^\ominus$（HCHO，g）$= -570.7\ kJ \cdot mol^{-1}$

故 $\Delta_r H_m^\ominus = (-726.1) - (-570.7) = -155.4\ (kJ \cdot mol^{-1})$

扫码“学一学”

第三节 化学反应的方向性

前面讨论的热力学第一定律，它只告诉我们能量间相互转换的规律，至于能量间转换能否发生，以及发生后进行的限度如何则未涉及。我们知道，当研究一个化学反应时，首先遇到的一个重要问题就是反应能否发生以及进行的限度如何。在本节里，我们讨论的化学反应的方向就是指各物质均处于标准状态时，化学反应进行的方向。至于非标准态下的化学反应的方向和限度问题，将在第二章化学平衡中讨论。

一、自发过程

自然界中发生的变化是自发进行的。例如铁在潮湿的空气中生锈，冰在常温下融化等。**这种在一定条件下不需要外力作用就能进行的过程叫作自发过程**。下面看几个自发过程的实例。

1. 在一个箱子里，中间用隔板隔开，设法使两边的气体压力不等。将隔板去掉后，压力大的一方气体将自动地向压力小的一方流动，直到两边的压力相等。在这个过程中，人们可以用它做功，如做膨胀功。压力相等后，要想使它恢复到原来的状态，即一方压力大，另一方压力小，除非人们对它做功，如用压缩机将气体从一方压缩到另一方去，否则是不可能自动复原的。

2. 两个温度不同的物体接触，热就会自动地从高温物体传向低温物体，直至温度相等为止。人们可以利用温度不等做功。温度相等后，要想使两物体的温度再恢复到一高一低的原来状态，必须对它做功，如用制冷机等，否则是不可能自动复原的。

3. 将两个电势不同的电极组成电池，电流就从高电势自动地流向低电势，直至电势相等。人们可以用电流做功，如照明、加热等。电流不会自动地从低电势流向高电势，除非人们对它做功，如用发电机充电。

从这些实际例子可以看出，**自发过程具有以下特征**：

（1）方向性　它的逆过程不能自动进行，除非人们对它做功。

（2）做功能力　自发过程都可以用来做功。

（3）限度　例如，只能进行到压力相等、温度相等、电势相等。

二、熵与熵变

从自发过程的讨论可以看出，每个自发过程都有一个相应的物理量作为判断自发进行的方向及限度的依据，如前例中的压力、温度、电势等，通常称之为**判据**。

早在19世纪中叶，人们就把反应热作为反应自发性的判据，认为只有放热反应才能自发进行，而吸热反应是不能自发的。从反应系统能量变化来看，还是有一定道理的。反应过程放出热量，系统的能量降低，说明产物分子比反应物分子结合得牢固，系统趋于稳定。实验表明，常温下放热反应一般都是可以进行的。但是，有些吸热过程在常温下也能自发进行，例如冰的融化和 NH_4Cl 在水中溶解。碳酸钙分解也是一个吸热过程，虽然在常温常压下碳酸钙不能自动分解，但在高温时却能自发进行。由此可见，“系统能量降低”并非是影响自发过程方向的唯一因素。事实表明，系统的混乱度（disorder）增大和温度的改变也是许多自发过程的推动力。

（一）熵和熵变

冰中的 H_2O 分子处于刚性有序结构中，只在固定的位置附近振动。液态水则不然，它不仅可以呈现出宏观流动状态，而且从微观上看，其中 H_2O 分子的热运动一刻也没有停止过。很明显，H_2O 分子在液态水中的运动范围要比在冰中大得多，可以表现出许多种微观状态。因此，冰融化成水是一个混乱度增大的过程，也是一个**微观状态数**增多的过程。

系统的状态总是与确定的微观状态数对应。如果用系统的状态函数来描述系统的混乱度，那么这种状态函数和微观状态数之间必然存在某种定量关系。在热力学中把描述系统混乱度的状态函数称作熵（entropy），**符号为** S。如用 Ω 来表示微观状态数，则熵（S）与微观状态数之间的定量关系为：

$$S = k\ \ln\Omega \tag{1-20}$$

式中 $k = 1.38\times10^{-23}\,\mathrm{J\cdot K^{-1}}$，为玻耳兹曼（Boltzmann）常数。

从式（1－20）可以看出，系统的微观状态数越多，即混乱度越大，则系统的熵值越大。也可以看出，熵的单位和 Boltzmann 常数的单位相同，SI 单位为 $\mathrm{J\cdot K^{-1}}$。熵具有加和性。

20世纪初，人们总结一系列低温实验结果，认识到在0 K时，任何完整晶体的原子或分子只有一种排列方式，即只有一种微观状态数。也就是说，**在0 K时任何纯物质完整晶体的熵值等于零**。即：

$$S_0 = \ln 1 = 0\ \text{（下标“0”表示 0 K）} \tag{1-21}$$

这就是热力学第三定律（third law of thermodynamics）。如果将一种完整晶体从0 K升温到任一温度 T，并测量这个过程的熵变量，则：$S_\mathrm{T} - S_0 = \Delta S$，由于 $S_0 = 0$，所以

$$\Delta S = S_\mathrm{T} \tag{1-22}$$

热力学规定：**在标准状态下，将1mol完整晶体从0 K升温到某指定温度时的熵变，称为该温度下该物质的标准摩尔熵**（standard entropy），**用符号** $S_\mathrm{m}^\ominus$ **表示，SI单位为** $\mathrm{J\cdot K^{-1}\cdot mol^{-1}}$。

在标准状态下，浓度为 $1\ \mathrm{mol\cdot L^{-1}}$ 某水合离子的标准熵，就是该水合离子的标准摩尔熵。通常规定 $1\ \mathrm{mol\cdot L^{-1}}$ 水合氢离子在298.15K的标准摩尔熵等于零。

表1－4给出了一些较熟悉的物质在298.15K时的标准摩尔熵数值。书后的附录中列出了许多物质的标准摩尔熵数据。

表 1-4　一些物质的标准摩尔熵（298.15 K）

物质	$S_m^\ominus$/（$J \cdot K^{-1} \cdot mol^{-1}$）	物质	$S_m^\ominus$/（$J \cdot K^{-1} \cdot mol^{-1}$）
$AlCl_3$（s）	109.3	HCl（g）	186.9
$BaSO_4$（s）	132.2	F_2（g）	202.8
Br_2（l）	152.2	HF（g）	173.8
Br_2（g）	245.5	H_2（g）	130.7
HBr（g）	198.7	H_2O（l）	70.0
CaO（s）	38.1	H_2O（g）	188.8
$CaCO_3$（方解石）	91.7	I_2（s）	116.1
C（石墨）	5.7	HI（g）	206.6
C（金刚石）	2.4	NO（g）	210.8
CO（g）	197.7	NO_2（g）	240.1
CO_2（g）	213.8	NH_3（g）	192.8
CH_4（g）	186.3	NH_4Cl（s）	94.6
C_2H_6（g）	229.2	KCl（s）	82.6
Cl_2（g）	223.1	Zn（s）	41.6

标准摩尔熵 $S_m^\ominus$ 与标准摩尔生成热 $\Delta_f H_m^\ominus$ 有着根本的不同，$\Delta_f H_m^\ominus$ 是以最稳定单质的热焓值为零的相对数值，因为焓 H 的实际数据不能得到；而标准摩尔熵 $S_m^\ominus$ 不是相对数值，它的值可以求得。

从上面的讨论中我们知道，物质的混乱度越大，其对应的熵值越大，下面我们讨论**影响熵值的因素**。

（1）对于同一种物质来说，气态的比液态的有较高的标准摩尔熵，液态的又比固态的有较高的标准摩尔熵，即 $S_m(g) > S_m(l) > S_m(s)$，例如：

物质	SO_3（s）	SO_3（l）	SO_3（g）	H_2O（l）	H_2O（g）
$S_m^\ominus$/（$J \cdot K^{-1} \cdot mol^{-1}$）	52.3	95.6	256.8	70.0	188.8

（2）同一物态的物质，其分子中原子数目或电子数目越多，它的标准摩尔熵一般也越大。

例如：

物质	HF（g）	HCl（g）	HBr（g）	HI（g）	CH_4（g）	C_2H_6（g）
$S_m^\ominus$/（$J \cdot K^{-1} \cdot mol^{-1}$）	173.7	186.8	198.6	206.6	186.2	229.5

（3）摩尔质量相同的不同物质，结构越复杂，$S_m^\ominus$ 越大。如乙醇（CH_3CH_2OH）和甲醚（CH_3OCH_3）是同分异构体，在 298.15 K，它们的气态的 $S_m^\ominus$ 分别是 283 和 267 $J \cdot K^{-1} \cdot mol^{-1}$，因为乙醇分子的对称性不如甲醚。

（4）同一种物质，其标准摩尔熵随温度升高而增大。因为温度升高，分子的动能增加，微粒运动的自由度增加，标准摩尔熵相应增大。如 CS_2（l）在 161 K 和 298.15 K 时和 $S_m^\ominus$ 分别为 103、150 $J \cdot K^{-1} \cdot mol^{-1}$。

（5）压力对固态、液态物质的标准摩尔熵影响较小，而压力对气态物质的熵值影响较大。压力越大，微粒运动的自由程度减小，摩尔熵就小。如 298.15 K 时，O_2（g）在 100 kPa 和 600 kPa 的 $S_m^\ominus$ 值分别为 205 和 190 $J \cdot K^{-1} \cdot mol^{-1}$。

（二）化学反应的标准摩尔熵变

应用纯物质的标准摩尔熵 $S_m^\ominus$ 可以计算化学反应的标准摩尔熵变 $\Delta_r S_m^\ominus$。其公式为：

$$\Delta_r S_m^\ominus = \sum_B \nu_B S_m^\ominus(B) \tag{1-23}$$

即反应的标准摩尔熵变等于生成物的标准摩尔熵之和减去反应物的标准摩尔熵之和。

$\Delta_r S_m^\ominus$ 受温度变化影响较小，因此在一定温度范围内反应的标准摩尔熵变可以近似地用 298.15K 的相关数据代替。

【例 1－9】 计算下列反应在 298.15K 时的标准摩尔熵变 $\Delta_r S_m^\ominus$。

$$NH_3(g) + HCl(g) = NH_4Cl(s)$$

解：由附录查知，各物质的标准摩尔熵如下：

物质	NH_3（g）	HCl（g）	NH_4Cl（s）
$S_m^\ominus$/（$J \cdot K^{-1} \cdot mol^{-1}$）	192.8	186.9	94.6

根据式（1－23）得：

$\Delta_r S_m^\ominus = 94.6 - (192.8 + 186.9) = -285.1$（$J \cdot K^{-1} \cdot mol^{-1}$）

$\Delta_r S_m^\ominus < 0$，说明该反应是一个熵值减小的过程。

【例 1－10】 计算下列反应在 298.15K 时的标准熵变 $\Delta_r S_m^\ominus$。

$$2H_2O_2(l) = 2H_2O(l) + O_2(g)$$

解：由附录查知，各物质的标准摩尔熵如下：

物质	H_2O_2（l）	H_2O（l）	O_2（g）
$S_m^\ominus$/（$J \cdot K^{-1} \cdot mol^{-1}$）	109.6	70.0	205.2

据式（1－23）得：

$\Delta_r S_m^\ominus = (205.2 + 2 \times 70.0) - 2 \times 109.6 = 126$（$J \cdot K^{-1} \cdot mol^{-1}$）

$\Delta_r S_m^\ominus > 0$，说明该反应是一个熵值增大的过程。

以上两例说明，在反应中气体分子数增加时，系统的熵值变大，$\Delta_r S_m^\ominus > 0$，为熵值增加反应；气态分子数减少时，系统的熵值变小，$\Delta_r S_m^\ominus < 0$，为熵值减少反应。所以，由反应中气态分子数目的变化可以估计系统熵值的增减。

以上两例中的化学反应在常温时均是自发的，看来，单纯用系统的熵变（教材中计算的 $\Delta_r S_m$ 均是 $\Delta S_{系统}$，而 $\Delta S_{环境}$ 未考虑）作为反应自发性的判据是不合适的。可以把系统的熵变（$\Delta S_{系统}$）和环境的熵变（$\Delta S_{环境}$）综合在一起，称之为总熵变 $\Delta S_{孤立} = \Delta S_{系统} + \Delta S_{环境}$ 作为自发性的判据，即 $\Delta S_{孤立} > 0$，反应或过程是自发的；$\Delta S_{孤立} = 0$，反应或过程达到平衡状态。这部分内容将在《物理化学》中学习。

三、Gibbs 自由能与自发过程

（一）Gibbs 自由能与自发过程

我们知道，焓变揭示了反应前后的能量变化关系，不能作为化学反应自发性的判据；

也不能将系统的熵变作为反应（或过程）自发性的判据。大量的事实表明，过程（或反应）的自发性不仅与焓变和熵变有关，而且还与温度有关。

为了确定一个反应（或过程）自发性的判据，1876 年美国著名的物理化学家吉布斯（J. W. Gibbs）提出一个综合了系统焓、熵和温度三者关系的新的状态函数吉布斯自由能（Gibbs free energy），**用 G 表示**，其定义为：

$$G = H - TS \tag{1-24}$$

由于 H、T、S 都是系统的状态函数，故 $H - TS$ 必然是系统的状态函数，当系统的始、终态一定时，吉布斯自由能增量（ΔG）就为定值，与变化途径无关。

根据式（1-24）可以得到等温等压过程吉布斯自由能的变量为：

$$\Delta G = \Delta H - T\Delta S \tag{1-25}$$

这是个很重要的关系式，叫作吉布斯-赫姆霍兹（Gibbs-Helmholtz）公式。

在热力学中已经证明：封闭系统在等温等压条件下，系统的吉布斯自由能的减少（$-\Delta G$）等于系统对外所做的最大非体积功（W'），即：

$$-\Delta G = -(G_2 - G_1) = -W'_{max} \tag{1-26}$$

或

$$\Delta G = W'_{max} \tag{1-27}$$

式中，W'_{max} 表示最大非体积功。

更重要的是，式（1-27）可以作为等温、等压下化学反应进行方向的判据。

若 $\Delta G < 0$，则 $W' < 0$，说明系统能对外做功，这个反应是自发的；若 $\Delta G > 0$，则 $W' > 0$，说明环境对系统做功，这个反应是非自发的；若 $\Delta G = W'$，则反应以可逆方式进行（即平衡状态）。

如甲烷的燃烧反应的 $\Delta G^{\ominus} = -818\ kJ \cdot mol^{-1}$，表明在 298.15 K 及标准状态下，1 mol CH_4 在理想的可逆燃料电池中最多输出 818 kJ 的功。又如在 298 K 水分解成 H_2 和 O_2 时：

$$H_2O\ (l) \rightarrow H_2\ (g) + \frac{1}{2}O_2\ (g)；\ \Delta G^{\ominus} = +237\ kJ \cdot mol^{-1}。$$

在此，$\Delta G^{\ominus} > 0$，表示 H_2O 在室温下不能自发变成 H_2 和 O_2，必须通电电解（即对系统做电功），水才能分解。$\Delta G^{\ominus} = +237\ kJ \cdot mol^{-1}$，表明至少要输入 237 kJ 的电功才能电解 1 mol 的水。

若反应在**等温、等压下进行，且不做非体积功**，即 $W' = 0$，这是本章中我们最熟悉的情况。根据以上讨论，这时式（1-27）变为：

$$\Delta G \leqslant 0 \tag{1-28}$$

于是**等温、等压下不做非体积功的化学反应的判据（简称吉布斯自由能判据）为：**

$$\Delta G \begin{Bmatrix} < \\ = \\ > \end{Bmatrix} 0 \quad \begin{matrix} \text{自发过程} \\ \text{平衡状态，反应达到最大限度} \\ \text{非自发过程} \end{matrix}$$

由式（1-25）可以看出，ΔG 综合了 ΔH 和 $T\Delta S$ 两项，即吉布斯自由能变化既考虑了过程的焓变又考虑了温度和熵变，它综合了反应自发进行的诸种因素，因此，它可作为判断过程或反应在等温、等压条件下能否自发进行的普遍标准。吉布斯自由能判据克服了熵判据的不足，吉布斯自由能判据可直接用系统热力学函数变化进行判断，不再考虑环境热力学函数变化。

为了讨论温度对自发反应方向的影响，可以按照反应的焓变和熵变的正、负号，将化学反应分成**四种类型**（表1－5）。

表1－5　恒压下温度对反应自发性影响

类型	$\Delta_r H_m$ 符号	$\Delta_r S_m$ 符号	$\Delta_r G_m$ 符号	反应情况
1	－	＋	－	任何温度下均为自发过程 例如　$2H_2O_2(l) \longrightarrow 2H_2O(l) + O_2(g)$
2	＋	－	＋	任何温度下均为非自发过程 例如　$CO(g) \longrightarrow C(石墨) + \frac{1}{2}O_2(g)$
3	＋	＋	低温（＋） 高温（－）	低温时为非自发过程 高温时为自发过程 例如　$CaCO_3(s) = CaO(s) + CO_2(g)$ 这类反应的平衡温度（$\Delta_r G_m = 0$）是该反应自发进行的最低温度
4	－	－	低温（－） 高温（＋）	低温时为自发过程 高温时为非自发过程 例如　$N_2(g) + 3H_2(g) \longrightarrow 2NH_3(g)$ 这类反应的平衡温度（$\Delta_r G_m = 0$）是该反应自发进行的最高温度

（二）化学反应的标准 Gibbs 自由能变化

由 Gibbs 自由能的定义式（1－24）可知，因焓的绝对值无法测得，所以 Gibbs 自由能的绝对值也无法确定。在判断一个反应的方向性时，虽然我们不知道系统 Gibbs 自由能的绝对值，但是只需要知道这个反应的 $\Delta_r G_m$ 就足够了。可以采用与求标准摩尔生成焓相似的方法来计算 Gibbs 自由能的改变值。

化学热力学规定：某温度下由处于标准态的最稳定单质生成标准状态下 1mol 某纯物质的 Gibbs 自由能变化，称作这种温度下该物质的标准摩尔生成 Gibbs 自由能（standard Gibbs free energy of formation）。用符号 $\Delta_f G_m^{\ominus}$ 表示，单位为 $kJ \cdot mol^{-1}$。与标准摩尔生成焓一样，这里没有指定温度，通常手册上给出的大多是 298.15 K 的数值（附录）。由标准摩尔生成 Gibbs 自由能定义可知，**处于标准态下最稳定单质的标准摩尔生成 Gibbs 自由能为零**。表1－6 列出了一些物质在 298.15K 下的标准摩尔生成吉布斯自由能。

表1－6　一些物质的标准摩尔生成吉布斯自由能（298.15 K）

物质	$\Delta_f G_m^{\ominus}$/（$kJ \cdot mol^{-1}$）	物质	$\Delta_f G_m^{\ominus}$/（$kJ \cdot mol^{-1}$）
$AlCl_3$（s）	－628.8	H_2O（g）	－228.6
NH_3（g）	－16.4	I_2（g）	＋19.3
NH_4Cl（s）	－202.9	$PbCl_2$（s）	－314.1
$CaCO_3$（方解石）	－1129.1	$PbSO_4$（s）	－813.0
CaO（s）	－603.3	NO（g）	＋86.6
C（金刚石）	＋2.9	NO_2（g）	＋51.3

续表

物质	$\Delta_f G_m^\ominus$/（$kJ \cdot mol^{-1}$）	物质	$\Delta_f G_m^\ominus$/（$kJ \cdot mol^{-1}$）
CO（g）	−137.2	KCl（s）	−408.5
CO_2（g）	−394.4	KI（s）	−324.9
HBr（g）	−53.4	AgBr（s）	−96.9
HCl（g）	−95.3	AgCl（s）	−109.8
HF（g）	−275.4	SO_2（g）	−300.1
HI（g）	+1.7	CH_4（g）	−50.5
H_2O（l）	−237.1	$C_6H_{12}O_6$（s，α-葡萄糖）	−910.4

将从表中查出的 $\Delta_f G_m^\ominus$ 数据代入式（1−29），即可求出反应的标准摩尔 Gibbs 自由能（standard free energy of reaction）变化 $\Delta_r G_m^\ominus$。根据 $\Delta_r G_m^\ominus$ 数值，就可以按照式（1−28）判断该化学反应自发进行的方向了。

$$\Delta_r G_m^\ominus = \sum_B \nu_B \Delta_f G_m^\ominus(B) \qquad (1-29)$$

即反应的标准摩尔 Gibbs 自由能变化等于生成物的标准摩尔生成 Gibbs 自由能之和减去反应物的标准摩尔生成 Gibbs 自由能之和。

【例 1−11】 在有光照射下，绿色植物通过下列反应进行光合作用合成葡萄糖：

$$6CO_2(g) + 6H_2O(l) \xlongequal{\quad} C_6H_{12}O_6(s) + 6O_2(g)$$

试用反应的标准摩尔 Gibbs 自由能变化估计这个反应在没有光合作用的情况下能否发生？

解： 由表 1−6 查出 298.15K 时各物质的 $\Delta_f G_m^\ominus$ 数据。

物质	CO_2（g）	H_2O（l）	$C_6H_{12}O_6$（s）
$\Delta_f G_m^\ominus$/（$kJ \cdot mol^{-1}$）	−394.4	−237.1	−910.4

根据式（1−29），得：

$$\Delta_r G_m^\ominus = [\Delta_f G_m^\ominus(C_6H_{12}O_6, s) + 6\Delta_f G_m^\ominus(O_2, g)] - 6[\Delta_f G_m^\ominus(CO_2, g) + \Delta_f G_m^\ominus(H_2O, l)]$$
$$= [(-910.4) + 0] - 6[(-394.4) + (-237.1)] = +2879\ (kJ \cdot mol^{-1})$$

该化学反应的 $\Delta_r G_m^\ominus$ 的正值很大，表明在没有光合作用的情况下不可能发生。

水合离子的标准摩尔生成 Gibbs 自由能。通常规定浓度为 1 $mol \cdot L^{-1}$ 的 H^+（aq）的标准摩尔生成 Gibbs 自由能为零。以此为基础，可求得其他离子（1 $mol \cdot L^{-1}$）的标准摩尔生成 Gibbs 自由能。一些离子的标准摩尔生成 Gibbs 自由能列于表 1−7 中。

表 1−7　一些离子的标准摩尔生成 Gibbs 自由能（298.15 K）

离　子	$\Delta_f G_m^\ominus$/（$kJ \cdot mol^{-1}$）	离子	$\Delta_f G_m^\ominus$/（$kJ \cdot mol^{-1}$）
Cl^-	−131.25	Na^+	−261.88
Br^-	−103.97	K^+	−282.48
I^-	−51.59	Ca^{2+}	−558.54
SO_4^{2-}	−744.63	Ag^+	+77.124
CO_3^{2-}	−527.89	Cu^{2+}	+65.52
OH^-	−157.26	Ac^-	372.46

【例 1－12】 计算在 298.15 K 及标准状态下，下列反应的 $\Delta_r G_m^{\ominus}$。

$$Cl_2(g) + 2I^-(aq) \xlongequal{\quad} 2Cl^-(aq) + I_2(s)$$

解：查表 1－7，各物质的标准摩尔生成 Gibbs 自由能如下。

物质	$I_2(s)$	$Cl^-(aq)$	$I^-(aq)$	$Cl_2(g)$
$\Delta_f G_m^{\ominus}/(kJ \cdot mol^{-1})$	0	－131.25	－51.59	0

将数据代入式（1－29）得：

$$\Delta_r G_m^{\ominus} = 2\Delta_f G_m^{\ominus}(Cl^-,\ aq) - 2\Delta_f G_m^{\ominus}(I^-,\ aq)$$

$$\Delta_r G_m^{\ominus} = 2 \times (-131.35) - 2 \times (-51.59) = -159.5\ (kJ \cdot mol^{-1})$$

计算结果表明，$\Delta_r G_m^{\ominus} < 0$，即该反应在常温下可自发进行。

热力学中没有指定标准态的温度数值，而温度变化对 $\Delta_r H_m^{\ominus}$ 和 $\Delta_r S_m^{\ominus}$ 的影响又较小；因此在求算 $\Delta_r G_m^{\ominus}(T)$ 的近似值时，可采用 298.15 K 时的 $\Delta_r H_m^{\ominus}$ 和 $\Delta_r S_m^{\ominus}$ 数值代替其他温度的焓变和熵变数值：

$$\Delta_r G_m^{\ominus}(T) = \Delta_r H_m^{\ominus}\ (298.15K) - T\Delta_r S_m^{\ominus}\ (298.15K) \qquad (1-30)$$

【例 1－13】 反应 $CaCO_3(s) = CaO(s) + CO_2(g)$ 的 $\Delta_r H_m^{\ominus}(298.15K) = 178.3\ kJ \cdot mol^{-1}$，$\Delta_r S_m^{\ominus}(298.15\ K) = 160.4\ J \cdot K^{-1} \cdot mol^{-1}$，求反应在 1200 K 时的 $\Delta_r G_m^{\ominus}$ 及反应自发进行的最低温度。

解：根据式（1－30）得：

$$\begin{aligned}\Delta_r G_m^{\ominus}(1200\ K) &= \Delta_r H_m^{\ominus}(298.15K) - 1200\Delta_r S_m^{\ominus}(298.15K)\\ &= 178.3 - \frac{1200 \times 160.4}{1000}\\ &= -14.18\ (kJ \cdot mol^{-1})\end{aligned}$$

若使反应自发进行，必有 $\Delta_r G_m^{\ominus}(T) < 0$，因 $\Delta_r H_m^{\ominus}(298.15\ K)$ 和 $\Delta_r S_m^{\ominus}(298.15K)$ 均大于 0，故反应的最低温度为：

$$T > \frac{\Delta_r H_m^{\ominus}(298.15K)}{\Delta_r S_m^{\ominus}(298.15K)} > \frac{178.3 \times 1000}{160.4} = 1112\ (K)$$

计算结果表明，在标准态时，$CaCO_3$ 的最低分解温度为 1112 K(839℃)。同时也说明温度变化对 $\Delta_r G_m^{\ominus}$ 的影响相当显著。

本章小结

一、热力学常用术语和基本概念

（一）状态和状态函数

状态：是系统物理性质和化学性质（如质量、温度压力等）的总和。

状态函数：能确定系统状态的物理量。

状态函数分类：广度（容量）性质，具有加和性，如 V，n 等；强度性质，不具有加和性，如 ρ、T 等。

状态函数的特点：是可测量的物理参数；是状态的单值函数，状态一定，状态函数值一定，即定态定值；状态函数的变化值只决定于始态和终态，而与变化的途径无关；任何循环过程的状态函数的变化值均为零。

热力学能 U、焓 H、熵 S 和吉布斯自由能 G 均是状态函数，且具备广度性质。

（二）功和热

热：系统与环境之间由于温度不同而交换或传递的能量，用符号 Q 表示。其单位 J 或 kJ。

规定：系统吸热为正，放热为负。

功：除热以外其余各种被传递的能量，用符号 W 表示。其单位 J 或 kJ；功（W）为体积功（W_e）和非体积功（W'）之和。

规定：系统对环境做功为负值，环境对系统做功为正值。

热和功都不是状态函数，与变化的途径有关。

（三）热力学能（内能）

热力学能是系统内部能量的总和，用符号 U 表示。热力学能的绝对值未知，但热力学能的变化值 ΔU 可由热和功确定。热力学能是系统的状态函数。

（四）热力学第一定律

热力学第一定律就是能量守恒和转化定律在热力学范畴的表述，它是人类长期实践的经验总结。该定律适用于封闭系统的任何过程。热力学第一定律的数学表达式为：

$$\Delta U = Q + W$$

（五）焓

焓是系统的状态函数，用符号 H 表示，定义为：

$$H = U + pV \text{ 或 } \Delta H = \Delta U + p\Delta V \text{（恒压条件下，且 } W' = 0\text{）}$$

焓的变化即焓变，用 ΔH 表示。$\Delta H = H_2 - H_1$。H 的绝对值也未知，但 ΔH 可通过有关计算确定或由实验测定。

二、化学反应的热效应

（一）等容反应热和等压反应热

等容反应热（Q_V）：$Q_V = \Delta U$（等容，非体积功为零），即对于等容反应，系统吸收的热量（Q_V）全部用来增加系统的内能（ΔU）。

等压反应热（Q_p）：$Q_p = \Delta H$（等压，非体积功为零），对于等压反应，系统吸收的热量（Q_p）全部用来增加系统的热焓（ΔH）。

Q_p 与 Q_V 的关系：

$$Q_p = Q_V + \Delta nRT$$

式中，Δn 是反应前后气体的物质的量之差，$R = 8.314\ \text{J}\cdot\text{mol}^{-1}\cdot\text{K}^{-1}$。式中各物理量的单位：$\Delta n$ 为 mol；Q_p 和 Q_V 为 J 或 kJ；T 为 K。

反应的摩尔焓变（$\Delta_r H_m$）与反应的摩尔热力学能变化（$\Delta_r U_m$）的关系：

$$\Delta_r H_m = \Delta_r U_m + \Delta\nu RT$$

式中，$\Delta\nu$ 是反应前后气体物质的计量数的改变值，其值与 Δn 的数值相等，无单位；$\Delta_r H_m$ 与 $\Delta_r U_m$ 的单位：$\text{J}\cdot\text{mol}^{-1}$ 或 $\text{kJ}\cdot\text{mol}^{-1}$；$R = 8.314\ \text{J}\cdot\text{mol}^{-1}\cdot\text{K}^{-1}$；$T$ 为 K。

（二）热化学方程式

表示化学反应与热效应关系的方程式称为热化学方程式。书写热化学方程式要注明反应条件（如温度、压力、反应物及产物的聚集状态或晶型）及反应的热效应，若不注明温度和压力，都是指在 298.15 K 及 100 kPa 下进行。

（三）赫斯定律

不管化学反应是一步或分成几步完成的，化学反应的热效应总是相同的。

赫斯定律只有对等容（$Q_V=\Delta U$）或是等压过程（$Q_p=\Delta H$）才是正确的，它的前提是$W'=0$。

（四）标准摩尔生成焓和标准摩尔燃烧焓

标准摩尔生成焓：某温度下，由处于标准状态的各种元素的最稳定单质生成标准状态下1mol某纯物质的热效应，叫这种温度下该纯物质的标准摩尔生成焓，简称标准生成焓（热），用符号$\Delta_f H_m^{\ominus}$表示，单位：$kJ \cdot mol^{-1}$。

标准态：气体压力为标准压力$p^{\ominus}=1\times10^5Pa$（1bar）；溶液浓度为1 $mol \cdot L^{-1}$（$c^{\ominus}$）；固体和液体为处于1×10^5Pa下的纯物质（$x_i=1$）。

规定：标准态时，各元素的最稳定单质的$\Delta_f H_m^{\ominus}$为零。最稳定单质有：C（石墨）、S（斜方）、O_2（g）、N_2（g）、I_2（s）、Br_2（l）等。

标准摩尔燃烧焓：人们规定，在标准压力和指定温度下，1mol物质完全燃烧的等压热效应称为该物质的标准摩尔燃烧焓。

完全燃烧是指被燃烧的物质变成最稳定的燃烧产物，如化合物中的C变成CO_2（g），H变为H_2O（l），N变为N_2（g），S变为SO_2（g），Cl变为HCl（aq）。根据上述定义，上述完全燃烧的产物的标准摩尔燃烧焓为零。单质氧没有燃烧反应，也可认为它的燃烧焓为零。

（五）反应的标准摩尔焓变（$\Delta_r H_m^{\ominus}$）的计算

1. 由标准摩尔生成焓计算

$$\Delta_r H_m^{\ominus}=\sum_B \nu_B \Delta_f H_m^{\ominus}(B)$$

即反应的标准摩尔焓变等于产物的标准摩尔生成焓之和减去反应物的标准摩尔生成焓之和。

2. 由标准摩尔燃烧焓计算

$$\Delta_r H_m^{\ominus}=-\sum_B \nu_B \Delta_c H_m^{\ominus}(B)$$

即反应的标准摩尔焓变等于反应物的标准摩尔燃烧焓之和减去产物的标准摩尔燃烧焓之和。

3. 由吉布斯公式计算

$$\Delta_r G_m^{\ominus}=\Delta_r H_m^{\ominus}-T\Delta_r S_m^{\ominus}$$

4. 由赫斯定律间接计算。

三、熵的定义和熵变的计算

（一）熵的定义及物理意义

熵是反映系统内部质点混乱程度的物理量，用符号S表示。S与系统微观状态数（Ω）的关系为：

$$S=k\ln\Omega$$

系统内的质点混乱程度越大（比较无序），其熵值越大；反之，混乱程度越小（比较有序），其熵值越小。

（二）热力学第三定律与物质的标准摩尔熵

在温度为0 K时，任何纯物质完整晶体的熵值等于零。

在标准状态下，将1 mol完整晶体从0 K升温到某指定温度时的熵变，称为该温度下该物质的标准摩尔熵，用符号 $S_m^\ominus$ 表示，其单位是 $J \cdot mol^{-1} \cdot K^{-1}$。

（三）化学反应标准摩尔熵变的计算

1. $\Delta_r S_m^\ominus = \sum_B \nu_B S_m^\ominus(B)$

即反应的标准摩尔熵变等于生成物的标准摩尔熵之和减去反应物的标准摩尔熵之和。

2. $\Delta_r S_m^\ominus = (\Delta_r H_m^\ominus - \Delta_r G_m^\ominus)/T$

（四）熵判据

$\Delta S_{孤立} = \Delta S_{系统} + \Delta S_{环境}$

$\Delta S_{孤立} > 0$　自发过程；$\Delta S_{孤立} = 0$　平衡状态。

注意：教材中计算的 $\Delta_r S_m^\ominus$ 均是 $\Delta S_{系统}$，而 $\Delta S_{环境}$ 未考虑。

四、吉布斯自由能（G）与反应的自发性

（一）吉布斯自由能（G）

吉布斯自由能（G）的定义式为 $G = H - TS$。因为焓（H）、温度（T）和熵（S）都是状态函数，所以吉布斯自由能（G）是一个状态函数的组合。

在等温、等压条件下，吉布斯自由能的变量为：

$$\Delta G = \Delta H - T\Delta S$$

此公式称为吉布斯－赫姆霍兹公式。

封闭系统在等温等压条件下，系统的吉布斯自由能的减少（$-\Delta G$）等于系统对外所做的最大非体积功（W'_{max}），即：

$$\Delta G = W'_{max}$$

（二）吉布斯自由能判据

对于封闭系统，等温、等压条件下，只有体积功的反应（过程）自发性的判据为：

$\Delta G < 0$　　自发过程

$\Delta G = 0$　　平衡状态

$\Delta G > 0$　　非自发过程

（三）吉布斯－赫姆霍兹公式的应用

根据 $\Delta_r H$ 和 $\Delta_r S$ 数值正负号的不同，温度对反应自发性的影响，有下列四种情况。

类型	$\Delta_r H$ 的符号	$\Delta_r S$ 的符号	$\Delta_r G$ 的符号	反应情况
1	−	+	−	任何温度均自发
2	+	−	+	任何温度均非自发
3	+	+	低温 +	非自发
			高温 −	自发
4	−	−	低温 −	自发
			高温 +	非自发

$\Delta_r G = 0$ 时的温度，即化学反应达到平衡时温度，也称作反应的转折温度，$T = \Delta_r H / \Delta_r S$。

表中类型3：反应的平衡温度是自发反应的最低温度；只有当 $T \geqslant \Delta_r H / \Delta_r S$ 时，反应才能够自发进行。

表中类型4：反应的平衡温度是自发反应的最高温度；只有当 $T \leqslant \Delta_r H / \Delta_r S$ 时，反应才

能够自发进行。

（四）标准生成吉布斯自由能（$\Delta_f G_m^{\ominus}$）

1. 标准生成吉布斯自由能　在一定温度和标准状态下，由最稳定单质生成1mol某物质时反应的吉布斯自由能变化，叫作这种温度下该物质的标准生成吉布斯自由能。用符号$\Delta_f G_m^{\ominus}$表示，单位：$kJ \cdot mol^{-1}$。

规定：标准态时，最稳定单质的$\Delta_f G_m^{\ominus}=0$。

2. 化学反应的标准吉布斯自由能变化$\Delta_r G_m^{\ominus}$的计算

①$\Delta_r G_m^{\ominus} = \sum_B \nu_B \Delta_f G_m^{\ominus}(B)$

即反应的标准摩尔Gibbs自由能变化等于生成物的标准摩尔生成Gibbs自由能之和减去反应物的标准摩尔生成Gibbs自由能之和。

②$\Delta_r G_m^{\ominus}(T) = \Delta_r H_m^{\ominus}(298.15K) - T\Delta_r S_m^{\ominus}(298.15K)$

式中，T为任一温度，并假定$\Delta_r H_m^{\ominus}$（298.15K）和$\Delta_r S_m^{\ominus}$（298.15K）不随温度变化。

习题

扫码“练一练”

1. 某理想气体，经过等压冷却、等温膨胀、等容升温后回到初始状态。过程中系统做功15 kJ，求此过程的Q和ΔU。

2. 273.0 K时1mol $H_2O(l)$在101.3 kPa下变成蒸汽，若水的汽化热为$2.255\ kJ \cdot g^{-1}$，试计算上述过程的ΔH和ΔU。

3. 油酸甘油酯在人体中代谢时发生下列反应：

$C_{57}H_{104}O_6(s) + 80O_2(g) = 57CO_2(g) + 52H_2O(l)$

$\Delta_r H_m^{\ominus} = -3.35 \times 10^4 kJ \cdot mol^{-1}$，试计算消耗这种脂肪1000 g时，反应进度是多少？将释放出多少热？

4. 已知（1）$MnO_2(s) = MnO(s) + \frac{1}{2}O_2(g)$　　$\Delta_r H_m^{\ominus}(1) = +134.8\ kJ \cdot mol^{-1}$

（2）$Mn(s) + MnO_2(s) = 2MnO(s)$　　$\Delta_r H_m^{\ominus}(2) = -250.1\ kJ \cdot mol^{-1}$

计算$MnO_2(s)$的$\Delta_f H_m^{\ominus}$。

5. 已知$Na_2O(s)$和$Na_2O_2(s)$在298.15 K时的标准摩尔生成焓分别为$-415.9\ kJ \cdot mol^{-1}$和$-504.6\ kJ \cdot mol^{-1}$，求反应：$2Na_2O_2(s) = 2Na_2O(s) + O_2(g)$的$\Delta_r H_m^{\ominus}$。

6. 1000 mg $C_2H_2(g)$在298.15 K的等容条件下完全燃烧放热为50.10 kJ，求该温度下$C_2H_2(g)$的标准摩尔燃烧焓$\Delta_c H_m^{\ominus}$。已知$H_2(g)$和C（石墨）的标准摩尔燃烧焓分别为$-285.83\ kJ \cdot mol^{-1}$和$-393.51\ kJ \cdot mol^{-1}$。

7. 试将下列物质按标准摩尔熵由小到大的顺序排列。

$LiCl(s)$　$Cl_2(g)$　$Li(s)$　$Br_2(g)$　$BrCl(g)$

8. 从以下各对物质中选出有较大混乱度的物质，除已注明条件者，每对物质都处于相同的温度和压力下。

（1）$Br_2(l)$、$Br_2(g)$　　（2）Ar(0.1kPa)、Ar(0.01kPa)

（3）HF(g)、HCl(g)　　（4）$CH_4(g)$、$C_2H_6(g)$

（5）$NH_4Cl(s)$、$NH_4I(s)$　　（6）HCl(g, 298.15K)、HCl(g, 1000K)

9. 试用热力学原理说明一氧化碳还原三氧化二铝制铝是否可行。

10. 已知 298.15K 时 $S_m^\ominus$（石墨）= 5.740 J·mol^{-1}·K^{-1}，$\Delta_f H_m^\ominus$（金刚石）= 1.897 kJ·mol^{-1}，$\Delta_f G_m^\ominus$（金刚石）= 2.900 kJ·mol^{-1}。根据计算结果说明石墨和金刚石的相对有序程度。

11. 利用下面热力学数据（298.15K）计算反应：

$CuS(s) + H_2(g) \rightleftharpoons Cu(s) + H_2S(g)$ 可以发生的最低温度。

物质	CuS (s)	H_2 (g)	Cu (s)	H_2S (g)
$\Delta_f H_m^\ominus$/(kJ·mol^{-1})	-53.1	0	0	-20.6
$S_m^\ominus$/(J·mol^{-1}·K^{-1})	66.5	130.7	33.2	205.8

12. 在标准状态下，计算合成氨反应进行所允许的最高温度（已知 298.15 K 的数据）。

$$N_2(g) + 3H_2(g) \rightleftharpoons 2NH_3(g)$$

物质	$\Delta_f H_m^\ominus$/(kJ·mol^{-1})	$S_m^\ominus$/(J·mol^{-1}·K^{-1})
N_2 (g)	0	191.50
H_2 (g)	0	130.57
NH_3 (g)	-46.11	192.34

13. 已知 298.15 K 及标准状态下的热力学数据，分别求下列反应的标准摩尔 Gibbs 自由能变化。

（1）$HAc(aq) \rightleftharpoons H^+(aq) + Ac^-(aq)$

（2）$AgCl(s) \rightleftharpoons Ag^+(aq) + Cl^-(aq)$

物质	HAc(aq)	Ac^-(aq)	AgCl(s)	Ag^+(aq)	Cl^-(aq)
$\Delta_f G_m^\ominus$/(kJ·mol^{-1})	-399.61	-372.46	-109.72	77.11	-131.17

14. 分析下列自发反应进行的温度条件

（1）$2N_2(g) + O_2(g) \longrightarrow 2N_2O(g)$　　$\Delta_r H_m^\ominus = 163$ kJ·mol^{-1}

（2）$Ag(s) + \frac{1}{2}Cl_2(g) \longrightarrow AgCl(s)$　　$\Delta_r H_m^\ominus = -127$kJ·mol^{-1}

（3）$HgO(s) \longrightarrow Hg(l) + \frac{1}{2}O_2(g)$　　$\Delta_r H_m^\ominus = 91$kJ·mol^{-1}

（4）$H_2O_2(l) \longrightarrow H_2O(l) + \frac{1}{2}O_2(g)$　　$\Delta_r H_m^\ominus = -98$kJ·mol^{-1}

15. 反应 $2H_2(g) + O_2(g) \rightleftharpoons 2H_2O(g)$ 在氢能源的利用中具有重要意义，根据下面热力学数据（298.15 K）计算 1000 K 时、标准状态下，1g 氢气可做多少非体积功。

物质	H_2(g)	O_2(g)	H_2O(g)
$\Delta_f H_m^\ominus$/(kJ·mol^{-1})	0	0	-241.8
$S_m^\ominus$/(J·mol^{-1}·K^{-1})	130.7	205.2	188.8

16. 设有反应：$A(g) + B(g) \rightleftharpoons 2C(g)$，A、B、C 都是理想气体，在 298.15 K、100kPa 条件下，若分别采用下列两种途径完成这个变化，求每个过程的 Q、W、$\Delta_r U_m^\ominus$、$\Delta_r H_m^\ominus$、$\Delta_r S_m^\ominus$、$\Delta_r G_m^\ominus$。

（1）系统放热 41.8 kJ · mol^{-1}，而没有做功。

（2）系统做了最大非体积功，且放出 1.64 kJ · mol^{-1}的热。

过程	Q	W_e	W'	$\Delta_r U_m^\ominus$	$\Delta_r H_m^\ominus$	$\Delta_r S_m^\ominus$	$\Delta_r G_m^\ominus$
(1)							
(2)							

（**提示：**等温、等压下，体系 $\Delta_r G_m^\ominus$ 的减小等于系统所做的最大非体积功）

（王国清）

第二章　化学平衡

学习目标

1. **掌握**　经验平衡常数和标准平衡常数的定义；气相反应的两种经验平衡常数（K_c 和 K_p）间的关系；平衡常数的意义及表达式的书写规则；标准平衡常数 $K^{\ominus}$ 与反应的标准摩尔吉布斯自由能变化（$\Delta_r G_m^{\ominus}$）的关系，且能进行相关的计算和判断反应进行的方向及程度；化学平衡计算；浓度、压力和温度对化学平衡移动的影响，并能进行有关的计算。

2. **熟悉**　运用化学反应等温式讨论浓度或总压强对化学平衡的影响；运用化学平衡常数与温度的关系式讨论温度对化学平衡的影响。

3. **了解**　化学平衡的特征；经验平衡常数和标准平衡常数的区别；转化率的定义及其与平衡常数之间的关系。

人们在研究一个化学反应时，不仅要注意在给定的条件下，化学反应的方向和反应的速率问题，而且十分关心这个反应进行的程度如何（反应进行的限度），即有多少反应物最大限度地转化为生成物的问题，以及各种因素对限度的影响。这就是本章将要讨论的化学平衡以及影响化学平衡因素的问题。化学平衡无论对理论研究和生产实践都有重要意义，也为学习电离平衡、沉淀溶解平衡、氧化还原平衡和配位解离平衡打下初步的理论基础。

扫码“学一学”

第一节　化学反应的可逆性和化学平衡

一、化学反应的可逆性

在化学反应中，有些反应可以进行得很完全。例如，氯酸钾在二氧化锰存在下的加热分解反应：

$$2KClO_3 \xrightarrow[MnO_2]{\triangle} 2KCl + 3O_2$$

$KClO_3$ 几乎全部分解为 KCl 和 O_2，这个反应实际上只是朝着 $KClO_3$ 分解反应的方向进行的，相反方向的反应几乎不能发生。从整体上看反应实际上是朝着一个方向进行的，因此叫作**不可逆反应**（irreversible reaction）。还有，放射性元素的蜕变反应也是不可逆反应。但对于绝大多数化学反应来说，在给定的条件下，是能够同时向着两个相反的方向进行的。例如，CO 在高温下与水蒸气的作用：

$$CO(g) + H_2O(g) \longrightarrow H_2(g) + CO_2(g)$$

在一氧化碳与水蒸气作用生成二氧化碳与氢气的同时，也存在着二氧化碳与氢气反应生成一氧化碳与水蒸气的过程。即：

$$H_2(g) + CO_2(g) \longrightarrow CO(g) + H_2O(g)$$

以上两个反应，实际上可以写为：

$$CO(g) + H_2O(g) \rightleftharpoons H_2(g) + CO_2(g)$$

这种在同一条件下，既可以按反应方程式从左向右进行，又可以从右向左进行的反应叫作**可逆反应**（reversible reaction）。习惯上，把从左向右进行的反应叫正反应，从右向左进行的反应叫逆反应，用“$\rightleftharpoons$”符号表示可逆性。又例如 Ag^+ 与 Cl^- 可以生成 AgCl 沉淀，而固体 AgCl 在水中又可少量溶解并电离出 Ag^+ 和 Cl^-。

$$Ag^+(aq) + Cl^-(aq) \rightleftharpoons AgCl(s)$$

化学反应的可逆性是普遍存在的，几乎所有的化学反应都有可逆性，但每个化学反应的可逆程度却有很大的差别。上面例子中的 CO 和 H_2O 的反应，其可逆程度较大，而 Ag^+ 和 Cl^- 生成 AgCl 的反应可逆程度则较小。即使同一个反应，在不同条件下，表现出的可逆性也是不同的，例如：

$$2H_2(g) + O_2(g) \rightleftharpoons 2H_2O(g)$$

在 873K ~ 1273K 时，该可逆反应以生成 H_2O 占绝对优势，而在 4273K ~ 5273K 时则是以 H_2O 分解反应占绝对优势。

二、化学平衡

反应的可逆性是化学反应的普遍特征。由于正、逆反应共同处于同一系统内，而且两个反应的方向相反，所以可逆反应在密闭的容器中不能进行到底，即反应物不能全部转化为产物。

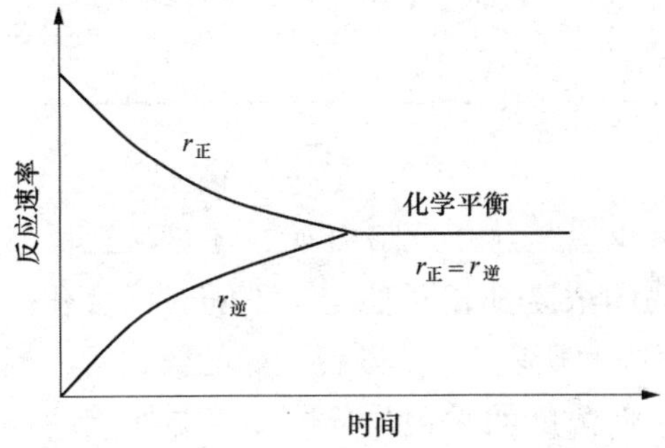

图 2－1　正、逆反应速率变化示意图

以 $CO(g) + H_2O(g) \rightleftharpoons CO_2(g) + H_2(g)$ 为例，讨论反应过程中正、逆反应速率的变化。当反应开始时，反应物（CO 和 H_2O）的浓度大，正反应速率快，随着反应的进行，反应物的浓度越来越小，正反应速率减慢，而生成物（CO_2 和 H_2）的浓度越来越大，逆反应速率加快。如图 2－1 所示。

若有足够的时间，总能达到正、逆反应速率相等的状态。即可逆反应的进行必然导致化学平衡（chemical equilibrium）状态的实现。所谓**化学平衡**就是在可逆反应系统中，正反应和逆反应的速率相等时，反应物和生成物的浓度不再随时间而改变的状态。

化学平衡有以下特点。

1. 化学平衡是动态平衡。反应建立平衡后，当外界条件不变时，系统内各反应物和生成物的浓度都不再随时间而改变。外表看来，反应好像已经停止，实际上，正、逆反应都在进行，只不过是速率相等，方向相反，两个方向上产生的结果彼此抵消，使系统内各物质的浓度保持不变，因此化学平衡是一个动态平衡。

2. 一定温度下，因为系统内反应物和生成物的浓度都不再随时间而改变，所以平衡状态是化学反应可以完成的最大限度。

3. 化学平衡是有条件的。当外界条件改变时，正、逆反应速率发生变化，原平衡受到破坏，直到建立起新的平衡。

因此，化学平衡是暂时的、有条件的、相对的一个动态平衡。

扫码“学一学”

第二节　平衡常数

一、经验平衡常数

（一）浓度平衡常数（K_c）和压力平衡常数（K_p）

可逆反应达到化学平衡时，系统中各物质的浓度不再改变。那么，在反应系统中各物质浓度之间存在着什么样的定量关系呢？为了进一步研究平衡状态时的系统特征，我们进行如下实验。在恒温（1473K）条件下，四个密闭容器中分别充入配比不同的 CO_2、H_2、CO 和 H_2O 的混合气体，如表 2－1 中起始浓度栏所示。各容器中的反应达到平衡后，其平衡浓度列在表 2－1 的平衡浓度栏。

表 2－1　$CO_2(g)+H_2(g) \xrightleftharpoons{1473K} CO(g)+H_2O(g)$ 的实验数据

编号	起始浓度（mol·L⁻¹）				平衡浓度（mol·L⁻¹）				$\frac{[CO][H_2O]}{[CO_2][H_2]}$（平衡时）
	CO_2	H_2	CO	H_2O	CO_2	H_2	CO	H_2O	
1	0.010	0.010	0	0	0.0040	0.0040	0.0060	0.0060	2.3
2	0.010	0.020	0	0	0.0022	0.0122	0.0078	0.0078	2.3
3	0.010	0.010	0.0010	0	0.0041	0.0041	0.0069	0.0059	2.4
4	0	0	0.020	0.020	0.0082	0.0082	0.0118	0.0118	2.1

分析表 2－1 中的数据我们可以得出如下结论。

在恒温下，无论反应的初始浓度如何，也不管反应是从正反应开始，还是从逆反应开始，最后都能建立平衡。平衡时，反应物和生成物的浓度都相对稳定，不随时间变化。这时，反应物和生成物的浓度之间是否存在某种关系呢？从表 2－1 最后一栏的数据看，反应物和生成物的浓度并没有什么规律性，但生成物平衡浓度的乘积与反应物平衡浓度的乘积之比却是一个恒定值。

在 $CO_2(g)+H_2(g) \rightleftharpoons CO(g)+H_2O(g)$ 反应式中，各物质的计量系数都是 1，对于计量系数不是 1 或不全是 1 的可逆反应，这种关系又是怎样体现呢？

表 2－2 给出了反应 $2HI(g) \rightleftharpoons H_2(g)+I_2(g)$ 在 698.1K 下进行反应的实验数据。

表 2－2　$2HI(g) \xrightleftharpoons{698.1K} H_2(g)+I_2(g)$ 的实验数据

编号	起始浓度（mol·L⁻¹）			平衡浓度（mol·L⁻¹）			$\frac{[I_2][H_2]}{[HI]^2}$（平衡时）
	I_2	H_2	HI	I_2	H_2	HI	
1	0	0	4.489	0.4789	0.4789	3.531	1.840×10^{-2}
2	0	0	10.69	1.141	1.141	8.410	1.840×10^{-2}
3	7.510	11.34	0	0.7378	4.565	13.54	1.836×10^{-2}
4	11.96	10.67	0	3.129	1.831	17.67	1.835×10^{-2}

结果表明，达平衡时 $\frac{[I_2][H_2]}{[HI]^2}$ 几乎是一个恒定值。

对于任一可逆反应若用 A 和 B 代表反应物，G 和 H 代表生成物，a、b、g、h 分别代表化学方程式中 A、B、G、H 的计量系数，则反应方程式可表达为：

$$aA + bB \rightleftharpoons gG + hH$$

许多实验结果表明，在一定温度下，可逆反应达到平衡时，系统中各物质的平衡浓度之间有如下的关系：

$$\frac{[G]^g\ [H]^h}{[A]^a\ [B]^b} = K \qquad (2-1)$$

式中，K 称为化学反应的经验平衡常数。式（2－1）可以归结为：在一定温度下，某个可逆反应达平衡时，生成物的浓度以反应方程式中计量系数为指数幂的乘积与反应物的浓度以反应方程式中计量系数为指数幂的乘积之比是一个常数。这种关系叫作化学平衡定律。式（2－1）称为化学平衡常数表达式。

平衡常数和物质的初始浓度无关，并与反应从正向开始进行还是从逆向开始进行无关。在一定温度下，不论初始浓度如何，也不管反应从哪个方向开始进行，最后所达到的平衡状态都存在式（2－1）的关系。

从式（2－1）可以看出，经验平衡常数 K 一般是有量纲（单位）的，只有当反应物的计量系数之和与生成物的计量系数之和相等时，K 才是无量纲（单位）的量。

如果化学反应是气相反应（反应物及产物均为气体），平衡常数既可以用平衡时各物质的浓度之间的关系来表示，也可以用平衡时各物质的分压之间的关系来表示。如气相反应：

$$aA(g) + bB(g) \rightleftharpoons gG(g) + hH(g)$$

在某温度下达到平衡时，则有：

$$K_p = \frac{[p(G)]^g[p(H)]^h}{[p(A)]^a[p(B)]^b} \qquad (2-2)$$

式中的经验平衡常数 K_p 是用平衡时系统中各物质的分压 $p(G)$、$p(H)$、$p(A)$、$p(B)$ 间的关系表示的，K_p 叫作**压力平衡常数**。为了与 K_p 相区别，常把式（2－1）中的用平衡时的浓度间关系表示的经验平衡常数写成 K_c，K_c 又叫**浓度平衡常数**。

为了搞清楚 K_p 和 K_c 的关系，我们先介绍**分压定律**。分压定律指出：**混合气体的总压力等于各组分气体的分压之和；分压是指恒温时，各组分单独占有与混合气体相同体积时所具有的压力**。如果以 p_1、p_2、p_3……p_i 表示各组分气体的分压，以 p 表示混合气体的总压，则：

$$p = p_1 + p_2 + p_3 + \cdots\cdots + p_i \qquad (2-3)$$

若各组分气体均为理想气体，则：

$$p_iV = n_iRT \text{ 或 } p_i = n_i\frac{RT}{V}$$

$$p = (n_1 + n_2 + n_3 + \cdots\cdots + n_i)\frac{RT}{V} \qquad (2-4)$$

以 n 表示混合气体中各组分气体的物质的量（n_i）之和。

$$n = n_1 + n_2 + n_3 + \cdots\cdots + n_i$$

则：

$$p = \frac{nRT}{V} \qquad (2-5)$$

用式（2－4）除式（2－5）得：

$$\frac{p_i}{p}=\frac{n_i}{n}$$

令

$$\frac{n_i}{n}=x_i$$

则

$$p_{\mathrm{i}}=x_{\mathrm{i}}p \qquad (2-6)$$

式中，x_{i} 表示 i 组分气体的摩尔分数。式（2－6）表明，混合气体中任一组分的分压等于气体的摩尔分数与总压力之积。

现在我们来讨论 K_{p} 和 K_{c} 的关系。

气相反应： $a\mathrm{A(g)}+b\mathrm{B(g)} \rightleftharpoons g\mathrm{G(g)}+h\mathrm{H(g)}$

以 $p(\mathrm{G})$、$p(\mathrm{H})$、$p(\mathrm{A})$、$p(\mathrm{B})$ 分别表示 G、H、A、B 四种气体平衡时的分压，根据理想气体状态方程可得：

$$p(\mathrm{A})=\frac{n_{\mathrm{A}}RT}{V}=[\mathrm{A}]RT \qquad p(\mathrm{B})=\frac{n_{\mathrm{B}}RT}{V}=[\mathrm{B}]RT$$

$$p(\mathrm{G})=\frac{n_{\mathrm{G}}RT}{V}=[\mathrm{G}]RT \qquad p(\mathrm{H})=\frac{n_{\mathrm{H}}RT}{V}=[\mathrm{H}]RT$$

将上述关系式代入以分压表示的平衡常数表达式（2－2）中。

$$K_{\mathrm{p}}=\frac{[p(\mathrm{G})]^g[p(\mathrm{H})]^h}{[p(\mathrm{A})]^a[p(\mathrm{B})]^b}=\frac{[\mathrm{G}]^g[\mathrm{H}]^h}{[\mathrm{A}]^a[\mathrm{B}]^b}(RT)^{(g+h-a-b)}$$

令 $(g+h)-(a+b)=\Delta v$（反应方程式中，反应前后气体计量系数之差值），得

$$K_{\mathrm{p}}=K_{\mathrm{c}}(RT)^{\Delta v} \qquad (2-7)$$

当 $\Delta v=0$ 时，$K_{\mathrm{p}}=K_{\mathrm{c}}$；当 $\Delta v\neq 0$ 时，则 $K_{\mathrm{p}}\neq K_{\mathrm{c}}$；$R=8.314\ \mathrm{kPa\cdot L\cdot mol^{-1}\cdot K^{-1}}$。

【例 2－1】 已知反应 $2SO_3(g) \rightleftharpoons 2SO_2(g)+O_2(g)$ 在温度为 1000 K、压力为 100 kPa 时，$K_{\mathrm{c}}=3.54\times10^{-3}\ \mathrm{mol\cdot L^{-1}}$。求此反应在温度为 1000K 时的 K_{p}。

解：根据 $K_{\mathrm{p}}=K_{\mathrm{c}}(RT)^{\Delta v}$

$\Delta n=2+1-2=1$，$R=8.314\ \mathrm{kPa\cdot L\cdot mol^{-1}\cdot K^{-1}}$，将数值代入公式得：

$K_{\mathrm{p}}=3.54\times10^{-3}\times(8.314\times1000)=29.4\ (\mathrm{kPa})$

【例 2－2】 反应 $2SO_2(g)+O_2(g) \rightleftharpoons 2SO_3(g)$ 在 998K 达到平衡，若在 2.0L 的容器中有 SO_2 0.40 mol、O_2 0.030 mol 和 SO_3 1.0 mol。计算上述反应在 998K 时的 K_{c}。

解：达平衡时各物质的浓度如下。

$$[SO_2]=\frac{0.40}{2.0}=0.20\ \mathrm{mol\cdot L^{-1}};\ [O_2]=\frac{0.030}{2.0}=0.015\ \mathrm{mol/L}$$

$$[SO_3]=\frac{1.0}{2.0}=0.50\ \mathrm{mol\cdot L^{-1}}$$

$$K_{\mathrm{c}}=\frac{[SO_3]^2}{[SO_2]^2[O_2]}=\frac{(0.50)^2}{(0.20)^2\times0.015}=4.2\times10^2\ (\mathrm{L\cdot mol^{-1}})$$

【例 2－3】 298K 时，向 10.0L 烧瓶中充入足量的 N_2O_4，使起始压力为 100kPa。一部分 N_2O_4 分解成 NO_2；达平衡后，总压力等于 117kPa。计算反应：$N_2O_4(g) \rightleftharpoons 2NO_2(g)$ 的 K_{c}。

解：$n_{\text{起始}}=\dfrac{pV}{RT}=\dfrac{100\times10.0}{8.314\times298}=0.404\mathrm{mol}$

$$n_{\text{平衡}}=\frac{pV}{RT}=\frac{117\times10.0}{8.314\times298}=0.472\mathrm{mol}$$

$n_{平衡} - n_{起始} = 0.472 - 0.404 = 0.0680$ mol

$$[N_2O_4] = \frac{0.404 - 0.0680}{10.0} = 0.0336\ (mol \cdot L^{-1})$$

$$[NO_2] = \frac{0.0680 \times 2}{10.0} = 0.0136\ (mol \cdot L^{-1})$$

$$K_c = \frac{[NO_2]^2}{[N_2O_4]} = \frac{(0.0136)^2}{0.0336} = 5.50 \times 10^{-3}\ (mol \cdot L^{-1})$$

（二）书写平衡常数表达式时应注意的事项

化学平衡定律不仅适用于气体反应，也适用于有纯液体、固体参加的反应及在水溶液中进行的反应。在书写一般反应的平衡常数表达式时，必须注意以下几点。

1. 平衡常数（K_p 和 K_c）表达式必须与反应方程式相对应。因为同一化学反应，反应方程式的书写方式不同，K 的表达式也不同。方程式的配平系数扩大 n 倍时，反应的平衡常数 K 将变成 K^n。

例如，合成氨反应

$$N_2(g) + 3H_2(g) \rightleftharpoons 2NH_3(g) \qquad K_{p1} = \frac{[p(NH_3)]^2}{p(N_2)[p(H_2)]^3}$$

$$\frac{1}{2}N_2(g) + \frac{3}{2}H_2(g) \rightleftharpoons NH_3(g) \qquad K_{p2} = \frac{p(NH_3)}{[p(N_2)]^{\frac{1}{2}}[p(H_2)]^{\frac{3}{2}}}$$

$$K_{p1} = K_{p2}^2$$

因此，在进行有关计算时，必须使用与方程式相对应的平衡常数。平衡常数的表达式及其数值与化学反应方程式的写法密切相关。

2. 稀溶液中溶剂参与的反应，溶剂（水）的浓度在平衡常数表达式中不表示（酯化反应生成的水除外），例如：

$$Cr_2O_7^{2-}(aq) + H_2O(l) \rightleftharpoons 2CrO_4^{2-}(aq) + 2H^+(aq)$$

$$K_c = \frac{[CrO_4^{2-}]^2[H^+]^2}{[Cr_2O_7^{2-}]}$$

3. 如果在反应系统中有纯固体、纯液体参加时，其浓度可认为是常数，均不写入平衡常数表达式中，因为它们的浓度是固定不变的，化学平衡关系式中只包括气态物质和溶液中各溶质的浓度。例如：

$$CaCO_3(s) \rightleftharpoons CaO(s) + CO_2(g) \qquad K = p(CO_2)$$

$$2NOBr(g) \rightleftharpoons 2NO(g) + Br_2(l) \qquad K = \frac{[p(NO)]^2}{[p(NOBr)]^2}$$

4. 在平衡常数表达式中各物质的浓度或分压，都是指平衡时的浓度或分压，并且反应物的浓度或分压要写在分母上，生成物的浓度或分压则要写在分子上。

5. 逆反应的平衡常数与正反应的平衡常数互为倒数。例如：

$$2SO_2(g) + O_2(g) \rightleftharpoons 2SO_3(g) \qquad K_{c(1)} = \frac{[SO_3]^2}{[SO_2]^2[O_2]}$$

$$2SO_3(g) \rightleftharpoons 2SO_2(g) + O_2(g) \qquad K_{c(2)} = \frac{[SO_2]^2[O_2]}{[SO_3]^2}$$

$$K_{c(1)} = \frac{1}{K_{c(2)}}$$

由此可知，平衡常数越接近于1，则正、逆反应的平衡常数越接近，反应的可逆性越好。平衡常数很大或很小的反应均是可逆程度很小的反应。

（三）平衡常数的意义

1. 平衡常数是化学反应的特征常数。平衡常数的大小取决于反应本身的性质。它与各物质的初始浓度无关，并且与反应从正方向开始还是从逆方向开始也无关。

2. 平衡常数表示化学反应在给定条件下所能达到的最大限度。一个化学反应的 K_c（或 K_p）越大，说明反应正向进行的趋势越大，表示在平衡混合物中生成物的浓度（或分压）越大，反应物剩余的浓度越小，反应物的转化率越高，反应进行得越彻底。

K_c（或 K_p）越小，说明反应逆向进行的趋势越大，表示在平衡混合物中生成物的浓度（或分压）越小，反应物剩余的浓度越大，反应物转化率越低，反应进行得越不彻底。如 $N_2(g)+O_2(g) \rightleftharpoons 2NO(g)$，在298 K时 $K_c=1\times10^{-30}$，这意味着298 K时，N_2 和 O_2 的化合反应基本上没有进行，反之，NO分解的逆反应在该温度下将几乎完全进行。

3. 平衡常数（K_c 或 K_p）是温度的函数。任何一个化学反应，只要温度一定，平衡常数（K_c 或 K_p）就是一个定值，它与各物质的浓度无关，当温度改变时，平衡常数随之变化。一般温度升高，放热反应的 K 值变小，吸热反应的 K 值变大。

用平衡常数估计反应进行的可能性，判断反应的限度，只能得到一个大致的结果。应用平衡常数可计算可逆反应达平衡时系统内反应物和生成物的浓度或分压，了解某反应物的（平衡）转化率。

转化率的定义为：

$$\text{转化率}=\frac{\text{平衡时某反应物消耗掉的量}}{\text{该反应物原始的量}}\times100\%$$

【例2-4】 反应 $CO(g)+H_2O(g) \rightleftharpoons H_2(g)+CO_2(g)$ 在某温度 T 时，$K_c=9.0$，若CO和 H_2O 的起始浓度均为 $0.020\ mol\cdot L^{-1}$，求CO的（平衡）转化率。

解：设反应达到平衡时系统中 H_2 和 CO_2 的浓度均为 $x\ mol\cdot L^{-1}$

	CO（g）	+ $H_2O(g)$ $\rightleftharpoons$	$H_2(g)$	+ CO_2（g）
起始浓度（$mol\cdot L^{-1}$）	0.020	0.020	0	0
平衡浓度（$mol\cdot L^{-1}$）	$0.020-x$	$0.020-x$	x	x

$$K_c=\frac{[H_2][CO_2]}{[CO][H_2O]}=\frac{x^2}{(0.020-x)^2}=9.0$$

解得，$x=0.015\ mol\cdot L^{-1}$，即平衡时 $[H_2]=[CO_2]=0.015\ mol\cdot L^{-1}$。

转化率为：

$$\frac{0.015}{0.020}\times100\%=75\%$$

利用同样的方法，可以求得当 $K_c=4.0$ 和 $K_c=1.0$ 时CO的转化率分别为67%和50%。通过本题我们看到，在其他条件相同时，K_c 越大，转化率则越大。

从转化率的定义可知，转化率与反应物的起始浓度有关，转化率是从反应物消耗的角度衡量反应的限度。

二、标准平衡常数和吉布斯自由能变化

（一）标准平衡常数 $K^{\ominus}$

首先介绍相（phase）的概念，相是指系统中物理性质和化学性质完全均匀的部分。它

是物质的一种聚集状态。物质通常有三种聚集状态（即气态、液态和固态）。纯物质的每种聚集状态的任何部分的物理性质和化学性质是完全均匀一致的，所以纯物质的一种聚集状态就是一个相。一般说来，任何气体均能互相混合，不管系统中有多少种气体只可能有一个相。我们把**系统中均是气体的反应**称为**气相反应**。液体则视其互溶程度，如果两种完全互溶的液体混合在一起（例如乙醇和水），只有一个液相；如果两种部分互溶（或完全不溶）的液体混合在一起（例如四氯化碳和水），则为两个液相，两相之间有明显的界面。我们把**系统中均是完全互溶的液体的反应**称为**液相反应**。对于固体，通常一种固体为一个相。我们把**系统中有两相或两相以上的反应**称为**复相反应**或**多相反应**。

当液体的饱和蒸气压与外界压力相等时，液体开始沸腾，气、液两相就达到平衡。例如，水在 373 K（100℃）的饱和蒸气压为 101.3 kPa，当外压为一个大气压（1 atm）时，水就沸腾了，构成气、液两相平衡；273 K（0℃）时水和冰的饱和蒸气压均为 611 Pa，所以，0℃时冰和水共存，构成固、液两相平衡。以上这种平衡称作相平衡。

大家知道，化学反应达到平衡的时候，系统中各物质的浓度不再随时间而改变，我们称这时的浓度为平衡浓度。若把各平衡浓度除以标准浓度，即除以 $c^\ominus$（$c^\ominus = 1\ \text{mol} \cdot \text{L}^{-1}$），则得到一个比值，这个比值称为平衡时的**相对浓度**。化学反应达到平衡时，各物质的相对浓度也不再随时间而变化；如果是气相反应，将各气体平衡分压除以标准压力，即除以 $p^\ominus$（$p^\ominus = 1\ \text{bar} = 100\ \text{kPa}$），则得到**相对分压**。**相对浓度和相对分压都是无量纲（单位）的量。**

对于液相反应：

$$a\text{A(aq)} + b\text{B(aq)} \rightleftharpoons g\text{G(aq)} + h\text{H(aq)}$$

平衡时各物质的**相对浓度**分别表示为：

$$\frac{[\text{A}]}{c^\ominus} \quad \frac{[\text{B}]}{c^\ominus} \quad \frac{[\text{G}]}{c^\ominus} \quad \frac{[\text{H}]}{c^\ominus}$$

若以各物质的相对浓度表示**标准平衡常数**，则 $K^\ominus$ 为：

$$K^\ominus = \frac{([\text{G}]/c^\ominus)^g \ ([\text{H}]/c^\ominus)^h}{([\text{A}]/c^\ominus)^a \ ([\text{B}]/c^\ominus)^b} \tag{2-8}$$

酸碱平衡中的 K_w、K_a 和 K_b 及配位平衡中的 $K_{稳}$ 均是这种平衡常数的特定形式。

对于气相反应：

$$a\text{A(g)} + b\text{B(g)} \rightleftharpoons g\text{G(g)} + h\text{H(g)}$$

平衡时各物质的相对分压为：

$$\frac{p(\text{A})}{p^\ominus} \quad \frac{p(\text{B})}{p^\ominus} \quad \frac{p(\text{G})}{p^\ominus} \quad \frac{p(\text{H})}{p^\ominus}$$

以相对分压表示的标准平衡常数 $K^\ominus$ 为：

$$K^\ominus = \frac{\left[\dfrac{p(\text{G})}{p^\ominus}\right]^g \left[\dfrac{p(\text{H})}{p^\ominus}\right]^h}{\left[\dfrac{p(\text{A})}{p^\ominus}\right]^a \left[\dfrac{p(\text{B})}{p^\ominus}\right]^b} \tag{2-9}$$

对于复相反应：纯固相、纯液相［例如 $Br_2(l)$、$Hg(l)$ 等］和水溶液中大量存在的水可认为 $x_i = 1$，除以其标准状态 $x_i = 1$，比值为 1，故这些物质不列入标准平衡常数 $K^\ominus$ 的表达式中。例如：

$$a\text{A}(l) + b\text{B(g)} \rightleftharpoons g\text{G(s)} + h\text{H(aq)}$$

标准平衡常数 $K^{\ominus}$**为**：
$$K^{\ominus}=\frac{\left[\frac{[\mathrm{H}]}{c^{\ominus}}\right]^{h}}{\left[\frac{p(\mathrm{B})}{p^{\ominus}}\right]^{b}} \tag{2-10}$$

沉淀溶解平衡中的 K_{sp}是这种平衡常数的特定形式。

不论是溶液中的反应、气相反应还是复相反应，其标准平衡常数 $K^{\ominus}$均为无量纲（单位）的量。液相反应的 K_c 与其 $K^{\ominus}$在数值上相等，而气相反应的 K_p 与其 $K^{\ominus}$的数值一般不相等。

【例 2-5】 某温度下反应 $A(g) \rightleftharpoons 2B(g)$ 达到平衡时，$p(A)=p(B)=1.00\times10^5$Pa，求 $K^{\ominus}$。

解：
$$K^{\ominus}=\frac{[p(\mathrm{B})/p^{\ominus}]^2}{[p(\mathrm{A})/p^{\ominus}]}=\frac{(1.00\times10^5/1.00\times10^5)^2}{(1.00\times10^5/1.00\times10^5)}=1.00$$

若以分压直接代入公式，则求得的是经验平衡常数。
$$K_p=\frac{[p(\mathrm{B})]^2}{p(\mathrm{A})}=\frac{(1.00\times10^5)^2}{1.00\times10^5}=1.00\times10^5\ (\mathrm{Pa})$$

计算 $K^{\ominus}$时，一定要代入相对分压值，不能将气体的分压值 p_i 直接代入，否则会产生错误。

（二）标准平衡常数和吉布斯自由能变化

前面已经指出，在恒温恒压下无非体积功时，用 $\Delta_r G_m^{\ominus}$ 只能判断可逆反应在标准态时反应进行的方向。实际系统中各物质不可能都处于标准状态，可以用非标准状态下的吉布斯自由能变化 $\Delta_r G_m$ 判断反应在非标准态时反应进行的方向。怎样求算 $\Delta_r G_m$ 呢？根据热力学推导得化学反应等温式如下：
$$\Delta_r G_m=\Delta_r G_m^{\ominus}+RT\ln Q \tag{2-11}$$

式（2-11）表明：反应在非标准态时的 $\Delta_r G_m$ 是在标准态 $\Delta_r G_m^{\ominus}$ 的基础上引入修正项 $RT\ln Q$，R 是摩尔气体常数（8.314 $J\cdot K^{-1}\cdot mol^{-1}$），$Q$ 是个变量，称作反应商（reaction quotient），反应商表达式与标准平衡常数 $K^{\ominus}$的表达式相似，但表达式中各物质的浓度（分压）均为任意状态下的相对浓度（相对分压）。从公式也可以看出，反应系统中各物质都处于标准状态时（$Q=1$）的 $\Delta_r G_m$ 就是 $\Delta_r G_m^{\ominus}$。

当系统处于平衡状态时，因 $\Delta_r G_m=0$，即 $\Delta_r G_m^{\ominus}+RT\ln Q_{平衡}=0$，$Q_{平衡}=K^{\ominus}$，则式（2-11）可以写成：
$$\Delta_r G_m^{\ominus}=-RT\ln Q_{平衡}=-RT\ln K^{\ominus} \tag{2-12}$$

式（2-12）**是表述标准状态时系统的吉布斯自由能变化与标准平衡常数之间关系的重要公式**。通过反应在温度 T 时的 $\Delta_r G_m^{\ominus}$，可以求出该温度下的标准平衡常数 $K^{\ominus}$，或者进行相反的计算。另外，还可以看出 $\Delta_r G_m^{\ominus}$ 越小，$K^{\ominus}$值越大，表示反应进行的程度越大，反应进行得越彻底；反之，$\Delta_r G_m^{\ominus}$ 越大，$K^{\ominus}$值越小，表示反应进行的程度越小。

我们将式（2-12）代入式（2-11），则化学反应等温式也可写成：
$$\Delta_r G_m=-RT\ln K^{\ominus}+RT\ln Q \tag{2-13}$$
$$\Delta_r G_m=RT\ln\frac{Q}{K^{\ominus}} \tag{2-14}$$

由式（2-14）可以看出，利用 Q 与 $K^{\ominus}$进行比较可以判断反应进行的方向，即：

$Q < K^{\ominus}$时，$\Delta_r G_m < 0$，正反应自发进行。

$Q > K^{\ominus}$时，$\Delta_r G_m > 0$，逆反应自发进行。

$Q = K^{\ominus}$时，$\Delta_r G_m = 0$，平衡状态。

从以上的讨论可知，$\Delta_r G_m^{\ominus}$是化学反应在标准状态下反应进行方向的判据；$\Delta_r G_m$是化学反应在**非标准状态**下反应进行方向的判据，Q代表化学反应的初始状态，$K^{\ominus}$代表化学反应的终极状态（平衡状态）。因此，一个化学反应可以有多个反应商Q，但在给定的条件下只能有一个$K^{\ominus}$。另外，利用Q与$K^{\ominus}$相比较判断反应方向时，必须注意二者的一致性。

【例2-6】 673K时，反应$N_2(g) + 3H_2(g) \rightleftharpoons 2NH_3(g)$的$K_c = 0.50 mol^{-2} \cdot L^2$

（1）用计算证明，当$c(N_2) = 0.81 mol \cdot L^{-1}$，$c(H_2) = 0.32 mol \cdot L^{-1}$，$c(NH_3) = 0.15 mol \cdot L^{-1}$时反应进行的方向？

（2）当系统的$p(N_2) = 1.8 \times 10^2 kPa$，$p(H_2) = 8.0 \times 10^2 kPa$，$p(NH_3) = 20 kPa$时反应进行的方向？

解：（1）$Q = \dfrac{c(NH_3)^2}{c(N_2)c(H_2)^3} = \dfrac{(0.15)^2}{0.81 \times (0.32)^3} = 0.85 (mol^{-2} \cdot L^2)$

$Q > K_c$，所以反应向逆向进行。

（2）$K_p = K_c(RT)^{\Delta v} = 0.50 \times (8.314 \times 673)^{-2} = 1.60 \times 10^{-8} (kPa^{-2})$

$$Q = \frac{(20)^2}{(8.0 \times 10^2)^3 \times 1.8 \times 10^2} = 4.34 \times 10^{-9} (kPa^{-2})$$

$Q < K_p$，所以反应向正向进行。

从化学反应等温式可以看出，若$\Delta_r G_m^{\ominus}$的绝对值很大，则$\Delta_r G_m^{\ominus}$的正负号基本上决定了$\Delta_r G_m$的正负号，很难通过调节Q来改变$\Delta_r G_m$的正负号。对一般的反应来说，若$\Delta_r G_m^{\ominus} > 40\ kJ \cdot mol^{-1}$，则可认为反应进行的可能性很小；若$\Delta_r G_m^{\ominus} < 40\ kJ \cdot mol^{-1}$，即在298.15 K时，$K^{\ominus} > 1 \times 10^{-7}$，则可认为反应有可能进行。我们称$K^{\ominus} > 1 \times 10^{-7}$为反应自发性的经验判据。利用$K^{\ominus}$值的大小定性讨论反应进行的可能性。例如：

AgCl溶于$NH_3 \cdot H_2O$：

$AgCl + 2NH_3 \rightleftharpoons [Ag(NH_3)_2]^+ + Cl^-$　　　$K^{\ominus} = 1.95 \times 10^{-3}$

AgI不溶于$NH_3 \cdot H_2O$：

$AgI + 2NH_3 \rightleftharpoons [Ag(NH_3)_2]^+ + I^-$　　　$K^{\ominus} = 9.37 \times 10^{-10}$

$MgSO_4$溶液与$NH_3 \cdot H_2O$反应生成$Mg(OH)_2$沉淀：

$Mg^{2+} + 2NH_3 \cdot H_2O \rightleftharpoons Mg(OH)_2 + 2NH_4^+$　　　$K^{\ominus} = 55.2$

$Mg(OH)_2$沉淀溶于NH_4Cl溶液：

$Mg(OH)_2 + 2NH_4^+ \rightleftharpoons Mg^{2+} + 2NH_3 \cdot H_2O$　　　$K^{\ominus} = 1.81 \times 10^{-2}$

【例2-7】 求反应$2SO_2(g) + O_2(g) \rightleftharpoons 2SO_3(g)$在298K时的标准平衡常数$K^{\ominus}$。

解：查附录得$\Delta_f G_m^{\ominus}(SO_2, g) = -300.1\ kJ \cdot mol^{-1}$；$\Delta_f G_m^{\ominus}(SO_3, g) = -371.1\ kJ \cdot mol^{-1}$。

该反应的$\Delta_r G_m^{\ominus}$：　　$\Delta_r G_m^{\ominus} = \sum \nu_B \Delta_f G_m^{\ominus}(B)$

代入数据得：

$$\Delta_r G_m^{\ominus} = (-371.1 \times 2) - (-300.1 \times 2 + 0) = -142.0\ (kJ \cdot mol^{-1})$$

由式（2-12）得：

$$\ln K^{\ominus} = -\frac{\Delta_r G_m^{\ominus}}{RT} = -\frac{-142.0 \times 10^3}{8.314 \times 298} = 57.3$$

$$K^{\ominus} = 7.78 \times 10^{24}$$

三、多重平衡及其应用

如果有几个反应，当它们在同一系统中又都处于平衡状态时，系统中各物质的分压或浓度必定同时满足这几个平衡，这种现象叫作多重平衡（multiple equilibrium）。

例如：在某一系统中同时存在着下列三个平衡。

(1) $C(石墨) + O_2(g) \rightleftharpoons CO_2(g)$　　$\Delta_r G^{\ominus}_{m,1} = -394.38\ kJ \cdot mol^{-1}$

(2) $C(石墨) + \frac{1}{2}O_2(g) \rightleftharpoons CO(g)$　　$\Delta_r G^{\ominus}_{m,2} = -137.27\ kJ \cdot mol^{-1}$

(3) $CO(g) + \frac{1}{2}O_2(g) \rightleftharpoons CO_2(g)$　　$\Delta_r G^{\ominus}_{m,3} = -257.11\ kJ \cdot mol^{-1}$

在这个系统中，O_2同时满足三个平衡；CO_2既满足平衡（1）又满足平衡（3）；CO 既满足平衡（2）又满足平衡（3）。在整个系统中，每种物质只有一种浓度（或分压）。

对应于上述三个反应式，它们的标准平衡常数表达式分别为：

$$K_1^{\ominus} = \frac{[p(CO_2)/p^{\ominus}]}{[p(O_2)/p^{\ominus}]}$$

$$K_2^{\ominus} = \frac{[p(CO)/p^{\ominus}]}{[p(O_2)/p^{\ominus}]^{1/2}}$$

$$K_3^{\ominus} = \frac{[p(CO_2)/p^{\ominus}]}{[p(CO)/p^{\ominus}][p(O_2)/p^{\ominus}]^{1/2}}$$

由盖斯定律可知：

反应(1) = 反应(2) + 反应(3)

$$\Delta_r G^{\ominus}_{m,1} = \Delta_r G^{\ominus}_{m,2} + \Delta_r G^{\ominus}_{m,3} \tag{2-15}$$

根据 $\Delta_r G^{\ominus}_m = -RT\ln K^{\ominus}$

$$-RT\ln K_1^{\ominus} = -RT\ln K_2^{\ominus} - RT\ln K_3^{\ominus}$$

$$\ln K_1^{\ominus} = \ln K_2^{\ominus} + \ln K_3^{\ominus}$$

$$K_1^{\ominus} = K_2^{\ominus} \times K_3^{\ominus} \tag{2-16}$$

从经验平衡常数表达式，也可以导出：

$$K_1 = K_2 \times K_3 \tag{2-17}$$

即在多重平衡的系统中，如果一个反应由另外两个或多个反应相加（相减）而得，则该反应的平衡常数（标准平衡常数或经验平衡常数）等于这两个或多个平衡常数的乘积（商）。这个规律叫作多重平衡规则。应用多重平衡规则，可以由若干个已知反应的平衡常数求得某个反应的平衡常数。

【例 2-8】 已知：823K 时，在同一系统中反应（1）和反应（2）都处于平衡状态，试求在该温度下反应（3）的标准平衡常数 $K_3^{\ominus}$，并比较 H_2和 CO 对 CoO 的还原能力。

(1) $CO_2(g) + H_2(g) \rightleftharpoons CO(g) + H_2O(g)$　　$K_1^{\ominus} = 0.140$

(2) $CoO(s) + H_2(g) \rightleftharpoons Co(s) + H_2O(g)$　　$K_2^{\ominus} = 67.0$

(3) $CoO(s) + CO(g) \rightleftharpoons Co(s) + CO_2(g)$

解： 分析题意可知三个反应之间的关系为：

反应(3) = 反应(2) − 反应(1)

由多重平衡规则得：

$$K_3^{\ominus} = \frac{K_2^{\ominus}}{K_1^{\ominus}} = \frac{67.0}{0.140} = 479$$

因 $K_3^{\ominus} > K_2^{\ominus}$，故 CO 还原能力大于 H_2的还原能力。

也可计算反应（3）和反应（2）的 $\Delta_r G_m^{\ominus}$ 比较 H_2和 CO 对 CoO 的还原能力。

$\Delta_r G_{m,2}^{\ominus} = -RT\ln K_2^{\ominus} = -8.314 \times 823 \times \ln(67.0) = -28.8\ (kJ \cdot mol^{-1})$

$\Delta_r G_{m,3}^{\ominus} = -RT\ln K_3^{\ominus} = -8.314 \times 823 \times \ln(479) = -42.2\ (kJ \cdot mol^{-1})$

$\Delta_r G_{m,2}^{\ominus}$ 和 $\Delta_r G_{m,3}^{\ominus}$ 均 <0，由此可知，以 H_2和 CO 作为还原剂都可使 CoO 还原为 Co，因 $\Delta_r G_{m,3}^{\ominus} < \Delta_r G_{m,2}^{\ominus}$，故 CO 还原能力大于 H_2的还原能力。

第三节　化学平衡的移动

扫码“学一学”

化学平衡是相对的、暂时的、有条件的。当外界条件改变时，平衡状态就被破坏，由平衡变为不平衡。在新的条件下，可逆反应重新建立化学平衡。达到新的平衡状态时，反应系统中各物质的浓度与原平衡状态时各物质的浓度不相等。这种因外界条件的改变，使可逆反应从一种平衡状态转变到另一种平衡状态的过程，叫作化学平衡的移动（shift of chemical equilibrium）。

前面已经讨论过，一个可逆反应在一定温度下进行的方向和限度仅由 Q 和 $K^{\ominus}$的相对大小来决定，当 $Q = K^{\ominus}$时，反应达到平衡状态。若使平衡向正反应的方向移动，只要改变条件，使 Q 的值小于 $K^{\ominus}$，正反应就能自发进行。这可以采取两个途径来实现：第一，改变反应物或产物的浓度（或分压），使 Q 的值小于 $K^{\ominus}$；第二，改变温度，使 $K^{\ominus}$的数值增大并大于 Q，因为 $K^{\ominus}$是随温度而变化的。可见，浓度、压力和温度等因素都可以引起平衡发生移动。下面分别讨论浓度、压力和温度对化学平衡的影响。

一、浓度对化学平衡的影响

对任意可逆反应，在一定温度下达到平衡时，$Q = K^{\ominus}$。在温度不变的情况下，若增大反应物浓度或者减小生成物浓度，必将使 $Q < K^{\ominus}$，系统的平衡状态被破坏，化学反应正向进行。随着反应的进行，当 Q 再重新等于 $K^{\ominus}$时，系统又建立了新的平衡状态，即平衡右移；反之，若增大生成物浓度或者减小反应物浓度，会使 $Q > K^{\ominus}$，逆反应自发进行，即平衡左移。

通过计算，可以帮助我们进一步了解改变浓度对化学平衡的影响。

【例 2-9】 反应 $CO(g) + H_2O(g) \rightleftharpoons CO_2(g) + H_2(g)$ 在某温度时 $K_c = 9.0$，若反应开始时，$c(CO) = 0.020\ mol \cdot L^{-1}$，$c(H_2O) = 1.0\ mol \cdot L^{-1}$，求平衡时各物质的浓度和 CO 的转化率。

解： 设反应平衡时 CO_2和 H_2的浓度均为 $x\ mol \cdot L^{-1}$。

	CO（g） +	H_2O（g） $\rightleftharpoons$	$CO_2(g)$ +	$H_2(g)$
起始浓度（$mol \cdot L^{-1}$）	0.020	1.0	0	0
平衡浓度（$mol \cdot L^{-1}$）	$0.020 - x$	$1.0 - x$	x	x

$$K_c = \frac{[CO_2][H_2]}{[CO][H_2O]} = 9.0$$

将数据代入，解得：　　$x = 0.01995\ (mol \cdot L^{-1})$

平衡时各物质浓度为：

$$[CO] = 0.020 - 0.01995 = 5.0 \times 10^{-5} (mol \cdot L^{-1})$$

$$[H_2O] = 1.0 - 0.01995 = 0.98 (mol \cdot L^{-1})$$

$$[H_2] = [CO_2] = 0.01995 (mol \cdot L^{-1})$$

CO 的转化率为：

$$\frac{0.01995}{0.020} \times 100\% = 99.8\%$$

比较［例 2-9］与［例 2-4］，当 CO 和 H_2O 的起始浓度都为 0.020 $mol \cdot L^{-1}$ 时，CO 的转化率为 75%；保持 CO 的起始浓度不变，当 H_2O 的起始浓度增加到 1.0 $mol \cdot L^{-1}$ 时，CO 的转化率增大到 99.8%。这充分说明增大某一反应物的浓度，可以使另一种反应物的转化率增大，即增大反应物浓度，平衡向着正反应方向移动。

二、压力对化学平衡的影响

改变压力的实质是改变浓度，压力变化对平衡的影响实质是通过浓度的变化起作用的。由于固、液相浓度几乎不随压力而变化，因而系统无气相参与时平衡受压力的影响很小。

对于气相反应，压力改变有两种情况：一是平衡系统中某气体的分压发生变化，二是系统的总压力发生变化。改变平衡系统中某气体的分压等于改变该气体的浓度，这种影响和浓度对平衡的影响是相同的。

下面讨论的是改变系统的总压对化学平衡的影响。对于有气态物质参加，且反应前后气体计量系数不相等（$\Delta v \neq 0$）的化学反应来说，压力的变化可使平衡发生移动。

下面以合成氨反应为例，讨论压力对平衡的影响。

$$N_2(g) + 3H_2(g) \rightleftharpoons 2NH_3(g)$$

在某温度下反应达到平衡时：

$$K^\ominus = \frac{[p(NH_3)/p^\ominus]^2}{[p(N_2)/p^\ominus][p(H_2)/p^\ominus]^3} = Q$$

如果将平衡系统的总压增加至原来的 2 倍，则各组分的分压分别变为原来的 2 倍，反应的反应商 Q 为：

$$Q = \frac{[2p(NH_3)/p^\ominus]^2}{[2p(N_2)/p^\ominus][2p(H_2)/p^\ominus]^3} = \frac{1}{4}K^\ominus < K^\ominus$$

即 $Q < K^\ominus$，$\Delta_r G_m < 0$，原平衡被破坏，反应向右移动；结果 $p(N_2)$ 和 $p(H_2)$ 不断下降，$p(NH_3)$ 不断增加，最终 $Q = K^\ominus$，系统在新的条件下重新达到平衡。由此看出，增大压力时，平衡向着气体分子数目减少的方向移动。

【例 2-10】 在 $N_2O_4(g)$ 离解为 $NO_2(g)$ 的反应中，试推导转化率 α 与总压 p 之间的关系。

解：设 N_2O_4 起始的物质的量为 n mol。

	$N_2O_4(g)$	$\rightleftharpoons 2NO_2(g)$
起始时物质的量（mol）	n	0
平衡时物质的量（mol）	$n(1-\alpha)$	$2n\alpha$

平衡时系统总的物质的量：$n_{总} = n(1-\alpha) + 2n\alpha = n(1+\alpha)$，总压力为 p，则各物质分压为：

$$p(N_2O_4) = x_{N_2O_4}p = \frac{n(1-\alpha)}{n(1+\alpha)}p = \frac{(1-\alpha)}{(1+\alpha)}p$$

$$p(NO_2) = x_{NO_2}p = \frac{2n\alpha}{n(1+\alpha)}p = \frac{2\alpha}{1+\alpha}p$$

代入经验平衡常数表达式得：

$$K_p = \frac{[p(NO_2)]^2}{p(N_2O_4)} = \frac{\left(\frac{2\alpha}{1+\alpha}p\right)^2}{\left(\frac{1-\alpha}{1+\alpha}\right)p} = \left(\frac{4\alpha^2}{1-\alpha^2}\right)p$$

得：

$$\alpha = \sqrt{\frac{K_p}{4p+K_p}}$$

从上式可见，总压力 p 降低，N_2O_4的平衡转化率提高。N_2O_4的离解反应是由一个分子变为两个分子的反应。即降低总压力，对于气体分子数目增加的化学反应来说，转化率是提高的。

对于 $CO(g) + H_2O(g) \rightleftharpoons CO_2(g) + H_2(g)$ 反应前后气体的计量系数相等的反应（$\Delta v = 0$），某温度下反应达平衡时：

$$K^{\ominus} = \frac{\left[\frac{p(CO_2)}{p^{\ominus}}\right]\left[\frac{p(H_2)}{p^{\ominus}}\right]}{\left[\frac{p(CO)}{p^{\ominus}}\right]\left[\frac{p(H_2O)}{p^{\ominus}}\right]} = Q$$

当系统的总压增大到原来的 2 倍时，则各组分的分压也分别变为原来分压的 2 倍，反应的反应商 Q 为：

$$Q = \frac{\left[\frac{2p(CO_2)}{p^{\ominus}}\right]\left[\frac{2p(H_2)}{p^{\ominus}}\right]}{\left[\frac{2p(CO)}{p^{\ominus}}\right]\left[\frac{2p(H_2O)}{p^{\ominus}}\right]} = K^{\ominus}$$

$Q = K^{\ominus}$为平衡状态，平衡不发生移动。即对反应前后气体计量系数不变的反应（$\Delta v = 0$），改变压力平衡不受影响。

在恒温、恒容条件下，惰性气体的引入对化学平衡无影响；当恒温、恒压时，惰性气体的加入实际上起了稀释作用，它和降低反应系统总压的效果相同。

【例 2-11】 常压（101.3kPa）下乙苯脱氢制备苯乙烯，已知 873K 时，$K^{\ominus} = 0.178$，若原料气中，乙苯和水蒸气物质的量比例为 1∶9，求乙苯的转化率。若不通水蒸气，则乙苯的转化率为多少？

解：若通入 1.00 mol 乙苯和 9.00 mol 水蒸气，并设乙苯的转化率为 x。

	$C_6H_5C_2H_5(g)$ $\rightleftharpoons$	$C_6H_5C_2H_3(g)$	$+H_2(g)$	$H_2O(g)$
起始时物质的量（mol）	1.00			9.00
平衡时物质的量（mol）	$1.00 - x$	x	x	9.00

平衡时系统总的物质的量：$n_{总} = 10.0 + x$

$$K^{\ominus} = \frac{\left(\frac{x}{10.0+x}\right)^2\left(\frac{p}{p^{\ominus}}\right)^2}{\left(\frac{1.00-x}{10.0+x}\right)\left(\frac{p}{p^{\ominus}}\right)} = \frac{x^2}{(10.0+x)(1.00-x)}\left(\frac{p}{p^{\ominus}}\right) = 0.178$$

$x=0.725$

乙苯的转化率为 72.5%，如果不通入水蒸气，平衡后总的物质的量：$n_{总}=1.00+x$

$$K^{\ominus}=\frac{\left(\frac{x}{1.00+x}\right)^2\left(\frac{p}{p^{\ominus}}\right)^2}{\left(\frac{1.00-x}{1.00+x}\right)\left(\frac{p}{p^{\ominus}}\right)}=\frac{x^2}{(1.00+x)(1.00-x)}\left(\frac{p}{p^{\ominus}}\right)=0.178$$

$x=0.389$

乙苯的转化率为 38.9%，可见，由于通入水蒸气，使乙苯的转化率从 38.9% 增加到 72.5%。

对于反应前后气体计量系数有变化的化学反应，改变压力化学平衡会受影响。在恒温下，增大总压力，平衡向着气体计量系数减小的方向移动；减小总压力，平衡向着气体计量系数增大的方向移动。

对于有气体参加的反应系统，系统体积的变化总是归结为浓度或压力的改变。若气体体积增大相当于浓度或压力减小，而气体体积减小相当于浓度或压力增大。

三、温度对化学平衡的影响

浓度或压力对化学平衡的影响是通过改变 Q，当 Q 再重新等于 $K^{\ominus}$时，系统又建立了新的平衡状态。而温度对化学平衡的影响是通过改变 $K^{\ominus}$来实现的。下面从热力学概念来导出温度与标准平衡常数之间的关系。对于一个给定的平衡系统，有：

$$\Delta_r G_m^{\ominus}=-RT\ln K^{\ominus}$$

$$\Delta_r G_m^{\ominus}=\Delta_r H_m^{\ominus}-T\Delta_r S_m^{\ominus}$$

将两式合并，得

$$-RT\ln K^{\ominus}=\Delta_r H_m^{\ominus}-T\Delta_r S_m^{\ominus}$$

$$\ln K^{\ominus}=-\frac{\Delta_r H_m^{\ominus}}{RT}+\frac{\Delta_r S_m^{\ominus}}{R}$$

设某一可逆反应，在温度 T_1时的标准平衡常数为 $K_1^{\ominus}$，温度 T_2时的标准平衡常数为 $K_2^{\ominus}$，则

$$\ln K_1^{\ominus}=-\frac{\Delta_r H_m^{\ominus}}{RT_1}+\frac{\Delta_r S_m^{\ominus}}{R}$$

$$\ln K_2^{\ominus}=-\frac{\Delta_r H_m^{\ominus}}{RT_2}+\frac{\Delta_r S_m^{\ominus}}{R}$$

$\Delta_r H_m^{\ominus}$ 和 $\Delta_r S_m^{\ominus}$ 在一定的温度间隔内变化不大，两式相减，得

$$\ln\frac{K_2^{\ominus}}{K_1^{\ominus}}=\frac{\Delta_r H_m^{\ominus}}{R}\left(\frac{1}{T_1}-\frac{1}{T_2}\right) \qquad (2-18)$$

式中，$\Delta_r H_m^{\ominus}$ 代表反应的标准摩尔焓变；R 是摩尔气体常数（$8.314\ J\cdot K^{-1}\cdot mol^{-1}$）。

式（2－18）是表述**标准平衡常数与温度之间关系的重要公式**。它的意义在于：当已知化学反应的 $\Delta_r H_m^{\ominus}$ 值时，只要测知某一温度 T_1下的 $K_1^{\ominus}$，即可求出另一温度 T_2下的 $K_2^{\ominus}$值。另外，在计算 $\Delta_r H_m^{\ominus}$ 值时，要保持 K 的一致性。

温度对平衡常数的影响与 $\Delta_r H_m^{\ominus}$ 的符号有关。**对于吸热反应，**$\Delta_r H_m^{\ominus}>0$，当 $T_2>T_1$时，$K_2^{\ominus}>K_1^{\ominus}$，即平衡常数随温度升高而增大，升高温度平衡向正反应（吸热）方向移动；反之，当 $T_2<T_1$时，$K_2^{\ominus}<K_1^{\ominus}$，降低温度时平衡向逆反应（放热）方向移动。

对于放热反应，$\Delta_r H_m^\ominus < 0$，当 $T_2 > T_1$ 时，$K_2^\ominus < K_1^\ominus$，即升高温度平衡常数减小，表明升高温度时平衡向逆反应（吸热）方向移动；而当 $T_2 < T_1$ 时，$K_2^\ominus > K_1^\ominus$，表明降低温度时平衡向正反应（放热）方向移动。

温度对化学平衡的影响可以归纳如下：升高温度，使平衡向吸热反应方向移动；降低温度，平衡向放热反应方向移动。

【例 2－12】 对于反应：$CO(g) + H_2O(g) \rightleftharpoons CO_2(g) + H_2(g)$，已知：$\Delta_r H_m^\ominus = -41.17\ kJ \cdot mol^{-1}$，500K 时的 $K^\ominus = 126$，求 800K 时的 $K^\ominus$。

解： 设 $\Delta_r H_m^\ominus$ 不随温度改变，根据式（2－18）得：

$$\ln K_2^\ominus = \ln K_1^\ominus + \frac{\Delta_r H_m^\ominus}{R}\left(\frac{T_2 - T_1}{T_1 \times T_2}\right)$$

$$= \ln 126 + \frac{-41.17 \times 10^3}{8.314}\left(\frac{800 - 500}{800 \times 500}\right)$$

$$= 1.122$$

$$K^\ominus = 3.07$$

由浓度、压力、温度对化学平衡影响的讨论，可归纳出一条普遍规律：**任何已达平衡的系统，若改变平衡系统的条件，如浓度、压力、温度，则平衡向削弱这个改变的方向移动。这是著名的勒夏特列（Le Châtelier）原理。**它是一条定性的、较为广泛的、具有指导意义的规律，它不仅适用于化学平衡，也适用于物理平衡和所有的动态平衡。但它只适用于平衡系统，对于未达平衡的系统，不能应用勒夏特列原理。

最后应该指出的是催化剂虽然影响化学反应速率，但不影响化学平衡。由于催化剂对正、逆反应具有同等程度的加速作用，$r_{正} = r_{逆}$，因而平衡状态不变，只是缩短了达到平衡所需要的时间。

四、选择合理生产条件的一般原则

化学反应速率和化学平衡是化工生产及制药工业非常重要的两个问题，虽然概念不同，但彼此密切相关。前者讨论的是在给定条件下反应进行的快慢问题，后者讨论的是在给定条件下反应进行的完全程度如何，我们总是希望有利的反应进行的快一些、完全些，而不利的反应最好抑制其发生。在实际工作中，为达到最佳的经济效益和社会效益，针对具体的化学反应，研究它的速率和化学平衡的规律时，选择什么样的最有利的条件显得尤为重要。下面几项原则，可作为选择合理生产条件时的参考。

1. 对于任何一个反应，增大反应物的浓度，都会提高反应速率，工业生产中常采用增加廉价或易得原料的投量提高贵重或稀缺原料的转化率。例如为使 CO 充分转化为 CO_2，常通入适当过量的水蒸气（参见例 2－9 的结果）。但是，当一种原料过量时，应当考虑配比适当，否则也会引起设备利用率降低，而将另一种原料"冲淡"。对气相反应，更要注意原料气的性质，有的气体原料的配比一旦进入爆炸范围将会造成不良后果。

使产物的浓度降低，同样可以使化学平衡向正反应方向移动。在生产中经常采用不断分离出产物的方法来使化学反应持续进行，以保证原料的充分利用和生产过程的连续化，并提高化工、制药生产设备利用率和化工制药生产的经济效益。

2. 对于气体分子数目减少的气相反应，增加压力可使平衡向正反应方向移动，例如在合成氨工业中，增大压力不但能增加反应速率，而且还能提高氨的产率。在 1.0×10^8 Pa 的条件下，不用催化剂就可以合成氨。不过氢在这样的高压条件下，能穿透用特种钢制作的反应器的器壁。考虑到设备的耐压能力，合成氨工业反应系统的压力一般采用 6.0×10^7 Pa ~ 7.0×10^7 Pa 的范围内。所以在考虑增加反应速率、提高转化率的同时，必须同时考虑设备承受能力和安全防护等因素。

3. 升高温度能够提高化学反应的速率。对于放热反应，升高温度在提高反应速率的同时，会使平衡转化率降低；对于吸热反应，升高温度既能加快反应速率又能提高转化率，但要避免反应物或产物的过热分解，也要注意燃料的合理消耗。

使用催化剂可以提高反应速率而不影响平衡的移动。使用催化剂必须注意活化温度，防止催化剂“中毒”，以提高催化剂的使用效率和寿命。

4. 相同的反应物，若同时可能发生几种反应，而其中只有一个反应是我们需要的，则首先必须选择合适的催化剂，以保证主反应的进行和遏制副反应的发生，然后再考虑其他条件。例如：

$$C_2H_5OH \xrightarrow{473K\sim523K,Cu} CH_3CHO + H_2$$

$$C_2H_5OH \xrightarrow{623K\sim633K,Al_2O_3} C_2H_4 + H_2O$$

$$C_2H_5OH \xrightarrow{413.2K,H_2SO_4} (C_2H_5)_2O + H_2O$$

可见，C_2H_5OH 在不同的催化剂作用下，选择不同的反应条件得到的产物也不同。

本章小结

一、化学平衡特点

恒温，封闭系统，可逆反应是平衡的前提；正反应和逆反应的速率相等是平衡建立的条件；各物质浓度不再随时间改变而变化是平衡建立的标志；平衡状态是封闭系统可逆反应的最大限度；化学平衡是动态平衡。

二、平衡常数

1. 经验平衡常数（K_c和 K_p）

对于任一可逆反应：$a\mathrm{A} + b\mathrm{B} \rightleftharpoons g\mathrm{G} + h\mathrm{H}$

在一定温度下达平衡时有：$K = \dfrac{[\mathrm{G}]^g[\mathrm{H}]^h}{[\mathrm{A}]^a[\mathrm{B}]^b}$

在一定温度下，可逆反应达平衡时，各生成物的平衡浓度以反应方程式中计量系数为指数幂的乘积与各反应物的平衡浓度以反应方程式中计量系数为指数幂的乘积之比是一个常数，该常数 K 称为经验平衡常数。用平衡浓度表示的经验平衡常数称为浓度平衡常数，用 K_c表示。如果化学反应是气相反应，也可以用平衡分压表示平衡常数，则称为压力平衡常数，用 K_p来表示。K_c和 K_p可通过下式进行相互换算：

$$K_p = K_c(RT)^{\Delta v}$$

式中，$\Delta v = (g+h) - (a+b)$

2. 标准平衡常数 将平衡浓度或平衡分压分别除以标准浓度 $c^\ominus$（$c^\ominus = 1\mathrm{mol\cdot L^{-1}}$）或标准压力 $p^\ominus$（$p^\ominus = 100\mathrm{kPa}$），即得到相对平衡浓度或相对平衡分压。

对于液相反应：

$$aA(aq) + bB(aq) \rightleftharpoons gG(aq) + hH(aq)$$

在一定温度下达平衡时有：

$$K^{\ominus} = \frac{([G]/c^{\ominus})^g([H]/c^{\ominus})^h}{([A]/c^{\ominus})^a([B]/c^{\ominus})^b}$$

对于气相反应：

$$aA(g) + bB(g) \rightleftharpoons gG(g) + hH(g)$$

在一定温度下达平衡时有：

$$K^{\ominus} = \frac{\left[\frac{p(G)}{p^{\ominus}}\right]^g\left[\frac{p(H)}{p^{\ominus}}\right]^h}{\left[\frac{p(A)}{p^{\ominus}}\right]^a\left[\frac{p(B)}{p^{\ominus}}\right]^b}$$

$K^{\ominus}$称为标准平衡常数。液相反应的K_c与其$K^{\ominus}$在数值上相等，而气相反应的K_p与其$K^{\ominus}$的数值一般不相等。

平衡常数的大小取决于反应本身的性质。它与温度T有关，与各物质的初始浓度无关。平衡常数的大小是衡量可逆反应进行程度的标志，其数值越大，则该反应正向进行的程度越大，反应进行得越完全。

转化率与反应物的起始浓度有关，转化率是从反应物消耗的角度衡量反应的限度。

3. 多重平衡原理　如果一个反应可由几个反应相加（或相减）得到，则该反应的平衡常数（标准平衡常数或经验平衡常数）等于组合成它的各个反应的平衡常数的乘积（或商）。

三、标准平衡常数$K^{\ominus}$与反应的标准摩尔吉布斯自由能变化（$\Delta_r G_m^{\ominus}$）的关系

1. $\Delta_r G_m^{\ominus} = -RT\ln K^{\ominus}$（利用此式可以求$K^{\ominus}$）

2. $\Delta_r G_m = RT\ln\frac{Q}{K^{\ominus}}$

Q称为反应商，其表达式类似于$K^{\ominus}$的表达式，只是其中浓度或分压是任意状态下的浓度或分压。

通过比较Q与$K^{\ominus}$的大小，可以判断反应进行的方向。

$Q<K^{\ominus}$时，$\Delta_r G_m<0$，正反应自发进行；

$Q>K^{\ominus}$时，$\Delta_r G_m>0$，逆反应自发进行；

$Q=K^{\ominus}$时，$\Delta_r G_m=0$，平衡状态。

利用Q与$K^{\ominus}$相比较判断反应方向时，必须注意二者的一致性。

四、化学平衡的移动

浓度和压力的变化不改变平衡常数，此时化学平衡的移动，都是由于反应商Q的改变引起的。温度变化将使平衡常数发生改变，从而导致化学平衡的移动。

1. 浓度对化学平衡的影响　如果增大反应物浓度或减小生成物浓度，$Q<K^{\ominus}$，系统向正反应方向移动；如果减小反应物的浓度或增大生成物浓度，$Q>K^{\ominus}$，系统向逆反应方向移动。

2. 压力对化学平衡的影响　压力的变化对固体和液体物质参加的反应影响极小。

压力变化只对反应前后气体分子数有变化的反应有影响。增大压力，平衡向气体分子数减少的方向移动；减小压力，平衡向气体分子数增加的方向移动。

3. **温度对化学平衡的影响**

$$\ln\frac{K_2^\ominus}{K_1^\ominus}=\frac{\Delta_r H_m^\ominus}{R}\left(\frac{1}{T_1}-\frac{1}{T_2}\right)$$

对于吸热反应，$\Delta_r H_m^\ominus>0$，温度升高 $K^\ominus$增大，平衡向正向移动。

对于放热反应，$\Delta_r H_m^\ominus<0$，温度升高 $K^\ominus$减小，平衡向逆向移动。

4. **勒夏特列原理** 任何已达平衡的系统，如果改变平衡系统的条件，如浓度、压力、温度，则平衡将向减弱这种改变的方向移动。

5. **催化剂** 催化剂只是缩短了达到平衡所需要的时间，对化学平衡移动没有影响。

扫码“练一练”

习题

1. 写出下列可逆反应的标准平衡常数 $K^\ominus$ 的表达式。

（1）$2NOCl(g) \rightleftharpoons 2NO(g)+Cl_2(g)$

（2）$Zn(s)+CO_2(g) \rightleftharpoons ZnO(s)+CO(g)$

（3）$MgSO_4(s) \rightleftharpoons MgO(s)+SO_3(g)$

（4）$Zn(s)+2H^+(aq) \rightleftharpoons Zn^{2+}(aq)+H_2(g)$

（5）$NH_4Cl(s) \rightleftharpoons NH_3(g)+HCl(g)$

（6）$2Fe^{3+}(aq)+Sn^{2+}(aq) \rightleftharpoons 2Fe^{2+}(aq)+Sn^{4+}(aq)$

2. 已知下列反应的标准平衡常数。

$HCN \rightleftharpoons H^+ + CN^-$ $\qquad K_1^\ominus=4.9\times10^{-10}$

$NH_3+H_2O \rightleftharpoons NH_4^+ + OH^-$ $\qquad K_2^\ominus=1.8\times10^{-5}$

$H_2O \rightleftharpoons H^+ + OH^-$ $\qquad K_3^\ominus=1.0\times10^{-14}$

试计算下面反应的标准平衡常数。

$$NH_3+HCN \rightleftharpoons NH_4^+ + CN^-$$

3. 在 699K 时，反应 $H_2(g)+I_2(g) \rightleftharpoons 2HI(g)$ 的平衡常数 $K_p=55.3$，如果将 2.00 mol 的 H_2和 2.00mol 的 I_2作用于 4.0L 的容器内，问在该温度下达到平衡时有多少 HI 生成？

4. 反应 $H_2(g)+CO_2(g) \rightleftharpoons H_2O(g)+CO(g)$ 在 1259 K 达平衡，平衡时$[H_2]=[CO_2]=0.44\ mol\cdot L^{-1}$，$[H_2O]=[CO]=0.56\ mol\cdot L^{-1}$。求此温度下反应的经验平衡常数 K_c及开始时 H_2和 CO_2的浓度。

5. 对于化学平衡：$2HI(g) \rightleftharpoons H_2(g)+I_2(g)$，在 698 K 时，$K_c=1.82\times10^{-2}$，如果将 HI(g) 放入反应瓶中，问：

（1）当 HI 的平衡浓度为 $0.010\ mol\cdot L^{-1}$时，$[H_2]$ 和 $[I_2]$ 各是多少？

（2）HI(g) 的初始浓度是多少？

（3）平衡时 HI 的转化率是多少？

6. 可逆反应 $H_2O(g)+CO(g) \rightleftharpoons H_2(g)+CO_2(g)$ 在密闭容器中建立平衡，在 749K 时该反应的平衡常数 $K_c=2.6$。

（1）求 $\frac{n_{H_2O}}{n_{CO}}$（物质的量之比）为 1 时，CO 的平衡转化率。

（2）求 $\frac{n_{H_2O}}{n_{CO}}$（物质的量之比）为 3 时，CO 的平衡转化率。

（3）从计算结果说明浓度对化学平衡移动的影响。

7. HI 分解反应：$2HI(g) \rightleftharpoons H_2(g) + I_2(g)$，开始时有 1.0mol HI，平衡时有 24.4% 的 HI 发生了分解，今欲将分解百分数降低到 10.0%，试计算应往此平衡系统中加多少摩尔 I_2？

8. 在 308 K 和总压 1.00×10^5Pa 时，N_2O_4有 27.2% 分解为 NO_2。

（1）计算 $N_2O_4(g) \rightleftharpoons 2NO_2(g)$ 反应的 $K^\ominus$。

（2）计算 308K 和总压为 2.00×10^5Pa 时，N_2O_4的离解百分率。

（3）从计算结果说明压力对平衡移动的影响。

9. $PCl_5(g)$ 在 523 K 达分解平衡：$PCl_5(g) \rightleftharpoons PCl_3(g) + Cl_2(g)$。平衡浓度：$[PCl_5] = 1.00\ mol \cdot L^{-1}$，$[PCl_3] = [Cl_2] = 0.204\ mol \cdot L^{-1}$，若温度不变而压力减小一半（即体积增大 1 倍），在新的平衡系统中各物质的浓度是多少？

10. 在某温度下，反应 $PCl_5(g) \rightleftharpoons PCl_3(g) + Cl_2(g)$ 的标准平衡常数 $K^\ominus = 2.25$。把一定量的 PCl_5引入一真空瓶内，当达到平衡后 PCl_5的分压是 2.533×10^4Pa，问：

（1）平衡时 PCl_3和 Cl_2的分压各是多少？

（2）离解前 PCl_5的压力是多少？

（3）平衡时 PCl_5的离解百分率是多少？

11. 308K 时，下面反应的 $K_c = 1.6 \times 10^{-5}\ mol \cdot L^{-1}$，计算反应在不同初始物浓度条件下，各物种的平衡浓度。

$$2NOCl\ (g) \rightleftharpoons 2NO\ (g) + Cl_2\ (g)$$

（1）2.0L 容器内有 2.0molNOCl

（2）1.0L 容器内有 3.0molNO 和 1.0molCl_2

12. 将空气中的氮气变成各种含氮化合物的反应叫作固氮反应。根据 298.15 K 及 1.00×10^5Pa 的热力学数据（$\Delta_f G_m^\ominus$）计算下列 3 种固氮反应的 $\Delta_r G_m^\ominus$ 和 $K^\ominus$，并从热力学角度（$\Delta_r G_m^\ominus$ 或 $K^\ominus$）分析选择哪个反应最好？

物质	NO（g）	N_2O（g）	NH_3（g）
$\Delta_f G_m^\ominus/(kJ \cdot mol^{-1})$	86.55	104.2	−16.45

（1）$N_2(g) + O_2(g) \longrightarrow 2NO(g)$

（2）$2N_2(g) + O_2(g) \longrightarrow 2N_2O(g)$

（3）$N_2(g) + 3H_2(g) \longrightarrow 2NH_3(g)$

13. BCl_3的液、气平衡可表示为：$BCl_3(l) \rightleftharpoons BCl_3(g)$。已知 298K 时，$BCl_3(l)$ 和 $BCl_3(g)$ 的热力学数据，求 BCl_3在 298K 的饱和蒸气压和平衡温度 $[p(BCl_3, g) = 100kPa]$，并判断在 298K、100kPa 时，BCl_3是液态还是气态？

物质	$\Delta_f H_m^\ominus/(kJ \cdot mol^{-1})$	$S_m^\ominus/(J \cdot mol^{-1} \cdot K^{-1})$	$\Delta_f G_m^\ominus/(kJ \cdot mol^{-1})$
$BCl_3(l)$	−427.2	206	−387.4
BCl_3（g）	−404	290.0	−388.7

14. 273K 时，水的饱和蒸气压为 611Pa，该温度下反应：

$$SrCl_2 \cdot 6H_2O(s) \rightleftharpoons SrCl_2 \cdot 2H_2O(s) + 4H_2O(g)$$

已知：$K^\ominus = 6.89 \times 10^{-12}$，试利用计算结果说明实际发生的过程是 $SrCl_2 \cdot 6H_2O(s)$ 失水风化，还是 $SrCl_2 \cdot 2H_2O(s)$ 吸水潮解？

15. 已知 298 K 时，Br_2（g）的 $\Delta_f G_m^\ominus = 3.100\ kJ\cdot mol^{-1}$，$\Delta_f H_m^\ominus = 30.90\ kJ\cdot mol^{-1}$，反应式为：$Br_2(l) \rightleftharpoons Br_2(g)$

（1）计算反应的平衡温度 $p[Br_2(g)] = 100$ kPa。

（2）计算 $Br_2(l)$ 的沸点 $p[Br_2(g)] = 1\,atm = 101.3$ kPa（文献值 58.8℃）。

16. $Na_2CO_3\cdot 10H_2O(s)$ 为无色透明结晶或白色结晶，$Na_2CO_3\cdot H_2O(s)$ 为白色粉末，$Na_2CO_3\cdot 10H_2O(s)$ 风化反应式：

$$Na_2CO_3\cdot 10H_2O(s) \rightleftharpoons Na_2CO_3\cdot H_2O(s) + 9H_2O(g)$$

已知：298K 时，有关物质的热力学数据如下。

物质	$Na_2CO_3\cdot 10H_2O(s)$	$Na_2CO_3\cdot H_2O(s)$	$H_2O(g)$
$\Delta_f G_m^\ominus/(kJ\cdot mol^{-1})$	−3428	−1285	−228.6

试计算：

（1）298 K 时风化反应的 $\Delta_r G_m^\ominus$ 和 $K^\ominus$。

（2）298 K 时水的饱和蒸气压为 3.167 kPa，若空气的相对湿度为 60%，在敞口容器中，上述反应的 $\Delta_r G_m$ 是多少？此时 $Na_2CO_3\cdot 10H_2O(s)$ 能否风化成 $Na_2CO_3\cdot H_2O(s)$？

17. Ag_2CO_3受热易分解：$Ag_2CO_3(s) \rightleftharpoons Ag_2O(s) + CO_2(g)$，$\Delta_r G_m^\ominus(383K) = 14.8\ kJ\cdot mol^{-1}$。在 383K 烘干时，空气中掺入一定量的 CO_2 就可避免 Ag_2CO_3的分解。请问空气中掺入多少 CO_2（即空气中 CO_2的体积分数）可以避免 Ag_2CO_3的分解？

18. 反应 $\frac{1}{2}Cl_2(g) + \frac{1}{2}F_2(g) \rightleftharpoons ClF(g)$ 在 298 K 和 398 K 下，测得其标准平衡常数分别为 9.3×10^9 和 3.3×10^7。

（1）计算反应在 298 K 时的 $\Delta_r G_m^\ominus$。

（2）若 298～398 K 范围内 $\Delta_r H_m^\ominus$(298 K) 和 $\Delta_r S_m^\ominus$(298 K) 基本不变，计算反应的 $\Delta_r H_m^\ominus$(298 K) 和 $\Delta_r S_m^\ominus$(298 K)。

（段丽颖）

第三章　化学反应速率

学习目标

1. **掌握**　化学反应速率的表示方法、基元反应、复杂反应、反应级数、反应分子数、反应机制、活化能等基本概念；温度与反应速率常数关系的阿仑尼乌斯公式；简单级数（零级、一级）反应的动力学特征。

2. **熟悉**　用碰撞理论解释浓度对反应速率的影响；用碰撞理论和过渡状态理论解释温度对反应速率的影响；用过渡状态理论解释催化剂对反应速率的影响。

3. **了解**　用稳态近似法和平衡态近似法处理复杂反应的速率方程；酶催化。

运用化学热力学方法只能判断化学反应的方向和限度，即解决反应的可能性问题，却不能揭示反应的机制，也不能预测反应的速率，即不能解决反应的现实性问题。本章要研究化学动力学（chemical kinetics），即化学反应速率（rate of chemical reaction）以及反应条件（例如浓度、温度、催化剂等）对反应速率的影响，还要研究反应的具体过程，即反应机制（reaction mechanism）。

第一节　反应速率的定义

化学反应速率是指在一定条件下反应物转变为生成物的速率。化学反应速率经常用单位时间内反应物浓度的减少或生成物浓度的增加来表示。浓度一般用 $mol \cdot L^{-1}$，时间用 s、min 或 h 为单位来表示，于是常见的反应速率单位有 $mol \cdot L^{-1} \cdot s^{-1}$、$mol \cdot L^{-1} \cdot min^{-1}$ 或 $mol \cdot L^{-1} \cdot h^{-1}$。

扫码“学一学”

一、平均速率

以 H_2O_2 溶液（含有少量 I^-）的分解反应为例进行讨论。

$$H_2O_2(aq) \xrightarrow{I^-} H_2O(l) + \frac{1}{2}O_2(g)$$

在298K 时，将 $0.80\ mol \cdot L^{-1}$ H_2O_2 溶液（含少量 I^-）分解过程的浓度变化列于表 3－1 中。

表 3－1　H_2O_2 溶液的分解速率（298K）

t/min	$c(H_2O_2)$ /mol · L^{-1}	反应速率 $-\frac{\Delta c(H_2O_2)}{\Delta t}$/mol · L^{-1} · min^{-1}	反应速率 $\frac{\Delta c(O_2)}{\Delta t}$/mol · L^{-1} · min^{-1}
0	0.80	—	—
20	0.40	$\frac{0.40}{20}=2.0\times10^{-2}$	$\frac{0.20}{20}=1.0\times10^{-2}$
40	0.20	$\frac{0.20}{20}=1.0\times10^{-2}$	$\frac{0.10}{20}=5.0\times10^{-3}$
60	0.10	$\frac{0.10}{20}=5.0\times10^{-3}$	$\frac{0.050}{20}=2.5\times10^{-3}$
80	0.050	$\frac{0.050}{20}=2.5\times10^{-3}$	$\frac{0.025}{20}=1.25\times10^{-3}$

表3－1给出了不同时间 H_2O_2 和 O_2 浓度的测定值，从 t_1 到 t_2 的时间间隔用 $\Delta t = t_2 - t_1$ 表示，t_1、t_2 时的浓度分别用 $c(H_2O_2)_1$ 和 $c(H_2O_2)_2$ 表示，则在时间间隔 Δt 中的浓度改变量 $\Delta c(H_2O_2) = c(H_2O_2)_2 - c(H_2O_2)_1$，在时间间隔 Δt 内，用单位时间内反应物 H_2O_2 浓度减少来表示的平均反应速率（average rate）为 $\bar{r}$。

$$\bar{r}(H_2O_2) = -\frac{c(H_2O_2)_2 - c(H_2O_2)_1}{t_2 - t_1} = -\frac{\Delta c(H_2O_2)}{\Delta t} \quad (3-1)$$

式中的负号是为了使反应速率保持正值。

利用式（3－1）计算的不同时间间隔里 H_2O_2 的平均反应速率列于表3－1第三列。从数据可以看出，不同时间间隔里，反应的平均速率不同。

在同一时间间隔里，其反应速率也可以用产物 O_2 的浓度变化表示。

$$\bar{r}(O_2) = \frac{\Delta c(O_2)}{\Delta t}$$

同一时间间隔内 $\bar{r}(H_2O_2)$ 和 $\bar{r}(O_2)$ 数值是不一样的。这两个数值虽不相等，但它们反映的问题的实质是同一的。因此这两个数值必定有内在的联系。这种联系可以从化学反应方程式计量数的关系找到，有2个 H_2O_2 分子消耗掉，必有1个 O_2 分子生成。

故有：

$$\bar{r}(H_2O_2) = \frac{\bar{r}(O_2)}{\frac{1}{2}}$$

对于一般的化学反应 $aA + bB \longrightarrow gG + hH$，则有

$$\frac{1}{a}\bar{r}(A) = \frac{1}{b}\bar{r}(B) = \frac{1}{g}\bar{r}(G) = \frac{1}{h}\bar{r}(H) \quad (3-2)$$

二、瞬时速率

以上所谈的反应速率都是某一时间间隔内的平均反应速率。时间的间隔越小，越能反映出间隔内某一时刻的反应速率，我们把某一时刻的化学反应速率称为瞬时反应速率（instantaneous rate）。下面用作图法求出某一时刻的瞬时反应速率，同时对于瞬时反应速率的定义及瞬时速率与平均速率之间的联系做进一步探讨。

利用表3－1中第2列数据对第1列数据作图，即反应物浓度对时间作图，见图3－1。

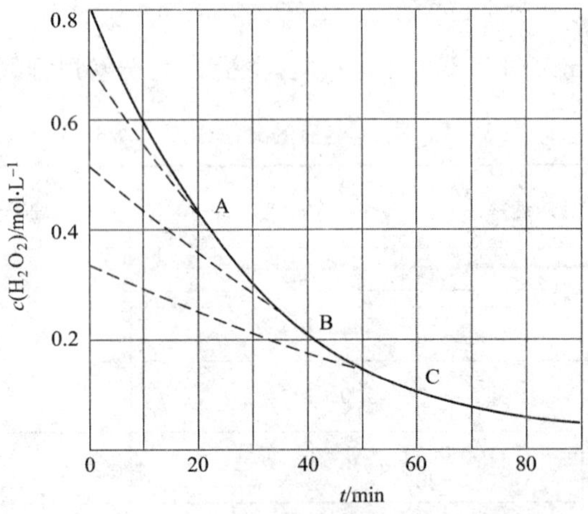

图3－1　H_2O_2 分解反应的浓度-时间曲线

若将观察的时间间隔无限缩小，平均速率的极限值即为化学反应在 t 时**瞬时速率**。

$$r\ (H_2O_2) = \lim_{\Delta t \to 0} \frac{-\Delta c(H_2O_2)}{\Delta t} = -\frac{dc(H_2O_2)}{dt}$$

瞬时速率可以从图 3－1 中曲线上 A、B、C 各点的斜率取绝对值求得。

如 A 点的斜率为：

$$\frac{0.40-0.68}{20} = -1.4 \times 10^{-2}\ (mol \cdot L^{-1} \cdot min^{-1})$$

这表示在第 20 min 当 H_2O_2 浓度为 0.40 $mol \cdot L^{-1}$ 时的瞬时速率为 $1.4 \times 10^{-2} mol \cdot L^{-1} \cdot min^{-1}$。用相同的方法可以得到 B 点和 C 点的斜率，即反应在第 40 min 和第 60 min 时的瞬时速率。

瞬时速率能确切地表示化学反应在某一瞬间的真实速率。通常所说的反应速率，一般就是指瞬时速率。在所有时刻的瞬时速率中，起始速率（initial rate）即初速率 r_0 极为重要，因为起始浓度是最易得到的数据，因此，以后在研究反应速率与浓度的关系时，经常用到初速率。

和平均速率一样，在同一时间，用各种物质的浓度的改变来表示的反应速率，其数值是不相同的。对于一般化学反应：

$$aA + bB \longrightarrow gG + hH$$

有

$$\frac{1}{a}r(A) = \frac{1}{b}r(B) = \frac{1}{g}r(G) = \frac{1}{h}r(H) \qquad (3-3)$$

第二节　反应速率与反应物浓度的关系

扫码“学一学”

大量实验事实表明，在一定温度下，增加反应物浓度可以增大反应速率。分析表 3－1 的数据，我们不仅看出不同时间间隔内平均速率不相同，而且可以发现随着反应时间的推移，当反应物 H_2O_2 的浓度不断降低的时候，反应的平均速率在减小。瞬时速率也是如此，图 3－1 可以说明这个问题，观察第 20 min、第 40 min 和第 60 min 时的各条切线，可以看出它们的斜率所代表的瞬时速率依次减小。

一、经验反应速率方程

经验表明，对于反应：

$$aA + bB \longrightarrow gG + hH$$

某一时刻的瞬时反应速率 r 与反应物的浓度之间经常具有如下关系：

$$r = kc^m(A) \cdot c^n(B) \qquad (3-4)$$

式（3－4）称为反应的速率方程（rate equation），k 称为反应速率常数（rate constant），简称速率常数；m，n 分别为反应物 A、B 的浓度的幂指数；k，m 和 n 均可由实验测得。

【例 3－1】 在稀的水溶液中，过氧化氢和溴化氢的反应为：

$$H_2O_2(aq) + 2H^+(aq) + 2Br^-(aq) \Longrightarrow 2H_2O(l) + Br_2(aq)$$

对它进行反应速率测定的实验数据如下：

实验编号	起始浓度/($mol \cdot L^{-1}$)			r_0 (H_2O_2) 或 r_0 (Br_2)/ ($mol \cdot L^{-1} \cdot s^{-1}$)
	c_0(H_2O_2)	c_0(H^+)	c_0(Br^-)	
1	0.10	0.10	0.10	1.0
2	0.010	0.10	0.10	0.10
3	0.10	0.010	0.10	0.10
4	0.10	0.10	0.010	0.10

写出该反应的速率方程，并求出速率常数。

解：对比实验1和2，我们发现，当 $c(H^+)$ 和 $c(Br^-)$ 保持一定，$c(H_2O_2)$ 变为10倍，则反应速率也相应变为10倍。这说明反应速率 r 和 $c(H_2O_2)$ 成正比，即

$$r \propto c(H_2O_2)$$

对比实验1和3，我们发现，当 $c(H_2O_2)$ 和 $c(Br^-)$ 保持一定时，$c(H^+)$ 变成10倍，则反应速率也相应变为10倍，这表明反应速率 r 和 $c(H^+)$ 成正比，即

$$r \propto c(H^+)$$

对比实验1和4，我们发现，当 $c(H_2O_2)$ 和 $c(H^+)$ 保持一定，$c(Br^-)$ 变成10倍，则反应速率 r 也相应变为10倍，这表明反应速率 r 和 $c(Br^-)$ 成正比，即

$$r \propto c(Br^-)$$

同时考虑 $c(H_2O_2)$、$c(H^+)$ 和 $c(Br^-)$ 对反应速率 r 的影响，可得：

$$r \propto c(H_2O_2) \cdot c(H^+) \cdot c(Br^-)$$

利用速率常数 k，建立等式：

$$r = kc(H_2O_2) \cdot c(H^+) \cdot c(Br^-)$$

写成微分形式：

$$-\frac{dc}{dt} = kc(H_2O_2) \cdot c(H^+) \cdot c(Br^-)$$

将实验数据代入速率方程得：

$$k = 1.0 \times 10^3 \ (mol^{-2} \cdot L^2 \cdot s^{-1})$$

在恒温下，反应速率常数 k 不因反应物的浓度改变而变化。因此，利用速率方程可以求出在该温度下的任何浓度时的反应速率。

二、反应级数

若某化学反应 $aA + bB \longrightarrow gG + hH$，其速率方程的形式为：

$$r = kc^m(A) \cdot c^n(B)$$

则该反应的反应级数（reaction order）为 $m+n$，即速率方程中的幂指数之和，或者说该反应为 $m+n$ 级反应。反应级数也可以针对某反应物而言，所以上述反应对反应物A是 m 级反应，对反应物B是 n 级反应。总之，反应级数说明的是反应速率与反应物浓度的多少次幂成正比。

在【例3-1】中我们讨论的化学反应：

$$H_2O_2(aq) + 2H^+(aq) + 2Br^-(aq) = 2H_2O(l) + Br_2(aq)$$

其速率方程为：$r = kc(H_2O_2) \cdot c(H^+) \cdot c(Br^-)$，该反应为3级反应，或者说该反应的反应级数为3。该反应对于 H_2O_2、H^+ 和 Br^- 均为1级。同时，我们也可以看出，反应级数

与反应物的计量系数无关，必须由实验确定。

反应级数可以是零，也可以是分数。例如反应：

$$2O_3 \xlongequal{} 3O_2$$

其速率方程为：

$$r = k$$

或写成微分形式：

$$-\frac{\mathrm{d}c}{\mathrm{d}t} = k$$

这是个零级反应，零级反应的反应速率与反应物浓度的0次幂成正比，或者说其反应速率与反应物浓度无关。

又如反应：

$$H_2(g) + Cl_2(g) = 2HCl(g)$$

其速率方程为：

$$r = kc(H_2) \cdot c^{1/2}(Cl_2)$$

这是 $1\frac{1}{2}$ 级反应。该反应对 H_2 是1级的，对于 Cl_2 是0.5级的。

有的反应，其速率方程较复杂，不属 $r = kc^m(A) \cdot c^n(B)$ 形式，如反应：

$$H_2(g) + Br_2(g) \xlongequal{} 2HBr(g)$$

其速率方程为：

$$r(H_2) = \frac{kc(H_2)c^{1/2}(Br_2)}{1 + k'\frac{c(HBr)}{c(Br_2)}}$$

对于这样的反应则不好谈反应级数。

三、速率常数

速率常数 k 是在给定温度 T，各种反应物浓度皆为1 $mol \cdot L^{-1}$ 时的反应速率，因此，有时也称它为比反应速率，简称比速率。可用速率常数的大小来比较化学反应的反应速率。在相同条件下，k 值越大，反应越快。

速率常数 k 的数值与各反应物的浓度无关，其值与反应条件如温度、催化剂、溶剂等有关。

速率常数是有单位的，其单位为［浓度］$^{1-n}$［时间］$^{-1}$。若反应速率是以 $mol \cdot L^{-1} \cdot s^{-1}$ 为单位，则零级反应的速率常数的单位为 $mol \cdot L^{-1} \cdot s^{-1}$；一级反应速率常数的单位为 s^{-1}；二级反应的速率常数的单位为 $L \cdot mol^{-1} \cdot s^{-1}$。可见，由给出的反应速率常数的单位，可以判断出反应的级数。

扫码“学一学”

第三节　反应机制

以上的有关化学动力学的研究，平均速率、瞬时速率、反应级数等均属于宏观的研究。人们也十分关心化学反应的微观过程——反应是怎样开始的，经历怎样的具体步骤，这就是反应机制。

一、基元反应

如果一个化学反应，反应物分子一步直接生成产物分子，这类反应叫基元反应（又称元反应，elementary reation）。

例如

$$NO_2 + CO \longrightarrow NO + CO_2$$

$$2NO_2 \longrightarrow 2NO + O_2$$

这两个反应都是基元反应。

由两个或两个以上的基元反应组成的化学反应叫非基元反应，也叫复杂反应（complex reation）。

我们很熟悉的反应：

$$H_2(g) + I_2(g) \longrightarrow 2HI(g)$$

长期以来人们一直认为它是基元反应，近年来，无论从实验上或理论上都证明，它并不是一步完成的基元反应，它的反应历程可能是如下两步基元反应：

①$I_2 \longrightarrow I + I$　　　（快）

②$H_2 + 2I \longrightarrow 2HI$　　　（慢）

研究复杂反应的反应机制，就是要弄清楚它的基元步骤。元反应的级数等于参与反应的微粒（分子、原子、离子或自由基）数目，一般称为反应分子数(molecularity)。非基元反应不能谈反应分子数。既不能认为反应方程式中反应物的化学计量数之和就是反应的分子数，也不能认为速率方程中反应物浓度的幂指数之和就是反应分子数。反应分子数是一个微观概念，要将其与反应级数这个宏观概念相区别。

基元反应或复杂反应的基元步骤有单分子反应，如 SO_2Cl_2 的分解反应：

$$SO_2Cl_2 \longrightarrow SO_2 + Cl_2$$

也有双分子效应，如 NO_2 的分解反应：

$$2NO_2 \longrightarrow 2NO + O_2$$

还有三个微粒碰撞才发生的三分子反应，如

$$H_2 + 2I \longrightarrow 2HI$$

三分子反应为数不多，四分子或更多分子碰撞而发生的反应尚未发现。可以想象，多个微粒在同一时间到达同一位置，并各自具备适当的取向和足够的能量是相当困难的。

基元反应或复杂反应的基元步骤，其最重要的动力学特征如下。

若有**基元反应**：

$$aA + bB \longrightarrow gG + hH$$

若用 A、B、G 或 H 物质的浓度变化表示反应速率时，分别有下列速率方程。

$r(A) = k_A c^a(A) \cdot c^b(B)$

$r(B) = k_B c^a(A) \cdot c^b(B)$

$r(G) = k_G c^a(A) \cdot c^b(B)$

$r(H) = k_H c^a(A) \cdot c^b(B)$

这种关系可以表述为：基元反应的化学反应速率与反应物浓度以其化学计量数为指数的幂的连乘积成正比。换句话说，质量作用定律仅适用于基元反应。

若将 $r(A)$、$r(B)$、$r(G)$ 和 $r(H)$ 代入式（3－3）：

$$\frac{1}{a}r(A) = \frac{1}{b}r(B) = \frac{1}{g}r(G) = \frac{1}{h}r(H)$$

可得：

$$\frac{1}{a}k_A = \frac{1}{b}k_B = \frac{1}{g}k_G = \frac{1}{h}k_H \tag{3-5}$$

即：基元反应不同的速率常数之比也等于反应方程式中各物质的计量数之比。

二、反应机制的探讨

所谓反应机制就是对反应历程的描述。如前所述，从反应机制角度考虑，化学反应可分为基元反应和非基元反应两大类。近年来，人们在研究反应机制方面的工作不断取得进展。

下面的化学反应：

$$2H_2 + 2NO \xlongequal{} 2H_2O + N_2$$

实验测得其速率方程为：

$$r = kc(H_2)c^2(NO)$$

这说明该反应不是一个基元反应，因为按基元反应写出的质量作用定律表达式与实验测得的速率方程不一致。必须指出的是，**即使由实验测得的反应级数与反应式中反应物计量数之和相等，该反应也不一定就是基元反应**。例如下面的反应：

$$2NO + O_2 \xlongequal{} 2NO_2 \tag{3-6}$$

实验测得其反应速率方程为：

$$r = kc^2(NO) \cdot c(O_2) \tag{3-7}$$

人们发现了一些宏观的实验现象，表明它并不是一步完成的基元反应，于是提出它的反应历程可能经过如下基元步骤的建议。

①$2NO \xlongequal{} N_2O_2$　　k_1（快）

②$N_2O_2 \xlongequal{} 2NO$　　k_2（快）

③$N_2O_2 + O_2 \xlongequal{} 2NO_2$　　k_3（慢）

这种机制的特点是，第一步反应的产物 N_2O_2 是第二步、第三步的反应物。这就决定了最慢的反应步骤是控制速率的步骤，简称速控步骤（rate controlling step）。该机制首先进行了速控步骤假设，假设步骤③为慢反应，是速控步骤。这一步反应的速率即为总反应的速率，这一基元反应的速率方程为：

$$r = k_3c(N_2O_2) \cdot c(O_2) \tag{3-8}$$

现在的问题是，速率方程式（3-8）中的 N_2O_2 属于反应的中间产物，而不是反应式（3-6）中的反应物。如何将 $c(N_2O_2)$ 变换成反应式（3-6）中的反应物的浓度？可以采用**平衡态近似法**进行处理。

因为步骤③的速率慢，致使可逆反应①和②始终保持着正逆反应速率相等的平衡状态，故有

$$r_1 = r_2$$

由于①和②均为基元步骤，故有

$$k_1c^2(NO) = k_2c(N_2O_2)$$

所以有

$$c(N_2O_2) = \frac{k_1}{k_2}c^2(NO) \tag{3-9}$$

将式（3-9）代入速控步骤的速率方程（3-8）中，得到

$$r = \frac{k_1k_3}{k_2}c^2(NO)c(O_2)$$

令 $k=\frac{k_1k_3}{k_2}$，可得到反应 $2NO+O_2=2NO_2$ 的速率方程。

$$r=kc^2(NO)c(O_2)$$

它与式（3－7）完全相同。尽管有时由实验测得的速率方程与按基元反应的质量作用定律写出的速率方程完全一致，但也不能就认为这种反应肯定是基元反应。

如何将式（3－8）中的 c（N_2O_2）变换成反应式（3－6）中的反应物浓度，也可以采用稳态近似法进行处理。

快步骤①生成中间产物 N_2O_2，快步骤②消耗中间产物 N_2O_2，两个快反应在慢步骤③之前不断地进行，因此可以近似地认为 $c(N_2O_2)$ 是稳定不变的，这就是**稳态近似法**的基本思想。于是有：

$$\frac{dc(N_2O_2)}{dt}=k_1c^2(NO)-k_2c(N_2O_2)=0$$

这就是式（3－9），下面的处理是将式（3－9）代入速控步骤的速率方程式（3－8）中，最后得到与平衡态近似法一致的结果，推导出速率方程为：

$$r=kc^2(NO)c(O_2)$$

扫码“学一学”

第四节　反应物浓度与时间的关系

反应速率与反应物浓度的关系，显然是人们关心的动力学问题。人们希望知道某生成物的浓度达到一定数值所需的时间，同时也希望清楚反应进行到某一时刻，系统中还有多少反应物，下面我们对具有简单级数（零级和一级）反应分别加以讨论。

一、零级反应

零级反应（zero order reaction）的特点是，反应速率与反应物浓度的0次幂成正比，或者说其反应速率与反应物浓度无关。

若反应 A＝H 代表零级反应，则其速率方程的微分表达式为：

$$-\frac{dc(A)}{dt}=k_A$$

将上式整理后做定积分：

$$\int_{C(A)_0}^{C(A)}-dc(A)=\int_0^t k_A dt$$

积分后得：

$$c(A)_0-c(A)=k_At \tag{3-10}$$

式（3－10）称为零级反应速率方程的积分表达式。

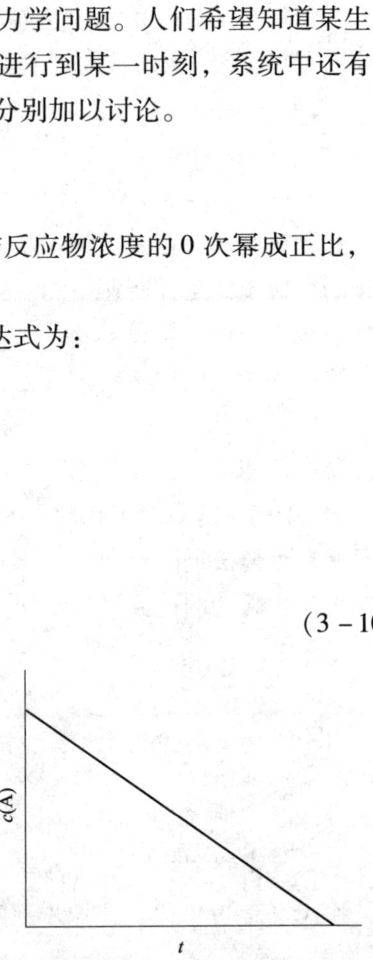

图 3－2　零级反应积分速率方程图解

式中，t 为反应时间；k 为速率常数，单位为［浓度］·［时间］$^{-1}$；c(A) 为 t 时刻的浓度；$c(A)_0$ 为初始浓度。

从式（3－10）可以看出，c(A) 与 t 为线性关系，直线的斜率为 $-k_A$，截距为 $c(A)_0$，见图 3－2。

零级反应实际是匀速反应。反应物在单位时间以

浓度减小 k 的速度均匀地分解。

反应物消耗一半所需的时间，在化学动力学中称为半衰期（half life），用 $t_{1/2}$ 表示。

对于零级反应，当 $c(\mathrm{A}) = \frac{1}{2}c(\mathrm{A})_0$ 时：

$$t_{1/2} = \frac{c(\mathrm{A})_0}{2k} \tag{3-11}$$

这就是零级反应半衰期公式，半衰期 $t_{1/2}$ 与速率常数 k 有关，也与反应物的初始浓度 $c(\mathrm{A})_0$ 成正比，这是零级反应的最主要特征之一。反应的第二半衰期［$c(\mathrm{A})_0/2 \rightarrow c(\mathrm{A})_0/4$］是第一半衰期［$c(\mathrm{A})_0 \rightarrow c(\mathrm{A})_0/2$］的一半。

当 $c(\mathrm{A}) = 0$ 时，$t = c(\mathrm{A})_0/K_{\mathrm{A}}$，这说明对零级反应，反应所需要的时间是有限的，反应是可以进行完全的。

【例 3－2】 已知 O_3 的分解反应为：

$$2O_3 = 3O_2$$

在 363K 时，测得 O_3 在不同时间内浓度如下。

t/s	0	100	200	300	400
$c \times 10^3/(\mathrm{mol \cdot L^{-1}})$	6.39	6.26	6.13	6.00	5.87

根据上述实验结果计算。

（1）该反应的反应级数。

（2）反应的速率常数。

（3）反应的半衰期 $t_{1/2}$。

解：（1）从实验数据可以看出，反应是匀速反应，O_3 以每秒浓度减小 $1.30 \times 10^{-6} \mathrm{mol \cdot L^{-1}}$ 的速度均匀地分解，符合零级反应的特征［也可用 $c(O_3)$ 对 t 作图得一直线，直线的斜率为 $-k$］，故该反应为零级反应。

（2）将前两组实验代入式（3－10），得：

$$6.39 \times 10^{-3} - 6.26 \times 10^{-3} = k \times 100$$

$$k = 1.30 \times 10^{-6}\ (\mathrm{mol \cdot L^{-1} \cdot s^{-1}})$$

（3）将 k 及 $c(O_3)_0$ 代入式（3－11），得：

$$t_{1/2} = \frac{6.39 \times 10^{-3}}{2 \times 1.30 \times 10^{-6}} = 2.46 \times 10^3\ (\mathrm{s})$$

二、一级反应

若反应　$a\mathrm{A} \rightarrow$ 产物为一级反应（first order reaction），则反应速率与 A 的浓度一次方成正比，其微分表达式为：

$$r_{\mathrm{A}} = -\frac{\mathrm{d}c(\mathrm{A})}{\mathrm{d}t} = k_{\mathrm{A}} \cdot c(\mathrm{A})$$

将上式移项并积分：

$$\int_{c(\mathrm{A})_0}^{c(\mathrm{A})} \frac{-\mathrm{d}c(\mathrm{A})}{c(\mathrm{A})} = \int_0^t k_{\mathrm{A}} \mathrm{d}t$$

式中，$c(\mathrm{A})$ 为反应物 A 在 t 时刻的浓度；$c(\mathrm{A})_0$ 为反应物的初始浓度（$t = 0$ 时的浓度），积分后得：

$$\ln \frac{c(\mathrm{A})_0}{c(\mathrm{A})} = k_{\mathrm{A}} \cdot t \tag{3-12}$$

也可以将式（3－12）改写为：

$$\ln c(\mathrm{A}) = \ln c(\mathrm{A})_0 - k_{\mathrm{A}} \cdot t \tag{3-13}$$

式（3－13）称为一级反应速率方程的积分表达式。从上式可以看出，k_{A}的单位为［时间］$^{-1}$；$\ln c(\mathrm{A})$ 与 t 呈线性关系。直线的斜率为 $-k_{\mathrm{A}}$，截距为 $\ln c(\mathrm{A})_0$。

一级反应的**半衰期**：

$$t_{1/2} = \frac{\ln 2}{k_{\mathrm{A}}} = \frac{0.693}{k_{\mathrm{A}}} \tag{3-14}$$

上式说明，一级反应的半衰期与反应物的初始浓度 $c(\mathrm{A})_0$无关，对于给定的反应，由于速率常数有定值，所以半衰期也是定值。反应的第二半衰期［$c(\mathrm{A})_0/2 \rightarrow c(\mathrm{A})_0/4$］与第一半衰期［$c(\mathrm{A})_0 \rightarrow c(\mathrm{A})_0/2$］相等。

【例 3－3】 蔗糖的水解反应如下。

$$C_{12}H_{22}O_{11} + H_2O = C_6H_{12}O_6\text{（葡萄糖）} + C_6H_{12}O_6\text{（果糖）}$$

其是典型的一级反应。某温度时，起始浓度 $c(\mathrm{A})_0 = 0.500\ \mathrm{mol \cdot L^{-1}}$的蔗糖溶液在稀盐酸催化下发生水解。已知速率常数 $k = 5.32 \times 10^{-3}\mathrm{min^{-1}}$，计算

（1）300 min 时，溶液中蔗糖的浓度。

（2）蔗糖水解反应的半衰期。

解：（1）将上述数据代入式（3－13），得：

$$\ln c(\mathrm{A}) = \ln 0.500 - 5.32 \times 10^{-3} \times 300$$

则 300 min 时，溶液中蔗糖浓度为 $c(\mathrm{A}) = 0.101\ (\mathrm{mol \cdot L^{-1}})$

（2）
$$t_{1/2} = \frac{0.693}{k} = \frac{0.693}{5.32 \times 10^{-3}} = 130\ (\mathrm{min})$$

一级反应很常见，许多热分解反应、分子重排反应、放射性元素的衰变等都符合一级反应规律。药物在生物体内吸收、分布、代谢和排泄过程，也常近似地被看作一级反应。

扫码“学一学”

第五节　反应速率理论简介

20 世纪，反应速率理论的研究取得了进展。主要的成果有：1918 年 Lewis（路易斯）在气态分子运动论的基础上提出的化学反应速率的碰撞理论和 20 世纪 30 年代Eyring（艾林）等在量子力学和统计力学的基础上提出的化学反应速率的过渡状态理论。

一、碰撞理论

碰撞理论（collision theory）主要适用于气体双分子反应，它的主要论点如下。

（1）把分子看成刚性硬球，反应物分子必须**相互碰撞**才有可能发生反应，反应速率的大小与单位时间内碰撞次数 Z（即碰撞频率）成正比。在常温常压的气体分子之间相互碰撞的机会是很大的，其数量级高达 10^{29}次 $\mathrm{cm^{-3} \cdot s^{-1}}$。碰撞频率显然与浓度成正比，此外温度越高碰撞的次数越多，这是因为温度越高分子运动的速度越快。设有 A、B 两种分子相互碰撞起反应生成 C，A 和 B 的浓度分别为 $c(\mathrm{A})$ 和 $c(\mathrm{B})$，那么 A 和 B 的碰撞频率是：

$$Z_{\mathrm{AB}} = Z_0 c(\mathrm{A}) \cdot c(\mathrm{B})$$

式中，Z_0是单位浓度时的碰撞频率，它与 A、B 分子的大小、摩尔质量、浓度的表示方法等有关。各种气体分子的大小和质量差别并不很大，若每次碰撞都能发生反应，那么理论计算的结果比实验测定值大得多。如 $2HI \longrightarrow H_2 + 2I$，在 556 K，HI 浓度为 1.0×10^{-3} mol · L^{-1} 条件下，按相碰即起反应，计算反应速率应为 1.2×10^5 mol · L^{-1} · s^{-1}，而实验测定的只有 3.5×10^{-13} mol · L^{-1} · s^{-1}。由此可见，反应速率不仅与碰撞频率有关，此外还要考虑能量因素和方位因素的作用。

（2）分子之间发生反应碰撞是必要条件，但非充分条件。当 A 和 B 两分子趋近到一定距离时，还必须有**足够的能量**。图 3－3 是两个不同温度（$T_2 > T_1$）下的气态分子能量分布曲线。

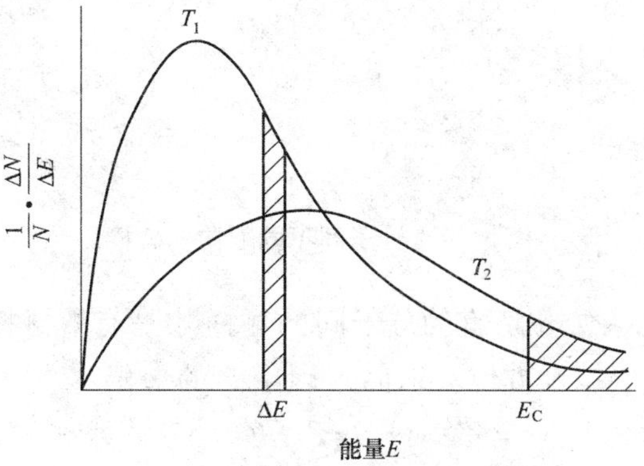

图 3－3　分子能量分布曲线

图中的横坐标为分子的动能 E，纵坐标为 $\frac{1}{N} \cdot \frac{\Delta N}{\Delta E}$。$N$ 为分子总数，纵坐标表示在能量 E 处单位能量间隔内的分子份额。图中的矩形面积代表能量落在该区间的分子占总分子数的份额（整个曲线下的面积等于 1）。

气体分子的能量分布还可以用式（3－15）表示。

$$f_E = \frac{n_i}{n_{总}} = e^{-E/RT} \qquad (3-15)$$

式中，$n_{总}$是气态物质的量（mol）；n_i是指能量等于和大于 E 的气态物质的量（mol）；E 是指气体分子的摩尔能量；f_E是指能量等于和大于 E 的气体分子的份额。

式（3－15）是 Maxwell-Boltzmann 分布律的简化方程。

碰撞理论认为，当碰撞的分子具有的能量超过某一定值 E_c（图 3－3）时，它们才能发生碰撞起反应，这种碰撞称为有效碰撞。具有该能量的分子称为活化分子。即 E_c为能发生有效碰撞的活化分子所具有的最低能量，称为化学反应临界能，也称为活化能（activation energy）E_a（按理论推算活化能 $E_a = E_c + \frac{1}{2}RT$，因 $E_c >> \frac{1}{2}RT$，$E_a \approx E_c$）。所以有效碰撞在总碰撞次数中所占的分数为：

$$f = \frac{有效碰撞频率}{总的碰撞频率} = e^{-E_c/RT} \qquad (3-16)$$

式中，f 称为能量因子。f 值越大，活化分子的分数越大，反应越快。

（3）此外分子还必须采取**合适的取向**进行碰撞，反应才能发生。

以下面的反应来说明这个问题。

$$CO\ (g) + NO_2(g) \xlongequal{} NO(g) + CO_2(g)$$

只有当CO分子中的碳原子与NO_2中的氧原子相碰撞时才能发生重排反应，而CO分子中的碳原子与NO_2中的氮原子相碰撞的这种取向，则不会发生氧原子的转移，见图3－4。

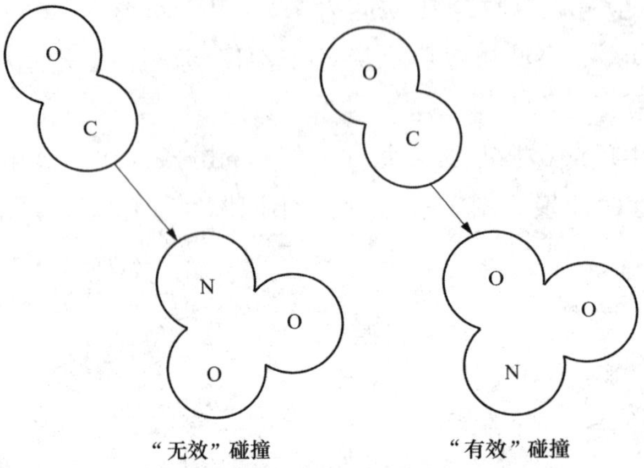

图3－4　分子间不同取向的碰撞

因此，只有能量足够、方位适宜的分子间的碰撞才是有效碰撞。所以反应速率r等于总碰撞次数Z、能量因子f以及方位（取向）因子P的乘积。

$$r = Z \cdot P \cdot f = Z \cdot P \cdot e^{-E_c/RT} \tag{3-17}$$

取向因子P的取值范围很宽，对于不同类型反应可以在$1 \sim 10^{-9}$之间取值。

从式（3－16）$f = e^{-E_c/RT}$可以看出，能量E_c（或E_a）越高，满足能量要求的碰撞次数占总碰撞次数的分数f越小。因为E_c越高，活化分子所占的比例越小，有效碰撞次数所占的比例也就越小，故反应速率越小。

碰撞理论中的E_c，即活化能E_a，E_a的单位是$kJ \cdot mol^{-1}$，对于不同的反应，活化能的数值是不同的，一般为几十到几百$kJ \cdot mol^{-1}$。活化能的大小对于各种类型反应的反应速率有着重要影响。

在前面讨论反应物浓度对反应速率的影响时，我们说反应物浓度大反应速率大。这个现象可用碰撞理论进行简单的解释。因为在恒定温度T，对于某一化学反应来说，反应物中活化分子的百分数是一定的。增大反应物浓度时，单位体积内活化分子的数目增多，从而增加了单位时间内此体积中反应物分子的有效碰撞频率，故导致反应速率增大。

碰撞理论比较直观，容易理解，但限于处理气体双分子反应，把分子当作刚性球体，而忽略了其内部结构。

二、过渡状态理论

过渡状态理论（transition state theory）认为，当两个具有足够能量的反应物分子相互接近时，分子中的化学键要发生重排，能量要重新分配，即反应物先形成活化配合物（activated complex），作为反应的中间过渡状态。活化配合物能量很高，不稳定，它将分解，部分形成产物。

例如，在CO和NO_2的反应中，当具有较高能量的CO和NO_2分子彼此以适当的取向相互靠近到一定程度时，电子云便可相互重叠而形成一种活化配合物。

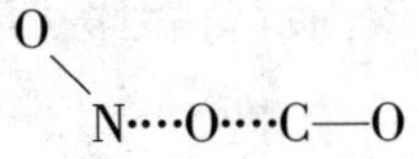

在活化配合物中，原有的N—O键部分地断裂，新的C—O键部分地形成。这时，反应物分子的动能暂时转变为活化配合物的势能，因此，活化配合物很不稳定。它可分解为生成物，也可以分解成反应物。过渡状态理论认为：活化配合物的浓度、活化配合物分解成产物的概率、活化配合物分解成产物的速率将影响化学反应的速率。

应用过渡状态理论讨论化学反应时，可将反应过程中体系势能变化情况表示在反应历程－势能图上。反应 $NO_2 + CO \xlongequal{} NO + CO_2$ 的反应历程－势能图如图3－5所示。图3－5中A点表示反应物 NO_2 和CO分子的平均势能，这样的能量条件下并不能发生反应。B点表示活化配合物的势能，这是反应历程中能量最高的时刻。C点表示生成物NO和 CO_2 分子的平均势能。在反应历程中，NO_2 和CO分子必须越过能垒B才能经由活化配合物生成NO和 CO_2 分子。

在图3－5中，反应物分子的平均势能与活化配合物的势能之差，即正反应的活化能 E_a；同理，逆反应的活化能可表示为 E'_a。可见，在过渡状态理论中，活化能体现一种能量差，即反应物与活化配合物之间的能量差。

从图3－5中，可以得到

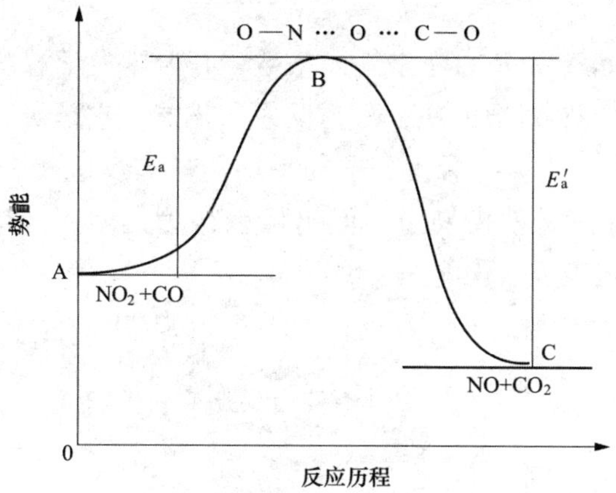

图3－5　反应历程-势能图

$$NO_2 + CO \longrightarrow O—N\cdots O\cdots C—O \qquad \Delta_r H_m(1) = E_a$$
$$ON\cdots O\cdots C—O \longrightarrow NO + CO_2 \qquad \Delta_r H_m(2) = -E'_a$$

这两个反应之和表示总反应为：

$$NO_2 + CO \xlongequal{} NO + CO_2$$

总反应的 $\Delta_r H_m = \Delta_r H_m(1) + \Delta_r H_m(2) = E_a - E'_a$。

故正反应的活化能与逆反应的活化能之差表示化学反应的摩尔焓变。

当 $E_a > E'_a$ 时，$\Delta_r H_m > 0$，反应吸热。

当 $E_a < E'_a$ 时，$\Delta_r H_m < 0$，反应放热。

若正反应为放热反应，其逆反应必定为吸热反应。从图3－5中可以看出，不论是放热反应还是吸热反应，反应物分子必须先爬过一个能垒反应才能进行。

图3－5还告诉我们，如果正反应是经过一步即可完成的反应，则其逆反应也可经过一步完成，而且正逆两个反应经过同一个活化配合物中间体。

过渡状态理论将反应中涉及的物质微观结构与反应速率结合起来，这是比碰撞理论先进的一面。然而由于许多反应的活化配合物的结构尚无法从实验上加以确定，加上计算方法过于复杂，致使这一理论的应用受到限制。

扫码“学一学”

第六节 温度对化学反应速率的影响

从图 3－3 我们可以看出，当温度升高时（$T_2 > T_1$），曲线变得平坦右移，超过某一给定能量 E_c 的分子在总分子中所占的百分数明显增加，可以认为，温度高时分子运动速率增大，单位体积活化分子数增加，导致有效碰撞的百分数增加，所以，反应速率增大。这就是碰撞理论对温度影响化学反应速率的解释。

过渡状态理论认为，在反应过程中反应物必须爬过一个能垒反应才能进行。这个能垒的高度，就是反应的活化能。升高温度，反应物分子的平均能量提高，相当于降低了能垒的高度，减小了活化能的值，所以反应速率加快。

一、阿仑尼乌斯经验方程

1889 年瑞典科学家阿仑尼乌斯（S. A. Arrhenius）总结了大量实验事实，指出反应速率常数和温度间的定量关系为：

$$k = A \cdot e^{-E_a/RT} \tag{3-18}$$

式中，k 为反应速率常数；R 为摩尔气体常数；T 为热力学温度；A 为一常数，称为指前因子或频率因子；e 为自然对数的底；E_a 为反应活化能，它是宏观物理量，具有平均统计意义，对于基元反应而言，E_a 等于活化分子的平均能量与反应物分子平均能量之差；对于复杂反应，E_a 的直接物理意义就模糊了，但仍可以认为是阻碍反应进行的一个能量因素，因此由实验求得的 E_a 也叫表观活化能。

对式（3－18）取自然对数，得

$$\ln k = -\frac{E_a}{RT} + \ln A \tag{3-19}$$

对式（3－18）取常用对数，得

$$\lg k = -\frac{E_a}{2.303RT} + \lg A \tag{3-20}$$

式（3－18）、式（3－19）和式（3－20）三个式子均称为阿仑尼乌斯公式。式（3－18）称为阿仑尼乌斯公式的指数形式，式（3－19）和式（3－20）称为阿仑尼乌斯公式的对数形式。

二、阿仑尼乌斯方程应用

从式（3－18）可以看出，速率常数 k 与绝对温度 T 成指数关系，温度的微小变化，将导致 k 值有较大变化，尤其是活化能 E_a 值较大时更是如此。用阿仑尼乌斯公式讨论反应速率与温度的关系时，可以近似地认为在一般的温度范围内活化能 E_a 和指前因子 A 均不随温度的改变而变化。

【例 3－4】 由实验测得在不同温度下，反应 $S_2O_8^{2-} + 3I^- \longrightarrow 2SO_4^{2-} + I_3^-$ 的速率常数如下。

T/K	273	283	293	303
$k \times 10^3/(\text{mol} \cdot \text{L}^{-1} \cdot \text{s}^{-1})$	0.820	2.00	4.10	8.30

求反应的表观活化能。

解：用作图法，由直线斜率求活化能 E_a。反应 lg$k$ 和 $1/T$ 值如下：

$\frac{1}{T}\times10^3/\text{K}^{-1}$	3.66	3.53	3.41	3.30
lg$k$	−3.086	−2.699	−2.387	−2.081

将 $\lg k-\frac{1}{T}$ 作图，得一直线，见图 3-6。

$$直线斜率=-\frac{E_a}{2.303R}=\frac{-0.780}{0.280\times10^{-3}}=-2.79\times10^3$$

$$E_a=2.79\times10^3\times2.303\times8.314\times10^{-3}=53.4\ (\text{kJ}\cdot\text{mol}^{-1})$$

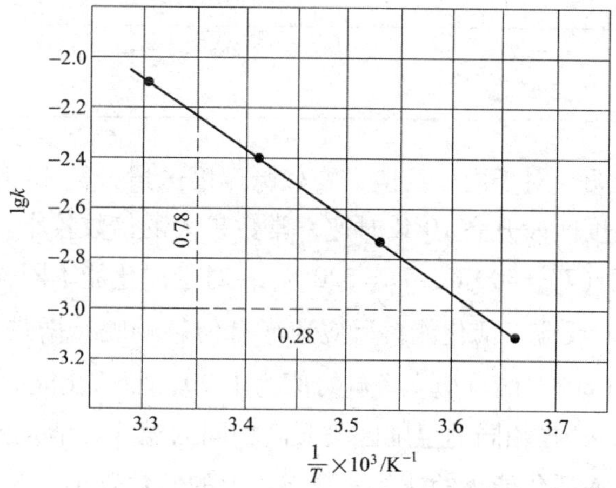

图 3-6　反应 $S_2O_8^{2-}+3I^-$ ══ $2SO_4^{2-}+I_3^-$ 的 $\lg k-\frac{1}{T}$ 图

从式（3-19）可以看出，若温度 T_1 时速率常数为 k_1，温度 T_2 时速率常数为 k_2，则有

$$\ln k_1=-\frac{E_a}{RT_1}+\ln A$$

$$\ln k_2=-\frac{E_a}{RT_2}+\ln A$$

两式相减得：

$$\ln\frac{k_2}{k_1}=\frac{E_a}{R}\left(\frac{1}{T_1}-\frac{1}{T_2}\right)$$

即：

$$\ln\frac{k_2}{k_1}=\frac{E_a}{R}\left(\frac{T_2-T_1}{T_1T_2}\right)\qquad(3-21)$$

根据式（3-21），若已知温度 T_1 时的速率常数 k_1 和温度 T_2 时的速率常数 k_2，即可求算反应的活化能 E_a；若将 E_a 数据代入阿仑尼乌斯公式中，又可求指前因子 A 的数值。从公式 $k=Ae^{-\frac{E_a}{RT}}$ 中可以看出，k 与 A 的单位相同。

【例 3-5】　在生物化学中常用温度系数 Q_{10}，即 310 K 时速率常数与 300 K 时速率常数的比值，来说明温度对酶催化反应的影响。已知一酶催化反应的 Q_{10} 为 2.50，求该反应的活化能。

解：据 $\ln \dfrac{k_{310}}{k_{300}} = \dfrac{E_a}{R}\left(\dfrac{T_2 - T_1}{T_1 T_2}\right)$得

$$E_a = \ln \frac{k_{310}}{k_{300}} \times R \times \left(\frac{T_1 T_2}{T_2 - T_1}\right)$$

$$= \ln (2.50) \times 8.314 \times \left(\frac{310 \times 300}{310 - 300}\right) \times 10^{-3} = 70.8\ (\mathrm{kJ \cdot mol^{-1}})$$

从式（3－21）可以看到，不仅温度差 $T_2 - T_1$ 影响反应速率，而且在由 T_2、T_1 体现的不同温度区段，同样的温度差所引起的速率变化的倍数也不相同。我们将［例 3－4］中的有关数据列在表 3－2 中。

表 3－2　温度区段对于反应速率变化的影响（$E_a = 53.4\mathrm{kJ \cdot mol^{-1}}$）

温度区段/K	T_1	T_2	k_2/k_1
273～283	273	283	2.44
303～313	303	313	1.97

数据对比的结果表明，对于同一反应，在较低温度区段升高 10 K 时速率常数 k 扩大的倍数较大，而在较高温度区段升高 10 K 时速率常数扩大的倍数较小。

在相同的温度区段（$T_1 = 500$ K，$T_2 = 520$ K），对于活化能不同（$E_{a1} = 20.0\mathrm{kJ \cdot mol^{-1}}$，$E_{a2} = 251\ \mathrm{kJ \cdot mol^{-1}}$）的反应，活化能对反应速率有何影响呢？据式（3－21）计算的结果为：活化能为 20.0 $\mathrm{kJ \cdot mol^{-1}}$的反应 k_2/k_1的值为 1.20；而活化能为 251 $\mathrm{kJ \cdot mol^{-1}}$的反应 k_2/k_1的值为 10.2，所以，在相同的温度区段升高相同的温度，活化能大的反应，其速率常数 k 扩大的倍数较大；而活化能小的速率常数 k 扩大的倍数较小。

扫码“学一学”

第七节　催化剂对反应速率的影响

一、催化剂和催化作用

催化剂（catalyst）是一种能改变化学反应速率，其本身在反应前后质量和化学组成均不改变的物质。例如 Fe 催化剂可使合成氨的反应实现工业化；Pd 催化剂使氢气和氧气的反应以燃料电池的方式完成而较温和地释放出电能；二氧化锰催化热分解氯酸钾固体制备氧气，大大加速了反应。

催化剂能加快反应速率，是由于催化剂（cat）参加了化学反应，改变了反应的历程及降低了反应的活化能。

某化学反应：

$\mathrm{A + B \xlongequal{cat} AB}$　　活化能为 E_a

如图 3－7 所示，加入催化剂 cat，反应历程为：

①$\mathrm{A + B + cat \xlongequal{} Acat + B}$　活化能为 E_{a1}

②$\mathrm{Acat + B \xlongequal{} AB + cat}$　　活化能为 E_{a2}

从图 3－7 看到，E_{a1}和 E_{a2}均小于 E_a，所以步骤①和②的速率都很快，故经历这样的途径比一步完成反应快。例如合成氨反应，计算结果表明，没有催化剂时反应的活化能为 326.4 $\mathrm{kJ \cdot mol^{-1}}$，加 Fe 作催化剂时，活化能降低至 175.5 $\mathrm{kJ \cdot mol^{-1}}$。

从图 3－7 中还可以看到，无催化剂时，反应的$\Delta_r H_{(1)} = E_a - E_a'$；有催化剂存在时，反应的$\Delta_r H_{(2)} = E_{a1} - E_{a3}$；而$\Delta_r H_{(1)} = \Delta_r H_{(2)}$，就是说催化剂没有改变反应的$\Delta_r H$。同时由于反应的始态和终态在加入催化剂后均无改变，反应的$\Delta_r G$也不变化。因此催化剂的研究应针对$\Delta_r G < 0$但反应速率慢的反应。对于通过热力学计算不能进行的反应，使用任何催化剂都是徒劳的。

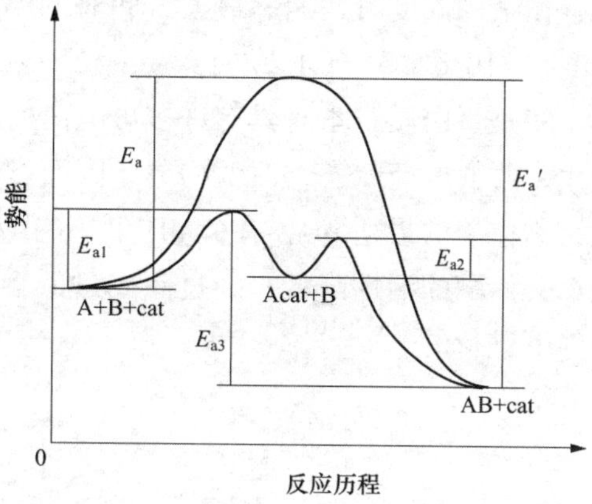

图 3－7 催化剂改变反应历程

图 3－7 还告诉我们，加入催化剂后正反应活化能降低的数值（$E_a - E_{a1} = \Delta E$）与逆反应活化能降低的数值（$E_a' - E_{a3} = \Delta E$）是相等的，这表明催化剂对正、逆反应速率的影响是相同的，如果一种催化剂使正反应速率增加几倍，它也能使其逆反应速率增加几倍。

有催化剂参加的反应称为催化反应（catalytic reation）。催化反应一般可分成均相催化反应和多相催化反应。在均相催化反应中催化剂与反应物同处一相，多相催化反应一般是催化剂自成一相。

催化剂的另一个基本特征是它的高度选择性，这表明不同的反应要用不同的催化剂。例如 SO_2的氧化反应用 Pt 或 V_2O_5作催化剂，而乙烯的氧化要用 Ag 作催化剂。

二、酶催化

在生物体内几乎所有的化学反应都是由酶（enzyme）所催化的。一种反应或几种同型反应为一种特定的酶催化，所以生物体内酶的种类不可胜数，但它们都是由细胞合成的蛋白质。如果生物体内缺少某种酶，则影响它负责催化的反应，并间接影响其他反应。如果没有酶的催化作用，就没有了机体的生命活动，生命也就不存在了。

酶与一般的催化剂不同，有许多特点。

酶有高度的专一性。一般说来，一种酶只对一种或一种类型的生化反应起催化作用。例如 H^+ 对淀粉、脂肪、蛋白质等的水解都起催化作用，而淀粉酶只对淀粉催化水解，对蛋白质和脂肪的水解则不起催化作用。延胡索酸酶只催化延胡索酸（反丁烯二酸）加水生成苹果酸，对马来酸（顺丁烯二酸）则无作用。

酶有高度的催化活性。对于同一反应来说，酶的催化能力常常比非酶催化高 $10^6 \sim 10^{10}$倍。如过氧化氢的分解。

$$2H_2O_2 = 2H_2O + O_2$$

如用浓度为 1 mol · L^{-1}的 Fe^{3+}离子催化时，在 273K，1s 分解 10^{-5} mol · L^{-1}过氧化氢；用浓度为 1 mol · L^{-1}的过氧化氢酶催化时，在同样条件下，1s 分解 10^5 mol · L^{-1}过氧化氢，相差百亿倍。

又如碳酸酐酶（CA）的生物学功能是催化二氧化碳的可逆水合作用。

$$CO_2 + H_2O \rightleftharpoons HCO_3^- + H^+$$

它的反应速率比非催化反应的速率约快 10^{10}倍。

由于酶是蛋白质，所以它极易受外界条件的影响而改变其活性。温度升高可以使酶变性而失活。所以对催化反应来说，在一定温度范围内，温度升高，反应速率加快，当温度高到一定程度时，再继续升高，由于酶的变性、失活，反应速率会转为下降，直至为零。

只有在某一温度时，速率最大，此时的温度称为酶作用的最适温度。人体大多数酶的最适温度在 310 K（37 °C）左右。

酶是蛋白质，本身具有许多可电离的基团。由于溶液 pH 改变时，可改变这些基团的质子化，改变电荷状态，改变构象，因而影响酶的活性。酶的活性常常是在某一 pH 范围内最大，称作酶的最适 pH。在此 pH 下酶的酸碱性基团的电离状态合适，构象合适，稍高或稍低都会使酶的活性降低。如过高或过低会使酶变性而失活。酶反应一般都是在比较温和的条件下进行的。

本章小结

一、化学反应速率的表示方法

化学反应速率可以用单位时间内浓度的改变量，即反应物浓度的减少或生成物浓度的增加来表示。对于任意反应：

$$aA + bB = gG + hH$$

反应速率可表示为如下任一形式：

$$r(A) = -\frac{dc(A)}{dt} \quad r(B) = -\frac{dc(B)}{dt} \quad r(G) = \frac{dc(G)}{dt} \quad r(H) = \frac{dc(H)}{dt}$$

对于以上同一反应，反应速率和速率常数的关系分别为：

$$\frac{1}{a}r(A) = \frac{1}{b}r(B) = \frac{1}{g}r(G) = \frac{1}{h}r(H)$$

$$\frac{1}{a}k(A) = \frac{1}{b}k(B) = \frac{1}{g}k(G) = \frac{1}{h}k(H)\text{（基元反应）}$$

二、基元反应、反应分子数和反应机制

基元反应：由反应物微粒（分子、原子、离子或自由基等）经碰撞一步生成产物的反应称为**基元反应**。由两个或两个以上的基元反应组成的化学反应称为复杂反应。

反应分子数：在基元反应中，同时直接参加反应的微粒的数目称为反应分子数。反应分子数的概念仅适用于基元反应，已知的反应分子数只有 1、2 和 3。

反应机制：化学反应经历的途径称为反应机制。

确定反应机制的方法如下。

（1）反应速率由控速步骤决定。

（2）活性中间产物或自由基的浓度可采用平衡态近似法或稳态近似法处理。

三、影响反应速率的因素

（一）浓度对反应速率的影响

定性讨论

碰撞理论：在一定温度下，对于某一化学反应来说，反应物中活化分子的百分数是一定的。反应物浓度增大时，单位体积内活化分子数增加，从而增加了单位时间内反应物分子间的有效碰撞频率，故导致反应速率加快。

定量讨论

（1）对于复杂反应，要根据实验数据写出速率方程，常用改变物质数量比例法。

（2）对于基元反应，可由质量作用定律写出速率方程。

质量作用定律：在恒温下，对于任一基元反应：

$$a\mathrm{A} + b\mathrm{B} = g\mathrm{G} + h\mathrm{H}$$

其化学反应速率与各反应物浓度幂的乘积成正比，其中，各反应物浓度的指数就是化学计量式中各相应反应分子的系数。

质量作用定律的数学表达式称为反应的速率方程。对于上述反应式，反应速率方程为：

$$r = kc^a(\mathrm{A})c^b(\mathrm{B})$$

速率常数 k：表示各反应物均为单位浓度时的反应速率。k 的大小与温度、催化剂、溶剂等有关，但与反应物浓度无关。k 的量纲为［浓度］$^{1-n}$［时间］$^{-1}$。零级反应的速率常数单位是 $\mathrm{mol \cdot L^{-1} \cdot s^{-1}}$；一级反应速率常数的单位为 $\mathrm{s^{-1}}$；二级反应的速率常数的单位为 $\mathrm{L \cdot mol^{-1} \cdot s^{-1}}$。所以可根据 k 的单位推断反应级数。

反应级数：在具有反应物浓度幂乘积形式的速率方程中，各反应物浓度项指数之和称为该反应的级数。对于基元反应，反应级数等于反应分子数。复杂反应的级数必须由实验数据确定。其反应级数可以是整数、零，也可以是分数和负数。

注意：基元反应的速率方程符合质量作用定律，而符合质量作用定律的反应不一定是基元反应。

简单级数反应的速率方程如下。

n	速率方程微分表达式	速率方程积分表达式	$t_{1/2}$	线性关系
0	$\frac{-\mathrm{d}c(\mathrm{A})}{\mathrm{d}t} = k_\mathrm{A}$	$c(\mathrm{A})_0 - c(\mathrm{A}) = k_\mathrm{A}t$	$\frac{c(\mathrm{A})_0}{2k}$	$c(\mathrm{A}) \sim t$
1	$\frac{-\mathrm{d}c(\mathrm{A})}{\mathrm{d}t} = k_\mathrm{A}c(\mathrm{A})$	$\ln\frac{c(\mathrm{A})_0}{c(\mathrm{A})} = k_\mathrm{A}t$	$\frac{0.693}{k}$	$\ln c(\mathrm{A}) \sim t$

（二）温度对反应速率的影响

定性解释

碰撞理论：温度升高时，分子的运动速率增大，活化分子的百分数增加（分子能量分布曲线图），分子之间发生有效碰撞的概率增加，所以反应速率增大。

过渡状态理论：在反应过程中反应物必须爬过一个能垒，才能进行反应，这个能垒的高度，代表反应的活化能。升高温度，反应物分子的平均能量提高，相当于降低了能垒的高度，减少了活化能的值，所以反应速率加快。

定量计算

使用阿仑尼乌斯公式。

指数形式：
$$k = A \cdot e^{-E_\mathrm{a}/RT}$$

对数形式：
$$\ln k = -\frac{E_\mathrm{a}}{RT} + \ln A$$

或
$$\lg k = -\frac{E_\mathrm{a}}{2.303RT} + \lg A$$

或
$$\ln\frac{k_2}{k_1} = \frac{E_\mathrm{a}}{R}\left(\frac{T_2 - T_1}{T_1 T_2}\right)$$

式中，R 为摩尔气体常数，$8.314\ \mathrm{J \cdot K^{-1} \cdot mol^{-1}}$；$T$ 为热力学温度；A 为指前因子，单位与 k 相同；E_a为活化能，单位为 $\mathrm{kJ \cdot mol^{-1}}$或 $\mathrm{J \cdot mol^{-1}}$。对于给定反应，$A$ 和 E_a一般不随

温度变化而改变。

以 $\ln k \sim 1/T$ 作图，其直线的斜率为 $-\dfrac{E_a}{R}$，截距为 $\ln A$。

从阿仑尼乌斯公式可以得出如下重要结论。

（1）当某反应 E_a 值一定时，温度升高，k 值增大。

（2）温度一定时，E_a 值大的反应 k 值小；反之，E_a 值小的反应 k 值大。

（3）同一反应，在低温区升高温度，k 值增大的倍数比在高温区升高温度来得大，所以在温度较低时采用加热的方法增大反应速率更为有效。

（4）对于 E_a 值不同的反应，温度升高数值相同时，E_a 值大的反应，其 k 值增加的倍数多，E_a 值小的反应，其 k 值增加的倍数少。另外，对 E_a 值大的反应采用催化剂更有实际意义。

（三）催化剂对反应速率的影响

催化剂：能使化学反应速率显著改变，而其本身在反应前后的数量及化学性质都不改变的物质称为催化剂。在催化剂作用下，化学反应速率发生显著改变的现象称为催化作用。该作用具有如下基本特征。

（1）催化剂参与了化学反应。它能与反应物生成某种不稳定的中间化合物，但它又会在生成最终产物的步骤中再生出来。

（2）催化剂之所以能加快反应速率，是由于改变了反应途径，降低了反应的活化能。

（3）催化剂不影响化学平衡，因它在改变正反应速率的同时，也按同样的倍数改变了逆反应的速率。

（4）催化剂具有特殊的选择性。不同类型的反应需选择不同的催化剂；同样的反应物使用不同的催化剂可获得不同的产物。

（5）在催化反应系统中加入少量某种物质，可强烈地影响催化剂的作用。增加催化剂活性的物质称为助催化剂；降低催化剂活性的物质称为催化剂毒物。

四、反应速率理论

碰撞理论：反应物分子必须具有足够的能量，以适宜的方位发生有效碰撞，才能进行反应。能够发生有效碰撞的分子称为活化分子。活化分子具有的最低能量称为活化能（$E_c = E_a$），托尔曼（Tolman）认为：活化分子的平均能量与反应物分子的平均能量之差即为活化能 E_a。

过渡状态理论：反应物分子间发生反应的过程中，形成势能较高、很不稳定的活化配合物。活化配合物所处的状态称为过渡状态，过渡状态与始态（反应物）的能量差为正反应的活化能（E_a）；过渡状态与终态（产物）的能量差为逆反应活化能（E'_a）。正、逆反应的活化能之差等于反应的摩尔焓变。

$$\Delta_r H_m = E_a - E'_a$$

$\Delta_r H_m > 0$ 为吸热反应；$\Delta_r H_m < 0$ 为放热反应。

扫码“练一练”

习题

1. 判断下列说法是否正确，并说明理由。

（1）在速率方程中，各物质浓度的幂次等于反应式中各物质化学式前的计量系数时，该反应即为基元反应。

（2）对于基元反应单分子反应是一级反应，双分子反应是二级反应。

（3）温度升高使反应速率加快的原因是因为温度升高使碰撞次数增多，从而使反应速率加快。

（4）两个不同的反应相比，活化能大的其反应速率一定慢。

（5）有了化学方程式，我们就能够根据质量作用定律写出它的速率方程。

（6）催化剂对正逆反应的速率影响是一样的。

（7）任何反应的反应速率都是随时间而变化的。

（8）逆反应的活化能在数值上等于正反应的活化能，只不过符号相反而已。

（9）对于同一个反应，加入的催化剂虽然不同，但活化能的降低是相同的。

2. 现有化学反应$S_2O_8^{2-}+3I^- \xlongequal{\quad} 2SO_4^{2-}+I_3^-$，当反应速率$-\dfrac{dc(S_2O_8^{2-})}{dt}=2.0\times10^{-3}\ mol\cdot L^{-1}\cdot s^{-1}$时，求$\dfrac{-dc(I^-)}{dt}$和$\dfrac{dc(SO_4^{2-})}{dt}$各为多少？

3. 有一化学反应：

$$A+2B \xlongequal{\quad} 2C$$

在250 K时，其反应速率和浓度间的关系如下。

实验序号	$c(A)_0/mol\cdot L^{-1}$	$c(B)_0/mol\cdot L^{-1}$	$r(A)_0/mol\cdot L^{-1}\cdot s^{-1}$
1	0.10	0.010	1.2×10^{-3}
2	0.10	0.040	4.8×10^{-3}
3	0.20	0.010	2.4×10^{-3}

（1）写出该反应的速率方程，并指出反应级数。

（2）求该反应的速率常数。

（3）求出当$c(A)=0.010\ mol\cdot L^{-1}$，$c(B)=0.020\ mol\cdot L^{-1}$时的反应速率。

4. 反应：$H_2+I_2 \longrightarrow 2HI$为二级反应，若$H_2$和$I_2$的浓度均为$2.0\ mol\cdot L^{-1}$时，该条件下的反应速率为$0.10\ mol\cdot L^{-1}\cdot s^{-1}$。

（1）求$c(H_2)=0.10\ mol\cdot L^{-1}$，$c(I_2)=0.50\ mol\cdot L^{-1}$时的反应速率。

（2）若该反应进行一段时间后，体系内$c(H_2)$为$0.60\ mol\cdot L^{-1}$，$c(I_2)=0.10\ mol\cdot L^{-1}$，$c(HI)=0.20\ mol\cdot L^{-1}$，求开始时的反应速率。

5. 测定化合物S的一种酶催化反应速率的实验结果如下。

t/min	0	20	60	100	160
$c/(mol\cdot L^{-1})$	1.00	0.90	0.70	0.50	0.20

试判定在上述浓度范围内的反应级数和速率常数。

6. 在300 K时，H_2O_2分解为H_2O和O_2的活化能为$75.3\ kJ\cdot mol^{-1}$。如果在酶催化下，反应的活化能为$25.1\ kJ\cdot mol^{-1}$。设指前因子不变，求在该温度下有酶催化与无酶催化时的反应速率倍数。

7. 青霉素G的分解为一级反应，实验数据如下。

T/K	310	316	327
k/h^{-1}	2.16×10^{-2}	4.05×10^{-2}	0.119

求反应的活化能和指前因子 A。

8. 丙酮二羧酸在水溶液中的分解反应，283 K 时的速率常数 $k=1.08\times10^{-4}\ s^{-1}$，333 K 时的速率常数为 $5.48\times10^{-2s^{-1}}$，求反应的活化能及 310 K 时的速率常数。

9. 元素放射性衰变是一级反应。^{14}C 的半衰期为 5730 a［“a”代表年（annual)］。今在一古墓的木质样品中测得 ^{14}C 含量只有原来的 68.5%。问此古墓距今多少年？

10. 某反应 A→产物，当 A 的浓度等于 0.10 $mol\cdot L^{-1}$ 及 0.050 $mol\cdot L^{-1}$ 时测其反应速率，如果前后两次的速率比值为①0.50；②1.0；③0.25。求上述三种情况下反应的级数。

11. 阿司匹林的水解为一级反应。373 K 时速率常数为 7.92 d^{-1}（d 代表天），活化能为 56.484 $kJ\cdot mol^{-1}$，求 290 K 时水解 30% 所需时间。

12. 298 K 时，$N_2O_5(g)$ 分解作用的半衰期为 5.70 h，此值与 N_2O_5 的起始压力无关。试求：

（1）速率常数。

（2）分解 90% 所需的时间。

13. 药物进入人体后，一方面在血液中与体液建立平衡，另一方面由肾排除。达平衡时药物由血液移出的速率可用一级反应速率方程表示。在人体内注射 0.50 g 四环素，然后在不同时刻测定其血药浓度，得如下数据。试求

（1）四环素在血液中的半衰期。

（2）欲使血液中四环素浓度不低于 3.7 mg/L，需间隔几小时注射第二次？

t/h	4.0	8.0	12	16
ρ/(mg/L)	4.8	3.1	2.4	1.5

14. 有人对反应 $C_2H_6+H_2=\!=\!=2CH_4$ 提出如下反应机制

（1）$C_2H_6\rightleftharpoons 2CH_3\cdot$　　K

（2）$CH_3\cdot+H_2=\!=\!=CH_4+H\cdot$　　k_2

（3）$H\cdot+C_2H_6=\!=\!=CH_4+CH_3\cdot$　　k_3

试用稳态近似法和平衡态近似法推导生成 CH_4 的速率方程微分表达式。并用已知数据表示速率常数 k。

15. 某一级反应 A→B，在某温度时初速率为 $4.00\times10^{-3}\ mol\cdot L^{-1}\cdot min^{-1}$，120 min 时的速率为 $1.00\times10^{-3}\ mol\cdot L^{-1}\cdot min^{-1}$。求：

（1）反应速率常数。

（2）半衰期。

（3）反应物的初始浓度。

（王国清）

第四章　溶液

学习目标

1. **掌握**　溶液浓度的概念、各表示方法及其相互换算；非电解质稀溶液依数性与溶液浓度的变化规律；离子强度、活度、活度因子的概念与计算。

2. **熟悉**　依数性测定溶质摩尔质量或相对分子量的方法，各方法之优势；电解质溶液依数性偏离拉乌尔（F. M. Raoult）定律的原因。

3. **了解**　渗透压在临床中的应用；强电解质溶液理论。

临床上很多药物常常配成溶液使用，化学反应及绝大部分无机物质的离子反应、药物作用的体内过程等大都是在溶液中进行的。本章将重点讨论难挥发非电解质稀溶液的“依数性”和电解质溶液的一些基本概念和性质。

1. 溶液的基本概念　一种或几种物质以分子、原子或离子状态分散于另一种物质中所形成的均匀而又稳定的分散系叫作溶液（solution）。一般将能分散其他物质的化合物叫作溶剂（solvent），被分散的物质叫作溶质（solute）。溶液可以是固态的（如合金）、液态的（如生理盐水、葡萄糖水溶液）或气态的（如空气）。通常所说的溶液是指液态溶液。对于液态溶液按照组成溶液的溶质与溶剂的状态不同可分为三种类型：气态物质与液态物质形成的溶液（气-液组成，如汽水）、固态物质与液态物质形成的溶液（固-液组成，如蔗糖水溶液）、液态物质与液态物质形成的溶液（液-液组成，如75%乙醇）。由气-液或固-液组成的溶液中常把气态物质或固态物质看作溶质，液态物质看作溶剂；由液-液组成的溶液中，一般将含量较多的组分看作溶剂，含量较少的组分看作溶质。但亦不完全如此，例如，75%的消毒乙醇、98%的浓硫酸等，虽然水的含量相对较少，但仍把水看作溶剂，这是个习惯问题，溶质与溶剂的划分其实没有绝对的界限，仅具有相对意义。

水是最常用的溶剂，如果没有特殊指明，本章通常说的溶液一般均指水溶液。

2. 溶液的基本性质　溶质溶于溶剂形成溶液的过程，不是简单的物理溶解过程，而常常伴有能量变化、体积变化，有时还有颜色变化。例如，氢氧化钠溶于水放出大量的热，硝酸铵溶于水则要吸收热量；一定量的乙醇和水等体积混合后，液体的总体积减小；无水硫酸铜是白色粉末，溶于水后却生成蓝色溶液。这些现象都说明溶质与溶剂的溶解不是简单的机械物理混合过程，而伴有某种程度的化学变化过程。这种化学变化过程又与通常所说的纯化学变化过程不同，因为采用蒸馏、结晶等物理手段能够很容易使溶质从溶液中分离出来，所以说溶解过程是一种特殊的物理化学过程。

溶质与溶剂的溶解过程包括物理-化学两个过程：一是溶质质点的分散，这个过程需要克服原有质点间的吸引，伴有吸热现象，是物理过程；二是溶剂分子与溶质分子间产生“溶剂化”作用，是放热的化学过程。整个溶解过程是放热还是吸热，取决于这两个过程的热效应。如果物理过程的热效应大于化学过程的热效应，则溶解是吸热的；反之，化学过程的热效应大于物理过程的热效应，溶解是放热的。颜色的变化与溶质、溶剂的“溶剂化”

作用有关。无水硫酸铜是白色的，而含有结晶水的硫酸铜（$CuSO_4 \cdot 5H_2O$）是蓝色的。无水硫酸铜溶于水生成水合铜离子 $[Cu(H_2O)_4]^{2+}$ 也是蓝色的。

$$CuSO_4 + 4H_2O \xlongequal{} [Cu(H_2O)_4]^{2+}(\text{蓝色}) + SO_4^{2-}$$

溶液按照溶质的导电性质不同可分为电解质溶液和非电解质溶液。难挥发的非电解质稀溶液具有“依数性”，而电解质溶液常常偏离“依数性”定律。

扫码“学一学”

第一节　溶液的浓度

一、浓度的表示方法

（一）质量分数

B 的质量分数（mass fraction）定义为：B 的质量（m_B）与溶液的质量（m）之比。符号 w（B）或 w_B，是量纲为一的量。

（二）质量浓度

B 的质量浓度（mass concentration）定义为：B 的质量（m_B）除以溶液的体积（V）。符号 ρ（B）或 ρ_B，其 SI 制单位是 $kg \cdot m^{-3}$，常用单位是 $g \cdot L^{-1}$、$g \cdot ml^{-1}$ 或 $mg \cdot ml^{-1}$。药物分析中所用的稀盐酸、稀硝酸、稀硫酸皆指质量浓度为 $0.10g \cdot ml^{-1}$，临床上常用的生理盐水指 NaCl 的浓度为 $9.0\ g \cdot L^{-1}$。

（三）物质的量浓度

物质的量浓度（amount of substance concentration）定义为：B 的物质的量（n_B）除以溶液的体积（V）。符号 c（B）或 c_B，其 SI 制单位为 $mol \cdot m^{-3}$，常用单位是 $mol \cdot dm^{-3}$ 或 $mol \cdot L^{-1}$，实验室也常用“M”表示。在不至于引起混淆的情况下，物质的量浓度也简称为浓度。

（四）质量摩尔浓度

B 的质量摩尔浓度（molality）定义为：B 的物质的量（n_B）除以溶剂 A 的质量（m_A）。符号 b（B）或 b_B，其 SI 制单位为 $mol \cdot kg^{-1}$。

（五）摩尔分数

B 的摩尔分数（mole fraction）定义为：B 的物质的量（n_B）与溶液总的物质的量（Σn_i）之比。符号 x（B）或 x_B，也是量纲为一的量，是物质的量分数的简称。

如果溶液由溶质 B 和溶剂 A 组成，则 $x_A + x_B = 1$。

二、浓度之间的换算关系

分别以 A、B 表示溶剂、溶质。n 表示物质的量，单位为 mol；V 表示溶液的体积，单位为 L 或 dm^3；m 表示质量，单位为 g 或 kg；M 表示摩尔质量，单位为 $kg \cdot mol^{-1}$；d 表示溶液的密度，单位为 kg/L 或 $g \cdot ml^{-1}$。各浓度之间的换算见表 4－1。

表4-1　各浓度之间的换算

浓度表示方法符号	换算关系			
	w_B	ρ_B	c_B	b_B
质量分数 w_B	—	$\frac{\rho_B}{d}$	$\frac{c_B M_B}{d}$	$\frac{b_B M_B}{1+b_B M_B}$
质量浓度 ρ_B	$w_B d$	—	$c_B M_B$	$\frac{d b_B M_B}{1+b_B M_B}$
物质的量浓度 c_B	$\frac{d w_B}{M_B}$	$\frac{\rho_B}{M_B}$		$\frac{d b_B}{1+b_B M_B}$
质量摩尔浓度 b_B	$\frac{w_B}{(1-w_B)\ M_B}$	$\frac{\rho_B}{(d-\rho_B)\ M_B}$	$\frac{c_B}{d-c_B M_B}$	—

【例4-1】 50.0 g葡萄糖溶于1.00 L的水中。计算葡萄糖：①质量分数 $w(B)$；②物质的量浓度 $c(B)$；③质量浓度 $\rho(B)$；④质量摩尔浓度 $b(B)$；⑤葡萄糖的摩尔分数 $x(B)$，水的摩尔分数 $x(A)$。（水的密度看作1.00 kg/L，葡萄糖的体积忽略不计）

解：（1）1.0 L的水看作1.0kg，葡萄糖的质量分数

$$w(C_6H_{12}O_6)=\frac{50.0}{50.0+1000}=0.0476$$

（2）葡萄糖的摩尔质量 $M(C_6H_{12}O_6)=180\ g\cdot mol^{-1}$，则

$$n(C_6H_{12}O_6)=50.0/180=0.278\ (mol)$$

葡萄糖物质的量浓度：

$$c(C_6H_{12}O_6)=\frac{n_B}{V}=\frac{0.278}{1.00}=0.278\ (mol\cdot L^{-1})$$

（3）葡萄糖的质量浓度：

$$\rho(C_6H_{12}O_6)=m_B/V=50.0/1.00=50.0\ (g\cdot L^{-1})$$

（4）葡萄糖的质量摩尔浓度，按照定义直接计算为：

$$b(C_6H_{12}O_6)=\frac{n_B}{m_B}=\frac{50.0/180}{1.00}=0.278\ (mol\cdot kg^{-1})$$

利用公式换算为：

$$b(C_6H_{12}O_6)=\frac{w_B}{(1-w_B)\ M_B}=\frac{0.0476}{(1-0.0476)\times 180\times 10^{-3}}=0.278\ (mol\cdot kg^{-1})$$

（5）葡萄糖的摩尔分数，按照定义直接计算：

$$x(C_6H_{12}O_6)=\frac{n_B}{n_B+n_A}=\frac{50.0/180}{50.0/180+1000/18.0}=5.00\times 10^{-3}$$

利用公式换算：

$$x(C_6H_{12}O_6)=\frac{w_B/M_B}{w_B/M_B+(1-w_B)/M_A}=\frac{0.0476/180}{0.0476/180+(1-0.0476)/18.0}=5.00\times 10^{-3}$$

水的摩尔分数：

$$x_{H_2O}=1-x_B=1-0.005=0.995$$

扫码“学一学”

第二节　稀溶液的依数性

溶质溶解在溶剂中形成溶液，溶液的性质已不同于原来的溶质和溶剂。溶液的某些性

质与溶质本性有关，如酸碱性、氧化性（浓 H_2SO_4 具有氧化性）等。而溶液的另一些性质如蒸气压、沸点、凝固点、渗透压等则与溶质的本性无关，仅取决于溶液的浓度。我们把溶液的某些性质主要取决于其中所含溶质质点的浓度，而不是溶质本身的性质称作**稀溶液的依数性**（colligative properties）。稀溶液的依数性又称作**稀溶液的通性**。本节将讨论难挥发非电解质稀溶液的依数性。稀溶液的依数性包括溶液的蒸气压（p）下降、沸点（T_b）升高、凝固点（T_f）下降和渗透压（Π）。

本节主要讨论溶质是难挥发的非电解质稀溶液的依数性，如果溶质是电解质，或虽然是非电解质但浓度很大时，溶液的“依数性”规律也会发生偏离。

一、溶液的蒸气压下降（Δp）

（一）饱和蒸气压（p）

什么叫蒸气压？

在一密闭容器中盛一定量水，由于水分子在不停地运动，就会有一部分动能较高的液态水分子从水面上逸出，进入气相而成为水蒸气分子，这个过程称为**蒸发**（evaporation）。另一方面，水蒸气分子不断运动的同时，有一些水蒸气分子碰到水面又变为液态水，这个过程叫**凝聚**（condensation）。最初蒸发的速度大，随着液面上方水蒸气分子数量的增多，水蒸气分子凝结成液态水的机会也增大。在一定温度下，当水面上方气态水分子的量达到一定时，蒸发速率和凝聚速率相等，即液态水的蒸发与气态水的凝聚达到液、气两相平衡。这时水面上的水蒸气浓度不再改变，这个蒸气称为饱和蒸气。饱和蒸气的压力，称为该温度下水的**饱和蒸气压**，简称水的蒸气压（vapor pressure）。用符号 p 表示，单位为 Pa 或 kPa。

蒸气压显然与温度密切相关。温度一定时，水的蒸气压一定；温度升高时，水分子的动能增大，能够离开液体表面的水分子必然增多，导致水的蒸气压也增大。水在不同温度下的饱和蒸气压列于表 4－2。

表 4－2　水在不同温度下的饱和蒸气压

T/K	p/kPa	T/K	p/kPa	T/K	p/kPa
273	0.61	323	12.33	373	101.3
283	1.23	333	19.92	383	143.3
293	2.43	343	31.16	393	198.6
303	4.18	353	47.34	403	270.1
313	7.38	363	70.10	413	361.4

水在不同温度下的蒸气压曲线见图 4－1。它直观地反映了水的蒸气压与温度的关系。

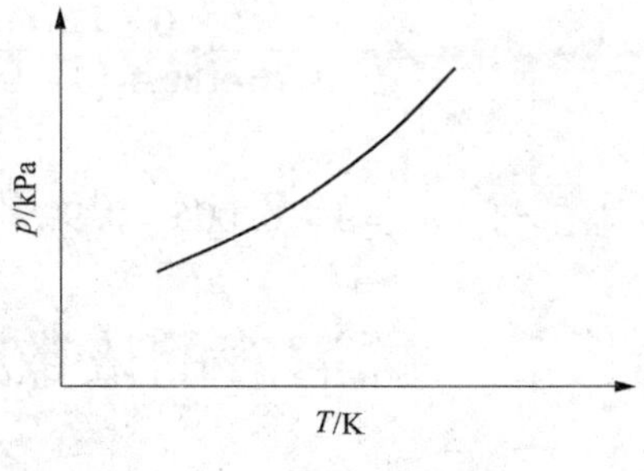

图 4－1　水在不同温度下的蒸气压

在指定温度下，固体也具有一定的蒸气压。大多数固体的蒸气压都很小，但冰、碘、樟脑等均有显著的蒸气压，其蒸气压随温度的升高而增大。每种固体或液体，在一定温度时，它们的蒸气压均是一个定值。

（二）溶液的蒸气压下降（Δp）

在一定温度下，密闭容器中，如果在溶剂中加入一些**难挥发的非电解质**，这时蒸气压如何变化呢？实验证明，溶质的加入总是引起液体的蒸气压下降。这就是说，溶液的蒸气压总是低于同温度下纯溶剂的蒸气压，这种现象称为溶液的**蒸气压下降**（vapor pressure lowering）。在这里，因溶质难挥发，所以溶液的蒸气压实际上是溶液中溶剂的蒸气压。

溶液的蒸气压总是低于同温度下纯溶剂的蒸气压的原因是：在溶剂中加入难挥发的非电解质溶质后，溶剂的部分表面被溶质质点所占据，因此单位时间内逸出液面的溶剂分子相应减少（与纯溶剂在相同温度下比较），结果达到蒸发与凝聚平衡时，溶液的蒸气压低于纯溶剂的蒸气压。显然，溶液的浓度越大，其蒸气压下降越多。

溶液的蒸气压下降与溶液浓度之间究竟存在什么关系？

1887 年，法国物理学家拉乌尔（F. M. Raoult）研究了几十种溶液蒸气压下降与溶液浓度的关系，根据大量的实验结果总结出：**在一定温度下，难挥发非电解质稀溶液的蒸气压下降和溶解在溶剂中溶质的摩尔分数成正比，而与溶质的本性无关。**这个定律称为拉乌尔定律（Raoult's Law）。其数学表达式为：

$$\Delta p = p_A - p = x_B \cdot p_A = \frac{n_B}{n_A + n_B} p_A \qquad (4-1)$$

式中，Δp 表示溶液的蒸气压降低值，常用单位为 kPa；p_A 和 p 分别表示纯溶剂和溶液的蒸气压，常用单位为 kPa；n_A 和 n_B 分别表示溶剂和溶质的物质的量，SI 单位为 mol；x_B 为 B 的摩尔分数。

对于稀溶液来说，溶剂的物质的量 n_A 远远大于溶质的物质的量 n_B，因而，$n_A + n_B \approx n_A$，即

$$\frac{n_B}{n_A + n_B} \approx \frac{n_B}{n_A}$$

则

$$\Delta p = x_B \cdot p_A = \frac{n_B}{n_A + n_B} p_A \approx \frac{n_B}{n_A} p_A$$

如果溶剂的质量是 m_A，溶剂的摩尔质量为 M_A，则推导如下：

$$x_B = \frac{n_B}{n_A + n_B} \approx \frac{n_B}{n_A} = \frac{n_B}{m_A / M_A} = M_A \cdot \frac{n_B}{m_A} = M_A \cdot b_B$$

将 $x_B = M_A \cdot b_B$ 带入公式（4－1），则拉乌尔定律（Raoult's Law）的数学表达式为：

$$\Delta p = x_B \cdot p_A \approx \frac{n_B}{n_A} p_A = M_A \cdot b_B \cdot p_A$$

对于已知的溶剂来说，温度一定时，式中 M_A、p_A 均为定值。令 $K = M_A \cdot p_A$，故

$$\Delta p = p_A - p \approx K \cdot b_B \qquad (4-2)$$

所以拉乌尔定律也可表示为：**在一定温度下，难挥发非电解质稀溶液的蒸气压下降，近似地与溶液的质量摩尔浓度成正比。**

【例 4－2】 计算 293K 时，由 150.0 g 蔗糖（$C_{12}H_{22}O_{11}$，摩尔质量 342 $g \cdot mol^{-1}$）与

450.0 g 水混合后溶液的蒸气压。已知293K时水的蒸气压为2.43kPa。

解一： 令蔗糖为溶质B，水为溶剂A，则水的摩尔分数为

$$x_A = \frac{450.0/18}{150.0/342 + 450.0/18} = 0.983$$

根据公式（4-1），得到 $p = p_A - x_B p_A = (1 - x_B) p_A = x_A p_A$ ，将数据带入，得

$$p = 0.983 \times 2.43 = 2.388(\text{kPa})$$

解二： 令蔗糖为溶质B，水为溶剂A，则蔗糖的摩尔分数为

$$x_B = \frac{n_B}{n_A + n_B} = \frac{150.0/342}{450.0/18 + 150.0/342} = 0.0172$$

$$\Delta p = x_B \cdot p_A = 0.0172 \times 2.43 = 0.0419(\text{kPa})$$

溶液的蒸气压（p）为：

$$p = 2.43 - 0.0419 = 2.388(\text{kPa})$$

二、溶液的沸点升高（ΔT_b）

（一）液体的沸点（T_b）

什么叫沸点?

当液体的饱和蒸气压与外界压力相等时，液体形成气泡和发生沸腾，即构成液、气两相平衡。液体沸腾时的温度叫作沸点（boiling point；b.p.）。因此，从蒸气压的角度可将沸点定义为：**一种液体的蒸气压等于外界压力时的温度，叫作该液体的沸点。**

很显然，液体的沸点依赖于外界压力，可以看作是外压的函数。即液体的沸点随外界压力的变化而变化。例如，水在101.3 kPa或1 atm时的沸点是373 K(100℃)；在海拔较高的山顶上，空气稀薄大气压力约47 kPa，加热至353 K(80℃）时水就沸腾了；将密闭容器中减压至4.18 kPa时，303 K(30℃）时就看到水沸腾了；如果将密闭容器加压至361.4 kPa时，水的沸点即413K(140℃)。我们把在一个大气压（101.3 kPa或1 atm）下液体的沸点，叫作**正常沸点**（normal boiling point)，简称**沸点**。因此，讨论物质的沸点时一定要标明压力条件，如果没有指明压力条件，则通常是指正常沸点。对水来说，其正常沸点是373 K。

纯液体的沸点是恒定的。因为在沸腾过程中，液体的蒸气压等于外界压力，只要外界压力不变，液体沸腾时的温度就恒定不变。提高对液体的加热速度，仅能使液体更快地达到沸腾，而不能改变其沸点。

利用液体的沸点随着外界压力的改变而变化的性质，在化工生产、制药行业或实验室中常常采用减压蒸馏或减压浓缩装置，降低蒸发温度，以防蒸馏或浓缩过程中某些对热不稳定的物质被破坏；又如，对热稳定性较好的注射液或大型输液灭菌，为了在较短时间内达到灭菌效果，常采用热压灭菌法，即在密闭的高压消毒器内加热，提高水蒸气温度，以缩短灭菌时间。

（二）溶液的沸点升高（ΔT_b）

若在溶剂中加入难挥发的溶质，溶液的沸点就会比纯溶剂的沸点升高，这一现象称之为溶液的**沸点升高**（boiling point elevation)，用 $\Delta T_b[\Delta T_b = T_b - T_{b(A)}]$ 表示。拉乌尔定律指出，溶液的蒸气压低于同温度下纯溶剂的蒸气压。例如，纯水的沸点是373K，即在373K时，水的蒸气压为101.3kPa。

如果在水中加入难挥发性溶质，373K 时，溶液的蒸气压将低于 101.3kPa，因此水溶液在 373K 温度下不能沸腾，只有继续升高温度，当溶液的温度达到 T_b 时（图 4－2），溶液的蒸气压才达到 101.3kPa，此时溶液才能沸腾。显然，溶液浓度越大，蒸气压降低程度越大，达到外压 101.3kPa 时需要的温度也越高。因此，溶液越浓，其沸点亦越高。

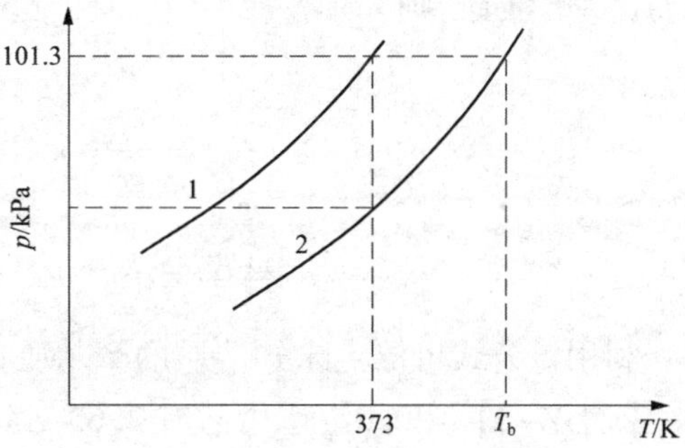

图 4－2　溶液的沸点升高

1. 纯水的蒸气压曲线；2. 水溶液的蒸气压曲线

纯溶剂的正常沸点是恒定的，但溶液的沸点却不断在变动。因为在沸腾过程中，溶剂不断蒸发，溶液浓度逐渐增大，其蒸气压不断降低，沸点也越来越高，直至达到饱和溶液为止。这时溶剂继续蒸发的结果，造成溶质析出。因此某一定浓度溶液的沸点，是指此溶液刚开始沸腾时的温度。

溶液沸点升高的根本原因是溶液的蒸气压下降，而蒸气压下降的程度仅与溶液的浓度有关，因此，溶液的沸点升高程度也只与溶液的浓度有关，而与难挥发非电解质溶质的本性无关。

根据拉乌尔定律：**难挥发非电解质稀溶液的沸点升高（ΔT_b）和溶液的质量摩尔浓度成正比。**即它的数学表达式为：

$$\Delta T_{b} = T_{b} \quad T_{b(A)} = K_{b} \cdot b_{B} \qquad (4-3)$$

式中，K_b 表示溶剂的摩尔沸点升高常数，单位为 $K \cdot kg \cdot mol^{-1}$；$b_B$ 表示溶液的质量摩尔浓度，单位为 $mol \cdot kg^{-1}$；ΔT_b 表示溶液的沸点升高值，单位为 K；T_b 和 $T_{b(A)}$ 分别为溶液的沸点和纯溶剂的沸点，单位为 K。

当 $b_B = 1mol \cdot kg^{-1}$ 时，$\Delta T_b = K_b$。因此，某溶剂的摩尔沸点升高常数的数值相当于 1 摩尔的溶质溶于 1kg 的溶剂所引起的沸点升高的度数。不同溶剂的摩尔沸点升高常数 K_b 值不同，其值列于表 4－3。

表 4－3　几种溶剂的沸点及摩尔沸点升高常数

溶剂	$T_{b(A)}$/K	K_b/($K \cdot kg \cdot mol^{-1}$)
水	373.0	0.52
醋酸	391.4	3.07
丙酮	329.5	1.71
二硫化碳	319.1	2.34
三氯甲烷	333.2	3.63
苯	353.2	2.53
乙醚	307.4	2.16
萘	491.0	5.80

应当注意，K_b 值是从稀溶液的 $\Delta T_b/b_B$ 比值推算而得的，有些溶液限于溶解度根本不能达到 $1\ mol \cdot kg^{-1}$ 时，即使达到 $1\ mol \cdot kg^{-1}$，溶液的性质早已不符合稀溶液定律了。

利用沸点升高 $\Delta T_b = K_b \cdot b_B$，可以进行以下推导。

假定溶质的质量为 m_B，单位 g；溶质的摩尔质量为 M_B，单位 $g \cdot mol^{-1}$；溶剂的质量

为 m_A，[1]单位 g；则

$$b_B = \frac{\frac{m_B}{M_B}}{m_A} \times 1000 = \frac{m_B}{m_A \cdot M_B} \times 1000$$

$$\Delta T_b = K_b \cdot b_B = K_b \cdot \frac{m_B}{m_A \cdot M_B} \times 1000 \qquad (4-4)$$

利用该公式可测定未知溶质的摩尔质量。

【例 4-3】 20.0 g 水中溶有 2.65 g 蔗糖，求算该水溶液的沸点。（蔗糖的摩尔质量为 342 $g \cdot mol^{-1}$，水的 $K_b = 0.52\ K \cdot kg \cdot mol^{-1}$）

解：将数据代入公式（4-4）得：

$$\Delta T_b = 0.52 \times \frac{2.65}{20.0 \times 342} \times 1000 = 0.20\,(K)$$

溶液的沸点为：$T_b = 373.0 + 0.20 = 373.2$（K）或 100.2（℃）。

【例 4-4】 某试样 5.62 g 溶于 50.0 g 水中，所得溶液的沸点升高了 0.436 K。经测定试样中含甘油 2.02 g，含未知物 3.60 g。求：①试样中甘油引起的沸点升高是多少？②未知物的摩尔质量是多少？（水的 $K_b = 0.52\ K \cdot kg \cdot mol^{-1}$，甘油摩尔质量92 $g \cdot mol^{-1}$，假定甘油与未知物不发生化学反应）

解：①根据公式（4-4）：$\Delta T_b = K_b \cdot b_B = K_b \cdot \frac{m_B}{m_A \cdot M_B} \times 1000$，将数据带入，得甘油引起的沸点升高为：

$$\Delta T_b(\text{甘油}) = 0.52 \times \frac{2.02}{50.0 \times 92} \times 1000 = 0.228\,(K)$$

未知物引起的沸点升高：

$$\Delta T_b(\text{未知物}) = 0.436 - 0.228 = 0.208\,(K)$$

②根据公式（4-4），得未知物的摩尔质量。

$$M_B = K_b \times \frac{m_B}{\Delta T_b \times m_A} \times 1000$$

将数据代入，得

$$M_B = 0.52 \times \frac{3.60}{0.208 \times 50.0} \times 1000 = 180\,(g \cdot mol^{-1})$$

三、溶液的凝固点下降（ΔT_f）

（一）液体的凝固点（T_f）

什么叫液体的凝固点？

前面已经讨论过固体也有蒸气压。从蒸气压的角度来看，物质的凝固点（freezing point; f. p.）就是液相蒸气压与固相溶剂蒸气压相等时的温度，即固液共存时的温度。冰和水的蒸气压均为 0.61 kPa 时的温度是 273 K，冰和水两相平衡共存，即为水的凝固点，又称冰点。

---

① 若溶质 B 也有挥发性，$x_B' \neq 0$，溶液的蒸气压则等于溶剂的蒸气压与溶质的蒸气压之和。则：

$$\Delta T_b = K_b \cdot b_B \left[1 - \frac{x_B'}{x_B}\right]$$

若 $x_B > x_B'$，则气相中 B 的浓度小于液相中的浓度，$\Delta T_b > 0$，溶液的沸点升高。

若 $x_B < x_B'$，则气相中 B 的浓度大于液相中的浓度，$\Delta T_b < 0$，溶液的沸点下降。

（二）溶液的凝固点下降（ΔT_f）

溶液的凝固点是指溶液与其固相溶剂平衡共存时的温度。水溶液的凝固点是溶液与冰平衡共存时的温度。在 273 K 的水和冰两相平衡共存系统中加入一些非电解质时，由于形成溶液，势必引起溶液中溶剂水的蒸气压下降，但不会影响固态冰的蒸气压。这样在 273 K 时，溶液中溶剂水的蒸气压必然小于 0.61 kPa，这时溶液和冰就不能共存。由于冰的蒸气压高于溶液中溶剂水的蒸气压，则冰就会融化，冰在融化过程中要从系统吸收热量，因此系统的温度就会降低。由于冰的蒸气压随着温度下降而减小的幅度比溶液中溶剂水的蒸气压随温度下降而减小的幅度大，因此在 273K 以下的某一温度 T_f 时，溶液中溶剂水的蒸气压和冰的蒸气压再次相等，这时冰和溶液可以共存，这一温度 T_f 就是溶液的凝固点，它比水的凝固点降低了 ΔT_f（图 4-3），ΔT_f 就是溶液的凝固点降低值［$\Delta T_f = T_{f(A)} - T_f$］。显然溶液越浓，溶液的凝固点越低，$\Delta T_f$ 就越大。

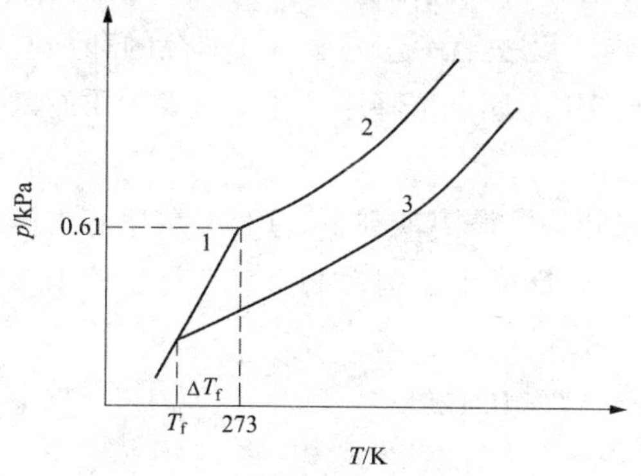

图 4-3　溶液的凝固点下降

1. 冰的蒸气压曲线；2. 水的蒸气压曲线；3. 水溶液的蒸气压曲线

稀溶液的凝固点下降与溶液的沸点升高一样，都是蒸气压下降的结果，所以溶液的凝固点下降也与溶液的蒸气压下降、沸点升高一样，直接正比于溶液的质量摩尔浓度。因此可以总结为：**非电解质稀溶液的凝固点下降与溶液的质量摩尔浓度成正比，而与溶质的性质无关**。它的数学表达式为：

$$\Delta T_f = T_{f(A)} - T_f = K_f \cdot b_B \qquad (4-5)$$

式中，ΔT_f 表示溶液的凝固点下降值，单位是 K；b_B 表示溶液的质量摩尔浓度，单位是 $mol \cdot kg^{-1}$；$T_{f(A)}$ 和 T_f 分别表示纯溶剂和溶液的凝固点，单位是 K；K_f 表示溶剂的摩尔凝固点下降常数，单位是 $K \cdot kg \cdot mol^{-1}$；即 1 mol 溶质溶于 1000 g 溶剂中所引起的凝固点降低值。不同溶剂的 K_f 值不同，见表 4-4。

表 4-4　几种溶剂的凝固点及摩尔凝固点下降常数

溶剂	$T_f(A)/K$	$K_f/(K \cdot kg \cdot mol^{-1})$
水	273.0	1.86
苯	278.5	4.90
三溴甲烷	280.8	14.4
溴乙烯	283.0	12.5
醋酸	289.6	3.90

与溶液沸点升高原理一样，将式（4-5）整理为如下的表达式：

$$\Delta T_f = K_f \times \frac{m_B}{M_B \times m_A} \times 1000 \qquad (4-6)$$

纯溶剂的凝固点是恒定的。在防止过冷现象发生的情况下，慢慢冷却纯溶剂，当温度降低至某一温度时，开始有固体析出，继续冷却，固体的量逐渐增加，液体的量逐渐减少，在纯溶剂完全凝固之前，温度保持恒定。这就是在实验压力之下，纯溶剂液体的凝固点。溶液冷却时，情况有所不同，因为随着固态溶剂的析出，溶液的浓度有所增加，其凝固点会不断下降，因此，溶液的凝固点是指刚刚开始析出固体溶剂时的温度。

根据凝固点下降与浓度的关系可以测定溶质的摩尔质量，由于同一个溶剂总是凝固点下降常数比沸点升高常数要大些，实验误差可以较小，而且在达到凝固点时，溶液中有晶体析出，现象明显，易于观察。用现代实验技术，ΔT_f 可以测准到 0.0001℃。所以利用凝固点下降法测定未知物的摩尔质量精确度会更高些。此法尤其适用于不宜加热的和某些挥发性溶质（沸点升高法要求溶质为难挥发）。因此利用凝固点下降原理测定未知物质的摩尔质量的方法应用更为广泛。

【例 4-5】 在 150.0 g 水中溶解 1.817 g 某未知物，该溶液在 -0.125℃结冰。求该未知物的摩尔质量。未知物由 C、H、O 组成，且 C∶H∶O 摩尔比例为 1∶2∶1，写出该未知物的化学式。（已知水的 $K_f = 1.86\ \mathrm{K \cdot kg \cdot mol^{-1}}$）

解： 设该未知物的摩尔质量为 M_B，$\mathrm{g \cdot mol^{-1}}$，$\Delta T_f = 0.125\mathrm{K}$。

由式（4-6），得

$$M_B = K_f \times \frac{m_B}{\Delta T_f \times m_A} \times 1000$$

将数据代入上式，得

$$M_B = 1.86 \times \frac{1.817}{0.125 \times 150.0} \times 1000$$

$$= 180.2\ (\mathrm{g \cdot mol^{-1}})$$

根据题意，CH_2O 式量为 12+2+16=30，180/30=6，该未知物的化学式（CH_2O）$_6$，即 $C_6H_{12}O_6$。

所以，该未知物的摩尔质量为 180 $\mathrm{g \cdot mol^{-1}}$，化学式 $C_6H_{12}O_6$。

凝固点下降的原理有着很重要的实用意义。在北方寒冷的冬天，为防止汽车水箱冻裂，常在水箱的水中加入甘油或乙二醇［60%（体积）的水溶液的凝固点为 -49℃］以降低水的凝固点，这样可防止水箱中的水因结冰而体积增大使水箱胀裂。冬季路面积雪，通常洒一些盐亦可防滑。盐和冰或雪的混合物可用作冷却剂也是运用这个原理。冰的表面总附着有少量水，当撒上盐后，盐溶解在水中成为溶液，此时溶液的蒸气压低于冰的蒸气压，冰就要融化，冰融化要吸热。随着冰的融化，于是冰盐混合物的温度就降低。如采用 NaCl 和冰，在一定条件下，温度可降至 251 K，用 $CaCl_2 \cdot 2H_2O$ 和冰的混合物，温度可降到 218 K。在水产业和食品的贮藏和运输过程中，通常使用冰盐混合物作为冷却剂。

四、溶液的渗透压（Π）

（一）渗透现象和渗透压

如果在一个烧杯中装入一定量的葡萄糖水溶液，再在溶液上面缓缓加入一层水，静置一段时间后，由于分子的热运动，糖分子向水层中扩散，水分子向糖溶液中扩散，最后成为一个均匀的葡萄糖水溶液，这种现象叫作**扩散**。在任何纯溶剂与溶液之间或者两种不同浓度的溶液相互接触时，都会有扩散现象发生。

如果采用图 4-4 的装置。图 4-4 所示是一只“U”形玻璃管，在横管中装有一个只让溶剂分子通过而溶质大分子不能通过的半透膜（semipermeable membrane）。半透膜是一种多孔性薄膜物质，动物的肠衣、膀胱膜、细胞膜、人工制羊皮纸、火棉胶膜等都可做半透膜材料。在如图 4－4 所示的装置中，先向管中注入纯溶剂水，当左右两个竖管中的液面处于一个水平面上时，体系处于平衡状态（二液面不再上下运动，图4－4A 竖管中水平虚线位置）。然后，向其中一只竖管（图 4－4A 中右管）中加入少量葡萄糖（形成溶液），这时原来的水面平衡就会被打破，可以观察到 A 图右管溶液的液面上升，A 图左管溶剂的液面下降，即纯溶剂水通过半透膜向溶液中转移（图 4－4A）。

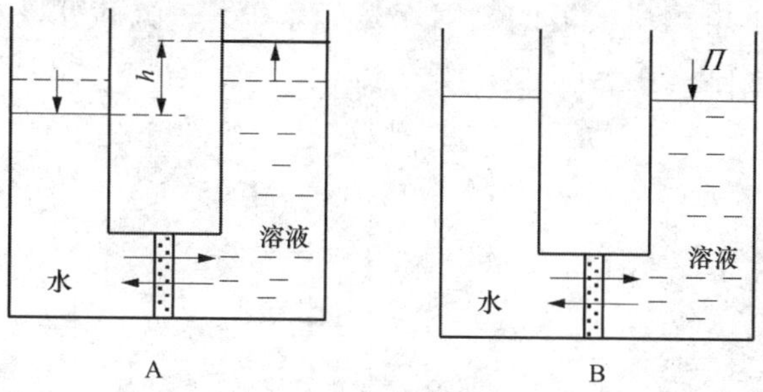

图 4－4　渗透现象与渗透压

由于半透膜只允许水分子通过，不允许葡萄糖大分子通过。单位体积内，纯水比糖溶液中的水分子数目多一些，因此单位时间内，纯水穿过半透膜进入葡萄糖溶液的水分子数多于糖水溶液中穿过半透膜而进入纯水的水分子数，从表面上看，其净结果是水透过半透膜进入葡萄糖溶液，于是溶液一侧液面升高。这种**通过半透膜发生的表面上单方向扩散的现象称为渗透（osmosis）现象**。

由于渗透作用，葡萄糖溶液的液面上升，因此水的静压力随之增加，这样单位时间内，水分子从溶液进入纯水一侧的数目也增多。当静压力增加到一定程度时，水分子向两个相反方向渗透的速率趋于相等，达到渗透平衡。这时，溶液与纯溶剂的液面差达到某一高度（h，图 4－4A 所示）而不再变化。因此，**为维持只允许溶剂通过的膜所隔开的溶液与纯溶剂之间的渗透平衡而需要的超额压力 Π，称为溶液的渗透压**（osmotic pressure），见图 4－4B 中右管。单位 Pa 或 kPa。渗透压是溶液的又一个依数性。如果额外施加的压力小于 Π，就不足以阻止溶剂向溶液一方渗透。如果额外施加的压力大于 Π，则溶液中的溶剂将向纯溶剂一方渗透（这种现象称为反渗透现象）。

渗透现象不仅存在于溶剂与溶液之间，而且两种不同浓度的溶液之间（半透膜隔开），同样也会产生渗透现象，在这种情况下渗透压代表两种溶液的渗透压之差。

早在 19 世纪末，人们通过渗透实验发现：其一，在同一温度下，溶液的渗透压与非电解质溶液的浓度成正比；其二，对浓度相同的非电解质溶液，渗透压与热力学温度成正比。

1886 年荷兰化学家范特霍甫（J. H. van′t Hoff）根据大量的实验结果总结出：非电解质稀溶液的渗透压与温度、浓度的关系同理想气体定律完全符合。即

$$\Pi V = nRT \quad 或 \quad \Pi = cRT \tag{4-7}$$

式中，Π 表示溶液的渗透压，kPa；V 表示溶液的体积，L；n 表示溶液中溶质的物质的量，mol；R 表示摩尔气体常数，8.314 $kPa \cdot L \cdot mol^{-1} \cdot K^{-1}$；$T$ 表示热力学温度，K；c 表示溶液的物质的量浓度，$mol \cdot L^{-1}$。

从式（4－7）可以看出，**在一定体积和温度下，非电解质稀溶液的渗透压和溶液中所含溶质的物质的量成正比，而与溶质的本性无关。**

综上所述，难挥发的非电解质稀溶液的四项依数性决定于溶液中溶质质点的浓度，而与溶质质点的本性无关。

对于很稀的水溶液，溶液的物质的量浓度（c_B）近似等于其质量摩尔浓度（b_B），因此范特霍甫公式可改写为：

$$\Pi = b_B RT \tag{4-8}$$

如果测定渗透压有困难，就可以利用稀溶液的其他性质来推算其渗透压的大小。

【例 4-6】 一种非电解质溶液的凝固点是 272.05K，试计算该水溶液：① 0℃时的渗透压；② 20℃时的蒸气压；③沸点。

解：查表，水的 $K_f = 1.86$，$K_b = 0.52$。根据已知条件，得

$$\Delta T_f = 273 - 272.05 = 0.95(\text{K})$$

据公式（4-5），$\Delta T_f = K_f \cdot b_B$，得

$$b_B = \Delta T_f / K_f = 0.95/1.86 = 0.5108\ (\text{mol} \cdot \text{kg}^{-1})$$

①溶液渗透压

$$\Pi = b_B RT = 0.5108 \times 8.314 \times 273 = 1159.4\ (\text{kPa})$$

②查表 4-2 知，20℃时水的蒸气压 2.43 kPa，则溶液蒸气压

$$p = p_A - \Delta p = x_A p_A$$

$$= \frac{1000/18}{1000/18 + b_B} \cdot p_A = \frac{1000/18}{1000/18 + 0.5108} \times 2.43$$

$$= 0.991 \times 2.43 = 2.41(\text{kPa})$$

③溶液沸点

$$T_b = T_{b(A)} + \Delta T_b = T_{b(A)} + K_b \cdot b_B = 373 + 0.52 \times 0.5108 = 373.3\ (\text{K})$$

利用渗透压公式还可以求得溶质的摩尔质量，虽然由于渗透压的测定相当困难，在应用上受到一定程度的限制，但应用于测定高分子化合物（如蛋白质等）的摩尔质量或相对分子质量时，则比凝固点下降法更为灵敏，这是渗透压法测定摩尔质量的独到之处。

【例 4-7】 310K 时，某蛋白质溶液 500 ml 中含溶质 256 mg。溶液的渗透压 0.225 kPa。计算该蛋白质的摩尔质量。

解：该蛋白质的质量浓度：

$$\rho_B = 0.256\ \text{g}/0.50\ \text{L} = 0.512\ (\text{g} \cdot \text{L}^{-1})$$

物质的量浓度：

$$c_B = \frac{\rho_B}{M_B} = \frac{0.512}{M_B}$$

将数据代入式（4-7），得：

$$0.225 = \frac{0.512}{M_B} \times 8.314 \times 310$$

$$M_B = 5865\ (\text{g} \cdot \text{mol}^{-1})$$

所以，该蛋白质的摩尔质量为 5865 $\text{g} \cdot \text{mol}^{-1}$。

（二）渗透压在医学上的意义

如果两个溶液的渗透压相等，则称之为**等渗溶液**（isotonic solution）。如果两个溶液的渗透压不相等，则渗透压高的溶液称为**高渗溶液**（hypertonic solution），渗透压低的溶液称为**低渗溶液**（hypotonic solution）。

渗透现象有许多重要的应用，它与动植物的生命现象密切相关。例如植物利用根部从土壤中吸取水分和养分。大树靠渗透作用把水分子一直输送到树叶的末端，其渗透压高达 1×10^{6}Pa；人体内的营养循环，也是通过渗透作用而实现的。在化学实验中，可以利用渗透作用来分离溶液中的杂质。医学上研究红细胞的内容物时，如果将红细胞置于**低渗溶液**中，由于低渗溶液浓度比红细胞内的浓度低，水分子透过细胞膜而渗入红细胞中，红细胞内的多种溶质如血红素、蛋白质等不能渗出，以致细胞内液体逐渐增多，细胞膨胀，最后崩裂发生溶血现象。如果将红细胞置于高渗溶液中，水分子运动方向相反，水分子由胞内向胞外渗透，结果红细胞逐渐皱缩。如果将红细胞置于生理等渗溶液（$\Pi=776$ kPa）中，红细胞保持平衡，维持正常的生理现象。

在医学上对大量失水的病人，往往需要静脉滴注大量的 50 g · L^{-1} 的葡萄糖水溶液或 9.0 g · L^{-1} 的 NaCl（生理盐水）灭菌液，因为它们与血液的渗透压相等，故称 50 g · L^{-1} 的葡萄糖水溶液或 9.0 g · L^{-1} 的 NaCl 水溶液为生理等渗溶液。为什么对病人大量输液时必须等渗呢？这是因为机体内的红细胞的细胞膜具有半透膜性质。正常情况时的红细胞其膜内（细胞液）和膜外（血浆）是等渗的，若大量滴注渗透压比血液渗透压为高的溶液（高渗溶液），红细胞内的细胞液将向血浆渗透，使红细胞萎缩。若大量滴注渗透压比血液渗透压为低的溶液（低渗溶液），血浆中的水分子将向红细胞内渗透，严重时可使红细胞胀裂产生溶血现象。故人体大量输液时，一定要用生理等渗溶液。正常人体的体液能够维持恒定的渗透压，对水、盐的代谢过程起着极为重要的作用。血浆中有很多盐类离子和各种蛋白质，因此血浆具有相当大的渗透压（776 kPa）。其中由盐类离子产生的渗透压叫晶体渗透压，占血浆渗透压的绝大部分。由各种蛋白质所产生的渗透压叫胶体渗透压，仅占血浆渗透压的极小部分。但胶体渗透压的存在具有很大的生理意义。人体内的肾是一个特殊的渗透器，它让代谢过程产生的废弃物经渗透随尿液排出体外，而将有用的蛋白质保留在肾小球内，所以若尿中出现蛋白质，则是肾功能受损的表征。

在医用上，除了静脉滴注用的大型输液（50 g · L^{-1} 的葡萄糖水溶液或 9.0 g · L^{-1} 的 NaCl）需要等渗外，配制眼药水也要求等渗，因眼组织对渗透压更为敏感，高渗或低渗都会引起眼黏膜的不适感，严重时能损伤眼组织。

综上所述，溶液的蒸气压下降、沸点升高、凝固点下降和溶液的渗透压这四项性质，发现它们有以下一些共同的特点。

（1）这些性质产生的原因，都是由溶剂中加入溶质后，引起溶剂摩尔分数减小的缘故。

（2）这四项性质只和溶液浓度有关，而与溶质本身的性质无关。0.2 mol · L^{-1} 的葡萄糖溶液与 0.2 mol · L^{-1} 蔗糖溶液的渗透压在相同的温度时是相等的。因此这些性质通常称为溶液的依数性。

（3）稀溶液的依数性，对电解质溶液均有明显的偏差。同浓度电解质溶液，总是比非电解质溶液有较大的蒸气压下降、沸点升高、凝固点降低和渗透压。当我们知道了四项通性的“依数”特性后，对于这种偏差就不足为奇了。因为电解质在溶液中会发生电离现象，与非电解质溶液浓度相同的电解质在溶液中会产生比非电解质更多的质点，这就是电解质溶液的以上四种性质偏高的原因。

此外，在浓溶液中，溶质的浓度较大，溶质质点间的相互影响及溶质与溶剂间的相互影响大为增强，因此在浓溶液中情况比较复杂，简单的依数性定量关系不适用了。

最后应当注意：**溶液的蒸气压下降及沸点升高，仅适用于难挥发的溶质，而凝固点下**

降及渗透压则不受此限制。

扫码“学一学”

第三节 电解质溶液

一、电解质溶液的特殊性

上一节我们介绍难挥发非电解质稀溶液的四种依数性时，知道 Δp、ΔT_b、ΔT_f、Π 这些性质的变化与溶液的质量摩尔浓度成正比，而与溶质的本性无关，也就是说它们的性质仅仅依赖于溶质质点数的多少。当把酸、碱、盐等电解质溶于水后情况就变得较为复杂，溶液的 Δp、ΔT_b、ΔT_f、Π 这些性质都比“理论值”要大得多，所谓的“理论值”是把上述电解质当作非电解质对待。从下面的数据可以看出，所测得的实验结果均比“理论值”要偏大，见表 4－5。

表 4－5 某些电解质溶液的凝固点降低值（$\Delta T_f/K$）

b_B	实验值							“理论值”
	NaCl	KCl	$MgSO_4$	K_2SO_4	HCl	HAc	H_2SO_4	
0.100	0.348	0.346	0.264	0.458	0.355	0.188	0.413	0.186
0.050	0.176	0.175	0.133	0.239	0.179	0.0949	0.216	0.0930
0.010	0.0359	0.0361	0.0301	0.0515	0.0366	0.0195	0.0482	0.0186
0.005	0.0180	0.0182	0.0157	0.0266	0.0185	0.00986	0.0253	0.00930

对于酸、碱、盐溶液，也发现它们的渗透压（实验值）比利用公式 $\Pi = b_BRT$ 所计算出的约大二倍、三倍，甚至更多。对于这种偏差现象，可在计算公式中引入校正系数 i 来校正。

$$\Pi' = ib_BRT \tag{4-9}$$

i 可以通过实验测定，显然

$$i = \frac{\Pi'(\text{实验值})}{\Pi(\text{“理论值”})}$$

引入校正系数 i 后计算值就接近实验结果了，习惯上称 i 为等渗系数。

表 4－6 凝固点下降法测定的几种电解质溶液的 i 值

电解质	$i=\Delta T_f'/\Delta T_f$				i 的理论极限值
	0.100*	0.0500*	0.0100*	0.00500*	
NaCl	1.87	1.89	1.93	1.94	2
KCl	1.86	1.88	1.94	1.96	2
$MgSO_4$	1.42	1.43	1.62	1.69	2
K_2SO_4	2.46	2.57	2.77	2.86	3
HCl	1.91	1.92	1.97	1.99	2
HAc	1.01	1.02	1.05	1.06	2
H_2SO_4	2.22	2.32	2.59	2.72	3

* 表中各电解质溶液的浓度均为质量摩尔浓度，$mol \cdot kg^{-1}$

事实上，对于电解质稀溶液，其蒸气压下降、沸点升高、凝固点下降和渗透压存在下列共同关系。

$$\frac{\Delta p'}{\Delta p}=\frac{\Delta T_b'}{\Delta T_b}=\frac{\Delta T_f'}{\Delta T_f}=\frac{\Pi'}{\Pi}=i$$

即电解质溶液的蒸气压下降$\Delta p'$、沸点升高$\Delta T_b'$、凝固点下降$\Delta T_f'$和渗透压Π'，为相同浓度的非电解质的相应值Δp、ΔT_b、ΔT_f、Π的i倍。由此，通过电解质稀溶液任一“依数性”的实验值与“理论值”的比值求得i值，从而比较非电解质和强（弱）电解质溶液质点数目上的差异。

从表4－6可以看出，对某一个电解质来说，i值随浓度的变化而改变，溶液越稀，i值越大。在极稀的溶液中，i的理论极限值趋近于整数2、3、4等。例如KCl、HCl等溶质的i值趋近于2，K_2SO_4、H_2SO_4等的i值趋近于3。

1887年，阿仑尼乌斯（S. A. Arrhenius，1859～1927年）根据电解质溶液对**非电解质溶液依数性理论**的偏差及溶液具有导电性等事实，提出了电离理论，其主要论点如下。

（1）电解质在水溶液中会自发地或部分自发地解离为带相反电荷的粒子，这种解离的过程叫作电离过程。因电离而产生的带相反电荷的粒子叫离子。

（2）正、负离子不断运动的结果又会结合成分子。未电离的分子和离子之间存在电离平衡。电解质只发生部分电离的，电离的百分率叫作电离度。

（3）溶液导电是由于离子迁移引起的，溶液中的离子越多，导电性越强。

阿仑尼乌斯认为：电解质在溶液中由于电离，单位体积溶液中粒子的总数目增加了，因而所含粒子数目要比相同浓度的非电解质溶液所含的溶质粒于数目要多，所以蒸气压下降、沸点升高及凝固点下降等依数性的变化也会增大。

电解质在稀溶液中，如果完全电离且每个分子电离为n个粒子，如每个KCl分子电离为2个粒子，则它的依数性（如Π等）为相同浓度非电解质溶液的n倍，即$i=n$；如果是部分电离，则i的取值在$1\sim n$之间。

这就是电解质溶液“依数性”反常的原因，即电解质溶液的特殊性。

二、电离度和强、弱电解质

什么叫电解质?

在水溶液中或熔融状态下能导电的化合物叫作电解质。

电解质在水溶液中的电离程度是不同的。有的几乎全部电离，有的只有极少部分电离。一般地认为，在水溶液中能够完全电离的电解质称为**强电解质**（strong electrolyte），如强酸、强碱和大部分盐类。而在水溶液中只能部分电离的电解质称为**弱电解质**（weak electrolyte），包括弱酸、弱碱和某些盐类（如$HgCl_2$等）。实际上强、弱电解质只具有相对意义，因为弱电解质在极稀的溶液中趋于完全电离。

强弱电解质在水溶液中电离过程是不完全相同的。

（一）弱电解质的电离

弱电解质的电离是可逆过程。例如醋酸的电离过程。

$$HAc(aq)+H_2O \underset{\text{分子化}}{\overset{\text{电离}}{\rightleftharpoons}} H_3O^+(aq)+Ac^-(aq)$$

当电离和分子化两个过程的速率相等时，弱电解质分子与已电离的离子之间达到了动态平衡，这种平衡叫做**电离平衡**（ionization equilibrium），它服从化学平衡定律。在平衡状态下，弱电解质的电离程度的大小可用**电离度**（degree of ionization）α 来表示。所谓电离度就是弱电解质达到电离平衡时，已电离的弱电解质分子数与原有分子总数之比。可以说电离度是转化率的一种形式。即

$$\alpha = \frac{\text{已电离的分子数}}{\text{原有分子总数}} \times 100\%$$

例如，在 0.10 $mol \cdot L^{-1}$ 的 HAc 溶液中，$[H^+] = 1.33 \times 10^{-3}\ mol \cdot L^{-1}$，则 HAc 的电离度 $\alpha = \frac{1.33 \times 10^{-3}}{0.10} \times 100\% = 1.3\%$。它表明在醋酸溶液中，每 1000 个 HAc 分子中，仅有 13 个分子电离为 H^+ 和 Ac^-。

【例 4-8】 某电解质 MA_{n-1} 浓度为 c，电离度为 α，电离后得到 n 个离子，溶液的等渗系数为 i。求等渗系数 i 和电离度之间的关系式。

解：

$$MA_{n-1} \rightleftharpoons M^{(n-1)+} + (n-1)A^-$$

平衡时 $c(1-\alpha)$　　$c\alpha$　　$(n-1)c\alpha$

溶液中总的质点浓度为：

$$c' = c(1-\alpha) + c\alpha + (n-1)c\alpha$$

$$i = \frac{c'}{c} = \frac{c(1-\alpha) + c\alpha + (n-1)c\alpha}{c}$$

整理，得

$$\alpha = \frac{i-1}{n-1} \tag{4-10}$$

电离度 α 可以通过测定电解质溶液的电导率或根据等渗系数 i 求得，也可用其他方法获得。表 4-7 列出的是用实验方法求得的一些弱电解质溶液浓度为 0.10 $mol \cdot L^{-1}$ 时的电离度。

表 4-7　几种弱电解质溶液的电离度 α（291 K，0.10 $mol \cdot L^{-1}$）

电解质	化学式	α/(%)	电解质	化学式	α/(%)
草酸	$H_2C_2O_4$	31	碳酸	H_2CO_3	0.17
磷酸	H_3PO_4	26	氢硫酸	H_2S	0.07
亚硫酸	H_2SO_3	20	次溴酸	HBrO	0.01
氢氟酸	HF	15	氢氰酸	HCN	0.007
醋酸	HAc	1.33	氨水	$NH_3 \cdot H_2O$	1.33

根据表 4-7 看出，不同的电解质，在相同的浓度时，它们的电离度不同，这说明电离度的大小是由物质本身的性质决定的，反映了电解质的相对强弱。电离度愈小，电解质就愈弱。电离度是弱电解质电离程度的标志。

电离度的大小除与物质本身的性质有关外，还与电解质溶液的浓度、温度、溶剂的性质等外界因素有关。电离度是转化率的一种形式，既然转化率与初始浓度有关，电离度也应该与初始浓度有关。同一弱电解质溶液，浓度愈稀，电离度愈大，所以弱电解质的电离度随溶液浓度的降低而增大。当溶液极稀时，任何电解质都接近完全电离了。表 4-8 列出了不同浓度醋酸的电离度。

表 4-8　不同浓度醋酸的电离度（298.15 K）

c/($mol \cdot L^{-1}$)	0.200	0.100	0.0200	0.00100
α/(%)	0.934	1.33	2.96	12.4

（二）强电解质的电离

强电解质的电离过程与弱电解质不同，强电解质在水溶液中全部电离为相应的离子，溶液中没有分子，当然也不存在分子与离子之间的电离平衡。按照这种观点，强电解质的电离度好像应等于100%。但是，根据电导率实验测定强电解质溶液的电离度时，却出现小于100%的事实，见表4-9。

表4-9　几种强电解质的表观电离度（298.15 K，0.10 mol·L⁻¹）

强电解质	KCl	$ZnSO_4$	HCl	HNO_3	H_2SO_4	$Ba(OH)_2$	NaOH
$\alpha_{表观}$(%)	86	40	92	92	61	81	84

【例4-9】（1）0.542 g的$HgCl_2$溶于50.0 g水，其溶液的凝固点$T_{f(l1)}=272.9252$ K。（2）0.324 g的$Hg(NO_3)_2$溶于100 g水中，其溶液的凝固点$T_{f(l2)}=272.9462$ K。通过计算回答这两种盐在水中的电离情况。

解：

溶液	$HgCl_2$ 溶液	$Hg(NO_3)_2$ 溶液
凝固点下降实验值$\Delta T_f'=273-T_{f(l)}$	0.0748 K	0.0538 K
溶质的摩尔质量M_B	271 g·mol⁻¹	324 g·mol⁻¹
$b_B=m_B/(m_A\cdot M_B)$	0.04 mol·kg⁻¹	0.01 mol·kg⁻¹
凝固点下降的理论值$\Delta T_f=K_f b_B$	0.0744 K	0.0186 K
$i=\Delta T_f'/\Delta T$	1.005	2.892
$\alpha=(i-1)/(n-1)$	0.25%	94.6%
电离情况	弱电解质	强电解质

强电解质和弱电解质的电离度含义不同。弱电解质的电离度能真实的反映电离的程度，而强电解质的电离度仅仅反映出溶液中离子相互牵制作用的强弱。因此，强电解质的电离度只能称作表观电离度（apparent degree of ionization）。

为了解释上述现象，人们相继提出了几种强电解质溶液理论。

三、强电解质溶液理论

强电解质包括离子型化合物（KCl、NaCl）或具有强极性键的共价化合物（如HCl、H_2SO_4、HNO_3）。不难想象在像KCl这样的盐溶液中，只能有K^+和Cl^-，而没有KCl分子，当然也不存在离子与分子间的电离平衡，按说表观电离度似乎应该是100%，但是实际测得的强电解质在水溶液中的表观电离度却总是小于100%。是什么原因造成强电解质溶液电离不完全的现象呢?

1923年德拜（P. Debye）和休克尔（E. Hückel）根据离子间相互吸引，提出了离子氛的概念，提出了极稀的强电解质溶液理论，定量地计算平均活度因子，初步解释了上述现象。

（一）离子氛

离子是带有电荷的粒子。每一个离子的运动都受到它周围的其他离子的影响。在弱电解质溶液中离子浓度很小，离子间的相互影响可以忽略。但在强电解质溶液中，离子浓度较大，离子间的静电作用比较显著，阴、阳离子之间必然存在着比较强烈的相互吸引和相互牵制作用。离子分布的规律是，在每一个离子的周围吸引着较多的带相反电荷的离子，这种情形可以被描述为：正离子的周围形成了负离子组成的“离子氛”（图 4-5），负离子周围也有由正离子组成的“离子氛”，有时甚至聚结成为一种缔合体。由于形成离子氛，阴、阳离子之间的缔合以及相互牵制作用，使得离子在溶液中不能完全自由运动。溶液在通过电流时，阳离子向阴极移动，但它的离子氛却向阳极移动，强电解质溶液浓度较大时，离子间平均距离小，相互作用显著，离子移动的速率显然比理论上完全电离的理论模型要慢一些，产生一种电离不完全的现象，使得表观电离度小于 100%。溶液中离子的浓度越大，离子所带的电荷越多，离子之间的相互牵制作用越强，离子完全自由运动的程度越低。

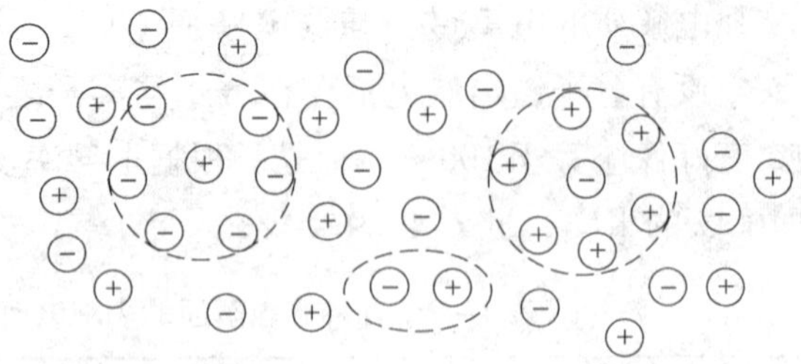

图 4-5　“离子氛”示意图

（二）活度和活度因子

为了定量描述强电解质溶液中离子间相互吸引的程度，使理论计算值与实际测定结果更好地符合，路易斯（G. N. Lewis）于 1907 年提出了**活度**（activity）的概念。所谓活度（a）就是电解质溶液中能实际起作用的离子浓度，即**有效浓度**。活度（a）与溶液中离子的实际浓度（c）的关系为：

$$a_B = \gamma_B \ (b_B/b^\ominus) \qquad (4-11)$$

式中，$b^\ominus = 1\ mol \cdot kg^{-1}$，称作标准质量摩尔浓度；$\gamma_B$ 称作 B 的活度因子（activity factor）。对于物质的量浓度，类似地有：

$$a_B = \gamma_B \ (c_B/c^\ominus)$$

式中，$c^\ominus = 1\ mol \cdot L^{-1}$，称作标准浓度。

γ_B 反映了电解质溶液中离子间相互牵制作用的大小。在无限稀的溶液中，离子间距离较远，彼此间作用力很弱，$\gamma_B \longrightarrow 1$，这时活度与浓度基本趋于相等，也即离子的活度近似等于浓度（$a_B = c_B$，γ_B 接近于 1）；当溶液浓度增高时，离子的活度比实际浓度要小（$a_B < c_B$），$\gamma_B < 1$；一般来说，溶液的浓度越大，离子间的相互牵制作用越强，离子自由活动的程度越低，活度因子也越小，活度与浓度相差也越大。

测定单独某一种离子的活度因子，事实上是不可能的，一般取电解质溶液中正、负两种离子的活度因子的平均值，称为**平均活度因子** $\gamma_\pm$，通常在化学手册上可以查到。1-1 型电解质的平均活度因子的定义式为：

$$\gamma_\pm = \sqrt{\gamma_+ \cdot \gamma_-}$$

1-2 型电解质（如 Na_2SO_4）的平均活度因子的定义式为：

$$\gamma_\pm = \sqrt[3]{\gamma_+^2 \cdot \gamma_-}$$

以上两式中，$\gamma_\pm$ 表示离子的平均活度因子；γ_+ 表示正离子的活度因子；γ_- 表示负离子的活度因子。强电解质溶液中离子的平均活度因子见表 4-10。

表 4－10　某些强电解质在 298.15 K 时的平均活度因子（$\gamma_{\pm}$）

b_B	HCl	NaCl	KCl	NaOH	$CaCl_2$	H_2SO_4	Na_2SO_4	$CuSO_4$	$ZnSO_4$
0.0050	0.93	0.93	0.93	–	0.79	0.64	0.78	0.53	0.48
0.010	0.91	0.90	0.90	0.90	0.72	0.55	0.72	0.40	0.39
0.050	0.83	0.82	0.82	0.81	0.58	0.34	0.51	0.21	0.20
0.10	0.80	0.79	0.77	0.76	0.52	0.27	0.44	0.15	0.15
0.50	0.77	0.68	0.65	0.68	0.51	0.16	0.27	0.067	0.063

从表 4－10 中看出，溶液中某种离子的活度因子不仅受自身的浓度、电荷的影响，同时也受溶液中其他离子的浓度、电荷的影响。

（三）离子强度

为了更好地说明溶液中各种离子的浓度和电荷数对活度因子的影响，引入了离子强度（ionic strength）的概念。用以度量由溶液中离子电荷所形成的静电场之强度，定义为：

$$I = \frac{1}{2}(b_1z_1^2 + b_2z_2^2 + b_3z_3^2 + \cdots + b_nz_n^2)$$

$$I = \frac{1}{2}\sum_{B} b_B z_B^2 \qquad (4-12a)$$

式中，I 表示离子强度；b_B 和 z_B 分别表示 B 离子的质量摩尔浓度和电荷数。做近似计算时，可用 c_B 代替 b_B，即

$$I = \frac{1}{2}\sum_{B} c_B z_B^2 \qquad (4-12b)$$

【例 4－10】 计算含 0.050 $mol \cdot L^{-1}$ 的 KCl 和 0.050 $mol \cdot L^{-1}$ 的 $CaCl_2$ 混合溶液的离子强度。

解： $c_{K^+} = 0.050\ mol \cdot L^{-1}$，$c_{Ca^{2+}} = 0.050\ mol \cdot L^{-1}$，$c_{Cl^-} = 0.15\ mol \cdot L^{-1}$

根据式（4－12），得

$$I = \frac{1}{2}(c_{K^+}z_{K^+}^2 + c_{Cl^-}z_{Cl^-}^2 + c_{Ca^{2+}}z_{Ca^{2+}}^2)$$

$$= \frac{1}{2}[0.050 \times 1^2 + 0.15 \times (-1)^2 + 0.050 \times 2^2]$$

$$= 0.20\ (mol \cdot L^{-1})$$

1923 年，德拜（Debye）和休克尔（Hückel）从理论上导出了某离子的活度因子（γ_i）与离子强度（I）的近似关系，服从以下公式，即德拜－休克尔方程式：

$$\lg\gamma_i = -Az_i^2\sqrt{I} \qquad (4-13)$$

式中，γ_i 表示某离子的活度因子；z_i 表示 i 离子的电荷数；A 表示常数，在 298 K 的水溶液中，A 为 0.509。该式适用于很稀的强电解质溶液（浓度范围不超过 0.020 $mol \cdot L^{-1}$），所以称为**德拜－休克尔极限公式**。若求电解质溶液中离子的平均活度因子，则式（4－13）改写为：

$$\lg\gamma_{\pm} = -A|z_+ \cdot z_-|\sqrt{I} \qquad (4-14)$$

式中，$\gamma_{\pm}$ 表示离子的平均活度因子；z_+、z_- 表示正、负离子的电荷数。这个公式指出除离子电荷外，活度因子随离子强度而变，和电解质的性质无关，$\lg\gamma_{\pm}$ 与 $\sqrt{I}$ 呈线性关系。经大量的试验数据证明，在离子强度较低的范围内，浓度越稀，线性关系越接近于极限公式。实际

上遇到的溶液中离子浓度比较大，离子强度也较高，则德拜－休克尔极限公式改写为：

$$\lg\gamma_i = -Az_i^2 \frac{\sqrt{I}}{1+\sqrt{I}}$$

或

$$\lg\gamma_{\pm} = -A|z_{+} \cdot z_{-}| \frac{\sqrt{I}}{1+\sqrt{I}} \qquad (4-15)$$

式（4－15）适用范围较广些，对离子强度高达0.1～0.2的许多电解质均可得到较好结果。

离子强度是溶液中各种离子所产生的电场强度的量度。它与溶液中存在的离子浓度和电荷有关。在一定的浓度范围内，溶液的离子强度越大，活度因子则越小，离子的活度（即有效浓度）与实际浓度相差越大。在稀溶液中，溶液的离子强度相同时，相同电荷离子的活度因子就基本相同，见表4－11。

表4－11　活度因子与离子强度

I	γ		
	$z=1$	$z=2$	$z=3$
1×10^{-4}	0.99	0.95	0.90
2×10^{-4}	0.98	0.94	0.83
5×10^{-4}	0.97	0.90	0.80
1×10^{-3}	0.96	0.86	0.73
2×10^{-3}	0.95	0.81	0.64
5×10^{-3}	0.92	0.72	0.51
1×10^{-2}	0.89	0.63	0.39
5×10^{-2}	0.81	0.44	0.15
0.1	0.78	0.33	0.08
0.2	0.70	0.24	0.04
0.3	0.66	—	—
0.5	0.62	—	—

从表4－11可以看出，溶液的离子强度愈大，离子所带的电荷数愈高，则离子间的牵制作用愈强，活度因子愈小。换言之，在通常条件下，如果溶液中的离子强度越大，则活度与浓度之间的差别就越大。相反，溶液中的离子强度愈小，活度与浓度之间的差别愈不明显。当溶液的离子强度很小时，离子间的相互牵制作用就降低到极其微弱的程度，$I<10^{-4}$时，$\gamma_{\pm}\approx1$，这时活度就与浓度基本上趋于相等，$a_B \approx c_B$。一般做准确计算时，都要用活度；对于稀溶液、弱电解质溶液、难溶性强电解质溶液或近似计算时，通常就用浓度来代替活度直接进行计算。

【例4－11】　已知$ZnCl_2$溶液的浓度为0.050 mol·L^{-1}，计算该溶液的I、$a_{Zn^{2+}}$、a_{Cl^-}。

解：根据式（4－12），溶液的离子强度为：

$$I = \frac{1}{2}(c_{Zn^{2+}}z_{Zn^{2+}}^2 + c_{Cl^-}z_{Cl^-}^2)$$

$$= \frac{1}{2}[0.050\times2^2 + 0.050\times2\times(-1)^2]$$

$$= 0.15\ (\text{mol}\cdot\text{L}^{-1})$$

将I代入式（4－15），得

$$\lg\gamma_{Zn^{2+}} = -\frac{0.509 \times 2^2 \times \sqrt{0.15}}{1 + \sqrt{0.15}} = -0.568$$

$$\gamma_{Zn^{2+}} = 0.27 \quad (查表得\ \gamma_{Zn^{2+}} = 0.285)$$

$$a_{Zn^{2+}} = 0.27 \times 0.050 = 0.014$$

同理
$$\lg\gamma_{Cl^-} = -\frac{0.509 \times 1^2 \times \sqrt{0.15}}{1 + \sqrt{0.15}} = -0.142$$

$$\gamma_{Cl^-} = 0.72 \quad (查表得\ \gamma_{Cl^-} = 0.74)$$

$$a_{Cl^-} = 0.72 \times 0.050 \times 2 = 0.072$$

【例 4－12】 分别用离子浓度和离子活度来计算 0.020 $mol \cdot L^{-1}$的 NaCl 溶液在 298K 时的渗透压。

解： 0.020 $mol \cdot L^{-1}$的 NaCl 溶液中离子总浓度为：$c_B = 0.040\ mol \cdot L^{-1}$

（1）用浓度直接计算

根据公式
$$\Pi = c_B RT$$

将数据代入上式，得

$$\Pi_1 = 0.040 \times 8.314 \times 298 = 99.1(kPa)$$

（2）用活度计算

溶液中的离子强度为：

$$I = \frac{1}{2}\sum_B c_B z_B^2 = \frac{1}{2}[0.020 \times 1^2 + 0.020 \times (-1)^2] = 0.020$$

按照式（4－14）计算

$$\lg\gamma_{\pm} = -A|z_+ \cdot z_-|\sqrt{I} = -0.509 \times 1^2 \sqrt{0.020} = -0.072$$

$$\gamma_{\pm} = 0.847$$

$$a_B = \gamma_{\pm} \cdot c_B,\ a_B = 0.847 \times 0.040 = 0.0339$$

$$\Pi_2 = a_B RT$$

$$\Pi_2 = 0.0339 \times 8.314 \times 298 = 83.99\ (kPa)$$

（3）按照式（4－15）计算

$$\lg\gamma_{\pm} = -A|z_+ \cdot z_-|\frac{\sqrt{I}}{1+\sqrt{I}} = -0.509 \times 1^2 \times \frac{\sqrt{0.020}}{1 + \sqrt{0.020}} = -0.0631$$

$$\gamma_{\pm} = 0.865 \quad (查表得\ \gamma_{\pm} = 0.87)$$

同理，得
$$a_B = 0.865 \times 0.040 = 0.0346$$

$$\Pi_3 = 0.0346 \times 8.314 \times 298 = 85.7(kPa)$$

三种计算结果 Π_1、Π_2、Π_3 与实验值 86.1 kPa 比较，相对误差分别是 15%、2.5%、0.46%。其中，以式（4－15）计算活度因子，得到的渗透压计算结果与实验值比较误差较小。

本章小结

一、溶液各浓度的表示方法及单位

1. 质量分数
$$w_B = \frac{m_B}{m_A + m_B} \quad 或 \quad w_B = \frac{m_B}{m}$$

2. 质量浓度　　$\rho_B = \frac{m_B}{V}$　单位：g · L^{-1}或 g · ml^{-1}

3. 物质的量浓度（简称浓度）　$c_B = \frac{n_B}{V}$　单位：常用 mol · L^{-1}或 mmol · L^{-1}

4. 质量摩尔浓度　　$b_B = \frac{n_B}{m_A}$　单位：mol · kg^{-1}

5. 摩尔分数　　$x_B = \frac{n_B}{n_A + n_B} = \frac{n_B}{\Sigma n_i}$

二、稀溶液的依数性

1. 溶液的蒸气压下降（Δp） 在一定温度下，难挥发非电解质稀溶液的蒸气压下降和溶解在溶剂中的溶质的摩尔分数成正比，或近似地与溶液的质量摩尔浓度成正比。而与溶质的本性无关。

$$\Delta p \approx K \cdot b_B$$

2. 溶液的沸点升高（ΔT_b） 难挥发非电解质稀溶液的沸点升高与溶液的质量摩尔浓度成正比。

$$\Delta T_b = T_{b(1)} - T_{b(A)} = K_b \cdot b_B$$

3. 溶液的凝固点降低（ΔT_f） 非电解质稀溶液的凝固点降低与溶液的质量摩尔浓度成正比。

$$\Delta T_f = T_{f(A)} - T_{f(1)} = K_f \cdot b_B$$

4. 溶液的渗透压（Π） 溶液的渗透压：为了阻止渗透现象的发生，所需加给溶液的额外压力。

$$\Pi = cRT \text{ 或 } \Pi = b_B RT$$

溶液的蒸气压下降是溶液的沸点升高及凝固点降低的根本原因。

稀溶液的四项性质只与溶液的浓度有关，而与溶质的性质无关。利用这四项性质可以测定未知物质的相对分子质量。

使用依数性公式时，要注意其不同的适用范围：溶液的蒸气压下降及沸点升高仅适用于难挥发的溶质，而凝固点下降及渗透压则不受此限制。

由于电解质的电离，而使电解质溶液中质点数增加。所以相同浓度的电解质溶液比非电解质溶液有较大的蒸气压下降、沸点升高、凝固点降低和渗透压。

三、电解质溶液

1. 电解质溶液的依数性 电解质溶液由于溶质发生电离，使溶液中溶质质点数增加，计算时应考虑其电离的因素。

2. 活度和活度系数 电解质溶液应该以活度代替浓度进行计算。

活度（a）：电解质溶液中能实际起作用的离子浓度，即有效浓度。

活度（a）与溶液中离子的实际浓度（c）的关系：$a = \gamma \cdot c$。

γ 为活度因子。

3. 离子强度与活度系数

离子强度的定义式：$I = \frac{1}{2}\Sigma c_i z_i^2$ 或 $I = \frac{1}{2}\Sigma b_B z_B^2$

c_i 是 i 种离子的物质的量浓度（mol · L^{-1}）；z_i是溶液中 i 种离子的电荷数。

γ_i与离子强度间的关系可用德拜－休克尔公式表示：

$$\lg\gamma_i = -0.509 z_i^2 \frac{\sqrt{I}}{1+\sqrt{I}}$$

一般作准确计算用 a，对于稀溶液、弱电解质、难溶强电解质可用浓度代替活度。

扫码"练一练"

习题

1. 某学生称取 16.0 g 的 I_2 溶于 100.0 g 乙醇（C_2H_5OH）中，所配制的溶液密度为 0.889 g · ml^{-1}。请计算溶液：

（1）质量分数。

（2）摩尔分数。

（3）物质的量浓度。

（4）质量摩尔浓度。

（5）质量浓度。

2. 如何将 30.0 g 蔗糖（$C_{12}H_{22}O_{11}$）配制成下列水溶液？

（1）糖的质量分数为 0.1？

（2）糖的摩尔分数为 0.01？

（3）糖的物质的量浓度为 0.1 mol · L^{-1}？

（4）糖的质量摩尔浓度为 0.1 mol · kg^{-1}？

（5）糖的质量浓度为 0.1 g · L^{-1}？

3. 为防止 10.0L 水在 263 K 结冰，问需要向水中加入多少乙二醇？

4. 比较下列水溶液渗透压的高低，并说明其原因。

（1）质量分数为 5% 的葡萄糖和 5% 的蔗糖。

（2）质量摩尔浓度为 1.10 mol · kg^{-1}葡萄糖和 0.15 mol · kg^{-1}的蔗糖。

（3）0.5 mol · L^{-1}的蔗糖和 0.5 mol · L^{-1}的 NaCl。

（4）0.5 mol · L^{-1}的 NaCl 和 0.5 mol · L^{-1}的 Na_2CO_3。

5. 浓度均为 0.01 mol · L^{-1}的蔗糖、葡萄糖、HAc、NaCl、$BaCl_2$ 的水溶液，凝固点由高到低的顺序是什么？

6. 在 298.15 K 时，将 0.101 g 胰岛素溶于 10.0 ml 水中，测得水溶液的渗透压为 4.34 kPa，求胰岛素的相对分子质量。

7. 把 273 K 的冰分别放在 273 K 的水中和 273 K 的盐水中，各会出现什么现象？

8. 临床上输液时要求输入的液体和血液渗透压相等（即等渗溶液）。临床上常用的葡萄糖等渗液的凝固点降低为 0.543 K。试求：

（1）此葡萄糖溶液的质量分数、质量摩尔浓度。

（2）人体血液的渗透压（水的 $K_f = 1.86$，葡萄糖的摩尔质量 $M_B = 180$ g · mol^{-1}，血液的温度为 310 K）。

9. 将某动物细胞置于 7.5 g · L^{-1}的 NaCl 水溶液中，该细胞既不膨胀也不萎缩。计算此细胞在 298K 时的渗透压是多少？

10. 计算下列各题

（1）求0.10 mol·L^{-1}的 KNO_3 的离子强度、活度。

（2）求0.10 mol·L^{-1}的 $ZnSO_4$ 的离子强度、活度。

（3）0.10 mol·L^{-1}的 Na_2SO_4 溶液与0.20 mol·L^{-1}的 KNO_3 溶液等体积混合后，求溶液的离子强度。

（4）计算浓度均为0.2 mol·L^{-1}的 KH_2PO_4 溶液与 Na_2HPO_4 溶液等体积混合后溶液的离子强度。

11. 应用德拜－休克尔极限公式计算25℃时，0.0020 mol·L^{-1}的 $CaCl_2$ 溶液中 $\gamma_{Ca^{2+}}$、γ_{Cl^-}、$\gamma_{\pm}$（两种算法）。

（毕小平）

第五章　溶液的酸碱性

学习目标

1. **掌握**　酸碱质子理论，并能以物质与水（基准）的质子传递过程进行分类；同离子效应对质子传递平衡的影响；由共轭酸碱对组成的缓冲溶液的配制及 pH 的运算。

2. **熟悉**　熟悉对一元（多元）弱酸（碱）和两性物质溶液中［H^+］、［OH^-］、pH 及有关离子浓度运算；两性物质溶液的酸碱性的判断。

3. **了解**　了解酸碱的电子理论；酸碱指示剂变色范围；盐效应对质子传递平衡的影响；缓冲溶液的作用原理。

第一节　酸碱理论

扫码“学一学”

很多药物具有酸碱性，在药物分析、药物制剂和药物生产中常常用到药物本身的酸碱性的知识。

最初人们根据物质的物理性质来区分酸和碱。1887 年瑞典化学家阿仑尼乌斯（S. A. Arrhenius）提出了酸碱电离理论，该理论的基本论点是：“凡是在水溶液中能够电离产生的阳离子仅仅是 H^+ 的物质叫酸（acid），能电离出的阴离子仅仅是 OH^- 的物质叫碱（base）”。H^+ 是酸的特征，OH^- 是碱的特征。酸与碱的反应主要是 H^+ 和 OH^- 化合生成 H_2O 的反应。阿仑尼乌斯电离理论是人们对酸碱的认识由现象到本质的一次飞跃，它对化学的发展起到很大作用，它具有简单直观的特点。因此，目前仍在普遍应用，它的缺点主要是把酸和碱限制在水溶液中，并把碱限制为氢氧化物，以致错误地认为氨溶于水形成弱电解质氢氧化铵 NH_4OH。

1923 年，丹麦化学家布朗斯台德（J. N. Bronsted）和英国化学家洛里（T. M. Lowry）分别提出了酸碱质子理论（proton theory of acid and base），这一理论扩大了酸和碱的范围。

一、酸碱质子理论

布朗斯台德和洛里认为：**酸是能给出质子（H^+）的分子或离子，统称为质子给予体**（proton donor）；**碱是能接受质子的分子或离子，统称为质子接受体**（proton acceptor）。例如 HCl、HCN、NH_4^+、$H_2PO_4^-$、［$Al(H_2O)_6$］$^{3+}$ 等都能给出质子，它们都是酸；Cl^-、CN^-、NH_3、HPO_4^{2-}、［$Al(OH)(H_2O)_5$］$^{2+}$ 等都能接受质子，所以它们都是碱。如用反应式表示，可以写成：

$$\text{酸} \rightleftharpoons \text{质子} + \text{碱}$$

$$HCl \longrightarrow H^+ + Cl^-$$

$$HCN \rightleftharpoons H^+ + CN^-$$

$$NH_4^+ \rightleftharpoons H^+ + NH_3$$

$$H_2PO_4^- \rightleftharpoons H^+ + HPO_4^{2-}$$

$$[Al(H_2O)_6]^{3+} \rightleftharpoons H^+ + [Al(OH)(H_2O)_5]^{2+}$$

根据酸碱质子理论，酸和碱不是孤立的，酸给出质子后生成碱，碱接受质子后变成酸。这种对应情况叫作共轭关系。上面方程式中左边的酸是右边碱的**共轭酸**（conjugate acid），如酸 HCl 是碱 Cl^- 的共轭酸，酸 HCN 是碱 CN^- 的共轭酸。而右边的碱则是左边酸的**共轭碱**（conjugate base），如碱 Cl^- 是酸 HCl 的共轭碱，碱 CN^- 是酸 HCN 的共轭碱。这种相差 1 个质子的酸碱对叫**共轭酸碱对**（conjugate acid – base pairs）。常把酸碱质子理论所指的酸(碱)称为 Brönsted 酸(碱)。

二、酸碱电子理论简介

在酸碱质子理论提出的同年，美国化学家路易斯（G. N. Lewis）从电子结构观点提出了酸碱的电子理论。该理论认为：**凡是可以接受电子对的物质称为酸，凡是可以给出电子对的物质称为碱**。因此，酸又称为**电子对接受体**，碱又称为**电子对给予体**。酸碱反应的实质是配位键的形成并生成**酸碱配合物**。例如：

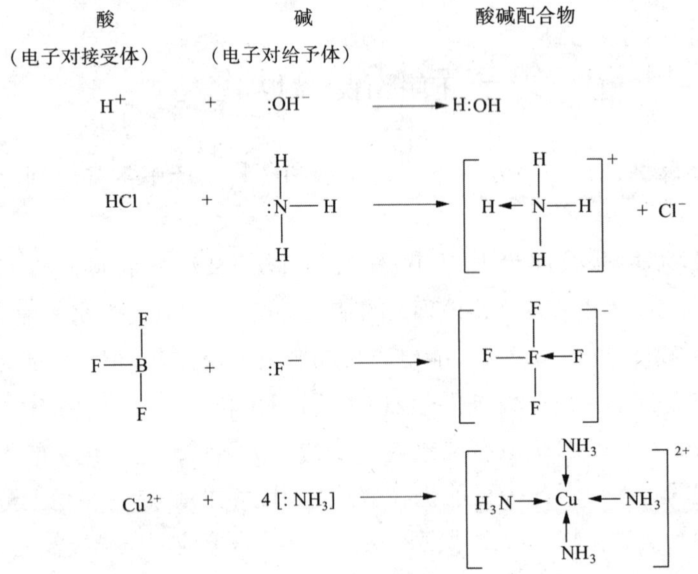

由于在化合物中配位键普遍存在，所以酸碱电子理论的酸碱范围极为广泛，酸碱配合物几乎无所不包。凡金属离子都是酸，与金属离子结合的不管是阴离子或中性分子都是碱。所以一切盐类、金属氧化物及其他大多数无机化合物都是酸碱配合物。酸碱的电子理论摆脱了酸碱反应局限于系统中必须有某种离子和溶剂的限制，以电子对的给予与接受来说明这一类反应，比酸碱的电离理论、质子理论更为广泛全面。但因过于笼统，酸碱的特征反而不易于掌握。为了划清不同理论所指的酸碱，常把酸碱电子理论所指的酸(碱)称为路易斯酸(碱)或广义酸(碱)。

扫码“学一学”

第二节　酸碱的分类

一、水的质子自递平衡

纯水具有微弱的导电性，这是由于水分子与水分子间发生质子传递反应，存在下列的质子自递平衡（autoprotolysis equilibrium）。为简便计，H_3O^+ 常常写成 H^+。

$$H_2O + H_2O \rightleftharpoons H_3O^+ + OH^-$$

简写为：

$$H_2O \rightleftharpoons H^+ + OH^-$$

水的质子自递平衡常数又称水的离子积（ionization product of water），以 $K_w^\ominus$ 表示：

$$K_w^\ominus = \frac{[H^+]}{c^\ominus} \cdot \frac{[OH^-]}{c^\ominus}$$

为书写简便，将 $c^\ominus = 1 mol \cdot L^{-1}$ 略去，$K_w^\ominus$ 简写为 K_w，即得：

$$K_w = [H^+][OH^-] = 1.008 \times 10^{-14} \quad (298.15K) \qquad (5-1)$$

因为水的解离是吸热反应，故随温度的升高 K_w 将变大，但 K_w 随温度变化不明显（表 5-1），因此，一般认为是 $K_w = 1.0 \times 10^{-14}$。

表 5-1　不同温度时水的离子积

T/K	273	293	298	323	373
K_w	1.139×10^{-15}	6.809×10^{-15}	1.008×10^{-14}	5.474×10^{-14}	5.5×10^{-13}

通过水的离子积便可算出溶液中的酸度（acidity）或碱度（alkalinity），即溶液中的 $[H^+]$ 或 $[OH^-]$。许多化学反应和几乎全部的生理现象都是在 H^+ 浓度较小的溶液中进行，为了使用方便，通常用 H^+ 相对浓度（严格讲应为相对活度）的负对数（以符号 pH 代表）来表示溶液的酸碱性。

$pH = -\lg \frac{c(H^+)}{c^\ominus}$；同理，令 $pOH = -\lg \frac{c(OH^-)}{c^\ominus}$；$pK_w = -\lg K_w^\ominus$。

若对式（5-1）两边均取负对数，则

$$-\lg K_w = (-\lg [H^+]) + (-\lg [OH^-])$$

$$pK_w = pH + pOH = 14.00 \ (298.15 \ K)$$

二、标准平衡常数

在一定温度下，某一元弱酸（HA），在水溶液中建立如下平衡：

$$HA + H_2O \rightleftharpoons H_3O^+ + A^-$$

或简写成：

$$HA \rightleftharpoons H^+ + A^-$$

根据化学平衡原理，将相对浓度（严格讲应为相对活度，下同）作为平衡浓度代入平衡常数表达式中：$K_a^\ominus(HA) = \frac{[H^+]/c^\ominus \cdot [A^-]/c^\ominus}{[HA]/c^\ominus}$，$K_a^\ominus(HA)$ 为酸 HA 标准质子传递平衡常数，将 $c^\ominus = 1 \ mol \cdot L^{-1}$ 略去，$K_a^\ominus(HA)$ 简写为 $K_a(HA)$，$K_a(HA)$ 称为酸度常数（acidity constant）。

$$K_a(HA) = \frac{[H^+][A^-]}{[HA]} \qquad (5-2)$$

例如醋酸 CH_3COOH（acetic acid，常简写成 HAc）的酸度常数 K_a 为 1.76×10^{-5}，即

$$K_a(HAc) = \frac{[H^+][Ac^-]}{[HAc]} = 1.76 \times 10^{-5}$$

同理，当温度一定时，对于一元弱碱（B），其质子传递平衡如下。

$$B + H_2O \rightleftharpoons BH^+ + OH^-$$

$$K_b^\ominus(B) = \frac{[BH^+][OH^-]}{[B]} \qquad (5-3)$$

将 $K_b^{\ominus}(B)$ 简写为 $K_b(B)$，$K_b(B)$ 称为一元弱碱（B）的碱度常数（basicity constant）。例如 NH_3 的碱度常数 K_b 为 1.76×10^{-5}，即：

$$NH_3 + H_2O \rightleftharpoons NH_4^+ + OH^-$$

$$K_b(NH_3) = \frac{[NH_4^+][OH^-]}{[NH_3]} = 1.76\times10^{-5}$$

现将某些酸（碱）的酸度（碱度）常数列于表5-2，常见弱酸（碱）的酸度（碱度）常数见附录。

表5-2　某些弱酸（碱）的酸度（碱度）常数

物质	K_a	物质	K_a
醋酸	1.76×10^{-5}	氨水	1.76×10^{-5} （K_b）
甲酸	1.77×10^{-4}	氢氰酸	4.93×10^{-10}
碳酸	4.30×10^{-7} 5.61×10^{-11}	氢硫酸	9.1×10^{-8} 1.1×10^{-12}
过氧化氢	2.4×10^{-12}	磷酸	7.52×10^{-3} 6.23×10^{-8} 2.2×10^{-13}
硫酸	1.20×10^{-2}	草酸	5.9×10^{-2} 6.5×10^{-5}
氢氟酸	3.53×10^{-4}		

K_a 和 K_b 既然是平衡常数，当然要与温度有关。但因其离解过程热效应不大，所以温度变化对 K_a 和 K_b 值影响较小。

酸（碱）的酸度（碱度）常数可以通过实验测定，亦可通过化学热力学数据计算。如 HAc 的 $K_a(HAc)$ 计算。

查附录，得：

$$HAc\ (aq) \rightleftharpoons H^+(aq) + Ac^-(aq)$$

$$\Delta_f G_m^{\ominus}/(kJ\cdot mol^{-1}) \quad -396.46 \quad 0 \quad -369.31$$

$$\Delta_r G_m^{\ominus} = (-369.31) - (-396.46) = 27.15(kJ\cdot mol^{-1})$$

$$\Delta_r G_m^{\ominus} = -RT\ln K_a^{\ominus}$$

$$27.15\times1000 = -8.314\times298.15\times\ln K_a^{\ominus}$$

$$K_a^{\ominus} = 1.75\times10^{-5}$$

三、酸碱的分类

按照酸碱质子理论，结合各类物质在水溶液中质子的传递情况（以 H_2O 为基准），可分为一元弱酸、多元弱酸、一元弱碱、多元弱碱和两性物质等5类。

（一）一元弱酸

水溶液中仅能释放出一个质子的物质称为一元弱酸（monobasic acids; monoprotic acids）。如 HAc、HCN、HF、HNO_2、HCOOH、HClO、NH_4^+ 等。

一元弱酸 HA，它与水存在下列平衡：

$$HA + H_2O \rightleftharpoons H_3O^+ + A^-$$

或简写为：　　　　　　　　$HA \rightleftharpoons H^+ + A^-$

HSO_4^-属于一元弱酸，与它结合的阳离子应不参加质子传递过程，如 K^+、Na^+ 等。NH_4^+（与它结合的阴离子应为很弱的碱，如 Cl^-、NO_3^- 等）在水溶液中存在下列质子传递平衡：

$$NH_4^+ + H_2O \rightleftharpoons H_3O^+ + NH_3$$

或简写为：　　　　　　　　$NH_4^+ \rightleftharpoons H^+ + NH_3$

其平衡常数为 $K_a(NH_4^+)$，即

$$K_a(NH_4^+) = \frac{[H^+][NH_3]}{[NH_4^+]} = 5.68 \times 10^{-10}$$

（二）多元弱酸

水溶液中能释放两个或两个以上质子的物质称为多元弱酸（polybasic acids；polyprotic acids）。如 $H_2C_2O_4$、H_3PO_4、H_2CO_3、H_2S 等。

多元弱酸在水中的质子传递过程是分步解离（stepwise dissociation）的，今以氢硫酸的解离为例进行扼要的讨论。H_2S 的第一步质子传递过程是：

$$H_2S + H_2O \rightleftharpoons H_3O^+ + HS^-$$

或简写为：　　　　　　　　$H_2S \rightleftharpoons H^+ + HS^-$

其平衡常数为 $K_{a_1}(H_2S)$，即

$$K_{a1}(H_2S) = \frac{[H^+][HS^-]}{[H_2S]} = 9.1 \times 10^{-8}$$

H_2S 的第二步质子传递过程是：

$$HS^- + H_2O \rightleftharpoons H_3O^+ + S^{2-}$$

或简写为：　　　　　　　　$HS^- \rightleftharpoons H^+ + S^{2-}$

其平衡常数为 $K_{a_2}(H_2S)$，即

$$K_{a2}(H_2S) = \frac{[H^+][S^{2-}]}{[HS^-]} = 1.1 \times 10^{-12}$$

（三）一元弱碱

水溶液中仅能接受一个质子的物质称为一元弱碱（monacid bases；monoprotic bases）。如 NH_3、F^-、NO_2^-、Ac^-、ClO^-、CN^- 和 $HCOO^-$ 等。一元弱碱 B，它在水中存在下列平衡：$B + H_2O \rightleftharpoons BH^+ + OH^-$，与一元弱碱结合的阳离子应不参加质子传递过程，如 K^+、Na^+ 等。

以 NaAc 为例，Ac^- 在水溶液中存在下列平衡：

$$Ac^- + H_2O \rightleftharpoons HAc + OH^-$$

其平衡常数为 $K_b(Ac^-)$，即

$$K_b(Ac^-) = \frac{[HAc][OH^-]}{[Ac^-]} = 5.68 \times 10^{-10}$$

（四）多元弱碱

水溶液中能接受两个或两个以上质子的物质称为多元弱碱（polyacid bases；polyprotic bases）。如 $C_2O_4^{2-}$、SO_3^{2-}、PO_4^{3-}、CO_3^{2-} 和 S^{2-} 等，与多元弱碱结合的阳离子应不参加质子传递过程，如 K^+、Na^+ 等。

多元弱碱在水中的质子传递过程也是分步进行的，今以 Na_2CO_3为例进行简单讨论。

CO_3^{2-}的第一步质子传递过程是：

$$CO_3^{2-} + H_2O \rightleftharpoons HCO_3^- + OH^-$$

其平衡常数为 $K_{b1}(CO_3^{2-})$：

$$K_{b1}(CO_3^{2-}) = \frac{[HCO_3^-][OH^-]}{[CO_3^{2-}]} = 1.78 \times 10^{-4}$$

CO_3^{2-}的第二步质子传递过程是：

$$HCO_3^- + H_2O \rightleftharpoons H_2CO_3 + OH^-$$

其平衡常数为 $K_{b2}(CO_3^{2-})$，即

$$K_{b2}(CO_3^{2-}) = \frac{[H_2CO_3][OH^-]}{[HCO_3^-]} = 2.33 \times 10^{-8}$$

（五）两性物质

分子中既能释放出质子又能接受质子的物质称为两性物质（amphoteric substance；amphiprotic compound）。如 HCO_3^-、HS^-、$H_2PO_4^-$、$HC_2O_4^-$ 和 HPO_4^{2-} 等。例如：

$$HS^- + H_2O \rightleftharpoons H_3O^+ + S^{2-} \qquad K_{a2}(H_2S)$$

$$HS^- + H_2O \rightleftharpoons H_2S + OH^- \qquad K_{b2}(S^{2-})$$

分子中既含有酸又含有碱的物质也属于两性物质。例如 NH_4Ac、NH_4CN 和 NH_2CH_2COOH等。

以 NH_4Ac 为例，NH_4Ac 溶液中存在下面两个平衡：

$$NH_4^+ + H_2O \rightleftharpoons H_3O^+ + NH_3 \qquad K_a(NH_4^+)$$

$$Ac^- + H_2O \rightleftharpoons HAc + OH^- \qquad K_b(Ac^-)$$

按照酸碱质子理论，结合各类物质与水的质子传递过程（以 H_2O 为基准）进行了分类，这种分类本身与溶液的酸碱性相联系，只是对于两性物质需进行 K_a与 K_b的大小比较后确定溶液的酸碱性。分类法结果见表 5－3。

表 5－3　水溶液中常见的弱酸、弱碱及两性物质

	一元		多元		两性物质
	弱酸	弱碱	弱酸	弱碱	
分子型	HCOOH HAc HCN 等	NH_3	H_3PO_4 H_2CO_3 H_2S 等		NH_4Ac NH_4CN NH_2CH_2COOH 等
阳离子型	NH_4^+				
阴离子型	HSO_4^-	Ac^- CN^- $HCOO^-$		CO_3^{2-} PO_4^{3-} S^{2-} 等	HCO_3^- HS^- HPO_4^{2-} $H_2PO_4^-$ 等

四、共轭酸碱对的 K_a与 K_b的关系

共轭酸碱对的 K_a与 K_b之间有确定关系，以 HAc 为例，推导如下。

$$HAc \rightleftharpoons H^+ + Ac^- \qquad K_a(HAc) = \frac{[H^+][Ac^-]}{[HAc]}$$

$$Ac^- + H_2O \rightleftharpoons HAc + OH^- \qquad K_b(Ac^-) = \frac{[HAc][OH^-]}{[Ac^-]}$$

将两式相加得：

$$H_2O \rightleftharpoons H^+ + OH^-$$

$$K_a(HAc) \cdot K_b(Ac^-) = [OH^-][H^+] = K_w$$

故：

$$K_a \cdot K_b = K_w \qquad (5-4)$$

即：

$$pK_a + pK_b = pK_w = 14.00$$

式中，pK_a或 pK_b常称作离解指数（dissociation exponent）。因此，只要知道酸（碱）的酸度（碱度）常数，它的共轭碱（共轭酸）的碱度常数（酸度常数）也就容易求得了。

【例 5-1】 已知：298.15K 时，NH_3的 $K_b(NH_3) = 1.76 \times 10^{-5}$，求 NH_4^+ 的$K_a(NH_4^+)$。

解：NH_4^+ 是 NH_3的共轭酸。

$$K_a(NH_4^+) = K_w/K_b(NH_3) = \frac{1.0 \times 10^{-14}}{1.76 \times 10^{-5}} = 5.7 \times 10^{-10}$$

【例 5-2】 已知 298.15K 时，$H_2C_2O_4$的 $K_{a1}(H_2C_2O_4) = 5.9 \times 10^{-2}$，计算$C_2O_4^{2-}$ 的 $K_{b2}(C_2O_4^{2-})$。

解：$HC_2O_4^-$ 作为碱时：

$$HC_2O_4^- + H_2O \rightleftharpoons H_2C_2O_4 + OH^-$$

可见，其共轭酸为 $H_2C_2O_4$，相对应的碱度常数为 K_{b2}（$C_2O_4^{2-}$）；则 $K_{b2}(C_2O_4^{2-}) = K_w/K_{a1}(H_2C_2O_4)$。

$$K_{b2}(C_2O_4^{2-}) = \frac{1.0 \times 10^{-14}}{5.9 \times 10^{-2}} = 1.7 \times 10^{-13}$$

五、酸碱的强度

K_a和 K_b是化学平衡常数的一种形式，比较酸度(碱度)常数值的大小，可以比较弱酸(碱)失去(得到)质子的趋势，水溶液中酸、碱的强度用其酸度常数(K_a)或碱度常数(K_b)来衡量，$K_a(K_b)$值越大，酸(碱)性越强。例如：

$HAc \rightleftharpoons H^+ + Ac^-$　　$K_a(HAc) = 1.76 \times 10^{-5}$

$NH_4^+ \rightleftharpoons H^+ + NH_3$　　$K_a(NH_4^+) = 5.68 \times 10^{-10}$

$H_2PO_4^- \rightleftharpoons H^+ + HPO_4^{2-}$　　$K_{a2}(H_3PO_4) = 6.23 \times 10^{-8}$

$H_3PO_4 \rightleftharpoons H^+ + H_2PO_4^-$　　$K_{a1}(H_3PO_4) = 7.52 \times 10^{-3}$

则上述四种酸的强度顺序是：$H_3PO_4 > HAc > H_2PO_4^- > NH_4^+$。

即：当以上四种物质在浓度相同的条件下，H^+浓度由大到小的顺序。

对于碱来说，和酸的情况相似，例如：

$NH_3 + H_2O \rightleftharpoons NH_4^+ + OH^-$　　$K_b(NH_3) = 1.76 \times 10^{-5}$

$Ac^- + H_2O \rightleftharpoons HAc + OH^-$　　$K_b(Ac^-) = 5.68 \times 10^{-10}$

$CO_3^{2-} + H_2O \rightleftharpoons HCO_3^- + OH^-$　　$K_{b1}(CO_3^{2-}) = 1.78 \times 10^{-4}$

$HCO_3^- + H_2O \rightleftharpoons H_2CO_3 + OH^-$　　$K_{b2}(CO_3^{2-}) = 2.33 \times 10^{-8}$

上述四种碱的强度顺序是：$CO_3^{2-} > NH_3 > HCO_3^- > Ac^-$。

可见，对于酸(碱)来说，K 值越大(pK 值越小)，酸(碱)性越强。

扫码"学一学"

第三节　弱酸弱碱的质子传递平衡

一、一元弱酸、弱碱的质子传递平衡

(一) 一元弱酸的质子传递平衡

习惯上用 c 表示酸或碱的总浓度，而用 $[H^+]$、$[OH^-]$ 分别表示溶液中 H^+ 和 OH^- 的平衡浓度。

设一元弱酸 (HA) 溶液浓度为 $c(mol \cdot L^{-1})$，它在水中质子传递平衡为：

$$HA + H_2O \rightleftharpoons H_3O^+ + A^-$$

或简写为：

$$HA \rightleftharpoons H^+ + A^-$$

同时，溶液中还存在水本身的质子自递反应：

$$H_2O + H_2O \rightleftharpoons H_3O^+ + OH^-$$

简写为：

$$H_2O \rightleftharpoons H^+ + OH^-$$

根据化学平衡原理：

$$\frac{[H^+][A^-]}{[HA]} = K_a$$

$$[H^+][OH^-] = K_w$$

溶液中同时存在两个涉及 H^+ 参加的化学平衡，故彼此之间是有影响的，因而情况比较复杂。我们处理这类问题，必须把握住这两个化学平衡的性质，做到胸中有数，以便根据具体情况，采用不同的处理办法。如果弱酸的浓度 c 及其酸度常数 K_a 都不是很小，则溶液中 H^+ 主要来源于弱酸的释放，这时水本身释放的 H^+ 可忽略不计，所以在这种情况下，只需考虑一元弱酸本身质子传递平衡。

由平衡可知：

$$[H^+] = [A^-]$$

平衡时 HA 的相对浓度等于弱酸原始相对浓度 c 减去 A^- 的平衡相对浓度。

$$[HA] = c - [H^+]$$

$$\frac{[H^+]\ [A^-]}{[HA]} = \frac{[H^+]^2}{c - [H^+]} = K_a \tag{5-5}$$

$$[H^+]^2 + K_a[H^+] - K_a c = 0$$

$$[H^+] = -\frac{K_a}{2} + \sqrt{\frac{K_a^2}{4} + K_a c} \tag{5-6}$$

式 (5-6) 是**计算一元弱酸溶液中 H^+ 浓度的近似公式。**

若平衡时溶液中 H^+ 相对浓度远小于弱酸初始的相对浓度 c，即 $[H^+] \ll c$，此时说明弱酸 HA 释放 H^+ 是很少的，$c - [H^+] \approx c$，由式 (5-5) 得到：

$$\frac{[H^+]^2}{c - [H^+]} = \frac{[H^+]^2}{c} = K_a$$

$$[H^+] = \sqrt{K_a c} \tag{5-7}$$

式 (5-7) 是**计算一元弱酸 HA 溶液中 H^+ 浓度最常用的最简公式。**

在以后计算弱酸和弱碱的 H^+ 或 OH^- 相对浓度时，我们都忽略水释放的 H^+ 或 OH^-。那么，什么情况下必须采用近似公式呢？这主要看解离度（degree of dissociation，α）的大小。对于一元弱酸来说，α 很小时，说明平衡时弱酸的浓度与它的原始浓度相差不大，可以认为［HA］$=c-$［H^+］$\approx c$，在这种情况下，可采用最简公式进行计算。

α 的大小与 c 及 K_a 的大小有关。c 愈小 K_a 愈大，α 就愈大；反之亦然；现在要问，α 小到什么程度才能忽略呢？这要看人们对于计算结果的准确度的要求如何。下面通过具体计算，说明不同 c/K_a 比值时，弱酸（HA）的 α 和最简计算公式所得结果的相对误差。

今假定 $c/K_a=100$，由平衡式知：

$$[H^+]=[A^-]=\alpha c \qquad [HA]=c-[H^+]=c(1-\alpha)$$

$$\frac{[H^+][A^-]}{[HA]}=\frac{(\alpha c)^2}{c(1-\alpha)}=\frac{\alpha^2 c}{1-\alpha}=K_a$$

$$\frac{c}{K_a}=\frac{1-\alpha}{\alpha^2}=100$$

$$\alpha=9.5\%$$

下面进一步计算最简公式所得结果的相对误差。按最简公式计算，得到：

$$[H^+]=\sqrt{K_a c}=\sqrt{100K_a{}^2}=10.0K_a$$

按近似公式计算，得到：

$$[H^+]=-\frac{K_a}{2}+\sqrt{\frac{K_a^2}{4}+K_a c}=-\frac{K_a}{2}+\sqrt{100.25K_a^2}=9.51K_a$$

用最简计算公式计算所得结果的相对误差为：

$$\frac{10.0K_a-9.51K_a}{9.51K_a}\times 100\%=+5.2\%$$

计算结果偏高 5.2%。

表 5－4 列出了不同 c/K_a 比值时弱酸的 α 及用最简计算公式所得［H^+］结果的相对误差。

表 5－4　用最简公式计算［H^+］的相对误差

c/K_a	α/%	相对误差/%
100	9.5	+5.2
300	5.6	+2.9
400	4.9	+2.5
500	4.4	+2.2
1000	3.1	+1.6

由此可见，如果 $c/K_a \geqslant 500$，则弱酸的 $\alpha<5\%$，此时所得结果的相对误差约为 2%，即可以采用最简公式进行计算。因此，一般就以 $c/K_a \geqslant 500$ 作为用最简公式进行计算的必要条件。

应当指出，以上结论只适用于水的质子自递反应可以忽略的情况，而在极稀或极弱酸（碱）的溶液中，由于这时候水的质子自递反应不能忽略，故不能用此规则进行判断，而且以上计算公式也不适用了。

【例 5－3】 算 0.10 $mol\cdot L^{-1}$ HAc 溶液的 pH。

解：已知 HAc 的 $K_a=1.76\times10^{-5}$，$K_a \gg K_w$，c 又不是很小，故可忽略水的质子自递平衡的影响。

首先用近似公式计算，求得：

$$[H^+] = -\frac{K_a}{2} + \sqrt{\frac{K_a}{4} + K_a c}$$

$$= \frac{-1.76\times10^{-5}}{2} + \sqrt{\frac{(1.76\times10^{-5})^2}{4} + 1.76\times10^{-5}\times0.10}$$

$$= 1.32\times10^{-3}(mol\cdot L^{-1})$$

pH = 2.88

$c/K_a > 500$，用最简公式计算，求得：

$$[H^+] = \sqrt{K_a c} = \sqrt{1.76\times10^{-5}\times0.10} = 1.33\times10^{-3}(mol\cdot L^{-1})$$

pH = 2.88

可见，最简公式的计算结果是相当好的。回头看看水释放的 H^+ 是否可以忽略不计？已知 $[H^+]$ 为 $1.32\times10^{-3}mol\cdot L^{-1}$，根据水的离子积可以得到：

$$[OH^-] = \frac{K_w}{[H^+]} = \frac{1.0\times10^{-14}}{1.32\times10^{-3}}$$

$$[OH^-] = 7.58\times10^{-12}(mol\cdot L^{-1})$$

溶液中的 OH^- 来自于水的解离，故来自水的那部分 H^+ 的浓度也等于 $7.58\times10^{-12}mol\cdot L^{-1}$，与 HAc 释放出来的 H^+ 浓度（$1.32\times10^{-3}mol\cdot L^{-1}$）相比较，可以忽略不计。

【例 5-4】 计算 $0.10\ mol\cdot L^{-1}$ 一氯乙酸（$ClCH_2COOH$）溶液的 pH。

解：已知一氯乙酸（用 HA 表示）的 $K_a = 1.4\times10^{-3}$，$c/K_a = \frac{0.10}{1.4\times10^{-3}} < 500$，故不应采用最简公式计算 H^+ 浓度。

$$HA \rightleftharpoons A^- + H^+$$

$$0.10 - x \qquad x \qquad x$$

$$\frac{x^2}{0.10 - x} = K_a = 1.4\times10^{-3}$$

$$x = [H^+] = [A^-] = 1.12\times10^{-2}(mol\cdot L^{-1})$$

$$pH = 1.95$$

【例 5-5】 计算 $0.10mol\cdot L^{-1}$ NH_4Cl 溶液的 pH。

解：Cl^- 的碱性太弱，计算溶液 pH 时不考虑 Cl^- 的影响；NH_4^+ 在水中的质子传递反应为：

$$NH_4^+ + H_2O \rightleftharpoons H_3O^+ + NH_3$$

简单地表示为：$NH_4^+ \rightleftharpoons H^+ + NH_3$

因此，可以按一元弱酸进行处理。已知 NH_3 的 $K_b(NH_3) = 1.76\times10^{-5}$。

故 NH_4^+ 的 $K_a(NH_4^+) = \frac{K_w}{K_b(NH_3)} = 5.68\times10^{-10}$；$c/K_a > 500$。

$$[H^+] = \sqrt{K_a c} = \sqrt{5.68\times10^{-10}\times0.10} = 7.54\times10^{-6}(mol\cdot L^{-1})$$

pH = 5.12

（二）一元弱碱的质子传递平衡

一元弱碱（B）在水中的质子传递平衡为：

$$B + H_2O \rightleftharpoons BH^+ + OH^-$$

和一元弱酸相比较，所不同的仅仅是释放出来的是 OH^- 而不是 H^+，因此，前面讨论计算一元弱酸溶液中的 H^+ 浓度的有关公式，只要将 K_a 换成 K_b，H^+ 换成 OH^-，就完全适用于**计算一元弱碱溶液中 OH^- 的浓度。**

即：当 $c/K_b \geqslant 500$ 时，计算一元弱碱（B）溶液中 OH^- 浓度的最简公式为：

$$[OH^-] = \sqrt{K_b c} \qquad (5-8)$$

当 $c/K_b < 500$ 时，$[B] = c - [OH^-]$ 不能近似等于 c，可直接利用下面公式求 $[OH^-]$。即，计算一元弱碱（B）溶液中 OH^- 浓度的近似公式为：

$$[OH^-] = -\frac{K_b}{2} + \sqrt{\frac{K_b^{\ 2}}{4} + K_b c}$$

【例 5-6】 计算 $0.10\ mol \cdot L^{-1}$ NH_3 溶液 pH。

解：NH_3 在水中质子传递平衡为：

$$NH_3 + H_2O \rightleftharpoons NH_4^+ + OH^-$$

NH_3 的 $K_b(NH_3) = 1.76 \times 10^{-5}$，$c/K_b = 0.10/(1.76 \times 10^{-5}) > 500$，故采用最简公式计算 $[OH^-]$。

$[OH^-] = \sqrt{K_b c} = \sqrt{1.76 \times 10^{-5} \times 0.10} = 1.33 \times 10^{-3} (mol \cdot L^{-1})$

$pH = 14.00 - pOH = 14.00 - 2.88 = 11.12$

【例 5-7】 计算 $0.10\ mol \cdot L^{-1}$ NaAc 溶液 pH。

解：Na^+ 不参加质了传递反应，Ac^- 在水中的质子传递反应为：

$$Ac^- + H_2O \rightleftharpoons HAc + OH^-$$

可按一元弱碱处理，Ac^- 的 K_b（Ac^-）$= K_w/K_a$（HAc）

$K_b(Ac^-) = \dfrac{1.0 \times 10^{-14}}{1.76 \times 10^{-5}} = 5.68 \times 10^{-10}$

$c/K_b > 500$

$[OH^-] = \sqrt{K_b c} = \sqrt{5.68 \times 10^{-10} \times 0.10}$

$[OH^-] = 7.54 \times 10^{-6}$（$mol \cdot L^{-1}$）

$pH - 8.88$

二、多元弱酸、弱碱的质子传递平衡

（一）多元弱酸的质子传递平衡

凡是能在水溶液中释放出两个或两个以上质子的物质称为多元弱酸。如 H_2CO_3、$H_2C_2O_4$、H_3PO_4 和 H_2S 等。它们在水中分别释放出多个质子。

以 H_2S 为例：

$H_2S \rightleftharpoons H^+ + HS^-$

$K_{a1}(H_2S) = \dfrac{[H^+][HS^-]}{[H_2S]} = 9.1 \times 10^{-8}$

$HS^- \rightleftharpoons H^+ + S^{2-}$

$K_{a2}(H_2S) = \dfrac{[H^+][S^{2-}]}{[HS^-]} = 1.1 \times 10^{-12}$

二元弱酸 H_2S 第一步释放质子生成 H^+ 及 HS^-，生成的 HS^- 又进一步释放质子生成 H^+

及 S^{2-}，这两步释放质子传递平衡同时存在于溶液中，$K_{a1}(H_2S)$、$K_{a2}(H_2S)$ 分别为 H_2S 的第一、第二步释放质子的平衡常数。

三元弱酸 H_3PO_4 释放质子是分三步进行的，相应的平衡为：

$$H_3PO_4 \rightleftharpoons H^+ + H_2PO_4^- \qquad K_{a1}(H_3PO_4) = \frac{[H^+]\cdot[H_2PO_4^-]}{[H_3PO_4]}$$

$$H_2PO_4^- \rightleftharpoons H^+ + HPO_4^{2-} \qquad K_{a2}(H_3PO_4) = \frac{[H^+]\cdot[HPO_4^{2-}]}{[H_2PO_4^-]}$$

$$HPO_4^{2-} \rightleftharpoons H^+ + PO_4^{3-} \qquad K_{a3}(H_3PO_4) = \frac{[H^+]\cdot[PO_4^{3-}]}{[HPO_4^{2-}]}$$

多元弱酸的酸度常数都是 $K_{a1} >> K_{a2} >> K_{a3}$，一般彼此都相差 $10^4 \sim 10^5$ 倍。所以在比较多元酸的酸性强弱时，只需比较它们第一步释放质子的酸度常数（K_{a1}）便可以了。同时，我们也可得出这种结论，那就是第二步释放质子比第一步释放质子困难，而第三步释放质子又比第二步释放质子困难，以 H_2S 为例，从离子之间的静电引力考虑，由于第二步是从一个已经带有负电荷的 HS^- 中再释放出一个正离子（H^+），显然比从中性分子 H_2S 中释放一个质子要困难得多。从平衡角度考虑，第一步释放的质子对第二步释放质子产生抑制（同离子效应）。所以 H_2S 溶液中 $[HS^-] >> [S^{2-}]$。

必须指出，多元弱酸每一步均释放质子，所以，溶液中 H^+ 浓度实际上是各步释放质子的总浓度。显然，多元弱酸溶液中 H^+ 浓度只有一个，由于多元弱酸的酸度常数是 $K_{a1} > K_{a2} > K_{a3}$，所以溶液中 H^+ 主要来源于它的第一步释放。而第一步释放的 H^+ 又抑制了第二步、第三步质子的释放，因而计算 H^+ 总浓度时，可以把多元弱酸当成一元弱酸对待。即：

当 $c/K_{a1} \geqslant 500$ 时，计算多元弱酸溶液中 H^+ 浓度的最简公式为：

$$[H^+] = \sqrt{K_{a1}c} \tag{5-9}$$

当 $c/K_{a1} < 500$ 时，$c - [H^+]$ 不能约等于 c，需通过解一元二次方程的办法求出 H^+ 浓度；若需计算第二步、第三步释放质子产生其他离子的浓度，则需考虑后两步释放质子的平衡。

【例 5-8】 计算 0.10 $mol \cdot L^{-1}$ H_2S 溶液中 $[H^+]$ 和 $[S^{2-}]$。

解： H_2S 在水中分两步释放质子。

$H_2S \rightleftharpoons H^+ + HS^-$　　　$K_{a1} = 9.1 \times 10^{-8}$

$HS^- \rightleftharpoons H^+ + S^{2-}$　　　$K_{a2} = 1.1 \times 10^{-12}$

$K_{a1} >> K_{a2}$，且 $c/K_{a1} >> 500$，因此，计算 H^+ 浓度时，把二元弱酸（H_2S）当成一元弱酸。

$$[H^+] = \sqrt{K_{a1}c} = \sqrt{9.1 \times 10^{-8} \times 0.10} = 9.5 \times 10^{-5} (mol \cdot L^{-1})$$

可见，在 0.10 $mol \cdot L^{-1}$ H_2S 溶液中，释放的质子很少，绝大部分仍为 H_2S 分子。溶液中 S^{2-} 是 H_2S 第二步释放质子的产物，所以，要根据 K_{a_2} 来计算 S^{2-} 浓度。

$$HS^- \rightleftharpoons H^+ + S^{2-}$$

$$\frac{[H^+][S^{2-}]}{[HS^-]} = K_{a2}$$

因为 $[H^+] \approx [HS^-]$，所以，$[S^{2-}] = K_{a2} = 1.1 \times 10^{-12}$（$mol \cdot L^{-1}$）

由上例计算结果，可以得到如下结论：

1. 当多元弱酸的 $K_{a1} >> K_{a2} >> K_{a3}$ 时，计算 H^+ 浓度时，可以近似地把它作为一元弱酸来处理。

2. 当二元弱酸（以 H_2A 表示）的 $K_{a1} >> K_{a2}$ 时，其 $[A^{2-}]$ 近似等于它的 K_{a2}。

3. 由于多元弱酸（以 H_3A 表示）溶液中 A^{3-} 浓度很低，如需较高浓度的 A^{3-}，应尽可能使用 A^{3-} 的可溶性盐类。例如需用较大浓度的 S^{2-} 时，可选用 Na_2S、$(NH_4)_2S$ 或 K_2S 等；如需浓度较高的 PO_4^{3-}，可选用 Na_3PO_4 等。

（二）多元弱碱的质子传递平衡

凡是能在水溶液中接受两个或两个以上质子的物质称为多元弱碱。如 Na_2S、Na_2CO_3 和 Na_3PO_4 等，和多元弱酸相似，多元弱碱也是分步接受质子的。

以 Na_2CO_3 为例：

$$CO_3^{2-} + H_2O \rightleftharpoons HCO_3^- + OH^-$$

$$HCO_3^- + H_2O \rightleftharpoons H_2CO_3 + OH^-$$

$$K_{b1}(CO_3^{2-}) = \frac{K_w}{K_{a_2}(H_2CO_3)} = \frac{1.00 \times 10^{-14}}{5.61 \times 10^{-11}} = 1.78 \times 10^{-4}$$

$$K_{b2}(CO_3^{2-}) = \frac{K_w}{K_{a_1}(H_2CO_3)} = \frac{1.00 \times 10^{-14}}{4.30 \times 10^{-7}} = 2.33 \times 10^{-8}$$

对于多元弱酸来说，其 $K_{a1} >> K_{a2}$，故对于多元弱碱来说，其 $K_{b1} >> K_{b2}$，所以，在比较多元碱的碱性强弱时，只需比较它们第一步接受质子的碱度常数（K_{b_1}）便可以了。同时第一步接受质子产生的 OH^- 在 OH^- 总浓度中所占的份额也是最大的，第一步产生的 OH^- 会抑制以后各步接受质子的平衡（同离子效应）。

在计算多元弱碱溶液中 OH^- 浓度时，可以把它当成一元弱碱对待。即 $c/K_{b1} \geq 500$ 时，计算多元弱碱溶液中 OH^- 浓度的最简公式为：

$$[OH^-] = \sqrt{K_{b1} \cdot c} \qquad (5-10)$$

当 $c/K_{b1} < 500$ 时，$c - [OH^-]$ 不能约等于 c，需通过解一元二次方程的办法求出 OH^- 浓度。

【例 5-9】 计算 0.10 mol·L^{-1} Na_2CO_3 溶液 pH。

解：Na^+ 不参加质子传递反应，CO_3^{2-} 为多元碱，计算溶液中 OH^- 浓度可以把它当作一元弱碱来对待。

$$CO_3^{2-} + H_2O \rightleftharpoons HCO_3^- + OH^-$$

$K_{b1}(CO_3^{2-}) = K_w/K_{a_2}(H_2CO_3) = 1.0 \times 10^{-14}/5.61 \times 10^{-11} = 1.78 \times 10^{-4}$

因为 $c/K_{b1}(CO_3^{2-}) > 500$

所以 $[OH^-] = \sqrt{K_{b1}c} = \sqrt{1.78 \times 10^{-4} \times 0.10} = 4.22 \times 10^{-3}$ (mol·L^{-1})

pH = 11.62

【例 5-10】 计算 0.10 mol·L^{-1} Na_2S 溶液 pH。

解：Na^+ 不参加质子传递反应，S^{2-} 与水的质子传递反应表现 S^{2-} 为二元弱碱，S^{2-} 的 $K_{b1}(S^{2-}) = K_w/K_{a2}(H_2S)$。

$$K_{b1}(S^{2-}) = \frac{1.0 \times 10^{-14}}{1.1 \times 10^{-12}} = 9.1 \times 10^{-3}$$

$c/K_{b1}(S^{2-}) < 500$，故不能用原始浓度代替平衡时 S^{2-} 浓度。考虑 S^{2-} 接受第一个质子的

反应：

$$S^{2-} + H_2O \rightleftharpoons HS^- + OH^-$$

$$0.10 - x \qquad\qquad x \qquad x$$

$$\frac{x^2}{0.10 - x} = K_{b1} \quad 或 \quad \frac{[OH^-]^2}{0.10 - [OH^-]} = 9.1 \times 10^{-3}$$

$[OH^-] = 2.6 \times 10^{-2}$ (mol · L^{-1})

pH = 12.41

三、两性物质的质子传递平衡

在溶液中既能起酸的作用（释放质子）又能起碱的作用（接受质子）的物质称为两性物质。较重要的两性物质：一类是既是酸又是碱的物质，例如 HCO_3^-、HS^-、$H_2PO_4^-$、$HC_2O_4^-$ 和 HPO_4^{2-} 等；另一类是既有酸又有碱的物质，如 NH_4Ac 和 NH_4CN 等。下面对这两类物质溶液的酸碱性进行定性讨论。

HCO_3^- 失去质子表现为酸：

$$HCO_3^- \rightleftharpoons CO_3^{2-} + H^+$$

$$K_{a2}(H_2CO_3) = 5.61 \times 10^{-11}$$

HCO_3^- 接受质子表现为碱：

$$HCO_3^- + H_2O \rightleftharpoons H_2CO_3 + OH^-$$

$$K_{b2}(CO_3^{2-}) = K_w/K_{a1}(H_2CO_3) = 2.33 \times 10^{-8}$$

因为 $K_{b2} > K_{a2}$，所以 $NaHCO_3$ 溶液显碱性（与 HCO_3^- 的水解趋势大于它的电离趋势一致）。

$H_2PO_4^-$ 失去质子表现为酸：

$$H_2PO_4^- + H_2O \rightleftharpoons H_3O^+ + HPO_4^{2-}$$

$$K_{a2}(H_3PO_4) = 6.23 \times 10^{-8} \text{（忽略 } K_{a3}\text{）}$$

$H_2PO_4^-$ 接受质子表现为碱：

$$H_2PO_4^- + H_2O \rightleftharpoons OH^- + H_3PO_4$$

$$K_{b3}(PO_4^{3-}) = K_w/K_{a1}(H_3PO_4) = 1.33 \times 10^{-12}$$

因为 $K_{a2} > K_{b3}$，故 NaH_2PO_4 溶液显酸性。

HPO_4^{2-} 失去质子表现为酸：

$$HPO_4^{2-} + H_2O \rightleftharpoons H_3O^+ + PO_4^{3-}$$

$$K_{a3}(H_3PO_4) = 2.2 \times 10^{-13}$$

HPO_4^{2-} 接受质子表现为碱：

$$HPO_4^{2-} + H_2O \rightleftharpoons OH^- + H_2PO_4^-$$

$$K_{b2}(PO_4^{3-}) = K_w/K_{a2}(H_3PO_4) = 1.61 \times 10^{-7} \text{（忽略 } K_{b3}\text{）}$$

因为 $K_{b2} > K_{a3}$，所以 Na_2HPO_4 溶液显碱性。

NH_4^+ 的 $K_a(NH_4^+) = K_w/K'_b(NH_3) = 5.68 \times 10^{-10}$，$Ac^-$ 的 $K_b(Ac^-) = K_w/K'_a(HAc) = 5.68 \times 10^{-10}$，对于 NH_4Ac 溶液来说，NH_4^+ 的 $K_a(NH_4^+)$ 等于 Ac^- 的 $K_b(Ac^-)$，该溶液呈中性；CN^- 的 $K_b(CN^-) = K_w/K_a(HCN) = 2.03 \times 10^{-5}$，对于 NH_4CN 来说，CN^- 的 $K_b(CN^-) >$ NH_4^+ 的 $K_a(NH_4^+)$，故 NH_4CN 溶液呈碱性。

除定性判断两性物质溶液的酸碱性外也可对其溶液的 pH 定量进行计算。

（一）既是酸又是碱的物质

以 $NaHCO_3$为例，在 $NaHCO_3$溶液中存在下面三个平衡。

$HCO_3^- \rightleftharpoons CO_3^{2-} + H^+$　　　$K_{a2}(H_2CO_3) = 5.61 \times 10^{-11}$

$HCO_3^- + H_2O \rightleftharpoons H_2CO_3 + OH^-$　　　$K_{b2}(CO_3^{2-}) = K_w / K_{a1}(H_2CO_3) = 2.33 \times 10^{-8}$

$H_2O \rightleftharpoons H^+ + OH^-$　　　$K_w = 1.0 \times 10^{-14}$

为了严格处理这样复杂的平衡，可采用**“电荷平衡法”和“物料平衡法”。所谓电荷平衡法，是指溶液中正、负离子的总电荷数应该相等。**在 $NaHCO_3$溶液中，正离子有 Na^+和 H^+，负离子有 HCO_3^-、CO_3^{2-} 和 OH^-，但一个 CO_3^{2-} 需要两个 +1 价离子才能与它的电荷相平衡，就是说，与 CO_3^{2-} 相平衡的 +1 价离子浓度应该是它的浓度的两倍，故溶液中的**电荷平衡**关系为：

$$[Na^+] + [H^+] = [HCO_3^-] + [OH^-] + 2[CO_3^{2-}] \tag{1}$$

Na^+在溶液中没有变化，应该等于 $NaHCO_3$的原始浓度 c，故

$$c + [H^+] = [HCO_3^-] + [OH^-] + 2[CO_3^{2-}] \tag{2}$$

此外，根据物料平衡：某一组份的原始浓度 c 应该等于它在溶液中各种存在形式的浓度之和，对于 $NaHCO_3$，得到：

$$c = [H_2CO_3] + [HCO_3^-] + [CO_3^{2-}] \tag{3}$$

$$[H^+] = [CO_3^{2-}] + [OH^-] - [H_2CO_3] \tag{4}$$

据 $[CO_3^{2-}] = K_{a2}[HCO_3^-]/[H^+]$

$[OH^-] = K_w/[H^+]$

$[H_2CO_3] = [H^+][HCO_3^-]/K_{a1}$

将以上关系式代入式（4）后，得到：

$$[H^+] = \frac{K_{a2}[HCO_3^-]}{[H^+]} + \frac{K_w}{[H^+]} - \frac{[H^+][HCO_3^-]}{K_{a1}}$$

$$[H^+]^2 = K_{a2}[HCO_3^-] + K_w - \frac{[H^+]^2[HCO_3^-]}{K_{a1}}$$

整理后，得到：

$$[H^+] = \sqrt{\frac{K_{a1}(K_{a2}[HCO_3^-] + K_w)}{K_{a1} + [HCO_3^-]}}$$

因为 K_{a2}和 K_{b2}都很小，故溶液中 HCO_3^- 消耗甚少，$[HCO_3^-] \approx c$，代入后得到：

$$[H^+] = \sqrt{\frac{K_{a1}(K_{a2}c + K_w)}{K_{a1} + c}} \tag{5-11}$$

如果 $cK_{a2} \geqslant 20K_w$，则式（5－11）中 K_w可忽略，得到

$$[H^+] = \sqrt{\frac{K_{a1}K_{a2}c}{K_{a1} + c}} \tag{5-12}$$

如果 $c/K_{a1} \geqslant 20$，则式（5－12）中 $K_{a1} + c \approx c$，得到

$$[H^+] = \sqrt{K_{a1}K_{a2}} \tag{5-13}$$

推广到一般的情况：

$$[H^+] = \sqrt{K_a K_a'} \tag{5-14}$$

式（5－14）是计算既是酸又是碱的物质溶液中 H^+浓度最常用的最简公式。对于本类

中的其他物质，可以依此类推。例如：

NaH_2PO_4溶液　　　　$[H^+] = \sqrt{K_{a1}K_{a2}}$

Na_2HPO_4溶液①　　　　$[H^+] = \sqrt{K_{a2}K_{a3}}$

【例 5-11】 计算 0.10 $mol \cdot L^{-1}$ $NaHCO_3$溶液的 pH。

解： 已知 $c = 0.10\ mol \cdot L^{-1}$；$K_{a1} = 4.30 \times 10^{-7}$；$K_{a2} = 5.61 \times 10^{-11}$。

$[H^+] = \sqrt{K_{a1}K_{a2}} = \sqrt{4.30 \times 10^{-7} \times 5.61 \times 10^{-11}} = 4.91 \times 10^{-9}\ (mol \cdot L^{-1})$

pH = 8.31

（二）既有酸又有碱的物质

以 NH_4Ac 溶液为例，在该溶液中存在三个平衡：

$NH_4^+ + H_2O \rightleftharpoons H_3O^+ + NH_3$　　　$K'_a(NH_4^+) = K_w/K_b(NH_3) = 5.68 \times 10^{-10}$

$Ac^- + H_2O \rightleftharpoons HAc + OH^-$　　　$K'_b(Ac^-) = K_w/K_a(HAc) = 5.68 \times 10^{-10}$

$H_2O \rightleftharpoons H^+ + OH^-$　　　$K_w = 1.0 \times 10^{-14}$

根据电荷平衡法，得到：

$$[NH_4^+] + [H^+] = [Ac^-] + [OH^-] \tag{1}$$

根据物料平衡法，设 NH_4Ac 的原始浓度为 c，那么，NH_4^+ 各种存在形式的浓度之和与 Ac^-各种存在形式的浓度之和均应等于 c。

$c = [NH_3] + [NH_4^+]$

$c = [Ac^-] + [HAc]$

即 $[NH_4^+] + [NH_3] = [Ac^-] + [HAc]$　　　(2)

由式（1）及式（2）得到：

$[H^+] = [NH_3] + [OH^-] - [HAc]$　　　(3)

式（3）右边分别以 H^+、NH_4^+ 和 Ac^-浓度及相应的酸度常数表示：

$[NH_3] = K'_a[NH_4^+]/[H^+]$

$[OH^-] = K_w/[H^+]$

$[HAc] = [H^+][Ac^-]/K_a$

代入后得到：

$$[H^+] = \frac{K'_a[NH_4^+]}{[H^+]} + \frac{K_w}{[H^+]} - \frac{[H^+][Ac^-]}{K_a}$$

整理得：

$$[H^+] = \sqrt{\frac{K_a(K'_a[NH_4^+] + K_w)}{K_a + [Ac^-]}}$$

因为 K'_a和 K'_b都很小，故溶液中 NH_4^+ 和 Ac^-的消耗均甚少，可近似地认为$[NH_4^+] \approx c$，$[Ac^-] \approx c$，代入后，得到：

$$[H^+] = \sqrt{\frac{K_a(K'_a c + K_w)}{K_a + c}} \tag{5-15}$$

注意：式（5-15）和式（5-11）实际上是一样的。

---

① 如浓度较小（$< 0.1 mol \cdot L^{-1}$）宜参照式（5-11）进行计算。

同样，如是 $cK'_a \geqslant 20K_w$，则式（5－15）中 K_w 可忽略，得到：

$$[H^+] = \sqrt{\frac{K_a K'_a c}{K_a + c}} \qquad (5-16)$$

如果 $c/K_a \geqslant 20$，则 $K_a + c \approx c$，即得到：

$$[H^+] = \sqrt{K_a K'_a} \qquad (5-17)$$

式（5－17）是计算既有酸又有碱的物质溶液中 H^+ 浓度常用的最简公式。

对于本类中其他物质，可以依此类推，例如：

NH_4CN 溶液：$[H^+] = \sqrt{K_a K'_a}$

式中，K'_a 及 K_a 分别为 NH_4^+ 和 HCN 的酸度常数。

比较式（5－14）和式（5－17），可以看出，任何两性物质溶液中 H^+ 浓度，都近似等于相应的两个酸度常数乘积的平方根。

【例 5－12】 计算 0.10 $mol \cdot L^{-1}$ NH_4Ac 溶液的 pH。

解：Ac^- 的共轭酸为 HAc，其 $K_a = 1.76 \times 10^{-5}$，$NH_4^+$ 的 $K'_a(NH_4^+) = K_w/K_b(NH_3)$，$NH_4^+$ 的 $K'_a(NH_4^+)$ 为 $1.00 \times 10^{-14}/1.76 \times 10^{-5} = 5.68 \times 10^{-10}$。

采用最简公式进行计算：

$$[H^+] = \sqrt{K_a K'_a} = \sqrt{1.76 \times 10^{-5} \times 5.68 \times 10^{-10}} = 1.0 \times 10^{-7}(mol \cdot L^{-1})$$

$pH = 7.00$

第四节 酸碱质子传递平衡的移动

扫码“学一学”

酸碱质子传递平衡和其他化学平衡一样，也是暂时的、相对的、有条件的动态平衡。一旦条件改变，平衡就会发生移动。使酸碱质子传递平衡发生移动的主要因素是同离子效应和盐效应。

一、同离子效应

在弱电解质溶液中，加入一种与弱电解质有相同离子的强电解质时，将对弱电解质的解离度（α）发生显著的影响。例如，在 HAc 溶液中加入 NaAc 时，由于 NaAc 在溶液中完全解离，这样溶液中 Ac^- 浓度增大，使 $HAc \rightleftharpoons H^+ + Ac^-$ 的质子传递平衡向左移动，从而使 HAc 的解离度降低，结果使溶液酸性减弱。

$$HAc \rightleftharpoons H^+ + \boxed{Ac^-} \qquad HAc \rightleftharpoons \boxed{H^+} + Ac^-$$

$$NaAc \longrightarrow Na^+ + \boxed{Ac^-} \qquad HCl \longrightarrow \boxed{H^+} + Cl^-$$

如果在 HAc 中加入强酸（如盐酸），由于 H^+ 浓度增大，平衡向生成 HAc 的方向移动，同样会使 HAc 的解离度降低。

同样，在氨水中加入 NH_4Cl 时，溶液中 NH_4^+ 浓度大大增加，使氨水的解离度降低，使溶液的碱性减弱。

综上所述：**在弱电解质溶液中，加入与该弱电解质有共同离子的强电解质，使弱电解质的解离度（α）减小，这种现象称作同离子效应**（common ion effect）。同离子效应体现了浓度对酸（碱）质子传递平衡的影响。

同离子效应使弱酸（碱）的解离度降低，下面通过计算来说明。

【例5-13】 计算：①0.10 mol·L^{-1} HAc 溶液的 H^+ 浓度及解离度；②在1.0 L 该 HAc 溶液中加入0.10 mol NaAc（忽略体积变化）后溶液的 H^+ 浓度和解离度。已知 HAc 的 $K_a(HAc)=1.76\times10^{-5}$。

解：①HAc 为一元弱酸，$c/K_a>500$。

$$[H^+]=\sqrt{K_a c}=\sqrt{1.76\times10^{-5}\times0.10}=1.3\times10^{-3}(\text{mol}\cdot\text{L}^{-1})$$

$$\alpha=\frac{1.3\times10^{-3}}{0.10}\times100\%=1.3\%$$

②由于同离子效应时 $[H^+]\neq[Ac^-]$，故不能用一元弱酸的最简公式计算 H^+ 浓度，而应根据题意，由平衡常数关系式导出 H^+ 浓度的计算公式，这里仍忽略水自身质子传递平衡的影响。

$$\begin{array}{cccc} HAc & \rightleftharpoons & H^+ + & Ac^- \\ 0.10-x & & x & 0.10+x \end{array}$$

由于同离子效应，加入 NaAc 后，0.10 mol·L^{-1} HAc 的解离度一定小于1.3%，即 x 一定小于 1.3×10^{-3}，所以：

$[HAc]=0.10-x\approx0.10$　　　　$[Ac^-]=0.10+x\approx0.10$

$$\frac{[H^+]'[Ac^-]}{[HAc]}=K_a$$

$$\frac{0.10x}{0.10}=1.76\times10^{-5}$$

$$[H^+]'=x=1.76\times10^{-5}\ (\text{mol}\cdot\text{L}^{-1})$$

$$\alpha'=\frac{[H^+]'}{0.10}\times100\%=\frac{1.76\times10^{-5}}{0.10}\times100\%=0.018\%$$

将加入 NaAc 前后0.10 mol·L^{-1} HAc 溶液的 H^+ 浓度及 α 做一个比较，可以清楚地看出，HAc 溶液中的 H^+ 浓度和解离度都降低了约73倍。

对于多元弱酸，由于 $K_{a1}>>K_{a2}>>K_{a3}$，同时也由于第一步释放的 H^+（占绝大多数）对第二、第三步释放 H^+ 产生抑制作用（同离子效应），所以，在计算多元弱酸 H^+ 离子浓度时，主要考虑第一步释放 H^+ 的过程。

值得注意的是：在多元弱酸中存在多步释放 H^+ 的平衡，例如在 H_2S 溶液中，同时存在以下平衡：

$$H_2S \rightleftharpoons H^+ + HS^- \qquad \frac{[H^+][HS^-]}{[H_2S]}=K_{a1}$$

$$HS^- \rightleftharpoons H^+ + S^{2-} \qquad \frac{[H^+][S^{2-}]}{[HS^-]}=K_{a2}$$

将两步反应式相加得：　$H_2S \rightleftharpoons 2H^+ + S^{2-}$

此时总的平衡常数应为两步酸度常数之积：

$$K=K_{a1}K_{a2}=\frac{[H^+]^2\ [S^{2-}]}{[H_2S]} \tag{5-18}$$

式（5-18）表明二元弱酸 H_2S 中 $[H_2S]$、$[H^+]$ 和 $[S^{2-}]$ 之间的关系，而不说明质子传递过程是按 $H_2S \rightleftharpoons 2H^+ + S^{2-}$ 的方式（$[H^+]=2[S^{2-}]$）进行的。

由于室温下饱和 H_2S 溶液中 H_2S 的浓度为0.10 mol·L^{-1}，式（5-18）表明溶液中 S^{2-} 浓度和 H^+ 浓度的平方成反比。由此可见，在 H_2S 溶液中加入强酸以增大 H^+ 浓度，可显著降低 S^{2-} 浓度。

【例 5 － 14】 在饱和 H_2S 溶液（0.10 mol · L^{-1}）中，加盐酸使 H^+ 浓度为 0.24 mol · L^{-1}，这时溶液中 S^{2-} 浓度是多少？

解： 由于加入盐酸，产生同离子效应，加入盐酸会抑制 H_2S 释放 H^+，因此，溶液中的 H^+ 总浓度可近似用盐酸所释放的 H^+ 浓度代替（忽略 H_2S 释放的 H^+）。

$$\frac{[H^+]^2[S^{2-}]}{[H_2S]}=K_{a1}K_{a2}$$

$$\begin{aligned}[S^{2-}]&=K_{a1}K_{a2}[H_2S]/[H^+]^2\\&=\frac{9.1\times10^{-8}\times1.1\times10^{-12}\times0.10}{(0.24)^2}\\&=1.7\times10^{-19}(\text{mol}\cdot\text{L}^{-1})\end{aligned}$$

［例 5 － 8］ 和［例 5 － 14］中均求 S^{2-} 浓度，我们采用了不同的公式，其区别在于：单纯 H_2S 饱和溶液中 $[S^{2-}]\approx K_{a2}$，且 $[H^+]\approx[HS^-]$；而当 H_2S 溶液中外加酸（碱）时，$[H^+]\neq[HS^-]$，H_2S 浓度、H^+ 浓度和 S^{2-} 浓度服从公式 $\frac{[H^+]^2[S^{2-}]}{[H_2S]}=K_{a1}K_{a2}$，前者是后者的特例。

在 HAc 溶液中加入 NaAc，由于同离子效应，使得 HAc 解离度降低，但却使 Ac^- 的浓度加大了（未加入 NaAc 时，HAc 溶液中 $[H^+]=[Ac^-]$，$[Ac^-]$ 非常低），这时 [HAc] 和 $[Ac^-]$ 都较大，当向上述溶液中加入少量强酸时，H^+ 便和溶液中的 Ac^- 结合生成 HAc，使平衡向生成 HAc 的方向移动。达到新平衡时，溶液 pH 不会显著降低，则溶液具有抗酸作用；如果向上述溶液中加入少量强碱，H^+ 浓度减小了，HAc 便会释放 H^+，溶液 pH 不会显著升高，则溶液又具有抗碱作用。该溶液具有保持溶液 pH 相对稳定的作用。这种溶液叫缓冲溶液，是我们第五节讨论的内容。

二、盐效应

上面谈到，在弱电解质溶液中加入与该弱电解质有相同离子的强电解质时，将引起该弱电解质解离度的减小。但若加入的强电解质与该弱电解质没有相同的离子时，实验证明，将使该弱电解质的解离度略有增大。**这种由于强电解质的加入使弱电解质的解离度增大的效应称作盐效应（salt effect）**。

现以一元弱酸 HA 为例说明此问题。

$$HA\rightleftharpoons H^++A^-\qquad K_a=\frac{a_{H^+}\cdot a_{A^-}}{a_{HA}}$$

由于

$$a_{H^+}=\gamma_+[H^+]\qquad \gamma_{HA}=1$$

$$K_a=\frac{\gamma_+[H^+]\gamma_-[A^-]}{[HA]}\qquad \gamma_+=\gamma_-$$

当加入强电解质时，溶液的离子强度增加，使 1 价离子的活度因子 γ_+（或 γ_-）减小，而 K_a 为常数，在 γ_+（或 γ_-）减小的情况下，若使 K_a 保持不变，则 H^+、A^- 浓度必须增大，HA 浓度相应减小。其结果导致平衡向生成 H^+ 和 A^- 的方向移动，即 HA 的解离度由于盐效应的影响增大了。

下面再用计算来说明。

【例 5 －15】 在 0.10 mol · L^{-1} HAc 溶液中，加入 NaCl 使其浓度为 0.10 mol · L^{-1}。试

计算 HAc 的 α'。已知 0.10 mol·L^{-1} HAc 的 α 为 1.3%（设 γ_+ 和 γ_- 均为 1）。

解：先求溶液的离子强度（因 HAc 中释放的 H^+ 及 Ac^- 很少，在计算离子强度时可忽略），只考虑 NaCl 对离子强度的贡献。

$$I=\frac{1}{2}(0.10\times1^2+0.10\times1^2)=0.10$$

$$\lg\gamma_+=\lg\gamma_-=-\frac{0.509z_i^2\sqrt{I}}{1+\sqrt{I}}=\frac{-0.509\times1^2\sqrt{0.10}}{1+\sqrt{0.10}}\qquad \gamma_+=\gamma_-=0.75$$

因 $[H^+]=[Ac^-]$

$$[H^+]^2=\frac{K_a[HAc]}{\gamma_+^2}$$

$$[H^+]=\frac{\sqrt{1.76\times10^{-5}\times0.10}}{0.75}=1.80\times10^{-3}(\text{mol}\cdot\text{L}^{-1})$$

$$\alpha'=\frac{[H^+]}{c}=\frac{1.80\times10^{-3}}{0.10}\times100\%=1.8\%$$

可见，加入 NaCl 后，活度因子由 1 降至 0.75，HAc 解离度由 1.3% 增至 1.8%。盐效应对弱电解质的质子传递平衡影响不是很大，通常不会使解离度发生数量级的变化，因此，我们在一般精确度要求不高或无特别说明外，为了简化计算，都将盐效应忽略。

另外，在产生同离子效应的同时也存在盐效应，相比之下，盐效应较弱不予考虑。

第五节　缓冲溶液

扫码“学一学”

一、缓冲溶液的定义

溶液的 pH 是影响化学反应的重要条件之一。药物的生产、植物药材、生化制剂中有效成分的提取等，常常需要控制一定的 pH，才能达到预期效果。那么如何控制溶液 pH、怎样使溶液的 pH 保持相对稳定呢？让我们做这样一个实验：取 1.0 L　0.10 mol·L^{-1} NaCl 溶液（1 号溶液）；再取 1.0 L 浓度为 0.10 mol·L^{-1} HAc 与 0.10 mol·L^{-1} NaAc 的混合液（2 号溶液），分别加入少量的酸或碱，两种溶液的 pH 变化见表 5－5。

表 5－5　加酸（碱）时溶液 pH 的变化

	1 号溶液	2 号溶液
未加酸碱时的 pH	7.00	4.75
加入 0.010 mol HCl 后的 pH	2.00	4.66
加入 0.010 mol NaOH 后的 pH	12.00	4.84

表 5－5 数据表明，当这两种溶液中加入等物质的量 HCl 或 NaOH 时，pH 变化是完全不同的：NaCl 溶液的 pH 改变了 5 个单位，而 HAc 和 NaAc 混合液的 pH 改变了 0.1 个单位。说明后者有抵御外来酸或碱的能力，而前者没有此能力。

能够抵抗外加少量酸（碱）或稍加稀释，而本身 pH 不发生显著变化的作用称缓冲作用。具有缓冲作用的溶液称为缓冲溶液（buffer solution）。

在高浓度的强酸（强碱）溶液中，由于 H^+（OH^-）的浓度本身就很高，故外加少量酸或碱不会对溶液的酸度（指溶液中 H^+ 的浓度，常用 pH 表示）或碱度（指溶液中 OH^-

的浓度，常用 pOH 表示）产生太大的影响，按照缓冲溶液的定义，强酸（强碱）浓溶液也是缓冲溶液。在实际工作中，强酸（强碱）溶液主要用来控制高酸度（$pH<2$）或高碱度（$pH>12$）时溶液的 pH。

另一类重要的缓冲溶液是由共轭酸碱对组成的溶液。如 HAc－NaAc；NH_3-NH_4Cl；$Na_2CO_3-NaHCO_3$；$Na_2HPO_4-NaH_2PO_4$等。

二、缓冲作用原理

缓冲溶液为什么能保持溶液 pH 相对稳定呢？下面通过由 HAc－NaAc 组成的缓冲溶液说明。

溶液中的质子传递平衡为：

$$HAc \rightleftharpoons H^+ + Ac^-$$

溶液中 HAc 的浓度及 Ac^-的浓度都很高，因而 H^+浓度相对较低，向该溶液中加入少量强酸时（也可以是化学反应产生 H^+），H^+与 Ac^-结合生成 HAc，使平衡向左移动，因此，溶液 pH 不会发生显著降低。我们称 Ac^-为抗酸成分。如果向溶液中加入少量强碱（也可以是化学反应产生的 OH^-），增加的 OH^-与溶液中 H^+结合为 H_2O，这时 HAc 的质子传递平衡向右移动，使 HAc 分子不断释放 H^+和 Ac^-，达到新平衡时，溶液 pH 不会显著升高。我们称 HAc 为抗碱成分。溶液中存在浓度较大的抗酸成分和抗碱成分，所以缓冲溶液能保持溶液的 pH 相对稳定，这是缓冲溶液具有缓冲作用的原因。

当然，当加入大量的强酸（强碱）时，溶液中 HAc 或 Ac^-消耗将尽时，就不再具有缓冲能力了，所以缓冲溶液的缓冲能力是有限的。

HAc 溶液中存在大量的抗碱成分（HAc），但抗酸成分（Ac^-）浓度低，故 HAc 溶液不是缓冲溶液；NaAc 溶液中存在大量的抗酸成分（Ac^-），但抗碱成分（HAc）浓度低，所以，NaAc 溶液不是缓冲溶液。

三、缓冲溶液 pH 的计算

既然缓冲溶液具有保持 pH 相对稳定的能力，因此，知道缓冲溶液本身 pH 就十分重要，现以 $HA-A^-$形成缓冲溶液为例，说明缓冲溶液 pH 的计算。

令酸（HA）的浓度为 c_a，共轭碱（A^-）的浓度为 c_b，H^+浓度为 $x\ mol\cdot L^{-1}$。

	HA	$\rightleftharpoons$	H^+ +	A^-
初始浓度（$mol\cdot L^{-1}$）	c_a		0	c_b
平衡浓度（$mol\cdot L^{-1}$）	$c_a-x\approx c_a$		x	$c_b+x\approx c_b$

代入平衡常数表达式：

$$K_a=\frac{c_b\cdot x}{c_a}$$

$$x=[H^+]=\frac{K_a c_a}{c_b}$$

两边取负对数：

$$-\lg[H^+]=-\lg K_a+\lg\frac{c_b}{c_a}$$

$$pH=pK_a+\lg\frac{c_b}{c_a} \tag{5-19}$$

式（5－19）**是计算由共轭酸碱对组成的缓冲溶液 pH 的基本公式（缓冲公式）**。值得注意的是，式（5－19）只有在 c_a 和 $c_b \geqslant 20$ [H^+] 或 c_a 和 $c_b \geqslant 20$ [OH^-] 才成立。一些常用的缓冲溶液见表 5－6。

表 5－6　常用的缓冲溶液

缓冲系统	碱（b）	酸（a）	pK_a
NH_3-NH_4Cl	NH_3	NH_4^+	$pK_a(NH_4^+)$
$HAc-NaAc$	Ac^-	HAc	$pK_a(HAc)$
$NaHCO_3-Na_2CO_3$	CO_3^{2-}	HCO_3^-	$pK_{a2}(H_2CO_3)$
$Na_2HPO_4-NaH_2PO_4$	HPO_4^{2-}	$H_2PO_4^-$	$pK_{a2}(H_3PO_4)$
$NaH_2PO_4-H_3PO_4$	$H_2PO_4^-$	H_3PO_4	$pK_{a1}(H_3PO_4)$

【例 5－16】　含 0.10 mol·L^{-1} HAc 及 0.10 mol·L^{-1} NaAc 的混合液 1.0 L 4 份，分别加入 0.010 mol 的 HCl、0.010 mol 的 NaOH（设溶液体积不变）及 10.0 ml 水，试计算这 4 份溶液的 pH。（HAc，$K_a=1.76\times10^{-5}$，$pK_a=4.75$）

解：（1）由 HAc 和 Ac^- 组成缓冲溶液：

$pK_a=4.75$

$c_a=0.10\ \text{mol}\cdot\text{L}^{-1}$

$c_b=0.10\ \text{mol}\cdot\text{L}^{-1}$

$$pH = pK_a + \lg\frac{c_b}{c_a} = 4.75 + \lg\frac{0.10}{0.10}$$

$pH=4.75$

（2）加入 0.010 mol HCl 时：

$c_a\approx0.11\ \text{mol}\cdot\text{L}^{-1}$

$c_b\approx0.09\ \text{mol}\cdot\text{L}^{-1}$

$$pH = pK_a + \lg\frac{c_b}{c_a} = 4.75 + \lg\frac{0.09}{0.11}$$

$pH=4.66$

（3）加入 0.010 mol NaOH 时：

$c_a\approx0.09\ \text{mol}\cdot\text{L}^{-1}$

$c_b\approx0.11\ \text{mol}\cdot\text{L}^{-1}$

$$pH = pK_a + \lg\frac{c_b}{c_a} = 4.75 + \lg\frac{0.11}{0.09}$$

$pH=4.84$

（4）加 10.0 ml 水时：

$$c_a = \frac{0.10\times1000}{1000+10.0}\text{mol}\cdot\text{L}^{-1} = 0.099\text{mol}\cdot\text{L}^{-1}$$

$$c_b = \frac{0.10\times1000}{1000+10.0}\text{mol}\cdot\text{L}^{-1} = 0.099\text{mol}\cdot\text{L}^{-1}$$

$$pH = pK_a + \lg\frac{c_b}{c_a} = 4.75 + \lg\frac{0.099}{0.099}$$

pH = 4.75

从本例可以看出，向由 HAc 和 NaAc 组成的缓冲溶液（pH = 4.75）中加入少量酸（碱），溶液的 pH 仅改变 0.09 个单位，结果表明，溶液确有抵抗外加酸（碱）的能力，若将以上缓冲溶液适当稀释(或浓缩)，c_a、c_b 浓度虽然改变，但改变的倍数相同，因此溶液的 pH 亦不变。但稀释倍数不能很大（如百倍至数千倍以上），因为这时不能忽略水本身质子传递的影响。

用式（5－19）计算缓冲溶液的 pH，因忽略了离子强度的影响，计算值与实测值有一定差异，若用活度代替浓度，则用缓冲公式计算值便可接近实测值。进行活度校正时，只要把 c_a、c_b 由浓度变成活度即可。

【例 5－17】 分别用浓度和活度计算组成为：0.025 mol · L^{-1} KH_2PO_4 与 0.025 mol · L^{-1} Na_2HPO_4 缓冲溶液的 pH，并与测定值（pH = 6.86）相比较。

解：（1）用浓度计算（即将 HPO_4^{2-} 和 $H_2PO_4^-$ 的活度因子指定为 1）

$H_2PO_4^- \rightleftharpoons H^+ + HPO_4^{2-}$　　　$pK_{a2} = 7.21$

$$pH = pK_{a2} + \lg\frac{c_{HPO_4^{2-}}}{c_{H_2PO_4^-}} = 7.21 + \lg\frac{0.025}{0.025}$$

pH = 7.21

计算结果与测定值相差 0.35。产生偏差的原因，是因为没有考虑离子强度的影响。

（2）用活度计算（考虑离子强度的影响）

$$I = \frac{1}{2}\sum b_B z_B^2 = \frac{1}{2}(c_{K^+}\times 1^2 + c_{Na^+}\times 1^2 + c_{H_2PO_4^-}\times 1^2 + c_{HPO_4^{2-}}\times 2^2)$$

$$= (0.025 + 2\times 0.025 + 0.025 + 0.025\times 4)/2 = 0.10$$

$$\lg\gamma_{HPO_4^{2-}} = -\frac{0.509\times 2^2\times\sqrt{0.10}}{1+\sqrt{0.10}} \qquad \gamma_{HPO_4^{2-}} = 0.324$$

$$\lg\gamma_{H_2PO_4^-} = -\frac{0.509\times 1^2\times\sqrt{0.10}}{1+\sqrt{0.10}} \qquad \gamma_{H_2PO_4^-} = 0.755$$

$$pH = pK_{a2} + \lg\frac{c_{HPO_4^{2-}}\cdot\gamma_{HPO_4^{2-}}}{c_{H_2PO_4^-}\cdot\gamma_{H_2PO_4^-}} = 7.21 + \lg\frac{0.025\times 0.324}{0.025\times 0.755} = 6.84$$

从以上计算可以看出，HPO_4^{2-} 和 $H_2PO_4^-$ 的活度因子相差很大，如不考虑离子强度的影响，显然会引起较大的误差。计算结果表明，考虑离子强度后，计算值和测定值基本一致。

从缓冲公式可以看出，缓冲溶液 pH 的改变是由缓冲对的比值改变引起的。缓冲对的比值变化大，缓冲溶液的 pH 变化也大，因此，缓冲溶液缓冲能力的大小取决于外加酸（碱）后，缓冲对比值变化的大小。而缓冲对比值的变化，又决定于以下两个因素。

（1）当 c_b/c_a 原比值固定时，则 $c_b + c_a$ 总浓度越大，外加同量酸（碱）后，缓冲对比值变化越小，因此缓冲能力越大，见表 5－7。

表 5－7　总浓度与缓冲对比值变化

$[c_a/c_b]_{前}$	0.2/0.2 = 1	0.1/0.1 = 1	0.05/0.05 = 1	0.02/0.02 = 1
加入碱达 0.01mol · L^{-1}	0.19/0.21	0.09/0.11	0.04/0.06	0.01/0.03
$[c_a/c_b]_{后}$	(0.904)	(0.818)	(0.667)	(0.333)
pH 变化	0.04	0.09	0.18	0.48

（2）c_b+c_a总浓度固定时（$0.2\ mol\cdot L^{-1}$），c_a/c_b为1时，外加同量酸（碱）后，缓冲对比值变化最小，缓冲能力最大，见表5－8。

表5－8　缓冲对原比值与其比值的变化

$[c_a/c_b]_{前}$	0.18/0.02＝9	0.15/0.05＝3	0.1/0.1＝1	0.05/0.15＝0.33	0.02/0.18＝0.11
加入碱达 $0.01mol\cdot L^{-1}$	0.17/0.03	0.14/0.06	0.09/0.11	0.04/0.16	0.01/0.19
$[c_a/c_b]_{后}$	(5.67)	(2.3)	(0.82)	(0.25)	(0.053)
比值变化（%）	[1－5.67/9]×100＝37	23	18	24	52
pH变化	lg9－lg5.67＝0.20	0.12	0.09	0.12	0.32

因此，为了有较大的缓冲能力，除应考虑有较大的总浓度（c_a+c_b）外，还必须注意c_a/c_b的比值。就是说，对于任何缓冲体系，都有一个有效的缓冲范围，这个范围大概就在pK_a两侧各一个pH单位以内，即缓冲溶液的有效缓冲范围为：$pH\approx pK_a\pm1$。

四、缓冲溶液的选择和配制

实际工作中，常常需要配制某一pH的缓冲溶液（《中国药典》称为缓冲液），怎样选择合适的缓冲对呢？

（1）当$c_a=c_b$时，$pH=pK_a$。配制一定pH的缓冲液，可以选择pK_a与所需pH值相等或接近的酸（共轭酸），这样可保证有较大的缓冲能力。

例如，HAc的$pK_a=4.75$，欲配制pH为5左右的缓冲液，可选择HAc－NaAc缓冲对；H_3PO_4的$pK_{a2}=7.21$，欲配制pH为7左右的缓冲液，可选择$NaH_2PO_4-Na_2HPO_4$缓冲对；H_2CO_3的$pK_{a2}=10.25$，欲配制pH为10左右的缓冲液，可选择$NaHCO_3-Na_2CO_3$缓冲对。

（2）如pK_a与pH不相等，则按所要求的pH，利用缓冲公式计算出所需c_b/c_a。

（3）为了有较大的缓冲能力，一般所需c_a、c_b的浓度范围在$0.05\sim0.5\ mol\cdot L^{-1}$。

（4）选择缓冲对时，还要考虑缓冲对是否与主药发生配伍禁忌、缓冲对在加温灭菌和贮存期内是否稳定以及是否有毒等。如硼酸盐缓冲液，因为它有毒，显然不能用作口服和注射用药液的缓冲剂。

（5）必要时用pH计或精密pH试纸测定。

所配缓冲溶液pH，实验测得的pH与用缓冲公式计算的pH稍有差异，这是由于计算公式中没有考虑离子强度的影响。

【例5－18】　如何利用$0.10\ mol\cdot L^{-1}$ HAc和$0.10\ mol\cdot L^{-1}$ NaAc溶液配制pH为5.00的缓冲溶液1000 ml？

解：根据缓冲公式：$pH=pK_a+\lg\dfrac{c_b}{c_a}$

$$5.00=4.75+\lg\frac{c_{Ac^-}}{c_{HAc}}$$

令加入NaAc的体积为x ml，则HAc的体积为（$1000-x$）ml。

$$5.00=4.75+\lg\frac{0.10x/1000}{0.10(1000-x)/1000}$$

$$x=V_{Ac^-}=640\ (ml)$$

$$1000-x=V_{HAc}=360\ (ml)$$

取 0.10 mol · L^{-1} HAc 360 ml 与 0.10 mol · L^{-1} NaAc 640ml 相混合，这样即得 pH 为 5.00 的缓冲溶液 1000 ml（假定二者体积之和为总体积），必要时用 pH 计校准。

实际上，配制上面的缓冲液，也可采用 HAc 溶液中加入适量的 NaOH 溶液或 NaAc 溶液加入适量的 HCl 的办法。

【例 5-19】 欲配制 pH 为 4.70 的缓冲液 500 ml，现有 0.50 mol · L^{-1} NaOH 溶液 50.0 ml，应取 0.50 mol · L^{-1} HAc 溶液多少毫升与之混合。

解： 令需 0.50 mol · L^{-1} HAc 溶液 x ml。

$$HAc \rightleftharpoons H^+ + Ac^-$$

$$\frac{0.50(x-50.0)}{500} \qquad \qquad \frac{0.50\times 50.0}{500}$$

$$4.70 = 4.75 + \lg\frac{\frac{0.50\times 50.0}{500}}{\frac{0.50(x-50.0)}{500}}$$

$$x = 106\ (\text{ml})$$

即取 0.50 mol · L^{-1} NaOH 50 ml 和 0.50 mol · L^{-1} HAc 溶液 106 ml 混合，再加水稀释至 500 ml。

在药剂生产中，应根据人的生理状况及药物稳定性和溶解度等情况，选择适当的缓冲剂来稳定 pH。如维生素 C 水溶液（5 mg/ml）的 pH 为 3.0，若直接用于局部注射产生难受的刺痛，常用 $NaHCO_3$ 调节其 pH 在 5.5 ~ 6.0 之间，这样既可减轻注射时的疼痛，又能增加其稳定性。又如在配制抗生素注射剂时，常加入适量的维生素 C 与甘氨酸钠作为缓冲剂，既减少对机体的刺激又有利于药物的吸收。有些注射液经高温灭菌后，pH 可能有升高或降低的变化，从而影响了药物的稳定性。如葡萄糖、安乃近等注射液，灭菌后 pH 可能降低，一般可采用盐酸、醋酸、枸橼酸、酒石酸、磷酸二氢钠、枸橼酸钠、磷酸氢二钠等的稀溶液进行 pH 调整，使注射液虽经加温灭菌，其 pH 仍保持不变。

人体血液的 pH 经常维持在 7.4 左右，这是由于人的血液中含有 $H_2CO_3-NaHCO_3$，$NaH_2PO_4-Na_2HPO_4$ 等缓冲系统，故机体本身具有缓冲作用。如将适量的酸性或碱性药物缓缓注入血液时，血液就能自行调节其 pH。一般注射剂 pH 调节在 4 ~ 9 之间即可。

人的泪液 pH 在 7.3 ~ 7.5 之间，虽然泪液也有缓冲作用，但如眼用药液 pH 过大或过小，对眼黏膜均有刺激性。所以在配制滴眼剂时，应根据具体药物的性质，加入缓冲物质调节其 pH。

在实际工作中，为了方便，往往将一些常用的缓冲对按酸和碱不同浓度比与相应的 pH 列成表，用时从中选择，更为方便。

（1）几种简单缓冲液的配制方法见表 5-9。

表 5-9　几种简单缓冲溶液的配制

pH	配制方法
4.0	NaAc · $3H_2O$ 20 g，溶于适量水中，加 6 mol · L^{-1} HAc134 ml，稀释至 500 ml
5.0	NaAc · $3H_2O$ 50 g，溶于适量水中，加 6 mol · L^{-1} HAc34 ml，稀释至 500 ml
8.0	NH_4Cl 50 g，溶于适量水中，加 15 mol · L^{-1} 氨水 3.5 ml，稀释至 500 ml
9.0	NH_4Cl 35 g，溶于适量水中，加 15 mol · L^{-1} 氨水 24 ml，稀释至 500 ml
10.0	NH_4Cl 27 g，溶于适量水中，加 15 mol · L^{-1} 氨水 197 ml，稀释至 500 ml
11.0	NH_4Cl 3 g，溶于适量水中，加 15 mol · L^{-1} 氨水 207 ml，稀释至 500 ml

（2）磷酸盐缓冲溶液：适用于配制抗生素、阿托品、麻黄碱等。

贮备液Ⅰ：$NaH_2PO_4 \cdot H_2O$　　0.921%溶液

贮备液Ⅱ：Na_2HPO_4　　0.947%溶液

贮备液Ⅰ和Ⅱ按不同比例混合可配制 pH 5.9～8.0 范围内的缓冲液。见表 5－10。

表 5－10　磷酸盐缓冲溶液的配制

贮备液Ⅰ的体积/ml	贮备液Ⅱ的体积/ml	pH
90.0	10.0	5.91
80.0	20.0	6.24
70.0	30.0	6.47
60.0	40.0	6.64
50.0	50.0	6.81
40.0	60.0	6.98
30.0	70.0	7.17
20.0	80.0	7.38
10.0	90.0	7.73
5.0	95.0	8.04

其他有关缓冲液配方可在有关手册中查到。在药物分析试验工作中，《中国药典》附录部分规定了一些缓冲液的配制方法。

第六节　酸碱指示剂

扫码“学一学”

常用的酸碱指示剂（acid-base indicator）是一些有机弱酸或弱碱，或既呈弱酸性又呈弱碱性的两性物质，它们在质子传递过程中，本身结构也发生改变，呈现不同的颜色。现以弱酸型指示剂（用 HIn 表示）为例说明。弱酸型指示剂在溶液中的质子传递平衡可用下式表示：

$$HIn \rightleftharpoons H^+ + In^-$$

根据质量作用定律，当达到平衡时，则有：

$$\frac{[H^+][In^-]}{[HIn]} = K(HIn) \quad 或 \quad \frac{K(HIn)}{[H^+]} = \frac{[In^-]}{[HIn]}$$

HIn 分子和 In^- 离子具有不同的颜色，HIn 是酸，它的颜色称为酸式色；In^- 是它的共轭碱，它的颜色称为碱式色。由于 $[In^-]$ 与 [HIn] 不仅表示指示剂碱和酸的浓度，也表示它们代表的颜色的浓度，所以 $[In^-]$ 与 [HIn] 之比，代表了溶液的颜色。$\frac{[In^-]}{[HIn]}$ 值改变了，溶液的颜色也就相应地改变。由上式可知，溶液的颜色（即 $\frac{[In^-]}{[HIn]}$）是由两个因素决定的，一个是 K（HIn），另一个是 $[H^+]$（或 pH）。对每一种指示剂来说，在一定温度下，K（HIn）是一个常数，因此，它在溶液中的颜色就完全决定于溶液的 $[H^+]$ 了。换句话说，在一定的 pH 条件下，溶液有一定的颜色，当 pH 值改变时，溶液的颜色就相应地发生改变。

显然，在溶液中指示剂的两种颜色必是同时存在的，也就是溶液中指示剂的颜色应当是两种不同颜色的混合色。但由于我们的视觉辨色的能力有限，当溶液的 pH 有微量的变化时，虽然也能引起 $\frac{[In^-]}{[HIn]}$ 比值的变化，但这种微小的颜色变化，通常不能用肉眼观察出来。只有当这种比值有显著变动时，肉眼才能看出颜色的变化。在一般情况下，当两种颜色的浓度之比在 10 倍或 10 倍以上时，我们只能看到浓度较大的那种颜色，而另一种颜色就辨别不出来。举例如下。

当 $\frac{K(HIn)}{[H^+]}=\frac{[In^-]}{[HIn]}\leqslant\frac{1}{10}$ 时，只能看到酸式色 HIn 的颜色，而看不到碱式色 In^- 的颜色，这时溶液的 $[H^+]$ 应为：

$$[H^+]\geqslant 10K(HIn)$$

将上式两端取负对数：

$$-\lg[H^+]\leqslant -\lg K(HIn)+(-\lg 10)$$

$$pH\leqslant pK(HIn)-1$$

当 $\frac{K(HIn)}{[H^+]}=\frac{[In^-]}{[HIn]}\geqslant 10$ 时，只能看到碱式色 In^- 的颜色，而看不到酸式色 HIn 的颜色，这时溶液的 $[H^+]$ 应为：

$$[H^+]\leqslant\frac{K(HIn)}{10}$$

两端取负对数：

$$-\lg[H^+]\geqslant -\lg K(HIn)-(-\lg 10)$$

$$pH\geqslant pK(HIn)+1$$

在从 $pH=pK(HIn)-1$ 到 $pH=pK(HIn)+1$ 之间，才能看出指示剂颜色变化的情况。由此可见，指示剂的变色是在一定 pH 范围内发生的。我们把指示剂发生颜色变化的 pH 范围 $[pH=pK(HIn)\pm 1]$ 称为指示剂的变色范围。实际上各种指示剂的变色范围是由实验测定的。几种常用酸碱指示剂列于表 5－11。

另外，《中国药典》对固体指示剂称为指示剂，液体指示剂称为指示液。

表 5－11　几种常用酸碱指示剂（液）

指示剂（液）	变色范围(pH)	颜色		pK（HIn）	浓度
		酸式色	碱式色		
酚酞	8.0～10.0	无	红	9.4	1% 的 95% 乙醇溶液
甲基橙	3.2～4.4	红	黄	3.4	0.05% 的水溶液
甲基红	4.2～6.3	红	黄	5.1	0.1% 的 60% 乙醇溶液或其钠盐水溶液
溴麝香草酚蓝	6.2～7.6	黄	蓝	7.1	0.1% 的 20% 乙醇溶液或其钠盐水溶液

根据理论上推算，指示剂变色范围是两个 pH 单位，但实验测得的各种指示剂的变色范围（表 5－11）并不都是两个 pH 单位，这主要是人的眼睛对混合色调中两种颜色的敏感程度不同形成的。

本章小结

一、酸碱理论

（一）酸碱质子理论

1. 定义 凡能给出质子（H^+）的物质是酸；凡能接受质子的物质是碱。

2. 共轭酸碱对 K_a 与 K_b 的关系

$$酸 \rightleftharpoons 质子 + 碱$$

$$HA \rightleftharpoons H^+ + A^-$$

$$K_a(HA) \cdot K_b(A^-) = K_w = 1.0 \times 10^{-14} \ (298.15K)$$

即 $$pK_a + pK_b = pK_w = 14.00$$

3. 酸碱的强度 水溶液中酸碱的强度用酸度常数（多元弱酸用 K_{a_1}）或碱度常数（多元弱碱用 K_{b_1}）来衡量，K_a（或 K_{a_1}）值越大，酸性越强；K_b（或 K_{b_1}）越大，碱性越强。

4. 酸碱的分类① 按照酸碱质子理论，结合各类物质与水（基准）的质子传递情况，可分为5类。

（1）一元弱酸：HAc，HCN，HF，NH_4^+，HSO_4^-等。

（2）多元弱酸：H_2CO_3，H_3PO_4，H_2S等。

（3）一元弱碱：Ac^-，CN^-，F^-，NH_3等。

（4）多元弱碱：CO_3^{2-}，PO_4^{3-}，S^{2-}等。

（5）两性物质 ①HCO_3^-，HS^-，HPO_4^{2-}，$H_2PO_4^-$等。②NH_4Ac，NH_4CN，NH_4F等。

（二）酸碱电子理论

定义：凡能接受电子对的物质是酸；凡能给出电子对的物质是碱。

二、一元弱酸、弱碱的质子传递平衡

（一）一元弱酸 HA

$HA \rightleftharpoons H^+ + A^-$

$[H^+] = [A^-] = \sqrt{K_a \cdot c}$（近似条件为 $c/K_a \geqslant 500$）

（二）一元弱碱 B

$B + H_2O \rightleftharpoons HB^+ + OH^-$

$[OH^-] = [HB^+] = \sqrt{K_b \cdot c}$（近似条件为 $c/K_b \geqslant 500$）

三、多元弱酸、弱碱的质子传递平衡

（一）多元弱酸 H_2A

$H_2A \rightleftharpoons H^+ + HA^-$ K_{a1}

$HA^- \rightleftharpoons H^+ + A^{2-}$ K_{a2}

当 $K_{a1} >> K_{a2}$ 时：

---

① 应为中性分子，要求其阳离子不参与质子传递过程；阴离子碱性非常弱。

$[H^+] = \sqrt{K_{a1} \cdot c}$（近似条件为 $c/K_{a1} \geqslant 500$）

$[A^{2-}] = K_{a2}$

（二）多元弱碱 B^{2-}

$B^{2-} + H_2O \rightleftharpoons HB^- + OH^-$，$K_{b1}$

$HB^- + H_2O \rightleftharpoons H_2B + OH^-$，$K_{b2}$

当 $K_{b1} >> K_{b2}$ 时：

$[OH^-] = \sqrt{K_{b1} \cdot c}$（近似条件为 $c/K_{b1} \geqslant 500$）

$[H_2B] = K_{b2}$

四、两性物质的质子传递平衡

（一）定性讨论两性物质溶液酸碱性

a 类：HCO_3^-（$K_{b2} > K_{a2}$，碱性）；$H_2PO_4^-$（$K_{a2} > K_{b3}$，酸性）；HPO_4^{2-}（$K_{b2} > K_{a3}$，碱性）；HS^-（$K_{b2} > K_{a2}$，碱性）。

b 类：NH_4Ac[$K_a(NH_4^+) = K_b(Ac^-)$；中性]；NH_4CN[$K_a(NH_4^+) < K_b(CN^-)$；碱性]；NH_4F[$K_a(NH_4^+) > K_b(F^-)$；酸性]；$HCOONH_4$ [K_b（$HCOO^-$）$< K_a$（NH_4^+）酸性]。

（二）定量计算两性物质溶液中 $[H^+]$

a 类：当 $K_{a2}c \geqslant 20K_w$ 且 $c/K_{a1} \geqslant 20$ 时，$[H^+] = \sqrt{K_{a1} \cdot K_{a2}}$

HPO_4^{2-}：当 $K_{a3}c \geqslant 20K_w$ 且 $c/K_{a2} \geqslant 20$ 时，$[H^+] = \sqrt{K_{a2} \cdot K_{a3}}$

b 类：以 NH_4Ac 为例，$K'_a(NH_4^+)$，K_a（HAc）

当 $K'_a c \geqslant 20K_w$ 且 $c/K_a \geqslant 20$ 时，$[H^+] = \sqrt{K_a \cdot K'_a}$

五、酸碱质子传递平衡的移动

（一）同离子效应

在弱电解质中，加入与该弱电解质有共同离子的强电解质，使弱电解质的解离度减小（与未加入强电解质比较），这种现象叫作同离子效应。

同离子效应的重要应用在于形成缓冲溶液。

（二）盐效应

加入与弱电解质有不同离子的强电解质，使弱电解质的解离度略增大（与未加入强电解质比较）的效应叫盐效应。

六、缓冲溶液

（一）缓冲溶液定义

能够抵抗外加少量酸（碱）或稍加稀释，而本身 pH 不发生显著变化的作用称为缓冲作用，具有缓冲作用的溶液称为缓冲溶液。

（二）缓冲溶液的组成

1. 高浓度的强酸（碱）溶液。
2. 由共轭酸碱对组成的溶液（重点）。

（三）由共轭酸碱对组成缓冲溶液 pH 计算

$pH = pK_a + \lg \frac{c_b}{c_a}$（$c_a$ 和 $c_b \geqslant 20$ $[H^+]$ 或 c_a 和 $c_b \geqslant 20$ $[OH^-]$）

常用的缓冲溶液

缓冲系统	碱（b）	酸（a）	pK_a
NH_3-NH_4Cl	NH_3	NH_4^+	$pK_a(NH_4^+)$
$HAc-NaAc$	Ac^-	HAc	$pK_a(HAc)$
$NaHCO_3-Na_2CO_3$	CO_3^{2-}	HCO_3^-	$pK_{a2}(H_2CO_3)$
$NaH_2PO_4-Na_2HPO_4$	HPO_4^{2-}	$H_2PO_4^-$	$pK_{a2}(H_3PO_4)$
$NaH_2PO_4-H_3PO_4$	$H_2PO_4^-$	H_3PO_4	$pK_{a1}(H_3PO_4)$

（四）缓冲溶液的缓冲能力和有效缓冲范围

1. 缓冲能力 缓冲能力是指抵抗外加酸（碱）溶液 pH 变化的大小，pH 变化小的称缓冲能力大；c_a+c_b总浓度固定时，$c_a/c_b=1$ 时缓冲能力最大；$c_a/c_b=1$ 时，c_a和 c_b越大，缓冲能力越大。

2. 缓冲溶液的有效缓冲范围

$$pH \approx pK_a \pm 1$$

扫码“练一练”

习题

1. 根据酸碱质子理论，分别写出下列分子或离子的共轭酸的化学式。

（1）SO_4^{2-}　（2）S^{2-}　（3）$H_2PO_4^-$　（4）NH_3

（5）H_2O　（6）$[Cr(H_2O)_5(OH)]^{2+}$

2. 根据酸碱质子理论，分别写出下列分子或离子的共轭碱的化学式。

（1）NH_4^+　（2）$H_2PO_4^-$　（3）H_2S　（4）HCO_3^-

（5）H_2SO_4　（6）H_2O　（7）$[Fe(H_2O)_6]^{3+}$

3. 根据酸碱质子理论，下列分子或离子，哪些是酸？哪些是碱：哪些既是酸又是碱？

（1）HS^-　（2）CO_3^{2-}　（3）$H_2PO_4^-$　（4）NH_3　（5）H_2S

（6）NO_2^-　（7）HCl　（8）OH^-　（9）H_2O

4. 写出下列各质子传递平衡常数表达式，并查表（或计算）求出标准平衡常数。

（1）$HCN+H_2O \rightleftharpoons H_3O^++CN^-$

（2）$NO_2^-+H_2O \rightleftharpoons OH^-+HNO_2$

（3）$HS^-+H_2O \rightleftharpoons H_2S+OH^-$

（4）$S^{2-}+H_2O \rightleftharpoons HS^-+OH^-$

（5）$PO_4^{3-}+H_2O \rightleftharpoons HPO_4^{2-}+OH^-$

（6）$HPO_4^{2-}+H_2O \rightleftharpoons H_2PO_4^-+OH^-$

（7）$H_3PO_4+H_2O \rightleftharpoons H_3O^++H_2PO_4^-$

（8）$NH_3+H_2O \rightleftharpoons NH_4^++OH^-$

（9）$NH_4^++H_2O \rightleftharpoons H_3O^++NH_3$

5. 比较下列酸的酸性强弱。

HAc；HCN；H_3PO_4；H_2S；NH_4^+；$H_2PO_4^-$；HS^-

6. 比较下列碱的碱性强弱。

Ac^-；CN^-；PO_4^{3-}；CO_3^{2-}；HCO_3^-；NH_3；HS^-

7. 用路易斯酸碱理论来判断下列物质中哪些是酸？哪些是碱？

（1）H^+　（2）Zn^{2+}　（3）F^-　（4）OH^-

（5）CN^-（6）NH_3　（7）BF_3（8）H_2O

8. 按照酸碱质子理论，结合物质与水的质子传递平衡特点（以水为基准），将下列物质进行分类［即分成一元弱酸(碱)，多元弱酸(碱)，两性物质］。

HAc；HCN；HCOOH；NH_3；NH_4^+；Ac^-；CN^-；CO_3^{2-}；S^{2-}；PO_4^{3-}；H_3PO_4；H_2CO_3；H_2S；NH_4Ac；NH_4CN；HCO_3^-；HS^-；$H_2PO_4^-$；HPO_4^{2-}

9. 定性说明下列各物质溶液显酸性还是显碱性。

（1）HPO_4^{2-}　（2）$H_2PO_4^-$　（3）HS^-　（4）NH_4F　（5）HCO_3^-

10. 298.15 K时，测得0.100 mol·L^{-1} HF溶液中［H^+］为7.63×10^{-3} mol·L^{-1}。试求下列反应的$\Delta_r G_m^\ominus$值。

$HF(aq) \rightleftharpoons H^+(aq) + F^-(aq)$

11. 某二元弱酸（用H_2A表示），其$K_{a1}=1.0\times10^{-4}$，$K_{a2}=1.0\times10^{-10}$，求下列溶液［(1)～(5)］的pH。

（1）1.0 mol·L^{-1} H_2A溶液；该溶液中A^{2-}浓度为多大？

（2）1.0 mol·L^{-1} Na_2A溶液；该溶液中H_2A浓度为多大？

（3）1 mol·L^{-1}NaHA溶液。

（4）1.0 L溶液含H_2A和NaHA均为1.0 mol。

（5）1.0 L溶液含NaHA和Na_2A均为1.0 mol。

（6）在1.0 mol·L^{-1} H_2A溶液中，加入盐酸使H^+浓度为0.10mol·L^{-1}（忽略体积变化），这时混合液中A^{2-}浓度为多大？

12. 已知0.10 mol·L^{-1} Na_2X溶液pH为11.60，计算二元弱酸H_2X的K_{a2}。

13. 今有一元弱酸（HA）在0.10 mol·L^{-1}溶液中有2.0%解离。试计算：

（1）HA的K_a。

（2）在0.050 mol·L^{-1}溶液中的解离度。

（3）在多大浓度时解离度为1.0%？

14. 分别计算下列溶液的pH。

（1）0.20 mol·L^{-1} NaH_2PO_4溶液

（2）1.0 mol·L^{-1} Na_2HPO_4溶液

（3）1.0 mol·L^{-1} NH_4CN溶液

15. 锥形瓶中盛放20 ml 0.10 mol·L^{-1} NH_3溶液，现以0.10 mol·L^{-1} HCl滴定之。计算：

（1）当滴入10 ml HCl后，混合液的pH。

（2）当滴入20 ml HCl后，混合液的pH。

（3）当滴入30 ml HCl后，混合液的pH。

16. 在298.15 K时，HAc溶液质子传递达到平衡状态，此时向溶液中加入少量NaAc晶体，重新达到平衡后，与未加入NaAc相比较，HAc解离度降低。试从化学热力学角度加以解释。

17. 若在1.0 L 0.30 mol·L^{-1} HAc溶液中，加入固体NaAc 0.10 mol（设体积不变），H^+浓度比原来减少多少倍？

18. 计算含有0.020 mol·L^{-1}的KCl和0.010 mol·L^{-1}甲酸溶液中的H^+浓度（已知甲

酸的 K_a 为 1.77×10^{-4}）。

19. 配制 pH 为 5.00 的缓冲溶液，需称取多少克结晶乙酸钠（$NaAc\cdot3H_2O$，摩尔质量为 $136g\cdot mol^{-1}$）溶于 300 ml 0.50 $mol\cdot L^{-1}$ HAc 中（忽略体积化）?

20. 若配制 500 ml pH 为 9.00 且含铵离子为 1.00 $mol\cdot L^{-1}$ 的缓冲液，需密度为 0.904kg/L，质量分数为 26.0% 的氨水多少毫升和固体氯化铵多少克?（NH_4Cl 摩尔质量为 $53.5g\cdot mol^{-1}$）

21. 取 0.10 $mol\cdot L^{-1}$ 的某一元弱酸（HA）50.0 ml 与 20.0 ml 0.10 $mol\cdot L^{-1}$ KOH 溶液混合，将混合液稀释至 100 ml，测得此溶液的 pH 为 5.25，问此一元弱酸（HA）的 K_a 值是多少?

22. 我国药典规定，配制 pH 为 6.5 的磷酸盐缓冲液的方法为：取磷酸二氢钾（KH_2PO_4，摩尔质量为 $136.1g\cdot mol^{-1}$）0.68 g，加 0.10 $mol\cdot L^{-1}$ NaOH 溶液15.2 ml，用水稀释至 100 ml，即得。试分别计算溶液的 pH。

（1）用浓度。

（2）用活度。

23. 维持人体血液、细胞液 pH 的稳定，$H_2PO_4^- - HPO_4^{2-}$ 缓冲系统起了重要作用。

（1）解释为什么该缓冲系统能起到缓冲作用?

（2）溶液的缓冲范围是多少?

（3）当 $c(H_2PO_4^-)=0.050\ mol\cdot L^{-1}$，$c(HPO_4^{2-})=0.15\ mol\cdot L^{-1}$ 时，缓冲溶液的 pH 是多少?

24. 使用二元弱酸（H_2A）与 NaOH 反应配制 pH 为 6.00 的缓冲溶液，已知 H_2A 的 $K_{a1}=3.0\times10^{-2}$，$K_{a2}=5.0\times10^{-7}$，问在 450 ml 0.10 $mol\cdot L^{-1}$ H_2A 溶液中需加入 0.20 $mol\cdot L^{-1}$ NaOH 溶液多少毫升?

25. 酚红是一种常用的酸碱指示剂，其 $K_a=1\times10^{-8}$。它的酸式色是黄色的，而它的碱式色是红色的。问这种指示剂在 pH 分别为 6、7、8、9、12 的溶液中各显什么颜色?

26. 我国药典对纯化水（通过蒸馏法、离子交换法、反渗透法或其他适宜的方法制得的供药用的水）的酸碱度作如下规定：取本品（指纯化水）10 ml，加甲基红指示液［变色范围 pH4.2～6.3（红→黄）］2 滴不得显红色；另取本品 10 ml，加溴麝香草酚蓝指示液［变色范围 pH6.2～7.6］（黄→蓝）5 滴不得显蓝色，以上说明纯化水的 pH 应在什么范围?

（王绍宁）

第六章　沉淀-溶解平衡

学习目标

1. **掌握**　难溶电解质溶度积常数（K_{sp}）与溶解度（s）之间的换算关系；溶度积规则及其应用；同离子效应对沉淀-溶解多相平衡的影响规律及有关计算。

2. **熟悉**　分步沉淀、沉淀转化的应用和有关计算；酸度对沉淀平衡的影响及有关计算；盐效应对沉淀-溶解多相平衡的影响规律。

3. **了解**　沉淀平衡的实际应用。

沉淀-溶解平衡是一类常见且重要的化学平衡，简称沉淀平衡。其特征是反应过程伴有固相的生成或溶解。在药物的生产、分离纯化、除去杂质离子、定性鉴别或定量分析检测等方面，总会涉及关于沉淀生成或溶解问题。例如，治疗胃酸过多药物$Al(OH)_3$的制备、临床X射线检查中造影剂主要成分$BaSO_4$的制备；药用氯化钠的精制过程中，加入氯化钡除去SO_4^{2-}、加入碳酸钠除去Ca^{2+}、Mg^{2+}和过量的Ba^{2+}；对于灭菌注射用水中氯化物、硫酸盐与钙盐的检查，《中国药典》规定：取被检样品50ml，分置三支试管中，第一管中加硝酸5滴与硝酸银试液1ml，第二管中加氯化钡试液5ml，第三管中加草酸铵试液2ml，均不得发生浑浊即为合格的灭菌注射用水。本章将着重讨论难溶电解质在水溶液中沉淀-溶解多相平衡的基本规律及其应用。

难溶电解质是指在水中**溶解度**（solubility）小于0.01g的物质。物质溶解度的大小受物质本身的结构和外界条件如温度、压强等的影响，绝对不溶解的物质是不存在的。习惯上把在室温（293K）时，溶解度在10g以上的物质叫易溶物；溶解度在1～10g之间的叫可溶物；溶解度在0.01～1g之间的叫微溶物。溶解度在0.01g以下的叫难溶物。难溶电解质是指那些在水中溶解度极小，但是在水中已经溶解的部分全部发生离解的物质。因为难溶电解质的饱和溶液极稀，溶液中的离子浓度很低，可以认为它们在水溶液中是100%电离的，不存在未解离的强电解质分子。如何判断沉淀的生成、溶解和转化等反应的方向，如何使得这些反应进行完全，这些都是沉淀-溶解平衡要解决的问题。

第一节　溶度积原理

扫码"学一学"

一、溶度积

难溶强电解质的沉淀与溶解过程是一个可逆过程。在一定温度下，将$BaSO_4$置于水中，一方面，$BaSO_4$固体表面的Ba^{2+}和SO_4^{2-}在水分子作用下，成为水合钡离子$Ba^{2+}(aq)$和水合硫酸根离子$SO_4^{2-}(aq)$而进入溶液，这个过程称作**溶解**（dissolution）；另一方面，溶液中的水合$Ba^{2+}(aq)$和水合硫酸根离子$SO_4^{2-}(aq)$处于无序运动中，在不断地运动中当接触到$BaSO_4$固体表面时，又会以$BaSO_4$固体形式重新析出，这个过程称作**沉淀**

(precipitation)。当沉淀与溶解的速率达到相等时，形成难溶电解质的饱和溶液，即达到难溶电解质固体与溶解在溶液中水合离子间的多相平衡，即沉淀－溶解平衡，这个过程可表示如下：

$$BaSO_4(s) \rightleftharpoons Ba^{2+}(aq) + SO_4^{2-}(aq)$$

当反应达到平衡时，溶液为饱和溶液，根据化学平衡定律，写出上述反应的标准平衡常数表达式（$BaSO_4$是纯固体，$x_i = 1$，不列入平衡常数表达式中。此外，为书写方便，常将水合符号“aq”省略）为：

$$K_{sp}^{\ominus} = [Ba^{2+}]/c^{\ominus} \cdot [SO_4^{2-}]/c^{\ominus} \qquad (6-1)$$

式（6－1）中的［Ba^{2+}］和［SO_4^{2-}］表示沉淀－溶解建立平衡时，溶液中 Ba^{2+} 和 SO_4^{2-} 的平衡浓度，单位 $mol \cdot L^{-1}$；$c^{\ominus} = 1\ mol \cdot L^{-1}$，$c^{\ominus}$代表标准浓度；式（6－1）表明：在一定温度条件下，难溶强电解质饱和溶液中各离子相对浓度幂的乘积是一个常数，这一关系称为溶度积原理。这个常数称为该难溶强电解质的**标准溶度积常数**（standard solubility product constant），简称溶度积常数或溶度积（solubility product），用符号 $K_{sp}^{\ominus}$表示，通常简写为 K_{sp}。严格地说，溶度积应该以各离子的平衡活度幂的乘积来表示，是活度积常数，由于难溶强电解质溶液中离子浓度很低，离子强度也较小，活度因子 $\gamma \to 1$，则 $a \approx c$，所以可以用浓度代替活度表示。

对于任一难溶强电解质 A_aB_b达到沉淀－溶解平衡时：

$$A_aB_b(s) \rightleftharpoons aA^{n+}(aq) + bB^{m-}(aq)$$

溶度积常数表达式为：

$$K_{sp}^{\ominus} = ([A^{n+}]/c^{\ominus})^a \cdot ([B^{m-}]/c^{\ominus})^b \qquad (6-2)$$

由于 $c^{\ominus} = 1\ mol \cdot L^{-1}$，各离子相对浓度与物质的量浓度在数值上相等，因此在进行运算时，为书写简便，常不把 $c^{\ominus}$写在溶度积常数的数学表达式中，于是式（6－2）可简写成：

$$K_{sp} = [A^{n+}]^a \cdot [B^{m-}]^b \qquad (6-3)$$

对于 $BaSO_4$，根据式（6－3），溶度积常数的数学表达式为 $K_{sp} = [Ba^{2+}] \cdot [SO_4^{2-}]$。对于 Ag_2CrO_4，溶度积 $K_{sp} = [Ag^+]^2 \cdot [CrO_4^{2-}]$。

溶度积常数 K_{sp}是难溶电解质的特性常数，不同的难溶电解质具有不同的 K_{sp}，其数值大小反映了难溶电解质的溶解能力；K_{sp}的大小取决于难溶电解质的本性和温度，与沉淀的量无关，与溶液中实际离子浓度的变化也无关，离子浓度变化只能使沉淀－溶解平衡发生移动，不会改变 K_{sp}。

K_{sp}是温度的函数。通常温度升高，难溶电解质的 K_{sp}增大。表 6－1 列出了不同温度下 $BaSO_4$的溶度积。当温度变化不大时，K_{sp} 随温度的升高变化并不大，因此，通常可采用 298K 时的难溶电解质的溶度积 K_{sp}代替其他温度条件下的 K_{sp}进行近似计算。

表 6－1　不同温度下 $BaSO_4$ 的 K_{sp}

温度/K	273	283	298	320	373
K_{sp}	6.7×10^{-11}	8.9×10^{-11}	1.08×10^{-10}	1.1×10^{-10}	1.1×10^{-10}

难溶电解质的溶度积 K_{sp}可以由物质的溶解度换算得到，也可以通过热力学数据计算得到，还可以通过直接测定难溶电解质饱和溶液中离子浓度计算得到。一些常见难溶电解质在 298 K 下的溶度积 K_{sp}数据见表 6－2 及附录。

表 6-2　一些常见难溶电解质的溶度积（298K）

难溶电解质	K_{sp}	难溶电解质	K_{sp}
AgCl	1.77×10^{-10}	Cu_2S	2.26×10^{-48}
AgBr	5.35×10^{-13}	$Fe(OH)_2$	4.87×10^{-17}
AgI	8.52×10^{-17}	$Fe(OH)_3$	2.79×10^{-39}
Ag_2CrO_4	1.12×10^{-12}	$Mg(OH)_2$	5.61×10^{-12}
$BaCO_3$	2.58×10^{-9}	$MgCO_3$	6.82×10^{-6}
$BaSO_4$	1.08×10^{-10}	MnS	4.65×10^{-14}
$CaCO_3$	3.36×10^{-9}	$PbCO_3$	7.4×10^{-14}
$CaCrO_4$	7.1×10^{-4}	$PbCrO_4$	2.8×10^{-13}
CaF_2	3.45×10^{-11}	$PbSO_4$	2.53×10^{-8}
$CaSO_4$	4.93×10^{-5}	PbS	2×10^{-37}
CdS	1.40×10^{-29}	ZnS	2.93×10^{-25}
CuS	1.27×10^{-36}	$Zn(OH)_2$	6.86×10^{-17}

【例 6-1】 试通过热力学数据计算 298K 温度下 $BaSO_4$ 的溶度积。已知 298K 时，$\Delta_f G_m^\ominus(BaSO_4) = -1362\ kJ\cdot mol^{-1}$；$\Delta_f G_m^\ominus(Ba^{2+}) = -560.7\ kJ\cdot mol^{-1}$；$\Delta_f G_m^\ominus(SO_4^{2-}) = -744.63\ kJ\cdot mol^{-1}$。

解：

$$BaSO_4(s) \rightleftharpoons Ba^{2+}(aq) + SO_4^{2-}(aq)$$

$\Delta_f G_m^\ominus/(kJ\cdot mol^{-1})$　　-1362　　-560.7　　-744.63

$$\Delta_r G_m^\ominus = \Delta_f G_m^\ominus(Ba^{2+}) + \Delta_f G_m^\ominus(SO_4^{2-}) - \Delta_f G_m^\ominus(BaSO_4)$$

$$= (-560.7) + (-744.63) - (-1362) = 56.67\ (kJ\cdot mol^{-1})$$

$$\Delta_r G_m^\ominus = -RT\ln K_{sp}$$

$$\ln K_{sp} = -\Delta_r G_m^\ominus/RT$$

将数据带入得：

$$\ln K_{sp} = -56.67\times10^3/(8.314\times298) = -22.87$$

$$K_{sp}(BaSO_4) = 1.16\times10^{-10}$$

二、溶度积与溶解度的关系

溶解度和溶度积都能表示在一定温度下难溶电解质在水中溶解能力的大小，溶解度与溶度积之间也存在内在的联系，在一定条件下，可以进行溶解度和溶度积之间的相互换算。现在我们来确定难溶电解质的溶度积（K_{sp}）与其在纯水中的溶解度（s）之间的关系。

【例 6-2】 已知 298K 时，$Ca_3(PO_4)_2$ 的溶度积常数 K_{sp} 为 2.0×10^{-29}，试计算 $Ca_3(PO_4)_2$ 在纯水中的溶解度。假定 PO_4^{-3} 不水解。

解： 设 $Ca_3(PO_4)_2$ 的溶解度为 $s\ mol\cdot L^{-1}$，则有

$$Ca_3(PO_4)_2\ (s) \rightleftharpoons 3Ca^{2+}(aq) + 2PO_4^{3-}(aq)$$

平衡浓度/$(mol\cdot L^{-1})$　　$3s$　　$2s$

$[Ca^{2+}] = 3s$　　$[PO_4^{3-}] = 2s$

$$K_{sp}[Ca_3(PO_4)_2] = [Ca^{2+}]^3\cdot[PO_4^{3-}]^2$$

$$K_{sp}[Ca_3(PO_4)_2] = [Ca^{2+}]^3\cdot[PO_4^{3-}]^2 = (3s)^3\cdot(2s)^2 = 3^3\cdot2^2\cdot s^5$$

$$s = \sqrt[5]{\frac{K_{sp}[Ca_3(PO_4)_2]}{3^3 \times 2^2}} = \sqrt[5]{\frac{2.0 \times 10^{-29}}{3^3 \times 2^2}} = 7.14 \times 10^{-7}\ (mol \cdot L^{-1})$$

【例 6－3】 在 298K 时，某学生测定 $Ba(IO_3)_2$ 的饱和溶液中含有的 Ba^{2+} 离子浓度是 $1.0 \times 10^{-3} mol \cdot L^{-1}$，试计算 $Ba(IO_3)_2$ 的溶度积常数 K_{sp}。

解：$Ba(IO_3)_2$ 饱和溶液中 Ba^{2+} 离子浓度，即为其在纯水中的溶解度，则有

$$Ba(IO_3)_2(s) \rightleftharpoons Ba^{2+}(aq) + 2IO_3^-(aq)$$

平衡浓度/($mol \cdot L^{-1}$)　　　　s　　　　$2s$

$[Ba^{2+}] = s$　　$[IO_3^-] = 2s$

$K_{sp}[Ba(IO_3)_2] = [Ba^{2+}] \cdot [IO_3^-]^2 = s \cdot (2s)^2 = 4s^3$

将数据带入得：

$K_{sp}[Ba(IO_3)_2] = 4 \times (1.0 \times 10^{-3})^3 = 4.0 \times 10^{-9}$

【例 6－4】 从表 6－2 中查得，AgCl 的溶度积常数 $K_{sp}(AgCl) = 1.77 \times 10^{-10}$，$Ag_2CrO_4$ 的溶度积常数 $K_{sp}(Ag_2CrO_4) = 1.12 \times 10^{-12}$。试计算并比较两种银盐的溶解度。

解：设 AgCl 的溶解度为 s_1，当 AgCl 建立沉淀-溶解平衡：

$$AgCl(s) \rightleftharpoons Ag^+(aq) + Cl^-(aq)$$

$$s_1 \qquad\qquad s_1$$

则：$K_{sp}(AgCl) = [Ag^+] \cdot [Cl^-] = (s_1)^2$

$s_1 = \sqrt{K_{sp}(AgCl)} = \sqrt{1.77 \times 10^{-10}}$

$s_1 = 1.33 \times 10^{-5}\ (mol \cdot L^{-1})$

同理，设 Ag_2CrO_4 的溶解度为 s_2，当 Ag_2CrO_4 建立沉淀-溶解平衡：

$$Ag_2CrO_4(s) \rightleftharpoons 2Ag^+(aq) + CrO_4^{2-}(aq)$$

$$2s_2 \qquad\qquad s_2$$

则：$K_{sp}(Ag_2CrO_4) = [Ag^+]^2 \cdot [CrO_4^{2-}] = (2s_2)^2 \cdot s_2 = 4(s_2)^3$

$$s_2 = \sqrt[3]{\frac{K_{sp}(Ag_2CrO_4)}{4}}$$

$$s_2 = \sqrt[3]{\frac{1.12 \times 10^{-12}}{4}} = 6.54 \times 10^{-5}\ (mol \cdot L^{-1})$$

计算结果表明：$s(AgCl) < s(Ag_2CrO_4)$。

对于相同类型（AB 型；A_2B 型或 AB_2 型）的难溶电解质可以用溶度积 K_{sp} 的大小比较它们溶解度 s 的相对大小，K_{sp} 大的 s 也大，K_{sp} 小的 s 也小；例如表 6－2 中，AB 型的 AgCl、AgBr、AgI 的 $K_{sp}(AgCl) > K_{sp}(AgBr) > K_{sp}(AgI)$，则 $s(AgCl) > s(AgBr) > s(AgI)$。溶度积的大小顺序与溶解度的大小顺序一致。对于不同类型的难溶电解质（［例 6－4］，Ag_2CrO_4 属于 A_2B 型），不能直接以 K_{sp} 的大小判断它们的溶解度大小，需要经过计算才能说明。

严格来说，溶度积与溶解度之间的相互换算关系只是一种近似计算，其理论计算值与实验结果之间可能会有一定的误差，在使用时必须注意满足一定的条件。

1. 溶度积和溶解度之间的换算，要求难溶电解质的离子不发生水解等反应或水解等反应的程度很小。

以 $BaCO_3$ 为例，由于 CO_3^{2-} 是较强的多元碱，在水溶液中接受质子（H^+）发生水解，因此 $BaCO_3$ 的水溶液中存在多个平衡。

$$BaCO_3(s) \rightleftharpoons Ba^{2+}(aq) + CO_3^{2-}(aq) \quad (1)$$

$$CO_3^{2-}(aq) + H_2O(l) \rightleftharpoons HCO_3^-(aq) + OH^-(aq) \quad (2)$$

（1）与（2）式相加得：

$$BaCO_3(s) + H_2O(l) \rightleftharpoons Ba^{2+}(aq) + HCO_3^-(aq) + OH^-(aq) \quad (3)$$

实际上，由于 CO_3^{2-} 结合水中的 H^+ 生成 HCO_3^-，使溶液中 CO_3^{2-} 浓度降低，使平衡（1）向右移动，因而使 $BaCO_3$ 的实际溶解度比理论计算值大。因此，难溶硫化物、碳酸盐、磷酸盐等，由于 S^{2-}、CO_3^{2-}、PO_4^{3-} 易接受 H^+，其溶度积和溶解度的换算不能按照上述例题的方法进行，否则会有较大的偏差。

2. 在进行溶度积和溶解度之间的换算时，要求难溶电解质溶解于水的那部分必须完全解离。

例如 $Fe(OH)_3$ 在水中分步解离：

$$Fe(OH)_3(s) \rightleftharpoons Fe(OH)_2^+(aq) + OH^-(aq) \quad K_1$$

$$Fe(OH)_2^+(aq) \rightleftharpoons Fe(OH)^{2+}(aq) + OH^-(aq) \quad K_2$$

$$Fe(OH)^{2+}(aq) \rightleftharpoons Fe^{3+}(aq) + OH^-(aq) \quad K_3$$

$$K_{sp}[Fe(OH)_3] = K_1 \cdot K_2 \cdot K_3$$

在 $Fe(OH)_3$ 的水溶液中，虽然存在着 $[Fe^{3+}][OH^-]^3 = K_{sp}$ 的关系，但饱和溶液中 $[OH^-] \neq 3[Fe^{3+}]$，因此进行溶度积与溶解度的换算公式也会产生较大的误差。

3. 难溶电解质溶度积和溶解度之间的换算适用于离子强度很小的情况，浓度代替活度后，换算结果误差可以忽略。如果难溶电解质的溶解度较大（如 $CaSO_4$、$CaCrO_4$ 等），由于饱和溶液中离子强度较大，用浓度代替活度计算会产生较大误差，因而用溶度积计算溶解度也会产生较大误差。

三、溶度积规则

从化学热力学的角度看，$\Delta_r G_m$ 是在非标准状态下反应进行方向的判据，$\Delta_r G_m = RT\ln\frac{Q}{K}$，$Q$ 代表反应的初始状态，Q 称作反应商，$K^\ominus$ 代表反应的终极状态（平衡状态）。以难溶电解质 A_aB_b 沉淀-溶解平衡为例，$A_aB_b(s) \rightleftharpoons aA^{n+}(aq) + bB^{m-}(aq)$，反应商 Q 就是在任意条件下其溶液中离子浓度幂的乘积，其数值是不定的，常称作**离子积**（ionic product），并以 Q_c 表示。Q_c 的数学表达式：$Q_c = c^a(A^{n+}) \cdot c^b(B^{m-})$。而 $K^\ominus$ 就演变为 K_{sp}。在给定的温度条件下，K_{sp} 为一个常数，可以根据 Q_c 和 K_{sp} 的相对大小判断沉淀-溶解平衡的方向。

1. $Q_c < K_{sp}$，$\Delta_r G_m < 0$，平衡正向移动，溶液处于不饱和状态。溶液中无沉淀析出，若系统中加入少量难溶电解质固体，则固体将发生溶解，直至 $Q_c = K_{sp}$。

2. $Q_c = K_{sp}$，$\Delta_r G_m = 0$，系统达到动态平衡，溶液处于饱和状态，既无沉淀生成又无沉淀溶解。

3. $Q_c > K_{sp}$，$\Delta_r G_m > 0$，平衡逆向移动，直至 $Q_c = K_{sp}$，形成饱和溶液。

上述结论称为溶度积规则（the principle of solubility product）。它是难溶电解质沉淀-溶解平衡移动规律的总结，也是判断沉淀生成和溶解的依据。根据溶度积规则，在温度一定的条件下，可以通过控制难溶电解质溶液中离子的浓度，使溶液中离子积大于、等于或者小于溶度积，使难溶电解质生成沉淀或者使其沉淀发生溶解，从而使反应向我们需要的方向进行。

扫码“学一学”

第二节　难溶电解质的沉淀和溶解

一、沉淀的生成

根据溶度积规则，若使溶液中的离子发生沉淀，必要的条件是 $Q_c > K_{sp}$。也就是通常向溶液中加入沉淀剂，使离子积 Q_c 大于其溶度积 K_{sp}，这时就会有这种物质的沉淀生成。例如在 $AgNO_3$ 溶液中加入 NaCl 溶液，当溶液中 Ag^+ 和 Cl^- 的离子积 $Q_c = c(Ag^+) \cdot c(Cl^-) > K_{sp}(AgCl)$ 时，平衡就向着生成沉淀的方向移动，就会有 AgCl 沉淀析出，直至溶液的离子积 $Q_c = K_{sp}(AgCl)$，达到新的动态平衡为止。此处的 NaCl 叫作沉淀剂。

【例 6-5】 ①在 1.0×10^{-4} mol·L^{-1} 的 $BaCl_2$ 溶液中，加入等体积的 1.0×10^{-4} mol·L^{-1} 的 Na_2SO_4 溶液，是否有白色 $BaSO_4$ 沉淀生成？②在 1.0×10^{-4} mol·L^{-1} 的 $AgNO_3$ 溶液中，加入等体积的 1.0×10^{-4} mol·L^{-1} 的 K_2CrO_4 溶液，是否有砖红色 Ag_2CrO_4 沉淀生成？已知：$K_{sp}(BaSO_4) = 1.08 \times 10^{-10}$，$K_{sp}(Ag_2CrO_4) = 1.12 \times 10^{-12}$。

解：①两溶液等体积混合后：

$$c(Ba^{2+}) = \frac{1.0 \times 10^{-4}}{2} = 5.0 \times 10^{-5}\ (\text{mol} \cdot \text{L}^{-1})$$

$$c(SO_4^{2-}) = \frac{1.0 \times 10^{-4}}{2} = 5.0 \times 10^{-5}\ (\text{mol} \cdot \text{L}^{-1})$$

混合后的离子积：

$$Q_c = c(Ba^{2+}) \cdot c(SO_4^{2-}) = (5.0 \times 10^{-5})^2 = 2.5 \times 10^{-9}$$

计算结果表明，$Q_c > K_{sp}(BaSO_4)$，两溶液等体积混合后有白色沉淀 $BaSO_4$ 析出。

②同理

$$c(Ag^+) = \frac{1.0 \times 10^{-4}}{2} = 5.0 \times 10^{-5}\ (\text{mol} \cdot \text{L}^{-1})$$

$$c(CrO_4^{2-}) = \frac{1.0 \times 10^{-4}}{2} = 5.0 \times 10^{-5}\ (\text{mol} \cdot \text{L}^{-1})$$

混合后的离子积：

$$Q_c(Ag_2CrO_4) = c(Ag^+)^2 \cdot c(CrO_4^{2-}) = (5.0 \times 10^{-5})^3 = 1.3 \times 10^{-13}$$

计算结果表明，$Q_c < K_{sp}(Ag_2CrO_4)$，两溶液等体积混合后没有砖红色沉淀 Ag_2CrO_4 析出。

【例 6-6】 298 K 时，某学生测得 $Mg(OH)_2$ 饱和溶液中 Mg^{2+} 离子浓度为 1.12×10^{-4} mol·L^{-1}。现将 20.0 ml 的 0.020 mol·L^{-1} $MgCl_2$ 溶液与 0.020 mol·L^{-1} 的氨水溶液等体积混合，问有无 $Mg(OH)_2$ 沉淀生成？若有沉淀产生，则需加入多少克氯化铵才能阻止 $Mg(OH)_2$ 沉淀的产生？[已知：$K_b(NH_3) = 1.76 \times 10^{-5}$]

解：根据题意，$Mg(OH)_2$ 的溶解度为 1.12×10^{-4} mol·L^{-1}。

$$K_{sp}[Mg(OH)_2] = [Mg^{2+}] \cdot [OH^-]^2 = 4s^3 = 4 \times (1.12 \times 10^{-4})^3 = 5.62 \times 10^{-12}$$

$MgCl_2$ 溶液与氨水等体积混合后：

$$c(Mg^{2+}) = 0.010\ \text{mol} \cdot \text{L}^{-1}$$

$$c(NH_3) = 0.010\ \text{mol} \cdot \text{L}^{-1}$$

由于 $c(NH_3)/K_b(NH_3) > 500$，所以

$$c^2(OH^-) = K_b \cdot c(NH_3) = 1.76 \times 10^{-5} \times 0.010 = 1.76 \times 10^{-7}$$

离子积：　　$Q_c[Mg(OH)_2]=c(Mg^{2+})\cdot c^2(OH^-)$

数据带入，得 $Q_c[Mg(OH)_2]=1.76\times10^{-9}>K_{sp}[Mg(OH)_2]$，故溶液中有 $Mg(OH)_2$ 沉淀析出。

欲阻止 $Mg(OH)_2$ 沉淀析出，需控制 OH^- 离子的浓度。

$$[OH^-]\leqslant\sqrt{\frac{K_{sp}[Mg(OH)_2]}{[Mg^{2+}]}}=\sqrt{\frac{5.62\times10^{-12}}{0.010}}=2.37\times10^{-5}\ (mol\cdot L^{-1})$$

为调控 OH^- 离子浓度所需加入的 NH_4Cl 的浓度：$[NH_4^+]\geqslant K_b\cdot\dfrac{[NH_3]}{[OH^-]}$，将数据带入得：$[NH_4^+]\geqslant0.0074\ (mol\cdot L^{-1})$

氯化铵的摩尔质量为 $53.5g\cdot mol^{-1}$，混合溶液中至少应加入的氯化铵为：

$$m(NH_4Cl)=0.0074\times0.040\times53.5=0.016\ (g)$$

也可从多重平衡角度解题：

$$Mg^{2+}+2NH_3\cdot H_2O\rightleftharpoons Mg(OH)_2(s)+2NH_4^+$$

平衡浓度/$(mol\cdot L^{-1})$　　0.010　0.010　　　　x

$$K=\frac{[NH_4^+]^2}{[Mg^{2+}][NH_3]^2}=\frac{K_b^2}{K_{sp}}=\frac{x^2}{0.010\times0.010}$$

$$x=[NH_4^+]=0.0074\ (mol\cdot L^{-1})$$

溶液中应加入的氯化铵为：

$m(NH_4Cl)=0.0074\times0.040\times53.5=0.016\ (g)$

应用溶度积规则判断沉淀的生成在实际应用过程中应该注意以下几种情况。

（1）从原理上讲，只要 $Q_c>K_{sp}$ 便有沉淀生成。但实际操作中，只有当每毫升含有 10^{-5}g 以上的固体时才会使水溶液浑浊，仅有极少量沉淀生成，肉眼是观察不出来的。

（2）有时由于生成过饱和溶液（supersaturation solution），虽然已经 $Q_c>K_{sp}$，仍然观察不到沉淀的生成。

（3）由于副反应的发生，致使按照理论计算量加入的沉淀剂在实际过程中不会产生沉淀。

（4）有时虽加入过量的沉淀剂，但由于配位反应的发生，也不会产生沉淀。

例如：在使用氨水使 Cu^{2+} 生成 $Cu(OH)_2$ 的操作中，如果向硫酸铜溶液中加入过量氨水后，由于生成水溶性的铜氨配离子，而不会观察到浅蓝色的 $Cu(OH)_2$ 沉淀。

$$Cu^{2+}(aq)+2OH^-(aq)\rightleftharpoons Cu(OH)_2(s)$$

$$+$$

$$4NH_3$$

$$\Updownarrow$$

$$Cu(NH_3)_4^{2+}(aq)+2OH^-(aq)$$

二、盐效应和同离子效应

在讨论酸、碱质子传递平衡移动的影响时，已经遇到过“同离子效应和盐效应”这两个概念，是以弱电解质的解离度发生变化为标志。本节将要讨论难溶强电解质的沉淀-溶解平衡移动问题，也有同离子效应和盐效应这两个概念，是以难溶电解质的溶解度发生变化为标志。

根据溶度积规则，K_{sp}随温度变化不大，而离子积Q_c属于变量，所以在讨论难溶强电解质的沉淀－溶解平衡移动时，可以改变就是离子积Q_c，直至达到$Q_c=K_{sp}$，沉淀－溶解达到新的平衡状态。这里我们讨论在难溶强电解质的饱和溶液中加入易溶的强电解质对难溶强电解质溶解度产生的两个不同的影响，即同离子效应和盐效应。

（一）盐效应

若加入的强电解质与该难溶强电解质没有相同的离子时，实验证明，将使该难溶强电解质的溶解度略增大。**这种由于强电解质的加入使难溶强电解质的溶解度增大的效应称作盐效应**（salt effect）。

现以难溶强电解质 AB 的沉淀-溶解平衡为例说明此问题。

$AB(s) \rightleftharpoons A^+ + B^- \qquad K_{sp} = a_{A^+} \cdot a_{B^-}$

通常所说的溶度积常数实际上是活度积常数，此时的离子积应为：$Q_c = \gamma_+ c(A^+) \cdot \gamma_- c(B^-)$，当加入强电解质时，溶液的离子强度增加，使 1 价离子的活度因子γ_+（或γ_-）减小，而K_{sp}为常数，在γ_+（或γ_-）减小的情况下，若使K_{sp}保持不变，则A^+、B^-浓度必须增大，其结果导致平衡向生成A^+和B^-的方向移动，即电解质 AB 的溶解度由于盐效应的影响增大了。

（二）同离子效应

同离子效应（common ion effect）是指在难溶电解质溶液中加入含有**相同离子**的易溶强电解质，沉淀－溶解平衡发生移动，致使**难溶电解质的溶解度减小**的现象。其原因是离子积Q_c增大，$Q_c > K_{sp}$，导致平衡向生成沉淀的方向移动。

【例 6－7】 已知 298 K 时，K_{sp}（$BaSO_4$）为 1.08×10^{-10}。试比较

（1）$BaSO_4$在纯水中的溶解度。

（2）$BaSO_4$在 0.0100 mol · L^{-1} Na_2SO_4溶液中的溶解度。

（3）$BaSO_4$在 0.0300 mol · L^{-1} NaCl 溶液中的溶解度。

解：（1）$BaSO_4$在纯水中的溶解度

$$s_1 = \sqrt{K_{sp}(BaSO_4)} = 1.04 \times 10^{-5} \ (mol \cdot L^{-1})$$

（2）设$BaSO_4$在 0.0100 mol · L^{-1}的Na_2SO_4溶液中溶解度为s_2 mol · L^{-1}。则

$$BaSO_4 \ (s) \rightleftharpoons Ba^{2+}(aq) + SO_4^{2-}(aq)$$

平衡浓度/(mol · L^{-1}) $\qquad s_2 \qquad 0.0100 + s_2$

由于$K_{sp}(BaSO_4)$很小，因此，$[SO_4^{2-}] = 0.0100 + s_2 \approx 0.0100$，于是

$$K_{sp}(BaSO_4) = [Ba^{2+}] \cdot [SO_4^{2-}] = s_2 \times 0.0100$$

$$s_2 = 1.08 \times 10^{-8} \ (mol \cdot L^{-1})$$

由计算可知，受同离子效应的影响，$BaSO_4$在Na_2SO_4溶液中的溶解度s_2比它在水中的溶解度s_1减小 962 倍。

（3）在 0.0300 mol · L^{-1} NaCl 溶液中离子强度计算

$$I = \frac{1}{2}[0.0300 \times 1^2 + 0.0300 \times (-1)^2] = 0.0300 \ (mol \cdot L^{-1})$$

此处，忽略Ba^{2+}与SO_4^{2-}对离子强度的贡献。

再根据：$\lg\gamma_+ = -0.509 \times z_i^2 \dfrac{\sqrt{I}}{1+\sqrt{I}} = -0.509 \times 2^2 \times \dfrac{\sqrt{0.0300}}{1+\sqrt{0.0300}} = -0.301$

$\gamma_{+} = 0.501$

因 $K_{sp}(BaSO_4) = \gamma_{+}[Ba^{2+}] \cdot \gamma_{-}[SO_4^{2-}]$；令 $[Ba^{2+}] = [SO_4^{2-}] = s_3$，将数据带入上式得：

$$1.08 \times 10^{-10} = 0.501 \times s_3 \times 0.501 \times s_3$$

$$s_3 = 2.07 \times 10^{-5}\ (\text{mol} \cdot \text{L}^{-1})$$

计算结果表明，同离子效应会引起溶解度数量级的降低，而盐效应使得溶解度 s_3 比它在水中的溶解度 s_1 略有增加，两种效应对溶解度的影响相反。因此，一般情况下，有同离子效应时，以同离子效应的影响为主，盐效应的影响比较小。如果不特别指出要考虑盐效应的话，在近似计算中，这一因素可忽略不计，也不会产生很大的误差。

应当指出，不仅加入不含有相同离子的强电解质会产生盐效应，而且即使加入含有相同离子的强电解质时，也会产生盐效应。表 6－3 列出了 $PbSO_4$ 在不同浓度 Na_2SO_4 溶液中的溶解度。

表 6－3　$PbSO_4$ 在不同浓度 Na_2SO_4 溶液中的溶解度

$c(Na_2SO_4)/(\text{mol} \cdot \text{L}^{-1})$	0	0.0010	0.010	0.020	0.040	0.10	0.20
$s(PbSO_4)/(\text{mol} \cdot \text{L}^{-1})$	1.6×10^{-4}	2.4×10^{-5}	1.8×10^{-5}	1.4×10^{-5}	1.3×10^{-5}	1.6×10^{-5}	2.3×10^{-5}

在饱和 $PbSO_4$ 溶液中加入 Na_2SO_4 晶体会有 $PbSO_4$ 沉淀析出。表 6－3 显示，$PbSO_4$ 溶解度会随 Na_2SO_4 浓度从 0 增加至 0.040 mol·L^{-1} 时逐渐降低，这是同离子效应发挥主要作用。当 Na_2SO_4 浓度增大到 0.040 mol·L^{-1} 时，$PbSO_4$ 溶解度降至最低；当 Na_2SO_4 浓度大于 0.040 mol·L^{-1} 时，溶解度渐增，此时盐效应起主要作用。

实际工作中经常采用加入过量沉淀剂的方法，使被沉淀离子趋于沉淀完全，但由于在一定温度下其 K_{sp} 总保持为一个常数，不管沉淀剂的加入量有多大，也不可能使被沉淀离子的浓度为零。一般认为，若溶液中残留离子浓度小于 1.0×10^{-5} mol·L^{-1} 时，就可以认为该离子已沉淀完全。考虑盐效应的影响，沉淀剂的用量以过量 20%～50% 为宜。

三、沉淀的溶解

根据溶度积规则，**沉淀溶解**的必要条件是**离子积小于溶度积**（$Q_c < K_{sp}$），其原因是离子积 Q_c 减小，$Q_c < K_{sp}$，导致平衡向沉淀的溶解方向移动。减小离子积 Q_c 使沉淀溶解的方法如下。

（一）生成弱电解质使沉淀溶解

这些弱电解质包括弱酸、弱碱、水及难电离的盐。

1. 生成弱酸　由弱酸所生成的难溶电解质，如碳酸盐（如 $CaCO_3$、$BaCO_3$）、亚硫酸盐（如 $BaSO_3$）以及 K_{sp} 并不太小的硫化物（如 FeS、MnS），这些盐能溶于强酸或较强的酸。这是因为这些弱酸盐酸根离子（即酸碱质子理论中的一元碱或多元碱）与强酸或较强酸提供的 H^+ 结合，生成弱酸，甚至气体，能有效降低溶液中酸根离子的浓度，使 $Q_c < K_{sp}$，平衡向沉淀溶解的方向移动。

例如，$CaCO_3$ 在 HAc 溶液中的溶解：

（1）$CaCO_3(s) \rightleftharpoons Ca^{2+}(aq) + CO_3^{2-}(aq)$　　　　K_{sp}

（2）$2HAc(aq) \rightleftharpoons 2Ac^{-}(aq) + 2H^{+}(aq)$　　　　$K_a^2(HAc)$

(3) $CO_3^{2-}(aq) + 2H^+(aq) \rightleftharpoons H_2CO_3(aq)$ $\qquad 1/(K_{a_1}K_{a_2})$

将（1）、（2）、（3）式相加，得

$$CaCO_3(s) + 2HAc(aq) \rightleftharpoons Ca^{2+}(aq) + 2Ac^-(aq) + H_2CO_3(aq)$$
$$\hookrightarrow CO_2(g) + H_2O(l)$$

总反应的平衡常数为：

$$K = \frac{K_{sp}K_a^2(HAc)}{K_{a_1}K_{a_2}} = \frac{4.96\times10^{-9}\times(1.76\times10^{-5})^2}{5.61\times10^{-11}\times4.3\times10^{-7}} = 0.064$$

从 K 的表达式可知，难溶电解质在酸中是否溶解不仅与生成该难溶电解质的弱酸的强弱有关，还与难溶电解质的 K_{sp} 有关。该反应的平衡常数大于 $K^\ominus > 10^{-7}$，因生成的 H_2CO_3 可进一步分解成 $CO_2 + H_2O$，使溶液中 CO_3^{2-} 浓度降低，导致 $Q_c < K_{sp}$。

2. 生成解离度小的 H_2O、$NH_3 \cdot H_2O$ 或难电离的可溶性盐 $Mg(OH)_2$ 等金属氢氧化物溶于盐酸，可表示如下：

$$Mg(OH)_2(s) \rightleftharpoons Mg^{2+}(aq) + 2OH^-(aq)$$

$$+$$

$$2H^+(aq)$$

$$\Updownarrow$$

$$2H_2O(l)$$

总反应为：$Mg(OH)_2(s) + 2H^+(aq) \rightleftharpoons Mg^{2+}(aq) + 2H_2O(l)$

$$K = \frac{K_{sp}}{K_w^2} = \frac{5.61\times10^{-12}}{(10^{-14})^2} = 5.61\times10^{16}$$

该反应的平衡常数大于 $K^\ominus > 10^{-7}$，说明加入 HCl 后，HCl 提供的 H^+ 与溶液中 OH^- 结合生成 H_2O，使 $Mg(OH)_2$ 沉淀-溶解平衡中 OH^- 离子浓度降低，从而使 $Q_c < K_{sp}$，$Mg(OH)_2$ 沉淀溶解。

$Mg(OH)_2$ 还可溶于 NH_4Cl 溶液中，因为 NH_4^+ 是质子酸，可与质子碱 OH^- 生成解离程度很小的 $NH_3 \cdot H_2O$，降低了 OH^- 浓度，导致 $Q_c < K_{sp}$，使平衡向沉淀溶解的方向移动。

$$Mg(OH)_2(s) \rightleftharpoons Mg^{2+}(aq) + 2OH^-(aq)$$

$$+$$

$$2NH_4^+(aq)$$

$$\Updownarrow$$

$$2NH_3(aq) + 2H_2O(l)$$

总反应为：$Mg(OH)_2(s) + 2NH_4^+(aq) \rightleftharpoons Mg^{2+}(aq) + 2NH_3(aq) + 2H_2O(l)$

$$K = \frac{K_{sp}}{K_b^2(NH_3)} = \frac{5.61\times10^{-12}}{(1.76\times10^{-5})^2} = 1.81\times10^{-2}$$

该反应的平衡常数大于 $K^\ominus > 10^{-7}$，说明 $Mg(OH)_2$ 可溶于 NH_4Cl 溶液。

沉淀的 K_{sp} 愈大，该溶解反应的平衡常数就愈大。实际上只有溶解度不是太小的难溶氢氧化物如 $Mg(OH)_2$ 可溶于铵盐，溶解度很小的 $Cu(OH)_2$、$Fe(OH)_3$ 则几乎不溶于铵盐。

$PbSO_4$ 沉淀可溶于 NH_4Ac、NaAc 等醋酸盐，原因是 Pb^{2+} 与 Ac^- 形成了可溶性弱电解质 $Pb(Ac)_2$，使溶液中 Pb^{2+} 浓度降低，导致 $Q_c < K_{sp}$，使 $PbSO_4$ 沉淀溶解。

$$PbSO_4(s) \rightleftharpoons SO_4^{2-} + Pb^{2+}$$

$$+$$

$$2Ac^-(aq)$$

$$\Downarrow$$

$$Pb(Ac)_2(aq)$$

（二）生成配离子使沉淀溶解

AgCl 沉淀溶解于氨水中，是因为生成了可溶性的银氨配离子 $[Ag(NH_3)_2]^+$，大大降低了 Ag^+ 浓度，使 $Q_c < K_{sp}(AgCl)$，导致 AgCl 沉淀的溶解。AgBr 在海波溶液中发生类似的溶解反应：

$AgBr(s) \rightleftharpoons Ag^+ + Br^-$　　　　$K_{sp} = 5.35 \times 10^{-13}$

$Ag^+ + 2S_2O_3^{2-} \rightleftharpoons [Ag(S_2O_3)_2]^{3-}$　　　　$K_{稳} = 2.88 \times 10^{13}$

总反应为：　$AgBr(s) + 2S_2O_3^{2-} \rightleftharpoons [Ag(S_2O_3)_2]^{3-} + Br^-$

总反应的平衡常数为：

$$K = \frac{[Br^-]\ [Ag(S_2O_3)_2^{3-}]}{[S_2O_3^{2-}]^2} = K_{sp} \cdot K_{稳} = 5.35 \times 10^{-13} \times 2.88 \times 10^{13} = 15.4$$

该反应的平衡常数大于 $K^{\ominus} > 10^{-7}$，表明 AgBr 溶于 $Na_2S_2O_3$ 溶液，该反应是定影技术的基本原理。

（三）利用氧化还原反应使沉淀溶解

金属硫化物的 K_{sp} 相差很大，其在酸中溶解情况差异也很大（表 6－4）。像 MnS 等 K_{sp} 较大的硫化物，在 HAc 溶液中即可溶解；而像 ZnS、PbS、FeS 等 K_{sp} 并不太小的硫化物，可溶于盐酸；而 CuS、Ag_2S 等 K_{sp} 很小的金属硫化物，即使加入浓盐酸也不能有效地降低 S^{2-} 浓度，只能通过加入氧化剂，使某一离子（如 S^{2-}）发生氧化反应，达到沉淀溶解的目的。如 CuS、Ag_2S 可溶于具有氧化性的 HNO_3 溶液中。

$$CuS(s) \rightleftharpoons Cu^{2+}(aq) + S^{2-}(aq)$$

$$+$$

$$HNO_3(aq)$$

$$\downarrow$$

$$S(s) + H_2O(l) + NO(g)$$

总反应为：

$$3CuS(s) + 8HNO_3(aq) = 3Cu(NO_3)_2(aq) + 3S(s) + 2NO(g) + 4H_2O(l)$$

因 S^{2-} 被 HNO_3 氧化为单质硫从溶液中析出，从而降低了溶液中 S^{2-} 的浓度，使得 CuS 沉淀溶解。然而对于 HgS 来说，它的 K_{sp} 太小，即使在氧化性强酸中也不溶解，但能溶于王水。

表 6－4　难溶硫化物在酸中的溶解情况

硫化物	K_{sp}	酸中溶解情况
MnS	4.65×10^{-14}	溶于 HAc 及 HCl 等
FeS	1.3×10^{-18}	溶于 HCl、H_2SO_4、HNO_3 等强酸
ZnS	2.93×10^{-25}	溶于 HCl、H_2SO_4、HNO_3 等强酸
CuS	1.27×10^{-36}	溶于 HNO_3
HgS	6.44×10^{-53}	不溶于酸，溶于王水

四、酸度对沉淀反应的影响

难溶金属氢氧化物和硫化物的溶解度都受到溶液酸度的影响。因此，根据溶度积规则，通过控制溶液 pH 可以调控金属氢氧化物或硫化物沉淀生成或溶解，达到分离纯化、分析检测等目的。

（一）酸度与难溶氢氧化物之间的关系

除碱金属和部分碱土金属离子外，大多数金属离子都能生成氢氧化物沉淀，并且沉淀的溶解度往往相差较大。利用溶解度的差别，通过控制一定的 pH 范围，便可以达到使金属离子分离的目的。

例如在 298 K 时，$Mg(OH)_2$的溶度积K_{sp}为5.61×10^{-12}，氢氧化镁的溶解度$s=[Mg^{2+}]=1.12\times10^{-4}$ mol·L^{-1}，氢氧化镁饱和溶液自身的 pH 为 10.35，但将氢氧化镁溶解于 pH 为 9.00 的缓冲溶液中时，溶液中存在以下平衡：

$$Mg(OH)_2(s) \rightleftharpoons Mg^{2+}(aq)+2OH^-(aq)$$

$$K_{sp}=[Mg^{2+}][OH^-]^2=5.61\times10^{-12}$$

pH = 9.00，即 $[OH^-]=1.0\times10^{-5}(mol\cdot L^{-1})$

$$[Mg^{2+}]'\times(1.0\times10^{-5})^2=5.61\times10^{-12}$$

$$s'=[Mg^{2+}]'=0.056\ (mol\cdot L^{-1})$$

由此可知，随溶液 pH 值的减小，$Mg(OH)_2$的溶解度增大。

对于 $M(OH)_n(s)$ 的金属氢氧化物，沉淀-溶解平衡为：

$$M(OH)_n(s) \rightleftharpoons M^{n+}(aq)+nOH^-(aq)$$

平衡时：$K_{sp}[M(OH)_n]=[M^{n+}][OH^-]^n$

根据溶度积规则，当金属离子 M^{n+}生成氢氧化物 $M(OH)_n$沉淀时，必须满足：

$$c(OH^-)>\sqrt[n]{K_{sp}[M(OH)_n]/c(M^{n+})} \qquad (6-4)$$

【例 6-8】 已知 $Fe(OH)_3$的 $K_{sp}=2.79\times10^{-39}$，试计算欲使 0.010 mol·L^{-1} Fe^{3+}开始沉淀和沉淀完全时溶液的 pH。

解：$Fe(OH)_3(s) \rightleftharpoons Fe^{3+}(aq)+3OH^-(aq)$

$K_{sp}=[Fe^{3+}][OH^-]^3=2.79\times10^{-39}$

当 Fe^{3+}开始沉淀（即达到饱和）时，$[Fe^{3+}]=0.010$ mol·L^{-1}；$[OH^-]$ 浓度为：

$[OH^-]_1=\sqrt[3]{K_{sp}/[Fe^{3+}]}=\sqrt[3]{2.79\times10^{-39}/0.010}=6.53\times10^{-13}\ (mol\cdot L^{-1})$

pOH = 12.19，pH = 1.81

即在 0.010 mol·L^{-1}的 Fe^{3+}离子溶液中，当 pH > 1.81 时，开始有 $Fe(OH)_3$沉淀产生。

当溶液中 Fe^{3+}沉淀完全时，溶液中 $c(Fe^{3+})\leqslant10^{-5}$ mol·L^{-1}，此时溶液的 $[OH^-]$ 最低为：

$[OH^-]_2=\sqrt[3]{2.79\times10^{-39}/10^{-5}}=6.5\times10^{-12}\ (mol\cdot L^{-1})$

pOH = 11.18　　pH = 2.82

所以，当 pH = 2.82 时，溶液中的 Fe^{3+}已经沉淀完全。类似地，可以计算出一定浓度的金属离子生成氢氧化物沉淀及沉淀完全时所需的 pH。

显然，若使金属氢氧化物沉淀更完全，溶液的 pH 应适当增大（两性物质除外）。

难溶金属氢氧化物生成沉淀及沉淀溶解的条件与金属离子浓度以及溶液的 pH 有关，表 6-5 列举 0.010 mol·L^{-1}的一些常见金属离子生成氢氧化物沉淀及沉淀完全（金属离子残

留按照 1.0×10^{-5} mol·L^{-1}要求）所需的 pH。

表 6－5　一些常见金属离子生成氢氧化物沉淀所需的 pH

氢氧化物	Fe^{3+}	Cr^{3+}	Cu^{2+}	Ni^{2+}	Fe^{2+}	Mg^{2+}
开始沉淀 $[M^{n+}]=0.01$ mol·L^{-1}	1.8	4.6	5.4	7.4	6.8	9.4
沉淀完全 $[M^{n+}]=10^{-5}$ mol·L^{-1}	2.8	5.6	6.9	8.9	8.3	10.9

（二）酸度与难溶金属硫化物之间的关系

除ⅠA、ⅡA 族元素离子及 NH_4^+ 外，大多数金属硫化物的溶解度都较小，而且它们的溶解度（或溶度积）差别较大，因此可以通过控制溶液 S^{2-} 的浓度，使溶解度不同的金属硫化物分步沉淀，达到分离和鉴定某些离子的目的。因 S^{2-} 是多元弱碱，所以 S^{2-} 的浓度与溶液中 H^+ 浓度直接相关；在实际工作中，是通过控制溶液中 H^+ 浓度，通 H_2S 至饱和，从而间接地控制 S^{2-} 浓度，使金属硫化物分步沉淀。

根据 H_2S 在水溶液中的解离平衡：

$$H_2S \rightleftharpoons 2H^+ + S^{2-}$$

$$K_{a_1}K_{a_2}=\frac{[H^+]^2[S^{2-}]}{[H_2S]}$$

在常温常压下，饱和 H_2S 溶液中 $[H_2S]=0.10$ mol·L^{-1}，因此：

$$[S^{2-}]=\frac{[H_2S]K_{a_1}K_{a_2}}{[H^+]^2}=\frac{0.10K_{a_1}K_{a_2}}{[H^+]^2}$$

当用酸溶解金属硫化物或用 H_2S 沉淀溶液中的金属离子（以二价金属离子 M^{2+} 为例）时，溶液中存在硫化物的沉淀－溶解平衡和 H_2S 的解离平衡：

$$MS(s) \rightleftharpoons M^{2+}(aq)+S^{2-}(aq)$$

$$[M^{2+}][S^{2-}]=K_{sp}$$

$$[S^{2-}]=K_{sp}/[M^{2+}]$$

若使硫化物沉淀，必须满足 $c(S^{2-})>K_{sp}/c(M^{2+})$，即

$$\frac{0.10K_{a_1}K_{a_2}}{[H^+]^2}>\frac{K_{sp}}{c(M^{2+})}$$

$$[H^+]<\sqrt{\frac{0.10K_{a_1}K_{a_2}c(M^{2+})}{K_{sp}}} \tag{6-5}$$

由式（6－5）可知，硫化物开始出现沉淀时所需 H^+ 离子与被沉淀金属离子的起始浓度及其硫化物的溶度积有关。

若使金属离子沉淀完全，假设 $c(M^{2+})=1.0\times10^{-5}$mol·L^{-1}时沉淀完全，必须满足的条件为：

$$[H^+]<\sqrt{\frac{0.10K_{a_1}K_{a_2}\times(1.0\times10^{-5})}{K_{sp}}} \tag{6-6}$$

由式（6－6）可知，硫化物沉淀完全时的 H^+ 浓度与被沉淀金属离子硫化物的溶度积有关。

【例 6－9】　向 0.10 mol·L^{-1}的 $ZnCl_2$ 溶液中通 H_2S 气体至饱和（0.10 mol·L^{-1}）时，有 ZnS 沉淀生成。计算溶液中开始析出 ZnS 沉淀和 Zn^{2+} 沉淀完全时溶液的 pH。

解：根据式（6－5），要使溶液中析出 ZnS 沉淀，必须使

$$[H^+]<\sqrt{\frac{0.10K_{a_1}K_{a_2}c(M^{2+})}{K_{sp}}}$$

已知，$c(Zn^{2+})=0.10\ mol\cdot L^{-1}$，查表可知 $K_{sp}(ZnS)=2.5\times10^{-22}$，$K_{a_1}(H_2S)=9.1\times10^{-8}$，$K_{a_2}(H_2S)=1.1\times10^{-12}$，将数据带入，得

$$[H^+]_1<\sqrt{\frac{0.10\times9.1\times10^{-8}\times1.1\times10^{-12}\times0.10}{2.5\times10^{-22}}}=2.0\ (mol\cdot L^{-1})$$

$pH>-0.30$

根据式（6-6），欲使 Zn^{2+} 沉淀完全，即 $c\ (Zn^{2+})=1.0\times10^{-5}mol\cdot L^{-1}$

$$[H^+]<\sqrt{\frac{0.10K_{a_1}K_{a_2}\times(1.0\times10^{-5})}{K_{sp}}}$$

$$[H^+]_2<\sqrt{\frac{0.10\times9.1\times10^{-8}\times1.1\times10^{-12}\times1.0\times10^{-5}}{2.5\times10^{-22}}}=0.020\ (mol\cdot L^{-1})$$

$pH>1.70$

所以，$0.10\ mol\cdot L^{-1}$ 的 $ZnCl_2$ 溶液开始沉淀时，要求 $[H^+]$ 浓度不大于 $2.00\ mol\cdot L^{-1}$；Zn^{2+} 离子沉淀完全时，要求 $[H^+]$ 浓度不大于 $0.020\ mol\cdot L^{-1}$。

也可从多重平衡角度解题：

$$Zn^{2+}+H_2S \rightleftharpoons ZnS(s)+2H^+$$

$$K=\frac{[H^+]^2}{[Zn^{2+}]\ [H_2S]}=\frac{K_{a_1}K_{a_2}}{K_{sp}}$$

类似地，可以计算其他金属硫化物开始沉淀及沉淀完全是所需的 $[H^+]$ 浓度或对应的 pH。表 6-6 列举了一些常见金属硫化物开始沉淀和沉淀完全时的 pH。

表 6-6　常见金属硫化物开始沉淀和沉淀完全的 $[H^+]$ 浓度及 pH

硫化物		MnS	FeS	NiS	ZnS	CdS	CuS
开始沉淀	$[H^+]_1=$	4.6×10^{-5}	8.8×10^{-3}	0.31	2.0	2.7×10^{3}	8.9×10^{6}
$[M^{n+}]=0.010\ mol\cdot L^{-1}$	$pH_1\geqslant$	4.33	2.06	0.514	-0.30	-	-
沉淀完全	$[H^+]_2=$	1.5×10^{-6}	2.8×10^{-4}	9.7×10^{-3}	0.020	84.6	2.8×10^{5}
$[M^{n+}]=10^{-5}\ mol\cdot L^{-1}$	$pH_2\geqslant$	5.83	3.56	2.01	1.70	-	-

五、分步沉淀

针对溶液里只有一种沉淀产生或溶解的情况比较简单，根据溶度积规则，我们就能够判断该沉淀是否可以产生？或是否被沉淀完全？或是否被溶解？然而实际上溶液里常常有多种离子共存，当加入某沉淀剂时，就会先后生成几种沉淀或得到沉淀的混合物，这种情况下，如何控制条件，使一种离子沉淀或溶解，而与其他几种离子或沉淀物分离，这是制药企业、化工生产、实验室研究中常常遇到的一类问题。在一定条件下，使一种离子先被沉淀，而其他离子在另一条件下沉淀，这种按照先后顺序出现沉淀的现象称为**分步沉淀**（fractional precipitation）或选择性沉淀。那么分步沉淀按照怎样的先后顺序进行呢？

分步沉淀关心的问题是：加入沉淀剂后，系统中哪种离子先发生沉淀反应？即沉淀的顺序问题；当第二种离子开始沉淀时，第一种被沉淀离子的残留量是多少？也即是否沉淀完全或能否有效分离的问题。因此，必须有效控制沉淀反应的条件，才能利用分步沉淀的原理进行分离、纯化工作。

对于同一类型（AB 型；A_2B 型或 AB_2 型）的难溶电解质，当溶液中被沉淀离子浓度相同时，K_{sp} 小的电解质先达到饱和状态，K_{sp} 小的电解质先沉淀。对于不同类型的难溶电解

质，或者说难溶电解质类型相同，但混合溶液中被沉淀离子浓度不同时，就不能直接比较K_{sp}的大小来判断沉淀先后顺序，而必须通过计算来说明。

例如，在含有0.010 mol·L^{-1}的CrO_4^{2-}和0.010 mol·L^{-1}的Cl^-的混合溶液中，逐滴加入$AgNO_3$溶液（假如加入$AgNO_3$的体积可以忽略不计），开始生成AgCl沉淀和Ag_2CrO_4沉淀时，所需的Ag^+浓度分别为

$$c_1(Ag^+) > \frac{K_{sp}(AgCl)}{c(Cl^-)} = \frac{1.77\times10^{-10}}{0.010} = 1.8\times10^{-8}(mol\cdot L^{-1})$$

$$c_2(Ag^+) > \sqrt{\frac{K_{sp}(Ag_2CrO_4)}{c(CrO_4^{2-})}} = \sqrt{\frac{1.12\times10^{-12}}{0.010}} = 1.1\times10^{-5}\ (mol\cdot L^{-1})$$

虽然$K_{sp}(Ag_2CrO_4) < K_{sp}(AgCl)$，但开始生成AgCl沉淀所需要的$Ag^+$浓度低于生成$Ag_2CrO_4$沉淀所需要的$Ag^+$浓度，AgCl先达到饱和状态，因此先生成AgCl沉淀。那么，当刚开始出现砖红色Ag_2CrO_4沉淀时，溶液中Cl^-浓度为多少呢？

因为在这种溶液中$AgCl(s) \rightleftharpoons Ag^+(aq) + Cl^-(aq)$依然存在，而当开始出现$Ag_2CrO_4$沉淀（达到饱和）时，溶液中$c_2(Ag^+) > 1.1\times10^{-5}(mol\cdot L^{-1})$，所以

$$c(Cl^-) \leqslant \frac{K_{sp}(AgCl)}{c(Ag^+)} = \frac{1.77\times10^{-10}}{1.1\times10^{-5}} = 1.6\times10^{-5}\ (mol\cdot L^{-1})$$

可见，当产生Ag_2CrO_4沉淀时，溶液中Cl^-浓度已小于1.6×10^{-5}mol·L^{-1}。AgCl中的Cl^-趋于沉淀完全标准。

分步沉淀可以使混合溶液的离子依次沉淀，因此可以利用分步沉淀的原理分离混合溶液中的各种离子，应用最多的是难溶氢氧化物的分步沉淀和难溶硫化物的分步沉淀。

六、沉淀的转化

沉淀的转化是指通过化学反应将一种沉淀转变成另一种沉淀的过程。所发生的反应称作沉淀转化反应。

（一）由一种难溶电解质转化成更难溶电解质

【例6-10】 在含有Ag_2CrO_4砖红色沉淀系统中加入Na_2S溶液时，将会发生什么现象？

解： 在含有Ag_2CrO_4沉淀的溶液中，存在着Ag_2CrO_4的沉淀-溶解平衡。

（1）$Ag_2CrO_4(s) \rightleftharpoons 2Ag^+(aq) + CrO_4^{2-}(aq)$

$K_{sp}(Ag_2CrO_4) = 1.12\times10^{-12}$

当加入Na_2S溶液后，S^{2-}会与Ag^+作用，存在着Ag_2S的沉淀-溶解平衡。

（2）$2Ag^+(aq) + S^{2-}(aq) \rightleftharpoons Ag_2S(s)$

$K_{sp}(Ag_2S) = 6.3\times10^{-50}$

（1）+（2）得总反应：

$Ag_2CrO_4(s) + S^{2-}(aq) \rightleftharpoons Ag_2S(s) + CrO_4^{2-}(aq)$

总反应的平衡常数：

$$K = \frac{[CrO_4^{2-}]}{[S^{2-}]} = \frac{K_{sp}(Ag_2CrO_4)}{K_{sp}(Ag_2S)} = 1.78\times10^{37}$$

该反应平衡常数K远远大于10^{-7}，说明此沉淀转化的程度很大。在含有Ag_2CrO_4砖红色沉淀系统中加入适量的Na_2S溶液并搅拌时，系统中的砖红色Ag_2CrO_4沉淀就会完全转化

成溶解度更小的黑色 Ag_2S 沉淀。

再从化学热力学的观点讨论上述沉淀的转化反应，标准态时，$c(S^{2-}) = c(CrO_4^{2-}) = 1mol \cdot L^{-1}$；该反应的反应商 $Q = c(CrO_4^{2-})/c(S^{2-}) = 1$，该反应的（标准）平衡常数$K^\ominus = K = [CrO_4^{2-}]/[S^{2-}] = K_{sp}(Ag_2CrO_4)/K_{sp}(Ag_2S)$，$\Delta_r G_m^\ominus = -RT\ln K$，$\Delta_r G_m^\ominus < 0$（也可从各物质的 $\Delta_f G_m^\ominus$获得），平衡向沉淀转化的方向移动。非标准态时，该反应的$\Delta_r G_m = RT\ln[Q/K^\ominus]$，因 K 值太大，$Q < K$，$\Delta_r G_m < 0$，平衡向沉淀转化的方向移动。

由一种难溶电解质转化为另一种更难溶物质的过程是比较容易实现的。反之，由一种溶解度较小的电解质转化为另一种溶解度较大的电解质的过程就比较困难。我们来看一下 $Ag_2S(K_{sp} = 6.3 \times 10^{-50})$ 能否转化成 $AgCl(K_{sp} = 1.77 \times 10^{-10})$。

转化反应为：

$$Ag_2S(s) + 2Cl^-(aq) \rightleftharpoons 2AgCl(s) + S^{2-}(aq)$$

$$K = \frac{[S^{2-}]}{[Cl^-]^2} = \frac{K_{sp}(Ag_2S)}{K_{sp}{}^2(AgCl)} = \frac{6.3 \times 10^{-50}}{(1.77 \times 10^{-10})^2} = 2.01 \times 10^{-30}$$

该反应的平衡常数太小，该沉淀的转化反应不能发生。同时也说明 AgCl 是很容易转化为 Ag_2S。

（二）由溶解度较小的难溶电解质转化为溶解度稍大的电解质

一般说来，难溶电解质容易转化为更难溶的电解质，该转化过程的平衡常数大于1。反过来，是否可以使溶解度较小的沉淀转化为溶解度稍大的沉淀呢？我们以 $BaSO_4$ 转化为 $BaCO_3$为例来说明。

$BaSO_4$和 $BaCO_3$沉淀类型相同（AB 型），且 $K_{sp}(BaSO_4)$ 小于 $K_{sp}(BaCO_3)$，因此转化反应的平衡常数小于 1，该转化过程比较困难。但两者的 K_{sp} 相差不是很大，在一定条件下，仍然可以转化。其沉淀转化反应为：

$$BaSO_4(s) + CO_3^{2-}(aq) \rightleftharpoons BaCO_3(s) + SO_4^{2-}(aq)$$

平衡常数：

$$K = \frac{[SO_4^{2-}]}{[CO_3^{2-}]} = \frac{K_{sp}(BaSO_4)}{K_{sp}(BaCO_3)} = \frac{1.08 \times 10^{-10}}{2.58 \times 10^{-9}} = 0.042 \approx \frac{1}{24}$$

根据化学平衡移动原理，$K > 10^{-7}$，若增大 CO_3^{2-} 离子浓度，平衡就会向正方向（沉淀转化的方向）移动；也就是说，只要使 $c(CO_3^{2-}) > 24c(SO_4^{2-})$，就可以使 $BaSO_4$沉淀转化为 $BaCO_3$沉淀。在实际工作中，用饱和 Na_2CO_3溶液反复处理 $BaSO_4$沉淀 3～4 次，转化反应就可进行相当完全。该转化反应有其实用意义，因为 $BaSO_4$沉淀既不溶于水又难溶于酸，转化成 $BaCO_3$沉淀后，就可溶于较强的酸，这是使 $BaSO_4$溶解的一条有效途径。

还应指出，在考虑与沉淀反应有关的问题时，需要注意反应速率。例如，在生理 pH（pH = 7.4）条件下，Ca^{2+} 和 PO_4^{3-} 可以生成羟基磷灰石 [$Ca_{10}(PO_4)_6(OH)_2$，pK_{sp}① = 117.2]、磷酸八钙 [$Ca_8(HPO_4)_2(PO_4)_4 \cdot 5H_2O$，$pK_{sp} = 68.6$]、无定形磷酸钙 [$Ca_{10}(HPO_4)(PO_4)_6$，$pK_{sp} = 81.7$] 等不同形式的沉淀。在 310K、pH 为 7.4 的条件下，根据热力学分析，羟基磷灰石最为稳定；但是究竟生成什么沉淀，则由热力学和动力学两方面决定。当较高浓度的 Ca^{2+} 和 PO_4^{3-} 混合时，首先形成动力学上占优势的无定形磷酸钙，然后逐渐转化成热力学稳定的羟基磷灰石。

① $pK_{sp} = -\lg K_{sp}$

第三节 沉淀反应的应用

扫码“学一学”

沉淀反应在药物制备、杂质分离、药品质量检测等方面都是十分重要的。例如许多难溶无机药物的制备、易溶产品中杂质离子的去除以及药品质量分析等都会涉及与沉淀反应有关的问题。

一、在药物生产上的应用

很多无机药物的制备是通过把两种易溶电解质溶液混合，利用复分解反应制得。当然在制备过程中，应该控制适当的反应条件，如反应的温度、反应液的浓度及 pH、混合的方式以及搅拌的速度等，这些都会影响到产品的质量和疗效。所以每一种产品的生产工艺都必须经过反复实践，才能确定最佳反应条件。现以多国药典收载药物 $BaSO_4$ 与 $Al(OH)_3$ 的制备为例予以说明。

（一）硫酸钡

硫酸钡是唯一可供内服的钡盐药物，由于钡盐能吸收 X 射线，硫酸钡既不溶于水也不溶于酸(可溶性钡盐都有毒)，因此可用作胃肠道 X 射线造影剂，诊断消化道疾病。

硫酸钡通常以氯化钡和硫酸钠为原料，或在氢氧化钡的饱和溶液中加入硫酸通过复分解反应制得，其反应方程式为：

$$Ba^{2+}(aq) + SO_4^{2-}(aq) \rightleftharpoons BaSO_4(s)$$

所得沉淀经过滤、洗涤、干燥，并进行杂质限量检查、含量测定，符合《中国药典》规定的质量标准后，便可供药用。

由于硫酸钡属晶型沉淀，最佳的生产条件是：在适当稀的热溶液中，缓慢地加入沉淀剂硫酸钠或硫酸，并不断搅拌溶液，当沉淀析出后，再将沉淀和溶液一起放置一段时间(此过程称为陈化)，其作用是使小晶体溶解，大晶体长大，小晶体表面的杂质在溶解过程中进入溶液，结果使沉淀颗粒增大，便于过滤和洗涤，因而可获得纯度高、质量好的产品。

（二）氢氧化铝

氢氧化铝属于制酸药，是复方氢氧化铝片的主要成分。可用于治疗胃酸过多，胃溃疡、十二指肠溃疡等疾病。其优点是本身不被吸收，且与胃酸中和生成的三氯化铝还具有收敛和局部止血作用，是常用的抗酸药。

生产中是以主要成分为 Al_2O_3 的矾土为原料，使其先溶于硫酸，然后硫酸铝再与碳酸钠反应，得到氢氧化铝胶状沉淀。反应方程式为：

$$Al_2O_3 + 3H_2SO_4 = Al_2(SO_4)_3 + 3H_2O$$

$$Al_2(SO_4)_3 + 3Na_2CO_3 + 3H_2O = 2Al(OH)_3\downarrow + 3Na_2SO_4 + 3CO_2\uparrow$$

氢氧化铝属胶状沉淀，具有含水量多、体积大等特点，最适合的生产条件是在比较浓的热溶液中，快速地加入沉淀剂，沉淀完全后立即过滤，经洗涤、干燥、杂质检查、含量测定，符合《中国药典》质量标准便可供药用。

二、在药物质量控制上的应用

药品质量是关系到患者是否能尽快恢复健康乃至生命攸关的重要问题。为了确保药品质量，必须按照国家规定的药品质量标准进行质量检验工作。对药品的质量检查，包括杂质检查和含量测定两个方面。这里仅就杂质检查进行讨论。

杂质检查的重要内容之一是重金属的限量检查，如药用氯化钠中重金属离子的检查。重金属在生物体内能够影响酶的正常生物功能并在某些重要组织器官中积蓄中毒，因此药典对药物的重金属残留量控制的十分严格。所谓重金属是指在弱酸性溶液中能与硫化氢作用显色的金属杂质。如银、铅、汞、铜、镉、砷、锑、铋、铁、钴、镍等。由于在药品生产过程中接触铅的机会较多，铅又容易积蓄中毒，故检查时以铅为代表。检查方法是按药典规定的允许重金属含量检查（通常不允许超过百万分之几），取一定量的样品在一定条件下与硫化氢试液作用，使样品中的微量重金属与试剂反应产生棕色或暗棕色浑浊，然后以一定量的标准铅溶液（标准铅的量是按药典规定计算的）在相同条件下与硫化氢试液的作用结果为标准进行比较。以判断样品中的重金属杂质是否超过限度。

$$Pb^{2+} + H_2S \xlongequal{} PbS\downarrow + 2H^+$$

该实验方法是以溶度积原理为定量基础，它只能检查判断药品中杂质含量是否在药典规定的限度之内，无法检测出杂质的准确含量。

再如灭菌注射用水中氯化物的限度检查规定为：取本品（指灭菌注射用水）50 ml，加硝酸 5 滴与硝酸银试液（0.1 mol·L^{-1}）1 ml，放置半分钟不得发生混浊。加入硝酸的目的是消除 CO_3^{2-}、PO_4^{3-} 以及 OH^- 对检查的干扰。有关反应方程式为：

$$Ag^+ + Cl^- \rightleftharpoons AgCl\downarrow$$

$$2Ag^+ + CO_3^{2-} \rightleftharpoons Ag_2CO_3\downarrow$$

$$3Ag^+ + PO_4^{3-} \rightleftharpoons Ag_3PO_4\downarrow$$

$$2Ag^+ + 2OH^- \rightleftharpoons 2Ag(OH) \rightleftharpoons Ag_2O\downarrow + H_2O$$

Ag_2CO_3、Ag_3PO_4、Ag_2O 都是难溶的，但在酸性溶液中不能生成。根据样品的体积、所用试剂的浓度和体积，按照溶度积规则可以计算出该检查方法允许 Cl^- 存在的浓度。

溶液中的 Ag^+ 浓度约为：

$$[Ag^+] = 0.1 \times \frac{1}{50+1} = 1.96 \times 10^{-3}\,(mol \cdot L^{-1})$$

$$K_{sp} = [Ag^+][Cl^-] = 1.77 \times 10^{-10}$$

$$[Cl^-] = \frac{K_{sp}}{[Ag^+]} = \frac{1.77 \times 10^{-10}}{1.96 \times 10^{-3}} = 9.0 \times 10^{-8}\ (mol \cdot L^{-1})$$

计算结果表明，$c(Cl^-)$ 如果超过 9.0×10^{-8} mol·L^{-1}，就会产生 AgCl 沉淀而使溶液变浑浊，9.0×10^{-8} mol·L^{-1}就是灭菌注射用水中允许 Cl^- 存在的最大限度。

本章小结

一、溶度积常数

在一定温度条件下，难溶强电解质饱和溶液中各离子相对浓度幂的乘积是一个常数，这个常数称为该难溶强电解质的标准溶度积常数（standard solubility product constant），简称溶度积常数或溶度积（solubility product）。用符号 $K_{sp}^{\ominus}$表示，通常简写为 K_{sp}。严格地说，溶度积应该以各离子的平衡活度幂的乘积来表示，由于难溶强电解质溶液中离子浓度很低，离子强度也较小，活度因子 $\gamma \to 1$，则，$a \approx c$，所以可以用浓度代替活度表示。以 A_aB_b 型电解质为例说明。

溶度积常数表达式：

$K_{sp}^{\ominus} = ([A^{n+}]/c^{\ominus})^a \cdot ([B^{m-}]/c^{\ominus})^b$

简写式：$K_{sp} = [A^{n+}]^a \cdot [B^{m-}]^b$

溶度积常数 K_{sp}是温度的函数。应用时应指出温度条件。溶度积常数与溶解度都是衡量难溶物溶解能力的参数。它们概念不同，但之间有内在联系。

二、溶度积常数与溶解度的换算

在一定条件下，溶解度和溶度积之间可以进行相互换算。以下是难溶电解质溶度积（K_{sp}）与其在纯水中的溶解度（s）之间的关系。

难溶电解质类型	AB 型	A_2B 或 AB_2 型	AB_3 型	A_aB_b型
K_{sp}与 s 的关系	$K_{sp} = s^2$	$K_{sp} = (2s)^2 \cdot s$	$K_{sp} = s \cdot (3s)^3$	$K_{sp} = (as)^a \cdot (bs)^b$
换算公式	$s = \sqrt{K_{sp}}$	$s = \sqrt[3]{\frac{K_{sp}}{4}}$	$s = \sqrt[4]{\frac{K_{sp}}{27}}$	$s = \sqrt[a+b]{\frac{K_{sp}}{a^a b^b}}$

应当注意以下情况。

（1）难溶电解质的离子在水溶液中不发生水解等副反应或副反应程度很小。

（2）难溶电解质溶于水的部分必须完全电离。

（3）如果难溶电解质的溶解度较大（如 $CaSO_4$、$CaCrO_4$等），由于饱和溶液中离子浓度较大，以浓度直接计算也会产生较大误差。

三、溶度积规则

在难溶电解质 A_aB_b的溶液中，任意条件下的离子浓度幂的乘积用 Q_c表示，Q_c称为离子积，Q_c的表达式：

$Q_c = c^a(A^{n+}) \cdot c^b(B^{m-})$

在一定条件下，难溶电解质能否生成沉淀或者沉淀是否发生溶解，可以根据 Q_c和 K_{sp}的相对大小进行判断。

（1）$Q_c < K_{sp}$，溶液处于不饱和状态。溶液中无沉淀析出，若系统中加入少量难溶电解质固体，则固体将发生溶解，直至 $Q_c = K_{sp}$。

（2）$Q_c = K_{sp}$，体系达到动态平衡，溶液处于饱和状态，既无沉淀生成又无沉淀溶解。

（3）$Q_c > K_{sp}$，溶液处于过饱和状态，是一种非平衡的亚稳定状态。系统会向生成沉淀方向移动，直至 $Q_c = K_{sp}$，形成饱和溶液。

以上规则称为溶度积规则（solubility product principle），它是难溶电解质沉淀-溶解多相平衡移动规律的总结，也是判断沉淀生成和溶解的依据。在一定温度下，可以通过控制难溶电解质溶液中的离子浓度或通过改变 pH 间接控制离子浓度，当离子积 $Q_c > K_{sp}$时，产生沉淀(必要条件 $Q_c > K_{sp}$)，由于盐效应的影响，通常加入过量 20% ~50% 的沉淀剂为宜。一般认为，被沉淀离子在溶液中的残留浓度 < 10^{-5} mol · L^{-1}时，沉淀就完全了。当 $Q_c < K_{sp}$时，沉淀溶解(必要条件 $Q_c < K_{sp}$)。沉淀溶解方法：生成弱酸、弱碱、水及难电离的可溶性盐、配离子或发生氧化还原反应等使沉淀溶解。根据溶度积原理，通过调控 Q_c与 K_{sp}的相对大小，实现制备沉淀、沉淀溶解、分步沉淀、沉淀转化等目的。

四、同离子效应和盐效应

同离子效应(common ion effect) 是指在难溶电解质溶液中加入含有相同离子的易溶强电解质，沉淀-溶解平衡发生移动，致使难溶电解质的溶解度减小的现象。

盐效应(salt effect) 由于加入不含有相同离子的强电解质而使难溶强电解质的溶解度略有增大的现象。

应当指出，不仅加入不含有相同离子的强电解质会产生盐效应，而且即使加入含有相同离子的强电解质时，也会产生盐效应。同离子效应会引起溶解度数量级的降低，而盐效应仅仅是略有增加，两效应对溶解度的影响相反。因此，一般情况下，有同离子效应时，以同离子效应的影响为主，盐效应的影响比较小。如果不特别指出要考虑盐效应的话，在近似计算中，这一因素忽略不计时，也不会产生很大的误差。

五、酸度对沉淀反应的影响

1. 酸度与难溶氢氧化物之间的关系 根据溶度积规则，当金属离子 M^{n+}生成氢氧化物 $M(OH)_n$沉淀时，所需 OH^- 的最低浓度如下。

$$c_1(OH^-) > \sqrt[n]{\frac{K_{sp}[M(OH)_n]}{c(M^{n+})}}$$

金属氢氧化物 $M(OH)_n$沉淀完全时，所需 OH^-的最低浓度如下。

$$c_2(OH^-) > \sqrt[n]{\frac{K_{sp}[M(OH)_n]}{1.0\times 10^{-5}}}$$

2. 酸度与难溶硫化物之间的关系 以二价金属离子（M^{2+}）为例，总的沉淀-溶解平衡是：

$$M^{2+} + H_2S \rightleftharpoons MS(s) + 2H^+$$

平衡常数表达式：$K = \dfrac{[H^+]^2}{[M^{2+}][H_2S]} = \dfrac{K_{a_1}K_{a_2}}{K_{sp}}$

金属硫化物开始出现沉淀时，金属离子浓度为 $[M^{2+}] = c(M^{2+})$；当金属离子沉淀完全时，金属离子浓度为 $[M^{2+}] = 1.0\times 10^{-5}\,mol\cdot L^{-1}$，使用上述关系式便可求出两种情况下的 H^+浓度。

六、分步沉淀与沉淀的转化

在一定条件下，使一种离子先被沉淀，而其他离子在另一条件下沉淀，这种按照先后顺序出现沉淀的现象称为分步沉淀(fractionalprecipitation) 或选择性沉淀。

分步沉淀涉及的主要问题有两个：第一，沉淀的顺序问题；第二，能否有效分离。利用分步沉淀的原理可以进行分离、纯化、分析、鉴定等工作。

沉淀的转化是指通过化学反应将一种沉淀转变成另一种沉淀的过程。所发生的反应称作沉淀转化反应。

沉淀的转化反应有两类：第一，由一种难溶电解质转化成更难溶电解质，这种转化过程是比较容易实现的；第二，由一种溶解度较小的电解质转化为另一种溶解度稍大的电解质，在特定的条件下，还是可以实现的。

扫码“练一练”

习题

1. 写出下列难溶强电解质的溶度积常数表达式

（1）$AgBr$　（2）Ag_2S　（3）$Fe(OH)_2$　（4）Hg_2Cl_2

（5）$Ca_{10}(PO_4)_6(OH)_2$（羟基磷灰石）

2. 已知308K时，CaF_2的溶解度为$1.24\times10^{-3}mol\cdot L^{-1}$，计算该温度下$CaF_2$的$K_{sp}$。

3. 已知295K时，Ag_2CrO_4饱和溶液中$[Ag^+]=1.0\times10^{-4}mol\cdot L^{-1}$，则溶液中的$[CrO_4^{2-}]$是多少？

4. 已知298K时，$K_{sp}(AgCl)=1.77\times10^{-10}$；$K_{sp}(AgBr)=5.35\times10^{-13}$；$K_{sp}(AgI)=8.25\times10^{-17}$。计算并比较它们的溶解度。

5. 下列说法是否正确，为什么？

（1）难溶物的溶解度越大，其K_{sp}也越大。

（2）离子分步沉淀的次序必定是溶度积小的先沉淀，溶度积大的后沉淀。

（3）同离子效应可以使沉淀的溶解度降低，因此，在溶液中加入与沉淀含有相同离子的强电解质越多，该沉淀的溶解度愈小。

6. 通过计算说明下列情况有无沉淀生成（所需K_{sp}常数自己查询）。

（1）298 K时，溶液中Pb^{2+}、Cl^-的浓度分别为4.0×10^{-1} $mol\cdot L^{-1}$和2.0×10^{-3} $mol\cdot L^{-1}$。

（2）298 K时，$1.0\times10^{-4}mol\cdot L^{-1}$ $AgNO_3$溶液1 ml与6.0×10^{-4} $mol\cdot L^{-1}K_2CrO_4$溶液2 ml相混合。

（3）298 K时，1.0×10^{-2} $mol\cdot L^{-1}$ $SrCl_2$溶液2 ml和2.0×10^{-1} $mol\cdot L^{-1}$ K_2SO_4溶液3 ml相混合。

7. 298K时，假设溶于水中的PbI_2全部离解，计算：

（1）PbI_2在纯水中的溶解度。

（2）PbI_2在2.0×10^{-2} $mol\cdot L^{-1}$ $Pb(NO_3)_2$溶液中的溶解度。

8. 解释下列反应中沉淀的生成或溶解的原理

（1）$Mg(OH)_2$能溶于盐酸也能溶于氯化铵溶液。已知$Mg(OH)_2$的$K_{sp}=1.2\times10^{-11}$，$K_b(NH_3)=1.76\times10^{-5}$。

（2）MnS在盐酸和醋酸中都能溶解。$K_a(HAc)=1.76\times10^{-5}$；$K_{sp}(MnS)=4.65\times10^{-14}$；$K_{a_1}(H_2S)=9.1\times10^{-8}$，$K_{a_2}(H_2S)=1.1\times10^{-12}$。

（3）AgCl能溶于氨水，加硝酸沉淀又重新出现。已知：$K_{sp}(AgCl)=1.77\times10^{-10}$；$Ag^++2NH_3 \rightleftharpoons [Ag(NH_3)_2]^+$，$K_{稳}=1.1\times10^7$。

9. 298K时，混合溶液中含有0.010 $mol\cdot L^{-1}$ Pb^{2+}和0.10 $mol\cdot L^{-1}$ Ba^{2+}，向溶液中逐滴加入K_2CrO_4溶液，何者先沉淀？当第二种沉淀出现时，第一种离子浓度是多少？能否用K_2CrO_4将两者完全分离？

10. 298K时，用$(NH_4)_2S$溶液处理AgI沉淀使之转化为Ag_2S沉淀，该沉淀转化反应的平衡常数为多少？如在1.0 L $(NH_4)_2S$溶液中转化0.010 mol AgI，$(NH_4)_2S$溶液的初始浓度应该是多少？

11. 298 K 时，计算欲使 0.010 mol · L^{-1} Mg^{2+} 开始沉淀和沉淀完全时的 pH，已知 $Mg(OH)_2$ 的 $K_{sp}=1.2\times10^{-11}$。

12. 298 K 时，溶液中含有 0.15 mol · L^{-1} Mg^{2+} 和 0.15 mol · L^{-1} Ca^{2+}，能否采用以 $C_2O_4^{2-}$ 为沉淀剂分级沉淀的方式将 Mg^{2+} 和 Ca^{2+} 分离完全(99.99% 的 Ca^{2+} 沉淀，而 Mg^{2+} 不沉淀)？已知 CaC_2O_4 的 $K_{sp}=1.3\times10^{-9}$；MgC_2O_4 的 $K_{sp}=8.6\times10^{-5}$。

13. 298 K 时，在含有 0.010 mol · L^{-1} KI 和 0.015mol · L^{-1}NaCl 的溶液中，缓慢地滴加 $AgNO_3$ 溶液，问：

（1）AgI 和 AgCl 哪一种先沉淀？

（2）当 AgCl 开始沉淀时，I^- 的浓度是多少？假设 $AgNO_3$ 溶液的滴加不改变溶液的体积。

14. 298 K 时，在混合溶液中：$[Fe^{3+}]=0.10$ mol · L^{-1}，$[Cu^{2+}]=0.50$ mol · L^{-1}，如果溶液的 pH 控制在 4.0，能否使这两种离子分离？

15. 298 K 时，在含有 0.100 mol · L^{-1} HCl 及 0.0010 mol · L^{-1} $Pb(NO_3)_2$ 的溶液中，通入 H_2S 至饱和，是否有沉淀生成？

16. 298 K 时，计算下列各反应的平衡常数，并估计反应的方向。

（1）$PbS(s)+2HAc \rightleftharpoons Pb^{2+}+H_2S+2Ac^-$

已知：$K_{sp}(PbS)=9.04\times10^{-29}$；$K_a(HAc)=1.76\times10^{-5}$。

（2）$Cu^{2+}+H_2S \rightleftharpoons CuS(s)+2H^+$

已知：$K_{sp}(CuS)=1.27\times10^{-36}$；$H_2S$ 的 $K_{a_1}=9.1\times10^{-8}$，$K_{a_2}=1.1\times10^{-12}$。

17. 若要在 100 ml KI 溶液中使 0.0100 mol 的 $PbCl_2$ 沉淀完全转化成 PbI_2 沉淀，KI 的初始浓度应该是多少？

18. 取 2.00mol · $L^{-1}$$MgCl_2$ 溶液 30.0ml 和 0.600 mol · L^{-1} $NH_3\cdot H_2O$ 溶液 20.0ml 混合，欲阻止 $Mg(OH)_2$ 沉淀($K_{sp}=1.20\times10^{-11}$) 生成，需加 10.0 ml($V_{总}=60.0$ ml) 盐酸的最低浓度是多少？(已知：$NH_3\cdot H_2O$ 的 $K_b=1.76\times10^{-5}$；$pK_b=4.74$)

19. 人的牙齿表面有一层釉质，其组成为羟基磷灰石 $[Ca_{10}(OH)_2(PO_4)_6]$ ($K_{sp}=6.8\times10^{-37}$)，为了防止龋齿，人们常用加氟牙膏，牙膏中的氟化物可以使羟基磷灰石转化为氟磷灰石 $[Ca_{10}(PO_4)_6F_2]$ ($K_{sp}=1.0\times10^{-60}$)。请写出羟基磷灰石转化为氟磷灰石的离子方程式，并计算该转化反应的标准平衡常数。

（王 洋）

第七章　氧化－还原

学习目标

1. 掌握　氧化－还原反应的基本概念；氧化－还原反应的特征及实质；氧化－还原反应方程式的配平方法（特别是离子-电子法）；能熟练运用电极反应的 Nernst 方程计算非标准态时的电极电势；判断氧化剂和还原剂的相对强弱；氧化－还原反应进行的方向的判断；元素电势图的应用。

2. 熟悉　电池符号、电池反应及电池电动势的定义；标准电动势、标准吉布斯自由能变化和标准平衡常数之间的关系。

3. 了解　含有机物氧化－还原反应的配平方法；电极电势产生的机制；原电池的结构及工作原理；电势-pH 图。

氧化－还原反应（oxidation-reduction reaction）是日常生活中经常遇到的一类反应，是化学能和电能的来源之一。该反应在药物合成、药物分析、药物制剂等药学领域也有广泛的应用。

碘化钾属于补碘药，其制剂为碘化钾片。碘化钾的合成工艺是：碘溶于氢氧化钾溶液中，生成碘化钾和碘酸钾的混合物，蒸发至干，再与炭粉混合加热，使碘酸钾还原，即得碘化钾，有关的反应式为：

$$3I_2 + 6KOH = 5KI + KIO_3 + 3H_2O$$

$$KIO_3 + 3C = KI + 3CO\uparrow$$

高锰酸钾属于消毒防腐药，其制剂为高锰酸钾外用片。《中国药典》对高锰酸钾含量测定规定如下：取高锰酸钾（$M_r = 158.03\ g \cdot mol^{-1}$）约 0.8g，精密称定，置 250 ml 量瓶中，加新蒸馏的水溶解并稀释至刻度，摇匀。另精密量取草酸（$H_2C_2O_4 \cdot 2H_2O$，$M_r = 126.07\ g \cdot mol^{-1}$）滴定液（$0.05\ mol \cdot L^{-1}$）25 ml，加硫酸溶液（1→2）5 ml 与水 50 ml；然后从滴定管中迅速加入本品溶液约 23 ml；加热至 65℃，继续滴定至溶液显粉红色，并保持 30 秒钟不褪色，将滴定的结果用空白试验校正。每 1 ml 的草酸滴定液（$0.05\ mol \cdot L^{-1}$）相当于 3.161 mg 的 $KMnO_4$。高锰酸钾含量测定的反应式为：

$$2MnO_4^- + 6H^+ + 5H_2C_2O_4 = 2Mn^{2+} + 10CO_2 + 8H_2O$$

维生素 C 属于维生素类药，其制剂有片剂、泡腾片、颗粒剂和注射液。维生素 C 在水溶液中极不稳定，容易氧化降解变黄，并随着时间增加颜色变深。因此在制备维生素 C 注射液时要加入强还原性的焦亚硫酸钠（$Na_2S_2O_5$）作为抗氧化剂，保护维生素 C 不被氧化，其反应为：

$$Na_2S_2O_5 + H_2O = 2NaHSO_3$$

$$2NaHSO_3 + O_2 = Na_2SO_4 + H_2SO_4$$

氧化－还原反应的特征是在反应前后某些元素的氧化数（oxidation number）发生了变化，其本质是反应物间发生了电子转移（或电子对偏移）。本章以电极电势为核心介绍氧化－还原反应的基本原理及其应用。

扫码“学一学”

第一节 基本概念和氧化-还原方程式的配平

一、基本概念

（一）氧化数

1970 年国际纯粹与应用化学联合会（International Union of Pure and Applied Chemistry，IUPAC）对**氧化数**提出了如下定义：**氧化数是某元素一个原子的表观电荷数（apparent charge number），这种表观电荷数是假设把每个键中的电子指定给电负性较大的原子而求得**。在离子化合物中，阴、阳离子所带的电荷数就是该原子的氧化数①。例如，在 NaCl 中，Cl 的电负性比 Na 大，因此，Cl 氧化数为 -1，Na 的氧化数为 +1。在共价化合物中把共用电子对指定给电负性较大的原子，这样保留的正、负表观电荷数就等于正、负氧化数。如在 H_2O 分子中，O 的电负性比 H 大，因此，把 O 原子和每个 H 原子之间的成键电子都归 O 原子所有，故 O 的氧化数为 -2，H 的氧化数为 +1。根据氧化数的定义，现列出如下一些规则。

1. 单质的氧化数为零。

2. 所有元素的原子，其氧化数的代数和在多原子分子中等于零；在多原子离子中等于离子所带的电荷数。

3. H 的氧化数一般为 +1。但在活泼金属氢化物（如 NaH）中，H 的氧化数为 -1。

4. O 的氧化数一般为 -2，但在过氧化物（如 H_2O_2）中，O 的氧化数为 -1；在超氧化物（如 KO_2）中，氧化数为 -0.5；在 OF_2 中，氧化数为 +2。

根据以上规则，就可以计算出各种物质中任一元素的氧化数。例如：

CO_2 中 C 的氧化数为 +4；　　MnO_4^- 中 Mn 的氧化数为 +7；

$S_2O_3^{2-}$ 中 S 的氧化数为 +2；　　Fe_3O_4 中 Fe 的氧化数为 $+2\frac{2}{3}$。

值得指出的是，在判断共价化合物的氧化数时，不要与**共价数**（某元素原子形成共价键的数目）混淆起来。例如在 CH_4、C_2H_4、C_2H_2 分子中 C 的共价数均为 4，而氧化数则依次分别为 -4、 -2 和 -1。

（二）氧化剂和还原剂

在氧化还原反应中，物质失去电子的过程称为氧化（oxidation）；物质得到电子的过程称为还原（reduction）。例如，在下列反应中：

$$\overset{\frown}{Zn + Cu^{2+}} = Zn^{2+} + Cu$$

Zn 失去电子被氧化，称为还原剂（reducing agent）。Cu^{2+} 得到电子被还原，称为氧化剂（oxidizing agent）。根据氧化数的概念，氧化数升高的过程称为氧化，氧化数升高的物质叫还原剂；氧化数降低的过程称为还原，氧化数降低的物质叫氧化剂。

$$Na\overset{+1}{Cl}O + 2\overset{+2}{Fe}SO_4 + H_2SO_4(稀) = Na\overset{-1}{Cl} + \overset{+3}{Fe_2}(SO_4)_3 + H_2O$$

氧化剂　还原剂　　　　　　　（还原产物）（氧化产物）

① 单独书写氧化数时，与数学中的正负数表示方法相同，但正号不省去。在分子式或化合物中需注明元素的氧化数时，一般在相应元素符号或名称后用罗马数字以括号形式标明，正号可以省去，负号则不能省去。

在这个反应中，分子式上面的数字代表各相应原子的氧化数。NaClO 是氧化剂，Cl 的氧化数从 +1 降到 −1；$FeSO_4$是还原剂，Fe 的氧化数从 +2 升高到 +3。在这个反应中，H_2SO_4虽参加了反应，但氧化数没有改变，通常称硫酸溶液为酸性介质。

假如**氧化数的升高和降低都发生在同一个化合物中，这种氧化还原反应称作自氧化－还原反应**。例如，加热 $KClO_3$制备氧气的反应：

$$2\,K\overset{+5}{Cl}\overset{-2}{O_3}\xrightarrow[\triangle]{MnO_2}2\,K\overset{-1}{Cl}+3\,\overset{0}{O_2}$$

另外，**某一种单质或化合物，它既是氧化剂又是还原剂，一部分转化为较低氧化态，一部分转为较高氧化态，这类反应称作歧化反应**（disproportionation reaction）。它是自氧化还原反应的一种特殊类型。例如反应：

$$4\,K\overset{+5}{Cl}O_3\xrightarrow{\triangle}3\,K\overset{+7}{Cl}O_4+K\overset{-1}{Cl}$$

二、氧化－还原方程式的配平

配平化学反应方程式的理论基础是质量守恒定律。氧化还原反应方程式的配平方法很多，这里仅介绍通用的氧化数法和离子－电子法。

（一）氧化数法

氧化数法，是根据：①在氧化还原反应中，氧化剂的氧化数降低总数与还原剂氧化数升高的总数必定相等；②方程式两边的各种元素的原子数必须相等的原则来配平反应式的。

下面以高锰酸钾与盐酸反应制备氯气为例，说明用氧化数法配平反应式的步骤：

（1）根据实验写出基本反应式：

$$KMnO_4+2HCl\longrightarrow MnCl_2+Cl_2$$

按物质的实际存在形式，调整分子式前的系数。将 HCl 前的系数调整为 2。

（2）求出元素氧化数的变化值：

标出氧化数有变化的元素的氧化数。氧化数增加或减小的数值，以数字前加“＋”或“－”号表示。

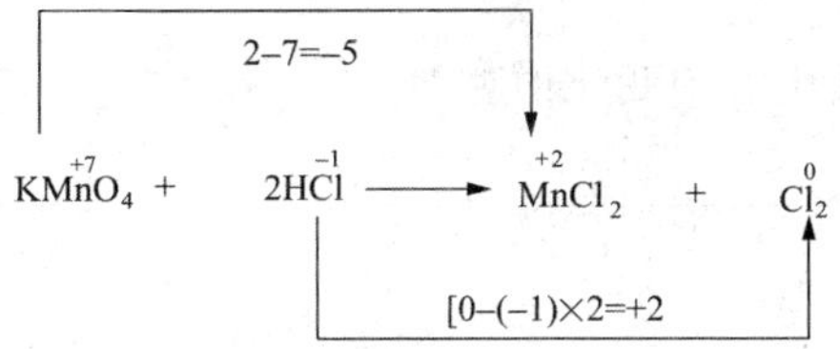

（3）调整系数，使氧化数变化值相等。

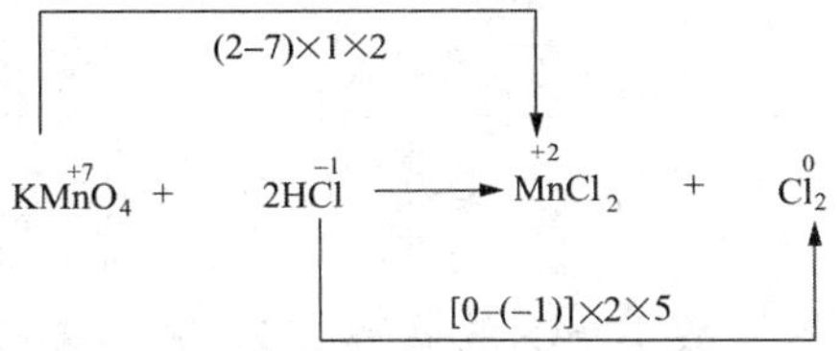

根据反应中氧化数改变值相等的原则，求出最小公倍数。使上式成为：

$$2KMnO_4+10HCl\longrightarrow 2MnCl_2+5Cl_2$$

（4）配平反应式中两边氧化数未改变的原子数目（简称原子数配平）。

一般先核实其他原子数，最后核实 H、O 原子数。

$$2KMnO_4 + 16HCl \xlongequal{} 2MnCl_2 + 5Cl_2 + 2KCl + 8H_2O$$

对于该反应来说，先使 K 原子和 Cl 原子个数相等，最后核实 H、O 原子数，由于左边多16 个 H 原子和 8 个 O 原子，右边应加 8 个 H_2O 分子，至此反应完全配平，将“箭头”改为“等号”。

下面介绍在不同介质（酸性、碱性）条件下，典型的氧化还原方程式的配平方法。

【例 7－1】 在碱性溶液中，ClO^- 可将亚铬酸根离子（CrO_2^-）氧化为铬酸根离子（CrO_4^{2-}），配平此离子反应式。

解：（1）写出反应式：$CrO_2^- + ClO^- + OH^- \longrightarrow CrO_4^{2-} + Cl^- + H_2O$

（2）使反应前后元素氧化数的变化值相等。

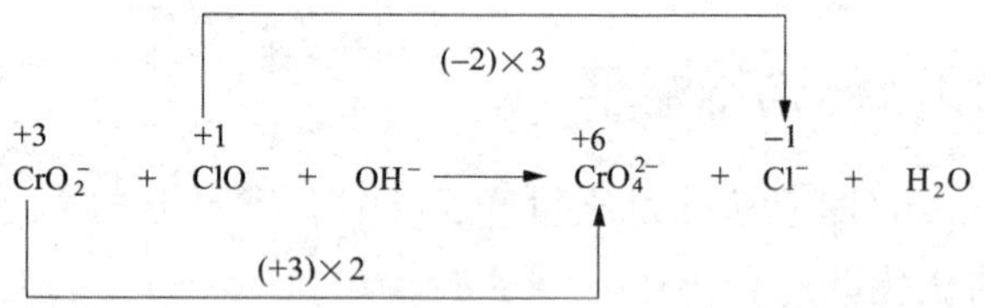

$$2CrO_2^- + 3ClO^- + OH^- \longrightarrow 2CrO_4^{2-} + 3Cl^- + H_2O$$

配平离子反应式，必须使方程式两边的离子所带的电荷相等。左边有 6 个负电荷，右边有 7 个负电荷，所以 OH^- 的系数应为 2，最后核实 H、O 原子数也相等。得到配平的反应式如下：

$$2CrO_2^- + 3ClO^- + 2OH^- \xlongequal{} 2CrO_4^{2-} + 3Cl^- + H_2O$$

【例 7－2】 在酸性溶液（稀 H_2SO_4）中，重铬酸钾（$K_2Cr_2O_7$）氧化甲苯为苯甲酸。配平此反应。

解：（1）写出主要反应物及主产物。

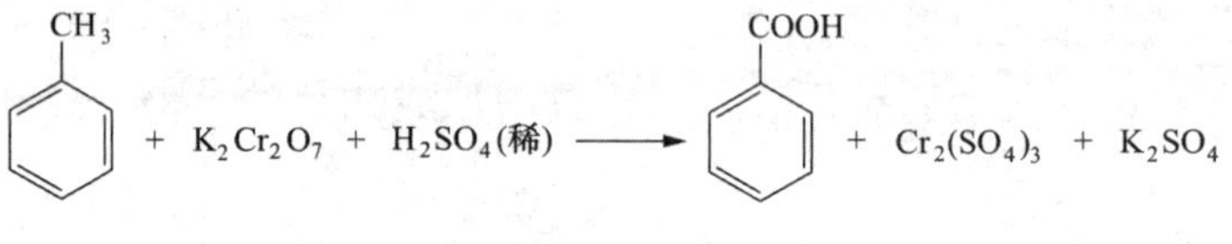

（2）使反应前后元素氧化数的变化值相等。

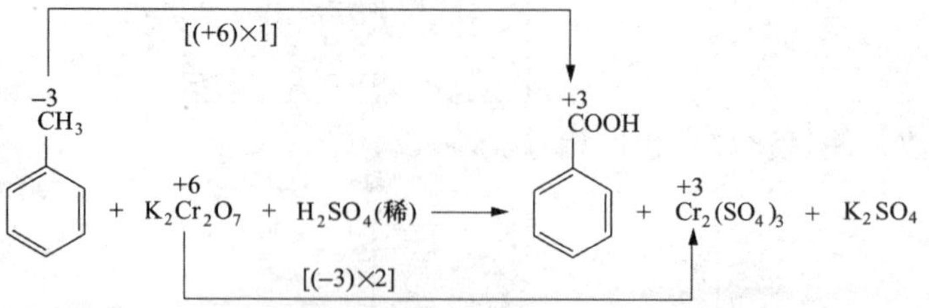

（3）原子数配平。

反应前后 K 原子数目相等，故 H_2SO_4 的系数应为 4；这样，反应物有 11 个 H 原子（未计算苯环上的 H），产物有 1 个 H 原子，反应物有 23 个 O 原子，产物有 18 个 O 原子，故产物应有 5 个 H_2O 分子。得到配平的反应式如下：

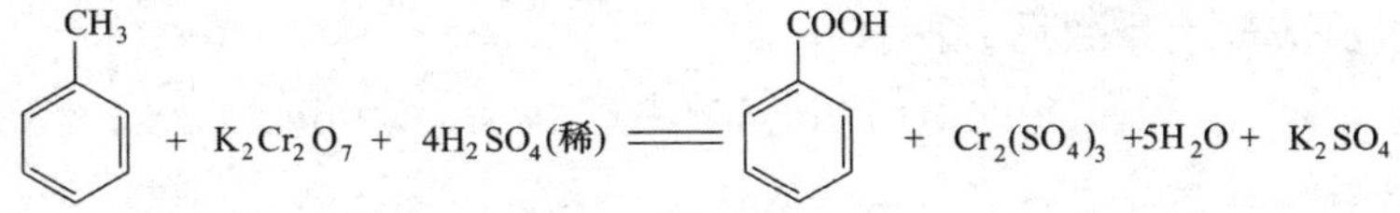

要强调的是，在酸性介质中，反应式中不能加入或生成 OH^-；在碱性介质中，反应式中不能加入或生成 H^+。

氧化数法的优点是简单、快速，既适用于水溶液中的氧化还原反应，也适用于非水系统的氧化还原反应。

（二）离子-电子法

离子-电子法是根据：（1）氧化-还原反应中氧化剂得到的电子总数和还原剂失去的电子总数相等；（2）方程式两边的各种元素的原子数必须相等的原则来配平反应式的。现以 $K_2Cr_2O_7$ 与 H_2S 在稀 H_2SO_4 中的反应为例说明其配平步骤：

（1）根据实验事实，写出未配平的离子反应方程式：

$$Cr_2O_7^{2-} + H_2S \longrightarrow Cr^{3+} + S$$

（2）将上述未配平的反应式分成两个半反应式。一个表示氧化剂的还原反应；另一个表示还原剂的氧化反应。

$Cr_2O_7^{2-} \longrightarrow Cr^{3+}$　　（还原反应）

$H_2S \longrightarrow S$　　（氧化反应）

（3）分别配平两个半反应式，使等式两边的原子个数和净电荷数相等。

$$Cr_2O_7^{2-} + 14H^+ + 6e^- \rightleftharpoons 2Cr^{3+} + 7H_2O \quad ①$$

$$H_2S \rightleftharpoons S + 2H^+ + 2e^- \quad ②$$

（4）根据氧化剂和还原剂得失电子数必须相等的原则，在两个半反应式中乘上适当的系数（由得失电子数的最小公倍数确定），然后两式相加，得到配平的离子反应方程式。

①×1　$Cr_2O_7^{2-} + 14H^+ + 6e^- \rightleftharpoons 2Cr^{3+} + 7H_2O$

②×3　$3H_2S \rightleftharpoons 3S + 6H^+ + 6e^-$

---

③　$Cr_2O_7^{2-} + 8H^+ + 3H_2S = 2Cr^{3+} + 3S + 7H_2O$

在配平过程中，如果半反应式两边的氧原子数不等，可根据反应的介质条件（酸、碱性），添加 H^+、OH^- 或 H_2O，以配平半反应式。**在酸性介质中，半反应式中不能加入 OH^-；在碱性介质中，半反应式中不能加入 H^+。**

【例7-3】 在碱性介质（NaOH）中，溴氧化亚铬酸钠变成铬酸钠，用离子-电子法配平该反应的离子反应式。

解：（1）未配平的离子反应式为：$CrO_2^- + Br_2 + OH^- \longrightarrow CrO_4^{2-} + 2Br^- + H_2O$

（2）分成两个半反应。

$CrO_2^- \longrightarrow CrO_4^{2-}$

$Br_2 \longrightarrow 2Br^-$

（3）配平半反应式两边的原子数和电荷数。在碱性介质中，多氧一边加 H_2O，缺氧一边加 OH^-。

$$CrO_2^- + 4OH^- \rightleftharpoons CrO_4^{2-} + 2H_2O + 3e^- \quad ①$$

$$Br_2 + 2e^- \rightleftharpoons 2Br^- \quad ②$$

（4）将各半反应配上系数后，两式相加。

①×2 $$2CrO_2^- + 8OH^- \rightleftharpoons 2CrO_4^{2-} + 4H_2O + 6e^-$$

②×3 $$3Br_2 + 6e^- \rightleftharpoons 6Br^-$$

③ $$2CrO_2^- + 3Br_2 + 8OH^- \longrightarrow CrO_4^{2-} + 6Br^- + 4H_2O$$

【例 7-4】 用离子-电子法配平反应：$MnO_4^- + C_3H_7OH \longrightarrow Mn^{2+} + C_2H_5COOH$（酸性介质）。

解：（1）分成两个半反应。

$$MnO_4^- \longrightarrow Mn^{2+} \quad ①$$

$$C_3H_7OH \longrightarrow C_2H_5COOH \quad ②$$

（2）配平半反应式两边的原子数和电荷数，在酸性介质中，多氧一边加 H^+，缺氧一边加 H_2O。

$$MnO_4^- + 8H^+ + 5e^- \rightleftharpoons Mn^{2+} + 4H_2O \quad ①$$

$$H_2O + C_3H_7OH \rightleftharpoons C_2H_5COOH + 4H^+ + 4e^- \quad ②$$

①×4+②×5 得：

$$4MnO_4^- + 5C_3H_7OH + 12H^+ \rightleftharpoons 4Mn^{2+} + 5C_2H_5COOH + 11H_2O$$

离子-电子法仅适于水溶液中氧化还原反应的配平。其优点是可以避免求氧化数的麻烦，另外，通过学习离子-电子法配平，掌握书写半反应式的方法，而半反应式是电极反应的基本反应式。

第二节 电极电势和电池电动势

扫码“学一学”

为了能定量地度量在水溶液中各种氧化剂和还原剂的相对强弱，判断在实验条件下氧化还原反应的方向与限度，有必要熟悉电极电势的基本概念及相关内容。

一、原电池

（一）原电池的组成

将 Zn 片放入 $CuSO_4$ 溶液中，可以看到 $CuSO_4$ 溶液的蓝色逐渐变浅，同时在 Zn 片上不断析出紫红色的 Cu，此现象表明，Zn 和 $CuSO_4$ 之间发生了氧化还原反应：

$$Zn + Cu^{2+} \longrightarrow Zn^{2+} + Cu$$

由于 Zn 片与 $CuSO_4$ 溶液接触，电子从 Zn 直接转移给 Cu^{2+}，电子的转移是无秩序的，反应放出的化学能转变成热能，虽溶液温度升高但无电流产生。若采用图 7-1 装置：在一个烧杯中放入 $ZnSO_4$ 溶液并插入 Zn 片；在另一个烧杯中放入 $CuSO_4$ 溶液并插入 Cu 片，两个烧杯用盐桥（一个倒置的∪形管，管内充满饱和 KCl 或 KNO_3 溶液制成的冻胶）连接起来，再用导线连接 Zn 片和 Cu 片，中间串联一个检流计，则可以看到检流计的指针发生偏转，这表明导线中有电流通过。由检流计指针偏转方向可知，电子从 Zn 电极流向 Cu 电极，亦即电流由正极（电子流入的电极）流向负极（电子流出的电极）。

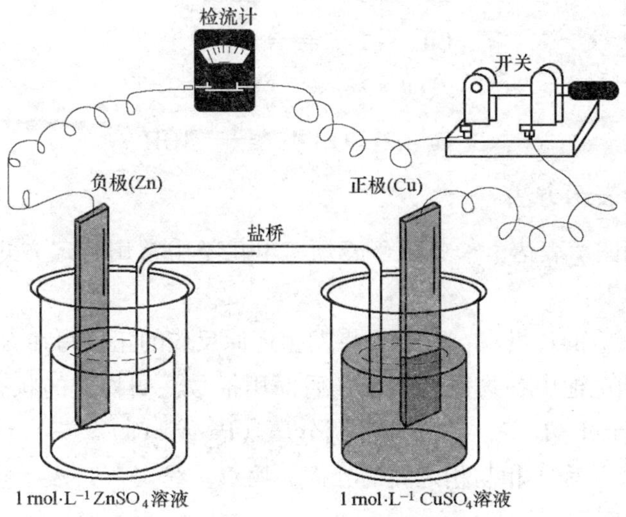

图 7-1 铜-锌原电池

两电极发生的反应（电极反应或半电池反应）为：

负极（Zn 电极）$Zn - 2e^- \rightleftharpoons Zn^{2+}$　　氧化反应

正极（Cu 电极）$Cu^{2+} + 2e^- \rightleftharpoons Cu$　　还原反应

电池反应：　$Zn + Cu^{2+} \rightleftharpoons Zn^{2+} + Cu$

由此可见，图 7-1 装置发生的氧化还原反应，同 Zn 与 Cu^{2+} 直接接触所发生的氧化还原反应实质是一样的，只不过这种装置使氧化反应和还原反应分别在负极和正极进行，电子由 Zn 电极向 Cu 电极定向流动而形成电流。这种将氧化还原反应的化学能转变为电能的装置称为原电池（primary cell; galvanic cell）（以下称电池）。它由两个半电池（half cell）、盐桥（salt bridge）和导线组成。

盐桥的作用是导电和平衡电荷。以铜-锌电池为例，随着电池反应的发生，Zn 电极中 Zn^{2+} 浓度逐渐增加，而带正电荷；Cu 电极中 Cu^{2+} 浓度逐渐减少而带负电荷（SO_4^{2-} 浓度相对增加所致），这样会阻碍电子从锌电极向铜电极运动而中断电流。当用盐桥连接两溶液时，盐桥中的 K^+ 向铜盐溶液中迁移，Cl^-（或 NO_3^-）向锌盐溶液中迁移，使两溶液维持电中性，锌的溶解和铜的析出得以继续进行。

电池的设计揭示了氧化还原反应的本质及化学现象与电现象的联系，并为化学的新领域——**电化学**的建立和发展奠定了基础。

每一种原电池都是由两个半电池所组成。**半电池**也称为**电极**（electrode）。每个半电池（电极）含有同一元素不同氧化数物质，高氧化数的物质称为氧化型。如 Cu-Zn 原电池中的 Zn^{2+} 和 Cu^{2+}；低氧化数的物质称为**还原型**，如 Zn 和 Cu。同一元素的氧化型物质和还原性物质构成**氧化还原电对**（redox couple），记作**氧化型/还原型**。如 Zn^{2+}/Zn、Cu^{2+}/Cu。非金属单质及其相应的离子，也可以构成氧化还原电对（以下简称电对），例如 H^+/H_2，O_2/OH^- 等。

氧化型物质和还原型物质在一定条件下，可以相互转化。

$$氧化型 + ne^- \rightleftharpoons 还原型$$

$$Zn^{2+} + 2e^- \rightleftharpoons Zn$$

$$Cu^{2+} + 2e^- \rightleftharpoons Cu$$

$$2H^+ + 2e^- \rightleftharpoons H_2$$

$$O_2 + 2H_2O + 4e^- \rightleftharpoons 4OH^-$$

（二）原电池的表示方法

原电池的组成用图示表达，未免过于麻烦，电化学中常用特定方式表示原电池称为电池符号，具体规定如下：

1. 将发生氧化反应的负极写在左边，将发生还原反应的正极写在右边。

2. 以化学式表示电池中各物质的组成，后面用括号注明物质的状态（g，l，s），溶液要标明浓度或活度（$mol \cdot L^{-1}$），气体应注明分压（Pa 或 kPa）。

3. 用单垂线“|”表示相与相之间的界面，用双垂线“‖”表示盐桥，同一可混溶的液相中的不同物质之间用“,”表示。

4. 非金属或气体不导电，因此，由非金属元素的不同氧化态所构成的氧化还原电对作半电池时，需外加惰性物质（铂或石墨等）作电极导体。该电极导体不参与反应，只起传递电子的作用。

按上述规定，Cu－Zn 原电池可用如下电池符号表示：

$(-)\ Zn(s)\ |\ Zn^{2+}(c_1)\ \|\ Cu^{2+}(c_2)\ |\ Cu(s)\ (+)$

例如，反应：$Cl_2 + 2Fe^{2+} \rightleftharpoons 2Fe^{3+} + 2Cl^-$

正极：$Cl_2 + 2e^- \rightleftharpoons 2Cl^-$（还原）

负极：$Fe^{2+} \rightleftharpoons Fe^{3+} + e^-$（氧化）

电池符号为：$(-)\ Pt\ |\ Fe^{2+}(c_1),\ Fe^{3+}(c_2)\ \|\ Cl^-(c_3)\ |\ Cl_2(p)\ |\ Pt(+)$

其中 Fe^{3+} 和 Fe^{2+} 处于同一液相中，故用逗号分开。

（三）电极的类型①

电极的种类很多，根据电极结构和电极反应的特征，将常用电极分为以下 4 种类型：

1. 金属电极　将金属浸入含有该金属离子的溶液中构成。例如：铜电极。

电极符号：$Cu\ |\ Cu^{2+}\ (c)$

电极反应：$Cu^{2+}(c) + 2e^- \rightleftharpoons Cu(s)$

2. 气体电极　将气体通入含有该气体所对应的离子的溶液中构成。例如氢电极。

电极符号：$Pt\ |\ H_2(p)\ |\ H^+(c)$

电极反应：$2H^+(c) + 2e^- \rightleftharpoons H_2(p)$

3. 金属难溶盐电极　在金属表面覆盖一层该金属的难溶盐，然后浸入含有该难溶盐的阴离子的溶液中构成。例如，表面涂有 AgCl 的银丝插在 HCl 溶液中，称为氯化银电极。

电极符号：$Ag\ |\ AgCl\ |\ Cl^-(c)$

电极反应：$AgCl(s) + e^- \rightleftharpoons Ag(s) + Cl^-(c)$

实验室常用的甘汞电极，也属于这类电极，它的组成是在金属汞（液态）的表面上覆盖一层氯化亚汞（甘汞，Hg_2Cl_2），然后注入氯化钾溶液。见图 7－4。

电极符号：$Hg(l)\ |\ Hg_2Cl_2(s)\ |\ Cl^-(c)$

---

① 限于本课程要求，此分类方法与《物理化学》课分类方法有所不同。

电极反应：$Hg_2Cl_2(s) + 2e^- \rightleftharpoons 2Hg(l) + 2Cl^-(c)$

4. 氧化-还原电极　将惰性导电材料（Pt或石墨）放入一溶液中，这种溶液含有同一元素不同氧化态的两种离子，如Pt插入含有Fe^{3+}、Fe^{2+}溶液中。

电极符号：$Pt \mid Fe^{3+}(c_1), Fe^{2+}(c_2)$

电极反应：$Fe^{3+}(c_1) + e^- \rightleftharpoons Fe^{2+}(c_2)$

二、电极电势

（一）电极电势的产生

在原电池的装置中，把两个电极用导线连接后就有电流产生，可见，两个电极之间存在着一定的电势差，换句话说，构成原电池的两个电极的电势是不相等的。下面说明电极电势产生的原因。

我们知道，金属晶体（M）是由金属原子、金属离子（M^{n+}）和自由电子组成，因此，如果把金属放在其盐的溶液中，在金属与其盐溶液的接触界面上就会发生两个不同的过程：一个是金属表面的阳离子由于受到溶液中极性水分子吸引而成为水合离子进入溶液；另一个是溶液中的金属离子由于碰到金属表面，受到自由电子的吸引而沉积到金属表面上。这是个可逆过程，当两种方向相反的过程进行的速率相等时，即达到动态平衡：

$$M(s) \rightleftharpoons \underset{(\text{溶液中})}{M^{n+}(aq)} + \underset{(\text{金属上})}{ne^-}$$

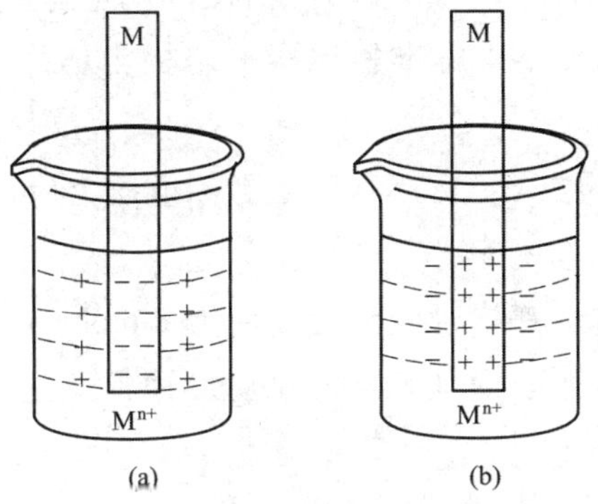

图7-2　金属的电极电势

金属越活泼或盐溶液浓度越小，越有利于正反应。则金属溶解的趋势大于溶液中金属离子沉积到金属表面的趋势，即平衡向右移动。达平衡时，金属中的金属离子M^{n+}进入溶液，使金属棒上带负电，靠近金属棒附近的溶液带正电。溶液中金属离子并不是均匀分布的，由于静电吸引，较多地集中在金属表面附近的液层中，于是，在金属与溶液的界面上形成双电层（double electric layer）（图7-2a），产生电势差。**金属与其盐溶液界面上的电势差称为金属的电极电势**（electrode potential）。

金属越不活泼或盐溶液浓度越大，越有利于逆反应。达到平衡时，是溶液中的金属离子从金属上获得电子沉积到金属上。这时，金属带正电而溶液带负电（图7-2b），可见，金属的电极电势值主要取决于金属失电子的倾向，即还原能力的大小，并受溶液中其离子浓度的影响。整个过程还伴随有热量变化，所以，温度也是影响平衡的因素之一。

可以想到，在Cu-Zn原电池中，由于Zn比Cu活泼，失电子倾向更大，形成的双电层，Zn片上就带有较多负电荷，一旦用导线将两电极相连，电子就自锌电极移向铜电极（与电流的方向相反）。随着电子的转移，电极反应的平衡被破坏，更促使锌电极失去电子（氧化），铜电极接受电子（还原）。在整个过程中，电池的内电路则由盐桥沟通。

（二）标准氢电极和标准电极电势

1. 标准氢电极（standard hydrogen electrode，缩写为SHE）

迄今为止，电极电势的绝对值还无法测量，但可用比较的方法确定它的相对值，通常用标准氢电极作为比较标准。标准氢电极的构造见图 7－3。其结构为：将镀有铂黑的铂片浸入含有活度为 1 mol · L⁻¹的 H^+溶液中，不断通入压力为 100 kPa（$p^\ominus$）的纯净氢气，使氢气吹打到铂片上，并使溶液也被氢气所饱和，这样，被吸附了的氢气与溶液中的 H^+之间建立了如下动态平衡：

$$2H^+(a=1\ \text{mol}\cdot L^{-1})+2e^- \rightleftharpoons H_2(g,\ p^\ominus)$$

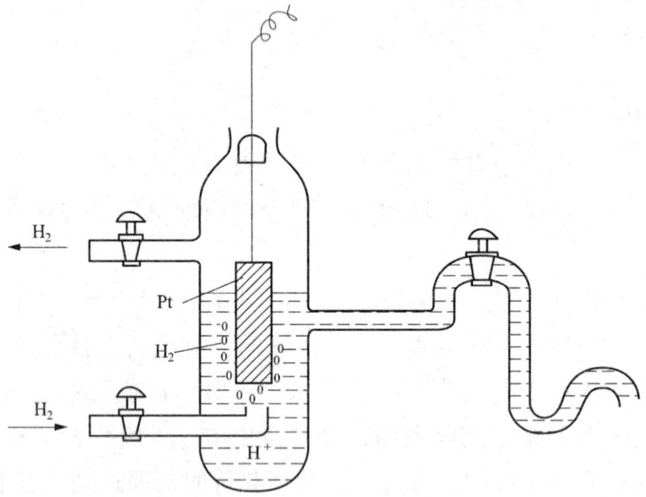

图 7－3　标准氢电极

这时，在铂片上用标准压力饱和了的氢气与活度为 1 mol · L^{-1}的 H^+溶液间的电势差，即为标准氢电极的电极电势，并人为地规定：**在任何温度下，标准氢电极的电极电势为零伏特，记作：$E^\ominus(H^+/H_2)=0.0000$ V。**

右上角的符号“⊖”代表标准态。由于 1 mol · L^{-1}的 H^+（aq）和分压为标准压力（$p^\ominus$）的 H_2(g) 的 $\Delta_f G_m$ 均为 0，$E^\ominus(H^+/H_2)=0$ V 是必然的。

电极的标准态是指参加电极反应的各物质：溶液浓度（严格讲应为活度）为 1 mol · L^{-1} 气体的分压应为标准压力 100 kPa（$p^\ominus$）；液体和固体为纯净物（$x_i=1$）；温度通常选定为 298.15 K。

2. **标准电极电势**　人们可将任何两个半电池（电极）组成电池，零电流时，测定电池的电动势（E），即能测得该电池正、负电极电势的差值。

$$E=E_{(+)}-E_{(-)} \tag{7-1}$$

式中，$E_{(+)}$代表正极的电极电势；$E_{(-)}$代表负极的电极电势。

如果电极中各物质均处在标准态，则电池的标准电动势（standard electromotive force）$E^\ominus$为：

$$E^\ominus=E^\ominus_{(+)}-E^\ominus_{(-)} \tag{7-2}$$

$E^\ominus_{(+)}$或 $E^\ominus_{(-)}$称为标准电极电势（standard electrode potential）。

按照 IUPAC 的建议：任何一个待测电极的电极电势定义为该电极与标准氢电极组成电池的电动势，并规定将标准氢电极作为发生氧化作用（即失去电子）的负极，而将待测电极作为还原作用（得到电子）的正极。电池符号为：

$$(-)\ \text{Pt(s)}\ |\ H_2(p^\ominus)\ |\ H^+(1\ \text{mol}\cdot L^{-1})\ \|\ \text{待测电极}(+)$$

若待测电极处在标准态，按式(7－2) 得：

$$E^\ominus=E^\ominus_{(+)}-E^\ominus(H^+/H_2)=E^\ominus_{(+)}$$

例如，在 298.15 K 时，将标准锌电极与标准氢电极组成电池，电池符号为：

$$(-)\ \mathrm{Pt(s)}\ |\ \mathrm{H_2}(p^{\ominus})\ |\ \mathrm{H^+}(1\ \mathrm{mol\cdot L^{-1}})\ \|\ \mathrm{Zn^{2+}}(1\ \mathrm{mol\cdot L^{-1}})\ |\ \mathrm{Zn(s)}\ (+)$$

实验测得电池的标准电动势 $E^{\ominus} = -0.7626$ V，则锌电极的标准电极电势

$$E^{\ominus}(\mathrm{Zn^{2+}/Zn}) = -0.7626\ \mathrm{V}$$

若将标准铜电极与标准氢电极组成电池，电池符号为：

$$(-)\ \mathrm{Pt(s)}\ |\ \mathrm{H_2}(p^{\ominus})\ |\ \mathrm{H^+}(1\ \mathrm{mol\cdot L^{-1}})\ \|\ \mathrm{Cu^{2+}}(1\ \mathrm{mol\cdot L^{-1}})\ |\ \mathrm{Cu(s)}\ (+)$$

实验测得电池的标准电动势 $E^{\ominus} = +0.340$V，则铜电极的标准电极电势

$$E^{\ominus}(\mathrm{Cu^{2+}/Cu}) = +0.340\ \mathrm{V}$$

Zn^{2+}/Zn 电对的标准电极电势带负号，表明 Zn 失去电子倾向大于 H_2，或 Zn^{2+} 得到电子变成 Zn 的倾向小于 H^+ 得电子变成 H_2 的倾向；Cu^{2+}/Cu 电对的标准电极电势带正号，表明铜失电子倾向小于 H_2，或 Cu^{2+} 得电子变成 Cu 的倾向大于 H^+ 得电子变成 H_2 的倾向，也可以说 Zn 比 Cu 活泼，因为 Zn 比 Cu 更容易失去电子变成 Zn^{2+}。

3. 标准电极电势表　用标准氢电极作为比较标准，可以测定其他各种电极的标准电极电势。一些物质在水溶液中的标准电极电势见表 7－1 和表 7－2 或附录。

表 7－1　标准电极电势（298.15 K，在酸性溶液中）

电极反应					$E^{\ominus}$/V
	氧化型	电子数	还原型		
	K^+	$+e^-$	$\rightleftharpoons K$		−2.924
	Ba^{2+}	$+2e^-$	$\rightleftharpoons Ba$		−2.92
	Ca^{2+}	$+2e^-$	$\rightleftharpoons Ca$		−2.84
	Na^+	$+e^-$	$\rightleftharpoons Na$		−2.713
	Mg^{2+}	$+2e^-$	$\rightleftharpoons Mg$		−2.372
	Al^{3+}	$+3e^-$	$\rightleftharpoons Al$		−1.676
	Mn^{2+}	$+2e^-$	$\rightleftharpoons Mn$		−1.17
	Zn^{2+}	$+2e^-$	$\rightleftharpoons Zn$		−0.7626
最弱的	Fe^{2+}	$+2e^-$	$\rightleftharpoons Fe$	最强的	−0.44
氧化剂	Ni^{2+}	$+2e^-$	$\rightleftharpoons Ni$	还原剂	−0.257
得电子或氧化能力依次增强 ↓	Sn^{2+}	$+2e^-$	$\rightleftharpoons Sn$		−0.1375
	Pb^{2+}	$+2e^-$	$\rightleftharpoons Pb$	↑ 失电子或还原能力依次增强	−0.126
	$2H^+$	$+2e^-$	$\rightleftharpoons H_2$		0.0000
	Cu^{2+}	$+e^-$	$\rightleftharpoons Cu^+$		+0.159
	Cu^{2+}	$+2e^-$	$\rightleftharpoons Cu$		+0.340
	I_2	$+2e^-$	$\rightleftharpoons 2I^-$		+0.5355
最强的	$H_3AsO_4 + 2H^+$	$+2e^-$	$\rightleftharpoons H_3AsO_3 + H_2O$	最弱的	+0.560
氧化剂	$O_2 + 2H^+$	$+2e^-$	$\rightleftharpoons H_2O_2$	还原剂	+0.695
	Fe^{3+}	$+e^-$	$\rightleftharpoons Fe^{2+}$		+0.771
	Ag^+	$+e^-$	$\rightleftharpoons Ag$		+0.7991
	Br_2	$+2e^-$	$\rightleftharpoons 2Br^-$		+1.087
	$2IO_3^- + 12H^+$	$+10e^-$	$\rightleftharpoons I_2 + 6H_2O$		+1.195
	$Cr_2O_7^{2-} + 14H^+$	$+6e^-$	$\rightleftharpoons 2Cr^{3+} + 7H_2O$		+1.36
	Cl_2	$+2e^-$	$\rightleftharpoons 2Cl^-$		+1.396
	$MnO_4^- + 8H^+$	$+5e^-$	$\rightleftharpoons Mn^{2+} + 4H_2O$		+1.51
	$H_2O_2 + 2H^+$	$+2e^-$	$\rightleftharpoons 2H_2O$		+1.763
	F_2	$+2e^-$	$\rightleftharpoons 2F^-$		+2.87

表 7－2　标准电极电势（298.15K，在碱性溶液中）

电极反应					$E^{\ominus}$/V
	氧化型	电子数	还原型		
得电子或氧化能力依次增强↓	$ZnO_2^{2-}+2H_2O$	$+2e^-$	$\rightleftharpoons Zn+4OH^-$	失去电子或还原能力依次增强↑	−1.215
	$2H_2O$	$+2e^-$	$\rightleftharpoons H_2+2OH^-$		−0.8277
	$Fe(OH)_3$	$+e^-$	$\rightleftharpoons Fe(OH)_2+OH^-$		−0.56
	S	$+2e^-$	$\rightleftharpoons S^{2-}$		−0.478
	$Cu(OH)_2$	$+2e^-$	$\rightleftharpoons Cu+2OH^-$		−0.224
	$CrO_4^{2-}+4H_2O$	$+3e^-$	$\rightleftharpoons Cr(OH)_3+5OH^-$		−0.13
	$NO_3^-+H_2O$	$+2e^-$	$\rightleftharpoons NO_2^-+2OH^-$		+0.01
	Ag_2O+H_2O	$+2e^-$	$\rightleftharpoons 2Ag+2OH^-$		+0.342
	$ClO_4^-+H_2O$	$+2e^-$	$\rightleftharpoons ClO_3^-+2OH^-$		+0.36
	O_2+2H_2O	$+4e^-$	$\rightleftharpoons 4OH^-$		+0.401
	$ClO_3^-+3H_2O$	$+6e^-$	$\rightleftharpoons Cl^-+6OH^-$		+0.62
	ClO^-+H_2O	$+2e^-$	$\rightleftharpoons Cl^-+2OH^-$		+0.81

为了正确使用标准电极电势表，将注意的问题概述如下：

（1）标准电极电势表中的电极反应，均以还原反应的形式表示：

$$\text{氧化型} \quad + ne^- \rightleftharpoons \text{还原型}$$

（2）标准电极电势是平衡电极电势，电极反应是可逆的，电极电势的正、负号不随电极反应进行的方向而变化。例如锌电极：

$$Zn^{2+}\ (1\ mol \cdot L^{-1})\ +2e^- \rightleftharpoons Zn \qquad E^{\ominus}(Zn^{2+}/Zn) = -0.7626V$$

$$Zn \rightleftharpoons Zn^{2+}(1\ mol \cdot L^{-1})+2e^- \qquad E^{\ominus}(Zn^{2+}/Zn) = -0.7626V$$

（3）若将电极反应乘以某系数，其 $E^{\ominus}$ 值不变。例如：

$$Cl_2(100\ kPa)+2e^- \rightleftharpoons 2\ Cl^-(1\ mol \cdot L^{-1}) \qquad E^{\ominus}(Cl_2/Cl^-)=1.396\ V$$

$$\frac{1}{2}Cl_2(100kPa)+e^- \rightleftharpoons Cl^-(1\ mol \cdot L^{-1}) \qquad E^{\ominus}(Cl_2/Cl^-)=1.396\ V$$

（4）标准电极电势表常分为**酸表**[$a(H^+)=1mol \cdot L^{-1}$]，用 $E_A^{\ominus}$ 表示，见表 7－1，和**碱表**[$a(OH^-)=1mol \cdot L^{-1}$]，用 $E_B^{\ominus}$ 表示，见表 7－2。应根据电极反应中物质存在的稳定状态推断查酸表还是碱表，例如：$Fe^{3+}+e^- \rightleftharpoons Fe^{2+}$，$Fe^{3+}$ 和 Fe^{2+} 只能在酸性介质中存在，故应在酸表中查出 $E^{\ominus}(Fe^{3+}/Fe^{2+})$ 值。而 $E^{\ominus}[Fe(OH)_3/Fe(OH)_2]$ 或 $E^{\ominus}(ZnO_2^{2-}/Zn)$ 只能在碱表中查出。

（5）$E^{\ominus}$ 值仅适用于标准态时的水溶液。对于非水溶液、高温、固相反应则不能使用 $E^{\ominus}$。

（6）使用氢电极时，需高纯且稳定的氢气流，制作不方便，而饱和甘汞电极（saturated calomal electrode，缩写为 SCE）制作简单、电极电势稳定、使用方便，是常用的参比电极（reference electrode）——电极电势值已知且基本恒定的电极。见图 7－4。当氯化钾为饱和溶液时，它的电极电势 E_{SCE} 为 +0.244V（298.15K），而同温度时甘汞电极标准电极电势 $E_{NCE}^{\ominus}$ 为 +0.2682V。

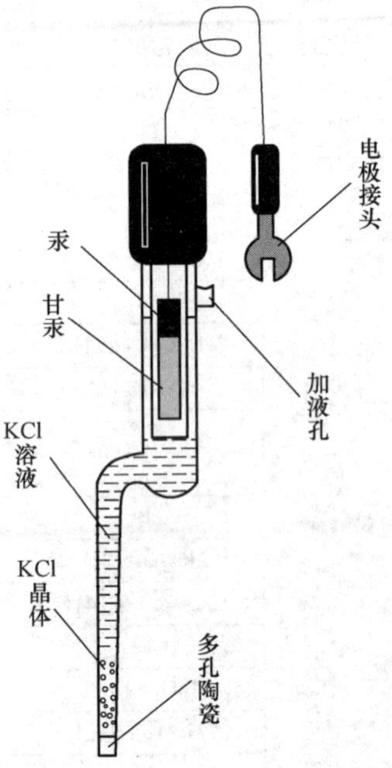

图 7－4　饱和甘汞电极

三、氧化还原反应的方向与限度

（一）氧化还原反应的方向

从化学热力学可知，在恒温恒压下，系统吉布斯自由能的减小，等于系统所做的最大有用功（非体积功），即 $\Delta G = W'_{max}$，如果在原电池中非体积功只有电功一种，那么，吉布斯自由能变化和电池电动势之间就有下列关系：

$$\Delta_r G = W'_{max} = -nFE \qquad (7-3a)$$

式中 n 代表电池反应中转移的电子数，F 为 1mol 电子所带的电量，称为法拉第常数（Faraday constant），其值为 $96500C \cdot mol^{-1}$（C 为库仑）或 $9.65 \times 10^4 J \cdot V^{-1} \cdot mol^{-1}$，$E$ 代表电池的电动势。这个关系式说明电池的电能来源于化学反应。在反应中，当 n mol 电子自发地从低电势区流到高电势区，即从负极流向正极，反应吉布斯自由能的减少（$\Delta_r G$）转变为电能并做了功。在式（7-3a）中，等号两边的单位统一于 J。

若将式（7-3a）的两边同时除以反应进度 ξ，

$$\frac{\Delta_r G}{\xi} = \frac{-nFE}{\xi}$$

即得公式：

$$\Delta_r G_m = -zFE \qquad (7-3b)$$

式中 z 为无量纲的量，数值上与 n 相等；公式中等号两边的单位都为 $J \cdot mol^{-1}$。

当电池中所有物质都处在标准态时，电池的电动势就是标准电动势 $E^\ominus$。在这种情况下，$\Delta_r G_m$ 就是标准吉布斯自由能变化 $\Delta_r G_m^\ominus$，则上式可以写成：

$$\Delta_r G_m^\ominus = -zFE^\ominus \qquad (7-4)$$

这个关系式把热力学和电化学相联系。所以，测得原电池的电动势 $E^\ominus$，就可以求出该电池的最大电功，以及反应的吉布斯自由能变化 $\Delta_r G_m^\ominus$。反之，已知某个氧化还原反应的吉布斯自由能变化 $\Delta_r G_m^\ominus$ 的数据，便可求得该反应所构成原电池的电动势 $E^\ominus$。在标准状态下，我们可以用电池反应的吉布斯自由能变化（$\Delta_r G_m^\ominus$）或标准电动势 $E^\ominus$ 判断氧化还原反应的方向及限度。

若电池反应：

$\Delta_r G_m^\ominus < 0$，则 $E^\ominus > 0$，正反应自发进行，逆反应为非自发；

$\Delta_r G_m^\ominus = 0$，则 $E^\ominus = 0$，反应达到平衡状态；

$\Delta_r G_m^\ominus > 0$，则 $E^\ominus < 0$，正反应为非自发，逆反应自发进行。

【例 7-5】 求下列电池在 298.15 K 时的电动势 $E^\ominus$ 和 $\Delta_r G_m^\ominus$，并写出反应式，在标准状态下，此反应是否能自发进行？

$$(-)\ Cu \mid Cu^{2+}(1mol \cdot L^{-1}) \parallel H^+(1mol \cdot L^{-1}) \mid H_2(100kPa) \mid Pt(+)$$

解：反应式： $Cu + 2H^+ \rightleftharpoons Cu^{2+} + H_2$

$$E^\ominus = E^\ominus(H^+/H_2) - E^\ominus(Cu^{2+}/Cu) = 0.0000 - 0.340 = -0.340(V)$$

$\Delta_r G_m^\ominus = -zFE^\ominus = -2 \times 96500 \times (-0.340) = 65.6\ (kJ \cdot mol^{-1})$

$\Delta_r G_m^\ominus > 0$ 或 $E^\ominus < 0$，在标准状态下，此反应不能自发进行。

【例 7-6】 电对 Na^+/Na 的 $E^\ominus(Na^+/Na)$ 无法在水溶液中直接测定，已知 298.15K 时 $\Delta_f G_m(Na^+, aq)$ 为 $-261.88kJ \cdot mol^{-1}$，计算 $E^\ominus(Na^+/Na)$。

解：将氢电极和钠电极组成理论电池，电池反应为：

$2Na(s) + 2H^+(aq) \rightleftharpoons 2Na^+(aq) + H_2(g)$

$$\Delta_r G_m^\ominus = \sum v_B \Delta_f G_m^\ominus(B) = 2\times(-261.88) = -523.76(kJ\cdot mol^{-1})$$

$$\Delta_r G_m^\ominus = -zFE^\ominus;\ E^\ominus = -\Delta_r G_m^\ominus/zF = \frac{523.76\times1000}{2\times96500} = 2.714(V)$$

故 $E^\ominus(Na^+/Na) = -2.714(V)$

（二）氧化还原反应的限度

在标准状态下，根据氧化还原反应的标准吉布斯自由能变化 $\Delta_r G_m^\ominus$ 或该反应构成原电池的电动势 $E^\ominus$ 均可判断氧化还原反应的方向和限度，但标准平衡常数可以定量地说明反应进行的程度。下面就氧化还原反应的标准平衡常数的计算加以说明。

标准吉布斯自由能变化 $\Delta_r G_m^\ominus$ 与标准平衡常数 $K^\ominus$ 之间的关系：

$$\Delta_r G_m^\ominus = -RT\ln K^\ominus = -2.303RT\lg K^\ominus$$

在标准状态下，氧化还原反应构成原电池，其电池反应的标准吉布斯自由能变化 $\Delta_r G_m^\ominus$ 与电池标准电动势 $E^\ominus$ 的关系为：

$$\Delta_r G_m^\ominus = -zFE^\ominus$$

将上面两式合并即得：$-zFE^\ominus = -2.303RT\lg K^\ominus$

298.15K 时：$E^\ominus = \dfrac{2.303RT}{zF}\lg K^\ominus$

$$\frac{2.303RT}{F} = \frac{2.303\times8.314J\cdot K^{-1}\cdot mol^{-1})\times298.15K}{96500J\cdot V^{-1}\cdot mol^{-1}} = 0.0592V$$

$$\lg K^\ominus = \frac{zE^\ominus}{0.0592} = \frac{z[E^\ominus_{(+)} - E^\ominus_{(-)}]}{0.0592} \qquad (7-5)$$

由此可见，对于给定的氧化还原反应（z 固定），它的标准平衡常数（$K^\ominus$）仅与标准电动势（$E^\ominus$）有关，而与物质的浓度无关。$E^\ominus$ 值越大，$K^\ominus$ 值越大，正反应进行的趋势越大。

【例 7-7】 试计算下列反应在 298.15 K 时的标准平衡常数（$K^\ominus$）。

$$Cu^{2+} + Zn \rightleftharpoons Cu + Zn^{2+}$$

解： 由附录查得：

$$E^\ominus(Cu^{2+}/Cu) = 0.340V;\ E^\ominus(Zn^{2+}/Zn) = -0.7626V$$

$$E^\ominus = 0.340 - (-0.7626) = 1.103(V)$$

$$\lg K^\ominus = \frac{zE^\ominus}{0.0592} = \frac{2\times1.103}{0.0592} = 37.26;\ K^\ominus = 1.8\times10^{37}$$

上述反应的标准平衡常数 $K^\ominus$ 值很大，表明该反应进行得很完全，即达平衡时，Cu^{2+} 几乎都被 Zn 置换，沉积为金属铜。

【例 7-8】 在 298.15K 时，$E^\ominus(S_2O_8{}^{2-}/SO_4^{2-}) = 1.96V$；$E^\ominus(MnO_4^-/Mn^{2+}) = 1.51V$，计算能自发进行反应的标准平衡常数。

解： 自发的反应为：

$$5S_2O_8{}^{2-} + 2Mn^{2+} + 8H_2O \rightleftharpoons 2MnO_4^- + 10SO_4^{2-} + 16H^+$$

反应的 $z = 10$　　　则 $\lg K^\ominus = \dfrac{10\times(1.96-1.51)}{0.0592} = 76.0$；$K^\ominus = 1\times10^{76}$

这个反应可以进行的很完全，但实验时发现该反应速率非常慢，必须加 Ag^+ 作催化剂，才能很快观察到溶液中 MnO_4^- 紫红色出现。因此，一个氧化还原反应能否进行，除从热力学角度（$\Delta_r G_m^\ominus$ 或 $E^\ominus$；$\Delta_r G_m$ 或 E）考虑外，还要考虑动力学因素——反应速度的大小。

四、影响电极电势的因素

标准电极电势是在标准状态下测定的。但是，对于大多数氧化还原反应来说，并非在标准状态下进行的。即溶液的浓度（活度）往往不是 $c^{\ominus}(1\ \text{mol}\cdot\text{L}^{-1})$，气体的分压也不一定是 $p^{\ominus}(100\ \text{kPa})$，溶液的浓度（或气体的分压）偏离了标准状态从而使电对的电极电势也随之发生改变。此时就不能用标准电动势 $E^{\ominus}$ 值作为氧化还原反应自发性的判据。那么，电池电动势与浓度（或压力）之间的关系究竟怎样呢？下面来推导它们的关系式。

（一）能斯特方程

根据 Van't Hoff 等温式，任意状态下的 $\Delta_r G_m$ 与标准状态下的 $\Delta_r G_m^{\ominus}$ 有如下关系：

$$\Delta_r G_m = \Delta_r G_m^{\ominus} + RT\ln Q$$

将式(7－3b)、式(7－4) 代入上式得：

$$-zFE = -zFE^{\ominus} + RT\ln Q$$

$$E = E^{\ominus} - \frac{RT}{zF}\ln Q \qquad (7-6)$$

其中，Q 是用相对浓度和相对分压表示的反应商。

式(7－6) 称为**电动势的能斯特方程**（Nernst equation）。**它指出了电池电动势（E）与电池标准电动势（$E^{\ominus}$）和电池反应中物质浓度间的定量关系**。当温度为 298.15K 时，将自然对数变换为常用对数，且将 R [$8.314\text{J}\cdot\text{K}^{-1}\cdot\text{mol}^{-1}$]、$F$($96500\ \text{C}\cdot\text{mol}^{-1}$) 等常数值代入式（7－6），电动势的能斯特方程可写为：

$$E = E^{\ominus} - \frac{0.0592}{z}\lg Q$$

例如，下列电池反应：

$$2MnO_4^-(aq) + 10Cl^-(aq) + 16H^+(aq) \rightleftharpoons 2Mn^{2+}(aq) + 5Cl_2(g) + 8H_2O(l)$$

电子的转移数 $z=10$，电池电动势的计算式为：

$$E = [E^{\ominus}(MnO_4^-/Mn^{2+}) - E^{\ominus}(Cl_2/Cl^-)] - \frac{0.0592}{10}\lg\frac{c^2(Mn^{2+})\cdot[p(Cl_2)/p^{\ominus}]^5}{c^2(MnO_4^-)\cdot c^{10}(Cl^-)\cdot c^{16}(H^+)}$$

注意，在对数项中各物质均用相对浓度(为了简化省略 $c^{\ominus}$) 和相对分压表示。

氧化还原反应由两个氧化还原电对组成，我们可以得到电极反应的 Nernst 方程，用于计算电对在任意状态时的电极电势，也可用于计算电池反应的电动势。

设电极反应为：氧化型 $+ne^- \rightleftharpoons$ 还原型

$$E = E^{\ominus}(\text{氧化型/还原型}) - \frac{0.0592}{z}\lg\frac{[\text{还原型}]}{[\text{氧化型}]} \qquad (7-7)$$

式(7－7) 称为**电极反应的能斯特方程**，它是一个十分重要的关系式。

现举例说明电极反应能斯特方程的表示方法：

（1） $Fe^{3+} + e^- \rightleftharpoons Fe^{2+}$　　　$E^{\ominus}(Fe^{3+}/Fe^{2+}) = 0.771V$

$$E(Fe^{3+}/Fe^{2+}) = E^{\ominus} - \frac{0.0592}{1}\lg\frac{c(Fe^{2+})}{c(Fe^{3+})}$$

（2） $Br_2(l) + 2e^- \rightleftharpoons 2Br^-$　　　$E^{\ominus}(Br_2/Br^-) = 1.087V$

$$E(Br_2/Br^-) = E^{\ominus}(Br_2/Br^-) - \frac{0.0592}{2}\lg\frac{c^2(Br^-)}{1}$$

（3） $MnO_2(s) + 4H^+ + 2e^- \rightleftharpoons Mn^{2+} + 2H_2O$　　　$E^{\ominus}(MnO_2/Mn^{2+}) = 1.23V$

$$E(MnO_2/Mn^{2+}) = 1.23 - \frac{0.0592}{2}\lg\frac{c(Mn^{2+})}{c^4(H^+)}$$

（4）$O_2(g) + 4H^+ + 4e^- \rightleftharpoons 2H_2O(l)$　　　　$E^\ominus(O_2/H_2O) = 1.229V$

$$E(O_2/H_2O) = 1.229 - \frac{0.0592}{4}\lg\frac{1}{c^4(H^+)\cdot[p(O_2)/p^\ominus]}$$

电对中的纯固体、纯液体或水，浓度按 1 处理。溶液浓度用相对浓度（为了简化省略 $c^\ominus$），压力用相对分压表示。

从电极反应的能斯特方程可以看出，在其他浓度（或分压）不变的条件下，增加氧化型的浓度，电极电势增大，氧化型得电子能力增强；在其他浓度（或分压）不变的条件下，若增加还原型的浓度，电极电势减小，还原型失电子能力增强。

（二）溶液酸度对电极电势的影响

有些电极反应中有 H^+ 或 OH^- 参与，尽管 H 和 O 的氧化数没有变化，但按照电极反应的 Nernst 方程，H^+ 和 OH^- 的浓度的变化也对这些电对的电极电势有影响。

【例 7-9】 计算下列电极反应在 298.15K 时的电极电势。

$Cr_2O_7^{2-}(1.00mol\cdot L^{-1}) + 14H^+(1.00\times10^{-7}mol\cdot L^{-1}) + 6e^- \rightleftharpoons 2Cr^{3+}(1.00mol\cdot L^{-1}) + 7H_2O$

解：查附录得：$E^\ominus(Cr_2O_7^{2-}/Cr^{3+}) = 1.36V$

$$E(Cr_2O_7^{2-}/Cr^{3+}) = 1.36 - \frac{0.0592}{6}\lg\frac{[1.00]^2}{1.00\times[1.00\times10^{-7}]^{14}}$$

$$= 0.393(V)$$

与标准态相比较，只是 H^+ 浓度由 1.00 $mol\cdot L^{-1}$ 降至 $1.00\times10^{-7}mol\cdot L^{-1}$，平衡将向左移动，故 $E(Cr_2O_7^{2-}/Cr^{3+})$ 小于 $E^\ominus(Cr_2O_7^{2-}/Cr^{3+})$，$Cr_2O_7^{2-}$ 的氧化能力降低，而 Cr^{3+} 的还原性增强。由此可以看出，为提高含氧酸盐（例如 $Cr_2O_7^{2-}$，MnO_4^- 等）的氧化能力，常常将含氧酸盐放到较强的酸性溶液中使用。

（三）生成沉淀对电极电势的影响

降低物质的浓度除采用减少物质的量的办法外，还可采用形成弱电解质、沉淀、配合物等方式，这里，主要讨论形成沉淀对电极电势的影响。

1. 氧化型物质形成沉淀　当沉淀剂与氧化型物质作用形成沉淀时，氧化型的浓度降低，平衡向氧化型的方向移动，电极电势降低。

例如，标准银电极的电极反应为：$Ag^+(1.00mol\cdot L^{-1}) + e^- \rightleftharpoons Ag$，$E^\ominus(Ag^+/Ag) = 0.7991$ V，若向银电极中加入 NaCl 溶液且产生 AgCl 沉淀：$AgCl(s) \rightleftharpoons Ag^+ + Cl^-$，$K_{sp}(AgCl) = 1.77\times10^{-10}$，达到平衡时，如果 $[Cl^-] = 1.00mol\cdot L^{-1}$，则

$$[Ag^+] = \frac{K_{sp}}{[Cl^-]} = 1.77\times10^{-10}(mol\cdot L^{-1})$$

$$E(Ag^+/Ag) = E^\ominus(Ag^+/Ag) - 0.0592\lg\frac{1}{c(Ag^+)}$$

$$= 0.7991 - 0.0592\lg\frac{1}{1.77\times10^{-10}} = 0.2223(V)$$

上面计算所得的电极电势 $E(Ag^+/Ag)$ 就是电对（AgCl/Ag）的标准电极电势 $E^\ominus(AgCl/Ag)$。可见 $E^\ominus(AgCl/Ag)$ 小于 $E^\ominus(Ag^+/Ag)$。

$$AgCl(s) + e^- \rightleftharpoons Ag(s) + Cl^-(1.00mol \cdot L^{-1})$$

$$E^{\ominus}(AgCl/Ag) = +0.2223V$$

为什么银电极变成了氯化银电极？这是因为：由于加入 Cl^- 产生 AgCl 沉淀，使得原银电极中 $c(Ag^+)$ 从 $1.00\ mol \cdot L^{-1}$ 降低至 $1.77 \times 10^{-10} mol \cdot L^{-1}$［与 $c(Cl^-) = 1.00\ mol \cdot L^{-1}$ 构成 $AgCl(s) \rightleftharpoons Ag^+ + Cl^-$ 平衡］，而 $c(Cl^-) = 1.00\ mol \cdot L^{-1}$ 正是氯化银电极［$AgCl(s) + e^- \rightleftharpoons Ag + Cl^-(1.00\ mol \cdot L^{-1})$］对标准态的要求，这样氧化型由 $Ag^+(1.00\ mol \cdot L^{-1})$ 几乎 100% 变成了新的氧化型——AgCl。

用同样的方法可以算出 $E^{\ominus}(AgBr/Ag)$ 和 $E^{\ominus}(AgI/Ag)$ 的数值来，现将这些电对对比如下：

氧化型		还原型	$E^{\ominus}/V$
$Ag^+ + e^-$	$\rightleftharpoons$	$Ag(s)$	+0.7991
$AgCl(s) + e^-$	$\rightleftharpoons$	$Ag(s) + Cl^-$	+0.2223
$AgBr(s) + e^-$	$\rightleftharpoons$	$Ag(s) + Br^-$	+0.071
$AgI(s) + e^-$	$\rightleftharpoons$	$Ag(s) + I^-$	−0.152

（自上而下）减小↓　$E^{\ominus}$　　减小↓　K_{sp}　　减小↓　$c(Ag^+)$

从上面的对比中可以看出：**氧化型形成相同类型的沉淀，卤化银的溶度积减小，$E^{\ominus}(AgX/Ag)$ 值也减小**（X = Cl、Br、I）；换句话说，**K_{sp} 越小，$E^{\ominus}(AgX/Ag)$ 越小，AgX 的氧化能力越弱，Ag 的还原能力越强。**

2. 还原型物质形成沉淀　当沉淀剂与还原型物质作用形成沉淀时，还原型的浓度降低，平衡向还原型的方向移动，电极电势增大。

例如向电极［$Cu^{2+}(1.00mol \cdot L^{-1}) + e^- = Cu^+(1.00mol \cdot L^{-1})$，$E^{\ominus}(Cu^{2+}/Cu^+) = 0.159V$］中加入 I^- 离子，且有 CuI 沉淀生成，$K_{sp}(CuI) = 1.27 \times 10^{-12}$，电极［$Cu^{2+}(1.00mol \cdot L^{-1}) + I^-(1.00mol \cdot L^{-1}) + e^- = CuI(s)$］的标准电极电势为多少？

从以上讨论可知，$E^{\ominus}(Cu^{2+}/CuI)$ 一定大于 $E^{\ominus}(Cu^{2+}/Cu^+)$，设计的电池符号为：

(−) Pt | $Cu^{2+}(1.00mol \cdot L^{-1})$，$Cu^+(1.00mol \cdot L^{-1})$ ‖ $Cu^{2+}(1.00mol \cdot L^{-1})$，$I^-(1.00mol \cdot L^{-1})$ | CuI(s) | Pt(+)

正极：$Cu^{2+} + I^- + e^- \rightleftharpoons CuI(s)$，$E^{\ominus}(Cu^{2+}/CuI) = xV$

负极：$Cu^+ \rightleftharpoons Cu^{2+} + e^-$　　$E^{\ominus}(Cu^{2+}/Cu^+) = 0.159V$

电池反应：$Cu^+ + I^- \rightleftharpoons CuI(s)$（非氧化还原反应）

则 $\lg K^{\ominus} = \lg \dfrac{1}{K_{sp}} = \dfrac{1 \times [E^{\ominus}(Cu^{2+}/CuI) - 0.159]}{0.0592}$

因 $K_{sp}(CuI) = 1.27 \times 10^{-12}$，故 $E^{\ominus}(Cu^{2+}/CuI) = 0.863V$。

可见，标准态时，如向含 Cu^{2+} 溶液中加入 I^- 应生成 CuI(s) 和 I_2。

$2Cu^{2+} + 4I^- \rightleftharpoons 2CuI + I_2$

这是因为 $E^{\ominus}(Cu^{2+}/CuI) = 0.863V$ 大于 $E^{\ominus}(I_2/I^-) = 0.5355V$。此时的 I^- 既是还原剂又是沉淀剂。分析化学中采用此方法定量地测定铜。

3. 氧化型和还原型都形成沉淀　在这种情况下，氧化型和还原型的浓度都降低，若氧化型沉淀的 K_{sp} 小于还原型成沉淀的 K_{sp}，电极电势将减小，反之，则电极电势增大。

【例 7－10】　试证明

$$E^{\ominus}[Fe(OH)_3/Fe(OH)_2] = E^{\ominus}(Fe^{3+}/Fe^{2+}) + 0.0592\lg\frac{K_{sp}[Fe(OH)_3]}{K_{sp}[Fe(OH)_2]}$$

解：这两个电极反应对应的能斯特方程式分别为：

$$E(Fe^{3+}/Fe^{2+}) = E^{\ominus}(Fe^{3+}/Fe^{2+}) - 0.0592\lg\frac{c(Fe^{2+})}{c(Fe^{3+})}$$

$$E[Fe(OH)_3/Fe(OH)_2] = E^{\ominus}[Fe(OH)_3/Fe(OH)_2] - 0.0592\lg c(OH^-)$$

若将两个电对组成电池（暂不确定正、负极），当电池电动势等于零时，则

$$E(Fe^{3+}/Fe^{2+}) = E[Fe(OH)_3/Fe(OH)_2]$$

即：

$$E^{\ominus}(Fe^{3+}/Fe^{2+}) - 0.0592\lg\frac{[Fe^{2+}]}{[Fe^{3+}]} = E^{\ominus}[Fe(OH)_3/Fe(OH)_2] - 0.0592\lg[OH^-]$$

整理后得：

$$E^{\ominus}[Fe(OH)_3/Fe(OH)_2] = E^{\ominus}(Fe^{3+}/Fe^{2+}) + 0.0592\lg\frac{[Fe^{3+}][OH^-]}{[Fe^{2+}]}$$

即：

$$E^{\ominus}[Fe(OH)_3/Fe(OH)_2] = E^{\ominus}(Fe^{3+}/Fe^{2+}) + 0.0592\lg\frac{K_{sp}[Fe(OH)_3]}{K_{sp}[Fe(OH)_2]}$$

综合起来，我们把浓度对电极电势的影响归纳如下几点：

（1）对与酸度无关的电对，其氧化型浓度与还原型浓度的比值越大，电极电势也越大。

（2）对于含有 H^+ 或 OH^- 的电对，不但氧化型和还原型浓度对电极电势有影响，H^+ 或 OH^- 浓度也有影响，往往 H^+ 或 OH^- 浓度的影响更大。

（3）若电对中有沉淀生成，对电极电势有影响可分为 3 种类型。

若用下式代表原电极反应：

$A(aq) + ze^- \rightleftharpoons B(aq)$　　（略去氧化型、还原型物种的电荷）

①氧化型形成沉淀（AX_n）时，$E^{\ominus}(AX_n/B) < E^{\ominus}(A/B)$

规律：$E^{\ominus}(AX_n/B) = E^{\ominus}(A/B) + \frac{0.0592}{z}\lg K_{sp}$

例如：$E^{\ominus}(Ag_2C_2O_4/Ag) = E^{\ominus}(Ag^+/Ag) + \frac{0.0592}{2}\lg K_{sp}$

②还原型形成沉淀（BX_n）时：$E^{\ominus}(A/BX_n) > E^{\ominus}(A/B)$

规律：$E^{\ominus}(A/BX_n) = E^{\ominus}(A/B) + \frac{0.0592}{z}\lg\frac{1}{K_{sp}}$

例如：$E^{\ominus}(Cu^{2+}/CuI) = E^{\ominus}(Cu^{2+}/Cu^+) + \frac{0.0592}{1}\lg\frac{1}{K_{sp}}$

③氧化型和还原型均形成沉淀时：

规律：$E^{\ominus}(AX_n/BX_n) = E^{\ominus}(A/B) + \frac{0.0592}{z}\lg\frac{K_{sp}(AX_n)}{K_{sp}(BX_n)}$

例如：$E^{\ominus}(CuS/Cu_2S) = E^{\ominus}(Cu^{2+}/Cu^+) + \frac{0.0592}{2}\lg\frac{[K_{sp}(CuS)]^2}{K_{sp}(Cu_2S)}$

（4）若溶液中有配合物生成，电极电势也会发生变化，也分成 3 种类型［如 $Zn(NH_3)_4^{2+}/Zn$；$Cu^{2+}/Cu(CN)_2^-$、$Co(NH_3)_6^{3+}/Co(NH_3)_6^{2+}$ 等］，这将在第十章中讨论。

五、电极电势的应用

（一）判断氧化剂和还原剂的相对强弱

标准电极电势 $E^{\ominus}$ 值的大小可表现出氧化型的氧化能力或还原型的还原能力相对强弱。

标准态时，$E^{\ominus}$值越小，还原型物质的还原能力越强，而与其对应的氧化型的氧化能力越弱；$E^{\ominus}$值越大，氧化型物质的氧化能力越强，而与其对应的还原型的还原能力越弱。

例如：$I_2 + 2e^- \rightleftharpoons 2I^-$　　　$E^{\ominus}(I_2/I^-) = 0.5355$ V

$Cl_2 + 2e^- \rightleftharpoons 2Cl^-$　　　$E^{\ominus}(Cl_2/Cl^-) = 1.396$ V

$E^{\ominus}(I_2/I^-) < E^{\ominus}(Cl_2/Cl^-)$，因此，还原型物质$I^-$比$Cl^-$还原能力强，$I^-$是比$Cl^-$强的还原剂，而氧化型物质$Cl_2$比$I_2$氧化能力强，$Cl_2$是比$I_2$强的氧化剂。

对照标准电极电势表7－1，在表中位置越上（$E^{\ominus}$值越小）的还原型是越强的还原剂；位置越下（$E^{\ominus}$值越大）的氧化型是越强的氧化剂，可见表中最强的还原剂是K，最强的氧化剂是F_2；而相应的K^+离子是最弱的氧化剂，F^-是最弱的还原剂。

在非标准状态下，比较氧化剂和还原剂的相对强弱时，必须利用电极反应的能斯特方程进行计算，求出在某种条件下的E值，然后再进行比较。

（二）判断氧化还原反应进行的方向

标准态时，反应的$\Delta_r G_m^{\ominus} < 0$，即$E^{\ominus} > 0$，正反应自发进行；若反应的$\Delta_r G_m^{\ominus} > 0$，即$E^{\ominus} < 0$，逆反应自发进行。

在非标准状态下，求出非标准电动势E，当$E > 0$时，$\Delta_r G_m < 0$，正反应自发进行；当$E = 0$时，$\Delta_r G_m = 0$，反应处于平衡状态；当$E < 0$时，$\Delta_r G_m > 0$，逆反应自发进行。

【例7－11】　在298.15 K时，判断反应在不同液性（pH分别为0和7）H_3AsO_3和I_2的反应方向。

（1）酸性溶液中［$c(H^+) = 1.00$ mol·L^{-1}，其余物质的浓度均为1.00 mol·L^{-1}］

（2）中性溶液中［$c(H^+) = 1.00 \times 10^{-7}$mol·L^{-1}，其余物质的浓度均为1.00 mol·L^{-1}］

解：（1）酸性溶液中，$c(H^+) = 1.00$ mol·L^{-1}且电极处在标准态：

查表知：$I_2 + 2e^- \rightleftharpoons 2I^-$　　　$E^{\ominus}(I_2/I^-) = 0.5355$ V

$H_3AsO_4 + 2H^+ + 2e^- \rightleftharpoons H_3AsO_3 + H_2O$　　　$E^{\ominus}(H_3AsO_4/H_3AsO_3) = 0.560$ V

$E^{\ominus}(H_3AsO_4/H_3AsO_3) - E^{\ominus}(I_2/I^-) = 0.560 - 0.5355 > 0$

故反应为：

$H_3AsO_4 + 2I^- + 2H^+ \rightleftharpoons H_3AsO_3 + I_2 + H_2O$

（2）在中性溶液中，$c(H^+) = 1.00 \times 10^{-7}$mol·L^{-1}

$E(I_2/I^-) = E^{\ominus}(I_2/I^-) = 0.5355$ V

$$E(H_3AsO_4/H_3AsO_3) = E^{\ominus}(H_3AsO_4/H_3AsO_3) - \frac{0.0592}{2}\lg\frac{c(H_3AsO_3)}{c(H_3AsO_4)\cdot c^2(H^+)}$$

$$= 0.560 - \frac{0.0592}{2}\lg\frac{1}{(1.00 \times 10^{-7})^2}$$

$$= 0.146\ (V)$$

$E = E^{\ominus}(I_2/I^-) - E(H_3AsO_4/H_3AsO_3) = 0.5355 - 0.146 > 0$

故反应方向为：

$$H_3AsO_3 + I_2 + H_2O \underset{较强酸性}{\overset{近中性或碱性}{\rightleftharpoons}} H_3AsO_4 + 2I^- + 2H^+$$

由本例可以看出，由于**介质的酸碱性不同而导致氧化还原反应的方向也不同。**

酸度不仅对氧化－还原反应的方向有所影响，有时**酸度还能使氧化－还原反应的产物发生变化。**例如高锰酸钾（$KMnO_4$）是强氧化剂：在**强碱性介质**中（如6 mol·L^{-1}NaOH），一般只能被还原到氧化数为 +6 的锰酸根(MnO_4^{2-})；在**中性或弱酸性或弱碱性的介质**中，一般被还原到氧化数为 +4 的 MnO_2；在**较强的酸性介质**中，则能被还原为 Mn^{2+}。例如，亚硫酸钠（Na_2SO_3）和高锰酸钾在不同介质中的反应

$2MnO_4^- + SO_3^{2-} + 2OH^- \xlongequal{} 2MnO_4^{2-} + SO_4^{2-} + H_2O$(强碱性介质)

$2MnO_4^- + 3SO_3^{2-} + H_2O \xlongequal{} 2MnO_2 + 3SO_4^{2-} + 2OH^-$(中性、弱酸性、弱碱性介质)

$2MnO_4^- + 5SO_3^{2-} + 6H^+ \xlongequal{} 2Mn^{2+} + 5SO_4^{2-} + 3H_2O$(强酸性介质)

（三）求离子浓度和平衡常数

根据式(7-5)　$\lg K^\ominus = zE^\ominus/0.0592$ 可知，当温度为 298.15 K 时，一个给定的反应(z 值固定）的标准平衡常数 $K^\ominus$ 仅与标准电动势 $E^\ominus$ 有关。而 $K^\ominus$ 又与平衡时的相对浓度(或相对分压）相联系，通过以下例题来说明氧化-还原平衡自身的特点。

【例 7-12】 298.15 K 时，于 0.100 mol·L^{-1} $AgNO_3$ 溶液(体积为 1.00L)，加入过量的 Cu 粉，使反应 $Cu(s) + 2Ag^+ \rightleftharpoons Cu^{2+} + 2Ag(s)$ 达平衡，平衡后 $c(Ag^+)$ 和 $c(Cu^{2+})$ 各为多大？已知：$E^\ominus(Cu^{2+}/Cu) = 0.340$ V，$E^\ominus(Ag^+/Ag) = 0.7991$ V。

解：反应式为：

$$Cu(s) + 2Ag^+ \rightleftharpoons 2Ag(s) + Cu^{2+}$$

平衡浓度：　　　　x　　　　$0.0500 - \frac{x}{2}$

$$\lg K^\ominus = \frac{2(0.7991 - 0.340)}{0.0592}$$

$$K^\ominus = \frac{[Cu^{2+}]}{[Ag^+]^2} = 3.237 \times 10^{15}$$

反应的 $K^\ominus$ 很大，说明 Ag^+ 几乎 100% 变成为 Ag。据 Ag^+ 的初始浓度为 0.100 mol·L^{-1} 可知，Cu^{2+} 的浓度几乎达到了 0.0500 mol·L^{-1}，这时，令 Ag^+ 的平衡浓度为 x，x 一定很小，则 Cu^{2+} 的平衡浓度为 $0.0500 - \frac{x}{2}$。

$$K^\ominus = \frac{[Cu^{2+}]}{[Ag^+]^2} = \frac{0.0500 - \frac{x}{2}}{x^2} = 3.237 \times 10^{15}$$

$$[Cu^{2+}] = 0.0500 - \frac{x}{2} \approx 0.0500(mol \cdot L^{-1})$$

$$[Ag^+] = 3.93 \times 10^{-9}(mol \cdot L^{-1})$$

若氧化-还原平衡常数($K^\ominus$)很大，则与第十章的配位平衡常数($K_{稳}$)相似。这一点与弱电解质的离解平衡常数(K_a 或 K_b)及沉淀溶解平衡常数（K_{sp}）不同，在通常情况下，K_a 或 K_b 及 K_{sp} 值均很小。

通过确定电池电动势 $E^\ominus$，不但可以求出氧化-还原反应的平衡常数，也可求出**非氧化-还原反应的平衡常数**。方法是：根据给定的反应，设计原电池，求出反应的平衡常数即可。

若测定 $K_{sp}(AgCl)$，可考虑计算 $Ag^+ + Cl^- \rightleftharpoons AgCl(s)$ 的 $K^\ominus$，将此沉淀平衡反应两边各加上一个金属 Ag：

$$Ag + Ag^+ + Cl^- \rightleftharpoons AgCl(s) + Ag$$

上述反应可分解为两个电对，其一为 Ag^+/Ag，其二为 AgCl/Ag，且知 $E^\ominus(Ag^+/Ag) > E^\ominus(AgCl/Ag)$，查标准电极电势表得：

正极：$Ag^+ + e^- \rightleftharpoons Ag$　　　　$E^\ominus(Ag^+/Ag) = 0.7991\ V$

负极：$Ag + Cl^- \rightleftharpoons AgCl(s) + e^-$　$E^\ominus(AgCl/Ag) = 0.2223\ V$

电池反应：$Ag^+ + Cl^- \rightleftharpoons AgCl(s)$

电池符号：(－) Ag | AgCl(s) | $Cl^-(1mol \cdot L^{-1})$ ‖ $Ag^+(1\ mol \cdot L^{-1})$ | Ag(＋)

$$\lg K^\ominus = \lg \frac{1}{K_{sp}} = \frac{1 \times [0.7991 - 0.2223]}{0.0592}$$

$$K_{sp}\ (AgCl) = 1.81 \times 10^{-10}$$

扫码"学一学"

第三节　电势图及其应用

一、元素电势图

如某元素具有多种氧化态，各氧化态之间可以组成不同的电对。为了能直观地了解各氧化态之间的相互关系，**常把同一元素不同氧化态按氧化数从高到低排列，并把两种氧化态构成的电对用直线连接起来，直线的上方标出标准电极电势值(V)，这种表明元素各种氧化态之间电极电势变化的关系图称为元素电势图(** element potential diagram **)。又称拉蒂默图(** Latimer diagram **)**。

根据溶液的 pH 值不同，元素电势图又可分为 2 类：**酸性介质元素电势图**和**碱性介质元素电势图**。$E_A^\ominus$(A 表示**酸性溶液**，Acidic Solution)，表示溶液的 $c(H^+) = 1.00\ mol \cdot L^{-1}$；$E_B^\ominus$(B 表示**碱性溶液**，Basic Solution)，表示溶液的 $c(OH^-) = 1.00\ mol \cdot L^{-1}$。例如在酸性溶液中，铁具有 3 种不同的氧化态，其电极反应如下：

$Fe^{3+} + e^- \rightleftharpoons Fe^{2+}$　　　$E^\ominus(Fe^{3+}/Fe^{2+}) = +0.771V$

$Fe^{2+} + 2e^- \rightleftharpoons Fe$　　　$E^\ominus(Fe^{2+}/Fe) = -0.44V$

如将铁的 3 种氧化态按氧化数 +3、+2、0 依次排列，并在其连线上注明标准电极电势值(单位：V)。

$$E_A^\ominus/V \qquad Fe^{3+} \underline{\ +0.771\ } Fe^{2+} \underline{\ -0.44\ } Fe$$

这就是铁元素的电势图。显然，根据某元素的电势图，就能写出其电极反应及对应的标准电极电势值。

在电势图中，最左边的 Fe^{3+}，氧化数最高(+3)，作氧化剂；最右边的 Fe，氧化数最低(0)，作还原剂；中间的 Fe^{2+}，氧化数居中(+2)，相对于右边的 Fe，它是氧化剂，相对于左边的 Fe^{3+}，它是还原剂。

因为 $E^\ominus(Fe^{2+}/Fe)$ 为负值，而 $E^\ominus(Fe^{3+}/Fe^{2+})$ 为正值，故在稀盐酸或稀硫酸等非氧化性酸中 [$E^\ominus(H^+/H_2) = 0.0000V$]，Fe 主要被氧化为 Fe^{2+} 而非 Fe^{3+}，但在酸性介质中 Fe^{2+} 易被空气中氧所氧化 [$E^\ominus(O_2/H_2O) = +1.229V$]，故在酸性介质中 Fe^{2+} 对空气不稳定。

从**元素电势图**不仅可以全面看出一种元素各氧化态之间电极电势的大小及相互关系，更重要的应用在于**判断歧化反应能否进行以及计算与其相关电对的 $E^\ominus$ 值**，现介绍元素电势图的有关应用。

(一) 判断歧化反应能否进行

【例 7－13】 铜的元素电势图如下：

$$E^{\ominus}_{A}/V \qquad Cu^{2+}\ \frac{+0.159}{E^{\ominus}_{左}}\ Cu^{+}\ \frac{+0.520}{E^{\ominus}_{右}}\ Cu$$

试判断 Cu^{+} 能否发生歧化反应。

解：令 $E^{\ominus}(Cu^{2+}/Cu^{+}) = E^{\ominus}_{左}$；$E^{\ominus}(Cu^{+}/Cu) = E^{\ominus}_{右}$;，因为 $E^{\ominus}(Cu^{+}/Cu) > E^{\ominus}(Cu^{2+}/Cu^{+})$，故能自发的反应为：

$$2Cu^{+} \rightleftharpoons Cu^{2+} + Cu$$

所以，在水溶液中 Cu^{+} 不能稳定存在，Cu^{+} 能歧化为 Cu^{2+} 和 Cu，同时也说明 Cu^{2+} 和 Cu 可以共存。

【例 7－14】 在酸性介质中，Fe^{2+} 能否歧化？

解：已知铁元素的电势图如下：

$$E^{\ominus}_{A}/V \qquad Fe^{3+}\ \frac{+0.771}{E^{\ominus}_{左}}\ Fe^{2+}\ \frac{-0.44}{E^{\ominus}_{右}}\ Fe$$

因为 $E^{\ominus}(Fe^{3+}/Fe^{2+}) > E^{\ominus}(Fe^{2+}/Fe)$，故能自发的反应为：$2Fe^{3+} + Fe \rightleftharpoons 3Fe^{2+}$，所以，$Fe^{2+}$ 不能发生歧化反应，但可以发生歧化反应的逆反应。

由以上两例可推广为一般规律：在元素电势图 $A \xrightarrow{E^{\ominus}_{左}} B \xrightarrow{E^{\ominus}_{右}} C$ 中，若 $E^{\ominus}_{右} > E^{\ominus}_{左}$，物质 B 将发生歧化反应，产物为 A 和 C；若 $E^{\ominus}_{右} < E^{\ominus}_{左}$，当溶液中有 A 和 C 存在时，将发生歧化反应的逆反应，产物为 B。

（二）利用元素电势图计算与其相关电对的标准电极电势

若已知两个或两个以上相邻电对的标准电极电势，即可求出与其相关电对的标准电极电势。例如，某元素的电势图为：

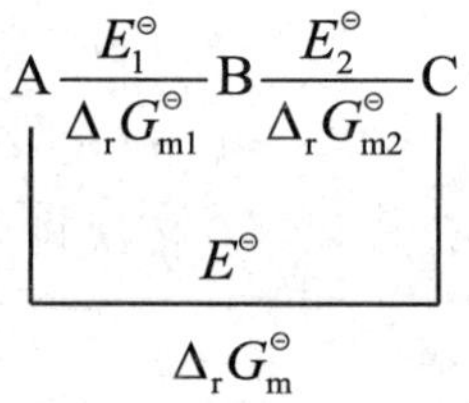

根据标准吉布斯自由能变化与电对标准电极电势之间的关系：

$$\Delta_r G^{\ominus}_{m1} = -z_1 F E^{\ominus}$$

$$\Delta_r G^{\ominus}_{m2} = -z_2 F E_2^{\ominus}$$

$$\Delta_r G^{\ominus}_{m} = -z F E^{\ominus}$$

z_1、z_2、z 为电极反应转移的电子数，其中 $z = z_1 + z_2$，因为吉布斯自由能是状态函数，便有：

$$\Delta_r G_m = \Delta_r G_{m1} + \Delta_r G_{m2}$$

$$-(z_1 + z_2)\ FE^{\ominus} = -z_1 F E_1^{\ominus} + (-z_2 F E_2^{\ominus})$$

整理得：

$$E^{\ominus} = (z_1 E_1^{\ominus} + z_2 E_2^{\ominus})/(z_1 + z_2)$$

若有 i 个相邻电对，则

$$E^{\ominus} = \frac{z_1 E_1^{\ominus} + z_2 E_2^{\ominus} \cdots + z_i E_i^{\ominus}}{z_1 + z_2 + \cdots + z_i} = \frac{\sum z_i E_i^{\ominus}}{\sum z_i} \qquad (7-8)$$

【**例 7-15**】　利用溴元素电势图求 $E^{\ominus}(BrO_3^-/Br^-)$ 值。

$$E_B^{\ominus}/V \qquad BrO_3^- \xrightarrow{+1.50} BrO^- \xrightarrow{+1.59} \frac{1}{2}Br_2 \xrightarrow{+1.07} Br^-$$

解：据 $E^{\ominus}(BrO_3^-/Br^-) = \dfrac{z_1E_1^{\ominus} + z_2E_2^{\ominus} + z_3E_3^{\ominus}}{z_1 + z_2 + z_3}$

$$= \frac{4 \times 1.50 + 1 \times 1.59 + 1 \times 1.07}{4 + 1 + 1} = +1.44(V)$$

二、电势-pH 图

当某个水溶液体系中涉及多个电对和多种平衡——与电极电势有关的电化学平衡，以及与电极电势无关的化学平衡，如沉淀平衡、离解平衡等，这时，要了解各种平衡之间的关系，选择适宜的 pH 范围以利于某些反应的进行，利用普拜斯(M. Pourbaix) 提出的电势-pH 图 (potential-pH diagram) 就显得方便多了。

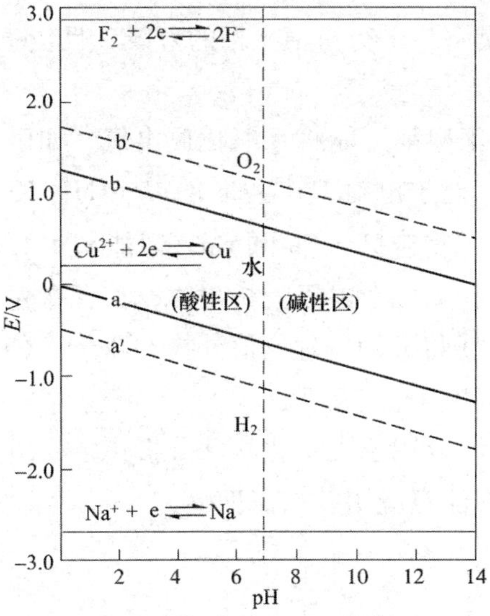

图 7-5　水和电对 F_2/F^-、Cu^{2+}/Cu 和 Na^+/Na 的电势-pH 图

许多氧化还原反应都是在水溶液中进行的，现在就将水的电势-pH 图(图 7-5) 的制作及应用简介如下：

与水有关的电化学平衡及化学平衡主要有 3 个：

1. 水的电离平衡：$H_2O \rightleftharpoons H^+ + OH^-$

在电势-pH 图上，各种化学平衡的曲线都是从计算平衡常数得到的。水的解离平衡常数：$K_w = [H^+][OH^-] = 1.0 \times 10^{-14}$(298.15K)，当 $[H^+] = [OH^-]$ 时，pH = 7。在电势-pH 图上(pH 为横坐标)，它是一条垂直于横坐标的直线。线的左方是水的酸性区($[H^+] > [OH^-]$)；右方是水的碱性区($[OH^-] > [H^+]$)。

2. $2H^+ + 2e^- \rightleftharpoons H_2$　　$E^{\ominus}(H^+/H_2) = 0.0000V$

按照电极反应的能斯特方程，且当 $p(H_2) = 100kPa$ 时：

$$E(H^+/H_2) = -0.0592\ pH$$

根据这一关系式，可以算出不同 pH 时的 $E(H^+/H_2)$ 值，在电势-pH 图上得一斜线，用 a 标记。a 线表明：在 pH = 0 ~ 14 范围内，分压为 100kPa 的氢气和水达平衡时相对应的电极电势。

pH	2	4	7	10	12	14
$E(H^+/H_2)/(V)$	-0.118	-0.237	-0.414	-0.592	-0.710	-0.829

3. $O_2 + 4H^+ + 4e^- \rightleftharpoons 2H_2O$　　$E^{\ominus}(O_2/H_2O) = +1.229V$

按照电极反应的能斯特方程，且当 $p(O_2) = 100kPa$ 时：$E(O_2/H_2O) = 1.229 - 0.0592pH$。

同样，根据这一关系式，可以算出不同 pH 时的 $E(O_2/H_2O)$ 值，在电势-pH 图上可得一斜线，用 b 标记。b 线表明在 pH = 0 ~ 14 范围内，分压为 100kPa 的氧气和纯水达平衡时相对应的电极电势。

pH	2	4	7	10	12	14
$E(O_2/H_2O)/(V)$	1.11	0.992	0.815	0.637	0.519	0.400

至于在a线或b线上、下方区域的情况是：

从电对 H^+/H_2 的能斯特方程可以看出，若 $p(H_2) > 100kPa(p^{\ominus} = 100kPa)$，$p/p^{\ominus} > 1$，$E(H^+/H_2)$值将降低，所以，a线下方的区域有利于氢气的生成，称为氢的稳定区，当 $c(H^+) > 1mol \cdot L^{-1}$时，$E(H^+/H_2)$ 升高，所以，a线上方的区域有利于 H^+ 的生成，是 H^+ 或水的稳定区。从能斯特方程可以推断：在某电对的电势-pH线上方的区域是其氧化型物质的稳定区；在线下方的区域是还原型物质的稳定区。所以，对于电对 O_2/H_2O 而言，在b线上方的区域是氧的稳定区，$p(O_2) > 100kPa$ 时有利于 O_2 的生成，而在b线与a线之间的区域是水的稳定区。

如果某电对的电势-pH曲线是在a线的下方，则其还原型是比 H_2 更强的还原剂，能将 H^+ 还原为 H_2。如电对 Na^+/Na，电极反应为：$Na^+ + e^- \rightleftharpoons Na$，$E^{\ominus}(Na^+/Na) = -2.713V$。其电势值不受溶液pH的影响，在电势-pH图上应该是一条平行于横坐标的直线，且位于a线下方，因此Na能从水中置换出 H_2。

凡是电对的电势-pH曲线位于b线上方的，其氧化型都可能将水氧化放出氧。如电对 F_2/F^- 的 $E^{\ominus}(F_2/F^-) = +2.87V$，$F_2$ 遇水反应放出氧。至于电对 Cu^{2+}/Cu 的 $E^{\ominus}(Cu^{2+}/Cu) = +0.340$ V，其电势-pH曲线（pH < 5）正好落在水的稳定区，Cu和 Cu^{2+} 都能与水共存 [pH > 5 时，有 $Cu(OH)_2$ 沉淀生成]。实际上，当氢气和氧气在电极上析出时，都存在超电势(overpotential)（将在物理化学课中介绍），a线和b线将分别按理论值外推约0.5V（分别用a′线和b′线表示），所以实际上水的稳定区比理论计算值略有扩大。

以上对电势-pH图作了初步介绍，电势-pH图广泛应用于无机化学、分析化学、冶金学、地质学和生物学等多种学科。希望在今后的学习中注意应用并加深理解。

本章小结

一、氧化还原反应的基本概念

1. 氧化还原反应的本质和特征 氧化还原反应的本质是反应物间发生了电子转移（或偏移），其特征是参加反应的全部或部分元素的氧化数发生了变化。所有的置换反应均属于氧化还原反应，所有的复分解反应均为非氧化还原反应。部分的化合、分解反应属于氧化还原反应。

2. 氧化数 氧化数又称氧化值。是化学式中原子所具有的表观电荷数。这种电荷数是假定把每个化学键中的成键电子人为地指定给电负性相对较大的原子而求得的。构造式中相当于电子对的偏移数。

氧化数与共价（键）数不同，共价（键）数无正负之分，同一物质中同种元素的氧化数与共价键数不一定相同，如在 H_2O_2 中O的共价数为2，但O的氧化数为 −1。

3. 氧化反应和还原反应、氧化剂和还原剂、氧化型和还原型 在氧化还原反应中，物质失去电子（氧化数升高）的反应称为氧化反应，氧化数升高的物质称为还原剂；物质得到电子（氧化数降低）的反应称为还原反应，氧化数降低的物质称为氧化剂。

氧化还原反应由两个半反应组成的。半反应中同一元素两个不同氧化值的物种组成电对，即氧化型/还原型。氧化值大的物种称为氧化型，氧化值小的物种称为还原型。

二、氧化还原反应方程式的配平：离子-电子法

配平原则：①氧化剂得到的电子总数和还原剂失去的电子总数相等；②反应前原子个数等于反应后原子个数。注意：在酸性介质中配平的半反应不应出现 OH^-；在碱性介质中配平的半反应不应出现 H^+。

三、原电池和电极电势

1. 原电池和电池符号 原电池：借助于氧化还原反应产生电流的装置，它能将化学能转变为电能。原电池由两个半电池（正极和负极）组成。在正极上氧化剂得到电子被还原，在负极上还原剂失去电子被氧化。两个半电池之间通过导线和盐桥等连接起来，才能产生电流。盐桥的作用是导电和平衡电荷。在两个半电池发生的反应称为半电池反应或电极反应。氧化还原的总反应称为电池反应。表示原电池的简单符号称电池符号。

原电池产生电流是由于正极和负极的电极电势不同。原电池的电动势 E 等于在没有电流通过条件下正极的电极电势[$E_{(+)}$] 减负极的电极电势[$E_{(-)}$]。即

$$E = E_{(+)} - E_{(-)}$$

电池反应的吉布斯自由能变化与电池电动势的关系为：$\Delta_r G_m = -zFE$

在标准状态下则有：$E^\ominus = E^\ominus_{(+)} - E^\ominus_{(-)}$；$\Delta_r G^\ominus_m = -zFE^\ominus$

2. 电极电势 电极电势的绝对值尚无法确定，通常以标准氢电极为基准，确定其他电极的标准电极电势。规定：

$$2H^+(a = 1\ mol \cdot L^{-1}) + 2e^- \rightleftharpoons H_2(g,\ p^\ominus)$$

$$E^\ominus(H^+/H_2) = 0.0000V$$

以标准氢电极为负极，其他标准电极为正极，组成原电池，测得的标准电池电动势即为所测电极的标准电极电势。

电极的标准态：参加电极反应的各种物质：溶液浓度（或活度）为 $1mol \cdot L^{-1}(c^\ominus)$，气体分压为 $100kPa(p^\ominus)$，液体和固体为纯净物（$x_i = 1$），温度通常选定为 298.15K。

四、影响电极电势的因素

1. 电极反应的 Nernst 方程 设电极反应为：氧化型 $+ ne^- \longrightarrow$ 还原型

$$E = E^\ominus(\text{氧化型}/\text{还原型}) - \frac{0.0592}{z}\lg\frac{[\text{还原型}]}{[\text{氧化型}]}$$

电对中的纯固体、纯液体或水，浓度按 1 处理。溶液浓度用相对浓度(为了简化省略 $c^\ominus$)，压力用相对分压表示。

2. 沉淀的生成对电极电势影响（3 种类型） 若用下式代表原电极反应：

$A(aq) + ze^- \rightleftharpoons B(aq)$（略去氧化型、还原型物种的电荷）

①氧化型形成沉淀(AX_n) 时，$E^\ominus(AX_n/B) < E^\ominus(A/B)$

规律：$E^\ominus(AX_n/B) = E^\ominus(A/B) + \dfrac{0.0592}{z}\lg K_{sp}$

例如：$E^\ominus(Ag_2CrO_4/Ag) = E^\ominus(Ag^+/Ag) + \dfrac{0.0592}{2}\lg K_{sp}$

②还原型形成沉淀(BX_n) 时：$E^\ominus(A/BX_n) > E^\ominus(A/B)$

规律：$E^\ominus(A/BX_n) = E^\ominus(A/B) + \dfrac{0.0592}{z}\lg\dfrac{1}{K_{sp}}$

例如：$E^{\ominus}(Cu^{2+}/CuI)=E^{\ominus}(Cu^{2+}/Cu^{+})+\frac{0.0592}{1}\lg\frac{1}{K_{sp}}$

③氧化型和还原型均形成沉淀时：

规律：$E^{\ominus}(AX_n/BX_n)=E^{\ominus}(A/B)+\frac{0.0592}{z}\lg\frac{K_{sp}(AX_n)}{K_{sp}(BX_n)}$

例如：$E^{\ominus}(CuS/Cu_2S)=E^{\ominus}(Cu^{2+}/Cu^{+})+\frac{0.0592}{2}\lg\frac{[K_{sp}(CuS)]^2}{K_{sp}(Cu_2S)}$

五、电极电势的应用

1. 比较氧化剂、还原剂的相对强弱 标准态时，$E^{\ominus}$值大的电对中氧化型是相对强的氧化剂，$E^{\ominus}$值小的电对中还原型是相对强的还原剂。

2. 判断氧化还原反应的方向（只考虑热力学因素）

标准态时：　　$\Delta_r G_m^{\ominus}=-zFE^{\ominus}$，$E^{\ominus}=E^{\ominus}_{(+)}-E^{\ominus}_{(-)}$

$\Delta_r G_m^{\ominus}<0$ 或 $E^{\ominus}>0$，正反应自发进行。

非标准态时：　　$\Delta_r G_m=-zFE$，$E=E_{(+)}-E_{(-)}$

$\Delta_r G_m<0$ 或 $E>0$，正反应自发进行。

3. 确定氧化还原反应的限度（只考虑热力学因素） 氧化还原反应的限度可由标准平衡常数$K^{\ominus}$来确定，而$K^{\ominus}$可由标准电动势$E^{\ominus}$得到。298.15K 时：$\lg K^{\ominus}=\frac{zE^{\ominus}}{0.0592}$

$K^{\ominus}$值越大，即$\Delta_r G_m^{\ominus}$越小，正反应自发进行的趋势越大。

4. 判断反应次序（只考虑热力学因素） 当有多种氧化剂、还原剂存在时，标准电动势$E^{\ominus}$最大的优先进行反应。即$\Delta_r G_m^{\ominus}$越小，反应倾向越大。

5. 计算电池的电动势

标准态时：$E^{\ominus}=E^{\ominus}_{(+)}-E^{\ominus}_{(-)}$

非标准态时：$E=E_{(+)}-E_{(-)}$

6. 书写氧化还原反应 标准态时，$E^{\ominus}$值大的氧化型作氧化剂，$E^{\ominus}$值小的还原型作还原剂，二者发生反应。

7. 判断或确定电池的正负极 因实验观察到的电池电动势一定是正的，即电池反应是自发进行的，E 值大的作正极，E 值小的作负极。

8. 求离子浓度及平衡常数

六、元素电势图的应用

1. 比较氧化剂和还原剂的强弱。

2. 判断中间氧化值物种能否发生歧化反应 当$E_{右}>E_{左}$时，在标准状态下，中间氧化值的物种能发生歧化反应。

3. 计算相关电对的标准电极电势 注：除经验平衡常数有量纲（单位）外，所有的（标准）平衡常数均按无量纲处理，溶液浓度用相对浓度（为了简化省略$c^{\ominus}$），压力用相对分压表示。而计算结果和初始压力或浓度则应有压力、浓度单位。

扫码“练一练”

习题

1. 用氧化数法配平下列各化学反应方程式。

（1）$Cl_2 + I_2 + H_2O \rightarrow IO_3^- + Cl^- + H^+$

（2）$MnO_4^- + H_2O_2 + H^+ \rightarrow Mn^{2+} + O_2 + H_2O$

（3）$CrO_2^- + H_2O_2 + OH^- \rightarrow CrO_4^{2-} + H_2O$

（4）$MnO_4^- + SO_3^{2-} + OH^- \rightarrow MnO_4^{2-} + SO_4^{2-} + H_2O$

（5）$\underset{OH}{\underset{|}{H_2C}}-\underset{OH}{\underset{|}{CH}}-\underset{OH}{\underset{|}{CH_2}} + MnO_4^- + OH^- \rightarrow CO_3^{2-} + MnO_4^{2-} + H_2O$

2. 用离子-电子法配平下列各化学反应方程式。

（1）$Mn^{2+} + NaBiO_3 + H^+ \rightarrow Na^+ + Bi^{3+} + MnO_4^- + H_2O$

（2）$Cr^{3+} + MnO_4^- + H_2O \rightarrow Cr_2O_7{}^{2-} + Mn^{2+} + H^+$

（3）$2MnO_4^{2-} + H_2O \rightarrow MnO_4^- + MnO_2 + OH^-$

（4）$I_2 + OH^- \rightarrow I^- + IO_3^- + H_2O$

（5）$HCOO^- + MnO_4^- + OH^- \rightarrow CO_3^{2-} + MnO_4^{2-} + H_2O$

3. 写出下列各电池的化学反应方程式。

（1）（－）Pt | H_2(100 kPa) | OH^-($1\ mol \cdot L^{-1}$) ‖ H^+($1\ mol \cdot L^{-1}$) | H_2(100 kPa) | Pt(＋)

（2）（－）Ag | AgI | I^-($1\ mol \cdot L^{-1}$) ‖ Ag^+($1\ mol \cdot L^{-1}$) | Ag(＋)

（3）（－）Pt | Cu^{2+}($1\ mol \cdot L^{-1}$)，Cu^+($1\ mol \cdot L^{-1}$) ‖ Cu^{2+}($1\ mol \cdot L^{-1}$)，Cl^-($1\ mol \cdot L^{-1}$) | CuCl | Pt(＋)

（4）（－）Cu | $Cu(NH_3)_4{}^{2+}$($1\ mol \cdot L^{-1}$)，NH_3($1\ mol \cdot L^{-1}$) ‖ Cu^{2+}($1\ mol \cdot L^{-1}$) | Cu(＋)

4. 将下列反应设计成电池。

（1）$2H^+ + Zn \longrightarrow Zn^{2+} + H_2$

（2）$2Fe^{3+} + 2Hg(l) + 2Cl^- \longrightarrow Hg_2Cl_2(s) + 2Fe^{2+}$

（3）$Pb^{2+} + SO_4^{2-} \longrightarrow PbSO_4(s)$

（4）$Ag^+ + 2NH_3 \longrightarrow Ag(NH_3)_2^+$

5. 298.15K 及标准状态下，应用 $E^{\ominus}$ 值判断下列反应能否自发进行。

（1）$AgBr(s) + Zn(s) \longrightarrow Zn^{2+} + Ag(s) + Br^-$

（2）$Sn^{4+} + I^- \longrightarrow Sn^{2+} + I_2$

（3）$Fe^{2+} + H^+ + O_2 \longrightarrow Fe^{3+} + H_2O$

（4）$S + OH^- \longrightarrow S^{2-} + SO_3^{2-} + H_2O$

6. 写出下列电池的电极反应和电池反应，并计算电池反应的 $E^{\ominus}$ 及 $\Delta_r G_m^{\ominus}$。

（1）（－）Ni | Ni^{2+}($1mol \cdot L^{-1}$) ‖ Cu^{2+}($1mol \cdot L^{-1}$) | Cu(＋)

（2）（－）Fe | Fe^{2+}($1mol \cdot L^{-1}$) ‖ Cl^-($1mol \cdot L^{-1}$) | Cl_2(100kPa) | Pt(＋)

7. 计算在 298.15K 时，下列反应的（标准）平衡常数。

（1）$Ag^+ + Fe^{2+} \rightleftharpoons Ag + Fe^{3+}$

（2）$5Br^- + BrO_3^- + 6H^+ \rightleftharpoons 3Br_2 + 3H_2O$

8. 已知 298.15K 时，电极反应：$Ag^+ + e^- \rightleftharpoons Ag$，$E^{\ominus}(Ag^+/Ag) = +0.7991V$；$K_{sp}$ $(Ag_2C_2O_4)$ 为 3.50×10^{-11}，求电极反应 $Ag_2C_2O_4(s) + 2e^- \rightleftharpoons 2Ag + C_2O_4^{2-}$ 的标准电极电势 $E^{\ominus}(Ag_2C_2O_4/Ag)$。

9. 实验室里，常用下面的反应制备氯气：

$MnO_2(s) + 4HCl \rightleftharpoons MnCl_2 + Cl_2 + 2H_2O$

（1）根据标准电极电势判断，上述反应在标准态时能否自发进行？

（2）假如用浓盐酸($12.0\ mol \cdot L^{-1}$)，上述反应能否自发进行(令 $p(Cl_2) = 100\ kPa$，$c(Mn^{2+}) = 1.00\ mol \cdot L^{-1}$)？

10. 下列电池中的溶液在 pH = 9.18 时，测得的电动势为 +0.418 V；若换另一个未知溶液测得电动势为 +0.312 V，计算 298.15 K 时未知溶液的 pH。

$$(-)\ Pt \mid H_2(100kPa) \mid H^+(x\ mol \cdot L^{-1}) \parallel 参比电极(+)$$

11. 下述电池：$(-)\ A(s) \mid A^{2+} \parallel B^{2+} \mid B(s)\ (+)$，298.15 K 时，当 $c(A^{2+}) = c(B^{2+})$ 时电池的电动势为 +0.360V，问当 $c(A^{2+}) = 0.100\ mol \cdot L^{-1}$，$c(B^{2+}) = 1.00 \times 10^{-4}\ mol \cdot L^{-1}$ 时电池的电动势为多少？

12. 今有电池：$(-)\ Pt \mid H_2(100\ kPa) \mid HA(0.500\ mol \cdot L^{-1}) \parallel Cl^-(1.00\ mol \cdot L^{-1}) \mid AgCl \mid Ag(+)$，298.15 K 时，测得电池的电动势为 +0.568 V，已知 $E^\ominus(AgCl/Ag) = +0.2223\ V$，试计算一元弱酸 HA 的酸度常数 $K_a(HA)$。

13. 已知下列电极反应的标准电极电势，计算在 298.15 K 时 $K_{sp}(CuI)$。

$Cu^{2+} + e^- \rightleftharpoons Cu^+$　　　$E^\ominus(Cu^{2+}/Cu^+) = +0.159\ V$

$Cu^{2+} + I^- + e^- \rightleftharpoons CuI(s)$　　　$E^\ominus(Cu^{2+}/CuI) = +0.86\ V$

14. 298.15 K 时，纯铁屑置于 $0.0500\ mol \cdot L^{-1}$ 的 Cd^{2+} 离子溶液中，振荡至平衡，平衡时 $[Fe^{2+}]/[Cd^{2+}]$ 为多少[已知 $E^\ominus(Fe^{2+}/Fe) = -0.44\ V$；$E^\ominus(Cd^{2+}/Cd) = -0.403\ V$]？

15. 在 298.15K 时，$AgI(s) + e^- \rightleftharpoons Ag + I^-$ 的 $E^\ominus(AgI/Ag) = -0.152V$，$E^\ominus(Ag^+/Ag) = +0.7991V$，标准态时：

（1）写出原电池符号(应自发进行)；

（2）写出电极反应及电池反应；

（3）计算原电池的 $E^\ominus$；

（4）计算电池反应的 $\Delta_r G_m^\ominus$；

（5）求 AgI 的 K_{sp}。

16. 已知电势图：

$E_A^\ominus/V$　$Fe^{3+}\ \underline{+0.771}\ Fe^{2+}\ \underline{-0.440}\ Fe$

及 $E^\ominus(Cu^{2+}/Cu) = +0.340V$，试说明 Fe 能使 Cu^{2+} 还原，但 Cu 能使 Fe^{3+} 还原。

17. 电池反应为：$Zn + 2H^+(x\ mol \cdot L^{-1}) \rightleftharpoons Zn^{2+}(1.00\ mol \cdot L^{-1}) + H_2(100\ kPa)$，298.15 K 时测其电池的电动势为 +0.46 V，求氢电极溶液中的 pH 是多少[$E^\ominus(Zn^{2+}/Zn) = -0.7626\ V$]？

18. 已知 298.15 K 时：

$Cu^{2+} + 2e^- \rightleftharpoons Cu$　　　$E_1^\ominus = +0.340V$

$Cu^{2+} + e^- \rightleftharpoons Cu^+$　　　$E_2^\ominus = +0.150V$

（1）Cu^+ 能否发生歧化反应？并说明理由。

（2）计算反应 $Cu^{2+} + Cu \rightleftharpoons 2Cu^+$ 的（标准）平衡常数；

（3）若 $K_{sp}(CuCl)$ 为 1.20×10^{-6}，计算下面反应的（标准）平衡常数。

$$Cu^{2+} + Cu + 2Cl^- \rightleftharpoons 2CuCl$$

19. 根据电势图及电极电势解释下列现象。

（1）$E_A^\ominus/V\ Fe^{3+}\ \underline{+0.771}\ Fe^{2+}\ \underline{-0.440}\ Fe$；$E^\ominus(O_2/H_2O) = +1.229\ V$，为防止 $FeSO_4$

溶液被空气中的氧氧化，应加入适量的铁钉。

（2）$E_A^\ominus$/V Sn^{4+} $\underline{+0.15}$ Sn^{2+} $\underline{-0.136}$ Sn；$E^\ominus(O_2/H_2O) = +1.229$ V，为防止 $SnCl_2$ 溶液被空气中的氧氧化，常加入适量的锡粒。

20. 在 298.15 K 时，已知反应：$2Ag^+ + Zn \rightleftharpoons 2Ag + Zn^{2+}$，开始时 Ag^+ 和 Zn^{2+} 的浓度分别是 0.100 mol · L^{-1} 和 0.300 mol · L^{-1}，达到平衡时，溶液中 Ag^+ 浓度为多大［$E^\ominus(Ag^+/Ag) = +0.7991$ V；$E^\ominus(Zn^{2+}/Zn) = -0.7626$ V］？

21. 对于下列反应：$3A(s) + 2B^{3+} \rightleftharpoons 3A^{2+} + 2B(s)$，平衡时，［$B^{3+}$］及［$A^{2+}$］分别为 2.00×10^{-2} mol · L^{-1} 和 5.00×10^{-3} mol · L^{-1}，计算 298.15K 时上述反应的 $K^\ominus$、$E^\ominus$ 及 $\Delta_r G_m^\ominus$。

22. 在 298.15K 时，已知酸性介质中下列电极反应的 $E^\ominus$ 值：

$MnO_4^- + 4H^+ + 3e^- \rightleftharpoons MnO_2 + 2H_2O$　　$E_1^\ominus = +1.695$ V

$MnO_4^- + e^- \rightleftharpoons MnO_4^{2-}$　　$E_2^\ominus = +0.564$V

求电极反应 $MnO_4^{2-} + 4H^+ + 2e^- \rightleftharpoons MnO_2 + 2H_2O$ 的 $E^\ominus$ 值。

（王绍宁）

第八章　原子结构

学习目标

1. 掌握　四个量子数 n、l、m 和 m_s 的物理意义以及它们的取值限制；量子数组合（n，l，m）与原子轨道的关系；基态原子核外电子的排布规律；元素周期律与原子的核外电子组态的关系；元素周期表中的周期、族以及元素在周期表中的分区。

2. 熟悉　s、p、d 原子轨道的角度分布图，即原子轨道的图形；概率密度 $|\psi|^2$ 的物理意义；电子云的角度分布和径向分布特点；多电子原子的近似能级图；原子半径、电离能、电子亲合能及电负性的周期性变化规律。

3. 了解　氢原子的玻尔模型的量子化条件；基态、激发态和电子跃迁的概念；电子的波粒二象性；不确定原理；波函数 ψ 与原子轨道；屏蔽效应和钻穿效应对轨道能级的影响。

众所周知，我们生活在一个多姿多彩的物质世界。为了满足人类提高生活质量的需求，科学家采用化学方式来探索、研究物质（substance）。只有充分认识了物质的性质，才能够物尽所用。例如人们发现了顺铂、碳酸锂和三氧化二砷等无机化合物的特殊生物活性，这些“神奇的分子”成为与某些疾病斗争的有力武器。为什么顺铂能够成为癌症化疗的药物？为什么碳酸锂能够用于控制狂躁抑郁症？为什么三氧化二砷能够治疗急性早幼粒白血病？人们的疑问从侧面也反映出这些无机药物的性质不同。如果从化学的角度看，任何物质的性质（宏观层面）都和它们的结构（微观层面）相互联系。构成物质的原子种类、数量和空间排列不同，物质表现出不同的理化性质；物质的理化性质不同，它们的用途也就不同。在药物研发过程中，我们可以利用化学反应有目的地构造不同的先导化合物。

大多数物质都具有参与化学反应的能力。对于物质的化学变化而言，新物质的生成只是意味着原子之间发生重新组合。要想真正理解原子之间重新组合的过程，我们首先应该认识原子（atom）。那么原子是什么？原子最初来源于哲学范畴，意思是指“不可再分割”的物质结构单元。随着现代科学和技术的进步，人们逐渐认识到原子是由带负电荷的电子（electron）和带正电荷的原子核构成，而原子核包括一定数量的质子（proton）和中子（neutron）等。通过学习原子结构的知识，能够帮助我们理解物质发生化学反应的特点：在化学反应中，原子核保持不变，仅仅核外的电子参与成键过程。因此，我们学习本章内容要把握住核外电子的运动状态这条主线，没有必要去深入钻研量子力学本身的数学内涵，只需掌握物理学家运用量子力学解决原子结构问题所得到的结论，这些结论对于我们认识物质的化学变化规律很有帮助。

扫码“学一学”

第一节　氢原子的玻尔模型

1911 年卢瑟福（E. Rutherford）根据 α 粒子散射实验估算出原子内部的原子核的直径上限为 10^{-14}m，而原子的直径在 10^{-10}m 数量级。虽然原子核的体积占整个原子体积的极小部分，但是原子的质量几乎全部集中在原子核。卢瑟福把原子看成一个微观的“太阳系”，建立起原子的“行星”模型：带正电荷的原子核像太阳，带负电荷的电子就像行星绕太阳一样绕核旋转。

但是这个看似完美的“行星”模型与麦克斯韦（J. D. Maxwell）的电磁理论发生很大矛盾。为什么这样说呢？因为当带负电荷的电子围绕带正电荷的原子核做圆周运动时，势必会不断地辐射电磁波，体系的能量将连续不断的减小，电子绕核旋转的轨道半径逐渐变小，最终结果电子会湮灭到原子核里。并且，若电子绕核旋转的轨道半径连续地变小，辐射电磁波的频率也应连续的改变，最终得到连续的原子光谱。但实际上，原子是稳定存在的，而且都有属于自己的“指纹”——它们各自的原子光谱都是不连续的线状光谱（line spectra）。人们首先从最简单的氢原子入手，通过研究氢原子的线状光谱，揭开了探讨微观世界规律的序幕。这里需要思考一个重要问题：人们以往对宏观世界认识的规律是否能继续适用于微观世界？

一、玻尔模型建立的基础

（一）能量量子化和光子学说

1. 能量量子化　在高温加热时，金属会释放出不同频率的电磁辐射，其能量强度随着频率变化而变化，这个现象称作黑体辐射（blackbody radiation）。比如我们将铁块不断加热，开始时铁块发红；随着温度升高，铁块接着会变成亮橙色。这意味着红光区（低频）的能量强度低，橙色光区（高频）的能量强度高。如果这个趋势持续的话，黑体辐射进入频率更高的紫外区后，实验中的能量强度会保持无限度地升高。但实际上，实验中黑体辐射的能量强度达到一个最大值后，在高频区就会迅速下落。铁块最终变为耀眼的白色而不是紫色，因此所谓“紫外灾难”并没有发生。经典物理学认为物体发射或吸收的能量是连续的，因此无法解释黑体辐射的能量强度变化模式。

1900 年普朗克（M. Planck）试图解决黑体辐射问题时，做过一个大胆的假设：物体发射或吸收能量是不连续的，即所谓能量量子化。也就是说，物体只能按最小能量单位 ε_0 的整数倍（例如 ε_0、$2\varepsilon_0$、$3\varepsilon_0 \cdots n\varepsilon_0$ 等）一份一份地吸收或发射能量，这个最小能量单位 ε_0 称为能量子（quantum），能量子的能量与辐射的频率 ν 成正比，即：

$$\varepsilon_0 = h\nu \qquad (8-1)$$

式中的 h 为普朗克常数，从黑体辐射实验中得到其数值等于 6.626×10^{-34} J · s。根据这样的假设，黑体辐射的能量只能是 hv 的整数倍 hv、$2hv$、$3hv$……，即黑体辐射的能量是量子化的。采用了量子化的假设后，可以推导出有关黑体的辐射强度与频率关系式，能够很好地与实验中得到的数据吻合。

我们应该注意到普朗克常数的数值非常之小。那么一个能量子的能量同样也是非常的低，例如人体完全不能觉察到释放或吸收一个能量子的能量。但是，能量量子化在原子水平上对物体影响非常显著。

2. 光子学说　光是具有能量的，例如我们的身体吸收太阳光会感觉到温暖，这是因为太阳光的能量传递给皮肤。而且光是一种电磁波，电磁理论认为光的能量与光波的振幅相关，与光波的频率无关。当一定频率的光照射在某种金属表面时，金属原子中的电子吸收光的能量而从金属表面溢出，并且电子的动能随照射光的频率增大而增大，这个现象称作光电效应（photoelectric effect）。如果增加光的强度，只能使溢出的电子数目增多，但电子的动能不会发生变化。运用光的电磁理论不能解释在光电效应实验中观察到的现象。

1905 年爱因斯坦（A. Einstein）提出了革命性的认识：光束是粒子流。这些光的粒子现在叫作光子（photon），也就是说，光是由光子组成的，光子的能量 E 与光的频率成正比，即：

$$E = h\nu \tag{8-2}$$

式中 h 是普朗克常数，v 是光的频率。根据爱因斯坦的观点，光的能量是量子化的，只能是光子能量 hv 的整数倍。在光电效应实验中，光子的能量全部被电子吸收，一部分用来克服金属原子的束缚，“多出的”能量转化成溢出电子的动能；光的强度增大意味着光子的数目多，溢出的电子数目就多。光子学说能够很好地解释光电效应现象，反过来也证明了光与电子等微观粒子相互作用时，表现出粒子性的特点。而光的衍射、干涉与偏振现象又说明光是电磁波，表现出波动性的特点。光的波动性和粒子性是矛盾对立的吗？其实不然。我们是在不同的实验中观察光的行为，当然会“看”到不同的结果，正所谓“横看成岭侧成峰”。也就是说，光在不同实验条件下表现出截然不同的性质。在尊重实验事实的前提下，我们不得不承认光具有波粒二象性：既有波动性亦有粒子性。

对于宏观世界，我们一向认为其状态可以连续改变。但微观世界却有其独特的地方，即微粒的状态是不连续的。如果用能量来描述微粒的状态，可以说微粒的能量也是不连续的。这种量子化现象在微观世界很普遍，而在宏观世界并不具备。下面介绍的氢原子光谱可以帮助我们进一步认识微观世界的能量量子化规律。

（二）氢原子光谱

原子受到能量激发后产生的光谱称为原子光谱。人们发现原子光谱是线状光谱，而且每种元素的原子都有其特征的线状光谱，所以可以利用原子光谱对元素进行定性检验或研究原子结构。实际上，原子光谱对我们来说并不陌生。例如我们用铂丝蘸取 NaCl 溶液在灯焰上灼烧时，看到的火焰呈黄色；如果蘸取 KCl 溶液，隔着蓝色钴玻璃观察到火焰呈浅紫色。在上述焰色反应（flame test）中，我们看到不同元素的特殊颜色就是原子受到能量激发后产生了波长在可见光范围内的谱线。同样道理，我们在某些庆典晚会上观赏到的绚丽多彩的烟花表演也是不同金属原子在高温下放出在可见光范围内不同颜色的光。例如 $Ba(NO_3)_2$ 在燃烧时会发出绿色的火焰。

在所有原子光谱中，最简单的莫过于氢原子光谱。如果将装有高纯度、低压氢气的放电管，通过高压电流使之放电，将管中发出的光通过棱镜分光，便可得到氢原子的光谱，图 8－1 给出位于可见光区的氢原子光谱。稍加审视，我们可以看到氢原子可见光谱中存在着有规律的谱线系列。这些不连续的线光谱数据提供了原子状态不连续的重要证据。

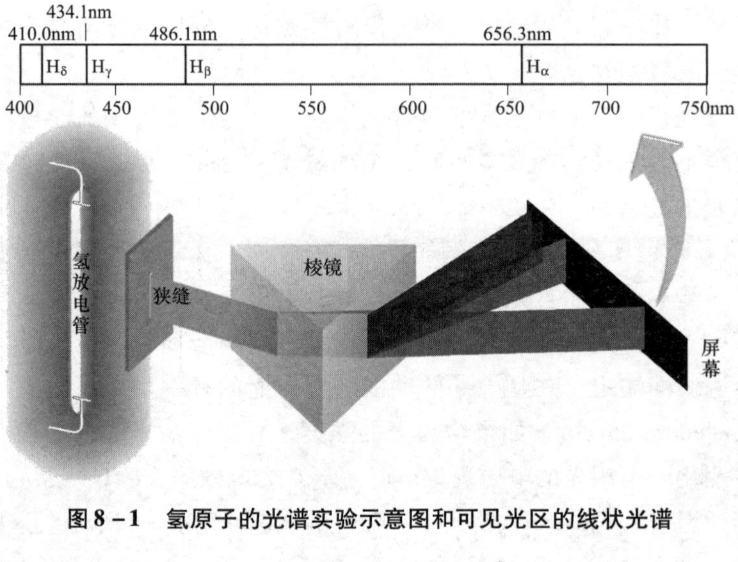

图 8－1　氢原子的光谱实验示意图和可见光区的线状光谱

氢原子光谱在可见光区有四条分别呈红、青、蓝、紫的谱线，从长波至短波依次用 H_α、H_β、H_γ、H_δ 来表示，称为氢原子光谱的 Balmer 系。这些不连续排列的线状光谱的频率存在一定的规律性，其频率 ν 由 Rydberg 公式得到的计算值和光谱实验测定值颇为吻合：

$$\nu = R\left(\frac{1}{2^2} - \frac{1}{n^2}\right) \tag{8-3}$$

式中的 R 是 Rydberg 常数，其实验值为 $3.289 \times 10^{15}\,s^{-1}$。$n$ 是大于 2 的正整数，当 $n=3$、4、5、6 时，可以计算出 H_α、H_β、H_γ、H_δ 谱线相应的频率。根据光的波长 λ 和频率 ν 的关系：$c=\lambda\nu$（c 为光速），即可求出对应谱线的波长依次为 656.3nm、486.1nm、434.0nm、410.2nm。虽然 Rydberg 公式是从光谱实验数据拟合得到的经验式，但在一定程度上反映了氢原子光谱的规律性，即光谱的不连续性特点。

如何来理解氢原子光谱的不连续性特点呢？这些不连续的光谱线具有不同的频率，它们的能量（$h\nu$）也是不连续的。我们知道能量是一个状态函数，也就是说，氢原子的状态同样也是不连续的。因此氢原子只能占据一系列可能的状态，而且只能以跃迁的方式（而不是连续改变的方式）从一种状态改变到另一种可能的状态。

二、氢原子的玻尔模型

普朗克和爱因斯坦的工作为理解氢原子线状光谱态铺平了道路。1913 年玻尔（N. Bohr）引用能量量子化的概念来解释令人困惑已久的氢原子线状光谱，从崭新的视角来阐释氢原子的结构。

玻尔沿用了卢瑟福关于电子绕核旋转的“行星轨道”概念，但是对这些轨道做了严格的限定：氢原子中的电子只能沿着某些特定的轨道绕核运动；电子处在这些轨道时，既不辐射能量也不吸收能量，氢原子的这种能量状态称之为定态（stationary state）。什么样的轨道符合上述条件呢？玻尔非常大胆地并且是人为地规定电子绕核做圆周运动的角动量 L（$L=mvr$）必须满足量子化条件，即：

$$mvr = n\frac{h}{2\pi} \tag{8-4}$$

其中 m 是电子的质量，v 是电子的运动速度，r 是电子的运动轨道半径，h 是普朗克常数。n 是量子数，其取值只能为正整数 1、2、3、……，所以电子的运动轨道半径不是连续变化的。也就是说，氢原子中只有某些特定半径的运动轨道对电子绕核旋转是允许的。

随着量子数 n 的增大，电子与原子核之间离得越来越远，两者之间的静电作用减弱，体系的能量以量子化方式变化。玻尔根据牛顿力学的运动规律计算出氢原子中电子的能量（这里不做详细介绍），即：

$$E = -13.6\frac{1}{n^2}\text{eV} \tag{8-5}$$

式（8-5）中的 eV（电子伏特）是微观粒子常用的能量单位，$1\text{eV} = 1.602 \times 10^{-19}\text{J}$。当 $n=1$ 时，氢原子体系的能量最低，对应着最稳定的能量状态，称之为基态（ground state），其 $E=-13.6\text{eV}$。当 n 取值为 2、3、……，氢原子体系的能量升高，称之为激发态（excited state）。因为体系的能量越低越稳定，氢原子中的电子通常情况下尽可能处于最稳定的基态。

当电子位于不同的轨道时，量子数 n 的取值不同，电子的能量就不同，从而电子的稳定性也不同。玻尔认为：氢原子中的电子以吸收或辐射光子的方式，从一个能量状态“跳”

到另一个能量状态，这个过程称为电子跃迁。电子从能量较低的轨道跃迁到能量较高的轨道时，需要吸收一定频率的光；相反地，如果电子从能量较高的轨道跃迁到能量较低的轨道时，需要辐射一定频率的光。电子跃迁过程的光子能量取决于两个能级之间的能量差（ΔE），即：

$$h\nu = \Delta E = E_2 - E_1 \tag{8-6}$$

式中的 E_2 为电子跃迁后的能级，E_1 为跃迁前的能级。

例如当氢原子中的电子从 $n=3$ 的能级跃迁回 $n=2$ 的能级时，其能量差 ΔE 为：

$$\Delta E = E_2 - E_1 = -13.6\left(\frac{1}{3^2}-\frac{1}{2^2}\right) = 1.89\text{eV} = 3.026\times10^{-19}\text{J}$$

电子跃迁辐射出的光子的频率等于：

$$\nu = \frac{\Delta E}{h} = \frac{3.026\times10^{-19}\text{J}}{6.626\times10^{-34}\text{J}\cdot\text{s}} = 4.567\times10^{14}\text{s}^{-1}$$

那么光子的波长等于：

$$\lambda = \frac{c}{\nu} = \frac{2.998\times10^{8}\text{m}\cdot\text{s}^{-1}}{4.567\times10^{14}\text{s}^{-1}} = 0.6564\times10^{-6}\text{m} = 656.4\text{nm}$$

此波长的光子对应氢原子光谱 Balmer 系中的 H_α 谱线，同样也可计算得到氢光谱的其他波长的谱线。

玻尔模型基于能量量子化假设，近似完美地解释了氢原子线状光谱。但是，一旦将玻尔模型推广到带有两个或更多电子的原子时，最多也只能获得与实验接近的定性结果。其局限性在于玻尔把电子的运动规律给以轨道化的假设，并且仍然沿用适用宏观世界的经典牛顿力学来处理微观世界体系（电子在原子核外空间）的运动规律，这样难免发生矛盾。尽管如此，玻尔模型的成功之处在于指出微观原子系统某些物理量的量子化特征，包括能量量子化、角动量量子化以及后来扩展的空间量子化（磁矩量子化）、电子自旋量子化，这些量子化条件是符合微观世界的客观规律的。随着人们对微观粒子运动规律的深入认识，这些重要的物理概念在新的量子力学体系中得到令人满意的数学模型诠释。

第二节　氢原子的量子力学模型

扫码“学一学”

玻尔模型中有关角动量量子化的假设一直困扰着人们：电子为什么只能被允许在某些轨道上绕核旋转？玻尔并没有给出合理的理论解释。后来人们逐渐认识到电子等微观粒子像光一样具有波粒二象性。电子在核外空间的运动具有独特的规律，无法同时确定其运动坐标和动量（不确定原理），所以并没有宏观物理运动中那样所谓的轨道。电子在一闭合的圆或椭圆轨道上绕核运动的简单模型加上人为的量子化条件，再应用牛顿力学来分析原子结构已不可取。要想真正解决电子的运动规律，不得不有待于发展新的、适用于微观世界的理论，即量子力学。

一、微观粒子运动的基本特征

（一）波粒二象性

经典电动力学认为光是一种电磁波。我们在试验中能够观察到光的干涉和衍射等现象，这些实验事实反过来也表明光具有波动性。但是在解释光电效应时，又不得不承认光的粒子性，而且光子的能量是量子化的。光到底是什么？是一种电磁波还是粒子呢？爱因斯坦回答了这个问题：对于时间的平均值，光表现为波（这时粒子性较不显著）；对于时间的瞬间值，光表现为粒子（这时波动性较不显著）。换句话说，光同时具备波的性质及粒子的性质，这种量子行为称为波粒二象性（wave-particle duality）。

1924 年，德布罗意（L. de Broglie）把质能方程 $E=mc^2$ 代入光子能量公式 $E=h\nu$，即：

$$mc^2=h\nu$$

对于光子而言，其频率 $\nu=\dfrac{c}{\lambda}$。代入上式，整理得：

$$mc=\frac{h}{\lambda}\text{，或 }\lambda=\frac{h}{mc} \tag{8-7}$$

式中的 mc 等于光子的动量，是粒子的特性；λ 是波的特性。两者通过普朗克常数 h 联系起来。式（8-7）很好地解释了光的波粒二象性本质，称之 de Broglie 关系式。

德布罗意提出一个非常大胆的假设：既然电磁波在光电效应中表现出粒子的特性，那么电子等微观粒子同样具有波动性。电子的波粒二象性的 de Broglie 关系式表示为：

$$\lambda=\frac{h}{mv} \tag{8-8}$$

式中 m 代表电子的质量，v 代表电子的运动速度，这些都是粒子性的物理量；λ 是代表电子波动性的物理量，德布罗意把与电子具有的波称为物质波（matter waves）或 de Broglie 波。如果德布罗意关系式中的 mv 值远大于 h 值时（如宏观物体），则物质波的波长很短，通常可以忽略，因而不显示波动性；如果式中的 mv 值等于或小于 h 值时（如微观粒子），其波长不能忽略，即显示波动性。

德布罗意运用物质波的概念来处理氢原子中的电子绕核旋转时的波动性，其波长 λ 与所在轨道的圆周长之间满足量子化条件，即：

$$2\pi r=n\lambda \tag{8-9}$$

式中 $n=1$，2，3，……。然后把 de Broglie 关系式带入式（8-9），即：

$$mvr=n\frac{h}{2\pi}$$

可以看出，上述表达式恰好和玻尔角动量量子化的假设一致。角动量量子化假设令人困惑已久，就连玻尔本人也没有给出合理的解释。但是德布罗意关于氢原子中的电子具有波粒二象性的认识，使得这个问题迎刃而解。因为量子数 n 只能取正整数，电子只允许在某些特定值的轨道上运动，电子的能量取决于所在轨道的半径，所以原子体系的能量量子化。这也证明了波粒二象性是理解核外电子运动规律的关键。但是，德布罗意的物质波在当时并没有实验证明，电子的波动性亦不能令人信服。

电子真的和光一样具有波粒二象性吗？如果电子具有波动性，应该和光一样发生衍射、干涉等实验现象。1927 年，美国物理学家戴维森（C. J. Davisson）和革默（L. S. Germer）用电子束以预先确定的速度照射金属镍的晶体，得到了与 X 射线晶体衍射实验相似的电子衍射图样（如图 8-2 所示）。根据衍射电子束的角度和晶体中的原子间距可以计算出电子的物质波波长，而且利用衍射数据求得的波长与德布罗意关系式预言的波长相一致。电子衍射现象成功地证实电子束具有波动性。后来相继用中子、质子、α 粒子、原子等粒子流进行实验，也同样观察到衍射现象，这就充分说明了微观粒子普遍具有波动性的特征。因此，波粒二象性是量子力学中的一个重要概念，是微观粒子的基本属性之一。

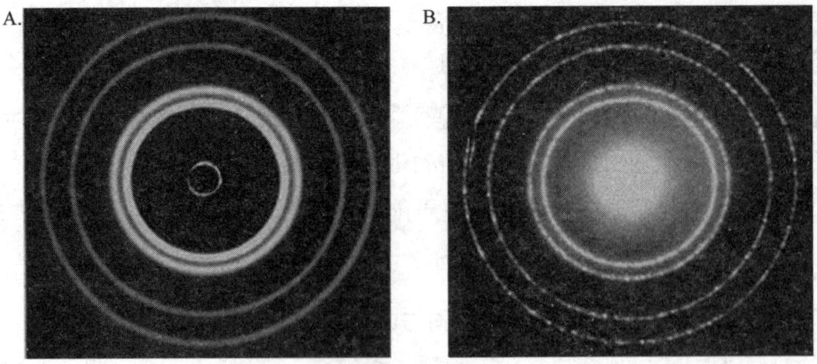

图8-2　电子衍射及衍射图像

电子的物质波是怎样的一种波？或者说，物质波的本质或物理意义是什么？波恩（M. Born）认为物质波是一种概率波（probability wave）。例如电子衍射图样表明电子不是均等地落在底片上，电子出现的概率大的区域形成衍射图样中的“亮条纹”，而“暗条纹”所在区域意味着电子出现的概率小。这是因为电子等微观粒子并不服从适用宏观世界的牛顿定律，而是服从量子力学的统计规律，即不确定原理。

（二）不确定原理

经典牛顿力学认为宏观物体运动时，可以同时准确地测定它的位置（坐标）和动量（或速度），因而宏观物体运动时有可预测的确定的运动轨道。如人造卫星的运动轨道可以准确地测定。对于具有波动性的微观粒子却完全不同，海森堡（W. Heisenberg）认为同时准确地知道微观粒子的位置和动量是不可能的，称之为不确定原理（uncertainty principle）。微观粒子的位置和动量之间存在着下列不确定的关系：

$$\Delta x \cdot \Delta p \geqslant \frac{h}{4\pi} \text{或} \ \Delta x \cdot \Delta v \geqslant \frac{h}{4\pi m} \qquad (8-10)$$

式中的 Δp 是粒子动量的不准确量；Δx 是粒子位置的不准确量；Δv 是粒子速度的不准确量；m 是粒子的质量；h 为普朗克常数。式（8-10）表明，粒子位置测定得越准确（Δx 越小），它的动量的不准确度就越大（Δp 越大），反之亦然。宏观物体之所以有确定的运动轨道，是由于 h 的值很小，m 的值很大，由不确定关系式所决定的 Δx 或 Δv 很小的缘故。

例如，质量为0.01kg的子弹，它的位置不确定量 Δx 为 1.0×10^{-4}m，其速度不确定量为：

$$\Delta v = \frac{h}{4\pi m\Delta x} = \frac{6.626\times10^{-34}\,\text{J}\cdot\text{s}^{-1}}{4\times3.14\times1.0\times10^{-2}\,\text{kg}\times1.0\times10^{-4}\,\text{m}} = 5.3\times10^{-29}\,\text{m}\cdot\text{s}^{-1}$$

如此小的速度不确定量显然已在实验测量误差范围之内。

微观粒子则不同，如基态氢原子，其电子的质量很小为 9.1×10^{-31}kg，运动速率大约为 $10^6\,\text{m}\cdot\text{s}^{-1}$，原子大小的数量级为 10^{-10}m，电子的位置测量的合理精确度应达到 $\Delta x = 10^{-11}$m，则电子速度的不确定量为：

$$\Delta v = \frac{h}{4\pi m\Delta x} = \frac{6.626\times10^{-34}\,\text{J}\cdot\text{s}^{-1}}{4\times3.14\times9.1\times10^{-31}\,\text{kg}\times10^{-11}\,\text{m}} = 5.8\times10^{6}\,\text{m}\cdot\text{s}^{-1}$$

即电子速度的不确定量与速度的数量级十分接近。可见，在经典力学的准确范围内，用宏观世界的轨道概念来描述具有波粒二象性的电子运动状态必然产生矛盾。

值得注意的是，“不确定原理”既不是说微观粒子在某一瞬间的空间位置不确定；更不是说微观粒子的运动毫无规律性可言。而是因为测定过程会不可避免地微扰被测微观粒子的状态，所以不能用经典物理学的概念来描述微观粒子的运动状态。

二、核外电子运动状态的量子力学描述

（一）Schrödinger 方程简介

在 1926 年，德布罗意的结论给了薛定谔（E. Schrödinger）很大的启示。薛定谔认识到：既然电子具有波粒二象性，电子在氢原子中的行为符合 de Broglie 波，那可以用波动方程来描述电子在氢原子中的运动状态，即：

$$\frac{\partial^2\psi}{\partial x^2}+\frac{\partial^2\psi}{\partial y^2}+\frac{\partial^2\psi}{\partial z^2}+\frac{8\pi^2 m}{h^2}(E-V)\psi=0 \qquad (8-11)$$

式中 m 是电子的质量，E 是体系中电子的总能量，V 是体系中电子的总势能，$(E-V)$ 是电子的动能，ψ 是电子空间坐标的函数，称为波函数。薛定谔方程是一个二阶偏微分方程，方程推导和求解需要复杂的代数知识。因此，在这里只是定性地介绍如何用波动方程处理氢原子结构以及一些对理解电子运动状态有用的结论。

为了方便求解，需要把波动方程中的直角坐标 $\psi(x, y, z)$ 转换成球极坐标 $\psi(r, \theta, \varphi)$，$x=r\sin\theta\cos\varphi$，$y=r\sin\theta\sin\varphi$，$z=r\cos\theta$，$r=(x^2+y^2+z^2)^{1/2}$，转换关系如图 8－3 所示。

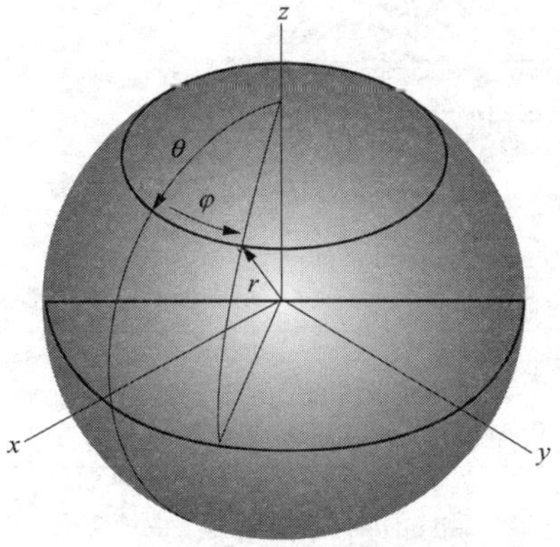

图 8－3　球极坐标与直角坐标的关系

其中 r 表示电子离核的距离；θ、φ 表示电子在核外空间的方位。然后对波动方程进行变量分离，可以解出一系列的波函数 $\psi(r, \theta, \varphi)$。但是，薛定谔方程和氢原子内电子的运动状态相关联，就需要合理的解。在氢原子中，电子的每种运动状态都具有一定的能量。为了得到与电子的能量相对应的合理的解，数学处理过程中所涉及的三个参数 n、l 和 m 不能连续取值。这样得到的每个波函数 $\psi_{n,l,m}(r, \theta, \varphi)$ 就可代表电子的一种运动状态。为什么这么说呢？因为这些函数解给出的电子能量 E 与原子光谱实验结果相符合。

薛定谔方程所演绎的结果（波函数对应着电子的能量 E）与光谱实验事实符合，则证明了薛定谔的拟设是正确的，即波函数 $\psi_{n,l,m}(r, \theta, \varphi)$ 的三个参数 n、l 和 m 不能连续取值，而且分别对应着玻尔模型中能量量子化、角动量量子化和磁矩量子化条件。因此对于基态氢原子，薛定谔方程比玻尔模型成功之处就是：量子化条件不需要在建立数学关系式时事先假定，薛定谔方程从数学模型上解释了玻尔有关量子化条件假设的合理性。人们沿用玻尔模型中的习惯，把 n、l 和 m 分别称为主量子数、角量子数和磁量子数，把波函数称为原子轨道（atomic orbital）。需要指出的是，这里所指的轨道（orbital）是电子的一种运动状态，并不是玻尔模型中所说的那种具有特定半径的运动轨道（orbit），两者的概念在本质上完全不同。

表 8－1　氢原子的一些波函数（a_0＝52.9pm，玻尔半径）

n	l	m	轨道符号	$\psi_{n,l,m}(r, \theta, \varphi)$
1	0	0	1s	$\frac{1}{\sqrt{\pi a_0^3}}e^{-\frac{r}{a_0}}$

续表

n	l	m	轨道符号	$\psi_{n,l,m}$ (r,θ,φ)
2	0	0	$2s$	$\frac{1}{4\sqrt{2\pi a_0^3}}(2-\frac{r}{a_0})e^{-\frac{r}{2a_0}}$
	1	0	$2p_z$	$\frac{1}{4\sqrt{2\pi a_0^3}}\frac{r}{a_0}e^{-\frac{r}{2a_0}}\cos\theta$
		±1	$2p_x$	$\frac{1}{4\sqrt{2\pi a_0^3}}\frac{r}{a_0}e^{-\frac{r}{2a_0}}\sin\theta\cos\varphi$
			$2p_y$	$\frac{1}{4\sqrt{2\pi a_0^3}}\frac{r}{a_0}e^{-\frac{r}{2a_0}}\sin\theta\sin\varphi$
3	0	0	$3s$	$\frac{1}{81\sqrt{3\pi a_0^3}}(27-18\frac{r}{a_0}+2\frac{r^2}{a_0^2})e^{-\frac{r}{3a_0}}$
	1	0	$3p_z$	$\frac{\sqrt{2}}{81\sqrt{\pi a_0^3}}(6\frac{r}{a_0}-\frac{r^2}{a_0^2})e^{-\frac{r}{3a_0}}\cos\theta$
		±1	$3p_x$	$\frac{\sqrt{2}}{81\sqrt{\pi a_0^3}}(6\frac{r}{a_0}-\frac{r^2}{a_0^2})e^{-\frac{r}{3a_0}}\sin\theta\cos\varphi$
			$3p_y$	$\frac{\sqrt{2}}{81\sqrt{\pi a_0^3}}(6\frac{r}{a_0}-\frac{r^2}{a_0^2})e^{-\frac{r}{3a_0}}\sin\theta\sin\varphi$
	2	0	$3d_{z^2}$	$\frac{1}{81\sqrt{6\pi a_0^3}}\frac{r^2}{a_0^2}e^{-\frac{r}{3a_0}}(3\cos^2\theta-1)$
		±1	$3d_{xz}$	$\frac{\sqrt{2}}{81\sqrt{\pi a_0^3}}\frac{r^2}{a_0^2}e^{-\frac{r}{3a_0}}\sin\theta\cos\theta\cos\varphi$
			$3d_{yz}$	$\frac{\sqrt{2}}{81\sqrt{\pi a_0^3}}\frac{r^2}{a_0^2}e^{-\frac{r}{3a_0}}\sin\theta\cos\theta\sin\varphi$
		±2	$3d_{x^2-y^2}$	$\frac{1}{81\sqrt{2\pi a_0^3}}\frac{r^2}{a_0^2}e^{-\frac{r}{3a_0}}\sin^2\theta\cos2\varphi$
			$3d_{xy}$	$\frac{1}{81\sqrt{2\pi a_0^3}}\frac{r^2}{a_0^2}e^{-\frac{r}{3a_0}}\sin^2\theta\sin2\varphi$

表8－1中列出了对基态氢原子求解的部分波函数 $\psi_{n,l,m}$ (r,θ,φ)。这些波函数与电子运动状态之间关系是什么？对于这个问题，就连薛定谔本人也没有给出令人满意的答案。在量子力学中，虽然我们说“用波函数来描述电子在核外空间的运动状态”，那是因为这些波函数对应的能量代表电子的一种运动状态。到目前为止，我们并不能明确波函数本身的物理意义。但是，波恩（M. Born）在1926年提出普遍被大家接受的概率解释：$|\psi|^2$ 表示电子在核外空间某点 (r,θ,φ) 的概率密度，概率密度乘以体积就是电子在某个区域出现的概率。为什么用概率的概念来表述电子在某区域出现的可能性？这是因为电子具有波粒二象性，其行为符合不确定原理，不像宏观物体那样有着确定的运动轨迹，所以我们只能知道电子在某区域出现的可能性，即概率。

（二）量子数

前已述及，一组合理的量子数 n、l 和 m 是求解薛定谔方程的前提。例如，当 $n=1$，l

=0，$m=0$ 时，基态氢原子的波函数为：

$$\psi_{1,0,0}=\frac{1}{\sqrt{\pi a_0^3}}e^{-\frac{r}{a_0}}$$

三个量子数的其他合理组合，都一一对应着不同波函数（如表 8－1 所示）或原子轨道。这样我们就可以用一组量子数 n、l 和 m 来代表所对应的波函数，即核外电子的一种运动状态。下面介绍三个量子数在描述电子运动状态时的物理意义及其各自的取值范围。

1. 主量子数 *n*（principal quantum number）　主量子数 n 与波动方程中的离核距离变量 r 相关，表示电子出现概率最大的区域离核的远近。在求解波动方程时，n 只能取正整数，即 $n=1$，2，3，4，…。n 值越大，意味着电子出现概率最大的区域离核越远，原子轨道的能级越高，所以主量子数 n 是决定原子轨道能级的主要因素。

光谱学把主量子数 n 相同的电子归并到一起，称为电子层（shell），习惯用 K，L，M 等字母表示，这些光谱学符号与主量子数 n 的对应关系是：

主量子数 n：	1	2	3	4	5	6	7
光谱学符号：	K	L	M	N	O	P	Q

2. 角量子数 *l*（azimuthal quantum number）　角量子数 l 与波动方程中的角度变量 θ 有关，表示原子轨道在核外空间的角度分布情况。l 只能取小于主量子数 n 的整数，即 $l=0$，1，2，…，$(n-1)$。例如，当 $n=1$ 时，l 的值为 0；当 $n=2$ 时，l 的值为 0 和 1；当 $n=3$ 时，l 的值为 0、1 和 2；如此等等。角量子数 l 不同，原子轨道的形状不同，在后面的内容里我们会具体讨论原子轨道的形状。另外需要说明的是：在氢原子等单电子体系中，原子轨道的能级仅与主量子数 n 有关，而与角量子数 l 无关；但在多电子体系中，原子轨道的能级不仅仅取决于主量子数 n，角量子数 l 也会影响原子轨道的能级，其原因我们也会在后面的章节有所提及。

光谱学上习惯把 l 值叫作电子亚层（subshell），用不同的光谱学符号表示，角量子数 l 与光谱学符号的对应关系是：

角量子数 l：	0	1	2	3	4
光谱学符号：	s	p	d	f	g

由 l 的取值来看，对应于哪一个 n 值，就可以有 n 个电子亚层。例如，第一电子层（$n=1$）有 1 个电子亚层，即 1s 亚层；第二电子层（$n=2$）有 2 个电子亚层，分别为 2s 亚层和 2p 亚层；第三电子层（$n=3$）有 3 个电子亚层，分别为 3s 亚层、3p 亚层和 3d 亚层；如此等等。

3. 磁量子数 *m*（magnetic quantum number）　磁量子数 m 与波动方程中的角度变量 φ 有关，表示原子轨道在空间的伸展方向。m 的取值为 0，±1，±2，±3，…，$\pm l$。对于给定的 l 值，共计 $(2l+1)$ 个 m 值，即原子轨道有 $(2l+1)$ 种不同的伸展方向。例如，当 $l=1$ 时，m 允许取 +1，0，－1 三个数值，这意味着 p 亚层包含 3 个伸展方向不同的原子轨道。以此类推，d 亚层（$l=2$）包含 5 个伸展方向不同的原子轨道。原子轨道总的数目取决于量子数 n、l 和 m 的取值，如表 8－2 所示。

表 8－2　量子数与原子轨道数

电子层（主量子数 n）	电子亚层（角量子数 l）	原子轨道（磁量子数 m）	轨道数目
n＝1	l＝0，s	0　1s	1
n＝2	l＝0，s	0　2s	1
	l＝1，p	＋1　0　－1　2p	3
n＝3	l＝0，s	0　3s	1
	l＝1，p	＋1　0　－1　3p	3
	l＝2，d	＋2　＋1　0　－1　－2　3d	5

需要指出的是，原子轨道的能级与磁量子数 m 无关，即 l 相同、m 不同的原子轨道的能量是相同的，只是它们的空间伸展方向不同。所以同一电子亚层内不同伸展方向的原子轨道具有相同能级，称为等价轨道（equivalent orbital）或简并轨道（degenerate orbital）。

上述 n、l 和 m 三个量子数是在求解薛定谔方程时得到的，对应的波函数表示电子运动的原子轨道。

4. 自旋量子数 m_s（spin quantum number）　在外加磁场作用下，氢光谱的每一条谱线都是由两条非常接近的谱线组成。如何理解光谱实验中观察到的谱线劈裂现象？1925 年乌伦贝克（G. E. Uhlenbeck）等认为电子除了轨道运动外，还有自旋运动。并且把电子的这种自旋运动形象地描述为：就像地球沿轨道绕太阳公转的同时，还会绕地轴自转。电子绕其自身轴的旋转方向只可能是顺时针方向或逆时针方向，所以在氢原子的玻尔模型中补充了自转量子化的假设。

电子真的像地球一样自转吗？1928 年狄拉克（P. A. Dirac）建立了著名的狄拉克方程，通过数学推导可以很自然地得到了电子自旋的概念，摆脱了玻尔模型人为引入自旋量子化的尴尬。狄拉克方程给出电子的自旋量子数 m_s 取值表示为 ＋1/2 和 －1/2，其数学意义是“电子需要旋转两整圈后，看起来才是一样的”。所以电子的“自旋”运动并不像地球的自转运动，它只表示电子的两种运动状态，有不同的自旋角动量。自旋量子数 m_s 常用向上的箭头“↑”和向下的箭头“↓”来表示。

综上所述，薛定谔方程所描述的电子轨道运动不像经典力学式的轨道一样，电子的自旋运动也不像地球自转运动。原子核外电子的轨道运动和自旋运动随量子数 n、l、m 和 m_s 的取值不同而不同，所以可以用合理取值的四个量子数来编码电子的运动状态，就如我们在日常生活中用房间号码来区分不同的房间。当四个量子数的组合方式确定了，电子的运动状态也就确定了。例如（1，0，0，＋1/2）和（1，0，0，－1/2）表示的是 1s 原子轨道上的两个不同电子，这两个电子具有相同能量。1s 原子轨道上会出现“第三者”吗？原子光谱实验证明：同一原子中，不可能有四个量子数完全相同的电子或运动状态。也就是说，任何原子轨道（量子数 n、l、m 相同）上最多只有两个自旋相反的电子，这个概念也称为“泡利不相容原理”。

三、原子轨道的图形表示

我们曾经提到角量子数 l 不同，原子轨道的形状不同。原子轨道的形状是什么样子的？

既然代表原子轨道的波函数 $\psi_{n,l,m}$（r，θ，φ）是数学函数式，我们就可以利用数学作图的方式得到这些函数的图像。这样一来，我们可以通过图像直观地理解抽象的原子轨道。

波函数 $\psi_{n,l,m}$（r，θ，φ）中包含 r，θ，φ 三个变量，直接做图十分困难。但是我们可以把波函数 $\psi_{n,l,m}$（r，θ，φ）分成径向部分和角度部分，即：

$$\psi_{n,l,m}(r,\theta,\varphi) = R_{n,l}(r) \cdot Y_{l,m}(\theta,\varphi) \qquad (8-12)$$

式中 $R_{n,l}$（r）是电子与核的距离 r 的函数，称为径向波函数（radial wave function），与量子数 n 和 l 相关；$Y_{l,m}$（θ，φ）是方位角 θ 和 φ 的函数，称为角度波函数（angular wave function），与量子数 l 和 m 相关。

（一）原子轨道的角度分布图

将角度分布函数 $Y_{l,m}$（θ，φ）随角度 θ、φ 的变化作图，就可以得到原子轨道的角度分布图，也就是原子轨道的轮廓图。例如根据薛定谔方程求解得到氢原子的 1s 原子轨道的角度分布函数为：

$$Y_{0,0}(\theta,\varphi) = \frac{1}{\sqrt{4\pi}} \qquad (8-13)$$

首先以原子核为原点建立直角坐标系。在 zx 平面上沿方位角 $\theta = 0°$ 方向标出到原点距离为 $Y_{0,0}$（θ，φ）的点。随着 θ 从 0° 变化到 180°，$Y_{0,0}$（θ，φ）的数值保持 $1/4\sqrt{\pi}$ 不变，这样所有的点连成一个半圆，其半径等于 $1/4\sqrt{\pi}$。然后将该半圆绕 z 轴旋转 360°（相当于方位角 φ 从 0° 变化到 360°），最后得到 1s 原子轨道的角度分布图。如图8－4所示。氢原子的 1s 原子轨道的角度分布图像，即原子轨道轮廓图在三维空间是一个半径为 $1/4\sqrt{\pi}$ 的球面。氢原子的 2s 原子轨道的轮廓图也是球形，但看起来比 2s 原子轨道要大。

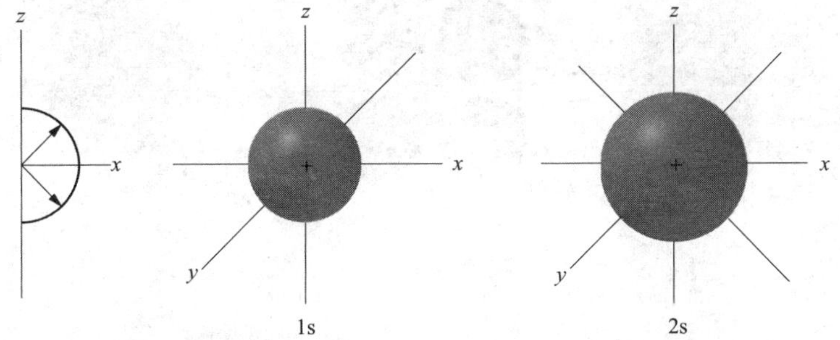

图8－4　氢原子 1s 和 2s 波函数（原子轨道）角度分布图

下面我们再看一看氢原子的 $2p_z$ 原子轨道的角度分布图。根据量子数的取值规则，当 $l = 1$ 时，$m = 0$，± 1。其中角度波函数 $Y_{1,0}$（θ，φ）的表达式为：

$$Y_{1,0}(\theta,\varphi) = \sqrt{\frac{3}{4\pi}}\cos\theta \qquad (8-14)$$

从式（8－14）中可以看出，$Y_{1,0}$（θ，φ）的数值随方位角 θ 的变化而变化，表8－3列出其中的部分数值。

表8－3　$Y_{1,0}$（θ，φ）值与 θ 的关系

θ	0°	30°	45°	60°	90°	120°	135°	150°	180°
$\cos\theta$	1	$\frac{\sqrt{3}}{2}$	$\frac{\sqrt{2}}{2}$	0.5	0	−0.5	$-\frac{\sqrt{2}}{2}$	$-\frac{\sqrt{3}}{2}$	−1

当 θ 从 0° 变化到 180°，我们把到原点距离为 $|Y_{1,0}(\theta, \varphi)|$ 的各点连接起来，得到上下两个半圆。然后将该图形绕 z 轴旋转 360°（相当于方位角 φ 从 0° 变化到 360°），得到沿 z 轴方向分布的 $2p_z$ 原子轨道的图像，如图 8－5 所示。所以，氢原子的 $2p_z$ 原子轨道的角度分布图像在三维空间是两个相切于原点的球面，呈“哑铃状”。氢原子的 $2p_x$ 和 $2p_y$ 的轮廓图看起来与 $2p_z$ 原子轨道相同。虽然这三个 $2p$ 原子轨道的空间取向不同，但是它们的能量相等，是三重简并轨道。图中“＋”和“－”表示角度波函数 $Y_{l,m}(\theta, \varphi)$ 的正负，下一章讨论原子之间形成化学键时会用到这种正、负号。

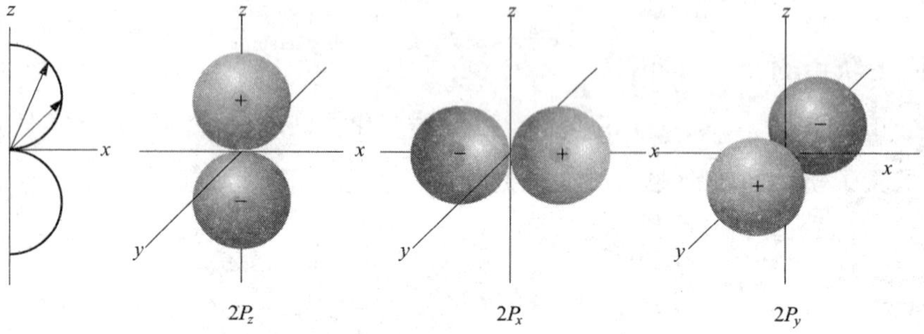

图 8－5　氢原子 $2p$ 波函数（原子轨道）角度分布图

其他角度分布函数 $Y_{l,m}(\theta, \varphi)$ 的作图相对复杂，在这里不再一一介绍。图 8－6 给出氢原子的 $3d$ 原子轨道的角度分布图。从图中可以看出，$3d$ 原子轨道的形状像“四叶草”，在空间有 5 个伸展方向，是五重简并轨道。

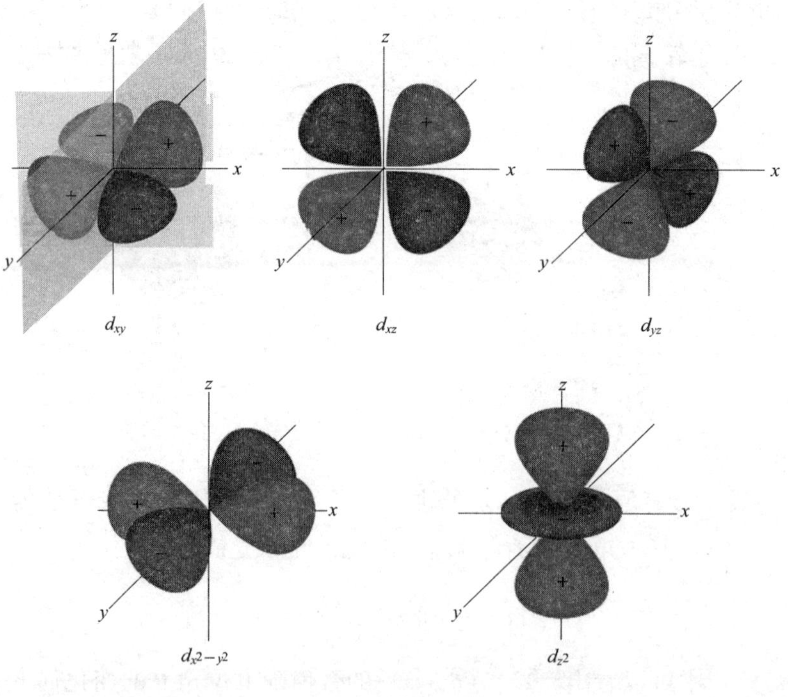

图 8－6　氢原子 $3d$ 波函数（原子轨道）角度分布图

由于 $Y_{l,m}(\theta, \varphi)$ 与量子数 n 无关，只与 l、m 有关。因此，当量子数 n 不同，l、m 相同时，它们的角度分布图形状和伸展方向相同。

（二）电子云的角度分布图

我们用波函数 ψ 描述核外电子运动状态，但是波函数代表的物理意义目前还不明确。

波恩（M. Born）认为：波函数 ψ 本身没有直接的物理意义，但 $|\psi|^2$ 代表电子在核外空间某点（r，θ，φ）出现的概率密度。为了形象化地表示电子在核外的概率密度分布，可以用点的疏密程度来显示空间各点的概率密度大小。电子出现概率密度大的区域用密集的点表示，概率密度小的区域用稀疏的点来表示，这样得到的图像称为电子云（electron cloud）。图 8－7 是氢原子 1s 和 2s 电子云示意图。

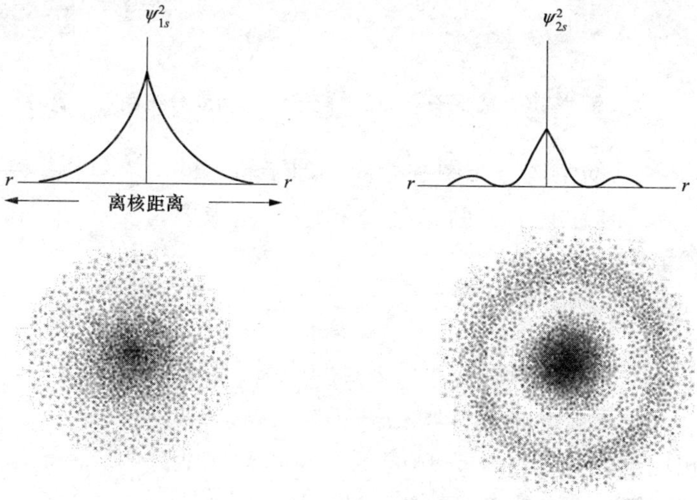

图 8－7　氢原子 1s 和 2s 电子云示意图

从图 8－7 可以看出，电子的概率密度随离核距离的增大而减小。应当注意，电子云的每一个点并不代表一个电子，而是表示一个电子在某一时刻可能出现的位置。

如果将角度分布函数 $|Y_{l,m}|^2$ 随角度 θ、φ 的变化作图，就可以得到电子云的角度分布图（图 8－8）。

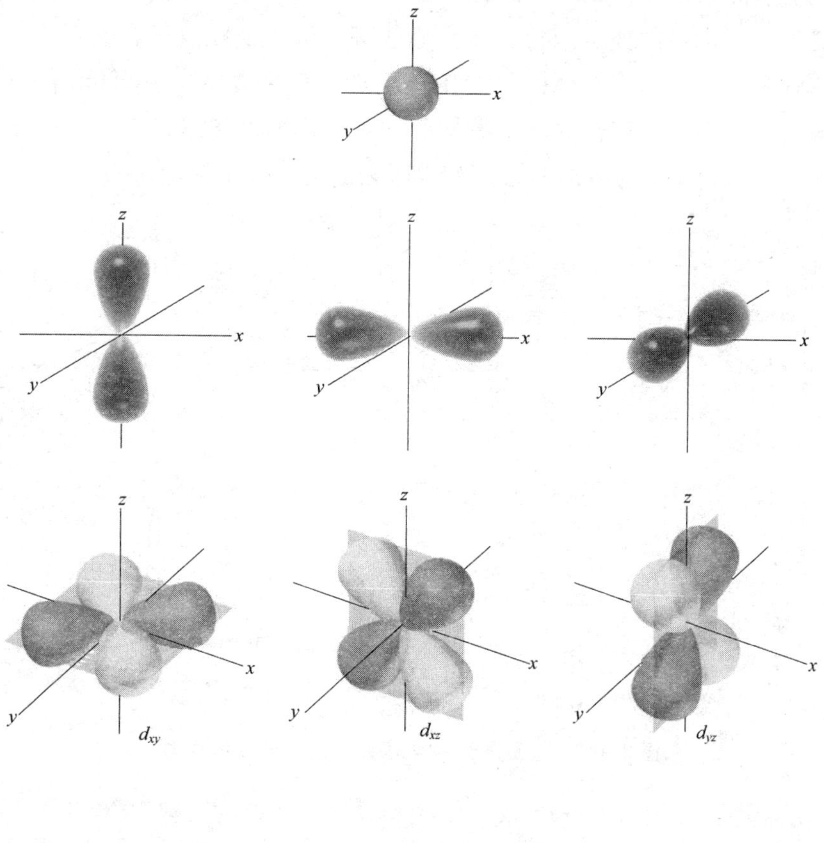

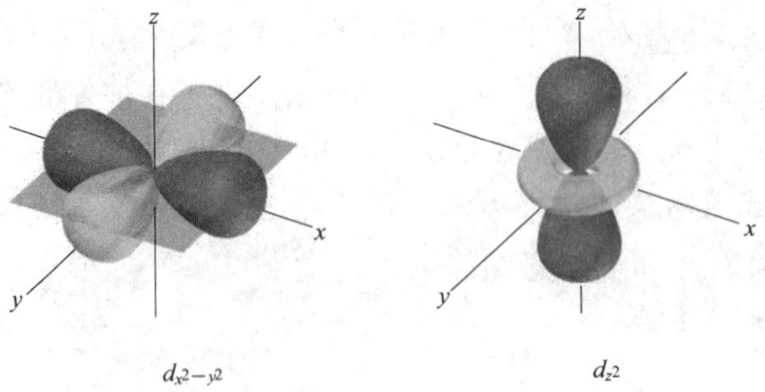

图 8－8　氢原子 *s*、*p*、*d* 电子云的角度分布图

我们会注意到电子云的角度分布图和相应的原子轨道的角度分布图十分相似，但是电子云的角度分布图看起来要“瘦”一些，而且没有正、负之分。

（三）电子云的径向分布图

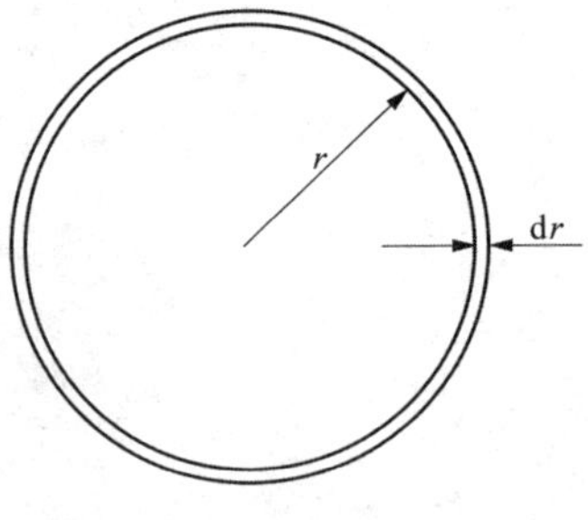

图 8－9　球壳薄层示意图

现在我们来讨论电子出现的概率与离核远近的关系。假若电子出现在半径为 r，厚度为 dr 的球壳薄层里（如图 8－9 所示）。这个球壳的相应球面积是 $4\pi r^2$，球壳的体积可表示为 $4\pi r^2 dr$，而电子出现的概率密度等于径向波函数 $|R_{n,l}|^2$。于是，电子在这个球壳内出现的概率应该等于概率密度 $|R|^2$ 乘以薄球壳的体积 $4\pi r^2 dr$，即 $4\pi r^2 R^2 dr$。

在数学上定义径向分布函数 $D(r)=4\pi r^2 R^2$。利用 D 对 r 作图，得到电子云的径向分布图，直观地表示电子出现的概率大小与离核远近的关系。图 8－10 为氢原子几种电子云的径向分布图。从图中可以看到，径向分布函数有 $(n-l)$ 个峰值，例如，1*s* 的径向分布函数有 1 个峰值，2*s* 的径向分布函数有 2 个峰值等。每一个峰值代表电子出现在对应的离核距离 r 处的概率，峰值越小，峰的位置离核越近，意味着电子有可能出现在近核区域。但是，峰值最大的主峰位置随着主量子数 n 的增大而远离原子核，表现了电子出现概率最大的区域。在下一节讨论钻穿效应时会用到电子云的径向分布图。

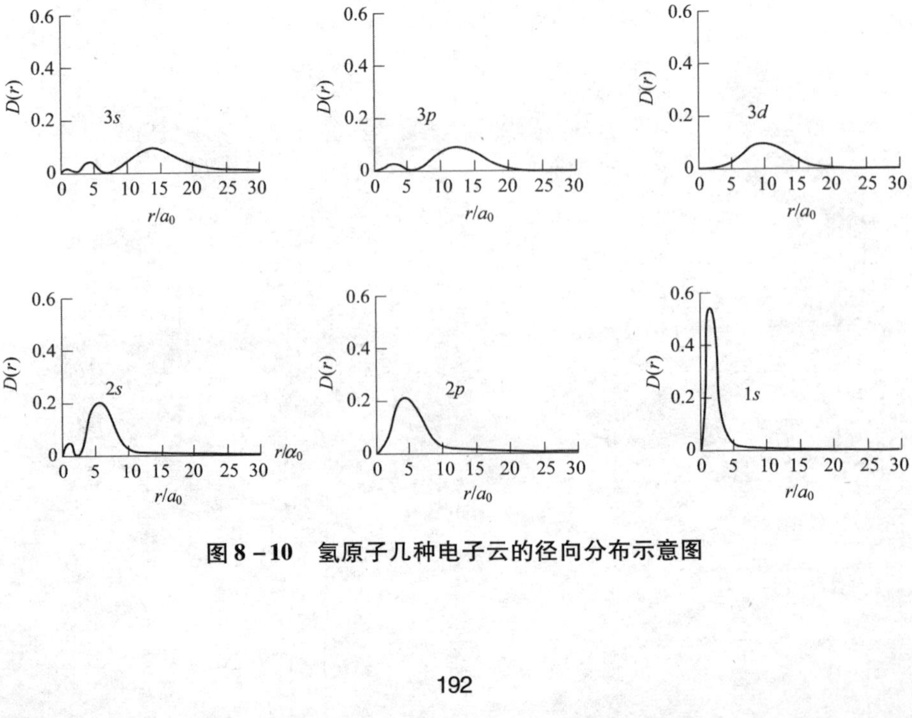

图 8－10　氢原子几种电子云的径向分布示意图

扫码“学一学”

第三节　原子结构与元素周期表

我们用化学方法去设计、开发新的药物，必须要掌握物质的性能及化学变化的规律。这就要求我们了解各种原子的化学行为，除氢以外的原子都是多电子的，其结构比氢原子复杂得多。虽然不能精确求解它们的薛定谔方程，得不到其波函数 ψ 及相应的能量 E，但可以应用量子力学的近似方法来解决这个问题。最重要的就是把从氢原子所获得的一些结论加以修正，推广应用于其他原子。

一、屏蔽效应和钻穿效应

电子间的相互作用可从屏蔽效应（screening effect）和钻穿效应（penetration effect）两方面去认识，这两种效应有着密切的联系。屏蔽效应是指核外某个电子 i 感受到核电荷的作用减少，使能级升高的效应；钻穿效应则是指电子 i 避开其余电子的屏蔽，其电子云钻到近核区而感受到较大核电荷作用，使能级降低的效应。这两种效应从不同的角度提出：钻穿效应把电子看作主体，从它自身分布的特点来理解；屏蔽效应把电子看作客体，考察它受其他电子的屏蔽影响。

（一）屏蔽效应

在多电子原子中，电子不仅受到原子核的吸引，而且电子和电子之间存在着排斥作用。例如锂原子是由带三个正电荷的原子核和三个电子构成的，其中两个电子处于 1s 能级，一个电子处于 2s 能级。处于 2s 能级的电子除了受到原子核的吸引外，还受到内层 1s 上两个电子的排斥。斯莱特（J. C. Slater）认为，在多电子原子中，某一电子受其余电子排斥作用的结果，与原子核对该电子的吸引作用正好相反。其余电子屏蔽了或削弱了原子核对该电子的吸引作用，即该电子实际上所受到核的引力要比相应的原子序数 Z 的核电荷的引力为小，因此

$$Z^{*} = Z - \sigma \tag{8-15}$$

式中 Z^{*} 表示电子实际上所受到的核电荷，称为有效核电荷（effective nuclear charge），Z 为核电荷，σ 称为屏蔽常数（screening constant），它反映了电子之间的排斥作用，表示原有的核电荷减小或被抵消的部分。这种将其他电子对某个电子的排斥作用，归结为抵消一部分核电荷的作用，称为屏蔽效应。

屏蔽效应使得原子的有效核电荷减小，导致电子的能量升高。每一个电子所起的屏蔽效应大小不同，一方面要看被屏蔽电子所处的轨道，另一方面又要看施加屏蔽电子所处的轨道。显然电子云密集在原子核附近的内层电子，对外层电子有较大的屏蔽，而外层电子对内层电子的屏蔽很小。另外，电子云伸展较远的电子易被电子云较集中的电子所屏蔽。斯莱特根据光谱数据，总结出了计算屏蔽常数 σ 的经验规则，因而可以计算出有效核电荷。

首先将原子中的电子按下列顺序分成若干组：

(1s)、(2s，2p)、(3s，3p)、(3d)、(4s，4p)、(4d)、(4f)、(5s，5p)、(5d)、……

然后按下列规则计算屏蔽常数 σ：

1. 处于被屏蔽电子外层的各轨道中的电子对被屏蔽的电子不产生屏蔽作用，屏蔽常数 $\sigma = 0$。

2. 处于被屏蔽电子同一轨道组的每个电子，对被屏蔽电子的屏蔽常数 $\sigma=0.35$；1*s* 轨道中一个电子受到另一个 1*s* 电子的屏蔽作用为 $\sigma=0.30$。

3. 若被屏蔽电子在 *n* 电子层上，则（$n-1$）电子层中的每个电子对被屏蔽电子的屏蔽作用为 $\sigma=0.85$，而（$n-2$）层以及更内层的电子层中的每个电子对被屏蔽电子的屏蔽作用为 $\sigma=1.00$。

4. 若被屏蔽的电子处于 *nd* 或 *nf* 轨道时，所有的内层电子对被屏蔽电子的屏蔽常数均为 $\sigma=1.00$。

例如，计算钠原子中 3*s* 电子的屏蔽常数 σ。根据斯莱特计算规则，如果最后一个电子填在 3*s* 上，它受到的有效核电荷为：

$$Z^{*}=Z-\sigma=11-(2\times1.00+8\times0.85)=2.2$$

在多电子原子中，由于其他电子对电子 *i* 的排斥作用，使电子 *i* 的能量升高，但只要用有效核电荷代替核电荷，仍可采用氢原子中的能量计算公式：

$$E=-R\frac{(Z-\sigma)^2}{n^2}=-13.6\frac{(Z-\sigma)^2}{n^2}\text{eV} \qquad (8-16)$$

因此，钠原子中 3*s* 电子的能量是：

$$E=-13.6\frac{(Z-\sigma)^2}{n^2}=-13.6\times\frac{2.2^2}{3^2}=-7.31\text{eV}$$

与实验求得的第一电离能 7.14eV 很符合。

需要指出的是，式（8－16）虽然不直接包括角量子数 *l*，但屏蔽常数 σ 与电子组别或角量子数 *l* 有关，所以能量 *E* 不仅决定于主量子数 *n*，也决定于 *l*。这一点和氢原子不同，氢原子中只有 1 个电子，无所谓屏蔽，因而能量只决定于主量子数 *n*。

（二）钻穿效应

从量子力学观点来看，电子可以出现在原子内任何位置上。也就是说，外层电子可以钻入内部壳层而更靠近原子核，从而削弱了内层电子的屏蔽效用，相对增加了原子的有效核电荷，使得原子轨道的能级降低，这种现象称为钻穿效应。钻穿效应越大，意味着电子可以出现在离核近一些的区域，电子的能量越低。

钻穿效应的大小可以根据核外电子云的径向分布函数（如图 8－10 所示）进行定性判断，主量子数 *n* 相同而角量子数 *l* 不同的轨道，能级的顺序是：$E_{ns}<E_{np}<E_{nd}<E_{nf}$，这种现象叫作能级分裂。这是因为主量子数相同的各态中，*s* 态峰的数目最多，它的分布特点是：主峰离核最远，小峰靠核最近，随着核电荷的增加，最靠近核的小峰在能量上的作用越来越明显。这一方面是小峰所代表的电子云有效地避开其他电子的屏蔽，作用在小峰上的有效核电荷大；另一方面，小峰所代表的电子云离核近。两个因素都使电子和原子核的相互作用能增加，对该轨道的能级降低影响较大。

对于 *n* 和 *l* 都不同的轨道，*n* 值大的电子亚层能级反而比 *n* 值小的电子亚层能级低，例如 $E_{4s}<E_{3d}$，这种现象称为能级交错。能级交错也可以用钻穿效应来说明，通过把 4*s* 和 3*d* 的径向分布函数图进行比较可以看出（图 8－11），4*s* 最大峰虽然比 3*d* 离核要远，但是它有小峰很靠近核。因此，4*s* 比 3*d* 钻穿能力要大，同时也更好地回避其他电子的屏蔽。结果 4*s* 电子

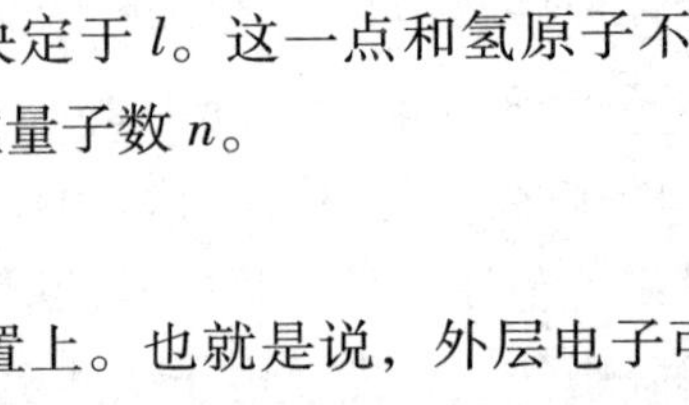

图 8－11　4*s* 和 3*d* 的径向分布函数图

虽然主量子数较3*d*大，但角量子数小，钻穿效应大，使得4*s*轨道能级低于3*d*轨道的能级，即$E_{4s}<E_{3d}$。其他能级次序的不规则排列，如$E_{5s}<E_{4d}$，$E_{6s}<E_{4f}<E_{5d}$，大体上都可以用同样的原因予以说明。

二、原子轨道近似能级图

通过前面的学习，我们得知多电子原子中不同轨道具有的能量与氢原子中对应的能量不同，主量子数*n*相同但角量子数*l*不同的轨道（例如，2*s*和2*p*）不再具有相同的能量。鲍林（L. Pauling）根据光谱实验结果总结出多电子原子中各轨道能级相对高低的情况，并用图8－12近似地表示出来。图中的短线表示原子轨道，其位置的高低表示了各轨道能级的相对高低，称为鲍林近似能级图（approximate energy level diagram）。

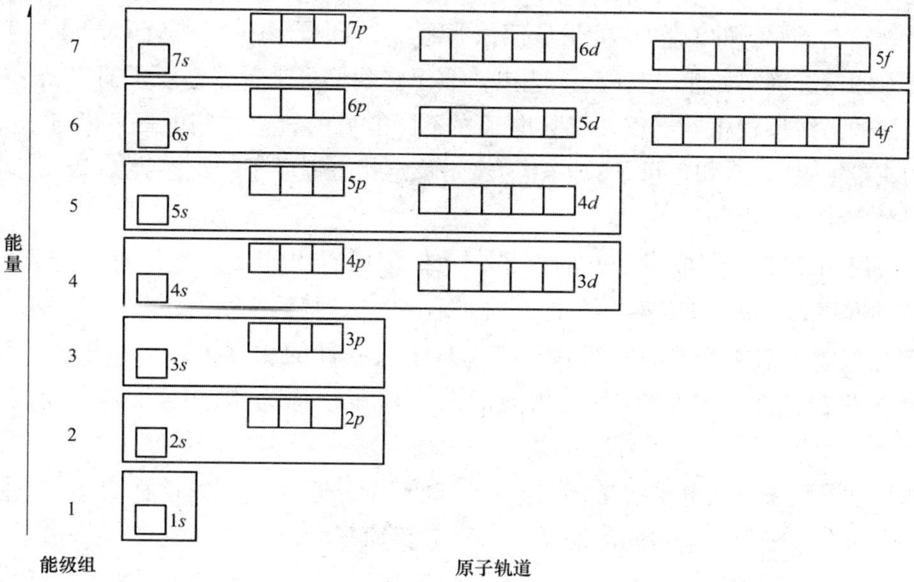

图8－12　鲍林近似能级图

在鲍林近似能级图中，相邻两个电子层之间的能级差值比较大，而同一电子层，不同电子亚层之间的能级差值较小或很接近。

由图8－12可以看出，多电子原子中不同轨道的能级不仅与主量子数*n*有关，还与角量子数*l*有关：当主量子数*n*相同，角量子数*l*不同时，*l*愈大，能量愈高，例$E_{4s}<E_{4p}<E_{4d}<E_{4f}$；当角量子数*l*相同时，主量子数*n*愈大，则能级愈高，例如$l=0$，$E_{1s}<E_{2s}<E_{3s}<E_{4s}<E_{5s}<E_{6s}<E_{7s}$；对于主量子数*n*和角量子数*l*值都不同的原子轨道，可能会产生能级交错现象，例如，$E_{4s}<E_{3d}$等。原子规道的能级不同可用屏蔽效应和钻穿效应予以解释。

鲍林的原子轨道近似能级图将所有能级按照从低到高分为7个能级组，能量相近的划分为一个能级组，依次为：

1*s*；2*s*，2*p*；3*s*，3*p*；4*s*，3*d*，4*p*；5*s*，4*d*，5*p*；6*s*，4*f*，5*d*，6*p*；7*s*，5*f*，6*d*，7*p*。

我国化学家徐光宪从光谱数据中找到轨道能级高低的判断，即原子轨道的$(n+0.7l)$数值愈大，则能级愈高。例如：4*s*和3*d*两个原子轨道状态，它们的$(n+0.7l)$值分别为$(4+0.7\times0=4.0)$和$(3+0.7\times2=4.4)$。3*d*轨道$(n+0.7l)$数值大，因而$E_{4s}<E_{3d}$。

这一规则称为 $n+0.7l$ 规则。

三、核外电子排布规则

原子中核外电子的多少，可由原子序数求得。例如 Li 原子的原子序数为 3，核外有 3 个电子。那么，这些电子是怎样分布在各轨道中的呢？我们可根据下面三个原则来确定。

1. 能量最低原理 自然界中任何体系的能量愈低，则所处的状态愈稳定，称为能量最低原理（lowest energy principle）。对于原子体系而言也是如此，第一个指导性原理就是电子倾向于占据较低能量的轨道，使得整个原子的能量处于最低能量状态，也就是按照鲍林的原子轨道近似能级图进行核外电子排布。

例如氢原子的单个电子占据 $1s$ 轨道，则稳定状态氢原子的电子组态可表示为 $1s^1$，其中的上标表示在主量子数 $n=1$ 和角量子数 $l=0$ 的轨道上有一个电子。按图 8－12 所示的轨道近似能级，多电子原子的 $1s$ 轨道能量最低，那么多电子原子中所有电子都聚集在 $1s$ 轨道上吗？氦原子的情况确实如此，其组态可用 $1s^2$ 表示。我们再来看看锂原子的情况，在锂原子光谱中观测的谱线位置相当于较外层的电子在不同能量的轨道之间的一些跃迁，不难确定此电子的主量子数 $n=2$ 和角量子数 $l=0$。于是稳定状态锂原子的组态为 $1s^22s^1$。这样看来，$1s$ 轨道只能容纳两个电子。

2. 泡利不相容原理 根据上面的例子，我们可以看出能量最低原理确定了电子在轨道上排布的次序，但每一轨道上的电子数是有一定限制的。关于这一点，1925 年泡利（W. Pauli）根据光谱实验观测的线状光谱和量子化条件的相互关系，提出：在同一原子中，不可能存在两个运动状态完全相同的两个电子，称为泡利不相容原理（exclusion principle）。

用四个量子数来描述电子的运动状态，泡利不相容原理也可以这样表述：在同一原子中，不存在四个量子数完全相同的两个电子。如果原子中电子排布在同一轨道上，那么三个量于数 n，l，m 相同，则自旋量子数 m_s 一定不同。而自旋量子数 $m_s=\pm 1/2$，即同一轨道最多能容纳 2 个自旋方向相反的电子。所以氦原子的两个电子以自旋方向相反的形式排布在 $1s$ 原子轨道（$n=1$，$l=0$，$m=0$）上，其电子组态记作 $1s^2$。而对于锂原子来说，第三个电子在不违背泡利不相容原理的前提下，只能排布到能量更高的 $2s$ 原子轨道上，其电子组态记作 $1s^22s^1$。

根据量子数取值规则，我们也可以知道其他电子亚层中所能容纳电子的最大数目。例如，在 p 亚层（$l=1$）3 个不同伸展方向的简并轨道（$m=0$，± 1）中，最多容纳 6 个电子；在 d 亚层（$l=2$）5 个不同伸展方向的简并轨道（$m=0$，± 1，± 2）中，最多容纳 10 个电子；在 f 亚层（$l=3$）7 个不同伸展方向的简并轨道（$m=0$，± 1，± 2，± 3）中，最多容纳 14 个电子。如果以 n 代表电子层的序号，则每一电子层最多容纳的电子数目为 $2n^2$。以此推算出第一、第二、第三、第四、……电子层最多容纳的电子数目分别为 2、8、18、32……（如表 8－4 所示）。不过，人们对很多原子的电子层进行研究发现，原子里的电子排布情况还有一个规律：原子最外层电子数最多不超过 8 个，次外层电子数最多不超过 18 个。而都不是各个电子层电子最大容纳数 $2n^2$。很显然，这是多电子原子中原子轨道能级交错的必然结果。

表 8-4　各电子层可容纳的电子数

电子层 n	电子亚层 l	原子轨道数目	各电子亚层可以容纳电子数目	各电子层最多容纳电子数目
1	s	1	2	2
2	s	1	2	8
	p	3	6	
3	s	1	2	18
	p	3	6	
	d	5	10	
4	s	1	2	32
	p	3	6	
	d	5	10	
	f	7	14	

3. 洪特规则　原子光谱的研究引出一个很有用的经验原理，通常称为洪特规则（Hund's rule）：在同一亚层的各个轨道（简并轨道）上，电子的排布将尽可能分占不同的轨道，并且自旋方向相同。用量子力学理论推算，也证明这样的排布可以使体系能量最低。因为当一个轨道中已占有一个电子时，另一个电子要继续占据此轨道，就必须克服两个电子之间的成对能。因此，电子分占不同的简并轨道，有利于体系能量的降低。例如，碳原子核外有 6 个电子，其电子排布式为 $1s^2 2s^2 2p^2$，由于 p 亚层有 3 个伸展方向不同的轨道，这 2 个电子以何方式占据 $2p$ 轨道呢？按照洪特规则，最稳定的组态是两个电子不成对，即自旋平行的情况，所以这 2 个电子应该位于不同的轨道上，其轨道表示式为：

[↑][↑][ ]，而不是 [↑][↓][ ]　或 [↑↓][ ][ ]

洪特规则表明电子在简并轨道中的分布尽可能要做到均匀，或电子云尽可能在空间作对称分布。简并轨道全充满（p^6 或 d^{10} 或 f^{14}），或半充满（p^3 或 d^5 或 f^7）时，都是比较稳定的状态。因此，铬原子（Cr）的外层电子排布是 $3d^5 4s^1$，而不是 $3d^4 4s^2$。同样，铜原子（Cu）的外层电子排布是 $3d^{10} 4s^1$，而不是 $3d^9 4s^2$。这样的排布方式与光谱实验的结果一致。

我们可以用泡利不相容原理以及鲍林近似能级图，同时结合原子光谱和电离能测定的实验事实，依照能量增大的顺序逐个加入电子，通常排布一个能级后，再开始排布下一个能级。这样就可以构造出基态原子的电子组态。例如 H（$1s^1$）；He（$1s^2$）；Li（$1s^2 2s^1$）；Be（$1s^2 2s^2$）；B（$1s^2 2s^2 2p^1$）；C（$1s^2 2s^2 2p^2$）；N（$1s^2 2s^2 2p^3$）；O（$1s^2 2s^2 2p^4$）；F（$1s^2 2s^2 2p^5$）；Ne（$1s^2 2s^2 2p^6$）；Na（$1s^2 2s^2 2p^6 3s^1$）等。需要指出的是，由于能级交错（$E_4 < E_3$），钾原子的第 19 个电子优先排布在 $4s$ 能级，而不是 $3d$ 能级，其电子组态为 $1s^2 2s^2 2p^6 3s^2 3p^6 4s^1$；当钙原子的第 20 个电子占满 $4s$ 能级后，从钪（Sc）到锌（Zn）依次增加的电子排布在 $3d$ 能级，这里应当注意两个洪特规则特例：Cr 和 Cu 分别为半充满（$3d^5 4s^1$）和全充满状态（$3d^{10} 4s^1$）。

表 8-5　各元素基态原子的电子组态

周期	Z	元素符号	电子组态	周期	Z	元素符号	电子组态
一	1	H	$1s^1$	六	55	Cs	[Xe] $6s^1$
	2	He	$1s^2$		56	Ba	[Xe] $6s^2$
二	3	Li	[He] $2s^1$		57	La	[Xe] $5d^16s^2$
	4	Be	[He] $2s^2$		58	Ce	[Xe] $4f^15d^16s^2$
	5	B	[He] $2s^22p^1$		59	Pr	[Xe] $4f^36s^2$
	6	C	[He] $2s^22p^2$		60	Nd	[Xe] $4f^46s^2$
	7	N	[He] $2s^22p^3$		61	Pm	[Xe] $4f^56s^2$
	8	O	[He] $2s^22p^4$		62	Sm	[Xe] $4f^66s^2$
	9	F	[He] $2s^22p^5$		63	Eu	[Xe] $4f^76s^2$
	10	Ne	[He] $2s^22p^6$		64	Gd	[Xe] $4f^75d^16s^2$
三	11	Na	[Ne] $3s^1$		65	Tb	[Xe] $4f^96s^2$
	12	Mg	[Ne] $3s^2$		66	Dy	[Xe] $4f^{10}6s^2$
	13	Al	[Ne] $3s^23p^1$		67	Ho	[Xe] $4f^{11}6s^2$
	14	Si	[Ne] $3s^23p^2$		68	Er	[Xe] $4f^{12}6s^2$
	15	P	[Ne] $3s^23p^3$		69	Tm	[Xe] $4f^{13}6s^2$
	16	S	[Ne] $3s^23p^4$		70	Yb	[Xe] $4f^{14}6s^2$
	17	Cl	[Ne] $3s^23p^5$		71	Lu	[Xe] $4f^{14}5d^16s^2$
	18	Ar	[Ne] $3s^23p^6$		72	Hf	[Xe] $4f^{14}5d^26s^2$
四	19	K	[Ar] $4s^1$		73	Ta	[Xe] $4f^{14}5d^36s^2$
	20	Ca	[Ar] $4s^2$		74	W	[Xe] $4f^{14}5d^46s^2$
	21	Sc	[Ar] $3d^14s^2$		75	Re	[Xe] $4f^{14}5d^56s^2$
	22	Ti	[Ar] $3d^24s^2$		76	Os	[Xe] $4f^{14}5d^66s^2$
	23	V	[Ar] $3d^34s^2$		77	Ir	[Xe] $4f^{14}5d^76s^2$
	24	Cr	[Ar] $3d^54s^1$		78	Pt	[Xe] $4f^{14}5d^96s^1$
	25	Mn	[Ar] $3d^54s^2$		79	Au	[Xe] $4f^{14}5d^{10}6s^1$
	26	Fe	[Ar] $3d^64s^2$		80	Hg	[Xe] $4f^{14}5d^{10}6s^2$
	27	Co	[Ar] $3d^74s^2$		81	Tl	[Xe] $4f^{14}5d^{10}6s^26p^1$
	28	Ni	[Ar] $3d^84s^2$		82	Pb	[Xe] $4f^{14}5d^{10}6s^26p^2$
	29	Cu	[Ar] $3d^{10}4s^1$		83	Bi	[Xe] $4f^{14}5d^{10}6s^26p^3$
	30	Zn	[Ar] $3d^{10}4s^2$		84	Po	[Xe] $4f^{14}5d^{10}6s^26p^4$
	31	Ga	[Ar] $3d^{10}4s^24p^1$		85	At	[Xe] $4f^{14}5d^{10}6s^26p^5$
	32	Ge	[Ar] $3d^{10}4s^24p^2$		86	Rn	[Xe] $4f^{14}5d^{10}6s^26p^6$
	33	As	[Ar] $3d^{10}4s^24p^3$	七	87	Fr	[Rn] $7s^1$
	34	Se	[Ar] $3d^{10}4s^24p^4$		88	Ra	[Rn] $7s^2$
	35	Br	[Ar] $3d^{10}4s^24p^5$		89	Ac	[Rn] $6d^17s^2$
	36	Kr	[Ar] $3d^{10}4s^24p^6$		90	Th	[Rn] $6d^27s^2$
五	37	Rb	[Kr] $5s^1$		91	Pa	[Rn] $5f^26d^17s^2$
	38	Sr	[Kr] $5s^2$		92	U	[Rn] $5f^36d^17s^2$
	39	Y	[Kr] $4d^15s^2$		93	Np	[Rn] $5f^46d^17s^2$
	40	Zr	[Kr] $4d^25s^2$		94	Pu	[Rn] $5f^67s^2$
	41	Nb	[Kr] $4d^45s^1$		95	Am	[Rn] $5f^77s^2$
	42	Mo	[Kr] $4d^55s^1$		96	Cm	[Rn] $5f^76d^17s^2$
	43	Tc	[Kr] $4d^55s^2$		97	Bk	[Rn] $5f^97s^2$
	44	Ru	[Kr] $4d^75s^1$		98	Cf	[Rn] $5f^{10}7s^2$
	45	Rh	[Kr] $4d^85s^1$		99	Es	[Rn] $5f^{11}7s^2$
	46	Pd	[Kr] $4d^{10}$		100	Fm	[Rn] $5f^{12}7s^2$
	47	Ag	[Kr] $4d^{10}5s^1$		101	Md	[Rn] $5f^{13}7s^2$
	48	Cd	[Kr] $4d^{10}5s^2$		102	No	[Rn] $5f^{14}7s^2$
	49	In	[Kr] $4d^{10}5s^25p^1$		103	Lr	[Rn] $5f^{14}6d^17s^2$
	50	Sn	[Kr] $4d^{10}5s^25p^2$		104	Rf	[Rn] $5f^{14}6d^27s^2$
	51	Sb	[Kr] $4d^{10}5s^25p^3$		105	Db	[Rn] $5f^{14}6d^37s^2$
	52	Te	[Kr] $4d^{10}5s^25p^4$		106	Sg	[Rn] $5f^{14}6d^47s^2$
	53	I	[Kr] $4d^{10}5s^25p^5$		107	Bh	[Rn] $5f^{14}6d^57s^2$
	54	Xe	[Kr] $4d^{10}5s^25p^6$		108	Hs	[Rn] $5f^{14}6d^67s^2$

注：为了简化电子组态的书写，通常把内层已达到稀有气体电子层结构的部分，用稀有气体的元素符号加方括号表示，并称为原子实。例如 Fe 的基态原子的电子组态为 $1s^22s^22p^63s^23p^63d^64s^2$，可写作 [Ar] $3d^64s^2$。

从表 8-5 可以看到另外一些情形，例如铌是 $4d^45s^1$，而不是 $4d^35s^2$；以及钌、铑、钯、钨和铂的电子组态也并不符合原子构造原理。这是因为，一方面随原子序数增加，电子受到的有效核电荷数增加，所有原子轨道的能量一般都将逐渐下降。但对于不同轨道，能量下降的程度各不相同。因此，各能级的相对位置将随之改变。另一方面因较重元素原子的 ns 轨道和 $(n-1)d$ 轨道之间的能量差要小一些。ns 电子激发到 $(n-1)d$ 轨道上只要很少的能量。如果激发后能增加轨道中自旋平行的单电子数，其所降低的能量超过激发能，或激发后形成全降低的能量超过激发能时，就会导致电子特殊的组态。有一点应当记住，基态原子的电子组态必须符合原子光谱实验事实，而不是遵守原子构造原理。

根据基态原子的电子组态，我们认识到原子核外的电子处于不同能级的原子轨道上。既然如此，就不难理解前面提到的焰色反应：当某些金属或它们的化合物高温下灼烧时，原子中的电子吸收了能量，从能量较低的轨道跃迁到能量较高的轨道，但处于能量较高轨道上的电子是不稳定的，很快跃迁回能量较低的轨道，这时就将多余的能量以光的形式放出。而某一些光的波长在可见光范围内，因而能使火焰呈现颜色。但由于金属元素的原子结构不同，电子跃迁时的能量变化就不相同，因而发出不同频率的光，我们所看到特殊的焰色其实就是在可见光范围的光谱。

四、原子的电子组态和元素周期表

上述焰色反应是一个物理变化。但从化学角度来说，我们更加关注元素的化学性质。1869 年俄国化学家门捷列夫（D. Mendeleev）按照相对原子质量由小到大的顺序，将化学性质相似的元素放在同一列，得出元素周期表的雏形。当原子结构的奥秘被人们发现后，元素的排序依据由相对原子质量改为原子的核电核数，形成现行的元素周期表。元素周期表揭示了化学元素之间的内在联系，元素的某些化学性质在表中呈现出周期性变化，这一规律称为元素周期律（periodic law of elements）。元素周期律的本质是什么呢？当我们把基态原子的电子组态同元素周期表的元素一一对应时，就会发现电子的组态竟然和周期表有着密切的联系。元素在周期表中的位置不仅反映了元素的原子结构，也显示了元素化学性质的递变规律和基态原子的电子组态之间的关联。

（一）元素周期表

最常见的元素周期表由“七行十八纵”构成，称作长式周期表。目前人们已发现或人造的元素，都可以在表中找到它们对应的位置。

1. 周期（period） 元素周期表中共有七个横行，从上到下依次叫作第一、第二、……、第七周期。其中第一、二、三周期为短周期，从第四周期起以后为长周期，第七周期是未完全周期。

能级组的划分是造成元素周期表中元素被分为周期的根本原因，所以一个能级组就对应着一个周期。因此元素所在的周期数与该元素所处的按原子轨道能量高低顺序划分出的能级组序数一致。一个能级组最多容纳的电子数就是该周期中元素的种类数，因此除了未完成的第七周期外，各周期所包含的元素数目顺次为 2、8、8、18、18、32。能级组与周期的关系见表 8－6。

表 8－6　能级组与周期的关系

周期	能级组序数	能级组内原子轨道	原子轨道数	元素种类数
1	Ⅰ	$1s$	1 个	2 种
2	Ⅱ	$2s2p$	4 个	8 种
3	Ⅲ	$3s3p$	4 个	8 种
4	Ⅳ	$4s3d4p$	9 个	18 种
5	Ⅴ	$5s4d5p$	9 个	18 种
6	Ⅵ	$6s4f5d6p$	16 个	32 种
7	Ⅶ	$7s5f6d7p$	16 个	应有 32 种

2. 族（group） 元素周期表中共有十八个纵列，分为主族（A）和副族（B）两部分。从左往右的第1、第2列记作ⅠA和ⅡA；第3到第7列依次记作ⅢB ~ ⅦB；第8、第9和第10列合在一起记作ⅧB；第11、第12列记作ⅠB和ⅡB；第13到第18列依次记作ⅢA ~ ⅧA（或0族）。

在主族元素中，最外层电子的电子组态从 ns^1 到 ns^2np^6（第一周期的H和He除外），而且电子的数目与所属的族数相同。例如，氯原子位于ⅦA，其最外层电子的电子组态为 $3s^23p^5$。由于在化学反应中，原子核是不发生任何变化的，只是电子参与成键，参与成键的电子称为价电子。对于主族元素来说，价电子就是最外层电子，它们最外层的电子组态相似，因而它们表现出相似的化学性质是很自然的事情了。对于副族元素来说，情况变得复杂一些，因为不仅仅最外层电子在化学反应中参与成键，次外层 d 电子和倒数第三层的 f 电子也可参与成键。

结合基态原子的电子组态，我们学习元素周期表和元素化学性质的周期性变化就容易得多。可以从理论上来解释元素周期律：随着核电核数的增加，核外电子数也在相应地增加；而随着核外电子数的增加，就会一层一层地重复出现相似的电子组态。这就是元素性质随原子序数的增加而呈现周期性变化的内在原因。

（二）元素在周期表中的分区

除了把周期表里的元素划分为主族和副族两部分外，我们还可以根据基态原子的电子组态，把元素周期表中的元素按区域划分，体现出“物以类聚”的特点。图8－13列出元素在周期表中的分区情况。

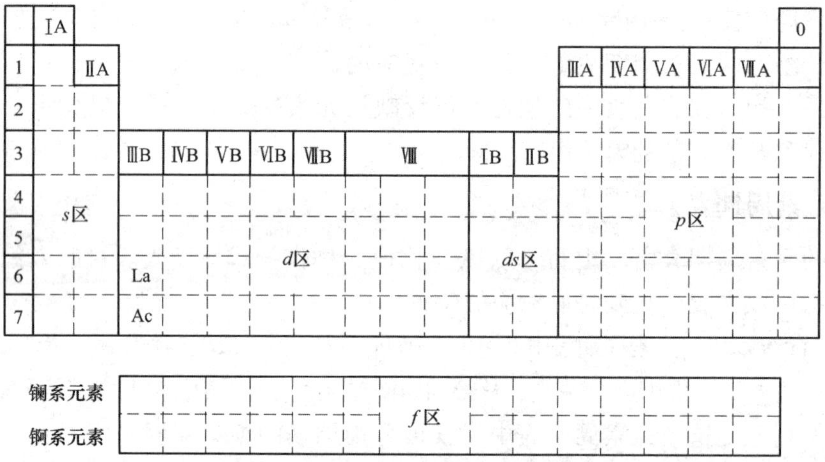

图8－13 元素周期表中的分区情况

s 区元素：价电子组态为 $ns^{1\sim2}$ 的元素称为 s 区元素，s 电子数等于族数，包括ⅠA、ⅡA元素。它们容易失去1个或2个电子形成＋1或＋2价离子，都是活泼的金属元素。

p 区元素：价电子组态为 $ns^2np^{1\sim6}$ 的元素称为 p 区元素，s 电子数与 p 电子数之和等于族数（He元素除外），包括ⅢA至ⅧA（0）元素。它们大多是非金属元素。

在元素周期表中，s 区和 p 区排列的是主族元素。

d 区元素：价电子组态为 $(n-1)d^{1\sim10}ns^{0\sim2}$ 的元素称为 d 区元素，s 电子数与 d 电子数之和等于族数（≥8属于ⅧB），包括ⅢB至ⅧB元素。由于最外电子层上的电子数少，结构的差别主要发生在次外层，d 轨道上的电子结构对 d 区元素的性质关系较大。它们都是金属元素。

ds 区元素：价电子组态为 $(n-1)d^{10}ns^{1\sim2}$ 的元素称为 ds 区元素，s 电子数等于族数，包括ⅠB和ⅡB元素。

元素周期表中，d 区和 ds 区的元素合起来称为过渡元素，它们都是金属元素。

f 区元素：价电子组态为 $(n-2)f^{0\sim14}(n-1)d^{0\sim2}ns^2$ 的元素称为 f 区元素，包括镧系和锕系元素。它们都是金属元素。由于其 $(n-2)f$ 中的电子由未充满向充满过渡，称其为内过渡元素。

综上所述，基态原子的电子组态与它在周期表中的位置有密切的关系。一般情况下，我们可以根据元素的原子序数和电子填充顺序，写出该原子的电子组态并推断它在周期表中的位置，或者根据它在周期表中的位置，推知它的原子序数和电子组态。

[例8－1]　已知某元素的原子序数为25，写出该元素基态原子的组态，并指出该元素在周期表中所属周期、族和区。

解： 该元素原子应有 25 个电子，根据电子填充顺序，它的电子排布式应为 $1s^22s^22p^63s^23p^63d^54s^2$ 或 $[Ar]3d^54s^2$，其中最外层电子的主量子数 n 等于4，所以它属于第4 周期。最外层电子 s 和次外层 d 电子总数为7，所以它位于ⅦB 族。$3d$ 亚层电子未充满，应属于 d 区元素。

[例8－2]　已知某元素位于第5 周期ⅦA 族位置上，试写出该元素的基态原子的电子组态及其原子序数。

解： 该元素最外层电子的主量子数 n 应等于5，因为是第Ⅶ主族元素，所以最外层电子数为7，应是 $5s^25p^5$ 的排布。它的内层电子为全充满状态，所以它的电子组态应写成 $1s^22s^22p^63s^23p^63d^{10}4s^24p^64d^{10}5s^25p^5$ 或写成 $[Kr]4d^{10}5s^25p^5$。该元素的原子序数等于核外电子数，应当把各电子层的电子数目相加：$2+8+18+18+7=53$。

第四节　元素基本性质的周期性

扫码“学一学”

元素周期表是元素周期律的具体表现形式，它反映了元素之间的内在联系。“元素的性质——基态原子电子组态——元素在周期表中的位置”可以指导我们学习和研究分子的结构、性质及其化学反应。其中元素的原子半径、电离能、电子亲合能和电负性等基本性质，对于讨论原子的成键作用时至关重要，下面简单介绍它们在元素周期表中的周期性变化。

一、原子半径

所谓原子“大小”是一种相当模糊的概念，因为从量子力学理论的观点看，围绕原子核的电子云没有明确的边界。所以严格地说，原子（及离子）没有固定的半径。但是根据波函数，可以计算出最外层电子云径向分布函数 $[D(r)=4\pi r^2R^2]$ 的极大值，此时的 r 值可以看作是自由原子的半径，也就是通常所说电子云密度最大的区域。例如基态氢原子的 $D(r)$ 极大值在52.9pm（或0.529Å）处，就可认为基态自由氢原子半径是52.9pm。因为自由原子的半径在实际中很少应用，我们不作详细讨论。原子半径根据不同的测定方法一般分为共价半径（covalent radius）、金属半径（metallic radius）和范德华半径（van der Waals radius）。例如稀有气体形成的分子晶体中，两个最邻近原子的核间距离的一半就是范德华半径；在金属单质的晶体中，两个最邻近原子的核间距离的一半就是金属半径。

在化学中常用的共价半径是指同种元素以共价单键结合的两原子核间距离（键长）的一半。例如，氢分子的共价键键长是74pm，则氢原子的共价半径是37pm。我们自然会感到奇怪，为什么氢原子的共价半径（37pm）明显比自由原子半径52.9pm 小得多。这是由于两个氢原子形成氢分子时，它们的原子轨道发生重叠，如图 8－14 所示。

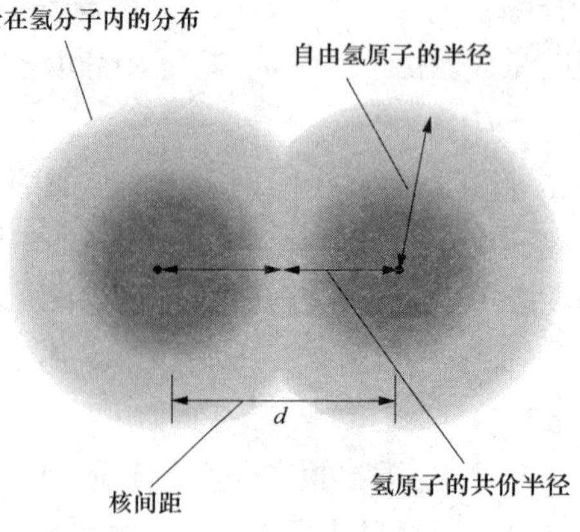

图 8－14　氢原子的共价半径示意图

需要注意的是，同种元素的共价半径在不同条件下基本不变。例如 C 的共价半径是 77pm，C — C在金刚石晶体中的键长为 154pm，在饱和烃中的键长为 152 ~ 155pm。另外，共价半径有加合性。例如 Cl 的共价半径是 99pm，计算得到C — Cl的键长为：99 + 77 = 176pm；实验测得 CCl_4 中C — Cl的键长 177.6pm，计算值与实验值符合得很好。这个例子说明共价半径只决定于成键原子本身，受相邻原子的影响很少，即无论和什么原子形成共价单键，共价半径基本保持不变。这样可以利用加合性原则，通过金属氢化物的键长来计算金属元素的共价半径。表 8－7 列出各元素原子的共价半径，作为各元素的原子相对大小的标准。

表 8－7　各元素原子的共价半径/pm

ⅠA	ⅡA	ⅢB	ⅣB	ⅤB	ⅥB	ⅦB	Ⅷ B			ⅠB	ⅡB	ⅢA	ⅣA	ⅤA	ⅥA	ⅦA	0
H 37																	He 32
Li 152	Be 111											B 86	C 77	N 75	O 73	F 71.7	Ne 69
Na 186	Mg 160											Al 143	Si 118	P 106	S 102	Cl 99	Ar 95
K 232	Ca 197	Sc 162	Ti 147	V 134	Cr 128	Mn 127	Fe 126	Co 125	Ni 124	Cu 128	Zn 134	Ga 128	Ge 122	As 125	Se 116	Br 114	Kr 110
Rb 248	Sr 215	Y 182	Zr 160	Nb 146	Mo 139	Tc 136	Ru 134	Rh 134	Pd 137	Ag 144	Cd 149	In 167	Sn 151	Sb 145	Te 142	I 133	Xe 130
Cs 265	Ba 217		Hf 159	Ta 146	W 139	Re 137	Os 135	Ir 136	Pt 139	Au 144	Hg 151	Tl 170	Pb 175	Bi 155	Po 153	At 145	Rn 145

La	Ce	Pr	Nd	Pm	Sm	Eu	Gd	Tb	Dy	Ho	Er	Tm	Yb	Lu
183	182	182	181	183	180	208	180	177	178	176	176	176	193	174

从上面数据中可以看出：

同一周期的主族元素，原子半径以较大幅度从左到右逐渐缩小。这是由于随着核电荷数的增加，新增加的电子填入最外层的 *s* 亚层或 *p* 亚层，对屏蔽系数的贡献较小。因此，有效核电荷从左到右显著增加，外层电子被拉得更紧，从而使原子半径以较大幅度逐渐缩小。

而同一族的主族元素，原子半径从上到下依次增大。这是因为同一族元素的核电荷数从上到下是增加的，但电子层数也在增加，而且后者的影响超过了前者的作用，所以原子半径递增。

同一周期的副族元素，原子半径变化的一般趋势是从左向右较缓慢地逐渐缩小，但变化情况不太规律。这是因为新增加的电子进入次外层的 d 亚层，对屏蔽的贡献较大。此外 d 电子间又相互排斥使半径增大，导致原子半径缓慢缩小。d 电子的屏蔽作用和相互排斥作用与 d 电子的数目和空间分布对称性有关，因而造成原子半径变化不太规律。

第五周期副族元素的电子层数比第四周期副族元素多一层，所以原子半径相对大一些。但是第五、六周期相对应同族元素的原子半径相差极小，有些则基本一样。这是由于镧系元素新增加的电子进入外数第三层的 f 亚层，对屏蔽的贡献更大些，但毕竟并没有大到一个 f 电子“抵消”一份核电荷的程度，所以镧系元素随着原子序数增加，原子半径虽然在总趋势上逐渐缩小，但是变化程度很小，15 种镧系元素原子半径只减少 9pm，这种现象称为镧系收缩（lanthanide contraction）。由于镧系收缩的影响，镧系元素的化学性质极其相似，而且使得镧系之后第六周期副族元素的原子半径变化较小，以致和第五周期副族中的同族元素的原子半径很接近。

二、原子的电离能

电离能（ionization energy）是指气态原子在基态时失去电子变为气态阳离子所需的能量，其单位常采用kJ · mol^{-1}。电离能可以用来衡量原子失去电子的难易程度：电离能越小，原子失去一个电子越容易。基态的气态原子失去一个电子形成 +1 价气态阳离子所需的能量称为第一电离能，用 I_1 表示；由 +1 价气态阳离子再失去一个电子成为 +2 价的气态阳离子所需的能量称为第二电离能，用 I_2 表示，依次类推。各级电离能的大小顺序是：

$$I_1 < I_2 < I_3 < I_4 < I_5 \cdots\cdots$$

这是因为离子的电荷正值越来越大，离子半径越来越小，所以失去这些电子逐渐变难，需要能量越高。例如：

$Al(g) - e^- \rightarrow Al^+(g)$　　$I_1 = 578 kJ \cdot mol^{-1}$

$Al^+(g) - e^- \rightarrow Al^{2+}(g)$　　$I_2 = 1823 kJ \cdot mol^{-1}$

$Al^{2+}(g) - e^- \rightarrow Al^{3+}(g)$　　$I_3 = 2751 kJ \cdot mol^{-1}$

电离能的数值大小，主要取决于原子有效核电荷、原子半径，以及原子的电子层结构。原子的第一电离能在周期和族中都呈现周期性的变化，如图 8 - 15 所示。

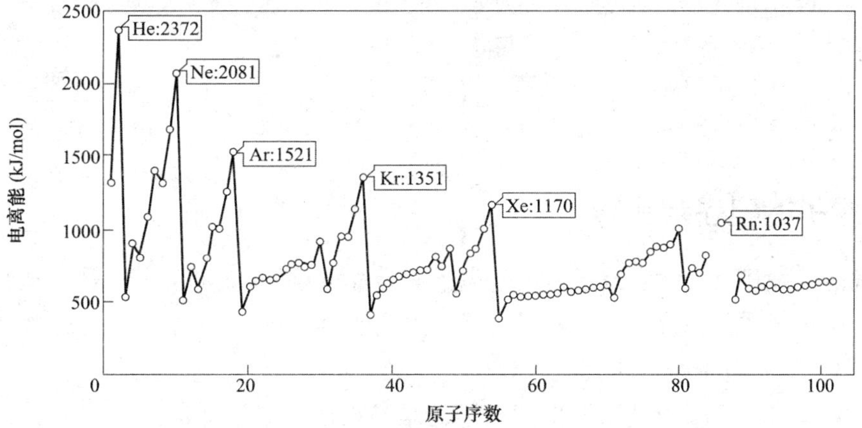

图 8 - 15　元素第一电离能的周期性变化

同一周期的主族元素具有相同的电子层数，有效核电荷从左到右越大，原子半径越小，原子核对外层电子的束缚力越大，越不容易失去电子，其第一电离能就越大。每一周期第一电离能最低的是碱金属，因为它们最外层的电子组态为 ns^1，都有 1 个价电子，被完全填充的内层电子有效地屏蔽，从而易于失去电子；惰性气体的第一电离能最高，因为它们达到了稳定的 ns^2np^6 电子层结构，从而不容易失去电子。还应该注意到，图中曲线中有小的起伏。例如，在同一周期中，ⅢA 的第一电离能比ⅡA 低，这是因为它们有 1 个电子在 p 亚层（ns^2np^1），可以被内层电子和 ns^2 电子有效地屏蔽，所以易于失去该电子；ⅤA 元素的第一电离能分别比ⅥA 高，这是由于前者具有 ns^2np^3 构型，p 亚层半充满，失去一个 p 电子破坏了半充满状态，需要较高能量。

同一族的主族元素，原子半径增大起主要作用。半径越大，原子核对电子束缚力越小，越容易失去电子，第一电离能越小。例如，ⅠA 元素的第一电离能按 Li、Na、K、……的顺序依次减小。

对于同一周期的副族元素，由于电子填充在内层的 d 亚层，引起屏蔽效应大，抵消了核电荷增加所产生的影响，因此它们的第一电离能变化程度要小一些。第五周期副族元素的第一电离能比第四周期对应副族元素的要小一些。但是由于前面提到的“镧系收缩”现象，第六周期的副族元素的原子半径和第五周期的副族元素接近，而第六周期的副族元素的有效核电核数大，因而它们的第一电离能相对大一些，具体数值可参见表 8-8。

表 8-8　部分元素的第一电离能/kJ · mol^{-1}

H 1312																	He 2372
Li 520	Be 899											B 801	C 1086	N 1402	O 1314	F 1681	Ne 2081
Na 496	Mg 738											Al 578	Si 786	P 1012	S 1000	Cl 1251	Ar 1521
K 419	Ca 590	Sc 631	Ti 658	V 650	Cr 653	Mn 717	Fe 759	Co 758	Ni 737	Cu 745	Zn 906	Ga 579	Ge 762	As 944	Se 941	Br 1140	Kr 1351
Rb 403	Sr 549	Y 616	Zr 660	Nb 664	Mo 685	Tc 702	Ru 711	Rh 720	Pd 805	Ag 731	Cd 868	In 558	Sn 709	Sb 834	Te 869	I 1088	Xe 1170
Cs 376	Ba 503		Hf 680	Ta 761	W 770	Re 760	Os 840	Ir 880	Pt 870	Au 890	Hg 1007	Tl 589	Pb 716	Bi 703	Po 812	At —	Rn 1037
		La 538	Ce 528	Pr 523	Nd 530	Pm 538	Sm 543	Eu 547	Gd 592	Tb 564	Dy 572	Ho 581	Er 589	Tm 596	Yb 603	Lu 524	

三、原子的电子亲合能

与电离能恰好相反，元素原子的第一电子亲合能（electron affinity）是指基态的气态原子得到一个电子形成负一价气态阴离子所释放出的能量，用 A_1 表示；以后依次为第二电子亲合能（A_2）、第三电子亲合能（A_3）等。

电子亲合能可以用来衡量原子得到电子的难易程度。对于活泼非金属而言，其第一电子亲合能一般为负值（释放能量），但第二电子亲合能却是较高的正值。例如：

$$O(g) + e^- \rightarrow O^-(g) \qquad A_1 = -141.0\,kJ \cdot mol^{-1}$$

$$O^-(g) + e^- \rightarrow O^{2-}(g) \qquad A_2 = +780\,kJ \cdot mol^{-1}$$

这是因为当负一价离子获得电子时，要克服负电荷之间的排斥力，因此需要吸收能量（正值），这和化学热力学的规定是一致的。表 8 - 9 列出了主族元素的电子亲合能，可以看出金属原子的电子亲合能一般为较小负值。

表 8 - 9　主族元素的第一电子亲合能/kJ · mol^{-1}

H -72.5							He >0
Li -59.6	Be —	B -26.7	C -121.8	N -6.75	O -141.0	F -328.2	Ne +48.2
Na -52.9	Mg —	Al -42.5	Si —	P -72.0	S -200.4	Cl -348.6	Ar +115.8
K -48.4	Ca -1.78	Ga -29	Ge -119	Ae -78	Se -195.0	Br -324.5	Kr +96.5
Rb -46.9	Sr -4.6	In -29	Sn -107.3	Sb -100.9	Te -190.2	I -295.2	Xe +77.2
Cs -45.5	Ba -14	Tl -31.1	Pb -110	Bi -91.3	Po -183	At -270	Rn —

同一周期的主族元素，原子的有效核电荷从左到右逐渐增大，原子半径逐渐减小；同时由于最外层电子数逐渐增多，易结合电子形成 8 电子稳定结构，因而元素的第一电子亲合能逐渐增大（在比较电子亲合能大小时，为方便表述，通常所说的电子亲合能是指它的绝对值）。同一周期中以卤素的第一电子亲合能最大（释放能量最多），这是因为它们的电子组态为 ns^2np^5，得到一个电子后变为 ns^2np^6 稳定结构。惰性气体原子的电子组态已达到 ns^2np^6 稳定结构，要加合一个电子，环境必须对体系做功，即体系吸收能量才能实现，因而惰性气体元素的第一电子亲合能为正值。

对于同一族的主族元素，原子半径从上到下逐渐增大，结合电子的能力减弱，其电子亲合能呈减小的趋势。需要注意的是，ⅢA 到ⅦA 族的第二周期元素的电子亲合能呈现反常现象，比第三周期对应元素的电子亲合能小。例如 F 的电子亲合能（-328.2kJ · mol^{-1}）绝对值小于 Cl 的电子亲合能（-348.6kJ · mol^{-1}）绝对值。这是因为第二周期的 F 元素虽然有很强的接受电子的倾向，但是由于原子半径很小，加入电子后负电荷密集，电子与电子间的排斥作用增大，释放出较少的能量。而第三周期的 Cl 元素半径相对较大，结合电子时电子间的相互排斥作用较小，释放出较多的能量。

四、电负性

电离能和电子亲合能反映了原子得、失电子的能力。为了全面衡量分子中原子争夺成键电子的能力，1932 年鲍林引入了元素电负性（electronegativity）的概念。

元素的电负性是原子在分子中吸引电子的能力。鲍林指定氟的电负性为 4.0，并根据热化学数据比较各元素原子吸引电子的能力，得出其他元素的电负性，数值列于表 8 - 10。元素的电负性数值愈大，表示原子在分子中吸引成键电子的能力愈强。

从表 8 - 10 中可以看出，电负性也呈现出周期性变化。同一周期内，元素的电负性随原子序数的增加而增大，碱金属元素的电负性最小，右边的卤素电负性最大。主族元素之间的变化明显，副族元素之间的变化幅度较小。同一族内，主族元素的电负性自上而下一般减小，但也有个别元素的电负性异常；副族元素由上向下的规律性不强。

表 8－10　元素的电负性

H 2.1																	
Li 1.0	Be 1.5											B 2.0	C 2.5	N 3.0	O 3.5	F 4.0	
Na 0.9	Mg 1.2											Al 1.5	Si 1.8	P 2.1	S 2.5	Cl 3.0	
K 0.8	Ca 1.0	Sc 1.3	Ti 1.5	V 1.6	Cr 1.6	Mn 1.5	Fe 1.8	Co 1.9	Ni 1.9	Cu 1.9	Zn 1.6	Ga 1.6	Ge 1.8	As 2.0	Se 2.4	Br 2.8	Kr 3.0
Rb 0.8	Sr 1.0	Y 1.2	Zr 1.4	Nb 1.6	Mo 1.8	Tc 1.9	Ru 2.2	Rh 2.2	Pd 2.2	Ag 1.9	Cd 1.7	In 1.7	Sn 1.8	Sb 2.0	Te 2.1	I 2.5	Xe 2.6
Cs 0.7	Ba 0.9	La 1.0	Hf 1.3	Ta 1.5	W 1.7	Re 1.9	Os 2.2	Ir 2.2	Pt 2.2	Au 2.4	Hg 1.9	Tl 1.8	Pb 1.9	Bi 1.9	Po 2.0	At 2.2	
Fr 0.7	Ra 0.9	Ac 1.1															

电负性也是判断元素的金属性、非金属性强弱以及了解元素化学性质的重要参数。一般金属元素的电负性小于2.0，而非金属元素则大于2.0。通常认为电负性为2是金属元素和非金属元素的近似分界点。另外，元素的电负性不是一个固定不变的值，它与元素的氧化态有关，氧化态高的一般电负性大。例如 Fe^{3+} 与 Fe 的电负性分别为1.9和1.8，Cu^{2+} 和 Cu 的电负性分别为2.0和1.9。

本章小结

一、微观粒子运动的特殊性

玻尔借助于能量量子化和光子学说，成功解释了氢原子的线状光谱。对于具有波粒二象性的微观粒子，不能同时测准其位置和动量。因此，微观粒子的运动不服从经典力学的规律，只能用量子力学来描述微观粒子的运动规律。

二、核外电子运动状态的描述

（一）波函数和四个量子数

描述微观粒子的运动状态的 Schrödinger 方程：

$$\frac{\partial^2\psi}{\partial x^2}+\frac{\partial^2\psi}{\partial y^2}+\frac{\partial^2\psi}{\partial z^2}+\frac{8\pi^2 m}{h^2}(E-V)\psi=0$$

其中波函数 ψ 是描述核外电子在空间运动状态的数学函数式。一定的波函数表示一种电子的运动状态。原子轨道是波函数 ψ 的空间图像。

量子数：为了得到核外电子运动状态的合理解释，必须引用只能取某些整数值的三个参数，称为量子数，即主量子数 n，角量子数 l，磁量子数 m。

描述核外电子的运动状态可以用四个量子数来确定。

1. 主量子数 n：确定电子运动的能量。n 越大，轨道能量越高，电子离核的平均距离越远。在一个原子内，具有相同主量子数的电子（n 值相同）为同一个电子层。

取值：$n=1$、2、3、4、5、6、7……大于等于1的正整数

2. 角量子数 l：在多电子原子中与 n 一起确定电子的能量高低，并且决定了原子轨道的形状。如果 n 相同的电子为同一电子层，则 l 表示同一电子层中具有不同状态的亚层。将 n、l 相同的轨道称为简并轨道。

取值：$l=0$、1、2、3……（$n-1$）

亚层符号：s、p、d、f

3. 磁量子数 m：表示原子轨道（或电子云）在空间的伸展方向。

取值：$m=0$、±1、±2……$\pm l$（共 $2l+1$ 个值）

4. 自旋量子数 m_s：描述原子轨道中电子自旋运动的方向。电子的自旋方向有两种，分别用 $+1/2$，$-1/2$ 表示。

总结：

①三个量子数（n、m、l）可以确定一个原子轨道。

②四个量子数（n、m、l、m_s）可确定电子的运动状态。

（二）波函数的径向分布图和角度分布图

波函数 Ψ 通过坐标变换，可将球坐标波函数分离成两部分的乘积，即：

$$\Psi(r,\theta,\varphi)=R(r)\cdot Y(\theta,\varphi)$$

$R(r)$ 是与 r 有关的径向分布部分，称径向波函数；$Y(\theta,\varphi)$ 是与 θ、φ 有关的角度部分，称角度波函数。

1. 波函数的角度分布图　如果将 $Y(\theta,\varphi)$ 随 θ、φ 角度变化作图，即可得到波函数的角度分布图。

注意：

（1）波函数的角度分布图即原子轨道的角度分布图。

（2）波函数的角度分布图中的“+”“-”号是数学解得的，不是“+”“-”电荷。

（3）s 轨道的图形为球形，p 轨道为哑铃形，d 轨道为花瓣形（图略）。

2. 波函数的径向分布图　在半径为 r，厚度为 dr 的薄球壳中电子出现的概率用 $D(r)$ 表示，$D(r)$ 称为径向分布函数，以 $D(r)$ 对 r 作图，得到径向分布图。径向分布图能体现电子出现的概率大小和离核远近的关系。

（三）概率密度和电子云

量子力学中描述核外电子在空间运动状态的波函数本身没有直接的物理意义，对电子波函数的意义较好的解释是统计解释。

1. 概率密度　概率密度：电子在核外空间单位体积内出现的概率。

波函数绝对值的平方 $|\psi|^2$ 有明确的物理意义，即表示概率密度。

2. 电子云　电子云是电子在核外空间出现的概率密度分布的形象化描述。是电子行为统计结果的一种形象化表示，是 $|\psi|^2$ 的具体图像。

3. 电子云的角度分布图　电子云角度分布图和原子轨道角度分布图的区别：

（1）原子轨道角度分布图有正、负之分，而电子云角度分布图均为正值。

（2）电子云角度分布图比原子轨道角度分布图要“瘦”一些。

三、核外电子组态和元素周期表

（一）多电子原子轨道的能级

氢原子基态和激发态的能量都决定于主量子数 n，与角量子数 l 无关。

多电子原子中各轨道的能级不仅决定于主量子数 n，还和角量子数 l 有关。

1. 屏蔽效应　屏蔽效应：在多电子原子中，某一电子受其余电子的排斥作用，相当于其余电子屏蔽或削弱了原子核对该电子的吸引作用，使该电子实际上受到原子核的引力减弱、有效核电荷（Z^*）降低的现象，称为屏蔽效应。

屏蔽效应使得电子的有效核电荷减小，导致电子的能量升高。

2. 钻穿效应 钻穿效应：在多电子原子中，外层电子可以钻入内部壳层而更靠近原子核，从而削弱了内层电子的屏蔽效应，相对增加了原子的有效核电荷，使得原子轨道的能级降低，这种现象称为钻穿效应。

钻穿效应越大，意味着电子可以出现在离核近一些的区域，电子的能量越低。

钻穿效应能够说明能级分裂的原因，还可以解释能级交错现象。

3. 多电子原子核外能级（综合屏蔽效应和钻穿效应）

（1）当 n 相同，l 不同时，l→大，E→高，例如：$E_{3s} < E_{3p} < E_{3d}$。

（2）当 l 相同，n 不同时，n→大，E→高，例如：$E_{1s} < E_{2s} < E_{3s} < E_{4s}$。

（3）能级交错：$E_{4s} < E_{3d} < E_{4p}$，$E_{5s} < E_{4d} < E_{5p}$。

核外电子的能级排布顺序：

$1s < 2s < 2p < 3s < 3p < 4s < 3d < 4p < 5s < 4d < 5p < \cdots$

4. 核外电子排布三原则 核外电子排布必须遵守三个基本规则：能量最低原理、泡利不相容原理、洪特规则以及特例（半充满、全充满或全空状态比较稳定）。

（二）元素周期表

1. 原子的电子组态与元素周期表 周期的划分：

（1）元素所在的周期数 = 该元素原子的电子层数。

（2）各周期包含元素的数目 = 相应能级组中原子轨道所能容纳的电子总数。

族的划分：

（1）主族：族数 = 主族元素原子最外层电子数（$ns + np$）。

（2）副族：ⅠB、ⅡB　族数 = 最外层 ns 电子数；

ⅢB ~ ⅦB　族数 = 价电子数 = （$n-1$）$d + ns$ 电子数；

ⅧB　价电子数 = （$n-1$）$d + ns$ 电子数（8、9、10）。

2. 各区元素原子的价电子层结构特征

s 区：$ns^{1\sim2}$（包括ⅠA、ⅡA）；

p 区：$ns^2np^{1\sim6}$（包括ⅢA ~ VⅢA）；

d 区：$(n-1)d^{1\sim9}ns^{1\sim2}$（包括ⅢB ~ VⅢB）；

ds 区：$(n-1)d^{10}ns^{1\sim2}$（包括ⅠB、ⅡB）；

f 区：$(n-2)f^{1\sim14}(n-1)d^{0\sim2}ns^2$。

四、元素基本性质的周期性

（一）原子半径

原子半径是根据该原子存在的不同形式来定义的。

（1）共价半径：同一元素的两个原子以共价单键相连时核间距的一半。

（2）金属半径：金属晶体中，相邻两个金属原子核间距的一半。

（3）范德华半径：以范德华力结合的分子晶体中，两个相邻但不成键的原子之间所表现出的半径。

（二）电离能

电离能可以衡量元素的气态原子失电子的难易程度。

电离能：气态原子在基态时失去电子变为气态阳离子所需的能量。

第一电离能（I_1）：基态的气态原子失去一个电子形成 +1 价气态阳离子所需的能量称

为第一电离能。

电离能越小，气态时原子越容易失去电子。

元素原子的第一电离能（I_1）：

同一周期主族元素，从左到右，电离能逐渐增大。例外：$I_{Be}>I_B$，$I_N>I_O$，$I_P>I_S$。

同一族，从上到下，电离能逐渐减小。

（三）电子亲合能

电子亲合能可以衡量气态原子结合电子的难易程度。

第一电子亲合能（A_1）：基态的气态原子得到一个电子形成负一价气态阴离子所释放出的能量。

第一电子亲合能代数值越小，原子越容易得到电子。

（四）电负性

电负性的大小可用于衡量分子中原子吸引成键电子的能力。电负性越大，表明原子在分子中吸引成键电子的能力越强。

同周期从左到右，元素的电负性逐渐增大。同一族中，自上而下，元素的电负性一般减小，副族元素由上向下的规律性不强。

习题

扫码“练一练”

1. 放射性同位素 ^{60}Co 可用于某些癌症的放射治疗。已知 ^{60}Co 产生的 γ 射线的能量为 $1.29\times10^{11}J\cdot mol^{-1}$，请计算该 γ 射线的频率和波长。

2. 氢原子光谱为什么是线光谱？谱线的波长和电子在不同轨道之间跃迁的能量差有什么关系？

3. 当氢原子的一个电子从第二能级跃迁至第一能级时发射出光子的波长是 120.6nm（$1nm=10^{-9}m$）；当电子从第三能级跃迁至第二能级时，发射出光子的波长是 656.3nm。试计算：

（1）氢原子中电子的第二与第一能级的能量差，第三与第二能级的能量差。

（2）电子由第三能级跃迁至第一能级时，发射出光子的波长和频率。

4. 微观粒子运动具有哪些特点？电子的波动性是通过什么实验得到证实的？

5. ψ 与 $|\psi|^2$ 在原子结构理论中的意义是什么？

6. 描述原子中电子运动状态需要几个量子数？它们物理意义各是什么？它们的可能取值是怎样的？

7. 波函数 $\psi_{3,2,0}$ 代表量子数 n，l，m 各为何值的原子轨道？

8. 下列各组量子数哪些是不合理的？为什么？

（1）$n=2$，$l=1$，$m=0$。

（2）$n=2$，$l=2$，$m=\pm1$。

（3）$n=3$，$l=0$，$m=0$。

（4）$n=3$，$l=1$，$m=1$。

（5）$n=2$，$l=0$，$m=-1$。

（6）$n=2$，$l=3$，$m=2$。

9. 在下列各组中填入合适的量子数，并指出电子所处的能级和电子所处的原子轨道。

（1）$n=$____，$l=2$，$m=2$，$m_s=+1/2$。

（2）$n=2$，$l=$____，$m=1$，$m_s=-1/2$。

（3）$n=3$，$l=1$，$m=$____，$m_s=+1/2$。

（4）$n=4$，$l=0$，$m=0$，$m_s=$____。

10. 原子轨道角度分布和电子云角度分布的含义有何不同？它们的图形有何相似和区别？

11. 说明屏蔽效应、钻穿效应在多电子原子中对电子能量的影响。

12. 氮原子的价电子组态是 $2s^2 2p^3$，试用四个量子数分别表明每个电子的运动状态。

13. 主族元素和副族元素的基态原子的电子组态各有什么特点？

14. 试用 s，p，d，f 符号来表示下列各元素原子的电子组态：

（1）$_{18}Ar$　（2）$_{26}Fe$　（3）$_{53}I$　（4）$_{47}Ag$

并指出它们各属于第几周期？第几族？

15. 已知四种元素的原子的外层电子组态分别为：

（1）$4s^2$　（2）$3s^2 3p^5$　（3）$3d^2 4s^2$　（4）$5d^{10} 6s^2$

试指出它们在周期系中各处于哪一区？哪一周期？哪一族？

16. 第五周期某元素，其原子失去 2 个电子，在 $l=2$ 的轨道内电子全充满，试推断该元素的原子序数、电子组态，并指出位于周期表中哪一族？是什么元素？

17. 某元素的基态原子中有 6 个电子处于 $n=3$，$l=2$ 的能级上，推测该元素的原子序数，并根据洪特规则推测在 d 轨道上未成对的电子数。

18. 什么是镧系收缩？它对元素的物理性质有什么影响？

19. 已知 A、B 两个原子的电子组态分别是 $1s^2 2s^2 2p^6$ 和 $1s^2 2s^2 2p^6 3s^1$。现有两个数值为 496kJ/mol 和 2081kJ/mol 的第一电离能。请指认这两个原子的第一电离能，并简单解释理由。

20. 什么是电负性？它和电子亲合能有什么不同？

（苟宝迪）

第九章　分子结构

学习目标

1. 掌握　离子键、共价键的形成条件及特点，判断一些典型的化学键；价键理论的基本要点、共价键的类型和特征，σ 键和 π 键的形成和性质；杂化轨道理论的要点和杂化轨道的类型，应用杂化轨道理论解释分子的空间构型；价层电子对互斥理论的要点，应用价层电子对互斥理论判断主族元素形成的 AB_n 型分子或离子的空间构型；分子的偶极矩和分子的极性；分子间力的类型。

2. 熟悉　第一、二周期同核双原子分子或离子的能级图和电子在分子轨道中的排布，并指出其磁性和稳定性；氢键的形成条件、特征，并能解释分子间力和氢键对物质某些物理性质的影响；用离子极化来解释物质的性质。

3. 了解　离子晶体的晶格能及其意义；键参数；分子轨道理论的基本要点；离子极化的概念及影响因素。

目前世界上发现的元素仅有 110 余种，而物质的种类却是多种多样的，但其基本单元都是分子，分子是保持物质化学性质的最小微粒。分子由原子组成，分子内原子间的结合方式及其空间构型，是决定分子性质的内在因素。因此探索分子结构（molecular structure）也就成了化学学科的一个基本组成部分，对于了解物质的性质和变化规律具有重要的意义。

分子结构主要包括以下内容：一是分子或晶体中直接相邻的两个原子或离子间存在的强相互作用力，即化学键（chemical bond）问题。二是分子与晶体的空间构型，即几何形状问题。三是分子与分子之间存在的较弱作用力，即分子间作用力，包括范德华力，另外还有氢键。

本章将在原子结构的基础上，重点讨论离子键理论、共价键理论（包括价键理论、杂化轨道理论、价层电子对互斥理论和分子轨道理论），同时对分子间作用力、离子的极化、原子晶体以及分子晶体作简要的介绍。

第一节　离 子 键

一、离子键的形成与特征

（一）离子键的形成

扫码“学一学”

由活泼金属元素和活泼非金属元素组成的化合物，在熔融状态或在水溶液中能够导电，表明这类化合物是由带相反电荷的正、负离子所组成。1916 年，德国化学家柯塞尔（W. Kossel）根据大量化合物的组成元素具有惰性气体原子稳定结构的事实，提出了离子键模型。他认为，当电负性差值较大的两种不同原子相互靠近时，可以通过电子转移（electron transfer）形成具有惰性气体原子稳定结构的正、负离子，这些带相反电荷的离子通过静电作用而形成的化学键称作离子键（ionic bond）。

以 Na 和 Cl_2 生成 NaCl 为例，在电负性大的氯原子（电子亲合能较大）与电负性小的钠原子（电离能较小）相互作用时，因它们的电负性相差较大，原子间发生了电子的转移。钠原子失去最外层的 1 个电子，成为带 1 个正电荷的钠离子，形成稳定的氖原子电子层结构。氯原子得到 1 个电子，成为带 1 个负电荷的氯离子，形成稳定的氩原子电子层结构。正离子 Na^+ 和负离子 Cl^- 之间存在静电作用力，从而形成稳定的离子键。可简单表示如下：

$$\mathrm{Na\ (g)}:\ 1s^2 2s^2 2p^6 3s^1 \rightarrow \mathrm{Na^+\ (g)}:\ 1s^2 2s^2 2p^6$$

$$+$$

$$\mathrm{Cl\ (g)}:\ 1s^2 2s^2 2p^6 3s^2 3p^5 \rightarrow \mathrm{Cl^-\ (g)}:\ 1s^2 2s^2 2p^6 3s^2 3p^6$$

$$\downarrow$$

$$\mathrm{NaCl\ (s)}$$

形成离子键的重要条件是两成键原子的电负性差值较大。在周期表中，大多数活泼金属（ⅠA、ⅡA 族及低价过渡金属）电负性较小，活泼非金属（卤素、氧等）电负性较大，它们之间所形成的化合物中均存在着离子键。相互作用的元素电负性差值越大，它们之间键的离子性也就越大。近代实验结果表明，即使电负性最小的铯与电负性最大的氟形成的最典型的离子型化合物 CsF 中，其离子间也不是纯粹的静电作用，而仍约有 8% 的共价性质，说明还有部分原子轨道的重叠。也就是说键的离子性并不是百分之百的，而是 92% 的离子性。通常我们可以用离子性百分数来表示键的离子性和共价性的相对大小。对于 AB 型化合物，两原子电负性差值和单键离子性百分数的近似关系是：当两原子电负性差值为 1.7 时，单键约有 50% 的离子性。因此若两个原子电负性差值大于 1.7 时，可判断它们之间形成离子键。反之，则可判断它们之间主要形成共价键，但也有少数例外。

（二）离子键的特征

离子键的主要特征是没有方向性和没有饱和性。

离子键的本质是正、负离子间的静电作用力，由库仑定律可知作用力的大小取决于离子所带的电荷与离子间的距离。因为对任何一个离子而言，其电荷分布都是球形对称的，它对任何方向带相反电荷的离子都具有吸引力，因此阴、阳离子可以从各个方向相互接近而形成离子键，所以离子键没有方向性。

在形成离子键时，只要空间条件许可，它还尽可能多地吸引带相反电荷的离子，并不受离子本身所带电荷的限制，因此离子键没有饱和性。当然，这并不意味着一个离子周围排列的带相反电荷离子的数目可以是任意的。实际上，在氯化钠晶体中，每个 Na^+ 周围等距离地排列着 6 个 Cl^-，同样每个 Cl^- 周围等距离地排列着 6 个 Na^+。为什么只能等距离排列 6 个带相反电荷的离子呢？这是由正、负离子半径的相对大小所决定的，与所带的电荷多少没有直接关系。实际上 Na^+ 的电场并没有达到饱和，对距离稍远的 Cl^- 也存在弱的静电引力。

二、离子的电荷、电子结构和半径

离子型化合物的性质与离子键的强度有关，而离子键的强度又与正负离子的性质有关，决定离子性质的三个重要特征是：离子的电荷、离子的电子结构和离子半径。

（一）离子的电荷（ionic charge）

离子电荷的概念简单明确，从离子键的形成过程可知，正离子的电荷数就是相应原子

（或原子团）失去的电子数，负离子的电荷数就是相应原子（或原子团）获得的电子数。得失电子数等于原子在化合物中的氧化数。离子的电荷是决定离子间作用力的主要因素，它不仅影响离子化合物的熔点、颜色和溶解度等物理性质，而且影响离子化合物的化学性质。在常见离子中，正电荷数最高的是 +4，如 Th^{4+}、Ce^{4+}、Sn^{4+}；负电荷数最低的是 −3，如 N^{3-}、PO_4^{3-}、AsO_4^{3-}。

（二）离子的电子构型（electronic configuration of ions）

原子形成正离子时，可以失去全部价电子，也可以失去部分价电子。我国化学家徐光宪提出：形成正离子时，$(n+0.4l)$ 值大的电子应优先失去。所以，失去电子的先后次序为：np、ns、$(n-1)d$、$(n-2)f$。例如，Fe 的价电子构型（组态）为 [Ar] $3d^64s^2$，Fe^{2+} 的电子构型为 [Ar] $3d^6$，Fe^{3+} 的电子构型为 [Ar] $3d^5$；Pb 的价电子构型为 $6s^26p^2$，Pb^{2+} 的电子构型为 $6s^2$。按照离子外层电子结构的特点，可将离子的电子结构分成以下 5 种类型。

1. 2 电子构型　离子最外层电子是 ns^2，与稳定的氦型电子结构相同，如 Li^+、Be^{2+}、H^-。

2. 8 电子构型　离子最外层电子是 ns^2np^6，具有惰性气体的稳定结构，它们是由ⅠA、ⅡA、ⅢA 族的某些元素失去价层电子或ⅦA、ⅥA 族的一些元素接受 1 个或 2 个电子而形成的，如 Na^+、K^+、Ca^{2+}、Ba^{2+}、Al^{3+}、F^-、Cl^-、Br^-、I^-、O^{2-}、S^{2-}。

3. 18 电子构型　离子最外层电子是 $ns^2np^6nd^{10}$，也是较稳定的。它们由ⅠB、ⅡB 族和ⅢA、ⅣA 族的一些元素失去最外层所有的电子形成的，如 Cu^+、Ag^+、Cd^{2+}、Zn^{2+}、Sn^{4+} 等。

4. (18+2) 电子构型　离子次外层与最外层电子是 $(n-1)s^2(n-1)p^6(n-1)d^{10}ns^2$，它们是由ⅢA 到ⅥA 族的某些元素失去最外层的 p 电子而形成的，如 Tl^+、Sn^{2+}、Pb^{2+}、Bi^{3+}、Sb^{3+}、Te^{4+} 等。

5. 不规则电子构型（9～17 电子构型）　离子最外层是 $ns^2np^6nd^{1\sim9}$，如 Fe^{2+} $(3s^23p^63d^6)$、Fe^{3+} $(3s^23p^63d^5)$、Cr^{3+} $(3s^23p^63d^3)$ 等。

离子的外层电子结构对于离子之间的相互作用有一定的影响，从而使键的性质有所改变，并使离子晶体的物理性质（如熔点、溶解度、颜色等）改变。这将在“离子的极化”中讨论。

（三）离子半径（ionic radius）

和原子的情况一样，孤立离子的电子云分布范围也是无限的，也就是说，离子并没有固定的半径。因为离子化合物在常温下都是晶体，所以“离子半径”的意义是这样规定的：在离子晶体中，相互接触的正、负离子中心之间的距离（称为核间距）为两种离子的半径之和（图 9−1）。正、负离子的核间距可以通过 X 射线衍射实验测得，但两个离子间的分界线很难判断。通常是先确定某些离子的半径，作为基准，然后计算出其他离子的半径；或依据正、负离子的半径比与半径和求算离子半径。各套数据是依据不同的实验、理论和假设条件，因此其数值不完全相同，但是它们相对大小的变化趋势是相同的。此外，离子半径的大小与周围环境有关，即与离子的配位数有关。

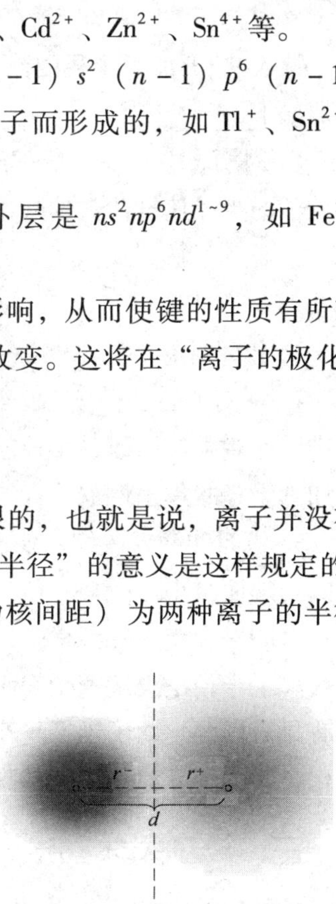

图 9−1　正、负离子的离子半径和核间距的关系

1926 年，哥德希密特（Godschmidt）以光学法测得 F^-

半径（133pm）和 O^{2-} 半径（132pm）为基础，推算出了 80 多种离子的离子半径数据。鲍林以核电荷和屏蔽常数为基础，同时考虑了离子的配位数和几何构型等因素，也推算出了另一套离子半径数据。这两套离子半径的数据见表 9－1。

表 9－1　哥德希密特和鲍林的离子半径（单位 pm）

H^-															
—															
208															
Li^+	Be^{2+}										B^{3+}	C^{4-}	N^{3-}	O^{2-}	F^-
70	34										—	—	—	132	133
60	31										20	260	171	140	136
Na^+	Mg^{2+}										Al^{3+}	Si^{4+}	P^{3-}	S^{2-}	Cl^-
98	78										55	40	186	182	181
95	65										50	41	212	184	181
K^+	Ca^{2+}	Ti^{4+}	V^{5+}	Cr^{3+}	Mn^{2+}	Fe^{2+}	Co^{2+}	Ni^{2+}	Cu^{2+}	Zn^{2+}	Ga^{3+}	Ge^{4+}	As^{3-}	Se^{2-}	Br^-
133	105	64	—	65	91	83	82	78	72	83	62	55	191	193	196
133	99	68	59	64	80	75	72	70	—	74	62	53	222	198	195
Rb^+	Sr^{2+}	Zr^{4+}	Nb^{5+}	Mo^{6+}					Ag^+	Cd^{2+}	In^{3+}	Sn^{4+}	Sb^{3-}	Te^{2-}	I^-
149	118	80	—	65					113	80	92	74	208	212	220
148	113	80	70	62					126	—	81	71	245	221	216
Cs^+	Ba^{2+}	Hf^{4+}	Ta^{5+}	W^{6+}					Au^+	Hg^{2+}	Tl^{3+}	Pb^{2+}	Bi^{3+}		
170	138	86	73	65					—	112	105	80	120		
169	135	—	—	—					137	110	95	—	—		

注：表中上排数据为哥德希密特的离子半径，下排数据为鲍林的离子半径。

从表 9－1 离子半径的数值可以看出各个元素的离子半径也呈现出周期性的变化规律，归纳如下。

1. 周期表中同一周期正离子的半径随电荷数的增加而减小，例如，$Na^+ > Mg^{2+} > Al^{3+}$；负离子的半径随电荷数的减小而减小，例如，$P^{3-} > S^{2-} > Cl^-$。

2. 同一主族元素离子半径自上而下随核电荷数的增加而递增，例如，$Li^+ < Na^+ < K^+ < Rb^+ < Cs^+$ 和 $F^- < Cl^- < Br^- < I^-$。

3. 相邻两主族左上方和右下方两元素的正离子半径相近。例如，Li^+ 和 Mg^{2+}，Na^+ 和 Ca^{2+}。

4. 正离子的半径较小，约在 10～170pm 之间；负离子因核外电子数多，电子之间的相互排斥作用强，因此其半径较大，约在 130～260pm 之间。此外，同一元素正离子的电荷数增加则半径减小，例如，$Fe^{2+} > Fe^{3+}$。

5. 镧系和锕系收缩：像原子半径一样，相同正价的镧系和锕系正离子的半径随原子序数的增加而减小。

对同一副族内的元素来说，离子半径没有简单的变化规律。

离子半径是决定离子间引力大小的重要因素，因此离子半径的大小对离子化合物的性质有显著影响。离子半径越小离子间的引力越大，要拆开它们所需的能量越大，因此，离子化合物的熔、沸点也就越高。

三、离子晶体

物质的三态中，在日常生活和工作中接触最多的是固态物质。固态物质可以分为晶体（crystal）和非晶体两类。晶体是由原子、离子或分子在空间按一定规律周期性重复排列而构成的固体物质。区分晶体和非晶体常根据以下三个方面。

（1）晶体有一定的几何外形　这是晶体和非晶体最显著的区别，例如氯化钠晶体呈立方体形。而玻璃、沥青、石蜡等非晶体，它们冷却凝固时没有特定的形状，所以非晶体又叫无定形体（amorphous solids）。

（2）晶体具有固定的熔点　例如，加热氯化钠晶体，达到它的熔点（1074K）时开始熔化。继续加热时温度不再上升，只有当氯化钠晶体完全熔化时，温度才开始上升，因此晶体有固定熔点。利用晶体具有固定的熔点这一特性，可以测定物质的纯度，或对测温设备进行校正。而非晶体如玻璃受热时只是慢慢软化而成液态，没有固定熔点。

（3）晶体具有各向异性　晶体中的质点在各个方向上排列时，其间距、角度等是不同的，从而导致了如光学性质、力学性质、导电导热性质等在不同方向上产生差异，晶体的这种性质称为晶体的各向异性。而非晶体在各个方向的上述性质都是相同的。

以上三点宏观地描述了晶体的特性，而晶体的这些宏观特性是由晶体的内部结构所决定的。

（一）晶格和晶胞

应用X射线衍射研究晶体的结构表明：组成晶体的质点（离子、原子或分子）以确定位置的点在空间作有规则的排列，这些点群具有一定的几何形状，称为晶格（crystal lattice）。每个质点在晶格中所占有的位置称为晶体的结点。晶格中含有晶体结构中具有代表性的最小重复单位，称为晶胞（unit cell）。见图9－2（a）中的粗线部分。任何晶体都由它的晶胞所组成，可见晶胞是晶体结构的基本单元，晶胞在三维空间无限的重复就产生了宏观的晶体。

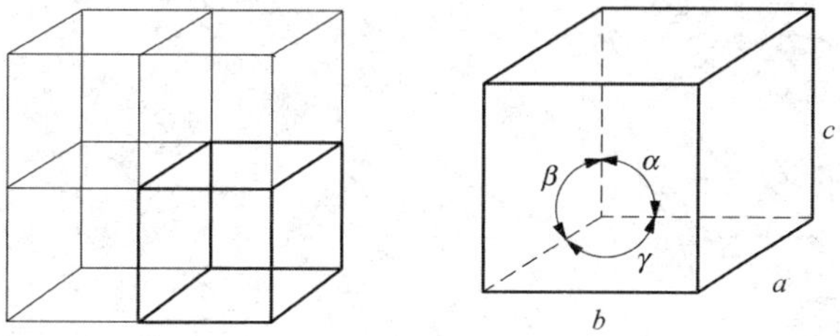

(a)　　(b)

图9－2　简单立方晶格和晶胞

晶胞的大小和形状可用六面体的三个边长 a、b、c 和由 bc、ca、ab 所成的三个夹角 α、β、γ 进行描述，这六个数值总称为晶胞参数，见图9－2（b）。它们之间的相互关系是晶体内部结构的对称性所决定的。按对称性特征的不同，晶体可分为7种晶系。在同一晶系中又有不同的晶格类型，共14种晶格类型，见表9－2。

表9－2　7种晶系和14种晶格

晶系	简单	体心	面心	底心
立方 $a=b=c$ $\alpha=\beta=\gamma=90°$	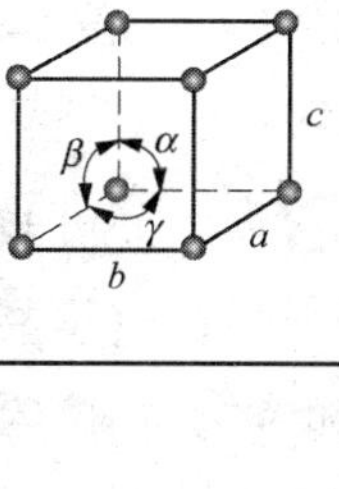	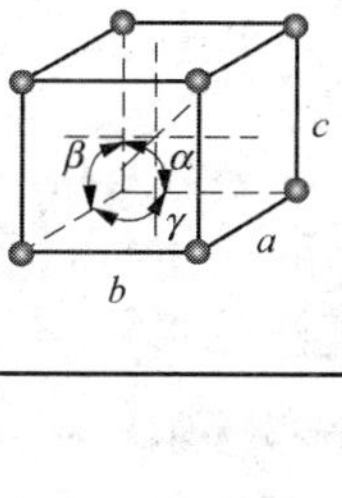	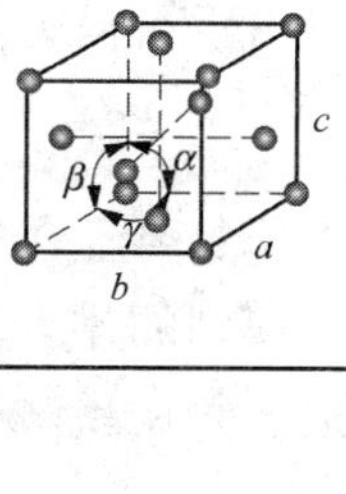	

续表

晶系	简单	体心	面心	底心
正交 $a \neq b \neq c$ $\alpha = \beta = \gamma = 90°$	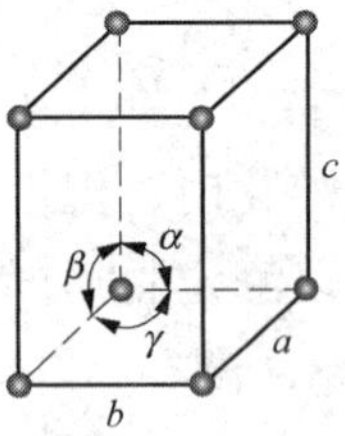	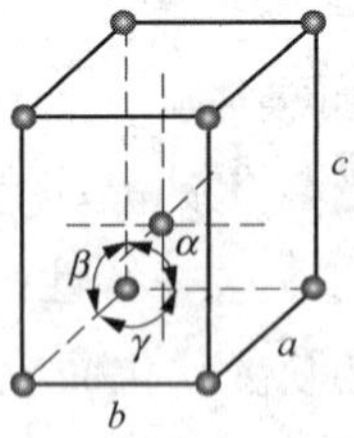	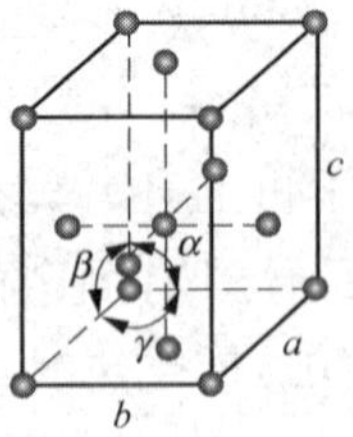	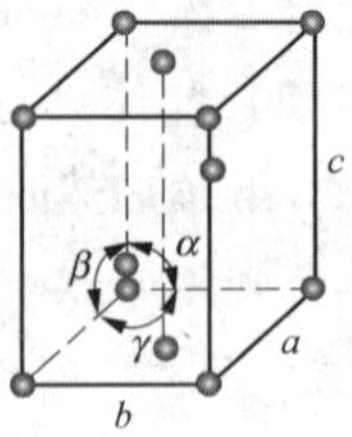
四方 $a = b \neq c$ $\alpha = \beta = \gamma = 90°$	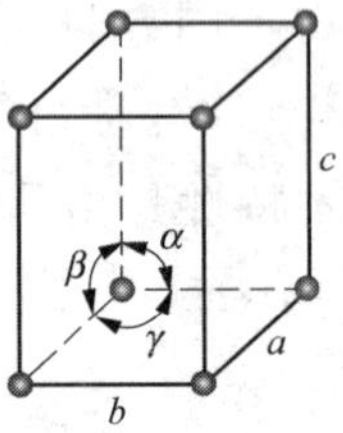	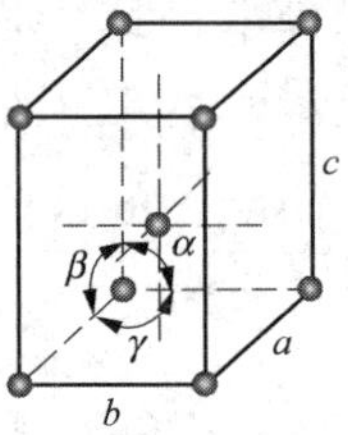		
单斜 $a \neq b \neq c$ $\alpha = \gamma = 90° \neq \beta$	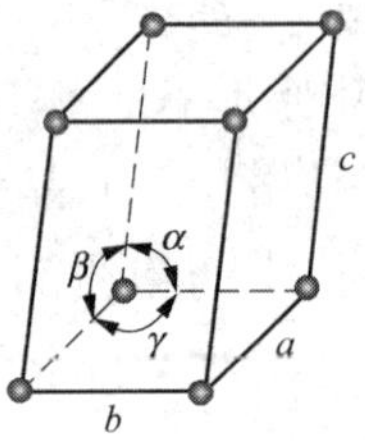			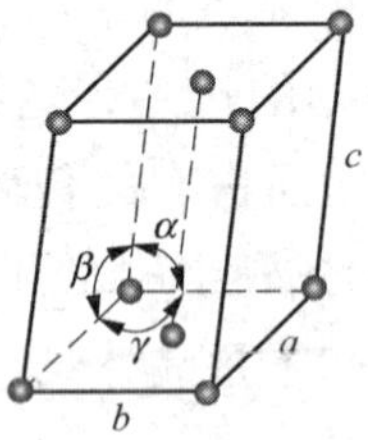
三方 $a = b = c$ $\alpha = \beta = \gamma \neq 90°$	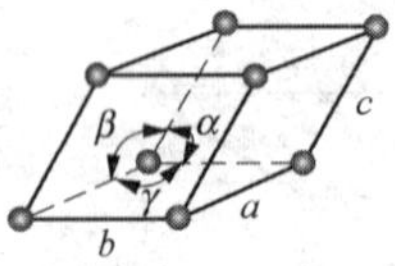			
三斜 $a \neq b \neq c$ $\alpha \neq \beta \neq \gamma \neq 90°$	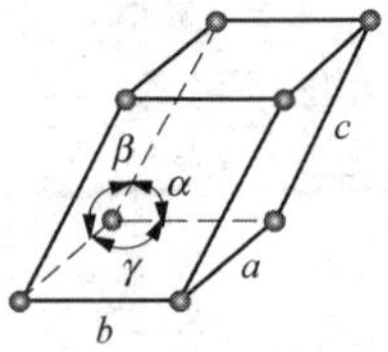			
六方 $a = b \neq c$ $\alpha = \beta = 90°\gamma = 120°$	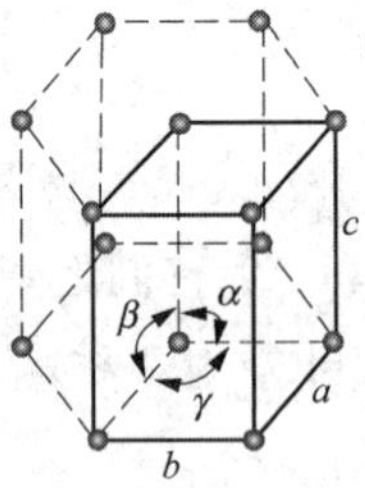			

根据晶格结点上质点的种类和质点间作用力的性质（化学键的类型）不同，可将晶体分成离子晶体、分子晶体、原子晶体和金属晶体。本节主要讨论离子晶体，第五节简单介绍原子晶体和分子晶体。由于篇幅所限，本书不讨论金属晶体。

（二）离子晶体

在晶体中，当正离子和负离子在空间靠离子键结合时，它们就以紧密堆积的方式，使正离子和负离子交替作有规则的排列，这样就形成离子晶体。在离子晶体中，正离子和负离子占据在晶体的晶格上，并在晶格上作无规则的振动。正离子和负离子之间保持着最短的距离，这表示它们之间的吸引力和排斥力达到均衡。

1. 离子晶体的特性　由于阴、阳离子之间的静电作用较强，因此需要较大的能量才能克服离子间的相互作用，所以离子晶体一般具有较高的熔点、沸点和较大的硬度。而且离子的电荷越高、半径越小，离子之间的静电作用越强，离子晶体的熔点、沸点就越高，硬度也越大。

离子晶体虽硬但比较脆，这是因为晶体在受到冲击时，各层离子可发生错位（dislocation）。也就是在冲击力作用下，某层晶格质点的位置稍稍平移，使原来周围带相反电荷的离子变成了带相同电荷的离子，则吸引力大大减弱而破碎。

在离子晶体中，阴、阳离子被限制在晶格格点上振动，不能自由移动，因此离子晶体不导电。但当在熔融状态或在水溶液中时，产生自由移动的阴、阳离子，因此能导电。离子晶体易溶于极性溶剂，不溶于非极性溶剂，溶剂分子的极性越大，对离子的引力越强，溶解度也往往越大。水是极性较大的溶剂，大多数离子化合物在水中溶解度较大。

2. 离子晶体的类型　由于各种正、负离子的大小不同，其配位数就不同，离子晶体内正、负离子的空间排布也不同，因此可得到不同类型的离子晶体，见图9－3。决定晶体类型的因素主要有组成离子间的数量、大小（正、负离子半径之比 $r+/r-$）以及离子的电子结构。本节主要简单介绍部分最简单的AB型离子晶体的空间结构，即在晶体中只有一种正离子和一种负离子，且二者电荷相同的离子晶体。AB型离子晶体有三种典型的结构类型。它们的正、负离子半径之比和晶体构型的关系如表9－3所示。

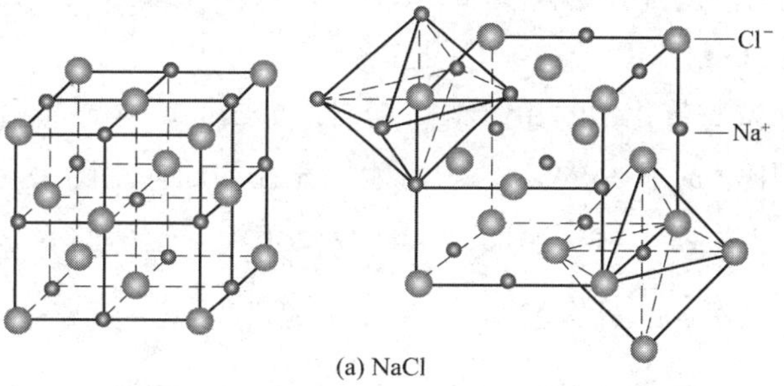

(a) NaCl

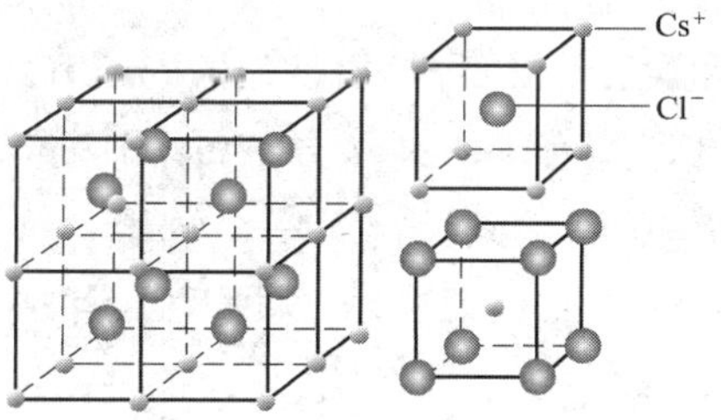

(b) CsCl

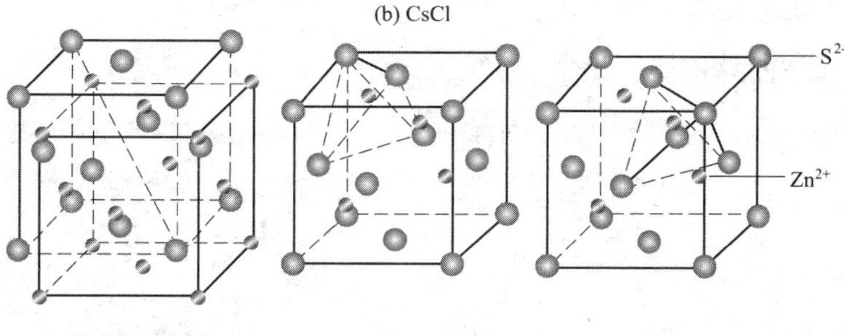

(c) ZnS

图9－3　AB型离子晶体的三种晶体结构

表 9-3　AB 型离子晶体的晶体结构与正、负离子半径比的关系

离子晶体类型	正离子所成构型	正负离子配位数	r_+/r_-	晶体实例
CsCl 型	立方体	8∶8	0.732～1	CsCl、CsBr、CsI、TlCl、NH_4Cl、TlCN 等
NaCl 型	八面体	6∶6	0.414～0.732	大多数碱金属卤化物、某些碱土金属氧化物、硫化物，如 CaO、MgO、CaS、BaS 等
立方 ZnS 型	四面体	4∶4	0.225～0.414	ZnS、ZnO、HgS、MgTe、BeO、BeS、CuCl、CuBr 等

（1）NaCl 型　图 9-3（a）表示了氯化钠晶体的晶胞结构。这是 AB 型离子晶体中最常见的晶体结构，其中氯离子是按面心立方紧密堆积方式排布，氯离子位于立方体的 8 个顶角和面心，属面心立方晶格。钠离子则位于面心立方紧密堆积八面体空隙中，若把空隙中的钠离子联系起来也形成一个面心立方点阵。钠离子的面心立方点阵与氯离子的面点立方点阵平行交错，一个面心立方点阵的结点位于另一个面心立方点阵的中点。这样的交错方式是由 N 个圆球进行面心立方堆积后的圆球位置和堆积层中 N 个八面体空隙位置决定的。从图中还可看到每个氯离子周围有 6 个 Na^+，每个 Na^+ 周围有 6 个 Cl^-，配位数都为 6，记作 6∶6。一个晶胞中有 4 个 Na^+ 和 4 个 Cl^-。

（2）CsCl 型　图 9-3（b）表示了氯化铯的一个体心立方晶胞。每个晶胞中含有 1 个 Cs^+ 和 1 个 Cl^-，正负离子的配位数都是 8，记作 8∶8。CsCl 型晶体不是最紧密堆积。属于 CsCl 型的晶体有 CsBr、CsI、TlCl 等。

（3）ZnS 型　硫化锌与氯化钠的晶体结构相似，也属面心立方晶格。S^{2-} 位于立方体的 8 个顶角和面心，而体积比 Na^+ 还小的 Zn^{2+} 均匀地填充在四面体空隙中，构成了另一个面心立方点阵。这两个面心立方点阵平行交错的方式比较复杂，是一个面心立方点阵的结点位于另一个面心立方点阵的对角线的 $\frac{1}{4}$ 处，如图 9-3（c）所示。正、负离子的配位数都等于 4，记作 4∶4。晶胞中正、负离子数也分别为 4。ZnS 型和 NaCl 型都属于立方紧密堆积。

（4）其他　其他离子晶体类型还很多，AB 型晶体中还有六方硫化锌型；AB_2 型离子晶体有碳化钙型、氟化钙型；ABX_3 型有碳酸钙（方解石型）等。

值得注意的是，在离子晶体中不能划分出某一个分子，例如一个氯化钠分子或一个氯化铯分子。因此，通常书写的 NaCl 或 CsCl 式子，并不代表一个分子，它只表示在氯化钠或氯化铯晶体中，Na^+ 与 Cl^- 或 Cs^+ 与 Cl^- 的个数比为 1∶1。所以严格来说 NaCl 或 CsCl 式子不能叫分子式，而只能叫化学式或最简式。

（三）离子晶体的晶格能

在离子晶体中，异种电荷之间存在库仑吸引力，同种电荷之间存在库仑排斥力，离子键的强度是吸引力和排斥力的平衡结果。通常用晶格能（lattice energy）来衡量离子键的强度。它是指在标准状态下（298 K）将 1 mol 离子晶体转化为气态离子所吸收的能量，用符号 U 表示。例如：

$$NaCl(s) = Na^+(g) + Cl^-(g) \qquad U = 788\ kJ \cdot mol^{-1}$$

晶格能不能用实验的方法直接测得。1919 年，M. Born 和 F. Haber 建立了 Born-Haber 循环，利用有关热力学数据通过热化学计算求得晶格能：

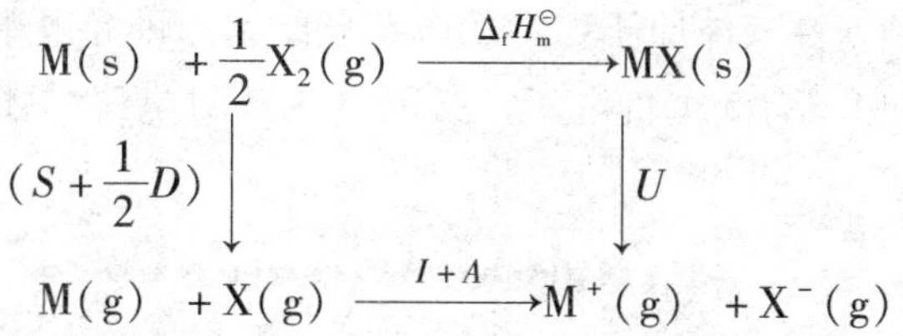

其中 S 为固态金属 M(s) 的升华热，D 为气体 $X_2(g)$ 的解离能（键能），I 为气态金属 M(g) 的电离能，A 为气态原子 X(g) 的电子亲合能，$\Delta_f H_m^\ominus$ 为由固态金属 M(s) 和气体 $X_2(g)$ 生成固态 MX(s) 的标准生成焓。根据盖斯定律，标准生成焓 $\Delta_f H_m^\ominus$ 应等于各个步骤的能量变化的总和。即：

$$\Delta_f H_m^\ominus = S + \frac{1}{2}D + I + A + (-U)$$

$$U = -\Delta_f H_m^\ominus + \frac{1}{2}D + S + I + A \qquad (9-1)$$

式中 $\Delta_f H_m^\ominus$ 可通过热化学实验加以测定，而 S、D、I 和 A 可从化学数据手册上查到，因此可以由热化学实验间接测定离子型晶体的晶格能。玻恩－哈伯循环能够计算某些不易直接从实验测得的数据。例如，测定原子的电子亲合能的实验很难做，所以许多原子的电子亲合能值就是如此得来的。

晶格能的大小可用来比较化合物的硬度、熔点以及稳定性等。晶格能越大，则化合物越稳定，熔点越高，同种晶格类型的化合物的硬度也越大。晶格能与物理性质的关系见表 9－4。

表 9－4　晶格能与离子型化合物的物理性质

NaCl 型晶体	NaI	NaBr	NaCl	NaF	BaO	SrO	CaO	MgO
离子电荷	1	1	1	1	2	2	2	2
核间距（pm）	318	294	279	231	277	257	240	210
晶格能（kJ/mol）	686	732	786	891	3041	3204	376	3916
熔点（K）	933	1013	1074	1261	2196	2703	2843	3073
硬度（莫氏标准）	—	—	—	—	3.3	3.5	4.5	6.5

第二节　共价键

扫码“学一学”

离子键理论虽能很好地说明离子型化合物的形成和特征，但它不能说明由同种原子组成的单质分子 H_2、Cl_2、N_2 等的形成，也不能说明由电负性相差不太大的两种元素的原子所组成的化合物分子如 HCl、H_2O 等的形成。为了解决这些矛盾，1916 年美国化学家路易斯（G. N. Lewis）提出了经典的共价键理论。他认为共价键是由成键原子双方各自提供外层单电子组成共用电子对而形成的。形成共价键后成键原子一般都达到稀有气体原子最外层电子结构，因此稳定。原子间通过共用电子对结合而形成的化学键称作**共价键（covalent bond）**，两原子共用 1 对电子形成 1 个单键，共用 2 对和 3 对电子形成双键和叁键。用小黑点代表分子中原子周围的价层电子，画出分子或离子的结构式，称为 Lewis 结构式。为了简化也可用一条短线代表一对成键电子。Cl_2 分子的 Lewis 结构如下：

:C̤̈l:C̤̈l:　　:C̤̈l—C̤̈l:

从上述结构可以看到，在形成分子时，通过共用电子对，使得每一个参与成键的原子

（H 原子除外）都达到惰性气体原子稳定的电子层结构，即 8 电子结构，这就是所谓**“八隅律”（octet rule）**。O 原子有 6 个价电子，必需共用 2 对电子，才能达到 8 电子结构，因此在 O_2 分子中形成双键。

$$:\ddot{O}::\ddot{O}: \qquad :\ddot{O}{=}\ddot{O}:$$

N 原子有 5 个价电子，必需共用 3 对电子，才能达到 8 电子结构，因此在 N_2 分子中形成叁键。

$$:N:::N: \qquad :N{\equiv}N:$$

每个原子周围还有不参与成键的电子对，称作**孤对电子（lone pair electrons）**，孤对电子的存在对分子的性质和几何形状有很大的影响。需要强调的是 Lewis 结构并不代表分子形状，仅用于表示成键方式和键的数目。

对于第二周期元素形成的分子或离子，一般都能写出 Lewis 结构式，即分子中的每个原子都满足“八隅律”。但是，第三周期及其以后的元素形成的分子，往往不能用“八隅律”解释。例如，在 PCl_5 和 SF_6 分子中，中心原子 P、S 分别有 10 个和 12 个价层电子。这些元素的原子体积较大，周围可容纳较多的原子与它形成共价键；此外，这些元素的价层中有空的 *d* 轨道，可容纳更多的电子。

路易斯的共价键理论被称为经典共价键理论，它初步揭示了共价键与离子键的区别，但是路易斯理论也有局限性，它不能解释为什么有些分子的中心原子最外层电子数虽然少于 8（如 BF_3）或多于 8（如 PCl_5，SiF_6）但仍能稳定存在，也无法解释共价键的方向性，同时也不能说明为什么共用电子对就能使两个原子结合成分子的本质原因。直到 1927 年德国化学家海特勒（W. Heitler）和伦敦（F. London）应用量子力学原理处理 H_2 分子结构才揭示了共价键的本质，在此基础上鲍林（L. Pauling）和斯莱特（J. C. Slater）等人加以发展，建立了现代价键理论（又称电子配对法）、杂化轨道理论。1932 年美国化学家密立根（B. S. Mulliken）和德国化学家洪特（F. Hund）又提出了分子轨道理论。这些理论成功地解释了有关分子结构的问题和实验事实，下面我们将分别简要地介绍这些理论。

一、价键理论（电子配对理论）

（一）共价键的形成

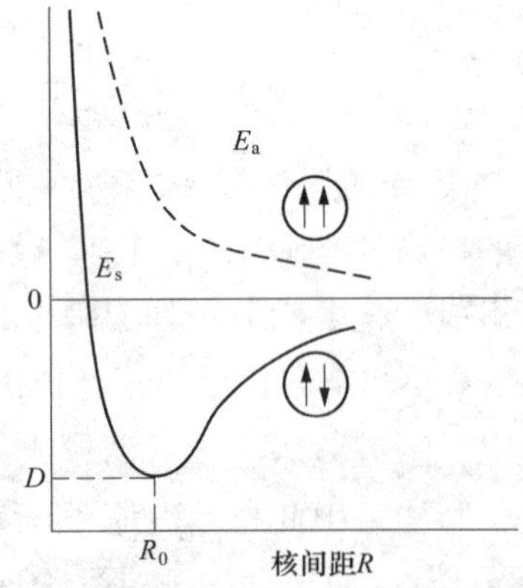

图 9－4　两个氢原子接近时的能量随核间距变化曲线

氢分子 H_2 是最简单、最典型的共价分子，在 H_2 分子体系中包含有两个原子核和两个电子。为了研究方便，常采用定核近似法处理，即讨论电子在分子中的运动时，近似地假设原子核不动，把电子看作处在固定的核势场中运动，忽略核动能而把在核势场中所有电子的总能量近似地作为分子体系的能量，即体系的能量包括电子运动能、电子间排斥能、电子与核的吸引能和核间排斥能。当两个 H 原子相距很远时，其相互间的吸引和排斥作用可以忽略不计，这时体系的能量等于两个孤立的 H 原子的能量之和，我们把它作为能量的相对零点。当两个 H 原子逐渐靠近时，随着原子核间距离 *R* 的逐渐减小它们之间的相互作用逐渐增大，体系的能量便出现两种不同情况的变化，如图 9－4 所示。

若两个 H 原子的电子自旋方向相反而相互接近时，体系的能量 E 随着核间距 R 减小而逐渐降低，此时核间电子云密度增大，当核间距离 R_0 达到 76pm（计算值为 87pm）时，体系能量（E_s）降到最低点（D），比两个孤立 H 原子的能量之和还要低得多，说明两个 H 原子结合形成稳定的共价键，此时便形成了稳定的 H_2 分子，这种状态称为 H_2 分子的基态，又称吸引态。这时的 R_0 称为平衡距离，其后体系的能量又随 R 的减小而迅速升高，因此 H_2 分子中的两个 H 原子是在平衡距离附近振动的。

当两个 H 原子的电子自旋方向相同而互相接近时，彼此之间始终是排斥的，称为排斥态，如图 9－5（b）。此时两核间的电子云稀疏，体系的能量随着 R 的减小反而升高，在这种情况下是不能形成稳定的 H_2 分子的。

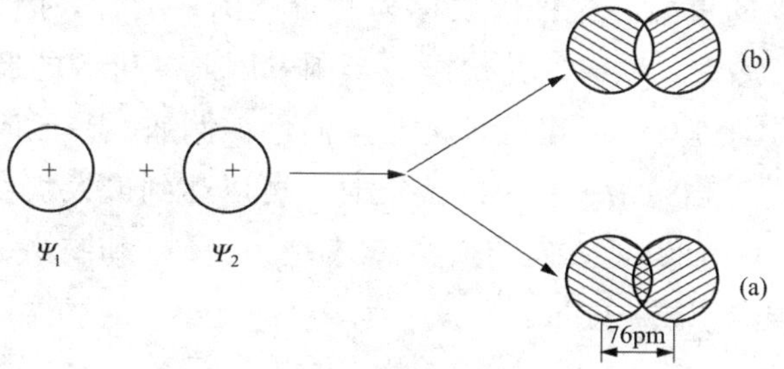

图 9－5　H_2 分子的两种状态

（a）基态　　（b）排斥态

根据量子力学原理，H_2 分子的基态之所以能够成键，是因为两个 H 原子的 1*s* 轨道能互相叠加，叠加后使核间电子的概率密度增大，见图 9－5（a）。在两核间出现了一个电子云密度最大的区域，这既降低了两核间的正电排斥，又增加两核对该负电区域的吸引，从而降低了体系的能量，有利于共价键的形成。而 H_2 分子的排斥态则相当于两个 1*s* 轨道重叠部分相互抵消，在两核间出现了一个空白区，从而增大了两核间的排斥，故体系的能量升高而不能成键。

因此价键理论认为共价键的本质是两个原子有自旋方向相反的未成对电子，它们的原子轨道发生重叠，使体系能量降低而成键。

价键理论继承了 Lewis 共享电子对的概念，但它在量子力学理论的基础上，指出这对电子是自旋相反的，而且电子不是静止的，是运动的，并在核间有较大的概率分布。

综上所述，共价键的形成条件如下。

（1）成键原子各有自旋相反的未成对电子，可以配对形成稳定的共价键。原子中没有未成对电子，一般不能形成共价键。例如 He 原子不能形成“He_2”分子。

（2）成键电子的原子轨道尽可能地达到最大重叠。轨道重叠程度越大，两核之间电子的概率密度越大，系统能量降低越多，形成的共价键越稳定。这称作最大重叠原理。

（二）共价键的特点

在形成共价键时，相互结合的原子既未失去电子，也未得到电子，而是共用了电子对，因而在分子中只存在原子而不是离子，因此共价键又称原子键。共价键的本质是电性的，但不能认为是纯粹的静电作用，它是两个原子核对核间电子对的负电场或负电区域的吸引作用，这种作用不只是库仑力。共价键的强弱取决于原子轨道的重叠程度，而原子轨道的重叠程度又与原子轨道的重叠方式有关，这是共价键的波性。因此，共价键的本质既是电性的又是波性的。其特点如下。

1. 共价键具有饱和性 由于共价键是因原子轨道重叠后共用电子对形成的，即一个原子的未成对电子所占据的原子轨道与另一原子的未成对电子的轨道重叠形成共价键。因此，原子所形成共价键的数目取决于原子中未成对电子的数目，即对某一特定原子来说，它所形成的共价键的数目是一定的。这种性质称为共价键的饱和性。例如，两个氯原子各有1个未成对的电子，它们可以配对形成单键（Cl－Cl），如有第三个氯原子接近时，就不能再结合了，因此 Cl_2 是双原子分子。又如，每个氮原子中有三个未成对电子，因此在 N_2 中有三个共价键（N≡N）。总之，原子所形成共价键的数目是受成单电子的数目限制的。

2. 共价键的方向性——原子轨道最大重叠原理 成键电子的原子轨道在空间都有一定的形状和取向。在形成共价键时，一个原子与另一个原子只有沿着一定的方向接近，原子轨道才能达到最大程度的重叠。这种性质称为共价键的方向性。因为原子轨道重叠愈多，两核间电子云概率密度愈大，形成的共价键愈牢固。因此共价键的形成在可能的范围内将沿原子轨道最大重叠方向进行，所以共价键有方向性。例如，在形成 HCl 分子时，H 原子的 1*s* 轨道与 Cl 原子的 p_x 轨道沿 *x* 轴方向接近时，可以达到最大程度的重叠，形成稳定的共价键，如图 9－6（a）。而其他方向的重叠如图 9－6（b）和图 9－6（c）所示，则原子轨道不能重叠或重叠很少，故不能成键。

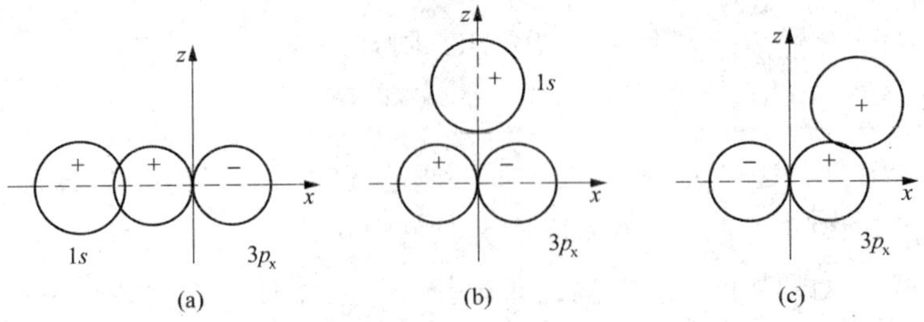

图 9－6 氯化氢分子的成键示意图

共价键的方向性决定了共价化合物分子的空间构型，进而对分子的性质产生了重大影响。

二、共价键的类型

原子轨道相互重叠形成了共价键，当组成共价键原子的电负性有差异时，共用电子对将偏向电负性较大的原子，从而导致共价键中正、负电荷中心不重合，使化学键产生一定的极性，从这个角度讲，共价键可分为极性共价键和非极性共价键；若按照原子轨道的重叠方式不同进行分类，共价键可分为 σ 键和 π 键两种类型，下面重点介绍这两种共价键。

对于含有成单的 *s* 电子或 *p* 电子的原子，当它们沿 *x* 轴接近时，其中 *s*－*s*、$s-p_x$、p_x-p_x 轨道沿键轴（*x* 轴）方向以"头碰头"方式重叠，如图 9－7（a），轨道重叠部分沿键轴呈圆柱形对称分布，以这种方式重叠形成的共价键称为 σ 键。而相互平行的 p_y-p_y、p_z-p_z 轨道，则只能以"肩并肩"方式进行重叠，轨道重叠部分垂直于键轴并呈镜面反对称分布（镜面反对称：通过键轴并垂直于纸平面的面叫镜面或对称面。反对称即平面上下形状、大小相同，符号相反），以这种方式重叠形成的共价键称为 π 键，如图 9－7（b）。例如 N 原子的电子层结构为 $1s^22s^22p_x^{\ 1}2p_y^{\ 1}2p_z^{\ 1}$，当两个 N 原子结合成 N_2 分子时，两个 N 原子的 $2p_x$ 轨道沿 *x* 轴方向"头碰头"重叠形成一个 σ 键，而两个 N 原子的 $2p_y-2p_y$、$2p_z-2p_z$ 只能以"肩并肩"的方式重叠，形成两个 π 键，如图 9－8 所示。所以 N_2 分子中有一个 σ 键，两个 π 键，其分子结构式可用 N≡N 表示。

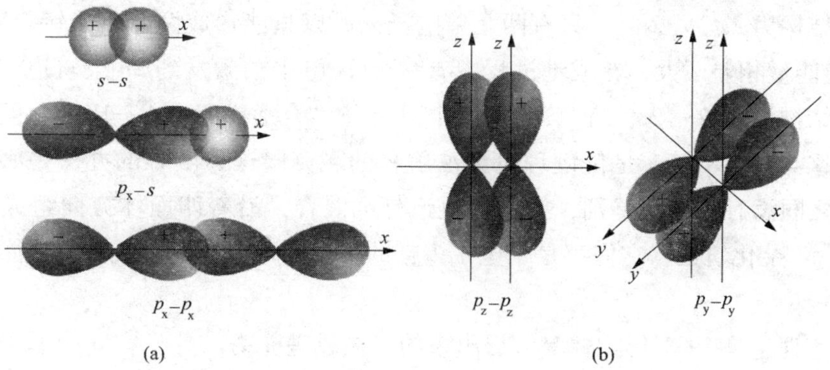

图 9－7　σ键和π键

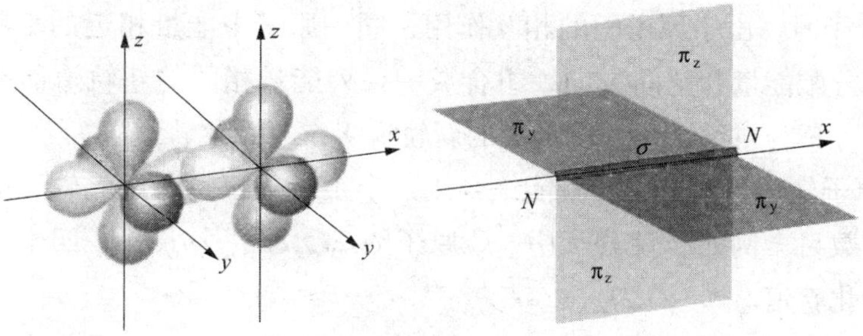

图 9－8　N_2 分子形成示意图

综上所述，σ键的特点是：两个成键原子轨道沿键轴方向以“头碰头”方式重叠；原子轨道重叠部分沿键轴呈圆柱形对称；由于成键轨道在轴向上最大程度重叠，故σ键稳定。π键的特点是：两个原子轨道以“肩并肩”方式重叠；轨道重叠部分对一个通过键轴的平面呈镜面反对称；π键轨道重叠程度较σ键的小，故π键的能量较高，活动性较大，是化学反应的积极参加者，因此π电子的运动状态和能量是结构化学中着重研究的内容之一。

在共价化合物分子中，原子间若形成单键（single bond），必然是σ键，原子间若形成双键（double bond）或叁键（triple bond）时，除了σ键外，其余则是π键。二者的特征比较见表 9－5。

表 9－5　σ键和π键的特征比较

共价键类型	σ键	π键
原子轨道重叠方式	沿键轴方向相对重叠	沿键轴方向平行重叠
原子轨道重叠部位	两原子核之间，在键轴处	键轴上方和下方，键轴处为零
原子轨道重叠程度	大	小
键的强度	较大	较小
化学活泼性	不活泼	活泼

三、杂化轨道理论

价键理论成功地说明了共价键的形成过程及本质，解释了共价键的方向性和饱和性，但在说明分子的空间构型方面却遇到了困难。例如，近代实验测定表明 CH_4 分子是正四面体结构，C 原子位于四面体的中心，四个 H 原子位于四面体的四个顶点，CH_4 分子中的四个 C—H 键是完全等同的，键能为 $413kJ \cdot mol^{-1}$，键角为109°28′。按照价键理论，基态 C

原子价电子结构为$2s^22p_x^{\ 1}2p_y^{\ 1}$，只有两个单电子，所以只能形成两个共价键。考虑到2s轨道与2p轨道能量相差不大，在成键过程中有一个2s电子被激发到2p空轨道，则激发态C原子价电子结构为$2s^12p_x^{\ 1}2p_y^{\ 1}2p_z^{\ 1}$，可与四个H原子结合形成四个C—H键，但它们应该不是等同的。这与事实不符，是价键理论无法解释的。克服这一困难的办法是必须假定s轨道和p轨道之间没有明显的差别，把四个轨道打乱混合，沿着四面体方向组成4个新的等价轨道，即sp^3杂化轨道，它们都是单电子占据的，再实行电子配对成键，才能圆满地解释甲烷分子的构型。

杂化轨道理论是1931年鲍林等人提出来的，在成键能力、分子空间构型等方面丰富和发展了价键理论。后来不断由理论化学家完善，现今已发展成为化学键理论中的重要内容。

（一）杂化轨道理论的要点

1. 在形成分子时，由于原子间的相互作用，同一原子中能量相近的某些原子轨道，在成键过程中重新分配能量和空间方向，组合成一系列能量相同的新轨道而改变了原有轨道的状态，这一过程称为轨道杂化，所形成的新轨道叫作"杂化轨道"。

2. 有几个原子轨道参加杂化，就能组合成几个杂化轨道。即杂化轨道的数目等于参与杂化的原子轨道数目。例如甲烷分子中，C原子的2s、$2p_x$、$2p_y$、$2p_z$四个原子轨道参与杂化，形成四个杂化轨道。

3. 杂化轨道成键时要满足原子轨道最大重叠原理，即原子轨道重叠愈多，形成的化学键愈稳定。由于杂化轨道的角度波函数在某个方向的值比杂化前大得多，更有利于原子轨道间最大程度的重叠；因而杂化轨道的成键能力比杂化前强，其成键能力的大小顺序如下：

$$s < p < sp < sp^2 < sp^3$$

4. 杂化轨道在空间尽可能的采取最大键角，使相互间斥力最小，从而使分子具有较小的内能，体系更趋稳定。即杂化轨道成键时要满足化学键间最小排斥原理。不同类型的杂化轨道间夹角不同，成键后分子的空间构型也不同。

在分子形成的过程中存在着激发、杂化及轨道重叠的过程。应注意，原子轨道的杂化只发生在分子的形成过程中，是原子的外层轨道在原子核及键合原子的共同作用下发生的，孤立的原子不可能发生杂化。

（二）杂化轨道的类型

对于主族元素来说，ns、np能级比较接近，往往采用sp型杂化，有下列三种杂化轨道的类型。

1. sp杂化 由一个ns轨道和一个np轨道组合成两个sp杂化轨道的过程称为sp杂化。每个杂化轨道都含有$\frac{1}{2}$的s和$\frac{1}{2}$的p成分，sp杂化轨道间的夹角为180°，呈直线形。sp杂化轨道的形状及杂化过程如图9－9所示。

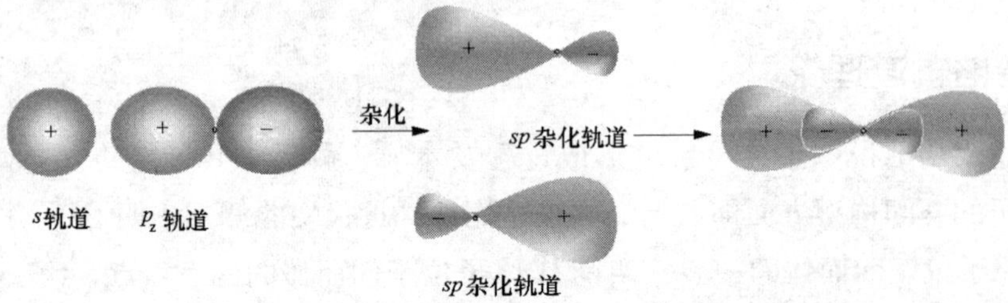

图9－9　s轨道和p轨道合成sp杂化轨道示意图

［例 9－1］ 试说明 $BeCl_2$ 分子的空间构型。

解：Be 原子的价电子结构为 $2s^2$，从表面上看，基态 Be 原子似乎不能形成共价键。杂化轨道理论认为，在形成 $BeCl_2$ 分子的过程中，Be 原子的一个 2s 电子被激发到空的 2p 轨道，激发态 Be 原子的价电子结构为 $2s^12p_Z^{\ 1}$，于是 Be 原子的含有单电子的 2s 轨道和 $2p_Z$ 轨道进行 sp 杂化，形成夹角为 180°的两个完全相同的 sp 杂化轨道，它们各与一个 Cl 原子的含有单电子的 $3p_x$ 轨道重叠形成两个等价的 σ_{sp-3p} 键，分子构型为直线形。与实验测定结果一致。如图 9－10 所示，其成键过程可表示如下。

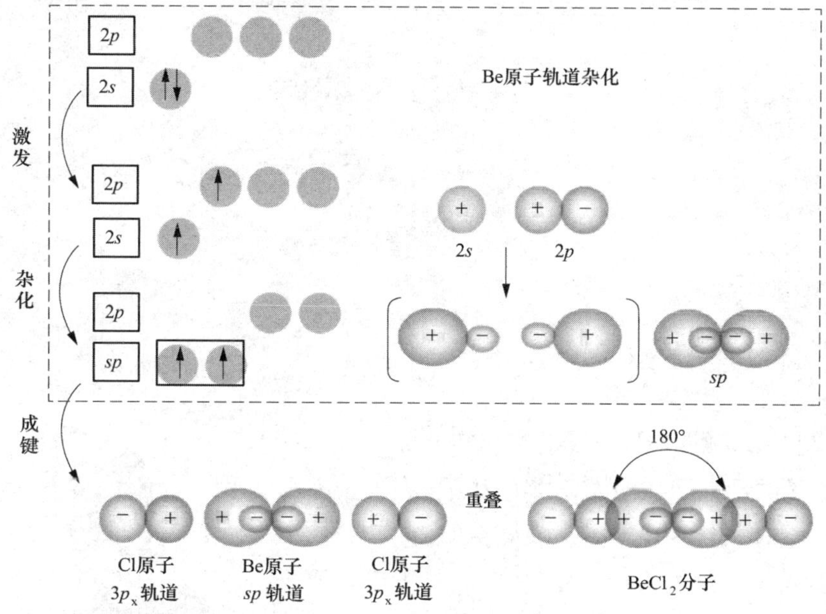

图 9－10 $BeCl_2$ 分子 sp 杂化轨道形成示意图

2. sp^2 杂化 由一个 ns 轨道和两个 np 轨道组合形成三个 sp^2 杂化轨道的过程称为 sp^2 杂化。其中每个 sp^2 杂化轨道都含有 $\frac{1}{3}$ 的 s 和 $\frac{2}{3}$ 的 p 成分，杂化轨道间的夹角为 120°，呈平面三角形（图 9－11）。

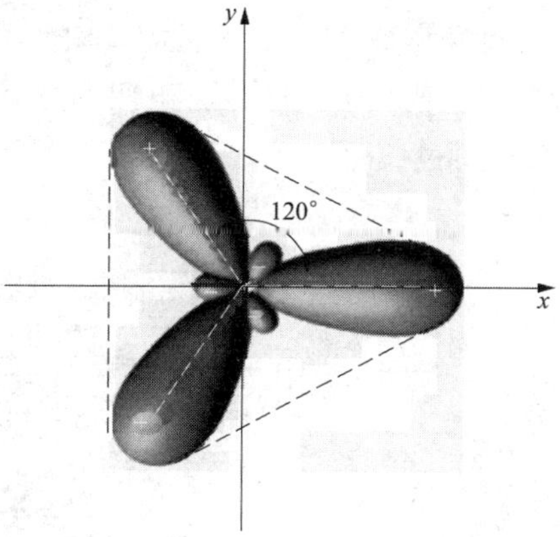

图 9－11 sp^2 杂化轨道示意图

［例 9－2］ 试说明 BF_3 分子的空间构型。

解：B 原子的价电子结构为 $2s^22p_x^{\ 1}$，在形成 BF_3 分子时，B 原子的一个 2s 电子被激发到一个 2p 空轨道，激发态 B 原子的价电子结构为 $2s^12p_x^{\ 1}2p_y^{\ 1}$，B 原子的含有单电子的 2s 轨道和两个 2p 轨道杂化形成三个完全等同的 sp^2 杂化轨道，它们各与一个 F 原子的含单电子的 $2p_x$ 轨道重叠形成三个 σ_{sp^2-2p} 键。由于三个 sp^2 杂化轨道在同一平面上，且其夹角为 120°，所以 BF_3 分子具有平面三角形结构，整个成键过程如图 9－12 所示。

3. sp^3 杂化 由一个 ns 轨道和三个 np 轨道组合成四个 sp^3 杂化轨道的过程称为 sp^3 杂化。每个 sp^3 杂化轨道都含有 $\frac{1}{4}$ 的 s 和 $\frac{3}{4}$ 的 p 成分，四个杂化轨道分别指向正四面体的四个顶点。杂化轨道间的夹角为 109°28′，其空间构型为正四面体形（图9－13）。

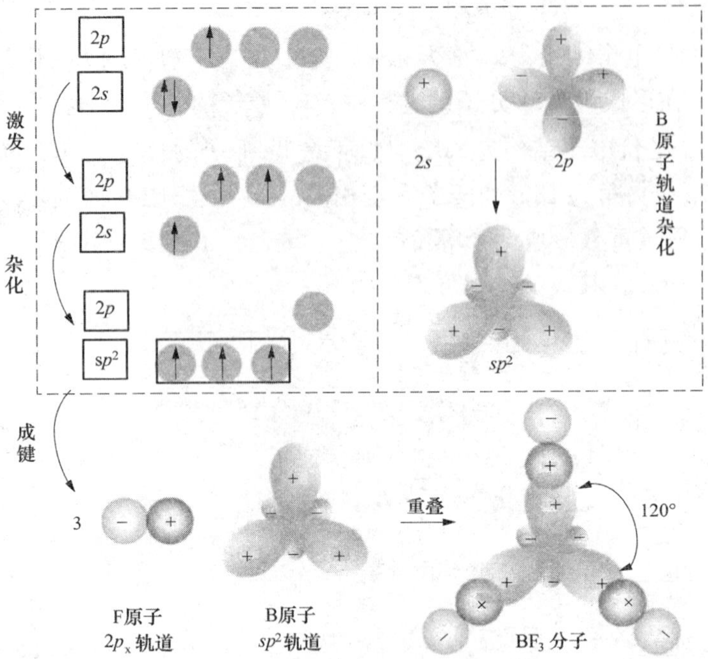

图 9－12 BF_3 分子 sp^2 杂化轨道形成示意图

[例 9－3] 试说明 CH_4 分子的空间构型。

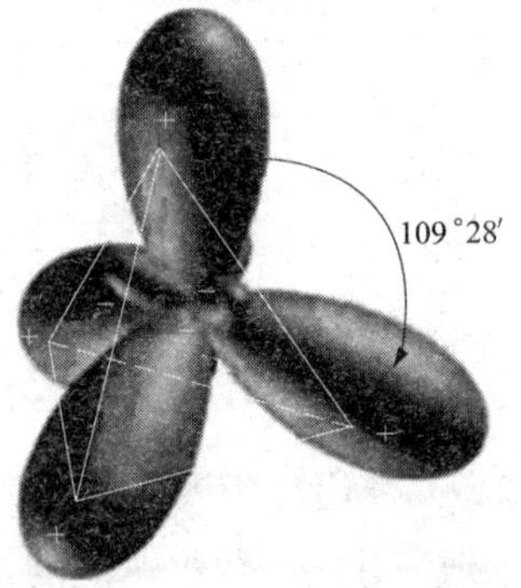

图 9－13 sp^3 杂化轨道示意图

解： C 原子的价电子结构为 $2s^2 2p_x^{\ 1} 2p_y^{\ 1}$，在形成 CH_4 分子时，C 原子的一个 $2s$ 电子被激发到空的 $2p_z$ 轨道，激发态 C 原子的价电子结构为 $2s^1 2p_x^{\ 1} 2p_y^{\ 1} 2p_z^{\ 1}$，然后 C 原子中含单电子的 $2s$ 轨道和三个 $2p$ 轨道进行 sp^3 杂化，形成四个完全等同的 sp^3 杂化轨道，它们分别与四个 H 原子的 $1s$ 轨道重叠形成四个 σ_{sp^3-1s} 键。由于杂化轨道间的夹角为 109°28′，故 CH_4 分子呈正四面体形，如图 9－14 所示。其成键过程可表示如下。

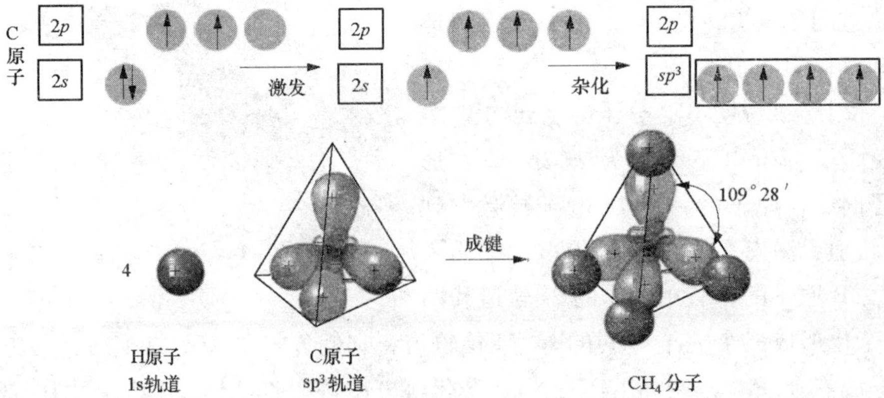

图 9－14 CH_4 分子 sp^3 杂化轨道形成示意图

现将以上三种 $s-p$ 杂化类型与空间构型之间的关系归纳于表 9－6 中。

表 9-6　$s-p$ 型的三种杂化轨道

杂化类型	sp	sp^2	sp^3
参与杂化的原子轨道	1 个 ns +1 个 np_z	1 个 ns +2 个 np（p_x、p_y）	1 个 ns +3 个 np
杂化轨道数	2 个 sp 杂化轨道	3 个 sp^2 杂化轨道	4 个 sp^3 杂化轨道
杂化轨道间夹角	180°	120°	109°28′
几何构型	直线形	平面三角形	正四面体
实例	$BeCl_2$	BF_3	CH_4

上述三种 $s-p$ 类型的杂化，它们都形成含有相同成分、成键能力相同的杂化轨道，这种杂化过程称为等性杂化。等性杂化轨道所包含的 s、p 轨道成分是完全相同的，能量也相同，所不同的是它们各自在空间的取向不同。当杂化所形成的杂化轨道的能量不完全相同时，就是不等性杂化。

（三）H_2O 分子和 NH_3 分子中的 sp^3 不等性杂化

原子轨道的杂化并不只在含有未成对电子的原子轨道之间发生，含有孤对电子的轨道或空的原子轨道也可以参与杂化而形成杂化轨道。这种类型的轨道杂化称为不等性杂化。下面以 H_2O 分子和 NH_3 分子的空间构型为例予以说明。

[例 9-4]　试说明 H_2O 分子的空间构型。

解： O 原子的电子结构为 $2s^2 2p_x^{\ 2} 2p_y^{\ 1} 2p_z^{\ 1}$，形成 H_2O 分子时，O 原子只能以含单电子的 $2p_y$ 和 $2p_z$ 两轨道分别与两个 H 原子的 $1s$ 轨道重叠形成两个 O—H 键，键角应为 90°。但实验测得 H_2O 分子中两个 O—H 键间的夹角为 104°45′，显然是价键理论无法解释的。杂化轨道理论认为，在形成 H_2O 分子的过程中，O 原子采用 sp^3 不等性杂化，其中两个含单电子的 sp^3 杂化轨道各与一个 H 原子的 $1s$ 轨道重叠形成两个 σ_{sp^3-1s} 键，而余下的两个 sp^3 杂化轨道分别被一对孤电子对占据，由于它们不参与成键，电子云密集于 O 原子周围，对成键电子对有排斥作用，结果使 O—H 键间的夹角压缩至 104°45′，所以 H_2O 分子的空间构型为 V 字形。如图 9-15（a）所示。

[例 9-5]　试解释 NH_3 分子的空间构型。

解： N 原子的价电子结构为 $2s^2 2p_x^{\ 1} 2p_y^{\ 1} 2p_z^{\ 1}$，在形成 NH_3 分子时，N 原子的 $2s$ 轨道和三个 $2p$ 轨道先进行 sp^3 不等性杂化，其中三个含单电子的 sp^3 杂化轨道分别与三个 H 原子的 $1s$ 轨道重叠形成三个 σ_{sp^3-1s} 键，余下一个 sp^3 杂化轨道被一对孤对电子占据，由于它不参与成键，电子云密集于 N 原子周围，对三个 N—H 键虽有排斥作用，但较 H_2O 分子中的小，结果使得 N—H 间的夹角为 107°30′，与实验测定结果相符，所以 NH_3 分子的空间构型为三角锥形。如图 9-15（b）所示。

综上所述，CH_4、NH_3 和 H_2O 分子的形成都是通过中心原子的原子轨道进行 sp^3 杂化，C 原子的 sp^3 杂化是在具有单电子的原子轨道间进行的，各杂化轨道中所含原来轨道的成分相同，4 个杂化轨道的能量相等，属于**等性杂化轨道**（equivalent hybrid orbital）。而 N 原子与 O 原子中，有孤对电子所占据的原子轨道也参与杂化；形成的杂化轨道中，所含原来轨道的成分不相等，4 个杂化轨道的能量不相等，属于**不等性杂化轨道**（unequivalent hybrid orbital）。凡由含单电子的轨道或不含电子的空轨道形成的杂化属于等性杂化；凡原子中有孤对电子占据的轨道参与的杂化一定是不等性杂化。

[例 9-6]　试说明甲基负离子（CH_3^-）、甲基自由基（$\cdot CH_3$）以及甲基正离子（CH_3^+）

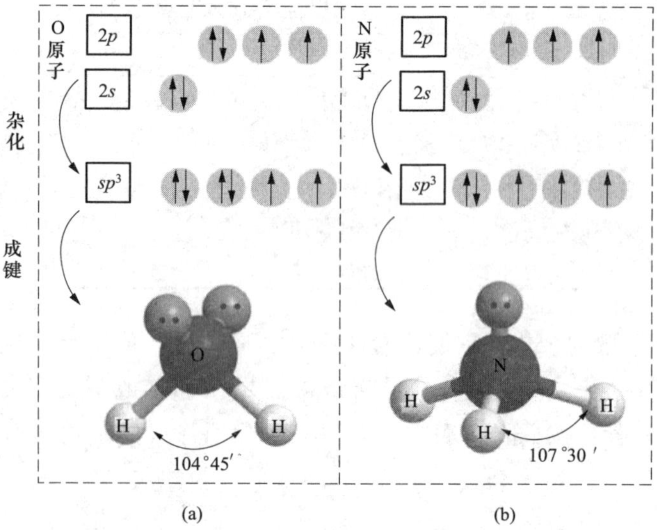

(a) (b)

图 9－15 水分子和氨分子的结构示意图

的空间构型与甲烷分子 CH_4 有何不同。

在 CH_3^- 离子中，由于 C 原子得到一个电子，C^- 价电子结构为 $2s^22p_x{}^12p_y{}^12p_z{}^1$，在形成 CH_3^- 离子时，C 原子中一个 2s 轨道和三个 2p 轨道仍然进行 sp^3 杂化（即 sp^3 不等性杂化），与 CH_4 不同的是，形成的四个 sp^3 杂化轨道，只有三个 sp^3 杂化轨道分别与三个 H 原子的 1s 轨道重叠形成三个 σ_{sp^3-1s} 键，另外一个 sp^3 杂化轨道被孤电子对占据。因此，CH_3^- 离子几何构型为三角锥形，杂化轨道间的夹角小于 109°28′，如图9－16（a）。

在 $\cdot CH_3$ 中，C 原子价电子结构为 $2s^22p_x{}^12p_y{}^1$，杂化轨道理论认为，其中一个 2s 电子激发跃迁到 2p 轨道上后（价电子结构变为 $2s^12p_x{}^12p_y{}^12p_z{}^1$），只有一个 2s 轨道和两个 2p 轨道进行杂化，形成的三个 sp^2 杂化轨道分别与三个 H 原子的 1s 轨道重叠形成三个 σ_{sp^2-1s} 键，余下一个单电子占据一个没有参加杂化的 $p_z{}^1$ 轨道，因此 $\cdot CH_3$ 的几何构型呈平面三角形，杂化轨道间的夹角为 120°，如图 9－16（b）。

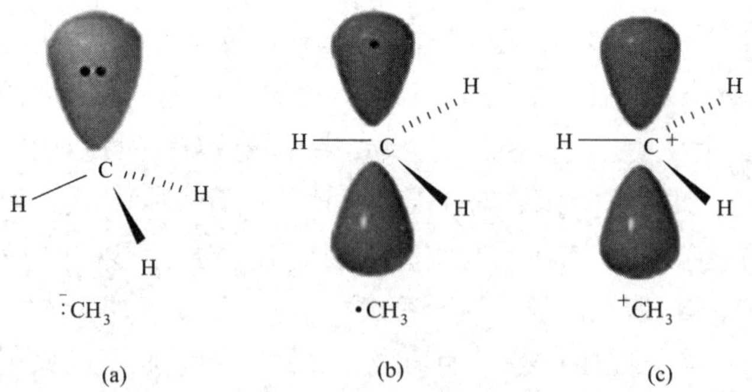

(a) (b) (c)

图 9－16 CH_3^-、$\cdot CH_3$ 和 CH_3^+ 的空间构型示意图

在 CH_3^+ 中，由于 C 原子失去一个电子，C^+ 价电子结构为 $2s^22p_x{}^1$，在形成 CH_3^+ 离子时，C 原子的一个 2s 电子被激发到空的 $2p_y$ 轨道，激发态 C^+ 的价电子结构为 $2s^12p_x{}^12p_y{}^1$，然后 C^+ 中含单电子的 2s 轨道和两个 2p 轨道进行 sp^2 杂化，形成三个完全等同的 sp^2 杂化轨道，它们分别与三个 H 原子的 1s 轨道重叠形成三个 σ_{sp^2-1s} 键。因此，CH_3^+ 离子的几何构型也呈平面三角形，杂化轨道间的夹角为 120°，$p_z{}^0$ 轨道是空的，见图 9－16（c）。

［例9－7］　试说明从 H_2O 到 CH_3OH 再到 CH_3OCH_3，其空间构型有何变化。

由［例9－4］可知，O 原子的价电子结构为 $2s^22p_x^{\ 2}2p_y^{\ 1}2p_z^{\ 1}$，形成的 H_2O 分子空间构型为 V 字形，H—O—H 键间的夹角为 104°45′，见图 9－17（a）。

当形成 CH_3OH 时，O 原子依然采取不等性 sp^3 杂化，其中两个含单电子的 sp^3 杂化轨道分别与一个 H 原子的 1s 轨道和一个 C 原子的 sp^3 杂化轨道重叠形成一个 σ_{sp^3-1s} 键和一个 $\sigma_{sp^3-sp^3}$ 键，而余下的两个 sp^3 杂化轨道分别被一对孤电子对占据，不参与成键，由于与 O 原子相连的 C 原子也采取 sp^3 杂化，分别与 O 原子的 sp^3 杂化轨道和三个 H 原子的 1s 轨道重叠形成四面体构型，对相邻的 O—H 有一定的空间阻碍，因此甲醇分子中 C—O—H 键角（108.9°）大于水分子中 H—O—H 的 104°45′键角，如图9－17（b）。

同样地，在 CH_3OCH_3 分子中，O 原子与两个具有四面体构型的甲基直接相连，两个甲基相互间产生空间阻碍，其 C—O—C 键角进一步增大（110°），如图 9－17（c）。同理，甲胺分子的 C—N—H 键角（112.9°）大于氨气分子中 H—N—H 的 107°30′键角。

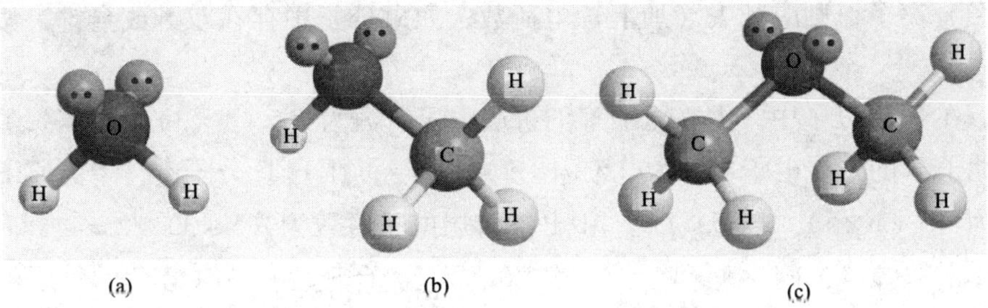

图 9－17　H_2O、CH_3OH 和 CH_3OCH_3 的空间构型示意图

在第三周期以后元素的原子中，由于其价层中除了含有 s、p 两种类型的轨道外，还有 d 轨道，这些 d 轨道也能参与杂化，形成 $d-s-p$ 型［利用（$n-1$）d、ns、np 轨道］和 $s-p-d$ 型（利用 ns、np、nd 轨道）杂化轨道，在第十章中将重点介绍这两种类型的杂化。“杂化轨道”概念的提出丰富和发展了价键理论。在形成分子时，原子轨道并不只是被动地产生重叠。实际上，一个原子的价电子的运动状态由于这个原子同其他原子的相互作用而发生改变，即波函数改变，以便使成键能力尽可能增加，系统能量尽可能降低。目前处理这种情况的数学方法是，将所有参与杂化的原子轨道的波函数进行线性组合，从而得到杂化轨道的波函数。根据杂化轨道的波函数，可以绘出杂化轨道的图形和空间分布。然后，按照价键理论的基本原理，杂化轨道中的单电子与其他原子具有相反自旋方向的单电子配对，形成化学键。

四、价层电子对互斥理论

杂化轨道在空间有确定的最佳分布，可以依据杂化类型来解释一些分子的几何形状（molecular geometry）。但是某种分子到底采取哪种类型的杂化轨道，有时很难预言。1940 年，N. V. Sidgwick 和 H. M. Powell 总结大量的实验事实，提出了价层电子对互斥模型（valence shell electron pair repulsion model），能够比较简单准确地预测简单分子或简单离子的几何形状。VSEPR 模型是 Lewis“电子配对”思想的简单延伸，R. J. Gillespie 和 R. S. Nyholm 在20 世纪50 年代又加以发展为价层电子对互斥理论（valence shell electron pair repulsion，VSEPR）。虽然该理论只是定性地说明问题，但在预测多原子分子（离子）的几何形状方面简单而有效。

（一）价层电子对互斥理论要点

价层电子对互斥理论认为：当一个中心原子 A 和 m 个配位原子或原子团 B 形成一个 AB_m 型分子或离子时，分子的空间构型取决于中心原子 A 价层电子对（成键电子对和未成键的孤电子对）的排斥作用。围绕在中心原子 A 周围的价层电子对之间由于静电排斥作用而尽可能相互远离，分子尽可能采取对称的结构，使系统趋于稳定。

中心原子 A 的价层电子对数可按下式计算：

价层电子对数 = ［中心原子 A 的价电子数 + 配体 B 所提供的电子总数 ± 离子电荷数］/2

中心原子 A 提供的价电子数，等于该原子所在周期表中的族数。每个配体 B 所提供的电子数规定为：氢和卤素原子通常作为配体各提供 1 个电子（如 CH_4、PCl_5 等），当氧族元素作为配体 B 时可以认为不提供电子（如 SO_4^{2-}、PO_4^{3-} 中的氧原子不提供电子）；当氧族元素作为中心原子 A 时，提供 6 个价电子（如 H_2O 分子中的氧原子，SO_2 分子中的 S 原子）；若是正（负）离子，则应减去（加上）电荷数；如果分子中存在双键或叁键，按共价单键来处理。

例如，在 NH_3 分子中，中心原子 N 的价层电子对数为 $(5+1\times3)/2=4$；在 H_2O 分子中，中心原子 O 的价层电子对数为 $(6+1\times2)/2=4$；在 PCl_5 分子中，中心原子 P 的价层电子对数为 $(5+1\times5)/2=5$；PO_4^{3-} 中 P 的价层电子对数为 $(5+3)/2=4$；而 NH_4^+ 中 N 的价层电子对数为 $(5+1\times4-1)/2=4$；在 CS_2 分子中，中心原子 C 的价层电子对数为 $(4+0\times2)/2=2$。

根据价层电子对之间斥力最小的原则，价层电子对数与电子对空间构型的关系可表示如下：

价层电子对数	2	3	4	5	6
电子对空间构型	直线形	平面三角形	正四面体形	三角双锥形	正八面体形

（二）应用 VSEPR 理论推测分子几何形状

分子的几何形状是指分子中的原子在空间的排布，不包括孤对电子；也就是说，分子的几何形状是由中心原子和与它成键的原子来决定，即由成键电子对的空间分布决定。

1. 理想构型 若中心原子的价层电子对全是成键电子对（无孤对电子），即价层电子对数等于配位数 m（也称为成键电子对数），电子对的空间构型就是该分子（离子）构型。见表 9－7。

［例 9－8］ 试用价层电子对互斥理论说明 BF_3 分子的几何构型为平面三角形。

解：在 BF_3 分子中，中心原子 B 有 3 个价电子，3 个 F 原子做配体分别提供 1 个电子，所以 B 原子价层电子对数为 $(3+3)/2=3$，成键电子对数也为 3，其电子对排布方式和几何构型均为平面三角形结构。

［例 9－9］ 试判断 PO_4^{3-} 离子的结构。

解：PO_4^{3-} 离子带 3 个负电荷，中心原子 P 有 5 个价电子，O 原子作配体不提供电子，所以 P 原子价层电子对数为 $(5+3)/2=4$，成键电子对数也为 4，其电子对构型为正四面体，所以 PO_4^{3-} 离子为正四面体结构。

2. 有孤对电子时的判断 对许多分子（离子）来说，其中心原子的价层电子对中，除有成键电子对外，还有孤对电子，分子（离子）的空间构型将不同于电子对的空间构型。

例如，价层电子对数同样为4的 CH_4、NH_3 和 H_2O 分子，其中心原子周围的价电子对排布方式都是正四面体形（表9-7）。在 CH_4 分子中，成键电子对数也是4，即中心原子C与4个相同的配体原子H结合，CH_4 的空间构型是正四面体形；而在 NH_3 分子中，成键电子对数是3，价层电子对为三个N—H成键电子对和一个孤电子对，由于孤对电子对相邻成键电子对斥力大于成键电子对之间形成的排斥力，因此H—N—H实际键角小于 CH_4 的键角，NH_3 的空间构型是三角锥形；同样，在 H_2O 分子中，成键电子对数是2，价层电子对为两个O—H成键电子对和两个孤电子对，根据上述价电子对数之间斥力大小顺序，H—O—H实际键角小于 NH_3 的键角。H_2O 分子的空间构型是角（V）形。CH_4、NH_3 和 H_2O 分子键角依次变小，与应用杂化轨道理论分析得到的结果一致。

其他较复杂的情况，例如判断 ClF_3 分子空间构型的一般步骤为：

（1）根据中心原子A的价层电子对数，画出所有可能的几何构型，把配位原子B排列在中心原子周围，每一个电子对连接一个配位原子，剩余的电子对称作孤对电子，也排在几何构型的一定位置上。

（2）价层电子对相互排斥作用的大小，决定于电子对之间的夹角和电子对的成键情况。一般规律为：

电子对之间的夹角越小相互排斥力越大；成键电子对受两个原子核的吸引，所以电子云比较紧缩，而孤对电子只受到中心原子的吸引，电子云较“肥大”，对邻近电子的斥力较大，所以电子对之间斥力大小的顺序如下：

孤对电子对-孤对电子对>孤对电子对-成键电子对>成键电子对-成键电子对

所以，在相同的角度中（一般选90°），根据成键电子对、孤对电子相互排斥作用的大小，确定排斥力最小的稳定结构。

［例9-10］　试判断 ClF_3 的空间结构。

解：中心原子（Cl）价层电子对数为（7+3）/2=5，其电子对排布方式为三角双锥形，其中三个顶角被成键电子对所占据，两个顶角被孤对电子占据，因此，配上3个F原子时，共有（a）、（b）和（c）三种可能的结构，见下表。

价层电子对数	成键电子对数	孤对电子对数	可能存在的构型（画图）			最稳定结构形式
			a	b	c	
5	3	2	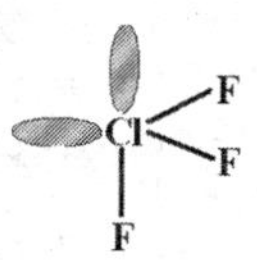	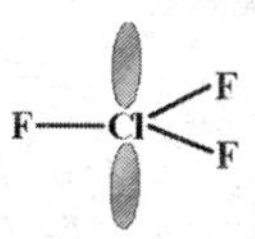	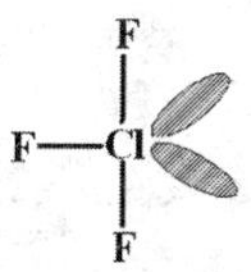	T形
90°孤对电子-孤对电子排斥作用数			1	0	0	
90°孤对电子-键对电子排斥作用数			3	6	4	
90°键对电子-键对电子排斥作用数			2	0	2	

上述三角双锥形结构中，在最小角度（90°）找出三种电子对排斥作用数。由于（b）和（c）都没有90°的孤对电子-孤对电子排斥作用数，而且在这两种结构中（c）又只有较少数目的孤对电子-成键电子对的排斥作用，因此在上述三种可能的结构中，结构（c）的

排斥作用最小，它是比较稳定的结构，所以 ClF_3 的空间构型为 T 形。

价层电子对数与分子或离子的几何形状见表 9－7。

表 9－7　价层电子对数与分子或离子的几何形状

价电子对数	价层电子对的排布方式	成键电子对数	分子（离子）的几何形状		实例
2		2		直线形	$BeCl_2$ CO_2
3	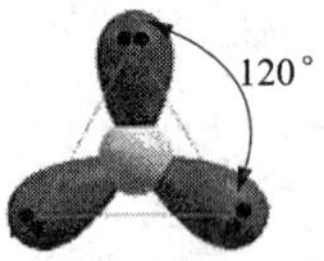	3	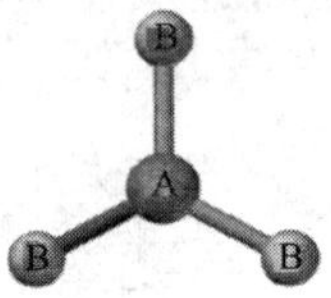	平面三角形	BF_3 SO_3
		2	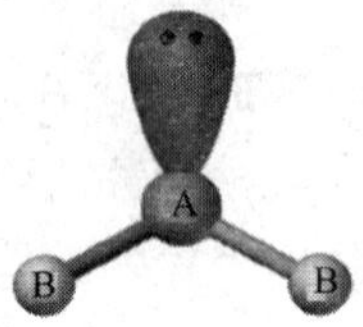	V 形	SO_2 $PbCl_2$
4	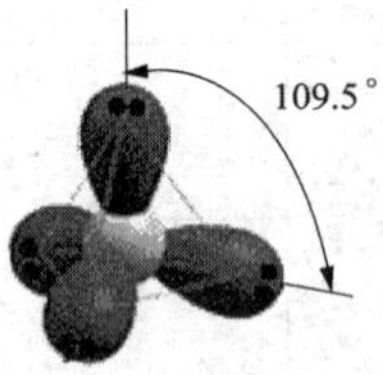	4	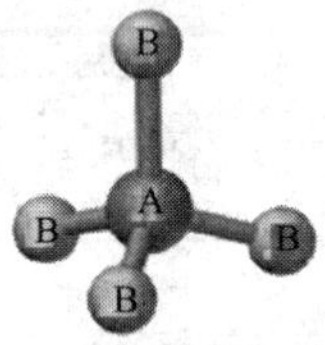	正四面体形	CH_4 NH_4^+
		3	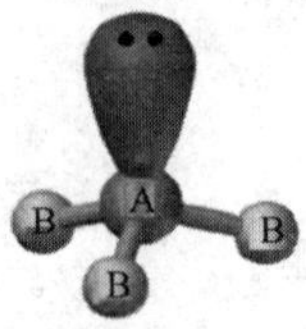	三角锥形	NH_3 H_3O^+
		2	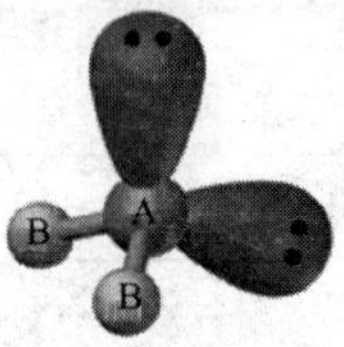	V 形	H_2O SF_2

续表

价电子对数	价层电子对的排布方式	成键电子对数	分子（离子）的几何形状		实例
5	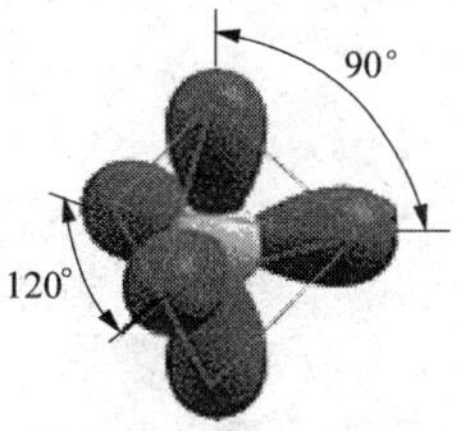	5	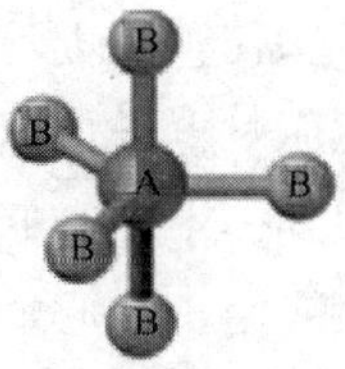	三角双锥形	PF_5 PCl_5
		4	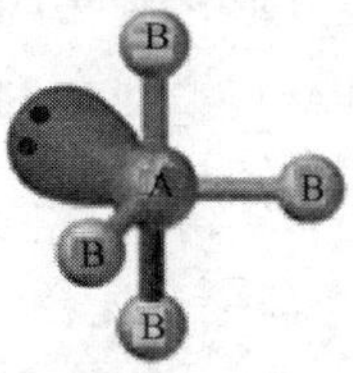	变形四面体（跷跷板形）	SF_4 $TeCl_4$
		3	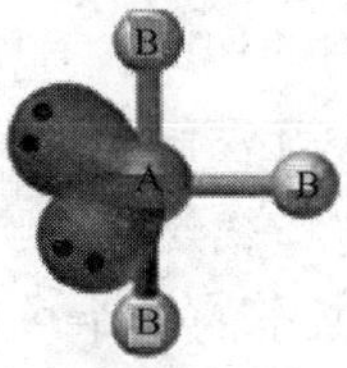	T 形	ClF_3 BrF_3
		2		直线形	XeF_2 I_3^-
6	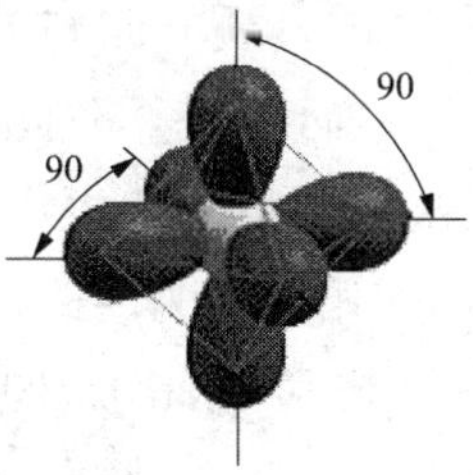	6	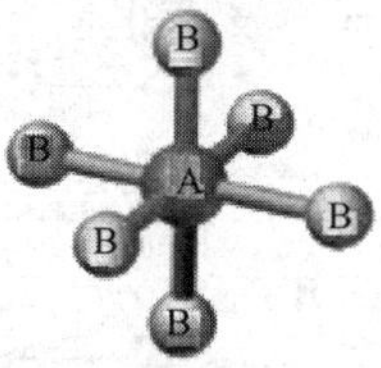	正八面体形	SF_6 AlF_6^{3-}
		5	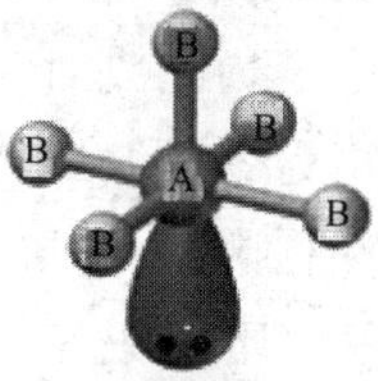	正方锥形	ClF_5 BrF_5
		4	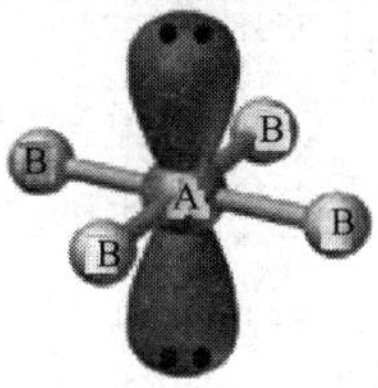	平面正方形	XeF_4 ICl_4^-

[**例 9－11**]　试判断 NO_2 分子的空间构型。

解： 在 NO_2 分子中，中心原子 N 有 5 个价电子，O 原子做配体不提供电子，因 N 原子价电子数为 5，相当于 3 对电子，其中有 2 个成键电子对，1 个单电子（该电子应作孤电子对看待），其排布方式为平面三角形，所以 NO_2 分子为 V 字形结构。

[例 9－12]　试判断 IF_2^- 离子的空间结构。

解：IF_2^- 离子带 1 个负电荷，中心原子 I 有 7 个价电子，2 个 F 原子做配体分别提供 1 个电子，所以 I 原子价层电子对数为 (7 + 2 + 1) /2 = 5，其中有两个成键电子对，三个孤电子对，其电子对排布方式为三角双锥形，所以 IF_2^- 离子的几何构型为直线形。

总的来说，VSEPR 理论先确定中心原子周围的价电子对（包括成键电子对和孤对电子），构筑一个几何构型，然后考虑孤对电子如何分布才能使排斥力最小，最后根据成键电子对判断分子的几何形状。应当认识到，VSEPR 理论只是着眼于中心原子周围的价层电子对之间的排斥，有一定的局限性。它只能用于中心原子为主族元素的情形，而不适用于过渡金属。例如，它不能解释为什么平面正方形化合物能够存在。当价层电子对数等于或高于 7 时，或当预言的分子（或离子）没有单一中心时，例外事例较多。另外，VSEPR 理论不能说明共价键的形成原理和共价键的相对稳定性，在这些方面还要依靠价键理论和分子轨道理论。

五、分子轨道理论

价键理论强调了电子配对的作用，有明确“键”的概念。它成功地说明了一些分子的结构和性质。但是，价键理论无法解释为什么氢分子离子（H_2^+）中只有 1 个电子却也能使 2 个氢原子形成化学键；在解释氧分子的顺磁性时也遇到困难，因为顺磁性分子中一定含有单电子，而价键理论认为氧原子的 2 个单电子已经配对成键，在氧分子中不存在单电子。因此在价键理论建立后不久，洪特和密立根（R. S. Mulliken）又提出了分子轨道理论（molecular orbital theory，MOT），即 MO 法。该理论把分子作为一个整体来处理，在分子中电子不是属于某个特定的原子，而是在多电子、多原子核组成的势能场中运动，因此没有明确的“键”的概念。它能较全面地反映分子中电子的各种空间运动状态。它不仅解释了分子中存在的电子对键、单电子键、三电子键的形成及分子的磁性，而且能较好地说明多原子分子的结构。因此分子轨道理论发展很快，在价键理论中占有很重要的地位。

对分子的磁性做如下简单介绍。不同物质的分子在磁场中表现出不同的磁性质（顺磁性、逆磁性）。顺磁性物质的分子中含有未成对电子，这些电子具有本身自旋磁矩和绕核运动所产生的轨道磁矩，这些磁矩称为分子的永久磁矩。具有永久磁矩的分子像一个小磁体，因此，如把这样的物质置于外磁场作用下，这些小磁体的磁力线方向与外磁场方向一致，产生顺磁性。逆磁性物质中电子均已成对，由于电子自旋方向相反，因此由电子自旋产生的磁场相互抵消，它的净磁矩为零。但运动的电子在外磁场作用下产生诱导磁矩，其方向与外磁场方向相反，磁力线互相排斥，即有对抗外磁场的作用，称为逆磁性（或抗磁性）。

实验中用磁力天平测得物质的磁矩 μ。由理论计算也可求得 μ（单位：玻尔磁子 B. M.），根据物质的 μ 值可计算组成该物质的分子中所含有的未成对电子数（n），一般未成对电子数越多，μ 值越大，如果电子都已配对，则 μ 值为零。利用磁性测量，我们可以判断分子或离子中有无未成对电子，并推算出未成对电子数，有助于了解分子的结构。

（一）分子轨道理论的基本要点

在讨论原子结构时曾用波函数 φ 来描述电子在原子中的运动状态，并把 φ 称为原子轨道。同样，也可用 φ 来描述电子在分子中的运动状态，用 $|\varphi|^2$ 描述电子在分子中空间各处出现的概率密度，并把分子中电子的波函数称为**分子轨道（molecular orbital）**。

分子轨道理论假定分子轨道 φ 可以近似地用能级相近的原子轨道线性组合（linear combination of atomic orbital，简称 LCAO）得到。以氢分子离子为例，可表示如下：

$$\varphi_I = c_1\varphi_a + c_2\varphi_b \tag{9-2}$$

$$\varphi_{\mathrm{II}} = c_1\varphi_a - c_2\varphi_b \tag{9-3}$$

上式中 c_1、c_2 是用数字表示的系数；φ_a 和 φ_b 分别是氢原子 a 和氢原子 b 的 $1s$ 原子轨道，通过线性组合分别得到两个分子轨道 φ_{I}（σ_{1s}）和 φ_{II}（σ_{1s}^*），见图 9－18。从电子的波动性考虑，把原子轨道相加当作两个电子波的相长干涉；而把原子轨道相减当作两个电子波的相消干涉。在 φ_{I} 中，两核间电子出现的概率密度明显增大，屏蔽了两原子核之间的静电排斥，其能量比组合前的原子轨道的能量低，能够稳定成键，这种分子轨道称作**成键分子轨道**（bonding molecular orbital）。在 φ_{II} 中，电子在两核间出现的概率密度小，其能量比组合前的原子轨道的能量高，不利于稳定成键，这种分子轨道称作**反键分子轨道**（antibonding molecular orbital）。根据量子力学计算结果，成键轨道的能量低于所属原子轨道的能量，反键轨道的能量高于所属原子轨道的能量，系统总能量守恒。用轨道能级图表示如图 9－19。

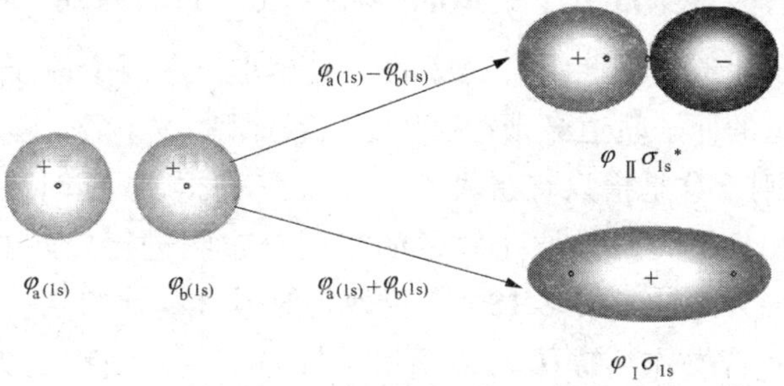

图 9－18　σ_{1s} 和 σ_{1s}^* 分子轨道的形成

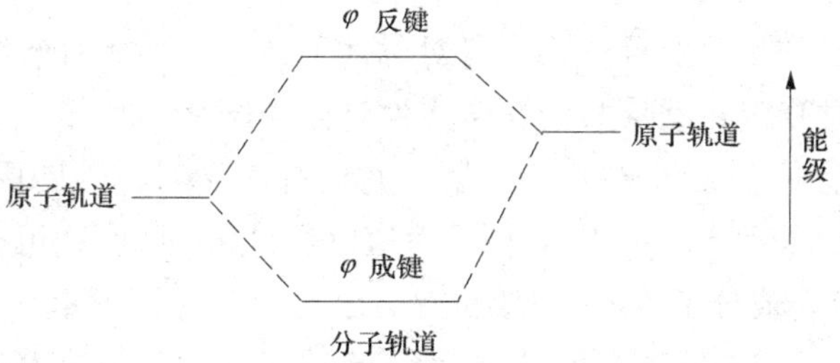

图 9－19　原子轨道和分子轨道的能级关系

由上述讨论可知，氢分子离子中共价键的生成是由于两个氢原子的 $1s$ 轨道发生线性组合，得到 1 个成键轨道 φ_{I} 和 1 个反键轨道 φ_{II}。电子从氢原子的 $1s$ 轨道转入能量更低的成键轨道，系统的能量下降，故 H_2^+ 能够存在。分子轨道理论成功地解决了价键理论无法解释的氢分子阳离子中单电子共价键的问题。

现将分子轨道理论要点归纳如下。

1. 当原子组成分子以后，分子中的电子不再从属于某个特定的原子，而是在遍及整个分子的范围内运动，每个电子都有一定的运动状态。与原子轨道相似，分子中各电子的空间运动状态可用分子轨道波函数 φ 来描述，同样，$|\varphi|^2$ 为分子中的电子在空间各处出现的概率密度。每个分子轨道都有相应的能量和形状。与原子轨道不同之处主要在于分子轨道是多中心（即多核），而原子轨道只有一个中心（即单核）。

2. 分子轨道可以通过相应的原子轨道线性组合而成。形成的分子轨道数目与参与组合的原子轨道数目相同，如两个 Li 原子形成 Li_2 分子时，两个 Li 原子的 $1s$ 轨道经组合后形成了两个分子轨道。同时，每个 Li 原子的 $2s$ 轨道也组合成两个分子轨道，即形成 Li_2 分子的 4 个原子轨道经组合后形成了 4 个分子轨道，轨道的数目不变。

3. 每个分子轨道都有其对应的能级及空间分布状态。分子轨道的空间分布状态有不同的对称性，根据分子轨道对称性的不同，分子轨道可分为 σ 分子轨道和 π 分子轨道。电子填入这些轨道后，分别称为 σ 电子和 π 电子，所形成的化学键分别称为 σ 键和 π 键。

4. 与原子轨道中电子的分布情况相同，电子在分子轨道中的排布也遵守泡利不相容原理，能量最低原理和洪特规则。

5. 在分子轨道理论中，用键级（bond order）表示键的牢固程度。其定义是：成键轨道上的电子数与反键轨道上电子数之差值的一半。即

$$键级 = \frac{1}{2}（成键轨道的电子数 - 反键轨道的电子数）$$

键级越大，键越稳定。其数值可以是整数、分数，也可以是零。当键级为零时，表明原子不能有效地组合成分子。

（二）原子轨道有效地组成分子轨道的条件（成键的三原则）

分子轨道是由原子轨道经线性组合而成的，但并非任意两个原子轨道都能组合成分子轨道，组合成分子轨道的原子轨道必须符合以下三条原则。

1. 对称性匹配原则 这是指只有在两个原子轨道对称性匹配时才有可能有效组成分子轨道。所谓对称性匹配，是将两个原子轨道的角度分布图进行旋转和反映两种对称操作。旋转是绕键轴（以 x 轴为键轴）旋转 180°，反映是对包含键轴的某一平面（xy 面或 xz 面）进行反映，即照镜子。若操作后原子轨道图形、符号不变，则称之为对称；若图形不变、符号相反，则称之为反对称。两个原子轨道对旋转、反映两种对称操作均为对称或反对称则二者对称性匹配，能有效组合成分子轨道；若一个原子轨道对某对称操作是对称，而另一个原子轨道对同一操作是反对称，则二者对称性不匹配，不能有效组合成分子轨道。

s 和 p_x 原子轨道对旋转和反映两个操作均为对称（图 9－20）；p_z 和 p_z 原子轨道对旋转和反映两个操作均为反对称（图 9－21），所以它们都属于对称性匹配，可有效组成分子轨道。同理我们可以得出 p_y 和 p_y、p_x 和 p_x 原子轨道也是对称性匹配，可有效组成分子轨道。前面谈到原子轨道线性组合成分子轨道可形象地表示为原子轨道图形重叠相加和相减。图 9－20 和图 9－21 中的 a 是重叠相加（同号区域重叠），形成了成键分子轨道；b 是重叠相减（异号区域重叠），形成了反键分子轨道。所以由两个对称性匹配的原子轨道可形成两个分子轨道。

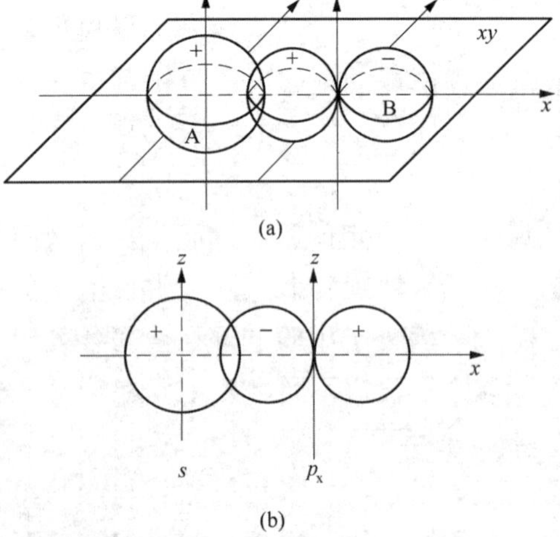

图 9－20　s 原子轨道和 p_x 原子轨道对称性匹配示意图

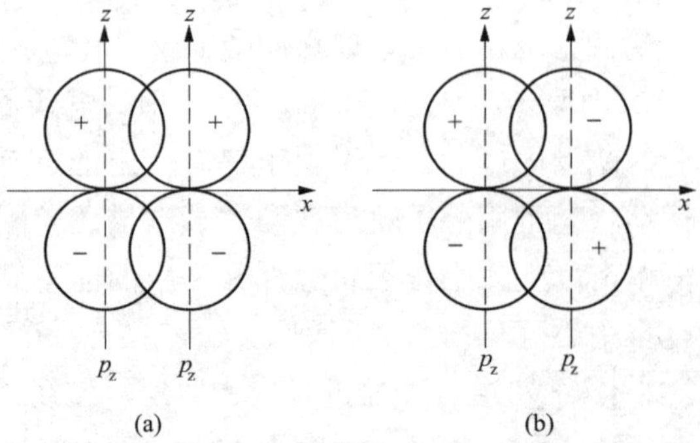

图 9－21　p_z 原子轨道和 p_z 原子轨道对称性匹配示意图

而图 9－22 所示的 s 和 p_z，p_x 和 p_z 原子轨道对称性不匹配，所以不能有效组成分子轨道。再看 p_z 和 p_y 原子轨道（图 9－23），虽两者对旋转操作均属反对称，但从对 xy 平面的反映来看，p_y 为对称而 p_z 为反对称，所以这两个原子轨道为对称性不匹配，不能有效组成分子轨道，由此可知必须从旋转和反映两种操作来判断两原子轨道是否对称性匹配。

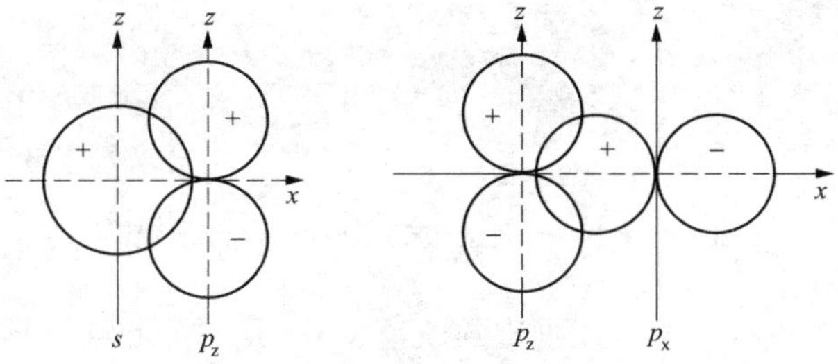

图 9－22　s 和 p_z，p_x 和 p_z 原子轨道对称性不匹配示意图

对称性匹配的几种简单原子轨道的组合是：以 x 为键轴，$s-s$、$s-p_x$、p_x-p_x、p_y-p_y、p_z-p_z。前三种组合成 σ 分子轨道，后两种组合成 π 分子轨道。

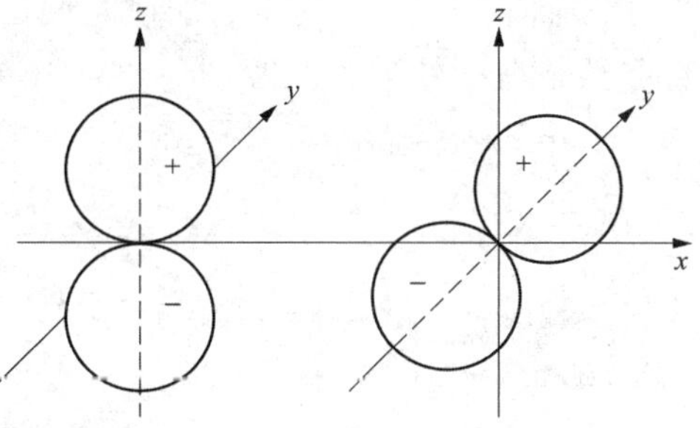

图 9－23　p_z 和 p_y 原子轨道对称性不匹配示意图

2. 能量近似原则　对称性匹配的两个原子轨道能量相近时，才能组合成有效的分子轨道，且原子轨道的能量愈相近愈好。原子轨道之间能量相差越小，组成的分子轨道的成键能力越强，此称为能量近似原则。该原则对于确定两种不同类型的原子轨道之间能否组成分子轨道尤为重要。

3. 轨道最大重叠原则　对称性匹配的两个原子轨道进行线性组合时，其重叠程度愈大，则组合成的分子轨道能量愈低，形成的化学键愈牢固，此称为最大重叠原则。

以上三条原则中，对称性匹配原则是最基本的原则，它决定原子轨道能否组合成分子轨道，而能量近似原则和最大重叠原则只是决定组合的效率问题，即形成的共价键的强弱。

（三）分子轨道的类型

根据原子轨道线性组合的方式不同，分子轨道可分为 σ 分子轨道和 π 分子轨道。分子轨道绕键轴旋转 180°，若大小、形状和符号均未发生变化，称为 σ 分子轨道；若大小、形状不变，符号发生改变，称为 π 分子轨道，它们有一个通过键轴与纸面垂直的对称面。

由不同类型的原子轨道线性组合，可得到不同种类的分子轨道，原子轨道的线性组合主要有以下两种类型：

1. $s-s$ 重叠　例如当两个 H 原子组成 H_2 分子时，两个 H 原子的 1s 轨道相组合，可形成两个分子轨道，分子轨道的形状如图 9－24 所示。图中上面是反键轨道，下面是成键轨道。凡是分子轨道对键轴呈圆柱形对称的叫作“σ 轨道”。因为这两个分子轨道是两个 1s 原子轨道组成的，我们把成键的 σ 轨道记做 σ_{1s}，把反键的 σ 轨道记做 σ_{1s}^*。在成键轨道上的电子称作成键 σ 电子，它们使分子稳定，在反键轨道上的电子称作反键 σ^* 电子，它们使分子有离解的倾向。

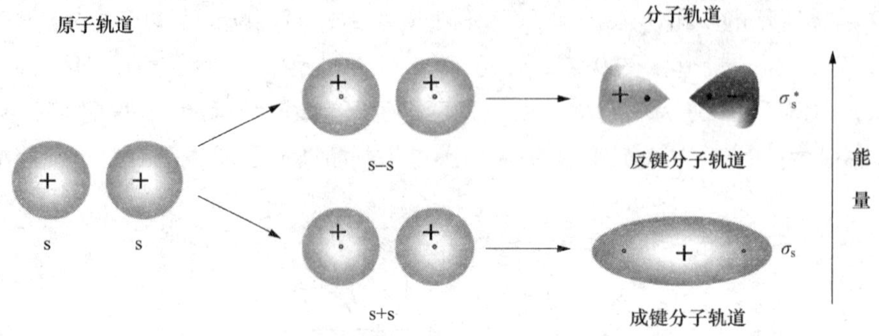

图 9－24　$s-s$ 轨道重叠形成的 σ_s 分子轨道

2. $p-p$ 重叠　p 轨道有三个相互垂直的轨道，p_x、p_y、p_z。两个原子的 p 轨道可以有两种组合方式：即“头碰头”和“肩并肩”两种重叠方式。如果 p 轨道中的 p_x 和 p_x 沿着它们的键轴头碰头重叠起来，可以构成两个分子轨道，如图 9－25。这两个分子轨道的形状也是对于键轴呈圆柱形对称的，所以它们也是 σ 轨道，其中上面是反键分子轨道，记做 $\sigma_{p_x}^*$，下面是成键分子轨道，记做 σ_{p_x}。

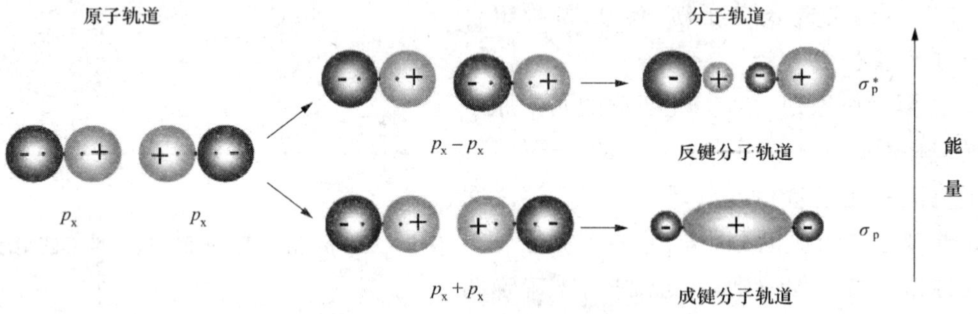

图 9－25　$p-p$ 轨道重叠形成 σ_p 分子轨道

另一种重叠情况是当两个原子沿 x 轴靠近时，p_y-p_y 将“肩并肩”组合成另一种形状的分子轨道，如图 9－26。这种类型的分子轨道称为 π 轨道。能量较低的 π 轨道称为成键 π 轨道，以 π_{p_y} 表示，能量较高的 π 轨道称为反键 π 轨道，以 $\pi_{p_y}^*$ 表示。

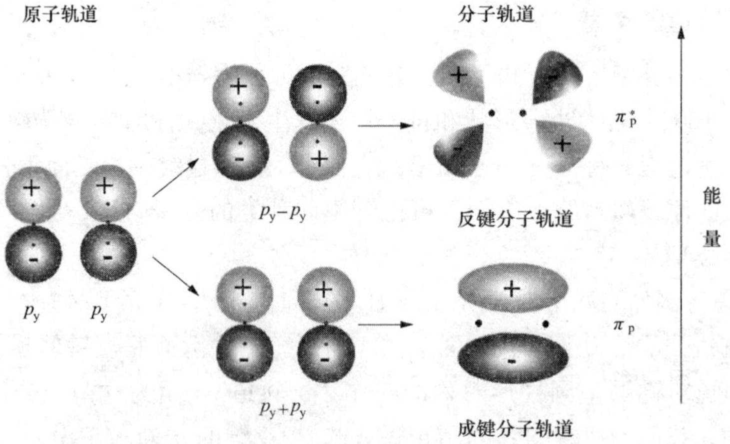

图 9－26　$p-p$ 轨道重叠形成的 π_p 分子轨道

π 轨道没有对称轴，但有一通过键轴的对称平面，在这平面上电子云密度为零。凡是电子云密度为零的面称为“节面”。

同样 p_z 轨道沿 x 轴相互接近时，可以构成 π_{p_z} 及 $\pi_{p_z}^*$ 轨道，其分子轨道的形状和 π_{p_y} 及 $\pi_{p_y}^*$ 相同，显然，两组 π 型轨道是相互垂直的。

在 π 轨道上的电子称为 π 电子，由成键 π 电子所形成的共价键称为 π 键。

由两个 p 原子轨道形成的 π 键叫 $p-p\pi$ 键。除此之外，p 轨道可以和对称性相同的 d 轨道形成 $p-d\pi$ 键，例如 p_y-d_{xy} 和 p_z-d_{xz}。对称性相同的 d 轨道之间也能形成 $d-d\pi$ 键，例如 $d_{xy}-d_{xy}$。

综上所述，若以 x 轴为键轴，$s-s$、p_x-p_x 等原子轨道可以形成 σ 分子轨道。当 p_y-p_y、p_z-p_z、p_y-d_{xy}、$d_{xy}-d_{xy}$ 等原子轨道重叠时则形成 π 分子轨道。

（四）同核双原子的分子轨道能级图

分子轨道的能级高低由以下几方面决定：①参与线性组合的原子轨道自身能量的高低。如 σ_{1s} 比 σ_{2s} 能级低，这是由于原子轨道 1*s* 的能量比 2*s* 的能量低。②原子轨道之间的重叠程度。σ_{2p_x} 的能量低于 π_{2p_y} 和 π_{2p_z}，那是由于前者比后者有较大的轨道重叠。③由原子轨道组成分子轨道时，成键和反键轨道与原子轨道的能量差基本相同。由 2*p* 轨道组成 σ_{2p_x} 时能量降低多，所以 $\sigma_{2p_x}^*$ 能量升高也多。因此，$\pi_{2p_y}^*$ 和 $\pi_{2p_z}^*$ 能量低于 $\sigma_{2p_x}^*$。则同核双原子分子的分子轨道能级次序如下：

$$\sigma_{1s}<\sigma_{1s}^*<\sigma_{2s}<\sigma_{2s}^*<\sigma_{2p_x}<\pi_{2p_y}=\pi_{2p_z}<\pi_{2p_y}^*=\pi_{2p_z}^*<\sigma_{2p_x}^*$$

上面是按照两原子的 $1s_a$ 与 $1s_b$、$2s_a$ 与 $2s_b$、$2p_a$ 与 $2p_b$ 组成分子轨道，那么原子 a 的 2*s* 能否与原子 b 的 2*p* 组成分子轨道呢？已知 2*s* 与 $2p_x$ 有相同的对称性（选取 x 轴方向为核间连线的方向），因此 2*s* 与 $2p_x$ 能否组成分子轨道，关键是 2*s* 与 2*p* 轨道能量是否相近。在原子结构一章我们已经讨论过原子轨道的能量是随核电荷数 *Z* 而变化的，*Z* 不同，2*s*、2*p* 轨道的能量不同。2*s*、2*p* 轨道的能量差自然也不同。由表 9－8 可见第二周期元素从左到右 2*s* 和 2*p* 间能量差增加。对于硼、碳、氮来说，能量差较小，因此 2*s* 与 $2p_x$ 有可能组成分子轨道。

表 9－8　第二周期元素 2*s* 和 2*p* 轨道能量差/kJ · mol^{-1}

元素	B	C	N	O	F	Ne
2*s*－2*p* 能量差	550	849	1196	1592	2084	2595

从图 9－27 可以看出第二周期从锂到氟各元素的同核双原子分子轨道能量变化情况。在氮分子和氧分子之间 σ_{2p} 和 π_{2p} 能级出现倒置情况。在氮分子以后分子轨道能级次序符合上述情况，而在氮分子之前，分子轨道能级次序为：

$$\sigma_{1s}<\sigma_{1s}^*<\sigma_{2s}<\sigma_{2s}^*<\pi_{2p_y}=\pi_{2p_z}<\sigma_{2p_x}<\pi_{2p_y}^*=\pi_{2p_z}^*<\sigma_{2p_x}^*$$

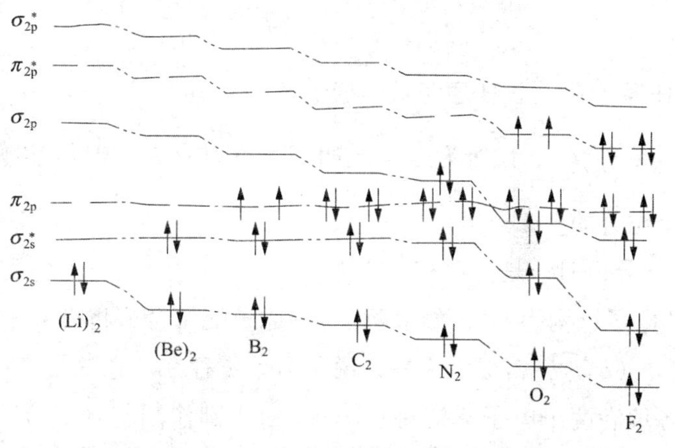

图 9－27　第二周期元素的同核双原子分子的能级和电子排布示意图

分子轨道的能级顺序目前主要是从光谱实验数据来确定的。把分子中各分子轨道的能级按顺序排列，可以得到分子轨道能级图。综合上述讨论结果，第二周期元素同核双原子分子的分子轨道能级图如图 9－28 所示。

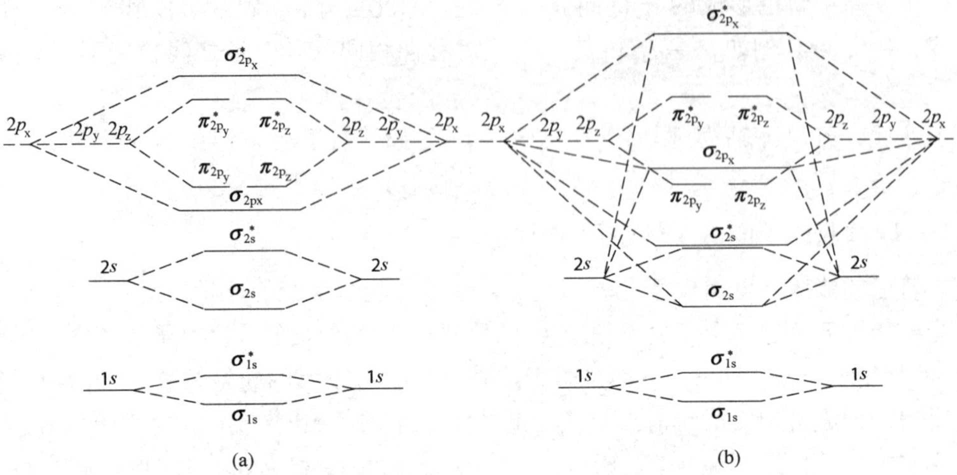

图 9－28　第二周期元素同核双原子分子的分子轨道能级图

图 9－28（a）表示当组成原子的 $2s$ 和 $2p$ 轨道的能量相差较大（$>1500\text{kJ}\cdot\text{mol}^{-1}$），在组成分子轨道时，不会发生 $2s$ 与 $2p$ 轨道的相互作用，只是两个原子的 $s-s$，$p-p$ 轨道重叠。O_2 和 F_2 的分子轨道能级符合此顺序。

图 9－28（b）表示当组成原子的 $2s$ 和 $2p$ 轨道能量相差较小（$<1500\text{kJ}\cdot\text{mol}^{-1}$），在组成分子轨道时，不但会发生 $s-s$，$p-p$ 轨道间的重叠，而且一个原子的 $2s$ 轨道还会与另一个原子的 $2p$ 轨道重叠，结果使 σ_{2p_x} 分子轨道的能级高于 π_{2p_y} 与 π_{2p_z}，B_2、C_2、N_2 等的分子轨道能级符合此顺序。

将组成分子的两个原子所包含的全部电子，按照填充规则［泡利不相容原理，能量最低原理（分子轨道能级图）和洪特规则］填入就可得到分子轨道结构式。

［例 9－14］　试用 MO 法说明 H_2 和 H_2^+ 的结构并比较其稳定性大小。

解： H 原子的电子层结构为 $1s^1$，当两个 H 原子结合时，两个 $1s$ 原子轨道可组合成一个能量较低的 σ_{1s} 成键分子轨道和一个能量较高的 σ_{1s}^* 反键分子轨道，两个电子将先进入能量较低的 σ_{1s} 轨道，且自旋方向相反，形成一个 σ 键，键级为 1，H_2 分子能稳定存在，其分子轨道式为：

$$H_2\,[\,(\sigma_{1s})^2\,]$$

H_2^+ 是由一个 H 原子和一个 H 原子核组成的。因为其中只有一个 $1s$ 电子，所以它的分子轨道式为：$H_2^+\,[\,(\sigma_{1s})^1\,]$，键级为 $\frac{1}{2}$，说明 H_2^+ 可以存在，但显然不如 H_2 稳定，因为 H_2^+ 是通过单电子键结合的。

［例 9－15］　试分析 He_2 是否存在。

解： He 原子的电子结构为 $1s^2$，如果两个 He 原子能结合，将有 4 个电子，其分子轨道式为：$He_2\,[\,(\sigma_{1s})^2\,(\sigma_{1s}^*)^2\,]$，键级为零，说明 He_2 不存在。在这里，成键分子轨道 σ_{1s} 和反键分子轨道 σ_{1s}^* 各填满两个电子，使得 $(\sigma_{1s})^2$ 的成键作用与 $(\sigma_{1s}^*)^2$ 的反键作用互相抵消，对成键没有贡献。

［例 9－16］　试用 MO 法说明 N_2 和 O_2 分子的成键情况与磁性。

解：N 原子的电子层结构为 $1s^22s^22p^3$，N_2 分子中共有 14 个电子，按图 9－28（b）表示的能级顺序填入相应的分子轨道，其分子轨道式为：

$$N_2\ [KK\ (\sigma_{2s})^2\ (\sigma_{2s}^*)^2\ (\pi_{2p_y})^2\ (\pi_{2p_z})^2\ (\sigma_{2p_x})^2]$$

其中，KK 代表两个原子的内层 $1s$ 电子，因为它们基本上保持为原子轨道 K 层的状态；$(\sigma_{2s})^2$ 的成键作用与 $(\sigma_{2s}^*)^2$ 的反键作用相互抵消，对成键没有贡献。实际对成键有贡献的只是 $(\pi_{2p_y})^2$、$(\pi_{2p_z})^2$ 和 $(\sigma_{2p_x})^2$ 三对电子，它们构成两个 π 键和一个 σ 键，与路易斯结构式相一致，键级为 3。由于电子都填入成键轨道，而且分子中 π 轨道能量较低，使体系能量大大降低，故 N_2 特别稳定。因为 N_2 分子轨道中没有成单电子，所以 N_2 为逆磁性物质。

O 原子的电子层结构为 $1s^22s^22p^4$，O_2 分子中共有 16 个电子。按图 9－28（a）表示的能级顺序填入相应的分子轨道，其分子轨道式为：

$$O_2\ [KK\ (\sigma_{2s})^2\ (\sigma_{2s}^*)^2\ (\sigma_{2p_x})^2\ (\pi_{2p_y})^2\ (\pi_{2p_z})^2\ (\pi_{2p_y}^*)^1\ (\pi_{2p_z}^*)^1]$$

其中，$(\sigma_{2s})^2$ 的成键作用与 $(\sigma_{2s}^*)^2$ 的反键作用相互抵消，对成键没有贡献。实际对成键有贡献的是：$(\sigma_{2p_x})^2$ 构成的一个 σ 键，$(\pi_{2p_y})^2\ (\pi_{2p_y}^*)^1$ 构成一个三电子 π 键，$(\pi_{2p_z})^2\ (\pi_{2p_z}^*)^1$ 构成另一个三电子 π 键，即 O_2 分子中有一个 σ 键，两个三电子 π 键。可以预期 O_2 分子比较稳定，但由于在每个三电子 π 键中，两个电子在成键轨道，一个电子在反键轨道，故一个三电子 π 键只相当于半个键，两个三电子 π 键才相当于一个正常的 π 键，因此可以断定 O_2 分子中的键没有 N_2 分子中的键那样牢固，即 O_2 不如 N_2 稳定。实验事实也证明，O_2 的键能只有 493kJ·mol^{-1}，不仅比 N_2 的键能（946kJ·mol^{-1}）低，而且比一般双键的键能也低。O_2 分子轨道中存在两个成单电子，所以 O_2 分子具有顺磁性。在 O_2 分子轨道中成键电子数为 6，反键电子数为 2，所以键级等于 2。

如果在 O_2 分子的最高被占轨道 π_{2p}^* 上移去一个电子或填入一（二）个电子，就得到 O_2^+（氧分子阳离子）、O_2^-（超氧离子）和 O_2^{2-}（过氧离子），它们的键级分别为 2.5、1.5 和 1，因此，它们的稳定性次序为 $O_2^+ > O_2 > O_2^- > O_2^{2-}$。

（五）异核双原子分子的分子轨道

异核双原子分子和同核双原子分子一样，也可通过原子轨道的线性组合来构成分子轨道。但因两原子不同，相对应的原子轨道能量就不同。以一氧化碳为例，CO 是异核双原子分子，但它的电子总数和 N_2 相同，二者亦称为等电子体分子（isoster）。有一条经验规律，就是等电子体的分子具有相似的结构，而且性质上也有许多相似之处。

因氧原子的 $2s$ 和 $2p$ 轨道比碳原子的相应轨道能量低，但在比较粗略的近似中，仍可采用同核双原子分子的分子轨道组合方式。见图 9－28（b）。CO 分子轨道式为：

$$CO\quad [KK\ (\sigma_{2s})^2\ (\sigma_{2s}^*)^2\ (\pi_{2p_y})^2\ (\pi_{2p_z})^2\ (\sigma_{2p_x})^2]$$

或记为（见图 9－29）：

$$CO\ [\ (1\sigma)^2\ (2\sigma)^2\ (3\sigma)^2\ (4\sigma)^2\ (1\pi)^4\ (5\sigma)^2]\qquad \text{键级为 3}$$

这种记号也是将 σ 和 π 轨道按能量由低到高的顺序编号，由于是异核双原子分子，故编号数也不同。

在 CO 分子轨道能级图中，两个原子的原子轨道处在不同的能量水平，所以组成的分子轨道是不对称的。成键轨道集中在电负性大的原子一边；反键轨道较集中在电负性小的原

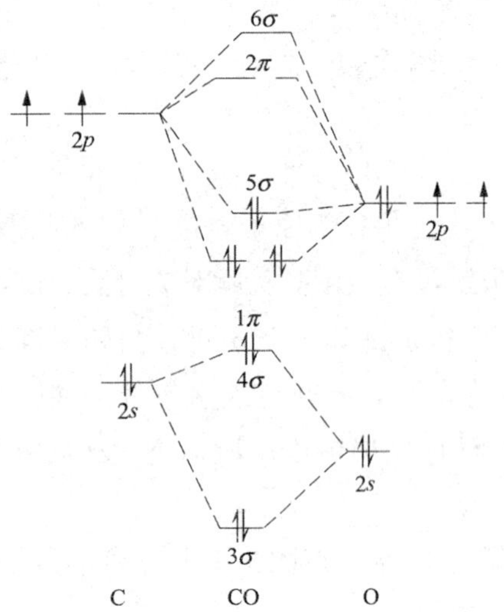

图 9 - 29　一氧化碳的分子轨道及电子填充

子一边。换句话说，成键轨道上的电子出现在电负性大的氧原子核周围的机会较多。这样，CO 分子应在氧端带负电荷，碳端带正电荷，但由于氧原子比碳原子多提供了一对电子进入成键轨道，抵消了碳和氧之间由于电负性差引起的电子云偏离，最后使 CO 分子与 N_2 分子内的电荷分布也相似。

氟化氢也是异核双原子分子。氢原子的 1*s* 轨道能量为 $-1312kJ \cdot mol^{-1}$，氟原子的 2*s* 轨道能量为 $-3871kJ \cdot mol^{-1}$，2*p* 轨道能量为 $-1794kJ \cdot mol^{-1}$。氢原子的 1*s* 轨道和氟原子的 2*p* 轨道能量相近。设氢原子和氟原子沿 *x* 轴方向成键，按对称性原则，氢原子的 1*s* 轨道只有和氟原子的 $2p_x$ 轨道才能有效地组成分子轨道。这样氟原子的 2*s*、$2p_y$ 和 $2p_z$ 等轨道对形成氟化氢分子没有贡献，形成分子后保留它们原来的能量状态。氟化氢分子轨道能级及电子填充如图 9 - 30 所示。

因氟化氢是异核双原子分子，所以氟化氢的分子轨道结构式为：

HF $[(1\sigma)^2(2\sigma)^2(3\sigma)^2(1\pi)^4]$　键级为 1

只有 3σ 上的一对电子是成键的。凡是没有对应的轨道组合的原子轨道，进入分子后，基本保持它们在原子中的能量状态，此种轨道称为**非键分子轨道（non-bonding molecular orbital）**，这种轨道上的电子称为**非键电子（non-bonding electron）**。

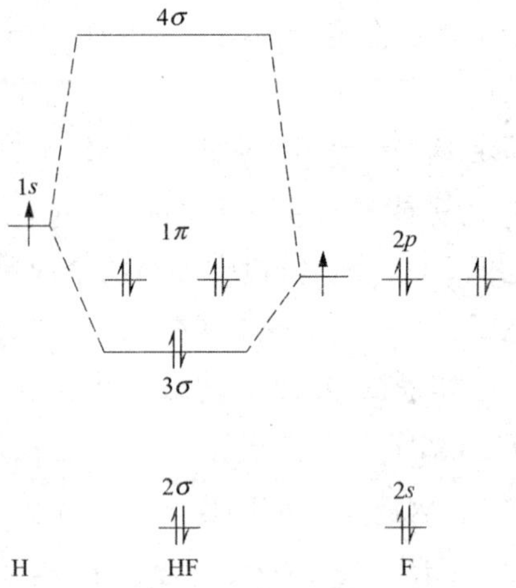

图 9 - 30　氟化氢分子轨道及电子填充

分子轨道理论和价键理论两者都建立在量子力学基础之上，从不同的角度来阐明分子的形成过程，是处理共价键的两个基本理论。两者都是为反映实际情况而设想的一种模型以及为解释某些实验现象所采取的途径。价键理论强调原子轨道重叠，电子自旋配对，简单明了。特别是鲍林引入杂化轨道的概念，成功地解释了许多分子的键合情况以及分子的几何形状。其不足之处是无法解释分子的光谱和磁性。分子轨道理论强调分子的整体性，原子轨道线性组合成分子轨道，成功地处理了价键理论无法解释的一些现象。

分子轨道理论和价键理论在某些方面也互相渗透。在分子轨道理论中，虽认为构成分子的所有原子的原子轨道都参与组成分子轨道，但在具体处理时，也认为内层电子对成键作用贡献很小，主要考虑的是价电子成键作用。分子轨道是离域化的，遍及整个分子，但是分子轨道理论也认为在分子轨道上所有电子运动的总结果使两原子核间电子出现的概率密度最大，与价键理论中成键电子对定域在两原子核间的结果一致。需要指出的是，任何理论和方法都必须依靠实验结果去验证和进一步完善，近代的物理实验证明在各原子核附近的电子云密度确实较高，相当于原子的内层电子；在相邻两原子的中间区域，电子云的密度也较高，相当于成键电子对。

（六）大 π 键

不少有机与无机化合物中含有离域 π 键，常称为大 π 键。

例如，根据光谱和衍射实验的研究，苯分子的 6 个碳原子和 6 个氢原子都在同一平面上，分子中各键角都是 120°，所以我们假定碳原子是采用 sp^2 杂化轨道，构成 6 个 C—C 键和 6 个 C—H 键。每一个碳原子还余一个纯 p_z 轨道和一个 p 电子。这个 p_z 轨道垂直于通过各原子核的平面（图 9－31）。满足线性组合条件的这 6 个 p_z 轨道通过线性组合产生 6 个 π 型分子轨道，其中 3 个成键、3 个反键。6 个 p 电子进入 3 个成键 π 分子轨道，构成 π 键。由于这些轨道是遍及整个苯分子的，所以称大 π 键。6 个 p 电子在遍及整个分子的成键 π 轨道上运动，是离域的，所以又称离域 π 键。

图 9－31　苯分子的大 π 键示意图

大 π 键表示为 π_n^m，其中 n 代表参与成键的原子轨道的数目（或成键原子数，也称为中心数），m 代表大 π 键中的电子数，大 π 键的形成与原子轨道线性组合成分了轨道一样，其中一半是低能态的成键轨道，一半是高能态的反键轨道。成键轨道中的电子数越多，反键轨道中的电子数越少，体系能量越低，即 π_n^m 中 n 与 m 值越接近，大 π 键的键能越大，分子的稳定性越高。

1. 大 π 键的成键条件

（1）构成大 π 键的所有原子共面（平面，球面，弧面等），每个原子可提供一个 p 轨道且相互平行。

（2）π 电子数 m 小于 p 轨道数 n 的两倍，即 $m < 2n$。

前一条能保证 p 轨道最大限度地重叠。后者能确保成键作用大于反键作用。凡符合上述条件的多原子分子（离子），不论是无机化合物还是有机化合物都能形成大 π 键。除了交替排列的单、双键结构外，孤对电子相当于 π 电子，也能形成离域 π 键。

2. 大 π 键的类型　大 π 键有以下三种类型。

（1）正常离域 π 键（$m = n$）　即 π 电子数等于 π 轨道数，故又称等电子离域 π 键，π 成键能力最强。如苯为 π_6^6，萘（$C_{10}H_{10}$）为 π_{10}^{10}，丁二烯和丙烯醛（$CH_2=CH—CHO$）均为 π_4^4，NO_2 是 π_3^3，$[Cu(CN)_4]^{2-}$ 含有 π_9^9，丁二炔（HC≡C—C≡CH）有两个 π_4^4 键，三苯甲基自由基 $[(C_6H_5)_3C\cdot]$ 为 π_{19}^{19}，二苯乙烯（$C_6H_5—CH—C_6H_5$）为 π_{14}^{14}。石墨也是等电子离域 π 键 π_n^n（$n = \infty$）。

（2）多电子离域 π 键（$m > n$）　即 π 电子数 m 大于 π 轨道数 n 的 π 键。凡双键邻接有 O、N、S、Cl、F 等带有孤对电子的原子时，孤对电子参与形成大 π 键，亦称 π－p 共轭。例如氯乙烯（$CH_2=CH—Cl$）中氯原子的一对孤对电子与双键上的 π 电子共同形成 π_3^4 型的离域 π 键。酰胺（$R—CONH_2$）中 N 原子上的孤对电子和羰基的小 π 键共轭形成大 π 键 π_3^4。苯酚（C_6H_5OH）和苯胺（$C_6H_5NH_2$）均为 π_7^8 离域键，CO_2 为 π_3^4，CO_3^{2-} 为 π_4^6，NO_3^-、

SO_3、BF_3 和 BCl_3 有类似的结构，都形成 π_4^6 键。$BeCl_2$，$HgCl_2$ 为直线形分子，Be 和 Hg 有两个相互垂直的空 p 轨道，两个 Cl 原子各提供两对孤对电子，生成两个相互垂直的 π_3^4 键，增加了分子的稳定性。

（3）缺电子离域 π 键（$m<n$） 即 π 电子少于 π 轨道数的大 π 键。例如，烯丙基阳离子 $[CH_2=CH—CH_2]^+$ 即含 π_3^2 键。氯丙烯中与氯结合的碳原子原为 sp^3 杂化，离解后变为 sp^2 杂化，三个碳原子在同一平面上，形成空的 p_z 轨道与离域 π_3^2 键，其离解反应为

$$CH_2=CH—CH_2Cl \rightarrow [CH_2=CH—CH_2]^+ + Cl^-$$

离解后能使该阳离子稳定，这正是氯丙烯容易发生离解反应的原因。又如三苯甲基阳离子 $(C_6H_5)_3C^+$ 含有 π_{19}^{18} 键，比较稳定，可由 $(C_6H_5)_3CCl$ 离解生成。图 9－32 表示了各种分子或离子生成离域 π 键的情况。

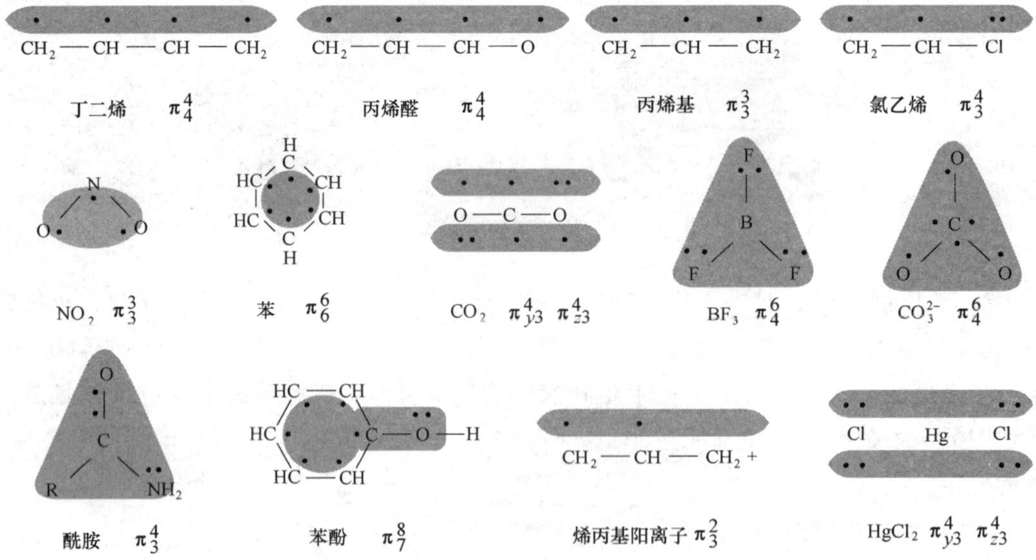

图 9－32 离域 π 键的类型和键式

六、键参数

为了描述分子的结构及空间构型，常用一些具体的物理量来表征化学键的性质，能表征共价键性质的物理量称为键参数（bond parameter）。主要有：键能、键长、键角和键的极性等。

（一）键能

化学反应过程总是伴随着旧键的断裂和新键的形成，而化学键的断裂和形成又总是伴随着能量的变化。对于气态分子，每断裂单位物质量的某化学键所需要的能量称为该化学键的键能（bond energy），键能是从能量因素来度量共价键强弱的物理量，通常以符号 E 表示。在 100.0kPa 和 298.15K 时，将 1mol 理想气态分子 A—B 拆开成为理想气态的 A 原子和 B 原子所需的能量称为 AB 的离解能，常用符号 D(A—B) 表示，单位是 $kJ \cdot mol^{-1}$。显然双原子分子的离解能就等于它的键能，用 E(A—B) 表示。例如 H_2 分子

$$D(H—H) = E(H—H) = 436kJ \cdot mol^{-1}$$

若一个分子中有两个相同的共价键，例如，H_2O 分子中有两个等价的 O—H 键，其键

能就是两个 O—H 键离解能的平均值。

应该指出的是，同一种共价键在不同的多原子分子中，其键能是有差别的，但差别不大。另外多重键的键能不等于相应单键键能之和。因为单键是指双原子分子之间的普通 σ 键，而多重键中除了 σ 键外还有 π 键，如 C—C 单键的键能是 346kJ · mol^{-1}，而 C≡C 三键的键能是 835kJ · mol^{-1}，不等于 346 × 3 kJ · mol^{-1}。

一般地说，键能愈大，键愈牢固，含有该键的分子就愈稳定。表 9－9 列出了部分原子之间形成的化学键的键能数据。键能数据可以通过光谱实验进行测定，也可用生成焓的数据进行计算获得。

表 9－9　部分原子之间形成的化学键的键能数值（单位：kJ · mol^{-1}）

共价键	键能数值	共价键	键能数值	共价键	键能数值
H—H	436	B—B	293	N—F	283
F—F	154.8	F—H	565	P—F	490
Cl—Cl	239.7	Cl—H	428	O—Cl	218
Br—Br	190.16	Br—H	362.3	S—Cl	255
I—I	148.95	I—H	294.6	N—Cl	313
O—O	142	O—H	458.8	P—Cl	326
O＝O	493.59	S—H	363.5	As—Cl	321.7
S—S	268	Se—H	276	C—Cl	327.3
Se—Se	172	Te—H	238	Si—Cl	381
N—N	167	N—H	238	Ge—Cl	348.9
N＝N	418	P—H	322	N—O	201
N≡N	941.69	As—H	～247	N＝O	607
P—P	201	C—H	411	C—O	357.7
As—As	146	Si—H	318	C＝O	798.9
C—C	345.6	C—F	485	Si—O	452
C＝C	602	Si—F	318	C＝N	615
C≡C	835.1	B—F	613.1	C≡N	887
Si—Si	222	O—F	189.5	C＝S	573

（二）键长

分子中两个原子核间的平衡距离称为键长（bond length），以符号 L 表示，其数据可以通过光谱或衍射实验方法测定。同一种键在不同分子中的键长稍有差别，因而可用平均值，即平均键长作该键的键长。如 C—C 单键在金刚石中为 154.2pm，在乙烷中为 153.3pm，而在丙烷中为 154pm，在环己烷中为 153pm。因此 C—C 单键的键长定为 154pm。就相同原子间形成的共价键而言，单键键长 > 双键键长 > 叁键键长，即相同原子间形成的键数越多，则键长越短。而两原子间形成的共价键的键长愈短，则表示键愈牢固。

表 9－10 列出了部分化学键的键能及键长数值。两个相同原子所形成的共价键键长的一半，称为该原子的**共价半径**。

表 9-10　部分化学键的键能（$kJ \cdot mol^{-1}$）及键长（pm）

化学键	共价键数	键能/$kJ \cdot mol^{-1}$	键长/pm
C—C	1	345.6	154
C＝C	2	602	134
C≡C	3	835.1	120
N—N	1	167	145
N＝N	2	418	125
N≡N	3	941.69	110

键能和键长可作为衡量共价键牢固程度的指标，在分子轨道理论中，用键级来表示键的牢固程度。它的大小反映了两个键合原子之间结合力的强弱，当键级值大于0时，则键合原子之间有强的相互吸引力，即能形成共价键。两个原子之间形成的共价键的键级越大，键能越大。需要说明的是键级不仅可以是整数，也可以为分数或小数，如 He_2^+ 分子离子的键级为0.5，表明其原子间形成的共价键相当于半个共价键。

（三）键角

在分子中两个相邻化学键之间的夹角称为键角（bond angle），以符号（°）表示。键角说明键的方向，它是反映分子空间构型的一个重要参数。例如，H_2S 分子的键角为92°45′，表明 H_2S 分子是V字形结构。又如 CO_2 分子中的键角是180°，就可断定 CO_2 分子是直线形。一般结合键长和键角两方面的数据可以确定分子的空间构型。键角数据也是通过光谱、衍射等实验方法测得。表9-11列出了部分简单分子的键长、键角的数值。

表 9-11　部分分子的键长、键角数据

分子式	键长/pm	键角
CO_2	116.2	180°
H_2O	98	104.5°
NH_3	101.9	107.3°
CH_4	109.3	109°28′

（四）共价键的极性

在共价键的类型中，已提到共价键可分为极性共价键和非极性共价键。当两个相同的原子形成共价键时，因为它们的电负性相同，电子云密集的区域恰好在两个原子核的正中，原子核的正电荷中心和成键电子对的负电荷中心正好重合，这种共价键称为非极性共价键（nonpolar covalent bond）。如 H_2、O_2、$C1_2$ 分子中的共价键就是非极性共价键。当不同原子间形成共价键时，由于它们的电负性不同，电子云密集的区域偏向电负性较大的原子一端，使之带上部分负电荷，电负性较小的原子一端则带上部分正电荷，分子的正电荷中心和负电荷中心不重合，这种共价键称为极性共价键（polar covalent bond）。如HCl分子中的共价键就是极性共价键。在极性共价键中，成键原子间电负性差值愈大，键的极性愈强。当两个原子的电负性相差很大时，可以认为成键电子对完全转移到电负性很大的原子上，这时原子变为离子，形成离子键。因此从键的极性来看，可以认为离子键是最强的极性键，而极性共价键则是由离子键到非极性共价键之间的一种过渡情况（表9－12）。共价键的极性对分子的物理、化学性质都有很大影响。

表9－12　键型与成键原子电负性差值的关系

物质	NaCl	HF	HCl	HBr	HI	Cl_2
电负性差值	2.1	1.9	0.9	0.7	0.4	0
键型	离子键	极性共价键				非极性共价键

共价键有极性，也就是说共价键也具有一定程度的离子性。我们在前面提到过：即使在典型的离子化合物氟化铯中也有部分的共价性，它们的原子轨道有部分重叠。因此，共价键与离子键是相对的，没有严格的界限。

第三节　分子间作用力

扫码"学一学"

气体凝集成液体或溶解于溶剂中，固体表面有吸附等现象都表明了物质的分子之间存在着相互吸引作用。分子间力的性质一般属于电学范畴，它与分子的极化作用有关。

一、分子的极性与分子的极化

（一）分子的极性

对于双原子分子来说，共价键的极性就是分子的极性，所以含有极性共价键的双原子分子都是极性分子，如氯化氢分子。如果分子中所有共价键都是非极性键，则分子也是非极性分子。对于多原子分子的情况稍微复杂些，分子中每一化学键有一偶极矩，称键矩。分子的偶极矩等于分子中所有键矩的矢量和。如果分子中有极性键，分子是否有极性要看分子的几何形状。例如，在直线形二氧化碳分子中：

$$O=C=O$$

虽然两个C＝O键是极性键，但从整个分子看，正电荷中心和负电荷中心都在分子的中心，二者互相重合，所以二氧化碳分子是**非极性分子（nonpolar molecule）**。水分子的两个O—H键成104.5°，而且氧原子还有两对孤对电子。O—H键是极性键，靠H的一端正电荷稍强，靠O的一端负电荷稍强，从整个分子的电荷分布看，正电荷的中心应该在两个氢原子的中间，负电荷的中心应该在氧原子附近，正、负电荷的中心不重合，所以水分子是**极性分子（polar molecule）**。

分子极性的大小用**偶极矩（dipole moment）**μ度量，定义为正、负电荷中心间的距离d与电荷量q（正电中心q_+或负电荷中心q_-）的乘积：

$$\mu = qd \qquad (9-4)$$

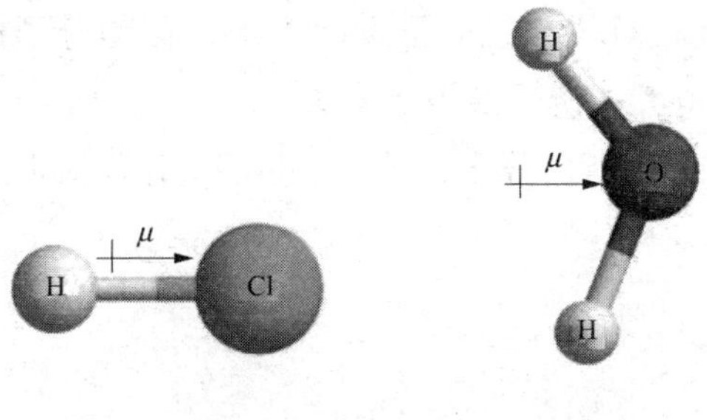

图9－33　分子偶极矩示意图

偶极矩是一个矢量，其方向是从正到负（图9－33）。μ的SI单位是C·m（库仑·米）。偶极矩可以用实验方法测得。对于一些不太复杂的分子，目前还能从理论上算出。表9－13列出一些简单分子的偶极矩实验测得值。

表 9－13　一些分子偶极矩的实验测值（单位：$\times10^{-30}$ C · m）

分子式	偶极矩	分子式	偶极矩	分子式	偶极矩
H_2	0	$CHCl_3$	3.84	H_2O	6.17
N_2	0	CH_3Cl	6.20	NH_3	4.90
CO_2	0	CH_4	0	HF	6.37
CS_2	0	CO	0.40	HCl	3.57
BCl_3	0	H_2S	3.67	HBr	2.67
CH_4	0	SO_2	5.33	HI	1.40

从表中可知，对于多原子分子，例如 CO_2、CS_2 分子是直线形的，即分子的几何构型是对称的，它们的偶极矩等于零。而 H_2S、SO_2 和 H_2O 等分子是 V 字形，它们几何构型不对称，偶极矩就不等于零。因此，知道了分子的几何构型可推测分子的偶极矩是否等于零；反之，知道了分子的偶极矩可推测分子的几何构型是否对称。

（二）分子的极化

上述分子的偶极矩是分子固有的，称作永久偶极矩（permanent dipole moment）。分子在外电场的作用下也能产生偶极矩。外电场的正极吸引分子中的电子，推斥原子核；外电场的负极吸引原子核，推斥电子。在外电场的作用下，分子的正负电荷中心产生相对位移，这样产生的偶极矩称作诱导偶极矩（induced dipole moment），如图9－34所示。无论是极性分子还是非极性分子在外电场作用下都会产生诱导偶极矩，所以极性分子的偶极矩将增加。因此，外电场可以是正、负离子，也可以是极性分子。

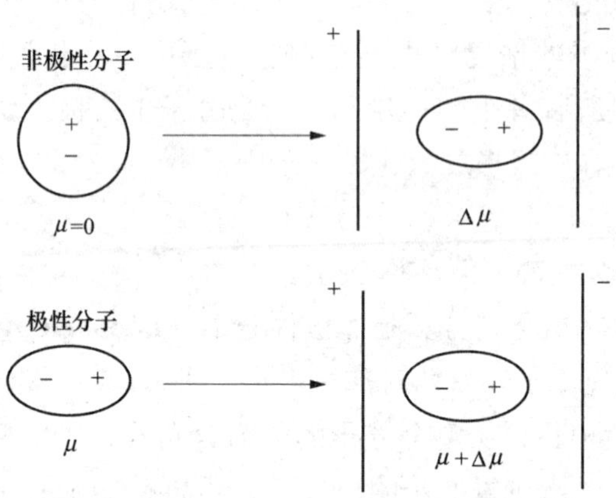

图 9－34　外电场对分子极性影响示意图

外电场使分子中的电子云分布发生变形，产生诱导偶极矩的现象称作极化（polarization）。分子在外电场作用下，正、负电荷中心产生相对位移，分子发生变形，称为分子的变形性（deformability）。外电场愈强，分子变形性愈大，诱导偶极矩愈大。

分子之间相互作用时也可以发生分子的极化，这正是分子间存在相互作用力的重要原因。

二、分子间作用力（范德华力）

范德华（van der Waals）在研究气体的体积、压力和温度之间的定量关系时发现实际气体的行为偏离理想气体，并提出了范德华气体方程式，式中的修正项与分子间作用力有关。后来，人们习惯上把这类分子间作用力统称为范德华力，根据不同偶极间产生的相互作用情况，范德华力可分为取向力、诱导力和色散力。

（一）取向力

极性分子一端为正电荷端，另一端为负电荷端，因而存在着一个永久偶极（permanent dipole）。在大量极性分子存在时，一个极性分子的负电荷端必吸引另一极性分子的正电荷端，排斥其负电荷端。这样使原来处于杂乱无章的极性分子作定向排列，如图 9－35 所示。这种永久偶极与永久偶极的静电引力称作取向力（orientation force）。

取向力的本质是静电引力，可根据静电理论来求出取向力的大小。取向力的大小与下列因素有关。

（1）分子的偶极矩　取向力随极性分子的永久偶极的增大而增大。

（2）分子的间距　当极性分子间的距离变大时，取向力迅速减小。

（3）系统的温度　温度升高时，分子热运动程度增加，极性分子的取向被一定程度地破坏，它们之间的取向力减小。

（二）诱导力

当极性分子与非极性分子相互靠近时，极性分子永久偶极所产生的电场使非极性分子的电子云变形，电子云偏向极性分子永久偶极的正极，使非极性分子的正、负电荷中心不再重合而产生了诱导偶极（induced dipole）。由诱导偶极与永久偶极之间产生的作用力称作诱导力（induction force）（图 9－36）。

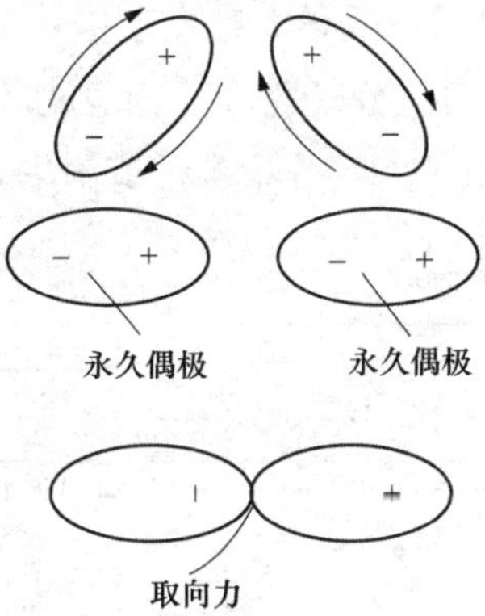

图 9－35　极性分子相互作用示意图

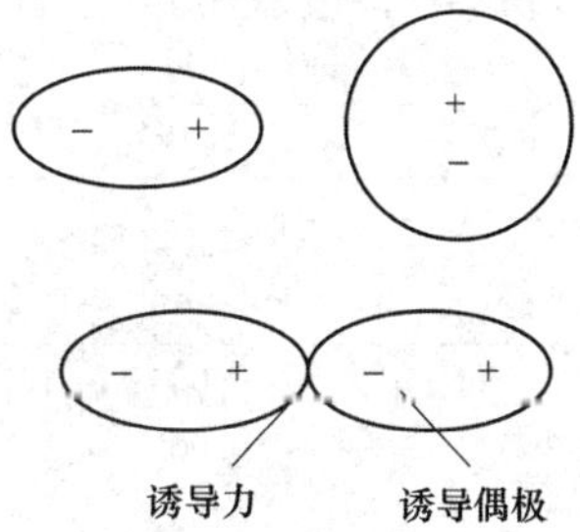

图 9－36　极性分子与非极性分子相互作用示意图

在极性分子之间也存在着诱导力。极性分子的永久偶极相互作用，使其电子云进一步变形，产生诱导偶极，其结果使极性分子的偶极矩增大。因此极性分子与极性分子之间除了有取向力外，还存在着诱导力。

诱导力的本质也是静电引力，与下列因素有关。

（1）极性分子的偶极矩越大，诱导作用越强。

（2）非极性分子（或其他极性分子）的半径越大，它的电荷分布就越松散，在外加电场下就越易产生变形，诱导作用越强。

（3）分子的间距越小，诱导力越大。由于诱导力是一个分子接近极性分子的瞬间产生的，所以它与系统的温度无关。

（三）色散力

对于非极性分子来说，由于原子核的振动和电子的运动而不断地改变它们的相对位置，在某一瞬间可造成正、负电荷中心不重合而产生一个瞬间的偶极，称作瞬时偶极（temporary induced dipole）。这一瞬时偶极将诱导与它相邻的分子产生诱导偶极而与它相互吸引（图 9－37）。表示这种作用的精确公式与光的色散公式很相似，所以把这种作用力称作色散力（dispersion force），又称为伦敦力（London force）。

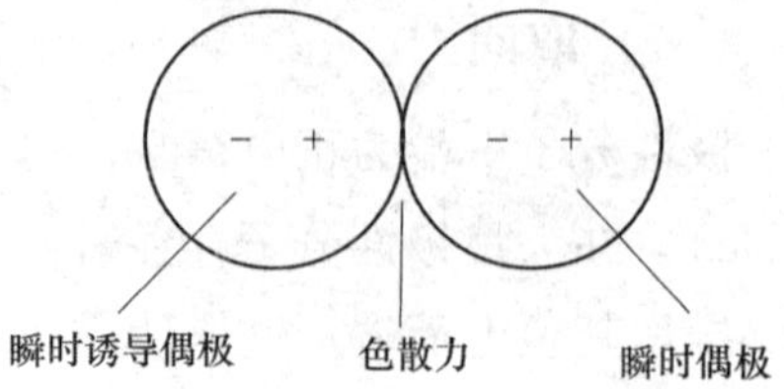

图 9－37　非极性分子相互作用示意图

极性分子也能产生瞬时偶极，因此在极性分子之间除存在着取向力、诱导力外，还有色散力。同理，极性分子与非极性分子之间除存在着诱导力外，也有色散力。

色散力与产生相互作用的分子的变形性有关，分子的变形性越大，色散作用越强。同时，色散力也是偶极之间的静电引力，所以分子之间的距离越小，色散作用也越大。

综上所述，分子间的范德华力从本质来讲是一种静电引力，它不属于化学键的范畴，其特点是。

（1）分子间力是永远存在于分子或原子间的一种作用力。

（2）它是吸引力，其作用能比化学键能小一至二个数量级。

（3）与共价键不同，分子间引力一般没有方向性和饱和性。

（4）分子间力是一种短距离作用力，其作用范围只有几百个 pm；并随距离增大而作用力迅速下降，与距离的六次方成反比。

（5）分子间力有三种，取向力只存在于极性分子之间；诱导力存在于极性分子之间，也存在于极性分子和非极性分子之间；而色散力则存在于任何分子之间。而且对大多数分子来说（H_2O 和 NH_3 除外），色散力是主要的。表 9－14 列出了一些分子各种范德华力的分配。

表 9－14　各种范德华力的分配

分子	$\mu_{实验}$ 10^{-30}C·m	取向力 kJ·mol^{-1}	诱导力 kJ·mol^{-1}	色散力 kJ·mol^{-1}	van der Waals 力 kJ·mol^{-1}
Ar	0	0.00	0.00	8.50	8.50
CO	0.39	0.003	0.008	8.75	8.75
HI	1.40	0.025	0.113	25.87	26.00
HBr	2.67	0.69	0.502	21.94	23.11
HCl	3.60	3.31	1.00	16.83	21.14
NH_3	4.90	13.31	1.55	14.95	29.60
H_2O	6.17	36.39	1.93	9.00	47.31

从表 9－14 看出，范德华力的大小一方面取决于分子的偶极矩，从碘化氢到氯化氢分子的偶极矩增大，则取向力和诱导力也增大；另一方面取决于分子的变形性，变形性与分子中原子的电子层结构和半径等有关，从碘化氢到氯化氢分子体积变小，变形性变小，色散力也就变小。范德华力是取向力、诱导力和色散力的加和，对于非极性分子 Ar 或永久偶极矩很小的 CO 分子来说，范德华力就是色散力。表中有较大永久偶极距的 HI、HBr 和 HCl 的数据同样表明范德华力主要是色散力。这是因为在大量分子聚集体中，由于热运动，分子永久偶极和诱导偶极的方向是紊乱的，其作用力互相抵消了许多。分子的瞬时偶极虽然很小，但不管分子处在什么方向由瞬时偶极产生的相互作用力总是存在，所以一般来说分

子间的范德华力以色散力为主。但是对于有很大永久偶极矩的水分子来说，取向力占到整个范德华力的76.9%，以取向力为主。

范德华力对物质物理性质的影响是多方面的，例如物质的熔点、沸点、熔化热、气化热、溶解度、蒸汽压、黏度和表面张力等诸多性质都与范德华力有密切关系。

1. 范德华力对熔点和沸点的影响　例如，在凝聚态（液态或固态）中，分子与分子靠范德华力而聚集。使分子晶体熔融成液体，或使液体蒸发成气体都必须加热增加分子的动能克服范德华力。范德华力越大，物质的熔点、沸点越高（有些物质的熔点和沸点还与氢键有关，这将在下面讨论）。

2. 范德华力与溶解度　物质在溶剂中的溶解性也与范德华力有关系。例如，氢气、氧气、氮气、氯气和稀有气体等非极性分子在溶剂中溶解，主要是靠溶质和溶剂分子之间的瞬时偶极互相吸引，即使是在极性溶剂中，诱导偶极的作用也是很小的。溶剂分子之间的范德华力对溶质的溶解度也有影响。当气体分子溶于液体时，液体内部必须形成容纳气体分子的空穴，溶剂本身分子之间的作用力越大，越不易容纳外来分子，溶质的溶解度就越小。二硫化碳和戊烷都是非极性溶剂，但二硫化碳的变形性大，范德华力大，所以，氢气、氮气等在二硫化碳中的溶解度就比在戊烷中的溶解度小。

人们总结出一个定性的经验规律，即**“相似相溶”（like dissolves like）**规则，用以估计一种物质是否能溶解在某种溶剂中。如果溶剂分子是极性的，溶质分子是非极性的，溶质分子和溶剂分子之间的作用力小于溶剂分子之间的作用力，这样溶质分子就不容易“挤”进溶剂中，所以非极性溶质在极性溶剂中的溶解度比较小。如果溶质分子也是极性的，和溶剂分子之间存在偶极－偶极作用，溶解度就相对大些。

3. 分子间力对吸附的影响　吸附可分为物理吸附和化学吸附。产生物理吸附的作用力是分子间力。由于分子间力普遍存在于所有分子之间，因此，任何物质都有吸附能力。作为吸附剂的物质也往往可以吸附许多不同种类的物质，故物理吸附无选择性。

物理吸附过程类似蒸汽的凝聚和气体的液化。所以，分子间作用力大的气体，容易液化，也容易被吸附。

分子间力存在于一切分子之间，被吸附分子亦能吸附其他分子，所以物理吸附是多分子层吸附。由于分子间力较弱，被吸附物质也容易解吸，因此物理吸附是可逆的。

吸附作用对催化和物质的分离提取等过程都有重要作用。工业上常用活性炭吸附脱色，用分子筛脱除水分等。催化作用的发生首先要进行吸附。氢气作为一种新能源，也是将其吸附于多孔贮氢材料中贮存或运输。

此外，在一些生物大分子中，分子内部各基团的相互作用类似于分子间作用力的性质。例如蛋白质和DNA的高级结构主要由各种分子间力和基团力的作用所决定。药物和受体的活性基团也是通过分子间相互作用而发挥其较好的治疗效果。因此，研究分子间作用力对化学、生命科学以及药学都有重要意义。

三、氢键

由分子间的范德华力可知，结构相似的同系列物质的熔、沸点一般随着相对分子质量的增大、色散作用的加强而增大，但是在同族元素的氢化物中，唯有NH_3、H_2O、HF的熔、沸点偏高（图9－38），此外，这些氢化物的其他一些物理性质也有异常现象。这说明在这些氢化物中除了范德华力之外还存在另一种力，这就是我们将要讨论的氢键（hydrogen bond）。

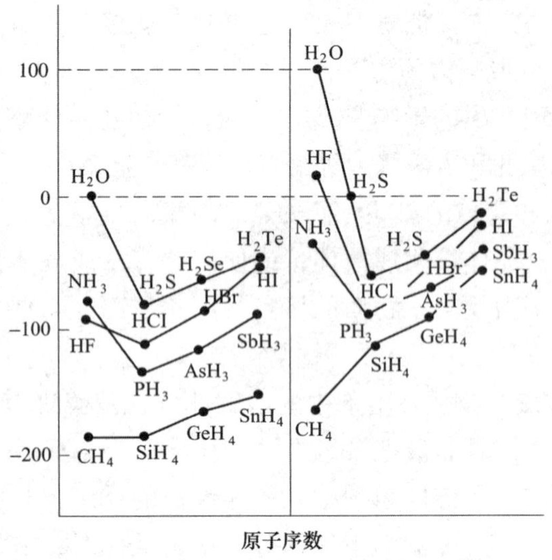

图 9-38　氢化物的熔、沸点比较示意图

（一）氢键的形成与特点

氢键（hydrogen bond）是一种由氢原子参加成键的特殊形式，其键能介于共价键和范德华力之间。当 H 原子与电负性很大、半径很小的 X（F、O、N）原子以共价键结合成分子时，由于共用电子对强烈地偏向 X 原子，使 H 原子几乎变成了赤裸的质子而呈较强的正电性，因而这个 H 原子还能与另一个电负性很大、半径小且外层有孤对电子的 Y（F、O、N）原子产生定向的吸引作用，形成 X—H⋯Y 结构，其中 H 原子与 Y 原子形成的第二个键（虚线表示）称为氢键。X、Y 可以是同种元素的原子，如 F—H⋯F，O—H⋯O，也可以是不同元素的原子，如 N—H⋯O。图 9-39 是 H_2O 分子间形成的氢键。因此，形成氢键 X—H⋯Y 的条件是：①有一个与电负性很大的元素 X 相结合的 H 原子；②有一个电负性很大、半径较小并有孤对电子的 Y 原子。通常能符合上述条件的，主要是 F、O 和 N。

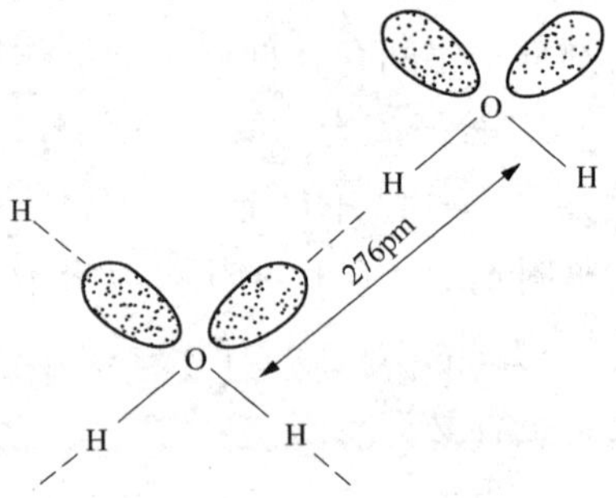

图 9-39　水分子间的氢键

氢键的强弱与 X、Y 原子的电负性及半径大小有关。X、Y 原子的电负性越大，半径越小，形成的氢键越强。例如：F 原子的电负性最大，半径又很小，所以 F—H⋯F 中的氢键最强。C 原子的电负性较小，一般不形成氢键。Cl 原子的电负性虽大，但原子半径较大，因而形成的氢键（Cl—H⋯Cl）很弱。常见氢键的强弱顺序是：

F—H⋯F > O—H⋯O > O—H⋯N > N—H⋯N

氢键的键能一般在 $42kJ \cdot mol^{-1}$ 以下，与范德华力数量级相同。但氢键与范德华力不同，其特点是，氢键具有饱和性和方向性。所谓饱和性是指 H 原子在形成一个共价键后，通常只能再形成一个氢键。这是因为 X、Y 原子比 H 原子大得多，当形成 X—H⋯Y 后，第二个 Y 原子再要靠近 H 原子时，会受到 X、Y 原子电子云的强烈排斥。所谓方向性是指在氢键中以 H 原子为中心的三个原子尽可能在一条直线上，即 H 原子要尽量和 Y 原子上孤对电子的方向一致，这样 H 原子和 Y 原子的轨道重叠程度较大，而且 X 原子与 Y 原子距离最远，斥力最小，形成的氢键最强，体系最稳定。所以氢键可被看作是较强的、有方向性和饱和性的范德华力。

（二）氢键的类型

氢键可分为分子间氢键和分子内氢键两种类型。

1. 分子间氢键　分子之间形成的氢键称为分子间氢键（intermolecular hydrogen bond），它又分为相同分子间的氢键和不同分子间的氢键。相同分子间的氢键也可分为二聚分子中的氢键和多聚分子中的氢键，而多聚分子中的氢键又分为链状结构、层状结构和立体结构。

二聚分子中的氢键的一个典型例子是二聚甲酸 $(HCOOH)_2$ 中的氢键：

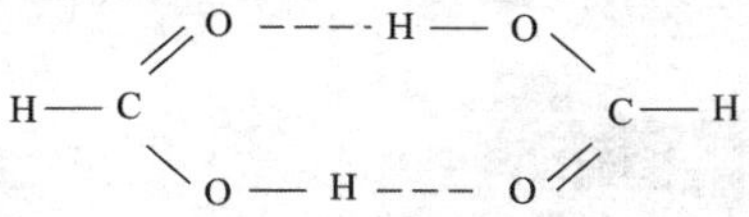

多聚分子中氢键的链状结构的一个例子是固体氟化氢，如图 9－40 所示。

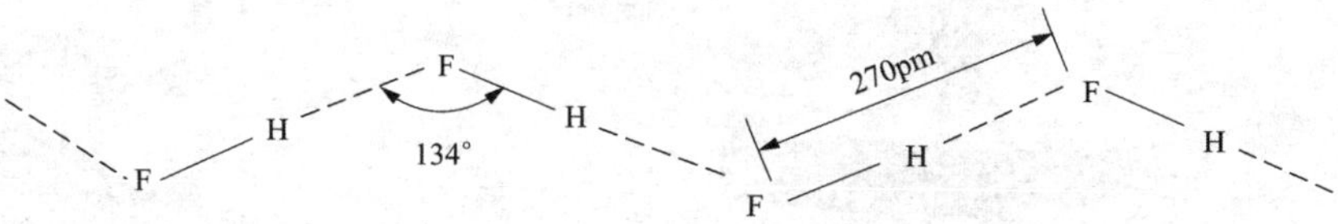

图 9－40　固体氟化氢 $(HF)_n$ 中氢键的链状结构

在硼酸（H_3BO_3）晶体中，存在多聚分子中氢键的层状结构，如图 9－41 所示。

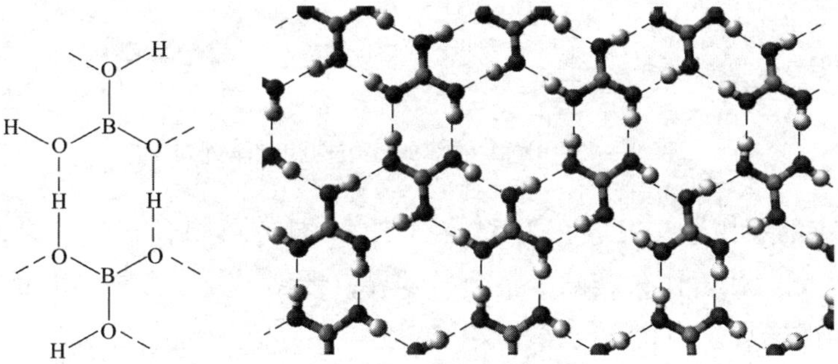

图 9－41　硼酸的层状结构

多聚分子中氢键的立体结构的例子是冰，结构如图 9－42 所示。H_2O 分子中有两个 O—H 键，氧原子上有两对孤对电子，所以，一个 H_2O 分子可形成 4 个氢键。从图中可以看出，在冰的结构中有相当多的空隙，这是因为四面体结构的空间利用率低，因此冰的密度比水小，能浮在水面上。

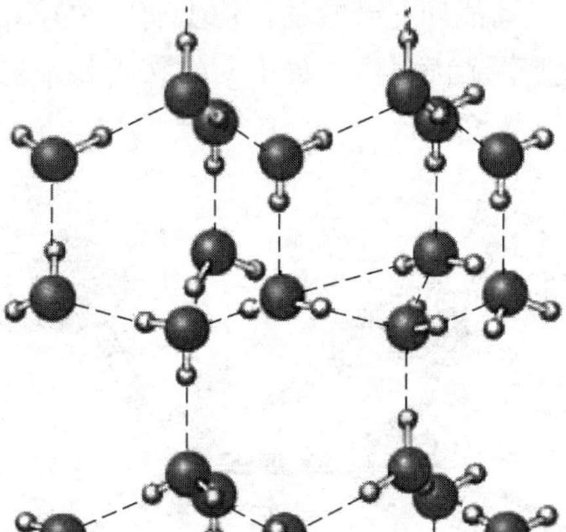

图 9－42　冰中氢键的四面体立体结构

不同分子间，如乙醇与甲醚之间除了存在上述诱导力和色散力之外，还应该存在分子间氢键。此外，氢键在生物体内也广泛存在。蛋白质是由许多氨基酸通过肽键（—NH—C＝O）相连而成的高分子物质。这些长链分子常形成一定的空间结构，例如，蛋白质的 α－螺旋结构的形成就与螺旋各圈之间羰基上的氧和亚氨基上的氢形成氢键（C＝O…H—N）有关。

两条脱氧核糖核酸（DNA）链也是通过碱基间氢键两两配对而保持双螺旋结构（图9－43）。按照沃森（Watson J. D.）和克里克（Crick F.）的观点，DNA是由两条以磷酸脱氧核糖基形成的多核苷酸链组成，以右手螺旋方式绕同一根中心轴向前盘旋，两链走向相反。一条链上的胸腺嘧啶（T）中的O和H原子与另一条链上的腺嘌呤（A）中的H和N原子形成两个氢键。一条链上的胞嘧啶（C）中的H、N、O原子与另一条链上鸟嘌呤（G）中的O、H、H原子形成三个氢键。两条链通过内侧的千千万万个碱基对间的氢键牢固地并联起来形成DNA超分子。由于A、T、C、G都是共轭体系，离域π键之间还有π－π作用。

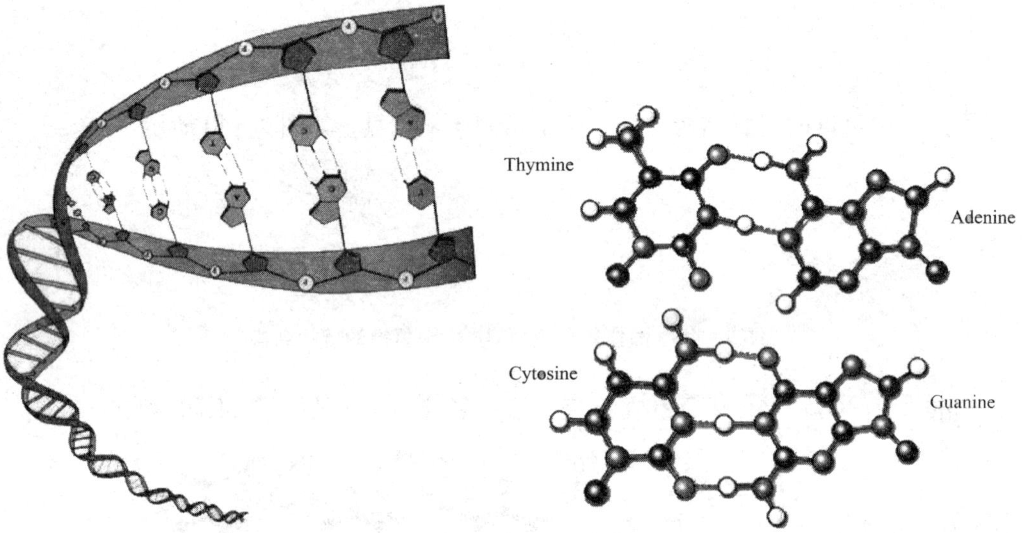

图9－43　DNA的双螺旋结构和碱基配对

沃森和克里克的不朽论文发表在1953年4月25日的英国《自然》杂志上，这篇仅有900个英文单词的划时代著作，震撼了整个科学界，开创了分子生物学的新纪元，因此，他们获得了1962年的诺贝尔生物学与医学奖。

2. 分子内氢键　同一分子内形成的氢键称为分子内氢键（intramolecular hydrogen bond）。如在HNO_3中存在着分子内氢键，见图9－44。

其他如在苯酚的邻位上有—NO_2，—CHO，—COOH、—NO、—OH及—Cl等基团时也可形成分子内氢键。如下面的邻硝基苯酚中硝基和羟基间氢键的形成（图9－45）。若这些取代基处于间位或对位，则因成环距离太大而不能形成分子内氢键。但可以形成分子间氢键。

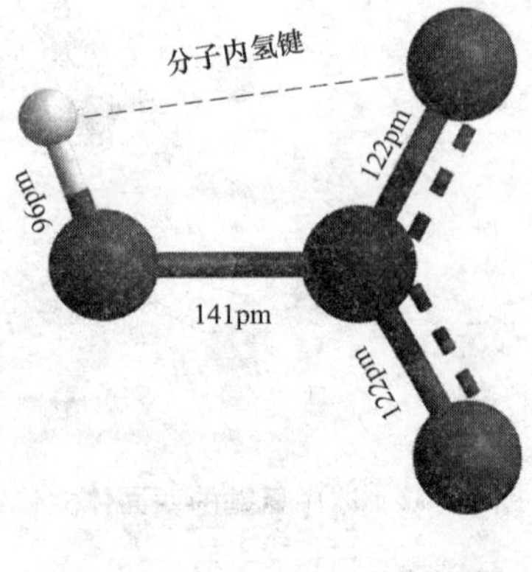

图9－44　硝酸的分子内氢键

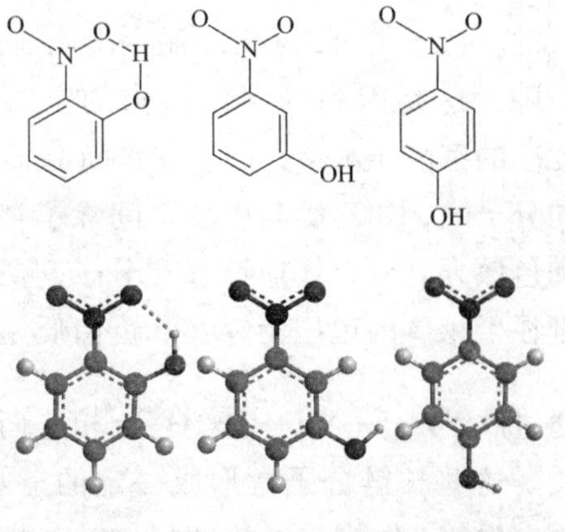

图9－45　邻硝基苯酚的分子内氢键

（三）氢键对物质性质的影响

1. 对熔点和沸点的影响　前面已讨论过分子间氢键使水、氨和氟化氢的熔点、沸点反常。同样，熔化热和气化热等也相应偏高。相反，分子内氢键的生成常使其比同类化合物的熔点、沸点降低，如上述邻硝基苯酚的熔点是318K。而间硝基苯酚和对硝基苯酚的熔点分别为369K和387K，因为它们形成分子间氢键。

2. 对物质溶解度的影响　如果溶质和溶剂分子之间可以产生氢键，则溶解度大。如乙醇、乙酸等可以与水混溶，氢键起很重要的作用。如果溶质分子生成分子内氢键，则在极性溶剂中溶解度减小，在非极性溶剂中的溶解度增加。如邻位与对位的硝基苯酚在293K水中的溶解度之比为0.39，而在苯中该比值为1.93。

随着人们对分子间作用力认识的不断深入，近年来，兴起了一门称作“超分子化学”的新学科，它是化学、物理、生物学的交叉学科。它把物质的分子通过非价键相互作用而形成的聚集体称为超分子（supermolecule）。超分子整体具有确定的结构和热力学及化学动力学性质。由于分子间作用力弱于共价键，因此超分子系统在热力学上不如分子稳定，但它的柔性大于分子，具有更丰富的动力学特征。生物体内酶分子与底物分子的结合体、抗原与抗体的结合体都可以视为超分子。

超分子化学的发展使人们认识到弱的相互作用力可通过加和与协同转化为强的结合力。此外，超分子系统会产生新的性质，从这个意义上讲，分子不一定是保持物质性质的最小微粒。

第四节　离子的极化

扫码“学一学”

前面提过，对于离子型晶体其熔点、沸点的高低与离子电荷和离子半径有关，离子电荷越高，半径越小，其静电引力越大，即晶格能越大，熔点、沸点越高。但是在研究离子型晶体时又发现，有些电荷相同、离子半径极为相近的物质，性质上却差别很大。如NaCl和CuCl晶体，它们的阴、阳离子电荷都相同，Na^+的半径（95pm）和Cu^+的半径（96pm）又很相近。如从晶格能分析，二者的熔点应相近。但实际上，NaCl的熔点为1074K，而CuCl为703K，而且二者的溶解度也不同，NaCl易溶于水，而CuCl难溶于水，这种现象表明CuCl分子中的化学键有一定的共价性。而离子极化理论是离子键理论和共价键理论的补充。

一、离子极化的概念

把分子极化的概念推广到离子体系，可以引出离子极化的概念。

离子和分子一样，也有变形性。对于孤立的简单离子来说，离子的电荷分布基本上是球形对称的，离子本身的正、负电荷重心是重合的，不存在偶极。但当离子置于电场中，离子的原子核和电子云会发生相对位移，离子发生变形而产生诱导偶极，这个过程叫作离子的极化。

离子极化不仅在外电场作用下发生，在离子晶体中，离子本身带有电荷，在阳、阴离子自身电场作用下，产生诱导偶极，而导致离子的极化。离子具有两重性，一方面它带有电荷，是一个小的电场，可以对它周围带相反电荷离子产生极化，即离子使带相反电荷的离子极化而变形的作用，称为该离子的极化作用。另一方面，在其他离子的极化作用下，它的最外层电子云也会发生变形，因此有被极化的可能。被带相反电荷的离子极化而发生离子电子云变形的性质，称为该离子的变形性。离子的极化作用和变形性统称为离子极化。显然，离子极化能力强弱取决于两个因素：一是离子的极化能力强弱，二是离子的变形性大小。

二、离子极化的主要规律

虽然无论阳离子或阴离子都有极化作用和变形性两个方面，但是由于阳离子外层少了电子，离子半径较小，所以电场强度大，极化能力强，变形性一般不大（18、18 +2 电子构型除外），而阴离子外层多了电子，离子半径较大则容易变形。所以在多数情况下，当阳、阴离子相互作用时考虑阳离子对阴离子的极化作用和阴离子的变形性。

下面将分别讨论离子极化作用和变形性大小的主要规律。

（一）离子的极化作用

离子的极化作用主要取决于：

1. 离子的电荷与半径 离子半径越小，电荷越多则极化作用越强，其大小可近似的用离子势 z/r 来度量，z 是电荷数，r 是离子半径，因此半径小、电荷高的阳离子极化作用强。

2. 离子的电子构型 d 电子屏蔽作用小，核对外层电子云吸引力大，因此当电荷相同、半径相近的情况下，不规则形，即 9 ~ 17 电子构型的离子极化作用较 8 电子构型的强，而 18 和 18 +2 电子构型的离子极化作用最强。例如 Na^+ 和 Cu^+ 离子，具有相同的电荷和半径（Na^+ 为 95pm，Cu^+ 为 96pm），它们的 z/r 相近，而实际上 Cu^+ 的离子（18 电子构型）极化力明显地超过 Na^+ 离子（8 电子构型）。

在决定离子极化力强弱的两个因素中，离子的大小和电荷的多寡是决定性条件，只有当这个条件相近时，离子的电子构型才起明显作用。

（二）离子变形性大小

离子的变形性主要取决于：

1. 离子的半径 当电荷相同时，离子的半径越大，变形性也越大。如同族同价离子的变形性顺序为：$F^- < Cl^- < Br^- < I^-$。

2. 离子的电荷 当电子构型相同时，正电荷越高的阳离子变形性越小，如下列离子的变形性顺序为：$Na^+ > Mg^{2+} > Al^{3+} > {}^+Si^{4+}$；对于半径相近、具有相同电子构型的阴离子来说，则负电荷越高，变形性越大。例如 S^{2-} 离子（184pm）的变形性比 Cl^- 离子（181pm）的变形性大得多。

3. 离子的电子构型 d 电子云较为分散，受核吸引力小，容易变形，并随着 d 电子数的增加变形性也增大。当半径相近时，其变形性顺序一般为：18 和 18 +2 电子构型 >9 ~ 17 电子构型 >8 电子构型。例如，Ag^+ 离子是 18 电子构型，它的变形性比半径相近 8 电子构型的 K^+ 离子要大。阳离子外层若为 $(n-1)\ d^{10}ns^2$，即 18 +2 构型，如 Pb^{2+}，则变形性更大。

所以过渡金属离子的变形性常大于半径相近的 8 电子构型的金属离子，特别是那些半径大的 Ag^+、Hg^{2+}（18 电子构型），Pb^{2+}（18 +2 电子构型）等离子变形性更为明显。

（三）离子的附加极化作用

由于阴离子的极化作用一般不显著，阳离子的变形性又较小，所以通常考虑离子间相互作用时，一般总是考虑阳离子对阴离子的极化作用和阴离子的变形性。但是，当阳离子为18或（18+2）电子构型时，阳离子的变形性也较大。这时，不仅要考虑阳离子的极化作用，还须考虑其变形性。阳离子变形后又反过来加强了对阴离子的极化作用。这种相互影响的结果，使阳、阴离子的极化程度都显著增大（图9－46），这种现象称附加极化作用。对于含有18或（18+2）电子构型的阳离子，阴离子的变形性越大，相互极化作用越强。例如对于AgCl、AgBr、AgI，附加极化作用大小依次是AgI > AgBr > AgCl。

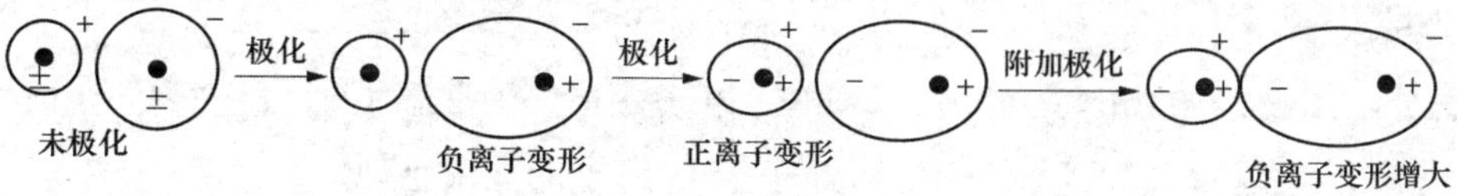

图9－46　离子的附加极化示意图

三、离子极化对物质结构和性质的影响

（一）离子极化对键型的影响

阴、阳离子之间如果完全没有极化作用，则其间的化学键纯属离子键。如果离子间的极化作用很强，将会使两个离子相互靠近，键长缩短，尤其是当阳离子为低价，半径大，具有18电子构型的 Ag^{+}、Hg^{2+} 等离子；阴离子是很容易变形的 I^{-}、S^{2-} 时，一方面阳离子极化阴离子使其变形，另一方面变形了的阴离子也会极化阳离子使其变形，相互极化的结果导致双方的电子云相互靠近，造成部分电子云相互重叠，如图9－47所示，随着离子极化作用增强，离子键将向共价键转变，键长将显著缩短，而离子型晶体逐渐转变为共价型晶体。从表9－15可以看出，把实测晶体中的键长与离子半径之和比较，两者基本相等的是离子型晶体，显著缩短的是共价型晶体，缩短不多的是过渡型晶体。从离子极化的观点看，可以说没有100%的离子键。由于键型改变，物质的性质也产生相应的变化。

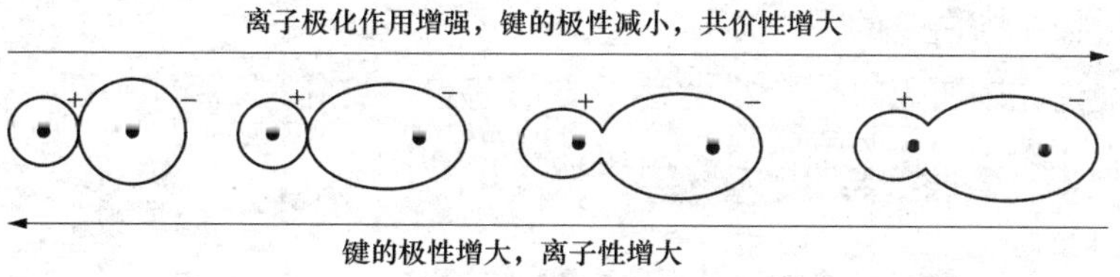

图9－47　键型过渡示意图

表9－15　离子型与共价型晶体的区别

晶体	实测键长/pm	离子半径之和/pm	键型	晶体	实测键长/pm	离子半径之和/pm	键型
NaF	231	231	离子型	AgF	246	246	离子型
MgO	210	205	离子型	AgCl	277	294	过渡型
AlN	187	221	共价型	AgBr	288	309	过渡型
SiC	189	301	共价型	AgI	299	333	共价型

（二）离子极化对无机化合物熔点和稳定性的影响

从上面的讨论可知，离子极化作用越强，键的共价成分就越大。对熔点和热稳定性的影响就越大。先看相似晶体的熔点（℃）：

	F^-	Cl^-	Br^-	I^-
Ca^{2+} （$R=106$ pm）	1400	772	760	575
Cd^{2+} （$R=103$ pm）	1100	568	567	388

因为 Cd^{2+} 是 18 电子构型，极化作用比 Ca^{2+}（8 电子构型）强。所以相应化合物的熔点较低。

再看分解温度，如 CuI_2 的分解，$2CuI_2 \rightarrow 2CuI + I_2$，在常温下即可进行，但 $CuCl_2$ 要在 993℃才分解，这是因为 Cl^- 离子的变形性小于 I^- 离子的变形性。

因此，离子极化使无机化合物的熔点和热稳定性降低。

（三）极化作用对物质水溶性的影响

极化作用还可导致物质在水中的溶解度降低，如 AgF 能溶于水，AgCl、AgBr、AgI 则难溶于水，且溶解度依次减小。原因是从氟化物到碘化物，阴离子的变形性逐渐增强，Ag^+ 离子（18 电子构型）的极化作用和变形性均很大，使键型由离子键逐渐过渡到共价键。F^- 离子不易变形，与 Ag^+ 离子之间形成离子型化合物，所以能溶于水，到 AgI 已是典型的共价型化合物，故溶解度最小。

（四）离子极化对无机化合物颜色的影响

如果离子是有颜色的，它形成的化合物就有颜色。例如，Pr^{3+} 是黄绿色，$PrCl_3$ 和 $Pr(NO_3)_3$ 也都是黄绿色的。但有时没有颜色的离子互相结合后也能形成有色化合物。例如，Ag^+ 和 Cl^-、Br^-、I^- 都是无色的，但除 AgCl 是白色外，AgBr 是淡黄色，而 AgI 却是黄色的，这是离子极化的结果。极化以后，电子能级有所改变，使激发态和基态的能量差变小，可以吸收可见光而呈现颜色。在卤离子中，I^- 最大，易被极化。所以碘化物颜色最深，其次是溴化物，而氯化物多为白色的。

离子极化理论在阐明无机化合物的性质方面起着一定作用，可以说是离子键理论和共价键理论的补充。在应用这个理论时，应注意它的局限性。

第五节　原子晶体和分子晶体

扫码“学一学”

在晶体类型中，除前面介绍的离子晶体外，对单质和共价化合物来说，还可分为原子晶体和分子晶体。

一、原子晶体

碳（金刚石）、硅以及二者所组成的化合物碳化硅（金刚砂）等晶体物质是由原子直接通过共价键组成晶体。在这类晶体中组成晶体的质点是原子，称原子晶体。原子间以共价键相结合，所以原子晶体又称共价晶体（covalent crystals）。原子晶体中不存在独立的小分子，因此可以把整个晶体看成是由无数多个原子组成的巨大分子。所以，原子晶体化合物也没有确定的分子量。由于共价键的结合力很强，要破坏这些共价键需要提供很大的能量，所以原子晶体的特点是熔点很高，硬度很大。原子晶体通常情况下导电、导热性差，熔融状态下也不能导电。在大多数溶剂中不溶解。例如：金刚石就是原子晶体，它的熔点高达3750℃，也是自然界中硬度最大的晶体。

在金刚石中，碳原子形成4个sp^3杂化轨道，以共价键彼此相连，每个碳原子都处于与它直接相连的4个碳原子所组成的正四面体的中心（图9－48），组成一个由“无限”数目的原子构成的大分子，整个晶体就是一个巨大的分子。对于非金属单质的原子晶体可用元素符号表示它们的化学式，金刚石就用碳的元素符号C表示。金刚砂（SiC）的结构和金刚石相似，只是碳的骨架结构中有一半位置为Si所取代，形成C－Si交替的空间骨架。

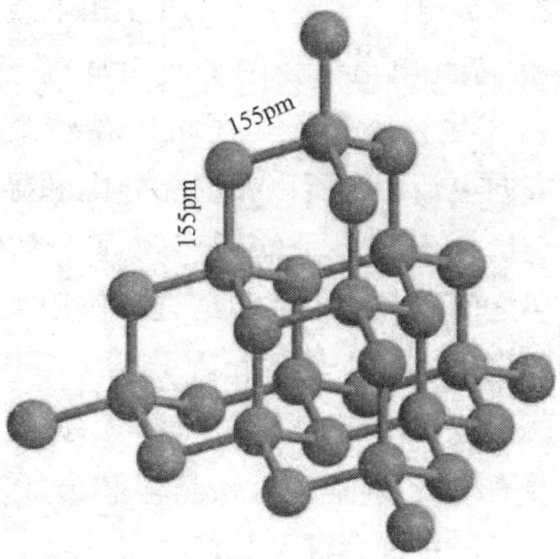

图9－48　金刚石结构

除以上原子晶体外，石英（SiO_2）、氮化铝（AlN）等固体也是原子晶体。由于原子晶体具有良好的隔热、耐高温性能，它常被用作隔热、保温、耐热材料，又因其具有很高的硬度，也常被用作耐磨材料等。

二、分子晶体

分子晶体（molecular crystals）指以分子为质点构成的晶体。从单质到复杂分子都能构成分子晶体。例如温度降到163K时，氯气凝结成固体，这时氯分子有规则地排列形成分子晶体（图9－49）。在分子晶体中，组成晶体的质点是分子，分子以微弱的分子间力相互结合成晶体。因分子间力是没有方向性和饱和性的，所以在分子晶体中的分子通常采取紧密的堆积方式，这样可以使能量尽可能低。分子间的紧密堆积结构与分子形状有关，例如直线形的共价分子就不如球形分子堆积紧密。图9－50为CO_2分子晶体，CO_2分子占据在立方面心的各个结点上，但立方体八个顶角上的CO_2分子取向与面心的CO_2分子取向不同，所以CO_2分子晶体属于简单立方晶格。因分子间力微弱导致分子型晶体物质的熔点低，硬度小。分子型物质不论在固态、液态或熔融状态都不能导电。但当有些极性分子在水分子作用下发生电离，生成水合离子时它们就能导电。极性分子易溶于极性溶剂，非极性分子易溶于非极性溶剂。

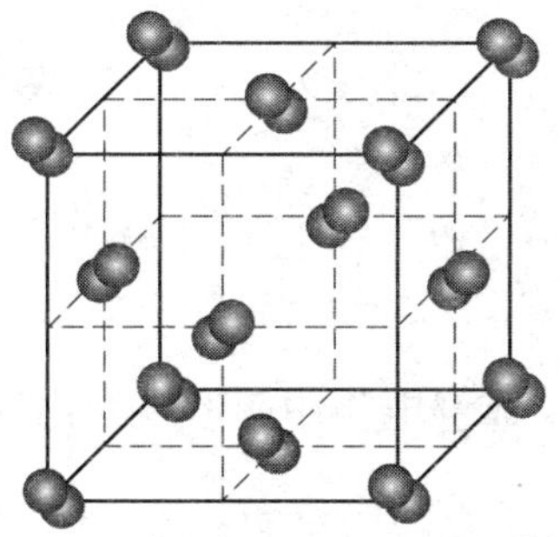
图9－49　氯、溴、碘的晶体结构

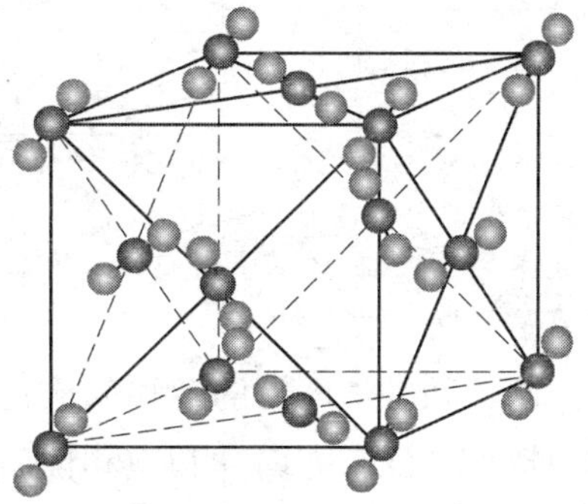
图9－50　CO_2的分子晶体

石墨属于混合型晶体，它是金刚石的同素异形体。由图9－51可见在其晶体中同层的碳原子以sp^2杂化形成共价键，每个碳原子与相邻的3个碳原子以σ键结合，形成无限的正

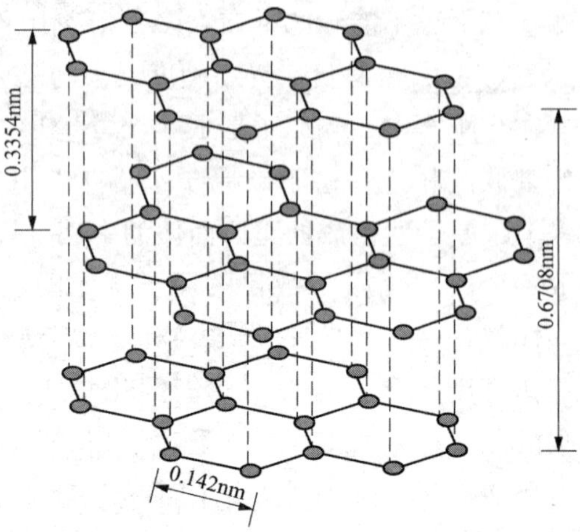

图 9-51　石墨晶体结构

六角形蜂巢状的平面结构层，这里碳-碳键的键长皆为0.142nm。每一个碳原子还余一个 p 轨道和 p 电子，这些 p 轨道互相平行且与碳原子 sp^2 杂化轨道所在的平面相垂直，因此生成了大 π 键，这些 π 电子可以在整个碳原子平面方向上活动，所以石墨能导电和导热。石墨层与层之间碳原子的距离较远，为0.335nm，各层之间以范德华力相结合，作用力较弱，层与层之间容易断开而滑动，所以石墨具有润滑性，工业上用作固体润滑剂。由此可见石墨晶体兼有原子晶体、金属晶体和分子晶体的特征，是一种混合键型晶体。

在晶体类型中，除上述离子晶体、原子晶体和分子晶体外，还有金属晶体，表9-16列出了各种类型晶体内部结构以及它们的物理化学性质。

表 9-16　各种类型晶体内部结构和它们的特性

晶格类型	晶格内结构质点	结合力	晶体的特性	实例
原子晶体	原子	共价键	硬度很大，熔沸点很高，在大多数溶剂中不溶，导电性差	金刚石 SiO_2、AlN
离子晶体	正离子 负离子	离子键	硬而脆，大多溶于极性溶剂中。熔融状态能导电，溶于水中能导电，熔点较高	NaCl、CsCl、BeO
分子晶体	极性分子	分子间力（较弱）	硬度小，能溶于极性溶剂中，溶于水时能导电，熔沸点低	HCl、HF、NH_3、H_2O、CO
	非极性分子	分子间力（很弱）	能溶于非极性溶剂或极性弱的溶剂中，熔、沸点更低，易升华	H_2、O_2、Cl_2、CO_2
金属晶体	金属原子 金属离子 自由电子	金属键	软硬兼有、有延展性，有金属光泽，导电性良好，熔沸点较高	Na、W、Ag、Cu、Mo

本章小结

一、离子键

离子键：原子间发生电子的转移生成正、负离子，靠静电作用而形成的化学键。

离子键的特点：没有方向性和饱和性。

在离子晶体中，正、负离子之间静电引力大小可用晶格能（U）来衡量。对于相同类型的离子晶体，离子电荷越高，正、负离子的核间距越短，晶格能越大，表现为晶体的熔、沸点越高，硬度也越大。

二、共价键

共价键：原子间由于成键电子的原子轨道重叠形成的化学键。

（一）价键理论

价键理论阐明了共价键的本质和特征。

1. 基本要点

（1）两个原子接近时，自旋方向相反的未成对的价电子可以配对成键。

（2）成键电子的原子轨道重叠越多，所形成的共价键越稳定。

2. 共价键的特点　共价键具有饱和性和方向性。

（1）共价键的饱和性：原子所能形成共价键的数目受未成对电子数所限制。

（2）共价键的方向性：形成共价键时，只有当成键原子轨道沿合适的方向相互靠近，才能最大重叠形成稳定的共价键。

3. 共价键的类型　按原子轨道重叠的方式不同，可分为σ键和π键。

（1）σ键　原子轨道沿着键轴（x 轴）方向以"头碰头"方式重叠（如：$s-s$、$s-p_x$、p_x-p_x）。

（2）π键　原子轨道以"肩并肩"方式进行最大程度重叠（如：p_y-p_y、p_z-p_z）。

σ键重叠程度大，键能大、稳定性高；π键重叠程度小，稳定性较低，易于发生化学反应，它只能与σ键共存，组成双键或叁键。

（二）杂化轨道理论

杂化轨道理论可解释多原子分子的几何构型。基本要点如下。

（1）原子在成键时，其价层中能级相近的原子轨道重新组合成新的原子轨道（杂化轨道）。

（2）形成的杂化轨道的数目等于参加杂化的原子轨道数目。

（3）杂化轨道的形状发生变化，从而提高成键能力。

（4）不同的杂化方式决定了分子的空间几何构型的差异。$s-p$ 杂化与分子几何构型的关系见下表。

杂化类型	sp	sp^2	sp^3	不等性 sp^3	不等性 sp^3
空间构型	直线形	平面三角形	正四面体	三角双锥形（NH_3）	V形（H_2O）

（三）价层电子对互斥理论（VSEPR 规则）

VSEPR 规则用来判断 AB_n 型分子或离子的几何构型。

VSEPR 规则认为，在共价型分子或离子 AB_n 中，价电子对数 $=\frac{1}{2}$（中心原子的价电子数 + 配位原子提供的共用电子数 × 配位数 ± 电荷数）：①价电子对数等于配位数，即为理想构型；②如果价电子对数大于配位数，此时价电子层中含有孤对电子。

价电子层中不同类型电子对之间排斥作用的顺序为：

孤对电子对—孤对电子对 > 孤对电子对—成键电子对 > 成键电子对—成键电子对。

分子要取其斥力最小的的空间构型，孤对电子总是处于斥力最小的位置。

中心原子价电子对与分子几何构型的关系见下表：

价层电子对	成键电子对	孤对电子对	分子空间构型	实例
2	2	0	直线形	$HgCl_2$、CO_2
3	3	0	平面三角形	BF_3、BCl_3
3	2	1	角（V）形	$PbCl_2$、SO_2
4	4	0	正四面体	CH_4、SO_4^{2-}、NH_4^+
4	3	1	三角锥形	NH_3
4	2	2	角（V）形	H_2O
5	5	0	三角双锥	PCl_5
5	4	1	变形四面体（跷跷板形）	SF_4
5	3	2	T 形	ClF_3
5	2	3	直线形	ICl_2^-
6	6	0	正八面体	SF_6
6	5	1	四方锥	IF_5
6	4	2	平面正方形	XeF_4

（四）分子轨道理论

分子轨道理论把组成分子的所有原子作为一个分子整体考虑。分子中电子在空间的运动状态可用分子轨道波函数 ψ 来描述，

1. 分子轨道理论的要点

（1）分子轨道是由原子轨道线性组合而成；

（2）n 个原子轨道可以组合成 $n/2$ 个成键分子轨道和 $n/2$ 个反键分子轨道；

（3）原子轨道组成分子轨道，要求各成键的原子轨道必须符合成键三原则，即对称性匹配原则、能量近似原则和轨道最大重叠原则；

（4）电子在分子轨道中的排布，要遵守能量最低原理、泡利不相容原理和洪特规则；

（5）在分子轨道理论中，用键级来表示键的牢固程度。

键级 $= \dfrac{1}{2}$（成键电子数 - 反键电子数）

键级越大，键越稳定。键级为零，表示不能有效地组成分子轨道。

2. 同核双原子分子的分子轨道 第一、二周期同核双原子分子的分子轨道

（1）$O_2 \sim F_2$ 分子轨道能级顺序为：

$$\sigma_{1s} < \sigma_{1s}^* < \sigma_{2s} < \sigma_{2s}^* < \sigma_{2px} < \pi_{2py} = \pi_{2pz} < \pi_{2py}^* = \pi_{2pz}^* < \sigma_{2px}^*$$

（2）$Li_2 \sim N_2$ 分子轨道能级顺序为：

$$\sigma_{1s} < \sigma_{1s}^* < \sigma_{2s} < \sigma_{2s}^* < \pi_{2py} = \pi_{2pz} < \sigma_{2px} < \pi_{2py}^* = \pi_{2pz}^* < \sigma_{2px}^*$$

3. 分子轨道理论的应用

（1）用键级大小说明分子的稳定性。

（2）用分子轨道理论可以预测分子的磁性。如 O_2、B_2…由于在分子轨道中有成单电子，为顺磁性。其中 O_2 分子是由一个 σ 键和两个三电子 π 键构成。

三、分子间作用力和氢键

（一）分子的极性

分子极性既要考虑分子中化学键的类型，还要考虑分子的空间构型。

双原子分子的极性与键的极性是一致的。

多原子分子的极性取决于分子的组成和空间构型。

由非极性键组成的多原子分子，是非极性分子。

由极性键组成的多原子分子，如果空间构型是对称的，则分子为非极性分子。如果空间构型是不对称的，则分子为极性分子。

分子的极性大小可用偶极矩 μ 来表示。$\mu=0$ 的分子是非极性分子；$\mu>0$ 的分子是极性分子。μ 值越大，分子的极性越强。

（二）分子间作用力

分子间作用力是分子间相互作用的总称。

分子间力分类：取向力、诱导力、色散力。

（1）取向力　发生在极性分子和极性分子之间。

（2）诱导力　发生在极性分子和非极性分子之间以及极性分子和极性分子之间。

（3）色散力　发生在极性分子和极性分子之间，极性分子和非极性分子之间以及非极性分子和非极性分子之间。

色散力是分子间力中最普遍存在的一种力。色散力和分子的变形性有关，即分子的变形性越大，色散力也越大。

分子间力影响共价型物质的物理性质。结构相似的同系列物质，分子间力越大，物质的熔点、沸点越大。

溶质与溶剂分子间力越大，互溶度越大。

（三）氢键

1. 氢键形成条件

（1）分子中必须有一个与电负性很强的元素形成强极性键的氢原子；

（2）分子中必须有带孤对电子对、电负性大而且原子半径小的元素（如 F、O、N 等）。

除分子间氢键外，某些分子也可以形成分子内氢键。

2. 氢键的特点

（1）具有方向性　尽可能使 X—H…Y 在同一直线上；

（2）具有饱和性　每一个 X—H 只能与一个 Y 原子形成氢键。

3. 氢键对物质性质的影响

（1）分子间形成氢键，物质的熔、沸点升高；分子内形成氢键，物质的熔、沸点降低。

（2）溶质与溶剂分子间形成氢键，互溶度增大。

四、离子极化

在离子晶体中，在阳、阴离子自身电场作用下，产生诱导偶极而导致离子的极化，即离子的正、负电荷重心不再重合，致使物质的结构和性质发生相应的变化。

1. 极化力大小的影响因素　主要考虑阳离子的极化作用和阴离子的变形性。

阳离子的极化作用的影响因素如下。

（1）离子的电荷、离子半径　离子所带的电荷数越高，离子半径越小，其极化能力越强。

（2）当离子的电荷相同，离子半径相近时，离子电子构型决定离子的极化力大小。

18 电子构型、（18+2）电子构型 >（9~17）电子构型（不规则电子构型）>8 电子构型。

阴离子的变形性影响因素：

阴离子负电荷越高、离子半径越大，其变形性越强。

2. 离子极化对物质的结构和性质的影响

（1）离子极化导致键型由离子键向共价键过渡。

（2）物质性质的改变，如物质的溶解度、熔点、沸点以及颜色的改变。

扫码“练一练”

习题

1. 举例说明下列概念的区别：

离子键和共价键；σ 键和 π 键；极性键和非极性键；极性分子和非极性分子；分子间力和氢键。

2. 试用杂化轨道理论说明下列分子的空间构型及中心原子可能采用的杂化类型。

（1）PH_3　（2）BeH_2　（3）$COCl_2$

3. 什么叫原子轨道的杂化？为什么要杂化？由 *s*、*p*、*d* 轨道杂化能得到哪些不同的杂化轨道？举例说明什么是不等性杂化？

4. 试以 O_2 为例，比较价键理论和分子轨道理论的优缺点。

5. 下列每对分子中，哪个分子的极性较强？试说明原因。

（1）HCl 与 HI　（2）H_2O 与 H_2S　（3）NH_3 与 PH_3　（4）CH_4 与 $CHCl_3$

（5）BF_3 和 NF_3

6. N_2 和 N_2^+ 中键长依次为 109pm 和 112pm，为什么？为什么 H_2^+ 和 He_2^+ 能存在？

7. BF_3 是平面三角形的几何构型，但 NF_3 却是三角锥形的几何构型，试用杂化轨道理论加以说明。

8. 下列四组物质中，每一组中哪一个分子的键角较大？为什么？

（1）CH_4，NH_3　（2）OF_2，Cl_2O

（3）NH_3，PH_3　（4）NO_2^+，NO_2

9. 写出 O_2^{2-}、O_2、O_2^+、O_2^- 分子或离子的分子轨道结构式，并比较它们的稳定性。

10. 已知 NO_2、CO_2、SO_2 分子中键角分别为 134°、180°、120°，判断它们的中心原子可能采用的杂化类型，说明成键情况。

11. 判断 ClO^-、ClO_2^-、ClO_3^-、ClO_4^- 离子的几何构型，画出结构式。

12. 试由下列物质的沸点推断其分子间作用力的大小，并按分子间作用力由大到小的顺序排列。这一顺序与相对分子量的大小有何关系？

Cl_2（238.4K）　O_2（90K）　N_2（77K）　H_2（20.4K）　I_2（457.4K）　Br_2（331.8K）

13. 判断下列各组物质的不同化合物分子之间存在着的分子间力的类型：

（1）苯和四氯化碳　（2）甲醇和水　（3）氦和水　（4）溴化氢和氯化氢

（5）氯化钠和水

14. 解释下列现象：

（1）CCl_4 是液体，CH_4 及 CF_4 是气体，CI_4（室温下）是固体；

（2）BeO 的熔点高于 LiF；

（3）HF 的熔点高于 HCl；

（4）SiO_2 的熔点高于 SO_2；

（5）NaCl 具有比 ICl 更高的熔点；

（6）H_2O 具有比 H_2S 更高的沸点；

15. 试用分子结构的基本理论解释以下结论：

（1）Ca^{2+} 离子的极化力 > K^+ 离子；

（2）Cu^{2+} 离子的极化力 > Mg^{2+} 离子（两种离子半径相近）；

（3）I^- 的变形性 > Cl^-。

16. 试用离子极化的观点，解释 AgF 易溶于水，AgCl，AgBr，AgI 难溶于水，溶解度由 AgF 到 AgI 依次减小。

17. 按沸点由低到高的顺序依次排列下列系列物质。

（1）H_2、CO、Ne、HF

（2）CI_4、CF_4、CBr_4、CCl_4

18. 下列性质中哪种物质的属性最强？

（1）键能：HF、HCl、HBr、HI

（2）晶格能：NaF、NaCl、NaBr、NaI

19. 下列化合物中哪些存在氢键？并指出它们是分子内氢键还是分子间氢键？

C_2H_6、C_2H_6、C_2H_5OH、NH_3、H_2S、H_3BO_3 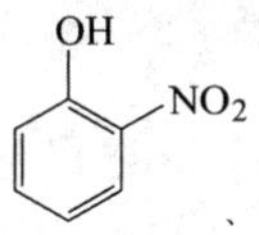、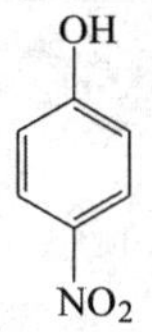

（刘新泳）

第十章　配位化合物

学习目标

1. **掌握**　配合物的组成和命名；配合物的价键理论，以此解释配合物的空间构型和磁性；配合物稳定常数的意义与应用；配位平衡和酸碱平衡、沉淀平衡、氧化还原三大平衡的综合计算。

2. **熟悉**　配合物的定义；配位键的形成条件；配合物的空间构型与中心离子杂化轨道类型的关系；配合物稳定常数的概念；酸碱平衡、沉淀平衡和氧化还原平衡与配位平衡的相互影响。

3. **了解**　配合物的晶体场理论；四面体场和八面体场中 d 电子的分布和高、低自旋的概念；一些配合物的相对稳定性和颜色；螯合物的概念及其特性；配合物在药学方面的应用。

配位化合物（coordination compound） 简称配合物。人们很早就开始接触配合物，比如德国涂料工人发现的著名的蓝色染料普鲁士蓝（$KFe[Fe(CN)_6]_3$），它也是用黄血盐 [$K_4Fe(CN)_6 \cdot 3H_2O$] 检验三价铁离子的反应产物。

$$K^+ + Fe^{3+} + [Fe(CN)_6]^{4-} = KFe[Fe(CN)_6]_3$$

在我们前面学习的沉淀反应中，为了使沉淀完全，加入的沉淀剂应适量，因为，有时沉淀剂过量太多，反而会导致沉淀重新溶解。例如，硫酸铝或氯化锌和氢氧化钠在水溶液中反应所形成的氢氧化铝或氢氧化锌沉淀，会重新溶解于过量的氢氧化钠溶液中。硝酸银、氯化锌和氰化钾在水溶液中反应形成的氰化银 AgCN、氰化锌$Zn(CN)_2$等沉淀，也会溶于过量的氰化钾溶液。这是因为许多金属离子能与 OH^-、CN^- 等离子形成配合物。

无机盐水溶液中的水合金属离子实际上就是配离子，如 $[Fe(H_2O)_6]^{3+}$、$[Al(H_2O)_6]^{3+}$等。生物体中也有许多金属离子与生物大分子形成配合物，例如哺乳动物体内作为氧载体的血红素（血红蛋白载氧的基本功能单位）以及植物光合作用中起重要作用的叶绿素，分别为 Fe^{2+} 和 Mg^{2+} 的配合物。

配合物是一类非常广泛和重要的化合物，由于种类繁多，具有种种独特性能，在科学研究、生产实践中应用极为广泛，对它的研究也越来越深入。当前，配合物已成为现代无机化学中的重要研究领域，并发展成为一门独立的分支学科——配位化学。由于配位化学与物理化学、有机化学、生物化学、固体化学、材料化学和环境科学的相互渗透，使配位化学成为联系和沟通化学各学科的纽带和桥梁。本章主要介绍配合物的基本概念、配合物的化学键理论以及配合物在溶液中的配位平衡。

扫码“学一学”

第一节　配合物的组成、命名和异构现象

一、配合物的组成

向 $CuSO_4$ 溶液中加入少量的氨水，开始时有天蓝色的碱式硫酸铜沉淀$Cu_2(OH)_2SO_4$生

成。当氨水过量时，蓝色沉淀溶解，直至变成深蓝色的溶液。总反应为：

$$CuSO_4 + 4NH_3 \rightleftharpoons [Cu(NH_3)_4]SO_4$$

此时在溶液中，除 SO_4^{2-} 和复杂离子 $[Cu(NH_3)_4]^{2+}$ 外，几乎检查不出 Cu^{2+} 的存在。再如，在 $HgCl_2$ 溶液中加入 KI，开始形成橘黄色的 HgI_2 沉淀，继续加过量的 KI，沉淀消失，变成无色的溶液。反应式为：

$$HgI_2 + 2KI \rightleftharpoons K_2[HgI_4]$$

上述产物 $[Cu(NH_3)_4]SO_4$ 和 $K_2[HgI_4]$ 都是由简单化合物反应生成的复杂化合物，在反应中形成了能在水溶液中较稳定存在的复杂离子，如 $[Cu(NH_3)_4]^{2+}$ 和 $[HgI_4]^{2-}$。将方括号中由一个金属离子（或原子）和一定数目的阴离子或中性分子结合而成的相对稳定的结构单元称为**配位个体**。配位个体具有相对的稳定性，既可以存在于溶液中，也可以存在于晶体中。若配位个体带电荷称为**配离子**（coordination ion），带正电荷的配离子称为**配阳离子**，如 $[Cu(NH_3)_4]^{2+}$ 和 $[Ag(NH_3)_2]^+$ 等；带负电荷的配离子称为**配阴离子**，如 $[HgI_4]^{2-}$ 和 $[Fe(CN)_6]^{3-}$ 等。根据现代结构理论可知，配位个体是靠配位键结合起来的。如 $[Cu(NH_3)_4]^{2+}$ 中，每个 NH_3 分子中的 N 原子均提供一对孤对电子，进入 Cu^{2+} 外层的空的杂化轨道，形成四个配位键，所以**把配离子和与它电荷相反的离子形成的分子间化合物称为配位化合物，简称配合物**，如 $[Cu(NH_3)_4]SO_4$ 和 $K_2[HgI_4]$。配位个体不带电荷，则配位个体本身就是配合物，如 $[Fe(CO)_5]$ 和 $[PtCl_2(NH_3)_2]$。

明矾 $[KAl(SO_4)_2 \cdot 12H_2O]$ 虽然也是一种分子间化合物，但在明矾晶体中仅含有 K^+、Al^{3+} 和 SO_4^{2-} 等简单离子，而没有配离子存在，溶于水后完全解离成简单的 $K^+_{(aq)}$、$Al^{3+}_{(aq)}$、$SO_4^{2-}{}_{(aq)}$ 离子，其性质无异于 K_2SO_4 和 $Al_2(SO_4)_3$ 的混合水溶液。我们称这样的分子间化合物为**复盐**（double salts）。复盐和配合物的区别就在于复盐在水溶液中全部解离成简单离子，而配合物除解离出简单离子外，尚存在稳定的配离子。然而复盐和配合物并没有绝对的界限，在它们之间存在大量的处于中间状态的复杂化合物。

配合物在组成上分为**内界**（inner sphere）和**外界**（outer sphere）两个部分。内界为配合物的特征部分（即配离子），常把内界写于方括号内，内界包括中心离子（或原子）和一定数目的配位体。方括号以外的部分构成配合物的外界，它由一定数目带相反电荷的离子与整个内界相结合，使配合物呈中性。内界和外界之间以离子键结合，在水溶液中完全解离。现以硫酸四氨合铜（Ⅱ）为例来说明配合物的组成。

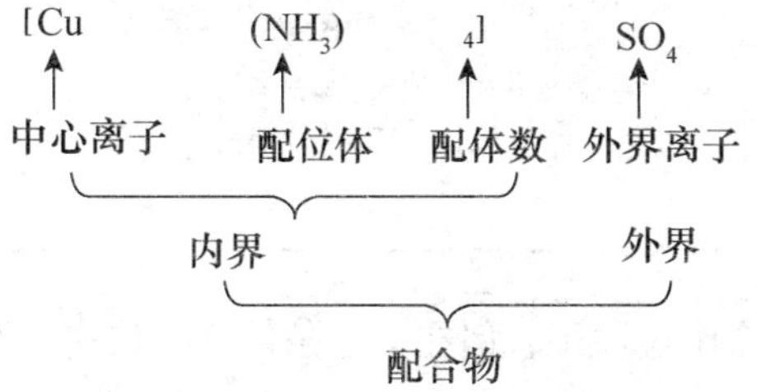

有的配合物无外界，如 $[PtCl_2(NH_3)_2]$、$[CoCl_3(NH_3)_3]$ 等。

（一）中心离子（原子）

中心离子（central ion）或中心原子（central atom）也称为配合物的形成体，位于配离子的中心，是能够接受电子的原子或离子，通常是过渡金属元素的阳离子，也可以是中性原子，例如 $[Co(NH_3)_6]^{3+}$ 中的 Co(Ⅲ) 和 $[Ni(CO)_4]$ 中的 Ni。此外，少数高氧化态的非金属元素也能作为中心原子，如 $[SiF_6]^{2-}$ 中的 Si(Ⅳ) 和 $[BF_4]^-$ 中的B(Ⅲ)。

（二）配位体

配位体（ligand），简称**配体**。配体是指与中心离子结合的分子或离子，如 NH_3、H_2O、CO、CN^-、SCN^-、OH^-、X^-（卤素离子）等。配体中直接键合于中心离子的原子称为**配位原子**。配位原子具有孤对电子，如 NH_3 分子中的 N 原子，F^- 中的 F 原子，CO 分子中的 C 原子。常见的配位原子是电负性较大的非金属元素的原子，如 N、O、C、S 及卤素等。

常见的配体列于表 10－1。根据配体中所含的配位原子数目的不同，可将配体分为**单齿配体**和**多齿配体**。在配体中只含有一个配位原子的配体称为**单齿配体**（unidentate ligand），如 Cl^- 和 NH_3 等；在配体中含有两个或两个以上配位原子的配体称为**多齿配体**（polydentate ligand），如乙二胺 $H_2N—CH_2—CH_2—NH_2$（缩写为 en）中的两个氮原子、草酸根（缩写为 ox）中的两个氧原子，分别与同一个中心离子同时配位。

表 10－1　常见配体

	中性分子配体		阴离子配体		阴离子配体	
单齿配体	H_2O:	水	F^-	氟	$:CN^-$	氰根
	$:NH_3$	氨	Cl^-	氯	$:SCN^-$	硫氰酸根
	:CO	羰基	Br^-	溴	$:NCS^-$	异硫氰酸根
	$CH_3\ddot{N}H_2$	甲胺	I^-	碘	$:NO_2^-$	硝基
			$:OH^-$	羟基	$:ONO^-$	亚硝酸根

	分子式	中文名称	缩写符号
多齿配体	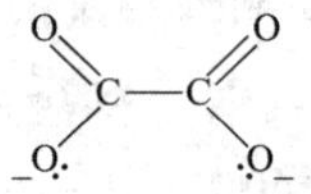	草酸根	ox
	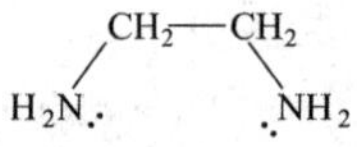	乙二胺	en
	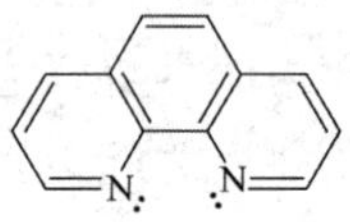	1，10－菲绕啉	phen
	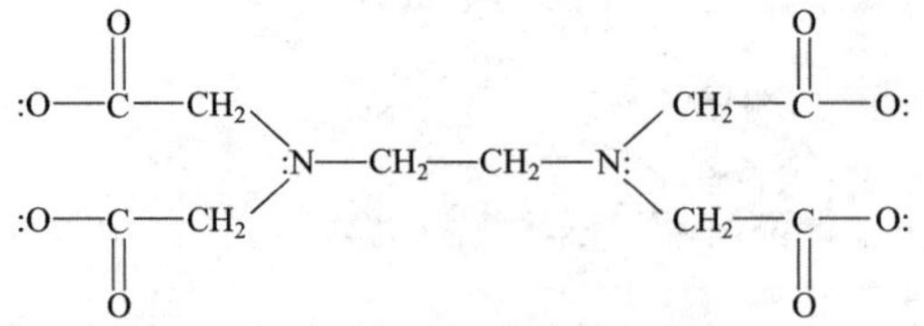	乙二胺四乙酸根	EDTA 常用 Y^{4-} 表示

有些配体虽然也具有多个配位原子，但在一定条件下，仅有一个配位原子与中心离子配位，这类配体称为**两可配体**（ambidentate ligand）。例如，在配离子$[Ag(SCN)_2]^-$和 $[Fe(NCS)_6]^{3-}$ 中，配体分别为以 S 原子配位的硫氰酸根 SCN^- 和以 N 原子配位的异硫氰酸根 NCS^-（配位原子写在前面）。另一对常见的两可配体是以 O 原子配位的亚硝酸根 ONO^- 和以 N 原子配位的硝基 NO_2^-。

（三）配位数

在配合物中，直接与中心离子（或原子）形成配位键的配位原子的总数目称为该中心离子（或原子）的配位数（coordination number）。若配合物中所有的配体都是单齿配体，则配位数等于配体数。例如 $[Ag(NH_3)_2]^+$、$[PtCl_2(NH_3)_2]$、$[Co(NH_3)_5(H_2O)]^{3+}$ 的配位数分别是 2、4、6。若配体为多齿配体，则配位数不等于配体数。例如，配离子 $[Pt(en)_2]^{2+}$ 中，乙二胺（en）是双齿配体，即每个 en 有两个 N 原子与中心离子 Pt^{2+} 配位，故 Pt^{2+} 的配位数是 4 而不是 2。因此，应注意配位数与配体数的区别。

一般中心离子（或原子）配位数为 2、4、6 和 8（较少见）。中心离子（或原子）配位数的多少，主要取决于中心离子（或原子）和配体的性质，如电荷、电子层结构、离子半径以及它们之间相互影响的情况；成键时的温度和浓度等外部条件也会影响中心离子（或原子）的配位数。一般有以下规律。

（1）对同一配体，中心离子的正电荷越多，吸引配体孤对电子的能力越强，配位数就越大，例如，$[Cu(NH_3)_2]^+$ 和 $[Cu(NH_3)_4]^{2+}$；中心原子的半径越大，其周围可容纳的配体数越多，配位数越大，例如，$[AlF_6]^{3-}$ 和 $[BF_4]^-$。

（2）对同一中心离子，配体半径越大，中心离子周围可容纳的配体数减少，故配位数减少，例如，$[AlF_6]^{3-}$ 和 $[AlCl_4]^-$；配体的负电荷越高，虽然增加了与中心离子的引力，但同时又增加了配体之间的斥力，配位数反而减小，例如，SiO_4^{4-} 中 Si（Ⅳ）的配位数比 SiF_6^{2-} 少。

（3）增大配体的浓度，有利于形成高配位数的配合物，例如，Fe^{3+} 与 NCS^- 配位时，随 SCN^- 浓度增加，可形成配位数为 1～6 的配合物；反应温度低，易形成高配位数的配合物。

（四）配离子的电荷

配离子的电荷数等于中心离子和配体所带电荷的代数和。例如，$K_3[Fe(CN)_6]$ 中配离子的电荷数可根据 Fe^{3+} 和 6 个 CN^- 电荷的代数和判定为 −3。由于配合物是电中性的，也可根据外界离子（3 个 K^+）的电荷数判定 $[Fe(CN)_6]^{3-}$ 的电荷数为 −3。若配体全部是中性分子（如 NH_3、H_2O、en 等），则配离子的电荷数就等于中心离子的电荷数。

二、配合物的命名

配合物的组成比较复杂，需要按统一的规则命名。根据中国化学会无机化学专业委员制定的命名原则，对配合物的命名做了如下的规定。

（一）配离子（配合物内界）的命名

1. 命名配离子时，配体的名称列在中心离子（或原子）之前，二者之间以“合”字连接。配体的数目以倍数词头二、三、四等表示；中心离子（或原子）的氧化数则以带括号的罗马数字表示在中心离子的元素符号后面。

其命名方式为：配体数→配体名称→“合”→中心离子（以罗马数字表示的中心离子的氧化数）。例如：

$[Co(NH_3)_6]^{3+}$　六氨合钴（Ⅲ）离子

$[Fe(CN)_6]^{4-}$　六氰合铁（Ⅱ）离子

2. 当配合物的内界含两种或两种以上的配体时，不同配体的名称之间要用符号“·”分开。不同配体的排列顺序采用下列原则。

（1）当无机配体和有机配体同时存在时，无机配体命名在先，有机配体［例如吡啶

(Py)] 命名在后。例如：

$[PtCl_2(Py)_2]$ 二氯·二吡啶合铂（Ⅱ）

（2）在无机配体中有中性分子和负离子同时存在时，负离子命名在先，中性分子命名在后。例如：

$[PtCl_2(NH_3)_2]$ 二氯·二氨合铂（Ⅱ）

（3）同类配体的名称按配位原子元素符号的英文字母顺序排列。例如：

$[Co(NH_3)_5H_2O]^{3+}$ 五氨·一水合钴（Ⅲ）离子

（4）同类配体的配位原子相同时，含原子数少的配体命名在先，含原子数多的配体命名在后。例如：

$[Pt(NO_2)NH_3(NH_2OH)(Py)]^+$ 硝基·氨·羟氨·吡啶合铂（Ⅱ）离子

（5）同类配体的配位原子及所含原子数都相同时，则按在结构式中与配原子相连的原子元素符号的英文字母顺序排列。例如：

$[Pt(NH_2)(NO_2)(NH_3)_2]$ 氨基·硝基·二氨合铂（Ⅱ）

（二）配合物的命名

1. 在命名含有配阳离子的配合物时，把配阳离子看作简单金属离子，外界为酸根离子，则配合物看作一种盐；外界为 OH^- 离子时，配合物看作一种碱，例如：

$[Cu(NH_3)_4]SO_4$ 硫酸四氨合铜（Ⅱ）

$[CoCl_2(NH_3)_3(H_2O)]Cl$ 氯化二氯·三氨·一水合钴（Ⅲ）

$[Ag(NH_3)_2]OH$ 氢氧化二氨合银（Ⅰ）

2. 在命名含有配阴离子的配合物时，把配阴离子看作含氧酸根，例如：

$K[PtCl_3(NH_3)]$ 三氯·氨合铂（Ⅱ）酸钾

$NH_4[Cr(NCS)_4(NH_3)_2]$ 四（异硫氰酸根）·二氨合铬（Ⅲ）酸铵

$H_2[PtCl_6]$ 六氯合铂（Ⅳ）酸

没有外界的配合物，中心原子的氧化数可不必标明。如 $[Ni(CO)_4]$ 的命名为：四羰基合镍。

除系统命名法外，有些配合物至今还沿用习惯叫法和俗名，如 $[Cu(NH_3)_4]^{2+}$ 称为铜氨配离子；$[Ag(NH_3)_2]^+$ 称为银氨配离子；$K_3[Fe(CN)_6]$ 称为铁氰化钾（赤血盐）；$K_4[Fe(CN)_6]$ 称为亚铁氰化钾（黄血盐）；$H_2[SiF_6]$ 称为氟硅酸；$K_2[PtCl_6]$ 称为氯铂酸钾等。

三、配合物的异构

配合物的**异构现象**（isomerism）较为普遍，它是指配合物的化学组成完全相同，而原子间的连接方式或空间排列方式不同而引起结构和性质不同的现象。配合物的异构现象可分为两大类：立体异构（stereo isomerism）和结构异构（structural isomerism）。

（一）立体异构

配合物的立体异构是指配合物的中心离子（或原子）相同、配体相同、内外界相同，只是配体在中心离子周围空间排列方式不同的一些配合物。可分为几何异构（geometrical isomerism）和旋光异构（optical isomerism）。

1. 几何异构 配合物的几何异构是指配体相同，但在中心离子周围的排布方式不同的现象。几何异构体主要发生在配位数为 4 的平面正方形配合物和配位数为 6 的八面体配合物中，在配位数为2、3或4（正四面体）的配合物中是不可能存在的。以平面正方形配合物二氯·二氨合铂（Ⅱ）为例，它们各自存在两种几何异构体。两个 Cl^- 处于相邻位置上，形成的配合物为**顺式**（*cis* -）；两个 Cl^- 处于相对位置上，形成的配合物为**反式**（*trans* -）。该配合物这类几何异构也常被称为顺反异构。上述两种铂配合物分别写作 *cis* - $[PtCl_2(NH_3)_2]$ 和 *trans* - $[PtCl_2(NH_3)_2]$，分别简称为顺铂和反铂。顺铂和反铂不但具有不同的化学性质，而且显示出不同的生理活性。顺铂是一种广泛使用的抗癌药物，能与DNA的碱基结合；而反铂则不具有抗癌活性。

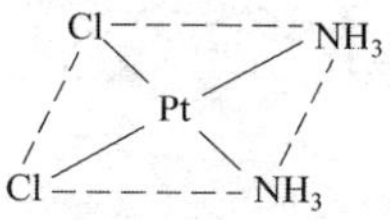

cis - $[PtCl_2(NH_3)_2]$

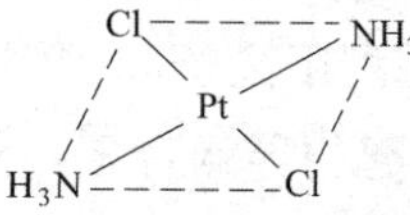

trans - $[PtCl_2(NH_3)_2]$

配位数为6的八面体形配合物也存在类似的顺反异构体，例如 $[CoCl_2(NH_3)_4]^+$，两个 Cl^- 处于八面体相邻顶角者为顺式；处于相对顶角者为反式。

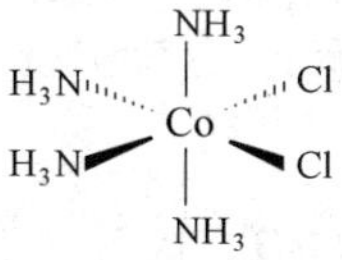

cis - $[CoCl_2(NH_3)_4]^+$
（紫色）

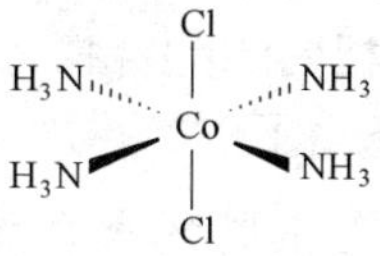

trans - $[CoCl_2(NH_3)_4]^+$
（红色）

2. 旋光异构　旋光异构是指两个异构体的对称关系与人的左右手的对称性相似，旋光异构体彼此互为镜像，但不能互相重叠，故旋光异构体也叫作对映异构体。旋光异构体对普通的化学试剂和一般的物理检查都不能表现差异，但可使偏振光的偏振面发生方向相反的偏转，分别称为**右旋异构体**（用 *D* 表示）和**左旋异构体**（用 *L* 表示）。一般来说，若分子（或离子）中存在对称面或对称中心，则该分子一定是非手性的，没有旋光活性，不存在光学异构体。若配合物分子既不含对称面，也不含对称中心，则该分子一般是手性分子。

例如：*trans* - $[Co(en)_2(NH_3)Cl]^+$ 有两个对称面，均通过Cl、Co、N三个原子，且垂直于分子平面，这两个对称面相互垂直。*cis* - $[Co(en)_2(NH_3)Cl]^+$ 则无对称面，有对映体存在。

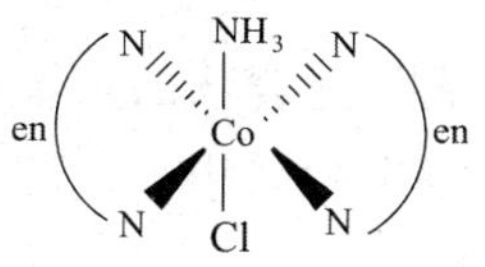

trans - $[Co(en)_2(NH_3)Cl]^+$

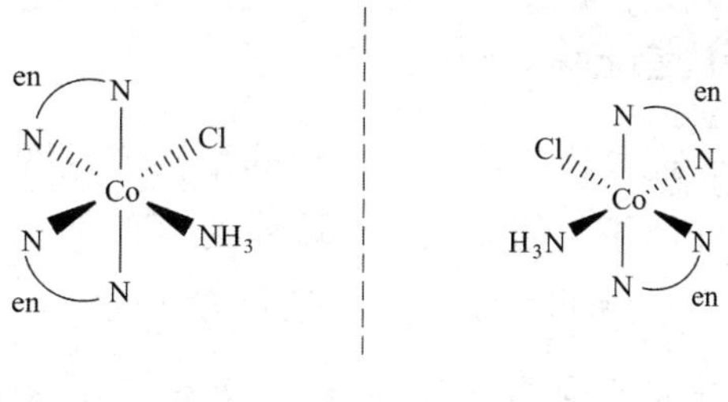

cis - $[Co(en)_2(NH_3)Cl]^+$

在配合物中，双齿配体或多齿配体的六配位螯合物常出现旋光异构体。四面体形、平面正方形配位个体也可能有旋光异构，但发现的较少。

许多药物也存在着旋光异构现象，但往往只有其中一种异构体是有效的，而另一种异构体无效甚至有害。如果能发现和分离药物中的旋光异构体，有望减少用药量，降低不良反应，提高药效。

（二）结构异构

结构异构是指配合物的组成相同，但成键原子的连接方式不同而形成的异构体。通常有以下几种类型。

1. 键合异构 由两可配体通过不同的配位原子与中心离子配位引起的异构现象称作键合异构。例如，$[Co(NH_3)_5H_2O]Cl_3$ 在稀盐酸溶液中与亚硝酸钠反应时，同时形成两种配合物：一种是 NO_2^- 的氧原子与 Co^{3+} 配位的红棕色 $[Co(ONO)(NH_3)_5]Cl_2$，另一种是 NO_2^- 的氮原子与 Co^{3+} 配位的黄棕色 $[Co(NO_2)(NH_3)_5]Cl_2$。

2. 配位异构 在配阳离子和配阴离子构成的配合物中，由于配体在配阳离子和配阴离子中的分布不同而引起的异构现象。例如：

$[Co(NH_3)_6][Cr(C_2O_4)_3]$ 三草酸根合铬（Ⅲ）酸六氨合钴（Ⅲ）

$[Cr(NH_3)_6][Co(C_2O_4)_3]$ 三草酸根合钴（Ⅲ）酸六氨合铬（Ⅲ）

3. 电离异构 若配合物具有相同的化学组成，但在溶液中电离时生成不同的离子，这种异构现象就称为电离异构。例如，$[CoBr(NH_3)_5]SO_4$（红紫色）和 $[CoSO_4(NH_3)_5]Br$（红色），是两种组成相同的配合物，但由于 SO_4^{2-}、Br^- 离子分别处于内、外界位置，而使两者在水中的离解产物不同。

4. 水合异构 许多金属的水合盐都是配合物。多数情况下水分子处于水合物的内界，有时也可能处在水合物的外界。由配体 H_2O 分子位置的变化而引起的异构现象称为水合异构。例如，在不同条件下三氯化铬可以形成三种颜色不同的六水合盐，分别为：$[Cr(H_2O)_6]Cl_3$（蓝紫色）、$[CrCl(H_2O)_5]Cl_2 \cdot H_2O$（浅绿色）、$[CrCl_2(H_2O)_4]Cl \cdot 2H_2O$（暗绿色）。

扫码“学一学”

第二节 配合物的化学键理论

配合物的化学键理论主要有价键理论（valence bond theory，VBT）、晶体场理论（crystal field theory，CFT）和分子轨道理论等。这些理论用来解释配合物中化学键的本性，配合物的结构和稳定性，以及配合物的一般性质（如磁性、颜色等）等，本章重点介绍配合物的价键理论和晶体场理论。

一、价键理论

把杂化轨道理论应用于配合物的结构与成键研究，就形成了配合物的价键理论。其实质是配体中配位原子的孤电子对填入到中心离子（原子）的空杂化轨道形成配位键，配合物的构型由中心离子（原子）的杂化方式决定。

（一）价键理论的基本要点

在形成配离子时，中心离子（或原子）某些能量相近的价层空轨道首先进行杂化（hybridization），形成数目相同的新的等性杂化轨道，以接受配体上的孤对电子而形成配位键，中心离子（原子）的杂化方式决定了配合物的构型和中心离子的配位数。

以直线形 $[Ag(NH_3)_2]^+$ 配离子的形成为例加以说明。Ag^+ 的 $4d$ 轨道全充满，用 1 个 $5s$ 和 1 个 $5p$ 空轨道进行 sp 杂化，形成 2 个新的能量相同的 sp 杂化轨道，分别与 2 个 NH_3 中 N 上的孤对电子形成 2 个配位键。形成过程的示意图如下。

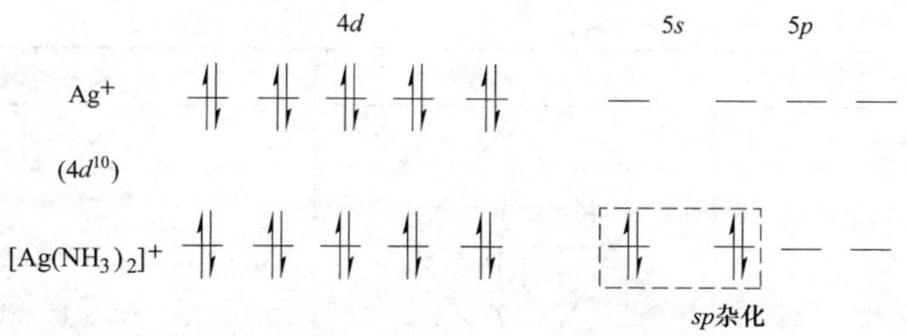

（二）杂化轨道和空间构型的关系

对于中心离子（或原子）来说，能量相近的轨道有两组，一组是 *ns* 轨道、*np* 轨道和 *nd* 轨道；另一组是（*n*－1）*d* 轨道、*ns* 轨道和 *np* 轨道，所以中心离子（原子）轨道杂化方式有两种，杂化轨道类型与空间构型的关系见表 10－2。

1. *ns*、*np*、*nd* 外轨型杂化　若配位原子的电负性较大，如卤素，氧等，不易给出孤对电子，对中心离子（原子）内层电子结构影响不大，则以最外层的 *ns*、*np*、*nd* 空轨道进行杂化，生成数目相同、能量相等的杂化轨道，若中心离子（原子）采用 *sp* 杂化、sp^2 杂化、sp^3 杂化、sp^3d 杂化或 sp^3d^2 杂化等均属于外轨型杂化。

2.（*n*－1）*d*、*ns*、*np* 内轨型杂化　若配位原子的电负性较小，如碳（如 CN^- 以 C 配位）、氮（如 NO_2^- 以 N 配位）等，较易给出孤对电子，对中心离子（原子）内层（*n*－1）*d* 轨道影响较大，使 *d* 电子发生重排，成单电子被强行配对，空出的次外层（*n*－1）*d* 轨道与最外层的 *ns*、*np* 轨道杂化，形成数目相同、能量相等的杂化轨道，若中心离子（原子）采用 dsp^2 杂化、dsp^3 杂化、d^2sp^2 杂化或 d^2sp^3 杂化等均属于内轨型杂化。

表 10－2　轨道杂化类型与配合物的空间构型

配位数	杂化轨道类型	空间构型	实例
2	*sp*	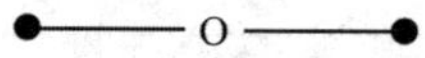 直线形	$[Ag(NH_3)_2]^+$，$[Cu(NH_3)_2]^+$，$[Ag(CN)_2]^-$
3	sp^2	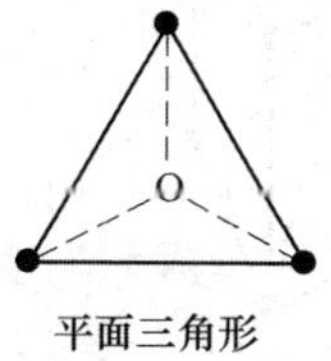 平面三角形	$[Cu(CN)_3]^{2-}$，$[HgI_3]^-$，$[CuCl_3]^{2-}$
4	sp^3	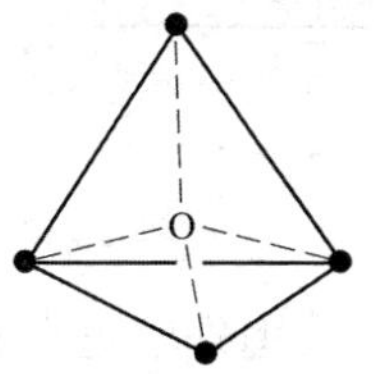 正四面体形	$[Zn(NH_3)_4]^{2+}$，$[Ni(NH_3)_4]^{2+}$，$[Cd(NH_3)_4]^{2+}$，$[HgI_4]^{2-}$，$[Co(SCN)_4]^{2-}$，$[FeCl_4]^-$
4	dsp^2 (sp^2d)	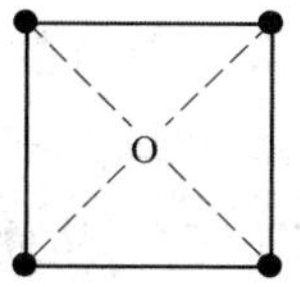 平面正方形	$[Ni(CN)_4]^{2-}$，$[PtCl_4]^{2-}$，$[PtCl_2(NH_3)_2]$ $[PdCl_4]^{2-}$（是 sp^2d 型）

续表

配位数	杂化轨道类型	空间构型	实例
5	dsp^3 (sp^3d)	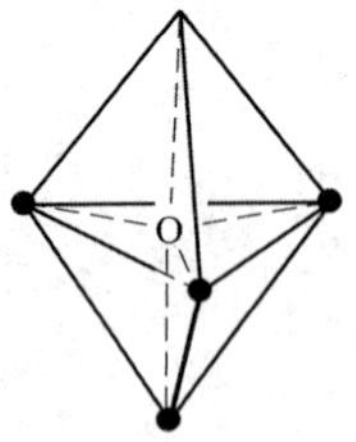 三角双锥形	$[Ni(CN)_5]^{3-}$，$Fe(CO)_5$，$[Fe(SCN)_5]^{2-}$（是 sp^3d 型）
	d^2sp^2 (d^4s)	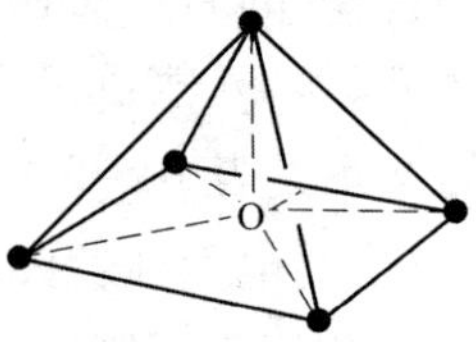 正方锥形	$[TiF_5]^{2-}$（是 d^4s 型），$[SbF_5]^{2-}$，$[InCl_5]^{2-}$
6	sp^3d^2	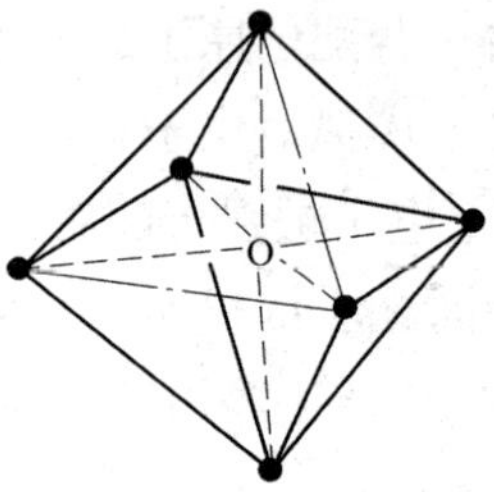 八面体形	$[FeF_6]^{3-}$，$[Fe(H_2O)_6]^{3+}$，$[Fe(NCS)_6]^{3-}$
	d^2sp^3		$[Fe(CN)_6]^{3-}$，$[Co(NH_3)_6]^{3+}$
6	d^4sp	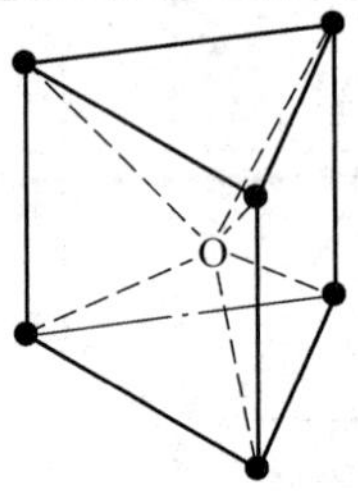 三方棱柱形	$[V(H_2O)_6]^{3+}$

注："○"代表中心离子（原子）；"●"代表配体。

（三）外轨型和内轨型配合物

1. 外轨型配合物　中心离子（原子）采用外轨型杂化所形成的配合物称为**外轨型配合物**（outer orbital coordination compound）。

在 $[FeF_6]^{3-}$ 配离子中，Fe^{3+} 的价电子层结构为 $3d^5$，它的 4*s*、4*p* 和 4*d* 轨道都是空的，且能量相近。当形成 $[FeF_6]^{3-}$ 配离子时，Fe^{3+} 原有的电子层结构不变，以最外层的 1 个 4*s*、3 个 4*p* 和 2 个 4*d* 轨道进行杂化，形成 6 个能量等同的 sp^3d^2 杂化轨道，分别接受 6 个 F^- 离子所提供的 6 对孤对电子，形成 6 个配位键，从而形成空间构型为正八面体的外轨型配离子，形成过程如图所示。

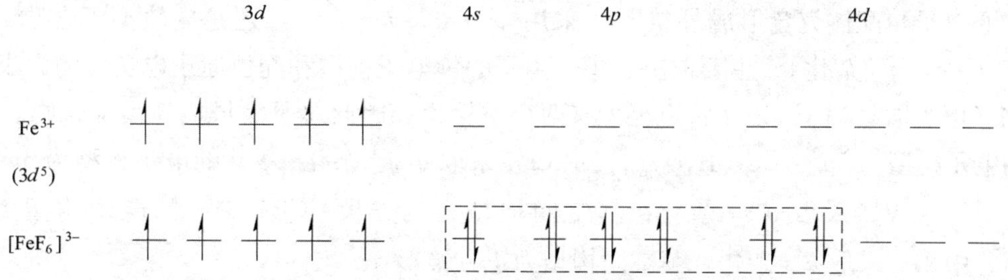

sp^3d^2杂化

在 $[NiCl_4]^{2-}$ 配离子中，Ni^{2+} 的价电子层结构为 $3d^8$，它的最外层 4s、4p、4d 轨道都空着，在形成 $[NiCl_4]^{2-}$ 配离子时，Ni^{2+} 原有的电子层结构不变，以最外层的 1 个 4s 和 3 个 4p 轨道杂化形成 4 个 sp^3 杂化轨道，分别接受来自 4 个 Cl^- 所提供的 4 对孤对电子，从而形成空间构型为正四面体的外轨型配离子。其形成过程示意图如下。

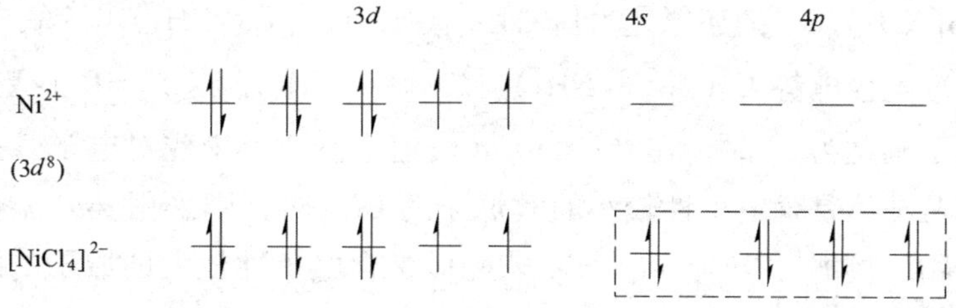

sp^3杂化

2. 内轨型配合物 中心离子（原子）采用内轨型杂化所形成的配合物称为**内轨型配合物**（inner orbital coordination compound）。

在 $[Fe(CN)_6]^{3-}$ 配离子中，Fe^{3+} 在配体 CN^- 的影响下，3d 轨道中 5 个成单电子重排挤入 3 个 3d 轨道，其余 2 个 3d 空轨道与外层的 1 个 4s 和 3 个 4p 轨道杂化形成 6 个 d^2sp^3 杂化轨道，分别与 6 个 CN^- 成键，形成空间构型为正八面体的内轨型配离子，其形成过程示意图如下。

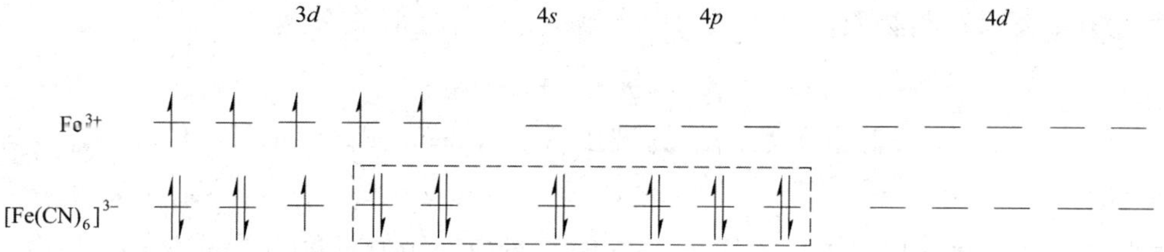

d^2sp^3杂化

在 $[Ni(CN)_4]^{2-}$ 配离子中，Ni^{2+} 离子在 CN^- 的影响下，次外层 8 个 3d 电子发生重排，挤入 4 个 3d 轨道，空出 1 个 3d 轨道与最外层 1 个 4s 和 2 个 4p 轨道杂化形成 4 个 dsp^2 杂化轨道，分别与 4 个 CN^- 形成 4 个配位键，从而形成空间构型为平面正方形的内轨型配离子，其形成过程示意图如下。

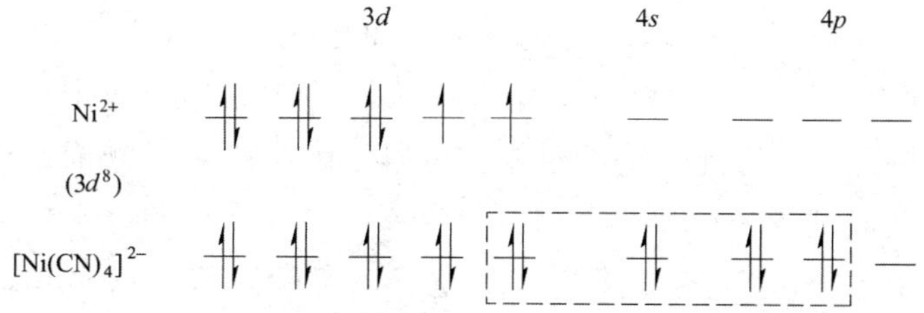

dsp^2杂化

中心离子与配体究竟形成外轨型（采用 $ns-np-nd$ 杂化）还是内轨型配合物［采用 $(n-1)d-ns-np$ 杂化］，主要取决于中心离子的价电子构型和配位原子电负性的大小。

当 d 电子数≤3 时，该 d 轨道至少有两个空轨道，因此总是生成内轨型配合物。例如，Cr^{3+} 的电子构型为 $3d^3$，$[Cr(H_2O)_6]^{3+}$ 中 Cr^{3+} 采取 d^2sp^3 杂化；V^{3+} 的电子构型为 $3d^2$，$[V(H_2O)_6]^{3+}$ 中 V^{3+} 采取 d^4sp 杂化，其空间构型为三方棱柱形；Ti^{3+} 的电子构型为 $3d^1$，$[TiF_5]^{2-}$ 中 Ti^{3+} 采取 d^4s 杂化，其空间构型为正方锥形。

中心离子电子构型为 $d^{4\sim6}$ 时，其六配位配合物采取内轨型杂化还是采取外轨型杂化，主要取决于配体是否使中心离子 $(n-1)d$ 轨道上的电子发生重排。如 $[Co(CN)_6]^{3-}$ 和 $[Mn(CN)_6]^{4-}$ 中心离子均采取 d^2sp^3 杂化。

对于具有 d^7 结构的 $[Co(NH_3)_6]^{2+}$ 配离子，中心离子将 1 个 d 电子激发到高能量的 $5s$ 轨道上去，中心离子采取 d^2sp^3 杂化形成正八面体配离子。高能量的 $5s$ 轨道上的电子容易失去，导致 $[Co(NH_3)_6]^{2+}$ 的还原能力比 Co^{2+} 增强，而 $[Co(NH_3)_6]^{3+}$ 氧化能力比 Co^{3+} 降低，与电对的标准电极电势 $E^\ominus([Co(NH_3)_6]^{3+}/[Co(NH_3)_6]^{2+})=0.14V$ 相吻合。

中心离子电子构型为 d^8 时，在 $(n-1)d$ 轨道上有 2 个未成对电子，在形成配位数为四的配离子时，若配体是含电负性较小的 C 原子的 CN^- 时，则采用 dsp^2 杂化，形成内轨型平面正方形配合物，例如 $[Ni(CN)_4]^{2-}$；若配体是含电负性较大的原子的配体时，则采用 sp^3 杂化，形成外轨型四面体形配合物，例如 $[NiBr_4]^{2-}$。

具有 d^{10} 构型的离子，由于 $(n-1)d$ 轨道全充满，只能用最外层轨道杂化形成外轨型配合物。例如：Zn^{2+}、Cd^{2+}、Hg^{2+}，其价电子结构依次为 $3d^{10}$、$4d^{10}$、$5d^{10}$，当其形成配位数是 4 的配合物时，以 sp^3 杂化轨道成键，形成（正）四面体形结构；配位数是 3 的 $[CuCl_3]^{2-}$ 配离子为平面三角形结构；配位数是 2 的 $[Ag(NH_3)_2]^+$ 配离子为直线形结构。

（四）配合物的磁性

判断一个配合物是外轨型还是内轨型，一般可以通过磁矩数据来确定。物质的磁性强弱（用磁矩 μ 表示）与物质内部未成对电子数（n）有近似关系：

$$\mu=\sqrt{n(n+2)}\,\mu_B$$

式中，n 为中心离子未成对电子数，μ_B 为玻尔磁子（Bohr magneton，B. M.），$1\mu_B\approx9.274\times10^{-24}\ A\cdot m^2$。

由此式可估算出未成对电子数 $n=1\sim5$ 时相对应磁矩的理论值，见表 10－3。

表 10－3　未成对电子数（n）与磁矩（μ）的关系

未成对电子数（n）	1	2	3	4	5
磁矩（μ）/ B. M.	1.73	2.83	3.88	4.90	5.92

在形成外轨型配合物时，中心离子用外层空轨道杂化成键，内层 d 电子排布几乎不受成键的影响，故未成对电子数较多，磁矩较大。而形成内轨型配合物时，中心离子为了“腾出”内层 d 轨道参与杂化，要将 d 电子“挤入”少数轨道，故未成对电子数较少，相应的磁矩也变小。因此，测定配合物的磁矩，可以了解中心离子未成对电子数，从而可以确定配合物的磁性及成键情况。

例如，Fe^{3+} 离子 $3d$ 轨道上有 5 个未成对电子，实验测得 $[FeF_6]^{3-}$ 的磁矩为 $5.88\ \mu_B$（计算值为 $5.92\ \mu_B$）。由此可知，$[FeF_6]^{3-}$ 中 Fe^{3+} 仍保留 5 个未成对电子，Fe^{3+} 采用 sp^3d^2

杂化形成外轨型配合物。在外轨型配合物中，中心离子（或原子）含有未成对电子数较多，磁矩较大，外轨型配合物又称为**高自旋**（high - spin）配合物，具有顺磁性（paramagnetism）。而由实验测得 $[Fe(CN)_6]^{3-}$ 的磁矩为 $2.32\mu_B$，此数值与具有 1 个未成对电子的磁矩的理论值 $1.73\mu_B$ 较接近，说明配离子中未成对电子数减少，推知 $[Fe(CN)_6]^{3-}$ 中 Fe^{3+} 采用 d^2sp^3 杂化形成是内轨型配合物。在内轨型配合物中，中心离子（或原子）含有未成对电子数较少，磁矩较小，因此内轨型的配合物又称为**低自旋**（low-spin）配合物。

对于同一种中心离子与不同配体生成的相同类型的配合物，低自旋配合物比高自旋配合物更稳定。这是由于低自旋配合物配体提供的孤对电子深入到中心离子的 $(n-1)d$ 轨道，由于其能量比 nd 低，所以，低自旋配合物比高自旋配合物稳定。例如，$[FeF_6]^{3-}$（$\lg K_{稳}=14.3$）倾向于转变成更稳定的 $[Fe(CN)_6]^{3-}$（$\lg K_{稳}=52.6$）。

配合物的价键理论简单明了，能根据配离子所采用的杂化轨道类型说明配离子的空间构型和中心离子的配位数，解释外轨型配合物和内轨型配合物的磁性和稳定性的差别，但其应用仍有很大的局限性。价键理论不能定量或半定量地说明配合物的稳定性，也不能解释配合物的可见、紫外吸收光谱以及过渡金属配合物普遍具有特征颜色等问题。这些问题用晶体场理论才可以得到满意的解释。

二、晶体场理论

晶体场理论从纯静电力出发，将中心离子与配体之间的相互作用完全看作是静电的吸引和排斥，着重考虑配体静电场对中心离子 d 轨道能级的影响。它成功地解释了配离子的光学、磁学等性质。

（一）晶体场理论的基本要点

1. 在配合物中，中心离子（M）处于配体（负离子或极性分子）形成的**晶体场**（crystal field）中，中心离子（M）与配体之间的作用是纯粹的静电作用。类似于离子晶体中的正、负离子相互作用力。

2. 在配体静电场的作用下，中心离子（M）原来能量相同的 5 个简并 d 轨道发生了能级分裂，有些 d 轨道能量升高，有些 d 轨道能量降低（以球形场中的能级为基准）。

3. 由于 d 轨道能级的分裂，使 d 电子重新排布，首先占据能量较低的轨道，往往使系统的总能量有所降低。按照一定规则（见后）填入分裂后的 d 轨道。

（二）中心离子 *d* 轨道的能级分裂

1. *d* 轨道在正八面体场中的分裂　配合物的中心离子（M）价电子层有 5 个简并的 d 轨道，d 轨道在空间有 5 种取向：d_{xy}、d_{yz}、d_{xz}、d_{z^2}、$d_{x^2-y^2}$，其中 $d_{x^2-y^2}$ 轨道沿 x 轴和 y 轴伸展，d_{z^2} 轨道沿 z 轴伸展，d_{xy}、d_{yz} 和 d_{xz} 轨道分别沿 x、y、z 轴的夹角平分线伸展。在自由离子中，虽然它们的伸展方向不同，但这些轨道的能量是相等的。如果中心离子（M）处于一个球形对称的负电场包围的球心上，负电场对 5 条简并 d 轨道的静电斥力也是均匀的，尽管使 d 轨道能量有所升高，但不会发生能级分裂。在八面体形的配合物中，如果将中心离子置于直角坐标系的原点，6 个配体分别占据八面体的 6 个顶点，当 6 个配体分别沿 $\pm x$，$\pm y$，$\pm z$ 轴方向接近中心离子（M）时，由于 5 个 d 轨道的空间取向不同，八面体场对这些 d 轨道的作用也有差异。由图 10－1 可以看出，d_{z^2} 和 $d_{x^2-y^2}$ 轨道的电子云最大密度处恰好对着 $\pm x$，$\pm y$，$\pm z$ 上的 6 个配体，受到配体电子云的排斥作用增大，相互作用较强，于是能量升高较多；而 d_{xy}、d_{yz} 和 d_{xz} 轨道的电子云最大密度处指向坐标轴的对角线处，离 $\pm x$、$\pm y$、$\pm z$ 上的配体的距离远，受到配体电子云的排斥作用小，所以能量升高较少。也就是说，在自由的气态金属离子（M）和球形场中五重简并的 d 轨道，在八面体场中分裂成两组：一组为能量较高的 d_{z^2} 和 $d_{x^2-y^2}$ 轨道，合称为 e_g 轨道，它们二者的能量相等；另一组为能量较低的 d_{xy}、d_{yz} 和 d_{xz} 轨道，合称为 t_{2g} 轨道，它们三者的能量相等。

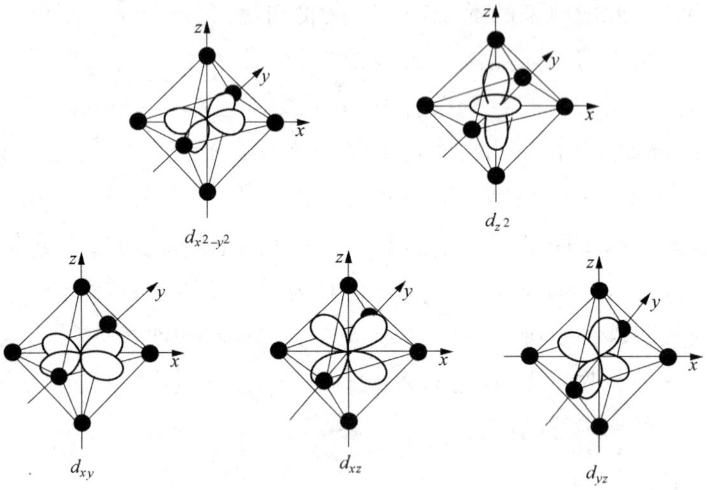

图 10－1　正八面体场中的 d 轨道

中心离子（M）5 个 d 轨道的能量在正八面体场中的分裂见图 10－2。这两组轨道能级之间的差值称为**晶体场分裂能**（crystal field splitting energy），用 Δ_o 表示（下标“o”表示八面体 octahedron）或 10Dq。在数值上 Δ_o 相当于一个电子由 t_{2g} 轨道跃迁至 e_g 轨道所需的能量，该能量可通过光谱实验测得。

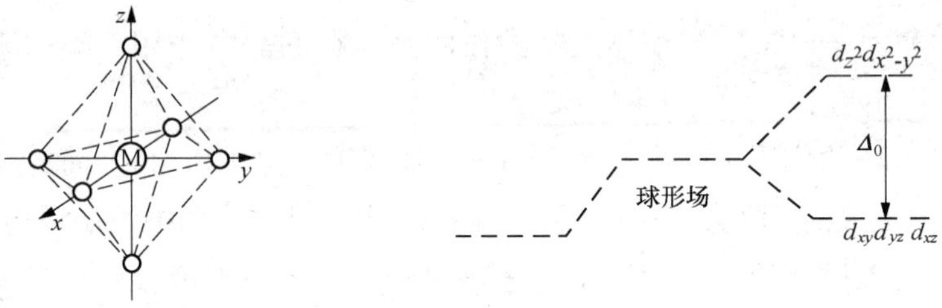

图 10－2　d 轨道在正八面体场中的能级分裂

$$E(e_g)-E(t_{2g})=\Delta_o=10\ Dq$$

量子力学原理指出，d 轨道分裂前后的总能量不变。为简便计，令球形场中五个简并 d 轨道的相对能量为 0 Dq，则有 2 个 e_g 轨道升高的总能量（正值）和 3 个 t_{2g} 轨道降低的总能量（负值）的代数和为零，即

$$2E(e_g)+3E(t_{2g})=0$$

联立上面两式，解得分裂后这两组 d 轨道相对于球形场的能量分别为：

$$E(e_g)=3/5\Delta_o=6\ Dq$$

$$E(t_{2g})=-2/5\Delta_o=-4\ Dq$$

可见，在正八面体场中 d 轨道能级分裂的结果与球形场中简并 d 轨道能级相比较，e_g 轨道升高了 6 Dq，而 t_{2g} 轨道能量降低了 4 Dq。

2. d 轨道在正四面体场中的分裂　在正四面体场中，将中心离子（M）置于立方体的中心，直角坐标系的 x、y、z 轴分别指向立方体的面心，八个角上每隔一个角上放上一个配体，即可得到正四面体形的配合物。由图 10-3 可见，d_{xy}、d_{yz} 和 d_{xz} 3 个原子轨道电子云最大密度处分别指向立方体 4 个平行的棱的中点，距配体较近。d_{z^2} 与 $d_{x^2-y^2}$ 原子轨道的电子云最大密度处分别指向立方体的面心，距配体较远。在四面体晶体场影响之下，中心离子（M）d 轨道也分裂为两组，其分裂方式与八面体场相反，d_{xy}、d_{yz} 和 d_{xz} 原子轨道上的电子受到配体提供的电子对的排斥作用大，其原子轨道的能量升高，形成能量较高的三重简并 t_2 轨道；而 d_{z^2} 与 $d_{x^2-y^2}$ 原子轨道上的电子受到配体提供的电子对的排斥作用小，其原子轨道的能量降低，形成能量较低的二重简并 e 轨道。5 个 d 轨道在正四面体场中的分裂见图10-3，其分裂能 Δ_t（下标 t 表示"四面体"，tetrahedron）较小，为八面体分裂能 Δ_o 的 4/9。因此有

$$2E(\mathrm{e})+3E(\mathrm{t_2})=0$$

$$E(\mathrm{t_2})-E(\mathrm{e})=\frac{4}{9}\Delta_o=\frac{4}{9}\times 10\mathrm{Dq}=4.45\mathrm{Dq}$$

$$E(\mathrm{t_2})=+1.78\mathrm{Dq}$$

$$E(\mathrm{e})=-2.67\mathrm{Dq}$$

3. *d* 轨道在平面正方形场中的分裂　平面正方形配合物的四个配体分别沿 $\pm x$ 和 $\pm y$ 的方向向中心离子（M）接近。d 轨道分裂成四组，中心离子（M）的 $d_{x^2-y^2}$ 轨道由于与配体迎头相碰，因而受配体负电排斥最强，能量升高最多，其次是 d_{xy} 轨道，而 d_{z^2} 又次之，d_{yz} 和 d_{xz} 能量最低，其分裂能为 Δ_s（下标 s 表示"平面正方形"，square planar）。

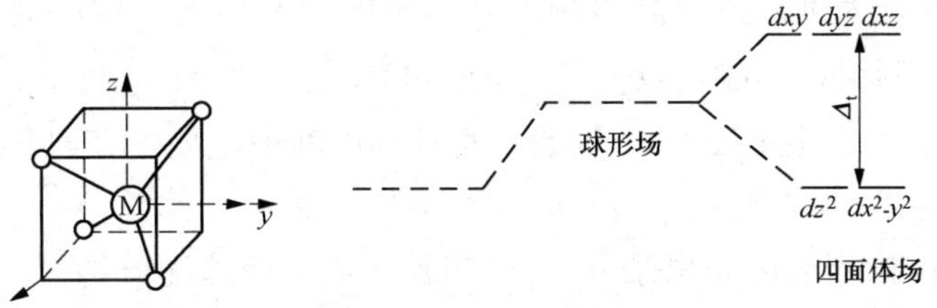

图 10-3　*d* 轨道在正四面体场中的能级分裂

同样也可以算出平面正方形场中四组轨道的相对能量为：

$$E_{d_{x^2-y^2}}=+12.28\mathrm{Dq}\qquad E_{d_{xy}}=+2.28\mathrm{Dq}$$

$$E_{d_{z^2}}=-4.28\mathrm{Dq}\qquad E_{d_{xz,yz}}=-5.14\mathrm{Dq}$$

$$\Delta_s=17.42\mathrm{Dq}$$

分裂能 Δ 值取决于下列因素。

（1）配合物的空间构型　配合物的空间构型与分裂能的关系是：

$$\Delta_s>\Delta_o>\Delta_t$$

这可从前面讲述的 17.42Dq > 10Dq > 4.45Dq 看出。

（2）中心离子（M）的电荷　配体相同时，中心离子的正电荷越高，对配体的吸引力越大，配体更靠近中心离子，中心离子 d 电子与配体之间的斥力增大，从而使分裂能 Δ 值增大。例如：

$$[\mathrm{Fe(H_2O)_6}]^{2+}\qquad \Delta_o=124\mathrm{kJ\cdot mol^{-1}}$$

$$[\mathrm{Fe(H_2O)_6}]^{3+}\qquad \Delta_o=164\mathrm{kJ\cdot mol^{-1}}$$

（3）元素所在的周期数　同族过渡金属元素，若中心离子（M）电荷、配体种类和数

目以及配合物几何构型都相同，则配合物的 Δ 值随中心离子在周期表中所处的周期数而递增。这是由于同族元素随主量子数增大，半径增大，d 轨道离核越远，越容易在外电场作用之下改变能量，使分裂能增大。例如：

$[CrCl_6]^{3-}$ $\Delta_o = 163\ kJ \cdot mol^{-1}$

$[MoCl_6]^{3-}$ $\Delta_o = 230\ kJ \cdot mol^{-1}$

（4）配体的性质　由同一中心离子（M）生成构型相同的配合物，其分裂能 Δ_o 随配体场强弱不同而发生变化，配体场由弱到强，分裂能 Δ_o 值由小到大的顺序排列如下。

$I^- < Br^- < Cl^- < SCN^- < F^- < OH^- < C_2O_4^{2-} < H_2O < NCS^- < NH_3 <$ en $< SO_3^{2-} < NO_2^- < CN^- < CO$

这个顺序是从配合物的光谱实验确定的，故称为**光谱化学序列**（spectrochemical series）。它代表了配位场的强弱顺序。

这一序列主要适用于第一过渡系列的金属离子。光谱化学序列中以 H_2O 为界，前部的配体是弱场配体（weak field ligand）（如 X^-），分裂能小；序列中以 NH_3 为界后部的配体是强场配体（strong field ligand）（如 NO_2^-、CN^-），分裂能大。对于不同的中心离子，以上顺序可能略有变化。

从光谱化学序列可以粗略地看出，按配位原子来说，Δ 的大小为：

卤素 < 氧 < 氮 < 碳

（三）晶体场中 *d* 电子的排布

现以八面体配合物为例来讨论晶体场中 d 电子的排布情况。中心离子（M）的 d 轨道在八面体场中分裂为两组，即能量较低的 t_{2g} 轨道和能量较高的 e_g 轨道，d 电子进入分裂后的 d 轨道时，进入 t_{2g} 轨道还是进入 e_g 轨道，要看具体的中心离子在具体的配位场中能量对哪一种排布方式有利。

对于具有 $d^1 \sim d^3$ 构型的中心离子（M），当其形成八面体配合物时，根据能量最低原理和 Hund 规则，d 电子将优先分布在 t_{2g} 轨道上，并以自旋平行的方式分占不同的轨道。

对于具有 $d^4 \sim d^7$ 构型的中心离子（M），当其形成八面体配合物时，可能有两种排布方式，一种是根据能量最低原理，第 4 个电子进入已有一个电子的 t_{2g} 轨道并和这个电子成对，此时需要克服与原有电子自旋配对而产生的排斥作用，所需能量称为**电子成对能**（electron pairing energy），用 P 表示。另一种是根据 Hund 规则进入较高能级的 e_g 空轨道，这时需要克服 Δ_o。如果配体的晶体场较弱，$\Delta_o < P$，电子排斥作用会阻止电子自旋配对，使后来的电子进入能级较高的 e_g 轨道，d 电子尽可能占据较多的轨道，生成单电子数较多的高自旋配合物；如果配体的晶体场较强，分裂能 Δ_o 足够大，$\Delta_o > P$，后来的电子会进入 t_{2g} 轨道，d 电子尽可能占据能量较低的轨道，生成单电子数较少的低自旋配合物。例如，$[Fe(H_2O)_6]^{2+}$ 和 $[Fe(CN)_6]^{4-}$ 都是正八面体配离子。

对于 $[Fe(H_2O)_6]^{2+}$：$\Delta_o = 124kJ \cdot mol^{-1}$，$P = 210kJ \cdot mol^{-1}$，$\Delta_o < P$

对于 $[Fe(CN)_6]^{4-}$：$\Delta_o = 311kJ \cdot mol^{-1}$，$P = 210kJ \cdot mol^{-1}$，$\Delta_o > P$

因此，6 个 $3d$ 电子在 $[Fe(H_2O)_6]^{2+}$ 中的排布方式为 $t_{2g}^4 e_g^2$，有 4 个单电子，高自旋，表现为顺磁性；在 $[Fe(CN)_6]^{4-}$ 中的排布方式为 $t_{2g}^6 e_g^0$，没有单电子，低自旋，表现为反磁性。

由以上讨论可知，中心离子（M）d 轨道上的电子究竟按哪种方式分布，取决于分裂能 Δ 和电子成对能 P 的相对大小，在强场配体（如 CN^-）作用下，分裂能 Δ 较大，此时，$\Delta > P$，易形成低自旋配合物。在弱场配体（如 H_2O、F^-）作用下，分裂能 Δ 较小，此时，$\Delta < P$，则易形成高自旋配合物。

对于八面体配合物，在 d^1、d^2、d^3、d^8、d^9、d^{10} 情况下，不论强场或弱场，电子排布只有一种方式。在 $d^4 \sim d^7$ 的情况下，中心离子在强场和弱场中的电子排布不同，配合物有高、低自旋之分。见表 10－4。

表 10－4　八面体场中 d 电子在 e_g 和 t_{2g} 轨道中的分布

d 电子数	弱场配体，$\Delta_o < P$		强场配体 $\Delta_o > P$	
	t_{2g}	e_g	t_{2g}	e_g
1	↑ — —	— —	↑ — —	— —
2	↑ ↑ —	— —	↑ ↑ —	— —
3	↑ ↑ ↑	— —	↑ ↑ ↑	— —
4	↑ ↑ ↑	↑ —	↑↓ ↑ ↑	— —
5	↑ ↑ ↑	↑ ↑	↑↓ ↑↓ ↑	— —
6	↑↓ ↑ ↑	↑ ↑	↑↓ ↑↓ ↑↓	— —
7	↑↓ ↑↓ ↑	↑ ↑	↑↓ ↑↓ ↑↓	↑ —
8	↑↓ ↑↓ ↑↓	↑ ↑	↑↓ ↑↓ ↑↓	↑ ↑
9	↑↓ ↑↓ ↑↓	↑↓ ↑	↑↓ ↑↓ ↑↓	↑↓ ↑
10	↑↓ ↑↓ ↑↓	↑↓ ↑↓	↑↓ ↑↓ ↑↓	↑↓ ↑↓

在四面体配合物中，由于分裂能小（$\Delta_t = \frac{4}{9}\Delta_o$），$\Delta_t < P$，因此，已知的四面体配合物总是高自旋的。

（四）晶体场稳定化能

在晶体场影响下，中心离子（M）的 d 轨道发生能级分裂，电子优先占据能量较低的轨道。***d* 电子从未分裂前的 *d* 轨道转入分裂后的 *d* 轨道所产生的总能量下降值，称为晶体场稳定化能**（crystal field stabilization energy，CFSE）。晶体场稳定化能越大，配合物越稳定。例如，在八面体场中，中心离子（M）d 轨道分裂为低能级的 t_{2g} 轨道和高能级的 e_g 轨道，若有 1 个电子进入 t_{2g} 轨道，能量将比未分裂前降低 4Dq，使配合物较为稳定。若有 1 个电子进入 e_g 轨道，能量将比未分裂前升高 6Dq，使配合物较为不稳定。所以，根据 t_{2g} 和 e_g 的相对能量和进入其中的电子数，就可以计算八面体配合物的晶体场稳定化能：

$$\mathrm{CFSE}_{(八面体)} = n_1E(t_{2g}) + n_2E(e_g) = 6n_2 - 4n_1(\mathrm{Dq})$$

其中，n_1 和 n_2 分别为进入 t_{2g} 和 e_g 轨道中的电子数。

例如，$[Fe(H_2O)_6]^{2+}$ 配离子中，d 电子排布为 $t_{2g}^4e_g^2$，CFSE $= 6 \times 2 - 4 \times 4 = -4(\mathrm{Dq})$。晶体

场稳定化能为负值，表明分裂后的能量比未分裂时的能量降低了4Dq。对于 $[Fe(CN)_6]^{4-}$ 配离子，d 电子排布为 $t_{2g}^6e_g^0$，CFSE = 6 × 0 − 4 × 6 = −24(Dq)。可见，$[Fe(CN)_6]^{4-}$ 的能量更低，配合物更稳定。

同理，四面体配合物的晶体场稳定化能由下式计算：

$$EFSE_{(四面体)} = 1.78n_1 - 2.67n_2(Dq)$$

其中，n_1 和 n_2 分别为 t_2 和 e 轨道中的电子数。

通过类似计算，不同 d 电子构型的离子在几种常见配位场中的 CFSE 列于表10－5。

表 10－5　晶体场中过渡金属离子的稳定化能（Dq）

d^n	弱场			强场		
	八面体	四面体	平面正方形	八面体	四面体	平面正方形
d^0	0	0	0	0	0	0
d^1	−4	−2.67	−5.14	−4	−2.67	−5.14
d^2	−8	−5.34	−10.28	−8	−5.34	−10.28
d^3	−12	−3.56	−14.56	−12	−8.01	14.56
d^4	−6	−1.78	−12.28	−16	−10.68	−19.70
d^5	0	0	0	−20	−8.90	−24.84
d^6	−4	−2.67	−5.14	−24	−6.12	−29.12
d^7	−8	−5.34	−10.28	−18	−5.34	26.84
d^8	−12	3.56	−14.56	−12	−3.56	−24.56
d^9	−6	−1.78	−12.28	−6	−1.78	−12.28
d^{10}	0	0	0	0	0	0

注：本表中计算的稳定化能均未扣除成对能（P），而且是以八面体的 Δ_o 为基准比较所得的相对值。

表 10－5 的数据表明，d^0、d^{10} 和弱场 d^5 电子构型的离子的 CFSE = 0，其他 d 电子构型的中心离子形成配合物时，均可获得晶体场稳定化能，从而获得额外的稳定性。在弱场配体的作用下，晶体场稳定化能对形成正四面体配合物不利。在强场配体作用下，晶体场稳定化能有利于八面体和平面正方形配合物的形成。d^6 电子构型在强八面体场中的稳定化能高达 −24Dq，所以具有 d^6 电子构型的 Fe^{2+} 和 Co^{3+} 离子能与许多强场配体形成稳定的逆磁性的八面体配合物。d^8 体系在平面正方形强场中的晶体场稳定化能特别高，所以属于 d^8 电子构型的 Ni^{2+}、Pt^{2+}、Au^{3+} 等离子容易形成具有平面正方形结构的低自旋配合物（强场）。d^3 电子构型在弱场或强场八面体中的晶体场稳定化能都是 −12Dq，所以属于 d^3 电子构型的 Cr^{3+} 离子能与绝大多数配体形成相当稳定的六配位八面体配合物。

（五）配合物的颜色和吸收光谱

凡是能吸收某种波长的可见光，并将未被吸收的那部分光反射（或透射）出来的物质都能呈现颜色。物质显示的颜色是物质吸收特定波长（即特定能量）的可见光后留下来的互补色，二者的关系列于表 10－6。

表 10－6　物质吸收的可见光波长与物质颜色的关系

吸收波长（λ）/nm	波数/cm⁻¹	吸收可见光的颜色	物质呈现的颜色
400～435	25 000～23 000	紫	绿黄
435～480	23 000～20 800	蓝	黄
480～490	20 800～20 400	绿蓝	橙

续表

吸收波长（λ）/nm	波数/cm^{-1}	吸收可见光的颜色	物质呈现的颜色
490～500	20 400～20 000	蓝绿	红
500～560	20 000～17 900	绿	红紫
560～580	17 900～17 200	黄绿	紫
580～595	17 200～16 800	黄	蓝
595～605	16 800～16 500	橙	绿蓝
605～750	16 500～13 333	红	蓝绿

晶体场理论能较好地解释配合物的颜色。过渡金属水合离子为配离子，其中心离子在配体水分子的影响下，*d* 轨道能级分裂。而 *d* 轨道又常没有填满电子，当配离子吸收可见光区某一部分波长的光时，*d* 电子可以从低能级的 *d* 轨道跃迁到能级较高的 *d* 轨道（例如八面体场中由 t_{2g}轨道跃迁到 e_g 轨道），这种跃迁称为 *d*－*d* 跃迁。配离子吸收可见光的能量一般在 10 000～30 000cm^{-1}范围内，它包括全部可见光（14 000～25 000cm^{-1}），所以配离子常有特征颜色。

发生 *d*－*d* 跃迁所需要的能量即为轨道的分裂能（Δ），即

$$\Delta = h\nu = hc/\lambda$$

式中，*h* 为普朗克常数（$6.626\times10^{-34}J\cdot s^{-1}$），λ 为波长（以 cm 表示），*c* 为光速；1/λ 为波数。

可见，分裂能 Δ 越大，电子跃迁所需要的能量就越大，相应吸收光的波长就越短。例如 $[Ti(H_2O)_6]^{3+}$，中心离子 Ti^{3+}的 *d* 电子在 t_{2g}与 e_g 之间跃迁所需的能量在20 400cm^{-1}附近，与黄-绿色光（约 500nm）相当，因此 Ti^{3+}的水溶液呈现与黄-绿色光相应的补色——紫红色。

对于不同中心离子的水合配离子，虽然配体相同（都是水分子），但 e_g 和 t_{2g}能级差不同，*d*－*d* 跃迁时吸收不同波长的可见光，故显不同颜色。第一过渡系金属的水合配离子（配位数为 6）的颜色分别为：

离子：	Ti^{3+}	V^{3+}	Cr^{3+}	Cr^{2+}	Mn^{2+}	Fe^{2+}	Co^{2+}	Ni^{2+}	Cu^{2+}
d 电子构型：	d^1	d^2	d^3	d^4	d^5	d^6	d^7	d^8	d^9
颜色：	紫红	绿	紫	天蓝	浅粉	淡绿	粉红	绿	蓝

如果中心离子 *d* 轨道全空（d^0）或全满（d^{10}），则不存在 *d*－*d* 跃迁，因此其水合离子是无色的（如 $[Sc(H_2O)_6]^{3+}$、$[Zn(H_2O)_6]^{2+}$等）。

晶体场理论与价键理论相比，能较好地解释配合物的颜色、磁性和稳定性。但这一理论只考虑了中心离子和配体之间的静电作用，而忽略了两者之间存在着不同程度的共价作用。因此，对 $Ni(CO)_4$、$Fe(CO)_5$、$Fe(C_2H_5)_2$ 等以共价为主的配合物就无法说明；也不能完全满意地解释光谱化学系列，如为什么 NH_3 分子的场强比带负电荷的卤素离子强，以及为什么 CO 和 CN^-配体场最强。从 1952 年开始，人们把晶体场理论和分子轨道理论结合起来，不仅考虑中心离子与配体之间的静电效应，也考虑到它们之间的轨道重叠会使配位键具有共价成分，从而提出**配位场理论**（ligand field theory）。配位场理论在此不作介绍。

扫码“学一学”

第三节 配位平衡

一、配合物的稳定常数

在［$Cu(NH_3)_4$］SO_4 的溶液中，若加入 $BaCl_2$ 溶液，会产生 $BaSO_4$ 沉淀；若加入少量 NaOH 溶液，却得不到 $Cu(OH)_2$ 沉淀；若加入 Na_2S 溶液，则可得到黑色的 CuS 沉淀。可见［$Cu(NH_3)_4$］$^{2+}$虽具有相当的稳定性，但在水溶液中只能微弱地解离出 Cu^{2+} 和 NH_3。以上实验说明 Cu^{2+} 和 NH_3 分子间既存在［$Cu(NH_3)_4$］$^{2+}$配离子的形成反应，同时也存在［$Cu(NH_3)_4$］$^{2+}$配离子的解离反应。形成和解离达到平衡，这种平衡称为配位平衡。在［$Cu(NH_3)_4$］SO_4 的溶液中，存在的平衡如下。

$$[Cu(NH_3)_4]^{2+} \rightleftharpoons Cu^{2+} + 4NH_3 \qquad K^{\ominus}_{不稳} = \frac{\{[Cu^{2+}]/c^{\ominus}\}\{[NH_3]/c^{\ominus}\}^4}{\{[Cu(NH_3)_4^{2+}]/c^{\ominus}\}}$$

$$Cu^{2+} + 4NH_3 \rightleftharpoons [Cu(NH_3)_4]^{2+} \qquad K^{\ominus}_{稳} = \frac{\{[Cu(NH_3)_4^{2+}]/c^{\ominus}\}}{\{[Cu^{2+}]/c^{\ominus}\}\{[NH_3]/c^{\ominus}\}^4}$$

前者是配离子的解离反应，与之对应的平衡常数越大，表明配离子越易解离，即配离子越不稳定，因而这个常数称为配离子的**不稳定常数**（instability constant），以 $K^{\ominus}_{不稳}$ 表示。为书写方便，将 $c^{\ominus} = 1mol \cdot L^{-1}$略去，$K^{\ominus}_{不稳}$可简写为 $K_{不稳}$；后者则是配离子的生成反应，与之对应的标准平衡常数是配离子稳定性的量度，其数值越大，表明配离子在水溶液中越稳定，因而称为配离子的**稳定常数**（stability constant），以 $K^{\ominus}_{稳}$ 表示，简写为 $K_{稳}$。稳定常数 $K_{稳}$ 值不仅反映了配离子在溶液中稳定性的大小，也反映了配离子形成反应的趋势和程度。

显然配离子的稳定常数 $K_{稳}$ 和不稳定常数 $K_{不稳}$ 为倒数关系：

$$K_{稳} = 1/K_{不稳}$$

稳定常数或不稳定常数，使用时应注意不可混淆。本书所用数据除注明外均为稳定常数。

在利用稳定常数 $K_{稳}$ 比较配离子的稳定性（**是否容易解离**）时必须注意配离子的类型，**配位数或配体数相同**才能直接比较，前提条件是配离子浓度相同。例如，［$Ag(NH_3)_2$］$^+$的 $\lg K_{稳} = 7.05$，［$Ag(CN)_2$］$^-$ 的 $\lg K_{稳} = 21.10$，数据表明，浓度相同的配离子（［$Ag(NH_3)_2$］$^+$和［$Ag(CN)_2$］$^-$）溶液中，［$Ag(CN)_2$］$^-$溶液中 $c(Ag^+)$ 较小，即后者比前者稳定得多。对不同类型的配离子不能简单地利用 $K_{稳}$ 来比较它们的稳定性，要通过计算同浓度时溶液中中心离子的浓度来比较。例如，对于［$Cu(en)_2$］$^{2+}$($\lg K_{稳} = 20.0$；1∶2 型；配位数为4）和［CuY］$^{2-}$（$\lg K_{稳} = 18.7$；1∶1 型；配位数为6），似乎前者比后者稳定，而事实上恰好相反。一些常见的配离子的 $K_{稳}$ 和 $\lg K_{稳}$ 值列于表 10－7。

表 10－7 一些常见配离子的稳定常数

配离子	$K_{稳}$	$\lg K_{稳}$	配离子	$K_{稳}$	$\lg K_{稳}$
1:1			1:4		
$[CuY]^{2-}$	5.0×10^{18}	18.7	$[Cu(NH_3)_4]^{2+}$	2.1×10^{13}	13.32
$[MgY]^{2-}$	4.4×10^{8}	8.64	$[Zn(NH_3)_4]^{2+}$	2.9×10^{9}	9.46
$[CaY]^{2-}$	1.0×10^{11}	11.0	$[HgCl_4]^{2-}$	1.2×10^{15}	15.07
$[ZnY]^{2-}$	2.5×10^{16}	16.4	$[HgI_4]^{2-}$	6.8×10^{29}	29.83

续表

配离子	$K_{稳}$	$\lg K_{稳}$	配离子	$K_{稳}$	$\lg K_{稳}$
$[AlY]^-$	1.3×10^{16}	16.11	$[Ni(CN)_4]^{2-}$	2.0×10^{31}	31.3
1:2			$[Co(NCS)_4]^{2-}$	1.0×10^{3}	3.0
$[Ag(NH_3)_2]^+$	1.1×10^{7}	7.05	1:6		
$[Ag(S_2O_3)_2]^{3-}$	2.9×10^{13}	13.5	$[Co(NH_3)_6]^{2+}$	1.3×10^{5}	5.11
$[Ag(CN)_2]^-$	1.3×10^{21}	21.1	$[Co(NH_3)_6]^{3+}$	1.6×10^{35}	35.2
$[Cu(en)_2]^{2+}$	1.0×10^{20}	20.0	$[Ni(NH_3)_6]^{3+}$	5.5×10^{8}	8.74
$[Cu(CN)_2]^-$	2.0×10^{38}	38.3	$[AlF_6]^{3-}$	6.9×10^{19}	19.8
1:3			$[FeF_6]^{3-}$	2.0×10^{14}	14.3
$[Fe(C_2O_4)_3]^{3-}$	1.6×10^{20}	20.2	$[Fe(CN)_6]^{3-}$	1.0×10^{42}	42.0
$[Ni(en)_3]^{2+}$	4.0×10^{18}	18.6	$[Fe(CN)_6]^{4-}$	1.0×10^{35}	35.0

注：表中 Y^{4-} 表示 EDTA 的酸根；en 表示乙二胺。

在溶液中配离子的生成是分步进行的，每一步都有一个对应的稳定常数，我们称它为**逐级稳定常数**（stepwise stability constants），例如上述 $[Cu(NH_3)_4]^{2+}$ 的生成反应涉及如下四个平衡。

$$Cu^{2+} + NH_3 \rightleftharpoons [Cu(NH_3)]^{2+}$$

$$[Cu(NH_3)]^{2+} + NH_3 \rightleftharpoons [Cu(NH_3)_2]^{2+}$$

$$[Cu(NH_3)_2]^{2+} + NH_3 \rightleftharpoons [Cu(NH_3)_3]^{2+}$$

$$[Cu(NH_3)_3]^{2+} + NH_3 \rightleftharpoons [Cu(NH_3)_4]^{2+}$$

$$K_1 = \frac{[Cu(NH_3)^{2+}]}{[Cu^{2+}]\ [NH_3]} = 2.04\times10^4$$

$$K_2 = \frac{[Cu(NH_3)_2^{2+}]}{[Cu(NH_3)^{2+}]\ [NH_3]} = 4.68\times10^3$$

$$K_3 = \frac{[Cu(NH_3)_3^{2+}]}{[Cu(NH_3)_2^{2+}]\ [NH_3]} = 1.10\times10^3$$

$$K_4 = \frac{[Cu(NH_3)_4^{2+}]}{[Cu(NH_3)_3^{2+}]\ [NH_3]} = 2.00\times10^2$$

K_1、K_2、K_3、K_4 分别为各级配离子的逐级稳定常数。

根据多重平衡规则，配离子的稳定常数 $K_{稳}$ 等于逐级稳定常数的乘积：

$$K_{稳} = K_1 \cdot K_2 \cdot K_3 \cdot K_4$$

表 10－8 列出几种常见金属氨配离子的逐级稳定常数的 $\lg K$ 值。

表 10－8　几种金属氨配离子的逐级稳定常数的 lgK 值

配离子	$\lg K_1$	$\lg K_2$	$\lg K_3$	$\lg K_4$	$\lg K_5$	$\lg K_6$
$[Ag(NH_3)_2]^+$	3.24	3.81				
$[Zn(NH_3)_4]^{2+}$	2.37	2.44	2.50	2.15		
$[Cu(NH_3)_4]^{2+}$	4.31	3.67	3.04	2.30		
$[Ni(NH_3)_6]^{3+}$	2.80	2.24	1.73	1.19	0.75	0.03

由表 10－8 所列数据可见，配离子的逐级稳定常数之间一般相差不大，因此，严格讲在计算离子的浓度时，应考虑各级配离子的存在。但在实际工作中一般使用过量的配位剂，此时中心离子基本上处于最高配位数的状态，而其他低配位数的各级配离子可忽略不计。因此，若利用配离子的稳定常数 $K_{稳}$ 计算未配位的金属离子的浓度，只需按总反应进行计算，不必考虑逐级平衡。

［例 10－1］ 在 10.0ml 0.040mol · L^{-1} $AgNO_3$ 溶液中，加入 10.0ml 2.0mol · L^{-1} NH_3 溶液，计算平衡后溶液中 Ag^+ 的浓度（已知：$[Ag(NH_3)_2]^+$ 的 $K_{稳}=1.1\times10^7$）。

解：等体积混合后，浓度减半：

$$c(Ag^+)=0.020\ mol\cdot L^{-1},\ c(NH_3)=1.0mol\cdot L^{-1}$$

两种溶液混合后，因为溶液中 NH_3 过量，Ag^+ 能定量地转化为 $[Ag(NH_3)_2]^+$，且每形成 1mol$[Ag(NH_3)_2]^+$ 要消耗 2mol NH_3。

设平衡时游离的 Ag^+ 浓度为 x mol · L^{-1}，则

	Ag^+	+ $2NH_3$	$\rightleftharpoons$	$[Ag(NH_3)_2]^+$
起始浓度（mol · L^{-1}）	0.020	1.0		0
平衡浓度（mol · L^{-1}）	x	$1.0-2\times0.020+2x=0.96+2x$		$0.020-x$

因为 x 很小，得： $0.96+2x\approx0.96$； $0.020-x\approx0.020$

$$K_{稳}=\frac{[Ag(NH_3)_2^+]}{[Ag^+][NH_3]^2}=\frac{0.020}{x(0.96)^2}=1.1\times10^7$$

$$x=[Ag^+]\approx\frac{0.020}{1.1\times10^7\times(0.96)^2}=2.0\times10^{-9}\ (mol\cdot L^{-1})$$

结果表明，$x\ll0.020$mol · L^{-1}，将 $0.020-x$ 近似为 0.020 所引起的误差非常小。

二、影响配合物稳定性的因素

配合物是由中心离子和配体组成的，所以中心离子和配体的性质是决定配合物稳定性的主要因素。其次才是试剂的浓度、温度等外因。下面着重从中心离子、配体以及它们之间的相互作用等几个方面进行讨论。

（一）软硬酸碱理论

按照 Lewis 酸碱理论，能够接受电子对的物质是酸，能够给出电子对的物质是碱。于是，配合物的中心离子和配体也可以分别看作 Lewis 酸和 Lewis 碱，配位反应从广义上看就是酸碱反应。1963 年皮尔逊（R · G · Pearson）提出“**软硬酸碱**”（soft and hard acid－base）概念。在软硬酸碱中，“软”、“硬”用来形容酸或碱抓电子的松紧，而电子被抓的松紧程度则体现了酸碱接受或给予电子对的难易。那些体积小、电荷高、不易极化和失去电子的金属离子（或原子）称为**硬酸**（hard acid），它们对其价电子“抓得紧”；而那些体积大、电荷低、易极化和失去电子的金属离子（或原子）称为**软酸**（soft acid），它们对其价电子“抓得松”；介于两者之间的金属离子叫交界酸。一般来说，主族元素的金属离子属于硬酸，副族元素的低价金属离子属于软酸。按同样道理，也把配体分为软、硬和交界碱三类。把那些给出电子对的原子电负性大，对外层电子吸引力强，不易给出电子，变形性小的碱称作**硬碱**（hard base），例如，F^- 属于硬碱；相反，把那些给出电子对的原子电负性小，对外层电子吸引力弱，易给出电子，变形性大的碱称作**软碱**（soft base），例如，I^- 属于软碱。介于两者之间的为交界碱。常见酸碱软硬列于表 10－9。

表 10－9 软硬酸碱的分类

硬酸	Li^+、Na^+、K^+、Be^{2+}、Mg^{2+}、Ca^{2+}、Sr^{2+}、Mn^{2+}、Al^{3+}、Cr^{3+}、Fe^{3+}、Co^{3+}、Sc^{3+}、La^{3+}、As^{3+}、Ga^{3+}、Si^{4+}、Ti^{4+}、Zr^{4+}、Hf^{4+}、Sn^{4+}、Ce^{4+}、Y^{3+}
交界酸	Fe^{2+}、Co^{2+}、Ni^{2+}、Cu^{2+}、Zn^{2+}、Sn^{2+}、Pb^{2+}、Sb^{3+}、Bi^{3+}
软酸	Cu^+、Ag^+、Au^+、Cd^{2+}、Hg^{2+}、Hg_2^{2+}、Tl^+、Pt^{2+}、Pd^{2+}
硬碱	H_2O、OH^-、CH_3COO^-、PO_4^{3-}、SO_4^{2-}、CO_3^{2-}、NO_3^-、ROH、R_2O（醚）、F^-、Cl^-、NH_3
交界碱	Br^-、N_3^-（叠氮酸根）、NO_2^-、SO_3^{2-}、N_2、C_5H_5N（吡啶）、$C_6H_5NH_2$（苯胺）
软碱	SCN^-、$S_2O_3^{2-}$、I^-、CN^-、CO、C_6H_6（苯）、S^{2-}、C_2H_4（乙烯

当然，一种元素的分类不是固定的，它随电荷的不同而改变，例如 Fe^{3+} 是硬酸，而 Fe^{2+} 是交界酸；Cu^{2+} 是交界酸，Cu^+ 则为软酸；SO_4^{2-} 是硬碱，SO_3^{2-} 是交界碱，而 $S_2O_3^{2-}$ 则是软碱。

从大量酸碱反应及配合物性质的经验中总结出一条规律，这就是**软硬酸碱规则**（rule of hard and soft acid and base，HSAB）：**硬亲硬，软亲软，软硬交界就不管**。这一规则说明硬酸与硬碱；软酸与软碱都易形成稳定的配合物。硬酸与软碱或软酸与硬碱形成的配合物不够稳定。至于交界的酸碱不论对象是软还是硬都可同它反应，所形成配合物的稳定性差别不大。

应用软硬酸碱规则能对配合物的相对稳定性给予较好的解释和预测。例如，Fe^{3+} 是硬酸，F^- 是硬碱，SCN^- 是软碱，若在 $[Fe(NCS)_6]^{3-}$ 的溶液中加入 F^-，则发生配体的取代反应，形成 $[FeF_6]^{3-}$ 配离子而使血红色的溶液褪色，显然 $[FeF_6]^{3-}$ 比 $[Fe(NCS)_6]^{3-}$ 更稳定。又如，CN^- 是软碱，它与软酸 Ag^+、Cd^{2+}、Hg^{2+} 和交界酸 Cu^{2+}、Zn^{2+} 形成稳定或比较稳定的配合物；而与硬酸 Mn^{2+}、Cr^{3+} 等形成不稳定的配合物，而一部分硬酸（碱金属或碱土金属离子）基本不与 CN^- 形成配合物。

虽然软硬酸碱规则比较粗略，但在目前仍不失为一个有用的简单规律，在化学中得到广泛的应用。例如，人体内存在的金属元素 Na^+、K^+、Mg^{2+}、Ca^{2+} 和 Mn（Ⅱ/Ⅲ）（硬酸），在人体内皆与 O（硬碱）键合，Fe(Ⅱ/Ⅲ)、Co(Ⅱ/Ⅲ)与 O 或 N 键合；Cu(Ⅰ/Ⅱ)、Zn^{2+} 则与 N 或 S(软碱) 键合。随酸的硬度逐渐减小，键合原子也明显地由硬碱 O 逐渐地趋向软碱 S。

（二）影响配合物稳定性的结构因素

1. 中心离子对配合物稳定性的影响 中心离子与配体之间结合的强弱，与中心离子的价电子构型、电荷、离子半径等有关，根据中心离子的电子构型不同，可分为如下三类。

（1）8 电子构型 属于这一类型的有ⅠA、ⅡA、ⅢA、稀土离子以及 Si（Ⅳ）、Ti（Ⅳ）、Zr（Ⅳ）、Hf（Ⅳ）等，由于 8 电子构型的阳离子极化能力小，本身难变形，属于硬酸，与硬碱 F^-、OH^-、O^{2-} 等容易配位（硬亲硬），结合力主要是静电引力，结合能力的大小可用 z/r 来衡量，z 为离子电荷数，r 为离子半径，z/r 称为离子势。若中心离子电荷越高，半径越小，则离子势 z/r 越大，对配体上的孤对电子引力越大，形成的配合物越稳定。因此，适合与 8 电子构型的中心离子配位的配体应为体积小，带负电荷的配体离子。例如，8 电子构型的中心离子与下列配体的配位强度顺序为：

$$F^- > Cl^- > Br^- > I^-$$

$$OH^- > H_2O$$

$$O^{2-} > S^{2-} > CN^-$$

由此可知，高价金属的氟配合物，如 $[AlF_6]^{3-}$ 离子是很稳定的。

（2）18 或 18 +2 电子构型　18 电子构型如ⅠB 族（Cu^+、Ag^+、Au^+）、ⅡB 族（Zn^{2+}、Cd^{2+}、Hg^{2+}）离子，除 Zn^{2+} 外全是软酸。这一类型离子的特点是具有显著的极化能力和变形性，容易和配体相互极化，使核间距缩短，增强了键的共价性，因而增强了配合物的稳定性。它们和软碱易形成稳定的配合物（软亲软）。因此，适合与此类离子结合的是电负性小，体积较大，容易变形的阴离子配体。它们的配位强度顺序是：

$$I^- > Br^- > Cl^- > F^-$$

$$CN^- > NH_3 > H_2O > OH^-$$

例如，$[HgX_4]^{2-}$（X = F、Br、I）的稳定性按 F^- 到 I^- 的顺序增大，$[HgI_4]^{2-}$ 最稳定，这是因为 Hg^{2+}（软酸）与 I^-（软碱）结合符合软亲软的原则，而 F^- 是硬碱，所以事实上，$[HgF_4]^{2-}$ 并不存在。另外，CN^- 离子含有电负性小的配位原子 C，CN^- 离子的变形性又很大，因此配位能力比 NH_3 强，而 NH_3 的配位能力又比 H_2O 及 OH^- 强。

18 +2 电子构型的阳离子如 Sn^{2+}、Pb^{2+}、Bi^{3+} 均接近于软酸，但比 18 电子构型的阳离子稍硬，故划入交界酸，这类离子形成的配合物不稳定，主要与卤素离子形成配合物。

（3）9 ~17 电子构型　大部分过渡金属离子均属此类，它们是 $d^{1\sim9}$ 构型的离子，按照软硬酸碱规则，常见的 +2、+3 价的 d 区金属离子多数属于交界酸，随 d 电子数的不同，有少数属于硬酸或软酸，如：

d^3	d^3	d^5	d^5	d^5	d^7	d^8	d^8	d^8	d^8
V^{2+}	Cr^{3+}	Fe^{3+}	Mn^{2+}	Fe^{2+}	Co^{2+}	Ni^{2+}	Pd^{2+}	Pt^{2+}	Cu^{2+}
	硬酸						软酸		

（未注明者为交界酸）

可见，电荷越高，d 电子数越少，则变形性越小，就越接近于同周期左侧 8 电子构型的硬酸；电荷越低，d 电子数越多，则变形性越大，就越接近于同周期右侧 18 电子构型的软酸。

因此，电荷高，d 电子数少的离子，如 V^{4+}、Ti^{4+}、Mo^{5+}、Nb^{5+} 与配体之间的作用力以静电引力占优势，与 8 电子构型的硬酸性质相接近，故同 F^-、OH^-、O^{2-} 等硬碱的配位能力较强，而与 S^{2-}、CN^- 等软碱的配位能力差些。

反之，电荷较低，而 d 电子数较多的离子，如 Fe^{2+}、Co^{2+}、Ni^{2+}、Pt^{2+}、Pd^{2+}、Cu^{2+} 等，则以极化作用和变形性占优势，与 18 电子构型的软酸性质接近，与 S^{2-}、CN^- 等软碱的配位能力强。

2. 配体对配合物稳定性的影响　一般来说，配体越容易给出电子对，与中心离子形成的 σ 配键越强，配合物也越稳定。配位键的强度从配体角度来说受下列因素影响。

（1）配位原子的电负性　对 8 电子构型的阳离子来说，配位原子的电负性越大，则配合物越稳定（即硬亲硬），其稳定性有下列顺序：

$$N > P > As > Sb \qquad O > S > Se > Te \qquad F > Cl > Br > I$$

例如，$[AlF_6]^{3-}$ 比 $[AlCl_6]^{3-}$ 稳定。

对 18 和 18 +2 电子构型的阳离子，配位原子的电负性越小，配合物越稳定（即软亲软），其稳定性顺序为：

$$F < Cl < Br < I \qquad N < P \qquad O < S$$

例如，$[HgCl_4]^{2-}$、$[HgBr_4]^{2-}$、$[HgI_4]^{2-}$的$K_{稳}$依次增大；$[Ag(NH_3)_2]^+$不如$[Ag(CN)_2]^-$稳定等。

（2）配位原子的给电子能力　配位原子的给电子能力越强，则形成的配合物越稳定。例如，NH_3可以作为配体而NF_3不能。因为F的电负性很大，使N带有部分形式正电荷，在NF_3中尽管N原子上还有一对孤对电子，但已很难给出。又如$P(CH_3)_3$的配位能力比PH_3强。因为—CH_3是推电子基团，使得$P(CH_3)_3$中P上的一对孤对电子更容易给出。

三、配位平衡的移动

金属离子M^{n+}和配体L^-在水溶液中生成配离子时存在如下配位平衡：

$$M^{n+} + xL^- \rightleftharpoons [ML_x]^{(n-x)}$$

根据平衡移动原理，改变金属离子或配体的浓度均会使上述平衡发生移动。若在上述平衡体系中加入某种试剂，如酸、碱、沉淀剂、氧化剂或还原剂，当其与M^{n+}或L^-发生各种化学反应时就会导致上述配位平衡发生移动。这一过程涉及配位平衡与其他各种化学平衡相互联系的多重平衡，现将分别加以讨论。

（一）配位平衡与酸碱平衡

大多数配体都是强度不同的碱，如NH_3、F^-、CN^-、$C_2O_4^{2-}$等，根据酸碱质子理论，它们能与外加的酸生成相应的共轭酸，导致配体浓度降低，从而使配位平衡发生移动。在增加溶液的酸度时，由于配体同H^+结合成弱酸而使配位平衡发生移动，导致配离子解离，这种现象称为**酸效应**（acid effect）。例如，在含有$[FeF_6]^{3-}$的水溶液中加酸（$[H^+] > 0.5\ mol \cdot L^{-1}$），此时溶液中同时存在两个平衡：

$$[FeF_6]^{3-} \rightleftharpoons Fe^{3+} + 6F^-$$

$$6F^- + 6H^+ \rightleftharpoons 6HF$$

总反应为：　$$[FeF_6]^{3-} + 6H^+ \rightleftharpoons Fe^{3+} + 6HF$$

$$K = \frac{[Fe^{3+}][HF]^6}{[FeF_6^{3-}][H^+]^6} = \frac{[Fe^{3+}][HF]^6}{[FeF_6^{3-}][H^+]^6} \times \frac{[F^-]^6}{[F^-]^6} = \frac{1}{K_{稳} \cdot K_a^6}$$

可见，配离子越不稳定（$K_{稳}$越小），生成的酸越弱（K_a越小），总反应的平衡常数K值越大，配离子越容易解离。如果配体是极弱的碱，则它基本上不与H^+结合，它的浓度基本上不受溶液酸度的影响，则酸度不会影响配合物的稳定性。例如，HSCN是强酸，以弱碱SCN^-作配体的配合物$[Fe(NCS)_6]^{3-}$在强酸性溶液中仍很稳定。可见，酸度对配合物的稳定性有一定的影响。配体的碱性愈强，溶液的pH愈小，则配离子愈易被破坏。

酸度不仅对配体的浓度发生影响，当中心离子可以水解时，由于降低了中心离子的浓度，可使配位平衡发生移动。溶液的碱性愈强，愈有利于水解的进行。例如：当pH较大时，在$[FeF_6]^{3-}$的平衡体系中发生如下反应。

$$[FeF_6]^{3-} \rightleftharpoons Fe^{3+} + 6F^-$$
$$+$$
$$3OH^-$$
$$\Downarrow$$
$$Fe(OH)_3$$

在碱性介质中，由于Fe^{3+}水解成难溶的$Fe(OH)_3$沉淀而使$[FeF_6]^{3-}$配离子被破坏。

大多数金属离子在水溶液中有明显的水解作用，从而降低了金属离子的浓度，使配位反应向解离方向移动，这一现象称为金属离子的**水解效应**（hydrolysis effect）。

可见，酸度对配位平衡的影响是多方面的，酸效应和水解效应对配位平衡的影响相反。在某一酸度下，以哪种变化为主，要由配体的碱性，金属氢氧化物的溶度积以及配离子的稳定常数等因素决定。所以，为使配离子在溶液中稳定存在，溶液的酸度必须控制在一定的范围内，这在实际工作中十分有用。例如，Zn^{2+}、Ca^{2+}可与 EDTA 生成螯合物（见第四节）$[ZnY]^{2-}$、$[CaY]^{2-}$，但这两种螯合物的稳定性不同（它们的 $\lg K_{稳}$ 分别为 16.4 和 11.0）。若控制溶液的 pH 在 4 ~ 5，则 EDTA 仅与 Zn^{2+} 反应，而不与 Ca^{2+} 作用，这样就能利用控制酸度提高反应的选择性。

（二）配位平衡与沉淀平衡

在含有配离子的溶液中加入沉淀剂，由于金属离子与沉淀剂生成难溶物质，会使配位平衡向解离方向进行。例如，在 $[Cu(NH_3)_4]^{2+}$ 的溶液中加入 Na_2S 溶液，会有 CuS 沉淀生成，而使 $[Cu(NH_3)_4]^{2+}$ 配离子被破坏。上述现象用反应式表示为：

$$[Cu(NH_3)_4]^{2+} + S^{2-} \rightleftharpoons CuS + 4NH_3$$

另外，也可以利用配位剂来促使沉淀溶解。例如，在 AgCl 沉淀中加入足量氨水，沉淀溶解，生成 $[Ag(NH_3)_2]^+$ 配离子，这一系列反应为：

$$AgCl(s) + 2NH_3 \rightleftharpoons [Ag(NH_3)_2]^+ + Cl^-$$

反应的平衡常数 $$K = \frac{[Ag(NH_3)_2^+][Cl^-]}{[NH_3]^2} \times \frac{[Ag^+]}{[Ag^+]} = K_{sp} \cdot K_{稳}$$

$$= 1.77 \times 10^{-10} \times 1.1 \times 10^7 = 1.95 \times 10^{-3}$$

从 K 值看，上述反应进行的程度不大，故欲使 AgCl 沉淀溶解应增大氨水的浓度。由 $K = K_{sp} \cdot K_{稳}$ 的关系式可见，难溶盐的 K_{sp} 和配离子的 $K_{稳}$ 越大，难溶盐越易溶解；反之，K_{sp} 和 $K_{稳}$ 越小，则配离子越易破坏。

如果在上述 $[Ag(NH_3)_2]^+$ 配离子溶液中加入少量 KBr 溶液，$[Ag(NH_3)_2]^+$ 配离子解离，会生成淡黄色的 AgBr 沉淀；然后加入 $Na_2S_2O_3$ 溶液，AgBr 溶解，又生成无色的 $[Ag(S_2O_3)_2]^{3-}$ 配离子溶液；接着加入 KI 溶液，$[Ag(S_2O_3)_2]^{3-}$ 配离子解离，生成黄色的 AgI 沉淀；再加入 KCN 溶液，AgI 又溶解，生成 $[Ag(CN)_2]^-$ 配离子；最后加入 Na_2S 溶液，生成黑色的 Ag_2S 沉淀。

一方面，配体可促使沉淀平衡向溶解方向移动，$K_{稳}$ 越大就越易使沉淀转化为配离子；另一方面，沉淀剂可促使配位平衡向解离方向移动，K_{sp} 越小就越易使配离子转化为沉淀。究竟发生配位反应还是沉淀反应，取决于配位剂的配位能力和沉淀剂的沉淀能力大小。

由于一些难溶盐往往因形成配合物而溶解。利用稳定常数可计算难溶物质在有配位剂存在时的溶解度，以及全部转化为配离子时所需配位剂的最低浓度。

[例 10-2] 计算 298K 时 AgCl 在 6.0mol·L^{-1} 氨水中的溶解度（mol·L^{-1}）。

（已知：AgCl 的 $K_{sp} = 1.77 \times 10^{-10}$，$[Ag(NH_3)_2]^+$ 的 $K_{稳} = 1.1 \times 10^7$）

解：设 AgCl 在 6.0mol·L^{-1} 氨水中的溶解度为 x mol·L^{-1}。

	AgCl(s)	+	2NH$_3$	⇌	[Ag(NH$_3$)$_2$]$^+$	+	Cl$^-$
平衡浓度（mol·L^{-1}）			$6.0-2x$		x		x

$$\frac{[Ag(NH_3)_2^+][Cl^-]}{[NH_3]^2} = K_{sp} \cdot K_{稳} = 1.77 \times 10^{-10} \times 1.1 \times 10^7 = 1.95 \times 10^{-3}$$

$$\frac{x^2}{(6.0-2x)^2}=1.95\times10^{-3}$$

解得 $x=0.24$，即 AgCl 在 $6.0\text{mol}\cdot\text{L}^{-1}$ 氨水中的溶解度为 $0.24\text{mol}\cdot\text{L}^{-1}$。

[例 10－3] 欲使 0.100mol AgCl 溶于 1.00L 氨水中，所需氨水的最低浓度是多少？（已知：AgCl 的 $K_{sp}=1.77\times10^{-10}$，$[Ag(NH_3)_2]^+$ 的 $K_{稳}=1.1\times10^7$）

解：当 0.100mol AgCl 在 1.00 L 氨水中恰好完全溶解时，$[Ag(NH_3)_2]^+$ 和 $[Cl^-]$ 都是 $0.100\text{mol}\cdot\text{L}^{-1}$，设所需氨水的最低浓度为 c $\text{mol}\cdot\text{L}^{-1}$，则

$$AgCl(s) \quad + \quad 2NH_3 \rightleftharpoons [Ag(NH_3)_2]^+ \quad + \quad Cl^-$$

平衡浓度（$\text{mol}\cdot\text{L}^{-1}$） $c-2\times0.100$ 0.100 0.100

$$\frac{[Ag(NH_3)_2^+][Cl^-]}{[NH_3]^2}=K_{sp}\cdot K_{稳}$$

$$\frac{(0.100)^2}{(c-2\times0.100)^2}=1.77\times10^{-10}\times1.1\times10^7=1.95\times10^{-3}$$

$$c(NH_3)=2.46\ (\text{mol}\cdot\text{L}^{-1})$$

故所需氨水的最低浓度为 $2.46\text{mol}\cdot\text{L}^{-1}$。

[例 10－4] 向含有 $0.20\text{mol}\cdot\text{L}^{-1}$ 氨和 $0.30\text{mol}\cdot\text{L}^{-1}$ NH_4Cl 的混合溶液中，加入等体积 $0.30\text{mol}\cdot\text{L}^{-1}$ $[Cu(NH_3)_4]^{2+}$ 溶液，混合后是否会生成 $Cu(OH)_2$ 沉淀？（已知：$[Cu(NH_3)_4]^{2+}$ 的 $K_{稳}=2.1\times10^{13}$，NH_3 的 $K_b=1.76\times10^{-5}$，$Cu(OH)_2$ 的 $K_{sp}=2.2\times10^{-20}$）

解：等体积混合后，各物质浓度为：

$c(NH_3)=0.10\text{mol}\cdot\text{L}^{-1}$，$c(NH_4^+)=0.15\text{mol}\cdot\text{L}^{-1}$，$c([Cu(NH_3)_4]^{2+})=0.15\text{mol}\cdot\text{L}^{-1}$

此混合溶液中存在三个主要的平衡反应：氨水的质子传递平衡，$[Cu(NH_3)_4]^{2+}$ 的配位平衡和 $Cu(OH)_2$ 的沉淀平衡。

根据氨水的质子传递平衡求 $[OH^-]=y$ $\text{mol}\cdot\text{L}^{-1}$：

$$NH_3+H_2O \rightleftharpoons NH_4^+ + OH^-$$

$0.10-y$ $0.15+y$ y $K_b=\dfrac{[NH_4^+][OH^-]}{[NH_3]}$

$$[OH^-]=\frac{K_b\cdot[NH_3]}{[NH_4^+]}=\frac{1.76\times10^{-5}\times0.10}{0.15}=1.17\times10^{-5}\ (\text{mol}\cdot\text{L}^{-1})$$

根据 $[Cu(NH_3)_4]^{2+}$ 的配位平衡求 $[Cu^{2+}]=x$ $\text{mol}\cdot\text{L}^{-1}$：

$$Cu^{2+}+4NH_3 \rightleftharpoons [Cu(NH_3)_4]^{2+}$$

x $0.10+4x$ $0.15-x$ $K_{稳}=\dfrac{[Cu(NH_3)_4^{2+}]}{[Cu^{2+}][NH_3]^4}$

$$[Cu^{2+}]=\frac{[Cu(NH_3)_4^{2+}]}{K_{稳}\cdot[NH_3]^4}=\frac{0.15}{2.1\times10^{13}\times(0.10)^4}=7.14\times10^{-11}\ (\text{mol}\cdot\text{L}^{-1})$$

根据 $Cu(OH)_2$ 的沉淀平衡求离子积 Q_c：

$$Cu(OH)_2(s) \rightleftharpoons Cu^{2+}+2OH^-$$

$$Q_c=[Cu^{2+}][OH^-]^2=7.14\times10^{-11}\times(1.17\times10^{-5})^2=9.77\times10^{-21}$$

因为 $Q_c<K_{sp}=2.2\times10^{-20}$，所以溶液中没有 $Cu(OH)_2$ 沉淀生成。

（三）配位平衡与氧化还原平衡

配合物的形成可使溶液中金属离子的浓度降低，导致电极电势发生变化，进而会改变

其氧化还原能力的相对强弱。金属离子与配位剂形成配合物后，有3种类型。

1. 氧化型或还原型生成配合物 与氧化型形成沉淀类似，当电对中的氧化型形成配合物（配离子）时（引入一个 $K_{稳}$），其电极电势降低。所形成的配离子越稳定（$K_{稳}$ 越大），则电对的电极电势值越小。配离子比相应的金属离子的氧化能力降低，见表10－10。

[例10－5] 已知298K时，$E^{\ominus}(Ag^+/Ag)=0.7996V$，$[Ag(NH_3)_2]^+$ 的 $K_{稳}=1.1\times10^7$，计算 $[Ag(NH_3)_2]^+ + e^- \rightleftharpoons Ag + 2NH_3$ 的 $E^{\ominus}$。

解：首先计算 $[Ag(NH_3)_2]^+$ 在标准状态下达平衡时解离出的 Ag^+ 的浓度

$$Ag^+ + 2NH_3 \rightleftharpoons [Ag(NH_3)_2]^+$$

$$K_{稳}=\frac{[Ag(NH_3)_2^+]}{[Ag^+][NH_3]^2}$$

在标准状态下，配离子和配体的浓度均为 $1.0mol\cdot L^{-1}$，则

$$[Ag^+]=\frac{1}{K_{稳}}=9.1\times10^{-8}\ (mol\cdot L^{-1})$$

将其代入Nernst方程式

$$E^{\ominus}[Ag(NH_3)_2]^+/Ag=E(Ag^+/Ag)=E^{\ominus}(Ag^+/Ag)+\frac{0.0592}{1}\lg[Ag^+]$$

$$=0.7996+\frac{0.0592}{1}\lg(9.1\times10^{-8})$$

$$=0.3796V$$

由此例可以看出，当 Ag^+ 形成配离子以后，$E^{\ominus}([Ag(NH_3)_2]^+/Ag)<E^{\ominus}(Ag^+/Ag)$，相应的电对的 $E^{\ominus}$ 值由0.7996V降至0.3796V，即银的还原能力增强，易被氧化为 $[Ag(NH_3)_2]^+$ 配离子。

推广到一般的情况：设电极反应为 $A(aq)+ze^- \rightleftharpoons B(aq)$（略去氧化型、还原型物种的电荷），当氧化型生成配合物（AX_n）时，$E^{\ominus}(AX_n/B)<E^{\ominus}(A/B)$，二者之间的关系为：

$$E^{\ominus}(AX_n/B)=E^{\ominus}(A/B)+\frac{0.0592}{z}\lg\frac{1}{K_{稳}}$$

若还原型生成配合物（BX_n），则 $E^{\ominus}(A/BX_n)>E^{\ominus}(A/B)$，二者之间的关系为：

$$E^{\ominus}(A/BX_n)=E^{\ominus}(A/B)+\frac{0.0592}{z}\lg K_{稳}$$

2. 氧化型和还原型同时生成配合物 当同一金属的两种不同价态的离子组成电对，而且这两种价态的离子都可以与一种配位剂形成相同类型的配合物时（引入两个 $K_{稳}$），情况就比较复杂。例如 Co^{3+}/Co^{2+} 电对：

$$Co^{3+}+e^- \rightleftharpoons Co^{2+} \qquad E^{\ominus}(Co^{3+}/Co^{2+})=1.92V$$

由于标准电极电势很高，说明在标准状态下 Co^{3+} 是很强的氧化剂，它在水溶液中能氧化 H_2O 放出 O_2（$E^{\ominus}(O_2/H_2O)=1.229V$；酸性介质）；而 Co^{2+} 则是很弱的还原剂。如果在上述含有 Co^{3+} 和 Co^{2+} 的溶液中加入足量氨水，NH_3 将分别与 Co^{3+} 和 Co^{2+} 生成配合物：

$$Co^{3+}+6NH_3 \rightleftharpoons [Co(NH_3)_6]^{3+} \qquad K_{稳}=1.6\times10^{35}$$

$$Co^{2+}+6NH_3 \rightleftharpoons [Co(NH_3)_6]^{2+} \qquad K'_{稳}=1.3\times10^{5}$$

溶液中 Co^{3+} 和 Co^{2+} 离子浓度分别为：

$$[Co^{3+}]=\frac{[Co(NH_3)_6^{3+}]}{K_{稳}\,[NH_3]^6} \qquad [Co^{2+}]=\frac{[Co(NH_3)_6^{2+}]}{K'_{稳}\,[NH_3]^6}$$

当配离子、配体浓度均为 1.0mol · L^{-1}时，则 $E(Co^{3+}/Co^{2+})$ 就是$E^{\ominus}([Co(NH_3)_6^{3+}]/[Co(NH_3)_6^{2+}])$。

$$E^{\ominus}([Co(NH_3)_6]^{3+}/[Co(NH_3)_6]^{2+}) = E^{\ominus}(Co^{3+}/Co^{2+}) + \frac{0.0592}{1}\lg\frac{[Co^{3+}]}{[Co^{2+}]}$$

$$= 1.92 + \frac{0.0592}{1}\lg\frac{K'_{稳}}{K_{稳}}$$

$$= 1.92 + \frac{0.0592}{1}\lg\frac{1.3\times10^{5}}{1.6\times10^{35}}$$

$$= 0.14\text{V}$$

电极反应 $[Co(NH_3)_6]^{3+} + e^- \rightleftharpoons [Co(NH_3)_6]^{2+}$ 的 $E^{\ominus}([Co(NH_3)_6]^{3+}/[Co(NH_3)_6]^{2+})$为0.14 V。

可见，当氧化态 Co^{3+}形成的配离子比还原态 Co^{2+}形成的配离子更稳定时，配离子电对的标准电极电势$E^{\ominus}([Co(NH_3)_6]^{3+}/[Co(NH_3)_6]^{2+})$ 小于相应金属离子电对的标准电极电势$E^{\ominus}(Co^{3+}/Co^{2+})$，形成配合物后，$[Co(NH_3)_6]^{2+}$的还原性比 Co^{2+}增强了，空气中的 $O_2E^{\ominus}(O_2/OH^-) = 0.401V$；碱性介质）可将 $[Co(NH_3)_6]^{2+}$氧化成$[Co(NH_3)_6]^{3+}$，同时$[Co(NH_3)_6]^{3+}$的氧化性比 Co^{3+}降低了。

推广到一般的情况：设电极反应为 $A(aq) + ze^- \rightleftharpoons B(aq)$（略去氧化型、还原型物种的电荷），当氧化型和还原型同时生成配合物（AX_n/BX_n）时，$E^{\ominus}(AX_n/BX_n)$ 和 $E^{\ominus}(A/B)$ 的关系（和形成沉淀相反）为：

$$E^{\ominus}(AX_n/BX_n) = E^{\ominus}(A/B) + \frac{0.0592}{z}\lg\frac{K_{稳}(BX_n)}{K_{稳}(AX_n)}$$

由上式可以看出，若氧化型生成配合物的稳定常数大，则 $E^{\ominus}(AX_n/BX_n)$ 值减小，反之亦然，这一规律体现在表 10－10 中 Fe^{3+} 和 Fe^{2+}系统标准电极电势的差异。当配体为 CN^-时，$[Fe(CN)_6]^{3-}$的稳定常数大于 $[Fe(CN)_6]^{4-}$的稳定常数，所以，$E^{\ominus}([Fe(CN)_6]^{3-}/[Fe(CN)_6]^{4-})$ 值小于$E^{\ominus}(Fe^{3+}/Fe^{2+})$，说明 $[Fe(CN)_6]^{3-}$的氧化能力弱于 Fe^{3+}，而 $[Fe(CN)_6]^{4-}$的还原能力强于 Fe^{2+}。当配体为1，10－绕菲啉（phen）时，情况恰恰相反，$E^{\ominus}([Fe(phen)_3]^{3+}/[Fe(phen)_3]^{2+})$ 值大于 $E^{\ominus}(Fe^{3+}/Fe^{2+})$，说明 $[Fe(phen)_3]^{3+}$的氧化能力强于 Fe^{3+}，而 $[Fe(phen)_3]^{2+}$的还原能力弱于 Fe^{2+}。

表 10－10　一些配离子的 $K_{稳}$ 值和 $E^{\ominus}$值

电极反应	$E^{\ominus}$/V	$\lg K_{稳}$	
		氧化态	还原态
$Zn^{2+} + 2e^- \rightleftharpoons Zn$	−0.7628		
$[Zn(NH_3)_4]^{2+} + 2e^- \rightleftharpoons Zn + 4NH_3$	−1.04	9.46	
$[Zn(CN)_4]^{2-} + 2e^- \rightleftharpoons Zn + 4CN^-$	−1.26	16.89	
$Cd^{2+} + 2e^- \rightleftharpoons Cd$	−0.4029		
$[Cd(NH_3)_4]^{2+} + 2e^- \rightleftharpoons Cd + 4NH_3$	−0.613	7.12	
$[Cd(CN)_4]^{2-} + 2e^- \rightleftharpoons Cd + 4CN^-$	−1.028	18.85	
$Hg^{2+} + 2e^- \rightleftharpoons Hg$	+0.85		
$[HgBr_4]^{2-} + 2e^- \rightleftharpoons Hg + 4Br^-$	+0.223	21.00	

续表

电极反应	$E^{\ominus}/V$	$\lg K_{稳}$	
		氧化态	还原态
$[Hg(CN)_4]^{2-} + 2e^- \rightleftharpoons Hg + 4CN^-$	-0.37	41.4	
$Ag^+ + e^- \rightleftharpoons Ag$	$+0.7996$		
$[Ag(NH_3)_2]^+ + e^- \rightleftharpoons Ag + 2NH_3$	$+0.373$	7.05	
$[Ag(CN)_2]^- + e^- \rightleftharpoons Ag + 2CN^-$	-0.31	21.10	
$Co^{3+} + e^- \rightleftharpoons Co^{2+}$	$+1.92$		
$[Co(edta)]^- + e^- \rightleftharpoons [Co(e^-dta)]^{2-}$	$+0.60$	36	16.1
$[Co(NH_3)_6]^{3+} + e^- \rightleftharpoons [Co(NH_3)_6]^{2+}$	$+0.14$	35.2	5.14
$[Co(en)_3]^{3+} + e^- \rightleftharpoons [Co(en)_3]^{2+}$	-0.26	8.7	13.82
$Fe^{3+} + e^- \rightleftharpoons Fe^{2+}$	$+0.77$		
$[Fe(C_2O_4)_3]^{3-} + e^- \rightleftharpoons [Fe(C_2O_4)_3]^{4-}$	$+0.02$	20.2	5.22
$[Fe(CN)_6]^{3-} + e^- \rightleftharpoons [Fe(CN)_6]^{4-}$	$+0.36$	43.9	36.9
$[Fe(bpy)_3]^{3+} + e^- \rightleftharpoons [Fe(bpy)_3]^{2+}$	$+1.03$		
$[Fe(phen)_3]^{3+} + e^- \rightleftharpoons [Fe(phen)_3]^{2+}$	$+1.12$	14.1	21.4

（四）配离子的取代反应

配合物的取代反应有两种类型：配体取代反应和金属离子取代反应。

1. 配体的取代反应 若在一种配合物的溶液中，加入另一种能与中心离子生成更稳定配合物的配位剂，则发生配体的取代反应。实际上水溶液中的金属离子是以水为配体的配离子，因此其配合反应的实质也是配体取代反应：

$$[Cu(H_2O)_4]^{2+} + 4NH_3 \rightleftharpoons [Cu(NH_3)_4]^{2+} + 4H_2O$$

再如，向含有 $[Ag(NH_3)_2]^+$ 的溶液中加入 KCN 溶液，发生如下反应：

$$[Ag(NH_3)_2]^+ \rightleftharpoons Ag^+ + 2NH_3$$

$$Ag^+ + 2CN^- \rightleftharpoons [Ag(CN)_2]^-$$

总反应为：
$$[Ag(NH_3)_2]^+ + 2CN^- \rightleftharpoons [Ag(CN)_2]^- + 2NH_3$$

平衡常数表达式为：

$$K = \frac{[Ag(CN)_2^-][NH_3]^2}{[Ag(NH_3)_2^+][CN^-]^2} = \frac{[Ag(CN)_2^-][NH_3]^2}{[Ag(NH_3)_2^+][CN^-]^2} \times \frac{[Ag^+]}{[Ag^+]} = \frac{K_{稳,[Ag(CN)_2]^-}}{K_{稳,[Ag(NH_3)_2]^+}}$$

已知 $[Ag(NH_3)_2]^+$ 和 $[Ag(CN)_2]^-$ 的 $K_{稳}$ 分别为 1.1×10^7 和 1.3×10^{21}，带入上式，得

$$K = \frac{1.3 \times 10^{21}}{1.1 \times 10^7} = 1.2 \times 10^{14}$$

由计算出的 K 值看出，上述配位反应向着生成 $[Ag(CN)_2]^-$ 的方向进行的趋势很大。因此，在含有 $[Ag(NH_3)_2]^+$ 的溶液中，加入足够的 CN^- 时，$[Ag(NH_3)_2]^+$ 被破坏而生成 $[Ag(CN)_2]^-$。

2. 中心离子的取代反应 中心离子的取代有两种情况：

（a）配合物中原有的金属离子被新的金属离子所取代（非氧化还原反应）

例如：向含有 $[Mn(en)_3]^{2+}$ 的溶液中加入 Ni^{2+}，发生如下反应：

$$[Mn(en)_3]^{2+} + Ni^{2+} \rightleftharpoons [Ni(en)_3]^{2+} + Mn^{2+}$$

与配体取代反应相似，该反应的平衡平衡常数为：

$$K = \frac{K_{稳}(Ni(en)_3^{2+})}{K_{稳}(Mn(en)_3^{2+})}$$

已知 $K_{稳}(Ni(en)_3^{2+}) = 10^{18.33}$，$K_{稳}(Mn(en)_3^{2+}) = 10^{5.76}$，带入上式，得到 $K = 5.57 \times 10^{12}$。从反应平衡常数来看，该 反应进行地很彻底。

(b) 配合物的中心离子发生置换（氧化还原反应）

例如，向含有 $[Cu(NH_3)_4]^{2+}$ 的溶液（蓝色）中加入 Zn 粉，则 $[Cu(NH_3)_4]^{2+}$ 可以完全转化为 $[Zn(NH_3)_4]^{2+}$（无色）。

$$[Cu(NH_3)_4]^{2+} + Zn \rightleftharpoons [Zn(NH_3)_4]^{2+} + Cu$$

$$\lg K = \frac{2\ [E^{\ominus}([Cu(NH_3)_4]^{2+}/Cu) - E^{\ominus}([Zn(NH_3)_4]^{2+}/Zn)]}{0.0592}$$

$$\lg K = \frac{2 \times [(-0.0200) - (-1.02)]}{0.0592} = 33.78;\ K = \frac{[Zn(NH_3)_4^{2+}]}{[Cu(NH_3)_4^{2+}]} = 6.1 \times 10^{33}$$

从反应的平衡常数看，该取代反应进行地很完全。

第四节　螯合物

扫码“学一学”

前面学过的 $[FeF_6]^{3-}$、$[Cu(NH_3)_4]^{2+}$ 和 $[Ni(CN)_4]^{2-}$ 等都是由单齿配体与中心离子形成的简单配合物，即中心离子与每个配体之间只形成一个配位键。多齿配体与中心离子形成配合物时，中心离子与配体之间至少形成两个配位键，配位时形成的配合物常具有环状结构，配体与中心离子配位时犹如龙虾的双螯钳住了一个中心离子，因此称这种配合物为**螯合物**（chelate compound）。能与中心离子形成螯合物的多齿配体称为**螯合剂**（chelating agent）。螯合物中常见的配位原子为 O、S、N、P。例如，双齿配体氨基乙酸根和 Cu^{2+} 形成的配合物，当两个氨基乙酸根 $H_2N—CH_2—COO^-$ 中的氨基 N 原子和羧基 O 原子同时与 Cu^{2+} 配位时，得到的是中性分子二氨基乙酸合铜（Ⅱ）$[Cu(H_2N—CH_2—COO)_2]$，结构式如下。

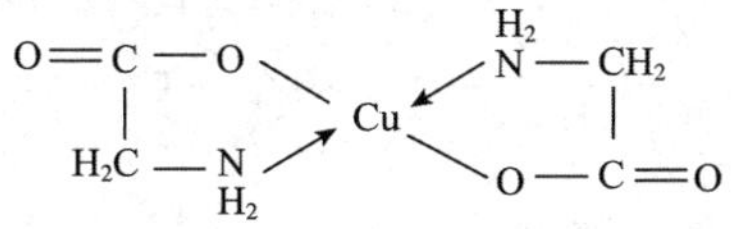

螯合物与具有相同配位原子的非螯合配合物相比，具有特殊的热力学稳定性，这种由于环状结构的形成而使螯合物具有特殊稳定性的现象称为**螯合效应**（chelate effect）。

可以根据热力学原理说明螯合效应。已知下列两个反应：

(1) $[Ni(H_2O)_6]^{2+} + 6NH_3 \rightleftharpoons [Ni(NH_3)_6]^{2+} + 6H_2O$　　$K = 10^{8.74}$

(2) $[Ni(H_2O)_6]^{2+} + 3en \rightleftharpoons [Ni(en)_3]^{2+} + 6H_2O$　　$K = 10^{18.6}$

将两式组合，可得：

(3) $[Ni(NH_3)_6]^{2+} + 3en \rightleftharpoons [Ni(en)_3]^{2+} + 6NH_3$　　$K = 10^{9.86}$

此反应的标准吉布斯自由能变化为：

$\Delta_r G_m^{\ominus} = -RT\ln K = -8.314 \times 298 \times \ln(10^{9.86}) = -56.2\ (kJ \cdot mol^{-1})$

说明反应（3）中三个乙二胺分子与 Ni^{2+} 配位置换六个氨分子可大大地降低反应的标

准吉布斯自由能。标准吉布斯自由能变化是由焓变和熵变两部分组成的（$\Delta_r G_m^\ominus = \Delta_r H_m^\ominus - T\Delta_r S_m^\ominus$），焓变 $\Delta_r H_m^\ominus$ 主要来源于反应前后键能的变化，在反应（3）中反应前后键能都是六个 N→Ni 配位键，故焓变 $\Delta_r H_m^\ominus$ 数值不大（$-12\text{kJ} \cdot \text{mol}^{-1}$）。但由于 en 是多齿配体，反应前后自由分子数目由 3 个 en 变为 6 个 NH_3，混乱度大大增加，因而熵增加，相应 $T\Delta_r S_m^\ominus$ 值较大，这是 $\Delta_r G_m^\ominus$ 降低的主要原因。由此可见，熵效应是螯合效应使螯合物稳定的主要原因。

另外，螯合物的稳定性还与组成螯环的原子数目有关。螯合物的每个环上有几个原子就称为几元环。上述 Cu 螯合环的羧基氧和氨基氮之间，隔着两个碳原子，因此它可以形成五元环。一般五元环或六元环的螯合物最稳定，三元环因张力太大，一般难以形成。因此，多齿配体的两个配位原子之间应该间隔两个或三个其他原子，以形成稳定的五元环或六元环。

螯合物的稳定性还与螯合环数目有密切关系。配合物中形成的螯合环数目愈多，配体动用的配位原子就越多，与中心离子所形成的配位键就越多，配体脱离中心离子的机会就越小，螯合物就愈稳定。常用的氨羧配位剂由于含多个配位原子，能形成多个螯合环，增加了配合物的稳定性，如乙二胺四乙酸（以 H_4Y 表示，简称 EDTA），其结构为：

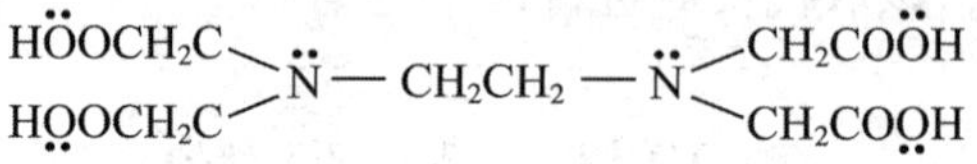

由于乙二胺四乙酸在水中的溶解度比较小，通常采用其二钠盐 $Na_2H_2Y \cdot 2H_2O$（含两分子结晶水）。乙二胺四乙酸根（Y^{4-}）是一种六齿配体，有很强的配位能力。在溶液中它几乎能与所有金属离子形成螯合物，其中 4 个羧基氧原子和两个氨基氮原子共提供 6 对孤对电子，可与绝大多数金属离子形成具有五元环的、十分稳定的、组成为 1:1的螯合物（图 10－4）。

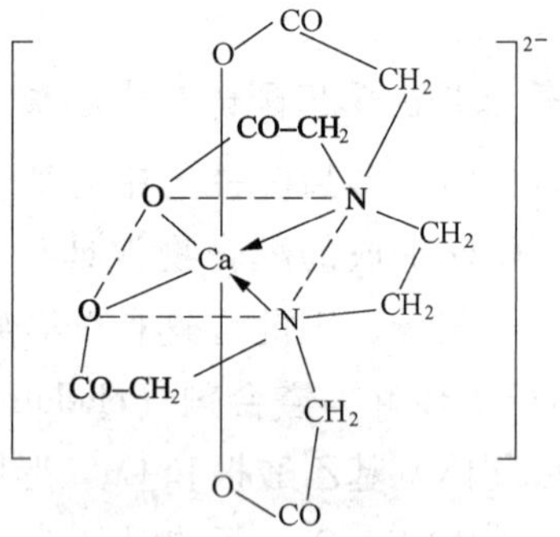

图 10－4　乙二胺四乙酸钙螯合物结构式

例如，Ca^{2+} 和 Na_2H_2Y 的反应为：

$$Ca^{2+} + H_2Y^{2-} \rightleftharpoons CaY^{2-} + 2H^+$$

CaY^{2-} 的结构见图 10－4，Ca^{2+} 与 Y^{4-} 的 6 个配原子形成 5 个五元环（1 个—Ca—N—C—C—N—环，4 个—Ca—O—C—C—N—环），这是此螯合物特别稳定的原因。

由于此类配合物很稳定，组成又简单，在分析化学上被用做掩蔽剂和配位滴定的滴定剂。在分析化学中采用 EDTA－2Na 标准溶液可以测定几十种金属离子的含量。

金属螯合物的稳定性高，很少有逐级解离现象，且一般具有特征性颜色，并且这些螯合物可以溶解于有机溶剂中。利用这些特点，可以进行沉淀、溶剂萃取分离、比色定量分析等方面工作。

扫码“学一学”

第五节　配合物的应用

配合物不仅种类繁多，应用也十分广泛，研究配合物既具有重要的理论意义，又具有实际应用价值。配位化学已经渗透到自然科学的其他领域，在有机化学、生物化学、分析化学、结构化学、药物化学等科学领域中都得到了重要应用。下面只对配合物的应用做简单的介绍。

一、在生物无机化学方面的应用

生物无机化学是配位化学与生物化学之间的一门边缘学科，是研究金属元素和其他无机元素在生物体内的存在形式、作用机制和生物功能的科学。生命的许多过程都与配位化学有关。虽然生物体内的许多金属元素含量甚微，但作用极大，故称之为生命金属元素。它们与生物体中的蛋白质、肽、氨基酸、核酸、多糖等生物配体组成配合物，在生物体的代谢过程中起十分重要的作用。

金属螯合物在生物体内起着重要的生理活性作用。哺乳动物体内作为氧载体的血红素（血红蛋白载氧的基本功能单位）以及植物光合作用中起重要作用的叶绿素分别为 Fe^{2+} 和 Mg^{2+} 的螯合物，这两种配合物结构见图 10－5，它们的配体都是一类被称为卟啉的含氮环状有机物。

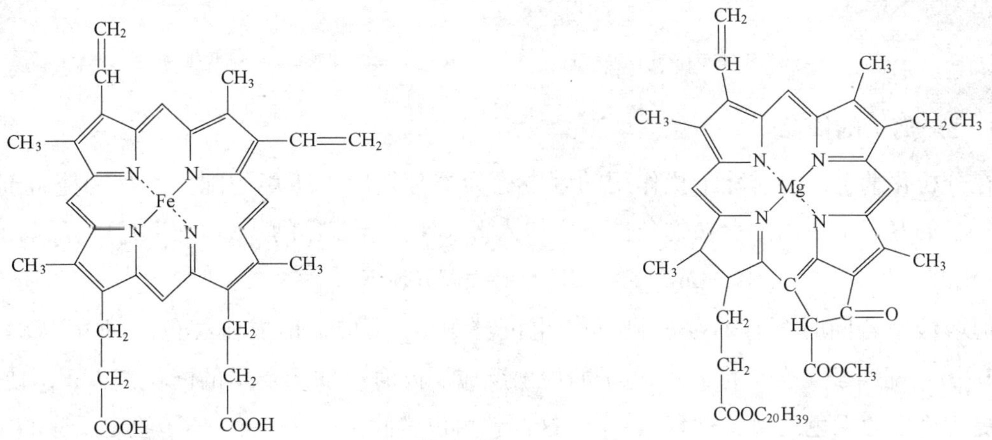

血红素b　　叶绿素a_1

图 10－5　生物体中的螯合物

在哺乳动物体内约有 70% 铁是以卟啉配合物的形式存在的，其中包括血红蛋白、肌红蛋白、过氧化氢酶及细胞色素 c 等。在细胞色素中，因为铁卟啉中的铁容易发生氧化态的变化，所以含铁卟啉的细胞色素能在生物体内的一些氧化还原反应中起电子传递体的作用；维生素 B_{12}是钴的配合物，它参与蛋白质和核酸的合成，是造血过程的生物催化剂，缺乏时会引起恶性贫血。

生物体内的大多数反应都是在酶的催化下进行的，而许多酶的分子含有以配合形态存在的金属，金属离子构成酶的活性中心，与其周围配体的基团协同表现出特定的催化活性。参与金属酶组成的主要为过渡金属离子 Fe、Zn、Cu、Mn、Co、Mo 等，它们催化水解反应、氧化反应、碳-碳重排反应。例如，含锌的羧肽酶可催化蛋白质肽键水解；锌还是哺乳动物红细胞中碳酸酐酶的必需成分，可以催化 CO_2 的可逆水合作用，维持血液的 pH 基本不变；含铜、锌的超氧化物歧化酶（SOD）能催化超氧离子 O_2^- 的快速歧化产生分子氧和过氧化氢，是机体内的自由基清除剂，对机体起保护作用。

二、在分析化学方面的应用

在分析化学中无论定性的检出或定量的测定，经常用到配合物的一些特殊性质。金属离子与配位剂的反应几乎涉及分析化学的所有领域，它可用作显色剂、沉淀剂、萃取剂、滴定剂、掩蔽剂等。

（一）离子的鉴定

不少金属离子与配位剂的反应具有很高的灵敏性和专属性，且能生成具有特征颜色的配合物，因而常用作金属元素的比色分析和鉴定某种离子的特征试剂。如 Fe^{2+} 离子和菲绕啉形成深红色的配离子 $[Fe(phen)_3]^{2+}$，它可以用作亚铁离子的光度比色分析；在弱碱性条件下，Ni^{2+} 和二甲基乙二肟形成鲜红色的难溶配合物 $Ni(C_4H_7N_2O_2)_2$ 常用于 Ni^{2+} 的鉴定。

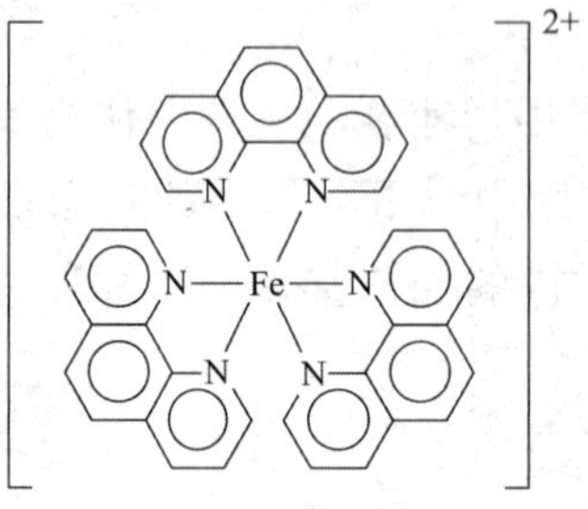
三(菲绕啉)合铁(Ⅱ)离子

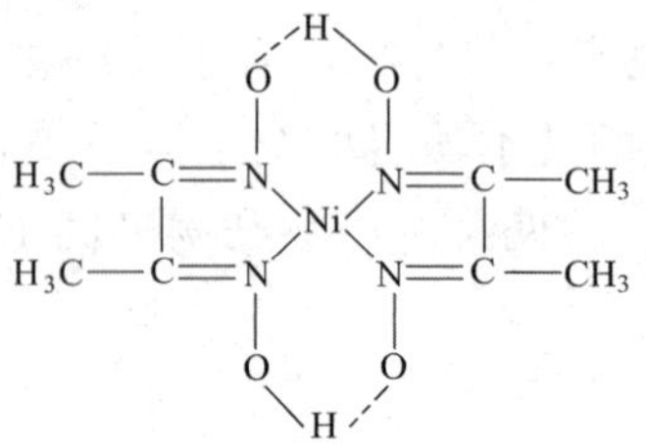
二(二甲基乙二肟)合镍(Ⅱ)

（二）离子的掩蔽

在分析化学上，将排除干扰作用的效应称为掩蔽效应，所用的配位剂称为掩蔽剂。例如，Co^{2+} 的鉴定是在丙酮存在的条件下，加入 KSCN 生成蓝色的 $[Co(SCN)_4]^{2-}$ 配离子。

$$Co^{2+} + 4SCN^- \rightleftharpoons [Co(SCN)_4]^{2-}$$

但溶液中若同时含有 Fe^{3+}，则 Fe^{3+} 也可与 SCN^- 反应，形成血红色的 $[Fe(NCS)_n]^{3-n}$（$n=1\sim6$）配离子，会干扰 Co^{2+} 离子的检出反应。此时可加入足量的配位剂 NaF，使 Fe^{3+} 形成更为稳定的无色配离子 $[FeF_6]^{3-}$，这样就可以消除 Fe^{3+} 对 Co^{2+} 离子鉴定反应的干扰。

三、在医药方面的应用

以顺铂（*cis*－$[PtCl_2(NH_3)_2]$，英文名为 Cisplatin）为代表的抗癌药物推动了金属配合物在整个医学领域的发展。顺铂能有选择地结合于 DNA，抑制 DNA 的复制，阻止癌细胞的分裂，对人体生殖泌尿系统、头颈部及软组织的恶性肿瘤具有显著疗效，和其他抗癌药联合作用时有明显的协同作用。但顺铂尚有缓解期短、肾毒性较大、水溶性较小、胃肠道反应严重等缺点。通过在分子水平研究铂配合物的作用机制，为抗癌金属配合物的机理研究及药物设计提供理论基础，找到了毒性反应和抗癌活性与结构的关系，并根据构效关系合成和筛选新一代铂配合物抗癌药，如卡铂［顺－1，1－环丁烷二羧酸·二氨合铂（Ⅱ），英文名为 Carboplatin］其毒性明显低于顺铂，已广泛的用于临床。其他铂族元素如铑、钯的某些配合物以及铁茂、钛茂的某些配合物也有较好的抗肿瘤活性。

另外，钒酸根和钒的一些配合物也表现出类胰岛素效应，具有胰岛素功能的钒的配合物在临床上治疗糖尿病有着诱人的发展前景。近来发现金的配合物 $[Au(CN)_2]^-$ 也有抗病毒作用。

在医学上，常利用配位反应治疗 Hg、Pb、Cd、As 等重金属中毒。一般选用含—SH、—NH_2等官能团的多齿配体与有毒金属元素形成无毒的可溶性配合物，经肾脏排出体外。例如，二巯丙醇（BAL）和青霉胺是汞等重金属的有效解毒剂；EDTA 的钙盐是人体铅中毒的

高效解毒剂。对于铅中毒的人，可注射溶于0.9%氯化钠注射液或葡萄糖注射液的$Na_2[Ca(EDTA)]$，这是因为

$$Pb^{2+} + [Ca(EDTA)]^{2-} \rightarrow [Pb(EDTA)]^{2-} + Ca^{2+}$$

$[Pb(EDTA)]^{2-}$及剩余的$[Ca(EDTA)]^{2-}$均可随尿排出体外，从而达到解铅毒的目的。但是切不可用$Na_2[H_2(EDTA)]$代替$Na_2[Ca(EDTA)]$为注射液，因为前者会使人体缺钙。此外，EDTA的钙盐也可以作为排除人体内铀、钍、钌等放射性元素的高效解毒剂。

金属配合物药物的进一步有效设计、合成，开发其与细胞、蛋白质、酶及DNA之间相互作用的机理研究，将在人类控制和战胜疾病中，愈来愈显示其重要性。

本章小结

一、配合物的基本概念

1. 配合物的定义和组成 配位化合物（简称配合物）是由可以接受孤对电子的中心离子或原子（简称形成体）与一定数目的可以提供孤对电子的离子或分子（简称配体）按一定组成和空间几何构型所形成的化合物。

配合物的组成：配合物多由内界和外界组成，通常又把内界部分称为配离子，配离子是由中心离子（或原子）与几个配体以配位键相结合而成的复杂离子（或分子），以方括号表示。其余部分称外界，外界多为金属阳离子或酸根阴离子。

（1）中心离子（原子） 能够与配体形成配位键的金属离子称为中心离子。中心离子多为过渡金属离子，有些中性金属原子也能作为中心原子。中心离子（原子）是孤对电子的接受体。

（2）配体 能与中心离子直接结合的阴离子或分子叫作配体，配体是孤对电子的提供体配体中具有孤对电子，并直接与中心离子形成配位键的原子叫作配位原子。

只含有一个配位原子的配体称为单齿配体；含有两个或两个以上配位原子的配体称为多齿配体。在配合物中直接与中心离子键合的配位原子数即为该中心离子的配位数。由多齿配体和中心离子所形成的具有环状结构的配合物称为螯合物。螯合物由于具有环状结构特别稳定。

2. 配合物的命名 配合物的命名遵循一般无机物的命名原则。其中配离子的命名顺序为：

配体数→配体名称→“合”→中心离子名称及其氧化数（在括号内以罗马数字表示）

如果含有不同的配体，则配体的命名顺序为：无机配体先于有机配体，阴离子配体先于中性分子配体。配离子是阴离子的配合物称为“某酸某”或“某某酸”。配离子是阳离子的配合物称为“某化某”或“某酸某”。

二、配合物的化学键理论

配合物的化学键理论包括价键理论和晶体场理论。

价键理论可以解释配合物的形成，空间构型和磁性。

1. 配合物的价键理论

（1）价键理论的要点 中心离子（或原子）有空的价层轨道，配体有可提供孤对电子的配位原子。配体单方面提供孤对电子对形成配位键。

在形成配合物（或配离子）时，中心体所提供的空轨道首先进行杂化，中心离子的杂化方式决定了配合物的空间构型、磁性和相对稳定性。

（2）内轨型配合物和外轨型配合物　根据中心离子参与杂化的价层轨道全部是外层轨道或是还有部分内层轨道，可将配合物分成外轨型配合物和内轨型配合物。对于相同中心离子的配合物，内轨型配合物的稳定性大于外轨型配合物。究竟形成何种类型，取决于中心离子的价电子构型、配位数的多少、配体的强弱等因素。

通过对配合物磁矩的测定，可以推知中心离子形成配合物后的未成对电子数，进而可以推断配合物的空间结构，以及该配合物属于内轨型还是外轨型。

物质的磁性强弱（用磁矩 μ 表示）与物质内部未成对电子数（n）有近似关系：

$$\mu \approx \sqrt{n(n+2)}\,\mu_B$$

2. 配合物的晶体场理论　中心离子的 d 轨道在配体组成的晶体场作用下发生能级分裂，中心离子的 d 电子在分裂后的能级上重新排列，使体系总能量降低，产生了晶体场稳定化能。晶体场理论可以很好地解释配合物的稳定性及光谱性质。

三、配位平衡及其移动

1. 配合物的稳定常数　配合物生成反应的平衡常数，称为配合物的稳定常数。稳定常数 $K_稳$ 可用来表示配合物在溶液中的稳定性大小，$K_稳$ 值越大，配离子在水溶液中的稳定性越高。可利用 $K_稳$ 比较同类型配合物的稳定性，计算配合物溶液中未配位的金属离子的浓度、判断难溶盐的溶解和生成的可能性，判断配位反应自发进行的程度和方向，还可以用来计算金属离子与其配离子组成电对的电极电势。

2. 配位平衡的移动

（1）配位平衡与酸碱平衡

①酸效应　在增加溶液的酸度时，由于配体同 H^+ 结合成弱酸而使配位平衡发生移动，导致配离子解离，这种现象称为酸效应。

②水解效应　大多数金属离子在水溶液中有明显的水解作用，从而降低了金属离子的浓度，使配位反应向解离方向移动，这一现象称为金属离子的水解效应。

（2）配位平衡与沉淀平衡　从 $K = K_{sp} \cdot K_稳$ 的关系式可见，配离子稳定性愈差，沉淀剂与中心离子形成沉淀的 K_{sp} 愈小，配位平衡就愈容易转化为沉淀平衡；配离子稳定性愈强，沉淀的 K_{sp} 愈大，就愈容易使沉淀平衡转化为配位平衡。

（3）配位平衡与氧化还原平衡

①配离子电对中氧化型形成配合物　由金属离子与其单质组成的电对，若金属离子形成的配离子越稳定（$K_稳$ 越大），则电对的电极电势值越小，配离子比相应的金属离子的氧化能力降低。

②氧化型和还原型同时生成配合物　当两种价态的离子都可以与同一种配体形成相同类型的配合物时，其电对的标准电极电势与其稳定常数的比值有关，如果高价配合物比低价配合物更稳定，则配离子电对的电极电势小于其相应金属离子电对的电极电势，即形成配合物后低价态离子的还原能力增加。反之，如果低价配合物比高价配合物更稳定，则配离子电对的电极电势大于其相应金属离子电对的电极电势，即形成配合物后低价态离子的还原能力降低。

（4）配离子之间的相互转化　配离子之间的转化反应向着生成更稳定的配离子的方向进行。

扫码“练一练”

习题

1. 命名下列配合物并指出中心离子的配位数和配体的配位原子。

(1) $K_2[Co(NCS)_4]$

(2) $[Co(NH_3)_4(H_2O)_2]_2(SO_4)_3$

(3) $Na_2[SiF_6]$

(4) $[CrCl_2(H_2O)_4]Cl$

(5) $[Ni(en)_3]Cl_2$

(6) $[CoCl(NO_2)(NH_3)_4]^+$

2. 写出下列配合物的化学式。

(1) 二硫代硫酸合银（Ⅰ）酸钠

(2) 三硝基·三氨合钴（Ⅲ）

(3) 氯化二氯·三氨·一水合钴（Ⅲ）

(4) 二氯·二羟基·二氨合铂（Ⅳ）

(5) 硫酸一氯·一氨·二（乙二胺）合铬（Ⅲ）

(6) 二氯·一草酸根·一（乙二胺）合铁（Ⅲ）离子

3. 指出下列配合物可能存在的几何异构体。

(1) $[Co(NH_3)_4(H_2O)_2]^{3+}$

(2) $[PtCl(NO_2)(NH_3)_2]$

(3) $[PtI_2(NH_3)_4]^{2+}$

4. 根据价键理论指出下列配离子的成键情况和空间构型。

(1) $[Fe(CN)_6]^{3-}$

(2) $[FeF_6]^{3-}$

(3) $[CrCl(H_2O)_5]^{2+}$

(4) $[Ni(CN)_4]^{2-}$

5. 根据实验测得的有效磁矩，确定下列配合物是内轨型还是外轨型配合物，说明理由。

(1) $[Mn(SCN)_6]^{4-}$ $\mu=6.1\mu_B$

(2) $[Mn(CN)_6]^{4-}$ $\mu=1.8\mu_B$

(3) $[Co(NO_2)_6]^{3-}$ $\mu=0\mu_B$

(4) $[Co(SCN)_4]^{2-}$ $\mu=4.3\mu_B$

(5) $K_3[FeF_6]$ $\mu=5.9\mu_B$

(6) $K_3[Fe(CN)_6]$ $\mu=2.3\mu_B$

6. 一些具有抗癌活性的铂金属配合物，如 *cis*－$PtCl_4(NH_3)_2$、*cis*－$PtCl_2(NH_3)_2$ 和 *cis*－$PtCl_2(en)$，都是反磁性物质。请根据价键理论指出这些配合物的杂化轨道类型，并说明它们是内轨型还是外轨型配合物。

7. 已知的 $[PtCl_4]^{2-}$ 空间构型为平面正方形，$[HgI_4]^{2-}$ 为四面体形，画出它们的电子分布情况并指出它们采取哪种杂化轨道成键。

8. 用晶体场理论说明为什么八面体配离子 $[CoF_6]^{3-}$ 是高自旋？而 $[Co(NH_3)_6]^{3+}$ 是

低自旋？并判断它们稳定性的大小？

9. 实验测得 $[Co(NH_3)_6]^{3+}$配离子是逆磁性的，问：

（1）它的空间构型是什么？根据价键理论 Co^{3+}离子采取何种杂化轨道与配体 NH_3 分子形成配位键？

（2）根据晶体场理论绘出此配离子可能的 d 电子构型，标明它们的高低自旋和磁性情况。

（3）当 $[Co(NH_3)_6]^{3+}$被还原为 $[Co(NH_3)_6]^{2+}$时，磁矩约为 4 ~ 5B. M.，绘出可能的电子构型，说明它们的磁性。

10. 已经测知水溶液中的 Co(Ⅱ) 形成一种带有 3 个未成对电子、具有顺磁性的八面体配离子。下面哪一种说法与上述结论一致，并说明理由。

（1）$[Co(NH_3)_6]^{2+}$的晶体场分裂能（Δ_o）大于电子成对能（P）；

（2）d 轨道分裂后，电子填充情况是 $t_{2g}^5e_g^2$；

（3）d 轨道分裂后，电子填充情况是 $t_{2g}^6e_g^1$。

11. Cr^{2+}、Cr^{3+}、Mn^{2+}、Fe^{2+}离子在八面体强场和八面体弱场中各有多少未成对电子，并写出 t_{2g}和 e_g 轨道的电子数目。

12. 在稀 $AgNO_3$ 溶液中依次加入 NaCl、NH_3、KBr、$Na_2S_2O_3$、KCN 和 Na_2S，会导致沉淀和溶解交替产生。请用软硬酸碱规则解释原因，并写出化学反应方程式。

13. 下列化合物中，哪些可以作为有效的螯合剂？

（1）H_2O

（2）HO—OH

（3）$H_2N—CH_2—CH_2—CH_2—NH_2$

（4）$(CH_3)_2N—NH_2$

14. 0.025mol · L^{-1} $CuSO_4$ 溶液与 0.30mol · L^{-1}氨水等体积混合，求溶液中 Cu^{2+}的平衡浓度。(已知：$[Cu(NH_3)_4]^{2+}$的 $K_{稳} = 2.1 \times 10^{13}$)

15. 在 50ml 0.10mol · L^{-1} $AgNO_3$ 溶液中，加入密度为 0.932g · cm^{-3}，质量分数为 0.182 的氨水 30ml 后，再加水稀释到 100ml。

（1）求此溶液中 Ag^+、$[Ag(NH_3)_2]^+$和 NH_3 的浓度；

（2）向此溶液中加入 0.120g 固体 KBr，有无 AgBr 沉淀生成？如欲阻止 AgBr 沉淀生成，在原来 $AgNO_3$ 和氨的混合溶液中氨水的最低浓度是多少？(已知：$[Ag(NH_3)_2]^+$的 $K_{稳} = 1.1 \times 10^7$，AgBr 的 $K_{sp} = 5.35 \times 10^{-13}$)

16. 通过计算比较 1.0L 6.0mol · L^{-1}氨水与 1.0L 1.0mol · L^{-1}KCN 溶液，哪一个可溶解较多的 AgI。(已知：$[Ag(NH_3)_2]^+$的 $K_{稳} = 1.1 \times 10^7$，$[Ag(CN)_2]^-$的 $K_{稳} = 1.3 \times 10^{21}$，AgI 的 $K_{sp} = 8.52 \times 10^{-17}$)

17. 298K 时，已知 $E^\ominus(Cu^{2+}/Cu^+) = 0.153V$，$[CuI_2]^-$的 $K_{稳} = 7.1 \times 10^8$，试计算电对 $Cu^{2+}/[CuI_2]^-$的 $E^\ominus$值。

18. 已知：$E^\ominus(Fe^{3+}/Fe^{2+}) = 0.771V$，$E^\ominus([Fe(CN)_6]^{3-}/[Fe(CN)_6]^{4-}) = 0.361V$，$[Fe(CN)_6]^{4-}$的 $\lg K_{稳} = 35.00$，试计算 $[Fe(CN)_6]^{3-}$的 $K_{稳}$。

19. 某原电池的一个电极由锌片插到 0.10mol · L^{-1} $ZnSO_4$ 溶液中构成；另一个电极由锌片插到混合溶液中构成，该溶液的 $[Zn(NH_3)_4^{2+}] = 0.10mol \cdot L^{-1}$，$[NH_3] =$

1.0mol · L^{-1}，测得原电池的电动势为 0.278V，试求 $[Zn(NH_3)_4]^{2+}$ 的 $K_{稳}$（已知：$E^{\ominus}(Zn^{2+}/Zn) = -0.763V$）。

20. 分别判断在标准状态下，下列两个歧化反应能否发生？

（1）$2Cu^{+} = Cu^{2+} + Cu$

（2）$2[Cu(NH_3)_2]^{+} = [Cu(NH_3)_4]^{2+} + Cu$

（已知：$E^{\ominus}(Cu^{2+}/Cu^{+}) = 0.153V$，$E^{\ominus}(Cu^{+}/Cu) = 0.552V$，$[Cu(NH_3)_4]^{2+}$ 的 $K_{稳} = 2.1 \times 10^{13}$，$[Cu(NH_3)_2]^{+}$ 的 $K_{稳} = 7.2 \times 10^{10}$）

（赵　兵）

第十一章　*p* 区元素

学习目标

1. 掌握　*p* 区重要元素（卤素、氧、硫、氮、磷、碳、硅、硼等）单质、氢化物、氧化物、含氧酸及其盐的基本性质、结构及基本用途；砷、锑、铋，铝、锡、铅等重要元素的单质及其化合物的基本性质、结构及基本用途。

2. 熟悉　类卤素及多卤化物的性质及应用；氰化氢、氨、肼、羟胺等物质的结构、性质；重要离子的鉴定方法及原理。

3. 了解　常用药物的成分及其作用。

扫码“学一学”

第一节　卤　素

一、卤素的通性

周期系第ⅦA 族包括氟（Fluorine，F）、氯（Chlorine，Cl）、溴（Bromine，Br）、碘（Iodine，I）和砹（Astatine，At）五种元素，统称为卤素（Halogen）。卤素希腊文原意是“成盐元素”，因为这些元素都是典型的非金属元素，它们易与金属化合成盐。卤素中砹是人工合成的放射性元素，目前人们对它的性质研究较少，因此本节不讨论砹的性质。

卤素在地壳中含量的质量百分数为：氟 0.066%，氯 0.017%，溴 2.1×10^{-4}%，碘 4.0×10^{-5}%。由于卤素单质具有很高的化学活性，它们在自然界不可能以游离状态存在，而是以稳定的卤化物形式存在。氟主要以萤石（CaF_2）、冰晶石（Na_3AlF_6）和磷灰石［$Ca_5F(PO_4)_3$］等矿物存在于火山岩中；氯主要以 NaCl，KCl，$MgCl_2$ 等存在于海水、盐湖及史前干涸的盐湖所成的沉积层中；溴和碘也以负一价离子存在于海水中；相当量的溴还存在于某些矿水和石油产区的矿井水中，碘在海水中的含量甚微（5×10^{-8}%），但海洋中某些生物如海带、海藻等具有选择性地吸收和聚积碘的能力，因而干海藻是碘的一个重要来源。目前世界上碘主要来自于智利硝石，其中碘含量为 0.02% ~1%（以 $NaIO_3$ 形式存在）。

卤素的一些基本性质见表 11－1。

卤素原子的价层电子构型是 ns^2np^5，与相应的稀有气体的 8 电子稳定结构相比只少一个电子，因此在化学反应中，卤素原子极易获得一个电子形成负离子 X^-，所以卤素单质都是强氧化剂。卤素的原子半径随原子序数增加而依次增大，但与同周期元素相比较，则原子半径较小，因此卤素都有较大的电负性。卤素原子获得电子的能力随着原子半径的增大而减小。卤素中氯的电子亲合能最大，并按 Cl、Br、I 顺序依次减小。

表 11－1　卤素的基本性质

性质	氟	氯	溴	碘
元素符号	F	Cl	Br	I
原子序数	9	17	35	53
相对原子质量	18.9984	35.4527	79.904	126.9045
价层电子构型	$2s^22p^5$	$3s^23p^5$	$4s^24p^5$	$5s^25p^5$
主要氧化数	－Ⅰ，0	－Ⅰ，0，＋Ⅰ，＋Ⅲ，＋Ⅳ，＋Ⅴ，＋Ⅶ	－Ⅰ，0，＋Ⅰ＋Ⅲ，＋Ⅴ，＋Ⅶ	－Ⅰ，0，＋Ⅰ＋Ⅲ，＋Ⅴ，＋Ⅶ
物态（298K，101.3kPa）	气体	气体	液体	固体
颜色	浅黄	黄绿	棕红	紫黑
熔点/K	53.38	172.02	265.92	386.5
沸点/K	84.86	238.95	331.76	457.35
汽化热/（$kJ \cdot mol^{-1}$）	6.320	20.41	30.71	46.61
临界温度/K	144	417	588	785
临界压力/mPa	5.57	7.70	10.33	11.75
水中溶解度/（$mol \cdot L^{-1}$，293K）	分解水	0.09	0.12	0.0013
共价半径/pm	71	99	114	133
X^-离子半径/pm	136	181	195	216
电子亲合能/（$kJ \cdot mol^{-1}$）	－327.9	－348.8	－324.6	－295.3
第一电离能/（$kJ \cdot mol^{-1}$）	1681	1251	1140	1008
电负性（Pauling 标度）	3.98	3.16	2.96	2.66
X^-水合能/（$kJ \cdot mol^{-1}$）	－507	－368	－335	－293
X_2离解能/（$kJ \cdot mol^{-1}$）	156.9	242.6	193.8	152.6

卤素的第一电离能都比较大，表明卤素原子失去一个电子成为X^+离子很困难，只有电负性较小、原子半径较大的碘才有可能，I^+离子在配合物中是比较稳定的。随着原子序数增加，卤素的电离能依次降低。与同周期其他元素相比，卤素有最大的电子亲合能、最大的第一电离能（稀有气体除外）、最大的电负性和最小的原子半径，因此，卤素是最活泼的非金属。

氯、溴、碘的原子最外层电子结构中都存在着空的 *nd* 轨道，当这些元素与电负性更大的元素相结合时，它们的 *nd* 轨道也可以参加成键，原来成对的 p 电子拆开进入 *nd* 轨道中，因此这些元素可以表现更高的氧化态（＋Ⅰ，＋Ⅲ，＋Ⅴ，＋Ⅶ）。

随着卤素原子序数的增加，原子半径逐渐增大，卤素的性质表现出差异性，氟与其他卤素间的差异尤其显著。如，从氯到碘电子亲合能和单质的离解能都依次减小，而氟的这些性质却反常于变化规律，氟也不表现出与氯、溴、碘相似的高氧化态等。这主要是因为氟原子的外层电子结构为$2s^22p^5$，价层没有 *d* 轨道，又具有最小的原子半径的缘故。氟原子核周围的电子云密度较大，当它接受一个外来电子时，电子间的斥力增大，部分地抵消了氟原子接受一个电子成为氟离子（F^-）时放出的能量，所以氟的电子亲合能和离解能小于氯。氟的原子半径最小，电负性最大，此外氟的水合能较大，因此氟在卤素中是最强的氧化剂。

氟与有多种氧化态的元素相化合时，该元素往往表现出最高的氧化态，如 BiF_5、SF_6 及 IF_7 等，而相应的氯化物则不存在。这是由于氟原子半径小，空间位阻不大，因此元素周围可容纳更多的氟原子。

氟原子的价层中没有可被利用的 *d* 轨道，氟的电负性在所有元素中又居首，所以通常它不表现出正氧化态，在氟化物中氟的氧化数总是 - Ⅰ。其他卤素如与电负性较大的元素化合则可以形成正氧化数 + Ⅰ、+ Ⅲ、+ Ⅴ和 + Ⅶ等，这些氧化数表现在卤素的含氧化合物和卤素互化物中，如 HClO、BrF_3、HIO_3 和 Cl_2O_7 等。

卤素的标准电势图见图 11 - 1。

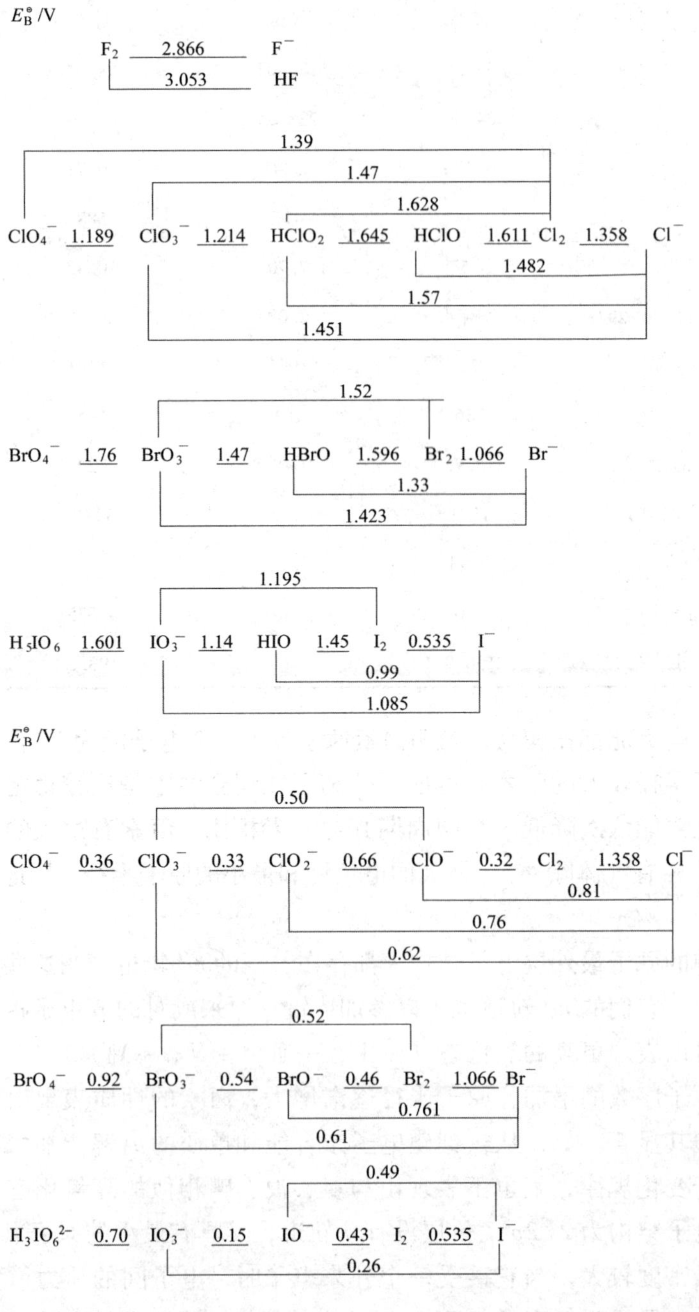

图 11 - 1　卤素的标准电势图

二、卤素单质的性质

（一）物理性质

卤素单质的一些物理性质见表 11－1。卤素单质均为非极性的双原子分子，原子间以共价键相结合，分子间的结合力为色散力。因此，卤素单质的熔点、沸点都比较低，且随卤素原子半径的增加，分子体积增大，分子的变形性也增大，分子间的色散力逐渐增强。因此卤素单质的密度、熔点、沸点、临界温度、临界压力和汽化热等物理性质按 F→Cl→Br→I 的顺序依次增大。在常温下，氟和氯是气体，溴是易挥发的液体，而碘为固体。氯容易液化，在 288K 时，将氯加压 607.8kPa 或在常压下将氯冷却到 239K 时，气态氯即可转化为液态氯。固态碘具有较高的蒸气压，加热时易升华，利用这一性质，可将粗碘精制。

卤素单质的颜色从氟到碘依次呈浅黄、黄绿、红棕和紫黑色。这可从分子中基态电子被激发所需能量的高低来解释。物质的颜色通常是由于物质对不同波长的光选择吸收的结果。当可见光照射到物体上，其中某些波长的光被吸收，物体就显出未被吸收的那些波长的光的复合色。按照分子轨道理论，卤素的分子轨道为 $(\sigma_{ns})^2(\sigma_{ns}^*)^2(\sigma_{np})^2(\pi_{np})^4(\pi_{np}^*)^4$，当电子受激发后，由最高占据轨道 π_{np}^* 跃迁到能量最低的反键空轨道 σ_{np}^*。从氟到碘，电子跃迁所需要的能量依次下降，吸收的波长由短到长，显示的颜色从浅到深。如氟原子核对电子的吸引力强，电子跃迁时吸收能量较高、波长较短的紫色，故气态氟分子显示出波长较长、能量较低的浅黄色。而气态碘分子吸收能量小、波长长的黄光，显出紫色。同时物质的集聚态从气态向液态、固态转化时，质点间作用力增加，颜色也会逐渐加深。

卤素单质是非极性分子，在极性大的溶剂（如水）中，溶解度很小（见表 11－1）。氟不溶于水，但使水剧烈地分解放出氧气。氯和溴的水溶液称为氯水和溴水，它们在水中不仅有单纯的溶解，而且还有不同程度的反应。碘在水中溶解度极小，但碘易溶于碘化物（如碘化钾）溶液中，这主要是由于形成溶解度很大的 I_3^- 离子的缘故：

$$I_2 + KI \rightleftharpoons KI_3$$

实验室常用此反应获得浓度较大的碘水溶液。

氯、溴、碘在极性小的有机溶剂（如乙醇、四氯化碳、二硫化碳、乙醚、苯、氯仿等）中，溶解度比在水中的溶解度大得多，并呈现一定的颜色。溴在有机溶剂中的颜色随其浓度的增加而逐渐加深（由黄至红棕）。氯和溴在非极性的有机溶剂和在极性溶剂水中的颜色与其气态的颜色基本一致，说明其分子和溶剂分子之间的相互作用较弱，对颜色影响不大。碘在极性有机溶剂（如乙醇、乙醚）和不饱和烃（如苯）中形成溶剂化物而呈现出棕色或红棕色，而在非极性溶剂（如四氯化碳）或极性很弱的溶剂（如氯仿）中不形成溶剂化物，溶解的碘以分子状态存在，其溶液呈现与碘蒸气相同的紫色。单质碘遇淀粉溶液呈现明显的蓝色，这是检出 I_2 的特效反应，在分析化学中较重要。

卤素均有刺激性气味，强烈刺激眼、鼻、气管等黏膜，吸入较多的蒸汽会发生严重中毒。它们的毒性从氟到碘而递减。空气中含有 0.01% 氯气时，会很快引起严重的氯气中毒。此时，可吸入乙醇和乙醚的混合气解毒。吸入少量氨气也有缓解作用。液溴沾着皮肤时会造成难以痊愈的灼伤，使用时应特别小心。

卤素在生物体内存在的形式和生物效应也是非常重要的。氟是人体必需的微量元素，它以 F^- 形式结合在牙齿和骨骼等硬组织中。氟对维持牙齿和骨骼的化学稳定性和机械强度有一定的作用。机体摄入的氟过少，可引起龋齿；过多则可导致氟骨症和斑釉齿，造成骨及牙齿畸形，还会引起部分酶的活性被抑制，机体不同程度的代谢异常。

氯离子是体液中存在的主要阴离子，大多分布在细胞外液，氯是人体必需的宏量元素，它与 Na^+、K^+、HPO_4^{2-} 等离子共同维持着体液的渗透压和酸碱平衡。

溴在人体各组织中都有存在，在体内的含量比碘还高，但对它在体内的生理功能还不清楚，尚未确定它是人体的必需元素。

碘是生物体内不可缺少的微量元素，成人体内含量约为 20 ~ 50 mg。70% ~ 80% 的碘分布在甲状腺内，其余的碘分布于各种组织中。碘的主要功能是参与甲状腺素的构成。缺碘会引起甲状腺肿大及一系列病症，但超剂量的碘对人体健康也是有害的。因此，人体对碘的最大摄入量一般不超过 900μg/d 为宜。

（二）化学性质

1. 与金属及非金属的作用 氟能与所有的金属和非金属（除氮、氧和一些稀有气体外）包括氢直接化合，而且反应常常是很猛烈的，伴随着燃烧和爆炸；氯也能与各种金属和大多数非金属（除氮、氧、稀有气体外）直接化合，反应还比较剧烈，但活泼性比氟差一些，有些反应需要加热；溴和碘的活泼性更差一些，在常温下只能与活泼金属作用，与其他金属的反应需要加热。

氟与氢作用过于激烈，实际意义不大。氯在加热或光照条件下可与氢发生自由基反应，而溴和碘与氢难以反应。卤素与其他单质作用后得到相应的卤化物。如：

$$3F_2 + S = SF_6$$

$$Cl_2 + 2S = Cl_2S_2$$

$$Br_2 + Mg = MgBr_2$$

$$I_2 + Zn = ZnI_2$$

反应产物可为离子型（NaCl）、共价型（SF_6）及介于二者之间的过渡型的卤化物，且卤素之间也可形成卤素互化物（ClF_3）等。

2. 卤素间的置换反应 根据 $E^\ominus(X_2/X^-)$ 的数据可知，卤素单质的氧化能力和卤离子的还原能力大小顺序为：

氧化能力　　$F_2 > Cl_2 > Br_2 > I_2$

还原能力　　$I^- > Br^- > Cl^- > F^-$

因此，按 F - Cl - Br - I 的次序，前面的卤素单质（X_2）可以将后面的卤素从它们的卤化物中置换出来。如：

$$Cl_2 + 2Br^- = 2Cl^- + Br_2$$

$$Br_2 + 2I^- = 2Br^- + I_2$$

这类反应在工业上常用来制备单质溴和碘。

3. 与水（酸、碱）的反应 卤素单质与水可以发生两种类型的反应（平行反应）：

$$(1)\ 2X_2 + 2H_2O = 4HX + O_2\uparrow$$

$$(2)\ X_2 + H_2O = HX + HXO$$

反应（1）是卤素对水的氧化作用。由卤素和氧的电极电势：$E^\ominus(F_2/F^-) = 2.866V$，$E^\ominus(Cl_2/Cl^-) = 1.358V$，$E^\ominus(Br_2/Br^-) = 1.066V$，$E^\ominus(I_2/I^-) = 0.535V$；$E^\ominus(O_2/H_2O) = 1.229V(pH = 0)$，$E^\ominus(O_2/H_2O) = 0.816V(pH = 7)$，$E^\ominus(O_2/H_2O) = 0.401V(pH = 14)$，可知，pH = 0 时（酸性介质中），$F_2$、$Cl_2$ 能将水氧化放出 O_2，而 Br_2、I_2 无此反应；pH = 7

时（中性介质），F_2、Cl_2、Br_2 能将水氧化放出 O_2，而 I_2 不能；pH = 14 时（碱介质中），F_2、Cl_2、Br_2、I_2 均能将水氧化放出 O_2。

事实上，氟无论在酸性、中性、碱性介质中均与水剧烈作用放出氧气。除 O_2 外，还有 H_2O_2、OF_2 和 O_3 生成；氯只有在光照下，才缓慢使水氧化放出氧气；溴与水作用放出氧气的速率极慢。

反应（2）是卤素的歧化反应。由于氟与水激烈反应把水氧化，因此不能进行歧化反应。氯、溴、碘的歧化反应与溶液的 pH 和温度有关。有关的电极电势值分别为：

$$E_A^{\ominus}/\mathrm{V}:\ \mathrm{HClO}\ \underline{\ 1.611\ }\ \mathrm{Cl_2}\ \underline{\ 1.358\ }\ \mathrm{Cl^-}$$

$$\mathrm{HBrO}\ \underline{\ 1.596\ }\ \mathrm{Br_2}\ \underline{\ 1.066\ }\ \mathrm{Br^-}$$

$$\mathrm{HIO}\ \underline{\ 1.45\ }\ \mathrm{I_2}\ \underline{\ 0.535\ }\ \mathrm{I^-}$$

$$E_B^{\ominus}/\mathrm{V}:\ \mathrm{ClO^-}\ \underline{\ 0.32\ }\ \mathrm{Cl_2}\ \underline{\ 1.358\ }\ \mathrm{Cl^-}$$

$$\mathrm{BrO^-}\ \underline{\ 0.46\ }\ \mathrm{Br_2}\ \underline{\ 1.066\ }\ \mathrm{Br^-}$$

$$\mathrm{IO^-}\ \underline{\ 0.43\ }\ \mathrm{I_2}\ \underline{\ 0.535\ }\ \mathrm{I^-}$$

可见，在酸性介质中 $E_{右}^{\ominus} < E_{左}^{\ominus}$，氯、溴、碘均不发生歧化反应；在碱性介质中 $E_{右}^{\ominus} > E_{左}^{\ominus}$，所以氯、溴、碘均要发生歧化反应，即都不能稳定存在：

$$Cl_2 + 2OH^- = Cl^- + ClO^- + H_2O$$

$$Br_2 + 2OH^- = Br^- + BrO^- + H_2O$$

加酸有利于平衡向左进行，加碱有利于平衡向右进行；升温有利于歧化反应。

次卤酸根在碱性溶液中也是不稳定的，还要发生歧化反应：

$$3XO^- = 2X^- + XO_3^-$$

但歧化反应速率不同。ClO^- 离子在冷、稀的碱溶液中还比较稳定，如加热至 348K 以上或在浓碱溶液中则迅速歧化；BrO^- 离子在 273K 下还比较稳定，高于这个温度则迅速歧化；IO^- 离子在任何温度下都迅速歧化。在室温时将溴或碘溶于碱溶液中，发生的反应实际是：

$$3Br_2 + 6OH^- = 5Br^- + BrO_3^- + 3H_2O$$

$$3I_2 + 6OH^- = 5I^- + IO_3^- + 3H_2O$$

三、卤化氢和卤化物

（一）卤化氢

1. 卤化氢的性质　卤素和氢形成的二元化合物叫卤化氢。卤化氢都是具有强烈刺激臭味的无色气体，在潮湿的空气中发烟，这是由于卤化氢与空气中的水蒸气结合形成了酸雾。卤化氢的一些重要的物理性质见表 11－2。

表 11－2　卤化氢的一些重要的物理性质

性质	HF	HCl	HBr	HI
熔点/K	189.6	158.9	186.3	222.4
沸点/K	292.7	188.1	206.4	237.8
$\Delta_f H_m^{\ominus}$(kJ·mol^{-1})	−271	−92.30	−36.4	+26.5
$\Delta_f G_m^{\ominus}$(kJ·mol^{-1})	−273	−95.4	−53.6	1.72
溶解热/(kJ·mol^{-1})	61.55	74.94	85.22	81.73

续表

性质		HF	HCl	HBr	HI
溶解度（g/100g 水，273K）		∞	82.3	221	234
分子电偶极矩 /（$\times 10^{-30}$C·m）		6.071	3.602	2.725	1.418
键能/（kJ·mol^{-1}）		568.6	431.8	365.7	298.7
气化热/（kJ·mol^{-1}）		30.31	16.12	17.62	19.77
水合热/（kJ·mol^{-1}）		−48.14	−17.58	−20.93	−23.02
表观电离度（0.1mol·L^{-1}，291K，%）		10	93	93.5	95
	恒沸点/K	393	383	399	400
恒沸溶液	密度/（g·cm^{-3}）	1.14	1.10	1.49	1.71
（101.3kPa）	质量分数（%）	35.35	20.24	47	57

从表 11－2 可以看出，卤化氢的熔点、沸点按 HCl→HBr→HI 的顺序逐渐升高，这是因为卤化氢都是共价化合物，分子间范德华力随分子量的增加依次增大的结果。按此规律，HF 的分子量最小，熔、沸点就应更低，但事实上，它的熔点比 HBr 的高，沸点比 HI 的还高。这一反常现象是由于氟化氢分子间存在着氢键，从而形成了缔合分子的缘故。

卤化氢都是极性分子，极易溶于水。卤化氢的水溶液称为氢卤酸。氢卤酸的酸性依 HF→HCl→HBr→HI 的顺序增强。这是由于卤素原子的半径从氟至碘依次增大，原子的电子密度逐渐降低，因而对质子的引力依次减弱。氢氟酸是弱酸（298K，$K_a = 3.53\times10^{-4}$），与其他弱酸一样，浓度越稀电离度越大。但 HF 浓溶液（5～15mol·L^{-1}）是一种强酸。这主要是因为氢氟酸的浓溶液中有下列反应：

$$HF + H_2O = H_3O^+ + F^-$$

$$HF + F^- = HF_2^-$$

由于 HF 可结合溶液中的 F^- 离子形成较稳定的缔合离子 HF_2^-（$K = 5.2$），随着氢氟酸浓度增大，与 HF 结合所需 F^- 离子的量增多，促使 HF 的离解平衡强烈地右移，其结果使 H^+ 离子浓度增大，以致成为强酸。

氢氟酸可与二氧化硅或硅酸盐作用生成气态四氟化硅：

$$SiO_2 + 4HF = SiF_4\uparrow + 2H_2O$$

$$CaSiO_3 + 6HF = CaF_2 + SiF_4\uparrow + 3H_2O$$

SiO_2 是玻璃的组成部分，因此氢氟酸不能盛于玻璃容器中，一般贮存于塑料容器中。氢氟酸常用于分解硅酸盐以测定硅的含量或蚀刻玻璃。

液态的氟化氢有微弱的自身电离：

$$2HF \rightleftharpoons H_2F^+ + F^-$$

氟化氢及其水溶液都是剧毒的。除对呼吸系统的危害外，氢氟酸接触皮肤后可引起肿胀，进一步形成溃疡，很难愈合。所以操作时必须戴胶手套。如发现皮肤沾有氢氟酸，必须立即用大量水冲洗，敷以氨水。

除氢氟酸外，其他氢卤酸都是强酸。氯化氢的水溶液即氢氯酸，但习惯称为盐酸，是最重要的无机酸之一。纯盐酸是无色液体，工业品中常含有 Fe^{3+} 离子而呈黄色。市售盐酸密度为 1.19g·cm^{-3}，含 HCl 37%，浓度为 12mol·L^{-1}。打开容器盖时，有 HCl 气挥发出来，在空气中形成酸雾而冒白烟。盐酸大量用于化学工业及实验室中。人和哺乳动物的胃酸中含有 0.5% 的盐酸，它能帮助食物的消化和杀死各种病菌，胃液中含酸量过高或过低都是病态的表现。胃液酸度的测定是医学检验项目之一。

氢卤酸的还原性从 HF 至 HI 依次增强。HF 不能被氧化剂氧化，HCl 需用强氧化剂才能被氧化，HBr 则较易被氧化，而 HI 能被空气中的 O_2 氧化：

$$4H^+ + 4I^- + O_2 = I_2 + 2H_2O$$

在常压下蒸馏氢卤酸的稀溶液，先蒸出的是以水为主的蒸馏液，溶液逐渐变浓，沸点逐渐升高；蒸馏浓溶液，则先蒸出的是浓度较大的 HX 蒸馏液，溶液逐渐变稀，沸点也逐渐升高；无论从稀溶液开始，还是从浓溶液开始，最后都达到一个恒定的最高沸点，溶液的成分与蒸馏液的成分一样恒定不变。这种溶液叫“恒沸溶液”（azeotropic solution）。恒沸溶液是普遍存在的，由挥发性溶质组成的溶液都有恒沸现象。

2. 卤化氢的制备　HF 是用天然氟化钙与浓硫酸加热制取：

$$CaF_2 + H_2SO_4 \xlongequal{\triangle} CaSO_4 + 2HF\uparrow$$

因 HF 腐蚀玻璃，反应通常在铅制容器中进行。容器表面先生成氟化铅保护膜，防止金属继续被侵蚀。

实验室中常用类似方法制取少量 HCl：

$$2NaCl + H_2SO_4 \xlongequal{>780K} Na_2SO_4 + 2HCl\uparrow$$

但不能用此法制取 HBr 和 HI，因 Br^- 及 I^- 将被浓硫酸氧化：

$$2NaBr + 3H_2SO_4 = Br_2\uparrow + SO_2\uparrow + 2H_2O + 2NaHSO_4$$

$$2KI + 3H_2SO_4 = I_2 + SO_2\uparrow + 2H_2O + 2KHSO_4$$

$$8KI + 9H_2SO_4 = 4I_2 + H_2S\uparrow + 8KHSO_4 + 4H_2O$$

可用高沸点非氧化性酸（如磷酸）代替硫酸去制备 HBr 和 HI。

HI 还可以用 H_2S 与 I_2 反应制取：

$$H_2S + I_2 = 2HI + S\downarrow$$

现在工业上制备盐酸大多是利用氯碱工业中的 H_2 与 Cl_2 直接合成：

$$H_2 + Cl_2 = 2HCl$$

HCl 用水吸收后得到相当纯的工业盐酸。

（二）卤化物

除氦、氖、氩外，所有其他元素都能形成卤化物（Halides）。根据卤化物中卤素与其他元素间的键型，可将卤化物粗略地分为离子型和共价型两类。

所有非金属卤化物都属于共价型卤化物。它们的分子间作用力是范德华力，所以这类卤化物大多数易挥发，熔点、沸点较低。同一非金属和不同卤素的卤化物，其熔点、沸点按由氟化物至碘化物的顺序递增。这主要是因为随着半径的增加，分子变形性增加，分子间的色散力增大的缘故。如：

	SiF_4	$SiCl_4$	$SiBr_4$	SiI_4
熔点（K）	183	203	278	394
沸点（K）	187	331	423	563

金属卤化物有的属于共价型，有的属于离子型，还有的是介于这两者之间称为过渡型。一种金属与卤素究竟形成哪类卤化物，主要取决于金属离子的极化力和卤素离子的变形性。一般说来，金属离子的电荷越高、半径越小，其极化能力越强，卤化物的共价性越显著；卤素的电负性越大、原子半径越小，越不容易变形，其卤化物的离子性越强。随着金属离

子半径的减小，离子电荷的增加以及卤素离子的半径增大，卤化物将由离子型逐渐过渡到共价型。因此，碱金属（锂除外）、碱土金属（铍除外）、大多数镧系元素以及低价金属离子的卤化物基本上属熔点、沸点较高的离子型卤化物，而 Al^{3+} 离子的卤化物多为共价型或过渡型卤化物。如：

	$NaCl$	$MgCl_2$	$BeCl_2$	$AlCl_3$
熔点（K）	1073	987	678	466
沸点（K）	1710	1670	700	456（升华）
	离子型		过渡型	共价型

同一周期的主族元素与同一卤素所形成的卤化物，由于从左至右阳离子的电负性增大、半径减小、电荷增大，对阴离子的极化作用增大，而由离子型卤化物过渡到共价型卤化物。如：

	NaF	MgF_2	AlF_3	SiF_4	PF_5	SF_6
熔点（K）	1268	1523	1313	183	190	222
沸点（K）	1975	2533	1533	187	198	209
	← 离子型			共价型 →		

同一主族的元素从上到下半径增大、电负性减小，对卤素的极化能力减小，因此它们与同一卤素所形成的卤化物，从上至下由共价型过渡为离子型。如：

NF_3	PF_3	AsF_3	SbF_3	BiF_3
共价型			过渡型	离子型

副族元素的离子都有 d 电子，它们的卤化物都具有或多或少的共价性，但 d 电子有多有少，不同的卤素离子的变形性也不同，所以很难得出规律。

对同一金属不同卤素的卤化物来说，因卤离子半径由 F^- 至 I^- 依次增大，变形性逐渐增强，更容易被阳离子极化，键的共价成分依次增大，卤化物将由离子型过渡到共价型。如：

AlF_3	$AlCl_3$	$AlBr_3$	AlI_3
离子型	过渡型	共价型	

一般地说，金属氟化物主要是离子型化合物，其他卤化物从氯到碘共价型化合物则逐渐增多。

对于具有多种价态的金属，其高价态的卤化物为共价型，低价态的卤化物为离子型。如：

$SnCl_4$	$SnCl_2$
共价型	离子型

离子型卤化物的熔点、沸点较高，熔融物导电，大多数易溶于水，在水溶液中电离成金属离子和卤离子，不发生水解。氯、溴、碘的银盐（AgX）、铅盐（PbX_2）、亚汞盐（Hg_2X_2）、亚铜盐（CuX）是难溶的，还有 $HgBr_2$、HgI_2 和 BiI_3 也难溶于水。卤化银中，AgF 易溶于水，$AgCl$、$AgBr$、AgI 的溶解度依次降低，这是因为 F^- 离子半径小，不易变形，与 Ag^+ 离子间没有相互极化的附加极化作用，键以离子性为主，故易溶于水；而 Cl^-、Br^-、I^- 离子半径依次增大，其变形性增大，与 Ag^+ 离子间的附加极化作用递增，所以 $AgCl$、$AgBr$、AgI 的共价性依次增强，在水中溶解度递减。CaF_2 难溶于水，而其他卤化钙都易溶。这是因为 Ca^{2+} 离子与 F^- 离子之间的静电作用力强，晶格能大，而其他卤离子因半径大，电场强度弱，晶格能低，所以易溶。

共价型卤化物的熔点、沸点很低，熔融物一般不导电，易溶于有机溶剂，绝大多数遇水立即发生水解反应，生成含氧酸和氢卤酸。如：

$$BF_3 + 3H_2O = H_3BO_3 + 3HF$$

$$SiCl_4 + 4H_2O = H_4SiO_4 + 4HCl$$

$$PCl_3 + 3H_2O = H_3PO_3 + 3HCl$$

$$BrF_5 + 4H_2O = H_3BrO_4 + 5HF$$

$$SbCl_3 + H_2O = SbOCl + 2HCl$$

$$ZnCl_2 + H_2O = Zn(OH)Cl + HCl$$

通常条件下，CCl_4 不水解，但若使用过热水蒸气来供给足够的能量时，CCl_4 也发生水解：

$$CCl_4 + H_2O(g) \xlongequal{过热水蒸气} COCl_2 + 2HCl$$

另外，一些共价型（或过渡型）的金属卤化物，常常含有结晶水。如：$MgCl_2 \cdot 6H_2O$、$ZnCl_2 \cdot 6H_2O$、$FeCl_3 \cdot 6H_2O$、$AlCl_3 \cdot 6H_2O$ 等，不能用加热的方法脱去结晶水，因为加热时它们先熔化并溶解在自己的结晶水中，然后发生水解作用。如：

$$MgCl_2 \cdot 6H_2O \xlongequal{\triangle} Mg(OH)_2 + 2HCl\uparrow + 4H_2O$$

$$Mg(OH)_2 \xlongequal{\triangle} MgO + H_2O\uparrow$$

有机合成中常用的无水 $FeCl_3$ 或无水 $AlCl_3$ 等，必须用干燥的氯气直接与金属作用来制备，而无法在水溶液中制备。

（三）多卤化物

金属卤化物与卤素单质或卤素互化物（inter - halogen compounds）加合，所生成的化合物称为多卤化物（polyhalide）：

$$KI + I_2 = KI_3$$

$$CsBr + IBr = CsIBr_2$$

金属多卤化物的结构是以较大的卤素原子居中，较小的分布在四周。含有三个卤素的多卤化物阴离子如 I_3^-、ICl_2^-、IBr_2^-、$IBrCl^-$ 等多为直线型。

I_2 在 KI 溶液中溶解度增加是由于分子和离子间形成碘三离子 I_3^-，但 I_3^- 离子易解离，溶液中存在平衡：

$$I_3^- \rightleftharpoons I_2 + I^-$$

故溶液中有一定浓度的 I_2，使 I_3^- 离子的溶液与碘溶液性质相同。

多卤化物熔点很低、热稳定性差，受热时多分解成简单卤化物和卤素单质或卤素互化物。如：

$$CsBr_3 \xlongequal{\triangle} CsBr + Br_2$$

$$CsICl_2 \xlongequal{\triangle} CsCl + ICl$$

四、卤素的含氧酸及其盐

（一）无机含氧酸及含氧酸盐概述

1. 无机含氧酸的分子结构 许多非金属元素都形成无机含氧酸，如 H_2CO_3、HNO_3、

H_3PO_4、H_2SO_4、$HClO_3$ 等。在所有含氧酸的分子中，都至少有一个羟基（-OH）与中心原子以普通的 σ 键结合，且大多数含氧酸含有 1~3 个非羟基氧。对于非羟基氧与中心原子的结合方式，目前有三种理论，现以磷酸分子为例说明：

1937 年鲍林提出中心原子的超氩结构，即

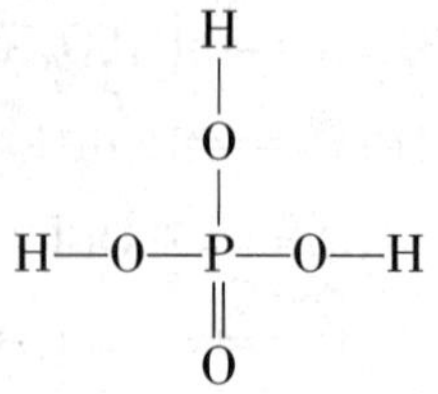

磷原子与非羟基氧以普通 σ+π 双键相连。这样，磷原子周围共有五对电子。

1948 年皮策（Pitzer）提出中心原子对非羟基氧给出一对配位电子对，即

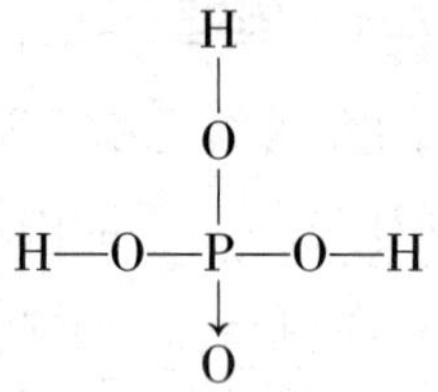

这样，所有原子的价层电子都符合八隅律。

20 世纪 50 年代许多化学家提出 $p-d\pi$ 结构，认为磷原子先用 sp^3 杂化轨道与非羟基氧生成 P→O 配键（令 P→O 键轴为 X 轴）；而氧原子的 p_y 轨道上的孤电子对与磷原子的 $3d_{xy}$ 空轨道，氧原子 p_z 轨道上的孤电子对与磷原子的 $3d_{xz}$ 空轨道对称性相同，可形成两对配键，这两对配键是由成键轨道"肩并肩"重叠而成，故为 π 配键。这种由成对 p 电子填入空的 d 轨道中所形成的 π 配键叫作 $p-d\pi$ 配键或 $p-d\pi$ 键，也叫"反馈"π 键，即它们与 P→O 配键的方向相反（图 11-2）。

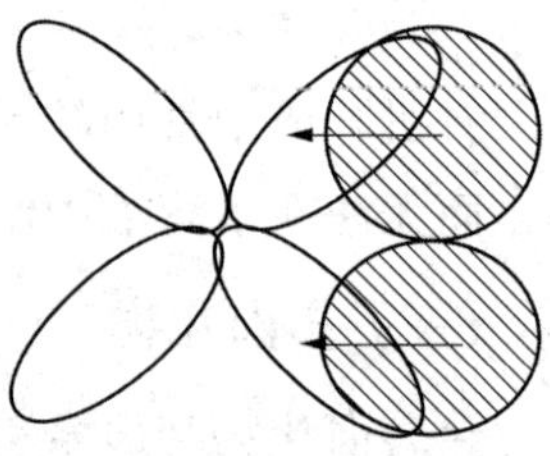

图 11-2　P→O 的 $p\pi-d\pi$ 配键

这种键很弱，虽然中心原子 P 与 O 原子之间是三重键，P$\overset{\longleftarrow}{\underset{\longleftarrow}{\longrightarrow}}$O，其键长只介于单双键之间。目前一般采用 $p-d\pi$ 配键说明第三周期以后的非金属含氧酸结构。但在表示结构时仍是在中心原子和非羟基氧之间画两条短线，一条代表正常 σ 键，另一条代表两个 $p-d\pi$ 键，因两个 $p-d\pi$ 配键至多抵上一个正常 π 键。

2. 无机含氧酸的强度及影响因素　目前，对无机酸强度的解释有各种说法，但大多数是从静电引力出发。一般认为：与质子直接相连的原子的电子密度，是决定无机酸强度的直接因素。这个原子的电子密度越低，它对质子的引力就越弱，因而酸性也就越强，反之亦然。含氧酸（H_mXO_n）中的可离解的质子均与氧原子相连，即含有 X-O-H 键。羟基氧原子的电子密度将是决定酸性强弱的关键，而氧原子的电子密度又在很大程度上受到中心原子（X）的电负性、原子半径以及氧化数等因素的影响。

（1）中心原子的电负性越大，含氧酸的酸性越强。同一周期内，不同元素的最高氧化态含氧酸的酸性从左至右逐渐增强。如：

$$H_2SiO_3 < H_3PO_4 < H_2SO_4 < HClO_4$$

中心原子的电负性越大，对电子的吸引力越大，使氧原子上的电子偏向中心原子，氧原子的电子密度降低，削弱了 O-H 键，质子的自由程度增加，酸性增加。反之，中心原

子电负性越小、半径越大，含氧酸的酸性就越弱。

同一族内，氧化态相同的元素的含氧酸的酸性自上而下逐渐减弱。如：

$$HClO_3 > HBrO_3 > HIO_3；HClO > HBrO > HIO。$$

（2）中心原子周围非羟基氧的数目越多，含氧酸的酸性越强。随着中心原子的氧化数的增加，与它相结合的非羟基氧原子的个数也增加。一方面中心原子的氧化数越高，其正电性越强，对羟基氧原子上电子的吸引力增加，使其电子密度降低，而酸性增强；另一方面，由于氧原子的电负性较强，非羟基氧使中心原子的电子向非羟基氧偏移，使中心原子正电性增强，对羟基氧上的电子吸引能力增加，也使其电子密度降低，而酸性增强。中心原子周围的非羟基氧的数目越多，导致中心原子正电性越强，含氧酸的酸性越强。

同一元素不同氧化态的含氧酸中，高氧化态的含氧酸的酸性一般比低氧化态的含氧酸的酸性强。如：

$$HClO_4 > HClO_3 > HClO_2 > HClO；HNO_3 > HNO_2；H_2SO_4 > H_2SO_3。$$

同一元素同一氧化态的含氧酸，一般是偏酸的酸性比正酸强。如：

$$HPO_3 > H_3PO_4$$

影响无机酸强度的因素很多，除了与酸的结构和组成有关外，还与溶解过程中的溶剂作用等因素有关，定性的从电子密度考虑酸性强弱只是一种相对简化的方法。

3. 无机含氧酸的氧化还原性及影响因素

（1）含氧酸氧化还原性强弱的规律　含氧酸的氧化还原性比较复杂，同一种元素具有不同氧化态的含氧酸，同一种氧化数的含氧酸可以还原为不同的产物，在不同的介质中氧化还原性的强弱不同。

①同一周期元素最高氧化数含氧酸的氧化性随原子序数递增而增强。如 $H_2SiO_4 < H_3PO_4 < H_2SO_4 < HClO_4$。对于同一周期并且族数相同的最高氧化数含氧酸，主族元素含氧酸的氧化性强于副族元素，如 $HBrO_4 > HMnO_4$，$H_2SeO_4 > H_2CrO_4$。

②同族元素最高氧化数含氧酸的氧化性随原子序数增加呈锯齿形变化。如 $HNO_3 > H_3PO_4 < H_3AsO_4$，$H_2SO_4 < H_2SeO_4 > H_6TeO_6$，$HClO_4 < HBrO_4 > H_5IO_6$。

③同一元素的不同氧化数的含氧酸，低氧化数含氧酸的氧化性较强。如 $HClO > HClO_3 > HClO_4$，$HNO_2 > HNO_3$（稀）等。

④含氧酸的氧化性强于含氧酸盐，含氧酸根在酸性介质中的氧化性强于在碱性介质中。

（2）影响含氧酸氧化能力的因素　由于影响含氧酸氧化性的因素比较复杂，目前还没有统一的解释。

①中心原子结合电子的能力　含氧酸的还原过程是中心原子接受电子，氧化数降低的过程，因此中心原子结合电子的能力越强，越容易被还原，含氧酸的氧化能力就越强。而中心原子结合电子的能力的大小，可由电负性大小来衡量。含氧酸中心原子的电负性越大，越容易获得电子被还原，氧化性越强。例如：

	HClO	HBrO	HIO
中心原子电负性	2.83	2.74	2.21
$E^{\ominus}(X_2/X^-)$ /V	1.482	1.33	0.99

②中心原子与氧原子之间的键的强度　含氧酸被还原的过程包含有中心原子和氧原子之间键的断裂，因此 X—O 键越强，或者需要断裂的 X—O 键越多，含氧酸越稳定，氧化性越弱。同一元素氧化数越高被还原时需要断裂的 X—O 键越多，含氧酸越稳定，氧化能力

越弱。

实际上 X—O 键的强度与中心原子的电子层结构、成键情况、温度及 H^+ 的反极化作用等有关，例如，由于 H^+ 离子对中心原子有强的反极化作用，使 X—O 键易断裂，氧化能力增加。如 $HClO_4$ 和 H_5IO_6，如果从中心原子电负性和断裂的 X—O 键而言，后者氧化性应该弱，与实际情况不符。考虑到 $HClO_4$ 是强酸，H_5IO_6 是弱酸，在相同的 H^+ 离子浓度条件下，H_5IO_6 的浓度大于 $HClO_4$，所以反极化作用较大，故 H_5IO_6 的氧化能力大于 $HClO_4$。

③其他过程的能量效应　在氧化还原过程中常伴随着其他一些非氧化还原反应，如水等非电解质的产生、沉淀或配合物的形成、溶剂化和去溶剂化等，这些过程的能量效应都可能影响含氧酸的氧化性。

4. 无机含氧酸盐的热稳定性　许多盐受热都会分解，分解反应的难易和分解产物的类型与盐的类型有关，虽然无机盐类包括含氧酸盐和非含氧酸盐，分解情况也有所差异，但本质是类似的，这里简单介绍含氧酸盐热分解反应及其规律。

（1）水合含氧酸盐的受热反应　含有结晶水的含氧酸盐，在受热后一般可发生脱水反应和水解反应：

①脱水反应　许多含有结晶水的含氧酸盐受热后容易失水或先熔化于其结晶水中，进一步加热会逐步脱水，最后变成无水盐。

②水解反应　有些含氧酸盐的水合物受热后并不能直接得到无水盐，而往往发生水解反应，生成相应的氢氧化物或碱式盐，例如：

$$Fe(NO_3)_3 \cdot 9H_2O(s) \xrightarrow{320K} Fe(NO_3)_3\ (aq) \xrightarrow{323K} Fe(OH)_3 \downarrow \xrightarrow{399K} Fe(OH)_3(s)$$

水合含氧酸盐是否发生水解反应，与组成它的酸根离子和阳离子性质有关。半径较小，电荷较高的金属离子（如 Be^{2+}、Mg^{2+}、Al^{3+}、Fe^{3+} 和稀土离子等）的硝酸盐、碳酸盐（负离子部分形成酸后易挥发或分解）受热后易发生水解反应。

（2）无水含氧酸盐的受热反应　从电子得失的角度可将无水含氧酸盐的热分解反应分为两种类型：

①非氧化还原分解反应　酸和碱反应生成盐和水的反应是放热的，将盐类加热可得到相应的酸和碱（或相应的酸式氧化物和碱式氧化物），例如：

$$CuSO_4 \xlongequal{923K} CuO + SO_3$$

$$(NH_4)_2SO_4 \xlongequal{\triangle} NH_3 + NH_4HSO_4$$

②氧化还原分解反应　当含氧酸盐中的负离子（或正离子）具有氧化性，而相对应的正离子（或负离子）具有还原性；或者虽然正离子稳定但负离子不稳定，它们的酸性氧化物也不稳定；某些含氧酸根的中心原子或正离子处于中间氧化数时，都有可能在受热时发生氧化还原反应。

$NH_4NO_3 \xlongequal{>443K} N_2\uparrow + 2H_2O$	负离子氧化正离子
$Ag_2C_2O_4 \xlongequal{\triangle} 2Ag\downarrow + 2CO_2\uparrow$	正离子氧化负离子
$2Ag_2SO_4 \xlongequal{\triangle} 4Ag\downarrow + 2SO_3\uparrow + O_2\uparrow$	正离子氧化负离子中的 O^{2-}
$2KMnO_4 \xlongequal{\triangle} K_2MnO_4 + MnO_2 + 2O_2\uparrow$	负离子自身氧化还原反应
$4KClO_3 \xlongequal{>673K} 3KClO_4 + KCl$	负离子歧化反应

$$Hg_2CO_3 \xlongequal{\triangle} Hg\downarrow + HgO\downarrow + CO_2\uparrow \qquad \text{正离子歧化反应}$$

至于究竟是发生氧化还原反应还是一般的分解反应，要根据盐的组成加以判断。

(3) 酸式含氧酸盐的受热反应　酸式含氧酸盐分解产物可根据负离子部分的性质加以判断，对于稳定含氧酸的酸式盐，受热时一般是失水缩聚，生成多聚酸盐，例如：

$$2Na_2HPO_4 \xlongequal{>523K} Na_4P_2O_7 + H_2O$$

如果是不稳定含氧酸的酸式盐，则不会形成多酸盐：

$$Ca(HCO_3)_2 \xlongequal{\triangle} CaCO_3 + CO_2\uparrow + H_2O\uparrow$$

实际上含氧酸盐的热分解非常复杂，影响产物的因素较多，因此上述规律有一些例外。

（二）卤素的含氧酸及其盐

所有卤素都生成含氧酸，除氟只能生成次氟酸（HOF）外，氯、溴、碘都可生成四种类型的含氧酸，分别为次卤酸（HXO）、亚卤酸（HXO_2）、卤酸（HXO_3）和高卤酸（HXO_4），其中卤素的氧化数分别为+Ⅰ、+Ⅲ、+Ⅴ、+Ⅶ。在卤素的含氧酸根离子结构中，卤素原子全部采用 sp^3 杂化态，故次卤酸根为直线形，亚卤酸根为V字形，卤酸根为三角锥形，高卤酸根为四面体形。（见图11-3）。

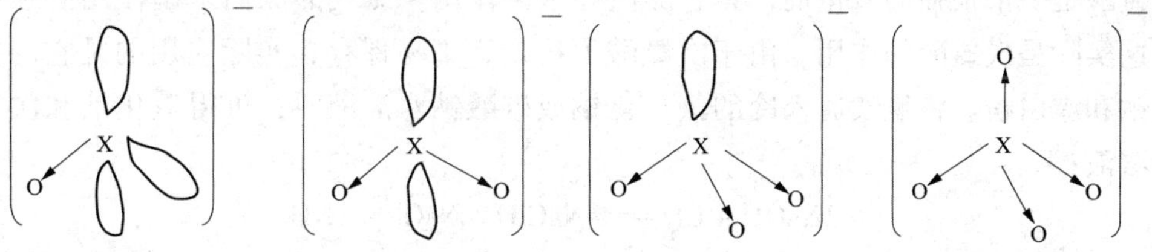

图11-3　卤素含氧酸根的结构

由于 s 和 p 轨道能量有明显差别，sp^3 杂化轨道形成的 σ 键较弱，但这些离子由于氧原子中充满电子的 $2p$ 轨道和卤素原子中空的 d 轨道之间还存在着 $p-d\pi$ 键而稍稳定。氟原子没有d轨道因此不可能生成 $p-d\pi$ 键。

很多卤素含氧酸仅存在于溶液中或以盐的形式存在。在卤素含氧酸中只有氯的含氧酸有较多的实际用途，而亚卤酸及其盐没有什么重要性，$HBrO_2$ 和 HIO 的存在是短暂的，往往只是化学反应的中间生成物。

1. 次卤酸及其盐　氯、溴、碘在水中的溶解度不大，但溶解的氯、溴、碘能部分发生歧化反应，生成 H^+ 离子，X^- 离子和次卤酸（hypohalorous acid）：

$$X_2 + H_2O \rightleftharpoons H^+ + X^- + HXO$$

如将它们与悬浮有 HgO 的水溶液作用，HgO 能移去 H^+ 离子和 X^- 离子，可得较浓、较纯的次卤酸：

$$2X_2 + HgO + H_2O = HgX_2 + 2HXO$$

次卤酸仅存在于水溶液中，都是极弱的一元酸，其酸强度随卤素原子序数的增大而减小：

	HClO	HBrO	HIO
K_a	3.0×10^{-8}	2.3×10^{-9}	2.3×10^{-11}

因此，碱金属的次卤酸盐都容易水解，溶液显碱性。

$$XO^- + H_2O \rightleftharpoons HXO + OH^-$$

次卤酸都不稳定，其稳定性按 HClO→HBrO→HIO 顺序迅速递减。次卤酸的分解反应有两种基本方式：

$$(1)\ 2HXO = 2HX + O_2$$

$$(2)\ 3HXO = 2HX + HXO_3$$

在光照或有催化剂存在时，次卤酸的分解几乎完全按（1）式进行。加热则促进（2）式进行，这是次卤酸的歧化反应；由卤素的元素电势图可知，在酸性介质中仅次氯酸会发生歧化反应；而在碱性介质中所有次卤酸都可以发生歧化反应，且趋势也都较大。实验证明，XO^-离子的歧化速率与温度有关。ClO^-在室温或低于室温时，歧化速率极慢，在 348 K 以上则歧化速率相当快，产物是 Cl^- 和 ClO_3^-。因此，氯气与碱溶液作用在室温和低于室温时产物是次氯酸盐，高于 348 K 产物是氯酸盐；BrO^-在室温时歧化速率已相当快，只有在 273 K 左右低温时才可能得到 BrO^-，在 323 K 以上时，则全部转化为 BrO_3^- 和 Br^-；IO^-在任何温度下歧化速率都很快，在碱性介质中不存在 IO^-离子，因此，碘和碱溶液的反应能定量地得到碘酸盐：

$$3I_2 + 6OH^- = 5I^- + IO_3^- + 3H_2O$$

次氯酸是一个很强的氧化剂，具有漂白和杀菌作用。氯气的漂白杀菌作用必须有水的存在，这实际是次氯酸的作用。由于次氯酸不稳定、不易保存，实际应用的是它的盐，如次氯酸钠和漂白粉。将氯气通入冷的氢氧化钠或碳酸钠水溶液时，可得氯化钠和次氯酸钠的混合溶液：

$$2NaOH + Cl_2 = NaClO + NaCl + H_2O$$

$$Na_2CO_3 + Cl_2 = NaClO + NaCl + CO_2\uparrow$$

在此溶液中加入少量硼酸（H_3BO_3），是一种通用的消毒剂，叫 Dakin 液。它也是一种漂白剂。以次氯酸钠为主的消毒剂、洗净剂（其中还加有稳定剂等）在医院和家庭中已广泛使用。

将氯气通入 $Ca(OH)_2$ 中，就得到漂白粉：

$$2Cl_2 + 2Ca(OH)_2 = Ca(ClO)_2 + CaCl_2 + 2H_2O$$

漂白粉是由 $Ca(ClO)_2$、$Ca(OH)_2$、$CaCl_2$ 等组成的混合物，其有效成分是$Ca(ClO)_2$，漂白粉是价廉的消毒剂，用来消毒污水坑、厕所、阴沟、病房和传染病人所用过的各种用具。漂白粉的漂白、消毒作用是由于 ClO^- 的氧化作用产生的。因此漂白粉中 ClO^- 的含量决定它的消毒能力。测定 ClO^-含量的方法是用盐酸与漂白粉反应：

$$ClO^- + Cl^- + 2H^+ = Cl_2\uparrow + H_2O$$

根据放出的 Cl_2 的多少而决定漂白粉的质量。这个 Cl_2 称为漂白粉的“有效氯”。工业要求漂白粉含有效氯 45% ~70%。

2. 卤酸及其盐　将氯酸钡或溴酸钡与硫酸作用可制得氯酸（chloric acid）和溴酸：

$$Ba(ClO_3)_2 + H_2SO_4 = BaSO_4 + 2HClO_3$$

$$Ba(BrO_3)_2 + H_2SO_4 = BaSO_4 + 2HBrO_3$$

减压蒸馏可得到 40% 的氯酸或 50% 的溴酸。氯酸和溴酸可稳定存在于水溶液中，但浓度不可太高，当稀溶液加热时或浓度太高（氯酸超过 40%，溴酸超过 50%）时分解。溴酸的分解反应为：

$$4HBrO_3 = 2Br_2 + 5O_2 + 2H_2O$$

氯酸则发生爆炸分解：

$$3HClO_3 = HClO_4 + Cl_2 + 2O_2 + H_2O$$

碘酸比较稳定，可方便地用单质碘与强氧化剂作用制得：

$$I_2 + 10HNO_3 = 2HIO_3 + 10NO_2 + 4H_2O$$

$$I_2 + 5Cl_2 + 6H_2O = 2HIO_3 + 10HCl$$

因此，卤酸（haloric acid）的稳定性按 $HClO_3 \rightarrow HBrO_3 \rightarrow HIO_3$ 的顺序增大。卤酸都是强酸（氯酸的酸性与盐酸，硝酸相仿），其酸性按 $HClO_3 \rightarrow HBrO_3 \rightarrow HIO_3$ 的顺序依次减弱。

卤酸的浓溶液都是强氧化剂，其中以溴酸的氧化能力为最强。

	ClO_3^-/Cl_2	BrO_3^-/Br_2	IO_3^-/I_2
$E^\ominus_A/V$	1.47	1.52	1.195

所以碘能从溴酸盐和氯酸盐的酸性溶液中置换出溴和氯，氯能从溴酸盐中置换出溴：

$$2BrO_3^- + 2H^+ + I_2 = 2HIO_3 + Br_2$$

$$2ClO_3^- + 2H^+ + I_2 = 2HIO_3 + Cl_2 \uparrow$$

$$2BrO_3^- + 2H^+ + Cl_2 = 2HClO_3 + Br_2$$

卤酸盐通常用卤素单质在热的碱溶液中歧化制得：

$$3X_2 + 6OH^- = XO_3^- + 5X^- + 3H_2O (X = Cl、Br、I)$$

碘酸盐也可用碘化物在碱溶液中用氯气氧化得到：

$$I^- + 6OH^- + 3Cl_2 = IO_3^- + 6Cl^- + 3H_2O$$

碘酸盐还可用氯酸盐或溴酸盐与单质碘反应制备：

$$I_2 + 2XO_3^- = X_2 + 2IO_3^- (X = Cl、Br)$$

这是因为 ClO_3^-、BrO_3^- 的氧化能力比 IO_3^- 强。

卤酸盐比相应的卤酸稳定。常用的卤酸盐是氯酸盐，尤其是氯酸钾和氯酸钠。氯酸钾在 629K 时熔化，约在 668K 时开始歧化分解：

$$4KClO_3 \xlongequal{\triangle} 3KClO_4 + KCl$$

670K 以上，生成的 $KClO_4$ 进一步分解：

$$KClO_4 = KCl + 2O_2 \uparrow$$

当有二氧化锰作催化剂时，氯酸钾在较低温度（473K）时就开始分解，放出氧气：

$$2KClO_3 \xlongequal[MnO_2]{\triangle} 2KCl + 3O_2 \uparrow$$

实验室中常用这种方法制取少量氧气，但反应中有少量的氯气产生，须通过碱性洗气瓶将氯气吸收。

固体氯酸钾是强氧化剂，当它与硫、磷、碳、有机物等易燃物质混合后，受到摩擦或撞击即猛烈爆炸。氯酸钾主要用做化工原料及印染，也大量用于制造火柴，炸药的引信，信号弹和礼花等。保存时应避免与硫、磷、碳及酸类接触，防止撞击、摩擦。

3. 高卤酸及其盐　浓硫酸与高氯酸钾混合物减压蒸馏，可得无水高氯酸（perchloric acid）：

$$KClO_4 + H_2SO_4（浓） = KHSO_4 + HClO_4$$

无水高氯酸是无色的黏稠液体，沸点为 363K，不稳定，当温度高于 363K 时，发生爆炸分解：

$$4HClO_4 = 4ClO_2 + 3O_2 + 2H_2O$$

$$2ClO_2 = Cl_2 + 2O_2$$

因此，使用和贮存无水高氯酸时应特别小心。但高氯酸的水溶液是稳定的，浓度低于60%的高氯酸加热近沸点也不分解。市售高氯酸试剂质量分数为60%～62%，是它的恒沸溶液。冷和稀的高氯酸水溶液的氧化性很弱，但浓热的高氯酸是强氧化剂，与有机物接触会发生爆炸。高氯酸是熟知酸中的最强酸，其酸性是硫酸的10倍，在水溶液中完全电离为H^+离子和ClO_4^-离子。

高氯酸盐比高氯酸稳定，热至高温时才分解。这是因为高氯酸根为正四面体结构，氯原子以配位键与四个氧原子相结合，不仅所有的价电子与氧共享，且结构对称，因此高氯酸根异常稳定。同样由于高氯酸根的结构对称性，在溶液中ClO_4^-离子对金属离子的配位倾向很小，因此在研究溶液中的配合物时常加入一定量的高氯酸盐以维持溶液中一定的离子强度，避免其他阴离子对配位反应的干扰。

固态高氯酸盐在高温下是强氧化剂，但氧化能力比氯酸盐弱，所以用$KClO_4$制作的炸药比用$KClO_3$为原料的炸药稳定些，$KClO_4$在883K时熔化，同时分解：

$$KClO_4 = KCl + 2O_2\uparrow$$

多数高氯酸盐易溶于水，$NaClO_4$、$LiClO_4$、$Ca(ClO_4)_2$、$Ba(ClO_4)_2$等在水中溶解度都很大，但$KClO_4$、$RbClO_4$、$CsClO_4$、NH_4ClO_4在水中的溶解度都很小，在293K，100g水中仅溶解1.68g高氯酸钾，因此定性分析中用来鉴定钾离子。另外，无水高氯酸镁$Mg(ClO_4)_2$去水能力强，是优良的脱水剂、干燥剂。

近年来人们用F_2或XeF_2氧化饱和的溴酸盐碱性溶液制得了高溴酸盐：

$$BrO_3^- + F_2 + 2OH^- = BrO_4^- + 2F^- + H_2O$$

$$BrO_3^- + XeF_2 + H_2O = BrO_4^- + Xe + 2HF$$

将得到的BrO_4^-酸化，即可获得$HBrO_4$。

高溴酸是强酸，强度接近高氯酸，氧化能力高于高氯酸和高碘酸。浓度为55%（$6mol\cdot L^{-1}$）以下的$HBrO_4$溶液能长期稳定存在，甚至在373K也不分解，但高于此浓度时高溴酸就不稳定。

高碘酸通常有两种形式：正高碘酸（H_5IO_6）和偏高碘酸（HIO_4）。它们的分子结构：

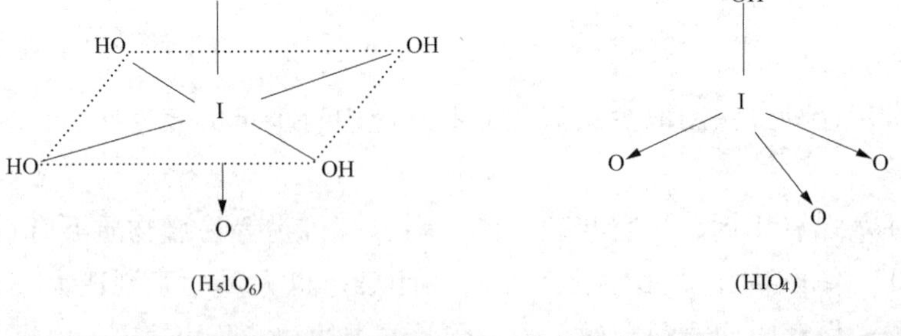

在强酸性溶液中主要以H_5IO_6形式存在。H_5IO_6为白色晶体，在373K时真空蒸馏，可逐步失水转化为HIO_4。最后脱去一分子氧，得到还原产物：

$$2H_5IO_6 \xrightarrow[-3H_2O]{353K} H_4I_2O_9 \xrightarrow[-H_2O]{373K} 2HIO_4 \xrightarrow{413K} 2HIO_3 + O_2$$

正高碘酸　　　　焦高碘酸　　　　偏高碘酸　　　碘酸

正高碘酸的酸性比高氯酸弱得多。但它的氧化性比高氯酸强，与一些试剂反应平稳而又快速，因此在分析化学上把它当作稳定的强氧化剂使用。如，在酸性介质中它能迅速而

定量地把 Mn^{2+} 氧化为 MnO_4^-：

$$2Mn^{2+}+5H_5IO_6 = 2MnO_4^-+5IO_3^-+11H^++7H_2O$$

将氯气通入碘或碘酸钠的热氢氧化钠溶液中，可得白色晶体 $Na_3H_2IO_6$。它是 H_5IO_6 的三钠盐，可用于制备高碘酸及其他高碘酸盐。

在实验室中，高碘酸是通过硫酸酸化高碘酸钡，然后除去硫酸钡沉淀而制得：

$$Ba_5(IO_6)_2+5H_2SO_4 = 5BaSO_4\downarrow+2H_5IO_6$$

浓缩溶液还可以制得晶体。

已制得的高碘酸盐有 $Na_2H_3IO_6$，$Na_3H_2IO_6$，Ag_5IO_6，Na_5IO_6。

从上述讨论中可以看出，卤素含氧酸及其盐主要体现的性质是酸性，氧化性和稳定性。现以氯的含氧酸及其盐为代表将这些性质的变化规律总结如下：

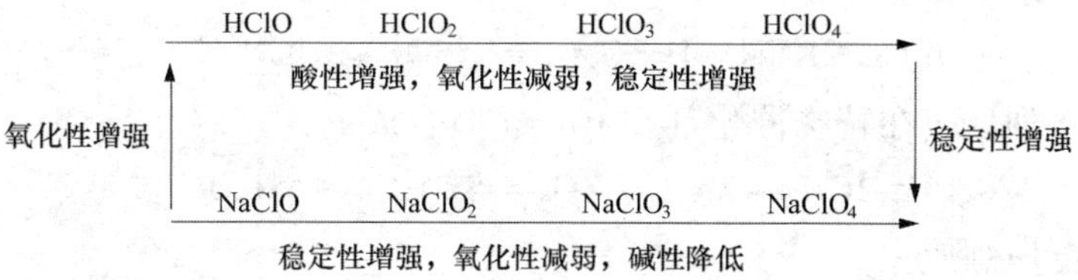

五、类卤化合物

有些无机原子团（由两个或两个以上电负性较大的元素的原子组成），游离状态时与卤素单质的性质相似，而成为阴离子时与卤素阴离子的性质也相似。这种原子团称为类卤素（pseudo – halogens 或 halogenoid）。重要的类卤素有氰 $(CN)_2$，硫氰 $(SCN)_2$ 和氧氰 $(OCN)_2$。

类卤素和卤素在以下几方面很相似。

（1）与卤素一样形成双原子分子 X—X，类卤素是由两个对称的基团结合而成的共价型分子，游离态时均有挥发性和刺激性气味；

（2）与卤素单质相似，游离类卤素也可用化学法或电解法氧化氢酸或氢酸盐制得；

（3）与氢形成氢酸，除氢氰酸（HCN）为弱酸外，其他酸均是中强酸，但类卤素所形成的酸均比氢卤酸弱；

（4）与金属化合生成盐；银（Ⅰ）、汞（Ⅰ）和铅（Ⅱ）的盐都难溶于水；

（5）易形成配合物，如 $[Hg(SCN)_4]^{2-}$，$[Au(CN)_4]^-$，$[Cu(CN)_4]^{3-}$ 等，但类卤离子都是强配体，而卤离子是弱配体；

（6）单质有氧化性，负离子有还原性，例如：

$$2SCN^-+MnO_2+4H^+ = Mn^{2+}+(SCN)_2+2H_2O$$

$$Pb(SCN)_2+Br_2 = PbBr_2+(SCN)_2$$

氧化性强弱顺序：$F_2>(OCN)_2>Cl_2>Br_2>(CN)_2>(SCN)_2>I_2$

还原性强弱顺序：$F^-<OCN^-<Cl^-<Br^-<CN^-<SCN^-<I^-$

（7）与碱发生歧化反应：

$$(CN)_2+2OH^- = CN^-+CNO^-+H_2O$$

$$(SCN)_2+2OH^- = SCN^-+SCNO^-+H_2O$$

（8）与卤素可形成卤素互化物和多卤化物类似，类卤素也可形成互化物和多卤化物，如与卤素和类卤素形成的互化物 $CNCl$、IN_3、BrN_3、$CN(SCN)$、$CN(SeCN)$ 以及多类卤化

物 $Cs(SCN)_3$、$NH_4(SCN)_3$ 等。

(一) 氰及氰化物

氰 $(CN)_2$是剧毒的无色可燃气体，有苦杏仁味，熔点245K、沸点252K。在水溶液中，可用 Cu^{2+} 氧化 CN^- 得到 $(CN)_2$：

$$2CuSO_4 + 4KCN \xlongequal{333K} 2CuCN + 2K_2SO_4 + (CN)_2$$

与 Cl_2 类似，氰是具有直线形结构的共价分子（$:N{\equiv}C{-}C{\equiv}N:$）。

氰与水反应生成氢氰酸和氰酸：

$$(CN)_2 + H_2O \xlongequal{} HCN + HCNO$$

氰化氢 HCN，也是一个很毒的无色气体，沸点为298.6K，熔点为257K。实验室可用氰化钾与稀酸作用来少量制取：

$$2KCN + H_2SO_4 \xlongequal{} K_2SO_4 + 2HCN$$

工业上是用下列反应在特殊催化剂及1073K时合成的：

$$2CH_4 + 2NH_3 + 3O_2 \xlongequal{} 2HCN + 6H_2O$$

也可用下列反应制取：

$$HCOONH_4 \xlongequal{\triangle,\ P_2O_5\ 脱水} HCN + 2H_2O$$

HCN 可与水以任何比例混合，得到氢氰酸，其稀溶液有苦杏仁味。HCN 是极弱的酸（$K_a = 4.93 \times 10^{-10}$），放置时能水解成甲酸铵（即上面反应的逆反应）。HCN 用于有机合成工业（如尼龙）。

氢氰酸的盐为氰化物。除 $Hg(CN)_2$ 易溶于水外，重金属的氰化物几乎都不溶于水，而碱金属和碱土金属的氰化物在水中溶解度都较大，且强烈水解使溶液呈碱性，并放出氰化氢：

$$CN^- + H_2O \xlongequal{} HCN + OH^-$$

CN^-离子极易与过渡金属形成稳定的配离子，如$[Fe(CN)_6]^{4-}$、$[Hg(CN)_4]^{2-}$、$[Ag(CN)_2]^-$等，结果使难溶的氯化物在碱金属氰化物溶液中变得易溶。

$$AgCl + 2NaCN \xlongequal{} Na[Ag(CN)_2] + NaCl$$

不溶于水的重金属氰化物可与碱金属氰化物生成配合物而溶解：

$$AgCN + NaCN \xlongequal{} Na[Ag(CN)_2]$$

CN^-离子是最强的配体之一，居光谱化学顺序的首位。它的强配位作用被用于从矿物中提取金、银及金属电镀等许多方面，KCN 及 NaCN 也是有机药物合成中的重要原料。

HCN、CN^-都比较容易被氧化，分别成为 HCNO 及 CNO^-。有关电极电势：

$$HCNO + H^+ + e \rightleftharpoons 1/2(CN)_2 + H_2O \qquad E^\ominus = +0.33V$$

$$1/2(CN)_2 + H^+ + e \rightleftharpoons HCN \qquad E^\ominus = +0.37V$$

$$CNO^- + H_2O + 2e \rightleftharpoons CN^- + 2OH^- \qquad E^\ominus = -0.970V$$

氰化物及其衍生物都剧毒（NaCN 的致死量0.05g），而且中毒作用非常迅速，由于 CN^-是许多金属酶的无选择性抑制剂，与酶系统的金属离子作用，对机体产生剧毒作用。慢性中毒时会造成机体缺氧，细胞窒息，导致中枢神经系统瘫痪。急性中毒时，头痛、血压升高、大小便失禁、呼吸障碍而死亡。氰化物的中毒可通过多种途径，如皮肤吸收、伤口浸入、误食或由呼吸系统进入人体，因此使用时要特别小心，不要直接接触它或它的溶液。

高铁血红蛋白形成剂和供硫剂连用是目前公认的氰化物中毒的最有效的治疗方法。

须保持氰化物的溶液在碱性，在酸性条件下它将释放 HCN 毒气。对含有氰离子的废液，不可直接倒入下水道，避免污染地下水。可利用氰离子的还原性和强配位性，将其转化为无毒或低毒的产物，如用一些氧化剂 Cl_2、NaClO、H_2O_2、$KMnO_4$ 等处理，使 CN^- 被氧化成无毒的 CNO^-：

$$CN^- + 2OH^- + Cl_2 = CNO^- + 2Cl^- + H_2O$$

$$2CNO^- + 4OH^- + 3Cl_2 = 2CO_2 + N_2 + 6Cl^- + 2H_2O$$

$$ClO^- + CN^- = Cl^- + OCN^-$$

或加入 $FeSO_4$，使 CN^- 形成无毒的 $[Fe(CN)_6]^{4-}$：

$$Fe^{2+} + 6CN^- = [Fe(CN)_6]^{4-}$$

KCN 水溶液长期放置将水解生成 NH_3 与 HCOOK：

$$KCN + 2H_2O = NH_3 + HCOOK$$

由于氢氰酸比碳酸还要弱，固体 KCN 吸收空气中的 CO_2 及水分，也将放出 HCN，所以 KCN 必须密闭保存。

实验室里进行的某些反应也会有氢氰酸产生，应特别注意，最好将产生的 HCN 气体用 $KMnO_4$ 溶液等吸收。

（二）硫氰及硫氰化物

常温下硫氰 $(SCN)_2$ 为橙黄色油状液体，凝固点为 266K，它不稳定，逐渐聚合成不溶性的、砖红色固态聚合物 $(SCN)x$。金属硫氰酸盐氧化可得到硫氰：

$$2AgSCN + Br_2 = 2AgBr + (SCN)_2$$

硫氰具有类似于溴的氧化性：

$$(SCN)_2 + H_2S = 2H^+ + 2SCN^- + S$$

硫氰酸极易溶于水，其水溶液为一元强酸。硫氰酸不稳定，无法制得纯的酸。

硫氰酸盐很稳定，其中最常用的可溶性硫氰酸盐是 KSCN 和 NH_4SCN。

将氰化钾与单质硫共熔，可制得硫氰化钾：

$$KCN + S = KSCN$$

工业上生产 NH_4SCN 是用 NH_3 与 CS_2 反应生成：

$$4NH_3 + CS_2 = NH_4SCN + (NH_4)_2S$$

大多数金属硫氰酸盐都溶于水，重金属如 Cu(Ⅰ)、Au(Ⅲ) 及 Hg(Ⅱ) 的硫氰酸盐则不溶于水。

SCN^- 也是一个相当强的配位体，与许多过渡金属离子生成配阴离子。如，$[Co(SCN)_4]^{2-}$、$[Hg(SCN)_4]^{2-}$ 等。SCN^- 为异性双基配体，既可用 S 原子上的孤电子对（：SCN^-，硫氰酸根），又可用 N 原子上的孤电子对（：NCS^-，异硫氰酸根）作为电子授予体，但 S 原子与 N 原子不能同时作为配位原子。SCN^- 与 Fe^{3+} 离子形成血红色配离子即为 N 原子配位：

$$Fe^{3+} + nNCS^- = [Fe(NCS)_n]^{(3-n)} \qquad n = 1,\ 2\cdots\cdots 6$$

实验室常用此反应来检验 Fe^{3+}。

六、常见卤素离子的鉴定和常用药物

（一）常见卤素离子的鉴定

Cl^-、Br^-、I^- 是常见的卤素离子，CN^- 是常需鉴定的类卤素离子。按照反应类型的不同，它们的鉴定反应可分为以下三种：

1. 利用沉淀反应 Cl^-、Br^-、I^-都可与硝酸银反应，生成不溶于稀硝酸的沉淀：

$$Cl^- + Ag^+ = AgCl\downarrow \text{（白）}$$

$$Br^- + Ag^+ = AgBr\downarrow \text{（淡黄）}$$

$$I^- + Ag^+ = AgI\downarrow \text{（黄）}$$

这三种沉淀的溶度积按 AgCl、AgBr、AgI 的顺序依次减小。因此 AgCl 易溶于氨水形成银氨配离子：

$$AgCl + 2NH_3 \rightleftharpoons [Ag(NH_3)_2]^+ + Cl^-$$

再加稀硝酸，AgCl 沉淀又析出：

$$[Ag(NH_3)_2]^+ + Cl^- + 2HNO_3 \rightleftharpoons AgCl\downarrow + 2NH_4NO_3$$

AgBr 微溶于氨水，AgI 不溶于氨水。因碳酸铵水解产生低浓度的氨：

$$(NH_4)_2CO_3 + H_2O = NH_4HCO_3 + NH_3\cdot H_2O$$

故可用碳酸铵代替氨水来控制氨的浓度，可使 AgCl 溶解而 AgBr 不溶，以鉴别 Cl^- 和 Br^-离子。

在沉淀反应前，溶液须以稀硝酸酸化，避免 OH^-与 CO_3^{2-} 的干扰。

2. 利用氧化还原反应 卤素离子的还原性按 Cl^-、Br^-、I^- 的顺序递增。适当的氧化剂，如氯水（或NaClO）能使 Br^-、I^-氧化，利用 Br^-和 I^-还原性的差异，先向含有 Br^-、I^-的混合溶液中加入少量氯仿（或 CCl_4），然后滴加氯水，使混合溶液中 I^-氧化成 I_2，I_2在氯仿层中溶解度大，且呈紫色，然后再加过量的氯水将 I_2 氧化成无色的 IO_3^-，而使氯仿层中 I_2 的紫色褪去，呈溴的黄色（游离溴多时呈红棕色）：

$$Cl_2 + 2I^- = 2Cl^- + I_2 \text{（紫色）}$$

$$5Cl_5 + I_2 + 6H_2O = 10HCl + 2HIO_3 \text{（无色）}$$

$$Cl_2 + 2Br^- = 2Cl^- + Br_2 \text{（黄色）}$$

在中性或酸性条件下，在可能含有 AgBr 和 AgI 的沉淀中，加入金属锌将 Ag^+离子还原为金属银，使卤离子进入溶液：

$$2AgBr + Zn = 2Ag\downarrow + 2Br^- + Zn^{2+}$$

$$2AgI + Zn = 2Ag\downarrow + 2I^- + Zn^{2+}$$

然后加入氯仿及氯水，按氧化还原的方法将 Br^-及 I^-检出。

含 Cl^-离子的溶液可加入二氧化锰，然后加硫酸湿润，缓缓加热，即发生氯气，能使湿润的碘化钾淀粉试纸显蓝色：

$$2Cl^- + MnO_2 + 4H^+ = Cl_2\uparrow + Mn^{2+} + 2H_2O$$

$$Cl_2 + 2I^- = I_2 + 2Cl^-$$

I_2 遇淀粉显蓝色。

也可用高锰酸钾氧化 Cl^-离子，产生氯气，使湿润的碘化钾淀粉试纸显蓝色：

$$10NaCl + 2KMnO_4 + 8H_2SO_4 = 2Mn\ SO_4 + K_2SO_4 + 5Na_2SO_4 + 8H_2O + 5Cl_2\uparrow$$

3. 利用配合反应 CN^-的鉴定是利用它的强配位性。亚铁离子（Fe^{2+}）与 CN^-能形成稳定的$[Fe(CN)_6]^{4-}$配离子：

$$Fe^{2+} + 2CN^- = Fe(CN)_2\downarrow$$

$$Fe(CN)_2 + 4CN^- = [Fe(CN)_6]^{4-}$$

再加入 $FeCl_3$ 溶液，生成蓝色的六氰合铁（Ⅱ）酸铁（Ⅲ）（俗称普鲁士蓝）沉淀：

$$4Fe^{3+}+3[Fe(CN)_6]^{4-}=\!=\!=Fe_4[Fe(CN)_6]_3\downarrow$$

（二）常用药物

1. **盐酸** 药用盐酸，含 HCl 95 ~ 105 $g\cdot L^{-1}$，为无色澄清透明的液体，呈强酸性。稀盐酸用于治疗胃酸缺乏症。盐酸也常用作药用辅料、酸化剂。

2. **氯化钠** 氯化钠（NaCl）为无色、透明的立方形结晶或白色结晶性粉末，无臭，味咸。易溶于水，难溶于乙醇。

氯化钠为电解质补充药，主要用于出血过多，严重腹泻等引起的缺水病症，也可用来洗涤伤口（消炎杀菌）。主要制剂有生理氯化钠溶液［氯化钠的灭菌水溶液，含氯 NaCl 0.85% ~0.95%(g/ml)，冲洗剂］、氯化钠注射液［氯化钠的等渗灭菌水溶液，含 NaCl 0.850% ~0.950%(g/ml)］和浓氯化钠注射液［氯化钠的高渗灭菌水溶液，含 NaCl 9.50% ~10.50%(g/ml)］。

3. **氯化钾** 氯化钾（KCl）为无色长棱形、立方形结晶或白色结晶性粉末，无臭、味咸涩。易溶于水，不溶于乙醇或乙醚。

氯化钾为电解质补充药，具有利尿作用，用于心脏性或肾脏性水肿及各种原因所致的钾缺乏症和低钾血症，也可用于洋地黄等强心苷药物中毒的抗心律失常和作为利尿辅助用药。主要制剂有氯化钾片（含 KCl 95.0% ~105.0%）、氯化钾缓释片（含 KCl 93.0% ~107.0%）和氯化钾注射液（灭菌水溶液，含 KCl 95.0% ~105.0%）。

4. **氯化铵** 氯化铵（NH_4Cl）为无色结晶或白色结晶性粉末，无臭、味咸、凉，有引湿性。易溶于水，微溶于乙醇。

氯化铵为祛痰药，辅助利尿药。用作祛痰剂和治疗重度代谢碱血症。制剂有氯化铵片（含 NH_4Cl 95.0% ~105.0%）。

5. **碘** 碘（I_2）为灰黑色或蓝黑色、有金属光泽的片状结晶或块状物，质重、脆，有特臭，在常温下能挥发，难溶于水，易溶于乙醇、乙醚或二硫化碳，溶于三氯甲烷，略溶于四氯化碳，易溶于碘化钾或碘化钠溶液。

碘为消毒防腐药。外用作消毒剂；内服复方碘溶液，小剂量用于治疗单纯性甲状腺肿，大剂量用于治疗甲状腺危象。碘还可用作饮水消毒剂。碘制剂有碘甘油［含碘（I）0.9% ~1.10%（g/ml）］、碘酊［含碘（I）1.80% ~2.20%（g/ml），含 KI 1.35% ~1.65%（g/ml）］和复方碘口服溶液［含碘（I）4.5% ~5.5%，含 KI 9.5% ~10.5%］。

6. **碘化油** 碘化油为植物油与碘结合的一种有机碘化合物。含碘（I）37.0% ~41.0%（g/g）。为淡黄色至黄色的澄清油状液体；微有类似蒜的臭气。溶于丙酮、三氯甲烷、乙醚或石油醚，不溶于水。

碘化油为诊断用药，补碘药。制剂有碘化油注射液［碘化油的无菌制剂，含碘（I）37.0% ~41.0%（g/g），诊断用药，补碘药］和碘化油胶丸［含碘（I）90.0% ~110.0%（g/g），补碘药］。

7. **碘化钠** 碘化钠（NaI）为无色结晶或结晶性粉末，无臭，味咸、微苦，有引湿性。极易溶于水，溶于乙醇，在潮湿空气中易变成棕色。

碘化钠为补碘药。能促进细胞的新陈代谢作用，对甲状腺肿大、慢性关节炎，动脉血管硬化等症也有疗效。

8. **碘化钾** 碘化钾（KI）为无色结晶或结晶性粉末，无臭，味咸、带苦。微有引湿性，极易溶于水，溶于乙醇。

碘化钾为补碘药，用于配制碘酊。内服可用于治疗单纯性甲状腺肿，也有助于眼玻璃体浑浊的吸收，并用于眼底炎的恢复。碘化钾也能刺激支气管的黏液分泌，因此内服能使慢性支气管炎等黏稠痰稀释易于吐出。碘化钾制剂有碘化钾片（含 KI 90.0% ~110.0%）。

9. 碘酸钾 碘酸钾（KIO_3）为无色或白色结晶或粉末，无臭，味微涩。溶于水，难溶于乙醇。

碘酸钾为补碘药。制剂有碘酸钾片（含 KIO_3 90.0% ~110.0%）和碘酸钾颗粒（含 KIO_3 90.0% ~110.0%）。

10. 紫石英 紫石英为氟化物类矿物萤石族萤石，主含氟化钙（CaF_2）。呈不规则块状，具棱角；紫色或绿色，深浅不匀，条痕白色；半透明至透明，有玻璃样光泽。表面常有裂纹，质坚脆，易击碎。气无，味淡。性味甘，温；归心、肺、肾经。

紫石英有镇心安神，温肺，暖宫等功能。用于失眠多梦，心悸易惊，肺虚咳喘，宫寒不孕。

第二节 氧族元素

扫码“学一学”

一、氧族元素的通性

周期系第ⅥA 族元素，包括氧（Oxygen，O）、硫（Sulfur，S）、硒（Selenium，Se）、碲（Tellurium，Te）和钋（Polonium，Po）五种元素，统称为氧族元素。因为许多矿物都是以金属氧化物或硫化物的形式存在，因此有时也把它们称为“成矿元素”（chalcogen）。氧族元素的一些基本性质见表 11－3。

表 11－3 氧族元素的基本性质

性质	氧	硫	硒	碲	钋
元素符号	O	S	Se	Te	Po
原子序数	8	16	34	52	84
相对原子质量	15.9994	32.066	78.96	127.6	—
价层电子构型	$2s^2p^4$	$3s^23p^4$	$4s^24p^4$	$5s^25p^4$	$6s^26p^4$
主要氧化数	－Ⅱ、－Ⅰ	－Ⅱ、＋Ⅱ ＋Ⅳ、＋Ⅵ	－Ⅱ、＋Ⅱ ＋Ⅳ、＋Ⅵ	－Ⅱ、＋Ⅱ ＋Ⅳ、＋Ⅵ	＋Ⅱ、＋Ⅳ
共价半径/pm	66	104	117	137	167
离子半径/pm	132	184	191	211	—
熔点/K	54.6	386	490	1663	—
沸点/K	90	718	958	—	—
第一电离能/（$kJ \cdot mol^{-1}$）	1314	999.6	940.9	869.3	818
第一电子亲合能/（$kJ \cdot mol^{-1}$）	－141	－200	－195	－190	－130
第二电子亲合能/（$kJ \cdot mol^{-1}$）	－780	－590	－420	－295	—
单键离解能/（$kJ \cdot mol^{-1}$）	142	256	172	126	—
电负性（Pauling 标度）	3.44	2.58	2.55	2.10	2.00

氧族元素的价层电子构型为 ns^2np^4，有夺取或共用两个电子以达到稀有气体的稳定电子结构的倾向，在化合物中常见的氧化数为－Ⅱ，但与卤素相比，它们结合电子形成稳定

电子层结构并不像卤素结合电子那么容易，因而本族元素的非金属性弱于卤素。

本族元素的原子半径、离子半径、电离能和电负性的变化规律与卤素相似。随着原子序数的增加，半径依次增大，电离能和电负性依次减小，使元素非金属性依次减弱，金属性逐渐增强。氧和硫是典型的非金属元素；硒和碲是准金属（有一些金属性）；钋是典型的金属，而且是一个半衰期不长的放射元素。

本族元素最重要的是氧和硫。由于氧在第ⅥA 族中的电负性最大（仅次于氟），原子半径最小，它的价电子层也只有 *s* 和 *p* 轨道，所以它和本族其他元素的性质有显著不同。氧可与大多数金属元素形成二元离子型化合物；硫与大多数金属化合时主要形成共价化合物。硫原子价电子层存在空的 *d* 轨道，当与电负性大的元素化合时，价电子层中空的 *d* 轨道也可以参加成键，所以可形成氧化数为 +Ⅱ、+Ⅳ、+Ⅵ的化合物。如 SCl_2、SO_2、SF_6 等。氧族元素与非金属化合时都形成共价化合物。

氧和硫的元素电势图见图 11－4。

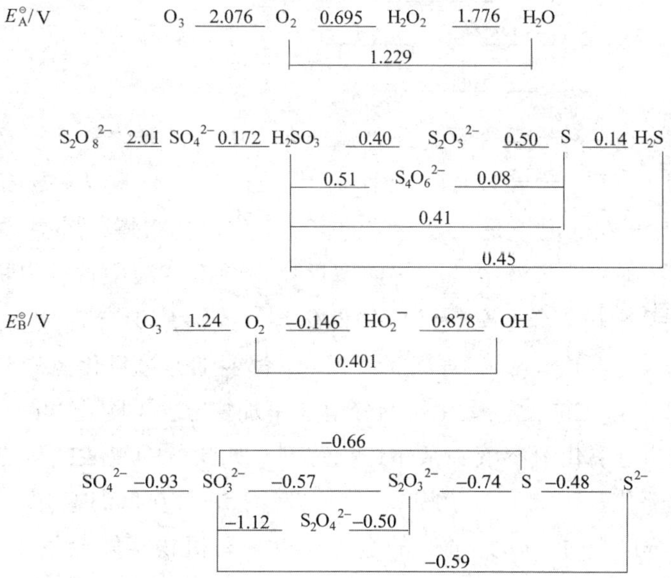

图 11－4　氧和硫的元素电势图

二、过氧化氢

纯过氧化氢（Hydrogen peroxide，H_2O_2），是淡蓝色的黏稠液体（密度是 1.465g·cm^{-3}），由于过氧化氢分子间具有较强的氢键，所以具有较高的熔点（272.5K）和沸点（423K）；过氧化氢能以任意比例与水混合，其水溶液俗称双氧水，质量浓度在 30～300 g·L^{-1}之间。市售试剂是其 30% 的水溶液，医疗上消毒用的为 3% 的 H_2O_2 溶液。

过氧化氢分子为极性分子，分子中有一个过氧键—O—O—，每个氧原子采取不等性的 sp^3 杂化，每个氧原子都有两个孤电子对。两个氧原子间借助于 sp^3 杂化轨道中的单电子重叠，形成 O—O σ 键，每个氧原子各用另一个 sp^3 杂化轨道中的单电子同氢原子的 1*s* 轨道重叠形成 O—H σ 键。由于孤电子对的排斥作用，键角不是 109°28′，而是 96°52′，故 H_2O_2 不是直线形，其立体结构如图 11－5 所示。

两个氢原子分别位于象半展开书本的两页纸上，两页纸面的夹角为 93°51′，两个氧原子处在书的夹缝上，O—H 键与 O—O 键间的夹角为 96°52′。O—H 键的键长为 97pm，其键

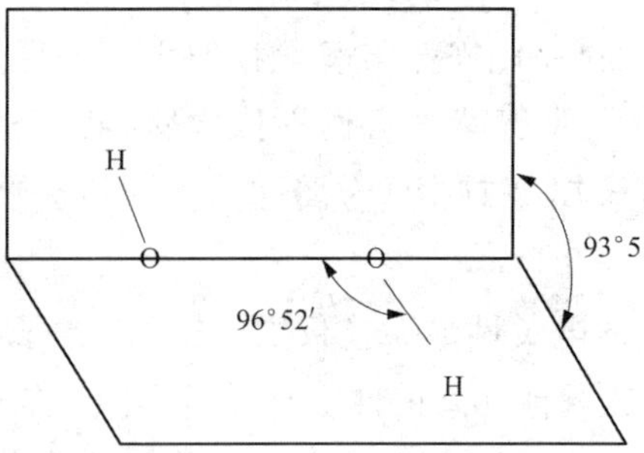

图 11－5　过氧化氢的分子结构

能是 428 kJ · mol^{-1}；O－O 键的键长为 148.5 pm，其键能是 142 kJ · mol^{-1}，只有 O—H 键键能的 1/3。

过氧化氢的化学性质与其结构密切相关。过氧化氢分子中，过氧键（—O—O—）不稳定，所以其热稳定性差；分子中有两个氢原子可以分别电离，故显酸性；分子中氧原子的氧化数为－Ⅰ，既可以被氧化，也可以被还原。因此，过氧化氢的化学性质主要为不稳定性、弱酸性和氧化还原性。

从氧的元素电势图：

$E_A^{\ominus}/V$　$O_3 \xrightarrow{2.076} O_2 \xrightarrow{0.695} H_2O_2 \xrightarrow{1.776} H_2O$；$O_2 \xrightarrow{1.229} H_2O$

$E_B^{\ominus}/V$　$O_3 \xrightarrow{1.24} O_2 \xrightarrow{-0.146} HO_2^- \xrightarrow{0.878} OH^-$；$O_2 \xrightarrow{0.401} OH^-$

可以看出，不管是在酸性条件下，还是碱性介质中，过氧化氢都容易发生歧化分解：

$$2H_2O_2(l) = 2H_2O(l) + O_2(g) \qquad \Delta_r H_m^{\ominus} = -196\ kJ \cdot mol^{-1}$$

高纯度的过氧化氢在低温下是比较稳定的，分解作用比缓慢，若受热到 426 K 以上，便猛烈分解。过氧化氢在碱性溶液中的分解速率远比在酸性溶液中快，电极电势介于 1.78～0.68 V 之间的物质都是过氧化氢分解反应的催化剂。当溶液中含有微量杂质或一些重金属如 Fe^{2+}、Fe^{3+}、Mn^{2+}、Cu^{2+}、Cr^{3+} 等离子或 MnO_2 都能加速过氧化氢的分解。波长为 320～380 nm 的光（紫外光）也能使过氧化氢的分解速率加快。为了防止和减少过氧化氢的分解，常加入一些可以结合过氧化氢溶液中杂质的稳定剂，如微量的锡酸钠、焦磷酸钠或 8－羟基喹啉等（医用的过氧化氢添加乙酰苯胺、甘氨酸等）。并且在低温避光条件下保存。特别值得注意的是：质量浓度超过 650 g · L^{-1}的过氧化氢与有机物接触会发生爆炸性反应。市售的 H_2O_2 中加了稳定剂的质量浓度约为 300 g · L^{-1}左右的水溶液，用塑料瓶包装。这种浓度的溶液能烧伤皮肤，用时须注意。一般在实验室里，常把过氧化氢装在棕色瓶内，存放在阴凉处。

H_2O_2 是酸性极弱的二元弱酸：

$$H_2O_2 \rightleftharpoons H^+ + HO_2^- \qquad K_{a1} = 2.4 \times 10^{-12}$$

$$HO_2^- \rightleftharpoons H^+ + O_2^{2-} \qquad K_{a2} = 1.0 \times 10^{-24}$$

H_2O_2 的酸性稍强于水，比 HCN 的酸性更弱，不能使石蕊溶液变红，但可与碱反应，浓的 H_2O_2 能与 $Ba(OH)_2$ 进行中和反应，生成过氧化钡（BaO_2），表现出酸性：

$$H_2O_2 + Ba(OH)_2 = BaO_2 + 2H_2O$$

因此，BaO_2 可以看作是 H_2O_2 的盐。

过氧化氢中氧的氧化数是－Ⅰ，它既可被氧化（生成 O_2），又可被还原（生成 H_2O）。由电势图可见，过氧化氢以氧化性为主。它在酸性溶液中的氧化性比在碱性溶液中的氧化性强。如：

$$2I^- + H_2O_2 + 2H^+ = I_2 + 2H_2O$$

$$PbS(黑) + 4H_2O_2 = 4H_2O + PbSO_4 \downarrow\ (白)$$

$$Fe^{2+} + H_2O_2 + 2H^+ = 2Fe^{3+} + 2H_2O$$

上面第一个反应是定量进行的，可用来测定 H_2O_2 的含量。

在碱性溶液中过氧化氢也具有氧化性，如将 CrO_2^- 氧化为 CrO_4^{2-}：

$$2CrO_2^- + 3H_2O_2 + 2OH^- = 2CrO_4^{2-} + 4H_2O$$

在酸性介质中过氧化氢的还原作用很弱，只有遇到强的氧化剂才能使它氧化，如氯和高锰酸钾等强氧化剂能与过氧化氢反应得到氧：

$$Cl_2 + H_2O_2 = 2HCl + O_2\uparrow$$

$$2KMnO_4 + 5H_2O_2 + 3H_2SO_4 = 2MnSO_4 + 8H_2O + K_2SO_4 + 5O_2\uparrow$$

这个反应也是定量进行的，也可用来测定 H_2O_2 的含量。并可利用这个反应产生的氧用于抢救缺氧的病人。

在碱性介质中过氧化氢的还原性稍强，如：

$$Ag_2O + HO_2^- = 2Ag + OH^- + O_2\uparrow$$

总之，过氧化氢既是氧化剂又是还原剂，它在酸性介质中是一个强氧化剂，而在碱性介质中是具有中等强度的氧化剂和还原剂，故过氧化氢主要用作氧化剂。

实验室制取少量过氧化氢，可以用稀硫酸与过氧化氢的盐（如 Na_2O_2、BaO_2 等）反应：

$$BaO_2 + H_2SO_4 = BaSO_4 + H_2O_2$$

$$Na_2O_2 + H_2SO_4 + 10H_2O \xlongequal{低温} Na_2SO_4 \cdot 10H_2O + H_2O_2$$

工业上是用电解硫酸氢盐溶液［也可用 K_2SO_4 或 $(NH_4)_2SO_4$ 在 50% H_2SO_4 中的溶液］制备过氧化氢的，电解时在阳极（铂电极）上 HSO_4^- 离子被氧化生成过二硫酸盐，而在阴极（石墨或铅电极）产生氢气：

阳极　　$2HSO_4^- = S_2O_8^{2-} + 2H^+ + 2e$

阴极　　$2H^+ + 2e = H_2\uparrow$

将电解产物过二硫酸盐进行水解，得到过氧化氢溶液：

$$S_2O_8^{2-} + 2H_2O = H_2O_2 + 2HSO_4^-$$

经减压蒸馏可得到浓度为 30% ~35% 的过氧化氢溶液；再用多级分馏的方法可达到 90% ~99% 的浓度。将 99% 的 H_2O_2 低温冷却可得其晶体。

利用蒽醌醇的自动氧化，可以大规模生产过氧化氢。如，以钯为催化剂在苯溶液中用 H_2 还原乙基蒽醌变为蒽醇，当蒽醇被氧氧化时生成原来的蒽醌和过氧化氢。蒽醌可以循环使用。

当反应进行到苯溶液中的过氧化氢为 5.5 $g \cdot L^{-1}$ 时，用水抽取可得到 18% 的过氧化氢溶液。经减压蒸馏得到高浓度溶液。这个生产过程中，只消耗氢气，比电解法经济。

鉴别过氧化氢的方法是在酸性溶液中加入重铬酸溶液，生成二过氧合铬的氧化物 CrO_5，称为过氧化铬，其分子结构是：

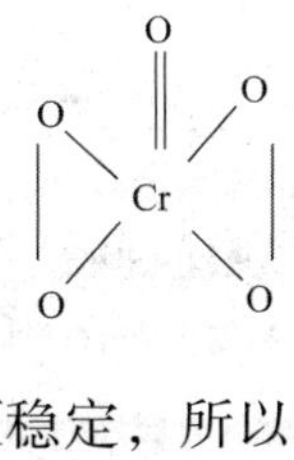

CrO_5 显蓝色，在乙醚层中溶解并更稳定，所以通常在反应前先加些乙醚，否则在水溶

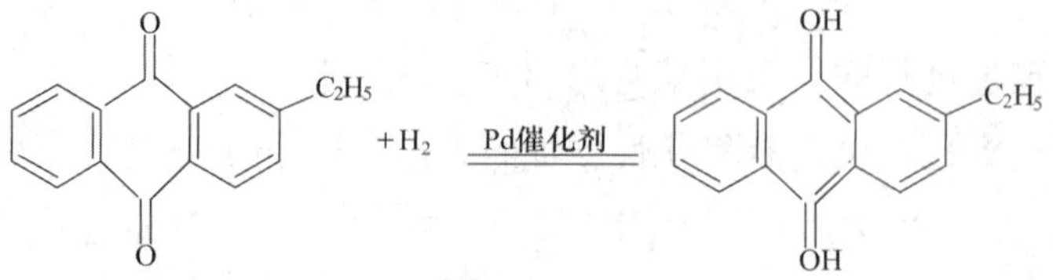

乙基蒽醌　　　　乙基蒽醇

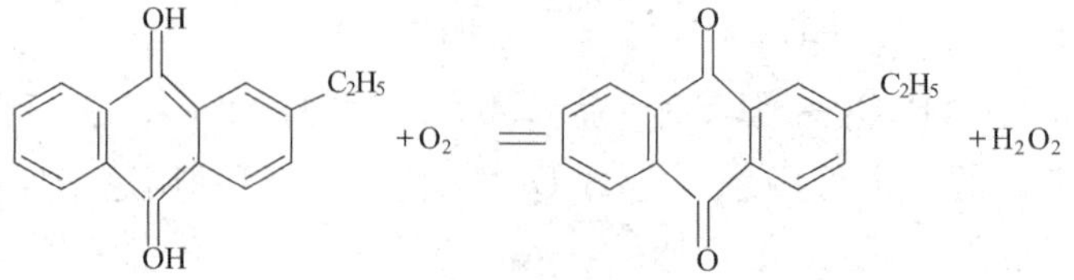

液中过氧化铬很容易分解，蓝色迅速消失。反应是：

$$4H_2O_2 + Cr_2O_7^{2-} + 2H^+ = 2CrO_5 + 5H_2O$$

$$4CrO_5 + 12H^+ = 4Cr^{3+} + 6H_2O + 7O_2$$

在医疗上，利用过氧化氢（3%溶液）的氧化性来消毒，当它与伤口接触时，即分解为水和氧气，急剧发散气泡，能机械的冲去附着的细菌和污物，使伤口保持洁净；还利用过氧化氢在粗糙面上容易分解释放氧气泡的特性，用来将疮伤深处脓血向外鼓出。在工业上用过氧化氢漂白丝、象牙、毛皮、羽毛等。浓度高于65%的过氧化氢与有机物接触可以引起爆炸，高浓度的过氧化氢可用于火箭的推进剂。

三、硫及其重要化合物

（一）单质硫

硫在自然界分布很广，但单质硫并不多，主要以硫化物（黄铁矿 FeS_2，方铅矿 PbS，闪锌矿 ZnS 等）、硫酸盐（石膏 $CaSO_4 \cdot 2H_2O$，芒硝 $Na_2SO_4 \cdot 10H_2O$ 等）等形式存在。

1. 硫的同素异形体　单质硫的同素异形体大约有50余种，由于其—S—S—单键是可变的，所以其组成和结构都比较复杂，最常见的是晶状的淡黄色、硬而脆、有微臭的斜方硫和单斜硫。斜方硫（S_α，菱形硫、正交硫）密度为 $2.069g \cdot cm^{-3}$，熔点为385.8K；单斜硫（S_β）密度为 $1.98\ g \cdot cm^{-3}$，熔点为392K。

根据分子量测定，斜方硫和单斜硫的分子都是由8个硫原子组成的，即分子式应为 S_8。这个分子具有环状结构：每个硫原子以 sp^3 杂化轨道与另外两个硫原子形成共价单键（见图11-6）。

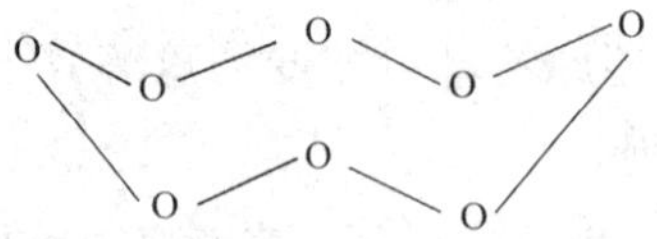

图11-6　S_8 分子结构图

∠SSS = 108°　d（S-S） = 204pm

当斜方硫（通常指硫黄）加热至368.5K时，不经熔化就转变成单斜硫；反之，冷却时，单斜硫在368.5K时又转回到斜方硫。因此，368.5K是这两种变体的转变温度，在这个温度时，两种变体处于平衡状态：

$$S_\alpha（斜方硫）\underset{<368.5K}{\overset{>368.5K}{\rightleftharpoons}} S_\beta（单斜硫）$$

如果迅速加热斜方硫，则由于没有足够时间让它转化为单斜硫，而在385.8K时熔化。如果缓慢加热斜方硫，超过368.5K它便转变为单斜硫。单斜硫在392K熔化。

将硫加热超过它的熔点即熔化为淡黄色易流动的液体，称为α-硫；加热到433K以上，S_8 环状结构破坏，变成开链，并且链与链结合成长链，由于长链相互纠缠使分子不易运动，液态硫黏度增大，颜色变深，接近 473K 时它的黏度最大，称为 β－硫。α－硫和 β－硫是液态硫的两种同素异形体。继续加热至 523K 以上时，长硫链就会断裂成小分子，如 S_6、S_3、S_2 等，黏度又降低，流动性加大；加热至 717.6K 时，硫就变成蒸气，在不同温度时，气态硫中存在着不同含量的 S_8、S_6、S_4、S_2 等分子。在 1273K 左右硫蒸气的密度相当于 S_2 分子，当温度高于 2000K 时，开始出现单原子分子硫，约在 2500K，几乎都以单原子分子硫形式存在。

若把熔融的硫迅速倾入冷水中，纠缠在一起的长链硫被固定下来，成为可以拉伸的弹性硫。在室温下，弹性硫可缓慢地转变为斜方硫。

斜方硫和单斜硫都属于晶体硫，可溶于非极性溶剂（如 CS_2、CCl_4）或弱极性溶剂（如 $CHCl_3$、C_2H_5OH），并且单斜硫的溶解度大于斜方硫，而弹性硫为非晶型的，难溶于非极性溶剂。

2. 单质硫的化学性质　硫的化学性质比较活泼。它既表现出一定的氧化性，形成氧化数为－Ⅱ的化合物；又表现出一定的还原性，形成氧化数为＋Ⅳ、＋Ⅵ的化合物。

硫能与大多数元素直接作用生成硫化物，当硫与金属、氢、碳等还原性较强的物质作用时，呈现出氧化性。如：

$$S + Fe \xlongequal{\triangle} FeS$$

$$S + Hg \xlongequal{} HgS$$

$$S + H_2 \xlongequal{\triangle} H_2S$$

$$2S + C \xlongequal{1973K} CS_2$$

硫和电负性比它大的非金属单质化合时，或与氧化性强的物质作用时，则表现出还原性。如：

$$S + 3F_2 \xlongequal{} SF_6$$

$$S + O_2 \xlongequal{} SO_2\uparrow$$

硫不与盐酸反应，但与具有氧化性的热浓硫酸及浓硝酸反应：

$$S + 2H_2SO_4 \xlongequal{} 3SO_2\uparrow + 2H_2O$$

$$S + 6HNO_3 \xlongequal{} H_2SO_4 + 6NO_2\uparrow + 2H_2O$$

硫可溶于热碱溶液，发生歧化反应：

$$3S + 6OH^- \xlongequal{\triangle} 2S^{2-} + SO_3^{2-} + 3H_2O$$

当硫过量时，将继续进行下两个反应：

$$S^{2-} + (n-1)S \xlongequal{} S_n^{\ 2-} \qquad (n = 2 \sim 6)$$

$$SO_3^{2-} + S \xlongequal{} S_2O_3^{2-}$$

与硫化物共热，生成多硫化物是硫的特性之一。

硫在医药上用于治疗癣疥等皮肤病。在农业上用于杀害虫及细菌。在工业上用于制造火柴、纸张、橡胶等。

（二）硫化氢及金属硫化物

1. 硫化氢　硫化氢（H_2S）是无色气体，具有强烈的臭鸡蛋味，比空气略重；分子结构与水分子相似，分子中硫原子采用 sp^3 不等性杂化，但 H—S—H 夹角为 93°20′，接近

90°。H_2S 是极性分子，但极性弱于水分子，分子间不能形成氢键，所以它的熔点（187K）和沸点（202K）都比水低。

H_2S 有剧毒，空气中 H_2S 的允许含量不得超过 0.01mg/L。如果超过就会迅速引起头痛、晕眩等症状，进而导致昏迷或死亡。其毒理作用为吸入后麻痹人们的中枢神经，并影响呼吸系统，与呼吸酶和血红蛋白中的铁结合，使酶活性降低，影响呼吸，阻碍物质和能量的代谢。长期接触使感官麻痹，嗅觉迟钝，造成慢性中毒。所以使用硫化氢时必须在有效通风条件下进行。

硫化氢能溶于水，在常温下，1 体积水中能溶解约为 4.7 体积的硫化氢气，浓度约为 $0.1mol \cdot L^{-1}$。硫化氢的水溶液称为氢硫酸。氢硫酸是二元弱酸，可形成两系列的盐：正盐（硫化物）和酸式盐（硫氢化物）。

H_2S 中的硫处于最低氧化态（－Ⅱ），容易失去电子，所以 H_2S 是一个还原剂。干燥的硫化氢在室温下不与空气中的氧发生作用，但点燃时能在空气中燃烧，呈淡蓝色火焰，生成水和二氧化硫：

$$2H_2S + 3O_2 \xlongequal{\text{点燃}} 2H_2O + 2SO_2$$

如氧气不充足时，燃烧得硫：

$$2H_2S + O_2 \xlongequal{} 2S + 2H_2O$$

这说明硫化氢气在高温时有一定的还原性。

氢硫酸的还原性要比硫化氢气强。如常温下氢硫酸在空气中放置，尤其在光线照射下，容易被空气中的氧所氧化而析出单质硫，使溶液变混浊：

$$2H_2S + O_2 \xlongequal{} 2H_2O + 2S\downarrow$$

在酸性溶液中，Fe^{3+}、Br_2、I_2、MnO_4^-、$Cr_2O_7^{2-}$、HNO_3 等均可氧化氢硫酸，并且一般被氧化为单质硫：

$$H_2S + FeCl_3 \xlongequal{} 2FeCl_2 + 2HCl + S\downarrow$$

$$3H_2S + K_2Cr_2O_7 + 4H_2SO_4 \xlongequal{} Cr_2(SO_4)_3 + 3S\downarrow + K_2SO_4 + 7H_2O$$

当氧化剂很强，用量又多时，可把硫化氢氧化成亚硫酸根或硫酸根：

$$2H_2S + 4Cl_2 + 4H_2O \xlongequal{} H_2SO_4 + 8HCl$$

实验室常用硫化亚铁（或硫化钠）与盐酸（或稀硫酸）反应来制备 H_2S：

$$FeS + 2HCl \xlongequal{} FeCl_2 + H_2S\uparrow$$

$$NaS + H_2SO_4 \xlongequal{} Na_2SO_4 + H_2S\uparrow$$

FeS 与 HCl 作用产生 H_2S 的反应不易控制，致使室内混有硫化氢。分析实验中常用硫代乙酰胺水解来制备硫化氢：

$$CH_3CSNH_2 + 2H_2O \xlongequal{} CH_3COONH_4 + H_2S\uparrow$$

此反应的特点是生成速率较缓慢，它的水溶液在加热时即水解产生 H_2S 气体，停止加热，反应即停止，比较容易控制，使用也简便，污染较少，只是价格较贵。

2. 金属硫化物 金属和硫直接反应或氢硫酸和金属盐溶液反应都得到金属硫化物（metal sulfide）。金属硫化物大多数是有颜色、难溶于水的固体，只有碱金属和铵的硫化物易溶，碱土金属硫化物，如 CaS、SrS、BaS 等微溶。但所有金属的酸式硫化物（硫氢化物）都能溶于水。由于氢硫酸是一个很弱的酸，所以无论硫化物是易溶或微溶于水都会发生一定程度的水解，而使溶液显碱性。碱金属（及铵）的硫化物在水中强烈水解，如：

$$Na_2S + H_2O \xlongequal{} NaHS + NaOH$$

因此它们的水溶液是强碱性的，碱土金属硫化物在水中不是简单的溶解，也进行水解：

$$2CaS + 2H_2O = Ca(HS)_2 + Ca(OH)_2$$

$Ca(HS)_2$ 进入溶液，溶液加热时进一步水解：

$$Ca(HS)_2 + 2H_2O \xlongequal{\triangle} Ca(OH)_2\downarrow + 2H_2S\uparrow$$

有一些高价态的硫化物，如 Al_2S_2、Cr_2S_3、SiS_2 在水中完全水解：

$$Al_2S_3 + 6H_2O = 2Al(OH)_3\downarrow + 3H_2S\uparrow$$

这类硫化物不能存在于水中，所以不可能用湿法从水溶液中制得，必须用干法制取。

其余二价以上金属硫化物在水中溶解度小，也不水解，并且多具有特征的颜色。常见金属硫化物的颜色及其溶度积见表 11－4。

表 11－4 常见金属硫化物的颜色及其溶度积

化合物	颜色	K_{sp}	化合物	颜色	K_{sp}	化合物	颜色	K_{sp}
ZnS	白	2.9×10^{-25}	MnS	肉色	4.6×10^{-14}	β－NiS	黑	1.0×10^{-28}
CdS	黄	8.0×10^{-27}	SnS	灰白	1.0×10^{-28}	PbS	黑	9.0×10^{-29}
Cu_2S	黑	2.6×10^{-49}	CuS	黑色	6.0×10^{-36}	HgS	红	6.4×10^{-53}
FeS	黑	3.7×10^{-19}	CoS	黑色	7.0×10^{-23}	Bi_2S_3	黑	6.8×10^{-92}

各种硫化物的生成和溶解在定性分析、中草药有效成分的提取分离等方面应用广泛。通过控制介质的 pH，可以使不同的金属生成硫化物沉淀，也可使硫化物沉淀溶解。金属硫化物的溶解性见表 11－5。

表 11－5 金属硫化物的溶解性

条件	K_{sp}范围	溶解介质	产物
K_{sp}较大	$>10^{-24}$	稀盐酸	硫化氢气体
K_{sp}较小	$10^{-25}>K_{sp}>10^{-30}$	不溶于稀盐酸，溶于浓盐酸	硫化氢气体
K_{sp}小	$10^{-50}<K_{sp}<10^{-30}$	不溶于浓盐酸，溶于硝酸	硫单质
K_{sp}很小	$K_{sp}<10^{-50}$	溶于王水	金属离子配位，硫单质

$$MnS + 2\ HCl = H_2S + MnCl_2$$

$$8HNO_3 + MS = 3S + 2NO + 3M(NO_3)_2 + 4H_2O$$

$$3HgS + 2\ HNO_3 + 12\ HCl = 3\ [HgCl_4]^{2-} + 6\ H^+ + 3\ S + 2\ NO + 4\ H_2O$$

（三）多硫化物

碱金属、碱土金属及铵的硫化物溶液与单质硫一起煮沸时，硫便逐渐溶解生成多硫化物（polysulfide），如：

$$Na_2S + (x-1)S = Na_2S_x$$

$$(NH_4)_2S + (x-1)\ S = (NH_4)_2S_x$$

在多硫化物中 x 一般为 2～6，随着 x 值的增加，多硫化物的颜色由黄色、橙色至红色。无色的 Na_2S 和 $(NH_4)_2S$ 溶液在放置时 S^{2-} 离子被空气中的氧氧化成单质硫，硫又溶于 Na_2S 或 $(NH_4)_2S$ 溶液中，生成多硫化物，溶液颜色变黄。

硫与碳酸钠或碳酸钾共熔时，得到多硫化物、亚硫酸盐和硫代硫酸盐的混合物：

$$3S + 3K_2CO_3 \xlongequal{} 2K_2S + K_2SO_3 + 3CO_2\uparrow \text{（歧化反应）}$$

$$K_2S + (x-1)S \xlongequal{} K_2S_x$$

$$K_2SO_3 + S \xlongequal{} K_2S_2O_3$$

这样得到的混合物呈猪肝色，医药上叫作含硫钾或硫肝，用于治疗皮肤病。工业称为紫碱，用于原皮的脱毛。

将石灰乳和硫的混合物共煮，得多硫化钙与硫代硫酸钙的混合物：

$$3Ca(OH)_2 + 12S \xlongequal{} 2CaS_5 + CaS_2O_3 + 3H_2O$$

农业上用这个混合物来防治棉花红蜘蛛和果木的病虫害。在这个混合物中小心加入稀盐酸将溶液调至弱碱性，多硫化钙被破坏，溶液中有极细粉末的沉降硫析出：

$$2CaS_5 + 2HCl \xlongequal{} CaCl_2 + Ca(HS)_2 + 8S\downarrow$$

沉降硫用于皮肤病的治疗效果比用一般硫粉好。如果加盐酸调至酸性，则硫代硫酸钙 CaS_2O_3 中的硫也将析出，颗粒较粗，效果不及沉降硫。

多硫化物是氧化剂。如 SnS 不溶于 Na_2S 溶液而溶于 Na_2S_2［或（$NH_4)_2S_2$］溶液中：

$$SnS + Na_2S_2 \xlongequal{} Na_2SnS_3$$

$$SnS + NH_4)_2S_2 \xlongequal{} (NH_4)_2SnS_3$$

多硫化物将 SnS 氧化，生成硫代锡酸盐而溶解。

多硫化物在酸性溶液中不稳定，分解出单质硫和硫化氢。如：

$$S_x^{2-} + 2H^+ \xlongequal{} H_2S + (x-1)S \qquad (x = 2 \sim 6)$$

四、硫的含氧化合物

（一）二氧化硫、亚硫酸和亚硫酸盐

硫在空气中燃烧即得到二氧化硫。实验室中使用少量二氧化硫常用亚硫酸氢钠和盐酸反应制取：

$$NaHSO_3 + HCl \xlongequal{} SO_2 + NaCl + H_2O$$

工业上大量的二氧化硫是由燃烧黄铁矿得到：

$$3FeS_2 + 8O_2 \xlongequal{} Fe_3O_4 + 6SO_2$$

二氧化硫分子具有 V 形构型，其中 S 原子采取 sp^2 不等性杂化，有一条杂化轨道被孤对电子所占据，另两条杂化轨道与两个 O 原子的 $2p$ 轨道各形成一个 σ 键，s 原子还有一个含有两个电子的 p 轨道与两个 O 原子中的另一个单电子 p 轨道相互平行，因而形成一个 Π_3^4 的离域 π 键。所以 SO_2 分子中两个 S—O 键具有双键的特征。键长（143pm）比 S－O 单键的键长（155pm）短，∠OSO 为 119.5°。

二氧化硫是无色、有刺激性臭味的气体，它是一种大气污染物，空气中 SO_2 的允许含量是小于 0.02mg/L，慢性中毒将引起丧失食欲、大便不通和气管炎等。二氧化硫是极性分子，极易液化（常压下 263K），液态二氧化硫是一种非常有用的非水溶剂。

二氧化硫在水中的溶解度很大，在 273K 时，1L 水可以溶解大约 80L 的 SO_2，得到相当于质量分数为 10% 的溶液，其水溶液称为亚硫酸（sulfurous acid）。实际上亚硫酸是一种水合物 $SO_2 \cdot xH_2O$，为了简便写成 H_2SO_3，其结构式：

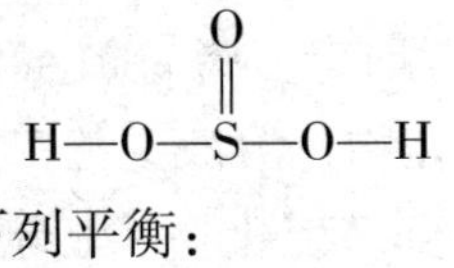

在二氧化硫的水溶液中存在着下列平衡：

$$SO_2 \cdot xH_2O \rightleftharpoons H_3O^+ + HSO_3^-（水合）+（x-2）H_2O$$

$$K_{a1} = 1.24 \times 10^{-2} \quad (291K)$$

$$HSO_3^- \cdot yH_2O \rightleftharpoons H_3O^+ + SO_3^{2-}（水合）+（y-1）H_2O$$

$$K_{a2} = 5.06 \times 10^{-8} \quad (291K)$$

可见，亚硫酸是二元中强酸。加酸并加热则平衡向左移动有 SO_2 气体逸出。加碱时，平衡向右移动，生成酸式盐或正盐：

$$NaOH + SO_2 = NaHSO_3$$

$$2NaOH + SO_2 = Na_2SO_3 + H_2O$$

$$2NaHSO_3 + Na_2CO_3 \xlongequal{煮沸} 2Na_2SO_3 + H_2O + CO_2 \uparrow$$

将 SO_2 通入浓 Na_2CO_3 溶液至饱和（$pH = 3.8$），得亚硫酸氢钠溶液：

$$Na_2CO_3 + 2SO_2 + H_2O = 2NaHSO_3 + CO_2 \uparrow$$

浓缩可得亚硫酸氢钠结晶。如果在上述浓溶液中加入等当量的碳酸钠加热驱出 CO_2，放置可得 $Na_2SO_3 \cdot 7H_2O$ 结晶：

$$2NaHSO_3 + Na_2CO_3 = 2Na_2SO_3 + CO_2 \uparrow + H_2O$$

除碱金属及铵的亚硫酸盐能溶于水外，其他金属的亚硫酸盐都难溶。碱金属亚硫酸盐水解显碱性，亚硫酸氢盐的水溶液显弱酸性。

将亚硫酸氢钠溶液长时间加热脱水，或向其浓溶液中长时间通入过量 SO_2，都可生成焦亚硫酸钠：

$$2NaHSO_3 = Na_2S_2O_5 + H_2O$$

亚硫酸钠在高温时进行歧化反应：

$$4Na_2SO_3 \xlongequal{\triangle} Na_2S + 3Na_2SO_4$$

在二氧化硫、亚硫酸和亚硫酸盐中，硫的氧化数为 +Ⅳ，是硫的中间氧化态，所以它们既有氧化性，又有还原性，但以还原性为主。如亚硫酸能与许多氧化剂发生反应：

$$2KMnO_4 + 5SO_2 + 2H_2O = 2MnSO_4 + 2H_2SO_4 + K_2SO_4$$

$$K_2Cr_2O_7 + 3SO_2 + H_2SO_4 = Cr_2(SO_4)_3 + K_2SO_4 + H_2O$$

$$2FeCl_3 + SO_2 + 2H_2O — 2FeCl_2 + H_2SO_4 + 2HCl$$

$$I_2 + SO_2 + 2H_2O = 2HI + H_2SO_4$$

$$KIO_3 + 3SO_2 + 3H_2O = KI + 3H_2SO_4 \quad (SO_2 过量)$$

$$2KIO_3 + 5SO_2 + 4H_2O = I_2 + K_2SO_4 + 4H_2SO_4 \ (KIO_3 过量)$$

与强还原剂反应，H_2SO_3 起氧化作用：

$$H_2SO_3 + 2H_2S = 3S \downarrow + 3H_2O$$

$$6SnCl_2 + 2SO_2 + 8HCl = 5SnCl_4 + 4H_2O + SnS_2$$

二氧化硫、亚硫酸及亚硫酸盐的还原性顺序为 $SO_3^{2-} > H_2SO_3 > SO_2$，而氧化性顺序正好相反 $SO_2 > H_2SO_3 > SO_3^{2-}$。因此亚硫酸盐在空气中不稳定，可被空气中的氧氧化，如：

$$2Na_2SO_3 + O_2 = 2Na_2SO_4$$

在使用亚硫酸盐溶液时，应临时配制。

亚硫酸钠、亚硫酸氢钠和焦亚硫酸钠都可用作注射剂的抗氧剂，保护药品不被氧化。二氧化硫能和一些有机色素结合生成无色的加合物，故二氧化硫和亚硫酸广泛用于漂白羊毛、稻草、麦秸、丝等。还可用作消毒剂，杀灭霉菌和细菌，可用作食物和干果的防腐剂。

（二）三氧化硫、硫酸和硫酸盐

将二氧化硫催化氧化是制备三氧化硫最常用的方法：

$$2SO_2 + O_2 \xrightarrow[723K]{V_2O_5} 2SO_3$$

纯三氧化硫是无色易挥发固体，熔点 290K，沸点 317.8K。无色的气态三氧化硫 SO_3 主要是以单分子存在，呈平面三角形，键角 120°。硫原子以 sp^2 杂化轨道与氧原子形成三个 σ 键。另外，分子中还存在一个四原子六电子离域 π 键（Π_4^6）。因此，S—O 键（142pm）具有双键特征。

三氧化硫是很强的氧化剂，特别是在高温下，它能氧化硫、磷、铁、锌以及溴化物、碘化物等。如：

$$2P + 5SO_3 \xlongequal{} P_2O_5 + 5SO_2 \quad （爆炸反应）$$

$$2KI + SO_3 \xlongequal{} K_2SO_3 + I_2$$

三氧化硫极易吸收水分，在潮湿的空气中发烟。三氧化硫溶于水生成硫酸（sulfuric acid），并放出大量热：

$$SO_3(g) + H_2O(l) \xlongequal{} H_2SO_4(l) \qquad \Delta_r H^\ominus = -96kJ \cdot mol^{-1}$$

这大量的热使水蒸发，所生成的水蒸气与三氧化硫形成酸雾，影响吸收效果，所以工业生产硫酸，不是用水吸收三氧化硫，而是先用浓硫酸（98%）吸收三氧化硫制得发烟硫酸（$H_2SO_4 \cdot nSO_3$），再用较稀酸稀释至所需浓度。

纯硫酸是无色、无臭的透明油状液体，283.36K 时凝固，沸点 611K。硫酸的高沸点和黏稠性与其分子间存在氢键有关。加热浓硫酸时会放出三氧化硫，随浓度逐渐下降，沸点不断升高，当沸点升到 611K 时，形成恒沸溶液，含量为 98.3%，密度为 $1.854g \cdot cm^{-3}$，约 $18mol \cdot L^{-1}$，此即市售浓硫酸。硫酸的分子结构见图 11-7。

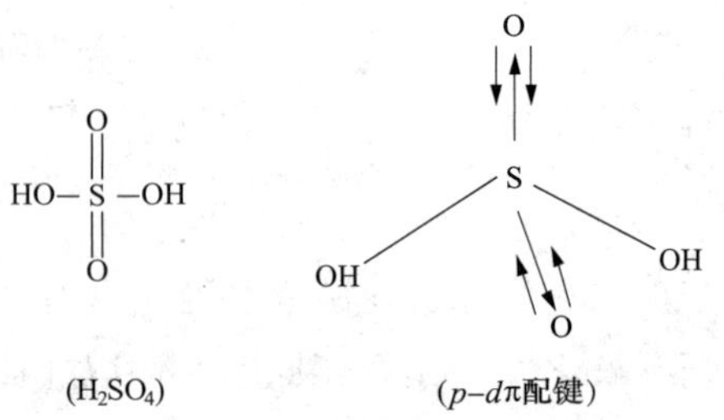

图 11-7　硫酸的分子结构

硫酸分子具有四面体构型，硫原子采用不等性 sp^3 杂化，含一个电子的杂化轨道与两个羟基氧原子的 p 轨道形成两条 σ 键；含有孤对电子的两个杂化轨道和非羟基氧的 p_x 空轨道（将两个不成对的电子挤进同一轨道，空出一个轨道）重叠形成两条 σ 配键，这四条 σ 键构成分子的四面体骨架。另外，每个非羟基氧原子中的已被孤电子对占据的 p_y 轨道和 p_z 轨道分别与硫原子的 $3d_{xy}(3d_{x^2-y^2})$ 和 $3d_{xz}(3dz^2)$ 空轨道重叠形成两条 $p-d\pi$ 配键。

硫酸是 SO_3 的水合物，浓硫酸与水具有强烈结合的倾向，水合能较大（$-878.6kJ \cdot mol^{-1}$），与水作用放出大量的热，并形成 H_2SO_4（$SO_3 \cdot H_2O$），$H_2S_2O_7$（$2SO_3 \cdot H_2O$）等一系列稳定的水合物，故在工业上和实验室里常用作干燥剂。浓硫酸不但能吸收游离的水分，甚至能将一些有机物分子中的氢和氧按水的比例吸去，导致其脱水炭化。如：

$$C_{12}H_{22}O_{11}（蔗糖）\xlongequal{浓硫酸} 12C + 11H_2O$$

故浓硫酸是强脱水剂，能严重地破坏动植物的组织、损坏衣物、烧伤皮肤等，使用时必须格外小心。

热浓硫酸是一种很强的氧化剂，它能氧化许多金属和非金属，其本身一般被还原为 SO_2

（与过量的活泼金属作用可以被还原成 S，甚至 H_2S）。如：

$$2H_2SO_4（浓）+C \xlongequal{\triangle} CO_2\uparrow +2SO_2\uparrow +2H_2O$$

$$2H_2SO_4（浓）+Cu \xlongequal{\triangle} CuSO_4+SO_2\uparrow +2H_2O$$

$$2H_2SO_4（浓）+Zn \xlongequal{\triangle} ZnSO_4+SO_2\uparrow +2H_2O$$

$$4H_2SO_4（浓）+3Zn \xlongequal{\triangle} 3ZnSO_4+S\downarrow +4H_2O$$

$$5H_2SO_4（浓）+4Zn \xlongequal{\triangle} 4ZnSO_4+H_2S\uparrow +4H_2O$$

但即使是热的浓硫酸也不能与金和铂作用。此外，金属铁、铝和冷浓硫酸接触，会生成一层致密的保护膜，使其不再与浓硫酸反应。这种现象称为钝化。因此，浓硫酸可装在钢罐中运输。

稀硫酸不具氧化性，它是一个强的二元酸，第一步几乎完全电离，第二步只部分电离（$K_a=1.2\times10^{-2}$）。稀硫酸具有酸的通性。

硫酸是一种重要的化工原料，大量用于化肥、石油、炸药、染料等生产中，在药物合成中作磺化剂。

硫酸能形成两种类型的盐：正盐和酸式盐。只有碱金属和碱土金属及铵能生成酸式盐和正盐，其他金属只能生成正盐。

硫酸的酸式盐均易溶于水，易熔化，受热则脱水生成焦硫酸（$H_2S_2O_7$）的盐：

$$2KHSO_4 \xlongequal{\triangle} K_2S_2O_7+H_2O$$

焦硫酸盐进一步加热分解，生成三氧化硫和硫酸盐：

$$K_2S_2O_7 \xlongequal{\triangle} K_2SO_4+SO_3$$

硫酸的正盐中除 Ag_2SO_4、$CaSO_4$ 微溶，$BaSO_4$、$PbSO_4$ 难溶外，其余都易溶于水。多数硫酸盐易形成复盐，复盐中两种硫酸盐具有相同的晶型，这类复盐又称为矾。通式为：$M_2SO_4\cdot MSO_4\cdot 6H_2O$ 和 $M_2SO_4\cdot M_2(SO_4)_3\cdot 24H_2O$，常见的有：

摩尔盐　$(NH_4)_2SO_4\cdot FeSO_4\cdot 6H_2O$

镁钾矾　$K_2SO_4\cdot MgSO_4\cdot 6H_2O$

明　矾　$K_2SO_4\cdot Al_2(SO_4)_3\cdot 24H_2O$

铬钾矾　$K_2SO_4\cdot Cr_2(SO_4)_3\cdot 24H_2O$

形成矾类是硫酸盐的特征之一。

许多从溶液中析出的可溶性硫酸盐晶体常带有结晶水，如 $CuSO_4\cdot 5H_2O$（胆矾）、$FeSO_4\cdot 7H_2O$（绿矾）、$Na_2SO_4\cdot 10H_2O$（芒硝）、$MgSO_4\cdot 7H_2O$（泻盐）、$ZnSO_4\cdot 7H_2O$（皓矾）等。

硫酸盐的热稳定性很高。如碱金属和碱土金属及铬的硫酸盐在 1273K 时也不分解。只有那些电荷高或 18 电子及 18+2 电子构型的阳离子的硫酸盐，如 $CuSO_4$、Ag_2SO_4、$Fe_2(SO_4)_3$、$PbSO_4$ 等，才在高温时分解：

$$CuSO_4 \xlongequal{1273K} CuO+SO_3\uparrow$$

$$Ag_2SO_4 \xlongequal{\triangle} Ag_2O+SO_3\uparrow$$

$$2Ag_2O \xlongequal{\triangle} 4Ag+O_2\uparrow$$

（三）硫代硫酸及其盐

将硫酸分子中的一个非羟基氧以硫取代，即得硫代硫酸（Thiosulfuric acid，$H_2S_2O_3$）：

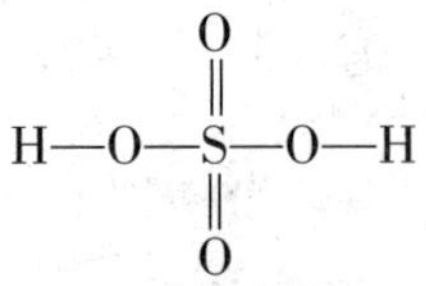

硫酸

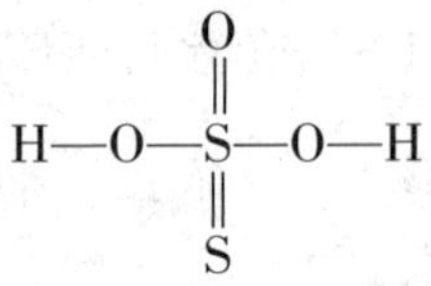

硫代硫酸

硫代硫酸根具有四面体结构，与硫酸根相似。在硫代硫酸分子中，中心硫原子氧化数为+Ⅵ，另一个硫的氧化数为-Ⅱ，两个硫的平均氧化数为+Ⅱ。

硫代硫酸非常不稳定，存在于175 K以下，常温下只能得到它的盐。其中最重要的是硫代硫酸钠。将硫粉溶于沸腾的亚硫酸钠碱性溶液中可制得硫代硫酸钠：

$$S + Na_2SO_3 = Na_2S_2O_3$$

市售硫代硫酸钠俗名为海波（hyposulfite）或大苏打，化学式为 $Na_2S_2O_3 \cdot 5H_2O$，无色透明晶体，易溶于水，其水溶液显弱碱性。硫代硫酸钠在中性、碱性溶液中很稳定，在酸性溶液中迅速分解：

$$Na_2S_2O_3 + 2HCl = 2NaCl + S\downarrow + SO_2\uparrow + H_2O$$

可用此性质来鉴定 $S_2O_3^{2-}$ 离子的存在。根据这一性质，在医药中硫代硫酸钠用来治疗疥疮，先用40%的溶液擦洗患处，几分钟后再用5%的盐酸擦洗，即生成具有高度杀菌能力的S和 SO_2。

硫代硫酸钠是中强还原剂。它与中强氧化剂（如碘）反应被氧化为连四硫酸钠。

$$2Na_2S_2O_3 + I_2 = Na_2S_4O_6 + 2NaI$$

这个反应定量进行，是定量分析中碘量法的基础。

较强的氧化剂（如氯、溴等）可将硫代硫酸钠氧化为硫酸钠：

$$Na_2S_2O_3 + 4Cl_2 + 5H_2O = Na_2SO_4 + H_2SO_4 + 8HCl$$

因此在纺织和造纸工业上硫代硫酸钠常被作为脱氯剂。

硫代硫酸根（$S_2O_3^{2-}$）有很强的配位能力，能与金属离子形成配离子，如 $[Ag(S_2O_3)]^-$、$[Ag(S_2O_3)_2]^{3-}$ 等。AgCl、AgBr可溶于 $Na_2S_2O_3$ 溶液（AgI的 K_{sp} 很小，只能溶于极浓的 $Na_2S_2O_3$ 溶液）。所以摄影术上用硫代硫酸钠作为定影剂，能将照相底片上没曝光的溴化银溶解：

$$AgBr + 2Na_2S_2O_3 = Na_3[Ag(S_2O_3)_2] + NaBr$$

在医药上，硫代硫酸钠可用作注射液的抗氧剂；卤素、重金属及氰化物中毒时，可用硫代硫酸钠解毒，它能将卤素还原为卤离子；能与重金属配位；能与氰化钾作用生成无毒的硫氰化钾：

$$Na_2S_2O_3 + KCN = Na_2SO_3 + KSCN$$

在过量 Ag^+ 存在时，与硫代硫酸离子作用生成不稳定的白色沉淀：

$$Na_2S_2O_3 + 2AgNO_3 = Ag_2S_2O_3\downarrow + 2NaNO_3$$

生成的硫代硫酸银不稳定，在放置过程中，沉淀逐渐由白色变成棕色，最后转化为稳定的黑色沉淀。此反应也用于硫代硫酸根离子的定性检验。

（四）连硫酸盐和过硫酸盐

1. 连硫酸盐与连二亚硫酸钠 连硫酸是硫原子代替了硫酸中的氧原子，再以硫原子互相结合。其通式是 $H_2S_xO_6$（$x=2$、3、……6），结构式为：

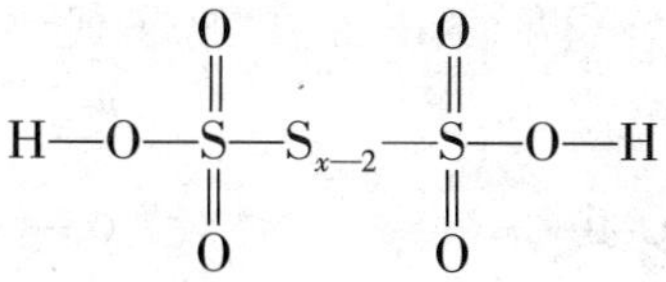

例如，连二硫酸 $H_2S_2O_6$

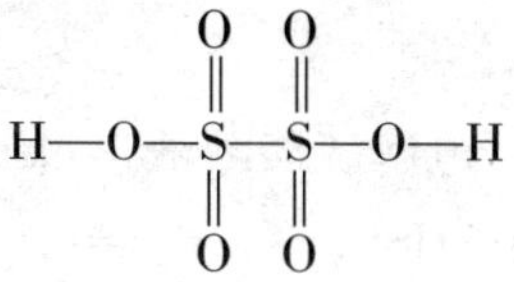

连硫酸中 S—S 键长近于单键的键长，与多硫化物中的 S—S 键类似。

目前还没有制得游离的连硫酸，只制得到了一系列的连硫酸盐。如，连四硫酸钠 $Na_2S_4O_6$。

一般连硫酸盐是用氧化剂与 $Na_2S_2O_3$ 作用制得。如：

$$2Na_2S_2O_3+4H_2O_2 = Na_2S_3O_6+Na_2SO_4+4H_2O$$

与连硫酸盐结构相似的还有连亚硫酸盐。其中最重要的是连二亚硫酸钠（Sodium dithionite，$Na_2S_2O_4$），工业上称为“保险粉”，其结构式为：

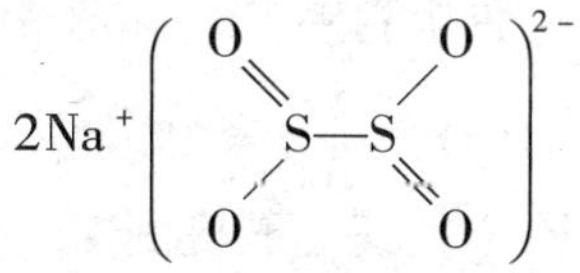

在无氧的条件下，用锌粉还原亚硫酸氢钠可制得连二亚硫酸钠：

$$2NaHSO_3+Zn = Na_2S_2O_4+Zn(OH)_2$$

也可用 SO_2、Na_2CO_3 及 HCOONa 合成：

$$2HCOONa+Na_2CO_3+4SO_2 = 2Na_2S_2O_4+3CO_2+H_2O$$

从水溶液中析出的晶体含有两个结晶水（$Na_2S_2O_4 \cdot 2H_2O$），在空气中极易被氧化，不便于使用，经酒精和浓 NaOH 共热后，成为比较稳定的无水盐 $Na_2S_2O_4$，是白色固体，加热至 402K 即分解：

$$2Na_2S_2O_4 = Na_2S_2O_3+Na_2SO_3+SO_2\uparrow$$

连二亚硫酸钠可溶于冷水，它的水溶液也不稳定，易歧化分解：

$$2Na_2S_2O_4+H_2O = Na_2S_2O_3+2NaHSO_3$$

遇酸则迅速分解，析出单质硫：

$$2Na_2S_2O_4+4HCl = 3SO_2+S\downarrow+2H_2O+4NaCl$$

连二亚硫酸钠是一个很强的还原剂：

$$2SO_3^{2-}+2H_2O+2e \rightleftharpoons S_2O_4^{2-}+4OH^- \quad E_B^\ominus=-1.12V$$

它能与许多氧化剂如碘、过氧化氢等反应，它的水溶液在空气中放置能被空气中的氧氧化，生成亚硫酸盐或硫酸盐，因此，实验室中常用它的溶液吸收气体中的氧：

$$Na_2S_2O_4+O_2+H_2O = NaHSO_3+NaHSO_4$$

连二亚硫酸钠是印染工业中非常重要的还原剂，它能保证印染质量，使之色泽鲜艳，不再被空气中氧所氧化。另外，它在有机合成、造纸、医药、食品工业等方面也有广泛应用。

2. 过硫酸及其盐　含有过氧键“—O—O—”的硫酸称为过硫酸（peroxo - sulfuric

acid)，相当于 H_2O_2 的 H 原子被磺酸基（$—SO_3H$）取代的产物，一个 H 原子被取代得过一硫酸（persulfuric acid，H_2SO_5），两个 H 原子被取代者为过二硫酸（persulfuric acid，$H_2S_2O_8$）。它们的结构如下：

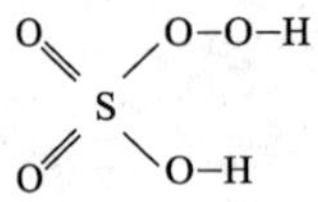

过一硫酸

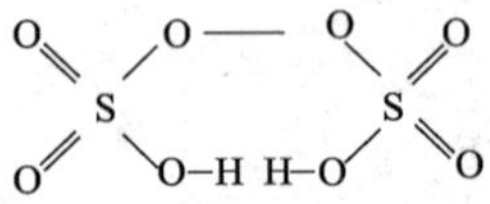

过二硫酸

工业上是在低温和高电流密度下电解硫酸溶液得过二硫酸：

$$阳极：2HSO_4^- - 2e = H_2S_2O_8$$

或电解硫酸盐，得相应的过二硫酸盐：

$$阳极：2SO_4^{2-} + 2e = S_2O_8^{2-}$$

也可用无水 H_2O_2 与氯磺酸作用得到这两种酸：

$$HSO_3Cl + H_2O_2 = HSO_3 \cdot OOH + HCl$$

$$2HSO_3Cl + H_2O_2 = HSO_3 \cdot OO \cdot SO_3H + 2HCl$$

过二硫酸为无色晶体，在 338K 时熔化并分解。过二硫酸及其盐都具有极强的氧化性：

$$S_2O_8^{2-} + 2e = 2SO_4^{2-} \qquad E_A^\ominus = 2.01V$$

在 Ag^+ 离子催化作用下，过二硫酸盐能将 Mn^{2+} 离子氧化成 MnO_4^- 离子：

$$2Mn^{2+} + 5S_2O_8^{2-} + 8H_2O \xlongequal{Ag^+} 2MnO_4^- + 10SO_4^{2-} + 16H^+$$

过二硫酸及其盐在氧化还原过程中，其过氧键断裂，其中两个氧原子的氧化数从 - Ⅰ 降到 - Ⅱ，而硫的氧化数不变仍然是 + Ⅵ。

过硫酸及其盐都不稳定，加热易分解。如：

$$2K_2S_2O_8 \xlongequal{\triangle} 2K_2SO_4 + 2SO_3\uparrow + O_2\uparrow$$

过二硫酸水解可得过一硫酸：

$$H_2S_2O_8 + H_2O = H_2SO_5 + H_2SO_4$$

过一硫酸也是白色吸湿性结晶，熔点 318K。现在没有制得它的纯盐，只得到过不纯的 $KHSO_5$，其中混有 K_2SO_4 及 $KHSO_4$。过一硫酸分解主要产物是 O_2 和 H_2SO_4，也有少量 H_2O_2 及 $H_2S_2O_8$。

现将硫的主要含氧酸汇列于表 11-6。

表 11-6　硫的重要含氧酸

名称	化学式	硫的氧化数	结构式	存在形式	主要性质
亚硫酸	H_2SO_3	+ Ⅳ	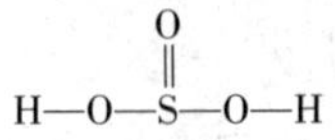	盐	还原性
硫酸	H_2SO_4	+ Ⅵ	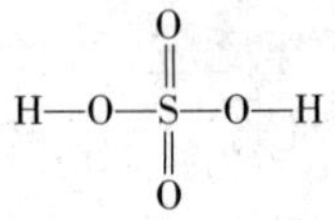	酸、盐	酸性、氧化性
硫代硫酸	$H_2S_2O_3$	+ Ⅱ	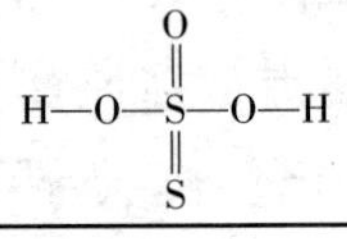	盐	还原性

续表

名称	化学式	硫的氧化数	结构式	存在形式	主要性质
焦硫酸	$H_2S_2O_7$	+Ⅵ	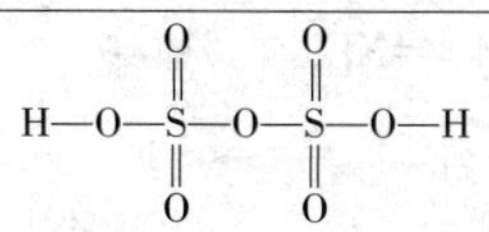	酸、盐	酸性、氧化性
过一硫酸	H_2SO_5	+Ⅵ	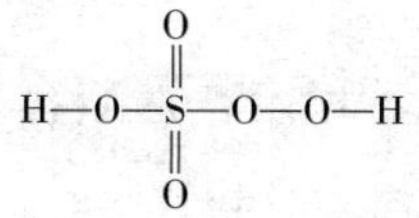	酸、盐	酸性、氧化性
过二硫酸	$H_2S_2O_8$	+Ⅵ	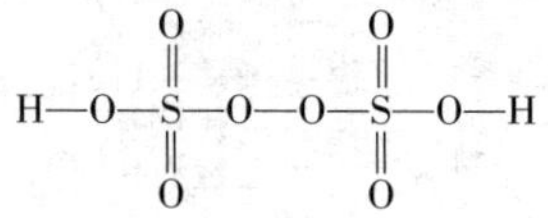	酸、盐	酸性、氧化性
连二硫酸	$H_2S_2O_6$	+Ⅴ	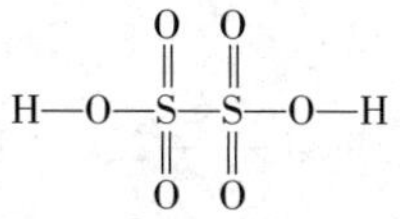	酸、盐	还原性
连多硫酸	$H_2S_xO_6$ ($x=2\sim6$)	$+10/x$	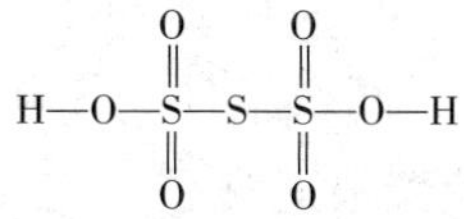 ($x=3$)	酸、盐	还原性
连二亚硫酸	$H_2S_2O_4$	+Ⅲ	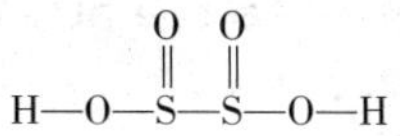	盐	还原性

五、离子鉴定和常用药物

（一）离子鉴定

1. 过氧化氢及过氧离子的鉴定　定性鉴定方法（药典法）：过氧化氢与铬酸根离子在酸性条件下反应，生成二过氧合铬的氧化物 CrO_5，称为过氧化铬（五氧化铬）：

$$Cr_2O_7^{2-}+4H_2O_2+2H^+ = 2CrO_5\ (\text{蓝色})+5H_2O$$

蓝色的 CrO_5 含有过氧键，在水溶液中不稳定很快分解：

$$4CrO_5+12H^+ = 4Cr^{3+}+6H_2O+7O_2$$

CrO_5 在乙醚中较为稳定，所以通常在反应前先加些乙醚，否则在水溶液中过氧化铬很容易分解，蓝色迅速消失。

定量方法：利用过氧化氢的氧化还原性进行定量分析，如 H_2O_2 与 KI 反应，生成的碘用硫代硫酸钠标准溶液滴定，以淀粉溶液作指示剂。

$$H_2O_2+2I^-+2H^+ = I_2+2H_2O$$

$$I_2+2S_2O_3^{2-} = 2I^-+S_4O_6^{2-}$$

也可直接用 $KMnO_4$ 标准溶液在酸性介质中滴定：

$$5H_2O_2+2MnO_4^-+6H^+ = 2Mn^{2+}+5O_2+8H_2O$$

该法不需要另加指示剂，但是要注意一定要在酸性介质中，同时由于该反应是自催化反应，开始滴定时反应速率较慢，在 Mn^{2+} 生成后反应速率加快。

2. 硫离子的鉴定　在可能含有 S^{2-} 离子的微酸性或中性溶液中加入 $Cd(NO_3)_2$ 溶液，生成黄色 CdS 沉淀，或加入 $Pb(Ac)_2$ 溶液，生成黑色 PbS 沉淀，都证明有 S^{2-} 离子存在。

不溶于水的硫化物如溶于盐酸，即放出硫化氢气体，此气体可使醋酸铅试纸变黑（生成

PbS)；不溶于盐酸的硫化物，如用浓硝酸或王水加热使其溶解，S^{2-}可被氧化为单质硫而沉淀。

也可用溶液中的 S^{2-} 离子与硝普盐（即五氰·亚硝酰合铁（Ⅲ）酸盐，nitroprusside，$[Fe(CN)_5NO]^{2-}$）作用得紫红色产物来检出 S^{2-} 离子：

$$[Fe(CN)_5NO]^{2-}+S^{2-}=\!=\!=[Fe(CN)_5(NOS)]^{4-}$$

（紫红色）

3. 亚硫酸根离子的鉴定 亚硫酸根不稳定，遇酸容易分解，生成 SO_2气体。

$$SO_3^{2-}+2H^+=\!=\!=2SO_2(g)+H_2O$$

二氧化硫具有还原性，能使硝酸亚汞试纸变黑（Hg_2^{2+} 被还原为金属汞）：

$$SO_2+Hg_2^{2+}+2H_2O=\!=\!=2Hg+SO_4^{2-}+4H^+$$

SO_2 能使蓝色的 I_2－淀粉溶液褪色：

$$I_2+SO_2+2H_2O=\!=\!=2HI+H_2SO_4$$

$SO_2\cdot H_2O$ 在溶液中与硝普盐作用［尤其在有 $ZnSO_4$ 或 $Zn(NO_3)_2$ 存在时］显红色。利用这一方法可以和 $S_2O_3^{2-}$ 离子相区别，同样条件下 $S_2O_3^{2-}$ 无作用。

4. 硫代硫酸根离子的鉴定 硫代硫酸根遇强酸放出二氧化硫气体，并产生单质硫浅黄色沉淀。放出的气体可用硝酸亚汞试纸鉴别。

$$S_2O_3^{2-}+2H^+=\!=\!=S\downarrow+SO_2\uparrow+H_2O$$

与亚硫酸根的区别在于溶液出现浑浊。

过量的银离子和硫代硫酸根离子作用，先生成白色的硫代硫酸银沉淀，此沉淀不稳定很快分解为 Ag_2S，沉淀的颜色由白变黄、变棕最后变为黑色。

$$2Ag^++S_2O_3^{2-}=\!=\!=Ag_2S_2O_3\downarrow\ (白)$$

$$Ag_2S_2O_3+H_2O=\!=\!=H_2SO_4+Ag_2S\downarrow\ (黑)$$

5. 硫酸根离子的鉴定 硫酸根离子与可溶性钡盐（$BaCl_2$）作用得到不溶于酸的 $BaSO_4$ 白色沉淀。虽然亚硫酸根离子也与钡离子产生白色 $BaSO_3$ 沉淀，但它易溶于酸。BaF_2 与 $BaSiF_6$ 也是不溶于酸的白色沉淀，所以必须先确定溶液中不存在 F^-离子与 SiF_6^{2-} 离子时，才能用 Ba^{2+}离子检验 SO_4^{2-} 离子。

硫酸盐溶液加盐酸不生成白色沉淀，可与硫代硫酸盐区别。

含有 SO_4^{2-} 离子的溶液，滴加醋酸铅试液即生成白色沉淀：

$$SO_4^{2-}+Pb^{2+}=\!=\!=PbSO_4\downarrow\ (白)$$

沉淀遇醋酸即生成电离度极小的醋酸铅而溶解：

$$PbSO_4+2CH_3COO^-=\!=\!=Pb(CH_3COO^-)_2+SO_4^{2-}$$

由于铅具两性，故 $PbSO_4$ 沉淀也溶于氢氧化钠溶液：

$$PbSO_4+4OH^-=\!=\!=PbO_2^{2-}+SO_4^{2-}+H_2O$$

再加稀硫酸酸化，又生成白色 $PbSO_4$ 沉淀。

（二）常用药物

1. 氧气 氧气（O_2）为无色气体，无臭，无味，微溶于水，在常压 293K 时，1 体积 O_2 可溶于 32 体积水中。

氧气用于缺氧的预防和治疗，主要用于维维持持正常的呼吸，如肺炎、肺水肿和一氧化碳中毒时使用。吸入的氧气必须先通过水洗，使其略带湿气，以防止支气管炎。

2. 制药用水 水是药物生产中用量最大、使用最广的一种辅料，用于生产过程及药物制剂的制备。药典中所收载的制药用水，因其使用的范围不同而分为饮用水、纯化水、注射用水及灭菌注射用水。

（1）饮用水　药材净制时的漂洗、制药用具的粗洗用水。除另有规定外，也可作为药材的提取溶剂。

（2）纯化水　为饮用水经蒸馏法、离子交换法、反渗透法或其他适宜的方法制备的制药用水。无色澄清液体，无臭，无味。可作为配制普通药物制剂用的溶剂或试验用水；中药注射剂、滴眼剂等灭菌制剂所用药材的提取溶剂；口服、外用制剂配制用溶剂或稀释剂；非灭菌制剂用器具的精洗用水。也用作非灭菌制剂所用药材的提取溶剂。

（3）注射用水　为纯化水经蒸馏所得的水。无色澄明液体，无臭，无味，pH 为 5.0～7.0。可作为配制注射剂的溶剂或稀释剂及注射用容器的精洗。也可作为滴眼剂配制的溶剂。

（4）灭菌注射用水　为注射用水按照注射剂生产工艺制备所得。无色澄明液体，无臭，无味，pH 为 5.0～7.0。主要用于注射用灭菌粉末的溶剂或注射剂的稀释剂。

3. 升华硫　升华硫（S）为黄色结晶性粉末，有微臭，难溶于水或乙醇。

升华硫为杀虫药，具有杀菌及杀霉菌的作用。升华硫的制剂有硫软膏（含 S 9.0%～11.0%）。外用治疗疥疮、真菌病及牛皮癣等。

4. 过氧化氢溶液（双氧水）　含过氧化氢（H_2O_2）2.5%～3.5%。无色澄清透明液体，无臭或有类似臭氧的臭气，遇氧化物或还原物即迅速分解并发生泡沫，遇光易变质。

过氧化氢溶液为消毒防腐药。用作消毒剂、防腐剂和消臭剂。过氧化氢溶液是临床常用的消毒剂，在组织酶的作用下分解放出 O_2 而具有杀菌作用，常用于清洗疮口、口腔炎、化脓性中耳炎等，1% 的溶液还可用于含漱。

5. 硫代硫酸钠　五水硫代硫酸钠（$Na_2S_2O_3 \cdot 5H_2O$）为无色、透明的结晶或结晶性细粒，无臭，味咸，在干燥空气中有风化性，在湿空气中有潮解性，极易溶于水，不溶于乙醇，水溶液显微弱的碱性。

硫代硫酸钠为解毒药。砷、汞、铅和铋中毒时，可静脉注射 $50\ g \cdot L^{-1}$ 的硫代硫酸钠注射液作解毒剂；氰化物中毒时，注射硫代硫酸钠注射液，也有解毒作用；20% 的硫代硫酸钠内服用作金属中毒的解毒剂；外用可治疗疥癣和慢性皮炎等皮肤病；硫代硫酸钠还可以用作抗过敏约。

硫代硫酸钠制剂有硫代硫酸钠注射液（硫代硫酸钠的灭菌水溶液。含 $Na_2S_2O_3 \cdot 5H_2O$ 95.0%～105.0%）。

6. 二硫化硒　二硫化硒（SeS_2）为橙黄色至橙红色粉末，略有硫化氢特臭，难溶于水或有机溶剂。

二硫化硒为抗皮脂溢药。二硫化硒制剂有二硫化硒洗剂。

7. 雄黄　雄黄为硫化物类矿物雄黄族雄黄，主含二硫化二砷（As_2S_2）。呈不规则块状，深红色或橙红色，条痕淡橘红色，晶面有金刚石样光泽，质脆，易碎，断面具树脂样光泽；微有特异的臭气；性温，味辛，有毒；归肝、大肠经。

雄黄有解毒杀虫，燥湿祛痰，截疟等功能。用于痈肿疔疮，蛇虫咬伤，虫积腹痛，惊痫，疟疾。

8. 朱砂　朱砂为硫化物类矿物辰砂族辰砂，主含硫化汞（HgS）。呈颗粒状或块片状，鲜红色或暗红色，条痕红色至褐红色，具光泽，体重，质脆，片状者易破碎，粉末状者有闪烁的光泽；气微，无味；味甘，微寒，有毒；归心经。

朱砂有清心镇惊，安神解毒等功能。用于心悸易惊，失眠多梦，癫痫发狂，小儿惊风，视物昏花，口疮，喉痹，疮疡肿毒。

9. 芒硝 芒硝为硫酸盐类矿物芒硝族芒硝，主含含水硫酸钠（$Na_2SO_4 \cdot 10H_2O$）。棱柱状、长方形或不规则块状及粒状，无色透明或类白色半透明，质脆，易碎，断面呈玻璃样光泽；气微；味咸、苦，寒；归胃、大肠经。

芒硝有泻热通便，润燥软坚，清火消肿等功能。用于实热便秘，大便燥结，积滞腹痛，肠痈肿痛；外治乳痈，痔疮肿痛。

10. 磁石 磁石为氧化物类矿物尖晶石族磁铁矿，主含四氧化三铁（Fe_3O_4）。呈不规则块状，或略带方形，多具棱角，灰黑色或棕褐色，条痕黑色，具金属光泽，体生，质坚硬，断面不整齐，具磁性；有土腥气，无味；味咸，性寒。归肝、心、肾经。

磁石有平肝潜阳，聪耳明目，镇惊安神，纳气平喘等功能。用于头晕目眩，视物昏花，耳鸣耳聋，惊悸失眠肾虚气喘。

11. 硫黄 硫黄为自然元素类矿物族自然硫，或用含硫矿物经加工制得。呈不规则块状。黄色或略呈绿黄色，表面不平坦，呈脂肪光泽，常有多数小孔，用手握紧置于耳旁，可闻轻微的爆裂声，体轻，质松，易碎，断面常呈针状结晶形，有特异的臭气，味淡；味酸，性温；有毒；归肾、大肠经。

硫黄外用解毒杀虫疗疮；内服补火助阳通便。外治用于疥癣，秃疮，阴疽恶疮；内服用于阳痿足冷，虚喘冷哮，虚寒便秘。

12. 石膏 石膏为硫酸盐类矿物硬石膏族石膏，主含含水硫酸钙（$CaSO_4 \cdot 2H_2O$）。纤维状的集合体，呈长块状、板块状或不规则块状，白色、灰白色或淡黄色，有的半透明，体生，质软，纵断面具绢丝样光泽；气微，味淡；味甘、辛，性大寒。

石膏有清热泻火，除烦止渴等功能。用于外感热病，高热烦渴，肺热喘咳，胃火亢盛，头痛，牙痛。

煅石膏：为石膏的炮制品。为白色的粉末或酥松块状物，表面透出微红色的光泽，不透明。体较轻，质软，易碎，捏之成粉。气微，味淡。味甘、辛、涩，性寒。

煅石膏有收湿，生肌，敛疮，止血等功能。外治溃疡不敛，湿疹瘙痒，水火烫伤，外伤出血。

$CaSO_4 \cdot 2H_2O$ 作为药物辅料，加热到 393K 左右，可失去部分结晶水，成为烧石膏 $CaSO_4 \cdot \frac{1}{2}H_2O$，加水调成糊状又能恢复成二水合物并且硬化，外科用于制成石膏绷带。

13. 赭石 赭石为氧化物类矿物刚玉族赤铁矿，主含三氧化二铁（Fe_2O_3）。鲕状、豆状、肾状集合体，多呈不规则的扁平块状。暗棕红色或灰黑色，条痕樱红色或红棕色，有的有金属光泽。一面多有圆形的突起，习称“钉头”，另一面与突起相对应处有同样大小的凹窝。体重，质硬，砸碎后断面显层叠状。气微，味淡。味苦，性寒。

赭石有平肝潜阳，降逆，止血等功能。用于眩晕耳鸣，呕吐，噫气，呃逆，喘息，吐血，衄血，崩漏下血。

扫码“学一学”

第三节 氮族元素

一、氮族元素的通性

周期系ⅤA 族包括氮（Nitrogen，N）、磷（Phosphorus，P）、砷（Arsenic，As）、锑

（Antimony，Sb）和铋（Bismuth，Bi）五种元素，统称为氮族元素。氮和磷为非金属，砷为准金属，锑和铋为金属。本族元素从上到下原子半径增加，元素的性质由典型的非金属逐渐过渡到金属。

氮族元素的一些基本性质见表 11－7。

表 11－7　氮族元素的基本性质

性质	氮	磷	砷	锑	铋
元素符号	N	P	As	Sb	Bi
原子序数	7	15	33	51	83
相对原子质量	14.0067	30.9738	74.9216	121.76	208.9824
价层电子构型	$2s^2 2p^3$	$3s^2 3p^3$	$4s^2 4p^3$	$5s^2 5p^3$	$6s^2 6p^3$
主要氧化数	－Ⅲ、－Ⅱ、－Ⅰ、＋Ⅰ、＋Ⅱ、＋Ⅲ、＋Ⅳ、＋Ⅴ	－Ⅲ、＋Ⅲ、＋Ⅴ	－Ⅲ、＋Ⅲ、＋Ⅴ	（－Ⅲ、）＋Ⅲ、＋Ⅴ	（－Ⅲ、）＋Ⅲ、＋Ⅴ
共价半径/pm	75	110	121	143	152
离子半径/pm					
M^{3-}	171	212	222	245	213
M^{3+}	16	44	69	92	108
M^{5+}	11	34	47	62	74
第一电离能/（$kJ \cdot mol^{-1}$）	1402.3	1011.8	944	831.6	703.3
第一电子亲合能/（$kJ \cdot mol^{-1}$）	－6.75	72.1	78.2	103.2	110
电负性	3.04	2.19	2.18	2.05	2.02

本族元素原子的价层电子构型为 ns^2np^3，主要氧化数有 －Ⅲ、＋Ⅲ、＋Ⅴ。在本族元素中，只有半径小、电负性大的氮和磷可以形成极少数氧化数为－Ⅲ的具有离子键特征的固态化合物，如 Li_3N、Mg_3N_2、Na_3P、Ca_3P_2 等，但这种化合物遇水强烈水解。电负性较小的锑和铋能形成氧化数为＋Ⅲ的离子化合物，如 $Sb_2(SO_4)_3$ 和 $Bi(NO_3)_3$，但其金属性很弱。

形成共价化合物是本族元素的特征。氮、磷主要形成氧化数为＋Ⅴ的化合物，砷、锑氧化数为＋Ⅴ和＋Ⅲ的化合物都是常见的，而铋氧化数为＋Ⅲ的化合物比氧化数为＋Ⅴ的化合物要稳定得多。可见，本族元素从氮到铋＋Ⅴ氧化数的稳定性递减，除＋Ⅴ氧化数的氮是较强的氧化剂外，从磷到铋＋Ⅴ氧化数的氧化性增强；而从氮到铋，＋Ⅲ氧化数的稳定性递增，＋Ⅲ的铋几乎不显还原性。

本族元素中氮元素具有特殊性，如其氢化物相当稳定，可形成氢键。这是由于它在第二周期，只有 *s*、*p* 两个亚层，且原子半径特别小，电负性较大。除 N 原子以外，其他原子的最外层都有空的 *d* 轨道，成键时 *d* 轨道也可能参与成键，所以除 N 原子具有不超过 4 的配位数以外，其他原子的最高配位数为 6，如 PCl_6^{3-} 中杂化轨道为 sp^3d^2。

砷、锑、铋的性质比较相似，主要是由于它们的电子层结构中分别包含了 *d* 和 *f* 亚层，使三个元素间的性质递变缓慢。磷与氮性质比较相似，但又不相同。

氮族元素的电势图见图 11－8。

二、单质氮

氮气是空气的主要成分，约占空气体积的 78%。除了以硝酸盐、亚硝酸盐或铵盐的形式存在于土壤中外，氮以无机化合物形式存在于自然界是很少的。氮主要存在于有机体中，它是组成动植物体的蛋白质的重要元素。

氮是无色、无臭的气体。在标准状态下，气体密度为 $1.25\ g \cdot L^{-1}$，熔点为 63K，沸点为

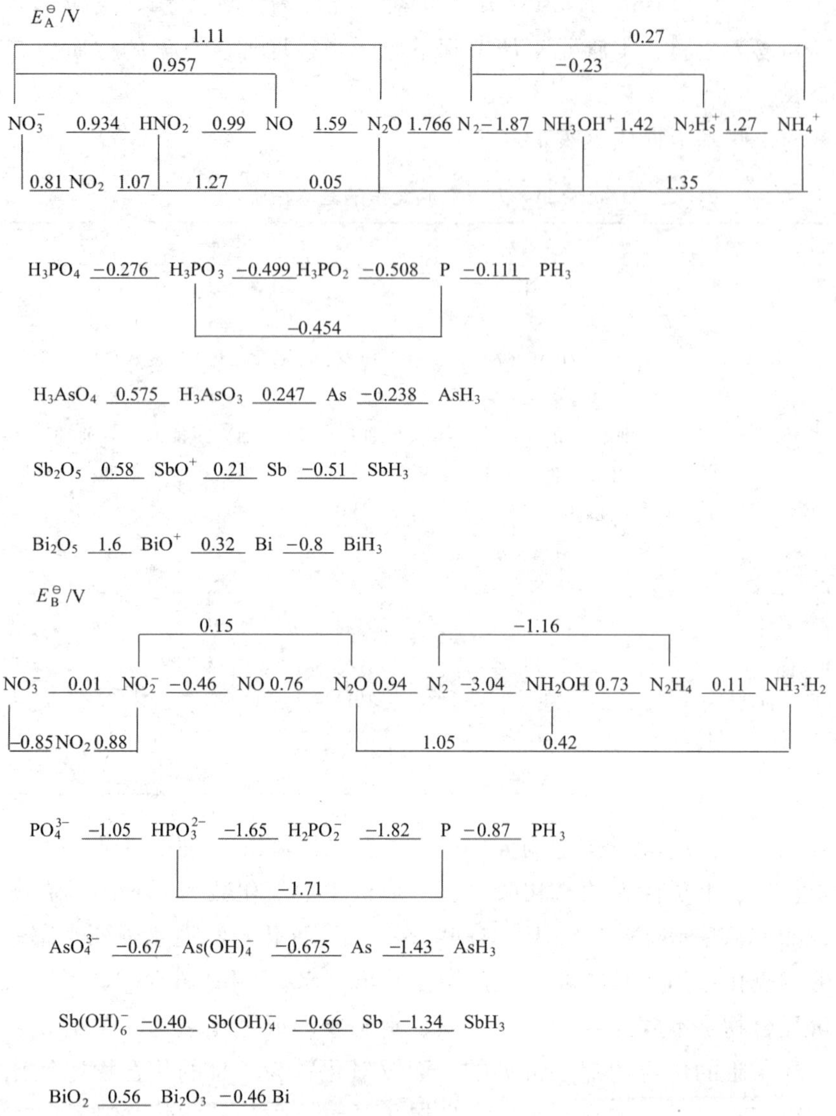

图 11－8　氮族元素的电势图

77K。氮微溶于水，在 283K 时，1 体积水大约可溶解 0.02 体积氮气。氮分子是以叁键相结合的双原子分子，从价键理论的观点看，氮分子中的两个氮原子分别以 p_x 轨道重叠形成一条 σ 键，另外两个 p 轨道（p_y 和 p_z）重叠形成两个方向互相垂直的 π 键，即 N_2 分子中形成了共价三键；分子轨道理论认为，分子轨道式为 N_2 $[KK\ (\sigma_{2s})^2(\sigma_{2s}^*)^2(\sigma_{2p_x})^2(\pi_{2p_y})^2(\pi_{2p_z})^2]$ 的氮分子，三个成键分子轨道全部充填电子，键能较大，其离解能为 945kJ · mol^{-1}，是双原子分子（除 CO 外）中最高的，加热至 3273K 时，只有 0.1% 离解。氮分子的高键能是它化学惰性的主要原因。

工业上生产大量的氮是由分馏液态空气得到，常以 15.2MPa（150atm）压力装入钢瓶备用。

实验室常用加热氯化铵饱和溶液和固体亚硝酸钠混合物的方法制备氮气：

$$NH_4Cl + NaNO_2 \xlongequal{\quad} NH_4NO_2 + NaCl$$

$$NH_4NO_2 \xlongequal{\quad} 2H_2O + N_2\uparrow$$

也可用氧化铜和氨在高温下作用以制取氮气：

$$2NH_3 + 3CuO \xrightarrow{\triangle} 3H_2O + 3Cu + N_2\uparrow$$

特别纯的氮气可由加热叠氮化钠或叠氮化钡的方法制备：

$$2NaN_3 \xlongequal{573K} 2Na + 3N_2\uparrow$$

由于氮的化学惰性，实验室、化工和医药上常用作保护气体以防止某些物质和空气接触而被氧化。氮是工业上合成氨与硝酸的原料气。液态氮可作深度冷冻剂。

三、氮的氢化物

（一）氨

氨（Ammonia，NH_3）是氮的最重要的化合物之一。工业上制备氨是用氮气和氢气在高温、高压和催化剂存在下合成的：

$$3H_2 + N_2 \xlongequal{高温、高压、催化剂} 2NH_3$$

在实验室中通常用铵盐和碱反应制备氨气：

$$2NH_4Cl + Ca(OH)_2 \xlongequal{\triangle} CaCl_2 + 2H_2O + 2NH_3\uparrow$$

在常温下，氨是一种有刺激臭味的无色气体。氨的临界温度为 405K，临界压力为 113.718×10^{-2} kPa，在常温下极易被加压液化。氨具有较大的蒸发热，因此常被用来作冷冻机的循环制冷剂。氨极易溶于水，常压下，293K 时，1 体积的水可溶解 700 体积的氨。氨溶解度如此大的原因主要是氨和水分子之间形成氢键，生成了缔合分子。氨的水溶液叫氨水。市售浓氨水含氨的质量百分比约 28%，密度为 $0.91g\cdot cm^{-3}$，浓度约为 $15mol\cdot L^{-1}$。

氨分子具有极性，液氨分子间以氢键相缔合，其介电常数为 $22F\cdot m^{-1}$（239K），比水（298K 时为 $81F\cdot m^{-1}$）低，是有机化合物的良好溶剂，但无机盐在液氨中的溶解度比水中的溶解度小。

和水一样，氨也进行自身电离：

$$2NH_3 \rightleftharpoons NH_4^+ + NH_2^- \qquad K = 1.9\times10^{-30}\ (223K)$$

氨的主要化学性质有以下几个方面：

（1）弱碱性　氨在水溶液中的质子转移平衡：

$$NH_3 + H_2O \rightleftharpoons NH_4^+ + OH^- \qquad K_b = 1.76\times10^{-5}$$

（2）还原性　氨能还原多种氧化剂。常温下，氨在水溶液中能被许多强氧化剂（Cl_2、Br_2、H_2O_2、$KMnO_4$ 等）所氧化：

$$3Cl_2 + 2NH_3 = N_2 + 6HCl$$

在高温下，NH_3 能将某些金属氧化物还原为金属或低氧化态的氧化物。如：

$$3CuO + 2NH_3 = 3Cu + N_2 + 3H_2O$$

氨在纯氧中能燃烧，发出黄色火焰：

$$4NH_3 + 3O_2 = 2N_2 + 6H_2O$$

而以铂为催化剂时，在 773K 则进行下列反应：

$$4NH_3 + 5O_2 \xlongequal{Pt} 4NO + 6H_2O$$

这个反应是工业上制造硝酸的主要反应。所得的 NO 与 O_2 形成 NO_2，NO_2 溶于水生成硝酸：

$$2NO + O_2 = 2NO_2$$

$$3NO_2 + H_2O = 2HNO_3 + NO$$

(3) 取代反应（又称氨解反应，ammonolysis 或 aminolysis）　氨分子中的氢可依次被其他原子（金属、非金属）或原子团所取代，分别生成氨基（$-NH_2$）、亚氨基（$=NH$）和氮（$\equiv N$）化物等。如将干燥的氨气通过熔融的金属钠时，可得氨基钠：

$$2Na + 2NH_3 \xlongequal{627\ K} 2NaNH_2 + H_2\uparrow$$

氨基钠具有强碱性和脱水能力，常用于有机合成。

氨分子中的两个氢被金属取代，得亚氨基化物：

$$Ca(NH_2)_2 \xrightarrow{\triangle} CaNH + NH_3$$

氨分子中的三个氢都被取代，得氮化物：

$$NH_4Cl + 3Cl_2 = 4HCl + NCl_3$$

$$3Mg + 2NH_3 = Mg_3N_2 + 3H_2$$

金属氨基物（如 $NaNH_2$、$Zn(NH_2)_2$ 等）、亚氨基物（如 Li_2NH、PbNH 等）和氮化物（如 Li_3N、Ca_3N_2、Mg_3N_2 等）均易水解，生成氨和相应的氢氧化物：

$$NaNH_2 + H_2O = NaOH + NH_3$$

$$Mg_3N_2 + 6H_2O = 3Mg(OH)_2 + 2NH_3$$

取代反应的另一种情况是以氨基或亚氨基取代其他化合物中的原子或基团，例如：

$$COCl_2 + 4NH_3 = CO(NH_2)_2 + 2NH_4Cl$$

（光气）　　　　　（尿素）

$$HgCl_2 + 2NH_3 = Hg(NH_2)Cl\downarrow + NH_4Cl$$

（氨基氯化汞）

这类反应实际上是氨参与的复分解反应，因和水解反应相似，所以称为氨解。

(4) 加合反应（氨合反应）　氨是路易斯碱，容易与金属离子（路易斯酸）形成氨配离子：

$$AgCl + 2NH_3 = [Ag(NH_3)_2]Cl$$

$$Cu(OH)_2 + 4NH_3 = [Cu(NH_3)_4](OH)_2$$

常见的氨配离子还有：$[Cr(NH_3)_6]^{3+}$、$[Co(NH_3)_6]^{3+}$、$[Ni(NH_3)_4]^{2+}$、$[Zn(NH_3)_4]^{2+}$、$[Pt(NH_3)_4]^{2+}$等。由于氨配离子的形成，使许多难溶化合物转化为易溶。

此外，氨还可与具有空轨道的路易斯酸直接作用形成相应的加合物，如：

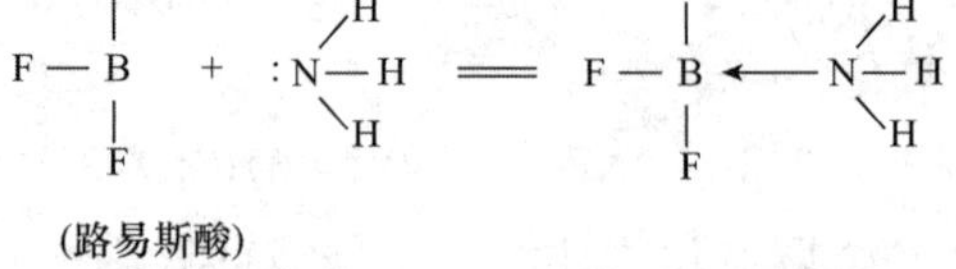

(路易斯酸)

因质子（H^+）也属于路易斯酸，氨与酸作用形成铵盐也是一种加合作用：

$$NH_3(g) + HCl(g) = NH_4Cl(s)$$

（二）铵盐（NH_4^+）

氨与酸作用可得到相应铵盐（Ammonium salts）。铵盐一般为无色晶体，易溶于水，是强电解质。因为 NH_4^+ 离子与 K^+ 离子的半径相近（NH_4^+，143 pm；K^+，133 pm），铵盐的晶型及溶解度都与钾盐相似，但铵盐不稳定。在铵盐水溶液中加强碱，将发生下列反应：

$$NH_4^+ + OH^- = NH_3 + H_2O$$

将溶液加热，氨即挥发出来。此反应用于检验铵盐。

固态铵盐受热很容易分解，产物一般为氨和相应的酸。如果酸是挥发性的，加热时氨与酸一起挥发：

$$NH_4Cl(s) \xlongequal{\triangle} NH_3\uparrow + HCl\uparrow$$

$$NH_4HCO_3(s) \xlongequal{\triangle} NH_3\uparrow + CO_2\uparrow + H_2O$$

挥发出的气体在冷处可重新结合成原来的 NH_4Cl 或 NH_4HCO_3。这种现象表面上像是升华。

如果酸是不挥发性的，则只有氨挥发出来，而酸或酸式盐则残留在容器中：

$$(NH_4)_3PO_4\ (s) \xlongequal{\triangle} 3NH_3\uparrow + H_3PO_4$$

$$(NH_4)_2SO_4\ (s) \xlongequal{\triangle} NH_3\uparrow + NH_4HSO_4$$

如果酸有氧化性，则分解出的氨会立即被氧化生成氮或氮的氧化物：

$$NH_4NO_3\ (s) \xlongequal{\triangle} N_2O\uparrow + 2H_2O$$

$$NH_4NO_2\ (s) \xlongequal{\triangle} N_2\uparrow + 2H_2O$$

$$(NH_4)_2Cr_2O_7\ (s) \xlongequal{\triangle} N_2\uparrow + Cr_2O_3 + 4H_2O$$

硝酸铵还可按另两方式分解：

$$5NH_4NO_3\ (s) \xlongequal{\triangle} 4N_2\uparrow + 2HNO_3 + 9H_2O$$

$$2NH_4NO_3\ (s) \xlongequal{573K} N_2\uparrow + O_2\uparrow + 4H_2O$$

生成的 HNO_3 对 NH_4NO_3 的分解有催化作用，而且这两个反应是放热的，所以加热 NH_4NO_3 会引起爆炸。

铵盐中的碳酸氢铵、硫酸铵、氯化铵和硝酸铵都是重要的氮肥。硝酸铵用于制造爆炸混合物。氯化铵用于金属焊接，并在医药中作为祛痰剂。

（三）联氨（肼）

联氨（Hydrazine，N_2H_4），又称为肼，氨被次氯酸盐氧化可以生成联氨：

$$2NH_3 + NaOCl \xlongequal{} NH_2NH_2 + H_2O + NaCl$$

联氨分子是由两个氨基相连而成（H_2N-NH_2），可以看作氨分子中的一个氢原子被氨基取代的衍生物。在联氨分子中的每一个氮原子都以 sp^3 不等性杂化轨道形成 σ 键，每一个氮上有一对孤对电子，过去一直认为由于氮原子上孤电子对之间的排斥作用，孤电子对应处于反位。最近从联氨分子具有较强的极性（$\mu = 1.85D$）等方面考虑，认为联氨分子应该是顺式结构。联氨分子可能的结构如图 11－9 所示。

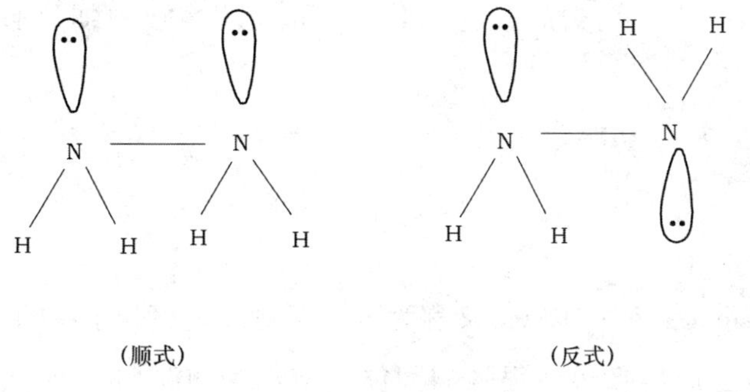

图 11－9　联氨分子的结构

联氨是一种吸湿性很强、介电常数较高的的无色液体，熔点为 275K，沸点为 386.5K。固态时，由于氢键的形成，联氨为链状多聚体。许多盐溶于液态联氨中，所得的溶液具有良好的导电性。

由于氮原子半径小，加上孤电子对之间的排斥作用，N－N σ 键不稳定，当加热或灼烧时会发生爆炸分解：

$$NH_2NH_2 \xlongequal{\triangle} N_2\uparrow + 2H_2\uparrow$$

联氨在空气中燃烧，放出大量热：

$$N_2H_4(l) + O_2(g) \xlongequal{} N_2(g) + 2H_2O(l) \qquad \Delta_r H^{\ominus} = -624kJ \cdot mol^{-1}$$

它的烷基化合物可作为火箭的燃料。为增加联氨的稳定性，多制成相应的盐类，如硫酸盐（$N_2H_4 \cdot H_2SO_4$）、盐酸盐（$N_2H_4 \cdot 2\ HCl$）等。

纯联氨是一种无色的可燃性液体，熔点 275K，沸点 386.5K。在空气中发烟，能与水及酒精无限混合。联氨可接受两个质子而显碱性，是二元弱碱（稍弱于氨）：

$$N_2H_4 + H_2O \xlongequal{} N_2H_5^+ + OH^- \qquad K_{b1} = 8.5 \times 10^{-7}$$

$$N_2H_5^+ + H_2O \xlongequal{} N_2H_6^{2+} + OH^- \qquad K_{b2} = 8.9 \times 10^{-10}$$

联氨中氮的氧化数为－Ⅱ，属中间价态，可以作氧化剂，也可作还原剂。但是由于氧化反应速率较慢，一般认为联氨为强的还原剂，其产物随氧化剂而变，分别生成 N_2、NH_4^+、HN_3（叠氮酸）等。

在碱性溶液中可将 CuO、IO_3^- 等还原：

$$4CuO + N_2H_4 \xlongequal{} 2Cu_2O + N_2\uparrow + 2H_2O$$

$$2IO_3^- + 3N_2H_4 \xlongequal{} 2I^- + 3N_2\uparrow + 6H_2O$$

在酸性溶液中与强氧化剂作用，随着参加反应的氧化剂不同，N_2H_4 的反应产物还有 NH_4^+ 和 HN_3：

$$2MnO_4^- + 10N_2H_5^+ + 6H^+ \xlongequal{} 10NH_4^+ + 5N_2\uparrow + 2Mn^{2+} + 8H_2O$$

$$N_2H_5^+ + HNO_2 \xlongequal{} HN_3 + H^+ + 2H_2O$$

$$N_2H_4 + 2\ H_2O_2 \xlongequal{} N_2 + 4\ H_2O$$

$$NH_3NH_2^+ + HNO_2 \xlongequal{} HN_3 + H^+ + 2H_2O$$

联氨还可以将 AgBr 还原成单质 Ag：

$$N_2H_4 + 4AgBr \xlongequal{} 4Ag + N_2\uparrow + 4HBr$$

在氨溶液中氯铂酸盐很快被联氨还原成金属铂：

$$(NH_4)_2[PtCl_6] + N_2H_5Cl + 5NH_3 \xlongequal{} N_2 + Pt + 7NH_4Cl$$

用联氨作还原剂的优点是它的氧化产物 N_2 可以从溶液中加热赶净，使溶液中不留杂质。

由于联氨的氮原子上有孤对电子存在，联氨也作为路易斯酸碱形成配合物，如 $[Zn(N_2H_4)_2Cl_2]$ 等。

（四）羟胺（胲）

羟胺（Hydroxylamine，NH_2OH），又称为胲。可看成是氨分子中的一个氢原子被羟基所取代而成的。纯羟胺是白色吸湿性很强的固体，熔点为 305.5K，沸点 330K，不稳定，在 289K 以上便分解：

$$3NH_2OH = NH_3\uparrow + N_2\uparrow + 3H_2O$$

$$4NH_2OH = 2NH_3\uparrow + N_2O\uparrow + 3H_2O \quad (部分按此式分解)$$

羟胺易溶于水，它的水溶液比较稳定，显弱碱性（比联氨还弱）。

$$NH_2OH + H_2O = NH_3OH^+ + OH^- \qquad K_b = 9.1\times10^{-9}$$

羟胺与酸形成的羟胺盐比羟胺稳定。常见的盐有盐酸羟胺 $NH_2OH\cdot HCl$（或写为 $[NH_3OH]Cl$）和硫酸羟胺 $(NH_2OH)_2\cdot H_2SO_4$（或写为 $[NH_3OH]_2SO_4$）。

将较高氧化数的含氮化合物还原，可制得羟胺。如把亚硝酸盐还原为羟胺的盐：

$$NH_4NO_2 + NH_4HSO_3 + SO_2 + 2H_2O = [NH_3OH]^+HSO_4^- + (NH_4)_2SO_4$$

羟胺中 N 的氧化数为 -Ⅰ，所以它的水溶液既有氧化性，又有还原性，通常用羟胺在碱性溶液中作还原剂，它的优点是还原能力强，被氧化产物是气体，可逸出溶液，不会给反应体系带来杂质。如：

$$2NH_2OH + 4FeCl_3 = N_2O\uparrow + 4FeCl_2 + 4HCl + H_2O$$

$$2NH_2OH + I_2 + 2KOH = 2KI + N_2 + 4H_2O$$

$$2NH_2OH + 2AgBr = 2Ag + N_2\uparrow + 2HBr + 2H_2O$$

由于羟氨分子中孤对电子的存在，也可作为配体，形成相应的配合物，如 $[Zn(NH_2OH)_2Cl_2]$ 和 $[Co(NH_2OH)_6]Cl_3$ 等。

四、氮的含氧酸及其盐

（一）亚硝酸及其盐

亚硝酸（nitrous acid，HNO_2）是一个很不稳定的弱酸（$K_a = 7.1\times10^{-4}$），比醋酸略强，仅存在于冷的稀溶液中，温度稍高或浓度稍大即分解：

$$2HNO_2 = N_2O_3 + H_2O = NO\uparrow + NO_2\uparrow + H_2O$$

在低温下分解得 N_2O_3，溶于水呈天蓝色，随温度升高进一步分解为 NO 和 NO_2。亚硝酸的浓溶液加热分解：

$$3HNO_2 = HNO_3 + 2NO\uparrow + H_2O$$

亚硝酸盐（nitrite）比亚硝酸要稳定得多。将碱金属硝酸盐与 Pb 共热，或用碱吸收 NO 和 NO_2 混合气体可得亚硝酸盐：

$$Pb + NaNO_3 \xlongequal{\triangle} NaNO_2 + PbO$$

$$2NaOH + NO + NO_2 = 2NaNO_2 + H_2O$$

ⅠA、ⅡA 族元素（包括铵）的亚硝酸盐都是白色晶体（略带黄色），易溶于水，受热时较稳定。重金属的亚硝酸盐微溶于水，热分解温度低，如 $AgNO_2$ 在 373K 开始分解。所有亚硝酸盐都有毒，易转化为致癌物质亚硝胺。

在冷的亚硝酸盐溶液中加硫酸，溶液中将含有亚硝酸。亚硝酸分子的电子结构式为：

$$H—O—N=O$$

亚硝酸根离子的结构式为：

在 NO_2^- 中，N 以 sp^2 杂化轨道分别和两个 O 原子的 p 轨道形成两个 σ 键外，还用一个 p 电子与两个 O 原子的另两个 p 电子和阴离子的电子形成一个离域大 π 键（Π_3^4）。图中的虚

线表示这个大 π 键。因受孤对电子的斥力影响，∠ONO = 115°。

在亚硝酸盐结晶上滴加硫酸，有红棕色气体发生，这是由于亚硝酸盐分解产生的 NO_2 和 NO 混合气体。将混合气体收集冷凝，可得蓝绿色的液态 N_2O_3。N_2O_3 是亚硝酸的酸酐，它极不稳定，易分解为 NO 和 NO_2。

在亚硝酸和亚硝酸盐中，氮的氧化数为 + Ⅲ，处于中间，因而它既有氧化性，又有还原性。从氮的电势图可见，亚硝酸盐在酸性溶液中是强氧化剂，氧化性是主要的；在碱性溶液中亚硝酸盐的还原性是主要的。如在酸性溶液中，NO_2^- 可将 I^- 氧化为单质碘：

$$2NO_2^- + 2I^- + 4H^{2+} = 2NO + I_2 + 2H_2O$$

该反应定量进行，可用于测定亚硝酸盐的含量。

亚硝酸能氧化尿素，生成氮气和二氧化碳：

$$2HNO_2 + CO(NH_2)_2 = CO_2 + 2N_2 + 3H_2O$$

在酸性溶液中，亚硝酸盐也能与尿素反应：

$$2KNO_2 + CO(NH_2)_2 + H_2SO_4 = 3H_2O + CO_2 + K_2SO_4 + 2N_2$$

当遇到更强的氧化剂如 $KMnO_4$、Cl_2、$Cr_2O_7^{2-}$ 等，亚硝酸盐则是还原剂：

$$2MnO_4^- + 5NO_2^- + 6H^+ = 2Mn^{2+} + 5NO_3^- + 3H_2O$$

在碱性溶液中，空气中的氧就可将 NO_2^- 氧化为 NO_3^-。

NO_2^- 离子能和许多金属离子形成配离子。NO_2^- 作为配位体是异性双基配体，以 N 原子配位时称作硝基，以 O 原子配位称为亚硝酸根离子。如在弱酸性条件下，Co^{2+} 与 NO_2^- 反应，首先 Co^{2+} 被氧化为 Co^{3+}，后者再与 NO_2^- 作用生成钴亚硝酸根配离子 $[Co(ONO)_6]^{3-}$，它与 K^+ 离子生成黄色 $K_3[Co(NO_2)_6]$ 沉淀：

$$3K^+ + Co^{2+} + 7NO_2^- = K_3[Co(ONO)_6]\downarrow + NO\uparrow + H_2O$$

此反应可用来检验 K^+、Co^{2+} 或 NO_2^- 离子。

（二）硝酸及其盐

近代制取硝酸（nitric acid）的方法是氨的催化氧化，总反应式：

$$NH_3 + 2O_2 = HNO_3 + H_2O$$

硝酸（HNO_3）是三大强酸之一。纯硝酸是无色液体，密度为 1.522g · cm^{-1}，熔点 231.5K，沸点 357K；硝酸和水可以按任何比例混合。市售浓硝酸是恒沸溶液，含 HNO_3 的质量百分比为 68% ~70%，沸点为 394.8K，密度为 1.42g · cm^{-3}，约 16mol · L^{-1}。

硝酸和硝酸根离子的结构如图 11 – 10 所示。

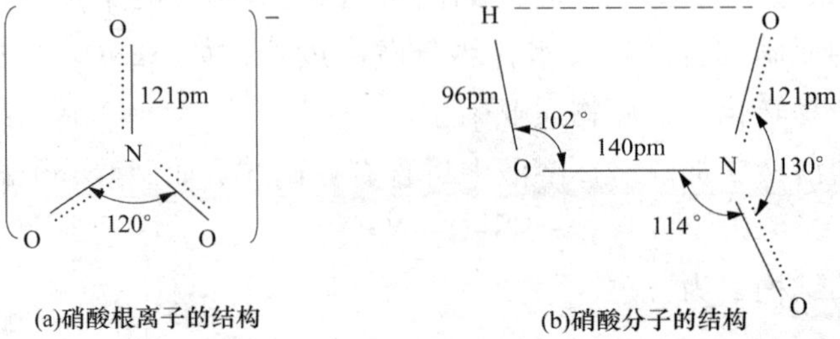

图 11 – 10　硝酸根离子和硝酸分子的结构

硝酸根离子是平面三角形结构。其中氮原子的三个 sp^2 杂化轨道与三个氧原子形成三个 σ 键，四个原子处于同一平面，氮原子的另一个被孤对电子占据的 $2p$ 轨道还与三个氧原子

的另一个 $2p$ 轨道及外来的一个电子形成一个垂直于 sp^2 平面的四原子六电子的离域 π 键（Π_4^6）。

硝酸分子由于氢离子的存在，氮原子仅与两个非羟基氧的 $2p$ 轨道形成三原子四电子的离域 π 键（Π_3^4），所以键长和键角都发生了变化。另外，羟基氧原子和氢原子形成一个 σ 键，非羟基氧和羟基的 H 之间还存在一个分子内氢键。由于硝酸分子是平面不对称结构，而硝酸根离子是平面对称结构，因此稀硝酸溶液比较稳定。浓硝酸不稳定，受热和见光逐渐分解：

$$4HNO_3 \xlongequal{h\nu} 4NO_2\uparrow + O_2\uparrow + 2H_2O$$

硝酸中常因含有 NO_2 而带黄色或红色，所以硝酸一般应在棕色瓶中贮存。溶解了过量的 NO_2 的浓硝酸呈红棕色，称为发烟硝酸。由于 NO_2 起催化作用，反应被加速，所以发烟硝酸有很强的氧化性。

硝酸最突出的性质是它的氧化性。这是由于 HNO_3 分子中 N 的氧化数为 +Ⅴ（最高），且 HNO_3 不稳定，可以氧化金属和非金属，反应产物与反应物和介质条件等因素有关。

硝酸能把除氯、氧以外的非金属氧化成相应的氧化物或含氧酸。如：

$$C + 4HNO_3\text{（浓）} = CO_2\uparrow + 4NO_2\uparrow + 2H_2O$$

$$S + 6HNO_3\text{（浓）} = H_2SO_4 + 6NO_2\uparrow + 2H_2O$$

$$S + 2HNO_3\text{（稀）} = H_2SO_4 + 2NO\uparrow$$

$$P + 5HNO_3\text{（浓）} = H_3PO_4 + 5NO_2\uparrow + H_2O$$

$$3P + 5HNO_3 + 2H_2O = 3H_3PO_4 + 5NO\uparrow$$

$$I_2 + 10HNO_3\text{（浓）} = 2HIO_3 + 10NO_2\uparrow + 4H_2O$$

$$3I_2 + 10HNO_3\text{（稀）} = 6HIO_3 + 10NO\uparrow + 2H_2O$$

硝酸几乎能与所有金属（除了金、铂、铱、铑、钌、钛、铌、钽外）作用，生成相应的硝酸盐，如：

$$Ag + 2HNO_3\text{（浓）} = AgNO_3 + NO_2\uparrow + H_2O$$

$$Cu + 4HNO_3\text{（浓）} = Cu(NO_3)_2 + 2NO_2\uparrow + 2H_2O$$

$$3Cu + 8HNO_3\text{（稀）} = 3Cu(NO_3)_2 + 2NO\uparrow + 4H_2O$$

有些金属如 Fe、Al、Cr 等能溶于稀硝酸，而不溶于冷浓硝酸。这可能是在冷浓硝酸作用下，在金属表面形成一层致密的惰性氧化物膜阻止了内部金属与硝酸进一步作用（即钝化）。所以经浓硝酸处理“钝化”的金属，就不易再与稀酸作用。但热硝酸仍能与之作用。当活泼金属与很稀的硝酸作用，产物可以是 N_2O 或 NH_4^+。如：

$$4Mg + 10HNO_3(2mol\cdot L^{-1}) = 4Mg(NO_3)_2 + N_2O + 5H_2O$$

$$4Mg + 10HNO_3(1mol\cdot L^{-1}) = 4Mg(NO_3)_2 + NH_4NO_3 + 3H_2O$$

可见，硝酸与金属反应，其还原产物相当复杂，其被还原程度主要取决于硝酸的浓度、金属的活泼性和反应的温度。一般地说，不活泼的金属如 Cu、Ag、Hg 和 Bi 等与浓硝酸反应主要生成 NO_2；与稀硝酸（$6mol\cdot L^{-1}$）反应主要生成 NO；活泼金属如 Fe、Zn、Mg 等与稀硝酸反应则主要生成 N_2O 或铵盐。还原剂的还原能力越强，硝酸的浓度越低，则氮被还原的程度越大，还原产物中氮的氧化数越低。这是因为稀硝酸的反应速率较慢，当与还原剂作用时，尽管首先被还原为 NO_2，但缓慢产生的少量 NO_2 还来不及逸出反应体系就又进一步被还原成 NO 或 N_2O、NH_4^+ 等。因此，凡有硝酸参加的反应都很复杂，往往同时生成多种还原产物。

硝酸极稀时，其氧化性极弱，以致不如 H^+ 离子的氧化性，当活泼金属与其反应时，反应产物为 H_2。如：

$$Mg + 2HNO_3（极稀） = Mg(NO_3)_2 + H_2\uparrow$$

浓硝酸与浓盐酸的混合液（体积比为1：3）称为王水（aqua regia），可溶解不与硝酸作用的金属。如：

$$Au + HNO_3 + 4HCl = H[AuCl_4] + NO\uparrow + 2H_2O$$

$$3Pt + 4HNO_3 + 18HCl = 3H_2[PtCl_6] + 4NO\uparrow + 8H_2O$$

金和铂能溶于王水，是由于王水中不仅含有 HNO_3、Cl_2、NOCl 等强氧化剂：

$$HNO_3 + 3HCl = NOCl + Cl_2\uparrow + 2H_2O$$

同时还有高浓度的氯离子可与金属离子形成稳定的配离子 $[AuCl_4]^-$ 或 $[PtCl_6]^{2-}$，降低了溶液中金属离子的浓度，从而提高了金属的还原性，有利于反应向金属溶解的方向进行。

浓硝酸和氢氟酸（HF）的混合液也兼有氧化性和配位性，它能溶解铌（Nb）、钽（Ta）等连王水都难溶的金属：

$$Nb + 5HNO_3 + 7HF = H_2[NbF_7] + 5NO_2 + 5H_2O$$

$$Ta + 5HNO_3 + 7HF = H_2[TaF_7] + 5NO_2 + 5H_2O$$

浓硝酸和浓硫酸的混合液是硝化剂，使某些有机化合物分子引入硝基。如：

$$C_6H_6 + HNO_3 \xrightleftharpoons{H_2SO_4} C_6H_5NO_2 + H_2O$$

其中浓硫酸起脱水作用，使平衡向右移动。

硝酸盐在常温下较稳定，但加热均分解，而其分解产物决定于阳离子。碱金属和碱土金属的硝酸盐热分解放出氧气，并生成相应的亚硝酸盐：

$$2NaNO_3 \xlongequal{\triangle} 2NaNO_2 + O_2$$

电位顺序在镁和铜之间的金属硝酸盐热分解生成相应的氧化物：

$$2Pb(NO_3)_2 \xlongequal{\triangle} 2PbO + 4NO_2 + O_2$$

$$2Cu(NO_3)_2 \xlongequal{\triangle} 2CuO + 4NO_2 + O_2$$

电位顺序在铜以后的金属硝酸盐，则分解为金属单质：

$$2AgNO_3 \xlongequal{\triangle} 2Ag + 2NO_2 + O_2$$

$$Hg(NO_3)_2 \xlongequal{\triangle} Hg + 2NO_2 + O_2$$

反应结果的不同，可以认为是由于相应的亚硝酸盐及氧化物在分解温度时的稳定性不同所致。在分解温度下，亚硝酸钠较稳定；铜的亚硝酸盐不稳定，但其氧化物稳定；而银的亚硝酸盐及氧化物都不稳定，最后分解为金属单质。

另外，含有结晶水的固体硝酸盐，受热时，由于 HNO_3 易挥发，而使酸度降低，则部分水解形成碱式盐。如：

$$Cu(NO_3)_2 \cdot 3H_2O \xlongequal{443K} Cu(OH)NO_3 + HNO_3 + 2H_2O$$

$$Mg(NO_3)_2 \cdot 6H_2O \xlongequal{443K} Mg(OH)NO_3 + HNO_3 + 5H_2O$$

固体硝酸盐热分解都放出氧，所以都是强氧化剂，当其与可燃性物质混合，受热则急剧燃烧甚至爆炸，因而用于烟火制造中。

大多数硝酸盐易溶于水，硝酸盐的水溶液几乎没有氧化性，但如将盐溶液酸化，则具有氧化性。这是氧化性含氧酸的普遍现象。

在实际工作中，配制含有金属离子的试剂溶液时，常用它们的硝酸盐溶液。因为硝酸盐溶解度大，NO_3^- 离子无色，对金属离子的配位能力弱，不会发生干扰。

五、磷与磷的含氧化合物

（一）单质磷

磷在自然界中以磷酸盐的形式存在，如磷酸钙矿 $Ca_3(PO_4)_2$、磷灰石 $CaF_2 \cdot Ca_3(PO_4)_2$ 等。磷是生物体最必需的元素之一。在动物体中磷存在于脑、血液和神经组织的蛋白质中，磷是构成组织细胞中很多重要成分的原料。大量的磷还以羟基磷灰石 $Ca_5(OH)(PO_4)_3$ 的形式存在于脊椎动物的骨骼和牙齿中；磷的有机化合物是体内许多重要大分子化合物，如核酸、蛋白质及磷脂和某些辅酶等的组成成分。

磷有多种同素异形体，其中主要有白磷、红磷和黑磷。

制备单质磷是将磷酸钙矿混以石英砂（SiO_2）和炭粉在电炉中加热至约 1773K：

$$2Ca_3(PO_4)_2 + 6SiO_2 + 10C = 6CaSiO_3 + P_4 + 10CO\uparrow$$

将生成的磷蒸气和 CO 通过冷水，磷便凝结成白色固体，即白磷。

白磷分子式为 P_4，其结构是正四面体，如图 11－11 所示。

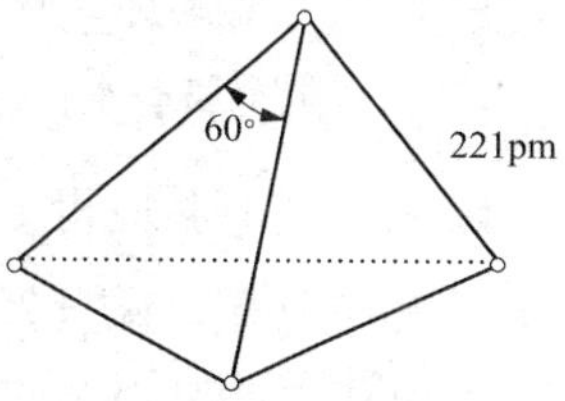

图 11－11　P_4 的分子结构

其中 P—P 键键长是 221pm，∠PPP 是 60°，每个 P 用三个 *p* 轨道与另外三个 P 的 *p* 轨道形成三个 σ 键，这种纯 *p* 轨道间的夹角应为 90°，但实际上键角却是 60°，所以 P_4 分子中的 P—P 键由于应力的作用而弯曲，具有一定的张力。也就是说 *p* 轨道的对称轴与键轴间的偏移，使电子云不能沿键轴方向重叠，导致 P—P 键的键能较低（$E_{P-P} = 201kJ \cdot mol^{-1}$），稳定性下降，使白磷在常温下有很高的化学活性。如在空气中发生缓慢氧化，部分能量以光形式放出。这便是白磷在暗处发光的原因，叫作磷光现象。当白磷在空气中缓慢氧化至表面积聚的热量达到 313K 时，便引起自燃。因此，白磷平时保存在水中以隔绝空气。

纯白磷是无色的透明晶体，遇光逐渐变为黄色，所以又叫黄磷。在固态晶体中，每个 P_4 分子借范德华力形成分子晶体，所以白磷是质地很软的蜡状固体，其熔点（317.2K）和沸点（528K）都很低。白磷不溶于水，易溶于苯和二硫化碳（CS_2）。

白磷和卤素、氧、硫都可直接化合，生成相应的化合物：

$$P_4 + 6X_2 = 4PX_3$$

$$P_4 + 5O_2 = P_4O_{10}$$

$$P_4 + 10Cl_2 = 4PCl_5$$

$$P_4 + 3S = P_4S_3$$

白磷与 H_2 或某些金属作用时，生成氧化数为－Ⅲ的磷化合物：

$$P_4 + 6H_2 = 4PH_3$$

$$12Cu + P_4 = 4Cu_3P$$

白磷与冷浓硝酸反应生成磷酸；与热的浓碱反应生成磷化氢和次磷酸盐：

$$P_4 + 3NaOH + 3H_2O = PH_3\uparrow + 3NaH_2PO_2 \text{（歧化反应）}$$

白磷能将金、银、铂、铜从它们的盐中取代出来，有时还可以与取代出来的金属进一步反应，生成磷化物。如：

$$P_4 + 10CuSO_4 + 16H_2O = 10Cu + 4H_3PO_4 + 10H_2SO_4$$

$$11P_4 + 60CuSO_4 + 96H_2O = 20Cu_3P + 24H_3PO_4 + 60H_2SO_4$$

将白磷隔绝空气加热到673K，即转变为红磷。红磷比白磷稳定。红磷是一种暗红色的粉末，它不溶于水、碱和CS_2，没有毒性，加热到673K以上才着火；在氯气中加热红磷生成氯化物，不像白磷那样遇到氯气立即着火，但它易被硝酸氧化为磷酸，与氯酸钾摩擦即着火，甚至爆炸。红磷与空气长期接触也会极其缓慢地氧化，形成易吸水的氧化物，所以红磷保存在未密闭的容器中会逐渐潮解，使用前应小心用水洗涤、过滤和烘干。

将白磷加热到473K，在1215.9MPa压力下可转变为具有片状结构的黑磷。黑磷不溶于有机溶剂，一般也不易发生化学反应。

必须指出，白磷是剧毒物。胃中含量达0.1g就会导致人死亡，空气中白磷的允许限量为$0.1mg \cdot m^{-3}$。皮肤接触也会引起吸收中毒。磷主要破坏器官组织，使骨骼松软坏死。若不慎沾在手上或皮肤上，可用$50\ g \cdot L^{-1}$的$CuSO_4$溶液或1∶2000的$KMnO_4$水溶液浸泡处理。$1\ g \cdot L^{-1}$的$CuSO_4$溶液也常用作白磷中毒的内服解毒剂。

白磷在工业上用于制备磷酸、有机磷杀虫剂等；红磷用于火柴生产。

（二）磷的氧化物

磷在空气中燃烧得P_4O_{10}，若空气不足则得P_4O_6，习惯上分别称为五氧化二磷（写作P_2O_5）和三氧化二磷（写作P_2O_3）。

三氧化二磷是白色吸湿性蜡状固体，熔点296.8K，沸点446.8K，毒性很强。在空气中P_4O_6缓慢转化为P_4O_{10}。P_4O_6与冷水反应生成亚磷酸，与热水发生强烈歧化反应：

$$P_4O_6 + 6H_2O（冷） = 4H_3PO_3$$

$$P_4O_6 + 6H_2O（热） = 3H_3PO_4 + PH_3 \uparrow$$

五氧化二磷为白色雪花状晶体，在693K熔化，573K时升华，在一定压力下加热至较高温度，晶体转变为无定形玻璃状体。P_4O_{10}极易与水结合，是最强的干燥剂和脱水剂之一。它甚至还可以从许多化合物中夺取化合态的水。如使硫酸和硝酸脱水：

$$P_4O_{10} + 6H_2SO_4 = 6SO_3 \uparrow + 4H_3PO_4$$

$$P_4O_{10} + 12HNO_3 = 6N_2O_5 \uparrow + 4H_3PO_4$$

五氧化二磷与水作用时反应很激烈，放出大量的热，生成P(Ⅴ)的各种含氧酸，因此P_4O_{10}又称为磷酸酐。但P_4O_{10}吸水后并不能立即转变为磷酸，一般只是生成多聚偏磷酸$(HPO_3)_4$的混合物，只有在HNO_3存在下煮沸，才可以直接快速完全转化为正磷酸：

$$P_4O_{10} + 6H_2O \xlongequal{HNO_3} 4H_3PO_4$$

还有一种氧化物的成分是四氧化二磷（P_2O_4），它可看作是P_2O_5和P_2O_3的等摩尔混合物。P_2O_4是无色光亮的晶体，可由三氧化二磷的蒸气加热至723K分解而制得：

$$4P_2O_3 \xlongequal{723K} 3P_2O_4 + 2P$$

P_2O_4溶于水生成等摩尔的磷酸与亚磷酸：

$$P_2O_4 + 3H_2O = H_3PO_4 + H_3PO_3$$

（三）磷的含氧酸及其盐

1. 次磷酸及其盐　次磷酸（hypo-phosphorous acid，H_3PO_2）是磷在强碱溶液中的水

解产物：

$$4P + 6H_2O = PH_3 + 3H_3PO_2$$

也可用次磷酸钡与硫酸作用：

$$Ba(H_2PO_2)_2 + H_2SO_4 = 2H_3PO_2 + BaSO_4\downarrow$$

纯次磷酸是无色晶体，熔点 299.5K，易溶于水。虽然分子中有三个氢，却是一个一元酸，其结构如下：

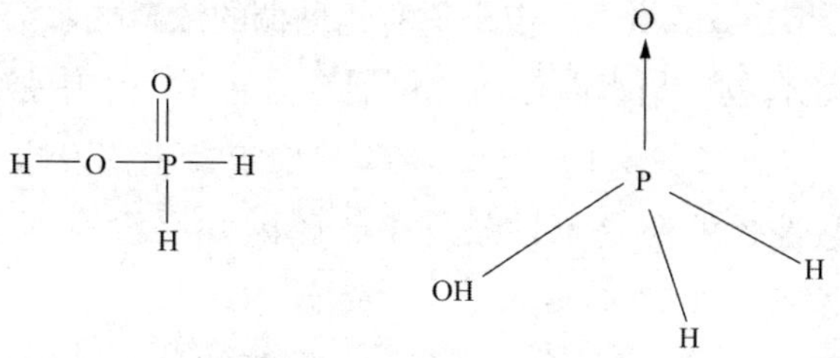

H_3PO_2 是中强酸（$K_a = 1.0\times10^{-2}$）。次磷酸盐都溶于水。次磷酸及其盐也都是强还原剂，它们可以将 Ag^+、Hg^{2+}、Cu^{2+} 等离子从其盐溶液中还原成单质。如：

$$4Ag^+ + H_3PO_2 + 2H_2O = 4Ag\downarrow + H_3PO_4 + 4H^+$$

常温下次磷酸及其盐与氧化剂作用的反应速率也很慢。

碱性条件下，次磷酸不稳定易发生歧化反应，生成亚磷酸盐和膦（PH_3）。次磷酸盐的毒性低于白磷和膦。

次磷酸钠在工业上用于漂白木材和纸张。

2. 亚磷酸及其盐　P_4O_6 与冷水作用得亚磷酸（phosphorous acid，H_3PO_3）：

$$P_4O_6 + 6H_2O（冷）= 4H_3PO_3$$

三氯化磷水解也可制得亚磷酸：

$$PCl_3 + 3H_2O = H_3PO_3 + 3HCl$$

纯亚磷酸是无色晶体，熔点 346K，极易溶于水，有大蒜的气味。

亚磷酸的分子结构：

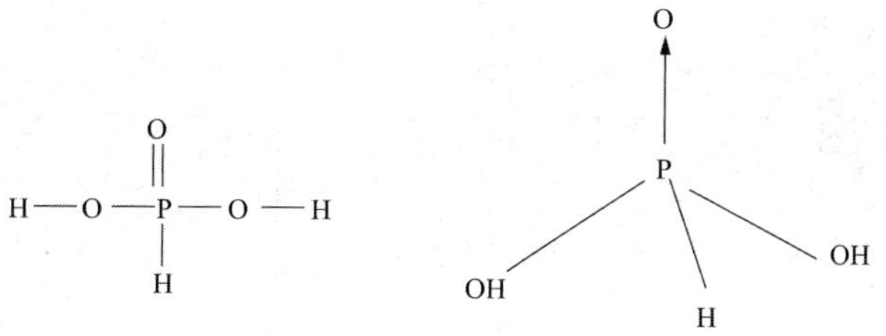

可见亚磷酸是二元酸（$K_{a1} = 3.7\times10^{-2}$，$K_{a2} = 2.9\times10^{-7}$）。纯亚磷酸或浓的亚磷酸水溶液受热 473K 以上时，发生歧化反应：

$$4H_3PO_3 \xlongequal{\triangle} 3H_3PO_4 + PH_3\uparrow$$

亚磷酸能形成两个系列的盐：亚磷酸盐（如 Na_2HPO_3）和亚磷酸氢盐（如 NaH_2PO_3）。碱金属和钙的亚磷酸盐易溶于水，其他金属的盐难溶。亚磷酸及其盐在水溶液中也是强还原剂：

$$H_3PO_3 + 2Ag^+ + H_2O = 2Ag\downarrow + H_3PO_4 + 2H^+$$

但与强氧化剂如卤素、重铬酸盐、过二硫酸等的反应速率在常温下很慢。

3. 磷酸及其盐　通常所说的磷酸是指正磷酸（phosphoric acid，H_3PO_4）。工业上以硫酸和磷酸钙反应制备磷酸：

$$Ca_3(PO_4)_2 + 3H_2SO_4 \xlongequal{\quad} 2H_3PO_4 + 3CaSO_4 \downarrow$$

实验室少量制取磷酸是将磷酸酐溶于足够的热水或沸水中：

$$P_2O_5 + 3H_2O \xlongequal{\quad} 2H_3PO_4$$

或以浓硝酸将磷氧化：

$$3P + 5HNO_3 + 2H_2O \xlongequal{\quad} 3H_3PO_4 + 5NO$$

纯磷酸是无色晶体，熔点 315.3 K。市售磷酸是黏稠的浓磷酸水溶液，质量分数为 83% ~ 98%。磷酸不形成固定的水合物，与水以任何比例混合。它是一个中强的三元酸（$K_{a1} = 7.52 \times 10^{-3}$，$K_{a2} = 6.23 \times 10^{-8}$，$K_{a3} = 2.2 \times 10^{-13}$）。磷酸很稳定，不挥发也不分解，从磷的元素电势图可以看出，无论在酸性条件还是碱性条件下，磷酸几乎没有氧化性。但在 673 K 以上能被金属所还原。

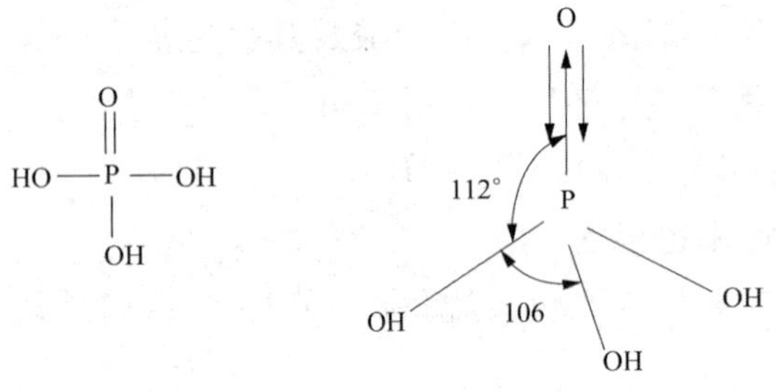

图 11－12　磷酸的分子结构

磷酸的分子结构见图 11－12。

磷酸分子中磷原子采取 sp^3 杂化，其中三个含单电子的杂化轨道与羟基氧原子形成三个 σ 键，另一个被孤对电子占据的杂化轨道与非羟基氧原子形成一个 σ 配键。非羟基氧原子上的两对孤对电子和磷原子的两个 3d 轨道形成两个 $p-d\pi$ 键（反馈键），使原来的 σ 配键键长缩短（142 pm）接近双键。

磷酸经强热时就会发生脱水作用，生成多聚磷酸或偏磷酸。

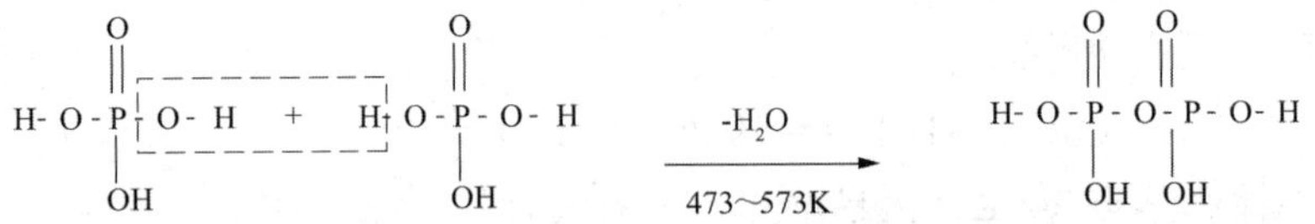

焦磷酸($H_4P_2O_7$)

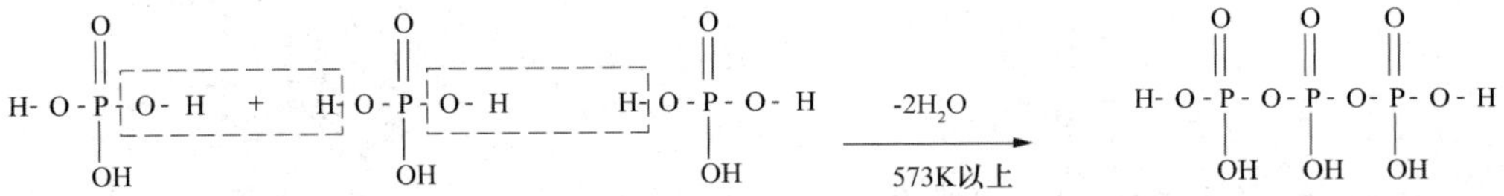

三聚磷酸($H_5P_3O_{10}$)

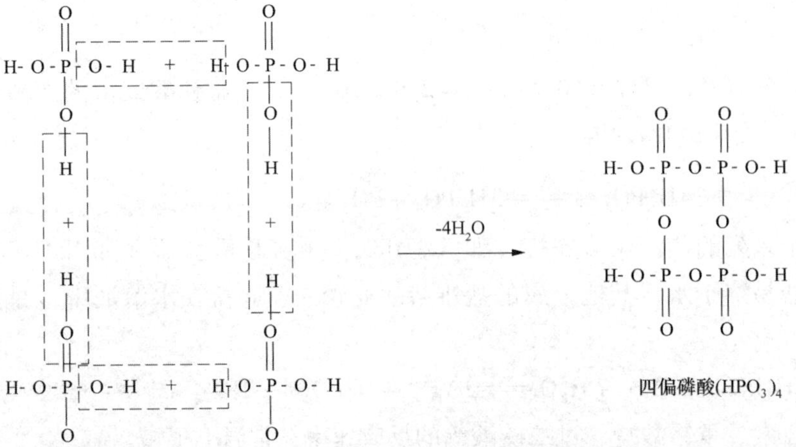

四偏磷酸($(HPO_3)_4$)

上面各式表明焦磷酸、三聚磷酸和四偏磷酸都是由若干个磷酸分子脱水通过氧原子连接起来的多磷酸。多磷酸有链式及环状两种结构，以链式结构占多数。n 个磷酸分子中脱去 $n-1$ 个水分子所得的酸称为多（聚）磷酸，通式为 $H_{n+2}P_nO_{3n+1}$（$n \geqslant 2$）。若 $n=2$，$H_4P_2O_7$（焦磷酸），焦磷酸是最简单的链式多磷酸；$n=3$，$H_5P_3O_{10}$（三聚磷酸）；$n=4$，$H_6P_4O_{13}$（四聚磷酸）。多磷酸的链可以是很长的，$n=16 \sim 19$，就是高聚磷酸。n 个磷酸分子中脱去 n 个水分子所得的酸称为偏磷酸，通式为 $(HPO_3)_n$（$n \geqslant 3$）。若 $n=3$，$(HPO_3)_3$（三偏磷酸）；$n=4$，$(HPO_3)_4$（四偏磷酸）。

正磷酸能形成三个系列的盐：正盐（如 Na_3PO_4）、磷酸二氢盐（如 NaH_2PO_4）和磷酸一氢盐（如 Na_2HPO_4）。所有的磷酸二氢盐都易溶于水，而磷酸一氢盐和磷酸正盐除了钾、钠和铵的盐外，一般都难溶于水。

可溶性磷酸盐在水中均发生不同程度的水解。如磷酸钠水解使溶液呈碱性。酸式盐中由于同时发生水解和电离，溶液的酸碱性取决于水解和电离的相对强弱。Na_2HPO_4 水解倾向大于电离，其溶液显弱碱性；而 NaH_2PO_4 电离倾向大于水解，其溶液显酸性。

磷酸盐与过量的钼酸铵在浓硝酸溶液中反应有淡黄色磷钼酸铵晶体析出，这是鉴定 PO_4^{3-} 离子的特征反应：

$$PO_4^{3-} + 12MoO_4^{2-} + 3NH_4^+ + 24H^+ = (NH_4)_3[P(Mo_{12}O_{40})] \cdot 6H_2O + 6H_2O$$

磷酸根离子具有较强的配位能力，能与许多金属离子形成可溶性配合物，如在Fe(Ⅲ)盐溶液中加入浓 PO_4^{3-} 溶液，生成可溶性无色配合物 $H_3[Fe(PO_4)_2]$、$H[Fe(HPO_4)_2]$，利用这个性质，分析化学上常用 PO_4^{3-} 掩蔽 Fe^{3+} 离子。

磷酸盐在实验室中用于各种缓冲溶液的配制。

酸式磷酸盐加热脱水可以制得多磷酸盐。如将磷酸氢二钾加热至927K 左右可得到焦磷酸钾：

$$2K_2HPO_4 = K_4P_2O_7 + H_2O$$

多聚磷酸根（焦磷酸根、三聚磷酸根）离子的配位能力更强。它们能与水中的 Ca^{2+}、Mg^{2+} 离子配位，生成可溶性配合物，使水软化。如：

$$2Na_5P_3O_{10} + 5Ca^{2+} = Ca_5(P_3O_{10})_2 + 10Na^+$$

焦磷酸根（$P_2O_7^{4+}$）离子能与 Cu^{2+}、Ag^+、Zn^{2+}、Pb^{2+} 等金属离子形成稳定的配离子。

三磷酸钠（$Na_5P_3O_{10}$）是合成洗涤剂的重要成分，工业上是将磷酸二氢钠和磷酸氢二钠的混合物加热脱水制得：

$$NaH_2PO_4 + 2Na_2HPO_4 = Na_5P_3O_{10} + 2H_2O$$

由于其分解产物导致湖（河）水过于肥沃，造成相应的环境污染，现在已经很少使用。

Graham 盐是一种直链的多聚磷酸钠盐玻璃体 [$(NaPO_3)_n$]，链长约达 20 ~ 100 个 PO_3 单位，常用作锅炉用水的软化剂（与水中的 Ca^{2+}、Mg^{2+}、Fe^{2+} 等离子配位），预防锅炉水垢的沉积。

六、砷、锑、铋的化合物

通常将砷、锑、铋三种元素称为砷分族。虽然它们的价层电子构型也是 ns^2np^3，但由于其次外层结构为 $(n-1)s^2(n-1)p^6(n-1)d^{10}$ 的18 电子构型，因此性质与氮和磷有很大的差别。如它们都是亲硫元素，在自然界中多以共生的硫化物形式存在；难以获得 3 个电子形成氧化数为 -3 的离子，多数以氧化数为 $+3$ 和 $+5$ 的形式形成相应的离子型和共价型化合物，同时既可利用空 d 轨道作为中心离子（Lewis 酸）也可提供电子作为配体

（Lewis 碱）形成配合物。由元素电势图可以看出，无论在酸性条件下还是在碱性条件下，单质都较稳定，不能发生歧化反应；氧化数为 -3 的氢化物均有还原性，另外在酸性条件下 Bi_2O_5 具有强氧化性。

（一）砷、锑、铋的氢化物

砷、锑、铋的氢化物，AsH_3（砷化氢，胂）、SbH_3（锑化氢）、BiH_3（铋化氢）都是无色有恶臭和剧毒的气体，熔点和沸点都比较低，且随 AsH_3、SbH_3、BiH_3 依次升高。在水中溶解度很小，极不稳定，室温下即可在空气中自燃。如，AsH_3 在空气中自燃生成 As_2O_3：

$$2AsH_3 + 3O_2 = As_2O_3 + 3H_2O$$

在缺氧条件下，胂受热分解为单质砷：

$$2AsH_3 \xlongequal{500K} 2As\downarrow + 3H_2\uparrow$$

析出的砷聚集在器皿的冷却部位形成亮黑色的“砷镜”，此反应即为马氏（Marsh）试砷法，检出限量为 0.007mg 砷。

SbH_3 分解时也能形成类似的“锑镜”。但是砷可溶于 NaClO，因此二者可以分开：

$$5NaClO + 2As + 3H_2O = 2H_3AsO_4 + 5NaCl$$

如含砷或锑的化合物在强还原剂作用下，都能产生相应的氢化物：

$$As_2O_3 + 6Zn + 6H_2SO_4 = 2AsH_3\uparrow + 6ZnSO_4 + 3H_2O$$

生成的 AsH_3 或 SbH_3 又自动分解成单质，附着在玻璃表面，形成砷镜或锑镜。再利用砷溶于次氯酸钠而锑不溶，就可以检验物质中少量的砷或锑，并区别它们。

砷、锑、铋的氢化物都具有还原性。还原性顺序依次为 $BiH_3 > SbH_3 > AsH_3 > PH_3 > NH_3$，如：

$$5AsH_3 + 8KMnO_4 + 24\ HNO_3 = 8\ Mn(NO_3)_2 + 5\ H_3AsO_4 + 8KNO_3 + 12H_2O$$

当干燥的 AsH_3 与 $AgNO_3$ 结晶作用时，先生成黄色复盐：

$$AsH_3 + 6AgNO_3 = Ag_3As \cdot 3AgNO_3 + 3HNO_3$$

这个复盐遇水时，得黑色金属银：

$$Ag_3As \cdot 3AgNO_3 + 3H_2O = 6Ag\downarrow + As(OH)_3 + 3HNO_3$$

如果用 $AgNO_3$ 溶液，可直接得到银沉淀：

$$AsH_3 + 6AgNO_3 + 3H_2O = As(OH)_3 + 6Ag\downarrow + 6HNO_3$$

在分析化学中利用这个反应检查化合物中的砷。此法称为古蔡（Gutzeit）试砷法，检出限量为 0.005mg 的 As_2O_3。

中国药典采用古蔡法测定药品中的含砷量，先将药品中所含的砷转化为具有挥发性的砷化氢，砷化氢遇溴化汞试纸产生黄色至棕色的砷斑，再与同条件下一定量的标准砷溶液所产生的砷斑比较，以判定砷盐的含量。反应式如下：

$$AsH_3 + 2HgBr_2 = 2HBr + AsH(HgBr)_2 \qquad \text{（黄色）}$$

$$AsH_3 + 3HgBr_2 = 3HBr + As(HgBr)_3 \qquad \text{（棕色）}$$

（二）砷、锑、铋的氧化物及其水合物

砷、锑、铋都能形成 + Ⅲ和 + Ⅴ两个系列的五价氧化物和氢氧化物。将它们的单质在空气中燃烧即可得到它们的三氧化物，As_2O_3、Sb_2O_3 和 Bi_2O_3。热浓硝酸与砷和锑作用，先得到它们五氧化物的水合物，再加热脱水可得到它们的五氧化物：

$$3Sb + 5HNO_3 + 2H_2O = 3H_3SbO_4 + 5NO$$

$$2H_3SbO_4 \longrightarrow Sb_2O_5 + 3H_2O$$

而 Bi(Ⅴ) 化合物是在碱性介质中以较强氧化剂将 Bi(Ⅲ) 化合物氧化得来：

$$Bi(OH)_3 + Cl_2 + 3NaOH \longrightarrow NaBiO_3 + 2NaCl + 3H_2O$$

砷、锑、铋的五价氧化物都难溶于水。砷、锑、铋三价氧化物的酸性依次递减，碱性依次递增。砷的重要化合物三氧化二砷（As_2O_3），俗称砒霜，是剧毒的白色粉状固体，致死量为0.1g。As_2O_3 微溶于水生成亚砷酸：

$$As_2O_3 + 3H_2O \longrightarrow 2H_3AsO_3$$

As_2O_3 是两性偏酸性氧化物，易溶于碱，也可溶于浓盐酸形成相应的盐：

$$As_2O_3 + 6HCl（浓）\longrightarrow 2AsCl_3 + 3H_2O$$

$$As_2O_3 + 6NaOH \longrightarrow 2Na_3AsO_3 + 3H_2O$$

（亚砷酸钠）

As_2O_3 主要用于制造杀虫剂、除草剂及含砷药物。中毒时可服用新制的 $Fe(OH)_2$ 悬浮液来解毒。

三氧化二锑（Sb_2O_3）为白色晶体，是两性偏碱性氧化物，不溶于水，易溶于酸，也可溶于强碱溶液生成亚锑酸盐：

$$Sb_2O_3 + 6HCl \longrightarrow 2SbCl_3 + 3H_2O$$

$$Sb_2O_3 + 2NaOH \longrightarrow 2NaSbO_2 + H_2O$$

（偏亚锑酸钠）

Sb_2O_3 广泛用于搪瓷、颜料、油漆、防火织物等制造行业。

三氧化二铋（Bi_2O_3）为黄色晶体，是碱性氧化物，不溶于水及碱，只溶于酸：

$$Bi_2O_3 + 6HNO_3 \longrightarrow 2Bi(NO_3)_3 + 3H_2O$$

$As(OH)_3$ 和 $Sb(OH)_3$ 都是两性氢氧化物（H_3AsO_3 的 $K_a = 5.7 \times 10^{-10}$，$K_b = 1 \times 10^{-14}$）：

$$As^{3+} + 3OH^- \rightleftharpoons As(OH)_3 \rightleftharpoons 3H^+ + AsO_3^{3-}$$

$$Sb^{3+} + 3OH^- \rightleftharpoons Sb(OH)_3 \rightleftharpoons 3H^+ + SbO_3^{3-}$$

它们能生成偏酸盐，如偏亚砷酸钠 $NaAsO_2$、偏亚锑酸钾 $KSbO_2$。

H_3AsO_3 仅存在于溶液中。$Sb(OH)_3$ 和 $Bi(OH)_3$ 都是不溶于水的白色沉淀，并能部分脱水形成 $SbO(OH)$ 和 $BiO(OH)$。氧锑根（SbO^+，或称锑氧基）和氧铋根（BiO^+，或称铋氧基）的作用象一价的金属离子。

砷（Ⅲ）、锑（Ⅲ）和铋（Ⅲ）都既有氧化性也有还原性，但以还原性为主，还原性顺序为 As(Ⅲ) > Sb(Ⅲ) > Bi(Ⅲ)。亚砷酸盐的还原性较强，在弱碱性介质中，I_2 就能氧化亚砷酸盐为砷酸盐；而 Bi(Ⅲ) 的还原性很弱，在强碱性介质中，只有少数强氧化剂才能将 Bi(Ⅲ) 氧化成 Bi(Ⅴ) 的化合物：

$$Na_3AsO_3 + I_2 + H_2O \longrightarrow Na_3AsO_4 + 2HI$$

$$Bi(OH)_3 + Cl_2 + 3NaOH \longrightarrow NaBiO_3 + 2NaCl + 3H_2O$$

遇到强的还原剂时显示氧化性：

$$As_2O_3 + 3\ SnCl_2 + 6\ HCl \longrightarrow 2\ As + 3\ SnCl_4 + 3\ H_2O$$

砷（Ⅴ）、锑（Ⅴ）和铋（Ⅴ）的氧化物及其水合物的酸碱递变规律和 +Ⅲ 氧化数的一样，但其酸性比相应的 +Ⅲ 氧化数的酸性强。即同一元素从低氧化数到高氧化数，酸性增加。As_2O_5、Sb_2O_5、Bi_2O_5 均为酸性氧化物，与水作用生成酸，H_3AsO_4 是三元酸，$H(Sb(OH)_6)$ 和 $HBiO_3$ 是一元酸，酸性强弱为 $H_3AsO_4 > H[Sb(OH)_6] > HBiO_3$。砷酸的酸性接近磷酸。锑酸是白色无定形沉淀，酸性很弱。

砷（V）、锑（V）和铋（V）氧化物及其水合物具有氧化性，氧化性顺序依次为 As(V) < Sb(V) < Bi(V)。如氧化数为 +V的铋酸钠是强氧化剂，在酸性条件下，$NaBiO_3$ 能将 Cl^- 氧化为 Cl_2；将 Mn^{2+} 离子氧化为 MnO_4^- 离子：

$$NaBiO_3(s) + 6HCl（浓）=\!=\!= BiCl_3 + Cl_2 + 3H_2O$$

$$2Mn^{2+} + 5NaBiO_3 + 14H^+ =\!=\!= 2MnO_4^- + 5Bi^{3+} + 5Na^+ + 7H_2O$$

分析化学中利用这个反应检查溶液中的 Mn^{2+} 离子。

氧化数为 +V的砷酸在较强的酸性条件下，可将 I^- 离子氧化为 I_2：

$$AsO_4^{3-} + 2I^- + 2H^+ =\!=\!= AsO_3^{3-} + I_2 + H_2O$$

在 pH = 5 ~ 9 时反应方向会发生改变：

$$AsO_3^{3-} + I_2 + 2OH^- =\!=\!= AsO_4^{3-} + 2I^- + H_2O$$

现将砷、锑、铋的氧化物及其水合物的酸碱性及氧化还原性的递变规律归纳如下：

碱性增强 →
As（Ⅲ）　Sb（Ⅲ）　Bi（Ⅲ）
← 还原能力增强

酸性增强 ⇄ 还原性增强

酸性增强 →
As（V）　Sb（V）　Bi（V）
← 氧化能力增强

（三）常见的盐类

砷、锑、铋都不易形成 M^{5+} 离子型的盐。As^{3+} 的盐也不易以游离态存在。Sb^{3+} 和 Bi^{3+} 有正常的盐，但 Sb^{3+} 的盐很少，Bi^{3+} 盐比较多。砷、锑、铋的可溶盐主要有：三氯化物、硫酸锑（铋）和硝酸铋。这些盐溶于水时都将发生水解反应，从砷到铋，随着离子的碱性增加，水解能力增加。锑（Ⅲ）和铋（Ⅲ）的盐水解生成酰基盐沉淀。如：

$$AsCl_3 + 3\ H_2O =\!=\!= H_3AsO_3 + 3\ HCl$$

$$SbCl_3 + H_2O \rightleftharpoons SbOCl\downarrow（白）+ 2HCl$$

（氯化氧锑）

$$Bi(NO_3)_3 + H_2O \rightleftharpoons BiONO_3\downarrow（白）+ 2HNO_3$$

（硝酸氧铋）

加强酸可抑制它们水解。所以在配制它们的水溶液时，为了防止水解，通常是先溶于较浓的酸中，然后再用水稀释到所需浓度。注意，不可先加水后加酸，因加水后的水解产物有时很难溶解。

（四）砷、锑、铋的硫化物

砷、锑、铋的硫化物一般是具有不同颜色的难溶于水的稳定化合物，其酸碱性与相应的氧化物相似。砷、锑、铋 硫化物的颜色和溶解性见表 11 - 8。

表 11 - 8　砷、锑、铋 硫化物的颜色和溶解性

	As_2S_3	As_2S_5	Sb_2S_3	Sb_2S_5	Bi_2S_3
颜色	黄	淡黄	橙黄	橙红	黑
K_{sp}	2×10^{-22}		2×10^{-92}		2×10^{-92}
酸碱性	弱酸性	酸性	两性	两性偏酸	碱性
浓盐酸	不溶	不溶	溶解	溶解	溶解
NaOH	溶解	溶解	溶解	溶解	不溶
Na_2S	溶解	溶解	溶解	溶解	不溶
多硫化物	溶解	溶解	溶解	溶解	不溶

氧化数为 + Ⅲ 的硫化物的酸碱性与氧化物类似，As_2S_3 是以酸性为主的硫化物，Sb_2S_3 是两性硫化物，Bi_2S_3 是碱性硫化物。所以，As_2S_3 不溶于浓盐酸而溶于碱溶液，生成亚砷酸盐和硫代亚砷酸盐（Na_3AsS_3）；Sb_2S_3 既溶于浓盐酸又溶于碱溶液；Bi_2S_3 溶于浓盐酸而不溶于碱溶液。

$$As_2S_3 + 6\ NaOH = Na_3AsO_3 + Na_3AsS_3 + 3H_2O$$

$$Sb_2S_3 + 6\ NaOH = Na_3SbO_3 + Na_3SbS_3 + 3H_2O$$

$$Sb_2S_3 + 12HCl = 2H_3SbCl_6 + 3H_2S$$

$$Bi_2S_3 + 6\ HCl = 2BiCl_3 + 3H_2S$$

As_2S_3 和 Sb_2S_3 还能溶于碱性硫化物［如 Na_2S 或 $(NH_4)_2S$］溶液中，生成硫代亚砷（锑）酸盐：

$$As_2S_3 + 3\ Na_2S = 2\ Na_3AsS_3$$

$$Sb_2S_3 + 3\ Na_2S = 2\ Na_3SbS_3$$

Bi_2S_3 不溶于碱性硫化物溶液中。

As_2S_5 和 Sb_2S_5 的酸性比相应的氧化数为 + Ⅲ 的化合物酸性更强，更易溶于碱性硫化物溶液中，生成硫代砷（锑）酸盐：

$$As_2S_5 + 3\ Na_2S = 2\ Na_3AsS_4$$

$$Sb_2S_5 + 3\ Na_2S = 2\ Na_3SbS_4$$

As_2S_3 和 Sb_2S_3 具有还原性，可与具有氧化性的多硫化物（如 Na_2S_2）作用，生成硫代砷（锑）酸盐：

$$As_2S_3 + 3\ Na_2S_2 = 2\ Na_3AsS_4 + S\downarrow$$

$$Sb_2S_3 + 3\ Na_2S_2 = 2\ Na_3SbS_4 + S\downarrow$$

Bi_2S_3 的还原性极弱，不与多硫化物反应。

砷、锑的硫代酸盐和硫代亚酸盐与酸反应时生成硫代酸和硫代亚酸，它们很不稳定，在生成时立即分解，放出 H_2S 并析出硫化物沉淀：

$$2AsS_4^{3-} + 6H^+ = As_2S_5\downarrow + 3H_2S\uparrow$$

$$2AsS_3^{3-} + 6H^+ = As_2S_3\downarrow + 3H_2S\uparrow$$

七、离子鉴定和常用药物

（一）离子鉴定

1. 铵离子的鉴定

（1）在铵盐溶液中加过量 NaOH 试液，加热即分解放出氨（有氨臭味），使湿润红色石蕊试纸变蓝（或使湿润 pH 试纸变碱色）：

$$NH_4^+ + OH^- \xrightarrow{\triangle} NH_3\uparrow + H_2O$$

NH_3 也能使硝酸亚汞湿润试纸变为黑色：

$$4NH_3 + 2Hg_2(NO_3)_2 + H_2O = \left[\begin{array}{ccc} & Hg & \\ O & & NH_2 \\ & Hg & \end{array}\right]NO_3 + 2Hg\downarrow + 3NH_4NO_3$$

本法用于 NH_4^+ 浓度较大时，试样中如有 CN^- 时，遇热的 NaOH 也会产生 NH_3，对 NH_4^+ 离子的鉴定有干扰。

$$CN^- + 2H_2O \xlongequal{\triangle} HCOO^- + NH_3\uparrow$$

如已知试样中含有 CN^-，可加 Hg^{2+} 盐将 CN^- 结合成 $[Hg(CN)_4]^{2-}$ 配离子消除干扰。

（2）NH_4^+ 浓度较小时，可在试液中加入奈氏试剂（碱性 $K_2[HgI_4]$ 溶液），若有黄棕色沉淀，表示有 NH_4^+ 存在。

$2K_2[HgI_4] + NH_3 + 3KOH =$ 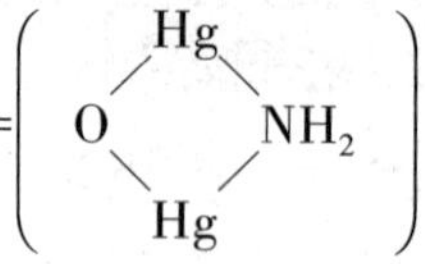 $I\downarrow + 7KI + 2H_2O$

2. 硝酸根离子的鉴定

（1）棕色环法：在试液中加入 $FeSO_4$ 试液，然后沿着管壁缓慢加入浓硫酸，如试液中含有 NO_3^-，则在浓硫酸与混合溶液的接界处出现棕色环：

$$NO_3^- + 3Fe^{2+} + 4H^+ = 3Fe^{3+} + NO + 2H_2O$$

$$Fe^{2+} + NO + SO_4^{2-} = Fe(NO)SO_4 \text{（棕色）}$$

棕色的硫酸氧氮合铁在液面接界处成环。NO_2^- 对此法有干扰，可加尿素并酸化溶液使 NO_2^- 分解后再鉴定：

$$2NO_2^- + 2H^+ + CO(NH_2)_2 = 2N_2\uparrow + CO_2\uparrow + 3H_2O$$

（2）试液加硫酸与铜丝（铜屑），加热即发生红棕色的蒸汽：

$$NO_3^- + H_2SO_4 = HNO_3 + HSO_4$$

$$3Cu + 8HNO_3 = 3Cu(NO_3)_2 + 2NO + 4H_2O$$

$$2NO + O_2 = 2NO_2\uparrow \text{（棕色）}$$

亚硝酸盐也有氧化性，以上两反应不能区别硝酸盐和亚硝酸盐，但亚硝酸盐具有还原性，可在酸性溶液中使高锰酸钾试液褪色，而硝酸盐则不能。

3. 亚硝酸根离子的鉴定

（1）取亚硝酸盐溶液，加醋酸酸化后，加入新鲜 $FeSO_4$ 试液，即显棕色：

$$2NO_2^- + 2Fe^{2+} + 4H^+ = 2Fe^{3+} + 2NO\uparrow + 2H_2O$$

$$Fe^{2+} + NO + SO_4^{2-} = Fe(NO)SO_4 \text{（棕色）}$$

硝酸盐在此条件下无反应。因硝酸是强酸，醋酸不能从它的盐中置换出硝酸，不能将 Fe^{2+} 氧化，所以不产生 NO（NO_2^- 在弱酸性条件下氧化能力强于 NO_3^-）。

（2）在亚硝酸溶液中加几滴硫酸，再加淀粉 - 碘化钾试液，即显蓝色：

$$2NO_2^- + 4H^+ + 2I^- = 2NO\uparrow + I_2 + 2H_2O$$

I_2 遇淀粉显蓝色。

此外，亚硝酸盐能使高锰酸钾溶液褪色，区别于硝酸盐。

4. 磷酸根离子的鉴定

（1）在磷酸盐溶液中加入硝酸银试液，产生黄色的磷酸银沉淀，它溶于氨水，也溶于硝酸：

$$2HPO_4^{2-} + 3Ag^+ = Ag_3PO_4\downarrow + H_2PO_4^-$$

（2）在磷酸盐溶液中，加入 $6mol \cdot L^{-1}$ HNO_3 溶液和过量的钼酸铵 [$(NH_4)_2MoO_4$] 溶液，加热数分钟，即析出黄色的磷钼酸铵沉淀。

$$PO_4^{3-} + 12MoO_4^{2-} + 3NH_4^+ + 24H^+ = (NH_4)_3PO_4 \cdot 12MoO_3 \cdot 12H_2O\downarrow$$

还原性离子 SO_3^{2-}、$S_2O_3^{2-}$ 及大量的 Cl^- 离子对反应有干扰，加浓硝酸可以消除干扰。

AsO_4^{3-} 对此法也有干扰，产生黄色砷钼酸铵沉淀。可在检验 PO_4^{3-} 之前加入 Na_2SO_3，使 AsO_4^{3-} 还原为 AsO_3^{3-}，并通入 H_2S，使砷沉淀为 As_2S_3 除去。

5. 亚砷酸根离子和砷酸根离子的鉴定

（1）向中性亚砷酸盐或砷酸盐溶液中加入硝酸银试液，分别生成黄色亚砷酸银沉淀和暗棕色砷酸银沉淀，

$$AsO_3^{3-} + 3Ag^+ = Ag_3AsO_3 \downarrow \text{（黄色）}$$

$$AsO_4^{3-} + 3Ag^+ = Ag_3AsO_4 \downarrow \text{（暗棕色）}$$

沉淀溶于硝酸或氨水。

（2）向亚砷酸盐或砷酸盐溶液中加入盐酸酸化，再通入 H_2S，即有黄色沉淀生成。

$$2H_3AsO_3 + 3H_2S = As_2S_3 \downarrow + 6H_2O$$

$$2H_3AsO_4 + 5H_2S = As_2S_5 \downarrow + 8H_2O$$

加入 NaOH 或 Na_2S，沉淀均可溶解。

$$As_2S_3 + 6NaOH = Na_3AsS_3 + Na_3AsO_3 + 3H_2O$$

$$As_2S_3 + 3Na_2S = 2Na_3AsS_3$$

As_2S_3 溶于硝酸：

$$3As_2S_3 + 28HNO_3 + 4H_2O = 6H_3AsO_4 + 9H_2SO_4 + 28NO$$

（3）在砷酸盐溶液中加硝酸和钼酸铵试液，加热数分钟，即析出黄色砷钼酸铵沉淀。

$$AsO_4^{3-} + 12MoO_4^{2-} + 3NH_4^+ + 24H^+ = (NH_4)_3AsO_4 \cdot 12MoO_3 \cdot 12H_2O \downarrow$$

6. 锑离子的鉴定

（1）取锑盐溶液加醋酸酸化后，置水浴上加热，趁热加硫代硫酸钠试液数滴，逐渐生成橙红色沉淀。

$$2Sb^{3+} + 3S_2O_3^{2-} = Sb_2OS_2 \downarrow \text{（橙红）} + 4SO_2 \uparrow$$

反应需在酸性条件下进行，也可采用盐酸盐化后，加水稀释至恰有白色浑浊发生（SbOCl），即为所需酸度，但不易控制，往往由于酸化过度，以致加水稀释时不发生白色浑浊，不如用醋酸酸化易于控制。若锑盐浓度低时，改用硫代硫酸钠固体，反应更为明显。

（2）在锑盐溶液中加入盐酸酸化后，通入 H_2S 即产生橙色硫化锑沉淀，沉淀能在硫化铵或硫化钠试液中溶解。

$$2Sb^{3+} + 3H_2S = Sb_2S_3 \downarrow \text{（橙色）} + 6H^+$$

$$2Sb^{5+} + 5H_2S = Sb_2S_5 \downarrow \text{（橙色）} + 10H^+$$

$$Sb_2S_3 + 3S^{2-} \rightleftharpoons 2[SbS_3]^{3-}$$

$$Sb_2S_5 + 3S^{2-} \rightleftharpoons 2[SbS_4]^{3-}$$

7. 铋离子的鉴定

（1）在铋盐溶液中滴加碘化钾试液即生成暗棕色沉淀（铋盐量少时则形成红棕色溶液），

$$Bi^{3+} + 3KI = BiI_3 \downarrow \text{（暗棕色）} + 3K^+$$

沉淀能在过量的碘化钾试液中溶解成红棕色的溶液，

$$BiI_3 + KI = KBiI_4$$

再加水稀释，又生成橙色的碘化氧铋沉淀，

$$KBiI_4 + H_2O = BiOI \downarrow \text{（橙色）} + 2HI + KI$$

如 Bi^{3+} 浓度较小时，后一步反应现象不明显。

（2）硫脲 $CS(NH_2)_2$ 与多数金属离子有颜色反应，与 Bi^{3+} 特别敏锐（1μg），铋盐溶液

用稀硫酸酸化，加10%硫脲溶液即显深黄色。沉淀的组成视条件不同而异，Bi与$CS(NH_2)_2$的比例为1:1时为黄褐色；1:2为黄色；1:3为黄褐色。

（二）常用药物

1. 氧化亚氮 氧化亚氮（N_2O）为无色气体，无显著臭，味微甜，较空气为重。在20℃101.3kPa下，易溶于水或乙醇，溶于乙醚。

氧化亚氮为吸入全麻药。

2. 亚硝酸钠 亚硝酸钠（$NaNO_2$）为无色或白色至微黄色的晶体，无臭，味微咸，有引湿性，易溶于水，微溶于乙醇，水溶液显碱性。

亚硝酸钠为解毒药。1%（$g \cdot ml^{-1}$）注射液静脉注射，用于氰化物解毒。

3. 尿素 尿素（CH_4N_2O）为无色棱柱状晶体或白色结晶性粉末，几乎无臭，味咸凉，放置较久后，渐渐发生微弱的氨臭，易溶于水或乙醇，不溶于乙醚或三氯甲烷，水溶液显中性。

尿素为角质软化药。制剂有尿素乳膏（含CH_4N_2O 90.0%～110.0%）。

4. 磷酸二氢钠 磷酸二氢钠（NaH_2PO_4）为无色晶体或白色结晶性粉末，无臭，味咸、酸，微有潮解性，易溶于水，难溶于乙醇。

磷酸二氢钠为酸碱度调节剂，补磷药。

5. 葡萄糖酸锑钠 葡萄糖酸锑钠为组成不定的五价锑化合物。白色至微显淡黄色的无定形粉末，无臭，易溶于热水，不溶于乙醇或乙醚，水溶液显右旋性。

葡萄糖酸锑钠为抗黑热病药。制剂有葡萄糖酸锑钠注射液［葡萄糖酸锑钠的灭菌水溶液。含葡萄糖酸锑钠按锑（Sb）计算为0.095～0.105$g \cdot ml^{-1}$］。

6. 浓氨溶液 浓氨溶液［含NH_3 25.0%～28.0%（g/g）］为无色的澄清液体，有强烈刺激性的特臭，易挥发，显碱性，能与水或乙醇任意混合。

浓氨溶液为药用辅料。

药用稀氨溶液含NH_3 95.0～105.0 $g \cdot L^{-1}$，无色澄清透明液体，有刺激性特臭，呈碱性。稀氨溶液为刺激性药和消毒防腐药。对皮肤和黏膜有刺激作用。昏倒时吸入氨气，可反射性引起中枢兴奋。外用可治疗某些昆虫叮咬和某些化学试剂（如氢氟酸）造成的皮肤沾染伤；亦用于手术前消毒。

7. 枸橼酸铋钾 枸橼酸铋钾为组成不定的含铋复合物。白色粉末，味咸，有引湿性，极易溶于水，微溶于乙醇。

枸橼酸铋钾为胃黏膜保护药。制剂有枸橼酸铋钾片［含枸橼酸铋钾以铋（Bi）计算为90.0%～110.0%］、枸橼酸铋钾胶囊［含枸橼酸铋钾以铋（Bi）计算为90.0%～110.0%］和枸橼酸铋钾颗粒［含枸橼酸铋钾以铋（Bi）计算为90.0%～110.0%］。

8. 铝酸铋 铝酸铋为白色或类白色粉末，无臭、无味，不溶于水或乙醇。

铝酸铋为抗酸药。制剂有复方铝酸铋片［含铝酸铋以铋（Bi）计算为79～97mg；以铝（Al）计算为30.6～37.4mg；含重质碳酸镁以氧化镁（MgO）计算为37.3%～45.7%］和复方铝酸铋胶囊［每粒含铝酸铋以铋（Bi）计算为26.4～32.2mg；以铝（Al）计算为10.2～12.5mg；含重质碳酸镁以氧化镁（MgO）计算为37.3%～45.7%］。

9. 碱式碳酸铋 碱式碳酸铋为组成不定的碱式盐。白色至微带淡黄色的粉末，无臭，无味，遇光即缓缓变质。不溶于水或乙醇。

碱式碳酸铋为抗酸药，收敛药。制剂有碱式碳酸铋片［含碱式碳酸铋以铋（Bi）计算为 75.0% ~85.0%]。

10. 胶体果胶铋　胶体果胶铋为果胶与铋生成的组成不定的复合物。黄色粉末，无臭，无味，不溶于乙醇等有机溶剂，在水中结块，振摇后能均匀分散在水中。

胶体果胶铋为胃黏膜保护药。制剂有胶体果胶铋胶囊 [含果胶铋以铋（Bi）计算为 90.0% ~110.0%]。

扫码“学一学”

第四节　碳族和硼族元素

周期表第ⅣA 族元素称为碳族元素，包括碳（Carbon，C）、硅（Silicon，Si）、锗（Germanium，Ge）、锡（Tin，Sn）、铅（Lead，Pb）五个元素。其中除锗是稀有元素外，其他都是普通元素。周期表第ⅢA 族元素称为硼族元素，包括硼（Boron，B）、铝（Aluminium，Al）、镓（Gallium，Ga）、铟（Indium，In）、铊（Thallium，Tl）五个元素。其中硼和铝是普通元素，镓、铟、铊（称为镓分族）在地壳中分布零散，没有富集的矿，属于分散元素。

一、碳族和硼族元素的通性

（一）碳族元素的通性

碳在地壳中的含量不多（0.023%），但它以化合物的形式广泛存在于动物和植物界，其化合物的种类是地球上最多的。绝大部分碳的化合物属于有机化合物，只有一小部分属于无机化合物，如一氧化碳、二氧化碳、碳酸及碳酸盐等。硅在地壳中的含量（29.50%）仅次于氧，是构成地矿物的主要元素。锡和铅在地壳中的含量虽稀少，但由于容易从富集矿中提炼，很早就有广泛的应用。锗属于稀有元素，是重要的半导体材料。碳族元素的一些基本性质见表 11 -9。

表 11 -9　碳族元素的基本性质

性质	碳	硅	锗	锡	铅
元素符号	C	Si	Ge	Sn	Pb
原子序数	6	14	32	50	82
相对原子质量	12.0107	28.0855	72.61	118.71	207.20
价层电子构型	$2s^22p^2$	$3s^23p^2$	$4s^24p^2$	$5s^25p^2$	$6s^26p^2$
主要氧化数	+Ⅳ、+Ⅱ -Ⅱ、-Ⅳ	+Ⅳ、(+Ⅱ)	+Ⅳ、+Ⅱ	+Ⅳ、+Ⅱ	+Ⅱ、+Ⅳ
共价半径/pm	77	117	122	140	147
离子半径/pm					
M^{4+}	16	42	53	71	84
M^{2+}			73	93	120
第一电离能/ $(kJ \cdot mol^{-1})$	1086.1	786.1	762.2	708.4	715.4
电负性	2.55	1.90	2.01	1.96	2.33
密度/ $(g \cdot cm^{-3})$	2.25	2.33（晶体）	5.35	7.28（白）	11.34

续表

性质	碳	硅	锗	锡	铅
熔点/K	4000	1683	1210.4	504.9	600.4
沸点/K	5103	2953	3103	2543	1998
硬度	10（金刚石）	7	6.3	1.8	1.5

本族元素的价层电子构型是 ns^2np^2。形成共价化合物是本族元素的特征。本族元素的主要氧化数为 +Ⅱ和 +Ⅳ。碳和硅主要形成氧化数为 +Ⅳ的化合物；氧化数为 +Ⅱ和 +Ⅳ的锗、锡的化合物都常见，且锡（+Ⅱ）的化合物有很强的还原性，它们与锡（+Ⅳ）的化合物同样重要；铅（+Ⅳ）有很强的氧化性，易被还原为铅（+Ⅱ），故铅以 +Ⅱ的化合物为主。

本族元素从碳到铅，由非金属过渡到金属。碳和硅是非金属元素，锗的金属性比非金属性显著，锡和铅是金属元素。

同种原子间的成链倾向也是本族元素的特征，尤其是以碳最为突出。一般认为，键强度越大，成链能力越强。C—C 单键（键能 345.6 $kJ \cdot mol^{-1}$），C—H 键（键能 411 $kJ \cdot mol^{-1}$），C—O 键（键能 357.7 $kJ \cdot mol^{-1}$）均具有较大的键能，因此碳可形成长链。碳原子通过自连接形成的碳链或碳环可以包含数以万计个碳原子（如聚乙烯、天然及合成橡胶），而且，碳是第二周期元素，外层价电子轨道只有 s 和 p，它可以采取 sp^3、sp^2、sp 的不同杂化方式形成数目不等的 σ 键，但配位数不能超过4。又因碳的半径较小，除了形成 σ 键外，还可以形成 $p-p\pi$ 键（双键、叁键）；C—H 键的键能较大，因此在自然界中存在着一系列的含 C—H 键的化合物，如有机物中的烃类等，这些都是碳的化合物种类繁多的重要原因。

而硅是第三周期元素，它的外层除了 s、p 轨道外，还有 d 轨道可以参加成键，因此配位数可以达到6，但硅的半径较大，一般不能形成多重键，且 Si—Si 键（键能 222 $kJ \cdot mol^{-1}$）比 C—C 单键的键能低得多，这决定了硅链不能太长，所以硅的化合物远远少于碳的化合物。另外，由于 Si—O 键键能很高，在有氧条件下，Si—Si 键容易转变成 Si—O 键，造成 Si—Si 键不稳定。

（二）硼族元素的通性

硼在地壳中的丰度小，但有它的富集矿。铝是常见的丰度最大的金属，在地壳中的含量仅次于氧化硅，居第三位。镓、铟、铊作为与其他矿的共生组分而存在，称为分散元素。硼族元素的一些基本性质见表 11-10。

表 11-10　硼族元素的基本性质

性质	硼	铝	镓	铟	铊
元素符号	B	Al	Ga	In	Tl
原子序数	5	13	31	49	81
相对原子质量	10.811	26.9815	69.72	114.818	204.383
价层电子构型	$2s^22p^1$	$3s^23p^1$	$4s^24p^1$	$5s^25p^1$	$6s^26p^1$
主要氧化数	+Ⅲ	+Ⅲ	+Ⅰ、(+Ⅲ)	+Ⅰ、+Ⅲ	+Ⅰ、(+Ⅲ)
共价半径/pm	82	118	126	144	148
离子半径/pm					
M^{3+}	23	51	62	91	95
M^{+}			81		147

续表

性质	硼	铝	镓	铟	铊
第一电离能/（$kJ \cdot mol^{-1}$）	792.4	577.4	578.8	558.1	589.1
电负性	2.04	1.61	1.81	1.78	2.04
密度/（$g \cdot cm^{-3}$）	2.34	2.702	5.904	7.30	11.85
熔点/K	2303	933	302.8	429.2	576
沸点/K		2723	2510	2273	1730
硬度（金刚石 =10）	9.5	2.9	1.5	1.2	1.2

硼族元素从硼到铊，元素的金属性逐渐增强。硼为非金属。铝、镓、铟、铊为金属。

硼族元素的价电子层结构是 ns^2np^1。它们的主要氧化数为 +Ⅲ，但随着原子序数的增加 ns^2 电子对趋于稳定，镓、铟、铊在一定条件下能显 +Ⅰ氧化数，且 +Ⅰ是铊的常见氧化数。

硼也可以和氢形成一系列结构特殊的硼氢化物，称为硼烷（borane）。它们的某些性质与硅烷相似。有两个系列的硼烷，一系列的通式是 B_nH_{n+4}，例如：B_2H_6、B_5H_9、B_6H_{10}、$B_{10}H_{14}$等。另一系列的通式是 B_nH_{n+6}，例如：B_4H_{10}、B_5H_{11}等。后者不如前者稳定。硼烷多数有毒、有气味、不稳定。在空气中激烈燃烧，且放出大量的热。因此硼烷曾被考虑用作高能火箭燃料。

乙硼烷（B_2H_6）可用三氯化硼与氢化锂铝在乙醚中反应制得：

$$3LiAlH_4 + 4BCl_3 = 3LiCl + 3AlCl_3 + 2B_2H_6$$

也可用硼氢化钠与三氟化硼在有机溶剂中制取：

$$3NaBH_4 + 4BF_3 = 3NaBF_4 + 2B_2H_6$$

B_2H_6 在室温下是无色具有难闻臭味的气体（沸点 180.5K），在空气中自燃生成 B_2O_3 及水，并产生大量的热；B_2H_6 在水中很快地水解生成 H_2 及 H_3BO_3；B_2H_6 具有强还原能力，例如，可使醛还原为醇；B_2H_6 是制硼及其他硼化物的原料。

硼烷的结构特殊。硼原子有三个价电子，形成化合物时，外层只有三对电子，还有一个空轨道，可用来接受电子，这个特征称为“缺电子”特征。硼烷都是缺电子化合物（electron deficiency compound）。例如，在 B_2H_6 分子中，共有十四个价电子轨道（硼原子的价电子层结构为 $2s^22p^1$，激发为 $2s^12p^2$ 后，进行 sp^3 杂化，两个硼有八个价轨道，六个氢有六个价轨道），但只有十二个电子，所以是缺电子分子。在分子中每个硼原子各用两个 sp^3 杂化轨道和两个氢原子形成两个正常的 B—H σ 键（共八个电子），这四个 σ 键在同一平面；另两个 sp^3 杂化轨道与另一个硼原子的两个 sp^3 杂化轨道以及另两个氢的 1s 轨道重叠，并分别共用两个电子，形成两个三中心二电子的 B—H—B 键（共四个电子），一个在平面之上，另一个在平面之下（见图 11－13）。实验证实，这两个氢原子具有桥状结构，称为“氢桥”（hydrogen bridge）。氢桥的键能比一般共价键弱得多（大体相当于一般共价键的一半）。

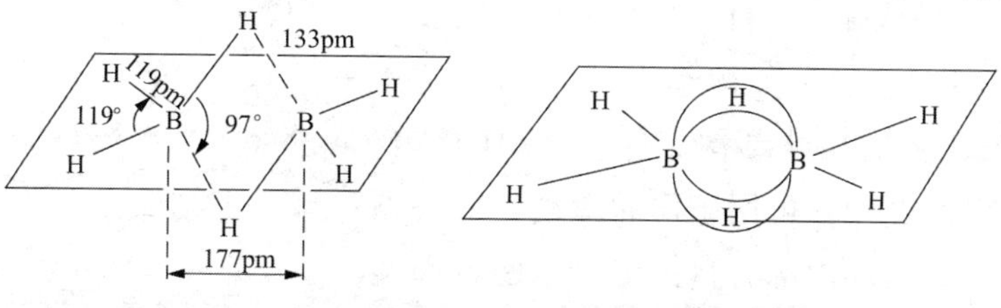

图 11－13　B_2H_6 的分子结构

已知的硼烷种类很多，高分子量的硼烷多聚体是很好的结晶。从整个族来看，硼族元素比对应的碳族元素的非金属性弱些，金属性强些。在碳族中，硅在碳的下面，非金属性弱些，金属性强些，所以硅和硼的性质有很多相似之处。例如它们的单质在常温时都很稳定，不与一般酸、碱或水作用，与浓碱作用放出 H_2，氧化物及含氧酸盐都是巨型分子，氢氧化物都是弱酸，硼与硅的氢化物都是共价的，分别称为硼烷、硅烷，等等。从这两个元素在周期表上的位置看，它们处于对角的位置，所以具有“对角相似关系”（周期表中第二周期的某些元素与其右下方的元素性质相似，这一关系称为对角关系）。

二、碳及其重要化合物

（一）单质碳

碳的单质有金刚石、石墨及 C_{60} 等同素异形体和无定形体（活性炭）。

金刚石（Diamond）无色透明，是典型的原子晶体。金刚石中的每一个碳原子均以 sp^3 杂化轨道与相邻的四个碳原子上的 sp^3 杂化轨道重叠而形成的 σ 单键（键长为 154pm）组成无限的三维骨架（见图 11 - 14），这种结构使金刚石具有高熔点（ >3823K）、高硬度、导热性好、对紫外线和可见光投射率高等优点。

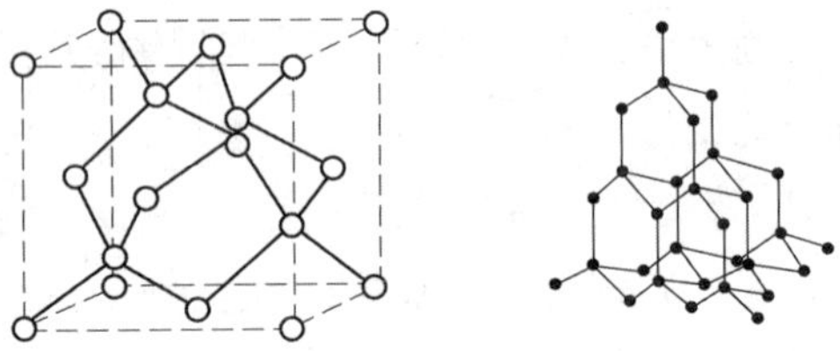

图 11 - 14　金刚石的结构

金刚石在所有的物质中具有最大的硬度，工业上大量用来制钻头、磨削工具和拔丝模具等；形状完整的金刚石折光率非常大，且对光的色散作用特别强，在光照射时常显示出美丽的五颜六色，所以用于制造首饰等高档装饰品。天然金刚石贮量少，人造金刚石的研究已有很长历史，1880 年莫伊桑（Moissan）首次得到人造金刚石，即利用高温高压的方法使密度较低的石墨转化为密度较高的金刚石，这个思路一直影响着后来的研究工作，到 1953 年左右人造金刚石的技术已基本成熟，但得到的产品仅可保持金刚石的硬度特征，无法与天然金刚石相比。

等离子技术、微波技术和激光技术的发展是人们将眼光从高温高压转向原子的再聚合（先将分子拆开为原子，原子再聚集形成单质）。如 1986 年日本的 Katsuki Kitahama 得到的金刚石薄膜：

$$CH_4\ (g)\ + H_2\ (g) \xrightarrow[\text{微波放电}]{\text{基体温度 223K}} \text{金刚石薄膜}$$

经典方法以化学平衡原理为基础，立足于碳的同素异形体之间的转换，新方法从反应速率考虑，着眼于对碳原子聚集成单质时途经的调控。

石墨（Graphite）质软，呈灰黑色，略有金属光泽。石墨中碳原子采用 sp^2 杂化轨道与相邻的三个碳原子以 σ 键结合，并具有一个 Π_n^n 的大 π 键，构成一个片状结构，每层之间通过范德华力结合形成晶体（图 11 - 15）。由于具有层状结构，各层之间的结合力很弱，容易滑动和断裂，可用于作润滑剂、颜料和铅笔芯；另外由于在石墨内部有自由电子，使石墨具有金属光泽，并且有良好的导电和导热性，故石墨被

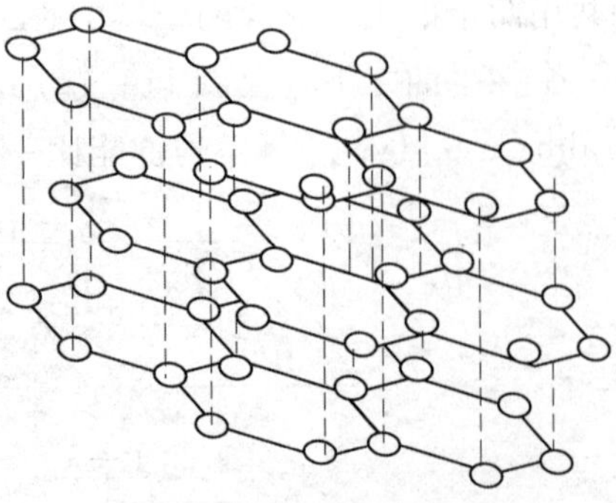

图 11 - 15　石墨的结构

用来制造电极、坩埚、原子反应堆中的中子减速剂、高温热电偶等。

金刚石在隔绝空气加热条件下可转化为石墨。而石墨转化为金刚石要在 Co 或 Ni 作催化剂，在 5×10^{6}kPa ~ 6×10^{6}kPa 和 1273K 的条件下才能实现。

20 世纪 80 年代 Kroto 等（1986 年获诺贝尔化学奖）发现的原子簇化合物 C_{60}（富勒烯 fullerenes 的一种）被认为是第三种碳的同素异形体，由 60 个碳原子构成的球形 32 面体，12 个面是五边形 20 个面是六边形，12 个正五边形不但和 20 个六边形构成 C_{60} 的封闭壳，还与其他若干个六边形组成蛋形的多面体，使其具有非常对称的结构。C_{60} 的分子中有 30 个双键和 60 个单键，分子中每个碳原子都以 sp^2 杂化轨道与相邻的 3 个碳原子相连，剩余的 p 轨道在 C_{60} 的外围和内腔形成球面 π 键，从而具有芳香性。由于 C_{60} 的分子结构酷似足球（图 11 – 16），有人称其为足球烯（footballene）。当它与金属钾作用生成 K_3C_{60} 时，在 291K（18℃）以下为超导体（superconductor）。关于 C_{60} 的研究日益广泛，有许多 C_{60} 的衍生物用于具有特殊作用的新型药物。

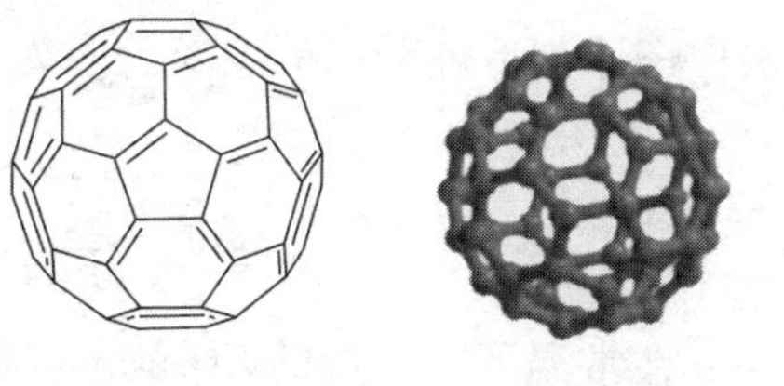

图 11 – 16　C_{60} 的结构

以木材、煤、骨头等为原料，隔绝空气加热或干馏等方法可制得多种无定形碳（amorphous carbon）。活性炭、木炭、焦炭等都是无定形碳。实际上并不是真的无定形，它们均具有石墨结构，但是六元环构成的层零乱无章，堆积不规则。同时也因加工方法、来源的差异，结构不尽相同，作用也不一样。无定形碳具有较大的比表面（一克物质所具有的总表面），能吸附许多物质在其表面上。经过活化处理的无定形碳，其比表面增大，有更高的吸附能力，称为活性炭（active carbon），它是常用的吸附剂，可用于净化空气、提纯物质、脱色和去臭等。

常温下，碳很稳定，不溶于水，不挥发。除氟外与其他物质均不作用。高温时碳能溶于熔化的液态金属，如铁、钴、镍和铂等，冷却时又以石墨的形式析出。常温下碳的化学活性很小，但随温度的升高，碳的活性迅速增加，高温时碳可与空气中的氧作用，生成二氧化碳（空气不足时，则生成 CO）：

$$C + O_2 \xlongequal{} CO_2$$

$$2C + O_2 \xlongequal{} 2CO$$

在高温下，碳还可与其他元素单质或化合物反应，在工业上，常被作为还原剂：

$$C + 2S \xlongequal{} CS_2$$

$$C + Fe_2O_3 \xlongequal{} 2Fe + 3CO$$

碳不与一般的酸作用，但可以被浓的氧化性酸（硝酸或硫酸）氧化：

$$C + 4\,HNO_3 \xlongequal{} CO_2 + 4\,NO_2 + 2\,H_2O$$

（二）一氧化碳和二氧化碳

1. 一氧化碳　碳在空气不足时燃烧，生成一氧化碳（carbon monoxide）：

$$2C + O_2 \xlongequal{} 2CO$$

一氧化碳是无色、无臭、无味、极毒的气体，熔点 68K，沸点 81K，难溶于水（293K 时，溶解度为 2. 34L/100L），易溶于乙醇等有机溶剂。

一氧化碳作为碳、各种有机化合物不完全燃烧的产物以及二氧化碳不完全还原的产物，在地球表面普遍存在，大气中 CO 浓度平均为 0. 12ppm，基本恒定。

CO 分子中有一个 σ 键和两个 π 键（一个正常 π 键和一个配位 π 键），其结构式为：

$$:C\equiv O:$$

由于配位 π 键的影响，使 CO 分子键能大（$1077kJ \cdot mol^{-1}$），键长短（113pm），偶极矩小（$3.3 \times 10^{-31}C \cdot m$）。

一氧化碳作为还原剂容易被氧化为二氧化碳，它在空气中燃烧发出蓝色火焰，并放出大量的热：

$$2CO + O_2 = 2CO_2$$

所以 CO 是一种很重要的气体燃料。

在高温下，CO 可以使许多金属氧化物（如 Fe_2O_3、CuO 等）还原为金属。高温下用焦炭作还原剂冶炼金属的主要反应为：

$$2C\ (s)\ + O_2\ (g) \xlongequal{\text{高温}} 2CO\ (g)$$

$$Fe_2O_3\ (s)\ + 3CO\ (g) \xlongequal{\text{高温}} 2Fe\ (l)\ + 3CO_2\ (g)$$

在常温下，微量的 CO 就可以使 $PdCl_2$ 还原，溶液中析出黑色金属钯（Pd）：

$$CO + PdCl_2 + H_2O = Pd\downarrow + CO_2 + 2HCl$$

这是一个非常灵敏的反应，常用来检出 CO。

另外，在光照条件下，CO 可与氯反应，生成毒性更大的光气（$COCl_2$）：

$$CO + Cl_2 = COCl_2$$

CO 可与 I_2O_5 反应，定量的析出碘，因此可以用来定量测定 CO 的含量：

$$5CO + I_2O_5 = 5\ CO_2 + I_2$$

由于 CO 分子中既有孤对电子又有空的反键分子轨道，可形成 σ 配键和反馈 π 配键，使体系稳定。因此 CO 作为配体容易与一些金属形成羰基配合物，如羰基铁 $Fe(CO)_5$、羰基镍 $Ni(CO)_4$、羰基钴 $Co_2(CO)_8$ 等，这些配合物易挥发，难溶于水，易溶于有机溶剂中，加热易分解：

$$Ni(CO)_4 \xlongequal{\triangle} Ni\downarrow + 4CO\uparrow$$

一氧化碳是有毒气体，毒性比 H_2S 大 10 倍，密度与空气相近，空气中 CO 的含量超过 1/800（体积比）就能使人在半小时内死亡。它的危险性不仅是毒性强，而且它的无色、无臭可使人在不知不觉中中毒身亡。一氧化碳产生毒性的机理是它与 O_2 竞争血液中载氧体血红蛋白（hemoglobin，Hb），CO 与 O_2 同是疏水的双原子分子，都容易挤进 Hb 蛋白质而进入 Fe（Ⅱ）的配位环境，与 Fe（Ⅱ）配位结合：

$$HbFe + O_2 = HbFe \cdot O_2$$

$$HbFe + CO = HbFe \cdot CO$$

CO 与 Hb 的结合力是 O_2 与 Hb 结合力的 240 倍，HbFe · CO 配合物一旦形成后，就使血红蛋白丧失了输送氧气的能力。所以 CO 中毒可引起组织低氧症。如血液中 50% 的血红蛋白与 CO 结合，可引起心肌坏死。一旦 CO 中毒，可注射亚甲基蓝（$C_{16}H_{18}N_3ClS$），它与 CO 的结合力强于 CO 和血红蛋白的结合力，从而使血红蛋白恢复载氧功能。

2. 二氧化碳 碳及碳的化合物在充足的空气中或氧气中燃烧，以及生物体内的许多物质氧化产物都是二氧化碳（carbon dioxide）：

$$C + O_2 = CO_2\uparrow$$

近年来由于世界工业的高速发展，大气中 CO_2 含量增多，由于 CO_2 能吸收红外线，使地球失去的那部分能量被贮存在大气层内，造成大气温度升高，所以大气中 CO_2 含量的增多是造成地球“温室效应”的主要原因。

CO_2 是无色、无臭气体，比空气重 1.53 倍；CO_2 在空气中的平均含量为 0.03%（体积百分）。CO_2 是线型非极性分子，易液化（临界温度 304K，临界压力 7.1×10^3 kPa）。在低温下，CO_2 凝固为雪花状的固体，将固体压实，外观像冰，半透明，俗称干冰（dry ice）。干冰在常压和 195K 时就可直接升华为气体，是工业上广泛使用的制冷剂。CO_2 无毒，但若在空气中含量过高，也会使人因缺氧而发生窒息的危险。

CO_2是直线性分子，分子中 C ══ O 键键长（116pm），在双键（124pm）和三键（113pm）之间。分子中的碳原子采用 sp 杂化，以两条 sp 杂化轨道与氧的 p 轨道形成两条 σ 键，碳原子上互相垂直的 p 轨道在分别与两个氧原子中平行的 p 轨道作用形成两个 Π_3^4 的大 π 键（见图11－17）。

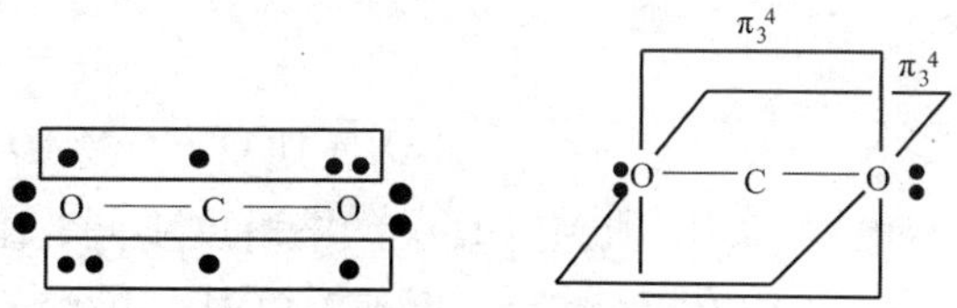

图 11－17　CO_2 的结构

二氧化碳的热稳定性很高，当加热至 2273K 时才分解 1.8%：

$$2CO_2 = 2CO + O_2$$

二氧化碳可溶于水中，溶解的量与温度有关，随温度的增加溶解的 CO_2的量迅速下降，因此常用加热的方法除去水中的 CO_2：

$$CO_2 + H_2O \rightleftharpoons H_2CO_3 \rightleftharpoons H^+ + H_2CO_3^-$$

二氧化碳不能燃烧，也不助燃，空气中 CO_2的体积分数超过 2.5% 后火焰即可熄灭，因此常用于制造干冰灭火器，用来扑灭一般火焰。但应注意它不能扑灭燃着的 Mg，因为 Mg 和 CO_2 发生下列反应：

$$CO_2(g) + 2Mg(s) \rightleftharpoons 2MgO(s) + C(s)$$

二氧化碳被广泛用于化肥、化工及饮料生产中。

实验室中制取少量 CO_2 可用盐酸和大理石（$CaCO_3$）反应：

$$CaCO_3 + 2HCl = CaCl_2 + H_2O + CO_2\uparrow$$

（三）碳酸及其盐

CO_2 在水中溶解度不大，298K 时，1 升水中溶解 1.45 克。溶于水的 CO_2 只有少部分与 H_2O 结合生成碳酸（carbonic acid）：

$$CO_2 + H_2O = H_2CO_3$$

这个反应速率较慢，转化率为 1%～4%，大部分 CO_2 与 H_2O 生成不太紧密的水合物。

碳酸是一个二元弱酸，所以 CO_2 和碳酸在水溶液中有如下平衡：

$$CO_2 + H_2O \rightleftharpoons CO_2\cdot H_2O \rightleftharpoons H_2CO_3 \rightleftharpoons H^+ + HCO_3^- \rightleftharpoons 2H^+ + CO_3^{2-}$$

$$K_{a1} = 4.3\times10^{-7};\ K_{a2} = 5.6\times10^{-11}$$

碳酸不稳定，仅存在于溶液中，加热碳酸的溶液，上述平衡向左移动，CO_2 从溶液中逸出。在碳酸溶液中加碱，平衡向右移动，因此 CO_2 在碱性溶液中的溶解度比水中大，并且其酸碱行为与溶液的 pH 有关，在 $pH<8$ 时，主要以碳酸氢盐（HCO_3^-）的形式存在，而在 $pH>10$ 时，主要以碳酸根（CO_3^{2-}）的形式存在。

碳酸可以形成两类盐：正盐（碳酸盐）和酸式盐（碳酸氢盐）。铵和碱金属（除锂外）的碳酸盐都易溶于水，其他金属的碳酸盐难溶于水；而碳酸氢盐均易溶于水。溶于水的碳酸盐和碳酸氢盐溶液均因水解而显碱性：

$$CO_3^{2-} + H_2O \rightleftharpoons HCO_3^- + OH^-$$

$$HCO_3^- + H_2O \rightleftharpoons H_2CO_3 + OH^-$$

在可溶性碳酸盐溶液中，同时存在着 CO_3^{2-}、OH^-、HCO_3^- 等离子。若在该溶液中加入重金属离子（M^{2+}），将同时存在如下平衡：

$$CO_3^{2-} \quad + \quad M^{2+} \rightleftharpoons MCO_3\downarrow$$

$$+ \qquad\quad +$$

$$2H_2O \rightleftharpoons 2OH^- + 2H^+$$

$$\Updownarrow \qquad\qquad \Updownarrow$$

$$CO_2 + H_2O \qquad M(OH)_2\downarrow$$

根据 MCO_3 和 $M(OH)_2$ 的溶解度不同，最终产物将有三种情况：

（1）MCO_3 的溶解度小于 $M(OH)_2$ 的溶解度，则产物为 MCO_3，如：

$$Ba^{2+} + CO_3^{2-} = BaCO_3$$

同类离子还有 Ca^{2+}、Sr^{2+}、Pb^{2+}、Mn^{2+}、Ag^+ 等。

（2）H_2CO_3 和 $M(OH)_2$ 溶解度大体相近时，则产物多为碱式盐沉淀，如：

$$2Cu^{2+} + 2CO_3^{2-} + H_2O = Cu(OH)_2 \cdot CuCO_3\downarrow + CO_2$$

同类离子还有 Mg^{2+}、Fe^{2+}、Co^{2+}、Zn^{2+}、Ni^{2+}、Pb^{2+} 等。

（3）$M(OH)_3$ 溶解度很小时，则生成氢氧化物沉淀，如：

$$2Al^{3+} + 3CO_3^{2-} + 3H_2O = 2Al(OH)_3\downarrow + 3CO_2$$

同类离子还有 Fe^{3+}、Cr^{3+} 等。

碳酸盐和碳酸氢盐加酸即分解。如：

$$Na_2CO_3 + 2H^+ = 2Na^+ + CO_2\uparrow + H_2O$$

$$NaHCO_3 + 2H^+ = Na^+ + CO_2\uparrow + H_2O$$

碱金属的碳酸盐加热至熔化也不分解，而二价以上金属的碳酸盐加热即分解，放出 CO_2：

$$CaCO_3 = CaO + CO_2\uparrow$$

酸式盐比正盐稳定性差，如碳酸钠的分解温度（2000K）高于碳酸氢钠（540K）。所有的碳酸氢盐在足够高的温度下，都可分解为碳酸盐：

$$Na_2CO_3(s) \xlongequal{\sim 1100K} Na_2CO_3(l) \xlongequal{>2000K} Na_2O + CO_2\uparrow$$

$$2NaHCO_3 \xlongequal{540K} Na_2CO_3 + CO_2\uparrow + H_2O$$

在碳酸盐及酸式碳酸盐中，最重要的是碳酸钠（纯碱）和碳酸氢钠（小苏打），它们都是基本化学工业的重要性产品，在玻璃、肥皂、染色、造纸等工业生产中以及日常生活中都有广泛的应用。

三、硅、硼的含氧化合物

（一）二氧化硅和硅酸

1. 二氧化硅 二氧化硅（silicon dioxide，SiO_2）称为硅石。自然界以无定形（硅藻土）和结晶形（各种石英）存在。纯石英是无色晶体。大而透明的棱柱状的石英称为水晶。紫水晶、玛瑙和碧玉都是含杂质的有色石英晶体，河沙是混有杂质的石英细粒。硅藻土是无定形二氧化硅，因它具有多孔结构，所以有很大的吸附能力。

硅与氧反应，放出大量的热，生成二氧化硅：

$$Si + O_2 = SiO_2$$

二氧化硅化学性质很不活泼，在高温下也不能被 H_2 还原，只能为镁、铝或硼还原：

$$SiO_2 + 2Mg \xlongequal{高温} 2MgO + Si$$

二氧化硅不与一般的酸反应，只与氢氟酸反应：

$$SiO_2 + 4HF = SiF_4\uparrow + 2H_2O$$

$$SiO_2 + 6\ HF = H_2SiF_6 + 2\ H_2O$$

实验室有些常用的刻度仪器（量筒、滴定管）中的刻度、毛玻璃和灯泡的“磨砂”就是用氢氟酸腐蚀的。

二氧化硅是酸性氧化物，它可以与碱及碱性含氧酸盐反应生成硅酸盐，如：

$$SiO_2 + 2NaOH = Na_2SiO_3 + H_2O$$

$$SiO_2 + Na_2CO_3 \xrightarrow{熔融} Na_2SiO_3 + CO_2\uparrow$$

实验室中长时间盛放氢氧化钠的玻璃瓶会“发毛”及用试剂瓶盛碱液日久会打不开玻璃瓶塞，就是因为玻璃含有二氧化硅，能被碱所腐蚀。

因为二氧化硅为原子晶体，且 Si—O 键的键能很高（$452kJ\cdot mol^{-1}$），故石英的硬度大，熔点高。将石英在 1873K 熔融成黏稠液体，内部结构变成无规则状态，冷却时因黏度大不易再结晶，变成过冷液体，硬化后成为石英玻璃。石英玻璃的热膨胀系数小，可以经受温度的剧烈变化，灼烧后立即投入冷水中也不致破裂，可用于制造耐高温的仪器。石英玻璃能透过紫外线，可用来制造紫外灯、汞灯和其他光学仪器。将石英拉成丝，这种丝具有很大的弹性和强度，可用来制造光导纤维，用在光导通信上。

2. 硅酸 硅酸（silicic acid）的形式很多，随着形成条件的不同，常以通式 $x SiO_2\cdot y H_2O$ 来表示。现已确证，具有一定稳定性，在一定条件下能独立存在的硅酸有：

正硅酸	H_4SiO_4	$x=1$	$y=2$
偏硅酸	H_2SiO_3	$x=1$	$y=1$
二硅酸	$H_6Si_2O_7$	$x=2$	$y=3$
二偏硅酸	$H_2Si_2O_5$	$x=2$	$y=1$
三硅酸	$H_4Si_3O_8$	$x=3$	$y=2$

因为在各种硅酸中以偏硅酸的组成最简单，所以常用 H_2SiO_3 代表硅酸。

硅酸（H_2SiO_3）为二元弱酸（$K_{a1}=2.2\times10^{-10}$，$K_{a2}=1\times10^{-12}$）。由于 SiO_2（硅酸的酸酐）不溶于水，所以硅酸是用可溶性硅酸盐与酸反应制得：

$$Na_2SiO_3 + 2HCl = H_2SiO_3\downarrow + 2NaCl$$

硅酸在水中的溶解度不大，但生成后并不立即沉淀下来，因为开始形成的是可溶于水的单分子硅酸 H_4SiO_4，然后逐步缩合脱水生成多硅酸的胶体溶液（硅酸溶胶）。在此溶胶中加电解质或在适当浓度的硅酸盐溶液中加酸，则得到半凝固状态、软而透明且有弹性的硅酸凝胶（在多酸骨架里包含有大量的水）。将硅酸凝胶充分洗涤以除去可溶性盐类，在 340K 烘干，573K 活化后，即成为多孔性固体，称为硅胶（silica gel）。这种硅胶表面积极大（$800\ m^2/1g \sim 900m^2/1g$），具有高度吸附能力，是很好的干燥剂、吸附剂以及催化剂载体，对 H_2O、BCl_3 及 PCl_5 等极性物质都有较强的吸附作用。常用于气体的回收、石油精炼和制备催化剂，实验室中常用作干燥剂。如果将硅胶用 $CoCl_2$ 溶液浸泡，干燥活化后制得一种可只是干燥效果的变色硅胶。由于无水 $CoCl_2$ 呈蓝色，吸水后变为粉红色的 $CoCl_2 \cdot 6H_2O$，可根据其颜色变化判断硅胶的吸水程度。

若用稀 Na_2SiO_3 溶液与酸作用，所得的硅胶烘干脱水为 SiO_2，称为“白炭黑”，在造纸、橡胶工业中广泛被用作填料。

（二）硅酸盐

1. 硅酸钠 碱金属的硅酸盐均可溶。最常见、用途最广的是硅酸钠（Na_2SiO_3）。通常用石英砂与烧碱（NaOH）或纯碱（Na_2CO_3）作用制取。纯硅酸钠为无色固体，在水溶液中以 $H_2SiO_4^{2-}$ 离子存在（水溶液中不存在 SiO_3^{2-} 离子），并发生强烈的水解使溶液显强碱性，水解产物为二硅酸盐或多硅酸盐：

$$Na_2SiO_3 + 2H_2O = NaH_3SiO_4 + NaOH$$

$$2NaH_3SiO_4 = Na_2H_4Si_2O_7 + H_2O$$

（也有将水解反应写为：$2Na_2SiO_3 + H_2O = Na_2Si_2O_5 + 2NaOH$）

硅酸钠溶液可与 NH_4^+ 作用，放出氨气并析出凝胶或沉淀：

$$Na_2SiO_3 + 2NH_4Cl = H_2SiO_3 + 2NH_3\uparrow + 2NaCl$$

除碱金属硅酸盐外，其他硅酸盐均不溶于水。当在硅酸钠溶液中加入重金属盐时，立即有难溶重金属硅酸盐生成。这些重金属硅酸盐大多数有美丽的颜色，如蓝色的琉璃瓦主要成分为硅酸钴（$CoSiO_3$），金黄色的含有硅酸铅（$PbSiO_3$）。

工业上制多硅酸钠的方法是将石英砂、纯碱和煤粉的混合物放在反射炉内高温（1373K ~1623K）加热一小时，然后冷却，得到玻璃状的多硅酸钠（$Na_2O \cdot nSiO_2$）固体，常因含有铁盐等杂质而呈灰色或绿色。经在加压锅中用水处理（或用水蒸气处理），得到黏稠状液体，此产品称为“水玻璃”，也叫“泡花碱”。它是多种硅酸盐的混合物。水玻璃的用途很广，建筑工业及造纸工业用它作黏合剂。木材或织物用水玻璃泡以后，既可以防腐又可以防火。经水玻璃稀溶液浸泡的鲜蛋还可以长期保存。水玻璃还用作软水剂、洗涤剂和制肥皂的填料。它也是制硅胶和分子筛的原料。

2. 天然硅酸盐 硅酸盐在自然界的分布很广，地壳的95%为硅酸盐矿。陨石和月球岩石的重要成分也是硅酸盐。最重要的天然硅酸盐是铝硅酸盐，其中丰度大的是长石，约占地壳重量的一半以上。它们的化学式如下：

正长石 $K_2O \cdot Al_2O_3 \cdot 6SiO_2$ 或 $K_2Al_2Si_6O_{16}$

钠长石 $Na_2O \cdot Al_2O_3 \cdot 6SiO_2$ 或 $Na_2Al_2Si_6O_{16}$

钙斜长石 $CaO \cdot Al_2O_3 \cdot 2SiO_2$ 或 $CaAl_2Si_2O_8$

此外，云母、高岭土（黏土的主要成分）、石棉、滑石等也是常见的天然硅酸盐：

白云母 $K_2O \cdot 3Al_2O_3 \cdot 6SiO_2 \cdot 2H_2O$ 或 $K_2H_4Al_6Si_6O_{24}$

高岭土 $Al_2O_3 \cdot 2SiO_2 \cdot 2H_2O$ 或 $Al_2H_4Si_2O_9$

石棉 $CaO \cdot 3MgO \cdot 4SiO_2$ 或 $Mg_3CaSi_4O_{12}$

滑石 $3MgO \cdot 4SiO_2 \cdot H_2O$ 或 $Mg_3H_2Si_4O_{12}$

地球表面的天然硅酸盐受到空气中 CO_2 和水的作用，以及自然界其他机械作用后，逐渐分解（风化），可溶性物质被水带走，不溶性物质积留下来形成石英（砂子）和高岭土。如，正长石的风化过程为：

$$K_2Al_2Si_6O_{16} + CO_2 + 2H_2O = K_2CO_3 + \underset{\text{高岭土}}{Al_2H_4Si_2O_9} + \underset{\text{石英}}{4SiO_2}$$

砂和黏土是各种土壤型矿藏的主要成分。

3. 玻璃　玻璃是无定形硅酸盐混合物，是最重要的人造不溶性硅酸盐。玻璃的种类很多，但其基本结构单位是 SiO_4 四面体，在它形成的骨架内填充有钠、钙等离子。但这些四面体的空间排列是不规则的，金属离子的位置也是无规律的，因此它在加热时，不像晶体那样有固定的熔点，而是随温度升高逐渐软化。普通玻璃是钠玻璃，它是以石英砂（SiO_2）、碳酸钠和石灰石（$CaCO_3$）共熔制得的：

$$Na_2CO_3 + CaCO_3 + 6SiO_2 \xlongequal{\quad} Na_2CaSi_6O_{14} + 2CO_2\uparrow$$

上列反应的产物虽然以化学式 $Na_2CaSi_6O_{14}$ 或 $Na_2O \cdot CaO \cdot 6SiO_2$ 表示，实际玻璃的成分不是十分准确的。钠玻璃用于门窗及制瓶等日常用品。如以 K_2CO_3 代替 Na_2CO_3，则得到熔点较高并较耐化学作用的钾玻璃。若将部分 SiO_2 用 B_2O_3 代替则得到硼硅酸玻璃，即硬质玻璃。这种玻璃的热膨胀系数小，也耐化学腐蚀，温度剧烈变化也不破裂，适宜于制造耐高温的玻璃仪器或器皿。在制作玻璃时，如加入不同的金属氧化物，则可得到各种有色玻璃。

4. 分子筛　分子筛是具有孔隙的硅铝酸钠，有天然的和人工合成的两种。天然的就是泡沸石（$Na_2O \cdot Al_2O_3 \cdot 2SiO_2 \cdot 12H_2O$），又称沸石，是一种含有结晶水的硅铝酸盐。其中有许多笼状空穴和通道，这种结构使其只能将某些直径比孔道孔径小的分子，如 CO_2、NH_3、甲醇、乙醇等吸附到孔道内部以及孔穴中，但它不能吸附那些大得不能进入孔穴的分子，因而有起着筛分分子的作用，故有“分子筛”之称。

合成的分子筛是模拟天然分子筛的工业产品。可用水玻璃（Na_2SiO_3）、偏铝酸钠（$NaAlO_2$）和烧碱（NaOH）为原料，按一定比例并控制适当的温度，使其充分反应而制得。合成分子筛的种类很多。由于原料配比及制备条件的不同，所得的分子筛的结构及孔径也不相同。每种分子筛都具有一定大小和均一的孔径，因此各有其选择吸附的范围。除用于分离提纯物质外，分子筛还可用作催化剂的载体。分子筛具有吸附能力和离子交换能力，其吸附选择性高，容量大，又具有良好的热稳定性，并且易于再生重复使用，原料又很便宜，因此已被广泛用于化工、环保、食品、医疗、能源等方面。

5. 陶瓷和水泥　当黏土经过高温加热失水以后，有硅氧骨架重新形成，成为硬的陶瓷。将黏土与石灰石加热到 1723K 左右，使成为烧结块，再磨碎即成水泥。

（三）硼酸和硼砂

1. 硼酸　硼酸（boric acid，H_3BO_3）有天然的，也可人工合成。用硼砂（$Na_2B_4O_7$）溶液与强酸作用可制得硼酸：

$$Na_2B_4O_7 + H_2SO_4 + 5H_2O \xlongequal{\quad} Na_2SO_4 + 4H_3BO_3$$

硼酸为白色鳞片状晶体。其晶体结构如图 11－18 所示。每个硼原子（黑点）以 sp^2 杂化轨道与三个氧原子（大圈）在一个平面上相连，这三个氧原子又分别与三个氢原子（小圈）结合。$B(OH)_3$ 分子呈平面三角形。这种平面三角形的分子彼此通过氧原子与另一个分子中的氢原子以氢键连成一片，B—O 键键长 136pm，O—H……O 间氢键长 271pm，层与层之间（318pm）以微弱的分子间力吸引组成大晶体，层与层之间容易滑动、分开，成为片状而有滑感，可用作润滑剂。

硼酸在空气中稳定，加热熔融后逐步失水：

$$\underset{\text{正硼酸}}{H_3BO_3} \xrightarrow{373K} \underset{\text{偏硼酸}}{HBO_2} + H_2O$$

$$\underset{\text{偏硼酸}}{4HBO_2} \xrightarrow{433K} \underset{\text{四硼酸（焦硼酸）}}{H_2B_4O_7} + H_2O$$

$$\underset{\text{四硼酸}}{H_2B_4O_7} \xrightarrow{\text{强烈灼烧}} \underset{\text{硼酐}}{2B_2O_3} + H_2O$$

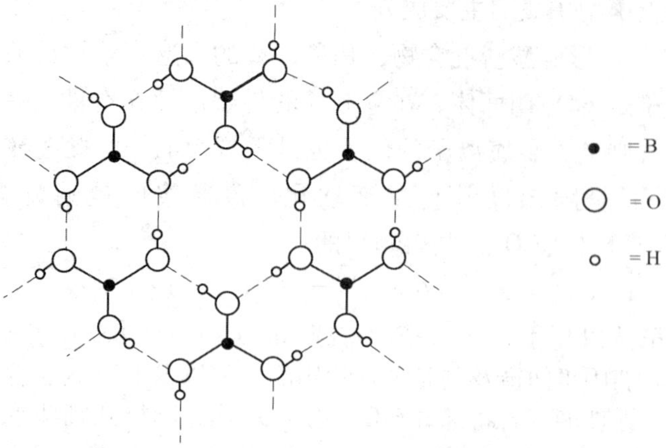

图 11-18　H_3BO_3的分子结构（晶体的一层）

H_3BO_3 在冷水中溶解度很小，随温度的增高，H_3BO_3 分子之间的氢键被破坏，溶解度迅速增加。

硼酸是一元弱酸，$K_a = 5.8 \times 10^{-10}$。它显酸性的原因并不是因为它本身给出质子，而是由于硼是缺电子原子，它加合了来自水中的 OH^- 而释放出 H^+ 离子，使溶液显酸性：

$$B(OH)_3 + H_2O \Longleftrightarrow [B(OH)_4]^- + H^+$$

硼酸与甘油（或其他多元醇）结合生成甘油硼酸，可使硼酸的酸性大为增强：

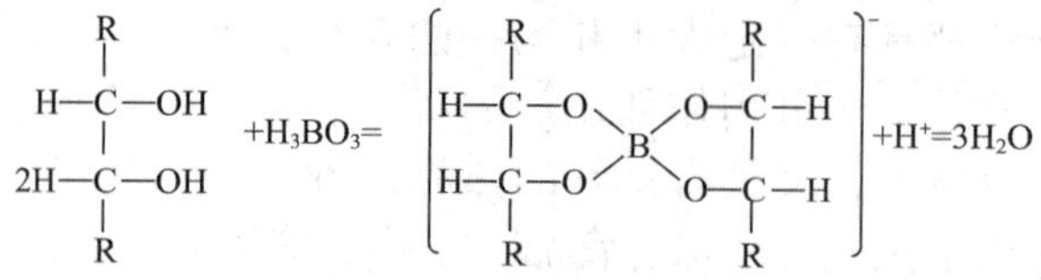

硼酸在浓硫酸存在下与甲醇或乙醇反应，生成具有挥发性的硼酸酯，硼酸酯燃烧时显绿色火焰，常被用来鉴定硼酸根：

$$H_3BO_3 + 3CH_3OH \xrightarrow{\text{硫酸}} B(OCH_3)_3 + 3H_2O$$

硼酸大量用于玻璃和搪瓷工业；硼酸还可用于医药及食物防腐。

2. 硼砂　硼砂（sodium borate，borax，$Na_2B_4O_7 \cdot 10H_2O$）有天然矿藏，也可用硼酸与 NaOH 反应制得：

$$2NaOH + 4H_3BO_3 = Na_2B_4O_7 + 7H_2O$$

如有过量的 NaOH 则会将硼砂转变成偏硼酸钠：

$$2NaOH + Na_2B_4O_7 = 4NaBO_2 + H_2O$$

习惯上将硼砂的化学式写作 $Na_2B_4O_7 \cdot 10H_2O$，实际上它的结构单元是由两个 H_3BO_3 和两个 $[B(OH)_4]^-$ 缩合而成的双六元环，应该写成 $Na_2[B_4O_5(OH)_4] \cdot 8H_2O$，其结构为：

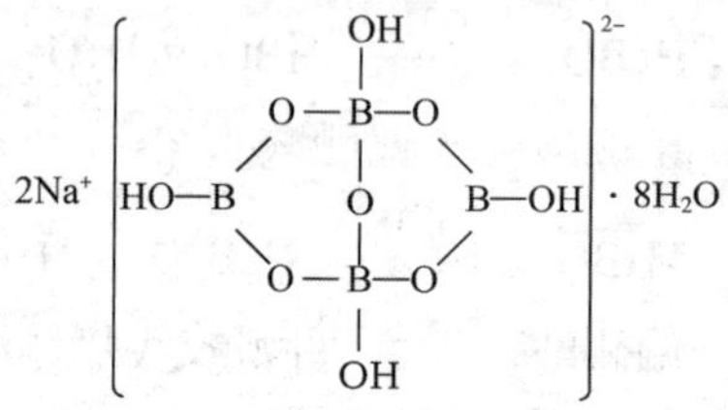

其中两边的两个 B 原子是平面三角形（sp^2 杂化）的中心，上下两个 B 原子是四面体（sp^3 杂化）的中心，它们的阴离子通过氢键联成链状结构，链与链之间与 Na^+ 离子相吸引，并有 H_2O 分子参加在结构中。

硼砂是无色半透明的晶体或白色晶体粉末，在干燥空气中容易风化。常温下在水中溶解度不大，在沸水中较易溶解。

硼砂在水溶液中水解，生成等物质的量的 H_3BO_3 和 $[B(OH)_4]^-$：

$$[B_4O_5(OH)_4]^{2-} + 5H_2O \rightleftharpoons 2H_3BO_3 + 2[B(OH)_4]^- \quad \text{（在浓溶液中）}$$

$$BO_2^- + 2H_2O \rightleftharpoons H_3BO_3 + OH^- \quad \text{（在稀溶液中）}$$

这种溶液具有缓冲作用，是常用的标准缓冲溶液。随着溶液的稀释，水解作用增强，溶液中 OH^- 离子浓度增加，故硼砂水溶液显碱性，分析化学中用它来标定酸的浓度。硼砂还可作肥皂和洗衣粉的填料。

硼砂在浓硫酸存在下与甲醇或乙醇反应，也生成硼酸酯：

$$Na_2B_4O_7 + H_2SO_4 + 5H_2O = Na_2SO_4 + 4H_3BO_3 \quad [\text{或 } B(OH)_3]$$

$$B(OH)_3 + 3C_2H_5OH = B(OC_2H_5)_3 + 3H_2O$$

生成的硼酸酯是极易挥发的硼化合物，燃烧时火焰呈特殊的绿色。

硼砂与金属氧化物混合后灼烧，生成偏硼酸的复盐，常因金属的不同而显出特征的颜色，可用来鉴定一些金属，在分析化学上叫作“硼砂珠试验”。例如：

$$Na_2B_4O_7 + CoO = Co(BO_2)_2 \cdot 2NaBO_2 \text{（蓝色）}$$

$$Na_2B_4O_7 + NiO = Ni(BO_2)_2 \cdot 2NaBO_2 \text{（热时紫色，冷时棕色）}$$

其他如铁为黄色，铬为绿色。此性质也被用于搪瓷和玻璃工业（上釉和着色）及焊接金属。

四、铝、锡、铅

（一）单质

1. 铝 铝是自然界含量最多的金属，主要以铝酸盐存在。铝为银白色有光泽的轻金属，有很大的延展性和韧性，容易拉成丝，压成箔，有良好的导电、导热性。常温下铝的表面与空气中的氧作用形成一层致密的氧化物（Al_2O_3）薄膜（钝化），所以表面并不很明亮，这层膜可阻止内层的铝被氧化，它也不溶于水，所以铝在空气和水中都很稳定。

铝的化学性质相当活泼。铝粉在空气中加热能剧烈燃烧生成氧化铝，并放出大量的热：

$$2Al + 3/2O_2 = Al_2O_3 \qquad \Delta_f H^\ominus = -1669.7\text{kJ} \cdot \text{mol}^{-1}$$

这说明铝有亲氧性。利用这一点，将铝粉和其他金属氧化物粉末混合，用引燃剂点燃，反应即猛烈进行，可将该金属氧化物还原，而铝成为氧化铝，所释放的热使分离出的金属熔化，冷凝成块，这种方法称为铝还原法（也叫铝热法）。如：

$$3MnO_2 + 4Al = 2Al_2O_3 + 3Mn$$

$$Cr_2O_3 + 2Al = Al_2O_3 + 2Cr$$

铝热法还可应用焊接金属。铝也可作炼钢的脱氧剂。

因为铝表面有一层氧化膜，它不与水作用。铝能溶于稀盐酸或稀硫酸。铝可被浓硫酸或浓、稀硝酸所钝化，但铝能与热的浓硫酸反应。

$$2Al + 6HCl = 2AlCl_3 + 3H_2\uparrow$$

$$2Al + 6H_2SO_4\text{（浓）} \xlongequal{\triangle} Al_2(SO_4)_3 + 3SO_2\uparrow + 6H_2O$$

铝是两性金属，比较易溶于强碱中（成偏铝酸盐），如：

$$2Al + 2NaOH + 6H_2O = 2Na[Al(OH)_4] + 3H_2\uparrow$$

常把 $Na[Al(OH)_4]$ 写成 $NaAlO_2 + 2H_2O$。

铝与冷的有机酸如醋酸、柠檬酸等不作用，加热到373K以上才有反应。铝与硫加热时直接化合成 Al_2S_3，它遇水完全水解。

$$Al_2S_3 + 6H_2O = 2Al(OH)_3\downarrow + 3H_2S\uparrow$$

铝具有还原性，可将 $HgCl_2$ 还原为单质汞。

$$2Al + 3HgCl_2 = 3Hg\downarrow + Al^{3+} + 6Cl^-$$

铝主要用于制造各种轻合金和日常生活用。

2. 锡和铅 锡有三种同素异形体，即灰锡、白锡和脆锡，最常见的为银白色硬度居中的白锡，它有较好的延展性。铅没有变体，比锡软，能用指甲划痕。在空气中锡较稳定，铅易被氧化形成一层致密的氧化层，使表面失去光泽，这层氧化膜可防止铅被继续氧化。在空气中加热锡和铅都形成相应的氧化物。锡和铅不与水作用。但水可使铅的氧化膜脱落。使铅被进一步氧化：

$$PbO + H_2O = Pb(OH)_2$$

$$\text{或}\quad 2Pb + O_2 + 2H_2O = 2Pb(OH)_2$$

锡和铅都能与卤素直接作用，如与氯作用分别生成 $SnCl_4$ 和 $PbCl_2$。锡和铅与稀盐酸和稀硫酸反应很慢，与热浓盐酸和硫酸反应较快：

$$Sn + 2HCl\text{（稀）} = SnCl_2 + H_2\uparrow$$

$$Sn + 4H_2SO_4\text{（浓）} \xrightarrow{\triangle} Sn(SO_4)_2 + 2SO_2\uparrow + 4H_2O$$

$$Pb + 2HCl\text{（稀）} = PbCl_2\downarrow + H_2\uparrow\text{（反应很快终止）}$$

$$Pb + 4HCl\text{（浓）} \xrightarrow{\triangle} H_2[PbCl_4] + H_2\uparrow$$

$$Pb + H_2SO_4\text{（稀）} = PbSO_4\downarrow + H_2\uparrow\text{（反应很快终止）}$$

$$Pb + 3H_2SO_4\text{（浓）} \xrightarrow{\triangle} Pb(HSO_4)_2 + SO_2\uparrow + 2H_2O$$

由于铅的氯化物和硫酸盐溶解度小，它们附着在铅的表面，阻止铅与酸进一步作用，反应很快终止。但加热时，上述盐的溶解度加大，又可与酸形成可溶性物质，因而使铅与酸可以继续反应：

$$PbCl_2 + 2HCl = H_2[PbCl_4]$$

$$PbSO_4 + H_2SO_4 = Pb(HSO_4)_2$$

锡与浓硝酸反应，生成不溶于水的β-锡酸，并放出 NO_2。

$$Sn + 4HNO_3\text{（浓）} = H_2SnO_3\downarrow + 4NO_2\uparrow + H_2O$$

β-锡酸的组成不固定，应该写成 $xSnO_2\cdot yH_2O$，为了简便用 H_2SnO_3（或 $SnO_2\cdot H_2O$）表示。

铅与稀硝酸反应，生成硝酸铅：

$$3Pb + 8HNO_3\text{（稀）} = 3Pb(NO_3)_2 + 2NO\uparrow + H_2O$$

铅在有氧存在时可溶于醋酸，生成易溶的醋酸铅：

$$2Pb + O_2 = 2PbO$$

$$PbO + 2HAc = PbAc_2 + H_2O$$

锡和铅与强碱缓慢反应分别生成亚锡酸盐（Na_2SnO_2）和亚铅酸盐（Na_2PbO_2），并放出氢气。锡和铅都是两性金属。锡（Ⅱ）和锡（Ⅳ）的化合物稳定性差不多，铅（Ⅱ）的化合物比铅（Ⅳ）的化合物稳定得多，所以锡（Ⅱ）是还原剂，铅（Ⅳ）是氧化剂。

锡对空气和水都很稳定，所以用于镀铁（马口铁），防止铁生锈。锡和铅都大量用于制造各种合金，如青铜、轴承合金、活字合金及焊锡等。铅还用于蓄电池、包裹电缆、防止 X 射线和 γ 射线的照射。制酸工业也要用铅做贮存、输送酸液的容器和管道设备。

（二）铝的重要化合物

1. 氧化铝和氢氧化铝　氧化铝（Al_2O_3）有多种晶型，其中最主要的两种是 $\alpha-Al_2O_3$ 和 $\gamma-Al_2O_3$。$\alpha-Al_2O_3$ 即为自然界存在的刚玉（Corundum），它也可由金属铝在氧气中燃烧和灼烧氢氧化铝和某些铝盐而得到。$\alpha-Al_2O_3$ 熔点高（2288 ± 15K）、硬度大（8.8），化学性质十分稳定，既不溶于水，也不溶于酸或碱，耐腐蚀且电绝缘性好，可用作高硬度材料、研磨材料和耐火材料。纯的刚玉是白色的，由于含不同杂质而显不同的颜色，如含有微量 Cr（Ⅲ）的刚玉显红色，称为红宝石；含有 Fe（Ⅱ）、Fe（Ⅲ）或 Ti（Ⅳ）的称为蓝宝石；含有 Fe_3O_4 的称为刚玉粉。

在温度为 723K 时，将氢氧化铝、铝铵矾 $(NH_4)_2SO_4 \cdot Al_2(SO_4)_3 \cdot 24H_2O$ 加热，使其分解可得 $\gamma-Al_2O_3$。$\gamma-Al_2O_3$ 不溶于水，但很容易吸收水分，且易溶于酸，也溶于碱。将其加热至 1273K，即可转化为 $\alpha-Al_2O_3$。$\gamma-Al_2O_3$ 粒径小，比表面积大（$200m^2 \cdot g^{-1}$ ~ $600m^2 \cdot g^{-1}$），是一种多孔物质，具有很强的吸附能力和催化活性，所以又称为活性氧化铝，被广泛用作吸附剂和催化剂载体等。

Al_2O_3 的水合物一般都称为氢氧化铝。加氨水或碱于铝盐溶液中，得白色无定形凝胶沉淀，即为氧化铝的水合物（$Al_2O_3 \cdot nH_2O$）。在铝酸盐溶液中通入 CO_2，可得无水的氢氧化铝沉淀：

$$2Na[Al(OH)_4]^- + CO_2 = 2Al(OH)_3 \downarrow + Na_2CO_3 + H_2O$$

氢氧化铝是典型的两性氢氧化物。新鲜制备的氢氧化铝易溶于酸，也易溶于碱：

$$Al(OH)_3 + NaOH = Na[Al(OH)_4]$$

$$2Al(OH)_3 + 6HCl = 2AlCl_3 + 3H_2O$$

氢氧化铝的碱性略强于酸性，但也是极弱的碱，而且溶解度很小，所以铝盐都易水解。加热 $Al(OH)_3$ 可脱水生成氧化铝。如 $Al(OH)_3$ 在 723K ~ 773K 时，脱水生成 $\gamma-Al_2O_3$。

2. 常见的铝盐　金属铝或氧化铝或氢氧化铝与酸反应得到铝盐，与碱反应得铝酸盐。常见的铝盐主要有：三氯化铝 $AlCl_3$、硝酸铝 $Al(NO_3)_3$、硫酸铝 $Al_2(SO_4)_3$ 和硫酸铝钾 $KAl(SO_4) \cdot 12H_2O$。

$AlCl_3$ 为共价型化合物，易溶于水，也可溶于有机溶剂。无水 $AlCl_3$ 常温下为无色晶体，常温下即有挥发性，在 456K 升华，露置在潮湿的空气中因强烈水解反应而发烟，生成水合三氯化铝 $AlCl_3 \cdot 6H_2O$。

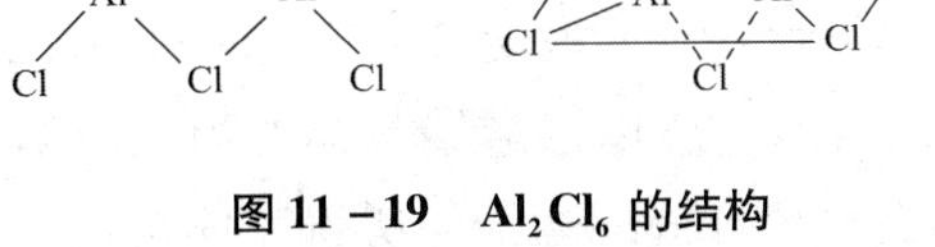

图 11－19　Al_2Cl_6 的结构

在 $AlCl_3$ 分子中，Al 原子是缺电子原子，因而具有典型的 Lewis（路易斯）酸的性质，表现出强烈的加合性。气态的 $AlCl_3$ 或处于熔融状态均为双聚分子 Al_2Cl_6，其结构如图 11－19 所示。

每个 Al 原子均以 sp^3 杂化轨道分别与 4 个 Cl 原子成键，两个 Al 原子与两端的 4 个 Cl 原子共处于同一个平面，中间的两个 Cl 原子位于平面的两侧，形成桥式结构，并与平面垂直。氯桥原子连接两个 Al 原子，形成一个 Cl→Al 配键，一个正常的 σ 键，即形成三中心四电子氯桥键。

工业上用熔融态的 Al 和 Cl_2 作用制备无水 $AlCl_3$，也可用通氯气于 Al_2O_3 和碳的混合物中的方法制取：

$$Al_2O_3 + 3Cl_2 + 3C \xlongequal{高温} 2AlCl_3 + 3CO$$

用湿法只能制得 $AlCl_3 \cdot 6H_2O$。

铝盐都易溶于水，溶解时因 Al^{3+} 离子水解溶液显酸性。如 $AlCl_3$ 溶于水时，立即解离成 $Al(H_2O)_6^{3+}$ 和 Cl^- 离子并强烈水解，水解过程中有碱式盐生成：

$$AlCl_3 + H_2O = Al(OH)Cl_2 + HCl$$

$$AlCl_3 + H_2O = AlOCl + 2HCl$$

$$AlOCl + 2H_2O = Al(OH)_3 + HCl$$

加热可促进水解过程。由于生成的 $Al(OH)_3$ 有较强的吸附能力，三氯化铝可用于水的净化，也可作为止血剂的组成成分。无水三氯化铝是有机合成中重要的催化剂和脱水剂。当铝的弱酸盐溶于水时，由于双水解作用，可使水解反应趋于完全。因此溶液中 Al^{3+} 离子与 CO_3^{2-}、S^{2-} 等弱酸的酸根离子作用时，生成的都是 $Al(OH)_3$ 沉淀。如：

$$2Al^{3+} + 3CO_3^{2-} + 3H_2O = 2Al(OH)_3\downarrow + 3CO_2\uparrow$$

$$2Al^{3+} + 3S^{2-} + 6H_2O = 2Al(OH)_3\downarrow + 3H_2S\uparrow$$

溶液中 Al^{3+} 离子的另一特性是能与许多配体形成配位数为 4 或 6 的配合物，这些配合物大多十分稳定。如：$[AlCl_4]^-$、$[AlF_6]^{3-}$、$[Al(C_2O_4)_3]^{3-}$ 等。

硝酸铝和硫酸铝是实验室常用的试剂，它们是离子型化合物，常含有一定数目的结晶水。无水硫酸铝 $Al_2(SO_4)_3$ 为白色粉末。从水溶液中得到的 $Al_2(SO_4)_3 \cdot 6H_2O$ 为无色针状结晶。硫酸铝易与 K^+、Na^+、NH_4^+、Ag^+ 等的硫酸盐结合形成矾，如，硫酸铝钾 $KAl(SO_4)_2 \cdot 12H_2O$，又称铝钾矾，俗称明矾，为无色晶体。

硫酸铝和明矾都可用来作水处理剂；在医药中作局部收敛剂及洗剂；在造纸工业和印染工业中都有许多应用。铝离子能引起神经元退化，若人脑组织中铝离子浓度过大会出现早衰性痴呆症。

（三）锡的重要化合物

1. 氧化物和氢氧化物 在锡的氧化物中重要的是二氧化锡 SnO_2，可由金属锡在空气中燃烧制得：

$$Sn + O_2 = SnO_2$$

二氧化锡是白色固体，熔点 1400K，不溶于水，也不溶于酸和碱，但与 NaOH 共熔，可转变为可溶性锡酸盐：

$$SnO_2 + 2NaOH = \underset{锡酸钠}{Na_2SnO_3} + H_2O$$

将所得锡酸钠溶于水后，再从溶液中析出晶体，其组成通常写为 $Na_2SnO_3 \cdot 3H_2O$，实际这三个水分子不易失去，因为它不是结晶水而是组成水。所以锡酸钠晶体的组成应当是 $Na_2[Sn(OH)_6]$，六个 OH^- 离子配位在 Sn^{4+} 周围而成六羟合锡配离子，所得晶体是这个配离子的钠盐。

二氧化锡与 Na_2CO_3 和 S 共熔，可生成硫代锡酸钠：

$$SnO_2 + 2Na_2CO_3 + 4S \xlongequal{} Na_2SnS_2 + Na_2SO_4 + 2CO_2\uparrow$$

硫代锡酸钠

SnO_2 可形成 n 型半导体，当吸附 H_2、CO、CH_4 等具有还原性的可燃性气体时其电导会发生明显的变化，利用这一特点，用 SnO_2 制造半导体气敏元件，以检测上述气体，从而避免中毒、火灾、爆炸等事故的发生。SnO_2 还用于制造珐琅、陶瓷和乳白玻璃。

将氨或其他碱加入到锡（Ⅳ）盐溶液中，生成白色胶状的氢氧化锡（Ⅳ）沉淀。它实际是 SnO_2 的水合物 $SnO_2 \cdot xH_2O$，称为 α－锡酸，具有两性，即溶于酸也溶于碱：

$$SnCl_4 + 4NH_3 \cdot H_2O \xlongequal{} Sn(OH)_4\downarrow + 4NH_4Cl$$

$$Sn(OH)_4 + 4HCl \xlongequal{} SnCl_4 + 4H_2O$$

$$Sn(OH)_4 + 2NaOH \xlongequal{} Na_2Sn(OH)_6$$

如将 α－锡酸长期放置或加热，则转变为 β－锡酸，β－锡酸是晶态的，不溶于酸或碱。

在锡（Ⅱ）盐溶液中加入碱，生成白色氢氧化亚锡沉淀：

$$Sn^{2+} + 2OH^- \xlongequal{} Sn(OH)_2\downarrow$$

将 $Sn(OH)_2$ 滤出加热，可得棕色的一氧化锡：

$$Sn(OH)_2 \xlongequal{\triangle} SnO + H_2O$$

氢氧化亚锡具有两性，即溶于酸也溶于碱：

$$Sn(OH)_2 + 2HCl \xlongequal{} SnCl_2 + 2H_2O$$

$$Sn(OH)_2 + 2NaOH \xlongequal{} Na_2[Sn(OH)_4]$$

锡（Ⅱ）的化合物在碱性溶液中特别容易被氧化，所以 $Sn(OH)_2$ 或亚锡酸根 $Sn(OH)_4^{2-}$ 离子是强还原剂，在碱性介质中容易转变为锡酸根离子。例如，$Sn(OH)_4^{2-}$ 在碱性溶液中能将 Bi^{3+} 还原为金属铋：

$$3Na_2Sn(OH)_4 + 2BiCl_3 + 6NaOH \xlongequal{} 2Bi\downarrow + 3Na_2Sn(OH)_6 + 6NaCl$$

2. 二氯化锡和四氯化锡　二氯化锡（氯化亚锡）容易水解，它的溶液在加热或稀释时将逐步水解生成碱式盐或氢氧化物沉淀：

$$SnCl_2 + H_2O \xlongequal{} Sn(OH)Cl\downarrow + H_2O$$

$$Sn(OH)Cl + H_2O \xlongequal{} Sn(OH)_2\downarrow + HCl$$

为了防止 $SnCl_2$ 溶液水解变混浊，在配制时可用少量浓盐酸先将结晶溶解，再加水稀释。$SnCl_2$ 具有强还原性，在新配制 $SnCl_2$ 溶液时，为了防止其被氧化，常在新配制的 $SnCl_2$ 溶液中加入少量金属 Sn：

$$2Sn^{2+} + O_2 + 4H^+ \xlongequal{} 2Sn^{4+} + 2H_2O$$

$$Sn^{4+} + Sn \xlongequal{} 2Sn^{2+}$$

二氯化锡可将铁（Ⅲ）还原为铁（Ⅱ）；将氯化汞（Ⅱ）还原为氯化亚汞（Ⅰ）的白色沉淀，甚至进一步还原成黑色的金属汞微粒：

$$2FeCl_3 + SnCl_2 \xlongequal{} 2FeCl_2 + SnCl_4$$

$$2HgCl_2 + SnCl_2 \xlongequal{} Hg_2Cl_2\downarrow + SnCl_4$$

$$Hg_2Cl_2 + SnCl_2 \xlongequal{} 2Hg\downarrow + SnCl_4$$

二氯化锡是实验室中常用的重要的亚锡盐和还原剂。

四氯化锡（氯化锡）通常用 Cl_2 与 $SnCl_2$ 反应制取，从水溶液只能得到 $SnCl_4 \cdot H_2O$。四氯化锡可用作媒染剂、有机合成的氯化催化剂及镀锡的试剂。

（四）铅的重要化合物

1. 氧化物和氢氧化物 一氧化铅 PbO，俗称“密陀僧”，是由空气氧化熔融的铅制得的。它有两种变体：红色四方晶体和黄色正交晶体。在常温下，红色晶体比较稳定。将黄色 PbO 在水中煮沸即得红色变体。PbO 呈两性且偏碱性，能溶于酸和碱：

$$PbO+2HNO_3 \longequal Pb(NO_3)_2+H_2O$$

$$PbO+2NaOH \longequal Na_2[PbO_2]+H_2O$$

（亚铅酸钠）

二氧化铅呈棕色。可用强氧化剂如硝酸盐、次氯酸盐等氧化铅（Ⅱ）盐制得。如：

$$PbAc_2+ClO^-+2OH^- \longequal PbO_2\downarrow+Cl^-+2Ac^-+H_2O$$

二氧化铅具有两性，但酸性大于碱性，与强碱共热可得铅酸盐：

$$PbO_2+2NaOH+H_2O \longequal Na_2Pb(OH)_6$$

加热二氧化铅即放出氧气：

$$2PbO_2 \longequal 2PbO+O_2\uparrow$$

二氧化铅是强氧化剂，当与硫粉一同研磨或微微加热时，硫即着火；把 H_2S 气流射到 PbO_2 上，H_2S 即燃烧；二氧化铅能将浓盐酸及 Mn^{2+} 离子氧化：

$$PbO_2+4HCl \longequal PbCl_2+Cl_2\uparrow+2H_2O$$

$$5PbO_2+2Mn(NO_3)_2+6HNO_3 \longequal 2HMnO_4+5Pb(NO_3)_2+2H_2O$$

四氧化三铅为红色粉末，俗称铅丹或红丹。它是将 PbO 在空气中长时间加热制得的：

$$6PbO+O_2 \xrightleftharpoons[823K]{723K\sim773K} 2Pb_3O_4$$

在 823K 以上 Pb_3O_4 分解，反应向逆方向进行。四氧化三铅是混合氧化物：$2PbO\cdot PbO_2$。在它的晶体中既有铅（Ⅳ）又有铅（Ⅱ）。Pb_2O_4 与热稀硝酸作用，其中 PbO 溶解成硝酸铅（Ⅱ），PbO_2 不溶：

$$Pb_3O_4+4HNO_3 \longequal PbO_2\downarrow+2Pb(NO_3)_2+2H_2O$$

此反应说明在 Pb_3O_4 中有 2/3 的 Pb（Ⅱ）和 1/3 的 Pb（Ⅳ）。因为有 Pb（Ⅳ），Pb_3O_4 具有氧化性。如：

$$Pb_3O_4+8HCl（浓） \longequal 3PbCl_2+Cl_2\uparrow+4H_2O$$

三氧化二铅也是混合氧化物：$PbO\cdot PbO_2$。Pb_3O_3 也有与 Pb_3O_4 类似的反应：

$$Pb_2O_3+6HCl（浓） \longequal 2PbCl_2+Cl_2\uparrow+3H_2O$$

$$Pb_2O_3+2HNO_3 \longequal PbO_2\downarrow+Pb(NO_3)_2+H_2O$$

PbO_2 和 Pb_3O_4 在实验室中作氧化剂。PbO_2用以制造蓄电池和火柴；Pb_3O_4 大量用作红色颜料，也用于制膏药；PbO 用于制造油漆、釉、珐琅、铅玻璃、蓄电池和火柴等。

在铅（Ⅱ）盐溶液中加入适量碱，得白色 $Pb(OH)_2$ 沉淀。如将 $Pb(OH)_2$ 在 373K 加热脱水，得红色 PbO；若加热温度低，则得黄色 PbO。$Pb(OH)_2$ 具有两性，碱性强于酸性，故它易溶于酸，微溶于碱：

$$Pb(OH)_2+2HNO_3 \longequal Pb(NO_3)_2+2H_2O$$

$$Pb(OH)_2+2NaOH \longequal Na_2PbO_2+2H_2O$$

2. 铅盐 铅、一氧化铅或碳酸铅与硝酸作用，生成硝酸铅。硝酸铅是易溶于水的无色晶体，在水中部分水解，溶液呈酸性：

$$Pb^{2+}+2H_2O \longequal Pb(OH)_2\downarrow+2H^+$$

硝酸铅受热分解：

$$2Pb(NO_3)_2 \xlongequal{\triangle} 2PbO + 4NO_2\uparrow + O_2\uparrow$$

硝酸铅是实验室中常用的铅盐，也是制备其他铅的化合物的原料。

PbO 与 HAc 共煮，生成醋酸铅：

$$PbO + 2HAc \xlongequal{} PbAc_2 + H_2O$$

$PbAc_2 \cdot 3H_2O$，俗称铅糖或铅霜，它是无色晶体，易溶于水，有甜味。醋酸铅是共价化合物，在水中的电离度很小。

大多数的铅盐是难溶的。$PbCl_2$ 为难溶于冷水的白色沉淀，易溶于热水，也能溶于盐酸：

$$PbCl_2 + 2HCl \xlongequal{} H_2[PbCl_4]$$

PbI_2 为黄色丝状有亮光的沉淀，易溶于沸水，也溶于 KI 溶液中：

$$PbI_2 + 2KI \xlongequal{} K_2[PbI_4]$$

$PbSO_4$ 为白色晶体，难溶于水，能溶于浓硫酸生成 $Pb(HSO_4)_2$。

$PbCO_3$ 为白色晶体，$PbCrO_4$ 为亮黄色晶体，两者均难溶于水。

Pb^{2+} 与 S^{2-} 离子反应生成黑色 PbS，该反应用于检验 Pb^{2+} 离子或 S^{2-} 离子。PbS 的溶度积很小，但能溶于稀硝酸中：

$$3PbS + 8H^+ + 2NO_3^- \xlongequal{} 3Pb^{2+} + 3S\downarrow + 2NO\uparrow + 4H_2O$$

PbS 与 H_2O_2 反应，很容易被转化为白色的硫酸铅：

$$PbS + 4H_2O_2 \xlongequal{} PbSO_4\downarrow + 4H_2O$$

五、离子鉴定和常用药物

（一）离子鉴定

1. CO_3^{2-} 离子和 HCO_3^- 离子的鉴定　H_2CO_3 在水溶液中存在下列平衡：

$$2H^+ + CO_3^{2-} \rightleftharpoons H^+ + HCO_3^- \rightleftharpoons H_2CO_3 \rightleftharpoons CO_2 + H_2O$$

因此在碳酸盐或碳酸氢盐溶液中加入酸，平衡右移放出 CO_2 气体，将此气体通入澄清的 $Ca(OH)_2$ 溶液（石灰水）时，产生白色碳酸钙沉淀：

$$CO_2 + Ca(OH)_2 \xlongequal{} CaCO_3\downarrow + H_2O$$

上述反应是碳酸盐和碳酸氢盐的共同反应。为了区别这两种盐，可在溶液中加入硫酸镁试液，如为碳酸盐即产生白色碳酸镁沉淀，而碳酸氢镁由于溶解度较大，不产生沉淀：

$$Mg^{2+} + CO_3^{2-} \xlongequal{} MgCO_3\downarrow$$

$$Mg^{2+} + 2HCO_3^- \xlongequal{} Mg(HCO_3)_2 \qquad \text{不反应}$$

煮沸时，$Mg(HCO_3)_2$ 分解，产生 CO_2：

$$Mg(HCO_3)_2 \xlongequal{\triangle} MgCO_3\downarrow + CO_2\uparrow + H_2O$$

将产生的气体通入石灰水，产生白色沉淀证明为碳酸氢盐。

也可用酚酞指示剂区别碳酸盐和碳酸氢盐。酚酞指示剂的变色范围为 pH 8.3～10.0，$0.1mol \cdot L^{-1}$的碳酸钠溶液 pH 为 11.6，而 $0.1mol \cdot L^{-1}$的碳酸氢钠溶液的 pH 为 8.3，在试液中加入酚酞指示剂，如为碳酸盐溶液，即显深红色；如为碳酸氢盐溶液，不变色或仅显微红色。

2. SiO_3^{2-} 离子的鉴定　多硅酸盐是固体，一般可用 NaOH 和它共熔，转变为可溶性硅酸钠，用水沥取后，在溶液中加入硝酸银试液，如产生黄色硅酸银证明为硅酸盐：

$$2Ag^{+} + SiO_3^{2-} \longrightarrow Ag_2SiO_3 \downarrow$$

因溶液碱性较强，沉淀中会混有灰色 Ag_2O 沉淀。

因硅酸本身是沉淀。利用可溶性硅酸盐溶液中加入强酸后产生胶状 $(SiO_2)_x \cdot yH_2O$ 沉淀，也可证明样品为硅酸盐。

3. BO_2^-（BO_3^{3-}，$B_4O_7^{2-}$）的鉴定

（1）试液加盐酸酸化后，能使姜黄试纸变成棕红色（生成硼螯合物），放置干燥，颜色即变深，再用氨试液湿润，生成玫瑰青苷，硼酸盐量少时为蓝色，量多时为绿黑色。

（2）当有浓硫酸存在时，硼酸或硼酸盐可与醇类（如甲醇或乙醇）作用，生成硼酸酯（浓硫酸起脱水作用）：

$$H_3BO_3 + 3CH_3OH \longrightarrow B(OCH_3)_3 + 3H_2O$$

硼酸三甲酯易挥发，稍加热即成蒸气，点火燃烧时，火焰边缘呈绿色，表示有 BO_2^-（或 $B_4O_7^{2-}$）离子存在。检出限量为 0.2mg。

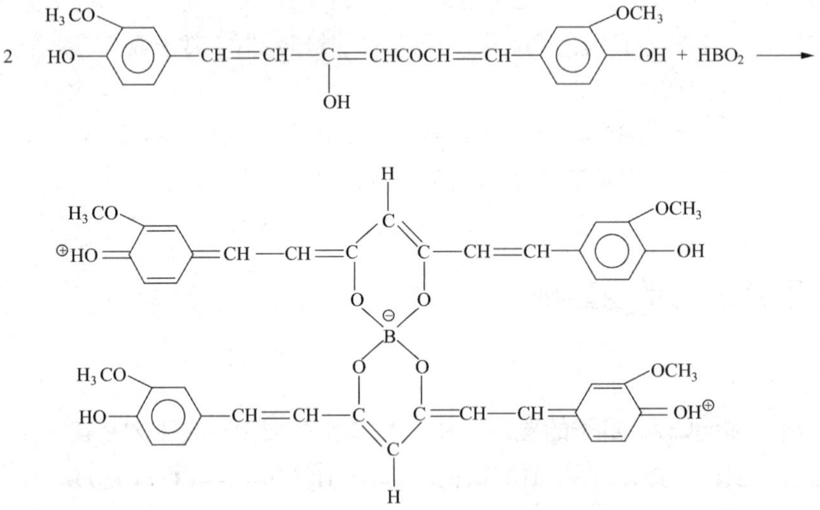

玫瑰青甙

4. Al^{3+}离子的鉴定

（1）向含有 Al^{3+}离子的溶液中滴加氢氧化钠试液，即生成白色胶状沉淀：

$$Al^{3+} + 3OH^- \longrightarrow Al(OH)_3 \downarrow \text{（白）}$$

$Al(OH)_3$ 沉淀在 pH3.9 即可形成，继续加氢氧化钠试液，至 pH 超过 10 时，沉淀即溶解：

$$Al(OH)_3 + OH^- \longrightarrow [Al(OH)_4]^-$$

（2）向含有 Al^{3+}离子的溶液中加氨试液至生成白色胶状沉淀：

$$Al^{3+} + 3NH_3 \cdot H_2O \longrightarrow Al(OH)_3 \downarrow + 3NH_4^+$$

再滴加茜素磺酸钠指示液数滴，则 $Al(OH)_3$ 与茜素磺酸钠生成显樱红色配位化合物：

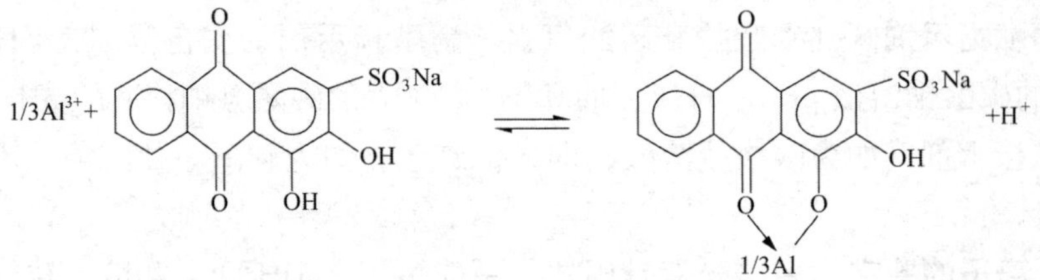

5. Sn^{2+}离子的鉴定 Sn^{2+}离子具有强还原性，能将高汞离子还原为低汞离子。在 $SnCl_2$ 溶液中加入 $HgCl_2$ 溶液，生成 Hg_2Cl_2 白色沉淀：

$$2HgCl_2 + SnCl_2 = Hg_2Cl_2\downarrow + SnCl_4$$

如有足够的 $SnCl_2$，Hg_2Cl_2 可进一步被还原成金属汞，使沉淀呈灰黑色：

$$Hg_2Cl_2 + SnCl_2 = 2Hg\downarrow\text{（黑）} + SnCl_4$$

6. Pb^{2+}离子的鉴定 在中性或弱酸性溶液中，CrO_4^{2-} 与 Pb^{2+}生成黄色 $PbCrO_4$ 沉淀：

$$Pb^{2+} + CrO_4^{2-} = PbCrO_4\downarrow\text{（黄）}$$

有 Ag^+离子及 Ba^{2+}离子存在时，因生成砖红色 Ag_2CrO_4 沉淀和黄色 $BaCrO_4$ 沉淀，对 Pb^{2+}离子的检查有干扰，但 $PbCrO_4$ 溶于强碱和醋酸中，而 $BaCrO_4$和 Ag_2CrO_4 不溶：

$$PbCrO_4 + 3\ OH^- = [Pb(OH)_3]^- + CrO_4^{2-}$$

（二）常用药物

1. 药用碳 药用碳（C）为黑色粉末，无臭，无味，无砂性。

药用碳为吸附药。内服可治疗各种胃肠胀气，做抗发酵剂，也可用作解毒剂，用于吸附汞盐等重金属盐、细菌毒素及士的宁等生物碱毒物。

2. 二氧化碳 二氧化碳（CO_2）为无色气体，无臭，能溶于水，水溶液显弱酸性。

二氧化碳为呼吸兴奋药。用于呼吸功能不全的治疗。

3. 二甲硅油

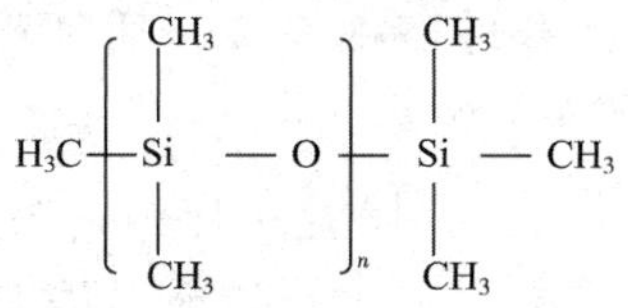

二甲硅油为二甲基硅氧烷聚合物。无色澄清的油状液体，无臭或几乎无臭，无味。在三氯甲烷、乙醚、苯、甲苯或二甲苯中能任意混合，在水或乙醇中不溶。

二甲硅油为消泡沫药。制剂有二甲硅油气雾剂（含二甲硅油 80.0% ~120.0%）和二甲硅油片［含二甲硅油 90.0% ~110.0%，含氢氧化铝按氧化铝（Al_2O_3）计算，不得少于 45.0%］。

4. 碳酸氢钠 碳酸氢钠（$NaHCO_3$）又名小苏打、重曹或重碳酸钠，白色结晶性粉末，无臭，味咸，在潮湿空气中缓缓分解，溶于水，不溶于乙醇。

碳酸氢钠为吸收性抗酸药。内服能中和胃酸及碱化尿液，静注用于治疗酸中毒。制剂有碳酸氢钠片（含 $NaHCO_3$ 95.0% ~105.0%）和碳酸氢钠注射液（碳酸氢钠的灭菌水溶液，含 $NaHCO_3$ 95.0% ~105.0%）。

5. 碳酸锂 碳酸锂（Li_2CO_3）为白色结晶性粉末，无臭，无味，微溶于水，不溶于乙醇，水溶液显碱性。碳酸锂为抗躁狂药。制剂有碳酸锂片（含 Li_2CO_3 95.0% ~105.0%）和碳酸锂缓释片（含 Li_2CO_3 95.0% ~105.0%）。

6. 硼酸 硼酸（H_3BO_3）为无色微带珍珠光泽的结晶或白色疏松的粉末，有油腻感，无臭，在沸水、沸乙醇或甘油中易溶，在水或乙醇中溶解，水溶液显弱酸性 。

硼酸为消毒防腐药。制剂有硼酸软膏（含 H_3BO_3 4.50% ~5.50%）。

硼酸具有杀菌作用，1% ~4% 的硼酸溶液用于冲洗眼睛、洗膀胱、漱口或洗涤伤口。含硼酸 4.50% ~5.50% 的硼酸软膏具有防腐、收敛的功效，常用于治疗皮肤溃疡和褥疮。

硼酸甘油酯（含 H_3BO_3 47.5% ~52.50%）用于治疗中耳炎。

7. 硼砂 硼砂（$Na_2B_4O_7 \cdot 10H_2O$）又名盆砂，无色半透明的结晶或白色结晶性粉末，无臭，有风化性，溶于水，不溶于乙醇，水溶液显碱性。

硼砂为消毒防腐药。外用时对皮肤黏膜有收敛作用和抑制某些细菌发育的作用，因此用途与硼酸相似。硼砂内服能刺激胃液分泌，至肠吸收后由尿排泄，能促进尿液分泌，防止泌尿道的炎症。硼砂也是治疗咽喉炎及口腔炎的冰硼散和复方硼砂含漱剂的主要成分。

8. 氢氧化铝 氢氧化铝［$Al(OH_3)$］为白色粉末，无臭，无味，不溶于水或乙醇，在稀无机酸或氢氧化钠溶液中溶解。

氢氧化铝是较好的抗酸药。用于胃酸过多、胃溃疡、十二指肠溃疡等症。氢氧化铝内服在中和胃酸的同时所产生的 $AlCl_3$ 还有收敛和局部止血作用：

$$Al(OH)_3 + 3HCl = AgCl_3 + 3H_2O$$

氢氧化铝的制剂有氢氧化铝片［每片含氢氧化铝按氧化铝（Al_2O_3）计算，不得少于 0.135 g］、氢氧化铝凝胶［含氢氧化铝按氧化铝（Al_2O_3）计算为 3.60% ~4.40%（g/g）］和复方氢氧化铝片。

氢氧化铝凝胶剂或氢氧化铝片剂，口服用药作用缓慢而持久。氢氧化铝凝胶还具有保护溃疡面和吸附细菌、杀菌的作用。

9. 明矾 明矾为硫酸盐类矿物明矾石经加工提炼制成，主含含水硫酸铝钾［$KAl(SO_4)_2 \cdot 12H_2O$］，呈不规则的块状或粒状，无色或淡黄白色，透明或半透明，表面略平滑或凹凸不平，具细密纵棱，有玻璃样光泽，质硬而脆，气微，味酸、微甘而极涩；性味酸、涩，寒；归肺、脾、肝、大肠经。

明矾具有收敛作用，外用解毒杀虫，燥湿止痒；内服止血止泻，祛除风痰；外治用于湿疹，疥癣，聤耳流脓；内服用于久泻不止，便血，崩漏，癫痫发狂。明矾中药称白矾，经煅制加工后称苦矾，又叫枯矾、煅明矾或炙白矾。外用多为枯矾，因枯矾质地疏松干燥，其收敛、燥湿、止泻、固脱作用较好，适用于湿疹湿疮，聤耳流脓，阴痒带下，鼻衄齿衄，鼻息肉，溃疡以及久痢脱肛等症。

因此，在用法上枯矾多作撒布剂，明矾易溶于水，故多作洗涤剂使用。明矾也是最常用的净水剂。

10. 铅丹 铅丹又名黄丹。主要成分为 Pb_3O_4，具有直接杀灭细菌、寄生虫和抑制黏液分泌的作用。因此，对收敛、生肌、止痛有较好的效用。

11. 滑石 滑石为硅酸盐类矿物，主含含水硅酸镁［$Mg_3(Si_4O_{10})(OH)_2$］，呈不规则的块状，白色、黄白色或淡蓝灰色，有蜡样光泽，质软，细腻，手摸有滑润感，无吸湿性，置水中不崩散，气微，无味；味甘、淡，性寒。

滑石有利尿通淋，清热解暑，祛湿敛疮功能。用于热淋、石淋、尿热涩痛、暑湿烦渴、湿热水泻；外治湿疹、湿疮、痱子。

12. 青礞石 青礞石为变质岩类黑云母片岩或绿泥石化云母碳酸盐片岩。

黑云母片岩：主为鳞片装或片状集合体。呈不规则扁块状或长斜块状，无明显棱角。褐黑色或绿黑色，具玻璃样光泽。质软，易碎，断面呈较明显的层片状。碎粉主为绿黑色鳞片（黑云母），有似星点样的闪光。气微，味淡。

绿泥石化云母碳酸盐片岩：为鳞片状或粒状集合体。呈灰色或绿灰色，夹有银色或淡黄色鳞片，具光泽。质松，易碎，粉末为灰绿色鳞片（绿泥石化云母片）和颗粒（主为碳酸盐），片状者具星点样闪光。遇稀盐酸产生气泡，加热后泡沸激烈。气微，味淡。

青礞石性味甘、咸，平；归肺、心、肝经。有坠痰下气，平肝镇惊等功能。用于顽痰胶结，咳逆喘急，癫痫发狂，烦躁胸闷，惊风抽搐。

13. 炉甘石　炉甘石为碳酸盐类矿物方解石族菱锌矿，主含碳酸锌（$ZnCO_3$）。呈不规则的块状，灰白色或淡红色，表面粉性，无光泽，凹凸不平，多孔，似蜂窝状。体轻，易碎。气微，味微涩。味甘，性平；归胃经。

炉甘石有解毒明目退翳，收湿止痒敛疮等功能。用于目赤肿痛，眼缘赤烂，翳膜胬肉，溃疡不敛，脓水淋漓，湿疮，皮肤瘙痒。

14. 钟乳石　钟乳石为碳酸盐类矿物方解石族方解石，主含碳酸钙（$CaCO_3$）。略呈圆锥形或圆柱形。表面白色、灰白色或棕黄色，对光观察具闪星状的亮光，近中心常有一圆孔，圆孔周围有多数浅橙黄色同心环层。气微，味微咸。味甘，性温；归肺、肾、胃经。

钟乳石有温肺，助阳，平喘，制酸，通乳等功能。用于寒痰喘咳，阳虚冷喘，腰膝冷痛，胃痛泛酸，乳汁不通。

本章小结

一、卤素

卤素位于元素周期表中的ⅦA 族，价电子构型是 ns^2np^5，除 F 元素外，可能氧化态有 +1、+3、+5、+7。与同周期其他元素相比，卤素有最大的电子亲合能、最大的第一电离能（稀有气体除外）、最大的电负性和最小的原子半径，因此，卤素是最活泼的非金属。卤素单质都是强氧化剂。

（一）卤素单质

卤素单质均有刺激性气味，颜色从氟到碘依次呈浅黄、黄绿、红棕和紫黑色；卤素单质均为非极性的双原子分子，在常温下，氟和氯是气体，溴是易挥发的液体，而碘为固体；卤素单质在极性大的溶剂（如水）中，溶解度很小。氯、溴、碘在极性小的有机溶剂（如乙醇、四氯化碳、二硫化碳、乙醚、苯、氯仿等）中，溶解度比在水中的溶解度大得多，并呈现一定的颜色。

卤素单质可氧化金属和除稀有气体、氧、氮以外的所有非金属，卤素单质的氧化能力和卤离子的还原能力大小顺序为：

氧化能力　　$F_2 > Cl_2 > Br_2 > I_2$

还原能力　　$I^- > Br^- > Cl^- > F^-$

卤素单质（除 F_2外）可发生歧化反应，歧化反应的倾向与溶液的 pH 和温度有关。在酸性介质中氯、溴、碘均不发生歧化反应；在碱性介质中氯、溴、碘均要发生歧化反应：

$$X_2 + H_2O = HX + HXO$$

次卤酸根在碱性溶液还要发生歧化反应，但歧化反应速率不同：

$$3XO^- = 2X^- + XO_3^-$$

（二）卤化氢和卤化物

1. 卤化氢　卤化氢的熔点、沸点按 HCl－HBr－HI 的顺序逐渐升高；HF 的 m. p、b. p、汽化热特别高，电离度低，因为分子间存在着氢键；热稳定性：HF > HCl > HBr > HI；氢卤酸酸性：HF < HCl < HBr < HI；还原性：HF < HCl < HBr < HI。

2. 卤化物　所有非金属卤化物都属于共价型卤化物。金属卤化物有的属于共价型，有的属于离子型，还有的是介于这两者之间称为过渡型。主要取决于金属离子的极化力和卤素离子的变形性。

离子型卤化物的熔点、沸点较高，熔融物导电，大多数易溶于水，在水溶液中电离成金属离子和卤离子，不发生水解。

共价型卤化物的熔点、沸点很低，熔融物一般不导电，易溶于有机溶剂，绝大多数遇水立即发生水解反应，生成含氧酸和氢卤酸。

一些共价型（或过渡型）含有结晶水的金属卤化物，如：$MgCl_2 \cdot 6H_2O$、$ZnCl_2 \cdot 6H_2O$、$FeCl_3 \cdot 6H_2O$、$AlCl_3 \cdot 6H_2O$ 等，不能用加热的方法脱去结晶水，因为加热时会发生水解作用。

3. 多卤化物含有三个卤素的多卤化物阴离子如 I_3^-、ICl_{2-}、IBr_{2-}、$IBrCl^-$ 等多为直线型。多卤化物熔点很低、热稳定性差，受热时多分解成简单卤化物和卤素单质或卤素互化物。

（三）卤素的含氧酸及其盐

1. 无机含氧酸、含氧酸盐概述　无机含氧酸的分子结构（三种）：（略）

无机含氧酸的强度：

（1）中心原子的电负性越大，含氧酸的酸性越强。同一周期内，不同元素的最高氧化态含氧酸的酸性从左至右逐渐增强。如：$H_2SiO_3 < H_3PO_4 < H_2SO_4 < HClO_4$；同一族内，氧化态相同的元素的含氧酸的酸性自上而下逐渐减弱。如：$HClO_3 > HBrO_3 > HIO_3$；$HClO > HBrO > HIO$。

（2）中心原子周围非羟基氧的数目越多，含氧酸的酸性越强。

同一元素不同氧化态的含氧酸中，高氧化态的含氧酸的酸性一般比低氧化态的含氧酸的酸性强。如：$HClO_4 > HClO_3 > HClO_2 > HClO$；同一元素同一氧化态的含氧酸，一般是偏酸的酸性比正酸强。如：$HPO_3 > H_3PO_4$。

无机含氧酸的氧化还原性：

（1）同一周期元素最高氧化数含氧酸的氧化性随原子序数递增而增强。如 $H_2SiO_4 < H_3PO_4 < H_2SO_4 < HClO_4$。对于同一周期并且族数相同的最高氧化数含氧酸，主族元素含氧酸的氧化性强于副族元素，如 $HBrO_4 > HMnO_4$，$H_2SeO_4 > H_2CrO_4$。

（2）同族元素最高氧化数含氧酸的氧化性随原子序数增加呈锯齿形变化。如 $HNO_3 > H_3PO_4 < H_3AsO_4$，$H_2SO_4 < H_2SeO_4 > H_6TeO_6$，$HClO_4 < HBrO_4 > H_5IO_6$。

（3）同一元素的不同氧化数的含氧酸，低氧化数含氧酸的氧化性较强。如 $HClO > HClO_3 > HClO_4$，$HNO_2 > HNO_3$（稀）等。

（4）含氧酸的氧化性强于含氧酸盐，含氧酸根在酸性介质中的氧化性强于在碱性介质中。

无机含氧酸盐的热稳定性：

许多盐受热都会分解，分解反应的难易和分解产物的类型与盐的类型有关。

（1）水合含氧酸盐受热后，一般发生脱水反应变成无水盐；半径较小，电荷较高的金属离子（如 Be^{2+}、Mg^{2+}、Al^{3+}、Fe^{3+} 和稀土离子等）的硝酸盐、碳酸盐易水解反应；

（2）无水含氧酸盐的热分解反应分为两种类型：

非氧化还原分解反应　将盐类加热可得到相应的酸和碱；

氧化还原分解反应　当含氧酸盐中的正、负离子具有氧化、还原性时，有可能在受热时发生氧化还原反应。

（3）稳定的酸式含氧酸盐受热时一般是失水缩聚，生成多聚酸盐；不稳定含氧酸的酸式盐，则不会形成多酸盐。

2. 卤素的含氧酸及其盐　含氧酸的酸性、氧化还原性和稳定性都与其结构有关，以氯的含氧酸及其盐为代表将这些性质的变化规律总结如下：

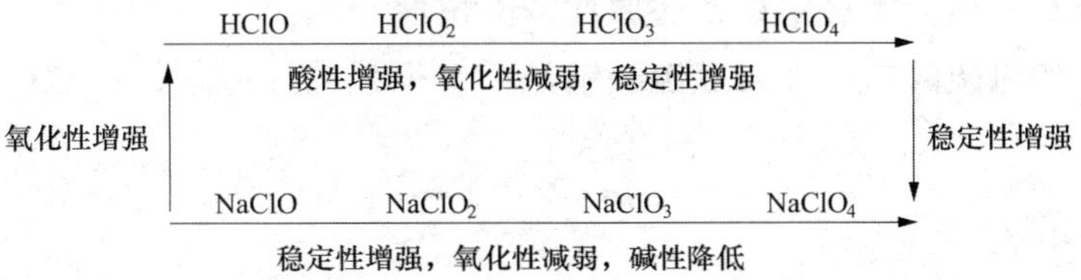

稳定性增强，氧化性减弱，碱性降低

（四）类卤化合物

类卤素在许多方面与卤素具有相似性，可参照卤素性质对类卤素进行预测。如：

氧化性强弱顺序：$F_2 > (OCN)_2 > Cl_2 > Br_2 > (CN)_2 > (SCN)_2 > I_2$

还原性强弱顺序：$F^- < OCN^- < Cl^- < Br^- < CN^- < SCN^- < I^-$

二、氧族元素

（一）氧族元素的通性

周期系第ⅥA 族元素，包括氧（O）、硫（S）、硒（Se）、碲（Te）和钋（Po）五种元素，统称为氧族元素。价层电子构型为 ns^2np^4，在化合物中常见的氧化数为 -Ⅱ，氧和硫是典型的非金属元素；硒和碲是准金属；钋是典型的金属。

（二）过氧化氢

过氧化氢分子中有一个过氧键—O—O—。H_2O_2是即有氧化性，又有还原性，不稳定的二元弱酸。鉴别过氧化氢的方法是在酸性溶液中加入重铬酸溶液，生成二过氧合铬的氧化物 CrO_5，CrO_5显蓝色，在乙醚层中溶解并更稳定。

（三）硫及其重要化合物

（1）硫单质有多种同素异形体，既有氧化性、又有还原性，可溶于热碱溶液，发生歧化反应。

（2）硫化氢是具有还原性、不稳定的二元弱酸。

（3）硫化物有多种类型，最重要的性质有水解性、难溶性和还原性，易形成多硫化物是硫化物的重要特征之一。

（四）硫的含氧化合物

1. 氧化物、含氧酸根的结构

（1）SO_2，V 形构型，S 原子 sp^2不等性杂化，两个 σ 键，一个 Π_3^4键。

（2）SO_3，平面三角形，S 原子 sp^2杂化，三个 σ 键，一个 Π_4^6键。

（3）SO_3^{2-}，三角锥形，S 原子 sp^3杂化，三个 σ 键。

（4）SO_4^{2-}，四面体形，四个 σ 键。

（5）$S_2O_3^{2-}$，S 原子 sp^3杂化，四面体形，四个 σ 键，两个 S 原子不等价。

2. **含氧酸类别** 普通含氧酸（硫酸、亚硫酸）、硫代酸（母体中一非羟基氧被硫元素取代，硫代硫酸、硫代亚硫酸）、连酸（母体酸中的硫原子被多硫链取代，连硫酸、连亚硫酸）、焦酸（两个母体分子失去一分子水后以氧相连的产物，焦硫酸、焦亚硫酸）、过硫酸（过氧化氢分子中的氢原子被母体酸中失去一个羟基后余下部分取代，过一硫酸、过二硫酸）。

3. **亚硫酸的还原性和硫酸的氧化性** 亚硫酸盐主要具有不稳定性（遇酸分解）和强还原性；浓硫酸具有脱水性和强氧化性。

4. **硫代硫酸及其盐** 不稳定性，还原性，配位性。

5. **连硫酸盐和过硫酸盐** 连二亚硫酸钠是一个很强的还原剂；过二硫酸及其盐都具有极强的氧化性。

三、氮族元素

（一）氮族元素的通性

周期系ⅤA族包括氮（N）、磷（P）、砷（As）、锑（Sb）和铋（Bi）五种元素，统称为氮族元素。原子的价层电子构型为 ns^2np^3，主要氧化数有 -Ⅲ、+Ⅲ、+Ⅴ。形成共价化合物是本族元素的特征。氮、磷主要形成氧化数为+Ⅴ的化合物，砷、锑常形成氧化数为+Ⅴ和+Ⅲ的化合物，而铋氧化数为+Ⅲ的化合物比氧化数为+Ⅴ的化合物稳定。

（二）氮及其化合物

1. **氮分子** 以叁键相结合的双原子分子，高键能是它化学惰性的主要原因。

2. **氮的氢化物** 氮族元素氢化物均具有碱性及还原性，碱性顺序从上到下依次减弱，还原性由上到下依次增加。

氮的氢化物包括氨（铵盐）、羟氨、肼和叠氮酸等。从它们的结构推测它们的性质，如氨具有的性质：氨合反应、氧化还原反应、取代反应。

铵盐呈弱酸性，遇碱放出氨；固态的铵盐热稳定性差，其分解反应与相应的酸根有关：酸根无氧化性时，产物为 NH_3 和酸；酸根有氧化性时，生成 N_2 和酸根还原产物。

3. **氮的含氧酸及其盐** 亚硝酸盐不稳定，遇酸易分解，生成 NO、NO_2；与碘离子发生特征性氧化反应。

硝酸做氧化剂产物复杂，与除氯、氧以外的非金属氧化，得到相应的酸，本身被还原为 NO；与金属反应时，产物取决于金属的活泼性和硝酸的浓度，浓硝酸主要生成 NO_2，稀硝酸主要生成 NO，极稀硝酸主要产物是铵盐。

（三）磷与磷的含氧化合物

1. **单质磷** 磷的同素异形体主要有白磷、红磷和黑磷。白磷分子式为 P_4，其结构是正四面体，每个 P 用三个 p 轨道与另外三个 P 的 p 轨道形成三个 σ 键，键角是 60^0，所以 P_4 分子中的 P－P 键具有一定的张力。导致 P－P 键的键能较低，稳定性下降，在常温下有很高的化学活性。

2. **磷的氧化物** P_4O_6 与冷水反应生成亚磷酸，与热水发生强烈歧化反应；P_4O_{10} 极易与水结合，是最强的干燥剂和脱水剂之一。

3. **磷的含氧酸** 磷的含氧酸包括次磷酸（H_3PO_2）、亚磷酸（H_3PO_3）、磷酸（H_3PO_4）及相应的多聚磷酸等。按照含氧酸分子结构中与中心原子直接相连的羟基的数目可确定次磷酸为一元酸，亚磷酸为二元酸，磷酸为三元酸。

次磷酸及其盐都是强还原剂；亚磷酸及其盐在水溶液中也是强还原剂；无论在酸性条

件还是碱性条件下，磷酸几乎没有氧化性。

（四）砷、锑、铋的化合物

（1）砷、锑、铋的氢化物 AsH_3（胂）、SbH_3（锑）、BiH_3（铋）都具有还原性。还原性顺序依次为 $BiH_3 > SbH_3 > AsH_3 > > PH_3 > NH_3$；

（2）砷、锑、铋的氧化物及其水合物　砷、锑、铋的氧化物及其水合物的酸碱性及氧化还原性的递变规律：

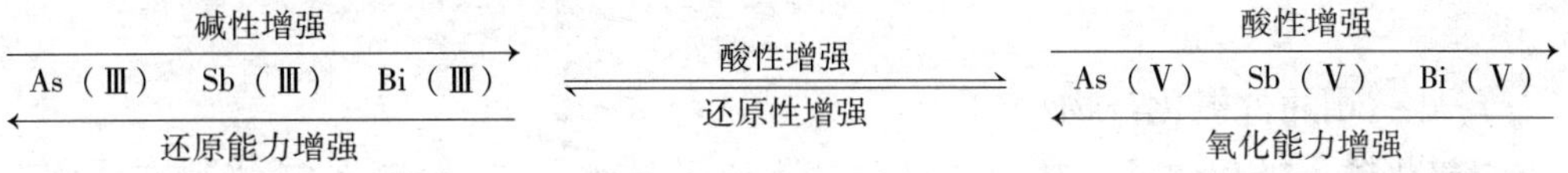

（3）常见的盐类　砷、锑、铋都不易形成 M^{5+} 离子型的盐。As^{3+} 的盐也不易以游离态存在。Sb^{3+} 和 Bi^{3+} 有正常的盐。砷、锑、铋的可溶盐主要有：三氯化物、硫酸锑（铋）和硝酸铋。这些盐溶于水时都将发生水解反应，从砷到铋，随着离子的碱性增加，水解能力增加。锑（Ⅲ）和铋（Ⅲ）的盐水解生成酰基盐沉淀。

（4）砷、锑、铋的硫化物　砷、锑、铋的硫化物一般是具有不同颜色的难溶于水的稳定化合物，其酸碱性与相应的氧化物相似。氧化数为 + Ⅲ的硫化物的酸碱性与氧化物类似，As_2S_3 是以酸性为主的硫化物；Sb_2S_3 是两性硫化物；Bi_2S_3 是碱性硫化物。As_2S_3 和 Sb_2S_3 还能溶于碱性硫化物［如 Na_2S 或 $(NH_4)_2S$］溶液中，生成硫代亚砷（锑）酸盐；As_2S_5 和 Sb_2S_5 的酸性比相应的氧化数为 + Ⅲ的化合物酸性更强，更易溶于碱性硫化物溶液中，生成硫代砷（锑）酸盐；

As_2S_3 和 Sb_2S_3 具有还原性，可与具有氧化性的多硫化物（如 Na_2S_2）作用，生成硫代砷（锑）酸盐；

四、碳族和硼族元素

（一）碳族和硼族元素的通性

（1）碳族元素的通性　周期表第ⅣA 族元素称为碳族元素，包括碳（C）、硅（Si）、锗（Ge）、锡（Sn）、铅（Pb）五个元素。价层电子构型是 ns^2np^2。主要氧化数为 + Ⅱ和 + Ⅳ。

（2）硼族元素的通性　周期表第ⅢA 族元素称为硼族元素，包括硼（B）、铝（Al）、镓（Ga）、铟（In）、铊（Tl）五个元素。价电子层结构是 ns^2np^1。它们的主要氧化数为 + Ⅲ。硼可以和氢形成一系列结构特殊的硼氢化物，称为硼烷。硼烷都是缺电子化合物。

（二）碳及其重要化合物

1. 单质碳　碳的单质有金刚石、石墨及碳$_{60}$等同素异形体和无定形体（活性炭）。常被作为还原剂。

2. 一氧化碳和二氧化碳　一氧化碳作为还原剂容易被氧化为二氧化碳，在高温下，CO 可以使许多金属氧化物（如 Fe_2O_3、CuO 等）还原为金属；CO 作为配体容易与一些金属形成羰基配合物。

二氧化碳的热稳定性很高，不能燃烧，也不助燃。

3. 碳酸及其盐　碳酸是不稳定的二元弱酸。铵和碱金属（除锂外）的碳酸盐都易溶于水，其他金属的碳酸盐难溶于水；而碳酸氢盐均易溶于水。溶于水的碳酸盐和碳酸氢盐溶液均因水解而显碱性；

碳酸可以形成两类盐：正盐（碳酸盐）和酸式盐（碳酸氢盐）。

$CO_3^{2-} + H_2O \rightleftharpoons HCO_3^- + OH^-$

$HCO_3^- + H_2O \rightleftharpoons H_2CO_3 + OH^-$

可溶性碳酸盐溶液中加入重金属离子（M^{2+}）。根据 MCO_3 和 M（OH）$_2$ 的溶解度不同，最终产物可为碳酸盐、碱式碳酸盐和氢氧化物沉淀。

碳酸盐和碳酸氢盐加酸即分解。碱金属的碳酸盐加热至熔化也不分解，而二价以上金属的碳酸盐加热即分解，放出 CO_2；所有的碳酸氢盐在足够高的温度下，都可分解为碳酸盐。

（三）硅、硼的含氧化合物

1. 二氧化硅、硅酸和硅酸盐 二氧化硅为原子晶体，Si－O 键的键能很高，故石英的硬度大，熔点高。二氧化硅化学性质很不活泼，不与一般的酸反应；二氧化硅可溶于氢氟酸或强碱。

硅酸（H_2SiO_3）为溶解度不大的二元弱酸，硅酸在水中，逐步缩合脱水生成多硅酸的胶体溶液。

除碱金属硅酸盐外，其他硅酸盐均不溶于水。

2. 硼酸和硼砂 硼酸（H_3BO_3）是一元弱酸，它显酸性的原因是由于硼是缺电子原子，它加合了来自水中的 OH^- 而释放出 H^+ 离子，使溶液显酸性；硼酸在浓硫酸存在下与甲醇或乙醇反应，生成具有挥发性的硼酸酯，硼酸酯燃烧时显绿色火焰，常被用来鉴定硼酸根。

硼砂（$Na_2B_4O_7 \cdot 10H_2O$）在水溶液中水解，生成等物质的量的 H_3BO_3 和 $[B(OH)_4]^-$，这种溶液是常用的标准缓冲溶液。

硼砂在浓硫酸存在下与甲醇或乙醇反应，也生成硼酸酯。

硼砂与金属氧化物混合后灼烧，生成偏硼酸的复盐，常因金属的不同而显出特征的颜色（硼砂珠试验），可用来鉴定一些金属。

（四）铝、锡、铅

1. 单质 铝具有还原性，化学性质相当活泼；铝是两性金属，能溶于稀盐酸或稀硫酸，可被浓硫酸或浓、稀硝酸所钝化，溶于强碱中生成偏铝酸盐。

锡和铅都是两性金属，都有还原性，锡和铅与稀盐酸和稀硫酸反应很慢，与热浓盐酸和硫酸反应较快，锡和铅与强碱缓慢反应分别生成亚锡酸盐（Na_2SnO_2）和亚铅酸盐（Na_2PbO_2），并放出氢气。

2. 铝的重要化合物 氧化铝（Al_2O_3）有多种晶型，其中最主要的两种是 $\alpha-Al_2O_3$（刚玉）和 $\gamma-Al_2O_3$。

氢氧化铝是典型的两性氢氧化物，碱性略强于酸性。

铝盐都易溶于水，溶解时因 Al^{3+} 离子水解溶液显酸性。

3. 锡的重要化合物 锡（Ⅱ）的化合物在碱性溶液中是强还原剂。二氧化锡 SnO_2 与 NaOH 共熔，可转变为可溶性锡酸盐，与 Na_2CO_3 和 S 共熔，可生成硫代锡酸钠。

锡（Ⅱ）和锡（Ⅳ）的化合物稳定性差不多，铅（Ⅱ）的化合物比铅（Ⅳ）的化合物稳定得多；锡（Ⅱ）是还原剂，铅（Ⅳ）是氧化剂。

氢氧化亚锡具有两性。

二氯化锡可将铁（Ⅲ）还原为铁（Ⅱ）；将氯化汞（Ⅱ）还原为氯化亚汞（Ⅰ）的白色沉淀，甚至进一步还原成黑色的金属汞；

4. 铅的重要化合物　一氧化铅 PbO，呈两性且偏碱性。

二氧化铅具有两性，但酸性大于碱性；二氧化铅是强氧化剂，能将浓盐酸及 Mn^{2+} 离子氧化。

四氧化三铅是混合氧化物：$2PbO \cdot PbO_2$。因为有 Pb（Ⅳ），Pb_3O_4 具有氧化性。

三氧化二铅也是混合氧化物：$PbO \cdot PbO_2$。Pb_3O_3 也有与 Pb_3O_4 类似的反应。

硝酸铅易溶于水，在水中部分水解，溶液呈酸性。

$PbAc_2 \cdot 3H_2O$，俗称铅糖，是共价化合物，在水中的电离度很小。

大多数的铅盐是难溶的。

习题

扫码“练一练”

第一节

1. 用反应方程式说明 Cl_2、Br_2、I_2 与 KOH 溶液在不同温度下反应的差别。

2. 用反应方程式表示下列反应过程，并给出实验现象。

（1）用过量 $HClO_3$ 处理 I_2；

（2）HF 溶液刻蚀玻璃；

（3）氯水滴入 KBr 和 KI 混合溶液中；

（4）硝酸银溶液加过量氰化钾；

（5）氯气长时间通入碘化钾溶液中；

（6）单质碘加入到 NaOH 溶液中；

（7）在酸性介质中，高碘酸与 Mn^{2+} 反应；

（8）向 KI 溶液中滴加 H_2O_2；

（9）向酸性的 KIO_3 和淀粉混合溶液中滴加 Na_2SO_3 溶液；

（10）将次氯酸钠溶液滴入硝酸铅溶液；

3. 完成下列反应方程式：

（1）$Na_2S_2O_3 + I_2 \longrightarrow$

（2）$MnO_2 + HCl$（浓）$\longrightarrow$

（3）$Ca(OH)_2 + Cl_2 \longrightarrow$

（4）$KClO_3$（s）$\xlongequal{\triangle 无催化剂}$

（5）$KClO_3$（s）$\xlongequal{\triangle\ MnO_2}$

（6）$KBr + KBrO_3 + H_2SO_4 \longrightarrow$

（7）$NaCl + H_2SO_4$（浓）$\xlongequal{\triangle}$

（8）$NaBr + H_2SO_4$（浓）$\xlongequal{\triangle}$

（9）$NaI + H_2SO_4$（浓）$\xlongequal{\triangle}$

（10）$Cl_2 + HgO + H_2O \longrightarrow$

（11）$MnO_4^- + Cl^- + H^+ \longrightarrow$

（12）$Br_2 + Na_2CO_3 \longrightarrow$

（13）$CaSiO_3 + HF \longrightarrow$

（14）$FeBr_2 + Cl_2$（过量）$\longrightarrow$

（15）$FeCl_3 + KI \longrightarrow$

4. 从氯的含氧酸的情况，简要说明影响无机含氧酸的稳定性、酸性的原因。

5. 解释下列事实：

（1）I_2 溶解在 CCl_4 中得到紫色溶液，而 I_2 溶解在乙醚中却是红棕色溶液。

（2）溴可以从碘化钾溶液中置换出碘单质，而碘又能从溴酸钾溶液中置换出溴，这两个反应有无矛盾？

（3）碘能从溴酸盐和氯酸盐的酸性溶液中置换出溴和氯，氯又能从溴酸盐的酸性溶液中置换出溴，这是否说明氧化性：$I_2 > Br_2 > Cl_2$？

（4）I_2 难溶于水，却易溶于 KI 溶液。

（5）分别向 $FeCl_2$ 和 $NaHCO_3$ 溶液中加入碘水，碘水都不褪色。向两者的混合溶液中加入碘水，则褪色。

（6）HCl 和 HI 溶液都是强酸，但 Ag 不能从 HCl 溶液中置换出 H_2，却能从 HI 溶液中置换出 H_2。

（7）Fe^{3+} 离子可以被 I^- 离子还原为 Fe^{2+} 离子，并生成单质 I_2，但如果 Fe^{3+} 离子溶液中先加入一定量氟化物，然后再加入 I^- 离子，此时就不会有 I_2 生成。

（8）向 I_2 溶液中通入氯气，有 HIO_3 生成；向溴水中通入氯气，没有 $HBrO_3$ 生成。

（9）漂白粉露置于空气中容易失效。

（10）AlF_3 熔点高达 1563K，而 $AlCl_3$ 的熔点只有 463K。

6. 从下面碱性介质中氯的元素电势图判断哪些物质可发生歧化反应，并写出反应方程式。

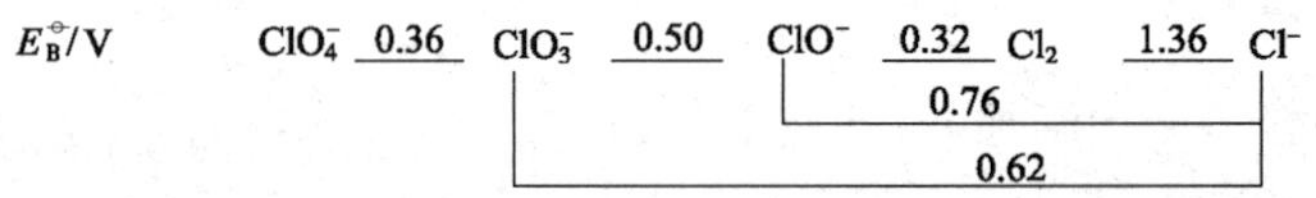

7. 有一钠盐 A 易溶于水，将 A 与浓硫酸共热，产生一种无色有刺激性的气体 B，此气体可使 $KMnO_4$ 溶液紫红色褪去，并产生另一种刺激性气味的气体 C，C 可使湿润的淀粉碘化钾试纸变蓝。将 C 通入另一钠盐 D 的水溶液中，则溶液变黄、变橙，最后变为红棕色，说明有 E 生成。向 E 溶液中加入氢氧化钠溶液得无色溶液 F，当酸化该溶液时又有 E 生成。推断 A、B、C、D、E、F 各是什么物质？写出有关反应方程式。

8. 在溶液 A 中加入 NaCl 溶液，有白色沉淀 B 析出。B 可溶于氨水，得到溶液 C。把 NaBr 溶液加到溶液 C 中，有浅黄色沉淀 D 析出。D 在阳光下容易变黑，D 溶于 $Na_2S_2O_3$ 溶液得到溶液 E。在溶液 E 中加入 NaI 溶液，则有黄色沉淀 F 析出。F 溶于 NaCN 溶液得溶液 G。往溶液 G 中加入 Na_2S 溶液，得黑色沉淀 H。自溶液中分离出 H，将 H 与浓 HNO_3 溶液一起煮沸后得到悬浮着浅黄色沉淀（硫黄）的溶液，滤去硫黄后又得到原来的溶液 A。试判断 A、B、C、D、E、F、G、H 各是什么物质，写出有关反应的方程式。

9. 今有白色的钠盐晶体 A 和 B。A 和 B 都溶于水，A 的水溶液呈中性，B 的水溶液呈碱性。A 溶液与 $FeCl_3$ 溶液作用，溶液呈棕色。A 溶液与 $AgNO_3$ 溶液作用，有黄色沉淀析出。晶体 B 与浓盐酸反应，有黄绿色气体产生，此气体同冷 NaOH 溶液作用，可得到含 B 的溶液。向 A 溶液中开始滴加 B 溶液时，溶液呈棕色；若继续滴加过量的 B 溶液，则溶液的棕色消失。试判断白色晶体 A 和 B 各为何物质，写出有关反应方程式。

10. 有一白色固体，可能是 KI，CaI_2，KIO_3，$BaCl_2$ 中的一种或两种的混合物，试根据下述实验判断白色固体的组成。

（1）将白色固体溶于水得无色溶液；

（2）向此溶液中加入少量稀 H_2SO_4 溶液后溶液变棕黄，并有白色沉淀生成，向溶液中滴加淀粉溶液立即变蓝；

（3）向所得蓝色溶液中加入 NaOH 溶液后，蓝色消失而白色沉淀并未溶解。

第 二 节

1. 完成下列反应方程式：

（1）$H_2S + H_2O_2 \longrightarrow$

（2）$SO_2 + H_2O + Cl_2 \longrightarrow$

（3）$Cr_2(SO_4)_3 + H_2O_2 + OH^- \longrightarrow$

（4）$H_2S + ClO_3^- \longrightarrow$

（5）$PbO_2 + H_2O_2 \longrightarrow$

（6）$PbS + H_2O_2 \longrightarrow$

（7）S + NaOH（浓）$\longrightarrow$

（8）Cu + H_2SO_4（浓）$\longrightarrow$

（9）S + H_2SO_4（浓）$\longrightarrow$

（10）$H_2S + H_2SO_4$（浓）$\longrightarrow$

2. 用化学反应方程式表明下列物质的转化：

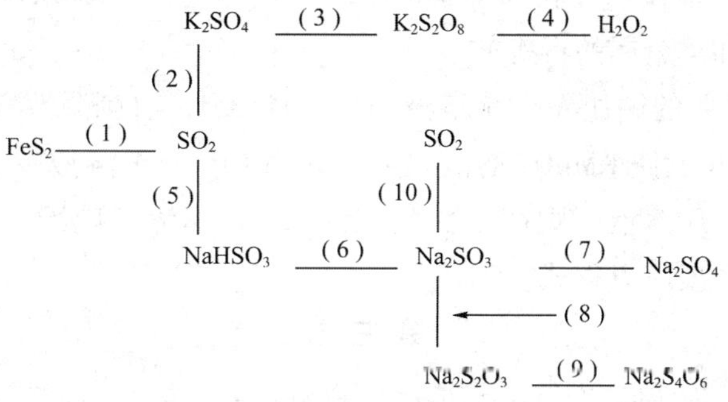

3. 为什么 $(NH_4)_2S$ 水溶液在空气中长期放置会变成黄色？举例说明变黄以后它的性质如何改变？

4. 用反应方程式表示下列各反应：

（1）$(NH_4)_2S_2O_8$ 与 $MnCl_2$ 的反应；

（2）$Na_2S_2O_3$ 与 I_2 反应；

（3）H_2O_2 在酸性介质中与 $KMnO_4$ 作用；

（4）$SO_2 \cdot H_2O$ 在酸性介质中与 $K_2Cr_2O_7$ 作用；

（5）$AgNO_3$ 溶液与少量 $Na_2S_2O_3$ 溶液作用；

（6）$AgNO_3$ 溶液与过量 $Na_2S_2O_3$ 溶液作用；

（7）H_2S 通入 $FeCl_3$ 溶液中；

（8）用盐酸酸化多硫化铵溶液；

（9）二氧化硫通入溴水中；

（10）过氧化氢加入碘化钾溶液中。

5. 解释下列事实：

（1）实验室为何不能长久保存硫化物溶液和亚硫酸盐溶液？

（2）用 Na_2S 溶液分别作用于含 Cr^{3+} 和 Al^{3+} 的溶液，为什么得不到相应的硫化物 Cr_2S_3 和 Al_2S_3？

（3）油画放久后会发暗甚至变黑，用 H_2O_2 溶液处理后又变回白色。

（4）H_2SO_3 与 H_2O_2 不能共存。

（5）实验室用 FeS 与盐酸反应制备 H_2S 气体，而不用 CuS 与盐酸反应，也不用 FeS 与硝酸反应。

（6）CuS 不溶于盐酸而溶于硝酸。

（7）在 $MnSO_4$ 溶液中通入 H_2S，不产生 MnS 沉淀；如果 $MnSO_4$ 溶液中含有一定量的氨水，通入 H_2S 时就有 MnS 沉淀生成。

（8）H_2S 水溶液在空气中放置后变浑。

（9）HgS 不溶于盐酸，也不溶于硝酸，但溶于王水。

（10）用过氧化氢洗涤伤口。

6. 写出下列物质的化学式：焦亚硫酸钾、大苏打（海波）、保险粉、连四硫酸钠、铁铵矾、过一硫酸、摩尔盐、过二硫酸铵、芒硝、胆矾。

7. H_2S、MnO_2、H_2SO_3 和 PbS 四种物质能否与 H_2O_2 混合共存？为什么？

8. 有四种试剂：Na_2S、Na_2SO_4、Na_2SO_3 和 $Na_2S_2O_3$，其标签已脱落，请设计一简便方法鉴别它们。

9. 从 $Na_2S_2O_3$ 的性质说明其在药学领域中的作用（作为消炎杀菌剂，作为针剂的抗氧剂，解卤素、氰化物和重金属的毒等）。

10. 在一种无色透明的钠盐 A 的水溶液中加入稀 HCl，有刺激性气体 B 产生，同时有黄色沉淀 C 析出；气体 B 能使 $KMnO_4$ 溶液褪色。若通 Cl_2 于 A 溶液中，Cl_2 消失并得到溶液 D；再加可溶性钡盐于 D 溶液，则产生白色沉淀 E，E 不溶于硝酸。问，A、B、C、D、E 各为何物？写出有关的反应方程式。

第 三 节

1. 写出锌还原硝酸生成下列各产物的反应方程式：

（1）NO　（2）N_2O　（3）N_2　（4）NH_4^+

2. 鉴别下列各组物质：

（1）$NaNO_2$ 和 $NaNO_3$；　（2）Na_3PO_4 和 $Na_4P_2O_7$；

（3）NH_4NO_3 和 $(NH_4)_2SO_4$；　（4）H_3PO_3 和 H_3P_{04}；

（5）Na_3PO_4 和 Na_2SO_4；　（6）KNO_3 和 KIO_3。

3. 试解释为什么分别向 NaH_2PO_4、Na_2HPO_4 和 Na_3PO_4 溶液中加入 $AgNO_3$ 溶液时，均析出黄色的 Ag_3PO_4 沉淀？析出 Ag_3PO_4 沉淀后，溶液的酸碱性有什么变化？写出相应的反应方程式。

4. 怎样配制 $SbCl_3$ 和 Bi $(NO_3)_3$ 溶液？

5. 为什么浓 HNO_3 一般被还原为 NO_2，而稀 HNO_3 被还原为 NO？这与它们的氧化性强弱是否矛盾？

6. 写出下列化合物的热分解反应式：

（1）$Na_2SO_4 \cdot H_2O$；　（2）$(NH_4)_2Cr_2O_7$；　（3）$KClO_3$；　（4）$AgNO_3$；

（5）$Al_2(SO_4)_3$；　（6）KNO_3；　（7）$Pb(NO_3)_2$；（8）NH_4NO_3；
（9）$(NH_4)_2CO_3$；　（10）$NaNO_2$。

7. 完成下列物质间的转化，写出反应方程式并给出反应条件：

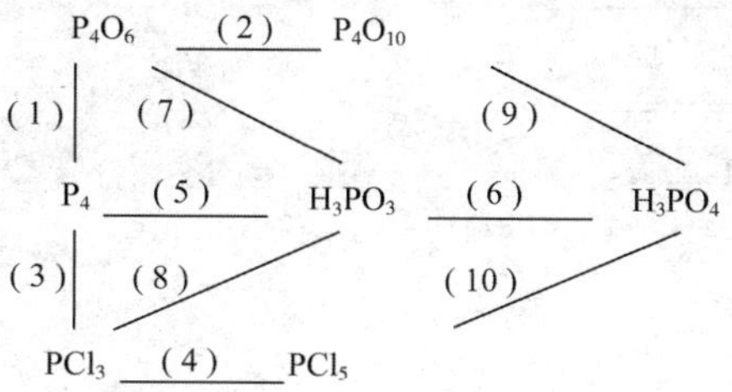

8. 在 H_3PO_2、H_3PO_3、H_3PO_4 分子中都含有3个H，为什么 H_3PO_2 为一元酸，H_3PO_3 为二元酸，而 H_3PO_4 为三元酸？

9. 写出下列化合物的化学式：

（1）氮化钙；（2）氨基化钾；（3）焦磷酸；（4）联氨；（5）三磷酸钠；（6）盐酸羟胺；（7）砒霜；（8）偏磷酸钠；（9）亚磷酸氢钠；（10）次磷酸钠。

10. 无色晶体A受热得到无色气体B，将B在更高的温度下加热后再恢复到原来的温度，发现气体体积增加了50%。晶体A与等物质的量的NaOH固体共热得无色气体C和白色固体D。将C通入 $AgNO_3$ 溶液先有棕黑色沉淀E生成，C过量时则E消失得到无色溶液。将A溶于水后加热没有变化，加入酸性KI溶液则溶液变黄。给出A、B、C、D和E的化学式和有关反应方程式。

第四节

1. 为什么 H_3PO_4 是三元酸，而 H_3BO_3 是一元酸？

2. 为什么不能用加热 $AlCl_3 \cdot 6H_2O$ 使它脱水的方法来制备无水三氯化铝；

3. 解释下列现象：

（1）常温下，CO_2 是气体，而 SiO_2 是固体；

（2）CCl_4 不易水解，而 $SiCl_4$ 很易水解；

（3）不能用玻璃瓶装浓的碱溶液；

（4）硅酸钠溶液中加入氯化铵溶液，生成白色沉淀；

（5）不能用 CO_2 灭火器扑灭金属镁或铝引起的火灾。

4. 锡能否从铅盐溶液中置换出铅？

5. 实验室如何配制 $SnCl_2$ 溶液？说明理由。

6. 什么是密陀僧、铅丹、铅糖？在这些化合物中铅的氧化数是多少？

7. 写出下列反应方程式：

（1）铝酸钠溶液与氯化铵溶液混合；

（2）将铅丹放入过量的浓盐酸中；

（3）盐酸和大理石反应；

（4）硼砂在浓硫酸存在下与甲醇反应；

（5）硼酸与过量氢氧化钠反应；

（6）硼砂与氧化镍混合后灼烧；

（7）二氧化锡与碳酸钠和硫黄共熔；

（8）氯化亚锡与氯化汞反应；

（9）氧化铅与醋酸共煮；

（10）一氧化碳还原二氯化钯。

8. 完成下列反应方程式：

（1）$Pb_2O_3 + HCl$（浓）$\longrightarrow$

（2）$Al + H_2SO_4$（浓）$\xlongequal{\triangle}$

（3）$Na_2B_4O_7 + H_2SO_4 \longrightarrow$

（4）$PbI_2 + KI \longrightarrow$

（5）$NaHCO_3 \xlongequal{\triangle}$

（6）$CuSO_4 + Na_2CO_3 + H_2O \longrightarrow$

（7）$PbO_2 + Mn(NO_3)_2 + HNO_3 \longrightarrow$

（8）$Sn + HNO_3$（浓）

（9）$Pb + HCl$（浓）$\xlongequal{\triangle}$

（10）$Pb + H_2SO_4$（浓）$\xlongequal{\triangle}$

9. 试用实验方法区别下列各对物质：

（1）Sb_2O_5 与 SnO；（2）As_2S_3 与 SnS_2；

（3）$Pb(NO_3)_2$ 与 $Bi(NO_3)_3$；（4）$Sn(OH)_2$ 与 $Pb(OH)_2$。

10. 某白色固体 A，置于水中生成白色沉淀 B，加入浓盐酸 B 溶解。A 溶于稀硝酸形成无色溶液 C。

将 $AgNO_3$ 溶液加入溶液 C，析出白色沉淀 D，D 溶于氨水得溶液 E。向 E 中加入 KI，生成浅黄色沉淀 F，再加入 NaCN 时沉淀 F 溶解。酸化溶液 E，又产生白色沉淀 D。

将 H_2S 通入溶液 C，产生灰褐色沉淀 G。G 溶于 Na_2S_2 形成溶液。酸化该溶液时得一黄色沉淀 H。

少量溶液 C 加入 $HgCl_2$ 溶液得白色沉淀 I，继续加入溶液 C，沉淀 I 逐渐变灰，最后变为黑色沉淀 J。

试指出 A、B、C、D、E、F、G、H、I、J 各为何物，并用化学反应方程式表示各过程。

（郑　兴）

第十二章　*s* 区元素

学习目标

1. **掌握**　Na^+、K^+、Mg^{2+}、Ca^{2+}和Ba^{2+}的鉴定。

2. **熟悉**　Na_2O_2、NaO_2、碱金属和碱土金属的氢氧化物及 *s* 区元素常见盐类的性质。

3. **了解**　*s* 区元素的通性；*s* 区元素的生物学效应及常见药物的性质和临床应用。

s 区元素是指周期系中第一主族（IA）和第二主族（ⅡA）。IA 族包括锂、钠、钾、铷、铯、钫六种元素，由于它们的氢氧化物都是溶于水的强碱，故本族元素有碱金属之称。ⅡA 族由铍、镁、钙、锶、钡及镭六种元素组成。由于钙、锶及钡的氧化物性质介于“碱性的”碱金属氧化物和“土性的”（既难溶解，又难熔融）氧化物如 Al_2O_3 等之间，所以称作碱土金属，现在习惯上把铍和镁也包括在碱土金属之内。

s 区元素是最活泼的金属元素，其中锂、铷、铯、铍是稀有金属，钫和镭是放射性元素。

第一节　碱金属和碱土金属的通性

扫码“学一学”

碱金属和碱土金属元素的一些基本性质列于表 12－1 中。

表 12－1　碱金属和碱土金属元素的基本性质

性质 \ 元素	锂	钠	钾	铷	铯	铍	镁	钙	锶	钡
元素符号	Li	Na	K	Rb	Cs	Be	Mg	Ca	Sr	Ba
原子序数	3	11	19	37	55	4	12	20	38	56
原子量	6.94	22.99	39.1	85.47	132.9	9.01	24.31	40.08	87.62	137.33
价层电子构型	$2s^1$	$3s^1$	$4s^1$	$5s^1$	$6s^1$	$2s^2$	$3s^2$	$4s^2$	$5s^2$	$6s^2$
金属半径/pm	152	153.7	227.2	247.5	265.4	111.3	160	197.3	215.1	217.3
离子半径/pm	60	95	133	148	169	31	65	99	113	135
第一电离能/（$kJ \cdot mol^{-1}$）	520.3	495.8	418.9	403	375.7	899.5	737.7	589.8	549.5	502.9
第二电离能/（$kJ \cdot mol^{-1}$）	7298	4562	3051	2633	2230	1757	1405.7	1145.4	1064.3	965.3
第三电离能/（$kJ \cdot mol^{-1}$）	11815	6912	4411	3900	—	14849	7732.8	4912	4210	3575
电负性	0.98	0.93	0.82	0.82	0.79	1.57	1.31	1.00	0.95	0.89
标准电极电势 $E^{\ominus}$/V	−3.045	−2.714	−2.925	−2.925	−2.923	−1.85	−2.37	−2.87	−2.89	−2.91

碱金属原子的价电子层构型为 ns^1，由于周期表的每一周期都是从碱金属开始，故它们的原子半径在同周期元素中（稀有气体除外）是最大的，而核电荷在同周期元素中则最小。此外，次外层为 8 电子结构（Li 为 2 电子），对核电荷的屏蔽作用较大，因此这些元素很容易失去最外层唯一的价电子，表现出第一电离能在同周期元素中最低，呈＋Ⅰ氧化数，显示出强金属性。从碱金属元素具有很大的第二电离能来看，它们不会表现出其他氧化态。

碱土金属元素原子的价电子层构型为 ns^2，与同周期的碱金属相比，碱土金属原子多了一个核电荷，因而原子核对最外层两个 s 电子的作用增强，所以原子半径比同周期的碱金属要小，电离能要大，较难失去第一个价电子。碱土金属元素的第二电离能约为第一电离能的两倍，从表面上看似乎不可能失去第二个电子，然而实际上当它们生成化合物时所释放的晶格能足以使它们失去第二个电子。第三电离能相当大，化学反应中很难失去第三个电子，因此，它们的氧化数是 + Ⅱ 而不是 + Ⅰ 和 + Ⅲ。从整个周期系来看，碱土金属仍是活泼性相当强的金属元素，只是稍逊于碱金属。

碱金属和碱土金属性质的变化是有规律的。随着核电荷的增加，同族元素的原子半径、离子半径自上而下逐渐增大，电离能和电负性依同样顺序减小，金属性、还原性也从上到下依次增强。

s 区元素性质变化的总趋势归纳如下：

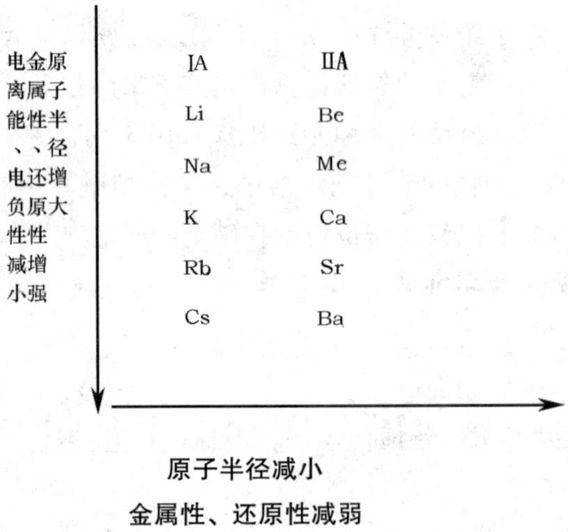

碱金属中的锂和碱土金属中的铍由于具有同族元素中最小的原子半径和最大的电离能，因而形成共价键的倾向比较显著，所以在 Ⅰ A 和 Ⅱ A 族元素中，锂和铍常常表现出与同族元素不同的化学性质。

在 s 区元素中（包括 p 区），除了同族元素的性质相似外，还有一些元素及其化合物的性质与它左上方或右下方的另一元素及其化合物的化学性质相似，这一关系称为对角相似规则。下面三对元素明显地表现出这种关系：

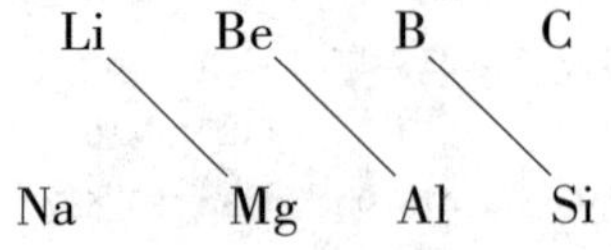

对角相似规则可用离子极化的观点加以粗略的说明。同一周期最外层电子构型相同的金属离子，从左向右随离子电荷的增加而引起极化作用的增强，同一族电荷相同的金属离子，自上而下随离子的半径的增大而使得极化作用减弱。因此，处于周期表中左上右下对角位置上的邻近两个元素，由于电荷和半径的影响恰好相反，它们的离子极化作用比较相近，从而使它们的化学性质比较相似。由此可见，对角相似规则也是物质的结构与性质内在联系的一种具体表现。

扫码“学一学”

第二节　单　质

碱金属和碱土金属是最活泼的两族金属元素，因此在自然界中只能以化合状态存在，如海水和盐湖中的氯化钠、氯化钾等，钠长石 $Na[AlSi_3O_8]$、钾长石 $K[AlSi_3O_8]$、光卤石（$KCl \cdot MgCl_2 \cdot 6H_2O$）、锂辉石［$LiAl(SiO_3)_2$］、明矾石 $K(AlO)_3(SO_4)_2 \cdot 3H_2O$、白云石（$CaCO_3 \cdot MgCO_3$）和石膏（$CaSO_4 \cdot 2H_2O$）等等。它们的单质一般采用电解熔融盐的方法或高温热还原法制得。例如，电解熔融氯化钠时，在阴极得到金属钠。

$$2NaCl \xrightarrow{电解} 2Na + Cl_2$$

为了降低电解质的熔点，可以加入 $CaCl_2$，使电解质熔点由800℃降至600℃，既减少金属的挥发，又节约了能源。同时，混合熔融物的密度又比金属钠大，使产生的金属钠浮于液面上，可减少金属钠的分散性。

工业上制备金属镁常采用高温热还原法，在电弧炉内加热氧化镁与碳（或碳化钙）至1000℃以上，反应自发进行，得到金属镁。

$$MgO(s) + C(s) \xrightarrow{高温} CO(g) + Mg(g)$$

高温热还原法也用来制备金属钾。

一、物理性质

碱金属和碱土金属的物理性质列入表12－2中。

表12－2　碱金属和碱土金属的一些物理性质

金属	Li	Na	K	Rb	Cs	Be	Mg	Ca	Sr	Ba	Ra
密度/（$g \cdot cm^{-3}$）	0.534	0.971	0.860	1.532	1.873	1.85	1.74	1.55	2.54	3.5	5
熔点/K	453.69	370.96	336.8	312.04	301.55	1551	922	1112	1042	998	973
沸点/K	1620	1156	1047	961	951.5	3243	1363	1757	1657	1913	1413
硬度（金刚石＝10）	0.6	0.4	0.5	0.3	0.2	4.0	2.0	1.5	1.8		

碱金属和碱土金属的单质都是轻金属，有良好的导电性和延展性，具有金属光泽，除铍呈钢灰色、铯略呈金黄色外，其余都呈银白色。碱金属、碱土金属的硬度也很小，除了铍、镁，其他金属都很软，可以用刀子切割。碱金属的密度都小于 $2g \cdot cm^{-3}$，其中锂、钠、钾最轻，密度均小于 $1g \cdot cm^{-3}$，能浮在水面上。碱土金属的密度也都小于 $5g \cdot cm^{-3}$。碱金属原子只有一个价电子且原子半径较大，因而形成的金属键很弱，所以熔点、沸点都较低，其中铯的熔点比人的体温还低。碱金属可以相互溶解，常温下形成液态合金。例如钠钾合金因其比热大，液化范围宽，可以作核反应堆的冷却剂。钠汞齐因还原性缓和常用作有机合成反应中的还原剂。此外，碱金属单质对光也十分敏感，其中铯是制造光电管的良好材料，如铯光电管制成的自动报警装置，可报告远处火警；制成的天文仪器可根据由星光转变成的电流大小测出太空中星星的亮度，推算出星星与地球的距离。碱土金属原子有两个价电子，与同周期碱金属相比，它们的原子半径较小、所形成的金属键比碱金属的强，因而它们的熔点、沸点比碱金属高。

碱金属（或它们的挥发性盐）和钙、锶、钡放置在无色火焰中灼烧时，会产生特征性的焰色：

离子	Li^+	Na^+	K^+	Rb^+	Cs^+	Ca^{2+}	Sr^{2+}	Ba^{2+}
焰色	红	黄	紫	紫红	紫红	橙红	洋红	黄绿

上述可以作为离子鉴定的方法之一。

二、化学性质

碱金属和碱土金属是化学活泼性很强或较强的金属元素，它们能直接或间接地与电负性较大的非金属元素形成相应的化合物。碱金属和碱土金属的重要化学性质见图12－1和图12－2。

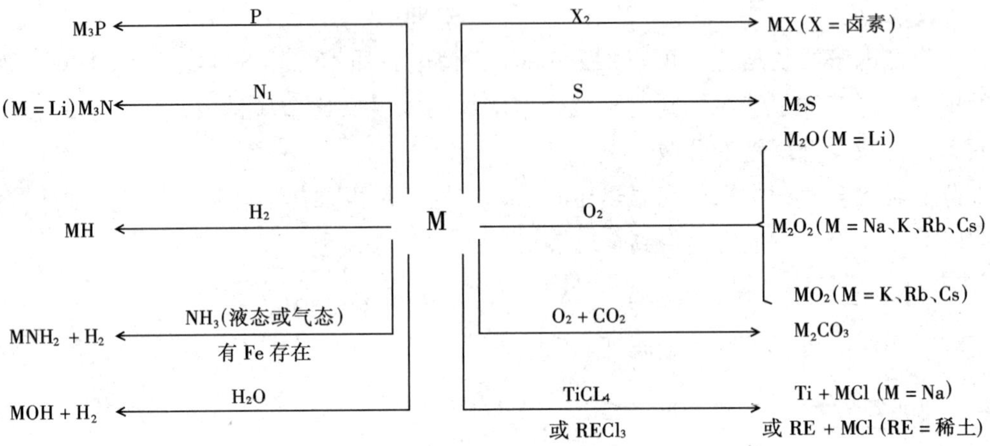

图 12－1　碱金属的一些化学反应

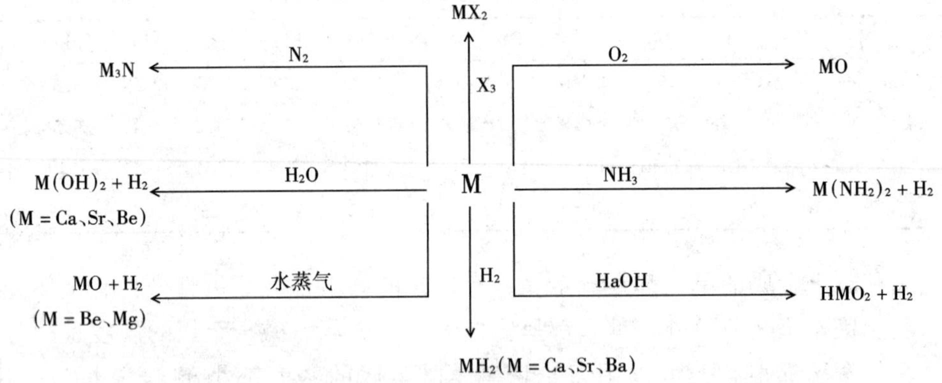

图 12－2　碱土金属的一些化学反应

碱金属有很高的反应活性，在空气中极易形成 M_2CO_3 的覆盖层，因此要将它们保存在无水的煤油中。锂的密度最小，可浮在煤油上，通常封存在固体石蜡中。这两族金属中，除了铍和镁由于表面形成致密的氧化膜因而对水稳定外，其余都易与水反应。锂反应较平稳，钠反应激烈，钾、铷、铯燃烧甚至爆炸，钙、锶、钡同水反应比较缓慢，这主要因为这几种金属熔点稍高，不像钠、钾、铷及铯反应中熔化成液体导致反应加剧，其次，锂和钙、锶、钡的氢氧化物溶解度较小，覆盖在金属表面，缓和了金属同水的反应。

从碱金属和碱土金属的电负性和标准电极电势看，它们不论在固态或在水溶液中都具有很强的还原性。在固态时，它们被用作强还原剂的应用非常广泛。例如，在高温下，钠、镁和钙能夺取氧化物中的氧或氯化物中的氯。

$$TiCl_4 + 4Na \xlongequal{\triangle} Ti + 4NaCl$$

$$ZrO_2 + 2Ca \xlongequal{\triangle} Zr + 2CaO$$

在水溶液中，虽然标准电极电势很负，但从图 12-3 中看出，这两族元素不处于水的稳定区内。因此，尽管它们具有很强的还原性，但实际上不能用来还原水溶液中的其他物质。

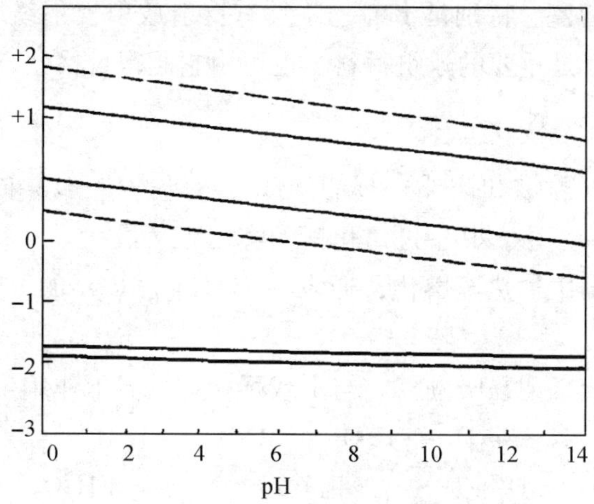

图 12-3　钠和钙的电位-pH 图

此外，碱金属和碱土金属同族元素的标准电极电势随原子序数增加而降低，但锂的标准电极电势却比铯还低，这是由于 Li^+ 有较小的半径，易与水分子结合生成水合离子而释放出较多能量（ΔH_h 代数值最小）而造成的。

第三节　重要化合物

扫码“学一学”

一、氧化物

碱金属、碱土金属与氧作用，可以生成多种类型的氧化物：正常氧化物、过氧化物、超氧化物和臭氧化物（含有 O_3^-）。前两种是反磁性物质，第三种是顺磁性物质。

（一）氧化物

碱金属与氧直接反应时，只有锂能生成正常氧化物 Li_2O。其他碱金属的氧化物是用金属与它们的过氧化物或硝酸盐相作用而制得。例如：

$$Na_2O_2 + 2Na \xlongequal{\triangle} 2Na_2O$$

$$2KNO_3 + 10K \xlongequal{\triangle} 6K_2O + N_2\uparrow$$

碱土金属与氧直接反应时，形成氧化物：

$$2M + O_2 \xlongequal{\triangle} 2MO$$

但生产上是由它们的碳酸盐、硝酸盐或氢氧化物等热分解来制取。例如：

$$MCO_3 \xlongequal{\triangle} MO + CO_2\uparrow$$

碱金属氧化物均为固体，颜色从 Li_2O 到 Cs_2O 依次加深，熔点和热稳定性则依次降低。由于 Li^+ 离子半径特别小，Li_2O 的熔点高达 1973K 以上，Na_2O 在 1548K 时升华，其余的氧化物未达熔点时便开始分解。M_2O 与水作用生成相应的 MOH。Li_2O 与水反应很慢，Rb_2O 和 Cs_2O 遇水发生燃烧，甚至爆炸。

碱土金属的氧化物均是难溶于水的白色粉末。除 BeO 为 ZnS 型晶体外，其余 MO 都是 NaCl 型晶体。由于阴、阳离子都是带有两个单位电荷，而且 M—O 核间距又较小，所以碱土金属氧化物具有较大的晶格能，因此它们的熔点都很高、硬度也较大。BeO 和 MgO 常用来制造耐火材料和金属陶瓷。特别是 BeO，还具有反射放射性射线的能力，常用作原子反应堆外壁砖块材料。CaO 是重要的建筑材料，也可由它制得价格便宜的碱 [$Ca(OH)_2$]。

（二）过氧化物

碱金属和碱土金属（除铍和镁外）都能生成含有 [—O—O—]$^{2-}$ 离子的过氧化物。在 O_2^{2-} 中氧元素的氧化数为 - Ⅰ，其中过氧化钠的实用意义最大。

将金属钠在铝制容器中加热至熔化，通入一定量除去 CO_2 的干燥空气，得到淡黄色的 Na_2O_2 粉末。

过氧化钠，对热稳定，但易吸潮。它与水或稀酸在室温下作用生成过氧化氢：

$$Na_2O_2 + 2H_2O \xlongequal{} 2NaOH + H_2O_2$$

$$Na_2O_2 + H_2SO_4\text{（稀）} \xlongequal{} Na_2SO_4 + H_2O_2$$

生成的 H_2O_2 立即分解放出氧气，故 Na_2O_2 常被用作氧气发生剂和漂白剂。在潮湿的空气中，Na_2O_2 与 CO_2 反应也会放出 O_2：

$$2Na_2O_2 + 2CO_2 \xlongequal{} 2Na_2CO_3 + O_2\uparrow$$

因此，Na_2O_2 可用作高空飞行或潜水作业时的供氧剂和 CO_2 吸收剂，Na_2O_2 还可用作防毒面具的填料。

过氧化钠是一种强氧化剂，它能强烈地氧化一些金属。例如：

$$Fe_2O_3 + 3Na_2O_2 \xlongequal{} 2Na_2FeO_4 + Na_2O$$

$$Cr_2O_3 + 3Na_2O_2 \xlongequal{} 2Na_2CrO_4 + Na_2O$$

分析化学中，常利用上述反应分解一些不溶于水又不溶于酸的矿石。Na_2O_2 在熔融时几乎不分解，但遇到铝粉、棉花、木炭等还原性物质时，会发生爆炸，使用时应当注意安全。此外，Na_2O_2 具有强碱性，宜采用铁或镍制容器熔融，不宜使用石英或陶瓷的容器。

钙、锶、钡的氧化物与过氧化氢作用，也可得到相应的过氧化物：

$$MO + H_2O_2 + 7H_2O \xlongequal{} MO_2 \cdot 8H_2O$$

（三）超氧化物

除锂、铍、镁外，碱金属和碱土金属都能形成超氧化物。其中，钾、铷、铯与氧燃烧直接生成超氧化物。例如：

$$K + O_2 \xlongequal{} KO_2$$

这是因为金属性很强的元素易形成含氧较多的氧化物缘故。KO_2 是橙黄色固体，RbO_2 和 CsO_2 的固体分别呈深棕色和深黄色。在超氧化物中，负离子是超氧离子 O_2^-，其结构式为：

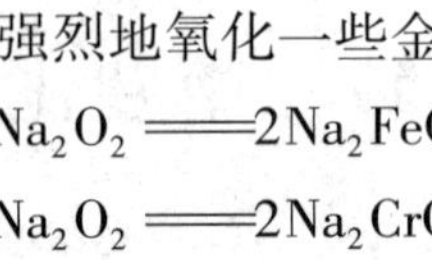

O_2^- 的分子轨道电子排布式为：$[KK(\sigma_{2s})^2(\sigma_{2s}^*)^2(\sigma_{2p_x})^2(\pi_{2p_y})^2(\pi_{2p_z})^2(\pi_{2p_y}^*)^2(\pi_{2p_z}^*)^1]$ 在 O_2^- 中，有一个 σ 键和一个三电子 π 键，键级为3/2。由于含有一个未成对的电子，因而

O_2^- 具有顺磁性，并呈现出颜色。由于 O_2^- 的键级比 O_2 小，所以 O_2^- 稳定性比 O_2 差。实际上超氧化物都是强氧化剂，与水剧烈地反应生成 O_2 和 H_2O_2：

$$2MO_2 + 2H_2O \xlongequal{} O_2\uparrow + H_2O_2 + 2MOH$$

超氧化物也能与 CO_2 反应放出 O_2：

$$4MO_2 + 2CO_2 \xlongequal{} 2M_2CO_3 + 3O_2\uparrow$$

因此，MO_2 能用来除去 CO_2 和再生 O_2，也用于潜水、登山等方面。KO_2 较易制备，常用于急救器中。

二、氢氧化物

碱金属和碱土金属的氧化物（除 BeO、MgO 外）与水作用，即可得到相应的氢氧化物。碱金属和碱土金属的氢氧化物均为白色固体，易潮解，在空气中吸收 CO_2 生成碳酸盐。固体 NaOH 和 $Ca(OH)_2$ 是常用的干燥剂。

除 LiOH 外，碱金属的氢氧化物都易溶于水，溶解度从 NaOH→CsOH 依次增大，溶解时释放出大量的热。例如，NaOH 的溶解热为 $-44.5\ kJ \cdot mol^{-1}$。碱土金属氢氧化物的溶解度较低，其溶解度变化按 $Be(OH)_2 \rightarrow Ba(OH)_2$ 的顺序依次递增，$Be(OH)_2$ 和 $Mg(OH)_2$ 属难溶氢氧化物。碱土金属氢氧化物的溶解度列于表 12-3 中。

表 12-3　碱土金属氢氧化物的溶解度（20℃）

氢氧化物	$Be(OH)_2$	$Mg(OH)_2$	$Ca(OH)_2$	$Sr(OH)_2$	$Ba(OH)_2$
溶解度/（$mol \cdot L^{-1}$）	8×10^{-6}	5×10^{-4}	1.8×10^{-2}	6.7×10^{-2}	2×10^{-1}

溶解度依次增大的原因是随着金属离子半径的递增，正、负离子之间的作用力逐渐减小，易被水分子所解离的缘故。

在碱金属、碱土金属的氢氧化物中，$Be(OH)_2$ 呈两性，LiOH、$Mg(OH)_2$ 为中强碱，其余都是强碱。特别是碱金属的氢氧化物，对皮肤、纤维、陶瓷、玻璃乃至金属铂都有强烈的腐蚀作用，故称它们为苛性碱。NaOH 又称苛性钠或烧碱，KOH 又称苛性钾，二者是最常用的强碱，也是重要的化学试剂和化工原料。由于 NaOH 与 KOH 性质相似，但前者价格低廉，所以一般情况下，选用 NaOH 作为强碱用，NaOH 呈现一系列的碱性反应。例如：

同两性金属反应：

$$2Al + 2NaOH + 6H_2O \xlongequal{} 2Na[Al(OH)_4] + 3H_2\uparrow$$

$$Zn + 2NaOH + 2H_2O \xlongequal{} Na_2[Zn(OH)_4] + H_2\uparrow$$

同非金属硼、硅等反应：

$$2B + 2NaOH + 6H_2O \xlongequal{} 2Na[B(OH)_4] + 3H_2\uparrow$$

$$Si + 2NaOH + H_2O \xlongequal{} Na_2SiO_3 + 2H_2\uparrow$$

与卤素等非金属作用时，非金属发生歧化：

$$X_2 + 2NaOH \xlongequal{} NaX + NaXO + H_2O$$

$$3S + 6NaOH \xlongequal{} 2Na_2S + Na_2SO_3 + 3H_2O$$

同氧化物反应：

$$Al_2O_3 + 2NaOH \xlongequal{\text{熔融}} 2NaAlO_2 + H_2O$$

$$SiO_2 + 2NaOH \xlongequal{} Na_2SiO_3 + H_2O$$

$$CO_2 + 2NaOH \xlongequal{} Na_2CO_3 + H_2O$$

因此，存放 NaOH 时，必须注意密封，以免吸收空气中的 CO_2 及水分；另外，盛放 NaOH 溶液的瓶子要盖以橡皮塞而不能用玻璃塞，否则长期存放，NaOH 便和玻璃中的主要成分 SiO_2 作用，生成黏性的 Na_2SiO_3，将瓶塞和瓶口粘在一起。市售 NaOH 固体难免含有 Na_2CO_3，在分析工作中有时需用不含 Na_2CO_3 的 NaOH 溶液，可先配制 NaOH 的饱和溶液，Na_2CO_3 即析出，静止后取上清液，用新鲜煮沸后冷却的蒸馏水稀释至所需浓度即可。

NaOH 还能与盐反应，生成新的弱碱和盐：

$$NaOH + NH_4Cl = NH_3\uparrow + H_2O + NaCl$$

$$6NaOH + Fe_2(SO_4)_3 = 2Fe(OH)_3\downarrow + 3Na_2SO_4$$

利用前一个反应，可在实验室中制得氨气；利用后一个反应，可除去溶液中的杂质 Fe^{3+}，纯化某些物质。

必须指出，熔融态的 NaOH 具有更强的腐蚀性，使用 NaOH 时应注意安全，防止化学烧伤。

金属氢氧化物的碱性强弱取决于它们的离解方式。若以 ROH 代表金属氢氧化物，则它可以有两种离解方式：

$$R—\cdots—O—H \longrightarrow R^+ + OH^- \quad \text{碱式离解}$$

$$R—O—\cdots—H \longrightarrow RO^- + H^+ \quad \text{酸式离解}$$

究竟以何种方式为主，或两者兼有，这和 R 离子的电荷数（Z）与 R 离子的半径（r）的比值及 R 离子的电子层结构有关。令

$$\varphi = Z/r$$

当电子层构型相同时，φ 值越大，即 Z 大（静电引力越强），则 R 吸引氧原子的电子云越强，结果 O—H 键被削弱得越多，由共价键变为离子键倾向也越大，ROH 便以酸式离解为主，表现出酸性。相反，φ 值越小，则 R—O 键较弱，ROH 便以碱式离解为主。如果 O—H 和 R—O 两种键的强度相差不大，则酸式离解和碱式离解同时进行，ROH 变成两性。据此，有人提出了用 $\sqrt{\varphi}$ 值判断金属氢氧化物酸碱性的经验规律，如果离子半径的单位为 pm，则

$\sqrt{\varphi} < 2.2$ 时，金属氢氧化物呈碱性

$2.2 < \sqrt{\varphi} < 3.2$ 时，金属氢氧化物呈两性

$\sqrt{\varphi} > 3.2$ 时，金属氢氧化物呈酸性

总之，金属离子的电子层构型相同时，$\sqrt{\varphi}$ 值越小，碱性越强。

对于同族元素的金属氢氧化物来说，R 离子的电子层构型相同、离子电荷数也相同，其 φ 值主要取决于离子半径的大小。所以碱金属和碱土金属的氢氧化物的碱性均随离子半径的增大而增强，其递变规律如下：

	$\sqrt{\varphi}$		$\sqrt{\varphi}$
LiOH	0.12	$Be(OH)_2$	2.54
NaOH	0.10	$Mg(OH)_2$	1.76
KOH	0.087	$Ca(OH)_2$	1.42
RbOH	0.082	$Sr(OH)_2$	1.33
CsOH	0.077	$Ba(OH)_2$	1.22

（自上而下：碱性增强；自右向左：碱性增强）

应当说明，用 φ 值判别 ROH 的离解方式和碱性强弱有简便易行的优点，但氢氧化物在水溶液中的碱性强弱除了同 R 离子的电子层结构、电荷和半径有关外，还受到溶剂效应和氢键的影响，因此它只是一种粗略的经验方法。

三、重要盐类

常见碱金属、碱土金属的盐类有卤化物、硝酸盐、硫酸盐、碳酸盐、磷酸盐等，这里着重介绍它们的共同特性。

（一）晶体类型

绝大多数碱金属、碱土金属盐类的晶体属于离子型晶体，它们具有较高的熔点和沸点。常温下是固体，熔化时能导电。只有 Li^+、Be^{2+} 离子半径小，极化力较强，使得它们的某些盐（如卤化物）具有不同程度的共价性。例如，碱土金属氯化物的熔点从 Be→Ba 依次增高，$BeCl_2$ 熔点最低，易于升华，能溶于有机溶剂中，是共价化合物，$MgCl_2$ 也有一定程度的共价性。

碱金属离子（M^+）和碱土金属离子（M^{2+}）都是无色的，它们盐类的颜色一般取决于阴离子的颜色。无色阴离子（X^-、NO_3^-、SO_4^{2-}、CO_3^{2-}、ClO^- 等），与之形成的盐一般是无色或白色的；有色阴离子（MnO_4^-、CrO_4^{2-}、$Cr_2O_7^{2-}$ 等），与之形成的盐则具有阴离子的颜色，例如，紫色的 $KMnO_4$、黄色的 $BaCrO_4$ 和橙色的 $K_2Cr_2O_7$ 等。

（二）溶解性

碱金属的盐类最大特征之一是易溶性。几乎所有常见碱金属盐都易溶于水，仅有离子半径很小的 LiF、Li_2CO_3、Li_3PO_4 等是难溶盐；K^+、Na^+ 同某些较大阴离子所成的盐也是难溶或微溶的。例如，钠盐：六羟基锑酸钠 $Na[Sb(OH)_6]$（白色）、醋酸双氧铀酰锌钠 $NaAc\cdot Zn(Ac)_2\cdot 3UO_2(Ac)_2\cdot 9H_2O$（淡黄色）；钾盐：四苯硼酸钾 $K[B(C_6H_5)_4]$（白色）、六亚硝酸合钴（Ⅲ）酸钠钾 $K_2Na[Co(NO_2)_6]$（橙黄色）、六氯合铂（Ⅱ）酸钾 $K_4[PtCl_6]$（淡黄色）。以上难溶盐沉淀均可作为 Na^+ 离子和 K^+ 离子鉴定反应。

碱土金属的盐比相应的碱金属盐溶解度小，有不少是难溶解的，这是区别碱金属的特点之一。碱土金属的硝酸盐、氯酸盐、高氯酸盐和醋酸盐等易溶。卤化物中除氟化物外，也是可溶的。但是碳酸盐，磷酸盐和草酸盐等都难溶于水。对于硫酸盐和铬酸盐来说，溶解度差别较大，例如：$BeSO_4$、$MgSO_4$、$BeCrO_4$ 和 $MgCrO_4$ 易溶，其余全难溶。尤其 $BaSO_4$ 和 $BaCrO_4$ 是溶解度最小的难溶盐之一。CaC_2O_4（白色）、$SrSO_4$（白色）和 $BaCrO_4$（黄色）的溶解度也很小，反应又很灵敏，可用作 Ca^{2+}、Sr^{2+} 或 Ba^{2+} 离子的鉴定。铍盐有许多是易溶于水的，这与 Be^{2+} 的半径小，电荷较多，水合能大有关。

在自然界中，碱土金属的矿石常以硫酸盐、碳酸盐的形式存在，例如白云石 $CaCO_3\cdot MgCO_3$，方解石和大理石 $CaCO_3$、天青石 $SrSO_4$、重晶石 $BaSO_4$ 等。

（三）形成结晶水合物及热稳定性特征

碱金属盐类有形成结晶水的倾向，而且许多碱金属盐能以水合物的形式自水溶液中析出，M^+ 半径越小，水合作用越强，越易形成水合物。所以 Li^+ 离子水合作用最强，Cs^+ 离子最弱。几乎所有的锂盐都是水合物，钠盐的水合物多于钾盐，而铷和铯盐的水合物则很少见。由此不难得知，钠盐的吸湿性强于钾盐，故分析化学中常用的标准试剂多为钾盐，配制炸药时选用 KNO_3 或 $KClO_3$ 而不用相应的钠盐。

碱金属盐的热稳定性较高，这是又一重要特征。碱金属的卤化物在高温时只挥发而不分解；硫酸盐在高温下既不挥发也不分解；碳酸盐中除 Li_2CO_3 在 1000℃以上部分地分解为 Li_2O 和 CO_2 外，其余皆不分解；仅硝酸盐的热稳定性较差，加热到一定温度即可分解，例如：

$$2NaNO_3 \xlongequal{653K} 2NaNO_2 + O_2\uparrow$$

$$2KNO_3 \xlongequal{773K} 2KNO_2 + O_2\uparrow$$

碱土金属盐的热稳定性较碱金属的差，但常温下也都是稳定的（除 $BeCO_3$ 外）。碱土金属的碳酸盐在强热的情况下，才能分解成相应的氧化物 MO 和 CO_2，碳酸盐的热稳定性依 Be→Ba 的顺序递增，因为按此顺序离子极化力减弱。

（四）形成复盐和配合物

碱金属离子（除 Li 外）能形成一系列复盐，常见有以下两种类型。

矾类：通式为 $M_2(I)SO_4 \cdot MgSO_4 \cdot 6H_2O$ 及 $M(Ⅰ)M(Ⅲ)(SO_4)_2 \cdot 12H_2O$，其中 M(I) 为碱金属离子，M(Ⅲ)为 Fe^{3+}，Al^{3+}，Cr^{3+} 等离子。

光卤石类：通式为 $M(Ⅰ)Cl \cdot MgCl_2 \cdot 6H_2O$，其中 M(Ⅰ) 为 K^+、Rb^+、Cs^+ 离子。

碱金属复盐的溶解度一般比相应简单盐的溶解度要小。

由于碱金属离子半径较大，电荷少，故形成配合物的倾向很小，它们只能与配位性很强的螯合剂作用，生成螯合物。碱土金属离子（除 Be 外），都能和 EDTA 作用，形成螯合物：

$$M^{2+} + H_2Y^{2-} \xlongequal{} MY^{2-} + 2H^+$$

Mg^{2+}、Ca^{2+}、Sr^{2+}、Ba^{2+} 的 EDTA 螯合物都比较稳定，正向反应进行的趋势也较大，这与它们的 $\Delta_r S_m^{\ominus}$ 有较大的正值有关。Mg^{2+} 和 Ca^{2+} 能和多磷酸根阴离子结合生成胶态螯合物。利用这一性质可使硬水软化。

叶绿素及其有关化合物是镁的一类重要螯合物——四吡咯系镁化合物。叶绿素在植物的光合作用中起着重要的作用。叶绿素 a 的结构如图 12－4 所示。

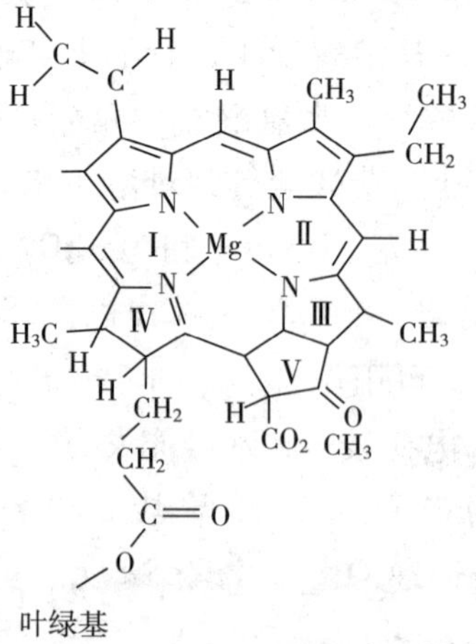

图 12－4　叶绿素 a 的结构

扫码“学一学”

第四节　硬水及其软化

自然界的水与土壤、矿物和空气等接触，溶解了许多物质，常见含有钙盐、镁盐、硫酸盐和氧化物。工业上根据水里所含 Ca^{2+} 和 Mg^{2+} 的含量，把天然水分为两种：溶有较多量 Ca^{2+} 和 Mg^{2+} 的水叫硬水；溶有少量 Ca^{2+} 和 Mg^{2+} 的水叫软水。

硬水又分为暂时硬水和永久硬水两种。含有钙、镁酸式碳酸盐的硬水叫作暂时硬水，它经煮沸就能软化。例如：

$$Ca(HCO_3)_2 \xlongequal{煮沸} CaCO_3\downarrow + H_2O + CO_2\uparrow$$

$$Mg(HCO_3)_2 \xlongequal{煮沸} MgCO_3\downarrow + H_2O + CO_2\uparrow$$

含有钙、镁硫酸盐或氯化物的硬水，经过煮沸水的硬度也不会消失。这种水叫作永久硬水。

如果使用硬水洗涤，就会多耗费肥皂，因为 Ca^{2+}、Mg^{2+} 离子与肥皂作用生成硬脂酸钙（或硬脂酸镁）的白色沉淀：

$$2C_{17}H_{35}COONa + Ca^{2+} \xlongequal{} (C_{17}H_{35}COO)_2Ca\downarrow + 2Na^+$$

如果用硬水作为锅炉用水，日久就会产生锅垢，其主要成分是 $Mg(HCO_3)_2$、$Ca(HCO_3)_2$ 热分解的产物 $MgCO_3$ 和 $CaCO_3$。锅垢影响导热，这不仅耗费燃料，而且还会因传热不均引起锅炉爆炸。因此，消除硬水中 Ca^{2+}、Mg^{2+} 使硬水软化非常必要。

硬水的软化常见有两种方法。

（1）化学方法　先测定水中 Ca^{2+}、Mg^{2+} 含量，加适量的石灰和纯碱，使 Ca^{2+}、Mg^{2+} 生成沉淀除去。

暂时硬水软化：

$$Ca(HCO_3)_2 + Ca(OH)_2 \xlongequal{} 2CaCO_3\downarrow + 2H_2O$$

$$Mg(HCO_3)_2 + Ca(OH)_2 \xlongequal{} MgCO_3\downarrow + CaCO_3\downarrow + 2H_2O$$

永久硬水软化：

$$Mg^{2+} + Ca(OH)_2 \xlongequal{} Mg(OH)_2\downarrow + Ca^{2+}$$

$$Ca^{2+} + Na_2CO_3 \xlongequal{} CaCO_3\downarrow + 2Na^+$$

使用化学方法软化硬水，操作比较复杂，软化效果较差，但成本低，适于处理大量的且硬度较大的水。例如，热电站、发电厂等一般采用该法作为软水的初步处理。

（2）离子交换法　离子交换法是用离子交换剂将硬水中的 Ca^{2+}、Mg^{2+} 离子交换除去。常用的离子交换剂有磺化煤、沸石和离子交换树脂。磺化煤是烟煤磺化的产物。常用的钠型磺化煤结构中具有可被金属离子交换的 Na^+，当硬水流经磺化煤交换柱时，会发生下列交换。

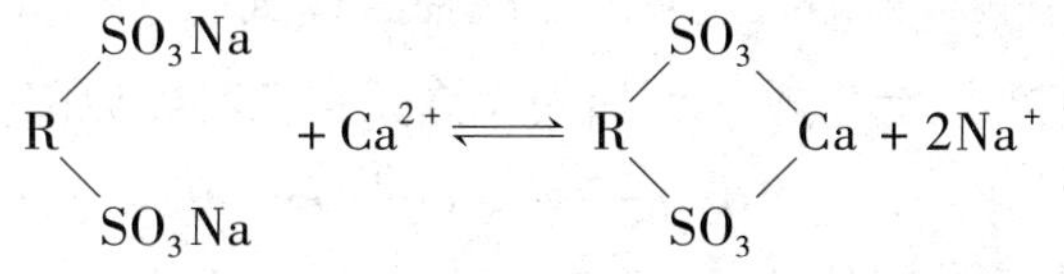

使用一段时间后，磺化煤中大部分 Na^+ 已被交换掉，当处理后的水质不再合格时，磺化煤需要再生处理，可用8%～10% NaCl 溶液浸洗数小时，便使上述反应逆向进行，磺化煤恢复成 Na 型。这样，只要消耗一些 NaCl，磺化煤就可以重复使用。沸石的情况与磺化煤相似。

离子交换树脂有阳离子交换树脂和阴离子交换树脂两种类型。在进行水的净化（包括软化）处理时，常使用磺酸型阳离子交换树脂 $R—SO_3^-H^+$（R 代表高分子有机骨架）和季铵型阴离子交换树脂 $R—N(CH_3)_3^+OH^-$。树脂的 H^+ 和 OH^- 都是可交换离子。将阴、阳离子交换树脂分别装柱，串联起来，最后的一支柱通常是将阴、阳离子交换树脂混合后装柱。当待处理的水流经阳离子交换树脂时，水中的金属离子，包括 Ca^{2+}、Mg^{2+}、Na^+ 等被吸附在树脂上，交换出 H^+ 进入水中。水继续流经阴离子交换树脂柱时，水中的 HCO_3^-、Cl^-、SO_4^{2-} 以及其他杂质阴离子都被吸附在树脂上，交换出 OH^- 进入水中，并与水中的 H^+ 结合成水。最后那支混合树脂柱进一步提高水的纯度。所以使用离子交换树脂处理水，杂质离子基本都被除尽，这样的水叫作去离子水。它不仅是软水，而且还可以代替蒸馏水使用。

离子交换树脂使用一段时间后，如果失去交换能力，需要进行再生处理。可用适当浓度的 HCl 和 NaOH 溶液浸泡，分别将饱和树脂上正、负离子交换下来，这样离子交换树脂便重新获得了交换能力。实际上再生反应是交换反应的逆过程：

$$R—SO_3^-H^+ + Na^+ \xrightleftharpoons{\text{交换}} R—SO_3^-Na^+ + H^+$$

第五节　离子鉴定和常用药物

扫码"学一学"

一、离子鉴定

（一）K^+ 离子的鉴定

（1）在中性或弱酸性溶液中，K^+ 与亚硝酸钴钠试液 $Na_3[Co(NO_2)_6]$ 作用生成橙黄色沉淀。操作时可用玻棒摩擦管壁，防止过饱和溶液的形成：

$$2K^+ + Na^+ + [Co(NO_2)_6]^{3-} = K_2Na[Co(NO_2)_6]\downarrow \text{（橙黄色）}$$

注意强酸或强碱都会使 $[Co(NO_2)_6]^{3-}$ 分解：

$$[Co(NO_2)_6]^{3-} + 6H^+ = Co^{3+} + 3NO\uparrow + 3NO_2\uparrow + 3H_2O$$

$$[Co(NO_2)_6]^{3-} + 3OH^- = Co(OH)_3\downarrow \text{（褐色）} + 6NO_2^-$$

因为 NH_4^+ 和 $[Co(NO_2)_6]^{3-}$ 也会产生 $(NH_4)_2Na[Co(NO_2)_6]$ 黄色沉淀，所以在 K^+ 离子鉴定前必须将 NH_4^+ 除去。可以在溶液中加浓 HNO_3，蒸发除 NH_4^+：

$$NH_4NO_3 \xlongequal{>473K} N_2O\uparrow + 2H_2O$$

（2）取钾盐作焰色反应，火焰呈紫色（隔钴玻璃片观察）。

（二）Na^+ 离子的鉴定

（1）试液用醋酸酸化后，再加入过量的醋酸铀酰锌试剂 $[ZnAc_2 + UO_2(Ac)_2]$，用玻棒磨擦容器内壁，有淡黄色的沉淀生成（可加入少许无水乙醇，以降低沉淀的溶解度）：

$$Na^+ + Zn^{2+} + 3UO_2^{2+} + 9Ac^- + 9H_2O = NaAc \cdot Zn(Ac)_2 \cdot 3UO_2(Ac)_2 \cdot 9H_2O\downarrow$$

注意强酸或强碱都会使试剂分解：

$$UO_2^{2+} + 2OH^- = UO_2(OH)_2\downarrow$$

$$2UO_2(OH)_2 + H_2O = H_4U_2O_7$$

（2）取钠盐做焰色反应，火焰呈持久的亮黄色。

（三）Mg^{2+} 离子的鉴定

（1）试液加 NaOH 使之呈碱性，Mg^{2+} 转化成白色的 $Mg(OH)_2$ 沉淀，再加入镁试剂（对硝基苯偶氮间苯二酚），$Mg(OH)_2$ 沉淀吸附镁试剂呈蓝色（镁试剂在酸性溶液中显黄色，在碱性溶液中显紫红色）。

能形成氢氧化物沉淀的阳离子都有干扰，应先分离除去。大量 NH_4^+ 的存在要影响 $Mg(OH)_2$ 的析出，也应预先除去。

（2）在试液中加入少量 NH_4Cl 试剂，再加入 Na_2HPO_4 溶液，然后滴加氨水，用玻璃棒摩擦容器内壁，有白色的磷酸铵镁沉淀生成：

$$Mg^{2+} + HPO_4^{2-} + NH_3 \cdot H_2O = MgNH_4PO_4 \downarrow \text{（白色）} + H_2O$$

加 $NH_3 \cdot H_2O$ 是为了中和 HPO_4^{2-} 提供足够量的 PO_4^{3-}；加 NH_4Cl 是提供 NH_4^+，并适当控制 OH^- 浓度以防止 $Mg(OH)_2$ 沉淀。

（四）Ca^{2+} 离子的鉴定

（1）在用 HAc 酸化的试液中，加入草酸铵试剂 $(NH_4)_2C_2O_4$，溶液中有白色 CaC_2O_4 沉淀生成。该沉淀在 HAc 中不溶，但溶于盐酸及硝酸中。

$$Ca^{2+} + C_2O_4^{2-} = CaC_2O_4 \downarrow \text{（白色）}$$

$$CaC_2O_4 + H^+ = Ca^{2+} + HC_2O_4^-$$

（2）取钙盐做焰色反应，火焰呈砖红色。

（五）Sr^{2+} 离子的鉴定

（1）向含有 Sr^{2+} 离子的试液中加入 $(NH_4)_2SO_4$ 试剂，溶液中有白色的硫酸锶（$SrSO_4$）沉淀生成：

$$Sr^{2+} + SO_4^{2-} = SrSO_4 \downarrow \text{（白色）}$$

（2）焰色反应，Sr^{2+} 在氧化焰中灼烧，颜色成猩红色。

（六）Ba^{2+} 离子的鉴定

（1）向含有 Ba^{2+} 离子的试液中加入 K_2CrO_4 试剂，溶液中有黄色的 $BaCrO_4$ 沉淀生成，该沉淀不溶于 HAc，但溶于盐酸或硝酸中：（$SrCrO_4$ 溶于 HAc）

$$Ba^{2+} + CrO_4^{2-} = BaCrO_4 \downarrow \text{（黄色）}$$

$$2BaCrO_4 + 2H^+ = 2Ba^{2+} + Cr_2O_7^{2-} + H_2O$$

（2）取钡盐做焰色反应，火焰呈黄绿色。

二、常用药物

在碱金属和碱土金属的化合物中，有几种常用药物。

1. 氧化镁　MgO 为抗酸药，主要用于配置内服药剂以中和过多的胃酸。常见的制剂有：镁乳——$Mg(OH)_2$；镁钙片——每片含 MgO 0.1g，$CaCO_3$ 0.5g；制酸散——MgO 与 $NaHCO_3$ 混合制成的散剂等。

2. 硫酸镁　$MgSO_4 \cdot 7H_2O$，又称泻盐，口服作缓泻剂和十二指肠引流剂，也是利胆药。

3. 钙盐　常用的钙盐类药物主要有：葡萄糖酸钙，乳酸钙，碳酸钙，磷酸氢钙和氯化钙。主要用于治疗急性低钙血症，防治慢性营养性钙缺乏症、抗炎、抗过敏，以及作为镁中毒时的拮抗剂等。

4. 硫酸钡　$BaSO_4$ 诊断用药。白色疏松的细粉，无臭、无味。难溶于水、酸、碱或有机溶剂。$BaSO_4$ 能阻止 X 射线透过，且不被胃肠所吸收，故 $BaSO_4$ 制剂常用于胃肠道造影。

造影用的 $BaSO_4$ 不允许含有可溶性钡盐，因为 Ba^{2+} 有剧毒，致死量为0.8g。

本章小结

一、S 区元素通性

1. s 区元素是周期表中最典型的金属，其化学性质极其活泼，在自然界中都以化合态的形式存在。

2、s 区族内元素的基本性质递变十分规律（锂和铍除外），并具有氧化数单一、化合物离子性突出和配位化学性质较弱等特征。

3. 锂和铍次外层为2电子构型，有效核电荷大，极化作用强，因而表现出许多不同于本区元素的特殊性。

二、单质

1. 还原性极强，与水反应剧烈（锂、铍和镁除外），常在固态反应和有机反应中作还原剂。

2. 与 O_2、H_2、N_2、X_2、S 等非金属单质直接化合生成离子型化合物。

3. 焰色反应可用于初步鉴定 s 区元素的单质和离子（铍和镁除外）。

三、重要的化合物

1. 过氧化物（M_2O_2）和超氧化物（MO_2）与水或 CO_2 作用时会放出氧气，可用作供氧剂和 CO_2 吸收剂。最重要和最常用的有 Na_2O_2、NaO_2、和 KO_2。

2. 碱金属氢氧化物最突出的化学性质是强碱性和强腐蚀性，NaOH 和 KOH 是重要的化工原料和化学试剂。碱土金属氢氧化物中 $Ca(OH)_2$ 是常用的干燥剂和廉价的强碱。

3. 常见的碱金属盐均易溶于水（锂盐除外），钾盐因吸湿性小于钠盐常用作基准物。

四、离子鉴定

1. 钠离子的鉴定

$Na^{+} + Zn^{2+} + 3UO_2^{2+} + 9Ac^{-} + 9H_2O = NaAc \cdot Zn(Ac)_2 \cdot 3UO_2(Ac)_2 \cdot 9H_2O\downarrow$（淡黄色）

挥发性钠盐的焰色反应为黄色。

2. 钾离子的鉴定

$$2K^{+} + Na^{+} + [Co(NO_2)_6]^{3-} = K_2Na[Co(NO_2)_6]\downarrow \text{（橙黄色）}$$

挥发性钾盐的焰色反应为紫色（隔蓝色钴玻璃观察）。

3. 镁离子的鉴定

$$Mg^{2+} + 2OH^{-} = Mg(OH)_2\downarrow \text{（白色）}$$

↓镁试剂

蓝色沉淀

$$Mg^{2+} + HPO_4^{2-} + NH_3 = MgNH_4PO_4\downarrow \text{（白色）}$$

4. 钙离子的鉴定

$$Ca^{2+} + C_2O_4^{2-} = CaC_2O_4\downarrow \text{（白色）（盐酸或硝酸中可溶）}$$

挥发性钙盐的焰色反应为砖红色。

5. 钡离子的鉴定

$$Ba^{2+} + CrO_4^{2-} = BaCrO_4\downarrow$$ （黄色）（盐酸或硝酸中可溶）

挥发性钡盐的焰色反应为黄绿色。

习题

扫码“练一练”

1. 试根据ⅠA和ⅡA族元素的电子层构型说明它们化学活泼性的递变规律。

2. 锂与镁的性质有哪些相似？试举例说明。

3. 下列物质在过量的 O_2 中燃烧时，生成何种物质？写出反应方程式。

①钾　②钠　③镁　④铷　⑤铯

4. 金属钠着火时，能用 H_2O、CO_2、石棉毯扑灭吗？为什么？

5. 完成下列反应式

（1）$Na + H_2 \longrightarrow$　（2）$Mg + N_2 \xrightarrow{\triangle}$

（3）$Be + NaOH \longrightarrow$　（4）$CaH_2 + H_2O \longrightarrow$

（5）$Na_2O_2 + CO_2 \longrightarrow$　（6）$MgCl_2 \cdot 6H_2O \xrightarrow{\triangle}$

（7）$Ca(HCO_3)_2 \xrightarrow{\triangle}$　（8）$MgO + Na \longrightarrow$

6. 简要回答下列各题

（1）碱土金属比相应的碱金属熔点高、硬度大。

（2）由钠到铯的 $E^\ominus$ 依次减小，但锂却有反常小的 $E^\ominus$。

（3）$BeCl_2$ 为共价化合物而 $CaCl_2$ 则为离子化合物。

（4）按 $BeCO_3 \longrightarrow BaCO_3$ 的顺序，碳酸盐分解温度依次升高。

7. 为什么 $Be(OH)_2$ 为两性物质而 $Mg(OH)_2$ 却显碱性？

8. 商品 NaOH 中为什么常含有 Na_2CO_3 杂质？怎样配制不含有 Na_2CO_3 杂质的 NaOH 溶液？

9. 为什么人们常用 Na_2O_2 作供氧剂？

10. 如何鉴定 Mg^{2+}、Ca^{2+}、Ba^{2+}、K^+、Na^+ 离子？分别写出鉴定反应方程式。

11. 反应：$CaO(s) + SO_3(g) = CaSO_4(s)$。试用下列热化学数据计算说明能否用 CaO (s)吸收高炉废气中的 SO_3 气体以防止 SO_3 污染环境。

化合物	$CaSO_4(s)$	$CaO(s)$	$SO_3(g)$
$\Delta_f H_m^\ominus(kJ \cdot mol^{-1})$	−1432.7	−635.10	−395.72
$S_m^\ominus(J \cdot mol^{-1} \cdot K^{-1})$	107.0	39.75	256.65

（梅文杰）

第十三章　*d* 区和 *ds* 区元素

学习目标

1. **掌握**　*d* 区、*ds* 区元素价电子层结构的特点及通性。
2. **熟悉**　Cr、Mn、Fe、Co、Ni、Cu、Ag、Zn、Hg 的重要化合物性质及用途。
3. **了解**　一些常见离子的鉴定反应。

d 区元素是指周期系中第ⅢB～ⅦB，第Ⅷ族（不包括镧以外的镧系元素和锕以外的锕系元素），*ds* 区元素则是第ⅠB～ⅡB 族元素。由于这些元素排列在长式元素周期表的中部，如表 13－1 虚线所示，它衔接了典型的金属元素和非金属元素，并且从这些元素的电子层结构上看，是最后一个电子开始填充$(n-1)d$ 轨道到$(n-1)d$ 轨道全充满；以及最后一个电子填充在 *ns* 轨道上，并具有$(n-1)d$ 轨道全充满的结构，恰好完成了从$(n-1)d$ 部分填充至完全填充的过渡，所以 *d* 区和 *ds* 区元素都是金属。它们的性质是从典型的金属向非金属的过渡。

表 13－1　*d* 区、*ds* 区元素在周期表中的位置

s 区		*d* 区								*ds* 区		*p* 区	
ⅠA	ⅡA	ⅢB	ⅣB	ⅤB	ⅥB	ⅦB	Ⅷ			ⅠB	ⅡB	ⅢA	ⅣA…
Li	Be											B	C…
Na	Mg											Al	Si…
K	Ca	Sc	Ti	V	Cr	Mn	Fe	Co	Ni	Cu	Zn	Ga	Ge…
Rb	Sr	Y	Zr	Nb	Mo	Tc	Ru	Rh	Pd	Ag	Cd	In	Sn…
Cs	Ba	La	Hf	Ta	W	Re	Os	Ir	Pt	Au	Hg	Tl	Pb…
Fr	Ra	Ac	Rf	Db	Sg	Bh	Hs	Mt	Un	Uu	Ub		

d 区和 *ds* 区元素通常也被称为过渡元素或过渡金属。关于过渡元素的范围，目前尚无统一认识，有人认为 *ds* 区元素的原子$(n-1)d$ 轨道全部充满，所以过渡元素不应包括，本书则将 *ds* 区元素包括在过渡元素中。在周期表中，过渡元素的第ⅢB～ⅦB 及ⅠB，ⅡB 族元素各占一个纵列，第Ⅷ族元素占三个纵列，同周期 *d* 区和 *ds* 区元素金属性递变不明显，故通常人们又将过渡元素按周期划分为三个过渡系：第四周期从钪（Sc）到锌（Zn）为第一过渡系；第五周期从钇（Y）到镉（Cd）为第二过渡系；第六周期从镧（La）到汞（Hg）为第三过渡系元素。

第一过渡系元素在自然界中储量较多，其单质和化合物的用途也较为广泛。第二、三过渡系的元素，除银（Ag）和汞（Hg）外，相对说来丰度较小，但我国是钼（Mo）和钨（W）的丰产国。本章将在简要介绍 *d* 区和 *ds* 区元素通性的基础上，重点讨论铬（Cr）、锰（Mn）、铁（Fe）、铂（Pt）、铜（Cu）、锌（Zn）和汞（Hg）等 10 种元素。

扫码“学一学”

第一节　*d* 区和 *ds* 区元素的通性

一、*d* 区和 *ds* 区元素的原子结构特征

d 区和 *ds* 区元素的原子结构可概括为：原子实（$n-1$）$d^{1\sim10}ns^{1\sim2}$（Pd 为 $5s^0$）。表 13－2 列出过渡元素原子的价层电子构型。由表可知，过渡元素原子电子层结构的特点：它们都具有未充满或刚刚充满的 d 轨道，最外层仅有 1～2 个电子（个别除外），因而原子最外两个电子层都是未满的，均属于不稳定电子构型，容易发生变化。由于过渡元素的（$n-1$）*d* 轨道和 *n*s 轨道能量相近，*d* 轨道可以全部或部分参与成键，这就使过渡元素的基本性质与主族元素的性质有许多显著的不同，而且其本身具有许多共性。

表 13－2　过渡元素原子的价层电子构型

第一	Sc	Ti	V	Cr	Mn	Fe	Co	Ni	Cu	Zn
过渡系	$3d^14s^2$	$3d^24s^2$	$3d^34s^2$	$3d^54s^1$	$3d^54s^2$	$3d^64s^2$	$3d^74s^2$	$3d^84s^2$	$3d^{10}4s^1$	$3d^{10}4s^2$
第二	Y	Zr	N*b*	Mo	Tc	Ru	Rh	Pd	Ag	Cd
过渡系	$4d^15s^2$	$4d^25s^2$	$4d^45s^1$	$4d^55s^1$	$4d^55s^2$	$4d^75s^1$	$4d^85s^1$	$4d^{10}5s^0$	$4d^{10}5s^1$	$4d^{10}5s^2$
第三	La	Hf	Ta	W	Re	Os	Ir	Pt	Au	Hg
过渡系	$5d^16s^2$	$5d^26s^2$	$5d^36s^2$	$5d^46s^2$	$5d^36s^2$	$5d^66s^2$	$5d^76s^2$	$5d^96s^1$	$5d^{10}6s^1$	$5d^{10}6s^2$

二、*d* 区和 *ds* 区元素的基本性质变化特征

d 区和 *ds* 区元素的一些基本性质列于表 13－3 中。

表 13－3　*d* 区和 *ds* 区元素的一些基本性质

第一过渡系	Sc	Ti	V	Cr	Mn	Fe	Co	Ni	Cu	Zn
原子序数	21	22	23	24	25	26	27	28	29	30
原子量	44.96	47.88	50.94	51.996	54.94	55.85	58.93	58.69	63.55	65.38
原子半径/pm	164	147	135	130	135	126	125	125	128	137
第一电离能/kJ·mol^{-1}	631	658	650	652.8	717.4	759.4	758	136.7	746	906
电负性	1.36	1.54	1.63	1.66	1.55	1.83	1.88	1.91	1.90	1.65
$E^{\ominus}_{M^{2+}/M}$/V		−1.63	−1.19	−0.91	−1.18	−0.44	−0.277	−0.25	−0.337	−0.763
$E^{\ominus}_{M^{3+}/M}$/V	−2.08			−0.76						
第二过渡系	Y	Zr	Nb	Mo	Tc	Ru	Rh	Pd	Ag	Cd
原子序数	39	40	41	42	43	44	45	46	47	48
原子量	88.91	91.22	92.91	95.94	—	101.07	102.91	106.42	107.87	112.41
原子半径/pm	178	160	146	139	136	134	134	137	144	154
第一电离能/kJ·mol^{-1}	616	660	664	685	702	711	720	805	731	867.7
电负性	1.32	1.63	1.60	1.8	1.90	2.20	2.28	2.20	1.93	1.69
原子序数	57	72	73	74	75	76	77	78	79	80
原子量		178.49	180.95	183.84	186.21	190.23	192.22	195.08	196.97	200.59
原子半径/pm	188	160	149	141	137	135	136	139	146	157
第一电离能/kJ·mol^{-1}	538.1	654	761	770	760	840	880	870	890.1	1007
电负性	1.10	1.30	1.30	1.7	1.90	2.20	2.20	2.28	2.40	1.90

由表 13－3 的数据可以看出，同一周期从左到右过渡元素的基本性质有许多相似之处。

例如，同周期过渡元素的第一电离能比较接近，金属性变化不显著；同周期过渡元素的原子半径随 *d* 电子数的变化而缓缓变化等。同一族与主族元素相比，从上到下过渡元素基本性质的递变既不规则也不显著。因此，过渡元素基本性质不同于主族元素的最重要特征是元素基本性质的水平相似性。

三、*d* 区和 *ds* 区元素的原子半径

过渡元素的原子半径随原子序数变化的情况见图 13－1。

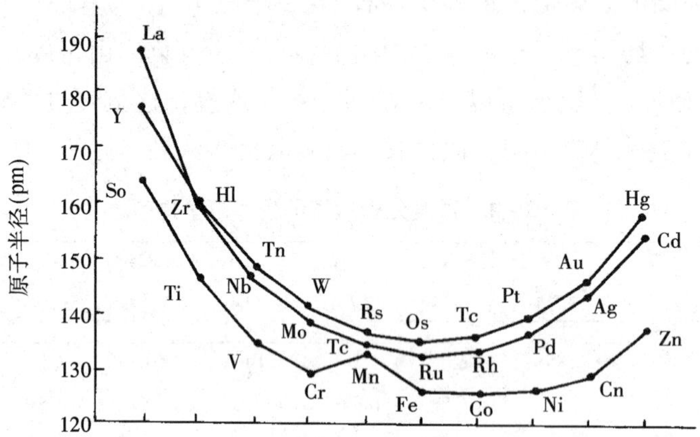

图 13－1　过渡元素的原子半径

由图可看出，同周期元素从左向右，随原子序数的增加，原子半径缓慢地减小，直到第Ⅷ族元素前后又稍增大。同族过渡元素从上至下原子半径增大，但第五、六周期同族元素的原子半径十分接近，铪的原子半径甚至比锆还小。上述情况是由于过渡元素 *d* 轨道的电子未充满，*d* 电子的屏蔽效应较小，随着元素原子序数的递增，*d* 电子的数目依次增多，原子的有效核电荷依次增大，对外层电子云的吸引力增大，所以原子半径依次减小，直到第Ⅷ族元素后，*d* 轨道充满使屏蔽效应增强，核对外层电子的作用力减小，原子半径又有所增大。至于第五、六周期同族元素原子半径的相近，通常认为是镧系收缩所导致的结果。

四、单质的物理性质

过渡元素的某些物理性质列于表 13－4 中。

表 13－4　过渡金属的某些物理性质

元素	熔点（K）	沸点（K）	密度（$g \cdot cm^{-3}$）	硬度（莫氏标准）	导电率（Hg＝1）	导热率（Hg＝1）
Sc	1814	3104	2.99			
Ti	1933 ±10	3560	4.54	4		
V	2163 ±10	3653	6.11		3.7	
Cr	2130 ±20	2945	7.20	9	7.3	8.3
Mn	1517 ±3	2235	7.3	6		
Fe	1808	3023	7.87	4.5	9.8	9.5
Co	1768	3143	8.9	5.5	9.9	8.3
Ni	1726	3005	8.90	4	13.9	7.0
Cu	1356	2840	8.92	3.0	56.9	51.3

续表

元素	熔点（K）	沸点（K）	密度（$g \cdot cm^{-3}$）	硬度（莫氏标准）	导电率（Hg＝1）	导热率（Hg＝1）
Zn	693	1180	7.14	2.5	16	
Y	1796 ± 8	3610	4.47			
Zr	2125 ± 2	4650	6.51	4.5		
Nb	2741 ± 10	5015	8.57			
Mo	2890	4855	10.22	6	20.0	17.5
Tc	2445	5150	11.50			
Ru	2583	4173	12.41	6.5	9.6	
Rh	2239 ± 3	4000 ± 100	12.41		19.4	10.6
Pd	1825	3413	12.02	4.8	9.6	8.1
Ag	1199	2485	10.50	2.7	59	57.2
Cd	594	1038	8.64	2	12.6	
La	1194	3727	6.17		1.6	
Hf	2500 ± 20	4875	13.31			
Ta	3269	5698 ± 100	16.65	7	6.2	6.5
W	3683 ± 20	5932	19.35	7	17.5	23.8
Re	3453	5900	21.02		4.6	
Os	3318 ± 3	> 5573	22.57	7.0	10.8	
Ir	2683	4403	22.42	6.5	15.7	7.1
Pt	2045	4100 ± 100	21.45	4.5	9.7	8.3
Au	1337	3080	19.3	2.5	39.6	39.2
Hg	234	630	13.59		1	1

由表 13－4 的数据可以看到，大多数过渡元素金属的单质都有较高的硬度，高沸点、高熔点、高密度及良好的导电性和导热性。同一周期，从左到右过渡金属的熔点是先逐步升高又缓慢下降，最高的是ⅥB 族。产生这种现象的原因一般认为是这些金属原子间除主要以金属键结合之外，还可能具有部分共价性。原子中未成对的 d 电子数增多，金属键中由这些电子参与成键造成的部分共价性增强，表现出这些金属单质的熔点升高*。同一族中，从上到下过渡金属的熔点依次升高（第ⅦB 族元素除外），金属中熔点最高的单质是钨（3683K）。

过渡金属单质的密度在各周期和各族中，随原子序数的增大而依次增大，尤其是第三过渡系的锇（Os）、铱（Ir）、铂（Pt），它们是金属单质中密度最大的，与锂（密度最小的）相比，要相差 40 多倍。习惯上称第一过渡系元素为轻过渡元素，称第二、第三过渡元素为重过渡元素。

过渡元素金属单质的硬度与主族金属单质相比要大得多，其中硬度最大的是铬（Cr），莫氏（Moh）硬度为 9，仅次于金刚石。

此外，像钛、钒、铬、锰、钴、镍等原子结构及晶体与铁相似，可与铁组成具有多种特殊性能的合金。例如桥梁使用的 16Mn 钢，提高了强度等性能，比碳钢可节约钢材 15%

* 金属的熔点也与金属原子半径的大小、晶体结构等因素有关，并非单纯地决定于未成对 d 电子数目的多少。

左右；钛是未来的钢铁，它的密度小，熔点高，并在较高温下不失它的机械强度并具有优越的抗腐蚀性（尤其是对海水），因而用来制造超音速飞机，导弹和海洋化工设备等；钼钢可切割不锈钢；钒钢耐磨、抗压、光亮，有许多特殊的用途。总之，过渡金属是现代工程材料中最重要和应用最为广泛的金属。

五、单质的化学性质

在化学性质方面，第ⅢB族元素在过渡金属中是最活泼的，它们在空气中就能迅速被氧化；也能与水反应放出氢气。例如：

$$2Sc + 3O_2 = 2Sc_2O_3$$

$$2Sc + 6H_2O = 2Sc(OH)_3 + 3H_2\uparrow$$

第ⅢB族元素化学性质活泼的原因，是它们的原子半径在过渡金属中最大，次外层（$n-1$）d轨道上又只有1个电子，这个电子对元素的性质变化影响不显著，所以第ⅢB族元素的金属活泼性与相邻的第ⅡA族元素相近。通常情况下，其他过渡金属不能直接与水反应。第一过渡元素除Cu外多是比较活泼的金属，都能从非氧化性稀酸中置换出H_2。而第二、三过渡系的单质金属活泼性较差，只有一些金属仅溶于王水和氢氟酸中，如锆（Zr）、铪（Hf）等。有些甚至不溶于王水，如钌（Ru）、铑（Rh）、锇（Os）、铱（Ir）等。这些化学性质的差别来源于这些元素具有较大的电离能（I_1和I_2）和升华能，有时这些金属在表面上易形成致密的氧化膜，也影响了它们的活泼性。

过渡金属能与活泼的非金属直接作用，生成相应的化合物。有些过渡金属如第ⅣB～第Ⅷ族的元素，还能与原子半径较小的非金属（如B、C、N等）形成间充式化合物，这些化合物是由非金属的原子钻到金属晶格的空隙中形成的。间充式化合物比相应的纯金属单质的熔点高、硬度大，化学性质不活泼，因而在工业上有许多重要的用途。另外，一些过渡金属的单质在工业上常用作催化剂。例如：在HNO_3制造过程中，NH_3的氧化用Pt作催化剂；不饱和有机化合物的加氢常用Ni作催化剂等。

六、氧化数

过渡元素最显著的特征之一，是它们有多种氧化数。过渡元素外层s电子与次外层d电子能级接近，因此除了最外层的s电子参加成键外，d电子也可以部分或全部参与成键，形成多种氧化数。以第一过渡系最为典型，见表13－5。

表13－5　第一过渡系元素的常见氧化数

元素	Sc	Ti	V	Cr	Mn	Fe	Co	Ni	Cu	Zn
									$\underline{+\mathrm{I}}$	
		$+\mathrm{II}$	$+\mathrm{II}$	$+\mathrm{II}$	$\underline{+\mathrm{II}}$	$\underline{+\mathrm{II}}$	$\underline{+\mathrm{II}}$	$\underline{+\mathrm{II}}$	$\underline{+\mathrm{II}}$	$\underline{+\mathrm{II}}$
	$\underline{+\mathrm{III}}$	$+\mathrm{III}$	$+\mathrm{III}$	$\underline{+\mathrm{III}}$	$+\mathrm{III}$	$\underline{+\mathrm{III}}$	$\underline{+\mathrm{III}}$	$\underline{+\mathrm{III}}$		
氧化数		$\underline{+\mathrm{IV}}$	$\underline{+\mathrm{IV}}$	$+\mathrm{IV}$	$\underline{+\mathrm{IV}}$		$+\mathrm{IV}$	$+\mathrm{IV}$		
			$\underline{+\mathrm{V}}$	$+\mathrm{V}$						
				$\underline{+\mathrm{VI}}$	$\underline{+\mathrm{VI}}$	$+\mathrm{VI}$				
					$+\mathrm{VII}$					

注：划横线的表示常见的氧化数。

由上表可见，第一过渡系元素的氧化数从左到右，随d电子数的增多而依次升高，可变氧化态的数目也依次增多，当d电子的数目达到5或超过5时，能级仅处于半充满状态，能量降低，稳定性增强，d电子参与成键的倾向减弱，氧化数又逐渐降低，可变氧化态的数目也随之减少。

第二、第三过渡元素氧化数从左到右变化的情况与第一过渡系一致。不同点是这些元素的最高氧化态化合物是稳定的，而低氧化态化合物不常见。例如，ⅢB→ⅦB 各族最高氧化数与主族一样，等于其族数，第Ⅷ族元素最高氧化数可达 +Ⅷ（如锇的氧化物 OsO_4），其原因是这些元素原子的价电子层 *s* 电子和 *d* 电子数目之和与族数相等。

由于同一元素不同氧化数之间在一定条件下可以相互转化，因此，一般说来高氧化态的化合物具有强氧化性，是较理想的氧化剂，如 $K_2Cr_2O_7$，$KMnO_4$ 等。低氧化态的化合物具有还原性，处于中间价态的化合物能发生歧化如 Mn（Ⅲ）、Mn（Ⅵ）。

七、氧化物和氢氧化物的酸碱性

过渡元素氧化物及其氢氧化物的酸碱性递变规律是：①同周期过渡元素（ⅢB ~ ⅦB 族）最高氧化态的氧化物及其氢氧化物，从左至右碱性减弱酸性增强；②同族过渡元素相同氧化态的氧化物及其氢氧化物，从上至下碱性增强酸性减弱；③同一元素不同氧化物及其氢氧化物高价偏酸性，低价偏碱性。例如，锰元素不同氧化态的氧化物及其氢氧化物的酸碱性变化如下：

氧化数：	+Ⅱ	+Ⅲ	+Ⅳ	+Ⅵ	+Ⅶ
氧化物：	MnO	Mn_2O_3	MnO_2	MnO_3	Mn_2O_7
氢氧化物：	$Mn(OH)_2$	$Mn(OH)_3$	$Mn(OH)_4$	H_2MnO_4	$HMnO_4$
酸碱性：	碱性	弱碱性	两性	酸性	强酸性

八、水合离子的颜色

过渡元素的另一重要特征是它们的离子和化合物大都显色。表 13－6 列出过渡元素中部分水合离子的颜色。

表 13－6　过渡元素中部分水合离子的颜色

水合离子	Ti^{3+}	V^{3+}	Cr^{3+}	Mn^{3+}	Mn^{2+}	Fe^{3+}	Fe^{2+}	Co^{2+}	Ni^{2+}	Cu^{2+}
d 电子数	d^1	d^2	d^3	d^4	d^5	d^5	d^6	d^7	d^8	d^9
颜　色	紫红	绿	蓝紫	紫红	肉色	淡紫	浅绿	粉红	绿色	蓝色

物质呈色的原因比较复杂，有关过渡元素水合离子的颜色，一般认为是由于在可见光的激发下，发生 $d-d$ 跃迁和电荷跃迁的缘故。电子构型为 $d^{1\sim9}$ 的过渡金属离子主要发生 $d-d$ 跃迁，而 d^{10} 电子构型的过渡金属化合物主要发生电荷跃迁。通常电荷跃迁强度一般比 $d-d$ 跃迁强度大，故电荷跃迁引起的颜色也比 $d-d$ 跃迁深。

九、过渡元素的配位性

过渡元素最重要和最突出的特征之一是易形成配合物。所有过渡元素的离子或某些原子都可作为配合物的形成体，与许多配体形成稳定的配合物。例如，过渡金属的离子一般都能与 F^-、CN^-、$C_2O_4^{2-}$、NH_3、乙二胺（en）及乙二胺四乙酸（EDTA）等配体形成配合物。某些过渡金属的原子（Pt、Ni、Co、Fe 等）还能与 CO（羰基）形成羰基配合物 $[M_x(CO)_y]$ 简称羰合物。在羰合物中过渡金属的氧化数为零甚至为负值。

过渡元素显著的配位性质，是因为过渡元素原子的价层电子构型：$(n-1)d^{1\sim9}ns^{1\sim2}np^0nd^0$，离子的价层电子构型：$(n-1)d^xns^0np^0nd^0$，各轨道的能量比较相近，又都有空轨道，所以有利于组成各种类型的杂化轨道，使其具有接受配体提供孤电子对的条件，从而形成配合物的倾向。其次，过渡元素离子有很强的极化能力和变形性，通过极化及附加极化作用与配位体进一步结合在一起。由过渡元素参与形成的种类繁多的配合物，在生物化学、药物化学、分析化学、有机化学等方面都有非常重要、非常广泛的应用。

综上所述，*d* 区和 *ds* 区元素一系列的性质特征几乎都与它们未充满或刚充满的 *d* 轨道有关，因此有人认为，*d* 区和 *ds* 区元素的化学就是 *d* 电子化学，学习中应注意把握这一点。

扫码“学一学”

第二节　铬与锰

铬、锰分别是周期系第ⅥB 族和ⅦB 族元素。铬于 1797 年由法国化学家沃克兰（L N Vauquelin）在研究铬铅矿时首先发现的，锰则由瑞典化学家甘英于 1774 年用木炭还原软锰矿时最先制得的。

铬、锰在地壳中分布很广，元素丰度较大（质量百分比），铬为 0.01%，锰为 0.085%，仅次于铁和钛，在过渡元素中占第三位。在自然界中，铬、锰主要存在于矿石中，重要的矿石有：铬铁矿 $Fe(CrO_2)_2$、软锰矿 MnO_2、水锰矿 $Mn_2O_3 \cdot H_2O$、褐锰矿 $3Mn_2O_3 \cdot MnSiO_3$ 及黑锰矿 Mn_3O_4 等。

一、铬、锰单质的性质

（一）铬

铬是银白色有光泽的金属，在过渡元素中，硬度最大，纯铬有延展性，含有杂质的硬而脆。

铬能与稀盐酸或稀硫酸作用生成蓝色的 Cr（Ⅱ）溶液，与空气接触，很快被氧化为绿色的 Cr（Ⅲ）溶液：

$$Cr + 2HCl = CrCl_2 + H_2\uparrow$$

$$4CrCl_2 + 4HCl + O_2 = 4CrCl_3 + 2H_2O$$

铬与浓硫酸反应，生成二氧化硫和硫酸铬：

$$2Cr + 6H_2SO_4 = Cr_2(SO_4)_3 + 3SO_2\uparrow + 6H_2O$$

在高温条件下，铬能与卤素、硫、氮等非金属直接化合。

铬不溶于浓硝酸和王水，因为表面形成致密的氧化物薄膜而呈钝态。钝化后的铬稳定，有很强的抗腐蚀性。

铬主要用于制造合金钢。在钢中加入铬后，铬能显著增大钢材的硬度、耐磨性、耐热性和抗腐蚀性。含铬 10% 以上的钢材称为不锈钢。铬也常用于电镀既保护金属也使外观光亮，还增强耐磨性及抗腐蚀性。

（二）锰

锰的外形似铁，块状锰是银白色的，粉末状的锰呈灰色。

锰的化学性质活泼，在空气中，表面能被氧化，加热时燃烧生成 Mn_3O_4。室温下，锰与水的作用缓慢，加热时反应迅速并放出 H_2。它易溶于非氧化性稀酸，生成 Mn^{2+} 离子

和 H_2：

$$Mn + 2H^+ = Mn^{2+} + H_2\uparrow$$

在高温条件下，锰能与许多非金属直接化合：

$$Mn + Cl_2 \xlongequal{\Delta} MnCl_2$$

$$Mn + S \xlongequal{\Delta} MnS$$

$$3Mn + N_2 \xlongequal{\Delta} Mn_3N_2$$

锰主要用于制造锰钢，锰钢富于韧性，可煅可轧，耐撞击和磨损，用于制造钢轨和拖拉机的履带等。

二、铬的重要化合物

铬的价电子构型为 $3d^54s^1$，一定条件下，铬的6个价电子可以部分或全部参加成键，所以铬能生成多种氧化数的化合物，最常见的氧化数为＋Ⅱ、＋Ⅲ和＋Ⅵ。

铬的标准电势图如下：

$$E_A^\ominus/V \qquad Cr_2O_7^{2-} \xrightarrow{1.33} Cr^{3+} \xrightarrow{-0.41} Cr^{2+} \xrightarrow{-0.91} Cr \quad (Cr^{3+} \xrightarrow{-0.74} Cr)$$

$$E_B^\ominus/V \qquad CrO_4^{2-} \xrightarrow{-0.13} \begin{matrix} Cr(OH)_3 \\ CrO_2^- \end{matrix} \xrightarrow{-1.1} Cr(OH)_2 \xrightarrow{-1.4} Cr \quad (Cr(OH)_3 \xrightarrow{-1.2} Cr)$$

由电势图可知：在酸性溶液中 $Cr_2O_7^{2-}$ 有较强氧化性，可被还原为 Cr^{3+}；而 Cr^{2+} 有较强还原性，可被氧化为 Cr^{3+}。在碱性溶液中，CrO_4^{2-} 氧化性很弱。

下面是铬的吉布斯自由能－氧化态图。

由图13－2也可以得出：在酸性溶液中，Cr^{3+} 离子是铬最稳定的氧化态（曲线最低点），而Ⅵ氧化态的铬具有强氧化性，其还原产物为 Cr^{3+} 离子。

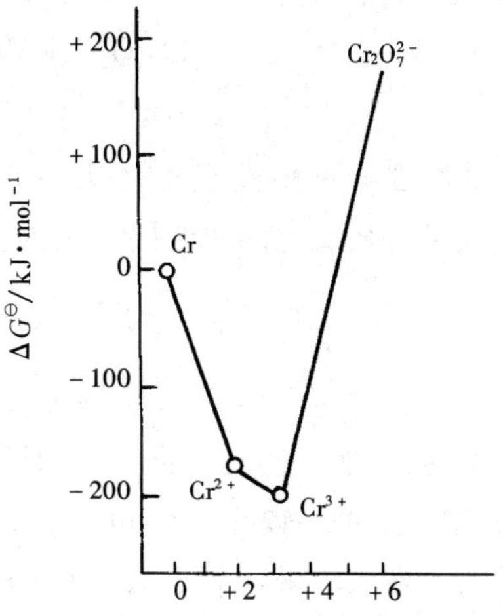

图13－2　在酸性溶液中铬的吉布斯自由能-氧化态图

（一）铬（Ⅲ）的化合物

Cr（Ⅲ）的电子构型为［Ne］$3s^23p^63d^3$，价层电子有11个，属于不规则电子层结构，正电场大，有空的d轨道，因此其化合物有以下特性：①有未成对d电子，能发生d－d跃迁，故Cr（Ⅲ）的化合物都具有颜色；②Cr（Ⅲ）的氧化物及其水合物具有两性，能溶于酸又能溶于碱；③Cr（Ⅲ）盐具有水解性；④Cr（Ⅲ）易形成配合物，配位数为6。

1. 三氧化二铬和氢氧化铬　金属铬的粉末在空气中燃烧或灼烧重铬酸铵，皆可生成绿色三氧化二铬固体：

$$4Cr + 3O_2 \xlongequal{\triangle} 2Cr_2O_3$$

$$(NH_4)_2Cr_2O_7 \xlongequal{\triangle} Cr_2O_3 + 4H_2O + N_2\uparrow$$

Cr_2O_3 微溶于水，熔点高，硬度大，呈两性，可溶于酸和碱：

$$Cr_2O_3 + 6H^+ \xlongequal{} 2Cr^{3+} + 3H_2O$$

$$Cr_2O_3 + 2OH^- \xlongequal{} 2CrO_2^- + H_2O$$

Cr_2O_3 常作为颜料（俗称铬绿）广泛应用于陶瓷、玻璃、涂料、印刷等工业。

在铬（Ⅲ）盐水溶液中加氨水或氢氧化钠，可得灰蓝色的水合氧化铬（$Cr_2O_3 \cdot xH_2O$）胶状沉淀，水合氧化铬含水量是可变的，通常称之为氢氧化铬，习惯上用$Cr(OH)_3$表示。

$$Cr^{3+} + 3OH^- \xlongequal{} Cr(OH)_3\downarrow$$

氢氧化铬具有两性，溶于酸生成 Cr^{3+} 离子，溶于碱生成亚铬酸盐：

$$Cr(OH)_3 + 3H^+ \xlongequal{} Cr^{3+} + 3H_2O$$

$$Cr(OH)_3 + OH^- \xlongequal{} [Cr(OH)_4]^-$$

$[Cr(OH)_4]^-$可简写为 CrO_2^- 离子，因此 $Cr(OH)_3$ 在溶液中有如下平衡：

$$\underset{（紫色）}{Cr^{3+}} + 3OH^- \rightleftharpoons \underset{（灰蓝色）}{Cr(OH)_3} \rightleftharpoons H_2O + HCrO_2 \rightleftharpoons H^+ + \underset{（绿色）}{CrO_2^-} + H_2O$$

加酸时，平衡向左移动，生成紫色的 Cr^{3+}；加碱时平衡向右移动，生成亮绿色的 CrO_2^-。

2. 铬（Ⅲ）盐和亚铬酸盐 最重要的铬（Ⅲ）盐是硫酸铬和铬矾。将 Cr_2O_3 溶于冷浓硫酸中，得到紫色的 $Cr_2(SO_4)_3 \cdot 18H_2O$。此外还有绿色的 $Cr_2(SO_4)_3 \cdot 6H_2O$ 和桃红色的无水 $Cr_2(SO_4)_3$。硫酸铬与碱金属的硫酸盐可形成铬矾，如铬钾矾 $K_2SO_4 \cdot Cr(SO_4)_3 \cdot 24H_2O$ 可用 SO_2 还原重铬酸钾的酸性溶液而得：

$$K_2Cr_2O_7 + H_2SO_4 + 3SO_2 \xlongequal{} K_2SO_4 \cdot Cr_2(SO_4)_3 + H_2O$$

硫酸铬和铬钾矾用于纺织和鞣革工业中。

铬（Ⅲ）在碱性溶液中以亚铬酸盐的形式存在，具有还原性，可被 H_2O_2、Cl_2 等氧化剂氧化生成铬酸盐：

$$2CrO_2^- + 3H_2O_2 + 2OH^- \xlongequal{} 2CrO_4^{2-} + 4H_2O$$

$$2CrO_2^- + 3Cl_2 + 8OH^- \xlongequal{} 2CrO_4^{2-} + 6Cl^- + 4H_2O$$

铬（Ⅲ）在酸性溶液中以 Cr^{3+} 离子的形式存在，Cr^{3+} 的还原性较弱，只有过硫酸铵、高锰酸钾等强氧化剂才能把它氧化：

$$2Cr^{3+} + 3S_2O_8^{2-} + 7H_2O \xlongequal{\triangle,\ Ag^+催化} Cr_2O_7^{2-} + 6SO_4^{2-} + 14H^+$$

$$10Cr^{3+} + 6MnO_4^- + 11H_2O \xlongequal{\triangle} 5Cr_2O_7^{2-} + 6Mn^{2+} + 22H^+$$

3. 铬（Ⅲ）的配合物 Cr（Ⅲ）离子的外层电子构型为 $3d^34s^04p^0$，它有 6 个空轨道，同时离子的半径较小（63pm），有较强的正电场，很容易形成 d^2sp^3 型配合物。例如，Cr^{3+}离子在水溶液中就是以 $[Cr(H_2O)_6]^{3+}$形式存在的。$CrCl_3 \cdot 6H_2O$ 有三种异构体：紫色的 $[Cr(H_2O)_6]Cl_3$、蓝绿色的 $[Cr(H_2O)_5Cl]Cl_2 \cdot H_2O$ 和绿色的$[Cr(H_2O)_4Cl_2]Cl \cdot 2H_2O$。

（二）铬（Ⅵ）的化合物

Cr（Ⅵ）的价层电子为（$3s^23p^63d^0$），有很强的极化作用，因此无论在晶体中或溶液中都不存在简单的 Cr^{6+}离子。Cr（Ⅵ）的化合物都具有一定的颜色如 CrO_3 暗红色、CrO_4^{2-}

黄色，$Cr_2O_7^{2-}$ 橙红色，这是由于 Cr(Ⅵ) 有较高的正电场，铬氧之间有较强的极化效应，O_2^- 中的电子能吸收部分可见光而向 Cr(Ⅵ) 发生跃迁，所以使得铬（Ⅵ）的含氧化合物呈色。

1. 三氧化铬 在重铬酸钾浓溶液中，边搅拌边缓缓加入浓硫酸，能析出暗红色的三氧化铬结晶：

$$K_2Cr_2O_7 + H_2SO_4 \xlongequal{} K_2SO_4 + 2CrO_3\downarrow + H_2O$$

CrO_3 的熔点为 469K，对热不稳定，加热超过熔点时放出氧气变成 Cr_2O_3：

$$4CrO_3 \xlongequal{\triangle} 2Cr_2O_3 + 3O_2\uparrow$$

CrO_3 是“铬酸酐”溶于水生成铬酸，溶于碱生成铬酸盐：

$$CrO_3 + H_2O \xlongequal{} H_2CrO_4$$

$$CrO_3 + 2NaOH \xlongequal{} Na_2CrO_4 + H_2O$$

CrO_3 有强氧化性，与有机化合物可剧烈反应，甚至起火、爆炸。

2. 铬酸盐和重铬酸盐 常见的可溶性铬酸盐有：铬酸钾和铬酸钠。重铬酸盐有：重铬酸钾（俗称红矾钾）和重铬酸钠（俗称红矾钠）。

工业上主要通过铬铁矿与碳酸钠混合在空气中煅烧，制备铬酸钠 Na_2CrO_4：

$$4Fe(CrO_2)_2 + 7O_2 + 8Na_2CO_3 \xlongequal{} 2Fe_2O_3 + 8Na_2CrO_4 + 8CO_2\uparrow$$

用水浸取熔体，过滤除去 Fe_2O_3 等杂质。Na_2CrO_4 的水溶液用适量的 H_2SO_4 酸化，可转化为 $Na_2Cr_2O_7$：

$$2Na_2CrO_4 + H_2SO_4 \xlongequal{} Na_2Cr_2O_7 + Na_2SO_4 + H_2O$$

由 $Na_2Cr_2O_7$ 制取 $K_2Cr_2O_7$，只要在 $Na_2Cr_2O_7$ 溶液中加入固体 KCl 进行复分解反应即可。CrO_4^{2-} 和 $Cr_2O_7^{2-}$ 之间存在下列平衡：

$$2CrO_4^{2-} + 2H^+ \rightleftharpoons Cr_2O_7^{2-} + H_2O$$

加酸可使平衡向右移动，加碱可使平衡向左移动。所以在酸性溶液中，铬主要以 $Cr_2O_7^{2-}$ 形式存在而呈橙红色；在碱性溶液中，主要以 CrO_4^{2-} 形式存在而呈黄色。H_2CrO_4 是二元中强酸，仅存在于溶液中。$H_2Cr_2O_7$ 是强酸。

向铬酸盐或重铬酸盐溶液中加入 Ba^{2+}、Pb^{2+}、Ag^+ 等离子时，由于它们铬酸盐的溶解度远小于相应的重铬酸盐的溶解度，且又存在 CrO_4^{2-} 和 $Cr_2O_7^{2-}$ 离子间的平衡，所以得到的都是这些金属的铬酸盐沉淀：

$$Cr_2O_7^{2-} + 2Ba^{2+} + H_2O \xlongequal{} 2H^+ + 2BaCrO_4\downarrow \text{（柠檬黄）}$$

$$Cr_2O_7^{2-} + 2Pb^{2+} + H_2O \xlongequal{} 2H^+ + 2PbCrO_4\downarrow \text{（铬黄色）}$$

$$Cr_2O_7^{2-} + 4Ag^+ + H_2O \xlongequal{} 2H^+ + 2Ag_2CrO_4\downarrow \text{（砖红色）}$$

这些反应常用于鉴定 CrO_4^{2-} 离子或鉴定 Ag^+、Ba^{2+}、Pb^{2+} 等金属离子。因 $HCrO_4^-$ 的 $K_a = 3.2\times10^{-7}$，故这些沉淀溶于强酸。柠檬黄、铬黄作为颜料用于制造油漆、油墨、水彩、油彩，还可用于色纸、橡胶等的着色。

重铬酸钾在低温下的溶解度极小，不含结晶水，又不易潮解，故常用作分析中的基准物。由铬电势图可知，$K_2Cr_2O_7$ 在酸性溶液中是强氧化剂，可氧化 $FeSO_4$、H_2S、H_2SO_3 和 HI 等，其还原产物都是 Cr^{3+} 离子：

$$Cr_2O_7^{2-} + 3H_2S + 8H^+ \xlongequal{} 2Cr^{3+} + 3S\downarrow + 7H_2O$$

$$Cr_2O_7^{2-} + 3SO_3^{2-} + 8H^+ \xlongequal{} 2Cr^{3+} + 3SO_4^{2-} + 4H_2O$$

$$Cr_2O_7^{2-} + 6I^- + 14H^+ = 2Cr^{3+} + 3I_2 + 7H_2O$$

重铬酸钾能与浓盐酸反应，放出氯气：

$$Cr_2O_7^{2-} + 6Cl^- + 14H^+ = 2Cr^{3+} + 3Cl_2\uparrow + 7H_2O$$

重铬酸钾在酸性介质中与有机物如乙醇相遇，也能发生氧化还原反应，溶液由橙红色变为绿色：

$$3CH_3CH_2OH + 2K_2Cr_2O_7 + 8H_2SO_4 = 3CH_3COOH + 2Cr_2(SO_4)_3 + 2K_2SO_4 + 11H_2O$$

这一反应可以检查汽车司机是否酒后驾车。通常用载有重铬酸盐溶液的硅胶，与汽车司机呼出的气体相遇，倘若该司机呼出的气体含有乙醇时，则橙红色的 $Cr_2O_7^{2-}$ 变为绿色 Cr^{3+}，证明司机是酒后驾车。

实验室中所用的洗液是重铬酸钾饱和溶液和浓硫酸的混合物，称为铬酸洗液。铬酸洗液具有氧化性，可用于洗涤玻璃器皿上的油污，当洗液由棕红色转变为绿色时，表明大部分 Cr（Ⅵ）已转化为 Cr（Ⅲ），洗液基本失效。由于 Cr（Ⅵ）具有明显的生物毒性，大量使用洗液易造成环境污染，目前已逐渐被其他配方的洗涤剂所替代。

（三）离子鉴定

1. Cr^{3+}离子的鉴定

（1）向含有 Cr^{3+}离子的试液中加入过量的 NaOH 溶液，再加入 H_2O_2，溶液的颜色则由绿色变为黄色：

$$Cr^{3+} + 4OH^- = CrO_2^- + 2H_2O$$

$$2CrO_2^- + 3H_2O_2 + 2OH^- = 2CrO_4^{2-} + 4H_2O$$

（2）在上述反应的基础上，向溶液中加入 Ba^{2+}离子，有黄色的 $BaCrO_4$ 沉淀生成：

$$CrO_4^{2-} + Ba^{2+} = BaCrO_4\downarrow\ （黄）$$

2. CrO_4^{2-}和 $Cr_2O_7^{2-}$离子的鉴定

（1）向含有 CrO_4^{2-}或 $Cr_2O_7^{2-}$离子的试液中，加入 Ba^{2+}离子，试液中则有黄色的 $BaCrO_4$ 沉淀析出：

$$Cr_2O_7^{2-} + Ba^{2+} + H_2O = BaCrO_4\downarrow + H_2CrO_4$$

（2）向含有 CrO_4^{2-}或 $Cr_2O_7^{2-}$离子的酸性试液中，加入 H_2O_2 和适量乙醚，乙醚层显蓝色：

$$CrO_4^{2-} + 2H_2O_2 + 2H^+ = 3H_2O + CrO_5\ （过氧化铬）$$

$$CrO_5 + (C_2H_5)_2O = CrO_5\cdot(C_2H_5)_2O\ （蓝）$$

需要指出的是，在铬的化合物中，铬（Ⅵ）的生物毒性较大，铬（Ⅲ）次之。铬（Ⅵ）中毒时，能引起肝、肾、神经系统和血液系统的广泛病变，甚至导致死亡。铬的化合物广泛利用在冶金和金属加工（如镀铬等）工业上。含铬的工业废水必须要经过严格的处理才能排放，国家规定排放废水中铬（Ⅵ）的最大容许浓度为0.5mg/L。

三、锰的重要化合物

锰原子的价电子构型为 $3d^54s^2$，最高氧化数为 +Ⅶ，常见主要氧化数为 +Ⅱ、+Ⅲ、+Ⅳ、+Ⅵ和 +Ⅶ。

锰元素的标准电势图如下：

$\varphi_A^\ominus/V$　MnO_4^- —0.56— MnO_4^{2-} —2.26— MnO_2 —0.95— Mn^{3+} —1.15— Mn^{2+} —−1.19— Mn

（MnO_4^- → Mn^{2+}：1.51）

$\varphi_B^\ominus/V$　MnO_4^- —0.56— MnO_4^{2-} —0.60— MnO_2 —−0.20— $Mn(OH)_3$ —0.11— $Mn(OH)_2$ —−1.55— Mn

（MnO_4^- → MnO_2：0.59；MnO_2 → $Mn(OH)_2$：−0.05）

电势图可以清楚表明锰元素各氧化态之间的电势关系。图 13－3 是锰元素的吉布斯自由能－氧化态图。

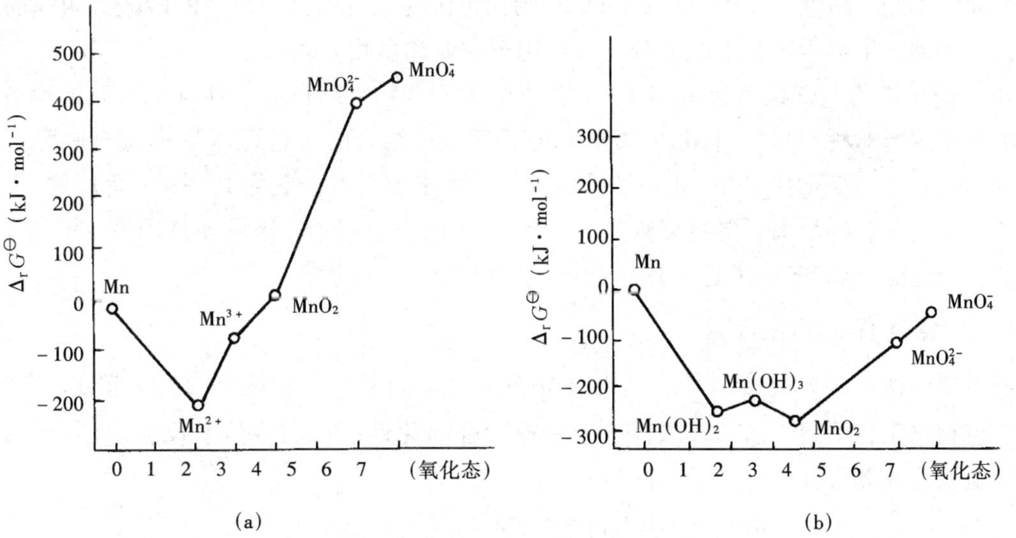

图 13－3　锰元素吉布斯自由能－氧化态图

在图 13－3（a）中，Mn^{2+} 离子处于图中曲线的最低点，这表明在酸性溶液中，Mn^{2+} 离子是锰的最稳定氧化态，其他各氧化态在反应中都将自发地形成 Mn^{2+} 离子。Mn^{3+} 离子位于 Mn^{2+} 离子和 MnO_2 的连线的上方，这表明酸性溶液中，Mn^{3+} 离子易发生歧化反应，生成 Mn^{2+} 离子和 MnO_2，而且该歧化反应的平衡常数较大。类似的情况还有 $MnO_4{}^{2-}$ 离子，它位于 MnO_2 和 $MnO_4{}^-$ 离子的连线的上方，因此，$MnO_4{}^{2-}$ 在酸性溶液中也可以发生歧化反应，生成 $MnO_4{}^-$ 离子和 MnO_2 沉淀。相反，由于 MnO_2 位于 Mn^{2+} 离子和 $MnO_4{}^-$ 离子的连线的下方，$MnO_4{}^-$ 离子能和 Mn^{2+} 离子发生氧化还原反应析出 MnO_2。

碱性溶液中锰的标准电势图和吉布斯自由能－氧化态图与酸性溶液中的不同。从图 13－3（b）明显看出，碱性溶液中 MnO_2 是锰的最稳定氧化态；$Mn(OH)_3$ 可以歧化为 $Mn(OH)_2$ 和 MnO_2。$MnO_4{}^{2-}$ 在碱性溶液中发生歧化反应的倾向较小，通过Ⅶ、Ⅵ和Ⅳ氧化态的线段几乎是直线，这表明歧化反应的平衡常数近似等于 1。因此，锰的Ⅶ、Ⅵ、Ⅳ三种氧化态，在碱性溶液中能够以相当的浓度共存。

（一）锰（Ⅱ）的化合物

常见锰（Ⅱ）盐有 $MnSO_4$、$MnCl_2$。由锰元素的吉布斯自由能－氧化态图可知，Mn^{2+} 在酸性介质中稳定，只有铋酸钠或过二硫酸铵等这样的强氧化剂才能将其氧化成 MnO_4^- 离子：

$$2Mn^{2+} + 5NaBiO_3 + 14H^+ = 2MnO_4^- + 5Na^+ + 5Bi^{3+} + 7H_2O$$

该反应是由无色 Mn^{2+} 离子生成紫红色的 MnO_4^- 离子，故可用于 Mn^{2+} 离子的鉴定。

Mn（Ⅱ）在碱性介质中的还原性较强，空气中的氧即可氧化 Mn（Ⅱ）为Mn（Ⅳ）。例如，向锰（Ⅱ）盐溶液中加入强碱，可得白色的 $Mn(OH)_2$ 沉淀，在空气中放置片刻，$Mn(OH)_2$ 即被氧化成棕色的水合二氧化锰沉淀：

$$Mn^{2+} + 2OH^- = Mn(OH)_2 \downarrow$$

$$2Mn(OH)_2 + O_2 = 2MnO(OH)_2 \downarrow$$

大多数锰（Ⅱ）盐易溶于水，在水中以 $[Mn(H_2O)_6]^{2+}$ 水合离子形式存在。Mn^{2+} 离子在溶液中，能与 S^{2-}、CO_3^{2-}、$C_2O_4^{2-}$、PO_4^{3-} 及多数弱酸的酸根离子作用，均能生成难溶于水的 Mn（Ⅱ）沉淀。其中 MnS 沉淀呈肉色，K_{sp} 为 1.4×10^{-15}，但可溶于弱酸（如 HAc）中，因此它不能在酸性介质中沉淀；$MnCO_3$ 为白色沉淀，自然界中存在的碳酸锰叫锰晶石。硫酸锰作为动、植物生长激素的成分，广泛用于农业和畜牧业。

Mn^{2+} 离子的价电子构型为 $3d^54s^0$，它的大多数配合物为高自旋，并且呈八面体构型，5 个 d 电子呈球形对称分布。当 Mn^{2+} 离子同强场配位体结合时，也可以形成低自旋配合物，如 $[Mn(CN)_6]^{4-}$ 离子中，Mn(Ⅱ) 的价电子轨道中未成对电子数为 1。锰（Ⅱ）的低自旋的配离子比高自旋的配离子更容易被氧化成锰（Ⅲ）的配离子，这可能是因为 Mn(Ⅱ) 配离子的稳定化能（CFSE）比锰（Ⅲ）配离了的稳定化能小的缘故。

（二）锰（Ⅳ）的化合物

最重要的锰（Ⅳ）化合物是二氧化锰 MnO_2。它是自然界中软锰矿的主要成分，它的外观呈黑色粉末状，不溶于水。在酸性介质中有较强氧化性，可与浓盐酸反应放出氯气；将过氧化氢氧化成氧气：

$$MnO_2 + 4HCl_{(浓)} = MnCl_2 + Cl_2 \uparrow + 2H_2O$$

$$MnO_2 + H_2O_2 + H_2SO_4 = MnSO_4 + 2H_2O + O_2 \uparrow$$

前一个反应在实验室中被用于制备氯气。

在碱性介质中 MnO_2 可作还原剂。如将 MnO_2 和 KOH 的混合物与 $KClO_3$ 等氧化剂一起加热熔融，可得暗绿色的锰酸钾：

$$3MnO_2 + 6KOH + KClO_3 = 3K_2MnO_4 + KCl + 3H_2O$$

该反应用来制备锰酸钾。

MnO_2 广泛用作氧化剂、催化剂和制造干电池的原料，也是玻璃工业的除色剂等。中药无名异的主要成分为 MnO_2，用于治疗痈肿，跌打损伤。

（三）锰（Ⅵ）的化合物

锰（Ⅵ）化合物中较稳定的盐是锰酸盐（MnO_4^{2-}），如锰酸钠和锰酸钾。MnO_4^{2-} 离子呈绿色，只有在强碱性溶液中（$pH > 14.4$）才是稳定的。在酸性或近中性的条件下，易发生歧化：

$$3MnO_4^{2-} + 4H^+ = 2MnO_4^- + MnO_2 \downarrow + 2H_2O$$

$$3MnO_4^{2-} + 2H_2O = 2MnO_4^- + MnO_2 \downarrow + 4OH^-$$

（四）锰（Ⅶ）的化合物

最重要锰（Ⅶ）的化合物是高锰酸钾（俗名灰锰氧）。工业上用电解锰酸钾的碱性溶液，或采用氯气等氧化剂将锰酸钾溶液氧化来制备高锰酸钾：

$$2MnO_4^{2-} + Cl_2 = 2MnO_4^- + 2Cl^-$$

高锰酸钾是深紫色的晶体，常温下稳定，易溶于水，但加热473K以上时，即发生分解反应，实验室用该反应制取氧气：

$$2KMnO_4(s) \xlongequal{\Delta} MnO_2(s) + K_2MnO_4 + O_2\uparrow$$

高锰酸钾水溶液呈紫红色，不太稳定，在酸性溶液中缓慢分解，在中性或微碱性溶液中，分解速度更慢：

$$4MnO_4^- + 4H^+ = 4MnO_2\downarrow + 3O_2\uparrow + 2H_2O$$

$$4MnO_4^- + 2H_2O = 4MnO_2\downarrow + 3O_2\uparrow + 4OH^-$$

光线和 MnO_2 对 $KMnO_4$ 的分解起催化作用，因此配制好的高锰酸钾溶液应保存在棕色瓶中，放置一段时间后，需过滤除去 MnO_2。

高锰酸钾是最重要和常用的氧化剂之一。在酸性溶液中还原产物为 Mn^{2+} 离子：

$$2MnO_4^- + 5H_2O_2 + 6H^+ = 2Mn^{2+} + 5O_2\uparrow + 8H_2O$$

$$2MnO_4^- + 5C_2O_4^{2-} + 16H^+ = 2Mn^{2+} + 10CO_2\uparrow + 8H_2O$$

上述反应常用于测定 H_2O_2 和草酸盐的含量。

高锰酸钾在酸性溶液中作氧化剂时，反应开始缓慢，当溶液中 Mn^{2+} 离子生成时，反应速度加快，这是因为 MnO_4^- 离子的还原产物 Mn^{2+} 离子具有自身催化作用的缘故。

在近中性溶液中，MnO_4 离子作氧化剂时，其还原产物为 MnO_2：

$$2MnO_4^- + I^- + H_2O = 2MnO_2\downarrow + IO_3^- + 2OH^-$$

$$2MnO_4^- + 3SO_3^{2-} + H_2O = 2MnO_2\downarrow + 3SO_4^{2-} + 2OH^-$$

在强碱性溶液中，MnO_4^- 离子作氧化剂时，其还原产物为 MnO_4^{2-} 离子：

$$2MnO_4^- + SO_3^{2-} + 2OH^- = 2MnO_4^{2-} + SO_4^{2-} + H_2O$$

高锰酸钾除用作氧化剂外，还可用在漂白纤维、消毒、杀菌及除臭、解毒等方面。

四、离子鉴定和常用药物

（一）离子鉴定

1. Mn^{2+} 离子的鉴定

（1）向含有 Mn^{2+} 离子的试液中加入硫化铵，溶液中有肉红色的 MnS 沉淀生成，该沉淀溶于稀盐酸：

$$Mn^{2+} + S^{2-} = MnS\downarrow \quad （肉红）$$

$$MnS + 2H^+ = Mn^{2+} + H_2S$$

（2）向含有 Mn^{2+} 离子的试液中加入 $NaBiO_3$ 固体，再加入浓硝酸酸化，试液变成紫色：

$$2Mn^{2+} + 5NaBiO_3 + 14H^+ = 2MnO_4^- + 5Bi^{3+} + 5Na^+ + 7H_2O$$

2. MnO_4^- 离子的鉴定

（1）在酸性溶液中，MnO_4^- 与 H_2O_2 试剂作用，MnO_4^- 离子的紫红色褪去，并有气体生成：

$$2MnO_4^- + 5H_2O_2 + 6H^+ = 2Mn^{2+} + 5O_2\uparrow + 8H_2O$$

（2）在稀硫酸酸化的试液中，加入草酸晶体，加热至 MnO_4^- 离子的紫红色褪去，并有气体生成：

$$2MnO_4^- + 5H_2C_2O_4 + 6H^+ = 10CO_2\uparrow + 2Mn^{2+} + 8H_2O$$

（二）常用药物

（1）铬（Ⅲ）盐　无机铬（Ⅲ）盐，$CrCl_3 \cdot 6H_2O$ 治疗糖尿病和动脉粥样硬化症。

（2）高锰酸钾　$KMnO_4$，消毒防腐药。强氧化剂，0.05% ~0.2% 的溶液外用冲洗黏膜、腔道和伤口。1∶1000 的溶液用于有机磷中毒时洗胃。高锰酸钾的稀溶液也可用于消毒水果等。

扫码“学一学”

第三节　铁、钴、镍、铂系

第Ⅷ族在周期系中位置的特殊性是与它们之间性质的类似和递变关系相联系的。九种元素排成三个纵列，其中第一过渡系的铁、钴、镍称为铁系元素，这三种元素的性质十分相似；第二、第三过渡系的钌、铑、钯、锇、铱、铂称为铂系元素，这六种元素的性质也比较相似，但铁系元素和铂系元素的性质差异较大。

铁系元素都是常见金属，在地壳中的分布广泛，含量较大。铁的元素丰度在周期系中列第四位（排在氧、硅、铝之后），约占地壳总质量的 5.1%。钴和镍在地壳中的丰度分别是：0.001% 和 0.016%。铁矿石是构成地壳的主要物质之一，重要的铁矿石有：磁铁矿 Fe_3O_4、赤铁矿 Fe_2O_3、褐铁矿 $2Fe_2O_3 \cdot H_2O$、菱铁矿 $FeCO_3$ 和黄铁矿 FeS_2。钴和镍在自然界常共生，重要的钴矿和镍矿是辉钴矿 CoAsS 和镍黄铁矿 NiS · FeS。

铂系元素属于稀有金属，它们在地壳中的丰度较小，铂仅为 5×10^{-6}（质量分数）。铂在自然界中几乎以单质状态存在，高度分散于各种矿石中。

一、铁系元素的通性

铁、钴、镍三种元素原子的价电子层构型分别为：$3d^64s^2$、$3d^74s^2$ 和 $3d^84s^2$；原子半径十分相近，所以它们的性质很相似。一般条件下，铁表现氧化数为 +Ⅱ 和 +Ⅲ，在强氧化剂存在的条件下，铁可以表现不稳定的最高氧化态Ⅵ（高铁酸盐）。钴在通常条件下表现氧化数为 +Ⅱ，在强氧化剂存在时能出现不稳定的氧化态 +Ⅲ。镍通常条件下表现氧化数为 +Ⅱ，这是由于 $3d$ 轨道已超过半充满状态，全部价电子参与成键的趋势大大降低，除 d 电子最少的铁可以出现不稳定的较高氧化数外，d 电子较多的钴和镍都不显高氧化数。铁系元素的基本性质列于表 13 -7 中。

表 13 -7　铁系元素的基本性质

性质	铁	钴	镍
元素符号	Fe	Co	Ni
原子序数	26	27	28
原子量	55.85	58.93	58.69
价电子构型	$3d^64s^2$	$3d^74s^2$	$3d^84s^2$
主要氧化态	+Ⅱ、+Ⅲ、+Ⅵ	+Ⅱ、+Ⅲ、+Ⅵ	+Ⅱ、+Ⅲ、+Ⅵ
原子半径/pm，金属半径	117	116	115
离子半径/pm，M^{2+}	75	72	70
M^{3+}	64	63	

续表

性质	铁	钴	镍
电离能/（$kJ \cdot mol^{-1}$）	759.4	758	736.7
电负性	1.83	1.88	1.91
密度/（$g \cdot cm^{-3}$）	7.87	8.90	8.90
$E_A^\ominus/V$ $M^{2+} + 2e \rightleftharpoons M$	−0.44	−0.28	−0.23

铁系元素的标准电势图如下：

$E_A^\ominus/V$

$$FeO_4^{2-} \xrightarrow{2.20} Fe^{3+} \xrightarrow{0.771} Fe^{2+} \xrightarrow{0.44} Fe$$

$$CoO_2 \xrightarrow{1.416} Co^{3+} \xrightarrow{1.82} Co^{2+} \xrightarrow{-0.277} Co$$

$$NiO_2 \xrightarrow{1.68} Ni^{2+} \xrightarrow{-0.232} Ni$$

$E_B^\ominus/V$

$$FeO_4^{2-} \xrightarrow{0.72} Fe(OH)_3 \xrightarrow{-0.56} Fe(OH)_2 \xrightarrow{-0.877} Fe$$

$$CoO_2 \xrightarrow{0.62} Co(OH)_3 \xrightarrow{0.17} Co(OH)_2 \xrightarrow{-0.72} Co$$

$$Ni(OH)_4 \xrightarrow{0.6} Ni(OH)_3 \xrightarrow{0.48} Ni(OH)_2 \xrightarrow{-0.72} Ni$$

铁、钴、镍单质都是具有银白色光泽的金属。铁、钴略带灰色、而镍为银白色。它们的密度都很大、熔点也较高。钴比较硬而脆，铁和镍却有很好的延展性。此外，它们都表现有铁磁性，所以它们的合金是很好的磁性材料。近年来用 Fe 与稀土元素钐 Sm 为基质制造的 Sm-Fe-N 永磁合金，是最新型的高技术永磁材料。

从铁系元素的标准电极电势可以看出，铁、钴、镍都是中等活泼的金属。铁与非氧化性稀酸作用时，生成 Fe（Ⅱ）盐；与氧化性稀酸作用时生成 Fe（Ⅲ）盐：

$$Fe + 2HCl = H_2\uparrow + FeCl_2$$

$$Fe + 4HNO_3 = Fe(NO_3)_3 + NO\uparrow + 2H_2O$$

铁不与浓硫酸或浓硝酸作用，这两种酸均可使铁钝化，故可用铁制品贮运浓硫酸或浓硝酸。铁能够被热的浓碱溶液所侵蚀。

铁放置在潮湿空气中，表面将被锈蚀，生成水合氧化铁 $Fe_2O_3 \cdot nH_2O$（俗称铁锈）。水合氧化铁结构疏松，容易剥脱、不能形成有效的保护层，因此锈蚀可继续向内层扩展。铁的锈蚀是最为严重的金属腐蚀之一，每年由于钢铁锈蚀所造成的浪费可占全世界金属总产量的 20% ~30%，所以金属的腐蚀及防护问题受到人们的普遍重视。

钴和镍在常温下对水和空气都较稳定，可溶于稀酸中，但溶解速率缓慢。与铁相似钴和镍遇到浓硝酸呈"钝态"，但它们不能与强碱反应，所以实验室用镍坩埚熔融碱性物质。

二、铁的重要化合物

（一）铁的氧化物和氢氧化物

铁的氧化物有黑色的氧化亚铁 FeO、砖红色的三氧化二铁 Fe_2O_3（俗称铁红）和棕黑色的四氧化三铁 Fe_3O_4。铁的氧化物易溶于酸，不溶于水或碱性溶液。矿物药中的赭石主要成分为 Fe_3O_4。

铁的氢氧化物有白色的氢氧化亚铁 $Fe(OH)_2$ 和棕红色的氢氧化铁 $Fe(OH)_3$。由于 $Fe(OH)_2$ 易被空气中的氧气所氧化，在铁的盐溶液中加入碱，往往得不到白色的 $Fe(OH)_2$，而是被氧化变成灰绿色，最后成为棕红色的 $Fe(OH)_3$：

$$4\ Fe(OH)_2 + O_2 + 2H_2O = 4Fe(OH)_3$$

$Fe(OH)_3$ 略有两性，碱性强于酸性，只有新生成的 $Fe(OH)_3$ 能溶于浓热的强碱溶液中：

$$Fe(OH)_3 + KOH = KFeO_2 + 2H_2O$$

（二）亚铁盐和铁盐

1. 亚铁盐 常见的亚铁盐有硫酸亚铁 $FeSO_4 \cdot 7H_2O$、硫酸亚铁铵 $FeSO_4(NH_4)_2SO_4 \cdot 6H_2O$ 和二氯化铁 $FeCl_2 \cdot 6H_2O$。

将铁屑与稀硫酸反应，然后将溶液浓缩，冷却后有绿色的 $FeSO_4 \cdot 7H_2O$ 晶体析出，俗称绿矾。$FeSO_4 \cdot 7H_2O$ 加热失水可得无水的白色 $FeSO_4$。绿矾在空气中也可逐渐失去部分结晶水，同时晶体表面被氧化为黄褐色碱式硫酸铁：

$$4FeSO_4 + 2H_2O + O_2 = 4Fe(OH)SO_4$$

亚铁盐在碱性介质中立即被氧化。在酸性溶液中为防止其被氧化，应加足够的酸和铁钉：

$$4Fe^{2+} + O_2 + 4H^+ = 4Fe^{3+} + 2H_2O$$

$$2Fe^{3+} + Fe = 3Fe^{2+}$$

同时，有强氧化剂（如 $K_2Cr_2O_7$、$KMnO_4$ 等）存在时，亚铁盐也会被氧化为铁盐：

$$6FeSO_4 + K_2Cr_2O_7 + 7H_2SO_4 = 3Fe_2(SO_4)_3 + Cr_2(SO_4)_3 + K_2SO_4 + 7H_2O$$

$$10FeSO_4 + 2KMnO_4 + 8H_2SO_4 = 5Fe_2(SO_4)_3 + 2MnSO_4 + K_2SO_4 + 8H_2O$$

因此亚铁盐是常用的还原剂，但通常用的是它的复盐硫酸亚铁铵（俗称摩尔盐），因为它比其他盐更为稳定。

亚铁盐溶液久置时，溶液中会有棕色的碱式 Fe(Ⅲ) 盐沉淀生成，因此亚铁盐固体要密封保存，使用时新鲜配制。配制时除应加适量的酸抑制 Fe^{2+} 离子的水解外，还可加入少量单质铁（如铁钉）或抗氧剂。

2. 铁盐 铁盐常见的有硫酸铁 $Fe_2(SO_4)_3$ 和三氯化铁 $FeCl_3$。$FeCl_3$ 基本上属于共价型化合物，熔点（555K）和沸点（588K）较低，易溶于有机溶剂中（如丙酮、乙醚），也易溶于水，并发生强烈的水解反应。无水 $FeCl_3$ 在空气中易潮解。在 673K 时，它的蒸气中有双聚分子 Fe_2Cl_6 存在。

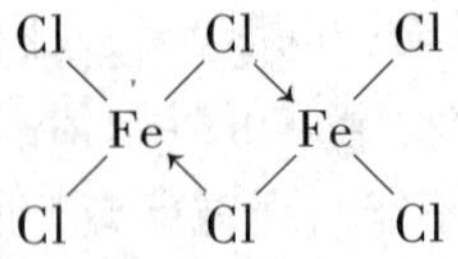

$FeCl_3$ 主要用于有机染料的生产，印刷制版业，腐蚀铜板。此外 $FeCl_3$ 能使蛋白迅速凝聚，在医药上可外用作止血剂。

铁盐具有中等强度的氧化性，在酸性溶液中 Fe^{3+} 可将 I^-、Sn^{2+}、H_2S 等氧化：

$$2Fe^{3+} + 2I^- = 2Fe^{2+} + I_2$$

$$2Fe^{3+} + Sn^{2+} = 2Fe^{2+} + Sn^{4+}$$

$$2Fe^{3+} + H_2S = 2Fe^{2+} + S\downarrow + 2H^+$$

Fe^{3+} 离子的电荷半径比（z/r）较大，离子的正电场强度较强，因此铁盐极易水解，水溶液显酸性，其水解平衡如下：

$$[Fe(H_2O)_6]^{3+} + H_2O \rightleftharpoons [Fe(OH)(H_2O)_5]^{2+} + H_3O^+$$

$$[Fe(OH)(H_2O)_5]^{2+} + H_2O \rightleftharpoons [Fe(OH)_2(H_2O)_4]^{+} + H_3O^{+}$$

$$2\ [Fe(H_2O)_6]^{3+} \rightleftharpoons [Fe(H_2O)_4(OH)_2Fe(H_2O)_4]^{4+} + 2H_3O^{+}$$

第三个平衡中的二聚离子有如下结构：

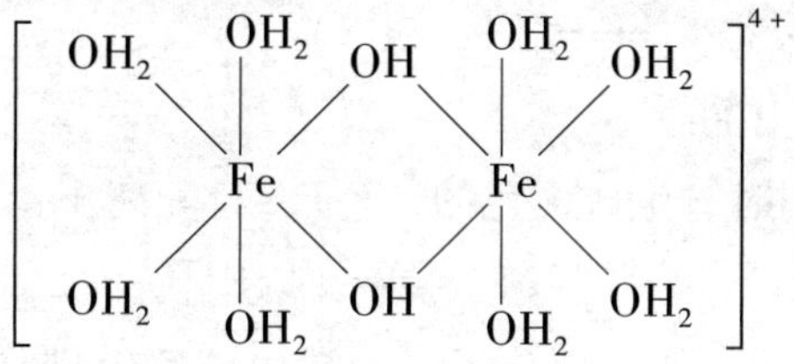

由水解平衡可知，向溶液中加酸，平衡向左移动，故配制铁盐溶液时，一定要先加入适量的酸抑制水解。当溶液的 pH 约为零时，Fe^{3+} 主要以淡紫色的$[Fe(H_2O)_6]^{3+}$形式存在。pH = 2 ~ 3 时水解很明显，溶液为黄棕色，随着 pH 的升高，溶液逐渐变为红棕色，最后析出红棕色的 $Fe(OH)_3$ 胶状沉淀。

（三）铁的配合物

Fe（Ⅱ）具有很强的形成配合物的倾向。大部分配合物的配位数为 6，空间构型为正八面体。重要的 Fe（Ⅱ）配合物有：六氰合铁（Ⅱ）酸钾 $K_4[Fe(CN)_6]$ 又称亚铁氰化钾，俗称黄血盐，以及环戊二烯基铁 $(C_5H_5)_2Fe$（又称二茂铁）等。

黄血盐是实验室常用的试剂，常温下稳定，373K 时失去所有结晶水，形成白色粉末，进一步加热即分解：

$$K_4[Fe(CN)_6] \xlongequal{\triangle} 4KCN + FeC_2 + N_2\uparrow$$

黄血盐的溶液与 Fe^{3+} 离子作用，生成深蓝色的 $KFe[Fe(CN)_6]$ 沉淀，俗称普鲁士蓝（Prussian blue）。

$$K^{+} + Fe^{3+} + [Fe(CN)_6]^{4-} \xlongequal{} KFe[Fe(CN)_6]\downarrow$$

该反应可用于鉴定 Fe^{3+} 离子。普鲁士蓝的结构如图 13 - 4a 所示：铁离子位于立方体的角顶上，氰根位于立方体的每一条边上，Fe（Ⅱ）和 Fe（Ⅲ）交替排列，K 离子则排列在每间隔 1 个立方体的中心位置上。普鲁士蓝又称铁蓝在工业上常用作染料或颜料。

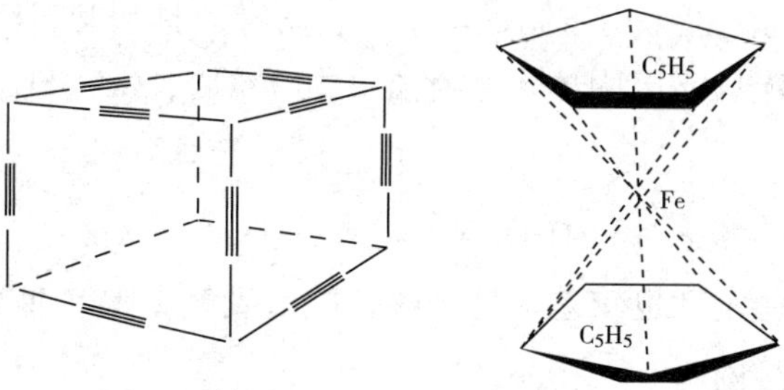

(a)　　(b)

图 13 - 4　$KFe[Fe(CN)_6]$（a）和二茂铁（b）的结构

＊（a）K 未标出

二茂铁 $[(C_5H_5)_2Fe]$ 是一种夹心式结构的配合物。通常认为是由 1 个 Fe^{2+} 和 2 个 $C_5H_5^{-}$ 离子形成的。X 射线衍射的研究结果表明：两个 $C_5H_5^{-}$ 环的平面是平行的，Fe^{2+} 离子被夹在它们的中间（图 13 - 4b）。在 $C_5H_5^{-}$ 离子的每个碳原子上都有一个未参与形成 σ 键的电子，这些电子占据在与环的平面垂直的 p 轨道上。5 个 p 轨道重叠形成离域的 π 键（π_5^5），Fe^{2+} 离子就和 $C_5H_5^{-}$ 离子的离域 π 键形成了有效的配位键。二茂铁是燃料油的添加剂，用以提高燃烧的效率和除烟，此外还可作为导弹和卫星的涂料、高温润滑剂等。

Fe^{3+}离子与CN^-、SCN^-、X^-、$C_2O_4^{2-}$和PO_4^{3-}离子等都能形成稳定的配合物。其中Fe^{3+}与SCN^-离子作用，生成血红色的$[Fe(SCN)_n]^{3-n}$离子：

$$Fe^{3+} + nSCN^- = [Fe(SCN)_n]^{3-n} \qquad n = 1 \sim 6$$

该反应非常灵敏，常用来检出Fe^{3+}。

Fe^{3+}离子与F^-离子作用时，生成无色的$[FeF_6]^{3-}$配离子：

$$Fe^{3+} + 6F^- = [FeF_6]^{3-}$$

$[FeF_6]^{3-}$离子稳定性较大，在定性分析中，常用该反应排除试剂中Fe^{3+}离子对反应的干扰。

用氯气来氧化六氰合铁（Ⅱ）酸钾溶液，可得六氰合铁（Ⅲ）酸钾$K_3[Fe(CN)_6]$：

$$2K_4[Fe(CN)_6] + Cl_2 = 2KCl + 2K_3[Fe(CN)_6]$$

它是红色晶体，又名赤血盐。赤血盐易溶于水，在碱性溶液中有一定的氧化性：

$$4[Fe(CN)_6]^{3-} + 4OH^- = 4[Fe(CN)_6]^{4-} + O_2\uparrow + 2H_2O$$

在近中性溶液中，有微弱的水解作用，因此使用赤血盐的溶液时，最好临用时配制。赤血盐的溶液遇到Fe^{2+}离子立即生成名叫滕氏蓝（Turnbull's blue）的深蓝色沉淀。结构研究证明，滕氏蓝的结构和组成与普鲁氏蓝一样，它们应属于同一种物质。

三、钴和镍的重要化合物

（一）钴和镍的盐

常见的钴（Ⅱ）和镍（Ⅱ）盐有：二氯化钴、二氯化镍、硫酸钴、硫酸镍等。其中二氯化钴在不同的温度下因含结晶水的数目不同，而呈现不同的颜色：

$$\underset{(\text{粉红})}{CoCl_2 \cdot 6H_2O} \xlongequal{325K} \underset{(\text{紫红})}{CoCl_2 \cdot 2H_2O} \xlongequal{363K} \underset{(\text{蓝紫})}{CoCl_2 \cdot H_2O} \xlongequal{393K} \underset{(\text{蓝})}{CoCl_2}$$

实验室常用的干燥剂硅胶中常含有二氯化钴，就是利用其在吸水和脱水时颜色的变化来指示硅胶的吸湿情况。干燥的硅胶吸水后由蓝色逐渐变为粉红色。二氯化钴主要是电解金属钴、制备钴的化合物，也可用于制显隐墨水、防毒面具和肥料添加剂等。

钴（Ⅲ）盐极不稳定只能以固体形式存在，如$CoCl_3$、$Co_2(SO_4)_3 \cdot 18H_2O$，遇水立即迅速分解，其反应如下：

$$4Co^{3+} + 2H_2O = 4Co^{2+} + O_2\uparrow + 4H^+$$

固态的钴（Ⅲ）盐稳定性也较差，易分解，放出氧气。镍（Ⅲ）盐尚未见到。

（二）钴和镍的配合物

1. 钴的配合物 Co（Ⅱ）的配合物很多，通常把它们分成两大类：一类是以粉红色或红色为基础的八面体配合物，另一类是以深蓝色为基础的四面体配合物，它们在水溶液中有下述平衡：

$$\underset{\text{粉红色（八面体）}}{[Co(H_2O)_6]^{2+}} \underset{H_2O}{\overset{Cl^-}{\rightleftharpoons}} \underset{\text{蓝色（四面体）}}{[CoCl_4]^{2-}}$$

在Co^{2+}离子的溶液中加入氨水，可生成$[Co(NH_3)_6]^{2+}$离子，该离子易被空气中的氧氧化为$[Co(NH_3)_6]^{3+}$离子：

$$4[Co(NH_3)_6]^{2+} + O_2 + 2H_2O \longrightarrow 4[Co(NH_3)_6]^{3+} + 4OH^-$$

这是因为钴在形成 $[Co(NH_3)_6]^{2+}$ 配离子后其电极电势由配位前的 $E^\ominus(Co^{3+}/Co^{2+}) = 1.82V$ 下降至配位后的 $E^\ominus$ $([Co(NH_3)_6]^{3+}/[Co(NH_3)_6]^{2+}) = 0.1V$，这说明 $[Co(NH_3)_6]^{2+}$ 还原性比 $[Co(H_2O)_6]^{2+}$ 强。

向 Co^{2+} 离子的溶液加入 KSCN 和适量的乙醚，乙醚层显蓝色：

$$Co^{2+} + 4SCN^- \longrightarrow [Co(SCN)_4]^{2-} \qquad \text{(蓝色)}$$

该反应可用于鉴定 Co^{2+} 离子。因为 $[Co(SCN)_4]^{2-}$ 配离子在水溶液易于离解，但在乙醚或丙酮中则较稳定。$[Co(SCN)_4]^{2-}$ 与 Hg^{2+} 离子作用能定量地析出蓝色 $Hg[Co(SCN)_4]$ 晶体，这个性质可用于 Co^{2+} 离子的重量分析。

前面曾经提到 Co^{3+} 在水溶液中不能稳定存在，所以 Co^{3+} 很难与配位体直接形成配合物。通常把 Co（Ⅱ）盐溶在有配合剂的溶液中，借氧化剂把 Co（Ⅱ）氧化成Co（Ⅲ)的配合物：

$$4CoCl_2 + 4NH_4Cl + 20NH_3 + O_2 \xrightarrow{\text{木炭}} 4[Co(NH_3)_6]Cl_3 + 2H_2O$$

Co（Ⅲ）配合物的配位数均为 6，除 $[CoF_6]^{3-}$ 是高自旋外，其他几乎都是低自旋的。低自旋 Co（Ⅲ）的配合物在溶液中或固态时不容易发生变化，十分稳定。

把 $Na_3[Co(NO_2)_6]$ 溶液加到含有 K^+ 离子的溶液中，生成难溶于水的黄色晶体 $K_3[Co(NO_2)_6]$：

$$3K^+ + [Co(NO_2)_6]^{3-} \longrightarrow K_3[Co(NO_2)_6]\downarrow$$

2. 镍的配合物　Ni（Ⅱ）的配合物，多数的空间构型是八面体，少数是平面正方形和四面体构型。其中 Ni（Ⅱ）八面体的配合物一般是高自旋的（以 sp^3d^2 成键）。重要的 Ni（Ⅱ）配合物有四氰合镍配离子 $[Ni(CN)_4]^{2-}$ 和二丁二肟合镍（Ⅱ）。它们都以 dsp^2 杂化轨道成键，空间构型为平面正方形，并且都是反磁性的。

Ni^{2+} 离子在碱性条件下与丁二肟作用可生成鲜红色的螯合物沉淀，该反应用于鉴定 Ni^{2+} 离子。

Ni^{2+} 离子与 CN^- 离子作用，生成红色配离子 $[Ni(CN)_4]^{2-}$。该离子非常稳定，甚至 Ni^{2+} 与丁二肟生成的螯合物也溶于 KCN 溶液中。

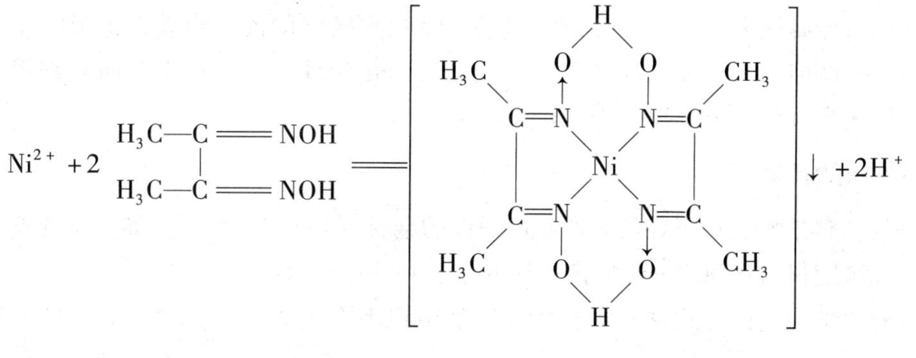

四、铂系元素简介

铂系元素都是稀有金属，它包括钌、铑、钯、锇、铱、铂六种元素。根据金属单质的密度，铂系元素又可分为两组：钌、铑、钯称为轻铂金属；锇、铱、铂称为重铂金属。

铂系元素的基本性质列于表 13－8 中。

表 13-8　铂系金属的基本性质

基本性质	钌	铑	钯	锇	铱	铂
元素符号	Ru	Rh	Pd	Os	Ir	Pt
原子序数	44	45	46	76	77	78
价电子层结构	$4d^7 5s^1$	$4d^8 5s^1$	$4d^{10} 5s^0$	$5d^6 6s^2$	$5d^7 6s^2$	$5d^9 6s^1$
原子量	101.0	102.9	106.4	190.2	192.2	195.0
原子半径/pm	125	125	128	126	129	130
电负性	2.20	2.28	2.20	2.20	2.20	2.28
第一电离能/$kJ \cdot mol^{-1}$	711	720	805	840	880	870
密度/$g \cdot cm^{-3}$	12.41	12.41	12.02	22.57	22.42	21.45
熔点/K	2583	2239 ± 3	1825	3318 ± 30	2683	2045
沸点/K	4173	4000 ± 100	3413	5300 ± 100	4403	4100 ± 100
硬度	6.5		4.8	7.0	6.5	4.3
导电率（Hg = 1）	19.4	19.4	9.6	10.6	15.7	9.7
$E^{\ominus}$/V	0.45	0.6	0.85	0.85	1.0	1.2

铂系元素除锇呈蓝灰色外，其余都是银白色。它们都是难熔和高沸点的金属。铂系金属的熔点和沸点从左到右、从下到上依次降低，其中锇的熔点最高，钯的熔点最低。在硬度方面，钯和铂有较好的延展性，容易机械加工，而其余 4 个金属都是硬而脆、难以承受机械处理。铂系金属的化学性质都不活泼，除铂和钯外，其余的不仅不溶于酸，甚至与王水都不发生作用。钯溶于硝酸和王水中，铂只溶于王水。所有铂系金属在氧化剂存在的条件下，能与碱共熔都会变成可溶性的化合物。

铂系金属和其他过渡金属一样，具有多种氧化态，其中钌和锇的最高氧化数为 +Ⅷ，钯为 +Ⅳ，其他的都为 +Ⅵ。在铂系金属中，从左向右、从下至上低氧化态的化合物趋于稳定。例如，铑的稳定氧化物是 Rh_2O_3，铱的稳定氧化物是 IrO_2；钯的稳定氧化态为Ⅱ，铂稳定氧化态则为Ⅱ和Ⅳ。

铂系金属最显著的特性就是具有较强的催化活性，其中铂黑（即铂粉）的催化活性尤其大。大多数铂系金属能吸收气体，特别是氢气。锇吸收氢气的能力最差，钯吸收氢气的能力最强。铂系金属能吸收气体的性能与它们的高度催化活性有关。铂系金属和铁系金属一样，都容易形成有颜色的配位化合物。

（一）铂单质的性质

铂是银白色、有光泽、有很好延展性和可锻性的金属（俗称白金）。例如，将纯净的铂冷轧。可加工成厚度仅为 0.0025mm 的箔。铂的熔点和沸点也很高。

铂有很高的化学稳定性。致密的铂在空气中加热也不会失去原有光泽，这一性质在本族元素中最为突出。

铂在 523K 以上开始与干燥的氯作用生成 $PtCl_2$，加热时，铂也能与硫、硅、磷、锡、铅等反应，高温条件下，熔融的苛性碱、过氧化钠对铂有较强的腐蚀性。因此使用铂制器皿时应该遵守一定的操作规程。

铂不溶于强酸及氢氟酸，只溶解在王水中，生成淡黄色的氯铂酸：

$$3Pt + 4HNO_3 + 18HCl \xlongequal{} 3H_2[PtCl_6] + 4NO + 8H_2O$$

铂良好的理化性质使它具有如下特殊的用途。

（1）在化学化工方面，铂用于制成各种耐高温、耐腐蚀的反应器皿和仪器零件。例如，铂坩埚、铂蒸发皿、铂丝、铂网、铂电极等。

（2）在电气工业中，铂用于制成测定高温的电阻温度计、热电耦及电炉丝等。

（3）在医药方面，单质铂可用作牙科合金，铂的某些配合物用于治疗癌症。

（4）在珠宝业，铂用于加工各类饰品等。

（二）铂的重要化合物

铂的价电子层构型为 $5d^96s^1$，常见氧化数为 +Ⅳ和 +Ⅱ，最高氧化数为 +Ⅵ。铂化合物中最重要的是氯铂酸及其盐。用王水溶解铂或四氯化铂溶于盐酸时都能生成氯铂酸：

$$3Pt + 4HNO_3 + 18HCl \xlongequal{} 3H_2[PtCl_6] + 4NO + 8H_2O$$

$$PtCl_4 + 2HCl \xlongequal{} H_2[PtCl_6]$$

蒸发浓缩氯铂酸溶液，可得橙红色的氯铂酸晶体 $H_2[PtCl_6] \cdot 6H_2O$。

碱金属氧化物与氯铂酸作用，可生成相应的氯铂酸盐。氯铂酸的钾盐、铵盐、铷盐和铯盐等都是难溶于水的黄色晶体。在定性分析中，利用难溶氯铂酸盐的生成，可以鉴定 K^+、NH_4^+、Rb^+、Cs^+ 等离子。氯铂酸钠 $Na_2[PtCl_6]$ 为橙红色晶体，易溶于乙醇和水。

在加热条件下，氯铂酸钾 $K_2[PtCl_6]$ 与 KBr（或 KI），可转化为深红色的 $K_2[PtBr_6]$（或黑色的 $K_2[PtI_6]$）。$[PtX_6]^{2-}$ 离子在溶液中非常稳定，其稳定性按 F < Cl < Br < I 的顺序，依次增大。$[PtX_6]^{2-}$ 离子属于内轨型配合物。

氯铂酸盐与某些还原剂如草酸钾、二氧化硫等作用，生成氯亚铂酸盐 $M_2[PtCl_4]$：

$$K_2[PtCl_6] + K_2C_2O_4 \xlongequal{} K_2[PtCl_4] + 2KCl + 2CO_2\uparrow$$

氯亚铂酸钾 $K_2[PtCl_4]$ 溶液与适量氨水作用，生成淡黄色其组成为 $[PtCl_2(NH_3)_2]$ 的化合物：

$$K_2[PtCl_4] + 2KI + 2NH_3 \xlongequal{} [PtI_2(NH_3)_2] + 4KCl$$

$$[PtI_2(NH_3)_2] + 2AgNO_3 + 2NaCl \xlongequal{} [PtCl_2(NH_3)_2] + 2AgI + 2NaNO_3$$

五、常用药物

1. 硫酸亚铁　即 $FeSO_4 \cdot 7H_2O$，亦称绿矾、青矾或皂矾，是抗贫血药。主要用于治疗缺铁性贫血。临床常用的口服补铁药物还有：乳酸亚铁、琥珀酸亚铁、枸橼酸铁胺、葡萄糖酸亚铁、富马酸亚铁等。用于注射的补铁药物：山梨酸铁、右旋糖酐铁、复方卡铁等。

2. 顺铂（*cis*-platinum，CPDD）　*cis*－$[Pt(NH_3)_2Cl_2]$，抗癌药物。主要用于治疗睾丸癌、卵巢癌、甲状腺癌、头颈部鳞癌、淋巴肉瘤等，对食管癌、胃癌、小细胞肺癌、成胶质细胞癌、成骨肉瘤也有一定的疗效。

扫码“学一学”

第四节　铜和银

一、通性

铜、银、金是周期系第ⅠB 族元素，又称铜族元素。其价层电子构型为 $(n-1)d^{10}ns^1$，属于 ds 区元素。表 13－9 列出铜族元素的基本性质。

表 13-9　铜族元素的基本性质

性质	铜	银	金
元素符号	Cu	Ag	Au
原子序数	29	47	79
原子量	63.55	107.87	196.97
价电子构型	$3d^{10}4s^1$	$4d^{10}5s^1$	$5d^{10}6s^1$
常见氧化数	+Ⅰ、+Ⅱ	+Ⅰ	+Ⅰ、+Ⅱ
原子半径/pm	127.8	144.4	144.2
M^+ 离子半径/pm	96	126	137
M^{2+} 离子半径/pm	72	89	85（M^{3+}）
第一电离能/（$kJ \cdot mol^{-1}$）	750	735	895
第二电离能/（$kJ \cdot mol^{-1}$）	1970	2083	1987
M^+ 水合热/（$kJ \cdot mol^{-1}$）	-582	-485	-644
M^{2+} 水合热/（$kJ \cdot mol^{-1}$）	-2121		
升华热/（$kJ \cdot mol^{-1}$）	340	285	约 385
电负性	1.90	1.93	2.40

铜族元素虽然与碱金属一样最外层都有一个 s 电子，但是次外层的电子数不同，并且具有 18 电子构型的离子，有很强的极化力和明显的变形性，所以铜族元素在原子半径、密度、第一电离能、金属活泼性及其变化规律、氧化数变化等方面与同周期的碱金属相差甚远。例如碱金属氧化数 +I，而铜族元素的氧化数可为 +Ⅰ、+Ⅱ、+Ⅲ。此外，铜族元素易形成共价化合物，并且因该族元素离子的轨道能量相差不大，且有空轨道，也易形成配合物。

二、单质

铜、银、金都是人类认识和使用很早的元素，古代的货币、器皿和首饰等都是用它们的单质或合金制成的。特别是铜，大约在公元前 7000 年～公元前 6000 年间，铜器开始逐渐取代石器，并由此结束了人类历史上的新石器时代。

单质铜是紫红色的金属（所有金属中仅铜和金有特殊的颜色）。元素丰度较大，分布很广泛，在自然界中主要以矿物的形式存在。重要的铜矿有：辉铜矿 Cu_2S、黄铜矿 $Cu_2S \cdot Fe_2S_3$、赤铜矿 Cu_2O 和孔雀石 $Cu(OH)_2 \cdot CuCO_3$ 等。银是银白色的金属，以辉银矿 Ag_2S 的形式存在。金是黄色金属，存在于游离金矿中，并常与沙子混在一起（金沙）。铜、银、金的重要物理性质见表 13-10。

表 13-10　铜、银、金的重要物理性质

性质	铜	银	金
密度/（$g \cdot cm^{-3}$）	8.92	10.50	19.3
导电率（Hg=1）	56.9	59	39.6
导热率（Hg=1）	51.3	57.2	39.2
硬度	2.5～3.0	2.5～4	2.5～3
熔点/K	1356	1199	1337
沸点/K	2840	2485	3080

铜族单质具有较大的密度、熔沸点较高，延展性、机械加工性较好，优良的导电性和导热性等特点。

银的导热和导电性在所有金属中占第一位。铜的导电性仅次于银而居第二位，金为第三。1 g 金能抽成长达 3 km 的丝也能压碾成仅有 0.0001 mm 厚的薄片（叫金箔）。500 张这

样金箔的总厚度还不及人的一根头发的直径。

铜、银、金的化学活泼性较差，室温下看不出它们能与氧或水作用，在含有 CO_2 的潮湿空气中，铜的表面会逐渐蒙上绿色的铜锈，即铜绿——碱式碳酸铜：

$$2Cu + O_2 + H_2O + CO_2 = Cu_2(OH)_2CO_3$$

银或金在潮湿的空气中不发生作用。在加热的情况下，只有铜才能与氧化合生成黑色氧化铜：

$$2Cu + O_2 \xlongequal{\triangle} 2CuO$$

由于铜、银、金在金属活动顺序中位于氢之后，它们不能与非氧化性稀酸作用。铜和银能溶于硝酸及热的浓硫酸里，而金只能溶于王水中：

$$3Cu + 8HNO_3（稀） = 3Cu(NO_3)_2 + 2NO\uparrow + 4H_2O$$

$$Cu + 4HNO_3（浓） = Cu(NO_3)_2 + 2NO_2\uparrow + 2H_2O$$

$$Cu + 2H_2SO_4（浓） \xlongequal{\triangle} CuSO_4 + SO_2\uparrow + 2H_2O$$

$$3Ag + 4HNO_3 = 3AgNO_3 + NO\uparrow + 2H_2O$$

$$Au + 4HCl + HNO_3 = H[AuCl_4] + NO\uparrow + 2H_2O$$

银对硫的亲合作用较强，例如当含有 H_2S 气体的空气与银接触时，银表面很快生成一层黑色的 Ag_2S 薄膜使银失去银白色的光泽：

$$4Ag + 2H_2S + O_2 = 2Ag_2S + 2H_2O$$

铜、银、金在强碱中很稳定。总之，铜、银、金的活泼性是 $Cu > Ag > Au$。

铜主要的用途是制造电线和各种电气元件，铜还大量用于制造合金。例如，黄铜（含锌5% ~45%）、青铜（含锡5% ~10%）等。银主要用于制造器皿、饰物、货币等。金在火箭、导弹、潜艇、宇宙飞船等现代工业中有广泛的应用。

三、铜的重要化合物

铜的价层电子构型为 $3d^{10}4s^1$，最高氧化数为 +Ⅲ，常见的氧化数为 +Ⅱ和 +Ⅰ。Cu 元素的标准电势图如下：

$$E_A^{\ominus}/V \quad Cu^{2+} \xrightarrow{0.17} Cu^{+} \xrightarrow{0.521} Cu$$

$$E_B^{\ominus}/V \quad Cu(OH)_2 \xrightarrow{-0.08} Cu_2O \xrightarrow{-0.358} Cu$$

由 Cu 元素的电势图可知：在酸性溶液中，Cu^{2+} 离子具有一定的氧化性；Cu^{+} 离子不稳定，易发生歧化反应，生成 Cu^{2+} 和 Cu；Cu 的还原性较弱。

（一）铜（Ⅰ）的化合物

1. 氧化亚铜 Cu_2O　氧化亚铜 Cu_2O 是红色固体，很稳定，为自然界中赤铜矿的主要成分。实验室中在含有酒石酸钾钠的硫酸铜碱性溶液中，用葡萄糖还原制得：

$$Cu^{2+} + 4OH^- = [Cu(OH)_4]^{2-}$$

$$2[Cu(OH)_4]^{2-} + CH_2OH(CHOH)_4CHO = Cu_2O\downarrow + 4OH^- + CH_2OH(CHOH)_4COOH + 2H_2O$$

由于反应物的浓度不同，生成条件不同，形成的 Cu_2O 晶粒大小也不同，颜色会呈现黄色、橙黄、鲜红或橙红色等。分析化学利用该反应测定醛，临床上用该反应检查糖尿病。碱性酒石酸钾钠的硫酸铜溶液称为费林试剂（Fehling reagent）。

Cu_2O 加热至1508K 时开始熔融，继续升温，可发生分解反应：

$$2Cu_2O \xlongequal{\triangle} 4Cu + O_2\uparrow$$

Cu_2O 为难溶于水的碱性氧化物，在稀硫酸中发生歧化反应：

$$Cu_2O + H_2SO_4 \xlongequal{} CuSO_4 + Cu\downarrow + H_2O$$

Cu_2O 能溶于氨水，形成无色的配离子：

$$Cu_2O + 4NH_3 + H_2O \xlongequal{} 2[Cu(NH_3)_2]^+ + 2OH^-$$

但 $[Cu(NH_3)_2]^+$ 离子遇到空气则被氧化为深蓝色的 $[Cu(NH_3)_4]^{2+}$，该反应可用于除去气体中的氧。

$$4[Cu(NH_3)_2]^+ + 8NH_3 + 2H_2O + O_2 \xlongequal{} 4[Cu(NH_3)_4]^{2+} + 4OH^-$$

Cu_2O 主要用作玻璃和陶瓷工业的红色颜料，也可作农用杀菌剂等。

2. 卤化亚铜 氯化亚铜 CuX（X = Cl、Br、I）可由 Cu（Ⅱ）盐与还原剂 $SnCl_2$、SO_2、$Na_2S_2O_4$（连二亚硫酸钠）、Cu、Al 等作用制得。例如：

$$2CuCl_2 + SnCl_2 \xlongequal{} 2CuCl\downarrow + SnCl_4$$

$$2Cu^{2+} + 2X^- + SO_2 + 2H_2O \xlongequal{} 2CuX\downarrow + 4H^+ + SO_4^{2-}$$

卤化亚铜外观呈白色，均难溶于水，溶解度 CuCl > CuBr > CuI。

卤化亚铜与过量的 X^- 离子作用，可生成 $[CuX_2]^-$ 配离子；CuCl 的盐酸溶液能吸收 CO，形成氯化羰基铜（I）$Cu(CO)Cl \cdot H_2O$，该反应对 CO 的吸收是定量的，所以可用于测定气体混合物中 CO 的含量。

（二）Cu（Ⅱ）的化合物

1. 氧化铜和氢氧化铜 在 Cu^{2+} 离子溶液中加入强碱，可生成淡蓝色的氢氧化铜絮状沉淀，加热、脱水变为黑褐色 CuO：

$$Cu^{2+} + 2OH^- \xlongequal{} Cu(OH)_2\downarrow$$

$$Cu(OH)_2 \xlongequal{\Delta} CuO\downarrow + H_2O$$

CuO 是碱性氧化物，难溶于水，溶于酸时生成相应的盐。CuO 遇强热时可分解为 Cu_2O 和 O_2：

$$4CuO \xlongequal{>1273K} 2Cu_2O + O_2\uparrow$$

$Cu(OH)_2$ 微显两性，易溶于酸，也能溶于浓碱溶液中形成蓝紫色的 $[Cu(OH)_4]^{2-}$ 配离子：

$$Cu(OH)_2 + 2OH^- \xlongequal{} [Cu(OH)_4]^{2-}$$

$$Cu(OH)_2 + H_2SO_4 \xlongequal{} CuSO_4 + 2H_2O$$

$Cu(OH)_2$ 溶于氨水生成深蓝色的 $[Cu(NH_3)_4]^{2+}$：

$$Cu(OH)_2 + 4NH_3 \xlongequal{} [Cu(NH_3)_4](OH)_2$$

$Cu(OH)_2$ 也具有氧化性，加热时能将甲醛、葡萄糖等氧化成酸，本身被还原成 Cu_2O：

$$2Cu(OH)_2 + HCHO + OH^- \xlongequal{} HCOO^- + Cu_2O\downarrow + 3H_2O$$

2. 铜（Ⅱ）盐 最常见的铜盐有硫酸铜 $CuSO_4 \cdot 5H_2O$、硝酸铜 $Cu(NO_3)_2$ 和氯化铜 $CuCl_2$。硫酸铜 $CuSO_4 \cdot 5H_2O$ 俗称胆矾，是一种蓝色晶体。用热硫酸溶解铜或在氧气存在下让铜与稀硫酸作用均可制得：

$$Cu + 2H_2SO_{4(浓)} \xlongequal{\Delta} CuSO_4 + SO_2\uparrow + 2H_2O$$

$$2Cu + 2H_2SO_{4(稀)} + O_2 \xlongequal{} 2CuSO_4 + 2H_2O$$

硫酸铜在不同温度下，可发生下列变化：

$$CuSO_4 \cdot 5H_2O \xrightarrow{375K} CuSO_4 \cdot 3H_2O \xrightarrow{386K} CuSO_4 \cdot H_2O \xrightarrow{531K} CuSO_4$$

无水硫酸铜为白色粉末，吸水变为蓝色。利用这一性质检验无水乙醇、乙醚等有机溶剂中的微量水分，也可用作干燥剂。硫酸铜是制备其他铜化合物的重要原料，工业上用于镀铜和制颜料，农业中与石灰乳混合配成的“波尔多”液是常用的水果杀虫剂，也可用在游泳池里杀菌，作消毒剂。

$CuCl_2$ 是共价化合物，不但易溶于水，也可溶于乙醇和丙酮中。很浓的 $CuCl_2$ 溶液呈黄绿色，稀溶液呈蓝色。

Cu^{2+} 离子具有一定的氧化性，能与还原性阴离子如 I^- 作用，本身被还原成Cu（I）：

$$2Cu^{2+} + 4I^- = 2CuI\downarrow + I_2$$

该反应能定量完成，因而分析化学上常用此反应测定铜的含量。

在 Cu^{2+} 离子的溶液中加入 S^{2-}、CO_3^{2-}、$C_2O_4^{2-}$、PO_4^{3-} 等离子时，均可生成难溶于水的沉淀。其中 Cu^{2+} 离子与 CO_3^{2-} 离子生成碱式碳酸铜沉淀：

$$2Cu^{2+} + 2CO_3{}^{2-} + H_2O = Cu_2(OH)_2CO_3\downarrow + CO_2\uparrow$$

棕色的 CuS 沉淀只能溶解在热 HNO_3 溶液或浓氰化钠溶液中：

$$3CuS + 2NO_3{}^- + 8H^+ = 3Cu^{2+} + 2NO\uparrow + 3S\downarrow + 4H_2O$$

$$2CuS + 10CN^- = 2[Cu(CN)_4]^{3-} + 2S^{2-} + (CN)_2\uparrow$$

反应中 CN^- 离子既是配合剂，又是还原剂，使 Cu（Ⅱ）还原成 Cu（I），CN^- 与 $(CN)_2$ 均有剧毒。

Cu（Ⅱ）离子（d^9 构型）具有较强的形成配合物的倾向，铜（Ⅱ）的配离子多数配位数为4，采取 dsp^2 杂化轨道成键，是顺磁性的。例如 $[Cu(H_2O)_4]^{2+}$（蓝色）、$[Cu(NH_3)_4]^{2+}$（深蓝色）、$[CuCl_4]^{2-}$ 等配离子均为平面正方形构型。

（三）Cu（Ⅱ）和 Cu（Ⅰ）的相互转化

从离子结构分析，Cu（Ⅰ）的价层电子结构是 $3d^{10}$ 应该比 Cu（Ⅱ）的 $3d^9$ 稳定，事实上，将固态 CuO 或 CuS 加热，得到的是 Cu_2O 和 Cu_2S，并且自然界中也确有含 Cu_2O 和 Cu_2S 的矿物存在。而且从 Cu 的第二电离能为 $1970kJ \cdot mol^{-1}$ 及反应 $2Cu^+(g) = Cu^{2+}(g) + Cu(s)$ 的 ΔH 为 $866.5kJ \cdot mol^{-1}$，也表明 Cu（Ⅰ）的化合物在固态或气态时是稳定的。但在水溶液中，由于 Cu^{2+} 离子电荷高，半径小，水合焓（$-2100kJ \cdot mol^{-1}$）比 Cu^+ 离子大，所以在水溶液中 Cu（Ⅱ）化合物是稳定的。

由 Cu 元素的电势图可知，Cu^+ 在酸性溶液中不稳定，易发生歧化反应生成 Cu^{2+} 和 Cu：

$$2Cu^+ \rightleftharpoons Cu^{2+} + Cu$$

在293K 时，该反应的平衡常数　$K^{\ominus} = \dfrac{[Cu^{2+}]}{[Cu^+]^2} = 1.4 \times 10^6$

Cu^+ 歧化反应进行的倾向很大，实验也证明，在水溶液中 Cu_2O 与 H_2SO_4 反应时，得到的是 $CuSO_4$ 而不是 Cu_2SO_4。为使 Cu（Ⅱ）转成 Cu（Ⅰ），一方面应有还原剂存在；另一方面要降低溶液中 Cu^+ 的浓度，使之成为难溶化合物或配合物，这样才有利上述平衡向左移动。并且难溶物的溶度积越小，反应愈易进行，这也是为什么 $CuSO_4$ 与 KI 反应，产物是 CuI 和 I_2，而不是 CuI_2 的原因。Cu（Ⅰ）化合物在溶液中，只能以难溶性沉淀或以配合离子的形式才能稳定存在。综上所述，铜（Ⅰ）和铜（Ⅱ）各以一定的条件而存在，当条件变化时，可互相转化。

四、银的重要化合物

最常见的可溶性银盐是硝酸银 $AgNO_3$。将银溶于硝酸，蒸发并结晶即得硝酸银：

$$Ag + 2HNO_{3(浓)} = AgNO_3 + NO_2\uparrow + H_2O$$

$$3Ag + 4HNO_{3(稀)} = 3AgNO_3 + NO\uparrow + 2H_2O$$

由上述反应可以看出，溶解同样重量的银，用浓硝酸消耗大、废气多，因此以稀硝酸为宜。

硝酸银是无色晶体，易溶于水，在空气中稳定，熔点481.5K，加热到713K时分解。如有微量的有机物或日光直接照射即逐渐分解：

$$2AgNO_3 \xlongequal{光} 2Ag\downarrow + 2NO_2\uparrow + O_2\uparrow$$

因此硝酸银晶体及其溶液应保存在棕色瓶内。

在 $AgNO_3$ 溶液中加入氨水，先生成 Ag_2O，然后溶于过量氨水生成银氨配离子：

$$2Ag^+ + 2NH_3 + H_2O = Ag_2O\downarrow + 2NH_4^+$$

$$Ag_2O + 4NH_3 + H_2O = 2[Ag(NH_3)_2]^+ + 2OH^-$$

$[Ag(NH_3)_2]^+$ 能被甲醛或葡萄糖在加热时还原为金属银：

$$2[Ag(NH_3)_2]^+ + RCHO + 2OH^- = RCOONH_4 + 2Ag\downarrow + 3NH_3 + H_2O$$

该反应称为银镜反应，暖水瓶的镀银就是利用这个原理。上述反应可用来检查甲醛或甲醛类化合物，也可鉴定银离子。

$AgNO_3$ 是较强的氧化剂，在室温下，许多有机物都能将它还原成黑色银粉。例如皮肤或布与硝酸银接触后都会变黑，因此使用时应避免接触皮肤。10%的 $AgNO_3$ 溶液在医药上，作消毒剂和腐蚀剂。大量的硝酸银用于制造照相底片上的卤化银。

在硝酸银溶液中加入卤化物，可生成卤化银 AgX 沉淀（X = Cl、Br、I）。卤化银的颜色依AgCl、AgBr、AgI 的顺序加深，在水中的溶解度也依此顺序降低。AgCl 能溶于氨水、硫代硫酸钠（$Na_2S_2O_3$）及氰化钾溶液，分别生成配离子 $[Ag(NH_3)_2]^+$、$[Ag(S_2O_3)_2]^{3-}$、$[Ag(CN)_2]^-$。

$$AgCl + 2NH_3 = [Ag(NH_3)_2]^+ + Cl^-$$

$$AgCl + 2S_2O_3^{2-} = [Ag(S_2O_3)_2]^{3-} + Cl^-$$

$$AgCl + 2CN^- = [Ag(CN_2)]^- + Cl^-$$

AgBr 微溶于氨水，易溶于硫代硫酸钠及氰化钾。AgI 溶于浓硫代硫酸钠及氰化钾溶液。卤化银都有感光分解的性质，例如，胶卷和印像纸上是 AgBr 胶体粒子的明胶，照像过程就是曝光过程。曝光时部分卤化银发生分解作用：

$$AgBr \xlongequal{h\nu} Ag + Br$$

感光越强，AgBr 分解得越多，那部分就越黑。感光后的底片在暗室中用有机还原剂如氢醌来处理，能使“隐像”显露清楚。定影过程就是将底片未感光的 AgBr，用海波（$Na_2S_2O_3\cdot 5H_2O$）洗去，未曝光部分即形成 $[Ag(S_2O_3)_2]^{3-}$ 配离子。这样得到的底片与实物在明暗程度上正好相反，再通过印像后便得到了照片。

五、离子鉴定

1. Cu^{2+} 离子的鉴定反应

（1）在醋酸酸化溶液中，Cu^{2+} 与亚铁氰化钾 $K_4[Fe(CN)_6]$ 反应生成红棕色的亚铁氰化铜沉淀：

$$2Cu^{2+} + [Fe(CN)_6]^{4-} = Cu_2[Fe(CN)_6]\downarrow$$

此沉淀不溶于稀硝酸，能溶于氨水。

（2）在铜盐溶液中加入适量氨水，先析出淡蓝色的 $Cu(OH)_2$ 絮状沉淀，继续加入过量氨水，沉淀溶解，生成深蓝色的 $[Cu(NH_3)_4]^{2+}$ 配离子：

$$Cu^{2+} + 2NH_3 \cdot H_2O = Cu(OH)_2 \downarrow + 2NH_4^+$$

$$Cu(OH)_2 + 4NH_3 = [Cu(NH_3)_4]^{2+} + 2OH^-$$

2. Ag^+ 离子的鉴定

（1）在含 Ag^+ 离子的溶液中加稀盐酸，得白色的 AgCl 沉淀。AgCl 溶于氨水生成 $[Ag(NH_3)_2]^+$ 配离子，在此溶液中加入硝酸酸化后，又析出 AgCl 沉淀。

$$Ag^+ + Cl^- = AgCl \downarrow$$

$$AgCl + 2NH_3 = [Ag(NH_3)_2]^+ + Cl^-$$

（2）在用 HAc 酸化的试液中，加入 K_2CrO_4 试剂，Ag^+ 与 CrO_4^{2-} 生成砖红色 Ag_2CrO_4 沉淀。

$$2Ag^+ + CrO_4^{2-} = Ag_2CrO_4 \downarrow$$

此沉淀溶于氨水，也溶于硝酸。

第五节　锌　和　汞

扫码“学一学”

一、通性

锌（Zn）、镉（Cd）、汞（Hg）是周期系第ⅡB 族元素，又称为锌族元素。其价电子构型为 $(n-1)d^{10}ns^2$，属于 *ds* 区。

虽然锌族元素与碱土金属一样最外层都有 2 个 *s* 电子，但由于次外层的电子数不同，锌族的核电荷对外层 *s* 电子的吸引力比碱土金属强，故锌族元素的电负性、原子半径、电离能、熔点、沸点等与碱土金属有很大的差异，但比ⅠA 与ⅠB 族之间的差别要小一些。

锌族元素原子的次外层虽然也是 18 电子，但与铜族不同。锌族元素的氧化数只有 +Ⅱ，没有变价；电离能、离子水合热比铜族高，金属活泼性也要比铜族大得多。

此外，锌族元素因与 *p* 区元素相邻，在某些性质上它们又与第 4、5、6 周期的 *p* 区金属元素有些相似，如熔点都较低（汞是金属中熔点最低的），水合离子都没有颜色等。锌族元素的基本性质见表 13－11 中。

表 13－11　锌族元素的基本性质

性质	锌	镉	汞
元素符号	Zn	Cd	Hg
原子序数	30	48	80
原子量	65.38	112.41	200.59
价电子构型	$3d^{10}4s^2$	$4d^{10}5s^2$	$5d^{10}6s^2$
原子半径/pm，金属半径	133.2	148.9	160
M^{2+} 电离半径/pm	74	97	110
第一电离能/($kJ \cdot mol^{-1}$)	906	868	1007
第二电离能/($kJ \cdot mol^{-1}$)	1733	1631	1810
第三电离能/($kJ \cdot mol^{-1}$)	3833	3616	3300

续表

性质	锌	镉	汞
M^{2+}(g) 水合热/($kJ \cdot mol^{-1}$)	-2060.6	-1824.2	-1849.7
升华热/（$kJ \cdot mol^{-1}$）	131	112	61.9
气化热/（$kJ \cdot mol^{-1}$）	116	100	58.6
电负性	1.65	1.69	2.00
密度/（$g \cdot cm^{-3}$）	7.14	8.64	13.59
熔点/K	693	594	234
沸点/K	1180	1038	630
硬度（金刚石 = 10）	2.5	2	液
导电率（Hg = 1）	16	12.6	1

二、单质

锌是银白色的金属，在常温下较脆，但在 373 ~ 383K 时，能随意被弯曲和辗压。汞是室温下唯一的液态金属，银白色、具有流动性，且在 273 ~ 473K 之间体积膨胀系数均匀，又不润湿玻璃，可用来制造温度计。室温下汞的蒸气压很低（273K 时为 0.0247Pa，293K 时为 0.16Pa）宜于制造气压计。汞蒸气在电弧中能导电，并辐射高强度的可见光和紫外线，可作太阳灯，用于医疗方面。

应当指出，汞有严重的生物毒性，汞蒸气（单原子分子）吸入人体会产生慢性中毒，如牙齿松动、毛发脱落、神经错乱等。所以接触和使用汞时，应十分小心，一切操作最好在通风橱中进行。严禁将汞随便盛放在敞开的容器中，临时存放在广口瓶中的少量汞，必须在汞面上覆盖 10% 的 NaCl 溶液，以免汞蒸气挥发。使用汞时万一不慎撒落，必须尽可能将汞收集起来，对遗留在细隙处的汞可盖硫黄粉或倒入饱和的铁盐溶液使其失去毒性。

锌、汞都是人类认识和使用得很早的元素，大约公元前 100 多年间的西汉时期就已经有了铜 - 锌合金铸造的钱币。西方资料显示，公元前 16 ~ 公元前 15 世纪埃及人开始使用水银，我国大约在公元前 3 ~ 公元前 4 世纪开始使用。

锌和汞在自然界中主要以矿物的形式存在（汞有少量以单质的形式存在）。重要的锌矿有：闪锌矿 ZnS、菱锌矿 $ZnCO_3$ 等。重要的汞矿是辰砂 HgS（又称朱砂）。

锌在金属活动顺序中位于氢以前，锌的化学性质比较活泼。但由于表面层的碱性盐起保护作用，它不能从水中置换出氢气，却能与非氧化性稀酸作用生成氢气。在加热的条件下，锌能与绝大多数非金属元素直接化合。例如，锌在空气中燃烧生成氧化锌，与硫共热生成硫化锌等：

$$2Zn + O_2 = 2ZnO$$

$$Zn + S = ZnS$$

锌与含 CO_2 的潮湿空气接触，能生成碱式碳酸锌：

$$4Zn + 2O_2 + 3H_2O + CO_2 = ZnCO_3 \cdot 3Zn(OH)_2$$

锌和铝一样，是两性金属，锌不但能溶于酸，而且也能与碱作用生成锌酸盐：

$$Zn + 2H^+ = Zn^{2+} + H_2\uparrow$$

$$Zn + 2OH^- + 2H_2O = [Zn(OH)_4]^{2-} + H_2\uparrow$$

锌还能与氨水作用生成锌氨配离子，这一性质不同于金属铝，铝不溶于氨水。

$$Zn + 4NH_3 + 2H_2O = [Zn(NH_3)_4]^{2+} + 2OH^- + H_2\uparrow$$

锌是常用的还原剂，主要用于制造合金、白铁以及制造干电池等。

汞活泼性较差，只在加热至沸时才慢慢与氧作用生成氧化汞。它不能与非氧化性稀酸作用，只溶于热浓硫酸或硝酸中：

$$Hg + 2H_2SO_4（浓）= HgSO_4 + SO_2\uparrow + 2H_2O$$

$$3Hg + 8HNO_3（稀）= 3Hg(NO_3)_2 + 2NO\uparrow + 4H_2O$$

汞与硫粉在室温下研磨生成 HgS，由于汞是液态，反应极易进行。

$$Hg + S（粉）= HgS$$

汞可溶解许多金属，如 Na、K、Ag、Au、Zn、Cd、Pb 等形成汞齐，因组成不同，汞齐可呈液态和固态。银与锡的汞齐在制备后，要经过一段时间才硬化，临床上常用作补牙剂。铁族金属不成汞齐，所以可用铁制品贮存汞。汞齐在化学、化工和冶金中有重要用途。

三、锌的重要化合物

（一）氧化锌和氢氧化锌

锌在加热时与氧反应可生成白色的氧化锌 ZnO，俗称锌白。氧化锌是常用的药物，外观呈白色松软不溶于水的粉末，加热时变黄，冷却后恢复原色。ZnO 常用作白色颜料（作颜料的优点是遇 H_2S 不变黑）还可作催化剂及制造气敏元件等。

在锌盐溶液中加入适量强碱（pH = 6.7），可得到白色氢氧化锌沉淀：

$$Zn^{2+} + 2OH^- = Zn(OH)_2\downarrow$$

$Zn(OH)_2$ 是两性氢氧化物，既能溶于酸，也能溶于碱及氨水中：

$$Zn(OH)_2 + 2H^+ = Zn^{2+} + 2H_2O$$

$$Zn(OH)_2 + 2OH^- = Zn[(OH)_4]^{2-}$$

$$Zn(OH)_2 + 4NH_3 = [Zn(NH_3)_4]^{2+} + 2OH^-$$

$Zn(OH)_2$ 受热时脱水生成氧化锌。

（二）常见锌盐

常见重要的锌盐有硫酸锌 $ZnSO_4$、氯化锌 $ZnCl_2$ 和硫化锌 ZnS。

将氧化锌溶于稀硫酸或在 973K 熔烧硫化锌都可得到硫酸锌：

$$ZnO + H_2SO_4 = ZnSO_4 + H_2O$$

$$ZnS + 2O_2 = ZnSO_4$$

硫酸锌有三种水合物，在不同的温度下可相互转化：

$$ZnSO_4\cdot 7H_2O \xlongequal{312K} ZnSO_4\cdot 6H_2O \xlongequal{333K} ZnSO_4\cdot H_2O$$

加热到 723K 以上变为无水硫酸锌，继续加热分解为 ZnO 及 SO_3。$ZnSO_4$ 是实验室常用的试剂。

氯化锌 $ZnCl_2$ 是白色易潮解的物质，熔点不高（638K），是溶解度最大的固体盐（283K，333g/100gH_2O），溶于水时有较弱的水解反应：

$$ZnCl_2 + H_2O = Zn(OH)Cl + HCl$$

$ZnCl_2$ 也可溶于乙醇等有机溶剂中，这表明 $ZnCl_2$ 有明显的共价性。

在氯化锌的浓溶液中可形成配位酸，它能溶解金属氧化物：

$$ZnCl_2 + H_2O = H[ZnCl_2(OH)]$$

$$FeO + 2H[ZnCl_2(OH)] \Longrightarrow Fe[ZnCl_2(OH)]_2 + H_2O$$

因此，焊接金属时，常用它溶解金属表面的氧化物。

$ZnCl_2$ 和 ZnO 的糊状混合物能迅速硬化，是牙科的黏合剂。用 $ZnCl_2$ 溶液浸润后的木材不易被腐蚀。无水 $ZnCl_2$ 吸水性很强，有机合成时常用它作脱水剂。

在 Zn^{2+} 溶液中加入 Na_2S 或 $(NH_4)_2S$ 可得白色的 ZnS：

$$Zn^{2+} + S^{2-} \Longrightarrow ZnS\downarrow$$

ZnS 不溶于水，溶于稀酸。ZnS 与 $BaSO_4$ 混合物是优良的白色颜料，称为锌钡白（商品名立德粉），由 $ZnSO_4$ 与 BaS 反应制得：

$$ZnSO_4 + BaS \Longrightarrow ZnS\downarrow + BaSO_4\downarrow$$

Zn^{2+} 离子为 18 电子构型，其极化力和变形性较大，能与 X^-、CN^-、SCN^- 离子等形成配位数为 4 的配合物，并且这些配合物通常都是无色的。

四、汞的重要化合物

汞的价层电子构型为 $5d^{10}6s^2$，常见的氧化数为 +Ⅱ和 +Ⅰ。汞元素的标准电势图如下：

$$E_A^{\ominus}/V \qquad Hg^{2+} \xrightarrow{0.905} Hg_2^{\ 2+} \xrightarrow{0.7986} Hg$$

$$Hg^{2+} \xrightarrow{0.851} Hg$$

$$E_B^{\ominus}/V \qquad HgO \xrightarrow{0.098} Hg$$

由电势图可知：亚汞离子在酸性溶液中可以稳定存在。亚汞离子是双原子离子即 $[Hg:Hg]^{2+}$，两个 Hg（I）共用 1 对 6s 电子，彼此达到稳定的电子构型。

（一）氧化汞

氧化汞 HgO 有两种，一种红色氧化汞，是由硝酸汞徐徐加热制得：

$$2Hg(NO_3)_2 \stackrel{\triangle}{=\!=\!=} 2HgO\downarrow + 4NO_2\uparrow + O_2\uparrow$$

一种是黄色氧化汞，是由硝酸汞和强碱反应，因 $Hg(OH)_2$ 不稳定，进一步分解而得到：

$$Hg(NO_3)_2 + 2NaOH \Longrightarrow HgO\downarrow + 2NaNO_3 + H_2O$$

两种颜色的氧化汞晶体结构相同，颜色不同仅是晶粒大小不同所致。黄色 HgO 晶粒较细小。

氧化汞为碱性氧化物，在水中溶解度小，能溶于稀酸，加热到 673K 以上开始分解为汞和氧。黄色氧化汞在医药上称为黄降汞，用于消毒杀菌。

（二）硝酸汞和硝酸亚汞

用过量的热浓硝酸与汞反应制得硝酸汞 $Hg(NO_3)_2$，用冷稀硝酸与过量的汞作用得硝酸亚汞 $Hg_2(NO_3)_2$：

$$Hg + 4HNO_{3(\text{浓、过量})} \Longrightarrow Hg(NO_3)_2 + 2NO_2\uparrow + 2H_2O$$

$$6Hg_{(\text{过量})} + 8HNO_3 \Longrightarrow 3Hg_2(NO_3)_2 + 2NO\uparrow + 4H_2O$$

汞盐都易水解，硝酸汞水解先生成白色碱式盐沉淀 $HgO \cdot Hg(NO_3)_2$，若水量大且长时间加热则碱式盐进一步水解得黄色氧化汞：

$$2Hg(NO_3)_2 + H_2O \Longrightarrow HgO \cdot Hg(NO_3)_2 + 2HNO_3$$

$$HgO \cdot Hg(NO_3)_2 + H_2O \Longrightarrow 2HgO\downarrow + 2HNO_3$$

硝酸亚汞水解先生成碱式盐沉淀，在水中煮沸溶液则得氧化汞和金属汞：

$$Hg_2(NO_3)_2 + H_2O \Longrightarrow Hg_2(OH)NO_3\downarrow + HNO_3$$

$$Hg_2(OH)NO_3 \longequal HgO\downarrow + Hg\downarrow + HNO_3$$

Hg^{2+} 和 $Hg_2{}^{2+}$ 在溶液中存在下列平衡：

$$Hg + Hg^{2+} \rightleftharpoons Hg_2{}^{2+} \qquad K = 69.4$$

这表明在平衡时 Hg^{2+} 绝大多数转变成了 $Hg_2{}^{2+}$ 离子。由于 K 值不是很大，平衡易于向两个方向移动。若在 Hg^{2+} 离子溶液中加入沉淀剂如 OH^-、NH_3、S^{2-} 等或配合剂如 I^-、CN^- 等时，上述平衡即向左移动生成 Hg^{2+} 的相应化合物。这意味着 Hg^{2+} 与 $Hg_2{}^{2+}$ 在一定条件下可相互转化。

（三）氯化汞和氯化亚汞

汞的氯化物有两种，即氯化汞 $HgCl_2$ 和氯化亚汞 Hg_2Cl_2。氯化汞可由加热 $HgSO_4$ 和 NaCl 固体混合物制得或者由氧化汞和盐酸反应来得到：

$$HgSO_4 + 2NaCl \xlongequal{\triangle,\ MnO_2} HgCl_2 + Na_2SO_4$$

$$HgO + 2HCl \longequal HgCl_2 + H_2O$$

氯化汞为白色针状晶体，熔点 549K，易升华，故俗称升汞。升汞可溶于有机溶剂，是一个共价化合物。

升汞在水中稍有水解：

$$HgCl_2 + H_2O \longequal Hg(OH)Cl\downarrow + HCl$$

升汞与氢氧化钠反应，生成 HgO：

$$HgCl_2 + 2NaOH \longequal HgO\downarrow + 2NaCl + H_2O$$

升汞与氨水反应，生成难溶的白色氯化氨基汞的沉淀：

$$HgCl_2 + 2NH_3 \longequal Hg(NH_2)Cl\downarrow + NH_4Cl$$

$Hg(NH_2)Cl$ 又称为白降汞，它受热时能分解：

$$6Hg(NH_2)Cl \xlongequal{\triangle} 3Hg_2Cl_2 + 4NH_3\uparrow + N_2\uparrow$$

白降汞在医药上做成软膏，用于治疗疥、癣等皮肤病。

升汞与 KI 反应，生成橙红色的 HgI_2 沉淀，该沉淀溶于过量的 KI 溶液，生成无色的 $[HgI_4]^{2-}$ 配离子：

$$HgCl_2 + 2KI \longequal HgI_2\downarrow + 2KCl$$

$$HgI_2 + 2I^- \longequal [HgI_4]^{2-}$$

$K_2[HgI_4]$ 的碱性溶液叫奈氏试剂（Nessler's reagent），是检验氨及铵盐的灵敏试剂。它与氨生成黄色或棕红色沉淀。

升汞在酸性溶液中是一个较强的氧化剂，与 $SnCl_2$ 等还原剂反应被还原为 Hg_2Cl_2 或单质 Hg：

$$2HgCl_2 + SnCl_2 \longequal Hg_2Cl_2\downarrow + SnCl_4$$

$$Hg_2Cl_2 + SnCl_2 \longequal 2Hg\downarrow + SnCl_4$$

该反应可用来检验 Hg^{2+} 离子与 Sn^{2+} 离子。

氯化汞有剧毒，内服 0.2～0.4g 可致死，医院里用 $HgCl_2$ 的稀溶液作手术器具的消毒剂。中药上称为白降丹，用于治疗疔毒。

氯化亚汞难溶于水，因味略甜，俗称甘汞。在硝酸亚汞溶液加入盐酸或氯化钠，可得到白色氯化亚汞沉淀：

$$Hg_2(NO_3)_2 + 2HCl \longequal Hg_2Cl_2\downarrow + 2HNO_3$$

甘汞与 NaOH 反应，生成黑色的 Hg 和 HgO：

$$Hg_2Cl_2 + 2NaOH \longequal Hg + HgO + 2NaCl + H_2O$$

甘汞与氨水反应，生成灰黑色的 Hg 与 $Hg(NH_2)Cl$ 的混合物：

$$Hg_2Cl_2 + 2NH_3 = Hg + Hg(NH_2)Cl + NH_4Cl$$

甘汞与 KI 反应，由白色先变成黄绿色的 Hg_2I_2，而后变为黑色的 Hg 与 HgI_2 的混合物：

$$Hg_2Cl_2 + 2KI = Hg_2I_2 + 2KCl$$

$$Hg_2I_2 = Hg + HgI_2$$

甘汞与还原剂 $SnCl_2$ 反应，直接生成黑色的金属汞：

$$Hg_2Cl_2 + SnCl_2 = 2Hg + SnCl_4$$

氯化亚汞无毒，内服可作缓泻剂，外用治疗慢性溃疡及皮肤病。中药上用的轻粉，其主要成分是氯化亚汞。化学上用氯化亚汞制造甘汞电极。由于氯化亚汞见光和受热易分解为氯化汞和汞，所以氯化亚汞应贮存在棕色瓶中。

$$Hg_2Cl_2 \xlongequal{\text{光或热}} HgCl_2 + Hg$$

（四）离子鉴定

1. Zn^{2+}离子的鉴定

（1）在含有 Zn^{2+}离子的溶液中，加入 $(NH_4)_2S$ 试液，溶液中有白色的 ZnS 沉淀生成：

$$Zn^{2+} + S^{2-} = ZnS\downarrow \qquad \text{（白色）}$$

ZnS 溶于稀盐酸，不溶于稀醋酸和氢氧化钠。

（2）向锌盐溶液中加入亚铁氰化钾试液，溶液中有白色的亚铁氰化锌沉淀生成：

$$2Zn^{2+} + [Fe(CN)_6]^{4-} = Zn_2[Fe(CN)_6]\downarrow \text{（白色）}$$

此沉淀不溶于稀盐酸，溶于 NaO 溶液：

$$Zn_2[Fe(CN)_6] + 8OH^- = 2ZnO_2^{2-} + [Fe(CN)_6]^{4-} + 4H_2O$$

2. Hg^{2+}和 Hg_2^{2+}离子的鉴定

（1）将一光亮的铜片浸入 Hg^{2+}或 Hg_2^{2+}溶液中，放置片刻即有汞析出：

$$Hg^{2+} + Cu = Cu^{2+} + Hg$$

$$Hg_2^{2+} + Cu = Cu^{2+} + 2Hg$$

将铜片取出，用水洗净，用布或滤纸擦拭浸过的部分即显出白色光亮的铜汞齐。

（2）本节中汞盐、亚汞盐与 NaOH、氨水、KI 及 $SnCl_2$ 等试剂的反应，都可用来鉴别 Hg^{2+}与 Hg_2^{2+}离子。

五、常用药物

1. 硫酸铜 $CuSO_4$ 对黏膜有收敛、刺激和腐蚀作用，具有较强的杀灭真菌的效能。眼科用于腐蚀砂眼引起的眼结膜滤泡，外用制剂治疗真菌感染引起的皮肤病，内服有催吐作用。

2. 硝酸银 $AgNO_3$ 有收敛、腐蚀和杀菌作用。0.25% ~0.5% 的溶液用于治疗眼科炎症，更浓的溶液用于治疗口腔、宫颈及其他组织的炎症。

3. 氧化锌 ZnO 收敛药。具有收敛、促进创面愈合的作用，常用于配制外用复方散剂、混悬剂、软膏剂和糊剂等，用于治疗皮肤湿疹及炎症。

4. 硫酸锌 $ZnSO_4 \cdot 7H_2O$ 是最早使用的补锌药、收敛药。目前常用的补锌药物有葡萄糖酸锌、枸橼酸锌、乳清酸－精氨酸锌、甘草酸锌等。主要用于治疗锌缺乏引起的疾病。

眼科常用0.3% ~0.5%的溶液治疗结膜炎。

5. 氧化汞　黄色 HgO 俗称黄降汞，有较强的杀菌作用。1%的眼膏用于治疗眼部炎症。

6. 氯化氨基汞　$HgNH_2Cl$ 又称白降汞。2.5% ~5%的软膏用于治疗皮肤病和皮肤真菌感染。

7. 氯化汞和氯化亚汞　$HgCl_2$ 又名升汞，杀菌力强，但毒性也强，主要用于外科非金属器械的消毒。

Hg_2Cl_2 又名甘汞、轻粉，内服有致泻作用，由于在肠内有少量吸收，现已不用。外用可攻毒杀虫。

8. 红色的硫化汞　HgS 中药称之朱砂、丹砂或辰砂。具有镇静安神和解毒的作用。内服用于治疗惊风、癫痫，外用复方制剂有消肿、解毒、止痛的功效。

本章小结

一、*d* 区及 *ds* 区元素通性

（一）电子层结构特征

d 区和 *ds* 区元素是指元素周期表中，元素原子的最后一个电子填充在（*n*－1）*d* 轨道上，它们的价电子层结构为（*n*－1）d^{1-10}和 ns^{1-2}。*d* 区和 *ds* 区元素也称之为过渡元素。

d 区和 *ds* 区元素原子的最外层只有个 1～2 个电了（Pa 除外），它们都是金属元素。化学反应中，不仅最外层的电子可以参加成键，次外层电子也可以部分或全部参加成键。故 *ns* 和（*n*－1）d 能级上的电子都是价电子。除少数金属外，大多数都有多种氧化态。

（二）元素通性

1. 金属性　它们都是金属，大部分金属的硬度较大，熔点较高，有良好的导电性和导热性。

2. 氧化还原性　大多数元素标准电极电势较小，即还原性较强。能与氧化性酸作用生成相应的盐。其中许多元素还能从非氧化性酸中置换出 H_2。

每一过渡系中许多元素低氧化态稳定，因此处于最高氧化态的元素表现出强的氧化性。如 Cr（Ⅵ）、Mn（Ⅶ）等。

3. 水合离子的颜色　低氧化态时，大多数以简单阳离子的形式存在于晶体或水溶液中，如 Ag^+、Fe^{2+}、Mn^{2+}等。高氧化态则存在于氟化物或含氧酸根离子中，如V_2O_5、Cr_2O_3、CrO_4^{2-}、MnO_4^-等。过渡元素的离子在晶体或水溶液中常显示出一定的颜色。

4. 氧化物或氢氧化物的酸碱性　同一元素低氧化态氧化物及其氢氧化物呈碱性，高氧化态氧化物及其氢氧化物呈酸性。氧化态越高酸性越强，中间氧化态呈两性。

同一周期ⅢB～ⅦB 族元素最高氧化态氧化物的酸性增强；同一族元素，从上至下，相同氧化态氧化物的碱性增强。

5. 易形成配合物　*d* 区、*ds* 区元素的原子或离子是很好的配合物的中心体。

二、铬和锰的重要化合物

（一）铬的重要化合物

铬是周期系ⅥB 族元素，价电子层结构为 $3d^54s^1$，常见的主要氧化数为 +3 和 +6。

1. Cr（Ⅲ）的化合物　Cr_2O_3和 $Cr(OH)_3$是两性物质，微溶于水。在 Cr（Ⅲ）盐溶

液中加入适量的氨水或 NaOH 溶液，即可生成水合氧化铬 $Cr_2O_3 \cdot nH_2O$ 灰绿色胶状沉淀，一般表示成 $Cr(OH)_3$。

$Cr(OH)_3$ 溶于酸生成 Cr^{3+} 离子，溶于碱生成 CrO_2^- 亚铬酸根离子。

碱性溶液中 Cr（Ⅲ）有较强的还原性，与强氧化剂 H_2O_2、Cl_2 等作用，生成 CrO_4^{2-} 离子。

2. Cr（Ⅵ）的化合物 在酸性条件下，以 $Cr_2O_7^{2-}$（橙红色）形式存在；在碱性条件下，以 CrO_4^{2-}（黄色）形式存在。

$Cr_2O_7^{2-}$ 在酸性溶液中是强的氧化剂，还原产物为 Cr^{3+} 离子。

向 $Cr_2O_7^{2-}$ 或 CrO_4^{2-} 溶液加入 Ag^+、Pb^{2+}、Ba^{2+} 等离子，都能生成难溶的铬酸盐沉淀。

（二）锰的重要化合物

锰是ⅦB 族元素，价电子层结构为 $3d^54s^2$。常见的主要氧化数为 +2、+4、+6 和 +7。

1. Mn（Ⅱ）的化合物 在碱性介质中 Mn（Ⅱ）还原性较强。Mn^{2+} 离子与 OH^- 离子作用，首先生成白色胶状 $Mn(OH)_2$ 沉淀，但此沉淀在空气中很快被氧化成棕色的 $MnO_2 \cdot H_2O$ 沉淀。

2. Mn（Ⅳ）的化物 Mn（Ⅳ）化合物中最重要的是灰黑色难溶于水的固体 MnO_2。MnO_2 在酸性介质中是强的氧化剂，如 MnO_2 与浓 HCl 反应用于实验室制备少量的 Cl_2。

3. Mn（Ⅵ）的化合物 Mn（Ⅵ）是以 MnO_4^{2-} 离子的形式存在，如将 MnO_2 和 KOH 的混合物加热熔融，可以生成暗绿色的锰酸钾。MnO_4^{2-} 离子在强碱性介质中稳定，酸性或中性介质中发生歧化反应。

4. Mn（Ⅶ）的化合物 $KMnO_4$ 是一种强的氧化剂，氧化能力和还原产物与溶液的酸碱性有关，在酸性溶液中，还原产物为 Mn^{2+}；中性、弱碱性溶液中，$KMnO_4$ 被子还原为 MnO_2；强碱性和 MnO_4^- 离子过量时，还原产物为 MnO_4^{2-}。

三、铁、钴、镍的重要化合物

铁、钴、镍是第Ⅷ族元素，也称铁系元素。它们的价电子层结构分别为：Fe $3d^64s^2$、Co $3d^74s^2$、Ni $3d^84s^2$。

（一）铁的重要化合物

1. 亚铁盐和铁盐要化合物 铁最重要的氧化态是 +2 和 +3，以 +3 氧化态的化合物最稳定。

Fe^{2+} 离子和 Fe^{3+} 离了在水溶液中常以水合离子的形式存在，呈现一定颜色，且发生水解；Fe（Ⅲ）的水解性大于 Fe（Ⅱ），加热或溶液 pH 值升高，有利于水解的进行。$[Fe(H_2O)_6]^{3+}$ 水解最后析出胶状的棕色沉淀。在配制 Fe（Ⅱ）和 Fe（Ⅲ）盐时加入一定量强酸抑制水解的发生。

Fe^{2+} 离子具有还原性，空气中即发生氧化反应，因此，配制 Fe（Ⅱ）盐溶液时，除加入少量酸外还应放入铁钉，阻止 Fe^{3+} 离子的生成。

Fe^{3+} 离子具有氧化性，能被 $SnCl_2$、H_2S、SO_2、I^- 离子等还原成 Fe^{2+} 离子。

2. 铁的配合物 Fe（Ⅱ）和 Fe（Ⅲ）配合物的配位数大多是 6，Fe（Ⅲ）的配合物比 Fe（Ⅱ）的配合物多。

亚铁氰化钾 $K_4[Fe(CN)_6]$ 俗称黄血盐，用来检验 Fe^{3+} 离子；铁氰化钾 $K_3[Fe(CN)_6]$ 俗称赤血盐，与过量的 Fe^{2+} 离子作用，溶液显蓝色，用于鉴别 Fe^{2+} 离子。

Fe^{3+}离子与NCS^-离子作用，产生血红色溶液，此反应非常灵敏，用于Fe^{3+}离子的检验；$[FeF_6]^{3-}$是稳定的无色配离子，在上述溶液中加入F^-离子，血红色褪去。

（二）钴和镍的重要化合物

钴、镍有 +2 和 +3 两种氧化态，其中 +2 氧化态最稳定，+3 氧化态是强的氧化剂。

无水$CoCl_2$在潮湿空气中易吸水，故硅胶干燥剂中常加入氯化钴，利用$CoCl_2$吸水后发生的颜色变化，从而显示硅胶的吸湿情况。

Co（Ⅲ）、Co（Ⅱ）和 Ni（Ⅱ）的配合物，常见的配位数为 6，Ni（Ⅱ）也有配位数为 4 的配离子。

Co^{2+}离子在丙酮存在下 KSCN 与反应，生成蓝色的$[Co(SCN)_4]^{2-}$配离子，用以鉴别Co^{2+}离子，当溶液中有Fe^{3+}离子时，应加入 NaF 掩蔽Fe^{3+}离子。

在中性或弱碱性溶液中，Ni^{2+}离子与丁二酮肟反应，生成鲜红色的螯合物沉淀，可用于Ni^{2+}离子的鉴别。

四、铜和银

铜、银是周期系ⅠB 元素，也称铜族元素，价电子层构型为$(n-1)d^{10}ns^1$。

（一）铜的重要化合物

铜的常见氧化态是 +1 和 +2。Cu（Ⅰ）在水溶液中不稳定，易发生歧化反应，它只能存在于难溶化合物或配合物中。

1. 铜的氧化物　氧化亚铜Cu_2O是难溶于水的红色固体。铜（Ⅱ）溶液用葡萄糖还原，生成Cu_2O，临床上利用生成Cu_2O沉淀的多少，来判断尿糖大致含量。

氧化铜 CuO 是黑色的粉末状不溶于水固体，是碱性氧化物，易溶于酸生成相应的盐，CuO 在高温时表现出强的氧化性。

2. 铜的氢氧化物　$Cu(OH)_2$略显两性，碱性强于酸性。能溶于浓的强碱溶液中，生成蓝紫色的$[Cu(OH)_4]^{2-}$配离子。$Cu(OH)_2$溶于氨水，生成深蓝色的$[Cu(NH_3)_4]^{2+}$配离子。

3. 常见的铜盐　无水硫酸铜$CuSO_4$是白色粉末状，可通过加热$CuSO_4 \cdot 5H_2O$脱水制得。常见的硫酸铜是五水合硫酸铜$CuSO_4 \cdot 5H_2O$蓝色晶体，俗称“胆矾”或“蓝矾”。

硫化铜是黑色不溶于水的物质，CuS 不溶于稀酸，但能溶于热硝酸和 KCN 溶液中。

在醋酸的酸性溶液中，Cu^{2+}离子与亚铁氰化钾反应生成红棕色亚铁氰化铜沉淀，这个反应可用于鉴定Cu^{2+}。

（二）银的重要化合物

银的常见氧化态是 +1。银盐大多难溶于水，Ag^+离子易形成配合物。溶解难溶银盐的方法是将其转化成配离子。

氧化银Ag_2O呈棕黑色，微溶于水，溶液显碱性。

硝酸银$AgNO_3$是易溶于水的无色晶体，其固体和溶液受热或光照都会发生分解，故必须保存在棕色瓶中。Ag（Ⅰ）具有氧化性。

在卤化银中，离子极化作用按 AgF、AgCl、AgBr、AgI 的顺序增强，故颜色逐渐加深，键的共价性在依次减弱，水中的溶解度也依次减小。

AgCl、AgBr 和 AgI 都具有感光性。

五、锌和汞

锌、镉、汞是ⅡB 元素，价电子层结构为$(n-1)d^{10}ns^2$。

（一）锌的重要化合物

锌主要表现为 +2 氧化态，Zn^{2+} 离子无色。

1. 氧化锌和氢氧化锌 ZnO 是白色不溶于水的粉末。$Zn(OH)_2$是白色胶状沉淀，它与 ZnO 都有明显的两性。

2. 氯化锌 $ZnCl_2$是白色固体，易潮解形成 $ZnCl_2 \cdot 2H_2O$ 结晶水合物。$ZnCl_2$化学性质较稳定，易溶于水，水解后溶液显弱酸性。

（二）汞的重要化合物

汞是熔点最低的金属，常温下是液体。

汞有两种氧化态 +1 和 +2。Hg（Ⅰ）以双聚体 $Hg_2{}^{2+}$ 离子形式存在。氯化汞 $HgCl_2$ 俗称升汞，剧毒。氯化亚汞 Hg_2Cl_2 俗称甘汞。

Hg^{2+} 与 $Hg_2{}^{2+}$ 离子在溶液中存在如下平衡状态：

$$Hg_2{}^{2+} \rightleftharpoons Hg^{2+} + Hg$$

若与 Hg^{2+} 离子生成沉淀物或稳定的配合物时，歧化反应能够进行。故上述性质可用于鉴定和区分 Hg^{2+} 和 $Hg_2{}^{2+}$ 离子。

与氢氧化钠反应：

$$HgCl_2 + 2OH^- = HgO\downarrow（黄色）+ H_2O + 2Cl^-$$

$$Hg_2Cl_2 + 2OH^- = HgO\downarrow + Hg（黑色）+ H_2O + 2Cl^-$$

与氨反应：

$$HgCl_2 + 2NH_3 = \underset{氨基氯化汞}{HgNH_2Cl}\downarrow（白色）+ NH_4Cl$$

$$Hg_2Cl_2 + 2NH_3 = HgNH_2Cl\downarrow（白色）+ Hg\downarrow（黑色）+ NH_4Cl$$

与 $SnCl_2$ 反应：

在酸性溶液中，$HgCl_2$是强的氧化剂，能被 $SnCl_2$ 等还原剂还原。

$$HgCl_2 + SnCl_2（少量）= Hg_2Cl_2\downarrow（白色）+ SnCl_4$$

$SnCl_2$ 过量时：　$Hg_2Cl_2 + SnCl_2 = Hg\downarrow（黑色）+ SnCl_4$

这一反应用于检验 Hg^{2+} 离子。

与 KI 反应：

与适量的与 KI 反应：　$HgCl_2 + 2I^- = HgI_2\downarrow（橙红色）+ 2Cl^-$

KI 过量时：　$HgI_2 + 2I^- = [HgI_4]^{2-}（无色）$

含 $[HgI_4]^{2-}$配离子的碱性溶液称为奈斯勒试剂，用于检验 NH_3 或 $NH_4{}^+$ 离子：

$$2[HgI_4]^{2-} + NH_3 + 3OH^- = HgO \cdot HgNH_2I\downarrow + 7I^- + 2H_2O$$

Hg_2Cl_2 也能用与 KI 进行反应：

$$Hg_2Cl_2 + KI = Hg_2I_2\downarrow（黄绿色）+ KCl$$

Hg_2I_2 不稳定发生分解：

$$Hg_2I_2 = HgI_2\downarrow（橙红色）+ Hg\downarrow（黑色）$$

扫码“练一练”

习题

1. 过渡元素有哪些共同特征？为什么会有这些特征？

2. 写出下列反应的化学方程式。

（1）向 $Cr_2(SO_4)_3$ 溶液中滴加 NaOH 溶液，先有灰蓝色沉淀生成，后沉淀溶解得绿色溶液。

（2）在 $MnSO_4$ 溶液中滴加 NaOH 溶液有白色沉淀生成，在空气中放置沉淀逐渐变为棕褐色。

（3）向酸性 $KMnO_4$ 溶液中通入 H_2S，溶液由紫色变成近无色，并有乳白色沉淀析出。

（4）在酸性介质中，用 Zn 还原 $Cr_2O_7^{2-}$ 时，溶液由橙色经绿色最后变为蓝色，放置一段时间后又变为绿色。

（5）重铬酸钾的酸性水溶液中加入过氧化氢。

（6）在硫酸亚铁溶液中加入 Na_2CO_3 后，滴加碘水。

3. 下列元素在指定氧化数下，各以哪种状态存在于酸性和碱性介质中？

Cr（Ⅲ），Cr（Ⅵ），Mn（Ⅱ），Mn（Ⅳ），Mn（Ⅵ）

4. 可否用 $ZnCl_2$ 与 H_2S 直接制备 ZnS 沉淀？

5. 解释下列问题：

（1）在溶液中为什么没有独立的 Cr^{6+}？为什么 CrO_3、CrO_4^{2-}、$Cr_2O_7^{2-}$ 均有颜色？

（2）在 $FeCl_3$ 溶液中加入 KSCN 溶液时出现血红色，再加入少许铁粉后血红色逐渐消失？

（3）为什么不能在水溶液中用 Fe(Ⅲ) 盐和 KI 制取 FeI_3？

（4）变色硅胶含有什么成分？为什么干燥时显蓝色，吸水后变为粉红色？

（5）洗液中析出的棕红色晶体是什么物质？为什么洗液变绿即表示失效？

（6）向 $K_2Cr_2O_7$ 溶液滴加 $AgNO_3$ 溶液，有砖红色沉淀析出，再加入 NaCl 溶液共煮沸，沉淀变为白色。

6. 在配制和保存 $KMnO_4$ 和 $FeSO_4$ 时，应注意什么问题？（写出必要的反应方程式）

7. 给出下列化合物或离子的颜色：

（1）$Fe(OH)_2$　（2）$K_3[Fe(C_2O_4)_3]$　（3）$FeSO_4 \cdot 7H_2O$　（4）$CoCl_4^{2-}$

（5）$Co(OH)_2$　（6）$[Co(NH_3)_6]^{2+}$　（7）$[Ni(NH_3)_6]^{2+}$

8. 列举　（1）熔点最高的金属；（2）硬度最大的金属；（3）沸点最高的金属；（4）密度最大的金属。

9. 比较 $Cr(OH)_3$、$Fe(OH)_3$ 的性质，怎样利用这些性质将 Cr^{3+} 和 Fe^{3+} 分离和进行鉴定？

10. 铁能使 Cu^{2+} 还原，铜能使 Fe^{3+} 还原，两件事实有无矛盾？并说明理由。

11. 用硝酸和银反应制取 $AgNO_3$，为了充分利用硝酸，应采用浓硝酸还是稀硝酸？

12. Co^{3+} 的盐一般不如 Co^{2+} 稳定，但生成某些配合物时，Co^{3+} 却比 Co^{2+} 稳定。请解释原因。

13. 请指出在铂制容器中能否进行下列试剂参与的化学反应。

（1）王水；（2）HF；（3）$H_2O_2 + HCl$；（4）$Na_2O_2 + NaOH$；（5）Na_2CO_3；

（6）$NaHSO_4$；（7）$Na_2CO_3 + S$。

14. 用什么配位剂可将下列各种微溶盐溶解？写出化学反应式。

（1）$Cu(OH)_2$；（2）AgBr；（3）CuS；

（4）$Zn(OH)_2$；（5）HgI_2；（6）$HgNH_2Cl$。

15. 解释下列实验事实：

（1）铜器在潮湿的空气中会慢慢生成一层铜绿；

（2）焊接铁皮时，常先用浓 $ZnCl_2$ 溶液处理铁皮表面；

（3）向 $K_2Cr_2O_7$ 与 H_2SO_4 溶液中加入 H_2O_2，再加入乙醚并摇动，乙醚层为蓝色。水逐渐变绿；

（4）$Hg(NO_3)_2$ 溶液中有 NH_4NO_3 存在时，加入氨水得不到 $HgNH_2NO_3$ 沉淀。

16. 用简单方法将下列各组混合物分离：

（1）$Cu(NO_3)_2$ 与 $AgNO_3$；　　（2）Hg_2Cl_2 与 $HgCl_2$；　　（3）Hg^{2+} 和 Zn^{2+}

（4）AgCl 和 AgI；　　（5）Ag 和 Pt

17. 分别采用什么方法可使下列平衡向左移动?

（1）$2Cu^+ \rightleftharpoons Cu^{2+} + Cu$　　（2）$Hg^{2+} + Hg \rightleftharpoons Hg_2{}^{2+}$

18. 在照相术上硝酸银有何用途？定影过程是用 $Na_2S_2O_3$ 溶解胶片上未曝光的AgBr，但将胶片在用久了的定影液中定影，胶片会“发花”，为什么？

19. CuCl、AgCl、Hg_2Cl_2 都是难溶于水的白色粉末，试区别这三种金属氯化物。

20. 写出与下述实验现象有关的反应式。

向含有 Fe^{2+} 的溶液中加入 NaOH 溶液后生成蓝绿色沉淀，沉淀逐渐变为棕色。过滤后，用盐酸溶解棕色沉淀，溶液呈黄色，加几滴 KSCN 溶液，立即变为红色。

21. A 的水合物为紫色晶体。向 A 的水溶液中加入 Na_2CO_3 溶液有灰蓝色沉淀 B 生成。B 溶于过量 NaOH 得到绿色溶液 C。向 C 中滴加 H_2O_2 得黄色溶液 D。取少量 D 经醋酸酸化后加入 $BaCl_2$ 溶液则析出黄色沉淀 E。将 D 用硫酸酸化后通入 SO_2 得到绿色溶液 F。将 A 的水溶液加入硫酸酸化后，再加入 KI 溶液，有 I_2 生成同时放出无色气体 G。G 在空气中逐渐变为棕色。请给出 A，B，C，D，E，F，G 的化学式及相应的反应方程式。

22. 绿色固体混合物中可能含有 K_2MnO_4、MnO_2、$NiSO_4$、Cr_2O_3 和 $K_2S_2O_8$。由实验确定哪些物质肯定存在？哪些物质肯定不存在?

（1）向混合物中加浓 NaOH 溶液得绿色溶液。

（2）向混合物中加水得紫色溶液和棕色沉淀。过滤后滤液用稀硝酸酸化，再加入过量 $Ba(NO_3)_2$ 溶液，则紫色褪去同时有不溶于酸的白色沉淀析出。向棕色沉淀中加入浓盐酸并微热有黄绿色气体放出。

（3）混合物溶于硝酸得紫色透明溶液。

23. 可能含有 $CuSO_4$、$ZnSO_4$、$AgNO_3$、$HgCl_2$、NaCl、$SnCl_2$ 的固体混合物，通过下列实验，确定哪些物质肯定存在，哪些物质肯定不存在。并分析原因?

（1）取少量混合物放入水中并微热。有白色沉淀析出溶液最后无色。

（2）将沉淀过滤后与氨水作用，沉淀全部消失，溶液变为蓝色。向蓝色溶液中加过量盐酸，无沉淀析出。

（3）取（1）的溶液加适量 NaOH 溶液，有白色沉淀生成。该沉淀溶于过量的 NaOH，但在氨水中只有部分溶解。

24. 用汞为原料，如何制备甘汞、升汞、氯化氨基汞三种药物？写出有关反应式。

25. 将绿色固体 A 溶于水后通入过量 SO_2 得溶液 B。向 B 中加入 NaOH 溶液得白色沉淀 C，C 不溶于过量的 NaOH 溶液，再加入 H_2O_2 后沉淀变为暗棕色，说明有 D 生成。将 D 过滤后与 $KClO_3$ 和 KOH 共熔又得 A。请给出各字母所代表的物质及相关的反应方程式。

26. 给出鉴别 Fe^{2+}、Fe^{3+}、Co^{2+}、Ni^{2+} 离子的常用方法。

（王志才）

附　录

一、国际单位制（SI）基本单位

SI 基本单位是经过严格定义的（共 7 个），它反映了当代的计量科技水平。SI 基本单位除质量单位千克外，都是根据自然现象的永恒的规律定义的。

量的名称	单位名称	单位符号		备　注
		中文	国际	
长度	米 metre	米	m	定义：米是光在真空中$\frac{1}{299742458}$秒的时间间隔内所进行的路程的长度
质量	千克 kilogram	千克	kg	定义：千克是质量单位，等于国际千克原器的质量
时间	秒 Second	秒	s	定义：秒是铯－133 原子基态的两个超精细能级之间跃迁所对应的辐射的 9192631770 个周期的持续时间
电流	安培 Ampere	安	A	定义：安培是一恒定电流，若保持处于真空中相距 1 米的两无限长而圆截面可忽略的平行直导线内，则此两导线之间在每米长度上产生的力等于 2×10^{-7} 牛顿
热力学温度	开尔文 kelvin	开	K	定义：热力学温度单位开尔文是水三相点热力学温度的$\frac{1}{273.16}$
物质的量	摩尔 mole	摩	mol	定义：①摩尔是一系统的物质的量，该系统中所包含的基本单元数与 0.012 千克碳－12 的原子数目相等。②在使用摩尔时，基本单元应予指明，可以是原子、分子、离子、电子及其他粒子，或是这些粒子的特定组合
发光强度	坎德拉 candela	坎	cd	定义：坎德拉是一光源在给定方向上的发光强度，该光源发出的频率为 540×10^{12} Hz（赫）的单色辐射，且在此方向上的辐射强度为 1/683W・Sr^{-1}（瓦特每球面度）

二、SI 导出单位及常用常数

（一）包括 SI 辅助单位在内的具有专门名称的 SI 导出单位

量的名称	SI 导出单位		
	名称	符号	用 SI 基本单位和 SI 导出单位表示
［平面］角	弧度	rad	1rad = 1m/m = 1
立体角	球面度	sr	$1sr = 1m^2/m^2 = 1$
频率	赫［兹］	Hz	$1Hz = 1s^{-1}$
力	牛［顿］	N	$1N = 1kg\cdot m/s^2$
压力，压强，应力	帕［斯卡］	Pa	$1Pa = 1N/m^2$
能［量］，功，热量	焦［耳］	J	1J = 1N・m
功率，辐［射能］通量	瓦［特］	W	1W = 1J/s
电荷［量］	库［仑］	C	1C = 1A・s
电压，电动势，电位	伏［特］	V	1V = 1W/A

续表

量的名称	SI 导出单位		
	名称	符号	用 SI 基本单位和 SI 导出单位表示
电容	法［拉］	F	1F = 1C/V
电阻	欧［姆］	Ω	1Ω = 1V/A
电导	西［门子］	S	$1S = 1\Omega^{-1}$
磁通［量］	韦［伯］	Wb	1Wb = 1V · s
磁通［量］密度	特［斯拉］	T	$1T = 1Wb/m^2$
电感	亨［利］	H	1H = 1Wb/A
摄氏温度	摄氏度	℃	1℃ = 1K
光通量	流［明］	lm	1lm = 1cd · sr
［光］照度	勒［克斯］	lx	$1lx = 1lm/m^2$

（二）由于人类健康安全防护需要而确定的具有专门名称的 SI 导出单位

量的名称	SI 导出单位		
	名称	符号	用 SI 基本单位和 SI 导出单位表示
［放射性］活性	贝可［勒尔］	Bq	$1Bq = 1s^{-1}$
吸收剂量 比授［予］能 比释功能	戈［瑞］	Gy	1Gy = 1J/kg
剂量当量	希［沃特］	Sv	1Sv = 1J/kg

（三）SI 词头

因数	词头名称		符号
	英文	中文	
10^{24}	yotta	尧［它］	Y
10^{21}	zetta	泽［它］	Z
10^{18}	exa	艾［克萨］	E
10^{15}	peta	拍［它］	P
10^{12}	tera	太［拉］	T
10^{9}	giga	吉［咖］	G
10^{6}	mega	兆	M
10^{3}	kilo	千	k
10^{2}	hecto	百	h
10^{1}	deca	十	da
10^{-1}	deci	分	d
10^{-2}	centi	厘	c
10^{-3}	milli	毫	m
10^{-6}	micro	微	μ
10^{-9}	nano	纳［诺］	n
10^{-12}	pico	皮［可］	p

续表

因数	词头名称		符号
	英文	中文	
10^{-15}	femto	飞［姆托］	f
10^{-18}	atto	阿［托］	a
10^{-21}	zepto	仄［普托］	z
10^{-24}	yocto	幺［科托］	y

（四）可与国际单位制单位并用的我国法定计量单位

量的名称	单位名称	单位符号	与 SI 单位的关系
时间	分	min	1min = 60s
	［小］时	h	1h = 60min = 3600s
	日，（天）	d	1d = 24h = 86400s
［平面］角	度	°	1° = （π/180） rad
	［角］分	′	1′ = （1/60）° = （π/10 800） rad
	［角］秒	″	1″ = （1/60）′ = （π/648 000） rad
体积	升	L，（l）	$1L = 1dm^3$
质量	吨 原子质量单位	t u	$1t = 10^3$ kg $1u \approx 1.660540 \times 10^{-27}$ kg
旋转速度	转每分	r/min	1r/min = （1/60） s
能	电子伏	eV	$1eV \approx 1.602177 \times 10^{-19}$ J

（五）常用常数

量	数值	量	数值
光速	$c = 2.997925 \times 10^8 m \cdot s^{-1}$	摩尔气体常数	$R = 8.31441\ J \cdot K^{-1} \cdot mol^{-1}$
质子电荷	$e = 1.60219 \times 10^{-19} C$	普朗克常数	$h = 6.62618 \times 10^{-34}\ J \cdot s$
电子电荷	$-e = -1.60219 \times 10^{-19} C$	电子静止质量	$m_e = 9.10953 \times 10^{-31} kg$
玻耳兹曼常数	$k = 1.38066 \times 10^{-23}\ J \cdot K^{-1}$	玻尔半径	$a_0 = 5.29177 \times 10^{-11} m$
法拉第常数	$F = 9.64853 \times 10^4\ C \cdot mol^{-1}$	阿伏伽德罗常数	$L = 6.02214 \times 10^{23}\ mol^{-1}$

（六）单位换算

将	乘以	等于
长度		
厘米（cm）	10^{-7}	毫微米，纳米（nm）
厘米（cm）	10^{-10}	皮米（pm）
能量		
千卡·摩$^{-1}$（$kcal \cdot mol^{-1}$）	4.184	千焦·摩$^{-1}$（$kJ \cdot mol^{-1}$）
电子伏特（eV）	96.49	千焦·摩$^{-1}$（$kJ \cdot mol^{-1}$）

续表

将	乘以	等于
尔格（erg）	10^{-7}	焦（J）
波数（cm^{-1}）	1.1962×10^{-2}	千焦·摩$^{-1}$（$kJ\cdot mol^{-1}$）
千焦·摩$^{-1}$（$kJ\cdot mol^{-1}$）	83.59	波数（cm^{-1}）
电子伏特（eV）	23.06	千卡·摩$^{-1}$（$kcal\cdot mol^{-1}$）
偶极矩		
德拜（Debye）	3.336×10^{-30}	库仑·米（C·m）
库仑·米（C·m）	0.300×10^{30}	德拜（D）
压力		
大气压（atm）	1.013×10^{5}	帕斯卡（Pa）
毫米汞柱（mmHg，torr）	133.3	帕斯卡（Pa）
帕斯卡（Pa）	9.869×10^{-6}	大气压（atm）
帕斯卡（Pa）	7.501×10^{-3}	毫米汞柱（mmHg，torr）

三、一些物质的热力学性质（298.15 K）

物质	状态	$\Delta_f H_m^\ominus$/（$kJ\cdot mol^{-1}$）	$\Delta_f G_m^\ominus$/（$kJ\cdot mol^{-1}$）	$S_m^\ominus$/（$J\cdot K^{-1}\cdot mol^{-1}$）
Ag	s	0.0	0.0	42.6
AgCl	s	−127.0	−109.8	96.3
AgBr	s	−100.4	−96.9	107.1
AgI	s	−61.8	−66.2	115.5
$AgNO_3$	s	−124.4	−33.4	140.9
Ag_2O	s	−31.1	−11.2	121.3
Al	s	0.0	0.0	28.3
Al_2O_3（刚玉）	s	−1675.7	−1582.3	50.9
$AlCl_3$	s	−704.2	−628.8	109.3
B_2O_3	s	−1273.5	−1194.3	54.0
Ba	s	0.0	0.0	62.8
BaO	s	−548.0	−520.3	72.1
$BaCl_2$	s	−855.0	−806.7	123.7
$BaCO_3$	s	−1216.3	−1137.6	112.1
$BaSO_4$	s	−1473.2	−1362.2	132.2
Br_2	g	30.9	3.1	245.5
Br_2	*l*	0.0	0.0	152.2
HBr	g	−36.3	−53.4	198.7
C（金刚石）	s	1.9	2.9	2.4
C（石墨）	s	0.0	0.0	5.7
CO	g	−110.5	−137.2	197.7
CO_2	g	−393.5	−394.4	213.8
Ca	s	0.0	0.0	41.6
$CaCl_2$	s	−795.4	−748.8	108.4

续表

物质	状态	$\Delta_f H_m^\ominus$/（kJ·mol^{-1}）	$\Delta_f G_m^\ominus$/（kJ·mol^{-1}）	$S_m^\ominus$/（J·K^{-1}·mol^{-1}）
CaO	s	-634.9	-603.3	38.1
$CaCO_3$（方解石）	s	-1207.6	-1129.1	91.7
$CaSO_4$	s	-1434.5	-1322.0	106.5
Cl_2	g	0.0	0.0	223.1
HCl	g	-92.3	-95.3	186.9
Co	s	0.0	0.0	30.0
$CoCl_2$	s	-312.5	-269.8	109.2
Cu	s	0.0	0.0	33.2
CuS	s	-53.1	-53.6	66.5
Cu_2O	s	-168.6	-146.0	93.1
CuO	s	-157.3	-129.7	42.6
$CuSO_4$	s	-771.4	-662.2	109.2
F_2	g	0.0	0.0	202.8
HF	g	-273.3	-275.4	173.8
Fe	s	0.0	0.0	27.3
Fe_2O_3	s	-824.2	-742.2	87.4
Fe_3O_4	s	-1118.4	-1015.4	146.4
H_2	g	0.0	0.0	130.7
H^+	aq	0.0	0.0	0.0
H_2O	g	-241.8	-228.6	188.8
H_2O	*l*	-285.8	-237.1	70.0
H_2O_2	*l*	-187.8	-120.4	109.6
Hg	*l*	0.0	0.0	75.9
$HgCl_2$	s	-224.3	-178.6	146.0
HgO（红色）	s	-90.8	-58.5	70.3
HgI_2（红色）	s	-105.4	-101.7	180.0
HgS	s	-58.2	-50.6	82.4
I_2	s	0.0	0.0	116.1
I_2	g	62.4	19.3	260.7
HI	g	26.5	1.7	206.6
K	s	0.0	0.0	64.7
KCl	s	-436.5	-408.5	82.6
KBr	s	-393.8	-380.7	95.9
KI	s	-327.9	-324.9	106.3
$KMnO_4$	s	-837.2	-737.6	171.7
KOH	s	-424.6	-378.7	78.9
Mg	s	0.0	0.0	32.7
MgO	s	-601.6	-569.3	27.0
$MgCO_3$	s	-1095.8	-1012.1	65.7
$MgSO_4$	s	-1284.9	-1170.6	91.6

续表

物质	状态	$\Delta_f H_m^\ominus$/（kJ·mol^{-1}）	$\Delta_f G_m^\ominus$/（kJ·mol^{-1}）	$S_m^\ominus$/（J·K^{-1}·mol^{-1}）
Mn	s	0.0	0.0	32.0
MnO_2	s	−520.0	−465.1	53.1
N_2	g	0.0	0.0	191.6
NH_3	g	−45.9	−16.4	192.8
N_2H_4	*l*	50.6	149.3	121.2
N_2H_4	g	95.4	159.4	238.5
HN_3	*l*	264.0	327.3	140.6
HN_3	g	294.1	328.1	239.0
NH_4Cl	s	−314.4	−202.9	94.6
NH_4NO_3	s	−365.6	−183.9	151.1
NO	g	91.3	87.6	210.8
NO_2	g	33.2	51.3	240.1
N_2O_4	*l*	−19.5	97.5	209.2
N_2O_4	g	11.1	99.8	304.4
HNO_3	*l*	−174.1	−80.7	155.6
Na	s	0.0	0.0	51.3
NaCl	s	−411.2	−384.1	72.1
Na_2CO_3	s	−1130.7	−1044.4	135.0
$NaNO_3$	s	−467.9	−367.0	116.5
NaOH	s	−425.6	−379.5	64.5
O_2	g	0.0	0.0	205.2
O_3	g	142.7	163.2	238.9
P（白）	s	0.0	0.0	41.1
P（红）	s	−17.6	–	22.8
PCl_3	*l*	−319.7	−272.3	217.1
PCl_5	s	−443.5	–	–
Pb	s	0.0	0.0	64.8
$PbCl_2$	s	−359.4	−314.1	136.0
PbO（黄色）	s	−217.3	−187.9	68.7
$PbSO_4$	s	−920.0	−813.0	148.5
Pb_3O_4	s	−718.4	−601.2	211.3
PbO_2	s	−277.4	−217.3	68.6
PbS	s	−100.4	−98.7	91.2
S（斜方）	s	0.0	0.0	32.1
S（单斜）	s	0.3	–	–
H_2S	g	−20.6	−33.4	205.8
SO_2	g	−296.8	−300.1	248.2
SO_3	g	−395.7	−371.1	256.8
SiO_2（石英）	s	−910.7	−856.3	41.5
$SnCl_2$	s	−325.1	–	–
SnO（四方）	s	−280.7	−251.9	57.2

续表

物质	状态	$\Delta_f H_m^\ominus$/（kJ·mol^{-1}）	$\Delta_f G_m^\ominus$/（kJ·mol^{-1}）	$S_m^\ominus$/（J·K^{-1}·mol^{-1}）
SnO_2（四方）	s	-577.6	-515.8	49.0
$SbCl_3$	s	-382.2	-323.7	184.1
Zn	s	0.0	0.0	41.6
$ZnSO_4$（s）	s	-982.8	-817.5	-110.5
ZnS（闪锌矿）	s	-206.0	-201.3	57.7
CH_4	g	-74.6	-50.5	186.3
C_2H_4	g	52.4	68.4	219.3
C_2H_6	g	-84.0	-32.0	229.2
C_2H_5OH	*l*	-277.6	-174.8	160.7

本表数据录自 Weast RC. CRC Handbook of Chemistry and Physics, 80th ed. CRC Press, 1999 - 2000.

四、无机酸（碱）在水中的酸（碱）度常数

化合物	温度（℃）	分步	K_a（或 K_b）	pK_a（pK_b）
砷酸　H_3AsO_4	18	1	5.62×10^{-3}	2.25
		2	1.70×10^{-7}	6.77
		3	2.95×10^{-12}	11.53
亚砷酸　H_3AsO_3	25		6×10^{-10}	9.23
硼酸　H_3BO_3	20	1	7.3×10^{-10}	9.14
醋酸　CH_3COOH	25		1.76×10^{-5}	4.75
甲酸　HCOOH	20		1.77×10^{-4}	3.75
碳酸　H_2CO_3	25	1	4.30×10^{-7}	6.37
		2	5.61×10^{-11}	10.25
铬酸　H_2CrO_4	25	1	1.8×10^{-1}	0.74
		2	3.20×10^{-7}	6.49
氢氟酸　HF	25		3.53×10^{-4}	3.45
氢氰酸　HCN	25		4.93×10^{-10}	9.31
氢硫酸　H_2S	18	1	9.1×10^{-8}	7.04
		2	1.1×10^{-12}	11.96
过氧化氢 H_2O_2	25		2.4×10^{-12}	11.62
次溴酸　HBrO	25		2.06×10^{-9}	8.69
次氯酸　HClO	18		2.95×10^{-8}	7.53
次碘酸　HIO	25		2.3×10^{-11}	10.64
碘酸　HIO_3	25		1.69×10^{-1}	0.77
亚硝酸　HNO_2	25		4.6×10^{-4}	3.37
高碘酸　H_5IO_6	25		2.3×10^{-2}	1.64
磷酸　H_3PO_4	25	1	7.52×10^{-3}	2.12
		2	6.23×10^{-8}	7.21
		3	2.2×10^{-13}	12.67
亚磷酸　H_3PO_3	18	1	1.0×10^{-2}	2.00
		2	2.6×10^{-7}	6.59
焦磷酸　$H_4P_2O_7$	18	1	1.4×10^{-1}	0.85
		2	3.2×10^{-2}	1.49
		3	1.7×10^{-6}	5.77

续表

化合物	温度（℃）	分步	K_a（或 K_b）	pK_a（pK_b）
		4	6×10^{-9}	8.22
硒酸 H_2SeO_4	25	2	1.2×10^{-2}	1.92
亚硒酸 H_2SeO_3	25	1	3.5×10^{-3}	2.46
		2	5×10^{-8}	7.31
硅酸 H_4SiO_4	25	1	2.2×10^{-10}	9.66
	25	2	2×10^{-12}	11.70
	30	3	1×10^{-12}	12.00
	25	4	1×10^{-12}	12.00
硫酸 H_2SO_4	25	2	1.2×10^{-2}	1.92
亚硫酸 H_2SO_3		1	1.54×10^{-2}	1.81
		2	1.02×10^{-7}	6.91
氨水 $NH_3\cdot H_2O$	18		1.76×10^{-5}	4.75
氢氧化钙 $Ca(OH)_2$	25	1	3.74×10^{-3}	2.43
		2	4.0×10^{-2}	1.40
羟胺 NH_2OH	25		1.07×10^{-8}	7.97

本数据录自 West RC. Handbook of Chemistry and Physics. 73th. Ed. CRC Press，1993

五、一些难溶化合物的溶度积（298 K）

化合物	K_{sp}	化合物	K_{sp}
AgAc	1.94×10^{-3}	$BaSO_4$	1.08×10^{-10}
AgBr	5.35×10^{-13}	BaP_2O_7	3.2×10^{-11}
$AgBrO_3$	5.38×10^{-5}	$Ba_3(AsO_4)_2$	8.0×10^{-51}
AgCN	5.97×10^{-17}	BiOBr	3.0×10^{-7}
AgCl	1.77×10^{-10}	BiOCl	1.8×10^{-31}
AgI	8.52×10^{-17}	$Bi(OH)_3$	4×10^{-31}
$AgIO_3$	3.17×10^{-8}	$BiO(NO_2)$	4.9×10^{-7}
AgN_3	2.8×10^{-9}	$BiO(NO_3)$	2.82×10^{-3}
$AgNO_2$	3.22×10^{-4}	BiOOH	4×10^{-10}
AgOH	2.0×10^{-8}	BiOSCN	1.6×10^{-7}
AgSCN	1.03×10^{-12}	$BiPO_4$	1.3×10^{-23}
AgSeCN	4.0×10^{-16}	Bi_2S_3	1.82×10^{-99}
Ag_2CO_3	8.46×10^{-12}	$CaCO_3$	3.36×10^{-9}
$Ag_2C_2O_4$	5.40×10^{-12}	CaC_2O_4	1.46×10^{-10}
$Ag_2[Co(NO_2)_6]$	8.5×10^{-21}	$CaC_2O_4.H_2O$	2.32×10^{-9}
$Ag_2C_rO_4$	1.12×10^{-12}	$CaCrO_4$	7.1×10^{-4}
$Ag_2Cr_2O_7$	2.0×10^{-7}	CaF_2	3.45×10^{-11}
Ag_2S	6.3×10^{-50}	$CaHPO_4$	1.0×10^{-7}
Ag_2SO_3	1.50×10^{-14}	$Ca(IO_3)_2$	6.47×10^{-6}
Ag_2SO_4	1.20×10^{-5}	$Ca(IO_3)_2.6H_2O$	7.10×10^{-7}

续表

化合物	K_{sp}	化合物	K_{sp}
Ag_3AsO_3	1.0×10^{-17}	$Ca(OH)_2$	5.02×10^{-6}
Ag_3AsO_4	1.03×10^{-22}	$CaSO_3$	6.8×10^{-8}
Ag_3PO_4	8.89×10^{-17}	$CaSO_4$	4.93×10^{-5}
$Ag_4[Fe(CN)_6]$	1.6×10^{-41}	$CaSO_4.0.5H_2O$	3.1×10^{-7}
$Al(OH)_3$	1.1×10^{-33}	$CaSO_4.2H_2O$	3.14×10^{-5}
$AlPO_4$	9.84×10^{-21}	$CaSiO_3$	2.5×10^{-8}
As_2S_3	2.1×10^{-22}	$Ca_3(PO_4)_2$	2.07×10^{-33}
$BaCO_3$	2.58×10^{-9}	$Cd(CN)_2$	1.0×10^{-8}
BaC_2O_4	1.6×10^{-7}	$CdCO_3$	1.0×10^{-12}
$BaCrO_4$	1.17×10^{-10}	$CdC_2O_4.3H_2O$	1.42×10^{-8}
BaF_2	1.84×10^{-7}	CdF_2	6.44×10^{-3}
$BaHPO_4$	3.2×10^{-7}	$Cd(IO_3)_2$	2.5×10^{-8}
$Ba(IO_3)_2$	4.01×10^{-9}	$Cd(OH)_2$	7.2×10^{-15}
$Ba(IO_3)_2.2H_2O$	1.5×10^{-9}	CdS	1.40×10^{-29}
$Ba(IO_3)_2.H_2O$	1.67×10^{-9}	$Cd_2[Fe(CN)_6]$	3.2×10^{-17}
$Ba(MnO_4)_2$	2.5×10^{-10}	$Cd_3(AsO_4)_2$	2.2×10^{-33}
$Ba(NO_3)_2$	4.64×10^{-3}	$Cd_3(PO_4)_2$	2.53×10^{-33}
$Ba(OH)_2$	5×10^{-3}	$CoCO_3$	1.4×10^{-13}
$Ba(OH)_2.8H_2O$	2.55×10^{-4}	CoC_2O_4	6.3×10^{-8}
$BaSO_3$	5.0×10^{-10}	$Co(IO_3)_2.2H_2O$	1.21×10^{-2}
$Ba(NO_3)_2$	4.64×10^{-3}	$Cd_3(PO_4)_2$	2.53×10^{-33}
$Ba(OH)_2$	5×10^{-3}	$CoCO_3$	1.4×10^{-13}
$Ba(OH)_2.8H_2O$	2.55×10^{-4}	CoC_2O_4	6.3×10^{-8}
$BaSO_3$	5.0×10^{-10}	$Co(IO_3)_2.2H_2O$	1.21×10^{-2}
$Co(OH)_2$ [粉红色]	1.09×10^{-15}	Hg_2Br_2	6.40×10^{-23}
$Co(OH)_2$ [蓝色]	5.92×10^{-15}	$Hg_2(CN)_2$	5×10^{-40}
$Co(OH)_3$	1.6×10^{-44}	Hg_2CO_3	3.6×10^{-17}
$\alpha-CoS$	4.0×10^{-21}	$Hg_2C_2O_4$	1.75×10^{-13}
$\beta-CoS$	2.0×10^{-25}	Hg_2Cl_2	1.43×10^{-18}
$\gamma-CoS$	3.0×10^{-26}	Hg_2CrO_4	2.0×10^{-9}
$Co_2[Fe(CN)_6]$	1.8×10^{-15}	Hg_2F_2	3.10×10^{-6}
$Co_3(AsO_4)_2$	6.80×10^{-29}	Hg_2HPO_4	4.0×10^{-13}
$Co_3(PO_4)_2$	2.05×10^{-35}	Hg_2I_2	5.2×10^{-29}
$CrAsO_4$	7.7×10^{-21}	$Hg_2(IO_3)_2$	2.0×10^{-14}
CrF_3	6.6×10^{-11}	$Hg_2(OH)_2$	2.0×10^{-24}
$Cr(OH)_3$	6.3×10^{-31}	Hg_2S	1.0×10^{-47}
$CuBr$	6.27×10^{-9}	$Hg_2(SCN)_2$	3.2×10^{-20}
$CuCN$	3.47×10^{-20}	Hg_2SO_3	1.0×10^{-27}
$CuCO_3$	1.4×10^{-10}	Hg_2SO_4	6.5×10^{-7}
CuC_2O_4	4.43×10^{-10}	$KClO_4$	1.05×10^{-2}
$CuCl$	1.72×10^{-7}	$KHC_4H_4O_6$ [酒石酸氢钾]	3×10^{-4}
$CuCrO_4$	3.6×10^{-6}	KIO_4	3.71×10^{-4}
CuI	1.27×10^{-12}	$K_2Na[Co(NO_2)_6]H_2O$	2.2×10^{-11}

续表

化合物	K_{sp}	化合物	K_{sp}
$Cu(IO_3)_2$	7.4×10^{-8}	$K_2[PdCl_6]$	6.0×10^{-6}
$Cu(IO_3)_2.H_2O$	6.94×10^{-8}	$K_2[PtBr_6]$	6.3×10^{-5}
$CuOH$	1×10^{-14}	$K_2[PtCl_6]$	7.48×10^{-6}
CuS	1.27×10^{-36}	Li_2CO_3	8.15×10^{-4}
$CuSCN$	1.77×10^{-13}	LiF	1.84×10^{-3}
$Cu_2[Fe(CN)_6]$	1.3×10^{-16}	$MgCO_3$	6.82×10^{-6}
$Cu_2P_2O_7$	8.3×10^{-16}	$MgCO_3.3H_2O$	2.38×10^{-6}
Cu_2S	2.26×10^{-48}	$MgCO_3.5H_2O$	3.79×10^{-6}
$Cu_3(AsO_4)_2$	7.95×10^{-36}	MgF_2	5.16×10^{-11}
$Cu_3(PO_4)_2$	1.40×10^{-37}	$MgHPO_4.3H_2O$	1.5×10^{-6}
$FeAsO_4$	5.7×10^{-21}	$Mg(IO_3)_2.4H_2O$	3.2×10^{-3}
$FeCO_3$	3.13×10^{-11}	$Mg(OH)_2$	5.61×10^{-12}
FeF_2	2.36×10^{-6}	$Mg_3(PO_4)_2$	1.04×10^{-24}
$Fe(OH)_2$	4.87×10^{-17}	$MnCO_3$	2.24×10^{-11}
$Fe(OH)_3$	2.79×10^{-39}	$MnC_2O_4.2H_2O$	1.70×10^{-7}
$FePO_4$	1.3×10^{-22}	$Mn(IO_3)_2$	4.37×10^{-7}
$FePO_4.2H_2O$	9.92×10^{-29}	$Mn(OH)_2$	2.06×10^{-13}
$Fe(P_2O_7)_3$	3×10^{-23}	MnS	4.65×10^{-14}
FeS	1.3×10^{-18}	$Mn_2[Fe(CN)_6]$	8.0×10^{-13}
Fe_2S_3	1×10^{-88}	$Mn_3(AsO_4)_2$	1.9×10^{-29}
HgC_2O_4	1.0×10^{-7}	$(NH_4)_2PtCl_6$	9.0×10^{-6}
HgI_2	2.9×10^{-29}	$NiCO_3$	1.42×10^{-7}
$Hg(OH)_2$	3.13×10^{-26}	NiC_2O_4	4×10^{-10}
HgS	6.44×10^{-53}	$Ni(IO_3)_2$	4.71×10^{-5}
$Ni(OH)_2$	5.48×10^{-16}	SnS	1.0×10^{-25}
NiS	1.07×10^{-21}	SnS_2	2.5×10^{-27}
$\alpha-NiS$	3×10^{-19}	$SrCO_3$	5.60×10^{-10}
$\beta-NiS$	1×10^{-24}	SrC_2O_4	5.61×10^{-7}
$\gamma-NiS$	2×10^{-26}	$SrC_2O_4.H_2O$	1.6×10^{-7}
$Ni_2[Fe(CN)_6]$	1.3×10^{-15}	SrF_2	4.33×10^{-9}
$Ni_3(AsO_4)_2$	3.1×10^{-26}	$Sr(IO_3)_2$	1.14×10^{-7}
$Ni_3(PO_4)_2$	4.74×10^{-32}	$Sr(IO_3)_2.6H_2O$	4.65×10^{-7}
$Pb(Ac)_2$	1.8×10^{-3}	$Sr(IO_3)_2.H_2O$	3.58×10^{-7}
$PbBr_2$	6.60×10^{-6}	$Sr(OH)_2$	3.2×10^{-4}
$Pb(BrO_3)_2$	2.0×10^{-2}	$SrSO_3$	4×10^{-8}
$PbCO_3$	7.4×10^{-14}	$SrSO_4$	3.44×10^{-7}
PbC_2O_4	8.51×10^{-10}	$Sr_3(AsO_4)_2$	4.29×10^{-19}
$PbCl_2$	1.70×10^{-5}	$Sr_3(PO_4)_2$	4.0×10^{-28}
$PbCrO_4$	2.8×10^{-13}	$ZnCO_3$	1.46×10^{-10}
PbF_2	3.3×10^{-8}	$ZnCO_3.H_2O$	5.41×10^{-11}

续表

化合物	K_{sp}	化合物	K_{sp}
$PbHPO_4$	1.3×10^{-10}	ZnC_2O_4	2.7×10^{-8}
PbI_2	9.8×10^{-9}	$ZnC_2O_4.2H_2O$	1.38×10^{-9}
$Pb(IO_3)_2$	3.69×10^{-13}	ZnF_2	3.04×10^{-2}
$Pb(OH)_2$	1.42×10^{-20}	$Zn[Hg(SCN)_4]$	2.2×10^{-7}
PbOHCl	2×10^{-14}	$Zn(IO_3)_2$	4.29×10^{-6}
PbS	9.04×10^{-29}	$\gamma-Zn(OH)_2$	6.86×10^{-17}
$Pb(SCN)_2$	2.11×10^{-5}	$\beta-Zn(OH)_2$	7.71×10^{-17}
PbS_2O_3	4.0×10^{-7}	$\alpha-Zn(OH)_2$	4.12×10^{-17}
$PbSO_4$	2.53×10^{-8}	ZnS	2.93×10^{-25}
$Pb_3(PO_4)_2$	8.0×10^{-43}	$\alpha-ZnS$	1.6×10^{-24}
$Pd(SCN)_2$	4.39×10^{-23}	$\beta-ZnS$	2.5×10^{-22}
PdS	2×10^{-37}	ZnSeO3	2.6×10^{-7}
PtS	1×10^{-52}	$Zn_2[Fe(CN)_6]$	4.0×10^{-16}
$Sb(OH)_3$	4.0×10^{-42}	$Zn_3(AsO_4)_2$	3.12×10^{-28}
Sb_2S_3	1.5×10^{-93}	$Zn_3(PO_4)_2$	9.0×10^{-33}
$Sn(OH)_2$	5.45×10^{-27}		

本表数据录自 Weast RC. CRC Handbook of Chemistry and Physics, 80th ed. CRC Press, 1999 – 2000.

六、标准电极电势（298.15 K、100 kPa）

（一）酸性溶液

电极反应					
氧化型		电子数		还原型	$E_A^\ominus$/V
Ag^+	+	e^-	⇌	Ag	+0.7996
Ag^{2+}	+	e^-	⇌	Ag^+	+1.980
AgBr	+	e^-	⇌	$Ag+Br^-$	+0.07133
$AgBrO_3$	+	e^-	⇌	$Ag+BrO_3^-$	+0.546
AgCl	+	e^-	⇌	$Ag+Cl^-$	+0.22233
AgI	+	e^-	⇌	$Ag+I^-$	-0.15224
Ag_2S	+	$2e^-$	⇌	$2Ag+S^{2-}$	-0.691
Ag_2S+2H^+	+	$2e^-$	⇌	$2Ag+H_2S$	-0.0366
AgSCN	+	e^-	⇌	$Ag+SCN^-$	+0.08951
Al^{3+}	+	$3e^-$	⇌	Al	-1.662
$As+3H^+$	+	$3e^-$	⇌	AsH_3	-0.608
$H_3AsO_4+2H^+$	+	$2e^-$	⇌	$HAsO_2+2H_2O$	+0.560
Au^+	+	e^-	⇌	Au	+1.692
Au^{3+}	+	$3e^-$	⇌	Au	+1.498
$AuBr_4^-$	+	$3e^-$	⇌	$Au+4Br^-$	+0.854
$AuCl_4^-$	+	$3e^-$	⇌	$Au+4Cl^-$	+1.002
$B(OH)_3+7H^+$	+	$8e^-$	⇌	$BH_4^-+3H_2O$	-0.481
$H_3BO_3+3H^+$	+	$3e^-$	⇌	$B+3H_2O$	-0.8698

续表

氧化型		电极反应 电子数		还原型	$E_A^{\ominus}$/V
Ba^{2+}	+	$2e^-$	⇌	Ba	−2.912
Be^{2+}	+	$2e^-$	⇌	Be	−1.847
Bi^+	+	e^-	⇌	Bi	+0.5
Bi^{3+}	+	$3e^-$	⇌	Bi	+0.308
$BiO^+ + 2H^+$	+	$3e^-$	⇌	$Bi + H_2O$	+0.320
$BiOCl + 2H^+$	+	$3e^-$	⇌	$Bi + Cl^- + H_2O$	+0.1583
$Br_2(aq)$	+	$2e^-$	⇌	$2Br^-$	+1.0873
$Br_2(l)$	+	$2e^-$	⇌	$2Br^-$	+1.066
$BrO_3^- + 6H^+$	+	$6e^-$	⇌	$Br^- + 3H_2O$	+1.423
$HBrO + H^+$	+	e^-	⇌	$1/2Br_2(aq) + H_2O$	+1.574
$HBrO + H^+$	+	e^-	⇌	$1/2Br_2(l) + H_2O$	+1.596
$(CN)_2 + 2H^+$	+	$2e^-$	⇌	2HCN	+0.373
$2CO_2 + 2H^+$	+	$2e^-$	⇌	$H_2C_2O_4$	−0.49
$CO_2 + 2H^+$	+	$2e^-$	⇌	HCOOH	−0.199
Ca^+	+	e^-	⇌	Ca	−3.80
Ca^{2+}	+	$2e^-$	⇌	Ca	−2.868
Cd^{2+}	+	$2e^-$	⇌	Cd	−0.4030
Ce^{3+}	+	$3e^-$	⇌	Ce	−2.336
Cl_2	+	$2e^-$	⇌	$2Cl^-$	+1.35827
$ClO_2 + H^+$	+	e^-	⇌	$HClO_2$	+1.277
$ClO_3^- + 2H^+$	+	e^-	⇌	$ClO_2 + H_2O$	+1.152
$ClO_3^- + 3H^+$	+	$2e^-$	⇌	$HClO_2 + H_2O$	+1.214
$ClO_3^- + 6H^+$	+	$5e^-$	⇌	$1/2Cl_2 + 3H_2O$	+1.47
$ClO_3^- + 6H^+$	+	$6e^-$	⇌	$Cl^- + 3H_2O$	+1.451
$ClO_4^- + 2H^+$	+	$2e^-$	⇌	$ClO_3^- + H_2O$	+1.189
$ClO_4^- + 8H^+$	+	$7e^-$	⇌	$1/2Cl_2 + 4H_2O$	+1.39
$ClO_4^- + 8H^+$	+	$8e^-$	⇌	$Cl^- + 4H_2O$	+1.389
$HClO + H^+$	+	$2e^-$	⇌	$Cl^- + H_2O$	+1.482
$HClO + H^+$	+	e^-	⇌	$1/2Cl_2 + H_2O$	+1.611
$HClO_2 + 2H^+$	+	$2e^-$	⇌	$HClO + H_2O$	+1.645
$HClO_2 + 3H^+$	+	$3e^-$	⇌	$1/2Cl_2 + 2H_2O$	+1.628
Co^{2+}	+	$2e^-$	⇌	Co	−0.28
Co^{3+}	+	e^-	⇌	Co^{2+}	+1.92
Cr^{2+}	+	$2e^-$	⇌	Cr	−0.913
Cr^{3+}	+	$3e^-$	⇌	Cr	−0.744
Cr^{3+}	+	e^-	⇌	Cr^{2+}	−0.407
$HCrO_4^- + 7H^+$	+	$3e^-$	⇌	$Cr^{3+} + 4H_2O$	+1.350
$Cr_2O_7^{2-} + 14H^+$	+	$6e^-$	⇌	$2Cr^{3+} + 7H_2O$	+1.232
Cs^+	+	e^-	⇌	Cs	−3.026
Cu^+	+	e^-	⇌	Cu	+0.521

续表

氧化型		电极反应 电子数		还原型	$E_A^\ominus$/V
Cu^{2+}	+	$2e^-$	⇌	Cu	+0.3419
Cu^{2+}	+	e^-	⇌	Cu^+	+0.153
CuI_2^-	+	e^-	⇌	$Cu+2I^-$	0.00
F_2	+	$2e^-$	⇌	$2F^-$	+2.866
F_2+2H^+	+	$2e^-$	⇌	2HF	+3.053
Fe^{2+}	+	$2e^-$	⇌	Fe	−0.447
Fe^{3+}	+	e^-	⇌	Fe^{2+}	+0.771
Fe^{3+}	+	$3e^-$	⇌	Fe	−0.037
$FeO_4^{2-}+8H^+$	+	$3e^-$	⇌	$Fe^{3+}+4H_2O$	+2.200
$2HFeO_4^-+8H^+$	+	$6e^-$	⇌	$Fe_2O_3+5H_2O$	+2.09
Ga^{3+}	+	$3e^-$	⇌	Ga	−0.549
Ge^{2+}	+	$2e^-$	⇌	Ge	+0.24
Ge^{4+}	+	$4e^-$	⇌	Ge	+0.124
$2H^+$	+	$2e^-$	⇌	H_2	0.00000
$2Hg^{2+}$	+	$2e^-$	⇌	Hg_2^{2+}	+0.920
Hg^{2+}	+	$2e^-$	⇌	Hg	+0.851
Hg_2Cl_2	+	$2e^-$	⇌	$2Hg+2Cl^-$	+0.26808
I_2	+	$2e^-$	⇌	$2I^-$	+0.5355
I_3^-	+	$2e^-$	⇌	$3I^-$	+0.536
$IO_3^-+6H^+$	+	$6e^-$	⇌	I^-+3H_2O	+1.085
$H_5IO_6+H^+$	+	$2e^-$	⇌	$IO_3^-+3H_2O$	+1.601
In^{3+}	+	$3e^-$	⇌	In	−0.3382
Ir^{3+}	+	$3e^-$	⇌	Ir	+1.156
K^+	+	e^-	⇌	K	−2.931
La^{3+}	+	$3e^-$	⇌	La	−2.379
Li^+	+	e^-	⇌	Li	−3.0401
Lu^{3+}	+	$3e^-$	⇌	Lu	−2.28
Md^{3+}	+	$3e^-$	⇌	Md	−1.65
Mg^+	+	e^-	⇌	Mg	−2.70
Mg^{2+}	+	$2e^-$	⇌	Mg	−2.372
Mn^{2+}	+	$2e^-$	⇌	Mn	−1.185
MnO_2+4H^+	+	$2e^-$	⇌	$Mn^{2+}+2H_2O$	+1.224
$MnO_4^-+8H^+$	+	$5e^-$	⇌	$Mn^{2+}+4H_2O$	+1.507
Mo^{3+}	+	$3e^-$	⇌	Mo	−0.200
$N_2+2H_2O+6H^+$	+	$6e^-$	⇌	$2NH_4OH$	+0.092
$2NH_3OH^++H^+$	+	$2e^-$	⇌	$N_2H_5^++2H_2O$	+1.42
N_2O+2H^+	+	$2e^-$	⇌	N_2+H_2O	+1.766
$N_2O_4+2H^+$	+	$2e^-$	⇌	$2NHO_2$	+1.065
$NO_3^-+3H^+$	+	$2e^-$	⇌	HNO_2+H_2O	+0.934
$NO_3^-+4H^+$	+	$3e^-$	⇌	$NO+2H_2O$	+0.957

续表

电极反应					$E_A^\ominus$/V
氧化型		电子数		还原型	
Na^+	+	e^-	⇌	Na	−2.71
Nb^{3+}	+	$3e^-$	⇌	Nb	−1.099
Nd^{3+}	+	$3e^-$	⇌	Nd	−2.323
Ni^{2+}	+	$2e^-$	⇌	Ni	−0.257
No^{2+}	+	$2e^-$	⇌	No	−2.50
No^{3+}	+	e^-	⇌	No^{2+}	+1.4
Np^{3+}	+	$3e^-$	⇌	Np	−1.856
$O(g)+2H^+$	+	$2e^-$	⇌	H_2O	+2.421
O_2+2H^+	+	$2e^-$	⇌	H_2O_2	+0.695
O_2+4H^+	+	$4e^-$	⇌	$2H_2O$	+1.229
O_3+2H^+	+	$2e^-$	⇌	O_2+H_2O	+2.076
$H_2O_2+2H^+$	+	$2e^-$	⇌	$2H_2O$	+1.776
$P(red)+3H^+$	+	$3e^-$	⇌	$PH_3(g)$	−0.111
$P(white)+3H^+$	+	$3e^-$	⇌	$PH_3(g)$	−0.063
$H_3PO_2+H^+$	+	e^-	⇌	$P+2H_2O$	−0.508
$H_3PO_3+2H^+$	+	$2e^-$	⇌	$H_3PO_2+H_2O$	−0.499
$H_3PO_3+3H^+$	+	$3e^-$	⇌	$P+3H_2O$	−0.454
$H_3PO_4+2H^+$	+	$2e^-$	⇌	$H_3PO_3+H_2O$	−0.276
Pa^{3+}	+	$3e^-$	⇌	Pa	−1.34
Pb^{2+}	+	$2e^-$	⇌	Pb	−0.1262
$PbCl_2$	+	$2e^-$	⇌	$Pb+2Cl^-$	−0.2675
PbO_2+4H^+	+	$2e^-$	⇌	$Pb^{2+}+2H_2O$	+1.455
$PbO_2+SO_4^{2-}+4H^+$	+	$2e^-$	⇌	$PbSO_4+2H_2O$	+1.6913
$PbSO_4$	+	$2e^-$	⇌	$Pb+SO_4^{2-}$	−0.3588
Pd^{2+}	+	$2e^-$	⇌	Pd	+0.951
Pm^{2+}	+	$2e^-$	⇌	Pm	−2.2
Pt^{2+}	+	$2e^-$	⇌	Pt	+1.18
$[PtCl_6]^{2-}$	+	$2e^-$	⇌	$[PtCl_4]^{2-}+2Cl^-$	+0.68
Ra^{2+}	+	$2e^-$	⇌	Ra	−2.8
Re^{2+}	+	$2e^-$	⇌	Re	+0.300
Rh^{3+}	+	$3e^-$	⇌	Rh	+0.758
S	+	$2e^-$	⇌	S^{2-}	−0.47627
$S+2H^+$	+	$2e^-$	⇌	$H_2S(aq)$	+0.142
$SO_4^{2-}+4H^+$	+	$2e^-$	⇌	$H_2SO_3+H_2O$	+0.172
$S_2O_8^{2-}$	+	$2e^-$	⇌	$2SO_4^{2-}$	+2.010
$S_2O_8^{2-}+2H^+$	+	$2e^-$	⇌	$2HSO_4^-$	+2.123
$S_4O_6^{2-}$	+	$2e^-$	⇌	$2S_2O_3^{2-}$	+0.08
$Sb_2O_5+6H^+$	+	$4e^-$	⇌	$2SbO^++3H_2O$	+0.581
Sc^{3+}	+	$3e^-$	⇌	Sc	−2.077
Se	+	$2e^-$	⇌	Se^{2-}	−0.924

续表

电极反应					$E_A^{\ominus}/V$
氧化型		电子数		还原型	
$Se+2H^+$	+	$2e^-$	$\rightleftharpoons$	$H_2Se(aq)$	−0.399
$H_2SeO_3+4H^+$	+	$4e^-$	$\rightleftharpoons$	$Se+3H_2O$	+0.74
SiF_6^{2-}	+	$4e^-$	$\rightleftharpoons$	$Si+6F^-$	−1.24
$SiO_2(quartz)+4H^+$	+	$4e^-$	$\rightleftharpoons$	$Si+2H_2O$	+0.857
Sn^{2+}	+	$2e^-$	$\rightleftharpoons$	Sn	−0.1375
Sn^{4+}	+	$2e^-$	$\rightleftharpoons$	Sn^{2+}	+0.151
Sr^{2+}	+	$2e^-$	$\rightleftharpoons$	Sr	−2.899
$TcO_4^-+4H^+$	+	$3e^-$	$\rightleftharpoons$	TcO_2+2H_2O	+0.782
$TcO_4^-+8H^+$	+	$7e^-$	$\rightleftharpoons$	$Tc+4H_2O$	+0.472
Ti^{2+}	+	$2e^-$	$\rightleftharpoons$	Ti	−1.630
TiO_2+4H^+	+	$2e^-$	$\rightleftharpoons$	$Ti^{2+}+2H_2O$	−0.502
Tl^+	+	e^-	$\rightleftharpoons$	Tl	−0.336
Tl^{3+}	+	$2e^-$	$\rightleftharpoons$	Tl^+	+1.252
$UO_2^{2+}+4H^+$	+	$6e^-$	$\rightleftharpoons$	$U+2H_2O$	−1.444
$UO_2^{2+}+4H^+$	+	$2e^-$	$\rightleftharpoons$	$U^{4+}+2H_2O$	+0.327
$V_2O_5+6H^+$	+	$2e^-$	$\rightleftharpoons$	$2VO^{2+}+3H_2O$	+0.957
W^{3+}	+	$3e^-$	$\rightleftharpoons$	W	+0.1
XeO_3+6H^+	+	$6e^-$	$\rightleftharpoons$	$Xe+3H_2O$	+2.10
Zn^{2+}	+	$2e^-$	$\rightleftharpoons$	Zn	−0.7618
Zr^{4+}	+	$4e^-$	$\rightleftharpoons$	Zr	−1.45

（二）碱性溶液

电极反应					$E_A^{\ominus}/V$
氧化型		电子数		还原型	
Ag_2CO_3	+	$2e^-$	$\rightleftharpoons$	$2Ag+CO_3^{2-}$	+0.47
Ag_2O+H_2O	+	$2e^-$	$\rightleftharpoons$	$2Ag+2OH^-$	+0.342
$Al(OH)_3$	+	$3e^-$	$\rightleftharpoons$	$Al+3OH^-$	−2.31
$Al(OH)_4^-$	+	$3e^-$	$\rightleftharpoons$	$Al+4OH^-$	−2.328
$H_2AlO_3^-+H_2O$	+	$3e^-$	$\rightleftharpoons$	$Al+4OH^-$	−2.33
$AsO_2^-+2H_2O$	+	$3e^-$	$\rightleftharpoons$	$As+4OH^-$	−0.68
$Ba(OH)_2$	+	$2e^-$	$\rightleftharpoons$	$Ba+2OH^-$	−2.99
$Bi_2O_3+3H_2O$	+	$6e^-$	$\rightleftharpoons$	$2Bi+6OH^-$	−0.64
BrO^-+H_2O	+	$2e^-$	$\rightleftharpoons$	Br^-+2OH^-	+0.761
$BrO_3^-+3H_2O$	+	$6e^-$	$\rightleftharpoons$	Br^-+6OH^-	+0.61
$[Co(NH_3)_6]^{3+}$	+	e^-	$\rightleftharpoons$	$[Co(NH_3)_6]^{2+}$	+0.108
$Ca(OH)_2$	+	$2e^-$	$\rightleftharpoons$	$Ca+2OH^-$	−3.02
$Cd(OH)_2$	+	$2e^-$	$\rightleftharpoons$	$Cd+2OH^-$	−0.809
ClO^-+H_2O	+	$2e^-$	$\rightleftharpoons$	Cl^-+2OH^-	+0.81

续表

电极反应					$E_A^{\ominus}$/V
氧化型		电子数		还原型	
$ClO_2^- + 2H_2O$	+	$4e^-$	⇌	$Cl^- + 4OH^-$	+0.76
$ClO_2^- + H_2O$	+	$2e^-$	⇌	$ClO^- + 2OH^-$	+0.66
$ClO_3^- + H_2O$	+	$2e^-$	⇌	$ClO_2^- + 2OH^-$	+0.33
$ClO_4^- + H_2O$	+	$2e^-$	⇌	$ClO_3^- + 2OH^-$	+0.36
$Co(OH)_2$	+	$2e^-$	⇌	$Co + 2OH^-$	−0.73
$Co(OH)_3$	+	e^-	⇌	$Co(OH)_2 + OH^-$	+0.17
$CrO_2^- + 2H_2O$	+	$3e^-$	⇌	$Cr + 4OH^-$	−1.2
$CrO_4^{2-} + 4H_2O$	+	$3e^-$	⇌	$Cr(OH)_3 + 5OH^-$	−0.13
$Cu_2O + H_2O$	+	$2e^-$	⇌	$2Cu + 2OH^-$	−0.360
$2Cu(OH)_2$	+	$2e^-$	⇌	$Cu_2O + 2OH^- + H_2O$	−0.080
$2H_2O$	+	$2e^-$	⇌	$H_2 + 2OH^-$	−0.8277
$H_2BO_3^- + 5H_2O$	+	$8e^-$	⇌	$BH_4^- + 8OH^-$	−1.24
$Hg_2O + H_2O$	+	$2e^-$	⇌	$2Hg + 2OH^-$	+0.123
$H_3IO_6^{2-}$	+	$2e^-$	⇌	$IO_3^- + 3OH^-$	+0.7
$Mg(OH)_2$	+	$2e^-$	⇌	$Mg + 2OH^-$	−2.690
$Mn(OH)_2$	+	$2e^-$	⇌	$Mn + 2OH^-$	−1.56
$MnO_4^- + 2H_2O$	+	$3e^-$	⇌	$MnO_2 + 4OH^-$	+0.595
$MnO_4^{2-} + 2H_2O$	+	$2e^-$	⇌	$MnO_2 + 4OH^-$	+0.60
$NO_2^- + H_2O$	+	e^-	⇌	$NO + 2OH^-$	−0.46
$2NO_3^- + 2H_2O$	+	$2e^-$	⇌	$N_2O_4 + 4OH^-$	−0.85
$Ni(OH)_2$	+	$2e^-$	⇌	$Ni + 2OH^-$	−0.72
$O_2 + 2H_2O$	+	$4e^-$	⇌	$4OH^-$	+0.401
$O_2 + H_2O$	+	$2e^-$	⇌	$HO_2^- + OH^-$	−0.146
$O_3 + H_2O$	+	$2e^-$	⇌	$O_2 + 2OH^-$	+1.24
$HPO_3^{2-} + 2H_2O$	+	$2e^-$	⇌	$H_2PO_2^- + 3OH^-$	−1.65
$PO_4^{3-} + 2H_2O$	+	$2e^-$	⇌	$HPO_3^{2-} + 3OH^-$	−1.05
$S + H_2O$	+	$2e^-$	⇌	$HS^- + OH^-$	−0.478
$2SO_3^{2-} + 3H_2O$	+	$4e^-$	⇌	$S_2O_3^{2-} + 6OH^-$	−0.571
$SO_4^{2-} + H_2O$	+	$2e^-$	⇌	$SO_3^{2-} + 2OH^-$	−0.93
$SbO_3^- + H_2O$	+	$2e^-$	⇌	$SbO_2^- + 2OH^-$	−0.59
$SiO_3^{2-} + 3H_2O$	+	$4e^-$	⇌	$Si + 6OH^-$	−1.697
$Zn(OH)_2$	+	$2e^-$	⇌	$Zn + 2OH^-$	−1.249
$ZnO^{+}H_2O$	+	$2e^-$	⇌	$Zn + 2OH^-$	−1.260
$ZnO_2^{2-} + 2H_2O$	+	$2e^-$	⇌	$Zn + 4OH^-$	−1.215

本表数据录自 Weast RC. CRC Handbook of Chemistry and Physics. 80th ed. CRC Press, 1999 – 2000.

七、一些金属配合物的累积稳定常数

配位体	金属离子	$\lg\beta_1$	$\lg\beta_2$	$\lg\beta_3$	$\lg\beta_4$	$\lg\beta_5$	$\lg\beta_6$
NH_3	Ag^{+}	3.24	7.05				
	Co^{2+}	2.11	3.74	4.79	5.55	5.73	5.1
	Co^{3+}	6.7	14.0	20.1	25.7	30.8	35.2
	Cu^{2+}	4.31	7.98	11.02	13.32	12.86	
	Hg^{2+}	8.8	17.5	18.5	19.28		
	Ni^{2+}	2.80	5.04	6.77	7.96	8.71	8.74
	Zn^{2+}	2.37	4.81	7.31	9.46		
Cl^{-}	Bi^{3+}	2.44	4.70	5.0	5.6		
	Cu^{2+}	0.1	−0.6				
	Fe^{3+}	1.48	2.13	1.99	0.01		
	Hg^{2+}	6.74	13.22	14.07	15.07		
	Pb^{2+}	1.42	2.23	3.23			
	Sb^{3+}	2.26	3.49	4.18	4.72		
	Zn^{2+}	0.43	0.61	0.53	0.20		
CN^{-}	Ag^{+}		21.1	21.7	20.6		
	Cd^{2+}	5.48	10.60	15.23	18.78		
	Cu^{+}		24.0	28.59	30.30		
	Fe^{2+}						35
	Fe^{3+}						42
	Hg^{2+}				41.4		
	Ni^{2+}				31.3		
	Zn^{2+}	5.3	11.70	16.70	21.60		
F^{-}	Al^{3+}	6.11	11.15	15.00	17.75	19.37	19.80
	Fe^{3+}	5.28	9.30	12.06		15.77	
I^{-}	Bi^{3+}	3.63			14.95	16.80	18.80
	Hg^{2+}	12.87	23.82	27.60	29.83		
$P_2O_7^{4-}$	Ca^{2+}	4.6					
	Cu^{2+}	6.7	9.0				
	Mg^{2+}	5.7					
SCN^{-}	Ag^{+}	4.6	7.57	9.08	10.08		
	Co^{2+}	−0.04	−0.70	0	3.00		
	Fe^{3+}	2.21	3.64	5.00	6.30	6.20	6.10
	Hg^{2+}	9.08	17.47	19.70	21.70		
	Zn^{2+}	1.33	1.91	2.00	1.60		
$S_2O_3^{2-}$	Ag^{+}	8.82	13.46				
	Hg^{2+}		29.44	31.90	33.24		

续表

配位体	金属离子	$\lg\beta_1$	$\lg\beta_2$	$\lg\beta_3$	$\lg\beta_4$	$\lg\beta_5$	$\lg\beta_6$
乙酸根（CH_3COO^-）	Fe^{2+}	3.2	6.1	8.3			
	Fe^{3+}	3.2					
	Hg^{2+}		8.43				
	Pb^{2+}	2.52	4.0	6.4	8.5		
柠檬酸根（以 L^{3-} 阴离子配位）	Al^{3+}	20.0					
	Cd^{2+}	11.3					
	Co^{2+}	12.5					
	Cu^{2+}	14.2					
	Fe^{2+}	15.5					
	Fe^{3+}	25.0					
	Ni^{2+}	14.3					
	Zn^{2+}	11.4					
草酸（$C_2O_4^{2-}$）	Cu^{2+}	6.23	10.27				
	Fe^{2+}	2.9	4.52	5.22			
	Fe^{3+}	9.4	16.2	20.2			
乙二胺（$NH_2CH_2CH_2NH_2$）	Co^{2+}	5.91	10.64	13.94			
	Cu^{2+}	10.67	20.00	21.0			
	Zn^{2+}	5.77	10.83	14.11			
乙二胺四乙酸（EDTA）	Ag^+	7.32					
	Al^{3+}	16.11					
	Ba^{2+}	7.78					
	Bi^{3+}	22.8					
	Ca^{2+}	11.0					
	Cd^{2+}	16.4					
	Co^{2+}	16.31					
	Cr^{3+}	23.0					
	Cu^{2+}	18.7					
	Fe^{2+}	14.83					
	Fe^{3+}	24.23					
	Hg^{2+}	21.80					
	Mg^{2+}	8.64					
	Mn^{2+}	13.8					
	Ni^{2+}	18.56					
	Pb^{2+}	18.3					
	Sn^{2+}	22.1					
	Zn^{2+}	16.4					

本表数据录自 Dean JA. Lange's Handbook of Chemistry. 13th ed. McGraw – Hill Book Co. , 1985

八、元素的相对原子质量（1997）［$Ar(^{12}C)=12$］

原子序数	名称	符号	英文名称	相对原子质量	原子序数	名称	符号	英文名称	相对原子质量
1	氢	H	Hydrogen	1.007 94（7）	36	氪	Kr	Krypton	83.80（1）
2	氦	He	Helium	4.002 602（2）	37	铷	Rb	Rubidium	85.467 8（3）
3	锂	Li	Lithium	6.941（2）	38	锶	Sr	Strontium	87.62（1）
4	铍	Be	Beryllium	9.012 182（3）	39	钇	Y	Yttrium	87.905 85（2）
5	硼	B	Boron	10.811（7）	40	锆	Zr	Zirconium	91.224（2）
6	碳	C	Carbon	12.010 7（8）	41	铌	Nb	Niobium	92.906 38（2）
7	氮	N	Nitrogen	14.006 74（7）	42	钼	Mo	Molybdenum	95.94（1）
8	氧	O	Oxygen	15.999 4（3）	43	锝	Tc	Technetium	（98）
9	氟	F	Fluorine	18.998 4032（5）	44	钌	Ru	Ruthenium	101.07（2）
10	氖	Ne	Neon	20.179 7（6）	45	铑	Rh	Rhodium	102.905 50（2）
11	钠	Na	Sodium	22.989 770（2）	46	钯	Pd	Palladium	106.42（1）
12	镁	Mg	Magnesium	24.305 0（6）	47	银	Ag	Silver	107.868 2（2）
13	铝	Al	Aluminium	26.981 538（2）	48	镉	Cd	Cadmium	112.411（8）
14	硅	Si	Silicon	28.085 5（3）	49	铟	In	Indium	114.818（3）
15	磷	P	Phosphorus	30.973 761（2）	50	锡	Sn	Tin	118.710（7）
16	硫	S	Sulfur	32.066（6）	51	锑	Sb	Antimony	121.760（1）
17	氯	Cl	Chlorine	35.452 7（9）	52	碲	Te	Tellurium	127.60（3）
18	氩	Ar	Argon	39.948（1）	53	碘	I	Iodine	126.904 47（3）
19	钾	K	Potassium	39.098 3（1）	54	氙	Xe	Xenon	131.29（2）
20	钙	Ca	Calcium	40.078（4）	55	铯	Cs	Caesium	132.905 45（2）
21	钪	Sc	Scandium	44.955 910（8）	56	钡	Ba	Barium	137.327（7）
22	钛	Ti	Titanium	47.867（1）	57	镧	La	Lanthanum	138.905 5（2）
23	钒	V	Vanadium	50.941 5（1）	58	铈	Ce	Cerium	140.116（1）
24	铬	Cr	Chromium	51.996 1（6）	59	镨	Pr	Praseodymium	140.907 65（2）
25	锰	Mn	Manganese	54.938 049（9）	60	钕	Nd	Neodymium	144.24（3）
26	铁	Fe	Iron	55.845（2）	61	钷	Pm	Promethium	（145）
27	钴	Co	Cobalt	58.933 200（9）	62	钐	Sm	Samarium	150.36（3）
28	镍	Ni	Nickel	58.693 4（2）	63	铕	Eu	Europium	151.964（1）
29	铜	Cu	Copper	63.546（3）	64	钆	Gd	Gadolinium	157.25（3）
30	锌	Zn	Zinc	65.39（2）	65	铽	Tb	Terbium	158.925 34（2）
31	镓	Ga	Gallium	69.723（1）	66	镝	Dy	Dysprosium	162.50（3）
32	锗	Ge	Germanium	72.61（2）	67	钬	Ho	Holmium	164.930 32（2）
33	砷	As	Arsenic	74.921 60（2）	68	铒	Er	Erbium	167.26（3）
34	硒	Se	Selenium	78.96（3）	69	铥	Tm	Thulium	168.934 21（2）
35	溴	Br	Bromine	79.904（1）	70	镱	Yb	Ytterbium	173.04（3）

续表

原子序数	名称	符号	英文名称	相对原子质量	原子序数	名称	符号	英文名称	相对原子质量
71	镥	Lu	Lutetiuim	174.967（1）	92	铀*	U	Uranium	238.028 9（1）
72	铪	Hf	Hafnium	178.49（2）	93	镎*	Np	Nepturnium	（237）
73	钽	Ta	Tantalum	180.947 9（1）	94	钚*	Pu	Plutonium	（244）
74	钨	W	Tungsten	183.84（1）	95	镅*	Am	Americium	（243）
75	铼	Re	Rhenium	186.207（1）	96	锔*	Cm	Curium	（247）
76	锇	Os	Osmium	190.23（3）	97	锫*	Bk	Berkelium	（247）
77	铱	Ir	Iridium	192.217（3）	98	锎*	Cf	Californium	（251）
78	铂	Pt	Platinum	195.078（2）	99	锿*	Es	Einsteinium	（252）
79	金	Au	Gold	196.966 55（2）	100	镄*	Fm	Fermium	（257）
80	汞	Hg	Mercury	200.59（2）	101	钔*	Md	Mendelevium	（258）
81	铊	Tl	Thallium	204.383 3（2）	102	锘*	No	Nobelium	（259）
82	铅	Pb	Lead	207.2（1）	103	铹*	Lr	Lawrencium	（260）
83	铋	Bi	Bismuth	208.980 38（2）	104	铲*	Rf	Rutherfordium	（261）
84	钋*	Po	Polonium	（210）	105	钍*	Db	Dubnium	（262）
85	砹*	At	Astatine	（210）	106	镇*	Sg	Seaborgium	（263）
86	氡*	Rn	Radon	（222）	107	铍*	Bh	Bohrium	（264）
87	钫*	Fr	Francium	（223）	108	镙*	Hs	Hassium	（265）
88	镭*	Ra	Radium	（226）	109	镀	Mt	Meitnerium	（268）
89	锕*	Ac	Actinium	（227）	110	*	Uun		（269）
90	钍*	Th	Thorium	232.038 1（1）	111	*	Uuu		（272）
91	镤*	Pa	Protactinium	231.035 88（2）	112	*	Uub		（277）

注：本表相对原子质量引自 1997 年国际相对原子质量表，以 $^{12}C=12$ 为基准。末位数的准确度加注在其后括号内。加括号的相对原子质量为放射性元素最长寿命同位素的质量数。加 * 者为放射性元素。

参考文献

[1] 国家技术监督局. 中华人民共和国国家标准：物理化学和分子物理学的量和单位（GB3108. 2 -93）[S]. 北京：中国标准出版社 . 1993.

[2] 国家药典委员会. 中华人民共和国药典（2020 年版）二部 [Z]. 北京：中国医药科技出版社，2020

[3] 华彤文，王颖霞，卞江，陈景祖. 普通化学原理 [M] 4 版. 北京：北京大学出版社，2013.

[4] 杨晓达. 大学基础化学（生物医学类）[M]. 北京：北京大学出版社，2008

[5] 周公度 段连运. 结构化学基础 [M]. 4 版. 北京：北京大学出版社，2008

[6] 张天蓝 姜凤超. 无机化学 [M]. 7 版. 北京：人民卫生出版社，2016.

[7] 李三鸣. 物理化学 [M]. 8 版. 北京：人民卫生出版社，2016.

[8] 柴逸峰 邸欣. 分析化学 [M]. 8 版. 北京：人民卫生出版社，2016.

[9] 王国清. 无机化学 [M]. 3 版. 北京：中国医药科技出版社，2015.

[10] 禹凤英. 药品检验指南 [M]. 郑州：河南大学出版社，1998.

[11] P. A. Cox. Instant Notes in Inorganic Chemistry [M]. 北京：科学出版社，2002.

[12] CRC Handbook of Chemistry and Physics 80th ed [M]. CRC press，1999 -2000.

[13] Spencer J. N，Bodner G. M，Rickard L. H CHEMISTRY：Structure and Dynamics [M] 3rd，New Jersey：wiley. 2006

[14] John C K，Paul M T，John R T. Chemistry & Chemical Reactivity [M]，8th ed. Brooks/Cole Thomson Learning，2012.

[15] Nivaldo J T. Chemistry：A Molecular Approach [M]. 3rd ed. Pearson Education，Inc. 2014.

元

周